Peter von Sengbusch

Einführung in die
Allgemeine Biologie

Dritte, überarbeitete Auflage

Mit 328 Abbildungen

Springer-Verlag
Berlin Heidelberg New York Tokyo

Titelbild: „Mosaikfliegen", näheres hierzu S. 232 und 260–262. (Nach Y. Hotta und S. Benzer, Division of Biology, California Institute of Technology).

ISBN-13:978-3-540-13846-4   e-ISBN-13:978-3-642-70077-4
DOI: 10.1007/978-3-642-70077-4

CIP-Kurztitelaufnahme der Deutschen Bibliothek.
Sengbusch, Peter von:
Einführung in die Allgemeine Biologie / Peter von Sengbusch. – 3., überarb. Aufl. – Berlin; Heidelberg; New York: Springer, 1985.
ISBN-13:978-3-540-13846-4

2131/3130-543210

Vorwort zur dritten Auflage

Das Vorwort zur Neuauflage eines Buches soll zusammenfassend darlegen, wie sich dieses dem Fortschritt der Wissenschaft angepaßt hat und welche Abschnitte überarbeitet wurden.

An Konzept und Umfang ist gegenüber der vorangegangenen Auflage nichts geändert. Ergänzt wurde das Kapitel Genetic engineering (Gentechnologie). Weitgehend umgeschrieben sind einige Abschnitte in den Kapiteln Organisation genetischer Information in Eukaryonten, Immunsystem sowie Systematik. Außerdem wurden neuere Entwicklungen angesprochen und eine Reihe von Unklarheiten im Text ausgeräumt. Gerade auf dem Gebiet der Zellbiologie — einem der Schwerpunkte der Allgemeinen Biologie — sind im letzten Jahrzehnt spektakuläre Erfolge erzielt worden. Gentechnische Verfahren erwiesen sich dabei als unentbehrliche Hilfsmittel der Forschung. Viele der ihnen einst zugeschriebenen Gefahren erwiesen sich als nicht existent. Es zeigte sich auch, daß Gentechnik keine Erfindung der Wissenschaftler ist, sondern ein Vorgang, dessen sich auch die Natur in überraschend großem Umfang bedient. Rasche Evolutionsprozesse beruhen im wesentlichen auf dem Umbau vorhandener Genome. Die zugrundeliegenden Mechanismen sind vermutlich auch die Ursache für die unerwartet komplexe Organisation von Eukaryontengenen. Die vielleicht wichtigste Erkenntnis Mitte der siebziger Jahre war die Feststellung, daß diese Gene nicht aus einer ununterbrochenen Abfolge von Codons bestehen, sondern daß sie im Wechsel aus codierenden und nichtcodierenden Abschnitten zusammengesetzt sind.

Wie bereits im Vorwort zur zweiten Auflage vermerkt, würde es zu weit führen, alle Neuentwicklungen in diesem einführenden Text zu besprechen. Ich habe daher viele von ihnen in meiner „Molekular- und Zellbiologie" (Springer-Verlag, 1979) ausführlich dargelegt.

Die in den Vorworten zur ersten und zweiten Auflage angeschittenen Probleme und Tendenzen haben nichts an Aktualität verloren. Sie stehen auch heute noch im Mittelpunkt der Diskussion und/oder sind Inhalt intensiver Forschungstätigkeit.

Ich möchte mich bei den Kritikern und Rezensenten der vorangegangenen Auflagen bedanken. Mir sind eine Menge von Verbesserungsvorschlägen und Anregungen unterbreitet worden, die mir bei der Überarbeitung des Textes sehr geholfen haben, auch wenn es nicht möglich war, zu allen gegebenen Stichworten etwas zu schreiben oder neue Abschnitte aufzunehmen, die mancher Kollege vermißte.

Es war und ist nicht meine Absicht, ein Kompendium zu verfassen, das einem Studienanfänger die Garantie für ein gutes Abschneiden in biologischen Teildisziplinen im Vordiplom gibt. Einem Studenten der Biologie sollte vielmehr so früh wie möglich klar werden, daß ein „sehr gut" im

VI

Vordiplom allein keine ausreichende Voraussetzung ist, um die in der Biologie anliegenden Probleme zu erfassen und in Forschung oder Lehre erfolgreich tätig zu sein.

Januar 1985   Peter v. Sengbusch

Vorwort zur zweiten Auflage

> "Perhaps the most striking aspect of
> molecular biology today is that it is not
> slowing down."
> Aus dem Vorwort von J.D. Watson:
> The Molecular Biology of the Gene,
> 3. Aufl (1975)

Wir erleben in diesen Jahren eine weitere starke Zunahme unseres Wissens über Vorgänge in der lebenden Zelle. Waren bis vor einem Jahrzehnt Bakterien und Viren die bevorzugten Objekte der Molekularbiologie, so kommen heute in steigendem Maße komplexe eukaryotische Organismen hinzu. Wir beginnen zu verstehen, wie sich Zellen differenzieren, was ihre Struktur bedingt, wie sie sich bewegen, wie sie mit ihrer Umwelt kommunizieren, wie ihr genetisches Material organisiert ist und daß nur ein Teil davon genetische Information trägt.

Wir lernen, welche Mechanismen der Evolution zugrunde liegen und warum einige Tier- und Pflanzengruppen erfolgreicher sind als andere. Klarer werden die Zusammenhänge und Regeln, nach denen sich die Komplexität biologischer Systeme entwickelt hat. M. Eigen und R. Winkler haben diese Problematik in ihrem Buch „Das Spiel" (München: Piper 1975) recht eindrucksvoll geschildert.

Ich habe bei der Bearbeitung der zweiten Auflage des Buches nur wenige Ergebnisse der letzten Jahre berücksichtigen können. Ein weitgehendes Abdecken von althergebrachtem und neuem Wissen würde den Rahmen einer Einführung sprengen. Biologie ist eine sehr komplexe Wissenschaft geworden, sie ist oft schwerer zu verstehen als große Teile der Physik und Chemie.

Zum Verständnis ist eine Beschreibung von Lebensvorgängen eine notwendige, aber keine hinreichende Bedingung. Wer heute weitgehende Aussagen über Krebs, Immunologie oder Organisation und Funktion des Nervensystems machen möchte, muß in besonderem Maße auf ein fundiertes und umfangreiches Grundwissen zurückgreifen können und den logischen Aufbau von Experimenten und Schlußfolgerungen erkennen.

Der zweiten Auflage des Buches liegt im wesentlichen eine auf zwei Semester erweiterte Vorlesung für Studienanfänger zugrunde, die ich an der Universität Bielefeld gehalten habe. Der Abschnitt Evolution geht auf ein Seminar zurück, das ich zusammen mit Herrn Prof. K. Bachmann (Universität Heidelberg) ausgearbeitet habe und das in Heidelberg und Bielefeld stattfand. Gegenüber der ersten Auflage sind vor allem die Abschnitte über Neurophysiologie, Ökologie und Evolution beträchtlich erweitert worden.

Die von mir in den Vordergrund gestellten Themen stehen im Mittelpunkt der Diskussion über Lehrinhalte des Biologieunterrichts an Gymnasien mit traditioneller und reformierter Oberstufe. Es sei dahingestellt, ob die Schule diesem Anspruch gerecht wird. Ich kann mich des Eindrucks nicht erwehren, daß zumindest in den Entwürfen von Planungsgremien und in den Lehrplänen der Kultusministerien der Länder versucht wird, die Schule zu einer Universität zu machen, während andererseits die Universität in Gefahr gerät, verschult zu werden. Das Bemühen, Lehrinhalte festzuschreiben, führt in der Regel zu Minimalprogrammen, die die Gefahr in sich bergen, wesentliche Probleme und Fragen auszusparen und die Kluft zwischen Unterrichtsangebot und Forschungsprogrammen an den international führenden Instituten zu vergrößern. Ich habe eine Reihe von umstrittenen Themen angeschnitten, deren Lösung für die Zukunft des Menschen entscheidend sein kann und denen wir als Biologen nicht ausweichen dürfen, wie etwa den Themen: Genetic engineering (Gentechnologie) und Ernährung. Es ist erschreckend festzustellen, wie die Erfolge der „Grünen Revolution", auf die man noch zu Beginn dieses Jahrzehnts gesetzt hatte, dahinschwinden. Man beachte hierzu nur die ständig wiederkehrenden Leitartikel in den Zeitschriften "Nature" und "Science".

Ich möchte mich bei allen Kritikern und Rezensenten der ersten Auflage bedanken. Ich habe mich über die vielen Verbesserungshinweise und Hinweise auf sachliche Fehler gefreut und mich bemüht, diesen Einwänden gerecht zu werden. Für ausführliche Stellungnahmen und für das Lesen größerer Abschnitte des überarbeiteten Manuskripts danke ich insbesondere Herrn Prof. K. Bachmann (Heidelberg), Herrn Prof. T. Butterfaß (Frankfurt), Herrn Prof. H.W. Ludwig (Heidelberg), Herrn Dr. W. Plaßmann (Bielefeld), Herrn M. Reddehase (Heidelberg) und Herrn Dr. W. Stender (Göttingen). Den Bildautoren danke ich für die Bereitstellung neuer Abbildungsvorlagen und die Erlaubnis, sie in mein Buch aufnehmen zu dürfen. Herrn K. Weigel danke ich für die Anfertigung einer Reihe neuer Zeichnungen, Frau A. Fricke für das Abschreiben des Manuskripts und dem Verleger, Herrn Dr. K.F. Springer, und seinen Mitarbeitern für ihre Mühe und Hilfsbereitschaft bei der Herstellung des Buches.

Bielefeld, März 1977   Peter v. Sengbusch

Vorwort zur ersten Auflage

Biologie ist die Wissenschaft vom Leben.

Das Leben offenbart sich uns in einer Vielfalt von Formen und Vorgängen, und deshalb existieren auch mehrere Möglichkeiten, Einzelprobleme zu erkennen, zu bearbeiten und zu lösen. Ebenso bestehen auch zahlreiche Meinungen, angenommen n, darüber, wie man Biologie studieren kann, so daß es genau n Möglichkeiten gibt, ein Lehrbuch zu schreiben. Fast genauso groß, aber höchstens gleich $n-1$, ist die Zahl der Kritiken, denen man sich aussetzt, wenn man diese Leichtfertigkeit begeht.

Der vorliegende Text geht auf eine Vorlesung zurück, die ich in den Wintersemestern 72/73 und 73/74 für Studienanfänger an der Universität Heidelberg gehalten habe. Es war nicht meine Absicht, hier ein vollständiges Bild der Biologie zu geben. Das Schlimmste, was mir passieren kann, wäre der Eindruck eines Studenten, nach Lektüre des Buches wüßte er nun, was Biologie sei. Ich hoffe vielmehr, daß er dagegen einen Einblick in heute noch offene Fragen gewonnen hat, daß er gelernt hat, keine Aussagen kritiklos hinzunehmen, daß er verstanden hat, welche Konzepte lebenden Systemen zugrunde liegen und wie man sich in komplexen Systemen zurechtfindet, und – last not least – daß er die Irrmeinung abgelegt hat, Biologie zu verstehen bedeute, möglichst viele schwer aussprechbare Fachausdrücke auswendig zu lernen.

Jedes lebende System befindet sich in einem Fließgleichgewicht; es ist geregelt und gegen Störungen weitgehend abgesichert. Obwohl der Begriff „Kybernetik" im Text nur selten erscheint, darf das nicht darüber hinwegtäuschen, daß Rückkopplung, input und output mit zu den wichtigsten Phänomenen in der Biologie gehören.

Ein weiteres Charakteristikum ist die Spezifität von Reaktionen und damit zusammenhängend die Frage: Wie trifft die Natur Entscheidungen? Schließlich: Leben ist an ganz konkrete, deterministisch aufgebaute Strukturen gebunden, die unterschiedliche Komplexitätsgrade ihrer Organisation aufweisen. Am „einfachsten" ist die Organisationsform oder Organisationsebene eines Moleküls, komplexer die einer Zelle, noch komplexer die eines vielzelligen Organismus und am komplexesten die der Gesellschaften.

Dem Bau von Strukturen liegt eine genetische Information zugrunde, die von Generation zu Generation weitergegeben wird. Die Biologie ist letztlich die Wissenschaft eines geschichtlichen Vorgangs – der Evolution –, zu dem es keine Alternativen gibt.

Die Reaktionspartner oder Elemente eines Systems bilden ein Netzwerk wie z.B. ein Ökosystem, das Nervensystem oder das Immunsystem, welche alle nur schwer als Ganzes zu durchschauen sind. Wir können uns einige Fixpunkte vornehmen und versuchen, diese zu verstehen, um von dort aus zu extrapolieren. Die Auswahl solcher Fixpunkte ist stets subjektiv geprägt. So ist die subjektive Auswahl von Beispielen und Experimenten auch eine

Eigenart dieses Buches. Viele Zoologen und Botaniker werden bemängeln, daß diese — sie interessierenden — Teilgebiete der Biologie zu kurz gekommen sind und der Genetik zuviel Platz eingeräumt wurde. Aber auch Molekulargenetiker werden manches vermissen: kein Wort wurde über so „wichtige" Dinge wie Reverse Transcriptase, Suppression, Transduction oder Colicinogene Faktoren gesagt. In diesen wie auch in allen anderen Fällen kann ich nur auf die eingangs gemachte Bemerkung hinweisen, daß das Buch eigentlich nur dazu dient, den Studenten anzuregen, sich mit biologischen Fragen auseinanderzusetzen und weiterführende Literatur heranzuziehen. Ein echtes Verständnis der Biologie ist aber allein durch das Lesen von Büchern nicht zu erreichen. "Study life not books" steht über dem Eingang des Marine Biology Laboratory in Woods Hole (Mass. USA).

Biologie ist eine experimentelle Wissenschaft.

Zu bedanken habe ich mich bei Frl. G. Hänsch, Frl. E. Rotermund und Herrn Prof. K. Bachmann für die vollständige Durchsicht des Manuskripts und ihre zahlreichen Verbesserungshinweise, für die Durchsicht einiger Kapitel insbesondere bei Herrn Prof. G. Czihak, Herrn Prof. H.W. Ludwig, Herrn Dr. L. Schilde, Herrn Dr. H. Schirmer, Herrn Prof. E. Schnepf, Herrn Dr. G. Schulz und Herrn Dr. G. Wegener.

Für die freundliche Erlaubnis, Originalaufnahmen und Diagramme in den Text aufnehmen zu dürfen, bedanke ich mich bei den Autoren, die in den Abbildungslegenden genannt sind.

Dem Verleger, Herrn Dr. Konrad F. Springer, und seinen Mitarbeitern, vor allem Herrn Dr. H. Wiebking und Frl. C. Grössl, danke ich für ihre Mühe und ihre Hilfsbereitschaft bei der Herstellung des Buches.

Heidelberg, Juli 1974   Peter v. Sengbusch

Inhaltsverzeichnis

Einleitung

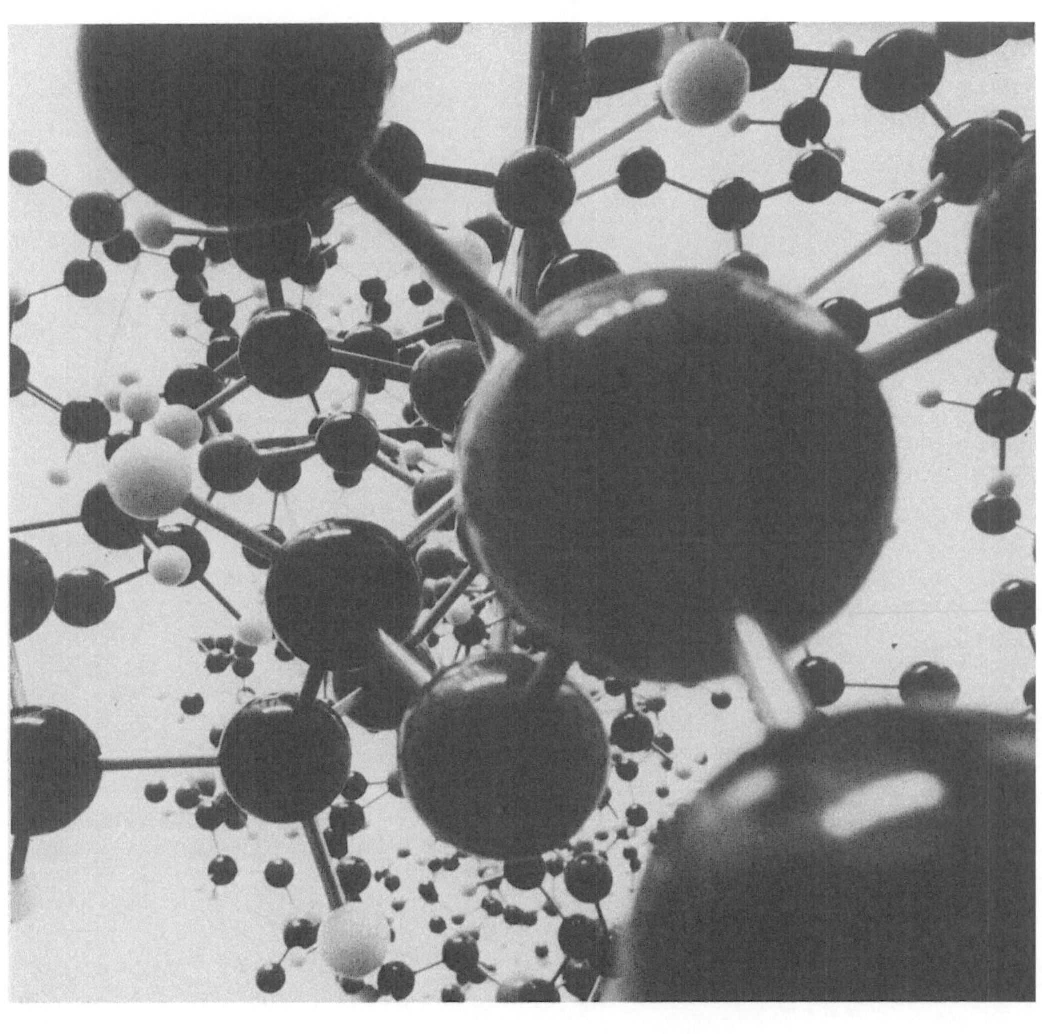

1. Was ist Leben?

Eine so allgemein gestellte Frage kann man nicht durch eine einfache Definition beantworten. Wir können uns aber fragen, welche Beiträge ein Naturwissenschaftler zu ihrer Klärung beisteuern kann. Ausweichend läßt sich zunächst einmal sagen, Phänomene des Lebens sind all die Dinge, mit denen wir uns im folgenden ausführlich beschäftigen wollen.

Naturwissenschaftliche Aussagen sind Wahrscheinlichkeitsaussagen (statistische Aussagen). Physikalische Gesetze sind in der Regel statistische Gesetze.

Alle statistischen Aussagen sind mit einem relativen Fehler behaftet, der durch die Formel $1/\sqrt{n}$ beschrieben werden kann. Sie besagt, daß die Aussage aus einem Versuch mit 100 Meßpunkten (z.B. an Partikeln, Atomen u.a.) mit einem Fehler von $1/\sqrt{100} = 1/10 = 10\%$ behaftet ist. Bei einer Million Partikel beträgt dieser Fehler nur $1/\sqrt{1.000.000} = 1/1000 = 0{,}1\%$. Physiker und Chemiker arbeiten häufig in Größenordnungen von Mol. Ein Mol einer Substanz enthält $6{,}025 \times 10^{23}$ Partikel (Atome oder Moleküle). Diese Zahl nennt man Loschmidtsche Zahl.

Beispiel: Bei einer bestimmten Temperatur ist das Produkt aus Druck x Volumen bei allen idealen Gasen ein konstanter Wert: $p \cdot V = k$. Dieses Gesetz gilt für alle idealen Gase, ganz gleich, ob sie aus Atom*en* oder Molekül*en* bestehen.

Mit den uns zur Verfügung stehenden Methoden ist ein statistischer Fehler bei Messungen, die an so vielen Partikeln gewonnen wurden, nicht mehr nachweisbar. Man spricht deshalb von der Exaktheit physikalischer Gesetze. Kommen wir zurück zu unserem Beispiel $p \cdot V = k$. Das Gesetz verliert seine Gültigkeit, wenn wir es nur mit einem oder nur wenigen Atomen oder Molekülen zu tun haben. Über das Verhalten eines bestimmten Atoms oder Moleküls kann ein Physiker keine Voraussage machen.

Die Aufgabe eines Biologen liegt darin, Aussagen über lebende Systeme (Organismen) zu machen. Wieviele Individuen stehen ihm für einen Versuch zur Verfügung bzw. wieviele kann er in einem Versuch testen?

Mäuse	$10^2 - 10^3$ /Labor
Drosophila	10^4 /Labor
Bakterien	10^9 /ml; also 10^{12} /l
Viren	10^{11} /ml; also 10^{14} /l

Mit Bakterien und Viren, den Objekten der Molekulargenetik, kommt man, wie wir später noch sehen werden, in der Aussage an die Exaktheit physikalischer Gesetze heran.

Es gibt aber auch das andere Extrem. Wir möchten natürlich nicht nur etwas über Bakterien, sondern vor allem etwas über uns selbst, den Menschen, wissen. Viele medizinische und vor allem sozialwissenschaftliche Untersuchungen (Befragungen von Testpersonen u.a.) beruhen auf Angaben eines relativ kleinen Personenkreises. Man erhält also Antworten mit einem bestimmten Wahrscheinlichkeitsgrad. Uns interessiert aber in vielen Fällen nicht der statistische Durchschnitt, sondern wir sind oft am Verhalten und den Chancen nur einer einzigen, bestimmten Person interessiert. In einer solchen Situation kann ein Naturwissenschaftler keine exakten Voraussagen machen.

Sind die statistischen Aussagen der Physik ausreichend, um einen Organismus — ein lebendes System — zu beschreiben? Wodurch zeichnen sich lebende Systeme aus? Sie besitzen eine Stabilität ihrer Merkmale über zahlreiche Generationen hinweg. Nur gelegentlich kommt es zu sprunghaften Änderungen eines der Merkmale. Solche Änderungen, sind sie erst einmal erfolgt, sind wiederum stabil. Man nennt sie Mutationen. Die Stabilität der Merkmale wird auf Partikel zurückgeführt, denen man den Namen Gen gab.

Der Physiker E. Schrödinger hat während seiner Emigration 1943 in Dublin eine Reihe von Vorlesungen gehalten, in denen er sich mit der Frage auseinandersetzte, ob Gene den rein statistischen Gesetzen der Physik folgen, oder ob sie komplexeren Gesetzmäßigkeiten unterliegen. Er begann seine Betrachtung mit der scheinbar naiven Frage nach der Anzahl der Atome pro Gen. Aus Messungen, die seinerzeit bereits vorlagen, konnte abgeschätzt werden, daß es nicht viel mehr als 1.000 bis 10.000 Atome sein könnten.

Ist das allein ausreichend, um den Unterschied von einem Gen zu einem beliebigen anderen konstant zu wahren und eine Kontinuität zu garantieren? Allein die $1/\sqrt{n}$-Regel schließt diese Möglichkeit aus. Würden sich nämlich alle diese Atome unabhängig voneinander verhalten, wäre die vorhandene Wärmeenergie ausreichend, sie in eine vollständige Unordnung zu versetzen. Ein Ausweg aus diesem Dilemma bietet sich an, wenn man annimmt, daß diese Atome nicht unabhängig voneinander sind, sondern fest miteinander verknüpft sind. Eine solche Zustandsform ist den Physikern und Chemikern geläufig: Man nennt sie Molekül.

Moleküle sind Kombinationen aus Atomen auf einem niedrigeren, daher stabilen Energieniveau, weil ein Teil der Energie in ihren Bindungen festgelegt ist. Bei konstantem Druck und konstanter Temperatur können Verbindungen aus Atomen in verschiedenen, sich energetisch unterscheidenden, thermodynamisch stabilen Zuständen (A) und (B) existieren. Beim Übergang von einem zum anderen Zustand muß Energie zugeführt werden, oder es wird Energie frei $(\Delta G) = |E_a - E_b|$. Um die Atome oder Moleküle zu veranlassen, von einem zum anderen Energieniveau überzugehen, müssen sie angeregt oder aktiviert werden. Die hierfür erforderliche Energie heißt Aktivierungsenergie $(E_ü - E_a)$ (vgl. Abb. 1.1).

Ein solcher Übergang ist nicht kontinuierlich, sondern sprunghaft, d.h. erst beim Erreichen des Energieniveaus $E_ü$ kann A nach B überführt werden. Wird $E_ü$ nicht erreicht, bleibt A unverändert. Physiker beschreiben solche Vorgänge durch Konzepte, die unter den Begriffen Quantenmechanik und Wellenmechanik bekannt sind.

Doch was hat das alles mit Biologie, mit Vererbung und Mutationen zu tun? Bei lebenden Systemen ist, wie gesagt, eine Stabilität zu verzeichnen, die gelegentlich punktuell verändert werden kann. Das ist im Grunde das gleiche, was wir soeben über Moleküle gehört

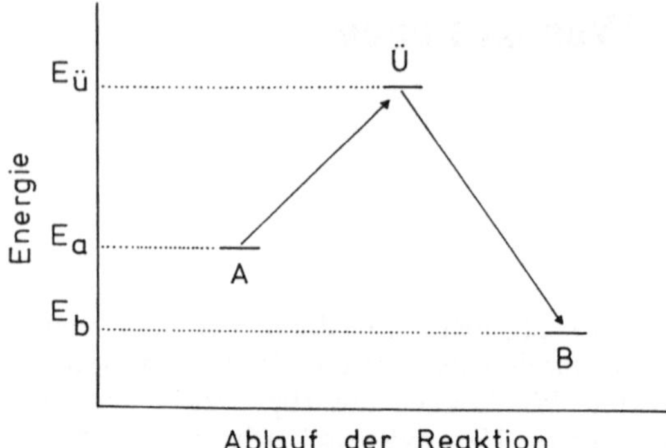

Abb. 1.1. Um ein Molekül A in ein Molekül B (auf niedrigerem Energieniveau als A zu überführen, muß eine Aktivierungsenergie $E_ü - E_a$ investiert werden

haben. Wir können daraus schließen, daß der Mechanismus der Vererbung in seinen Grundzügen mit den Grundlagen der Quantentheorie vereinbar ist.

Wir benötigen keine weiteren Zusatzmaßnahmen. Diese Vorstellung wurde bereits vor 1943 von dem Physiker und späteren Genetiker M. Delbrück entwickelt.

Aus dem Gesagten müssen wir schließen, daß die Erbsubstanz, also Gene, nichts anderes als Moleküle sind, die äußeren Einflüssen wie thermischer Bewegung standhalten. Das schließt aber nicht aus, daß sich ein Gen punktuell und irreversibel verändern kann. Bei einer Veränderung wird nur ein Teil des Moleküls betroffen, das bedeutet einmal, daß sehr viele verschiedene Änderungen denkbar sind, zum anderen aber, daß es nicht möglich ist, eine bestimmte Änderung vorherzusagen, da es sich hier um einen statistischen Vorgang handelt.

Eine Veränderung der Erbsubstanz kommt nur sehr selten vor, was darauf zurückführbar ist, daß die Aktivierungsenergie sehr hoch liegt.

Schrödinger nennt die Zustandsform, in der ein solches Molekül vorliegt, eine "Ordnung, die auf Ordnung basiert". Die „Erfindung" der Zustandsform Molekül ist die Grundlage, einer statistischen Unordnung der Atome zu entgehen, wie sie durch das 2. Gesetz der Thermodynamik gefordert wird (Zunahme an Unordnung = Zunahme an Entropie). Wir haben es hier also mit einer „negativen Entropie" (Zunahme an Ordnung) zu tun. Ein Molekül ist eine Strukturform, die einen höheren Komplexitätsgrad zeigt, als ein „System", das die gleiche Anzahl von zufallsgemäß verteilten Atomen enthält. Um eine Zunahme an Ordnung zu erreichen und zu erhalten, muß eine Bildung von Strukturen erfolgen. „Negative Entropie" ist einem anderen, uns geläufigen Begriff direkt proportional, dem Begriff: Information (s. Kapitel 7). Hieraus können wir schließen, daß ein Gen einen Informationsgehalt besitzt, und das ist genau das, was ein Genetiker fordern muß.

Ist Leben Information?
Zweifelsohne nicht, denn Information, für sich genommen, ist sinnlos. Um ihr einen Sinn zu geben, müssen wir ihr einen Wert zuordnen: Sie muß physikalisch auf ihre Umwelt einwirken. Was heißt nun aber Wert? Eine Information ist nur dann als solche zu verstehen, wenn es einen Empfänger gibt, der sie als Anweisung versteht und der mit dieser Information etwas anfangen kann. Sie muß also in eine Reaktion des Empfängers umgesetzt werden.

Damit kommen wir einer Beschreibung eines „lebenden Systems" bereits etwas näher: Anweisungen (Informationen) müssen in Merkmale oder Funktionen umgewandelt werden. Eine solche Umwandlung bei einem lebenden System bezeichnet man ganz allgemein als Stoffwechsel. Der Stoffwechsel ist die Summe aller chemischen Reaktionen in einem Organismus. Die einzelnen Reaktionen können durch die in den Genen liegende Information gesteuert werden. Reaktionen in einem Organismus laufen in einer geordneten, somit in einer kontrollierten — geregelten — Form ab. Die Kontrolle erfolgt auf der einen Seite, wie schon angedeutet, durch genetische Anweisungen, zum anderen können auch äußere Einflüsse (Reize, Signale) auf einen Organismus einwirken, auf die er in einer ganz spezifischen Weise reagieren kann.

Das allein genügt nicht, Leben zu charakterisieren. Wie wir später noch sehen werden, gehören Vermehrungsfähigkeit, Evolution, eine Differenzierung und — vor allem bei Vielzellern — eine Embryonalentwicklung (Ontogenese) unbedingt mit dazu.

Doch können wir vorläufig abschließend sagen, daß ein Organismus ein System ist, das im Wechselspiel zwischen genetisch festgelegter Anweisung und Umweltreizen in einer optimalen Weise funktioniert. Wir werden im Kapitel 60 diesen Fragenkomplex noch einmal aufgreifen und ihn dort ausführlicher diskutieren.

Literatur

Schrödinger, E.: What is life? Cambridge University Press 1944 (Neudruck 1969).

2. Beobachtungen, Merkmale, Konventionen

Eine wichtige Methode in der Biologie ist die genaue Beobachtung und Beschreibung von Organismen. Dabei stellt man fest, daß es verschiedene Arten gibt, die durch spezifische Merkmale charakterisiert sind.

Um zu klären, was man unter Merkmalen versteht und welchen Wert man einzelnen Merkmalen zuordnen darf, wollen wir uns einige Exemplare verschiedener Pflanzenarten etwas näher ansehen. Für diesen Vergleich wurden einige Tabakpflanzen (verschiedene Tabakarten) sowie Tomatenpflanzen ausgewählt. Diese Auswahl ist selbstverständlich willkürlich. Sie geschah u.a. deshalb, weil dieser Beschreibung eine Vorlesungsdemonstration zugrunde lag, bei der es darauf ankam, möglichst große, gut sichtbare Exemplare vorzustellen.

Zur Beschreibung einer Pflanze gibt man den einzelnen Teilen Namen: Sproß, Blatt, Stengel, Blüte usw. Bei allen hier zu besprechenden Pflanzen (vgl. Abb. 2.1, 2.2, 2.3) ist der Stengel (Sproßachse) deutlich zu erkennen. Er trägt Blätter. Zu beachten ist dabei die Blattstellung. Blätter können gegenständig oder, wie bei den hier gezeigten Arten, wechselständig sein.

Ein weiteres Merkmal ist die Blattform. Die hier gezeigten Tabakpflanzen (Abb. 2.1 und 2.2) haben alle ein einfaches Blatt. Es besteht aus einer Blattspreite (*Lamina*) und einem Blattstiel. Während die Blätter beim Tabak einfach gebaut sind, sind sie bei der Tomate in einer charakteristischen Weise unterteilt (Abb. 2.3). Das Blatt ist aus mehreren Teilen zusammengesetzt. Man spricht deshalb von

a   b

Abb. 2.1. (a) *Nicotiana langsdorfii:* (b) *Nicotiana rustica*

a

b

c

Abb. 2.2 a–c. *Nicotiana tabacum*. (a) Eine gesunde Pflanze (Kontrolle); (b) infiziert mit dem Tabakmosaik-virusstamm *vulgare*; (c) infiziert mit dem Tabakmosaikvirusstamm *flavum*. (Aufn. G. Melchers, Tübingen)

Abb. 2.3. *Lycopersicon esculentum*

zusammengesetzten Blättern, in diesem speziellen Fall von gefiederten Blättern. Obwohl alle Tomatenblätter gefiedert sind, zeigt sich (auch beim Betrachten der Abb. 2.3), daß die Blätter nicht alle untereinander gleich aussehen. Wir finden Unterschiede — eine Variabilität. Eine Variabilität von Merkmalen findet man nicht nur bei der Form und Größe von Tomatenblättern. Es handelt sich um eine Eigenart, die in der Biologie weit verbreitet ist.

Wodurch kommt eine Variabilität der Individuen innerhalb einer Art zustande?

Wir können zwei Versuche ansetzen, um diese Frage zu beantworten:

1. Wir kultivieren zwei Tabakpflanzen unter verschiedenen Versuchsbedingungen: Eine in einem großen Blumentopf, der gute, nährstoffreiche Erde enthält, eine zweite in einem kleinen Blumentopf mit Erde minderer Qualität. Bereits wenige Tage nach Ansetzen des Versuchs stellen wir fest, daß sich die beiden Pflanzen unterschiedlich entwickeln. Die erste ist größer; ihre Blätter sind dunkelgrün; die zweite ist kleiner und hat gelbgrüne Blätter. Dieses Experiment zeigt uns, daß die Ernährungsbedingungen einen Einfluß auf die Ausprägung einzelner Merkmale haben. Die gelbgrüne Farbe der Blätter ist in diesem Fall auf eine Mangelerscheinung — schlechte Ernährung — zurückzuführen.

2. Betrachten wir die Exemplare in Abb. 2.2: Das erste Exemplar ist eine gesunde Tabakpflanze der Art *Nicotiana tabacum*. Die zweite und dritte Pflanze (b und c) gehören der glei-

chen Art an, sind unter den gleichen Bedingungen kultiviert worden, aber sie sind etwa 3 Wochen, bevor sie aufgenommen wurden, mit einem Krankheitserreger — dem Tabakmosaikvirus (TMV) — infiziert worden. Hierbei wurden zwei verschiedene Stämme des Virus verwendet, die sich dadurch voneinander unterscheiden, daß sie ein unterschiedliches Symptom auf der Wirtspflanze hervorrufen. Bei (b) erkennen wir eine Reduktion des Wuches; die Pflanze ist kleiner als die Kontrollpflanze (a). Wir erkennen weiterhin eine leichte Deformation der Blätter und eine mosaikartige Farbverteilung. Die Blätter sind hellgrün-dunkelgrün gescheckt, ein Symptom, das dem Virus seinen Namen gab. Im Fall (c) sehen wir einen drastischen Unterschied zu (a).

Die Pflanze ist im Wuchs sehr stark gehemmt, die Blätter sehen hell aus, was auf einer Zerstörung des grünen Blattfarbstoffes beruht.

Zusammenfassend kann man sagen, daß gewisse Merkmale einer Pflanze durch äußere Faktoren — schlechte Ernährung, Krankheiten etc. — verändert werden können. Wie wir später noch sehen werden, gibt es neben der durch Außeneinflüsse induzierten Variabilität auch eine genetisch bedingte (vgl. Kapitel 3 und Kapitel 62).

Offensichtlich sind Blattgröße und -färbung keine geeigneten Merkmale, um zwei Pflanzenarten voneinander zu unterscheiden, da sie zu stark variieren. Wesentlich charakteristischer für eine bestimmte Pflanzenart ist die Form der Blüte. In der Abb. 2.4 sind die Blüten von

Abb. 2.4. A. Blüten von: (a) *Nicotiana tabacum*. Blütenfarbe: rosa; Staubbeutel: hellgelb. (b) *Nicotiana silvestris*. Blütenfarbe: weiß; Staubbeutel: hell. (c) *Nicotiana langsdorfii*. Blütenfarbe: gelb; Staubbeutel: dunkel. (d) *Nicotiana rustica*. Blütenfarbe: gelb; Staubbeutel: dunkel

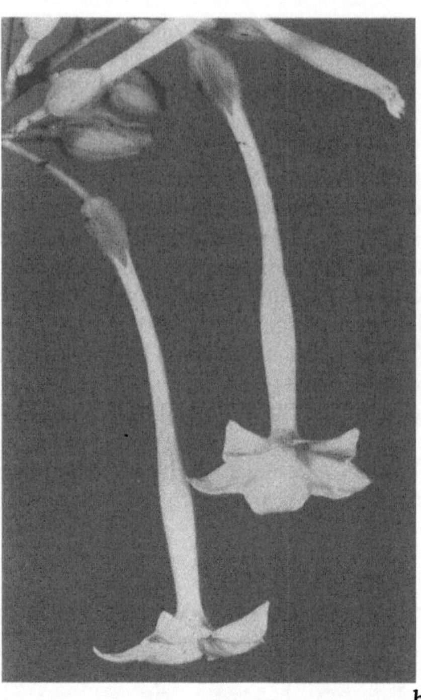

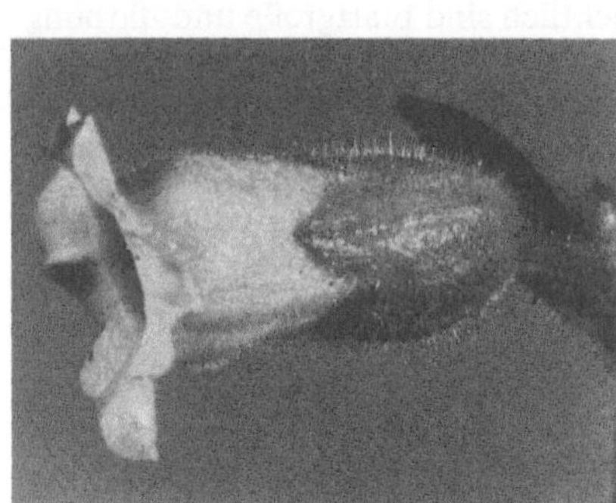

a
b

Abb. 2.4 B. Blüten von *Nicotiana rustica* (a) und *Nicotiana silvestris* (b) in Seitenansicht

vier Tabakarten abgebildet. In allen Fällen sind sie radiär (strahlig) gebaut.

Eine Blüte besteht aus Kronblättern, Kelchblättern, dem Blütenboden sowie den Staub- und Fruchtblättern (den männlichen und weiblichen Geschlechtsorganen der Pflanze). Die Summe der Kronblätter bezeichnet man als Blütenhülle (*Corolla*), die der Kelchblätter als Kelch (*Calyx*). Kelch und Blütenblätter zusammen bilden ein *Perianth*. Ein *Perianth*, dessen Blätter alle gleich sind, nennt man *Perigon*.

Blüten können bei einer Pflanze einzeln vorkommen, sie können aber auch, wie bei den hier beschriebenen Tabakarten, zu Blütenständen vereint sein. Dabei unterscheidet man u.a.:

Traube   und   verzweigte Traube (Rispe)

Betrachtet man, unter Berücksichtigung der genannten Merkmale, die vorgestellten Pflanzenarten, so wird deutlich, daß man sie in mehrere Gruppen einteilen kann. Vier der Arten zeigen so viele Gemeinsamkeiten, daß man sie zu einer systematischen Gruppierung, einer Gattung, zusammenfassen kann, hier der Gattung *Nicotiana* (Tabak). Die vier besprochenen Arten tragen die Namen:

Nicotiana tabacum,
Nicotiana silvestris,
Nicotiana langsdorfii,
Nicotiana rustica.

Alle Arten der Gattung *Nicotiana* haben 5 Blütenkronblätter, die zu einer trichterförmigen Kronenröhre verwachsen sind. Die Staubbeutel sind getrennt, nicht verwachsen; die Pflanzen sind krautig, nicht verholzt. Letzteres gilt nicht für alle *Nicotiana*-Arten. An den Küsten von Atlantik und Pazifik kommt die Art *Nicotiana glauca* relativ häufig vor. Diese hat einen verholzten Stengel. Sie ist mehrjährig, ein Exemplar blüht in mehreren aufeinanderfolgenden Jahren.

Betrachten wir die vier vorgestellten Arten etwas genauer, so werden wir feststellen, daß man auch innerhalb einer Gattung zwei Gruppen bilden kann. *Nicotiana tabacum* ist der *Nicotiana silvestris* ähnlicher als der *Nicotiana rustica* oder der *Nicotiana langsdorfii*. Andererseits zeigen *Nicotiana rustica* und *Nicotiana langsdorfii* Gemeinsamkeiten, die den beiden erstgenannten Arten fehlen.

Anders ist die Tomatenblüte gebaut (Abb. 2.5). Die Tomate gehört in die Gattung *Lycopersicon;* ihr Artname ist *Lycopersicon esculentum.* Auch sie hat strahlige (radiär gebaute) Blüten, aber keine Kronröhre; die Kronblätter sind also nicht miteinander verwachsen; die Staubblätter neigen sich kegelförmig um das Fruchtblatt zusammen. Ihr verwandt ist die Kartoffel, die eine der Tomate ähnliche Blüte besitzt; ihr Artname lautet *Solanum tuberosum.*

Was kann man aus solchen Beobachtungen schließen?
Es gibt Gemeinsamkeiten zwischen Arten; es gibt Unterschiede. Es gibt Merkmale, die für ganze Gruppen von Pflanzen charakteristisch sind. Wenn Gemeinsamkeiten vorliegen, liegt der Schluß nahe, daß die beiden Arten gemeinsame Vorfahren hatten. *Nicotiana rustica* ist mit *Nicotiana langsdorfii* näher verwandt als mit der Gruppe *Nicotiana tabacum* und *Nicotiana silvestris.* Ebenso sind *Solanum tuberosum* und *Lycopersicon esculentum* näher untereinander verwandt als mit der ganzen *Nicotiana*-Gruppe. Trotzdem gibt es auch hier

Abb. 2.5. Blüten von *Lycopersicon esculentum*

gemeinsame Merkmale, die es gestatten, zu sagen, daß die Gattung *Nicotiana* mit der Gattung *Lycopersicon* näher verwandt ist als z.B. mit der Gattung *Pisum* (zu der die Erbse gehört). *Nicotiana* und *Lycopersicon* gehören in die gleiche Familie, die der Nachtschattengewächse (*Solanaceae*).

Aus dem Verwandtschaftsgrad läßt sich ein Stammbaum ableiten:

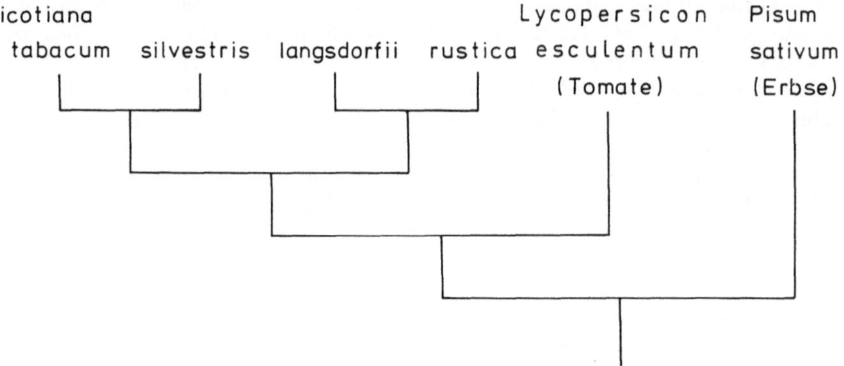

Der Vergleich von Merkmalen bei Tieren und Pflanzen war die Voraussetzung, um die Abstammungslehre zu begründen. Sie wurde durch zahllose vergleichende Untersuchungen an allen bekannten Tier- und Pflanzengruppen als richtig bewiesen.

Wir haben Merkmale bisher nur qualitativ beschrieben. Um weiterzukommen, müssen wir uns überlegen, wie man Unterschiede in bestimmten Merkmalen quantitativ auswerten kann.

Quantitative Betrachtung von Merkmalen

Das Merkmal „Körpergröße" der Teilnehmer einer Vorlesung soll als Beispiel herausgegriffen werden. 77 Meßwerte liegen vor, die sich von vornherein in zwei Gruppen einteilen lassen: 45 ♂ und 32 ♀ (♂: männlich, ♀: weiblich). Sie sind in der Abb. 2.6 wiedergegeben.

Was können wir mit diesen Werten anfangen?

Wir können das arithmetische Mittel, die Durchschnittsgröße der ♂ und ♀ sowie von allen Teilnehmern gemeinsam bilden:

$$\bar{x} = \frac{\sum x_i}{n}$$

Hierbei ist n die Zahl der Meßpunkte, x_i sind die Einzelmessungen und $\bar{x}$ der Mittelwert. Der Mittelwert allein reicht uns nicht, um alles über die vorliegenden Werte auszusagen. Die Werte zeigen eine Variationsbreite, welche die Differenz zwischen dem größten und dem kleinsten Wert darstellt. Die Angabe der Variationsbreite ist aber aus mehreren Gründen unbefriedigend:

a) Man berücksichtigt dabei nur die beiden Extremwerte und vernachlässigt alle übrigen Werte.

b) Die Variationsbreite ist auch von n, der Zahl der Meßwerte, abhängig. Je mehr Meßpunkte man hat, desto größer ist wahrscheinlich die Differenz der beiden extremen Werte.

Aus diesen Gründen haben die Statistiker eine weitere Größe, die Variabilität oder Standardabweichung, eingeführt. Die Variabilität $\pm$ (s) berechnet man nach der Formel:

$$s = \sqrt{\frac{\sum (x_i - \bar{x})^2}{n - 1}}$$

Es würde zu weit führen, an dieser Stelle diese sowie einige weitere noch folgende Formeln mathematisch abzuleiten. Ein Biologe muß sie kennen, um damit arbeiten zu können. Sie sind genau so ein Hilfsmittel wie etwa das Mikroskop und die inzwischen kaum mehr genutzte Pflanzengitterpresse oder das Schmetterlingsnetz.

Im vorangegangenen Kapitel haben wir festgestellt, daß jeder Meßwert mit einem relativen Fehler behaftet ist, der nach der Formel $1/\sqrt{n}$ berechnet werden kann. Selbstverständ-

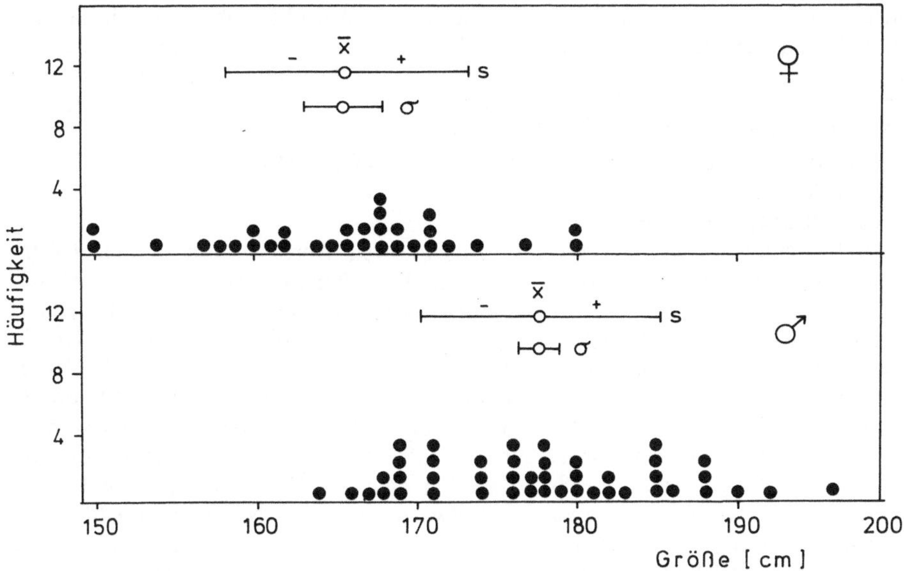

Abb. 2.6. Körpergröße der Teilnehmer einer Vorlesung. Jeder Punkt ist ein Meßwert

lich trägt auch der Wert $\bar{x}$ einen solchen Fehler. Man bezeichnet ihn als Standardfehler $\pm (\sigma)$,

$$\sigma = \frac{s}{\sqrt{n}} \quad \text{oder}$$

$$\sigma = \sqrt{\frac{\sum (x_i - \bar{x})^2}{n(n-1)}}$$

Mit Hilfe dieser Formel können wir unsere Größenmessung auswerten und erhalten das folgende Ergebnis:

dem Komma eingestellt wurde. Heute würde man einen der handelsüblichen Taschenrechner dafür verwenden. Die Ergebnisse sind zwar mathematisch korrekt, naturwissenschaftlich aber ein Unsinn. Man darf niemals errechnete Werte wiedergeben, die „genauer" sind als die eingesetzten Meßpunkte.

Was können wir aus diesen Werten folgern?
Die größte Variabilität (s-Wert) findet sich in der Gruppe „alle Teilnehmer" (Σ). Das ist verständlich, weil man ♂ und ♀ in einer Gruppe zusammenfaßt; dadurch bringt man einen „Fehler" hinein, der sich durch eine größere

	♂	♀	Σ
Anzahl der Meßwerte (n)	45	32	77
Mittelwerte ($\bar{x}$)	177,~~7777~~ (178)	165,~~7500~~ (166)	172,~~7792~~ (173)
Standardabweichung (s) ±	7,~~6127~~ (8)	7,~~5690~~ (8)	9,~~5834~~ (10)
Standardfehler (σ) ±	1,~~1362~~ (1)	1,~~3278~~ (1)	1,~~0890~~ (1)

Die Mittelwerte sind mit einer elektronischen Rechenmaschine errechnet worden, die auf eine Genauigkeit von vier Stellen hinter

Variabilität darstellt. Dagegen hat man in dieser Gruppe den niedrigsten Standardfehler (σ), d.h. der Mittelwert ist mathematisch genauer als die Mittelwerte für ♂ und ♀. Das wiederum hängt mit der Anzahl der Messungen (n) zusammen.

Betrachtet man die Einzelwerte, so zeigt sich, daß sie sich in der Form einer Normalverteilung (Gauß-Verteilung) um den Mittelwert gruppieren. Die ideale Gauß-Verteilung entspricht einer Glockenkurve, wobei die beiden Wendepunkte entscheidend sind: Der Abstand zwischen $\bar{x}$ und dem Wendepunkt ist der Wert s.

Wir haben bereits gesehen, daß auch der Mittelwert mit einem Fehler $\pm (\sigma)$ behaftet ist. — Was bedeutet das? Die Wahrscheinlichkeit, daß der „richtige" (der wahre) Mittelwert im Bereich zwischen $\pm 1 \sigma$ liegt, beträgt etwa 66%. Auch diese Wahrscheinlichkeit kann durch eine Gauß-Verteilung dargestellt werden (Abb. 2.7). Die Wendepunkte liegen bei $\pm 1\sigma$.

In unserem konkreten Fall bedeutet das: Die Aussage, ♂ haben die Durchschnittskörpergröße von 178 ± 1 cm, hat eine Wahrscheinlichkeit von 66%. Daß der Wert im Bereich von 2σ liegt, also 178 ± 2 cm, ist zu 95% sicher. Daß er im Bereich von 3σ liegt, ist zu 99% sicher. Oder, anders ausgedrückt, die Wahrscheinlichkeit, daß der gemessene und errechnete Mittelwert 178 (für männliche Personen der Altersklasse von etwa 20 Jahren und mitteleuropäischer Herkunft) um mehr als 3 cm von dem wahren Wert abweicht, ist geringer als 1%.

Uns soll noch ein weiterer Punkt interessieren: Ist der Unterschied in der Größe von ♂ und ♀ Personen real, oder ist das nur ein zufälliger Unterschied, den wir hier gemessen haben? Hierzu macht man den sogenannten t-Test (Vergleich zweier Mittelwerte). Dafür gibt es die Formel:

Die Indices A und B stehen hier für die beiden Meßgruppen: ♂ und ♀. Den Ausdruck $n_A + n_B - 2$ bezeichnet man als Zahl der „Freiheitsgrade" (= Summe aller Meßwerte — Summe aller Mittelwerte). (F.G., im Engl. degrees of freedom: D.F.).

Aus unseren Werten ergibt sich ein t-Wert von 7,5. In Tabellen (z.B. in Statistiklehrbüchern, in Handbüchern etc.) kann zu jedem t-Wert ein P-Wert aufgesucht werden, der die Wahrscheinlichkeit angibt, ob zwei Mittelwerte untereinander gleich sind, oder ob sie signifikant unterschiedlich sind. Ist der Wert P = 100% (in vielen Statistikbüchern und -tabellen steht „1" für 100%), so sind beide Mittelwerte identisch. Nimmt P ab (90% . . . . 50% . . . . 5% . . . . 1% — oder in anderer Schreibweise: 0,9 . . . . 0,5 . . . . 0,05 . . . . 0,01), so nimmt die Wahrscheinlichkeit ab, daß die beiden Werte identisch sind. Statistiker haben sich darauf geeinigt, daß bei der Wahrscheinlichkeit von weniger als 5% gesagt wird, die Werte seien gesichert (signifikant) voneinander verschieden. Ist P kleiner als 1%, so spricht man davon, daß der Unterschied zwischen den beiden Werten sehr gut gesichert ist. Er ist hoch signifikant. Für Feldversuche reicht meist eine Signifikanzgrenze von $\pm 5\%$.

In unserem Beispiel ist t = 7,5. Die Zahl der Freiheitsgrade ist 75 (= 45 + 32 − 2). Der Wert 7,5 ist so hoch, daß er in der Tabelle nicht mehr geführt wird. Wir haben es damit mit einem statistisch sehr gut gesicherten Unterschied in der Körpergröße von männlichen und weiblichen Personen zu tun.

$$t = \frac{\bar{x}_A - \bar{x}_B}{\sqrt{\dfrac{\sum_i (x_{A_i} - \bar{x}_A)^2 + \sum_i (x_{B_i} - \bar{x}_B)^2}{n_A + n_B - 2} \left[\dfrac{1}{n_A} + \dfrac{1}{n_B} \right]}}$$

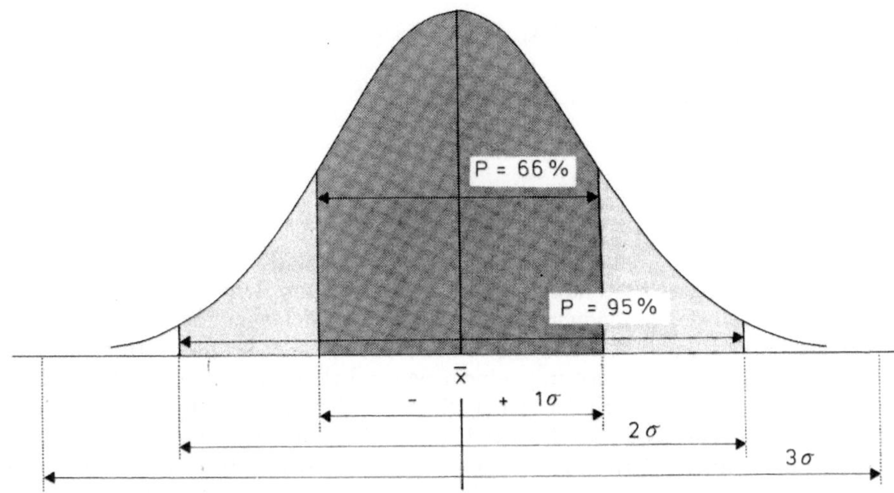

Abb. 2.7. Normalverteilung (Gauß-Verteilung). Wahrscheinlichkeit (P) für die Richtigkeit des Mittelwertes $\overline{x}$

3. Artbegriff, Abstammungslehre

Die Grundeinheit der biologischen Systematik ist die Art (Species). Ein wichtiges Kriterium einer Art ist die Kreuzbarkeit der Individuen untereinander und die Erzeugung fruchtbarer Nachkommen. Aber: es gibt zahlreiche Arten (vor allem bei Pflanzen und bei Bakterien), die sich vegetativ (z.B. durch Ableger) oder durch Teilung vermehren. Ein wichtiges Kriterium zur Unterscheidung von zwei verwandten Arten ist eine Diskontinuität in Bezug auf bestimmte Merkmale.

Großmöwen der *Larus argentatus*-Gruppe (Silbermöwen im weitesten Sinne) kommen an allen Meeresküsten der nördlichen Hemisphäre vor.

Die Urheimat der Großmöwen scheint der nordpazifische Raum gewesen zu sein. Von dort breiteten sie sich in westlicher und in östlicher Richtung aus. Während benachbarte Populationen noch voll untereinander kreuzungsfähig sind, erscheinen die Endglieder der Ausbreitung wie zwei getrennte Arten: so die in Mittel- und Nordeuropa vorkommenden *Larus argentatus* und *Larus fuscus* (Heringsmöwe). Zwei ähnliche, sich aber in der Regel nicht paarende Arten, die den gleichen Lebensraum besiedeln, nennt man sympatrische Arten.

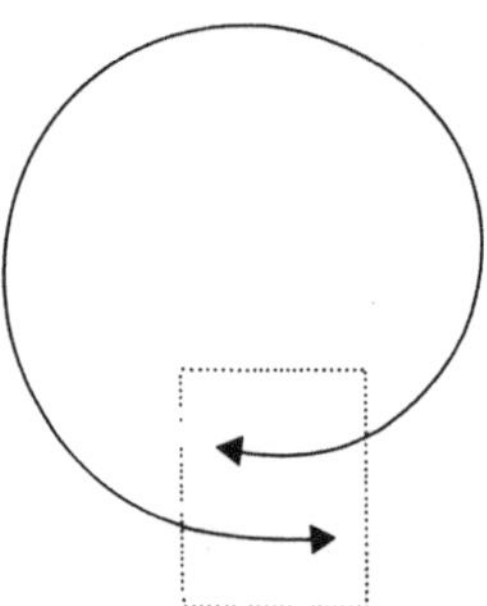

An diesem Beispiel läßt sich bereits erkennen, wie neue Arten entstehen können. Die Individuen einer Population sind untereinander nicht gleich (vgl. Kapitel 2). Man findet eine gewisse Variabilität. Eine sich ausbreitende Population sucht und besiedelt neuen Lebensraum. Ist dieser von dem ursprünglichen verschieden, ändern sich auch die Selektionskriterien: Eine bestimmte Teilpopulation kann in einem neuen Lebensraum eine höhere Überlebenschance haben als die übrigen Individuen und wird sich somit durchsetzen. Die Population in dem neuen Lebensraum entwickelt sich getrennt von der des alten. Dabei wird einmal der Punkt überschritten, an dem sich die Individuen der beiden Teilpopulationen nicht mehr erkennen und sich somit nicht mehr untereinander paaren. Wir haben zwei Arten erhalten.

Welche Voraussetzungen müssen erfüllt sein, damit sich Individuen uneingeschränkt paaren?
Es gibt Signale, an denen sich Individuen erkennen. Ein solches Signal ist bei den Großmöwen u.a. die Augenfarbe. Die nordamerikanische Art *Larus glaucoides* hat einen purpurnen Orbitalring und eine gelbbraun gefleckte Iris. Bei der *Larus argentatus* ist die Iris gelb, der Orbitalring orange. Beide Arten sind sympatrisch (A2 und D in der Abb. 3.1). M.G. Smith untersuchte, warum die beiden Arten sich nicht paaren und stellte fest, daß die Augenfarbe das entscheidende Signal beim Erkennen der Partner ist. Diese Feststellung untermauerte er durch Experimente. Er färbte bei Pärchen die Augen jeweils mit der Farbe der anderen Art und beobachtete dabei, daß die ♀ nunmehr von den ♂ nicht mehr erkannt und somit verlassen wurden. Umgekehrt hatte das Verfärben der Augen bei den ♂ Tieren keinen Einfluß auf das Verhalten der ♀ Tiere.

Zweifelsohne bietet die Augenfarbe beim Besiedeln eines neuen Lebensraums keinen Vorteil. Man muß folgern, daß rein zufällig Individuen mit einer bestimmten Augenfarbe einen neuen Lebensraum besiedelt haben, sich dort isolierten und daß im Laufe der Zeit dieses Merkmal einen selektiven Vorteil gewann.

Ein weiteres Beispiel: Alle erwachsenen Großmöwen tragen einen roten Fleck am

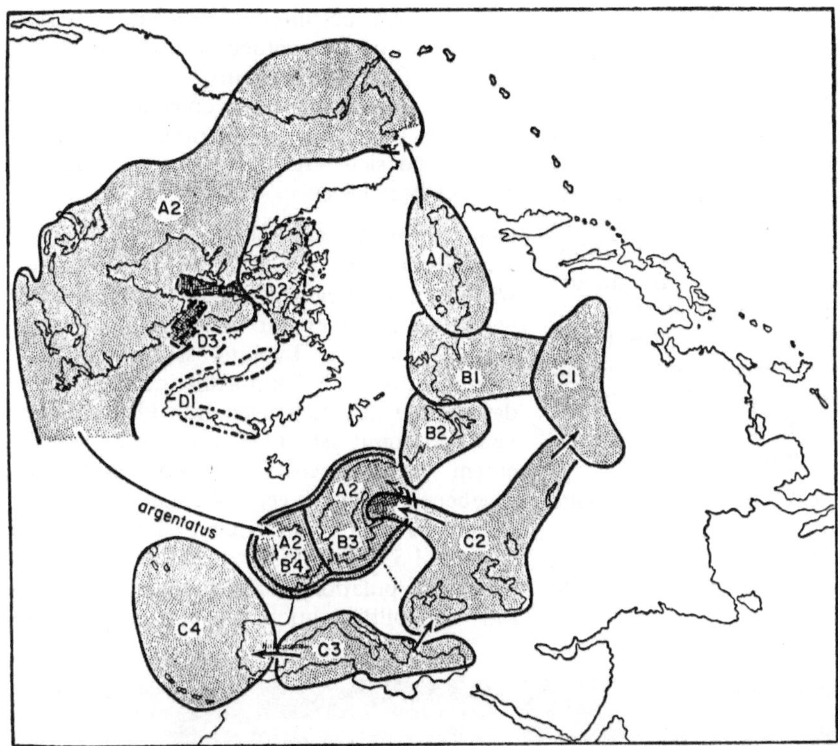

Abb. 3.1. Zirkuläres Überlappen bei Möwen der *Larus argentatus*-Gruppe. Die Unterarten A, B, C entwickelten sich in pleistozänen Refugien, D entwickelte sich in Nordamerika in eine gesonderte Art (*Larus glaucoides*). Als A sich im Postpleistozän ausdehnte, wahrscheinlich von einem nordpazifischen Refugium aus (Yukon? Alaska? Kamtschatka?), verbreitete sie sich quer über den gesamten amerikanischen Kontinent und nach Westeuropa (*argentatus*). Hier wurde sie mit *fuscus* (B3, B4), der westlichsten in der Kette der eurasiatischen Populationen, sympatrisch. (Aus E. Mayr, 1967)

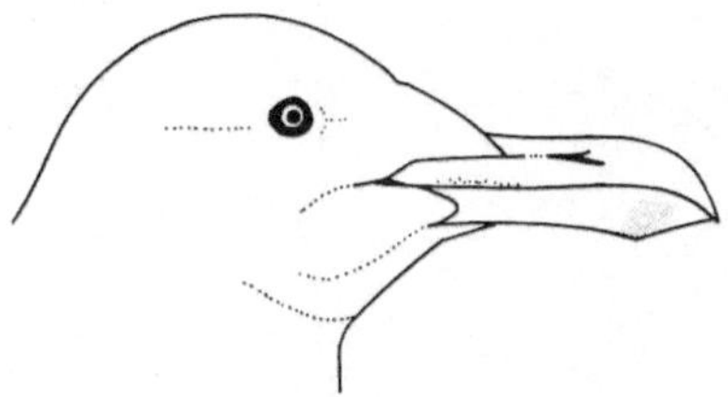

D: *Larus glaucoides*

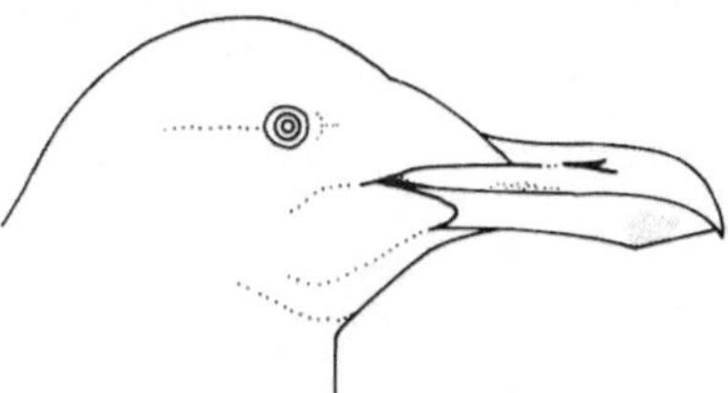

A2: *Larus argentatus*

Schnabel. Man weiß, daß auch dieser rote Fleck einen Signalwert besitzt. Junge Möwen sperren ihre Schäbel auf, sobald sie einen roten Fleck sehen. Erwachsene Tiere, denen dieser Fleck fehlt, würden bei ihren Jungen keinen oder nur einen schwachen Sperreflex auslösen. Die Jungen würden verhungern (N. Tinbergen, 1949).

Die Ausbreitung der Möwen der *Larus argentatus*-Gruppe geschah in der relativ kurzen Zeit von 10–15.000 Jahren. Der Lebensraum an den Küsten von Pazifik und Atlantik ist annähernd gleich. Eine Isolierung von Teilpopulationen kann dadurch entstanden sein, daß einzelne Gebiete, z.B. die kanadische Arktisküste, nach Besiedlung durch die Möwen durch Eis vom übrigen Land abgeschnitten wurde. Unterscheidet sich ein neu besiedelter Lebensraum weitgehend von dem ursprünglichen, so werden nur sehr wenige Individuen

18

überleben. Ein Beispiel, wie sich Individuen an einen neuen Lebensraum anpassen, sei aus der Botanik herausgegriffen: In trockenen Gegenden können nur solche Formen überleben, die wenig Wasser abgeben. Eine der funktionellen Formen ist die Sukkulenz (Dickfleischigkeit) der Sproßachse. Kakteen z.B. sind sukkulent (Abb. 3.2a). Es gibt aber auch sukkulente *Euphorbia*- (= Wolfsmilch-) Arten (vgl. Abb. 3.2b) wie die *Euphorbia canariensis* und die *Euphorbia handiensis*. Die beiden letztgenannten Arten kommen auf den Kanarischen Inseln vor. *Euphorbia*-Arten in Mitteleuropa dagegen, wie etwa die *Euphorbia peplus* (Gartenwolfsmilch) oder die *Euphorbia cyparissias* (Zypressenwolfsmilch) sind krautig.

Euphorbien und Kakteen sind nicht nahe miteinander verwandt. Der Blütenbau zeigt wenig Gemeinsamkeiten. Trotzdem hat sich bei beiden Gruppen die gleiche funktionelle Form entwickelt.

Bei einem bestimmten Problem, mit der Umwelt fertig zu werden, findet die Natur ähnliche (optimale) Lösungen. Man spricht hier von Konvergenz oder von analogen Merkmalen im Gegensatz zu den homologen Merkmalen, die sich auf das gleiche Grundorgan zurückführen lassen.

Wie kommt die Anpassung an einen Lebensraum zustande?
Wir haben den Begriff Selektion kurz erwähnt. Selektion ist einer der wesentlichen Punkte der Darwinschen Evolutionslehre (Abstammungslehre), der Selektionstheorie. Sie besagt, daß immer nur diejenigen Individuen überleben und somit selektiert werden, die sich in einem vorhandenen Lebensraum und einer gegebenen Situation gegenüber anderen durchsetzen: survival of the fittest. (Näheres hierzu s. Kapitel 59—66).

Eine Population bildet einen Genpool, dessen Variabilität durch die uneingeschränkte

a

b

Abb. 3.2. (a) Kaktee; (b) Wolfsmilch. (Aufn. W. Rauh, Heidelberg)

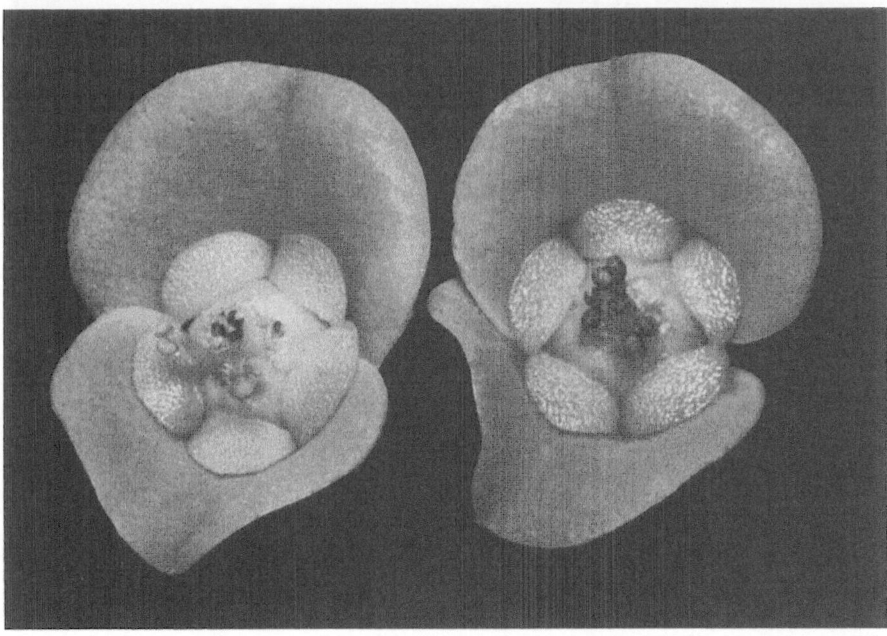

Abb. 3.3. (a) Blüten einer Kakteenart, (b) „Blüten" einer Wolfsmilchart. Es handelt sich hierbei um *Pseudanthien*, das sind Blütenstände, die einer Einzelblüte ähneln. (Aufn. W. Rauh, Heidelberg)

Paarung der Individuen untereinander erhalten bleibt. Eine Variabilität — eine Vergrößerung des Genpools — entsteht, weil ständig neue Mutationen und/oder Kombinationen im Erbmaterial auftreten, positive wie negative, aber nur Nachkommen von Individuen mit positiven Änderungen erlangen einen Selektionsvorteil. Die Evolutionsgeschwindigkeit ist u.a. von der Geschwindigkeit abhängig, mit der sich die Umweltbedingungen wandeln. Selektionsbedingungen ändern sich als Funktion der Zeit, z.B. durch Klimaänderung, durch Heben und Senken der Erdoberfläche u.a. Solche Änderungen führen zum Aussterben alter und zum Entstehen neuer Arten. Die Evolutionsgeschwindigkeit der Landorganismen ist höher als die der Meeresorganismen, weil die Bedingungen des Landlebens variabler sind als die im Meer. Auf dem Lande ist somit eine größere Variabilität der Organismen entstanden als im Meer.

Die Evolution ist ein irreversibler Vorgang. Es gibt zahlreiche Sackgassen. Da wir diesen Vorgang nicht beobachtet haben und ihn nie werden beobachten können, müssen die meisten Aussagen über die Abstammungslehre rekonstruiert werden. Ausgestorbene Zwischenglieder liegen unter Umständen als Fossilien vor. Als Hilfswissenschaften müssen Genetik, Tier- und Pflanzengeographie, die vergleichende Morphologie und Anatomie, die Physiologie und die Verhaltensforschung herangezogen werden. Alle Methoden zusammen waren notwendig, um die Selektionstheorie zu beweisen. Sie ist heute weitgehend gesichert.

Biologie ist als Wissenschaft eines historischen Ablaufs zu verstehen. Zu den vorhandenen Formen haben sich wegen der Komplexität biologischer Systeme keine logisch verneinbaren Strukturen (Alternativen) entwickeln können, wie man sie in der Mathematik und in anderen Naturwissenschaften kennt:

	Alternativen	
Mathematik	+ reelle Zahlen	— imaginäre Zahlen
Physik	Proton Elektron Kraft	Antiproton Positron Gegenkraft
Chemie	optische Isomeren	
	L-Form	D-Form

Es gibt keine Antitiere, keine Antipflanzen.

Literatur

Mayr, E.: Artbegriff und Evolution. Hamburg: Parey 1967.

Mayr, E.: Grundlagen der zoologischen Systematik. Hamburg: Parey 1975.

Smith, N.G.: Visual isolation in gulls. Sci. Am., Oktober 1967, S. 95.

Tinbergen, N.: De functie van de rode vlek op de snavel van de Zilvermeeuv. Bijdragen tot de Dierkunde 28, 453 (1949).

4. Beobachtungen, Experimente, Extrapolationen

Aussagen werden gewonnen und bekräftigt, indem man zahlreiche Einzelbeobachtungen sammelt. Man betrachtet also eine kleine Stichprobe und verallgemeinert daraus mit einer mehr oder weniger großen Wahrscheinlichkeit. Dieses Vorgehen wird als Induktion bezeichnet. Der Beweis der Darwinschen Selektionstheorie ist ein gutes Beispiel dafür.

Welche Folgerungen man aus einer Serie von Beobachtungen ziehen kann, sei am Beispiel der Entdeckung der geschlechtlichen Fortpflanzung von Pflanzen erläutert. Das Wissen über das Vorkommen von Geschlechtern bei Tieren ist so alt wie die menschliche Kulturgeschichte. Der Beweis, daß es auch bei Pflanzen Geschlechter gibt, wurde von dem Tübinger Professor der Medizin und Direktor des Botanischen Gartens R.J. Camerarius (1665–1721) geführt. Im Jahre 1694 erschien sein Buch: „*De sexu plantarum epistola*", über das an dieser Stelle berichtet werden soll. Das Werk, das in Form eines Briefes an einen Freund geschrieben wurde, beginnt mit der Vorstellung der Methode:

„. . . laß mich also zuerst von einer Beschreibung der Pflanze ausgehen . . . ".

Er beschreibt darauf in allen Details Blütenform und -zusammensetzung bei einer großen Zahl von Pflanzen, er zitiert Beobachtungen anderer Autoren und betrachtet schließlich Form und Funktion der Staubbeutel:

„. . . es wird ein ziemlich feiner, zarter gleichfarbiger Staub frei, der von ihnen ausgestreut und in die Umgebung verbreitet wird . . . ".

Um weitere Details zu erkennen, konzentriert er sich auf die Beobachtung der Erbsenblüte. Er stellt fest, daß der Staub auf die Narbe des *Pistills* (Stempels) fällt:

„. . . auf diese gleichzeitige Entfaltung der *Petalen* (Kronblätter) und der Staubbeutel folgt nach kurzer Zeit in ähnlicher Weise das Absterben und dann schwillt der untere, bleibende Teil des *Pistills* an."

Es folgt ein ausführlicher Bericht, wie sich hieraus die Erbsenschote entwickelt:

„. . . denn so etwas kann man nur beschreiben und abbilden, wenn man es selbst mit Augen gesehen hat."

Er untersucht weitere Objekte:

„ So finden sich also nicht nur bei Kräutern, sondern auch bei Bäumen die Anlagen der Früchte in den Blüten und gleichzeitig mit ihnen, und folglich wären zu gleicher Zeit regelmäßig soviel Früchte zu erhoffen, als vorher Blüten dagewesen wären."

Er entkräftet den Einwand, daß bei Bäumen weniger Früchte als Blüten gefunden werden mit der Feststellung, daß ungünstige Umstände die Zahl der Früchte reduzieren.

Er beschreibt getrenntgeschlechtliche Blüten. Bei der Hasel charakterisiert er die „roten Fädchen" als Stempel und findet, daß die Kätzchen nur Staubbeutel enthalten. Auch zweihäusige (*diözische*) Pflanzen sind ihm nicht unbekannt geblieben: Bingelkraut, Hanf, Spinat, Hopfen etc. Weibliche und männliche Pflanzen müssen nahe beieinander stehen, sonst gibt es keine Fruchtbildung.

Er unternimmt einen Isolationsversuch. Einige weibliche Hanfpflanzen holt er vom Feld und züchtet sie in seinem Garten weiter. Dabei kommt es nur in einem Einzelfall zu einem Fruchtansatz. Er rätselt, wie so etwas geschehen könnte und verfällt auf die Annahme, die weibliche Hanfblüte könnte durch Pollen einer anderen Art bestäubt worden sein. Um das zu testen, untersucht er die Nachkommenschaft dieser Hanfpflanze. Er findet nur Hanfpflanzen: damit scheidet diese Annahme aus. Er kann sich nicht erklären, wie trotzdem ein Fruchtansatz zustande kam. Eine heutige Erklärung wäre entweder, daß sein Isolationsverfahren nicht strengsten Maßstäben standhielt, (in modernen Laboratorien werden für solche Zwecke pollendichte Kammern verwendet) oder, der Fruchtansatz erfolgte tatsächlich auf ungeschlechtlichem Wege, denn inzwischen weiß man, daß so etwas bei Pflanzen nicht außergewöhnlich ist (*Apomixis*).

Die geschilderten Beobachtungen reichten Camerarius nicht aus, um eine abschließende Schlußfolgerung zu ziehen. Er führte ein weiteres Experiment durch:

„ . . . denn als ich beim *Ricinus* die runden Blütenknospen vor der Entfaltung der Staubbeutel entfernt und das Auftreten neuer sorgfältig verhindert hatte, erhielt ich aus den vorhandenen unverletzten Samenanlagen niemals einen vollkommenen dreiknöpfigen Samen, sondern ich sah die tauben Samenhäute herabhängen und schließlich verwelkt und verschrumpft untergehen."

Anschließend schreibt er:

„ . . . ich gehe also über zum Tierreich, wo es nach dem einstimmigen Urteil aller eine geschlechtliche Verschiedenheit gibt."

Er folgert in Analogie dazu, daß die Staubbeutel den männlichen Geschlechtsteilen und der untere Teil des *Pistills* mit den weiblichen Geschlechtsteilen in ihrer Funktion gleichzusetzen sind.

Er sieht, daß er mit den ihm zur Verfügung stehenden Methoden am Ende ist, weist aber darauf hin, in welcher Richtung die Forschung weitergehen könnte:

„ . . . es wäre doch sehr zu wünschen zur Lösung dieser schwierigen Frage, daß wir von denen, die durch ihre optischen Instrumente mehr als Luchsaugen haben, erführen, was die Körnchen der Staubbeutel enthalten, wieweit sie in den weiblichen Apparat eindringen."

Der Erfinder eines leistungsfähigen Mikroskops, der Holländer Antony van Leeuwenhoek (1632–1723), war ein Zeitgenosse von Camerarius. Seine Erfindung gab Leeuwenhoek in den "Philosophical Transactions of the Royal Society of London" im Jahre 1677 bekannt.

Schließlich beschreibt Camerarius ein ihm unerklärliches Phänomen:

„ . . . es gibt Pflanzen, die Staubbeutel besitzen und zwar reichlich, aber keine Samen. Nun aber scheint es nicht glaublich, daß bei einer Pflanzenart die Weibchen fehlen. Dann wären die Männchen, wenn auch noch so zahlreich, umsonst da, und die Natur würde ihren Endzweck, nämlich die Fortpflanzung, nicht erreichen."

Er nennt solche Pflanzen: Bärlapp und Schachtelhalm. Sie haben ein

„ . . . Köpfchen, das voll Staubbeutel ist, und vollkommen den Kätzchen der Waldbäume gleicht."

Er hat nicht wissen können, daß dieser gelbe Staub nicht aus Pollen, sondern aus Sporen besteht. Er hätte zwar einen weiteren Versuch anstellen können: Er hätte den Staub aussäen und daraus Pflanzen erhalten können. Nur — da damals das Konzept der blütenlosen Pflanzen unbekannt war — hätte er kaum einen ihm verständlichen Schluß aus diesem Versuch ziehen können. Ein Dilemma würde bestehen bleiben. Der Nachweis geschlechtlicher Fortpflanzung bei blütenlosen Pflanzen konnte erst geführt werden, nachdem das Mikroskop ein gängiges Hilfsmittel der Botaniker geworden war.

Literatur

Camerarius, R.J.: Über das Geschlecht der Pflanzen. Übersetzt und herausgegeben von M. Möbius. Ostwald's Klassiker der exakten Wissenschaft, Nr. 105, Leipzig: 1899.

5. Einige Beispiele aus der experimentellen Forschung

Vielen naturwissenschaftlichen Aussagen liegen Experimente zugrunde. Bevor man ein Experiment beginnt, muß man sich darüber im klaren sein, warum man es beginnt und wie man es durchführt. Man braucht ein Konzept, nach dem man vorgeht. Man macht ein Experiment, um eine vorher aufgestellte Frage (eine Hypothese) zu überprüfen. Eine Hypothese ist sinnvoll und gut, wenn sich die Aussage experimentell prüfen läßt. Ein Experiment ist nur dann als gut zu bezeichnen, wenn es auf eine Hypothese eine eindeutige Antwort gibt, entweder zustimmend oder ablehnend.

1. Antibiotikaresistenz

Als Beispiel seien das folgende Problem und seine Vorgeschichte genannt: Es ist bekannt, daß Antibiotika (wie Penicillin, Streptomycin u.a.) Bakterien abtöten. Es ist weiterhin bekannt, daß einzelne Bakterien aus einer großen Bakterienpopulation die Behandlung mit Antibiotika überleben und Nachkommen produzieren, die ebenfalls resistent gegenüber dem eingesetzten Antibiotikum sind. Es stellt sich somit die Alternativfrage, ob Resistenz dadurch entsteht, daß

a) einige Bakterien von vornherein resistent waren und nunmehr als einzige überleben und sich vermehren können, weil die restlichen durch das Antibiotikum abgetötet wurden, oder

b) das Antibiotikum die Erbeigenschaften einiger Bakterien verändert hat.

Um diese Frage zu entscheiden, müssen wir natürlich zunächst einmal wissen, welche experimentellen Methoden uns zur Verfügung stehen. Einzelne Bakterien sind nur bei stärkerer Vergrößerung unter dem Mikroskop sichtbar. Man kann aber sehr häufig, wie auch in unserem Fall, auf das Mikroskop verzichten, wenn man sich damit begnügt, nicht ein Einzelbakterium, sondern seine Nachkommenschaft zu betrachten.

Bakterien vermehren sich durch Teilung. Aus einem Individuum entstehen 2, aus diesen beiden 4, dann 8, 16 usw. Bakterien kann man in einer wäßrigen Nährlösung wachsen lassen und erkennt wenige Stunden nach der Infektion eine Trübung der Lösung.

Man kann der Nährlösung Agar (ein Polysaccharid, gewonnen aus einer Rotalge) zusetzen. Agar ist nur bei höherer Temperatur flüssig und erstarrt beim Abkühlen zu einem Gel. Eine Nährlösung mit Agar kann man in einer Petrischale erkalten lassen und erhält somit eine Agarplatte (im Laborjargon einfach Platte genannt).

Gerät ein Einzelbakterium darauf, so wird es beginnen, sich zu teilen. Die Nachkommen werden an dieser Stelle der Agarplatte eine Kolonie von wenigen Millimetern Durchmesser bilden. Hat man eine Lösung und möchte prüfen, wieviele Bakterien sie enthält, verteilt man nur einen kleinen Teil davon (0,05–0,1 ml) auf einer Agarplatte und zählt nach etwa 24 Std die Kolonien aus. Ist die Zahl sehr hoch, so daß man die Einzelkolonien nicht mehr als getrennte Einheiten voneinander unterscheiden kann, weil sie ineinanderfließen, so muß man eine Verdünnungsreihe ansetzen.

Bevor wir weiter über Antibiotikaresistenz diskutieren, sollten wir uns einmal im Experiment anschauen, wie eine solche Verdünnungsreihe angesetzt wird, und zu welchen Ergebnissen man kommen kann. Dazu brauchen wir zunächst einmal Bakterien. Es ist bekannt, daß sie u.a. in großer Zahl im Flußwasser gefunden werden, wenn z.B. ungeklärte Abwässer eingeleitet werden. Der Versuch, den wir hier besprechen wollen, ist am 4.7.73 in Heidelberg mit Neckarwasser durchgeführt worden. Er kann uns somit gleichzeitig eine quantitative Angabe über den Grad der Umweltverschmutzung im Raum Heidelberg liefern. Geprüft wurde, wieviele Bakterien in einem Milliliter (Liter) Neckarwasser enthalten sind. Als

Kontrolle wurde parallel dazu ein Test mit Leitungswasser angesetzt. Die Verdünnungen wurden nach dem folgenden Schema ausgeführt:

1 ml Neckarwasser und 4 ml steriles (abgekochtes) Wasser wurden gemischt (Verdünnung: 1:5).

Daraus wurde 1 ml entnommen und mit 4 ml sterilem Wasser gemischt (Verdünnung: 1:25).

Daraus wurde wieder 1 ml entnommen und mit 4 ml sterilem Wasser gemischt (Verdünnung: 1:125).

Von jeder dieser Proben wurden nun 0,1 ml entnommen und auf je eine Agarplatte gleichmäßig verteilt (= plattiert). Diese Platten wurden für 24 Std bei 37° C gehalten (inkubiert). Anschließend wurden die Kolonien ausgezählt und die Werte auf doppelt logarithmischem Papier aufgetragen (Abb. 5.1). Logarithmisches Papier verwendet man zur Darstellung experimenteller Werte immer dann, wenn sich die Werte über mehrere Größenordnungen verteilen. In unserem Fall erhalten wir eine Gerade, die eine Neigung von 45° hat. Aus dem 45°-Winkel können wir ablesen, daß die Zahl der Kolonien der Verdünnung direkt proportional ist.

Die Zahl der Kolonien pro Platte mal dem Verdünnungsfaktor mal 10 (wir haben ja nur 0,1 ml ausplattiert) ergibt die Anzahl der Bakterien pro Milliliter der Ausgangslösung (hier:

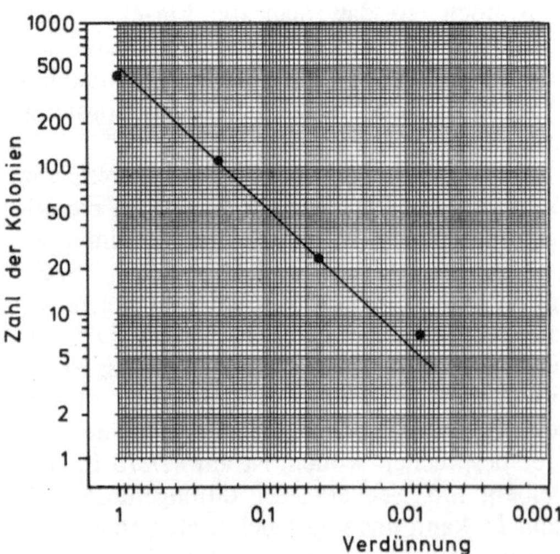

Abb. 5.1. Bakterien im Neckarwasser. Beispiel für eine Verdünnungskurve. 0,1 ml einer jeden Probe wurden ausplattiert

Neckarwasser). Wir erhalten einen Wert von ca. 5.000/ml; oder anders ausgedrückt: In einem Liter Neckarwasser aus dem Raum Heidelberg findet man 5 Millionen Bakterien (am 4.7.73). Im Leitungswasser dagegen haben wir in unserem Versuch keine Bakterien nachgewiesen. Viele der im Neckar (und anderen verunreinigten Flüssen) vorkommenden Bakterien gehören zu der Art *Escherichia coli* (abgekürzt: *E. coli*), dem Darmbakterium. Massenhaftes Auftreten von *E. coli* deutet darauf hin, daß ungeklärte Abwässer in den Fluß eingeleitet worden sind. *E. coli* ist, wie wir später noch mehrfach sehen werden, zu einem beliebten Versuchsobjekt der Molekulargenetiker geworden.

Kommen wir zurück zu unserer eingangs gestellten Frage: Worauf beruht Antibiotikaresistenz? Um antibiotikaresistente Bakterien zu finden, muß man den oben beschriebenen Versuch leicht modifizieren. Man braucht dazu Agarplatten, die außer der Nährlösung das zu testende Antibiotikum enthalten. Auf solchen Platten wachsen nur resistente Bakterien. Um zwischen den beiden vorhin genannten Alternativen zu entscheiden, müssen wir, nachdem wir die Versuchstechnik kennen, folgende Überlegung anstellen: Resistenz gegenüber Antibiotika ist selten, d.h. wenn wir eine Probe mit nur 100 Individuen haben, ist es sehr unwahrscheinlich, daß wir darunter resistente Bakterien finden.

Nun ein Gedankenexperiment: Nehmen wir an, unsere Alternative a) sei richtig, dann müßte die Resistenz durch eine Mutation irgendwann einmal entstehen. Die Nachkommen dieser Mutante würden sich auch ohne Antibiotikum genau so wie die nicht resistenten Bakterien vermehren.

Die Vermehrungsrate errechnet man nach der Formel $N_t = N_0 2^n$, wobei N_t die Anzahl der Bakterien zu einem bestimmten Zeitpunkt, N_0 ihre Anzahl zu Versuchsbeginn und n die Zahl der Generationen (Teilungsschritte) ist. Bakterien vermehren sich in der Regel durch eine einfache Zweiteilung. Um 10^2 Bakterien auf eine Zahl von 2×10^9 zu bringen, bedarf es n = 24 Teilungsschritte! Da die Generationsdauer von *E. coli* etwa 20 min beträgt, dauert die Vermehrung ca. 8 Std. Setzen wir parallel etwa 8 Röhrchen mit Nährlösung an und beimpfen jedes mit je 100 Bakterien, so werden sie sich darin vermehren. Dabei können durch Mutation resistente Individuen entstehen. Es gibt aber keinen Grund zu der Annahme, daß die Resistenz in jedem Röhrchen zum gleichen Zeitpunkt auftritt. Im Gegenteil: man muß erwarten, daß eine solche Mutation in dem einen Röhrchen früher, in einem anderen wesentlich später auftritt (Abb. 5.2). Die Folge davon wäre aber, daß die Zahl der antibiotikaresistenten Bakterien von einem Röhrchen zum anderen stark variieren müßte.

Diese Aussage ist überprüfbar. Man gibt Proben aus jedem Gläschen auf antibiotikumhaltige Agarplatten (die untereinander alle gleich sind). Die Ergebnisse eines solchen Versuchs sind in der folgenden Tabelle wiedergegeben:

Ein anderer Punkt ist aber noch zu beachten, und er ist nicht minder wichtig: Man braucht in einem solchen Versuch eine sinnvolle Kontrolle. Hierzu setzt man ein Röhrchen an, das achtmal soviel Nährlösung enthält wie jedes der 8 anderen und beimpft es mit 800 Bakterien. Dabei müßten im Durchschnitt genauso viele Mutationen auftreten wie in den 8 voneinander unabhängigen Proben. Nur tritt hier eine Vermischung auf, wir müßten somit bei mehrfacher Probenentnahme stets die gleiche Zahl von Kolonien auf den Testagarplatten finden. Das ist auch der Fall, wie aus der Tabelle hervorgeht. Es soll nochmals betont werden, daß weder die Versuchsröhrchen (Nr. 1–8) noch das Kontrollröhrchen ein Antibiotikum enthalten. Anti-

Wieder- holungen	Anzahl resistenter Bakterien in 0,1 ml aus Gläschen Nr.:								Kontrolle			
	1	2	3	4	5	6	7	8				
1	24	116	81	6	41	74	12	52	48	50	–	32
2	12	111	90	8	36	86	23	31	45	49	44	59
3	15	83	81	10	24	40	22	48	43	40	12	35
4	14	122	47	11	40	72	23	52	69	56	68	66
5	17	93	86	5	31	75	19	31	53	43	36	–
6	30	107	104	17	30	66	25	60	65	68	81	62
7	35	119	41	8	23	106	33	40	51	48	50	53
8	24	123	98	23	56	83	27	60	59	61	46	53
9	35	132	65	13	49	108	34	69	50	59	54	73

Diese Werte stammen aus einem Praktikumsversuch: 9 studentische Arbeitsgruppen waren an dem Versuch beteiligt. Jede erhielt die gleiche Menge Bakterien aus den Gläschen 1–8 und testete sie auf antibiotikumhaltigen Platten. Die in der Tabelle untereinanderstehenden Werte kommen von den verschiedenen Arbeitsgruppen. Sie zeigen nur eine geringe Variabilität untereinander. Man erkennt eine wesentlich höhere Variabilität, wenn man die nebeneinanderstehenden Werte miteinander vergleicht. Selbstverständlich müßte man diese Aussage auch statistisch absichern (das Verfahren, das in einem solchen Fall eingesetzt wird, ist die Varianzanalyse, die im wesentlichen mit den gleichen Rechenoperationen arbeitet, wie wir sie zur Berechnung der s- und t-Werte kennengelernt haben).

biotikum kommt nur in den Agarplatten vor. Die Ergebnisse zeigen eindeutig, daß die Alternative a) richtig ist. Sie sagen aber genauso eindeutig, daß die Alternative b) falsch ist. Wäre b) richtig, dürfte beim Vergleich der Gläschen 1–8 untereinander keine so große Variabilität zu finden sein, da alle Bakterien der gleichen Art der Antibiotikumbehandlung ausgesetzt waren.

Ein Experiment, das zwischen zwei Alternativen eindeutig unterscheidet, nennt man ein entscheidendes Experiment. Der hier beschriebene Versuch – auch Fluktuationstest genannt – wurde 1943 von S. Luria und M. Delbrück erdacht und erstmalig durchgeführt. Der einzige Unterschied zwischen dem ursprünglichen Luria-Delbrück-Experiment und dem hier beschriebenen liegt darin, daß Luria

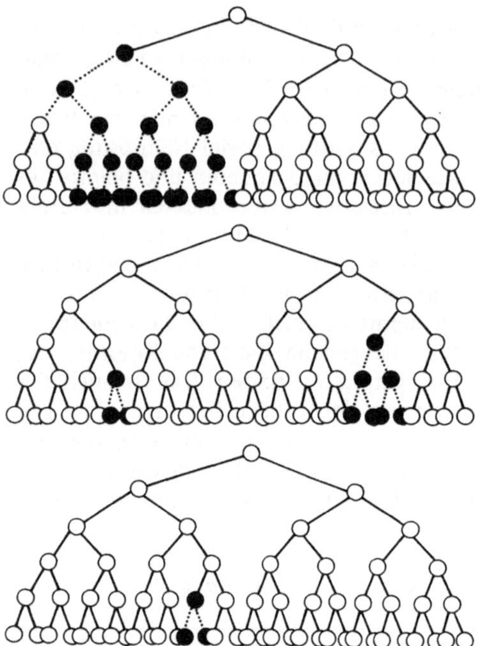

Abb. 5.2. Entstehung von Resistenz gegen ein Antibiotikum durch zufällige Mutation. In den drei Diagrammen ist die Nachkommenschaft je eines einzelnen Bakteriums wiedergegeben. Eine Mutation ist durch einen dunklen Punkt angedeutet. Je eher sie auftritt, desto mehr mutierte Zellen wird man in der Nachkommenschaft finden, da die Mutante mehr Zeit hat, sich in der Population durchzusetzen

und Delbrück nicht auf Antibiotikaresistenz hin prüften, sondern auf Resistenz der Bakterien gegenüber Bakteriophagen (= Phagen, = Bakterienviren). Wir können hieran sehen, daß man mit dem gleichen Konzept verschiedene spezielle Einzelprobleme testen kann.

Allgemeine Folgerungen (z.T. nach Ergebnissen aus einer Reihe weiterer Experimente):
— Resistenz gegenüber Antibiotika entsteht zufällig. Resistente Bakterien haben einen Selektionsvorteil, sobald sie in einen antibiotikumhaltigen Lebensraum geraten.
— Häufiger Einsatz eines Antibiotikums führt zur Selektion antibiotikaresistenter Stämme (z.B. in Krankenhäusern).
— Anwendung von Antibiotika im Viehfutter ist deshalb so gefährlich, weil man resistente Bakterien anreichert. Für Viehfutter verwendete Antibiotika sind deshalb für klinische Zwecke unbrauchbar.
— Resistenz wird nur gegenüber einem bestimmten Antibiotikum erworben. Penicil-

linresistente Stämme sind nicht streptomycinresistent. Resistenz gegen mehr als ein Antibiotikum kann aber in mehreren aufeinanderfolgenden Schritten erworben werden, z.B. durch Selektion streptomycinresistenter Formen aus einer Population, die bereits penicillinresistent ist.
— Es gibt bei Bakterien einen Mechanismus, bei dem Resistenz von einem Bakterium auf ein anderes übertragen werden kann. Außerdem gibt es bereits Stämme, die gegen eine große Zahl von Antibiotika resistent geworden sind und dieses weite Spektrum an Resistenz als ganze Einheit auf andere Bakterien übertragen (s. S. 247).
Aus genannten Gründen ist eine leichtsinnige und häufige Anwendung von Antibiotika zu verwerfen. Man nimmt sich dadurch die Möglichkeit, im Ernstfall über wirkungsvolle Medikamente zu verfügen.

2. Transformation

Pneumokokken der Art *Diplococcus pneumoniae* sind Erreger der Lungenentzündung. 1928 beobachtete Griffith, daß es zwei Typen von Pneumokokken gibt:
a) smooth- (Glatt-) Typen
b) rough- (Rauh-) Typen.
Die Bezeichnungen beziehen sich auf das Aussehen der Bakterienkolonien auf Agarplatten. Betrachtet man einzelne Bakterien im Mikroskop, so findet man, daß die smooth-Typen von einer Kapsel umgeben sind, während dem rough-Typ die Kapsel fehlt. Die Kapsel besteht aus Kohlenhydraten. Entscheidend ist, daß nur Bakterien mit dieser Kapsel in Mäusen pathogen sind.

Griffith machte folgenden Versuch: Er inaktivierte smooth-Typ-Bakterien durch Erhitzen und mischte die abgetöteten Bakterien mit lebenden Bakterien des Typs rough. Die Mischung injizierte er in Mäuse und stellte fest, daß alle so behandelten Tiere an Lungenentzündung starben.

1944 nahmen die New Yorker Mikrobiologen Avery, McLeod und McCarty diese Versuche wieder auf. Sie wollten wissen, welche Komponente der abgetöteten Bakterien die Pathogenität auf die nichtpathogenen übertrug. Sie fanden, daß es die Desoxyribonu-

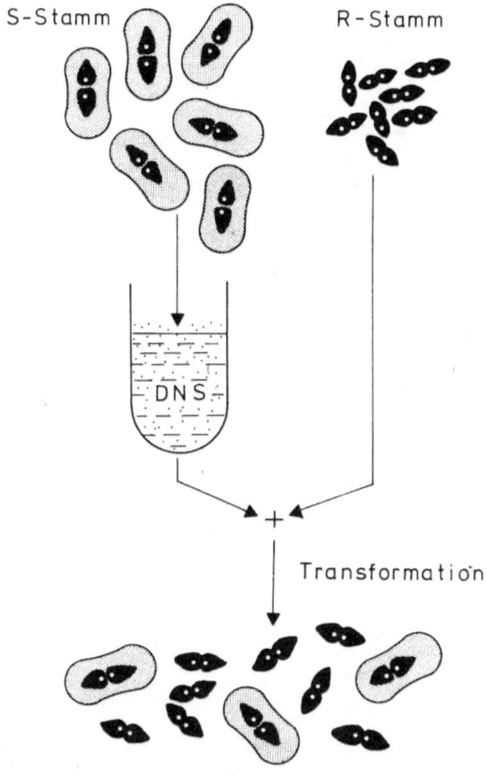

Abb. 5.3.   Transformationsexperiment nach Avery, McCarty und McLeod

kleinsäure (DNS, DNA) war (vgl. Abb. 5.3). Sie beobachteten noch etwas: Die Übertragung der Pathogenität war erblich! Den Übertragungsvorgang nannte man Transformation. Durch diesen Versuch zeigten Avery, McCarty und McLeod, daß Moleküle (DNS) eine genetische Eigenschaft übertragen können; eine Forderung, wie sie Delbrück aufgestellt hatte und wie sie von Schrödinger in seinem Buch "What is Life?" 1943 abgeleitet wurde (vgl. Kapitel 1). Ein neuer Wissenschaftszweig war entstanden: die Molekulare Genetik.

3. DDT

Als letztes Beispiel in diesem Kapitel wollen wir die Wirkung eines Fremdstoffs in einem lebenden System betrachten. DDT (Dichlordiphenyltrichloräthan) wurde um das Jahr 1940 als Insektenvertilgungsmittel eingeführt. Besonders eindrucksvoll ist die Verminderung von Malariafällen in vielen Teilen der Erde nach Einsatz von DDT, weil hierdurch die Anzahl der Malaria-übertragenden Mücken (*Anopheles*) vermindert wurde. So gab es z.B. in der UdSSR:

im Jahre	registrierte Patienten
1946	3.364.502
1950	721.239
1955	35.704
1959	1.500
1960	–

(Nach Zhadnow: Epidemiology, Foreign Languages Publishing House, Moskau, zitiert nach Handler: Biology and the Future of Man, 1970).

Ferner: in Sri Lanka waren vor dem 2. Weltkrieg 70% der Bevölkerung von Malaria befallen. Die Todesrate betrug:
im Jahre 1945: 22 pro 1.000,
eine Dekade nach Einführung des DDT
im Jahre 1954: 10 pro 1.000,
im Jahre 1969: 8 pro 1.000.
Konzentrationen toxischer (giftiger) Substanzen werden als ppm (parts per million) angegeben: 1 Teil Gift : 1 Million Teile Lösungsmittel (Milligramm pro Liter). Diese Angaben sind nur dann sinnvoll, wenn
1. sich die Substanzen vollständig mischen und
2. die Diffusionskonstante hoch ist, wenn die Substanzen sich also im Lösungsmittel schnell verteilen.

Die beiden Bedingungen werden nicht einmal in unbelebten Systemen realisiert, z.B. absorbieren Substanzen an Grenzflächen (etwa Erde/Wasser). Wenn biologische Systeme beteiligt sind, ändert sich die Situation radikal. Meerestiere, z.B. Muscheln, ernähren sich, indem sie das umgebende Wasser filtern. Auf diese Weise reichern sie Substanzen aus der Umgebung an. Von Muscheln wiederum ernähren sich die Fische, und die wiederum sind Beute mancher Vögel. Wir haben es mit einer Nahrungskette zu tun. Bei dieser Aussage ist vorausgesetzt, daß die Ausgangssubstanzen im Stoffwechsel nicht abgebaut werden.

Die Zahl der Organismen auf einer bestimmten Stufe der Nahrungskette ist stets geringer

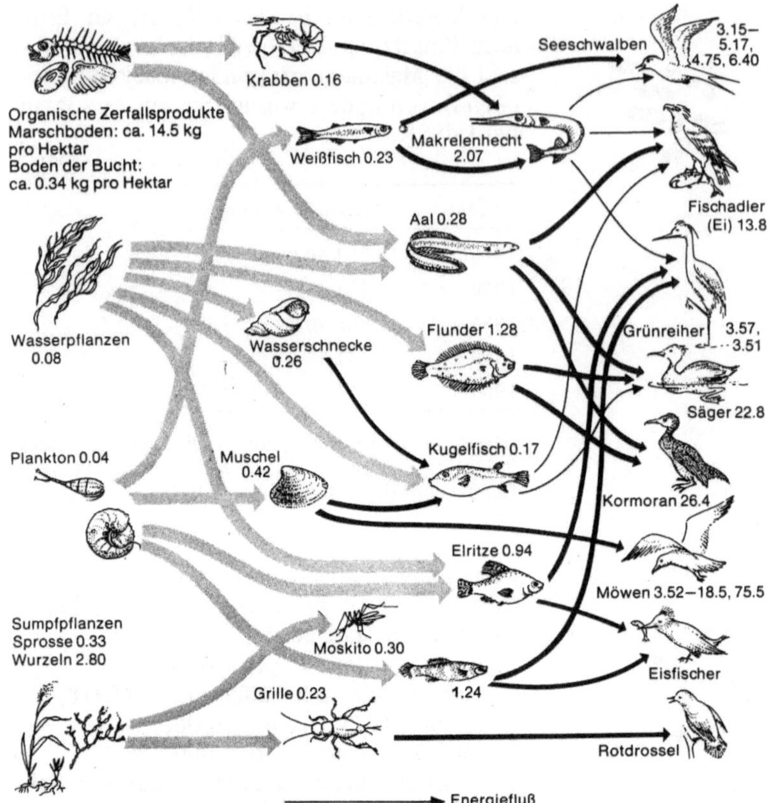

Abb. 5.4. Einige Nahrungsketten. Die Zahlen geben DDT-Mengen in ppm an, die in den einzelnen Arten nachgewiesen wurden. Die Werte stammen aus Untersuchungen auf Long Island bei New York. (Nach Woodwell, 1967; aus Ehrlich, P. u. A., 1972)

als die Zahl ihrer Beutetiere. Die Biomasse nimmt ab, je höher die Art in der Nahrungskette steht, da ein Teil der aufgenommenen Nahrung in Energie umgesetzt wird. Nach dem 2. Gesetz der Thermodynamik nimmt die Entropie zu. Anders als mit der üblichen Nahrung, treten beim DDT nur kleine Verluste bei jedem Schritt in der Nahrungskette auf. Das ist auf zwei Umstände zurückzuführen:

1. DDT wird im Organismus nicht abgebaut.
2. DDT ist in Fett besser löslich als in Wasser.

Das ist der Grund, warum die DDT-Konzentration in Vögeln bis zu einer Million mal so hoch sein kann wie im Wasser (vgl. auch Abb. 5.4.).

Die Beschreibung eines Vorfalls soll die Folgen verdeutlichen. Am Clear Lake in Kalifornien (nördlich von San Franzisko) kam eine Mückenart in großer Menge vor und störte einige der Sonntagsfischer. 1949 wurde die Gegend um den See mit DDD, einer DDT-ähnlichen Verbindung in einer Konzentration von 0,02 ppm besprüht. 99% der Insekten wurden dadurch ausgerottet. Bis 1954 erholte sich die verbliebene Mückenpopulation. Das Spritzen wurde mit nahezu gleich gutem Erfolg wiederholt. 1957 wurde ein drittes und letztes Mal gespritzt. In der Zwischenzeit waren die Mücken und 150 andere Insektenarten gegen DDD resistent geworden (vgl. S. 25: Selektion resistenter Typen!). Das Spritzen hatte keinen Effekt mehr. Zwei Wochen danach wurde im See kein DDD mehr nachgewiesen.

Zu welchen Schäden führte die Aktion? 1950 brüteten am Clear Lake etwa 1.000 Paare von *Aechmophorus occidentalis*, einer Vogelart, die dem heimischen Haubentaucher ähnlich ist. Nach 1954 starben viele Individuen. 1957 und in den Jahren danach folgte ein Massensterben. Von 1950 bis 1961 gab es keine Nachkommenschaft. Erst 1962 tauchte wieder ein Einzelstück am See auf, ab 1969 beobachtete man eine erneute Zunahme dieser Vogelart.

Man analysierte den DDD-Gehalt im Fettgewebe folgender Arten des Clear Lake und erkannte, wie sich das DDD anreicherte (vgl. mit dem Gehalt im Seewasser):

Plankton:	250 x
Frösche:	2.000 x
Fische:	12.000 x*
Aechmophorus:	80.000 x

Warum haben Vögel, in denen DDT (DDD) angereichert ist, keine Nachkommenschaft?
Man fand, daß die Dicke der Eischale abnahm (vgl. Abb. 5.5). Sie war schließlich so gering, daß sie unter der Last des brütenden Vogels brach. Heute ist die Anwendung von DDT in einigen Ländern verboten, in anderen stark eingeschränkt (vgl. auch S. 401 und 427).

---

* Die nächste Stufe wäre der Mensch. Der Fischer wegen wurde die Aktion gestartet!

4. Gibt es Alternativen zu chemischen Insektenvertilgungsmitteln?

Was ist biologische Schädlingsbekämpfung?
Schädlingsbekämpfung kann nur dann sinnvoll durchgeführt werden, wenn spezifische Eigenschaften des in Frage kommenden Schädlings betroffen werden. Am spezifischsten ist in der Regel die Art der Fortpflanzung. Hier liegt auch der Ansatzpunkt einer biologischen Schädlingsbekämpfung. Beispiele sollen das verdeutlichen:

a) Die Rinderbestände in den Südstaaten der USA wurden durch eine Bremsenart (Srew worm fly) drastisch dezimiert. Sie legte ihre Eier in die Haut der Rinder ab. Die Larven wuchsen dort auf und verursachten schwere Entzündungen, die oft zum Tode führten. Die Bremsenart konnte nahezu ausgerottet werden, indem man ♂ im Labor aufzog, sie durch eine starke Strahlendosis sterilisierte und dann in großen Mengen freiließ. Dort traten sie in Konkurrenz mit den normalen (fertilen) ♂! Die sterilen ♂ waren in der Lage, ♀ zu begatten, jedoch folgte der Begattung keine Entwicklung der Nachkommenschaft.

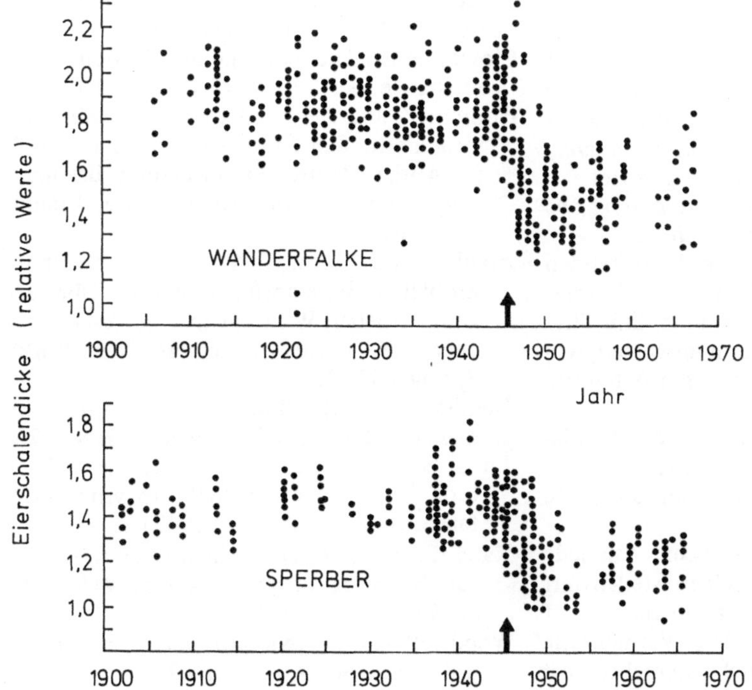

Abb. 5.5. Veränderungen der Eierschalendicke bei britischen Wanderfalken und Sperbern. Der Pfeil deutet den Zeitpunkt an, an dem DDT in England erstmals in großem Stil eingesetzt wurde. (Nach Ratcliffe, 1967)

b) Der Mainzer Genetiker H. Laven arbeitete mit Mücken der Art *Culex pipiens*. ♀ aus Oggelshausen am Federsee kreuzte er mit ♂ aus der Hamburger Gegend. Sie erzeugten keine Nachkommenschaft. Man spricht von Inkompatibilität. Hamburger ♀ und Oggelshausener ♂ produzieren jedoch reichlich Nachkommen. Die Ursache dieses Defektes werden wir später (Kapitel 22) besprechen. Wichtig ist im Moment nur, daß man dieses Phänomen zur biologischen Schädlingsbekämpfung einsetzen kann. Zwar ist die in Mitteleuropa vorkommende Art *Culex pipiens* harmlos und einer Bekämpfung nicht wert. Anders eine sehr nah verwandte, in den Tropen vorkommende Art: *Culex fatigans*. Sie ist Überträger einer gefährlichen Krankheit, der Filariose, die zur Elephantitis (einer starken Anschwellung der Lymphgefäße) führen kann. *Culex pipiens* überträgt diese Krankheit nicht; sie ist jedoch mit *Culex fatigans* kreuzbar.

Es interessierte jetzt die Frage, ob es *Culex pipiens*-Populationen gibt, die gekreuzt mit *Culex fatigans* inkompatibel sind, also keine Nachkommenschaft erzeugen. Eine solche Population wurde gefunden und in einem Feldversuch getestet (nach Vorversuchen im Labor). Hierzu wählte man ein Dorf in Burma am Rande der Trockensteppe, weil dieses nur eine „kleine", d.h. überschaubare *Culex fatigans*-Population besaß und diese Population nicht durch Insekten aus der Nachbarschaft ständig ergänzt wurde. Das Experiment mit *Culex pipiens* verlief erfolgreich. Die *Culex fatigans*-Population jenes Dorfes wurde ausgerottet.

Was muß man wissen, um eine biologische Schädlingsbekämpfung durchzuführen?

a) Man muß die Biologie der betreffenden Art sehr genau kennen: Ihren Vermehrungszyklus, die Zahl der Nachkommen, ihre Physiologie, ihre Anatomie. Man muß wissen, wodurch sie sich von nah verwandten Arten unterscheidet.

b) Man muß wissen, wie groß die Population ist, die man bekämpfen möchte.

c) Man muß wissen, wann der günstigste Zeitpunkt der Bekämpfung ist.

d) Man muß aber auch wissen, daß jede Art, auch ein „Schädling", einen Stellenwert in dem betreffenden Lebensraum hat. Er ist Teil einer Nahrungskette. Die Vernichtung einer Art, wie immer sie auch geschieht, führt zu Störungen des biologischen Gleichgewichts.

Wie kann man das verhindern? Beispielsweise durch Ersatz, indem man versucht, *Culex pipiens* dort einzubürgern, wo man *Culex fatigans* ausgerottet hat.

Die Voraussetzungen für eine biologische Schädlingsbekämpfung sind, wie die vier Punkte andeuten, sehr umfangreich. Das Verfahren ist teuer und zeitraubend; man muß wissen, wie man genügend sterile ♂ erzeugt. Erfahrungen, die man an einer Art gesammelt hat, kann man nicht ohne weiteres auf eine andere Art übertragen. Es wird deshalb noch geraume Zeit vergehen, bevor man biologische Schädlingsbekämpfung gezielt in größerem Stil wird einsetzen können.

Literatur

Avery, O.T., McLeod, C.M., McCarty, M.: Studies on the chemical nature of the substance inducing transformation of pneumococcal types. Induction of transformation by a desoxyribonucleic acid fraction from pneumococcus Type III. J. Exp. Med. 79, 137 (1944).

Carson, R.: Silent spring. Greenwich: Fawcett Publications, Inc. 1962. Deutsche Übersetzung: Der stumme Frühling. München: Biederstein 1962 und München dtv.

Clowes, R.C.: The molecule of infectious drug resistance. Sci. Am. April 1973, S. 18.

Ehrlich, P. and A.: Population, resources, environment. San Francisco: Freeman 1972 (2. Aufl.). Deutsche Übersetzung: Bevölkerungswachstum und Umweltkrise. Frankfurt: Fischer 1972.

Franklin, T.J., Snow, G.A.: Biochemie antimikrobieller Wirkstoffe. Deutsche Übersetzung: Goebel, W., Heidelberger Taschenbücher 116. Berlin—Heidelberg—New York: Springer 1973.

Handler, P. (ed.): Biology and the future of man. London: Oxford University Press 1970.

Luria, S.E., Delbrück, M.: Mutations of bacteria from virus sensitivity to virus resistance. Genetics 28, 491 (1943).

Ratcliffe, D.A.: Decrease in eggshell-weight in certain birds of prey. Nature 215, 208 (1967).

Woodwell, G.M.: Toxic substances and ecological cycles. Sci. Am. März 1967.

6. Mit welchen Methoden arbeitet man in der Biologie?
Welches ist das richtige Objekt für eine bestimmte Fragestellung?

A. Methoden biologischer Forschung

„The biologist does not use distinctively biological tools: He is an opportunist who employs a nuclear magnetic resonance spectrometer, a telemetry assembly, or an airplane equipped for infrared photography, depending on the biological problem he is attacking." (Aus Handler: Biology and the future of man, 1970).

In den vorangegangenen Kapiteln haben wir einige ausgewählte Beispiele aus der biologischen Forschung besprochen und daran gezeigt, wie man Fragen formulieren muß, um klare Antworten zu erhalten. Um erfolgreiche Experimente ansetzen zu können, müssen wir uns aber auch im klaren darüber sein, daß uns eine Vielfalt an Methoden zur Verfügung steht. Im folgenden seien einige Verfahren und ihre Anwendung erläutert:

1. Physikalische Methoden: Trenn- und Nachweisverfahren.

2. Chemische Methoden: Nachweis von Substanzen durch Oxydationen, Reduktionen, Löslichkeit, Hydrolyse etc.

3. Mathematische Methoden: Logik, Modelle, Informationstheorie, statistische Methoden, Wert einer Aussage, Extrapolationen.

4. Literatur: Unser bisheriges Wissen über ein uns interessierendes Gebiet und die Nachbargebiete.

5. Spezielle Hilfsmittel: Fischkutter, Flugzeug, Radar, Satelliten etc.

6. Biologische Methoden: Wachstumstests, Mutationen, Serologie.

1. Physikalische Methoden

Biologische Systeme zeichnen sich durch eine hohe Komplexität aus; um sie zu durchschauen, muß man das System in seine Einzelkomponenten zerlegen und die Reaktionen der Einzelkomponenten qualitativ und quantitativ untersuchen. In der Regel erhält man von der (den) Komponente(n), für die man sich interessiert, nur sehr geringe Mengen. Man braucht deshalb hochempfindliche Nachweis- und Trennmethoden, um sie dennoch einwandfrei und unzweideutig zu charakterisieren.

a) Gravitation

Körper ziehen einander an; so sedimentiert jeder Körper nahe der Erdoberfläche mit einer Beschleunigung von

$$g = 9{,}81 \ m/sec^2 \ \text{(Erdbeschleunigung)}.$$

Eine Sedimentation ist von der Form und Schwere des betreffenden Körpers abhängig, da ihr verschiedene Kräfte (z.B. Reibung an Molekülen von Luft, Wasser etc.) entgegenwirken können. Moleküle und manche Molekülkomplexe sind so leicht, bzw. enthalten soviel eigene — thermische — Energie, daß man ihre Anziehung durch das Schwerefeld der Erde vernachlässigen kann. Moleküle lassen sich aber sedimentieren, wenn man sie einer höheren Beschleunigung aussetzt, d.h. wenn man den g-Wert erhöht. Technisch erreicht man das durch Zentrifugation. Zentrifugen gehören daher zu den wichtigsten Hilfsmitteln biologischer, vor allem biochemischer und molekularbiologischer Forschung.

In normalen Laborzentrifugen können Umdrehungen bis etwa 5–15.000/min erreicht werden. Schnellere Zentrifugen (Ultrazentrifugen) erreichen Geschwindigkeiten von ca. 60.000 bzw. 70.000/min. Diese Angaben sind wenig aussagekräftig, da der g-Wert nicht von der Umdrehungsgeschwindigkeit allein, sondern auch von dem Radius (r) des Rotors, des drehbaren Elements der Zentrifuge, abhängt. In der Biologie gibt es zwei Anwendungsgebiete für die Zentrifugation:

Die präparative: Trennung zweier (oder mehrerer) Komponenten, die sich in ihrem Verhalten im Schwerefeld unterscheiden.

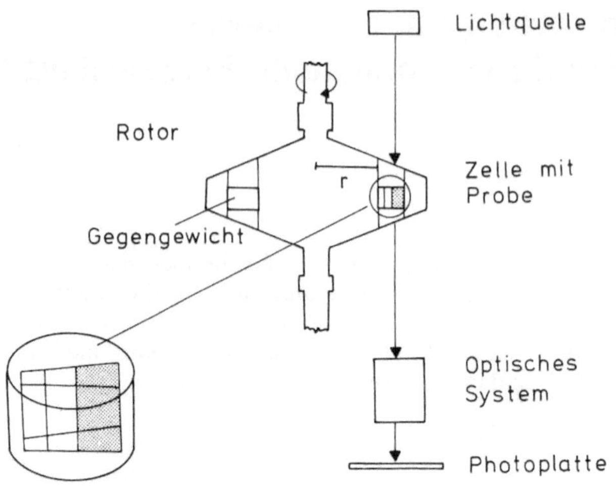

Abb. 6.1. Funktion einer analytischen Ultrazentrifuge. Die Probe wird in eine „Zelle" eingefüllt. Die „Zelle" wiederum ist ein Bestandteil des rotierenden Elements, des Rotors; S errechnet sich nach der Formel

$$S = \frac{dr/dt}{\omega^2 r} \,,$$

wobei ω die Winkelgeschwindigkeit und r der Radius des Rotors ist. dr ist die beobachtete Sedimentationsgeschwindigkeit als Funktion der Zeit (dt) (vgl. Abb. 6.2)

Die analytische: Hierbei interessiert man sich für die Wandergeschwindigkeit von Substanzen im Schwerefeld. Die Wandergeschwindigkeit ist dem Sedimentationskoeffizienten (S) proportional. S wiederum ist vom Molekulargewicht (MG) und der Form des Parikels (F) abhängig.

$$S = f(F, MG).$$

Den Sedimentationskoeffizienten bezeichnet man auch als Svedberg-Einheit.

In einer Ultrazentrifuge können S-Werte für Makromoleküle (Moleküle mit einem Molekulargewicht von über 1.000) sowie für Molekülkomplexe bestimmt werden. Man bedient sich dabei der analytischen Ultrazentrifuge, bei der man mittels eines optischen Systems die Wandergeschwindigkeit zu jedem beliebigen Zeitpunkt beobachten kann (Abb. 6.1 und 6.2). Die Wandergeschwindigkeit wird während des Laufs kontinuierlich beobachtet. Die Ober- und die Unterseite der „Zelle" bestehen aus Quarzglas. In regelmäßigen Zeitintervallen werden Aufnahmen gemacht.

b) Dichte

Darunter versteht man: Masse/Volumen (g/cm^3).

Die Sedimentation von Partikeln (Zellbestandteilen, Molekülen etc.) kann in einem Rohrzuckergradienten (= Sucrosegradienten) durchgeführt werden. Ein Partikel sedimentiert in einem solchen Gradienten wesentlich langsamer als z.B. in reinem Wasser. Der Gra-

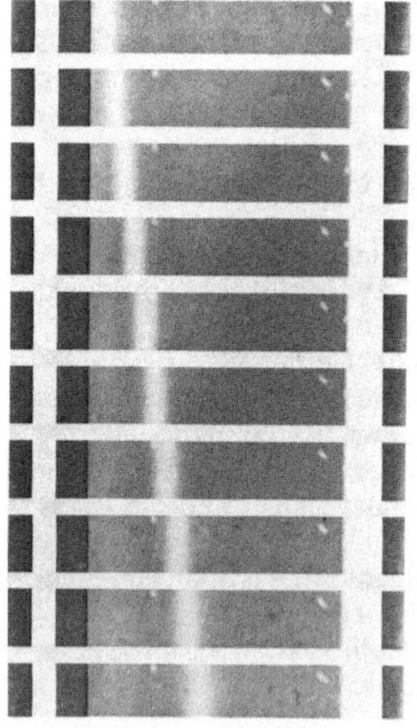

Abb. 6.2. Die Wandergeschwindigkeit einer Nukleinsäurepräparation. Die Probe absorbiert ultraviolettes Licht und erscheint deshalb auf der Aufnahme als helle Bande. Insgesamt sind 10 Aufnahmen gemacht worden: $t_0 - t_{10}$. Links im Bild ist die Kante der „Zelle" erkennbar. Aus dem Abstand dieser Kante von der hellen Bande errechnet sich für jeden Zeitpunkt das dr. Natürlich muß man noch den Vergrößerungsfaktor der Aufnahme kennen, bevor man die Werte in die obige Gleichung (vgl. Abb. 6.1) einsetzt. (Aufn. H. Bujard, Heidelberg)

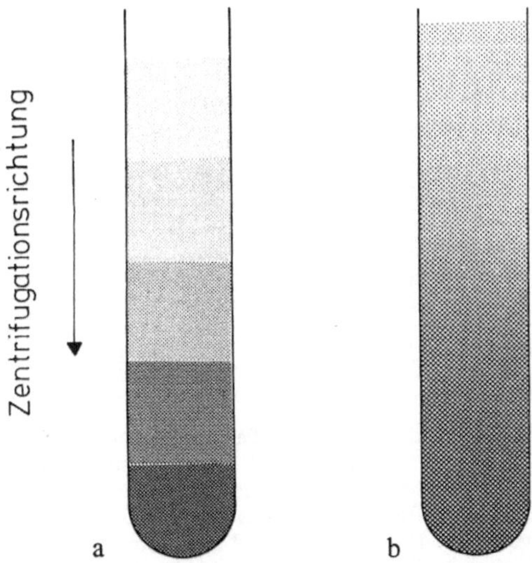

Abb. 6.3 a und b. Beispiele für Dichtegradienten: (a) ein Stufengradient; (b) ein kontinuierlicher Gradient. Der Grad der Schwärzung entspricht der Konzentration der eingefüllten Substanz (z.B. Rohrzukker). Am Boden des Röhrchens ist die Lösung dichter als weiter oben. Die Dichte nimmt stufenweise (a) oder kontinuierlich (b) ab. Das Konzentrationsgefälle gibt die Steilheit des Gradienten an

dient, in unserem Beispiel der Sucrosegradient, bestimmt die Sedimentationsrate.

Was ist ein Sucrosegradient?

Füllt man ein Gefäß, z.B. ein Zentrifugenglas, mit Zuckerlösungen verschiedener Konzentration derart, daß man zuerst die konzentrierteste Lösung einfüllt und zuletzt die verdünnteste, so erhält man einen Konzentrationsgradienten (Abb. 6.3). Zentrifugiert man Substanzen in einem solchen Dichtegradienten, so erhält man eine Auftrennung von unterschiedlich schweren Komponenten.

c) Elektrische Eigenschaften

Moleküle, Zellen und Zellorganellen tragen auf ihren Oberflächen elektrische Ladungen. Bringt man sie in ein homogenes elektrisches Feld, so werden sie zu einem der Pole wandern, und zwar je nach Ladung mit unterschiedlicher Geschwindigkeit. Das Prinzip, auf das dieser Vorgang zurückzuführen ist, nennt man Elektrophorese (Abb. 6.4).

Elektrophoretische Verfahren haben in der Analytik in den vergangenen Jahren steigende Bedeutung gewonnen. Insbesondere solche,

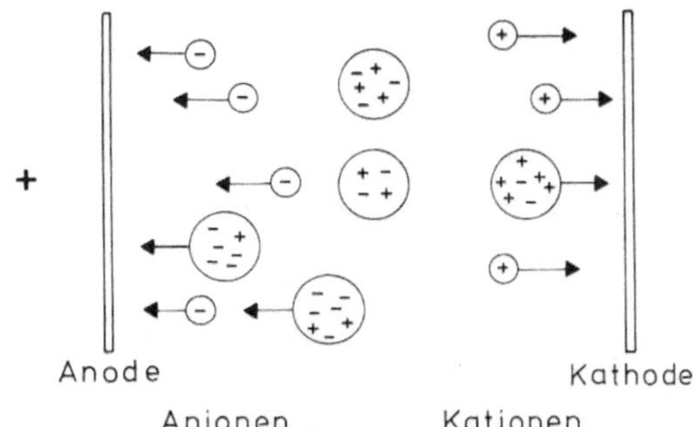

Abb. 6.4. Elektrophorese. *Anionen* (negativ geladen) wandern in einem homogenen elektrischen Feld (Gleichstrom) zum positiven Pol (*Anode*), positiv geladene Teilchen (*Kationen*) zum negativen Pol (*Kathode*). Ungeladene Teilchen oder solche, die die gleiche Anzahl positiver wie negativer Ladungen tragen, bewegen sich im elektrischen Feld nicht

die mit gelartigen Trägersubstanzen arbeiten. Die geladenen Teilchen müssen durch Gele hindurchwandern.

Als außerordentlich vielseitige Trägergele haben sich Polyacrylamid und Agarose bewährt. Der Vorteil der Trägerelektrophoresen (Gelelektrophoresen) gegenüber den herkömmlichen, liegt in ihrer hohen Trennschärfe (s. Abb. 6.5). Unter bestimmten Bedingungen und unter Einsatz von Detergentien ist die Wandergeschwindigkeit dem Molekulargewicht der Teilchen (Moleküle) proportional. Die Gelelektrophorese eignet sich deshalb auch für Molekulargewichtsbestimmungen; diese Methode hat in den letzten Jahren die analytische Ultrazentrifuge aus biochemisch-molekularbiologischen Labors mehr und mehr verdrängt. Bei nahezu gleicher Genauigkeit ist die analytische Ultrazentrifuge ca. 50mal teurer als eine Vorrichtung für Gelelektrophorese (DM 150.000 zu DM 3.000), zudem ist die Handhabung der Zentrifuge erheblich aufwendiger als das Ansetzen eines elektrophoretischen Laufs.

d) Chromatographie

Chromatographie ist, wie die Elektrophorese und die Zentrifugation, ein Trennverfahren. Eine bestimmte Substanz *1* sei im Lösungsmittel *a* besser löslich als im Lösungsmittel *b*, während eine Substanz *2* in *b*, aber nicht in *a* löslich sei. Die beiden Lösungsmittel seien nicht miteinander mischbar. Behandelt man

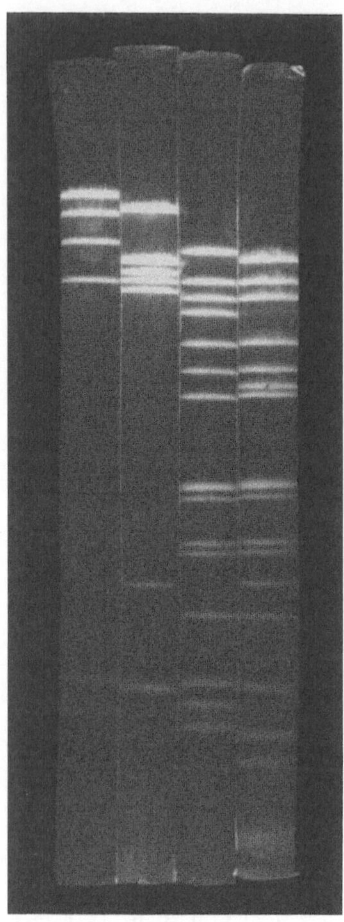

Abb. 6.5. Ergebnis einer gelelektrophoretischen Auftrennung verschieden großer Nukleinsäurefragmente. Eine Säule entspricht jeweils einem Experiment (einer Probe). Legt man mehrere unter gleichen Bedingungen durchgeführte Auftrennungen nebeneinander, erkennt man, inwieweit es sich um gleiche Substanzen handelt, ob zusätzliche Banden auftreten oder ob welche fehlen. (Aufn. A. v. Gabain *et al.*, Heidelberg 1976)

ein Gemisch der Substanzen *1* und *2* mit den Lösungsmitteln *a* und *b*, so wird man *1* in der Phase *a*, *2* in der Phase *b* wiederfinden. Beide Substanzen wären getrennt. In der Regel liegen die Dinge aber nicht so einfach, meist ist *1* in einem Lösungsmittel nur etwas besser (oder schlechter) löslich als *2*.

Ein Verfahren, das solche Löslichkeitsunterschiede ausnutzt, ist die Chromatographie. Man läßt einen Flüssigkeitsfilm an einem Pa-

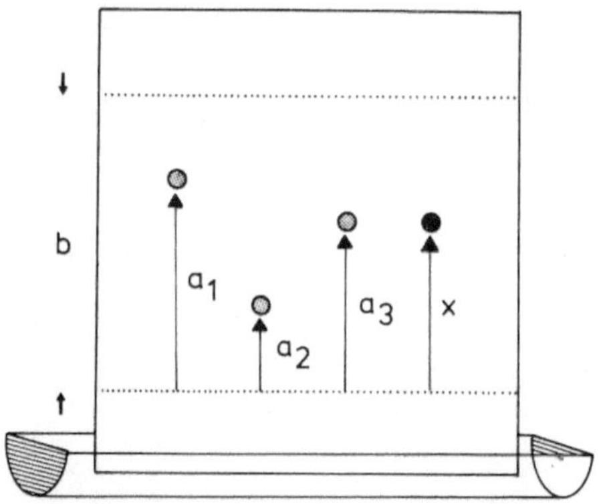

Abb. 6.6. Das Prinzip der Papierchromatographie: Ein Bogen Filterpapier wird in ein Lösungsmittel (-gemisch) gehängt. Die Substanzen a_1, a_2, a_3 und x werden auf der Startlinie (untere punktierte Linie) aufgetragen. Das Lösungsmittel steigt am Papier auf und nimmt die Substanzen verschieden gut mit. Am Ende des Versuchs kann man die Laufgeschwindigkeit des Lösungsmittels (Entfernung b) sowie der Substanzen a_1, a_2, a_3 und x bestimmen. Die Wandergeschwindigkeit von x entspricht der von a_3, was als ein Hinweis darauf gelten kann, daß es sich bei a_3 und x um die gleiche Substanz handelt

pier hoch- (oder herab-) wandern. Dabei wandern gut lösliche Substanzen, die man auf das Papier (den Träger) aufgetragen hat, schneller als weniger gut lösliche; letztere haben eine höhere Adsorption an das Papier.

Die Wandergeschwindigkeit (*a*) einer Substanz ist für ein Lösungsmittel (-gemisch) und die chemischen Eigenschaften der Substanz selbst charakteristisch.

Das Verhältnis *a/b* (vgl. Abb. 6.6) wird als Rf-Wert bezeichnet; *b* ist dabei die Wandergeschwindigkeit der Lösungsmittelfront.

Das Chromatographieverfahren wird sehr häufig angewendet. Man kann damit Substanzen charakterisieren und trennen. „Unsichtbare" Substanzen können durch spezifische Reagentien sichtbar gemacht werden. Ein Gemisch verschiedener Aminosäuren [Bestandteile von Eiweiß (Protein), vgl. Kapitel 17] z.B. kann man papierchromatographisch zerlegen. Man kann zunächst aber noch nicht erkennen, ob ein solcher Versuch erfolgreich war. Erst nach Besprühen des Papiers mit Ninhydrin, einem für Aminosäuren spezifischen Reagenz, erhält man überall dort, wo eine Aminosäure sitzt, einen rotvioletten Punkt auf dem Papier.

Man kann Substanzen aus dem Papier wieder herauslösen (eluieren) und mit anderen Methoden weiter analysieren. Das Papier dient als Träger. Man kann es z.B. durch Kieselgur oder Cellulosepulver ersetzen, das man als dünne Schicht auf eine Glasplatte aufträgt (Dünnschichtchromatographie).

Man kann die Trägersubstanz in eine Glasröhre füllen, die zu trennende Substanz durch die gefüllte Glasröhre hindurchwaschen und am unteren Ende des Rohrs in Portionen (Fraktionen) wieder auffangen (Säulenchromatographie). Die Säulenchromatographie ist weitgehend automatisierbar. Der Wechsel der Vorlage geschieht durch einen Fraktionssammler. Volumen und Zeit sind beliebig einstellbar. Den Lösungsmittelzufluß kann man durch eine Pumpe steuern und damit die Durchflußgeschwindigkeit bestimmen. Das Säulenfüllmaterial kann verschiedenartig sein, so daß man je nach Säulenfüllung Moleküle

— entsprechend ihrer Ladung (Ionenaustauscher),
— entsprechend ihrem Adsorptionsvermögen (Affinitäts- oder Anlagerungsvermögen) an das Säulenfüllmaterial, oder
— entsprechend ihrer Größe (Molekülsieb)

trennen kann (vgl. Abb. 6.7).

Als ein Beispiel für die Säulenchromatographie sei der automatische Aminosäureanalysator (nach Speckman, Stein und Moore) genannt, bei dem der gesamte Reaktionsablauf standardisiert ist (vgl. Abb. 6.8). Auf diese Weise kann man ein Gemisch von Aminosäuren auftrennen und angeben, in welchen Mengen sie in einem unbekannten Gemisch vorliegen, wieviele darin enthalten sind, ober ob die eine oder die andere fehlt. Der quantitative Nachweis erfolgt photometrisch (vgl. S. 37). Die Ergebnisse werden durch einen automatischen Schreiber kontinuierlich registriert.

e) Isotopentechnik

Radioaktive Substanzen zerfallen und geben dabei eine Strahlung ab, die in einer Zählkammer quantitativ erfaßt werden kann. Baut man radioaktive Atome in bestimmte Moleküle oder komplexere biologische Strukturen spezifisch ein, so lassen sich diese Strukturen durch ihre Radioaktivität nachweisen: sie sind markiert. Diese Methode ist außerordentlich empfindlich. Man verwendet sie u.a. immer dann, wenn man mit sehr kleinen Substanzmengen arbeitet oder das Schicksal einzelner Atome oder Moleküle im Stoffwechsel verfolgen möchte. Besonders häufig werden die folgenden Isotope verwendet: ^{3}H, ^{14}C, ^{32}P. Es gibt auch nicht radioaktive Isotope, die sich von den normalerweise vorkommenden u.a. durch ihre Dichte unterscheiden, z.B. ^{13}C oder ^{15}N. Baut man diese Isotope in Moleküle ein, so nimmt die Dichte dieser Moleküle zu.

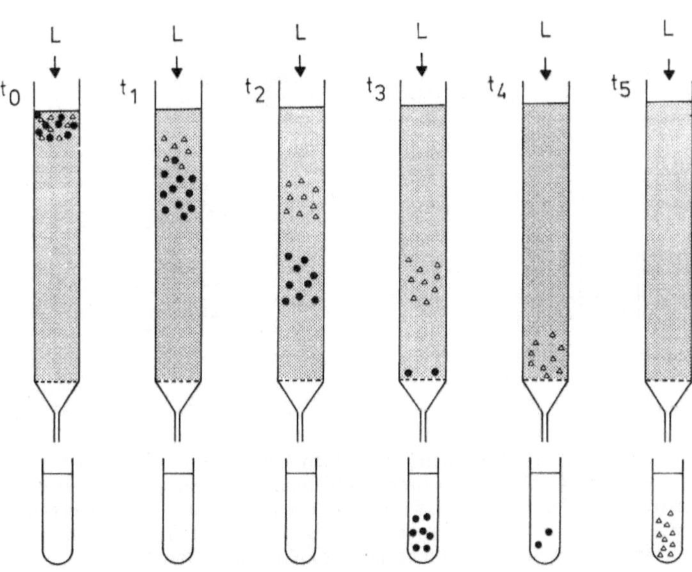

Abb. 6.7. Säulenchromatographie. Zwei Substanzen (Kreise und Dreiecke) sind in einem Lösungsmittelgemisch (L) unterschiedlich gut löslich. Sie werden daher verschieden gut von einer in eine Glasröhre gefüllten Trägersubstanz (punktiert) adsorbiert. Es dauert bis zum Zeitpunkt t_3, bis die Substanz 1 (Kreise) eluiert ist. Zum Zeitpunkt t_5 ist auch die Substanz 2 (Dreiecke) herausgelöst. Man hat somit eine Trennung erreicht

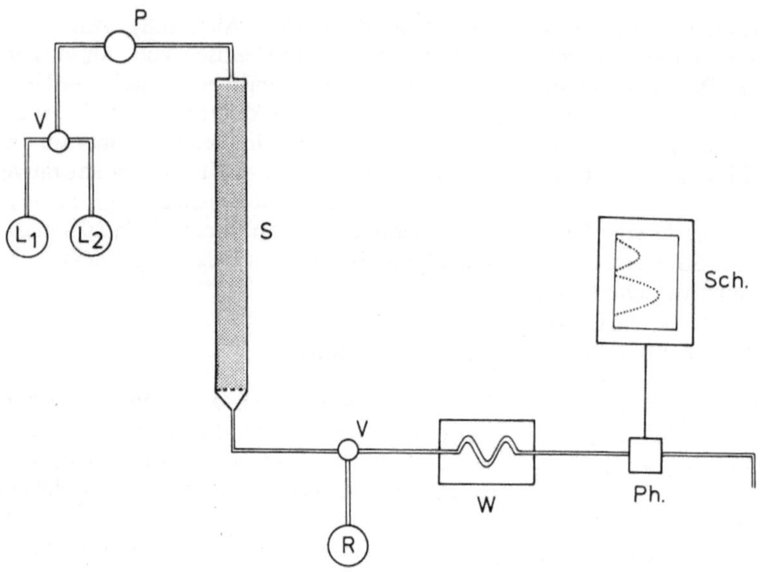

Abb. 6.8. Schema eines Aminosäureanalysators. Ein Aminosäuregemisch wird auf eine Säule (S) aufgetragen. Die Aminosäuren sind in den Lösungsmitteln L_1 und L_2 unterschiedlich gut löslich. Zunächst wird die Säule mit L_1 durchgespült. Die Pumpe (P) sorgt für eine gleichmäßige Fließgeschwindigkeit. Nach einem genau definierten Zeitraum wird ein Ventil (V) verstellt, so daß nunmehr L_2 zum Zuge kommt. Die eluierten Aminosäuren werden mit einem Reagenz (R) versetzt. Das Gemisch: Reagenz (Ninhydrin) + Aminosäure wird in einem Wasserbad (W) erwärmt. Es bildet sich ein rotvioletter Farbstoff. Seine Intensität wird im Photometer (Ph) vermessen. Die Werte werden von einem Schreiber (Sch) kontinuierlich registriert

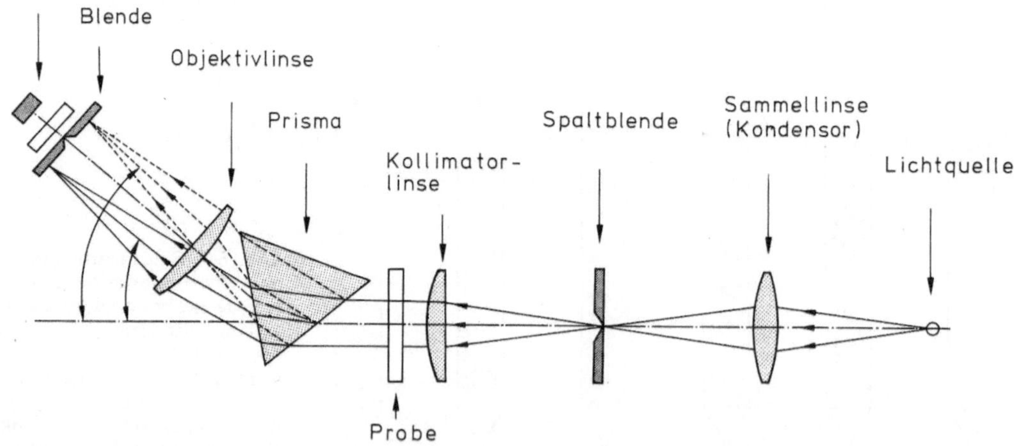

Abb. 6.9. Strahlengang in einem Spektralphotometer. Das Licht einer Lichtquelle wird durch ein Prisma (oder ein Gitter) zerlegt. Durch eine Blende kann Licht einer bestimmten Wellenlänge herausgefiltert werden. Die Probe wird in den Strahlengang gestellt, ein Teil des Lichts wird dabei (möglicherweise) absorbiert. Die von der Probe nicht absorbierte Lichtmenge trifft auf eine Photozelle, die an ein Potentiometer angeschlossen ist, an dem man einen Ausschlag ablesen kann, welcher der Lichtmenge direkt proportional ist

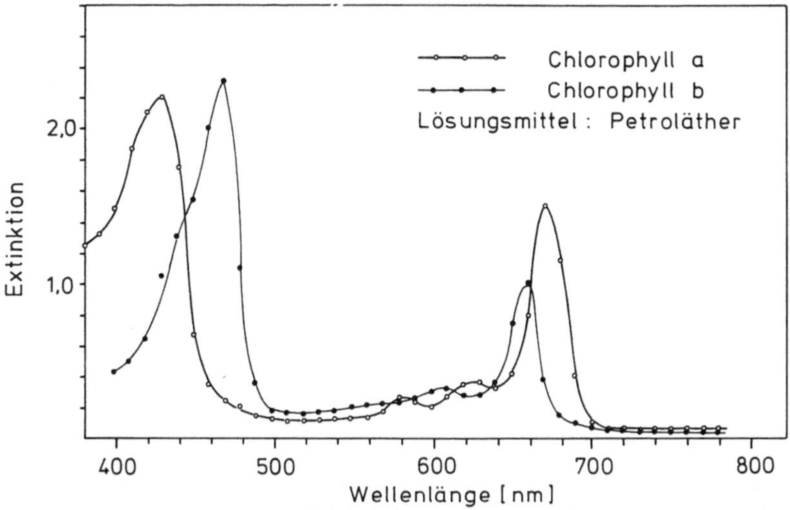

Abb. 6.10. Beispiel von Absorptionsspektren: Grüne Pflanzen enthalten zwei grüne Farbstoffe (Chlorophyll a und Chlorophyll b). Diese unterscheiden sich durch ihre Absorptionsspektren voneinander. Eine Lösung von Chlorophyll a hat Absorptionsmaxima bei den Wellenlängen von 420 und 670 nm, während eine Chlorophyll b-Lösung Absorptionsmaxima bei ca. 480 und 650 nm zeigt. – Auf der Ordinate sind Extinktionswerte angegeben. Unter Extinktion versteht man Lichtauslöschung. Je höher der Extinktionswert, desto höher die Lichtabsorption. Ein Absorptionsspektrum einer Substanz kann vom Lösungsmittel abhängig sein

f) Strahlen

Strahlen (elektromagnetische Wellen) können beim Durchtritt durch einen Körper ganz oder partiell absorbiert werden. Die Absorption hängt von der Substanz selbst – ihrer chemischen und physikalischen Zusammensetzung – und ihrer Konzentration ab (Zahl der Atome oder Moleküle pro Volumen). Substanzen absorbieren nur Strahlen bestimmter Wellenlängen. Hieraus lassen sich für die Analytik zwei Anwendungsbereiche ableiten:

α) Charakterisierung einer Substanz

Man bestrahlt sie mit Licht verschiedener Wellenlänge und untersucht, welche Lichtqualität absorbiert wird. Als Ergebnis erhält man ein Absorptionsspektrum (vgl. Abb. 6.10). Hierbei kann man alle Lichtwellenbereiche – infrarotes, sichtbares und ultraviolettes Licht – durchprobieren. Das Gerät, mit dem die Untersuchungen durchgeführt werden, nennt man Spektralphotometer (Abb. 6.9).

Als Maß für die Absorption (vgl. Ordinate der Abb. 6.10) ist der Wert E (= Extinktion) aufgetragen.

$$E = \log I_0 / I \quad \text{(Lambert-Beersches Gesetz),}$$

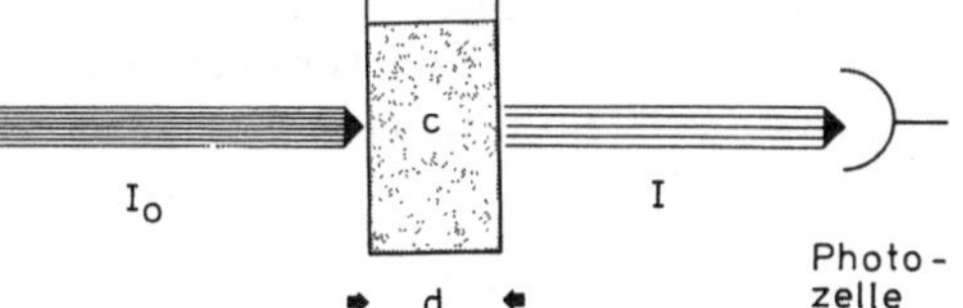

wobei I_0 die Intensität des einfallenden, I die Intensität des transmittierten (hindurchgegangenen) Lichts ist.

E ist von den Größen c, d und ϵ abhängig: $E = c \cdot d \cdot \epsilon$; c ist die Konzentration der zu messenden Substanz, d die Schichtdicke des Gefäßes und ϵ eine Stoffkonstante (der molare Extinktionskoeffizient).

β) Bestimmung der Substanzmenge

Kennt man das Absorptionsspektrum einer Substanz und weiß, bei welcher Lichtwellenlänge sie maximal absorbiert, so kann man das Verfahren zur Konzentrationsbestimmung einsetzen (Photometrie), da zumindest für viele Substanzen über relativ weite Konzentrationsbereiche E und c einander proportional sind (vgl. Formel und Abb. 6.11).

Die Photometrie ist ein Standardverfahren, um z.B. die Menge einer Substanz in einer Lösung unbekannter Konzentration zu bestim-

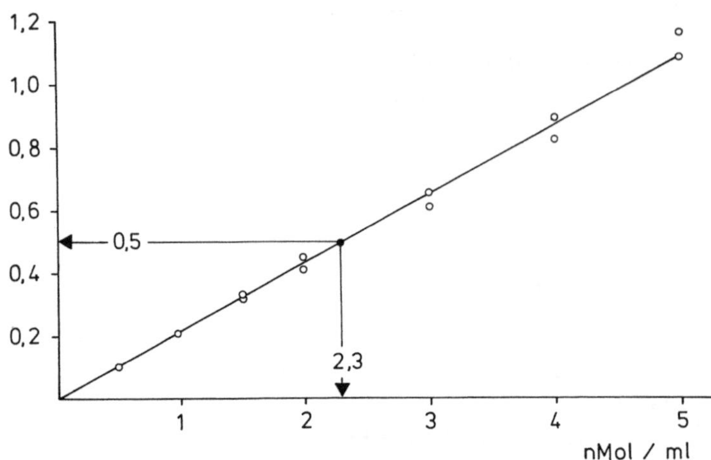

Abb. 6.11. Beispiel für eine quantitative photometrische Auswertung: Phosphat + Molybdat bilden einen blauen Farbstoff, der Licht bei der Wellenlänge von $\lambda = 578$ nm absorbiert. Gibt man zu einer genau definierten Molybdatmenge verschiedene Mengen Phosphat (0,5; 1,0; 1,5; 2,0; 3,0; 4,0 und 5,0 n Mol/ml) und mißt unter standardisierten Bedingungen die Extinktion, so findet man, daß die Werte auf einer Geraden liegen, wenn man die Extinktion gegen die eingesetzte Phosphatmenge aufträgt. Man erhält somit eine Eichkurve. Hat man eine Phosphatlösung, deren Konzentration man bestimmen möchte, so mißt man deren Extinktion. Hier ein Beispiel: E = 0,5; die Konzentration läßt sich dann direkt ablesen: 2,3 n Mol/ml

men. Das Verfahren ist wesentlich empfindlicher als das Auswiegen, aber bei weitem nicht so empfindlich wie die Isotopentechnik. Konzentrationen von 1 μg/ml lassen sich meist mühelos bestimmen.

γ) Vergrößerungen, Abbildungen

Strahlen können zur Abbildung von Strukturen verwendet werden. Die technischen Vorrichtungen hierfür sind die Mikroskope. Das Auflösungsvermögen des Lichtmikroskops liegt bei 0,2 μm, d.h. zwei Punkte können gerade noch getrennt wahrgenommen werden, wenn sie mindestens den Abstand von 0,2 μm haben.

$$1\ \mu\text{m} = 1\ \text{Mikron} = 10^{-6}\ \text{m};$$
$$1\ \text{nm} = \text{Nanometer} = 10^{-9}\ \text{m};$$
$$\text{Å} = \text{Ångström} = 10^{-10}\ \text{m}.$$

Der begrenzende Faktor ist bei der konventionellen Lichtmikroskopie die Wellenlänge des durchfallenden Lichts. Beim Elektronenmikroskop, bei dem statt Lichtstrahlen Elektronenstrahlen verwendet werden, wird die Auflösung durch die Präparationstechnik beschränkt.

Nur solche Strahlen sind zum Abbilden von Strukturen geeignet, die an Linsen gebrochen werden. Man verwendet Glaslinsen für Lichtstrahlen und elektromagnetische Felder für Elektronenstrahlen.

Es gibt keine Linsen, mit denen man Röntgenstrahlen brechen könnte. Röntgenstrahlen werden aber an Kristallgittern gebeugt. Man erhält somit ein Beugungsbild: ein Muster von Reflexen. Aus einem solchen Bild läßt sich unter gewissen Voraussetzungen die Struktur des Kristalls und die räumliche Anordnung der darin befindlichen Atome errechnen. Für mathematisch Interessierte seien nur die Stichworte: Fourier-Analyse und Bessel-Funktionen genannt.

Die Röntgenstrahlbeugung ist heutzutage die einzige Methode, um die dreidimensionale Struktur von Makromolekülen zu bestimmen. Man nennt dieses Verfahren die Röntgenstrukturanalyse (vgl. Abb. 6.12 a und b). Die beiden Photos zeigen einmal (a) das Beugungsbild an einem Proteinkristall (Myoglobin), zum anderen das Beugungsbild, das eine hochkonzentrierte Lösung von Viruspartikeln (Tabakmosaikvirus – TMV) ergibt (b). Da TMV-Partikel stäbchenförmig sind, erhält man bei hohen Konzentrationen eine bevorzugte Orientierung der Teilchen. Auch ohne mathematische Ableitung läßt sich aus dem unteren Bild (b) eine Aussage machen. Dem britischen Physiker

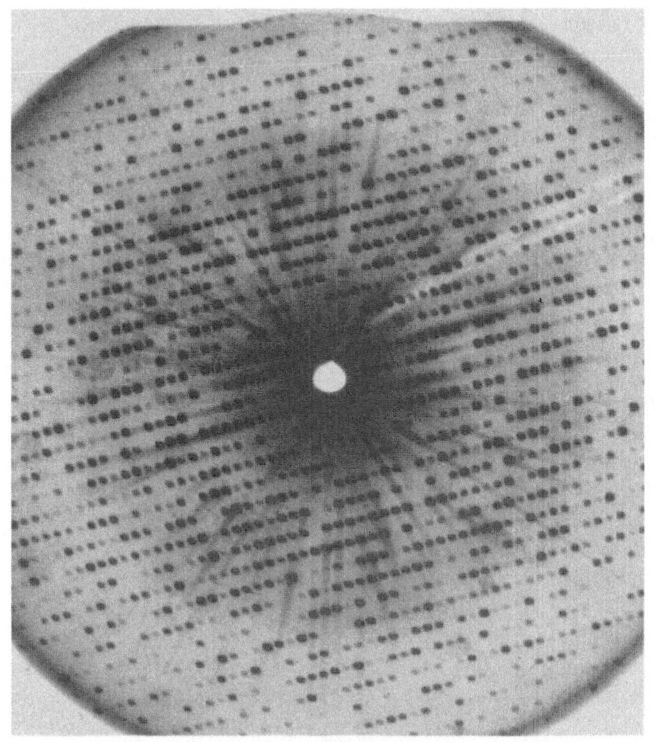

a

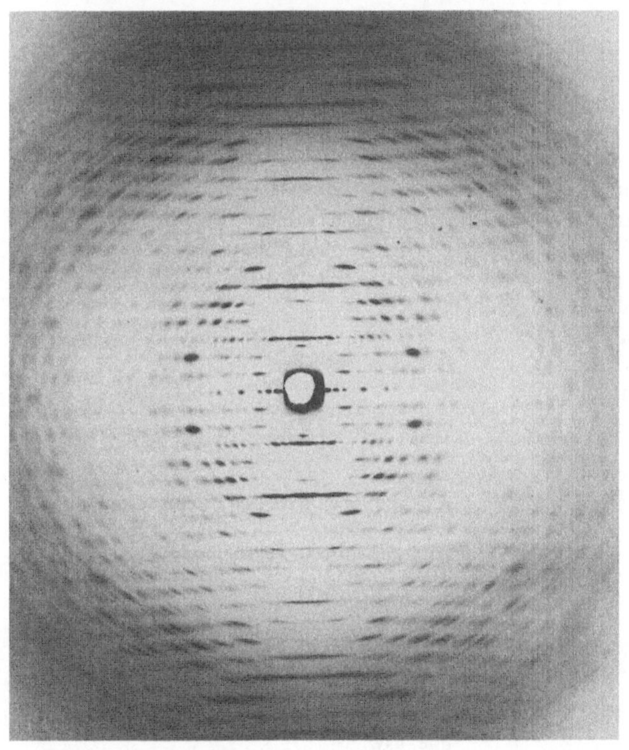

Abb. 6.12 a und b. Röntgendiagramme
(a) eines Proteinkristalls (Myoglobin)
und (b) einer hochkonzentrierten Virus-
lösung (TMV) (Details vgl. Text).
(Aufn. (a) J.D. Kendrew, Cambridge;
b (b) K.C. Holmes, Heidelberg)

J.D. Bernal fiel bereits in den dreißiger Jahren auf, daß die Reflexe im Beugungsbild eine gewisse Regelmäßigkeit zeigen: Sie liegen auf Linien; jede dritte Linie verläuft durch das Zentrum des Bildes etc. Bernal schloß daraus, daß ein Viruspartikel aus regelmäßig zusammengelagerten Molekülen bestehen muß. Verallgemeinert ausgedrückt: es gibt Regelmäßigkeiten auf der Ebene molekularer Strukturen.

Aus Beugungsbildern, wie dem hier wiedergegebenen (a), errechnete J.D. Kendrew (Cambridge) die genaue dreidimensionale Struktur des Myoglobinmoleküls. Myoglobin war somit das erste Proteinmolekül, bei dem man die sterische Position aller Atome feststellen konnte. Inzwischen kennt man die Struktur einer grossen Zahl weiterer Makromoleküle. Genannt werden soll hier nur noch die Strukturaufklärung des Hämoglobins, einer Komponente des roten Blutfarbstoffes, durch M. Perutz (ebenfalls Cambridge).

Für viele derartige Untersuchungen reicht die Intensität der konventionellen Röntgenröhren nicht aus, obwohl man für die Röntgenstrukturanalyse die leistungsfähigsten Röntgenröhren verwendet. Um aus dem Dilemma herauszukommen, ist man heutzutage bemüht, stärkere Strahlenquellen auszunutzen. Hochintensive Röntgenstrahlung entsteht, wenn man Elektronen stark beschleunigt. Dazu braucht man starke Ringmagneten. Einen solchen Ring mit ca. 50 m Durchmesser findet man z.B. am Deutschen Elektronensynchrotron (DESY) in Hamburg. Man arbeitet derzeit daran, die dabei anfallende Röntgenstrahlung für die Strukturaufklärung großer Moleküle und Molekülkomplexe (z.B. Muskelstrukturen) einzusetzen (K.C. Holmes, Max-Planck-Institut für Medizinische Forschung, Heidelberg, und EMBO — Europäisch Molekularbiologische Organisation).

2. Chemische Analysemethoden

Dieser Punkt wird hier nicht näher ausgeführt. Man ist im Prinzip in der Biologie an nahezu allen Reaktionsmechanismen interessiert, an denen auch Chemiker interessiert sind.

3. Mathematische Methoden

Oft versucht man, biologische Reaktionsabläufe durch ein Modell zu erklären. Selbstverständlich müssen dabei auch quantitative Veränderungen berücksichtigt werden.

Kybernetik: vgl. Kapitel 7. Statistische Methoden: vgl. Kapitel 2, 21 und 59.

4. Literatur

Die meisten Originalarbeiten werden in wissenschaftlichen Zeitschriften veröffentlicht. Diese sind sehr teuer, und man findet sie in der Regel nur in Institutsbibliotheken.

Originalarbeiten werden in einer ganz bestimmten Weise zitiert:

Luria, S.E., Delbrück, M.:

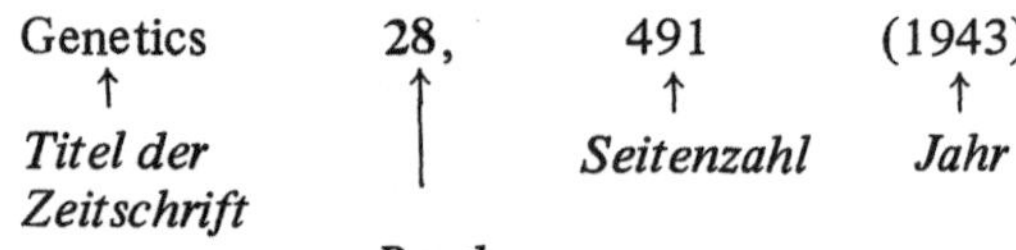

Der Titel der Arbeit fehlt bei sehr vielen Zitaten. Man kann darauf verzichten, weil die übrigen Angaben zum Auffinden der Arbeit ausreichen. Viele der Zeitschriftenbezeichnungen werden in den Zitaten abgekürzt. Einige der Abkürzungen und einige der Zeitschriften seien genannt (die Auswahl ist für kein Gebiet repräsentativ!).

Nature (Lond.): London — man findet die Ortsangabe gelegentlich.
Science: eine amerikanische Zeitschrift.
Proc. Natl. Acad. Sci. US: Proc. N.A.S. oder PNAS: Proceedings of the National Academy of Sciences (Washington)
Sci. Am.: Scientific American (enthält allgemeinverständliche Arbeiten, keine Originalveröffentlichungen)
J. Mol. Biol.; J.M.B.: Journal of Molecular Biology
J. Biol. Chem.; J.B.C.: Journal of Biological Chemistry
Z. Tierphysiol.: Zeitschrift für Tierphysiologie
Journal of Cell Biology
European Journal of Biochemistry
Zeitschrift für Naturforschung
Hoppe-Seylers Zeitschrift für Physiologische Chemie, usw.

Zusammenfassende Artikel (Sammelreferate) findet man in jährlich erscheinenden Bänden vieler Serien wie

Advances in . . . .
Proceedings of. . . . . .
Annual Review of. . . .
Fortschritte der . . . . .

Darüberhinaus gibt es Symposiumberichte. Bekannt ist z.B. das Cold Spring Harbor Symposium on Quantitative Biology. Jährlich erscheint ein Bericht, der jeweils unter einem bestimmten Thema steht:

1983 Molekulare Neurobiologie
1982 Struktur der DNS
1981 Organisation des Cytoplasmas
1973 Muskelstruktur und -funktion
1972 Struktur und Funktion von Proteinen
1966 Antikörper
1965 Der genetische Code, etc.

Selbstverständlich sind alle Arbeiten in dieser wie auch in vielen anderen Serien in englischer Sprache geschrieben.

5. Spezielle Hilfsmittel

Wird nicht näher ausgeführt, vgl. Nachwort.

6. Biologische Methoden

Im Gegensatz zum eingangs zitierten Text (S. 31) gibt es Methoden, die spezifisch biologisch sind, z.B.

Wachstumstests: Man untersucht, ob und wie gut ein Organismus in einem genau definierten Nährmedium wächst. Man kann weiter untersuchen, ob er wächst, wenn man eine Komponente wegläßt oder eine weitere, eventuell giftige (toxische) hinzusetzt.

Mutanten: Man untersucht das Verhalten von Mutanten (vgl. Kapitel 25–27) und kann auf diese Weise spezifisch feststellen, welche Reaktionen in einem Organismus gestört sind.

Antikörper: Wirbeltiere bilden Antikörper. Dies sind spezifische Abwehrstoffe des Körpers. Man kann die Spezifität ausnutzen, um Aussagen über die Struktur von Molekülen, über den Verwandtschaftsgrad zu ähnlichen Molekülen und das Vorkommen bestimmter Moleküle in einer Lösung, in Zellen oder an Zelloberflächen zu machen (vgl. Kapitel 19 und 47).

Nachwort

Die Methodendarstellung in diesem Kapitel ist einseitig mit dem Schwerpunkt auf der Arbeitsrichtung Biochemie – Molekularbiologie.

Nicht berücksichtigt sind viele andere Dinge, z.B.
– elektrophysiologische Untersuchungen (Ableitung von Potentialen, Darstellung im Oszillographen)
– Dressurversuche
– genaue Beobachtung: etwa zahlenmäßige Erfassung (Kartierung) aller Organismen eines Lebensraums
– Markierung von Individuen zum Studium von Lebensgewohnheiten, von Wanderungen und ihrer Lebensdauer
– vergleichende Untersuchungen
– Auswertung von Sammlungsmaterial etc.

B. Welches ist das richtige Objekt für eine bestimmte Fragestellung?

Das Objekt muß so einfach wie möglich sein, für eine vorher gestellte Frage echte Vorteile bieten und verfügbar sein. Das Phänomen, an dem man interessiert ist, muß „leicht" zu untersuchen sein, d.h. man muß qualitative und gegebenenfalls quantitative Tests durchführen können.

Hier einige Beispiele: Interessiert man sich für Fragen der Vererbung, so müssen die Versuchsobjekte folgende Bedingungen erfüllen:
a) Sie müssen in hoher Individuenzahl kultivierbar sein,
b) eine kurze Generationsdauer besitzen,
c) leicht zu halten und
d) nicht zu teuer sein.

Diese Bedingungen werden von Mikroorganismen (Pilzen, Bakterien) sowie von Viren am besten erfüllt.

Ist man an der Genetik der Antikörperbildung interessiert, helfen Bakterien nicht weiter, da nur Wirbeltiere Antikörper bilden. Mäuse eignen sich hier besonders gut, weil
a) man relativ viel über ihre Genetik weiß,
b) es viele Inzuchtstämme gibt,

42

c) man relativ viele Individuen halten kann (verglichen mit Bakterien natürlich um Zehnerpotenzen weniger),

d) man sich auf die Erfahrungen vieler anderer Laboratorien stützen kann.

Natürlich haben Mäuse auch Nachteile. Man erhält nur sehr wenig Serum von einer Maus. Man arbeitet daher besser mit Kaninchen, wenn man im Labor größere Mengen an Serum braucht. Benötigt man noch mehr Serum, z.B. als Impfstoff für die klinische Anwendung, verwendet man große Tiere: Pferde, Rinder, Schafe.

Auch wenn man einen so komplexen Organismus wie den der Maus vor sich hat, muß man immer überlegen, inwieweit man Ergebnisse von einfacheren Systemen wie den Bakterien auf das komplexe System extrapolieren kann. Es gibt zahlreiche Präzedenzfälle, wo eine Untersuchung an einem scheinbar speziellen Phänomen bei einfachen Systemen, wie etwa den Viren, zu allgemein interessierenden Aussagen bei höheren Organismen geführt hat (vgl. Kapitel 23: Der Phage λ und das Krebsproblem).

Ein weiteres Problem sind die Untersuchungen über die Funktion des Auges: Der Pfeilschwanzkrebs (*Limulus*) (Abb. 6.13) ist eine Art, die in die Klasse der *Chelicerata* gehört und somit den Spinnen nahesteht. *Limulus* hat ein relativ einfach gebautes Auge mit etwa 1.000 Sehzellen (Ommatidien). Die Verknüpfung der Sehzellen mit den Nervenzellen (Neuronen) ist hier leichter zu durchschauen als bei Tieren mit mehr Ommatidien. Man fand einen Verknüpfungsplan, der an dieser Stelle nur durch das Stichwort „Laterale Inhibition" gekennzeichnet sei. (Näheres im Kapitel 46).

Das gleiche Prinzip, wenn auch in komplizierterer Ausführung, kommt bei den *Vertebrata* (Wirbeltieren) vor. Die Untersuchungen am Pfeilschwanzkrebs können daher als ein Modell für die Aussage über das Wirbeltierauge dienen und dort neue Untersuchungen stimulieren.

Der Pfeilschwanzkrebs ist aber auch für Zoologen interessant, die sich mit Fragen der Abstammungslehre befassen. Er ist eines der wenigen „lebenden Fossilien", eine Art, die sich seit 350 Millionen Jahren, dem Devon, nicht verändert hat.

Photosynthese

Zum Studium der Photosynthese braucht man grüne Pflanzen, die man leicht im Labor untersuchen kann, also am besten Einzeller, auch wenn sie verglichen mit mehrzelligen, krautigen Pflanzen schwerer zu beschaffen und zu kultivieren sind. Die Grünalge *Chlorella* erwies sich als günstigstes Objekt für alle Grundlagenstudien auf diesem Gebiet. Nachdem die Grundzüge des Reaktionsablaufs bekannt waren, fand man, daß gewisse andere Pflanzen einen modifizierten Ablauf zeigen. Genaue Aussagen über die Art der Veränderung konnten natürlich nur nach Untersuchungen an diesen Pflanzenarten gemacht werden. Vielzellige Pflanzen sind für manche der Messungen „unpraktisch". Man hat Zellen isolieren können, man hat weiterhin Chloroplasten isoliert und festgestellt, daß sie allein ausreichen, um eine Photosynthese auszuführen. Damit hat man wiederum ein handliches Versuchssystem, mit dem man genauso arbeiten kann, wie mit den einzelligen Grünalgen.

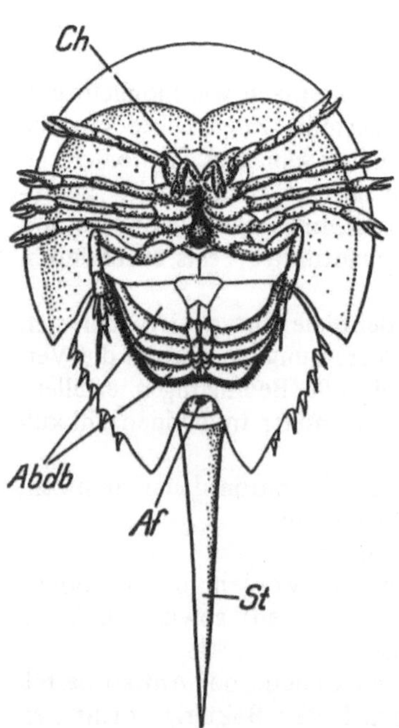

Abb. 6.13. *Limulus polyphemus* (Pfeilschwanzkrebs) von der Bauchseite gesehen. *Abdb* Abdominalbeine; *Af* After; *Ch* Chelicere; *St* Schwanzstachel. (Aus Kühn: Grundriß der Allgemeinen Zoologie)

Lebensräume

Ökologische Studien sind bevorzugt an Meeresküsten und in Gebirgsgegenden durchgeführt worden, weil dort auf kleinstem Raum große Veränderungen der Lebensbedingungen gefunden wurden.

Wie die Zusammenstellung der Methoden, ist auch diese Liste unvollständig und subjektiv. Die aufgeführten Beispiele beziehen sich ausschließlich auf eine Richtung biologischer Forschung, die Grundlagenforschung.

Angewandte Forschung ist zwar kein Gegensatz zu ihr. Es ist stets darauf zu achten, welche Erkenntnisse aus der Grundlagenforschung übernommen werden können. Die Objektwahl unterliegt dort jedoch oft ganz anderen Auswahlkriterien: Ergebnisse angewandter Forschung sind keineswegs immer so gut extrapolierbar, wie man es sich wünsche würde. Angewandte Forschung muß sich stets an den gesellschaftlichen Problemen eines Landes orientieren und ist auf einen Bedarf hin ausgerichtet. Der Begriff „Land" ist natürlich nicht immer im staatspolitischen Sinne zu verstehen. Es kann ein Kulturkreis sein. „Land" kann aber auch als klimatische Zone aufgefaßt werden Kulturpflanzen z.B. lassen sich in der Regel nicht mit Erfolg von einer Klimazone in eine andere übertragen (siehe hierzu Kapitel 58).

7. Kybernetik: Steuerung, Regelung und Information

Steuerung und Regelung

Im Englischen gibt es den Begriff "control" (Kontrolle), wobei zwischen Regelung und Steuerung nicht unterschieden wird. Im Deutschen sind die beiden Begriffe klar definiert und gegeneinander abgesetzt. Steuerung verhält sich zu Regelung wie eine Gerade zu einem Kreis.

1948 prägte Norbert Wiener den Begriff Kybernetik. "Cybernetics- or control and communication in the animal and in the machine".

Die Kybernetik ist die Wissenschaft von der Kontrolle und Information, gleichgültig, ob es sich um lebende Wesen oder um Maschinen handelt.

Regelphänomene in der Biologie wurden bereits 1895 von C. Bernard und später 1925–27 von R. Wagner beschrieben. 1932 führte Cannon den Begriff Homöostasie ein. Dieser Begriff beschreibt die Beobachtung, daß zahlreiche physiologische Größen wie Körpertemperatur, Blutdruck, Rhythmus des Herzschlags, der Blutzuckerspiegel u.a. trotz sich ändernder Umwelt konstant gehalten werden.

Der Sinn der Beschäftigung mit Regelphänomenen liegt in der Absicht, zu versuchen, Vorhersagen zu machen.

Wiener wurde während des zweiten Weltkrieges vor das Problem gestellt, eine möglichst effektive Flugabwehr zu organisieren. Zur Lösung des Problems mußte die Frage geklärt werden, welche Variablen einem System zur Verfügung stehen, um sich zu verändern. Zu dem hier in Frage kommenden System gehören vor allem das Flugzeug und der Pilot; das heißt, man mußte in Erfahrung bringen,

1. zu welchen Änderungen (seines Kurses) ein Flugzeug in der Lage ist und

2. welche Leistungen ein Pilot vollbringen kann. Man braucht Kenntnisse über seine physiologischen und psychischen Grenzen. Hierzu ist das Wissen über menschliches Verhalten unerläßlich.

Während dieser Untersuchungen beschrieben Wiener und Bigelow (1947) die Rückkopplung (Rückführung, "feed back"). Die Rückkopplung bewirkt eine automatische Kontrolle. Der Begriff wurde zwar erst 1947 definiert, die Erscheinung selbst war jedoch schon seit langem bekannt, so beruht z.B. der Wattsche Dampfmaschinenregulator auf diesem Prinzip.

Was ist ein System?

Ein System ist eine Zusammenfassung von Funktionselementen (Funktionseinheiten, Funktionsgliedern) und deren Wechselwirkungen untereinander. Die funktionellen Beziehungen der Systemelemente bedingen die besonderen Eigenschaften und Leistungen eines Systems: die Systemeigenschaften. Die Systemeigenschaften fordern ein bestimmtes – geregeltes – Zusammenspiel seiner Elemente.

Um die Eigenschaften eines komplexen Systems verstehen zu können, kann man ein Modell konstruieren. Je mehr Eigenschaften (einschließlich der Grenz- und Fehlleistungen) zwei Systeme (Original und sein Modell) gemeinsam haben, desto ähnlicher sind sie sich auch hinsichtlich ihrer Elemente.

Man unterscheidet zwischen offenen und geschlossenen Systemen. Eine Taschenuhr z.B. kann unter gewissen Bedingungen als ein geschlossenes System betrachtet werden. Man gibt Energie hinein und überläßt es anschließend sich selbst.

Offene Systeme haben Eingänge (inputs) und Ausgänge (outputs). Innerhalb des Systems besteht ein Fließgleichgewicht (steady state).

Bei offenen Systemen unterscheidet man zwischen

a) determinierten und

b) probabilistischen (stochastischen) Systemen.

Bei den deterministischen wirken die Elemente in vorhersehbarer Weise aufeinander ein (Beispiel: technische Maschinen).

Probabilistische Systeme sind nicht voll durchschaubar, somit ist keine exakte Vorhersage möglich.

Alle lebenden Systeme sind probabilistisch, da man:

a) nicht alle Elemente vollständig kennt und es

b) unterschiedliche Funktionsebenen gibt. Elemente einer übergeordneten Ebene sind bereits in sich Systeme einer untergeordneten Ebene.

Steuerung (Definition nach DIN 19 226): „ist der Vorgang bei einem System, bei dem ein oder mehrere Größen als Eingangsgrößen, andere Größen als Ausgangsgrößen auf Grund der dem System eigentümlichen Gesetzmäßigkeit beeinflussen".

Steuerung ist somit eine gerichtete Auslösung (Beeinflussung) eines Vorgangs.

Regelung: „... ist der Vorgang, bei dem eine Größe, die zu regelnde Größe, fortlaufend erfaßt, mit einer anderen Größe, der Führungsgröße, verglichen und abhängig vom Ergebnis dieses Vergleichs im Sinne einer Angleichung an die Führungsgröße beeinflußt wird. Der sich dabei ergebende Wirkungsablauf findet in einem geschlossenen Kreis, dem Regelkreis, statt" (DIN 19 226).

Ein Regelkreis ist aus folgenden Elementen aufgebaut (vgl. Abb. 7.1):

1. Fühler: mißt den tatsächlich vorhandenen, sogenannten „Istwert" und meldet diesen Wert weiter. Der Fühler meldet das, was er fühlt, nicht das, was er im Sinne des Regelsystems fühlen soll (ein Thermostat einer Zim-

merheizung z.B. schaltet sich auch dann aus, wenn er (lokal) durch Sonneneinstrahlung oder eine andere Energiequelle erwärmt wird). Der Wert eines Regelsystems liegt in der Konstanthaltung von Vorgängen und der Aufrechterhaltung eines Gleichgewichts. Dazu braucht das System:

a) Informationen über seinen derzeitigen Zustand.

b) Informationen über Möglichkeiten zu Gegenaktionen.

2. Regelgröße (Regelstrecke): Der Zustand oder Vorgang, der konstant gehalten werden soll, heißt Regelgröße, Regelstrecke oder Sollwert. Der Istwert stimmt selten mit dem Sollwert überein, er oszilliert in den meisten Fällen periodisch um den Sollwert (Abb. 7.2). Die Frequenz der Schwingung hängt von der Reaktionsgeschwindigkeit des Systems ab, die Amplitude (Bandbreite) von der Leistungskapazität.

3. Auf ein System wirken Störgrößen ein, die mit verrechnet werden müssen. Die Störungen müssen korrigiert werden können (Änderung von Stellgrößen). Übersteigen sie die Regelkapazität eines Systems, kommt es zu einer Regelkatastrophe. Das System bricht zusammen.

Beispiel: „Alkohol am Steuer". Die Zeitspanne zum Erfassen und Verarbeiten einer Abweichung vom Sollwert (hier Geradeausfahrt) ist zu lang, um rechtzeitig korrigiert zu werden. Die Lenkradausschläge werden von Abgleich zu Abgleich stärker, die Kapazität des Systems (hier Breite der Fahrbahn) wird überzogen.

4. Regler: Im Regler werden Istwert und Sollwert miteinander verglichen und abgeglichen. Der Istwert geht mit negativem Vorzeichen in den Abgleich ein. Man spricht von negativer Rückkopplung. Eine positive Rückkopplung führt entweder zu Selbstverstärkereffekten oder zu einem Systemzusammenbruch. Es gibt verschiedene Reglertypen, die sich in Bezug auf die Empfindlichkeit gegenüber Veränderungen der Führungsgröße (Stellgröße) voneinander unterscheiden.

Auf Beispiele aus der Biologie können wir an dieser Stelle verzichten, wir werden im folgenden immer wieder darauf zurückkommen, daß in der Biologie kein ungeregeltes System eine Überlebenschance hätte.

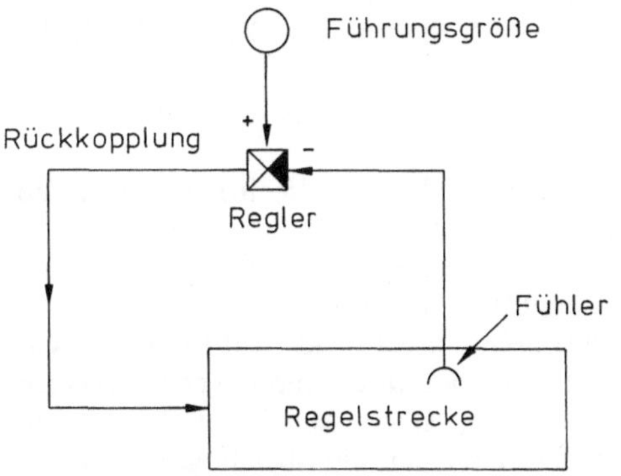

Abb. 7.1. Elemente eines Regelkreises

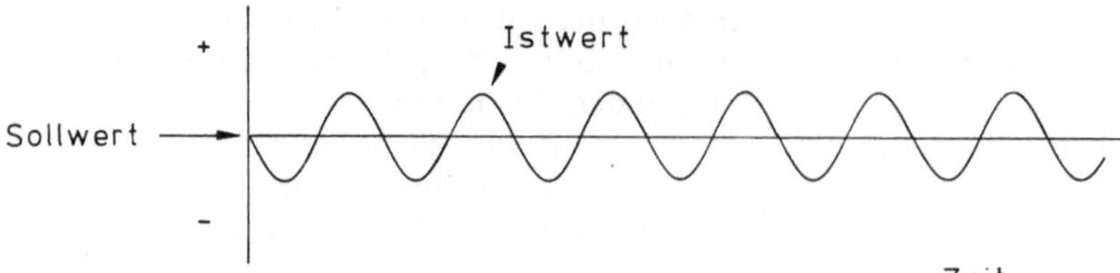

Abb. 7.2. Istwert und Sollwert

Kommunikation, Information

Man kann Regelvorgänge nicht im Detail verstehen, wenn nicht klar ist, was Information bedeutet. Die Verständigung zwischen Individuen bezeichnet man als Kommunikation (Informationsweitergabe). Kommunikation beruht auf der Übermittlung von Nachrichten, deren Bestandteile Zeichen sind. Jedes „Zeichen" ist ein „Zeichen" von etwas oder ein „Zeichen" für etwas. Information als solche ist weder materiell noch energetisch verständlich.

N. Wiener: "information is information, no matter or energy, no materialism which does not admit this can survive at the present day".

Die Zuordnung einer Information zu einem bestimmten physikalischen Zustand heißt Codierung. Jedes Zeichen ist Träger einer Bedeutung, es ist ein Teil eines Signals. Bei einem Alphabet sind die Buchstaben die Zeichen.

Code: In der Kommunikationstheorie unterscheidet man zwischen Sprachen, die sich während längerer Zeiten entwickelt haben und Codes, die zu speziellen Zwecken erfunden wurden. Rein formal ist aber auch die Sprache ein Code.

Das Alphabet ist der Zeichenvorrat eines Codes. Die Anzahl der Zeichen ist für verschiedene Codes unterschiedlich. Es gibt keine feste obere Grenze, es gibt jedoch eine untere:

zwei Elemente:

+, − oder *1, 0* oder •, −

Mit weniger als 2 Elementen kann man keinen Code konstruieren. Auch „Zwischenräume" (Zeitabstände) sind Zeichen, wie z.B. kurze und lange Zwischenräume beim Morsecode. Eine Menge von Ereignissen (Informationen) kann eindeutig einer Menge von physikalischen Zuständen (dem Code) zugeordnet werden. Jeder Code setzt sich aus zeitlichen und räumlichen Kombinationen einer Grundmenge von Zeichen zusammen.

Code und Signal: Zur Darstellung eines Codes benötigt man Regeln, nach denen Zeichen zusammengesetzt sind. Nur „erlaubte" Zeichenzusammenstellungen bilden ein „Signal", d.h. solche Zeichenzusammenstellungen, die vom Empfänger verstanden werden; hierzu gehören alle Worte einer Sprache, aber nicht Buchstabenkombinationen wie etwa *arskfgaso.*

Übertragung einer Information (Nachricht): Der Weg zwischen Sender und Empfänger wird als Kanal bezeichnet. Die Beziehungen zwischen Nachricht und Signal, die Nachrichtenübertragung, läßt sich nach Megla in folgende Schritte zerlegen:

1. Entstehung eines Nachrichtenbedürfnisses − ich habe etwas erfahren, weiß etwas, fühle etwas, etc., das ich mitteilen möchte.

2. Formulierung einer Nachricht − also Codierung des Erfahrenen . . .

3. Überführung in ein übertragungsfähiges Signal, z.B. Umwandlung in Sprachlaute, in Schrift, in Mimik, Gestik u.s.w. Diese Phase kann mehrere Teilphasen umfassen, wenn nacheinander oder gleichzeitig verschiedene Kanäle für die Übertragung benötigt werden (z.B. Sprachlaute + Gestik).

4. Die Beförderung des Signals durch den Kanal.

5. Empfang des Signals und dessen Decodierung.

6. Das Verstehen der Nachricht, also Decodieren des letzten Signals (aus dem Übermittlungsweg Sinnesorgan → Großhirn) in Erfahrenes, Gewußtes, Gefühltes etc.

Allgemein ausgedrückt: Information wird zwischen Sender und Empfänger übertragen. Voraussetzung ist ein gemeinsamer Code und ein Kanal, über den die Signale gesendet werden können (Abb. 7.3).

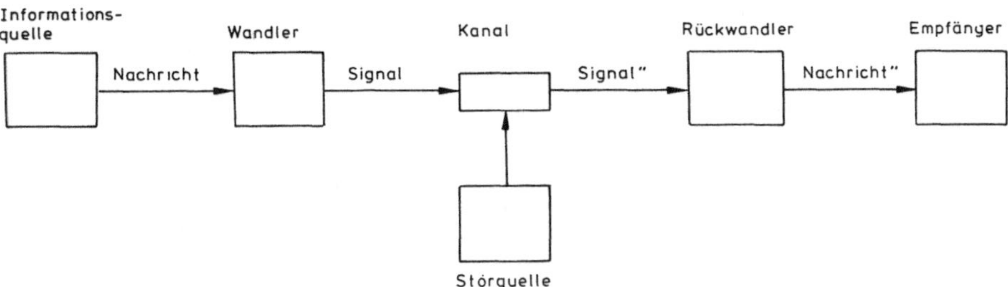

Abb. 7.3. Nachrichtenübermittlung

Quantitative Auswertung von Informationen: Information wird in bit gemessen. Sind zwei Ereignisse P_1 und P_2 mit gleicher Wahrscheinlichkeit des Auftretens gegeben, so entspricht das genaue Wissen um das Auftreten eines dieser Ereignisse 1 bit Information. Bei gegebener Menge von Ereignissen A = (*1, 2, 3, 4, 5, 6, 7, 8*) mit gleicher Wahrscheinlichkeit des Auftretens bedeutet das Wissen, daß eines von diesen Ereignissen auftritt, 3 bit Information. Hieraus folgt:

$$I = {}_2\log 8 = 3 \text{ bit.}$$

log zur Basis 2 wird sehr häufig auch als ld (*logarithmus dualis*) bezeichnet.

$$I = \text{ld } 8 = 3 \text{ bit.}$$

n bits bedeutet, Auswahl aus *n* Alternativen. Eine nähere Betrachtung zeigt, daß es einen Zusammenhang eines Ereignisses und der Wahrscheinlichkeit seines Auftretens gibt. Je größer die Wahrscheinlichkeit eines Ereignisses ist, desto geringer ist sein Informationswert. Diese Betrachtung gilt sowohl für Informationen wie auch für die ihnen zugeordneten Zeichen und Signale (Abb. 7.4).

Die Entzifferung einer Geheimschrift (eines Codes) geht oft von den verschiedenen Häufigkeiten der Buchstaben einer Sprache aus. Der Buchstabe „e" ist in vielen Sprachen der mit Abstand häufigste Buchstabe:

12% im Englischen
14% im Deutschen
16% im Französischen

Wenn man bei einer Geheimschrift annehmen darf, daß jeder Buchstabe der ursprünglichen Nachricht durch ein Zeichen oder einen anderen Buchstaben ersetzt worden ist, hat man einen ersten Anhalt für die Entzifferung.

Die Information des Ereignisses x_i ist der ld des Kehrwerts der Wahrscheinlichkeit seines Auftretens.

$$I(x_i) = \text{ld } 1/p(x_i)$$

Der mittlere Informationsgehalt einer Menge von *n* Ereignissen x_i (i = 1, 2, . . . n) mit den Wahrscheinlichkeiten $p(x_i)$ ist als der Erwartungswert (gewogener Mittelwert) der Information der einzelnen Ereignisse (H) definiert:

$$H = \sum_1^n p(x_i) \text{ ld } 1/p(x_i)$$

Als einen Informationsgewinn bezeichnet man die positive Differenz eines mittleren Informationsgehalts zu einem Zeitpunkt t_1 minus dem mittleren Informationsgehalt zu einem späteren Zeitpunkt t_2.

Redundanz: Redundanz ist überschüssige Information. Sie hängt offenbar davon ab, wie wahrscheinlich eine Information oder ein Zeichen ist. Es besteht somit ein Zusammenhang zwischen der Information und ihrer Redundanz. Alle Sprachen sind zum Schutz gegen Störgrößen hochgradig redundant. Die Redundanz einzelner Buchstaben ist unterschiedlich. Je häufiger sie vorkommen, desto weniger wert sind sie. Der Fortfall von Vokalen ist in einem Wort für die Wiedererkennung einer Information weniger entscheidend als der Fortfall der Konsonanten. Nur selten kommt es zu einer Sinnentstellung, z.B.

mein → *dein* → *sein*
oder Zweideutigkeit:
Jumi: → Juli? Juni?
Rais : → Reis? Mais?

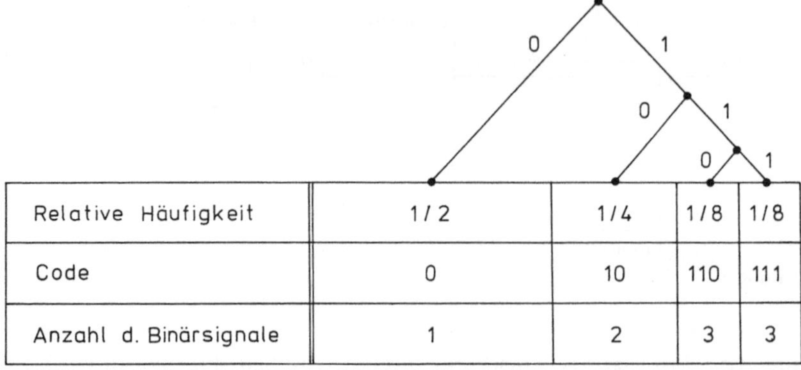

Abb. 7.4. Codierung

Relative Häufigkeit	1/2	1/4	1/8	1/8
Code	0	10	110	111
Anzahl d. Binärsignale	1	2	3	3

Oft wird die Entscheidung klar, weil Worte in einem bestimmten Sinnzusammenhang stehen. Hier liegen komplexe Formen der quantitativen Informationsauswertung vor.

Das sichere Zusammentreffen zweier Zeichen erweist sich als redundant, z.B. nach einem q folgt immer ein u (→ qu . . .). Eine Information, die dem Empfänger bekannt ist, ist für ihn ohne Wert.

Die Redundanz dient der Absicherung gegen Übertragungsfehler (Störungen). Zahlenangaben sind in der Regel gegenüber Fehlern viel anfälliger als Worte. Eine Telephonnummer z.B. ist nicht redundant. Man sieht einer Zahl nicht an, ob sie richtig oder falsch ist. Wiederholung einer Meldung mit z.B. einer Fehlerquote der Übertragung von 2% (0,02) bedeutet, daß der Fehler auf 0,004 = 0,4% reduziert wird.

Beispiele für Übertragung von Informationen in lebenden Systemen:

1. Übertragung genetischer Information von einer Generation auf die nächste (genetischer Code).

2. Übertragung von Informationen von einer Zelle zur anderen.

— Nervensystem (physikalische und chemische Prozesse → sehr schnell arbeitend).

— Hormonsystem (chemisch: Übertragungsgeschwindigkeit weit geringer als im Nervensystem).

3. Übertragung von Informationen zwischen Individuen — Kommunikation — Verhalten (s. Kapitel 58).

Literatur

Flechtner, H.J.: Grundbegriffe der Kybernetik. Stuttgart: Wiss. Verlagsges. m.b.H.

In den Nucleoli der Oozytenkerne von *Triturus virescens*, einer amerikanischen Molchart (sowie bei anderen ▶ Amphibien) liegt DNS frei vor. Auf der Abbildung ist die Transkription der Gene sichtbar, die die Information zur Bildung ribosomaler RNS tragen (vgl. S. 230). (Aufn. O.L. Miller, B.R. Beatty, 1969. Biology Division, Oak Ridge National Laboratory USA)

Organisationsebene: Zelle

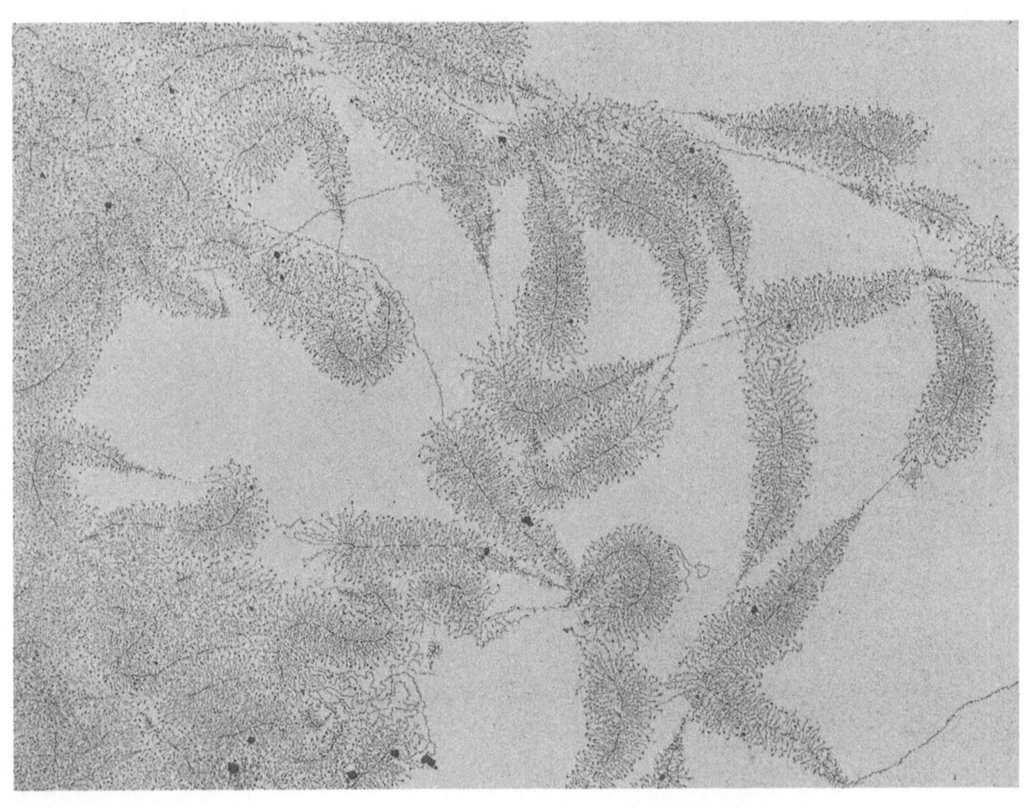

8. Was erkennt man mit einem Mikroskop?

Ende des 16., Anfang des 17. Jahrhunderts wurden die ersten Mikroskope entwickelt. Der Holländer Z. Jansen (um 1590) aus Middelburg, der italienische Herzog Frederico Cesi (1601) sowie Gallilei (1610) besaßen schwach (5–10fach) vergrößernde Geräte und beobachteten damit biologische Objekte wie Bienen und andere Insekten.

Der eigentliche Beginn der wissenschaftlichen Mikroskopie ist auf den Engländer Robert Hooke (1635–1703) und den Holländer Antony van Leeuwenhoek (1632–1723) zurückzuführen. Hooke publizierte im Jahre 1665 sein Werk: „Micrographia", in dem er eine Anzahl mikroskopischer Beobachtungen wiedergab. Sein Gerät vergrößerte etwa 30fach, es besaß zwei Linsen, somit ein Bauprinzip, nach dem auch alle modernen Mikroskope konstruiert sind. Hooke fand, daß Kork aus "empty vessels" aufgebaut war, Strukturen, die er Zellen nannte. Er erkannte weiterhin,

daß der gesamte Pflanzenkörper im Aufbau einer Bienenwabe glich.

Leeuwenhoek arbeitete mit einem „einlinsigen" Mikroskop und erreichte damit eine für seine Zeit ungewöhnlich starke, 300fache Vergrößerung. Bakterien, entnommen der Mundschleimhaut, einem faulen Zahn u.a., Kristalle in Zellen und „Tüpfel" in pflanzlichen Zellwänden waren seine Objekte. Zusammenfassend berichtete er darüber 1677 in den "Philosophical Transactions of the Royal Society of London". In den achtziger Jahren fand er im Schwanz der Kaulquappe die von Malpighi geforderten Kapillaren und somit als erster das noch fehlende Zwischenstück des Blutkreislaufs.

Das 18. Jahrhundert brachte keine wesentlichen Erkenntnisse auf dem Gebiet der Mikroskopie. Die Biologen sahen in diesem Jahrhundert ihre Hauptaufgabe im Klassifizieren und Ordnen der Vielfalt von Tieren und Pflanzen. Herausragend war in dieser Epoche der schwedische Botaniker Carl von Linné (1707–1778), der Begründer der Systematik. Er machte die binäre Nomenklatur für alle Organismen zur Grundlage der Klassifizierung von Arten.

Mikroskopiert wurde wieder seit Beginn des 19. Jahrhunderts. Oken (1805), Lamarck (1809), Dutrochet (1824), ferner Mirbel, Turpin, Meyen und Mohl fanden Zellen in allen von ihnen untersuchten Pflanzen und Tieren. In den Jahren 1838 und 1839 extrapolierten der Botaniker Matthias Schleiden und der Mediziner Theodor Schwann diese Ergebnisse zur Zelltheorie: Alle Lebewesen bestehen aus Zellen.

„Die Grundlage für den Bau aller auch noch so sehr voneinander abweichenden Gewächse ist ein kleines, aus einer meist durchsichtigen, wasserhellen Haut gebildetes, ringsherum geschlossenes Bläschen, welches die Botaniker Zelle oder Pflanzenzelle nennen." (M. Schleiden, 1852).

Schon bevor die Zelltheorie aufgestellt war, kannte man Unterstrukturen (Organellen)

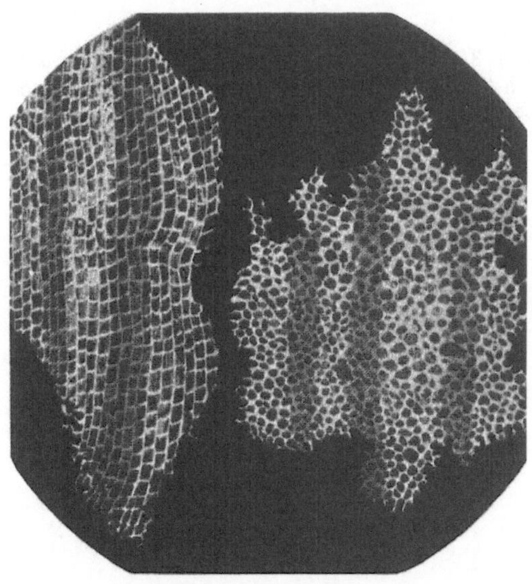

Abb. 8.1. Robert Hookes Darstellung von Flaschenkork (Quer- und Flächenschnitt) aus dem Jahre 1665

der Zelle. Der britische Botaniker Robert Brown entdeckte 1831 den Zellkern. (Von ihm stammt ebenfalls die Beobachtung der Brownschen Molekularbewegung.) Der Tscheche J. Purkinje und der Tübinger Botaniker H. v. Mohl wiesen auf die Bedeutung des Protoplasmas hin.

In den folgenden Jahren wurden insbesondere durch Schleiden zahlreiche weitere Einzelheiten des Baus der Pflanze und der Zellstrukturen beobachtet wie Inhaltsstoffe: Kristalle, Öltröpfchen, Stärkekörner (letztere mit einem hohen Grad der Organisation), der Pollenschlauch und die Eizelle (vgl. Abb. 8.2 a und b).

„Über die Entstehung der Zelle ist man noch keineswegs im Reinen, soviel ist gewiß, daß dabei ein eigentümliches, dem Primordialschlauch angehöriges Körperchen, der Zellkern genannt, sowie der Primordialschlauch selbst, eine sehr wesentliche Rolle spielt." (M. Schleiden, 1852).

Durch diese Beobachtungen erfüllte er die bereits 1694 von R.J. Camerarius aufgestellte Forderung (vgl. S. 22).

1858 folgte R. Virchows Hypothese: *Omnis cellula e cellula.*

Das Phänomen Plasmolyse (vgl. S. 62) wurde ursprünglich 1837 von Dutrochet, später 1877 von de Vries beschrieben. Damit entstand auch das Konzept der Zellmembran, von der ein Protoplast umgeben sein mußte. Die folgenden Jahrzehnte brachten eine Fülle neuer Detailbeobachtungen. Viele Einzelheiten wurden erst durch Verbesserung der mikroskopischen Technik möglich.

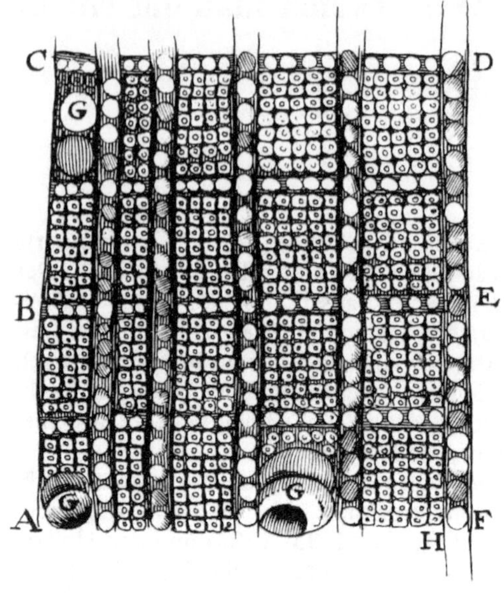

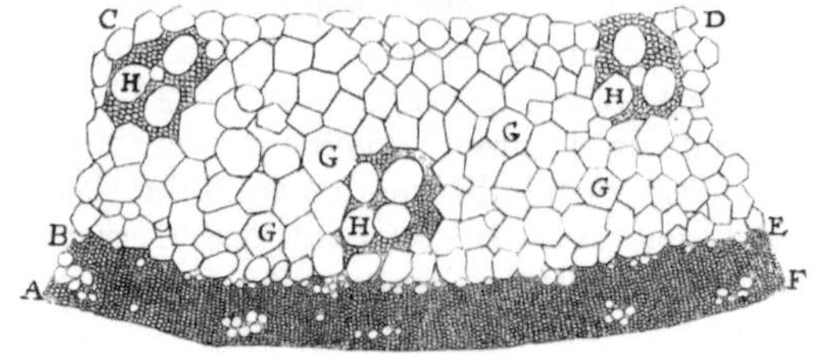

Abb. 8.2. Querschnitte durch Holz einer Kiefer und den Stengel einer monokotylen Pflanze. (Aus A. van Leeuwenhoek: Anatomia seu interiora Rerum, 1687)

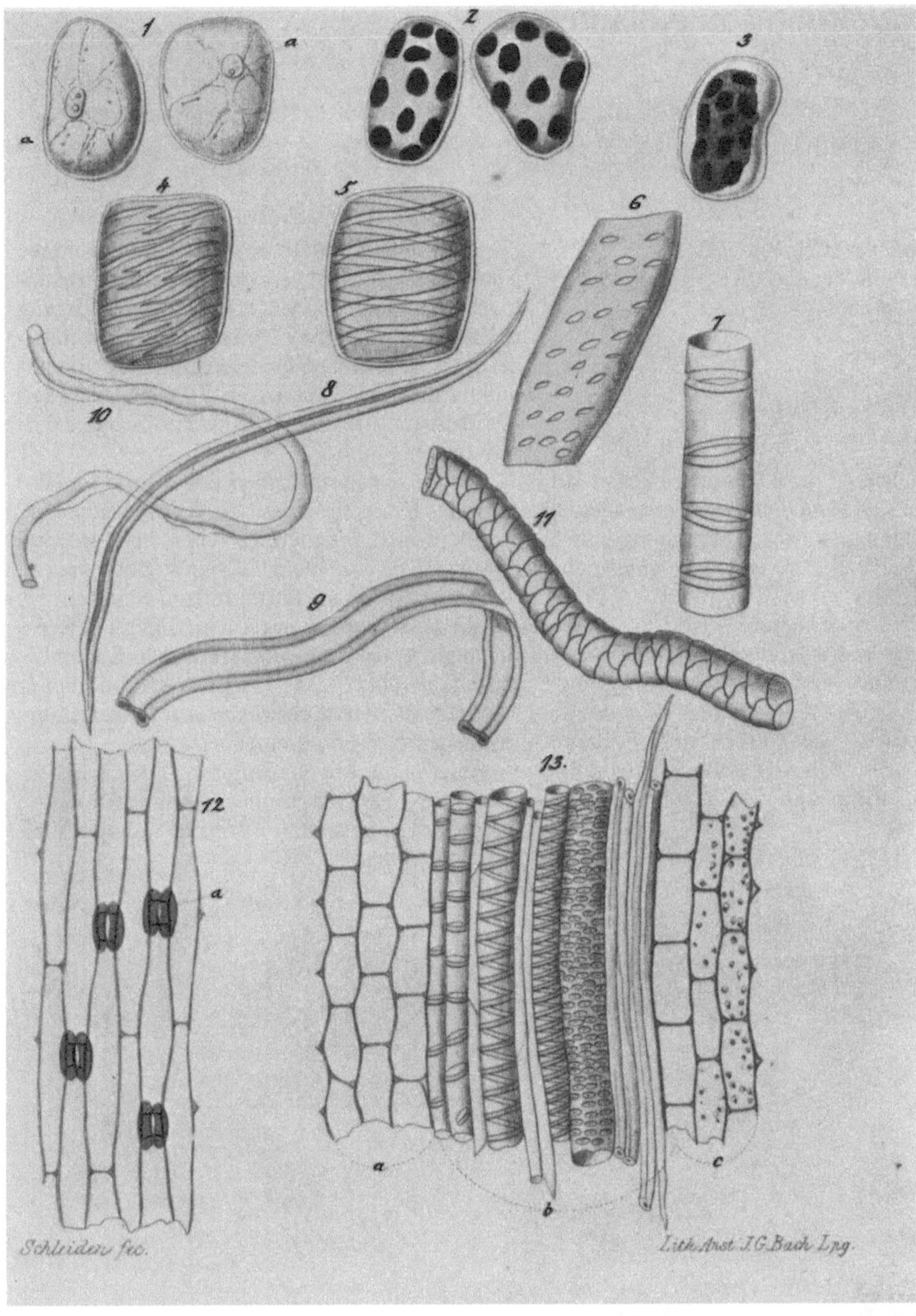

Abb. 8.3. Pflanzliche Gewebe. *1* Zellplasma und Kern; *2* und *3* Chloroplasten in der Zelle; *4–7*, *13* Leitgewebe; *8–10* Fasern; *11* Baumwollfaser; *12* Epidermis mit Spaltöffnungen. (Beobachtet und gezeichnet von M. Schleiden. Aus seinem Buch: Die Pflanze und ihr Leben, 3. Aufl., Leipzig: 1852. – Hieraus stammen auch die im Text wiedergegebenen Zitate)

9. Rekonstruktion von Abläufen

Was kommt nach der Zelltheorie?
Zwei der entscheidenden Fragen im vorigen Jahrhundert waren:

A. Wie bilden sich Zellen?

1835 beobachtete der Tübinger Botaniker Hugo von Mohl, daß sich einige Pflanzenzellen durch Teilung vermehren und daß sich zwischen den beiden Tochterzellen eine neue Zellwand ausbildet. Die Virchowsche Hypothese (1858) wurde bereits erwähnt. Offen blieb die Frage nach dem Verhalten des Zellkerns. Sie konnte erst beantwortet werden, nachdem eine neue Technik in die Mikroskopie eingeführt wurde: das Färben und Fixieren des Präparats. 1849 entwickelte Hartung die Färbung mit Carmin, 1863 Waldeyer die Hämatoxylinfärbung.

1875 beschrieben der Bonner Botaniker Eduard Strasburger und der Heidelberger Zoologe Otto Bütschli den vollständigen Vorgang der Kernteilung (Karyogenese, Mitose). Gleichzeitig beobachteten beide unabhängig voneinander, daß bei Tieren und Pflanzen während der Befruchtung zwei Kerne miteinander verschmelzen.

Einige Zwischenstadien der Mitose (Auflösung des Kerns in Fäden, die Äquatorialplatte, Wanderung der Fäden zu den Polen) wurden bereits 1873 von dem Gießener Zoologen A. Schneider gesehen. Bütschlis und Strasburgers Verdienst war es, zu erkennen, daß die Mitose, die sie in einer Reihe von statischen Zwischenstufen gesehen haben, ein kontinuierlicher Vorgang ist. Aus einer Reihe von Einzelbildern rekonstruierten sie den Ablauf.

Erst in diesem Jahrhundert, nach der Entwicklung des Phasenkontrastmikroskops, gelang es, den gesamten Vorgang in einer Viel-

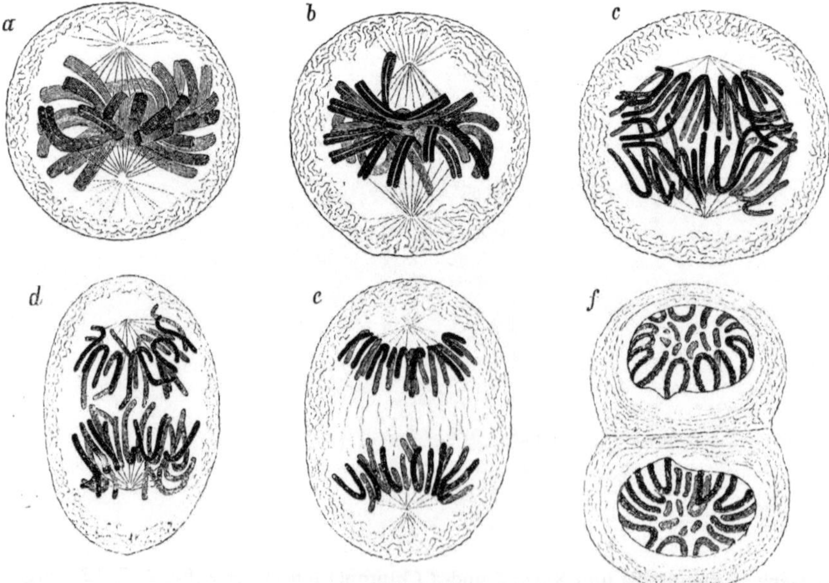

Abb. 9.1 a–f. Mitose in den Epidermiszellen (= Hautzellen) der Salamanderlarve. (Nach Rabl, aus C. Claus: Lehrbuch der Zoologie, 4. Aufl. Leipzig: 1887)

zahl lebender Zellen zu beobachten und zu filmen.

In den Jahren nach 1875 wurden weitere Einzelheiten der Mitose entdeckt:

1880 die Längsspaltung der Kernfäden (Chromosomen) durch Flemming. Wir nennen heute die beiden Hälften Chromatiden oder Tochterchromosomen.

1882 die Konstanz der Chromosomenzahl bei Lilien: bei einer Art 12, bei einer anderen Art 8 (Strasburger).

1884 nannte Strasburger die Einzelphasen der Mitose Interphase, Prophase (a), Metaphase (b), Anaphase (c–e), Telophase (f). (Die Buchstaben beziehen sich auf die Abb. 9.1).

1885 bestätigte der Zoologe Rabl diese Beobachtung durch Untersuchungen an Salamanderlarven und stellte darauf die Hypothese der Chromosomenkonstanz bei allen Arten auf.

1888 führte Waldeyer den Namen Chromosomen (= Farbstoffträger) für die Kernfäden ein.

B. Wie entwickelt sich ein vielzelliger Organismus?

Wie entsteht ein vielzelliger Organismus aus einer befruchteten Eizelle? Karl Ernst von Baer (1792–1876) wird als Begründer der Embryologie angesehen; er schreibt:

„Das Ei spaltet sich zuvörderst in zwei Hälften, jede Hälfte spaltet sich dann wieder in zwei Vierteile, das Vierteil in 2 Achtel, und so geht die Teilung regelmäßig fort, indem die Dotterkugel sich in 2, 4, 8, 16, 32, 64 Kugelelemente teilt, welche gegen den Mittelpunkt zusammenstoßen, mit der sphärischen Basis aber die Peripherie erreichen und hier durch Furchen getrennte Figuren zeigen ... "

Heute nennt man das Stadium von ca. 64 Zellen Morula (Maulbeere), die sich darauf durch Auseinanderweichen der Zellen bildende Hohlkugel Blastula, die Struktur, die sich durch Einstülpung der Zellschicht bildet, Gastrula (Abb. 9.3). Es entsteht dabei eine innen liegende und eine außen liegende Zellschicht. Diese Zellschichten bezeichnet man als Keimblätter. Schon 1817 beobachtete H.C. Pander, daß sich aus diesen Keimblättern durch weitere Einstülpungen und Abschnürungen Organe bilden. So fand er, daß das Rückenmark durch eine Einstülpung des äußeren Keimblattes entstand, einen Vorgang, den man Neurulation nennt.

Niedere Tiere besitzen nur 2 Keimblätter: das Ektoderm und das Entoderm.

Einstülpungen wie die Gastrulation oder die Neurulation sind auf irreversible Zellwanderungen zurückzuführen. Bei höheren Tieren entsteht aus blasenförmigen Einstülpungen des Entoderms ein drittes Keimblatt, das Mesoderm.

Keimblätter umschließen Hohlräume, so das Entoderm die Urdarmhöhle. Vom Entoderm können Zellen in den Hohlraum zwischen Entoderm und Ektoderm abgegeben werden. Man nennt solche Zellen Mesenchymzellen (Mesenchym).

O. und R. Hertwig stellten 1881 die Coelomtheorie auf, die besagt, daß die Organe während der Ontogenese (Entwicklung eines Individuums) aus den in den ersten Entwicklungsstufen gebildeten Keimblättern entstehen. (Näheres hierzu vgl. Kapitel 37–40.) Die hier wiedergegebenen Aussagen sind wie die Kernteilung auf Betrachtung zahlreicher Einzelstadien zurückzuführen, also auf eine Beobachtung als Funktion der Zeit.

Offen blieben seinerzeit noch die Fragen, wie: Welche Bedeutung haben die Zellen für die Keimblätter? Sind die Keimblätter bereits aus Zellen zusammengesetzt, und wie verhalten sie sich zu den Zellen der später erscheinenden Gewebe? Wie verhält sich das Ei zur Zellentheorie? Ist dies selbst eine Zelle, oder ist es aus solchen zusammengesetzt? Auf diese Fragen gibt es heute befriedigende Antworten, wir werden uns damit in Kapitel 37 näher auseinandersetzen.

Literatur

Bajer, A.S.: Der Mechanismus der Chromosomenbewegung in der Mitose. Biologie in unserer Zeit 3, 99 (1973).

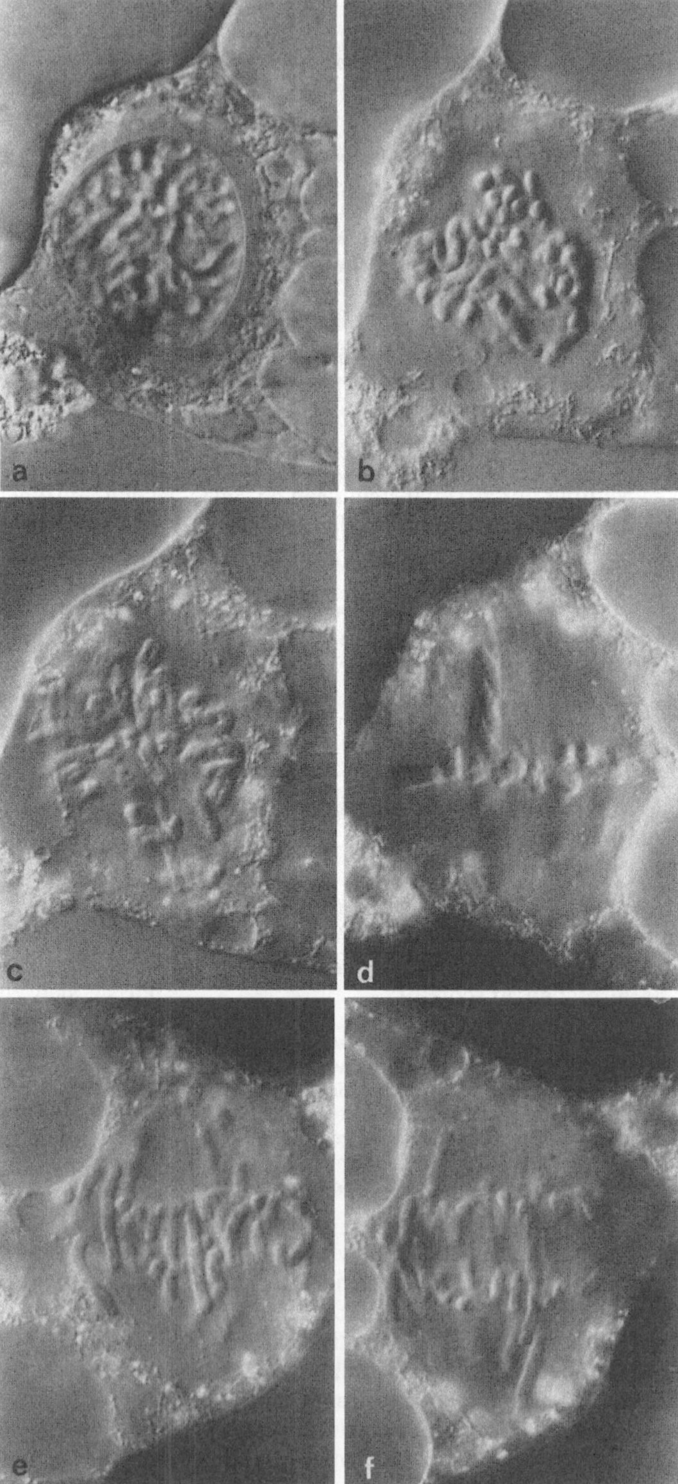

Abb. 9.2 a–l. Mitosestadien im Endosperm von *Haemanthus katherinae*, aufgenommen mit der Interferenzkontrasttechnik nach Nomarski. Hierbei werden durch eine spezifische Führung des Lichtstrahls Dichteunterschiede des Objekts in „Höhenunterschiede" verwandelt. Das reliefartige Aussehen der Bilder entspricht nicht tatsächlichen Strukturen. – Die Aufnahmen erfolgten zu folgenden Zeiten nach Beginn der Mitose: (a) 1,58 min (Prophase), (b) 2,12 min (späte Prophase, Kernhülle bereits aufgelöst), (c) 2,22 min, (d) 3,03 min (Metaphase, Anordnung der Chromosomen in der Äquatorialplatte) (= Tochterchromosomen = Chromatiden), (e) 3,08 min (Auseinanderweichen der Chromosomenhälften), (f) 3,13 min (frühe Anaphase), (g) 3,18 min (Anaphase), (h) 3,33 min, (i) 3,38 min, (j) 3,46 min (Telophase), (k) 3,55 min (zwischen den entstandenen Tochterzellen beginnt sich eine Zellwand auszubilden), (l) 4,03 min (die Mitose ist abgeschlossen, zwei Tochterzellen sind entstanden). Den hier gezeigten Ablauf, inclusive der Interphasestadien (s. Kapitel 34) bezeichnet man als Zellzyklus (Aufn. A. Bajer, Eugene/Oregon)

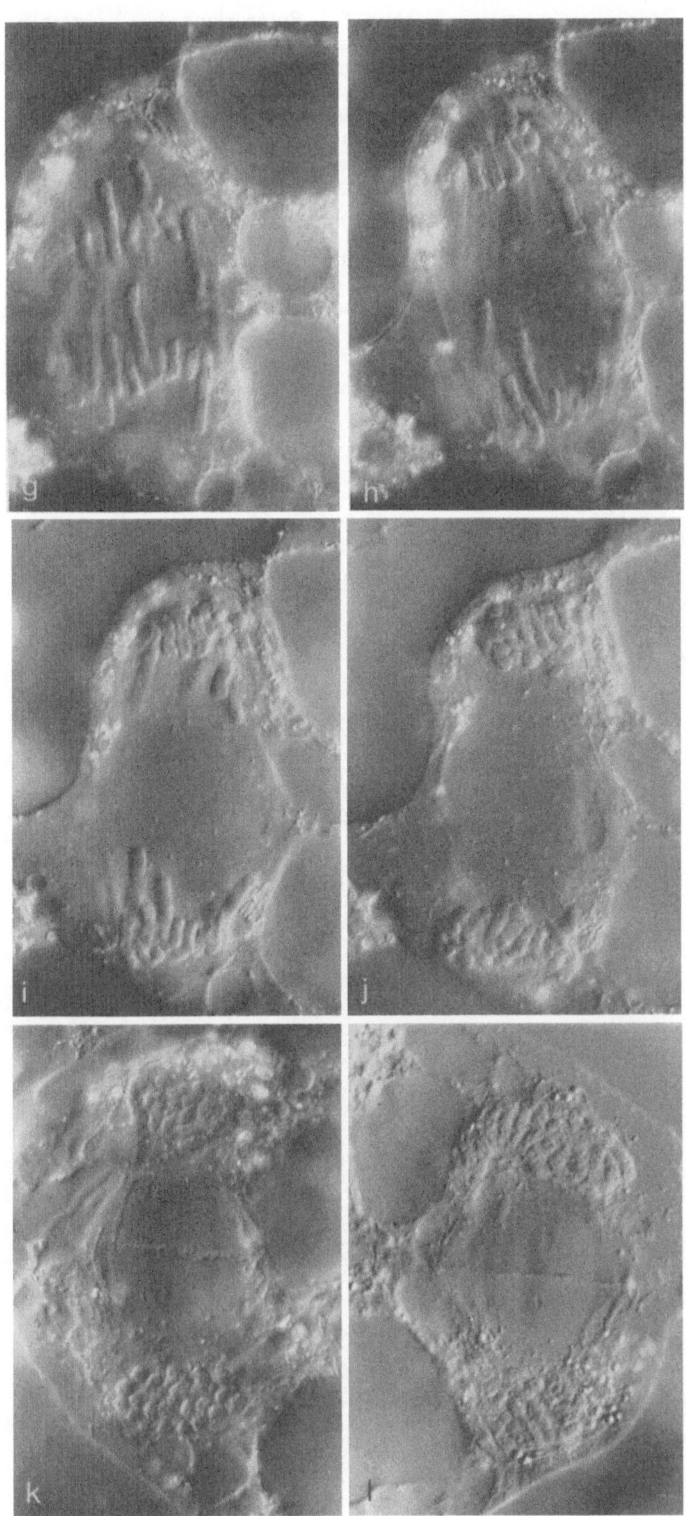

Abb. 9.2 g–l

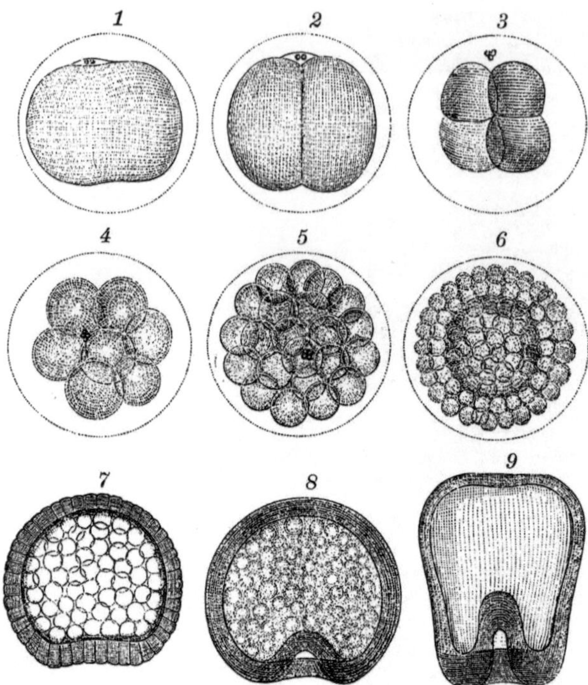

Abb. 9.3. Entwicklung eines Seesterneis (*Asteracanthion berylinus*). *1* beginnende Furchung des an den beiden Seiten abgeflachten Dotters; *2* Zweizellstadium; *3* Vierzellstadium; *4* Achtzellstadium; *5–7* Bildung der Morula; durch Auseinanderweichen der Zellen entsteht ein Hohlraum (eine Furchungshöhle: Blastocoel). *8* Blastula mit beginnender Gastrulation (Einstülpung der äußeren Zellschicht); *9* frühes Gastrulastadium. (Nach A. Agassiz, aus C. Claus: Lehrbuch der Zoologie, 4. Aufl., Leipzig: 1887)

10. Diffusion, Permeabilität, Osmose

Nachdem wir einige Strukturen der Zelle kennengelernt haben, müssen wir uns mit ihren Funktionen auseinandersetzen. Zellen enthalten u.a. gelöste Substanzen. Das Plasma ist durch eine Membran von der extrazellulären Flüssigkeit abgegrenzt. Zwischen Zellinhalt und Umwelt findet ein reger und kontinuierlicher Stoffaustausch statt, der den Gesetzen der Hydrodynamik unterliegt. Er wird durch die Begriffe Diffusion, Permeabilität und Osmose charakterisiert.

A. Diffusion

Atome und Moleküle sind in ständiger Bewegung. Sie stoßen dabei mit anderen Molekülen zusammen und werden von ihrer Bahn abgelenkt. In einem idealen Gas führen die einzelnen Atome oder Moleküle ungehinderte, d.h. voneinander unabhängige Bewegungen aus. Die Verteilung der Einzelteilchen im Raum bleibt gleich. Es gibt keine vorherrschende oder bevorzugte Bewegungsrichtung. Die Bewegung ist von der Temperatur abhängig. Man spricht deshalb auch von thermischer Bewegung (T), die bei steigender Temperatur zunimmt.

In Flüssigkeiten sind Atome und Moleküle in ihrer Bewegungsfreiheit eingeschränkt, doch unterliegt in einer echten Lösung die Bewegung den gleichen Kriterien wie in einem idealen Gas. In festen Körpern (z.B. Kristallen) ist die Beweglichkeit der Einzelteilchen weitestgehend aufgehoben.

In der Biologie beschäftigt man sich vielfach mit gelösten Substanzen. In wäßrigen Lösungen sind, wie wir schon gesehen haben, alle Teilchen gleichmäßig verteilt (z.B. Na^+, Cl^-, H_2O etc.).

Wie wird dieser Zustand erreicht?
Dazu können wir einen Versuch wie folgt ansetzen: Eine konzentrierte Kupfersulfatlösung wird vorsichtig mit destilliertem Wasser überschichtet. Es bildet sich dabei eine klare Trennfläche aus, obwohl Kupfersulfat sehr gut in Wasser löslich ist. Der Versuch könnte auch mit einer anderen Substanz ausgeführt werden, etwa einer konzentrierten Zuckerlösung, einer NaCl-Lösung etc. $CuSO_4$ wird in Vorlesungen und Übungen aus rein optischen Gründen gewählt, weil eine $CuSO_4$-Lösung farbig ist und die Diffusion ohne Hilfsmittel beobachtet werden kann. Es stellt sich die Frage, wie es zu einer gleichmäßigen Verteilung der Cu^{++}- und SO_4^{--}-Ionen im Gesamtvolumen ($CuSO_4$-Lösung + Wasser) kommt. Die Teilchen (Cu^{++}- und SO_4^{--}-Ionen) werden sich rein statistisch bewegen. Dabei werden einzelne die Grenzfläche durchdringen. Manche davon werden wieder zurückkehren, aber nicht alle; wir erhalten also eine Nettobewegung (Nettofluß) der Teilchen in Richtung der Regionen, die ursprünglich frei von solchen Teilchen waren.

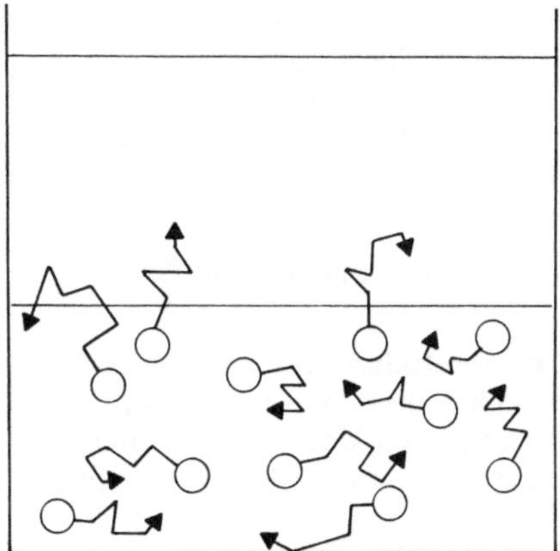

Die Bewegung von hoher zu niedriger Konzentration bezeichnet man als Diffusion. Erst nach gleichmäßiger Verteilung aller Teilchen ist in dem System keine Nettobewegung mehr nachweisbar; das System ist im Gleichgewicht.

Wie läßt sich der Vorgang der Diffusion quantitativ beschreiben? Betrachten wir ein Gefäß mit einer Lösung, so werden wir zum Zeitpunkt t_0 in einer Höhe von x_0 eine Konzentration c_1 messen.

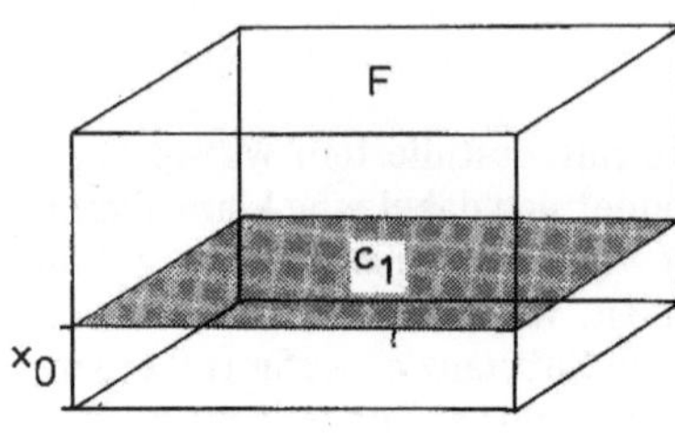

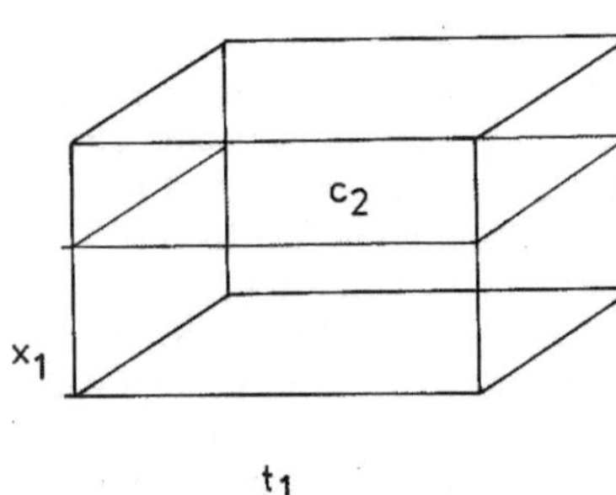

Betrachten wir das Gefäß nach einer Zeit t_1, so werden wir in einer Höhe x_1 eine Konzentration c_2 messen. Die Menge der Partikel, die den Weg $x_1 - x_0$ zurückgelegt haben, ist natürlich von der Fläche (F) und einer Stoffkonstanten (D) direkt abhängig. Somit läßt sich der Nettofluß (die Nettobewegung) als Funktion der Zeit wie folgt darstellen:

$$\text{Nettobewegung als } f(t) = - DF \frac{c_1 - c_2}{x_1 - x_0}$$

Da die Konzentration mit wachsender Entfernung abnimmt, hat der Konzentrationsgradient einen negativen Wert. Schreibt man die eben abgeleitete Formel für beliebig kleine Zeiträume, so muß man die Werte als Differentiale angeben und kommt auf:

$$\frac{dm}{dt} = - DF \frac{dc}{dx} \; [\text{cm}^2 \; \text{sec}^{-1}]$$

Die abgeleitete Formel ist das Ficksche Diffusionsgesetz.

Um die Dimensionen abzuleiten, müssen wir wissen, in welchen Dimensionen die einzelnen Größen eingesetzt werden, also

m: (Mol)
F: (cm^2)
c: (Mol/cm^3)
x: (cm)

Die Anzahl von Molen, die pro Sekunde eine bestimmte Fläche durchwandert, wird als Nettoflux (Φ) bezeichnet.

$$\Phi = - D \frac{dc}{dx} [\text{Mol cm}^{-2} \text{ sec}^{-1}] \text{ oder}$$

$$\Phi = - D \frac{c_1 - c_2}{x_1 - x_0}$$

Löst man die Gleichung nach D auf, so erhält man:

$$D = \frac{-\Phi}{\dfrac{c_1 - c_2}{x_1 - x_0}}$$

Die Größe $(c_1 - c_2) / (x_1 - x_0)$ wird als Konzentrationsgradient bezeichnet und hat die Dimension ($\text{Mol cm}^{-3} \text{cm}^{-1}$).

Dann hat D die Dimension:

$$D: \frac{\text{Mol}}{\text{cm}^2 \text{ sec} \dfrac{\text{Mol}}{\text{cm}^3 \text{ cm}}} = \text{cm}^2 \text{ sec}^{-1}$$

D ist die Diffusionskonstante. Es ist die Menge einer Substanz (in Mol), welche pro Zeiteinheit (sec) durch eine Flächeneinheit (cm^2) bei einem Konzentrationsgradienten von 1 (Mol/cm) diffundiert.

Die Diffusion erfolgt über kleine Entfernungen hinweg sehr schnell, ist aber für große Entfernungen extrem langsam. Die Entfernung geht als Quadrat in die Gleichung ein. Die Diffusion ist der zur Verfügung stehenden Fläche proportional.

B. Permeabilität

Unter Permeabilität versteht man die Diffusion durch Membranen (Grenzflächen):

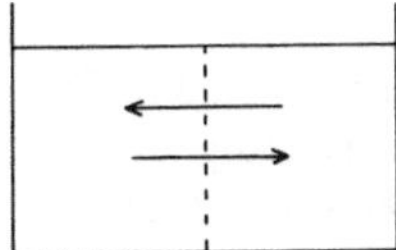

Dabei ist es gleichgültig, ob wir natürliche oder künstliche Membranen (z.B. Plastikfolien) betrachten. Um eine quantitative Aussage zu erhalten, nehmen wir in grober Näherung an, die Membran sei eine Lösungsmittelschicht der Dicke d. Natürlich ist es bekannt, daß die physikalischen (strukturellen) Eigenschaften der Membran viel komplexer als die eines Lösungsmittels sind. Unter der oben gemachten Annahme ist der Durchfluß durch eine Membran der Diffusionskonstanten direkt proportional. Sie ist natürlich in der Membran niedriger als in Wasser. Der Nettoflux durch die Membran kann wie folgt angegeben werden:

$$\Phi = -D \cdot \frac{c_1 - c_2}{d} = -\frac{D}{d}(c_1 - c_2)$$

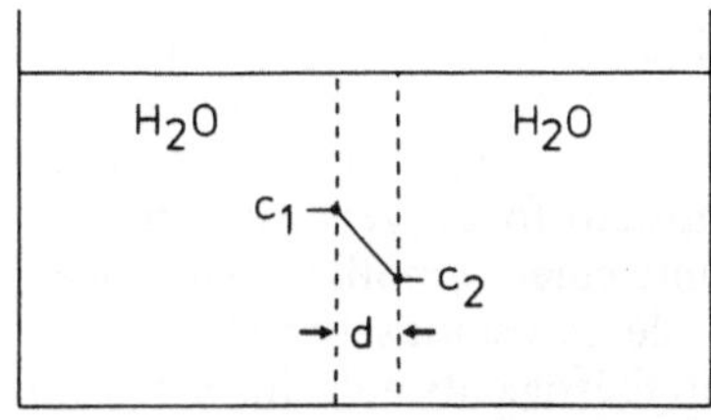

Der Ausdruck D/d wird als Permeabilitätskonstante bezeichnet und hat die Dimension (cm/sec). Diffusion und Permeabilität sind stark temperaturabhängig. Bei steigender Temperatur erhält man eine Zunahme der Bewegung.

C. Osmose

Membranen sind nicht für alle Substanzen gleich gut durchlässig. Sie können selektiv permeabel sein, d.h. die Substanz A geht durch, die Substanz B nicht. Sie können impermeabel sein, d.h. keine der Substanzen geht hindurch, und sie können schließlich semipermeabel sein, d.h. die Substanz A geht weniger gut durch als die Substanz B. Biologische Membranen sind in der Regel durchlässig für Wasser, „semipermeabel" für einige Ionen, Zuckermoleküle u.a. und nahezu undurchlässig für große Moleküle, sofern man ausschließlich die Diffusion betrachtet.

Streng genommen ist die Membran auch für Ionen u.a. undurchlässig. Zwar ist allgemein geläufig, daß Zellen Ionen, Zuckermoleküle u.a. aufnehmen können, die Aufnahme geschieht jedoch aktiv unter Energieverbrauch oder durch Poren in der Membran.

Unter Osmose versteht man den Nettofluß von Wasser durch eine Membran hindurch. Um das zu verstehen, betrachten wir einen Modellversuch:

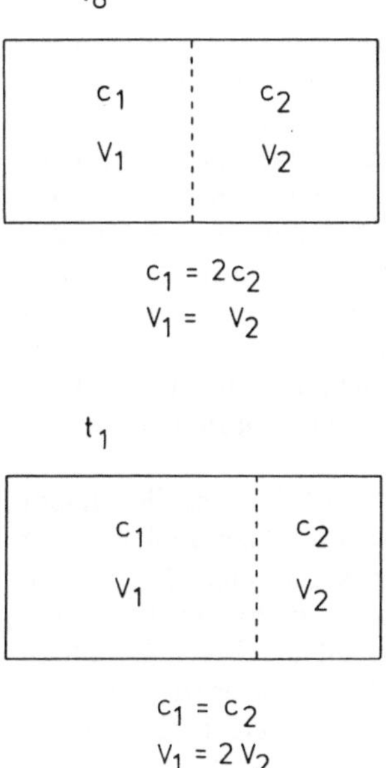

Wir haben zu einem Zeitpunkt t_0 in 2 gleichen Volumina v_1 und v_2 eine Substanz, einmal in der Konzentration c_1, zum andern in der Konzentration c_2. Wir nehmen weiter an, c_1 sei zweimal so hoch wie c_2. Die beiden Volumina seien durch eine bewegliche, semiper-

meable Membran voneinander getrennt. Zu
dem Zeitpunkt t_1 werden wir folgende Situation vorfinden: c_1 würde c_2 entsprechen, weil
Wasser beliebig durch die Membran diffundieren konnte. Das Volumen von c_1 würde dann
doppelt so groß sein wie das Volumen von c_2,
d.h. die konzentrierte Lösung hat an Volumen
zugenommen. Dieses Experiment kann man
an biologischen Membranen leicht nachvollziehen: Wir verwenden dazu Erythrozyten (rote
Blutkörperchen). Die Zellen enthalten im Inneren große Mengen von Hämoglobin, einer
Verbindung, für die die Erythrozytenmembran
impermeabel ist. Verdünnt man Blut (z.B.
menschliches Blut aus einer alten Blutkon-
serve) mit reinem destilliertem Wasser, so
dringt durch die Membran Wasser in die Zelle
ein. Da das Konzentrationsgefälle zwischen
innen und außen sehr hoch ist, wird mehr
Wasser einströmen, als die Membran vertragen
kann. Sie platzt, — wir erhalten eine Lyse der
Zelle. Das Hämoglobin tritt aus. Die ursprünglich trübe Erythrozytensuspension wird eine
klare Hämoglobinlösung.

Man kann das Platzen der Zellen vermeiden,
wenn man Blut in einer 0,9prozentigen Kochsalzlösung verdünnt. Eine Kochsalzlösung dieser Konzentration heißt physiologische Kochsalzlösung. Sie hat die gleiche Konzentration
osmotisch wirksamer Substanzen wie der Zellinhalt. In einem solchen Fall spricht man von
isotonischen Lösungen. Hat eine der Lösungen
eine geringere Konzentration, so haben wir es
mit einer hypotonischen Lösung, ist sie kon-
zentrierter, mit einer hypertonischen Lösung
zu tun.

Osmose kann man an Pflanzenzellen leicht
demonstrieren. Beobachtet man Zellen unter
dem Mikroskop, so erkennt man die Plasmamembran in der Regel nicht, weil sie sich
dicht an die Zellwand anlegt. Gibt man jedoch
einen Tropfen einer hochkonzentrierten Salzlösung hinzu, so sieht man, wie der Protoplast
zu schrumpfen beginnt. Er kugelt sich ab, sein
Volumen verringert sich, weil ihm durch die
hypertonische Salzlösung Wasser entzogen
wird. Die Grenzfläche zwischen Plasma und
der Salzlösung ist nunmehr ganz klar auszuma-
chen (vgl. Abb. 11.4). Diesen Vorgang bezeichnet man als Plasmolyse. Er erweist sich als reversibel, was man durch Überführen der Zellen
in eine hypotonische Lösung zeigen kann.

Wasser, das aufgrund der Osmose in eine
konzentrierte Lösung osmotisch wirksamer
Substanzen hineinströmt, erzeugt einen Druck
auf die Membran: den osmotischen Druck
(Turgor). Er wird in bar angegeben und ist von
der Molarität der gelösten Substanz und der
Temperatur abhängig.

Der osmotische Druck wurde von dem Tübinger Botaniker W. Pfeffer ausgiebig untersucht. Er konstruierte die sogenannte Pfeffer-
sche Zelle, in der alle für die Osmose relevan-
ten Parameter meßbar waren. Die „moderne
Version" einer solchen Zelle ist in der folgenden Abbildung wiedergegeben:

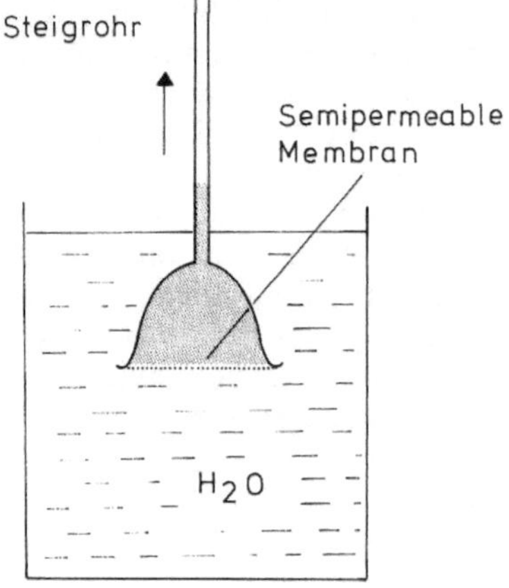

Die Vorrichtung besteht aus einer Glas-
glocke und einem Steigrohr. Die untere Öffnung ist durch eine semipermeable Membran
(z.B. eine Kunststoffolie) verschlossen. Die
Glocke wird mit einer osmotisch wirksamen
Lösung gefüllt, deren osmotischen Druck man
als Anstieg der Flüssigkeitssäule im Steigrohr
messen kann, sobald man die Glocke in eine
hypotonische Lösung hängt.

*Welche Bedeutung haben diese Phänomene für
die Zelle?*
Osmose ist besonders für die Regulation des
Wasserhaushalts der Zellen wichtig. Zellen können in erster Annäherung als Lösungen von
anorganischen Salzen und organischen Verbindungen betrachtet werden. Sie sind darauf angewiesen, Substanzen aus der Umgebung aufzunehmen und „verbrauchte" Substanzen an
die Umgebung abzugeben. Geschieht das auf
dem Wege der Diffusion durch die Membran,
spricht man von einem passiven Transport.

Das Diffusionsgesetz zeigt aber bereits Grenzen auf, an die sich die Zelle halten muß, d.h. nur solche Zellen konnten im Laufe der Evolution überleben bzw. hatten einen Selektionsvorteil, die diesen Anforderungen gewachsen waren. Um die Diffusion ausnutzen zu können, benötigt die Zelle ein möglichst günstiges Oberflächen-Volumen-Verhältnis. Da die Oberfläche im Quadrat und das Volumen in der dritten Potenz anwächst, ändert sich das Verhältnis rapide, wenn Zellen an Größe zunehmen.

Beispiele (Verhältniszahlen):

Radius	Oberfläche	Volumen	Oberfläche/Volumen
1	1	1	1 : 1
2	4	8	1 : 2
3	9	27	1 : 3

Die meisten Zellen sind annähernd kugelförmig. Ein günstigeres Oberflächen-Volumen-Verhältnis entsteht, indem eine Zelle in die Länge wächst. Bei Bakterien, Pilzen und Algen findet man extrem lange Zellen mit relativ geringem Durchmesser. Ein weiterer Weg, die Oberfläche zu vergrößern, ist die Ausbildung zahlreicher Fortsätze (vgl. Nervenzellen) oder die Abplattung von Zellen, z.B. bei den Erythrozyten. Ein Nachteil extrem langer Zellen liegt jedoch darin, daß der Stofftransport innerhalb der Zelle durch Diffusion nicht mehr gewährleistet ist.

Einige Beispiele für die Größenordnungen von Zellen:

Zelltyp	Durchmesser	Länge
Bakterienzelle	$1-2\ \mu m$	$1-6\ \mu m$
Erythrozyt	$7,2\ \mu m$	
einzellige Algen	$2-35\ \mu m$	$10-100\ \mu m$
tierische Zellen	ca. $20-30\ \mu m$	
Axon bei menschlichen Nervenzellen		1 m
Acetabularia major	1 mm	20 cm

Offensichtlich kann der Stofftransport im Zellinneren bei so langen Zellen nicht auf Diffusion, also auf passiven Transport beschränkt sein. Man muß einen aktiven Transport postulieren, der unter Energieaufwand verläuft. Bei einigen pflanzlichen Zellen ist z.B. eine Strömung des Plasmas (= Plasmaströmung) sichtbar, deren Geschwindigkeit von der Photosyntheseaktivität (der Produktion von Energie) abhängt. Aktiver Transport spielt sich nicht nur innerhalb einer Zelle ab. Substanzen können unter Energieaufwand auch in die Zelle transportiert oder aus ihr herausbefördert werden.

11. Aufgaben des Zellkerns und des Plasmas

Der Zellkern kommt in nahezu allen Zellen höherer Organismen vor. Nur einige hochspezialisierte Zellen, wie die Erythrozyten der *Mammalia* (Säugetiere) haben ihn im Laufe ihrer Entwicklung sekundär verloren. Ohne Zellkern sind die meist einzelligen Prokaryonten (Bakterien und Blaualgen). Andere — eukaryotische — Einzeller, wie die *Protozoa* (*Paramecium, Amöba* etc.) und einzellige Pflanzen, wie z.B. *Chlorella*, besitzen einen Kern. Organismen ohne Kern nennt man Prokaryonten, jene mit Zellkern Eukaryonten.

Auf die Bedeutung des Zellkerns bei der Zellteilung hat schon M. Schleiden hingewiesen (vgl. Zitat auf S. 54). Belegt wurde diese Annahme durch Aufklärung des Kernteilungsmechanismus durch Strasburger und Bütschli (1875). Bereits Ende des letzten Jahrhunderts lagen eine Reihe von Beobachtungen vor, die darauf hinwiesen, daß der Kern eine Bedeutung für die Vererbung hat und Anlagen trägt, die für die Bildung von Merkmalen im Organismus verantwortlich sind.

Der Botaniker Klebs stellte 1888 fest, daß kernhaltige Bruchstücke von Algen- und Mooszellen in der Lage sind, eine Zellwand zu regenerieren, während kernfreie Stücke das nicht vermögen. Der Zoologe Boveri erhielt durch Schütteln von Seeigeleiern zu einem bestimmten Zeitpunkt ihrer Entwicklung kernfreie Eier. Nur aus kernhaltigen Eiern entstanden nach Befruchtung mit Spermien einer anderen Art Bastarde (Hybride).

Über eine Wechselwirkung zwischen Zellkern und Zellplasma haben Pfeffer und R. Hertwig Überlegungen und Experimente angestellt. Besonders deutlich wird die Problematik an Experimenten aufgezeigt, die erst in diesem Jahrhundert durchgeführt wurden:

A. Acetabularia

Acetabularia ist eine einzellige Grünalge, die in die Ordnung der *Dasycladales* gehört. Für experimentelle Arbeiten zeichnet sie sich durch folgende Vorteile aus:

1. Sie ist mehrere Zentimeter lang.

2. Drei Merkmale der äußeren Gestalt sind leicht voneinander zu unterscheiden: Hut, Stiel und Rhizoid (ein Gebilde, das die Funktion einer Wurzel haben kann) (vgl. Abb. 11.1).

3. Der Kern liegt stets an einer bestimmten, leicht erkennbaren Region der Zelle, dem Rhizoid.

4. Es gibt mehrere Arten, die sich u.a. durch die Gestalt (Morphologie) ihres Hutes voneinander unterscheiden, z.B. *Acetabularia mediterranea* (vgl. Abb. 11.1), Vorkommen: im Mittelmeer, und *Acetabularia crenulata* (vgl. Abb. 11.2), Vorkommen: in der Karibischen See.

5. Die Teilung des Zellkerns und die Bildung der Fortpflanzungszellen, der Gameten, erfolgt erst, nachdem die Zelle ihre volle Größe erreicht hat.

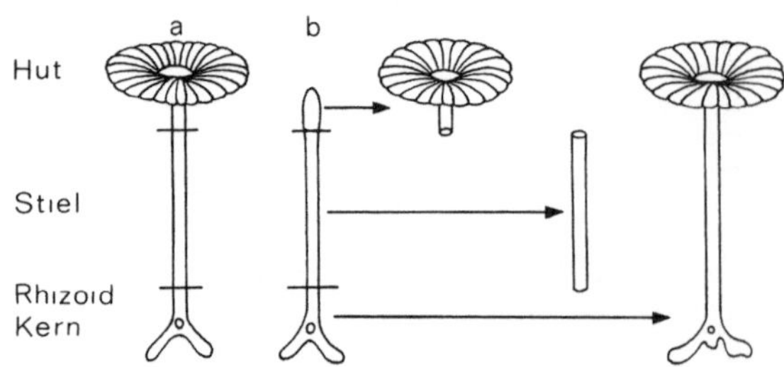

Abb. 11.1 a und b. *Acetabularia mediterranea.*
(a) Die morphologische Struktur der Zelle;
(b) Regenerationsversuche. (Details sind im Text beschrieben)

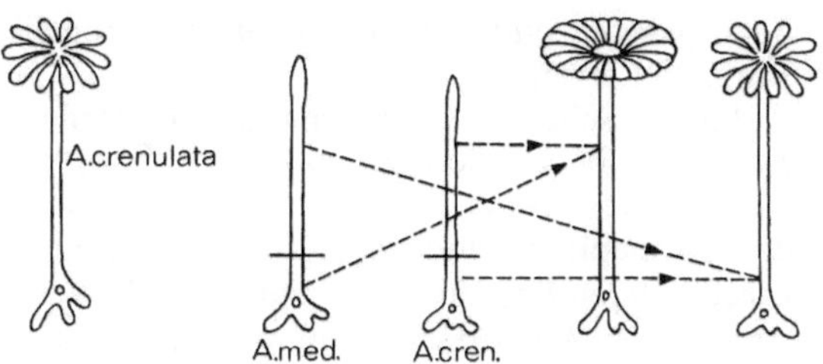

Abb. 11.2. Der Einfluß des Zellkerns auf die Hutmorphologie von *Acetabularia*. (Rekombinationsversuch zwischen *A. mediterranea* und *A. crenulata*)

6. *Acetabularia* hat ein hohes Regenerationsvermögen.

Diese Vorteile wurden Anfang der dreißiger Jahre von J. Hämmerling (damals in Berlin, später in Wilhelmshaven) erkannt. Er untersuchte zuerst die Überlebenschancen der einzelnen Teile einer *Acetabularia*-Zelle und überprüfte die Frage, welche sich fortpflanzen können und welche nicht (vgl. Abb. 11.1b). Er stellte dabei fest, daß nur das kernhaltige Stück dazu in der Lage war und daß die kernlosen Stücke zwar über Tage und Wochen am Leben gehalten werden konnten, nach diesem Zeitraum ihre Stoffwechselaktivitäten aber irreversibel einstellten. Die Frage des Regenerationsvermögens wurde durch den folgenden Versuch geklärt:

Er nahm Zellen, die noch nicht voll ausgewachsen waren und stellte fest, daß das obere Stück des Stiels einen Hut bilden konnte, das Mittelstück dazu nicht in der Lage war und das untere, kernhaltige Stück sich zu einer ganzen, fortpflanzungsfähigen Zelle regenerieren konnte. Isolierte er den Kern aus dem Rhizoid und implantierte ihn in das Mittelstück, so regenerierte es wie sonst nur das Rhizoid zu einer vollständigen, fortpflanzungsfähigen Zelle.

Der folgende Versuch soll zeigen, welchen Einfluß der Kern auf die Hutform hat. *Acetabularia mediterranea* unterscheidet sich in diesem Merkmal von *Acetabularia crenulata* (Abb. 11.2).

Auf das Rhizoid von *Acetabularia mediterranea* wurde der Stiel von *Acetabularia crenulata* gesetzt. Es entwickelte sich dabei eine Zelle, deren Hut das Merkmal der *A. mediterranea* zeigte. In einem zweiten Versuch wurde genau das Umgekehrte getan: Das Rhizoid von *A. crenulata* wurde mit dem Mittelstück von *A. mediterranea* kombiniert; daraus entstand ein Hut der *A. crenulata*-Form.

Welchen Einfluß hat das Plasma auf den Kern? Ein weiterer Versuch: Ein „alter Hut" von *A. mediterranea* wurde auf das Rhizoid einer jungen Pflanze der gleichen Art gesetzt, einer Zelle, die gerade erst begann, einen Stiel zu bilden. Es kam hierbei umgehend zur Teilung des Kerns und zur Bildung der Gameten (Abb. 11.3).

Aus diesen Versuchen können wir folgendes lernen:

1. Der Zellkern ist für die Fortpflanzung unentbehrlich.

2. Der Zellkern bestimmt, welche Merkmale gebildet werden.

3. Die Aktivität des Zellkerns kann durch das Plasma gesteuert werden, es muß also Substanzen geben, die durch Diffusion vom Kern ins Plasma und andere, die aus dem Plasma in den Kern wandern.

Es bleibt noch die Frage, warum kernlose Stücke so lange überleben können (immerhin einige Wochen). Allgemein kann man sagen, daß diese Teile sämtliche Komponenten enthalten müssen, die ein Weiterleben solange

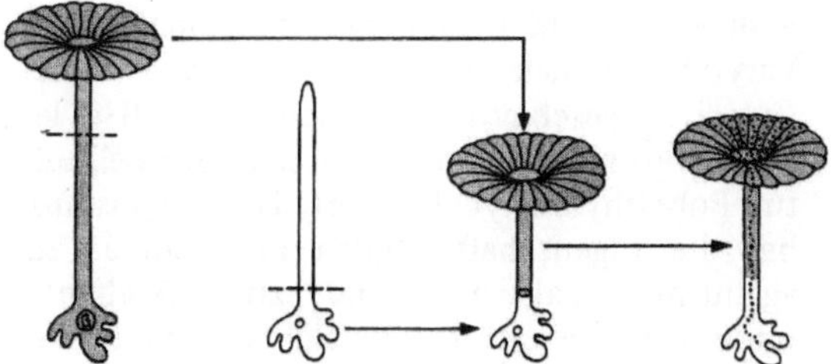

Abb. 11.3. Einfluß des Plasmas auf die Gametenbildung

ermöglichen, bis sie aufgebraucht sind. Über den genauen Mechanismus wissen wir heute noch nicht ausreichend Bescheid.

B. Protoplasten aus Tabakzellen und Transplantationsversuche beim südafrikanischen Krallenfrosch (*Xenopus laevis*)

Isolierte Tabakzellen und Zellen vieler anderer Pflanzen (vornehmlich Dikotyledonen) kann man unter geeigneten Bedingungen als freie Zellen oder als Zellverbände kultivieren. Unter geeigneten, aber von den ersten unterschiedlichen Bedingungen regenerieren sie zu vollständigen Pflanzen. Dem Japaner Takebe gelang es 1968, aus Mesophyllzellen des Tabaks Protoplasten zu isolieren, d.h. die Zellwand abzubauen, ohne den Zellinhalt zu schädigen. Takebe, Labib und Melchers brachten es 1971 am Tübinger Max-Planck-Institut für Biologie fertig, aus isolierten Protoplasten ganze Tabakpflanzen zu regenerieren. Protoplasten und ihre ersten Teilungsstadien sind in der Abb. 11.4 zu sehen.

Tierische Zellen kann man unter geeigneten Bedingungen ebenfalls jahrzehntelang in Kultur halten. Es ist aber bisher noch nie gelungen, aus einer tierischen Zelle einen ganzen Organismus zu regenerieren. Man kann daher die Alternativfrage stellen, ob Kerne in differenzierten Zellen, z.B. Epithelzellen (= Zellen der Haut), Muskelzellen, Nervenzellen usw. noch sämtliche Informationen enthalten, um einen Organismus zu bilden, oder ob einige dieser Informationen während der Spezialisierung verlorengegangen sind. Für die letztere Annahme gibt es immerhin den Hinweis, daß die Erythrozyten der *Mammalia* den ganzen Kern, also sämtliche Informationen, verloren haben.

Die gestellte Frage läßt sich an Amphibien klären: Briggs und King (Philadelphia, 1952) entfernten aus unbefruchteten Amphibieneiern den Kern (entweder mit Hilfe einer Mikropipette oder durch Zerstörung mit einem Strahl ultravioletten Lichts). In die kernlosen Eier implantierten sie Kerne aus Zellen früher Larvenstadien (Blastula, Gastrula). Aus dem Transplantat bildeten sich in einigen Fällen normale Larven.

Einen Schritt weiter ging der Oxforder Zoologe J.B. Gurdon. Er entnahm *Xenopus laevis*-Larven Kerne aus differenzierten Zellen des Darmepithels und implantierte sie in eine Eizelle, deren Kern er vorher entfernt oder zerstört hatte. Aus dieser Kombination: Plasma der Eizelle und Kern einer differenzierten Zelle entwickelte sich ein ganz normaler Frosch, d.h. Kerne bestimmter spezialisierter Zellen enthalten alle Informationen, die zur Bildung eines ganzen Organismus notwendig sind.

Der Versuch sagt aber noch mehr aus: Die Aktivität des Kerns wird durch das Plasma gesteuert. Bei einer spezialisierten Zelle reprimiert, d.h. unterdrückt das Zellplasma zahlreiche Aktivitäten, zu denen der Kern in der Lage wäre. Diese Aktivitäten können reaktiviert werden, sobald der Kern wieder in die „richtige" Umgebung gebracht wird, in unserem Fall in das Plasma der Eizelle. Das Experiment glückt nicht, wenn Kerne aus dem Epithel adulter Frösche verwendet werden. Es gelingt auch nicht mit Kernen aus differenzierten Zellen von Säugetieren. Beide Ansätze weisen darauf hin, daß sich Kerne im Verlauf der Ontogenese (Individualentwicklung) doch irreversibel abändern.

C. Zellfusionen

Die Wechselwirkungen zwischen Zellkern und Zellplasma können auch in einem anderen experimentellen System studiert werden. Mischt man in einer Kultur Zellen verschiedener Herkunft, z.B. Zellen der Maus mit menschlichen Zellen, oder Hühnerzellen mit Rattenzellen etc., so kommt es gelegentlich zu einer Verschmelzung zweier Zellen miteinander. Die Nachkommen solcher Hybriden enthalten das Kernmaterial sowohl der einen wie auch der anderen Art. Man sagt, man hat ein Heterokaryon vor sich. Das Verschmelzen — eine Fusion — geschieht relativ selten. Sie tritt jedoch weit häufiger auf, wenn man der Zellkultur Polyäthylenglycol zugibt. Diese Substanz hat die Eigenschaft, Zellen miteinander zu agglutinieren, also miteinander zu „verkleben", ohne daß sie sonst irgendwelchen Schaden an-

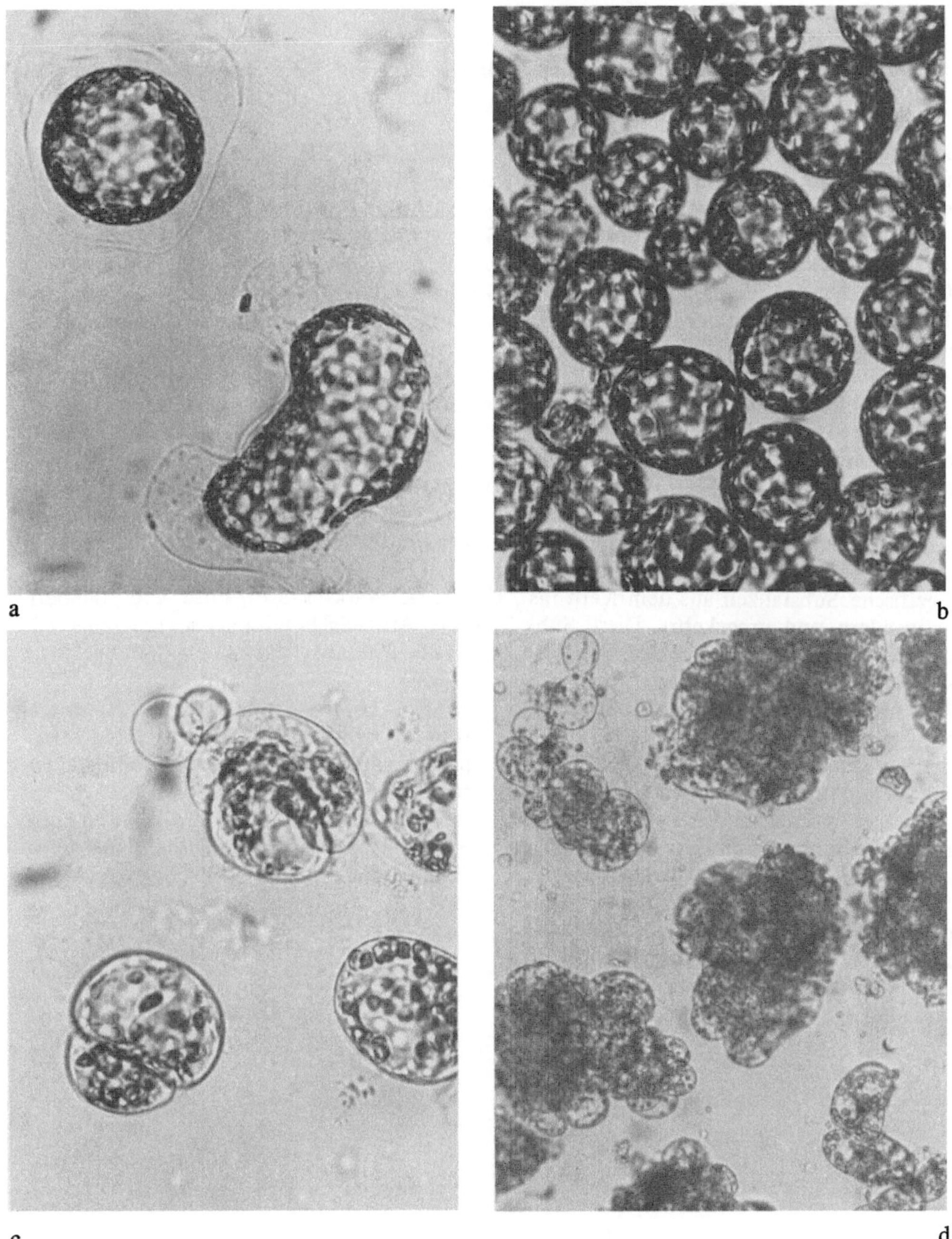

Abb. 11.4. (a) Mesophyllzellen des Tabaks. (Man erkennt den plasmolysierten Protoplasten und die Zellwand); (b) eine Protoplastenpräparation; (c) die Protoplasten beginnen, sich zu teilen; (d) aus den sich teilenden Protoplasten ist ein — noch undifferenzierter — Zellverband entstanden. (Aufn. L. Schilde, Tübingen)

richtet. Die Technik des Fusionierens wurde von H. Harris (Oxford) entwickelt. Sie bietet u.a. die Möglichkeit, zu testen, wie sich ein Kern im Plasma einer anderen Art verhält und welche Wirkung das Plasma auf den Kern hat. Harris nahm für einen solchen Versuch hochspezialisierte Zellen: Hühnererythrozyten (die im Gegensatz zu Erythrozyten der *Mammalia* einen Kern enthalten) und ließ sie mit wenig differenzierten menschlichen Zellen fusionieren. Ihn interessierte, ob der Hühnerkern in dem Heterokaryon Aktivitäten zeigen würde, die hühnerspezifisch sind. Solche Merkmale bzw. Aktivitäten kann man mit biochemischen und molekularbiologischen Methoden analysieren. An dieser Stelle soll nur gesagt sein, daß in einem Heterokaryon derartige Aktivitäten nachgewiesen wurden.

Wechselwirkungen zwischen Zellkern und Zellplasma können, wie schon am Beispiel der *Acetabularia* gezeigt, nur so zu verstehen sein, daß spezifische Substanzen aus dem Kern ins Plasma wandern und umgekehrt. Diese Substanzen sind offensichtlich Moleküle. Sie müssen wie ein Signal wirken, das z.B. im Kern einzelne Informationen anschaltet (aktiviert), andere wiederum reprimiert. Repression und Aktivierung müssen in einem geregelten Gleichgewicht zueinander stehen. Um detaillierte Aussagen machen zu können, muß man die einzelnen Komponenten biochemisch analysieren, und hier steht man, vor allem, wenn man sich für Zellen höherer Organismen interessiert, ziemlich am Anfang. Es gibt zahlreiche Anhaltspunkte, die in Richtungen weisen, in die die Forschung kommender Jahre gehen muß.

Literatur

Briggs, R., King, T.J.: Changes in the nuclei of differentiating entoderm cells as revealed by nuclear transplantation. J. Morphol. **100**, 269 (1957).

Ephrussi, B., Weiss, M.C.: Hybrid somatic cells. Sci. Am. April 1969, S. 26.

Gibor, A.: Acetabularia, a useful giant cell. Sci. Am. November 1966, S. 118.

Gurdon, J.B.: Nuclear transplantation in amphibia and the importance of stable nuclear changes in promoting cellular differentiation. Quart. Rev. Biol. **38**, 54 (1963).

Gurdon, J.B.: Transplanted nuclei and cell differentiation. Sci. Am. Dezember 1968, S. 24.

Hämmerling, J.: Ein- und zweikernige Transplantate zwischen Acetabularia mediterranea und A. crenulata. Z. Abst. Vererbungsl. **81**, 114 (1943).

Harris, H., Watkins, J.F., Ford, C.E., Schoefl, G.I.: Artificial heterokaryons of animal cells from different species. J. Cell Sci. **1**, 1 (1966).

Takebe, I., Labib, G., Melchers, G.: Regeneration of whole plants from isolated mesophyll protoplasts of tobacco. Naturwissenschaften **58**, 318 (1971).

Takebe, I., Otsuki, Y., Aoki, S.: Isolation of tobacco mesophyll cells in intact and active state. Plant Cell Physiol. (Tokyo) **9**, 115 (1968).

12. Welche Organellen liegen im Zellplasma?

Unter Organellen versteht man die strukturellen Komponenten einer Zelle. Mit dem Lichtmikroskop ist, vor allem nach Färbung des Präparats, eine Reihe von Strukturen sichtbar, z.B. Kern, Vakuolen, Einschlüsse wie Kristalle, Öltröpfchen, Stärkekörner etc. Bei starker Vergrößerung findet man weitere Gebilde, etwa die Mitochondrien. Bei Pflanzenzellen fallen besonders die Zellwand und die Chloroplasten auf. Aus Experimenten heraus kann man auf das Vorhandensein weiterer Komponenten schließen: so auf die Membranen (vgl. Plasmolyseversuch, Kapitel 10). Viele der Organellen einer Zelle sind nur mit dem Elektronenmikroskop erkennbar, da ihre Größe unter der Auflösungsgrenze des Lichtmikroskops ($\sim$0,2 μm) liegt.

Im Gegensatz zu dieser Auflösungsgrenze wird die Auflösungsgrenze beim Elektronenmikroskop nicht durch den theoretisch möglichen Wert bestimmt, sondern, wie schon erwähnt, durch die Präparationstechnik:

a) Der Objektträger ist in der Elektronenmikroskopie ein Kunststofffilm, der häufig durch Kohlepartikel verstärkt wird. Die Verteilung der Kohlepartikel (Durchmesser etwa 4–10 Å) ist einer der Faktoren, die die Auflösung beschränken.

b) Kaum ein biologisches Präparat ist kontrastreich genug, um im Elektronenmikroskop gesehen zu werden. Zur Kontrastierung müssen die Präparate daher mit Schwermetallverbindungen (z.B. mit Phosphorwolframsäure, Uranylacetat, Bleicitrat, Osmiumverbindungen etc.) behandelt werden. Diese Schwermetallsalze lagern sich an oder um biologische Strukturen. Sie streuen Elektronen, und nur die Stellen im Präparat werden erkannt, wo Schwermetallionen liegen. Die eigentliche Struktur, an der man interessiert ist, erscheint oft hell im Bild, da an jenen Stellen des Präparats keine Elektronen gestreut werden. In diesem Fall spricht man von Negative Staining — im Gegensatz zu Positive Staining, bei dem

die Schwermetallionen von der eigentlichen Struktur aufgenommen werden.

c) Ein spezifisches Verfahren ist die sogenannte Gefrierätztechnik (freeze etching). Das Präparat wird eingefroren und dann unter besonderen Bedingungen gespalten. Typische Bruchstellen sind dabei Membranen, so daß man Details der Membranflächen genau untersuchen kann (s. Abb. 12.2 und 41.6).

Die Auflösungsgrenze eines modernen Elektronenmikroskops, z.B. des Phillips 420, wird vom Hersteller mit 2 Å angegeben, das heißt aber nicht mehr, als daß zwei Punkte, z.B. Kohlepartikel des Objektträgers, in diesem Abstand als getrennt voneinander gesehen werden können. Ein Auflösungsvermögen von etwa 20 Å wird heutzutage für biologische Objekte als gut bezeichnet. Man hat in Einzelfällen weit bessere Auflösungen erreicht. In nichtkontrastierten Präparaten sind Auflösungen von 4–5 Å zu erreichen. Diese hohe Auflösung braucht man, wenn man sich über die Strukturen großer Moleküle informieren möchte. Es sei jedoch vermerkt, daß es spezieller rechnerischer Verfahren bedarf, um bei Hochauflösung gewonnene Bilder auszuwerten.

Was sieht man im Elektronenmikroskop, wenn man versucht, eine Zelle zu betrachten? Die Plasmamembran (Plasmalemma, Elementarmembran): In Abb. 12.1 erkennen wir eine Abbildung der Membran bei 230.000facher Vergrößerung. Hierbei ist die Membran als eine Doppelschicht erkennbar. Mit anderen Worten, es haben sich an der inneren wie auch an der äußeren Oberfläche der Membran Osmiumatome angelagert. Der Abstand zwischen den Anlagerungsschichten beträgt bei dieser Vergrößerung ca. 1,8 mm (= 1,8 x 10^7 Å). Dividiert man diesen Wert durch die Vergrößerung, so erhält man für die Dicke der Membran 78 Å. 78 Å ist also die Dicke einer Membran, wie sie aus dieser Abbildung errechnet worden ist. In der Literatur finden sich Werte

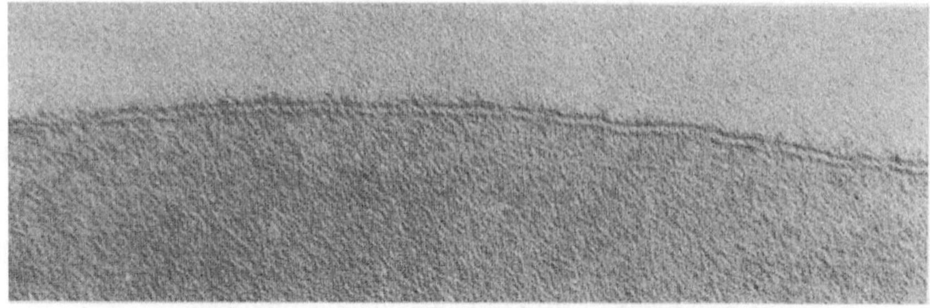

Abb. 12.1. Die Membran eines roten Blutkörperchens (Vergr. 230.000fach). (Aufn. J.D. Robertson, Duke University, Durham)

von 75 bis 80 (bis 100) Å (vgl. Kapitel 2: Variationsbreite, Streuung).

Gelegentlich wird eine Membranstruktur als eine Dreifachschicht bezeichnet; darunter versteht man die Anordnung einer dunklen Zone, dann einer hellen und schließlich wieder einer dunklen Zone. Es ist somit kein Widerspruch zu unserer Aussage, die Membran sei als Doppelschicht erkennbar. Man muß sich nur im klaren darüber sein, was man mit einem Begriff ausdrücken möchte.

Was bedeutet 78 Å?

Um diesen Wert in Beziehung zur Größe einzelner Atome zu setzen, müssen wir deren Größe kennen. Die Größe eines Atoms wird in der Regel durch den Radius der van der Waalsschen Kräfte angegeben. Ein Atomkern ist von einer Elektronenhülle umgeben. Elektronen können mit den Elektronen eines Nachbaratoms in Wechselwirkung treten (unspezifischer und ungerichteter Elektronenaustausch). Je näher die Atome beieinander liegen, desto stärker sind die aufeinander einwirkenden, anziehenden Kräfte (= van der Waals'sche Kräfte, auch van der Waals'sche Interaktionen genannt). Nun können sich Atome aber nicht beliebig nahe kommen, weil die Elektronenhüllen der beiden Kerne sich nicht durchdringen können. Der Abstand, in dem sich zwei Atome einander nähern, ohne eine kovalente Bindung untereinander einzugehen, wird als van der Waals'scher Radius bezeichnet. Es besteht ein Gleichgewicht zwischen anziehenden und abstoßenden Kräften.

Hier einige Werte:
H: Radius 1,2 Å, d.h. der Abstand zweier Wasserstoffkerne beträgt minimal 2,4 Å. Ferner: N: 1,5 Å; O: 1,4 Å; P: 1,9 Å; S: 1,85 Å.

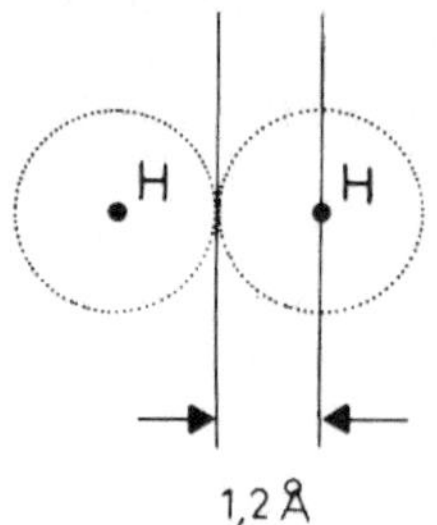

Zu den Organellen, die man nur in Zellen grüner Pflanzen findet, gehören die Chloroplasten. Sie sind daran zu erkennen, daß sie in ihrem Inneren Stapel von Membranen enthalten. Diese Stapel bezeichnet man als Grana. Sie bestehen aus Paaren modifizierter Elementarmembranen. Einzelne Grana sind untereinander wiederum durch Membranen verbunden. Diesen Verbindungsbereich bezeichnet man als Stroma. Die Membranstrukturen, auch Thylakoide genannt, sind in die Matrix, die Grundsubstanz der Chloroplasten, eingelagert (vgl. Abb. 12.2). Grana sind lichtmikroskopisch nachweisbar. Betrachtet man Chloroplasten bei starker Vergrößerung, so stellt man fest, daß der grüne Farbstoff, das Chlorophyll, nicht gleichmäßig über den Chloroplasten verteilt ist, sondern in Form körnig aussehender Strukturen vorliegt. Bei einem Vergleich lichtmikroskopischer und elektronenmikroskopischer Bilder fand man, daß die lichtmikroskopisch sichtbaren Anhäufungen des Chlorophylls in den Grana zu lokalisieren sind. Im Stroma findet man nur wenige Thylakoide und somit nur wenig Chlorophyll.

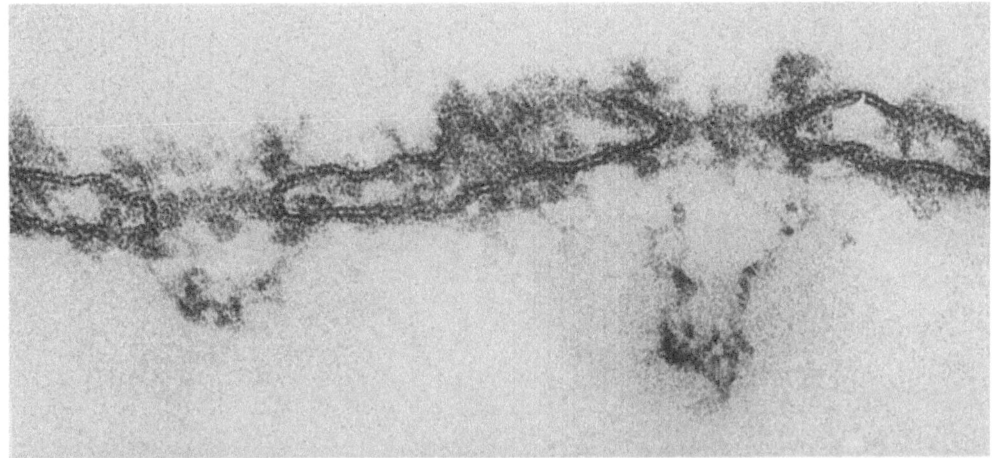

Abb. 12.2 a und b. Kernhülle mit Poren (a) isolierte Kernhülle im Querschnitt, (b) in Aufsicht. Das Aufsichts-
bild entstand nach Anwendung einer besonderen Präparationstechnik, der Gefrierätzung ("freeze etching").
Das Präparat wird eingefroren und dann gespalten. Bevorzugte Bruchstellen sind dabei Membranen, so daß
man Details von Membranoberflächen beobachten kann (s. a. Abb. 41.4b). Die Poren sind keineswegs einfache Löcher, sie sind vom sog. Kernporenkomplex „verstopft". Objekt: Oozytenkerne (= Kerne aus einem
frühen Entwicklungsstadium einer Eizelle) von *Xenopus laevis*. (Aufn. U. Scheer, Heidelberg)

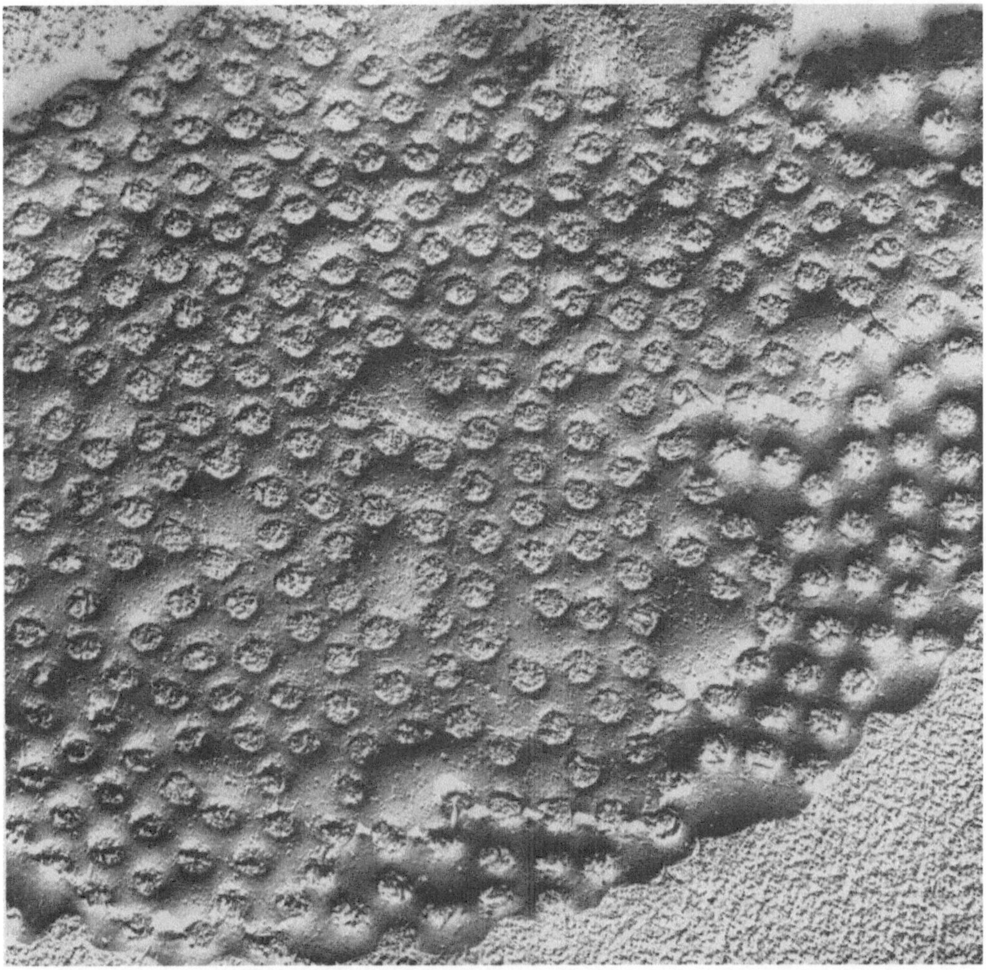

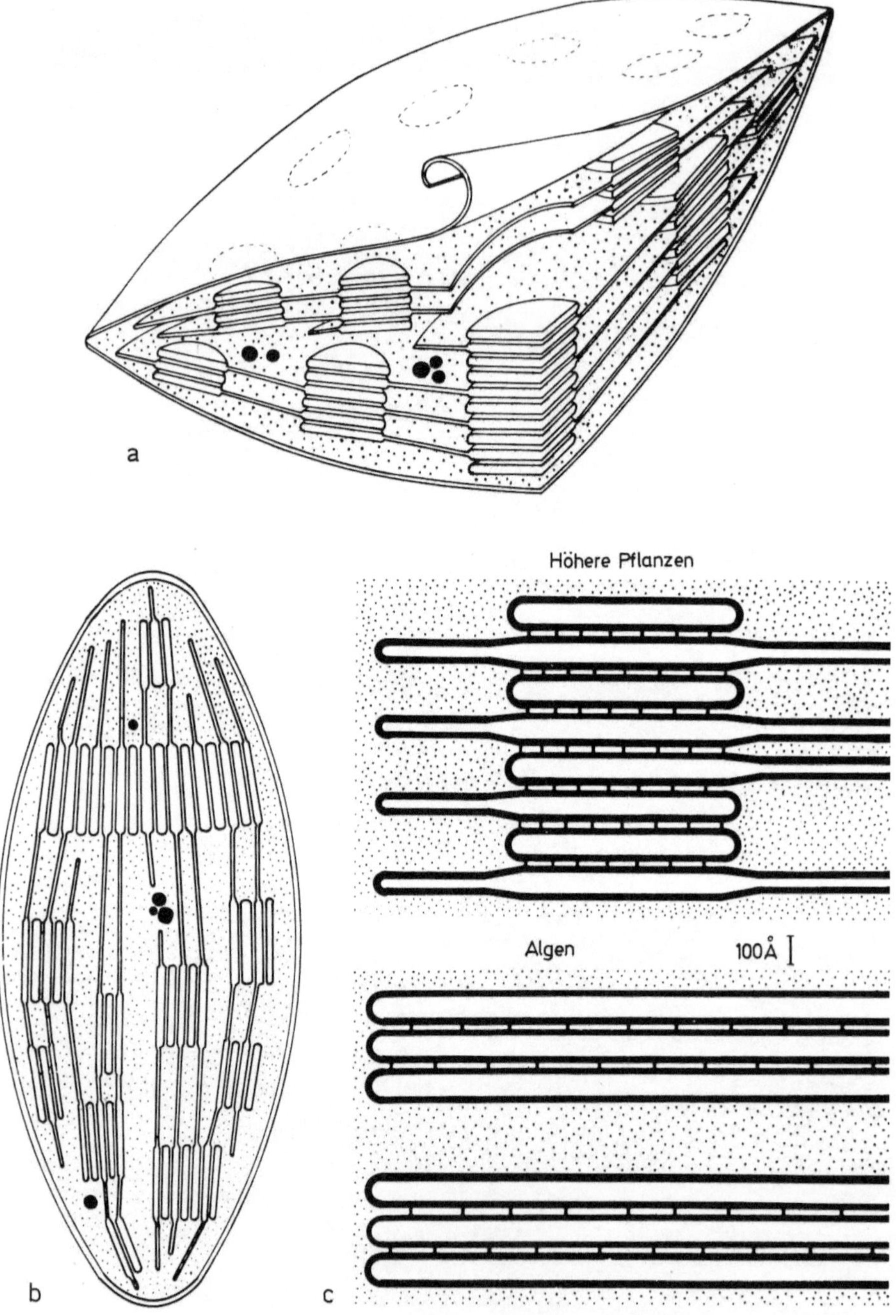

Abb. 12.3 a–c. Struktur von Chloroplasten. Alle Chloroplasten sind von einer doppelten Membran – einer Hülle – umgeben. In ihrem Inneren liegen Stapel von Membranen. Das Membransystem bezeichnet man als Thylakoide. In den Grana findet man besonders viele Membranen, in den Bereichen zwischen den Grana (Stroma) weit weniger. (Nach D. v. Wettstein, Kopenhagen)

In vielen Tier- und nahezu allen Pflanzenzellen liegen Strukturen, die von einer Membran umgeben sind und die im Inneren oft kristalline Unterstrukturen aufweisen. Man nennt sie "Microbodies".

Ein weiteres, in nahezu allen Zellen vorkommende Gebilde ist der Zellkern (vgl. Kapitel 11). Elektronenmikroskopisch ist er daran zu erkennen, daß er „groß" ist, in seinem Inneren eine mehr oder weniger starke Körnelung aufweist und von einer Doppelmembran, einer Hülle, umgeben ist. In seinem Inneren findet sich eine „dunklere" Zone, der Nucleolus, der auch lichtmikroskopisch nachweisbar ist. Eine „dunklere" Zone bedeutet, daß sich in dem Bereich mehr von der Schwermetallverbindung angesammelt hat als in der Umgebung. Die beiden Membranen der Kernhülle sind etwa 400–700 Å voneinander entfernt. Jede ist natürlich eine Doppelschicht (Abb. 12.2).

Betrachten wir das Plasma, so finden wir, daß es ein umfangreiches System von Doppelmembranen enthält. Dieses Membransystem kennt man seit 1953 als Endoplasmatisches Retikulum (Porter, New York). Viele dieser Membranen tragen auf ihrer Oberseite deutlich sichtbare Partikel. Man nennt Membranen mit diesen Partikeln rauhe Membranen (engl. rough membranes) und Membranen ohne sie glatte Membranen (engl. smooth membranes). Die an rauhen Membranen sitzenden Partikel mit einem Durchmesser von ca. 200 Å werden seit 1954 als Ribosomen bezeichnet (Porter und Palade, New York). Bei genauer Betrachtung einiger elektronenmikroskopischer Bilder stellte man fest, daß das Endoplasmatische Retikulum in direktem Kontakt mit der Kernhülle steht.

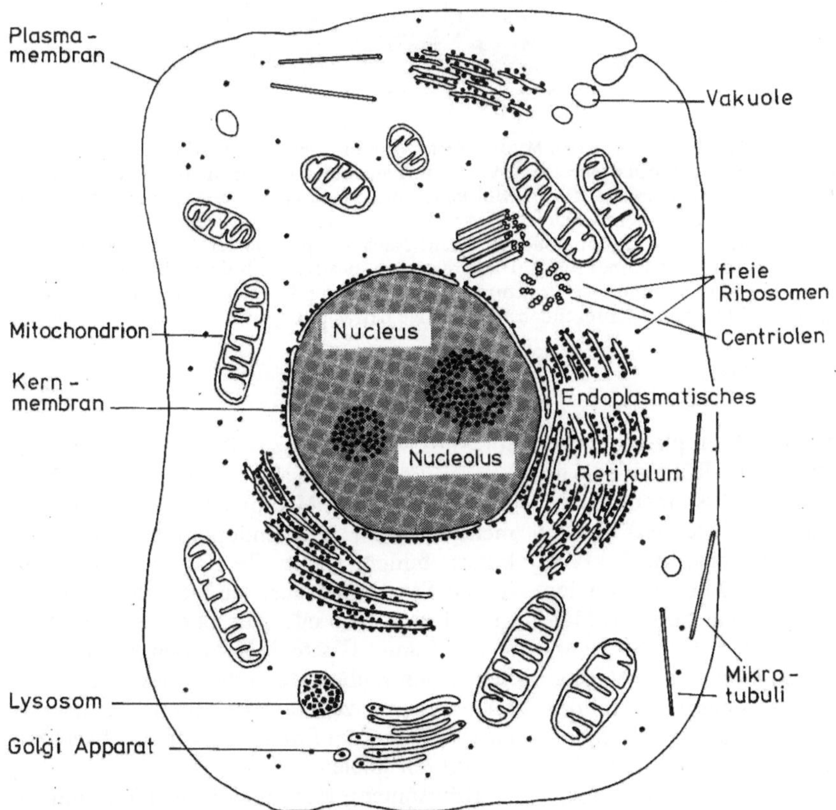

Abb. 12.4. Eine idealisierte tierische Zelle. Wiedergegeben sind alle Organellen, die man im Elektronenmikroskop erkennen würde. Die Zeichnung stellt die Organisation der Zelle so dar, wie man sie sich aufgrund zahlreicher elektronenmikroskopischer Aufnahmen vorstellt

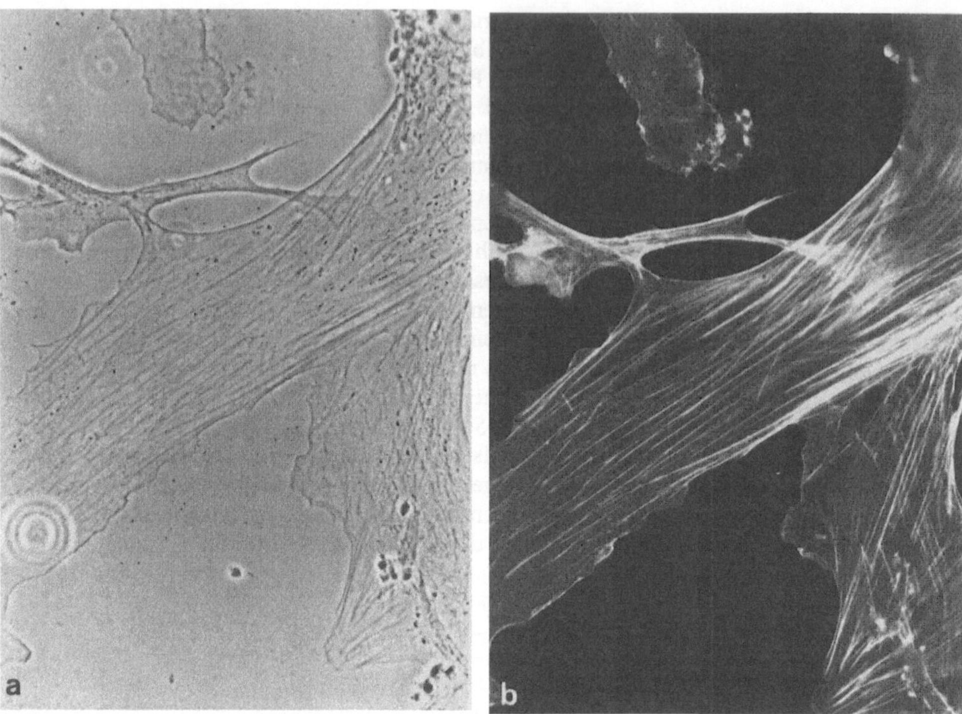

Abb. 12.5 a und b. Mikrofilamente enthalten neben Myosin Aktin (ein Protein: Näheres dazu in Kapitel 47).
(a) Phasenkontrastaufnahme einer Fibroblastenzelle. Die Aktinfilamente sind als deutlich ausgebildete
Stränge zu erkennen. (b) Das gleiche Präparat. Die Aktinfilamente sind durch fluoreszierende Antikörper
sichtbar gemacht worden. Immunofluoreszenz: Man stellt Antikörper (s. Kapitel 47) gegen Aktin her, rei-
nigt diese und koppelt eine fluoreszierende Komponente daran. Nach entsprechender Vorbehandlung der
Zellen gibt man die fluoreszierenden Antikörper hinzu. Diese reagieren spezifisch mit dem Aktin in der Zelle.
In einem Fluoreszenzmikroskop sind aktinhaltige Strukturen als fluoreszierende Bereiche der Zelle zu erkennen, wenn man das Präparat bei Licht einer anregenden Wellenlänge betrachtet. (Aufn. K. Weber, Göttingen)

Glatte Membranen: Das Endoplasmatische
Retikulum ist ein System von „Röhren", die in
der Regel abgeflacht sind und Cisternen bilden.
Liegen abgeflachte Röhren (Cisternen) in Sta-
peln übereinander, so spricht man von Diktyosomen. Die Gesamtheit aller Diktyosomen der
Zelle bezeichnet man als Golgi-Apparat. Man
weiß, daß solche Strukturen dem Stoffaustausch dienen. Von ihnen können sich Vesikel
abschnüren, die Ausscheidungsprodukte der
Zelle enthalten. Offensichtlich stehen Mem-
branbildung und Export von Substanzen aus
der Zelle in unmittelbarem Zusammenhang.
Vesikel, in denen Zellbestandteile oder aufgenommene Substanzen abgebaut werden, nennt
man Lysosomen. Jene können durch Abschnü-

rung aus Membranen der Diktyosomen entstehen, sie können sich aber auch durch Abschnü-
rung aus anderen Membranen wie der Plasmamembran oder dem Endoplasmatischen Retikulum bilden. Nicht alle glatten Membranen
bilden Strukturen aus, die man als Diktyosomen, Lysosomen oder Microbodies charakterisieren kann. Glatte Membranen findet man
neben den rauhen Membranen besonders zahlreich in Leberzellen. Man nimmt an, daß sie
eine Rolle bei der Entgiftung von Stoffwechsel-
produkten spielen.

Ribosomen: Man findet sie nicht nur an
rauhen Membranen. Sie kommen auch frei im
Plasma vor. Im Nucleolus findet man sie in
großer Zahl.

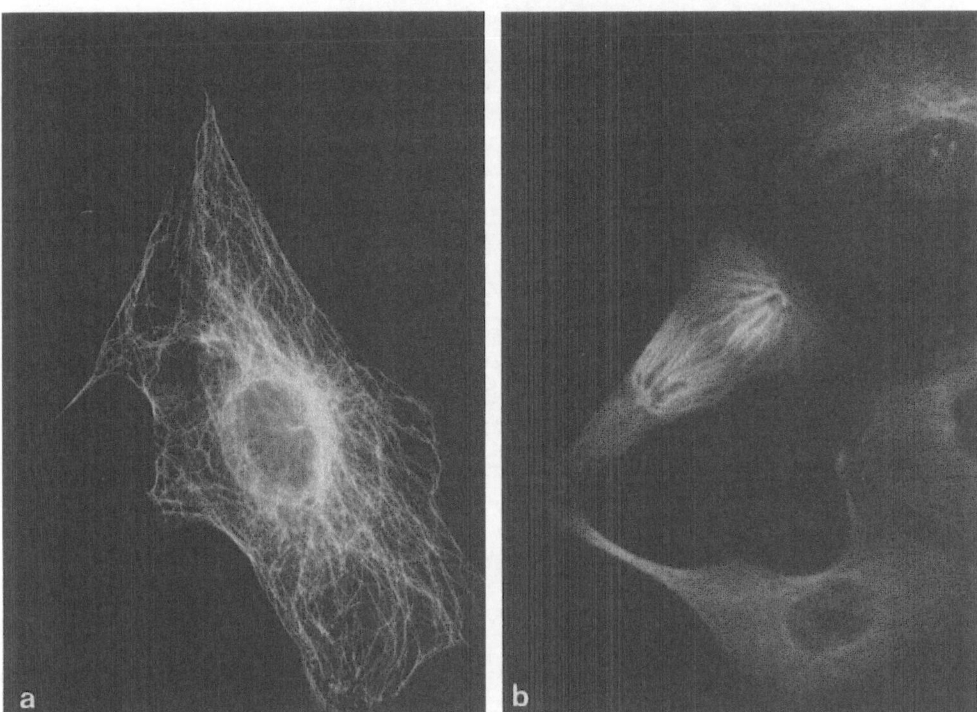

Abb. 12.6 a und b. Mikrotubuli (Präparationstechnik s. Abb. 12.5, hier sind allerdings die Antikörper nicht gegen Aktin, sondern gegen Tubulin, aus dem die Mikrotubuli bestehen, gerichtet). Im Unterschied zu den Mikrofilamenten sind die Mikrotubuli filigranartig und nicht strähnig im Zellplasma des Interphasekerns verteilt (a), während der Mitose sammeln sich die Mikrotubuli und bilden die Kernspindel aus (b). (Aufn. K. Weber, Göttingen)

Vesikel: ganz allgemein — membranumgebene Bläschen. Die Vakuole der Pflanzenzelle ist ein besonders großes Vesikel.

Nicht genannt wurden bisher die Mitochondrien: es sind Organellen von 0,2−5 μm Länge, die gerade noch lichtmikroskopisch nachweisbar sind. Sie sind von einer äußeren Membran umgeben. Die innere Membran ist vielfach ins Innere gestülpt. Die Einstülpungen heißen je nach Form Cristae oder Tubuli. Mitochondrien sind in stoffwechselaktiven Zellen (z.B. Leberzellen) besonders häufig (etwa 500−2000 pro Zelle).

Abb. 12.4 ist ein Schema, eine idealisierte Zelle, die es in der Natur nirgendwo gibt. Die hier vorgestellten Strukturen sind die am weitesten verbreiteten. Es gibt darüberhinaus noch weitere: Centriolen und kontraktile Elemente (Mikrofilamente und Mikrotubuli, s. Abb. 12.5 −12.7) sowie in einigen Spezialzellen: Mikrovilli (= Ausbuchtungen der Plasmamembran); diese sind typisch für tierische Zellen, die auf Stoffaustausch spezialisiert sind; dann: Speicherorgane, Chromatophoren, Cilien, Geißeln u.a. Einige davon werden wir später noch einmal im Zusammenhang mit den molekularen Grundlagen der Bewegung näher kennenlernen. Zusammenfassend kann man sagen, daß der überwiegende Teil des Plasmas von kontraktilen Elementen und von Membransystemen erfüllt wird; durch letztere schafft sich die Zelle innere Oberflächen und somit eine Vergrößerung der Gesamtoberfläche.

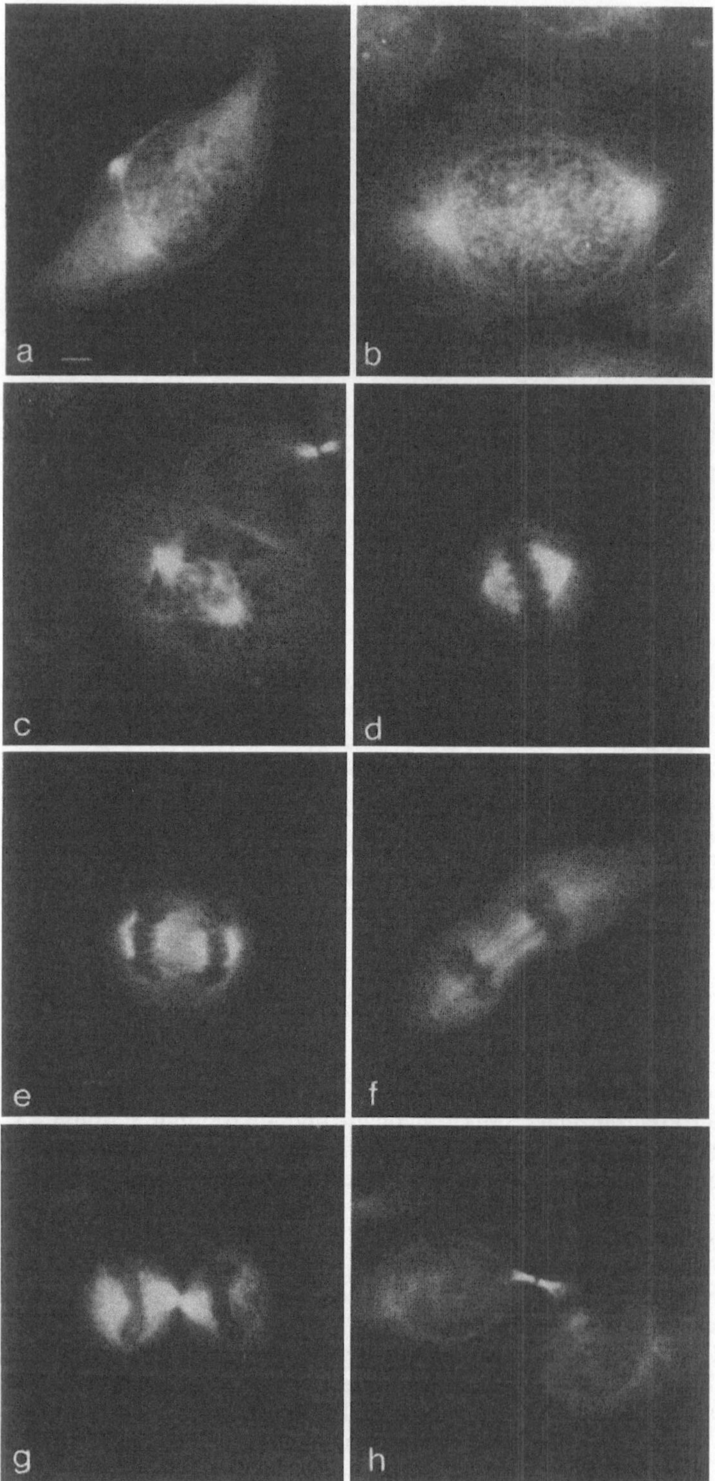

Abb. 12.7. Verteilung von Mikrotubuli während des Zellzyklus. Die Kernspindel wird vorwiegend durch Mikrotubuli gebildet. Während der Mitose ist das übrige Plasma frei von Mikrotubuli. Nach Abschluß der Mi-

13. Was sind Mitochondrien und wozu dienen sie?

Mitochondrien sind, wie wir im vorigen Kapitel gesehen haben, Partikel, die im Elektronenmikroskop sehr gut, im Lichtmikroskop nur bei sehr starker Vergrößerung erkennbar sind. Die als Thema dieses Kapitels gestellte Frage läßt sich in eine Reihe spezieller Fragen untergliedern, z.B.:

1. Wie sind Mitochondrien aufgebaut?
2. Welche Funktionen üben sie aus?
3. Gibt es eine Beziehung zwischen Funktion und Struktur?
4. Wie werden Mitochondrien gebildet?
5. Wie sind sie im Laufe der Evolution entstanden?

1. Wie sind Mitochondrien aufgebaut?

Bei hoher Auflösung erkennt man nach entsprechender Vorbehandlung im Elektronenmikroskop, daß die Cristae zahlreiche gestielte Partikel tragen, die in das Innere des Mitochondrions hineinragen. Die Außenseite der äußeren Mitochondrienmembran ist von ungestielten Partikeln besetzt (vgl. Abb. 13.1). Sie unterscheiden sich sehr deutlich von den Ribosomen, die – wie wir schon gesehen haben – am Endoplasmatischen Retikulum sitzen. Die Partikel an den Mitochondrienmembranen sind wesentlich kleiner als die Ribosomen.

2. Welche Funktionen üben Mitochondrien aus?

In biologischen und biochemischen Lehrbüchern steht: In Mitochondrien findet die oxydative Phosphorylierung statt. Was heißt das?

Zunächst einmal findet a) eine Oxydation statt, und b) es wird eine Phosphatgruppe an ein Akzeptormolekül gebunden (= Phosphorylierung). In diesem speziellen Fall ist ADP (Adenosindiphosphat) der Akzeptor, der mit freiem anorganischem Phosphat (P_i) reagiert. Dabei entsteht ATP (Adenosintriphosphat). ATP spielt in der Zelle eine zentrale Rolle: Dieses Molekül speichert chemische Energie und stellt sie für eine Vielzahl von Stoffwechselprozessen zur Verfügung. Einzelheiten über den Mechanismus werden wir später behandeln. ATP wurde 1929 von Lohmann im Heidelberger Kaiser-Wilhelm-Institut für Medizinische Forschung (heute: Max-Planck-Institut für Medizinische Forschung) entdeckt und in reiner Form aus Zellen isoliert.

Wie allgemein bekannt ist, findet im Organismus eine Verbrennung (Oxydation) statt. Kohlenhydrate, Proteine oder Fette können dabei die Ausgangsstoffe sein. Endprodukte sind CO_2 und H_2O und Energie. Ein Teil dieser Reaktionen spielt sich in den Mitochondrien ab, vor allem die Oxydation von Wasserstoff zu Wasser. Der Wasserstoff kommt in der

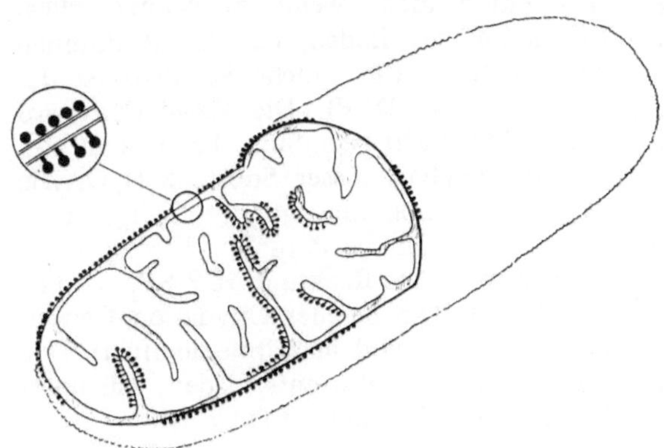

Abb. 13.1. Vereinfachtes Schema eines Mitochondrions. Die Cristae ragen in das Mitochondrieninnere hinein. Auf der Innenseite ihrer Membran tragen sie gestielte Partikel. Auf der Außenseite der äußeren Membran sitzen ungestielte Partikel

Zelle nicht in freier Form vor, sondern ist an ein Akzeptormolekül (A) gebunden: (A)-H. Da wir uns erst später mit biochemischen Reaktionen im Detail beschäftigen wollen, können wir uns im Moment auf das folgende Schema beschränken:

Wir können nun noch einen Schritt weitergehen und den Versuch unternehmen, den Ablauf innerhalb der "black box" etwas näher zu charakterisieren. In der Zelle laufen Reaktionen über zahlreiche Zwischenstufen. Die Verbrennung von Wasserstoff geschieht nicht in Form einer Knallgasreaktion, bei der in einem kurzen Zeitraum die gesamte Energie frei würde, sondern in mehreren Einzelschritten:

$$(A)\text{-}H + O_2 \rightarrow \text{„B''} \rightarrow \text{„C''} \rightarrow \ldots\ldots \text{„N''} \rightarrow H_2O.$$

Die dabei entstehenden Zwischenprodukte sind hier nur durch die Symbole „B", „C" etc. dargestellt. Die Biosynthesekette, bei der der Wasserstoff zu Wasser oxydiert wird, wird allgemein als Atmungskette bezeichnet (s. Kapitel 29).

Wir wissen, daß zur Durchführung einer jeden Reaktion, z.B. von (A)-H $\rightarrow$ „B", von „B" $\rightarrow$ „C" etc. eine Aktivierungsenergie benötigt wird. Ein Chemiker verschafft sich diese Energie im Labor, indem er das Reaktionsgemisch erwärmt oder hohem Druck aussetzt. Beide Möglichkeiten scheiden für die Reaktionen in lebenden Systemen aus. Es gibt aber noch eine dritte Möglichkeit, zwei Reaktionspartner in eine reaktionsbereite Situation zu versetzen. Man benutzt Katalysatoren. Das ist der einzige Weg, den eine Zelle zu gehen vermag. Biologische Katalysatoren gehören alle einer bestimmten Stoffklasse, den Proteinen, an. Ein Protein mit katalytischer Funktion wird als Enzym bezeichnet. Doch zurück zu den Mitochondrien. Als Arbeitshypothese können wir unsere "black box" wie folgt auflösen:

I.

Dieses Modell stellt uns umgehend vor mindestens zwei Probleme:

1. Wieviele Schritte gibt es tatsächlich in einer solchen Biosynthesekette?

2. Haben wir es tatsächlich mit zwei getrennten Biosyntheseketten zu tun, oder laufen die Reaktionen über nur eine Reaktionskette, sind sie also gekoppelt (vgl. Modell II) oder entkoppelt, wie im Modell I angedeutet?

II.

Die Frage 1 können wir hier noch nicht besprechen. Sie aufzuklären, war ein großes Problem für die Biochemiker. Detaillierte Chemiekenntnisse sind die Voraussetzung zum Verständnis. Die Frage 2 hingegen können wir im Prinzip klären, obwohl auch dort Einzelheiten nur auf der Grundlage spezifischer chemischer Reaktionen verstanden werden können.

Die Alternative, ob eine Kopplung der beiden Reaktionsketten vorliegt oder nicht, läßt sich entscheiden, wenn es gelingt, einen Hemmstoff zu finden, der die Reaktionen entkoppelt. — Eine solche Substanz ist das Dinitrophenol (DNP). Die Oxydation wird durch DNP nicht beeinflußt. Es entsteht also bei Anwesenheit dieser Substanz H_2O. Die bei der Reaktion freiwerdende Energie kann jedoch nicht für die Phosphorylierung eingesetzt werden. Die Reaktion ADP + P_i $\rightarrow$ ATP unterbleibt. Die bei der Oxydation freiwerdende Energie wird in Wärme überführt. Dieser Versuch hat also entschieden, daß unser Modell II richtig, Modell I falsch ist.

3. Gibt es eine Beziehung zwischen Funktion und Struktur?

Einem Chemiker wäre sichtlich unwohl, wenn er eine so komplexe Struktur wie ein Mitochondrion analysieren müßte. Chemiker arbeiten mit Vorliebe an Substanzen in freier Lösung. Es ist gelungen, sämtliche Schritte der Oxydation in Lösung (außerhalb der Zelle und außerhalb eines Mitochondrions: *in vitro*) nachzuvollziehen. Man konnte sämtliche Enzyme und Zwischenprodukte analysieren und im Detail studieren. Schwieriger war die Isolierung der Enzyme, die für die Phosphorylierung verantwortlich sind. Die Arbeit an diesem Problem setzte ab etwa 1956 ein. Daran beteiligt waren vor allem A. Lehninger (John Hopkins School of Medicine, Baltimore), Lardy and Green (University of Wisconsin, Madison) und E. Racker (Public Health Research Institute der Stadt New York).

Zunächst mußte die Frage geklärt werden, ob man ein intaktes Mitochondrion braucht, oder ob man sich mit Bruchstücken begnügen kann. Aus Zellen isolierte Mitochondrien (gereinigt durch Zentrifugation in einem Zuckergradienten) wurden mit Ultraschall zerkleinert. Dabei wurde die Struktur der meisten Partikel zerstört. Man erhielt Membranvesikel, an deren Oberfläche die gestielten Partikel saßen. Diese Präparate waren noch voll aktiv, d.h. die Form der Mitochondrien ist für die Reaktion nicht entscheidend. Racker u. Mitarb. untersuchten solche Vesikel im Detail. Sie stellten sie in „reiner Form" her, indem sie die noch intakten Partikel abzentrifugierten (vgl. Abb. 13.2). Die intakten Mitochondrien sedimentierten, während, die Vesikel (gebildet aus Membranstücken) im Überstand blieben.

Hierbei muß natürlich darauf hingewiesen werden, daß solche Trennungen nicht hundertprozentig sein können. Bei einer bestimmten Geschwindigkeit der Zentrifuge sedimentieren nicht nur intakte Mitochondrien, sondern auch einzelne Vesikel, während einige noch intakte Mitochondrien im Überstand verbleiben. Würde man schneller zentrifugieren, um auch diese zu sedimentieren, würde man einen großen Teil der Vesikel verlieren. Vorsichtige Experimentatoren sprechen deshalb lieber von Fraktion A, Fraktion B etc. In unserem Fall enthält Fraktion A vorzugsweise intakte Mitochondrien, während in der Fraktion B (dem Überstand) Vesikel angereichert sind. Diese werden bei einem zweiten Zentrifugationsgang bei höherer Geschwindigkeit abzentrifugiert. (Man spricht von differentieller Zentrifugation, wenn man eine Probe erst langsam zentrifugiert, den Überstand abnimmt und diesen dann bei einer höheren Geschwindigkeit zentrifugiert.) Der Überstand nach einer zweiten Zentrifugation enthielt vier verschiedene lösliche Faktoren, denen Racker die Namen F_1, F_2, F_3 und F_4 gab. Er konnte mit einer anderen Trennmethode nachweisen, daß es keine weiteren löslichen Faktoren gab, die man für die Phosphorylierung brauchte. Bald darauf stellte er fest, daß F_1 in der Lage war, aus ADP und P_i ATP zu bilden. F_1 war also ein Enzym, das offenbar an der Phosphorylierung beteiligt war. Er stellte aber auch fest, daß die Vesikel (B) noch aktiv waren. Die ATP-Bildung an ihnen konnte durch das Antibiotikum Oligomycin

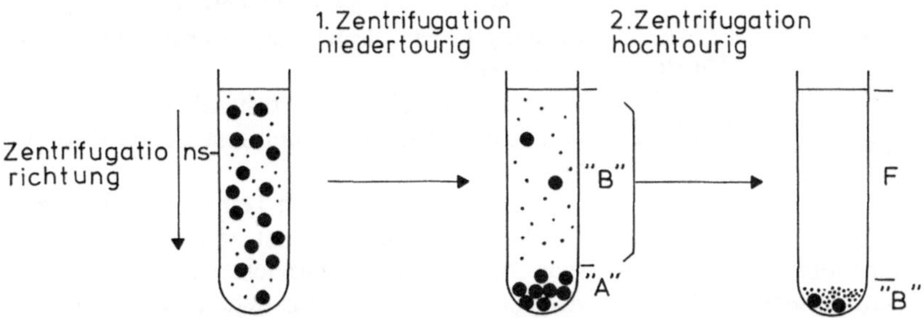

Abb. 13.2. Trennung von Partikeln durch differentielle Zentrifugation. Das Präparat wird zunächst niedertourig zentrifugiert. Es sedimentieren dabei vorwiegend die schweren Partikel. Man entnimmt dann den Überstand und zentrifugiert ihn bei höherer Geschwindigkeit. Jetzt sedimentieren auch leichtere Partikel. Man erhält somit verschiedene Fraktionen: A, B, F etc.

gehemmt werden, während die ATP-Bildung durch F_1 bei Zugabe von Oligomycin nicht gehemmt wurde. F_1 war außerordentlich empfindlich gegenüber Kälte (4°C), was für Proteine ungewöhnlich ist.

Die Aktivität der Vesikel ließ sich durch Zugabe eines proteinabbauenden Enzyms, des Trypsins, erhöhen. Offensichtlich war die Aktivität in diesen Partikeln durch einen trypsinempfindlichen Hemmstoff (Inhibitor) maskiert. Gab Racker Harnstoff zu den trypsinbehandelten Vesikeln, so verloren sie ihre Aktivität vollständig.

Elektronenmikroskopisch ließ sich zeigen, daß die unbehandelten Vesikel auf ihrer Oberfläche mit den gestielten Partikeln besetzt waren (vgl. Abb. 13.3a), an harnstoffbehandelten waren keine Partikel mehr zu erkennen (vgl. Abb. 13.3b). Gab man zu solchen Einheiten F_1 hinzu, so erschienen die gestielten Partikel wieder. Die ursprüngliche Struktur ließ sich also wiederherstellen (rekonstituieren). Das F_1 verlor dabei seine Kälteempfindlichkeit und wurde Oligomycinempfindlich.

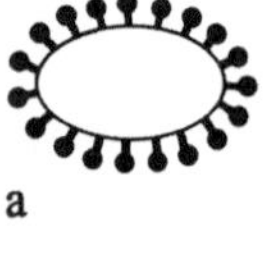

a

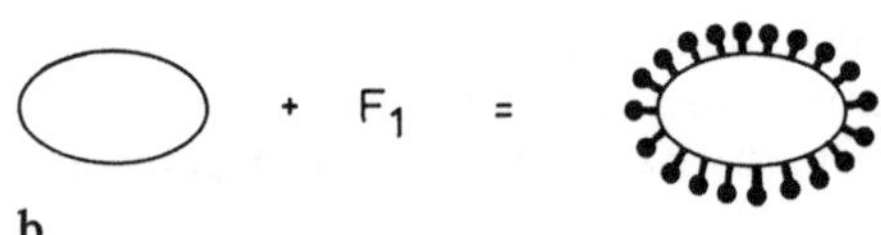

b

Abb. 13.3. (a) Mitochondrienbruchstücke. Hergestellt durch Ultraschallbehandlung von Mitochondrien. Die Außenseite ist mit gestielten Partikeln besetzt; (b) Die Bruchstücke nach Behandlung mit Trypsin und Harnstoff. Nach Zugabe von F_1 läßt sich die ursprüngliche Struktur wiederherstellen

Was können wir hieraus lernen? Die Eigenschaften eines Enzyms sind unterschiedlich, je nachdem, ob es in freier Lösung vorliegt oder an eine Membran gebunden ist. Wir haben weiterhin bereits gesehen, daß F_1 an der ATP-Bildung beteiligt ist, aber es katalysiert nur einen der Schritte: „B" → „E" → . . . „N" (vgl. das Diagramm II auf S. 78). Die vollständige Phosphorylierungsreaktion konnte Racker erst durch Zugabe aller vier löslichen Faktoren zu den harnstoffbehandelten Vesikeln wiederherstellen.

Durch diese Versuche wurde einmal gezeigt, daß die gestielten, elektronenmikroskopisch sichtbaren Partikel Enzymmoleküle sind, zum anderen, daß der Ablauf der Phosphorylierungsreaktion der Mitochondrien von einer intakten Struktur (hier: membranumgebenen Vesikeln) abhängt. Es genügt nicht, alle Komponenten in freier Lösung zu haben. Damit konnte ein Zusammenhang zwischen einer Funktion und einer Struktur nachgewiesen werden.

Ist die Membran für die Reaktion erforderlich? Man weiß, daß Membranen aus Proteinen und Lipiden (Fetten) aufgebaut sind. Entfernt man die Lipide, bleibt das System inaktiv. Setzt man Lipide wieder hinzu, gewinnt man die volle Aktivität zurück. Auch das sagt wiederum: Ohne eine Struktur, so wie sie von den Membranen gebildet wird, kann die Phosphorylierung nicht ablaufen. Damit haben wir ein System kennengelernt, das man in der anorganischen Chemie nicht kennt. Wir haben aber auch gesehen, wie man solche Systeme untersucht: Man zerlegt sie in die Einzelkomponenten und rekonstituiert die Aktivität aus einzelnen, nicht aktiven Bestandteilen.

4. Wie werden Mitochondrien gebildet?

Geht man ganz naiv an die Frage der Bildung von Mitochondrien heran, so lassen sich drei Alternativen als Erklärung heranziehen:

a) Sie werden *de novo* gebildet (aus elektronenmikroskopisch nicht sichtbaren Komponenten),

b) sie entstehen aus vorhandenen Membranen, z.B. aus dem Endoplasmatischen Retikulum,

c) sie entstehen durch Teilung auseinander.

Wäre die Annahme a) richtig, so müßte man in der Zelle zahlreiche Zwischenstufen nachweisen können, aus denen sich ein Mitochondrion bildet. Dieser Beweis steht aus. Wäre b) richtig, so müßte man eine komplizierte Differenzierung annehmen: Aus Strukturen des Endoplasmatischen Retikulums mit

Ribosomen müßten sich mitochondriale Membranen mit gestielten Partikeln entwickeln. Für Annahme c) spricht die Beobachtung, daß man zahlreiche, sich teilende Mitochondrien beobachtet hat. Dafür spricht auch der folgende Versuch: Es gibt bei dem Schimmelpilz *Neurospora* einen Stamm, der ein bestimmtes Lipid nicht bilden kann und nur dann wächst, wenn man ihm dieses Lipid im Nährmedium zusetzt. Lipide sind zum Aufbau und zur Neusynthese von Membranen unentbehrlich. Dieses Lipid kann man nun im Nährmedium radioaktiv markieren. Der Pilz wird somit radioaktives Lipid während des Wachstums in alle lipidhaltigen Strukturen einbauen; so auch in die Membranen der Mitochondrien. Mit Hilfe der Autoradiographie läßt sich anschließend nachweisen, welche Organellen der Zelle markiert sind und welche nicht.

Autoradiographie: Man legt im Dunkeln eine Filmschicht über das Präparat. Im Film wird nun an den Stellen eine Schwärzung auftreten, an denen ein zerfallendes radioaktives Atom unter der Filmschicht lag. Für diese Zwecke eignet sich ^{3}H – also Tritium – besonders gut 'als Markierung. Bei einem Vergleich des entwickelten Films mit einem „normal" aufgenommenen Bild des Präparats kann man feststellen, welche Teile radioaktiv markiert sind.

Der Versuch mit *Neurospora* wurde wie folgt fortgesetzt: Nach einer kurzen Wachstumszeit in einem radioaktiven Medium übertrug man den Pilz in ein Medium mit unmarkiertem Lipid und ließ ihn dort wachsen. Nach bestimmten Zeiten wurden Proben entnommen und die Verteilung der Radioaktivität in den einzelnen Mitochondrien gemessen. Man stellte fest, daß sie gleichmäßig über alle Mitochondrien verteilt war und sich langsam im Laufe der Zeit herausverdünnte. In Abb. 13.4a soll dieser Befund veranschaulicht werden.

Die Alternative zu der hier bewiesenen Hypothese – Vermehrung durch Teilung – wäre die eingangs schon erwähnte Hypothese der Neusynthese. Wäre jene richtig, so müßte man autoradiographisch nach einiger Zeit des Wachstums in unmarkiertem Medium eine ungleichmäßige Verteilung der Radioaktivität finden. Nur diejenigen Mitochondrien wären markiert, die zu dem Zeitpunkt gebildet wurden, als *Neurospora* in einem radioaktiven Medium wuchs (vgl. Abb. 13.4b). Diese Möglichkeit wurde durch die Ergebnisse des Experiments ausgeschlossen. Wir haben es hier wieder mit einem entscheidenden Experiment zu tun: Mitochondrien entstehen durch Teilung auseinander.

5. Wie sind Mitochondrien im Laufe der Evolution entstanden?

Man findet Mitochondrien bei allen höheren Organismen, nicht aber bei Bakterien und bei Blaualgen, obwohl auch jene eine oxydative Phosphorylierung durchführen können. Bei ihnen läuft die Reaktion an der äußeren Plasmamembran ab. Bakterien und Zellen der Blaualgen sind wesentlich kleiner als Zellen von Eukaryonten. Das Verhältnis von Oberfläche und Volumen ist somit günstiger. – Könnte eine große Zelle ohne Mitochondrien überleben, wenn die oxydative Phosphorylierung an der Plasmamembran ablaufen würde? Es gibt Hinweise darauf, daß die dabei produzierte Energiemenge nicht ausreichen würde, um die ganze Zelle zu versorgen.

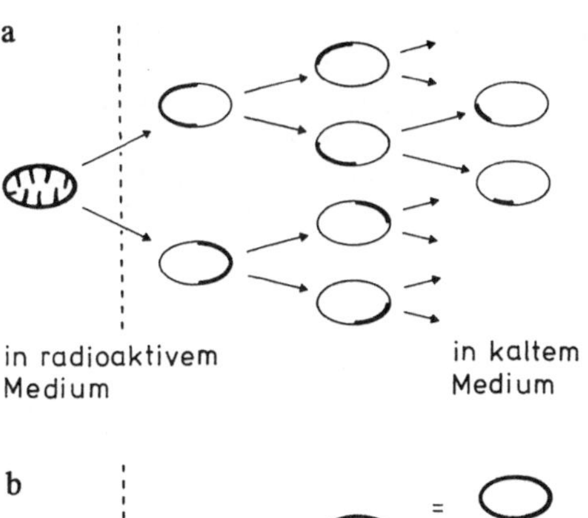

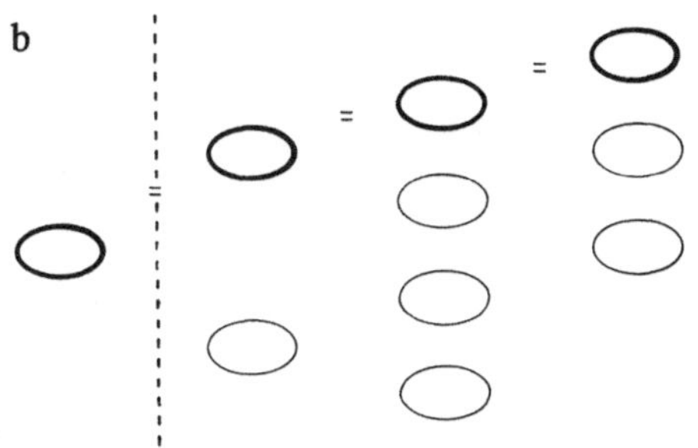

Abb. 13.4 a und b. Vermehrung von Mitochondrien: (a) durch Teilung auseinander; (b) durch Neusynthese. Radioaktiv markierte Teile sind durch unterschiedliche Strichdicke hervorgehoben. Die Details des Experiments sind im Text beschrieben

Woher stammen die Mitochondrien, wie haben sie sich im Laufe der Evolution entwickelt?

Es gibt eine Annahme, die besagt, Mitochondrien seien aus Bakterien entstanden, die in die Zellen primitiver Eukaryonten eingewandert und eine Symbiose mit der Wirtszelle eingegangen sind. Was spricht dafür, was dagegen? Dagegen könnte sprechen, daß Mitochondrien nicht autonom sind, d.h. man kann sie nicht außerhalb der Zelle kultivieren, sie sind auf ihre „Wirtszelle" angewiesen. Dieser Einwand ist relativ einfach zu entkräften: Man kann annehmen, daß die Mitochondrien im Laufe der Evolution in der Wirtszelle Merkmale verloren haben, die für eine autonome Existenz erforderlich sind. Ein anderer Einwand: Bakterien können zwar ATP bilden; die Plasmamembran der Bakterien ist aber für ATP undurchlässig. Das ist sinnvoll, da die Bakterienzellen das gebildete ATP für den eigenen Stoffwechsel brauchen. Bei Mitochondrien jedoch wird der überwiegende Teil des gebildeten ATPs an die übrigen Teile der Zelle abgegeben. Man braucht also die Zusatzannahme, daß die Membran im Laufe der Evolution für ATP permeabel geworden ist.

Was spricht für die Annahme der Hypothese?

Mitochondrien enthalten Ribosomen, die denen der Bakterien ähneln. Bakterienribosomen und Ribosomen in weiterentwickelten Zellen unterscheiden sich u.a. durch ihre Sedimentationseigenschaften in der Ultrazentrifuge. Bakterienribosomen haben eine Sedimentationskonstante von 70 S, während Ribosomen des Plasmas höherer Organismen eine Sedimentationskonstante von 80 S haben (vgl. Kapitel 6). Mitochondrien enthalten 70 S Ribosomen. Mitochondrien enthalten auch ein DNS-Molekül, das in seiner Struktur der Bakterien-DNS ähnelt. Mitochondrienmembranen enthalten ein Lipid, welches man sonst nur in Bakterienmembranen findet. Die Indizien sprechen somit für eine Annahme dieser Hypothese (Endosymbiontenhypothese). Ein Rest von Unsicherheit ist, wie bei allen Indizienbeweisen, nicht auszuschließen.

Literatur

Goodenough, U.W., Levine, R.P.: The genetic activity of Mitochondria and Chloroplasts. Sci. Am., November 1970, S. 22.

Green, D.E.: The Mitochondrion. Sci. Am., Januar 1964, S. 63.

Lehninger, A.L.: The Mitochondrion. New York—Amsterdam: W. Benjamin, Inc. 1965.

Margulis, L.: Symbiosis and evolution. Sci. Am., August 1971, S. 48.

Racker, E.: The membrane of the Mitochondrion. Sci. Am., Februar 1968, S. 32.

14. Photosynthese

Während wir im letzten Kapitel den Zusammenhang zwischen Funktion und Struktur am Beispiel des Mitochondrions diskutiert haben, soll hier ein Reaktionsablauf im Mittelpunkt des Interesses stehen: die Photosynthese (Assimilation). Man findet sie bei grünen Pflanzen, Blaualgen und einigen Bakterien. Der Mechanismus bei Pflanzen und Blaualgen läßt sich zusammenfassend durch die Formel

$$6\ CO_2\ +\ 6\ H_2O\ +\ \text{(Sonnen-) Lichtenergie}$$
$$\rightarrow C_6H_{12}O_6\ +\ 6\ O_2$$

beschreiben. $C_6H_{12}O_6$ ist die Summenformel für ein Kohlenhydrat (einen Zucker, z.B. Glucose). Kohlenhydrate sind Verbindungen des Typs $(CH_2O)_n$. Selbst wenn wir von der Voraussetzung ausgehen, die oben stehende Formel sei richtig, ergibt sich eine Reihe von Einzelproblemen, von denen wir nur einige herausgreifen können:

1. Stammt das O_2 aus dem CO_2 oder dem H_2O?

2. Welche Lichtqualität wird für die Photosynthese benötigt?

3. Über welche Zwischenstufen wird das Kohlenhydrat gebildet?

4. Wie haben sich die Pflanzen im Laufe der Evolution entwickelt, um in optimaler Weise Photosynthese treiben zu können?

5. Wieviel O_2 wird gebildet? Wieviel Sauerstoff gibt es auf der Erde? Wo kommt er vor? Wieviel Kohlenstoff gibt es auf der Erde? Wo kommt er vor?

6. Welche Folgen hat die Bildung von freiem O_2?

1. Stammt das O_2 aus dem CO_2 oder dem H_2O?

Um dieses Problem zu klären, benötigt man u.a. eine geeignete Versuchspflanze: In der Regel verwendet man in der Photosyntheseforschung die einzellige Grünalge *Chlorella*.

Ferner muß man alternativ die Ausgangssubstanzen CO_2 und H_2O markieren. Hierfür verwendet man das Isotop ^{18}O und kann damit zwei Versuche ansetzen:

$$\text{a) } H_2O + C^{18}O_2 \rightarrow\ ^{18}O_2\ ?$$
$$\text{b) } H_2^{\ 18}O + CO_2 \rightarrow\ ^{18}O_2\ ?$$

Die Frage lautet, wird unter der Bedingung a) oder der Bedingung b) markierter Sauerstoff frei? Die Antwort lautet: bei b), d.h. bei der Photosynthese wird Sauerstoff aus dem Wasser herausgespalten und somit freigesetzt. Es spielt sich folgende Reaktion ab (auch Photolyse des Wassers genannt):

$$H_2^{\ 18}O \rightarrow 2\ H^+ + 2\ e^- + 1/2\ ^{18}O_2.$$

Die beiden entstehenden Protonen werden an einen Akzeptor (A) gebunden:

$$(A) + H^+ \rightarrow [(A)-H]^+$$

Ebenso werden die Elektronen niemals freigesetzt, sondern sie werden von einem Elektronenakzeptor (B) übernommen.

$$(B) + e^- \rightarrow B^-.$$

Das Sauerstoffatom verbindet sich mit einem weiteren O-Atom zu einem O_2-Molekül, das ausgeschieden wird.

2. Welche Lichtqualität wird für die Photosynthese benötigt?

Wie der Name Photolyse schon sagt, wird für die Spaltung des Wassers Licht benötigt. Um zu prüfen, welche Lichtqualität verwendet werden kann, läßt man die Photosynthese bei Licht verschiedener Wellenlängen ablaufen und mißt dabei die Aktivität der Pflanze. Als Maß für die Aktivität kann z.B. die Menge des gebildeten O_2 eingesetzt werden. Trägt man die Aktivität gegen die Wellenlänge auf, so erhält man ein Aktionsspektrum (Abb. 14.1).

Bei einer flüchtigen Betrachtung des Aktionsspektrums fällt die Ähnlichkeit mit dem Absorptionsspektrum des Chlorophylls auf (vgl. Abb. 6.10). Daraus läßt sich schließen, daß vom Chlorophyll absorbiertes Licht eine Aktivität auslöst. Eine genauere Betrachtung zeigt jedoch, daß auch Licht anderer Wellenlängen eine Aktivität verursacht, d.h. nicht nur Licht, das direkt vom Chlorophyll absorbiert wird, kann für die Photosynthese verwendet werden, sondern auch jenes, das von anderen Pigmenten der Pflanze absorbiert wird.

Zur Spaltung des Wassermoleküls wird eine Aktivierungsenergie benötigt, die durch die eingefangene Lichtmenge zur Verfügung gestellt wird. Die hierbei entstehenden Protonen (H^+) werden aktiviert, sie werden an einen Protonenakzeptor gebunden, O_2 wird freigesetzt. Anschließend wird über eine Reihe von Zwischenstufen (s. Kapitel 20) ATP gebildet. Der Wasserspaltung läuft also eine Phosphorylierung parallel. Chemische Energie wird z.B. für die Bildung von Zucker benötigt.

Das Kohlendioxyd wird, wie wir im nächsten Abschnitt sehen werden, fixiert, d.h. in ein Kohlenhydrat eingebaut. Diese Reaktion läuft, wie praktisch alle Reaktionen in Zellen, über eine Reihe von Zwischenstufen ab, wozu jeweils ein bestimmter Betrag an Aktivierungsenergie benötigt wird. Aus den in vergangenen Jahren gewonnenen Daten konnte man abschätzen, wieviel Energie benötigt wird und wieviel am Ende der Reaktionskette noch übrig bleibt. Es läßt sich errechnen, wieviele Lichtquanten (kleinste Einheit der Lichtmenge) zur Fixierung eines CO_2-Moleküls notwendig sind.

Die Energiemenge der Lichtquanten ist von der Wellenlänge des Lichts abhängig. Lichtquanten von kurzwelligem Licht sind energiereicher als Lichtquanten langwelligen Lichts. Für die Lichtwellenlänge von 700 nm konnte man einen Betrag von 2,7 Quanten errechnen, der für die Fixierung eines CO_2-Moleküls erforderlich ist. Da es keine Bruchteile von

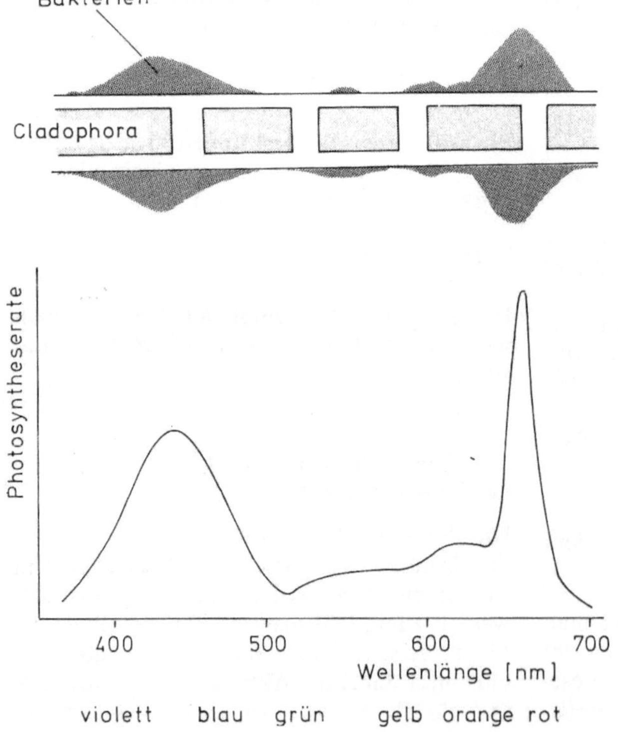

Abb. 14.1. Das Aktionsspektrum der Photosynthese: Der Pflanzenphysiologe T.W. Engelmann zerlegte mittels eines Prismas Licht in die Spektralfarben. Mit diesem Spektrum beleuchtete er einen Faden der Grünalge *Cladophora*, den er in eine Bakterienlösung hängte. Bakterien sammeln sich in sauerstoffreicher Umgebung an, in diesem Experiment somit an denjenigen Teilen des *Cladophora*fadens, die von blauem und von rotem Licht bestrahlt wurden. Hierdurch konnte Engelmann bereits 1881 das Aktionsspektrum der Photosynthese sichtbar machen

Quanten gibt, erhöht sich der Betrag auf 3 Quanten. Emerson u. Mitarb. stellten fest, daß man minimal (6)–8 Quanten benötigt. Trotzdem ist die Quantenausbeute bei der Photosynthese immer noch relativ hoch. Der gemessene Wert entspricht einer thermodynamischen Effizienz von 38%. Ein Vergleich zur Technik mag angebracht sein: bei einem Benzinmotor werden nur 18% der erzeugten Wärmeenergie in Bewegungsenergie umgesetzt. Der Rest geht verloren.

3. Über welche Zwischenstufen wird das Kohlenhydrat gebildet?

Wie sieht die Fixierung des Kohlendioxyds aus? Die Reaktion läßt sich in eine Reihe von Einzelschritten zerlegen:

$$CO_2 + X \rightarrow X_1 \rightarrow X_2 \rightarrow X_3 \rightarrow \ldots X_n$$
(Kohlenhydrat)

Untersuchungen dieser Art wurden von M. Calvin (University of California, Berkeley) durchgeführt. Er verwendete radioaktiv markiertes CO_2 ($^{14}CO_2$) und stellte dabei fest, daß er 30 sec nach Zugabe des radioaktiv markierten Kohlendioxyds das markierte C-Atom in einem Molekül Glucose (= Traubenzucker) nachweisen konnte. Wie ließen sich aber die Zwischenstufen $X_1, X_2, \ldots X_n$ nachweisen? Calvin stoppte die Reaktion nach wesentlich kürzeren Zeiträumen ab: z.B. nach 1, 5, 10 sec etc. und untersuchte chromatographisch, welche Substanzen das markierte C-Atom enthielten.

Eine vereinfachte schematische Darstellung soll das Ergebnis veranschaulichen. Nach einer sehr kurzen Reaktionszeit (t_1) ließ sich markierter Kohlenstoff in zwei Verbindungen „1" und „2" nachweisen. Nach einer etwas längeren Reaktionszeit fand man zwei weitere Verbindungen markiert: „1" und „3", d.h. nach

t_2 war „2" verschwunden, während dafür „3" auftrat. Wir können daraus schließen, daß die Substanzen in einer zeitlichen Reihenfolge gebildet worden sind, und zwar zuerst „2", dann „1" und erst nach einer gewissen Zeit „3".

Aus Rf-Werten (vgl. Kapitel 6) der beobachteten Substanzen und dem Vergleich mit Rf-Werten bekannter Referenzsubstanzen erhielt Calvin Hinweise auf die chemische Natur von „1", „2" und „3". Eine genaue Analyse folgte. Es zeigte sich, daß alle von uns als X bezeichneten Substanzen Kohlenhydrate sind, es zeigte sich ferner, daß ein Teil des gebildeten X_n an den Ausgangspunkt der Reaktionskette zurückging. Wir haben es somit mit einem Zyklus zu tun:

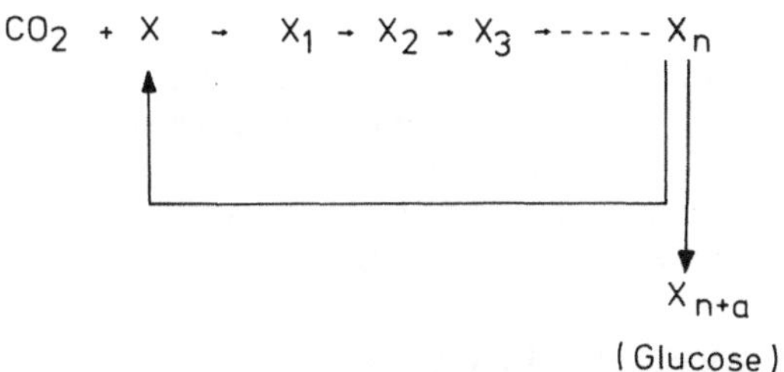

Nach seinem Entdecker heißt dieser Zyklus Calvin-Zyklus. Die Reaktionen im Calvin-Zyklus benötigen für ihren Ablauf kein Licht. Man nennt diese Schritte deshalb die Dunkelreaktion der Photosynthese, im Gegensatz zur Lichtreaktion, der Spaltung des Wassers.

Einige weitere Einzelheiten werden in Kapitel 29 besprochen.

4. Wie haben sich Pflanzen im Laufe der Evolution entwickelt, um in optimaler Weise Photosynthese treiben zu können?

Hier seien nur einige Beispiele genannt, um zu zeigen, welche Strukturen für die Pflanze im

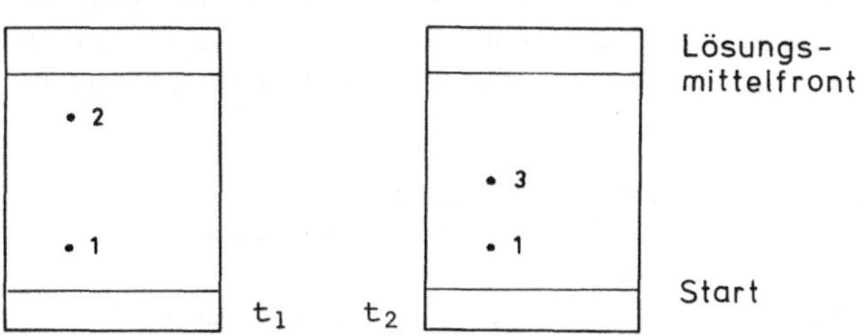

Laufe der Evolution zu einem Selektionsvorteil wurden, um möglichst effektiv Photosynthese betreiben zu können:
- Wechselständige Blätter am Stiel, um die Beschattung unterer Blätter zu verhindern.
- Ausbildung einer Blattspreite → große Blattoberfläche → gute Ausnutzung des Lichts.
- Geringe Blattdicke ermöglicht schnellen Gasaustausch durch Diffusion.
- Ausbildung spezieller Assimilationsgewebe: Palisadenparenchym (an der Blattoberseite), Spaltöffnungen, Schwammparenchym (Gasaustausch).
- Effektives Wasserleitungssystem bei Landpflanzen.
- Frühblüher im Wald: z.B. die Anemone assimiliert und blüht, bevor die Waldbäume durch ihr Laub soviel Licht wegnehmen, daß keine ausreichende Lichtmenge mehr auf den Waldboden trifft.
- Ausnutzung von CO_2, welches bei der Atmung anfällt (s. S. 195).

5. Wieviel O_2 wird gebildet?
Wieviel Sauerstoff gibt es auf der Erde? Wo kommt er vor?

Zur Messung des gebildeten Sauerstoffs braucht man ein geeignetes Testverfahren. Gasmengen lassen sich am einfachsten manometrisch bestimmen. Ein Manometer besteht aus einem Reaktionsgefäß, das (in unserem Fall) eine Algensuspension enthält und an ein U-Rohr angeschlossen ist, welches eine Sperrflüssigkeit (z.B. angefärbte Kochsalzlösung) enthält. Bildet sich im Reaktionsgefäß als f(t) ein Gas, so steigt der Druck, der an dem Manometer als Volumenänderung abgelesen werden kann.

Eine Apparatur zur Messung von Druckunterschieden nach dem eben geschilderten Prinzip wurde von Warburg entwickelt und findet als Warburg-Apparatur in Laboratorien weiteste Anwendung. Sie besteht aus einigen weiteren Bestandteilen, z.B.
- einem Wasserbad, das auf eine konstante Temperatur eingestellt werden kann (Volumenänderungen bei Gasen sind stark temperaturabhängig!)
- einer Schüttelvorrichtung, um die Algensuspension in ständiger Bewegung zu halten,
- einer Beleuchtungsvorrichtung,
- einigen Ansätzen und Einsätzen am Reaktionsgefäß, die weitere Chemikalien enthalten können.

Wir können unseren Versuch natürlich nur dann durchführen, wenn uns während der Dauer des Versuchs stets die gleiche Menge an CO_2 im Reaktionsgefäß zur Verfügung steht. Man erhält es durch die Reaktion:

$$2\,NaHCO_3 \rightleftharpoons Na_2CO_3 + H_2O + CO_2.$$

Da sich das chemische Gleichgewicht immer wieder neu einstellt, wenn aus einem System einer der Stoffe entfernt wird, entsteht neues CO_2 aus $NaHCO_3$ (Natriumhydrogenkarbonat), wenn CO_2 durch die Photosynthese verbraucht wird.

Mißt man die Produktion von O_2 unter den genannten Bedingungen, so erhält man keineswegs das gewünschte Ergebnis: die Photosyntheseaktivität. Die Algen bilden zwar Sauerstoff während der Photosynthese, darüberhinaus haben sie aber, wie alle anderen Tiere und Pflanzen, eine Atmung, bei der ein Teil des gebildeten O_2 wieder verbraucht wird. Wir haben es also mit einer Gleichung mit zwei Unbekannten zu tun. Um sie zu lösen, benötigen wir eine zweite Gleichung, hier also einen zweiten Reaktionsansatz. Dieser zweite Reaktionsansatz unterscheidet sich von dem ersten dadurch, daß wir z.B. KOH in einen der Einsätze des Reaktionsgefäßes füllen:

$$KOH + CO_2 \rightarrow KHCO_3.$$

KOH absorbiert das gesamte CO_2 im Reaktionsvolumen, damit kann keine Photosynthese ablaufen. Wir messen also nur die Atmungsaktivität und werden somit eine Volumenverminderung registrieren.

$$O_2 \rightarrow CO_2\,; \quad KOH + CO_2 \rightarrow KHCO_3.$$

Addieren wir diesen Wert zu dem Wert aus dem Reaktionsansatz 1, so erhalten wir die O_2-Menge, die durch die Photosynthese erzeugt wurde:

Reaktionsansatz 1:
    (Photosynthese – Atmung)
Reaktionsansatz 2: Atmung
Reaktionsansatz 1 + 2: Photosynthese.

Jährlich werden durch die Photosyntheseaktivität grüner Pflanzen $1,1 \times 10^{11}$ Tonnen molekularen Sauerstoffs gebildet, 1×10^{11} Tonnen organischen Materials entstehen. Hierfür werden $1,5 \times 10^{11}$ Tonnen CO_2 verbraucht. 20% unserer Atmosphäre besteht aus O_2. Diese Menge wurde fast ausschließlich durch den Photosyntheseprozeß erzeugt. Um uns Klarheit über die oben genannten Werte zu verschaffen, müssen wir sie in Relation zueinander setzen.

Welchen Beitrag leistet die Photosynthese jährlich? Die gesamte O_2-Menge der Atmosphäre wird alle 2.000 Jahre neu gebildet bzw. von den Organismen verbraucht, d.h. jährlich wird 1/2.000 der Gesamt-O_2-Menge der Atmosphäre neu gebildet Ein Austausch der gesamten CO_2-Menge erfolgt in nur 300 Jahren.

Wo finden wir O_2, wo Kohlenstoff auf unserer Erde? Wie stehen die Einzelreservoirs miteinander in Beziehung?
Insgesamt gibt es $5,9 \times 10^{16}$ Tonnen Sauerstoff auf der Erde, davon liegt der überwiegende Teil ($5,51 \times 10^{16}$ Tonnen) in Form von Sedimenten vor. Nur $3,9 \times 10^{14}$ Tonnen findet man in der Atmosphäre und in Form von Sulfat im Meereswasser. Die Gesamtmenge des Kohlenstoffs beträgt $2,52 \times 10^{16}$ Tonnen. Es findet ein kontinuierlicher Stoffaustausch zwischen den einzelnen Reservoirs statt. Einen solchen Austausch nennt man einen Kreislauf

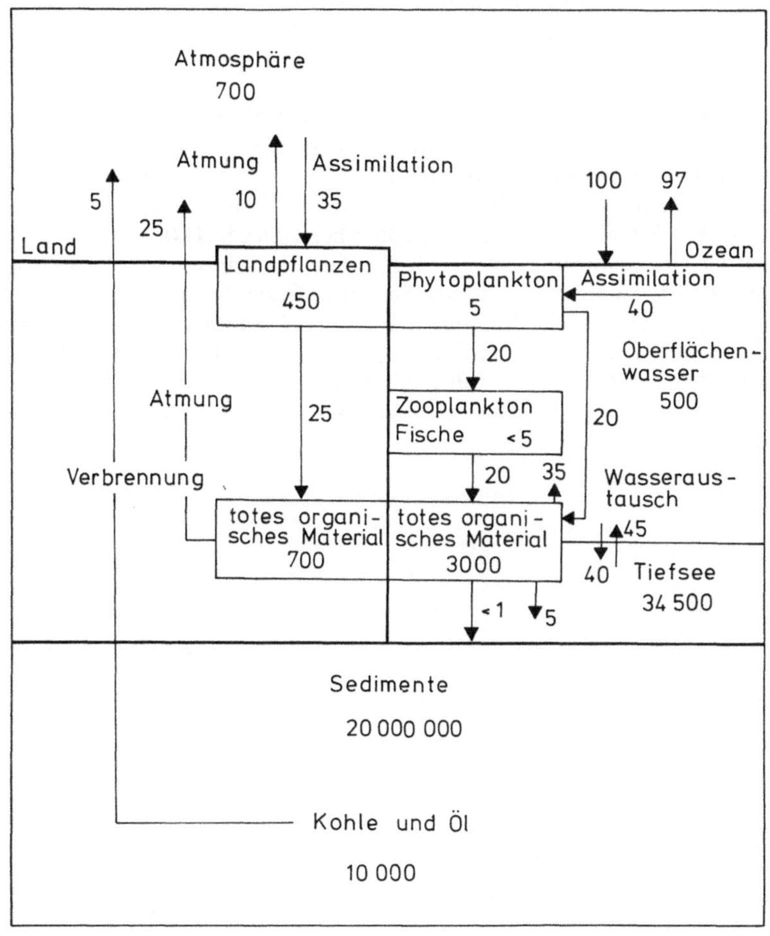

Abb. 14.2. Der Kreislauf des Kohlenstoffs. (Nach Bolin, 1970)

und kann somit den Kreislauf des Sauerstoffs, den Kreislauf des Kohlenstoffs und den anderer Elemente beschreiben. In der Abb. 14.2 ist der Kreislauf des Kohlenstoffs wiedergegeben (s. a. Kapitel 54).

6. Welche Folgen hat die Bildung von freiem O_2?

Die Erdatmosphäre enthielt ursprünglich reduzierende und inerte Gase: NH_3, H_2S, CH_4 etc. In dieser Atmosphäre entwickelten sich die ersten Organismen, u.a. auch grüne einzellige Prokaryonten, die im Laufe der Evolution die Fähigkeit zur Photosynthese erwarben. Sie begannen, O_2 zu produzieren. O_2 ist eine oxydierende Substanz, die das damals bestehende Gleichgewicht auf der Erde empfindlich störte. Viele der Organismen, die sich in der O_2-freien Atmosphäre entwickelt hatten — es waren Anaerobier, Organismen, die ohne O_2 auskommen im Gegensatz zu den Aerobiern, die Sauerstoff zum Überleben brauchen —, konnten unter den neuen Bedingungen nicht mehr überleben. Es überlebten nur die Arten, die durch O_2 nicht zerstört wurden und schließlich nur diejenigen, für die die Anwesenheit von O_2 zu einem Vorteil wurde: bei denen sich der Mechanismus der Atmung entwickelt hatte. Die Evolution verlief seit dem Zeitpunkt des Auftretens von O_2 in eine Richtung, die

vorher ausgeschlossen war. Wenn man so will, kann man die grünen Organismen als den größten „Umweltverschmutzer" der Erde bezeichnen. Es gibt keine anderen Faktoren, die die Erdoberfläche in einem so großen Maße verändert haben. Selbst menschliche Aktivitäten spielen sich in kleineren Größenordnungen ab. Bisher noch! Man vergesse aber nicht die Dimension Zeit!

Literatur

Arnon, D.I.: Photosynthetic activity of isolatet chloroplasts. Physiol. Rev. 47, 317 (1967).

Björkman, O., Berry, J.: High-efficiency photosynthesis. Sci. Am., Oktober 1973, S. 80.

Bolin, B.: The carbon cycle. Sci. Am., September 1970, S. 124.

Calvin, M., Bassham, J.A.: The photosynthesis of carbon compounds. New York: Benjamin 1962.

Cloud, P., Gibor, A.: The oxygen cycle. Sci. Am., September 1970, S. 110.

Levine, R.P.: The mechanism of photosynthesis. Sci. Am., Dezember 1969, S. 58.

Rabinowitch, E.I., Govindjee: The role of chlorophyll in photosynthesis. Sci. Am., Juli 1965, S. 74.

The Biosphere. Sci. Am., September 1970.

15. Welche Moleküle enthält die Zelle? „Kleine" Moleküle, Makromoleküle, chemische Eigenschaften einiger reaktiver Gruppen

Vor allem in den beiden letzten Kapiteln haben wir über verschiedene biochemische Reaktionen gesprochen. Wir haben die Reaktionsprodukte mit den Symbolen A, B, C, ... N oder X_1, X_2, X_3, ... X_n bezeichnet. Diese Symbole stehen für chemische Verbindungen, über die man heutzutage sehr genau Bescheid weiß. Wir kommen nicht umhin, uns auch mit ihrer genauen Struktur zu beschäftigen. Hierzu sollen einige Grundbegriffe aus der Chemie beschrieben werden, ohne daß wir uns an dieser Stelle mit den Reaktionsmechanismen beschäftigen können. Selbstverständlich ist die folgende Darstellung unvollständig.

A. In den Zellen kommen Ionen vor

Anionen: Cl^-, SO_4^{--}, NO_3^-, NO_2^-, CO_3^{--}, HCO_3^-, PO_4^{---}, HPO_4^{--}, $H_2PO_4^-$, J^-.

Kationen: Na^+, K^+, Mg^{++}, Ca^{++}, Fe^{++}, Fe^{+++}, gelegentlich auch Mn^{++}, Cu^{++}, Co^{++}, Zn^{++}.

Damit soll nicht ausgeschlossen werden, daß das eine oder andere anorganische Ion nicht auch noch in irgendwelchen Zellen vorkommt. Es gibt den Begriff Spurenelemente, unter dem man selten vorkommende Ionen zusammenfaßt.

B. Der Kohlenstoff

Das mit Abstand wichtigste Atom in allen organischen Verbindungen ist der Kohlenstoff (C). Der Hauptgrund liegt darin, daß der Kohlenstoff mehr Verbindungen bilden kann als irgendein anderes Element. Die Chemie des Kohlenstoffs wird als organische Chemie bezeichnet.

An dieser Stelle kann natürlich kein Überblick über die organische Chemie gegeben werden. Es werden nur einige der wichtigsten Verbindungstypen vorgestellt, um zu zeigen, welche Konzepte es gibt und in welcher Weise der Kohlenstoff mit sich selbst und mit anderen Elementen kombiniert werden kann. Die Aufzählung der folgenden Verbindungen ist als ein Katalog aufzufassen. Es werden nur diejenigen genannt, ohne die eine elementare Einsicht in die Biologie unmöglich ist. Das Verständnis dieser Verbindungen setzt u.a. das Verständnis ihres Reaktionsvermögens voraus, das hier nur am Rande gestreift werden kann. Die rein formale Ableitung reicht nicht dazu aus.

Der Kohlenstoff ist in der Regel vierwertig (vierbindig).

Verbindungen des Kohlenstoffs:

1. Kohlenwasserstoffverbindungen

An einem Kohlenstoffatom finden vier Wasserstoffatome Platz. Die einfachste Kohlenwasserstoffverbindung ist als Methan bekannt.

$$\begin{array}{ccc} & H & \\ & | & \\ H\!-\!\!&\!\!C\!\!&\!\!-\!H \qquad \text{Methan} \\ & | & \\ & H & \end{array}$$

Wird eines der H-Atome durch CH_3 ersetzt, erhält man:

$$\begin{array}{cccc} & H & H & \\ & | & | & \\ H\!-\!\!&\!\!C\!\!&\!\!-\!\!C\!\!&\!\!-\!H \qquad \text{Äthan} \\ & | & | & \\ & H & H & \end{array}$$

Setzt man die Reihe fort, so kommt man zu

H H H
| | |
H—C—C—C—H
| | |
H H H

Propan

H H H H
| | | |
H—C—C—C—C—H
| | | |
H H H H

Butan

Pentan, Hexan, Heptan etc. Diese Verbindungen nennt man aliphatische Kohlenwasserstoffverbindungen. Es sind Ketten aus Kohlenstoffatomen.

Welche Variationen sind möglich?
Verzweigte Ketten, im einfachsten Fall:

H
|
H—C—H
H | H
| | |
H—C—C—C—H   Isobutan
| | |
H H H

Je mehr C-Atome ein Molekül enthält, desto mehr Variationen — isomere Formen — kann man sich vorstellen. Solche isomeren Formen sind tatsächlich vorhanden.

Doppelbindungen zwischen zwei Kohlenstoffatomen, z.B.

H   H
 \\   /
  C == C
 /   \\
H   H

Äthylen

Eine solche Verbindung trägt den Namen Äthen oder Äthylen. Die Endung -en deutet dabei auf die Doppelbindung hin.

Liegen zwei Doppelbindungen im Molekül vor, so enthalten ihre Namen die Silben -di- und -en, wie z.B. beim Butadien.

H   H   H
 \\ | /
  C == C—C == C
 / | \\
H   H   H

Butadien

Logischerweise müßte jetzt die Besprechung von Kohlenwasserstoffen mit Dreifachbindungen folgen, z.B.

H—C ≡ C—H   Acetylen oder Äthin

Solche Verbindungen spielen in der belebten Natur keine wesentliche Rolle. Damit stellt sich für uns natürlich die Frage, welche Verbindungen in lebenden Systemen vorkommen und welche nicht. Darauf gibt es keine logisch richtige Antwort. Man muß empirisch bestimmen, welche Verbindungen es in einer Zelle gibt. Ein leicht durchschaubares Konzept scheint nicht immer dahinterzustehen.

Ein Chemiker kann sich alle möglichen Moleküle vorstellen und oft auch synthetisieren. In der Biologie muß man sich mit den Strukturen beschäftigen, die es tatsächlich gibt, d.h. mit solchen Strukturen, die im Laufe einer geschichtlichen Entwicklung für die Organismen einen echten Selektionsvorteil geboten haben. An Alternativen zu denken, ist in der Biologie eine intellektuelle Spielerei, mit der man meist nicht weiterkommt.

2. Verbindungen, die Sauerstoff enthalten

Da vom Sauerstoffatom normalerweise 2 Bindungen ausgehen, ist es hier zwischen Kohlenstoff- und Wasserstoffatom eingeschoben. Im einfachsten Fall erhält man:

H
|
H—C—O—H   Methanol
|
H

Die -OH-Gruppe heißt Hydroxylgruppe. Man kann sie sich an allen aliphatischen Kohlenwasserstoffen vorstellen, z.B.

| |
—C—C—O—H   Äthanol
| | (Trivialname: Alkohol)

| | |
—C—C—C—O—H   Isobutanol
| | |
 —C—
   |

| | |
—C—C—C—O—H   Propanol
| | |

Je komplexer die Formel ist, desto mehr Schreibarbeit erfordert sie. Um jene auf ein Minimum zu reduzieren, kann die Schreibweise von Formeln vereinfacht werden. Der erste Vereinfachungsschritt besteht im Weglassen der H-Atome. Namen für Verbindungen, die eine Hydroxylgruppe enthalten, enden auf -ol. Man nennt aliphatische Kohlenwasserstoffe mit dieser Gruppe Alkohole. Es kann natürlich mehr als nur eine -OH-Gruppe im Molekül vorkommen. Man spricht dann von einem mehrwertigen Alkohol. Glycerin z.B. ist ein dreiwertiger Alkohol.

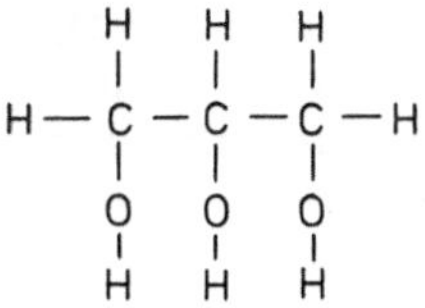

Glycerin

An einem C-Atom können ein O-Atom und eine -OH-Gruppe sitzen.

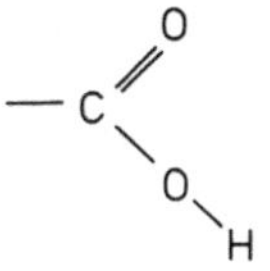

Carboxylgruppe

Eine solche Gruppe einschließlich des C-Atoms nennt man Carboxylgruppe. Man schreibt sie auch: -COOH. Die Carboxylgruppe kann an den verschiedensten Atomgruppierun-

ist die funktionelle Gruppe aller organischen Säuren. Sie kann in dissoziierter Form vorliegen:

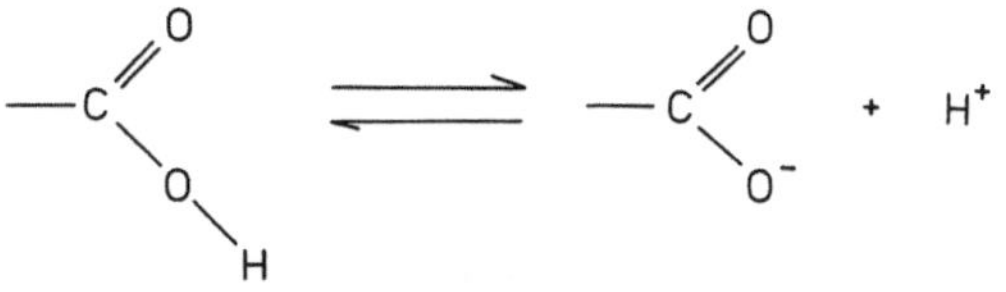

Es entstehen freie Protonen, das Kennzeichen einer Säure. Organische Säuren, die sich durch ihr R voneinander unterscheiden, gehören zu den wichtigsten Verbindungen in lebenden Systemen, z.B.

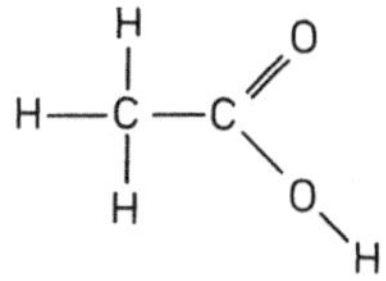

Essigsäure

Aliphatische Kohlenwasserstoffe, die eine -COOH-Gruppe tragen, werden als Fettsäuren bezeichnet. Besonders wichtig sind Verbindungen wie die

$H_3C\text{-}(CH_2)_{14}\text{-}COOH$ (Palmitinsäure)
$H_3C\text{-}(CH_2)_{16}\text{-}COOH$ (Stearinsäure)

Fettsäuren ohne Doppelbindungen heißen gesättigte Fettsäuren. Kohlenwasserstoffe bzw. Fettsäuren mit Doppelbindungen heißen ungesättigte Kohlenwasserstoffe bzw. ungesättigte Fettsäuren; ein Beispiel:

Palmitoleinsäure

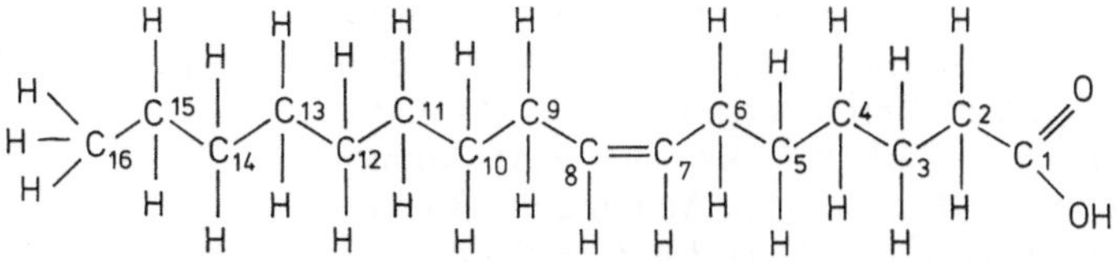

gen sitzen. Solche Atomgruppierungen, über die man zunächst nichts aussagen möchte, nennt man Rest; abgekürzt R. Im einfachsten Fall ist die Carboxylgruppe an ein H gebunden. Diese Verbindung ist unter dem Trivialnamen Ameisensäure bekannt: HCOOH. Sie wird von den Ameisen produziert, kommt u.a. aber auch in Brennesselhaaren vor. Die Bezeichnung Säure deutet auf die chemischen Eigenschaften hin. Die Carboxylgruppe

3. Kohlenstoff-Stickstoffverbindungen

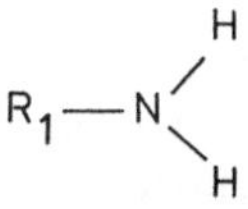

Die Aminogruppe: $-NH_2$

Wird eines der Wasserstoffatome einer Aminogruppe durch ein beliebiges anderes Atom ersetzt, so spricht man von einem sekundären Amin.

$$R_2\!-\!\underset{R_1}{N}\!-\!H$$

Protonen können sich an das freie Elektronenpaar am Stickstoff anlagern.

Eine protonenanziehende Verbindung wird allgemein als Base bezeichnet (wichtige Basen in der anorganischen Chemie sind NaOH, KOH, $Ca(OH)_2$ etc.).

Gruppen, die mit anderen Molekülen bzw. Molekülteilen reagieren können, heißen reaktive Gruppen. Beispiele hierzu sind die OH-, COOH- und die NH_2-Gruppen.

An einem C-Atom können mehrere reaktive Gruppen sitzen, z.B.

R ist wiederum ein beliebiger Rest. Das zentrale Kohlenstoffatom C bezeichnet man als C_α. Eine Verbindung, die am C_α-Atom sowohl eine Carboxyl- als auch eine Aminogruppe trägt, nennt man Aminosäure. R ist im einfachsten Falle ein H. Ein Chemiker würde eine solche Verbindung Aminoessigsäure nennen. Ihr Trivialname lautet: Glycin oder Glykokoll.

In der Biologie (bzw. Biochemie) hat man sich darauf geeinigt, komplizierteren Verbindungen Abkürzungen zu geben, für Glycin z.B. Gly. Alle Aminosäuren können durch solche Dreibuchstabenkombinationen gekennzeichnet werden. Darüberhinaus existiert für sie eine Einbuchstabennomenklatur. Die Bezeichnung für Glycin lautet: G.

Das R bei Aminosäuren kann natürlich auch komplexer sein wie z.B. beim

Alanin (Ala; A)

Valin (Val; V)

Verbindungen mit den Resten $-CH_2-CH_3$ oder $-CH_2-CH_2-CH_3$ sind denkbar, im Labor herstellbar, in der Natur aber nicht vorhanden. Sie werden deshalb hier auch nicht besprochen. Man findet in der Natur als Bausteine von Proteinen nur 20 verschiedene Aminosäuren. Die folgende Liste nennt einige weitere Vertreter:

Leucin (Leu; L)

Isoleucin
(Ile oder Ileu; I)

Ersatz eines H-Atoms durch -OH:

Serin (Ser; S)

Threonin (Thr; T)

Sauerstoff kann durch Schwefel ersetzt sein. Die -SH-Gruppe wird als Sulfhydrylgruppe bezeichnet.

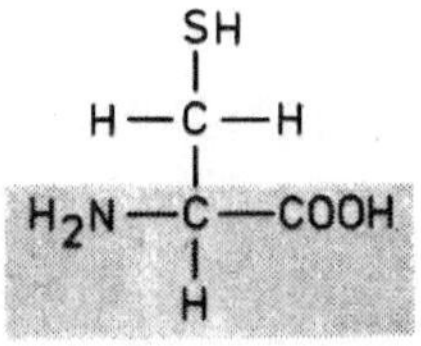

Cystein (Cys; C)

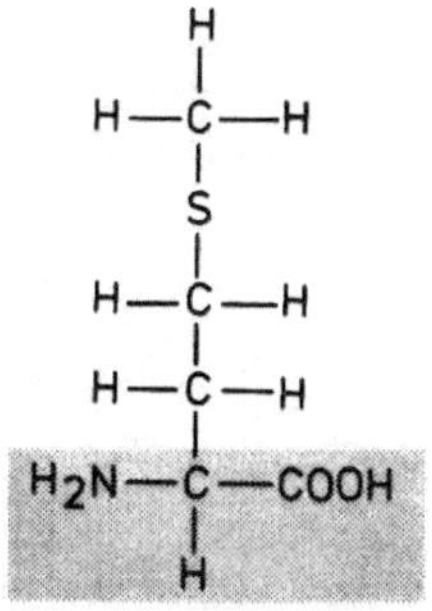

Methionin (Met; M)

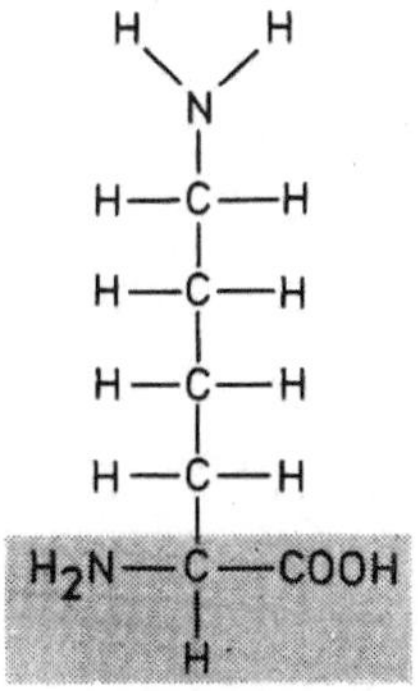

Lysin (Lys; K)

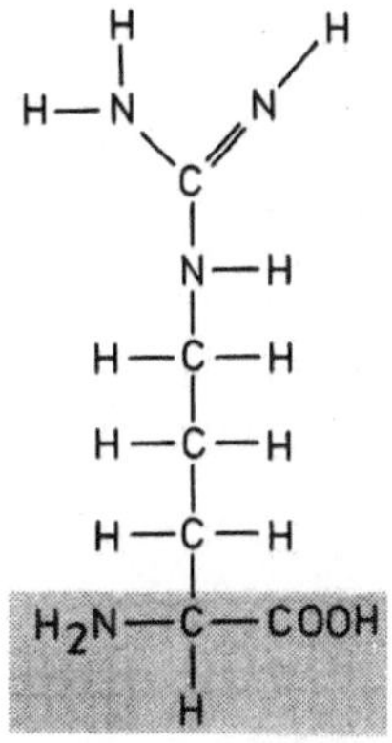

Arginin (Arg; R)

In den Resten R einer Aminosäure kann auch die Gruppe -COOH oder -NH$_2$ vorkommen.

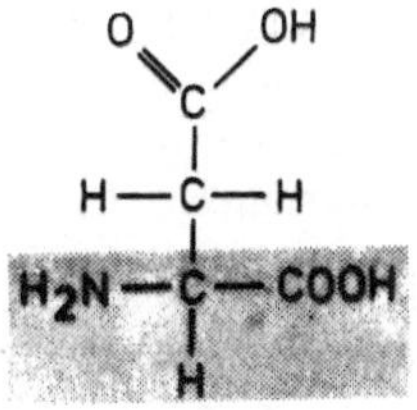

(Der Buchstabe „A" ist bereits für Alanin vergeben, für die Einbuchstabennomenklatur wurde deshalb ein „D" gewählt.)

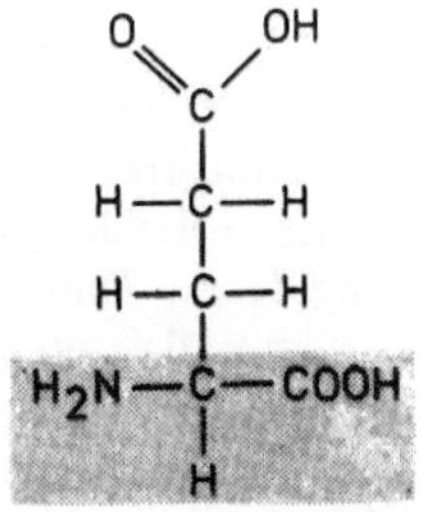

Glutaminsäure (Glu; E)

Basische Gruppen kommen in den Aminosäuren Lysin (Lys; K) und Arginin (Arg; R) vor.

Die Carboxylgruppe bei Asp und Glu kann amidiert sein; z.B. beim Asparagin (Asp-NH$_2$ oder Asn; N) und Glutamin (Glu-NH$_2$ oder Gln; Q).

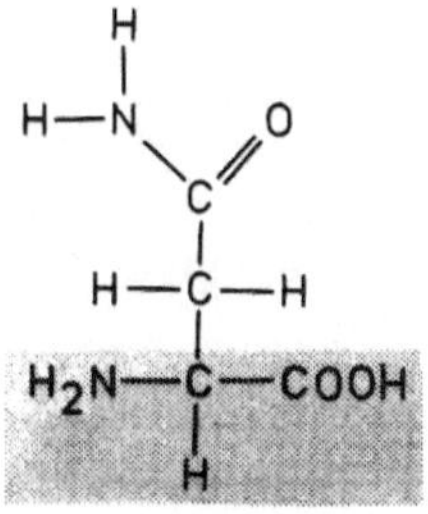

Asparagin (Asn, N)

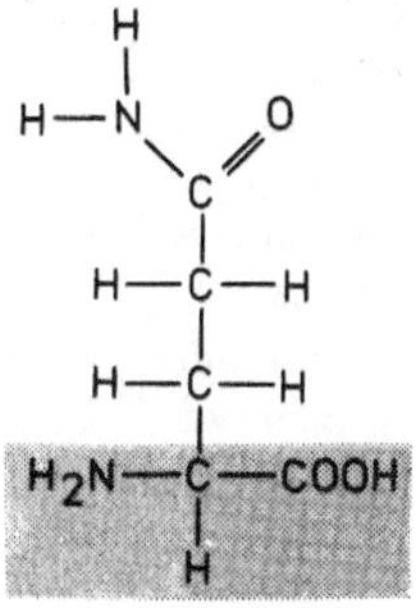

Glutamin (Gln, Q)

4. Einige Substanzen mit Doppelbindungen

Atome, die in Ketten durch Einfachbindungen miteinander verbunden sind, können um die Bindungsachse rotieren.

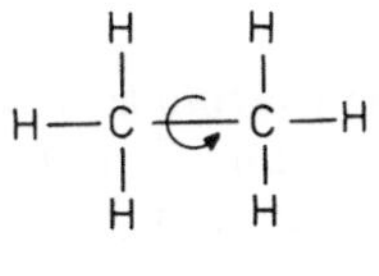

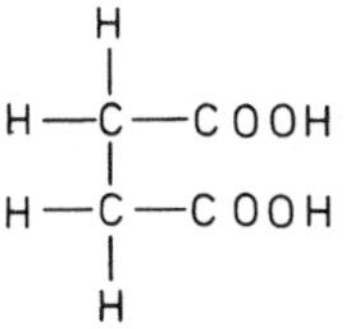

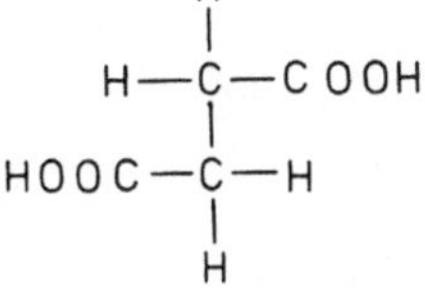

Diese Verbindung trägt den Namen Bernsteinsäure. Die beiden Darstellungen sind untereinander identisch. Wir haben es lediglich mit zwei Schreibweisen zu tun. Anders, wenn zwischen zwei Kohlenstoffatomen eine Doppelbindung liegt. Die beiden daran beteiligten C-Atome sind nicht untereinander drehbar: Damit sind

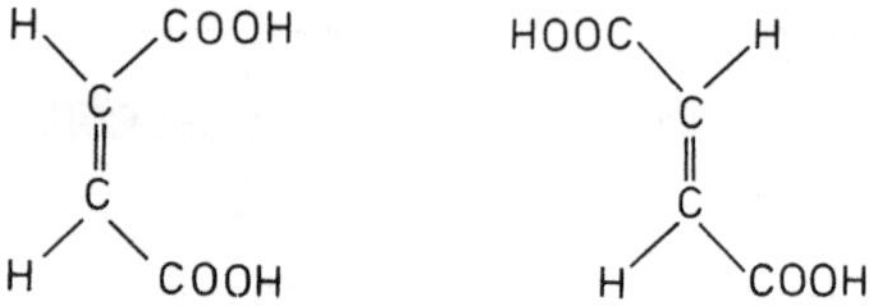

Maleinsäure (cis)   und   Fumarsäure (trans)

zwei voneinander verschiedene Verbindungen mit unterschiedlichen Eigenschaften. Trägt eine Verbindung die reaktiven Gruppen auf der gleichen Seite der Doppelbindung, spricht man von cis-Stellung, liegen sie auf entgegengesetzten Seiten der Doppelbindung, von trans-Stellung.

Neben der cis-trans-Isomerie sind andere Isomerien bekannt, wesentlich ist die sog. optische Isomerie, die uns bei den Aminosäuren, vor allem aber bei den Kohlenhydraten begegnen wird. Weiteres s.S. 119.

5. Aldehyde, Ketone

Sitzt an einem C-Atom ein =O und ein -H-Atom, spricht man von Aldehyden.

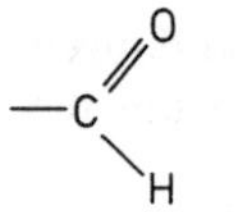

Aldehydgruppe

Sitzen an einem C-Atom gesättigte Kohlenwasserstoffreste (R_1 und R_2) und ein =O, so hat man ein Keton vor sich. Beispiel: Aceton.

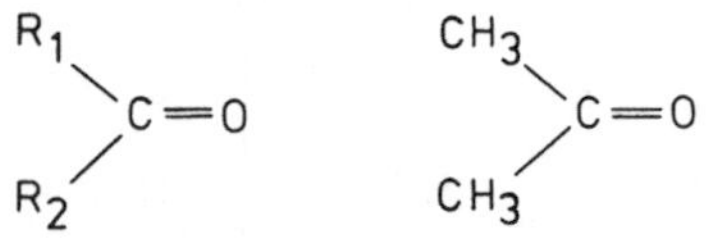

Keton   Aceton

Innerhalb eines Moleküls, das eine Ketogruppe enthält, kann es zu einer reversiblen Umlagerung von (1) nach (2) kommen:

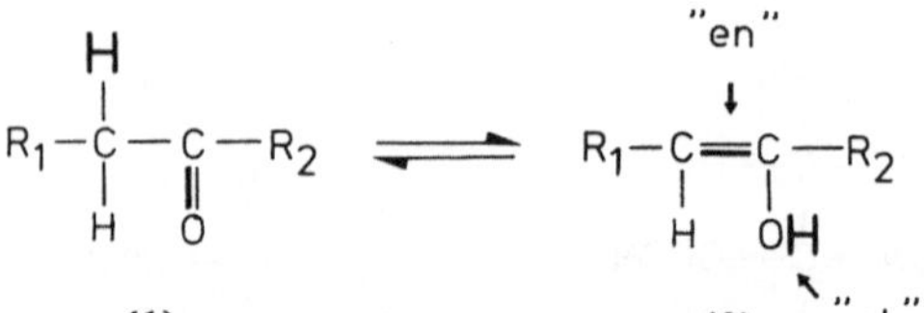

(1)   (2)

Die Form (2) wird als Enol bezeichnet. Eine Umlagerung dieses Typs nennt man Tautomerie. In diesem speziellen Fall: Keto-Enol-Tautomerie.

6. Einige Reaktionen reaktiver Gruppen

Reaktionen zwischen einer Carboxyl- und einer Hydroxylgruppe: dabei entsteht eine Verbindung, die eine R-(CO)-O-R-Gruppe enthält. Eine solche Verbindung nennt man Ester, die Reaktion eine Veresterung.

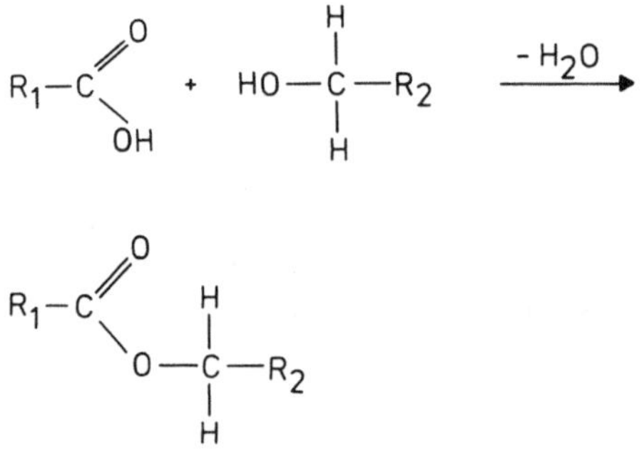

Veresterungen gehören zu den Kondensationen, das sind Reaktionen, die — zumindest formal — unter Wasserabspaltung ablaufen. Sie sind — wiederum nur formal — mit Salzbildungen vergleichbar. Der entscheidende Unterschied zu den Salzen liegt darin, daß eine Esterbindung nicht dissoziierbar ist.

Weitere Kondensationen: Aminosäuren können unter Wasserabspaltung miteinander verknüpft werden.

Hierbei bildet sich eine Peptidbindung -[(CO)-(NH)]- aus. In der Formel (S. 95 oben) ist sie durch Umrandung (punktiert) hervorgehoben.

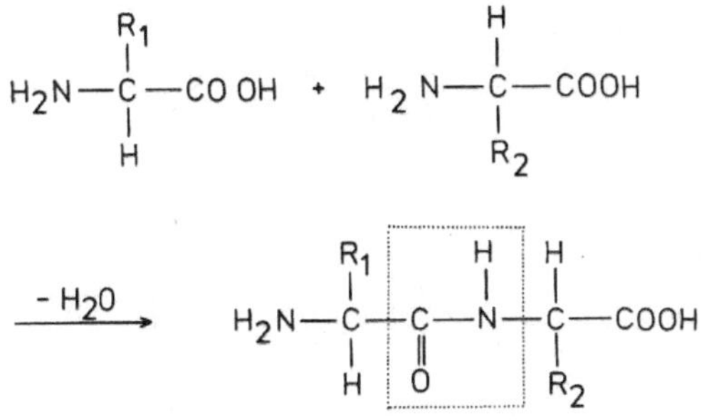

$- H_2O \longrightarrow$

Durch Kondensation können lange Kettenmoleküle entstehen. Moleküle mit einem Molekulargewicht von $\sim > 1.000$ bezeichnet man als Makromoleküle. Durch Kondensation von Aminosäuren entstehen Peptide (Längen in der Größenordnung von 10 Aminosäureresten), längere Ketten (> 20 Reste) nennt man Polypeptide oder Proteine (Eiweiße).

7. Cyclische Kohlenwasserstoffe

Wir haben bisher nur über kettenförmige Moleküle gesprochen. Molekülketten können sich auch zu Ringen schließen, z.B.

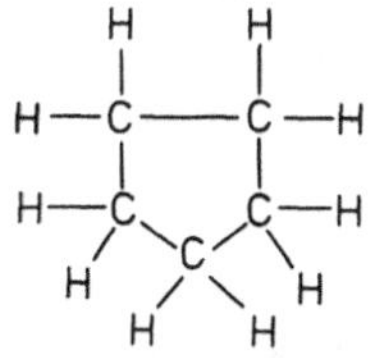

Cyclopentan

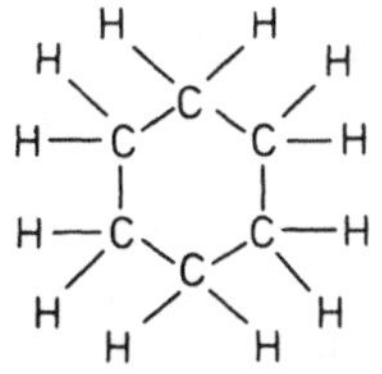

Cyclohexan

Solche Verbindungen unterscheiden sich in ihren Eigenschaften nur wenig von den Eigenschaften gestreckter Kettenmoleküle gleicher Größe. Anders ist es aber, wenn wir es mit ringförmigen Verbindungen zu tun haben, die konjugierte Doppelbindungen (formal abwechselnd: Doppel- und Einfachbindungen) enthalten. Man findet sie bei den aromatischen Kohlenwasserstoffen. Am bekanntesten ist das Benzol.

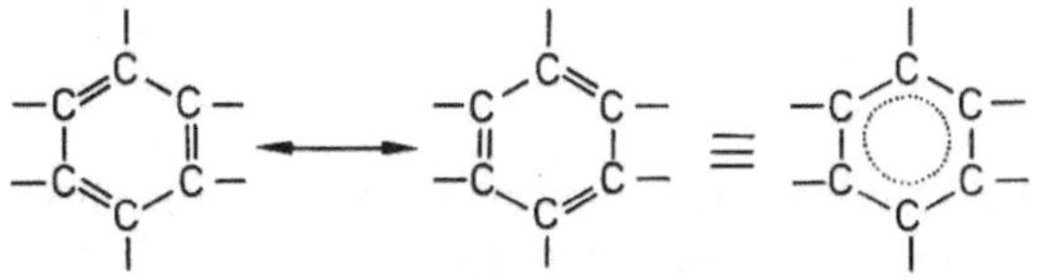

Durch diese Schreibweisen soll angedeutet werden, daß die Doppelbindungen keinen festen Platz im Molekül haben. Zur Schreibweise: Bei komplexeren Verbindungen läßt man häufig nicht nur die Bezeichnungen der H-Atome, sondern auch die der C-Atome weg. Übrig bleiben nur noch die Symbole für die Bindungen zwischen den C-Atomen.

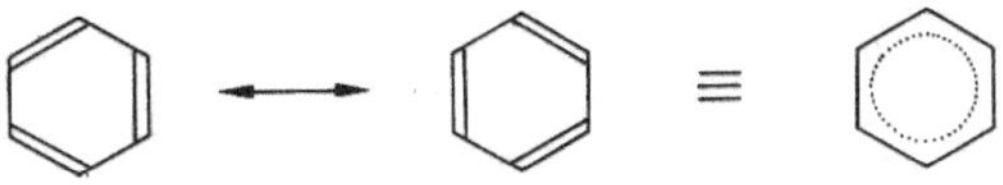

Eine weitere Vereinfachung: $\varnothing$
Die Gruppe C_6H_5 - heißt Phenylrest ($-\varnothing$). Daran kann natürlich wiederum eine Vielzahl von Resten sitzen, z.B. ein Alaninrest. Man erhält

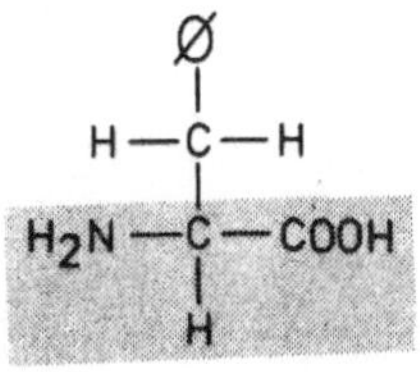

Phenylalanin (Phe, F)

Ein Benzolrest kann eine Hydroxylgruppe tragen. Wir kommen auf diese Weise zum Phenol.

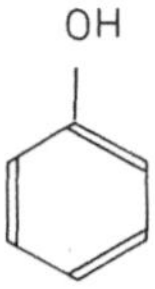

Phenol

Hängt man den Phenolrest an einen Alaninrest, so kommt man zum Tyrosin (Tyr; O).

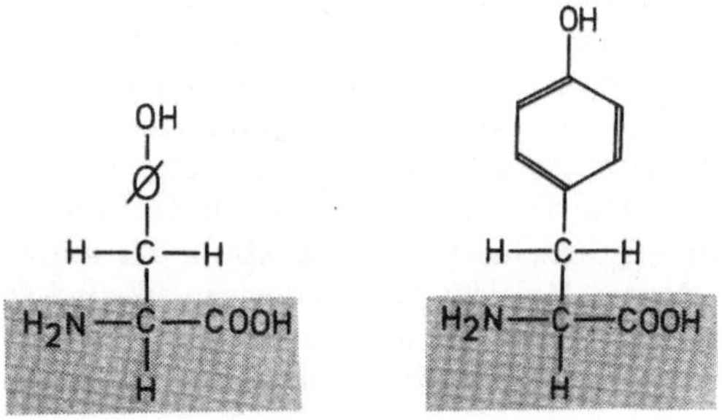

Die Hydroxylgruppe an einem aromatischen Rest unterscheidet sich von einer Hydroxylgruppe an einem aliphatischen Kohlenwasserstoff. Während letztere nahezu undissoziiert vorliegt, kann eine -OH-Gruppe an einem Aromaten dissoziieren: Aus einem Phenol bildet sich im alkalischen Bereich ein Phenolat:

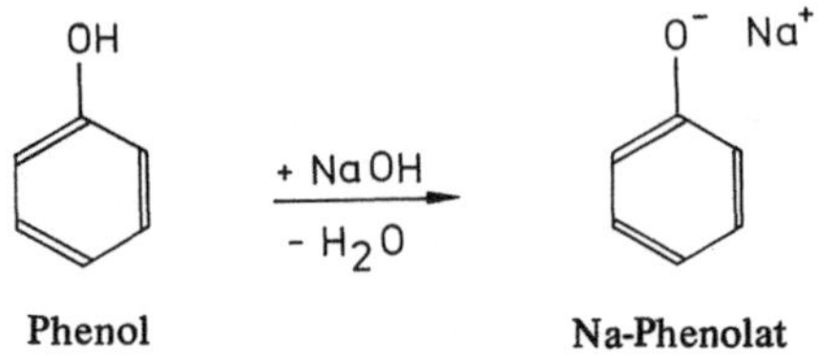

Phenol $\xrightarrow[- H_2O]{+ NaOH}$ Na-Phenolat

Absorptionsspektrum vom Tyrosin

Desgleichen kann die Aminosäure Tyrosin in dissoziierter Form vorliegen.

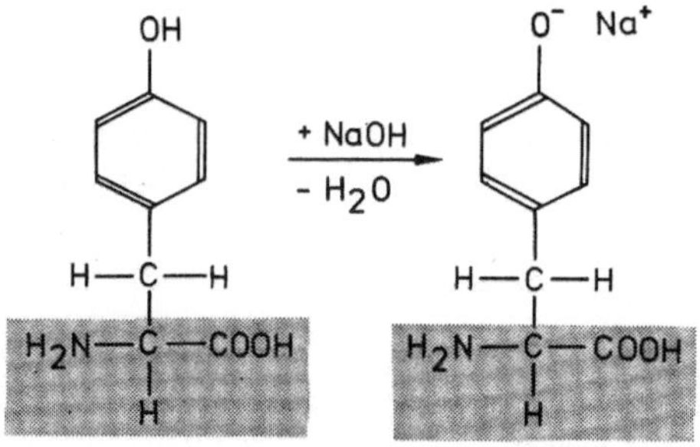

Tyrosin $\xrightarrow[- H_2O]{+ NaOH}$ Na-Tyrosinat

Diese beiden Verbindungen unterscheiden sich u.a. durch ihr Absorptionsspektrum. Verbindungen mit konjugierten Doppelbindungen absorbieren Licht im ultravioletten Bereich. Die folgende Abbildung zeigt die Absorption des Tyrosins als Funktion der Lichtwellenlänge. Das Tyrosin wurde dabei in HCl gelöst. Wir erhalten hierbei das Spektrum des undissoziierten Moleküls, während wir in alkalischer Lösung (in NaOH) das Spektrum der dissoziierten Form nachweisen können.

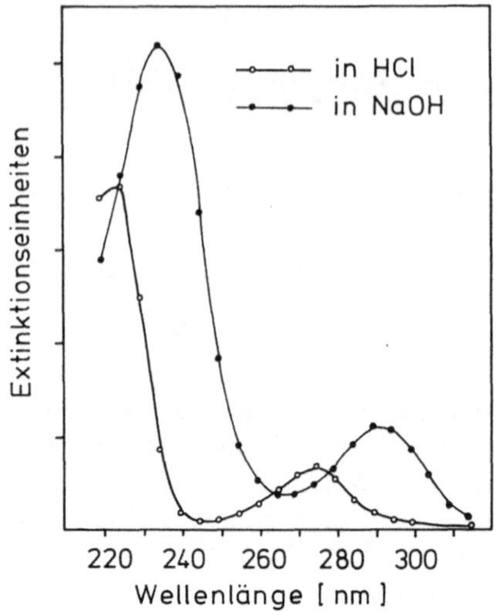

8. Heterocyclische Verbindungen

In einer aromatischen Ringverbindung brauchen nicht nur C-Atome zu stehen. Ein oder mehrere C-Atome können durch N, O oder S ersetzt sein. Man nennt solche Verbindungen Heterocyclen. Für uns ist der Ersatz durch N-Atome am wichtigsten (obwohl auch Verbindungen mit S oder O in lebenden Systemen vorkommen).

a) Stickstoff in aliphatischen Kohlenwasserstoffverbindungen

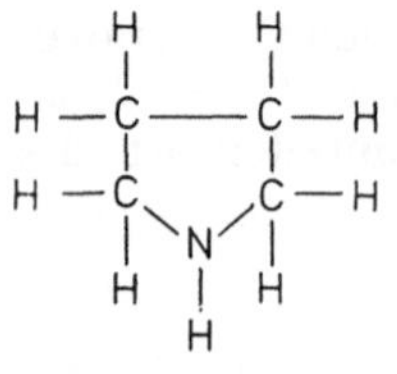

Pyrrolidin

Ein Derivat dieser Verbindung ist z.B. die Aminosäure Prolin (Pro; P).

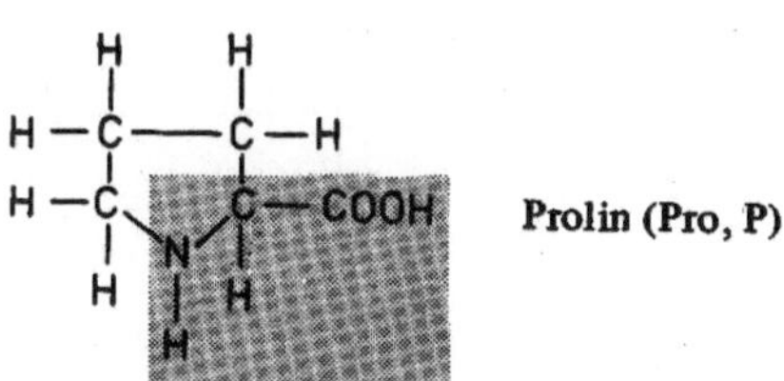

Prolin (Pro, P)

b) Stickstoff in aromatischen Kohlenwasserstoffverbindungen

Pyrrol

Pyrrolringe können zu einem Porphyrinring zusammengelagert sein. Im Zentrum dieses Moleküls sind Metallionen gebunden (Fe^{++}, Fe^{+}, Mg^{+}). Die Ionen stehen durch Haupt- und durch Nebenbindungen (Haupt- und Nebenvalenzen) mit den Stickstoffatomen der Pyrrolringe in Verbindung.

Den Porphyrinring findet man häufig an Proteine gebunden, z.B. beim Hämoglobin (vgl. Abb. 17.5), Cytochrom c, Myoglobin, der Katalase u.a.

Beim Hämoglobin, Myoglobin, Cytochrom ist Me = Fe, beim Chlorophyll: Mg^{++} (Chlorophyll a unterscheidet sich von Chlorophyll b durch den Rest R_1: bei a: $-CH_3$, bei b: $-CHO$). Die Porphyrinringe vom Hämoglobin und

Chlorophyll unterscheiden sich außer durch die Art der Metallionen ebenfalls durch die Seitenkettenreste $R_1 - \ldots R_n$.

c) Zwei Stickstoffatome im Ring

Imidazol

Der Imidazolrest kommt in der Aminosäure Histidin (His; H) vor.

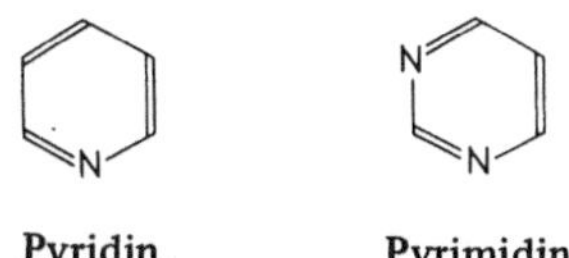

Histidin (His, H)

d) Stickstoff in Sechserringen

Pyridin

Pyrimidin

Pyridin und Pyrimidin haben basischen Charakter, da der Stickstoff Protonen anziehen kann. Pyrimidine sind u.a. Bestandteile von Nukleinsäuren.

e) Kondensierte Ringsysteme

α) Mit nur einem N-Atom im Ring

Indol

98

Vorkommen z.B. in der Aminosäure Tryptophan (Try. Trp; W):

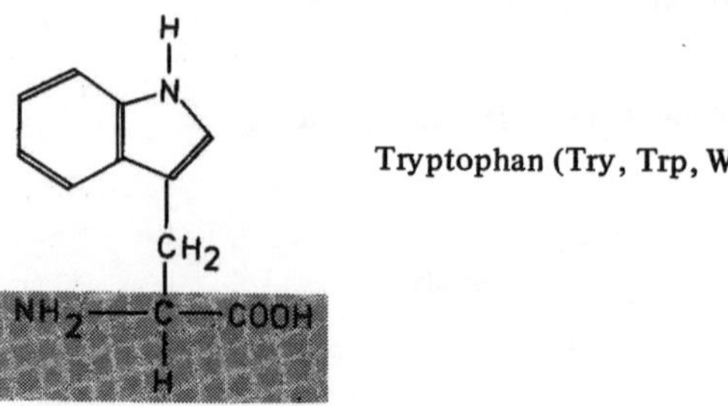

Tryptophan (Try, Trp, W)

Tryptophan absorbiert wie Tyrosin sehr
stark ultraviolettes Licht (vgl. Spektrum),
Phenylalanin absorbiert in dem Bereich nur
sehr schwach, während alle anderen Aminosäuren kein ultraviolettes Licht im Bereich
von etwa 260–300 nm absorbieren.

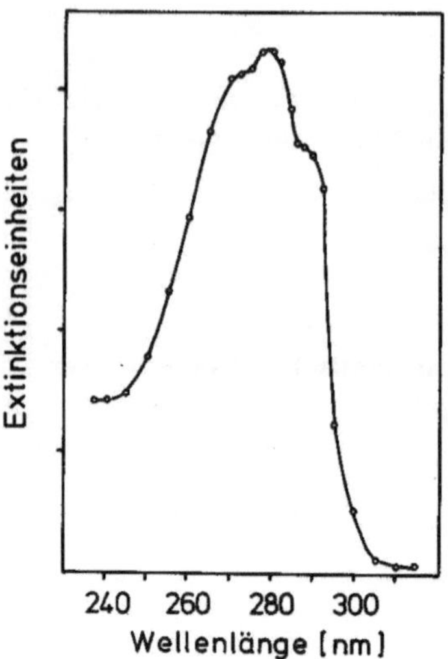

Absorptionsspektrum des Tryptophans

*β) Kondensierte Ringsysteme, die mehrere
N-Atome enthalten*

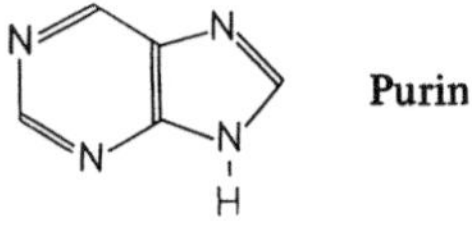

Purin

Derivate des Purins sind wie die des Pyrimi-
dins Bestandteile von Nukleinsäuren (Details
später).

16. Lipide, Membranen

Wir haben bereits verschiedene funktionelle Gruppen organischer Verbindungen kennengelernt. Einige von ihnen können in ionisierter Form vorliegen, wie z.B. die Carboxylgruppe, die Aminogruppe und die Phenolatgruppe.

Andere Gruppierungen wiederum liegen nicht ionisiert vor, wie z.B. die Methylgruppe, die Methylengruppe oder der Phenylrest.

Hierbei handelt es sich im wesentlichen um Kohlenstoff-Wasserstoff-Bindungen, aber auch die Esterbindung oder die Peptidbindung etc. gehören hierzu. Ionisierte Gruppen bezeichnet man als polar. Zu dieser Kategorie gehören auch einige nicht-ionisierte Gruppen, wie z.B. $>C=O$, oder $>N-H$, sie haben die Tendenz, Nebenbindungen mit dem Wasser einzugehen (Wasserstoffbrücken) und machen die Verbindungen, in denen sie enthalten sind, wasserlöslich. Diese Gruppen bezeichnet man deshalb auch als hydrophil.

Nichtpolare Gruppen sind wasserabstoßend: hydrophob. Sie sind in Lösungsmitteln löslich, die selbst aus Molekülen mit vielen hydrophoben Gruppen bestehen, z.B. Benzin, Benzol, Aceton, Fette (Lipide).

Substanzen mit hydrophoben Gruppen nennt man auch lipophil oder fettlöslich. Als Beispiel hierfür sei eine langkettige Kohlenwasserstoffkette (mit Doppelbindungen) genannt, das β-Karotin (einer der gelben Pflanzenfarbstoffe), dessen Kettenenden sich zu Ringen geschlossen haben:

Ein einfacher Strich am Molekül symbolisiert eine CH_3-Gruppe. Durch Oxydation kann dieses Molekül in zwei Hälften gespalten werden:

Die hier aufgeführte Verbindung ist unter der Bezeichnung Vitamin A_1 bekannt. Wie die Formel zeigt, ist es nahezu wasserunlöslich. Vitamin A_1 ist zum Wachstum eines Organismus unentbehrlich. Ein Derivat des Vitamins A_1 ist z.B. der lichtempfindliche Farbstoff des Auges: das Retinal (s. S. 319).

A. Lipide

Lipide sind wasserunlösliche, organische Substanzen, zu denen z.B. Ester, bestehend aus

100

Fettsäuren und Glycerin, gehören (= Fette).
In der Regel enthalten Fettsäuren 16 oder
18 Kohlenstoffatome (C_{16} oder C_{18} Körper)
wie

Palmitinsäure

Stearinsäure

Die hier aufgeführten Fettsäuren gehören
zu den gesättigten Kohlenwasserstoffverbindungen. Man bezeichnet sie als gesättigte Fettsäuren; sie bilden gesättigte Fette.
Fettsäuren mit Doppelbindungen sind z.B.:

Ölsäure

Linolsäure

Diese Verbindungen nennt man ungesättigte
Fettsäuren; sie sind Bestandteile ungesättigter
Fette.
An einem Glycerinrest können 1, 2 oder
3 Fettsäuren sitzen, von denen wiederum eine,
zwei oder drei gesättigt oder ungesättigt sein
können. Da keine freie Drehbarkeit der
C-Atome um eine Doppelbindung existiert,
bildet sich bei Fettsäuren mit Doppelbindungen ein Winkel an der Stelle der Doppelbindung aus, wenn die beiden Substituenten an
der Doppelbindung auf der gleichen Seite (cis)
stehen. Die Atome C_8 und C_{11} stehen einander näher als in einer gesättigten Fettsäure.

Statt mit einer Fettsäure kann eine Hydroxylgruppe des Glycerins auch mit einem Phosphatrest verestert sein. Man erhält dann ein Phospholipid. Ein solches Molekül besitzt einen polaren Kopf und einen nichtpolaren Schwanz.

Vereinfacht stellt man den polaren Kopf oft durch einen Kreis, den nichtpolaren Schwanz durch zwei Striche dar.

Mischt man Phospholipide mit Wasser, so werden sich die Moleküle ordnen (orientieren), z.B.:

Moleküle, bei denen ein Teil polar, ein anderer nicht polar ist, nennt man amphipathisch. Die Polarität bei einem Phospholipidmolekül beruht einmal auf der Ladung an der Phosphatgruppe, zum anderen auch auf den Eigenschaften des Rests R; R ist in vielen Fällen eine alkoholische Gruppe (Cholin, Äthanolamin u.a.). Phospholipide findet man in der Zelle vorwiegend als Strukturkomponenten von Membranen.

B. Membranen

In solchen Fetttröpfchen, auch Micellen genannt, sind die hydrophoben Teile des Moleküls nach innen gekehrt, während der polare Kopf nach außen ragt und mit dem Wasser in Kontakt tritt. J. Danielli und H. Davson (1935) wiesen darauf hin, daß eine solche Micellarstruktur ein gutes Modell für eine Membran sein könnte.

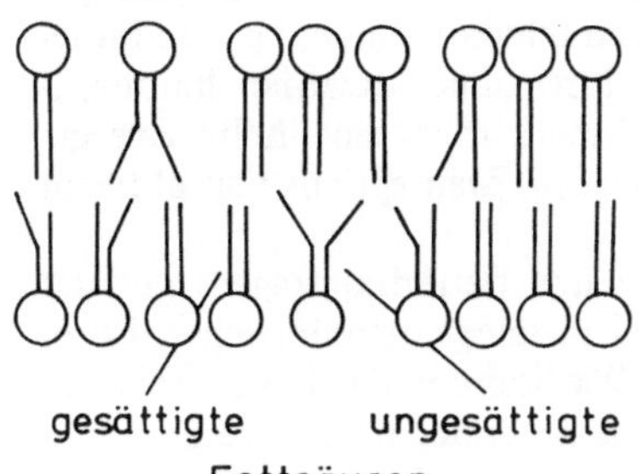

Aus den Atomabständen haben Danielli und Davson die Dicke einer solchen Schicht errechnet. Sie kamen auf Werte von etwa 50–60 Å. Sie wußten, daß eine Membran nicht nur aus Lipiden, sondern auch noch aus

Protein besteht. In ihrem Modell würden die Proteinmoleküle in Kontakt mit den polaren Köpfen der Phospholipide treten:

oberfläche. Die beiden Schemata (Abb. 16.1 a und b) sollen andeuten, wie man sich heute die Struktur einer Membran vorstellt.

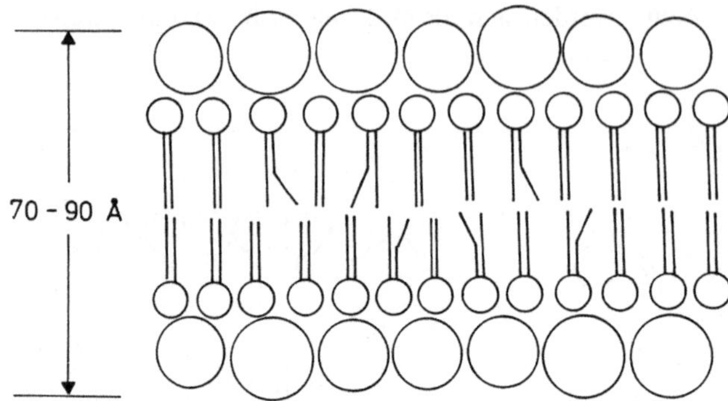

70 - 90 Å

Danielli-Modell
der Plasmamembran

Die Gesamtdicke dieser Doppelschicht beträgt somit etwa 70–90 Å. Das ist genau der Wert, der für jene Strukturen gefunden wurde, die erst viel später im Elektronenmikroskop nachgewiesen worden sind (vgl. S. 70). Wir können an diesem Beispiel erkennen, daß man mit zwei völlig verschiedenen Ansätzen zu einem mehr oder weniger gleichen Ergebnis gelangen kann. Eine mehrfache Prüfung naturwissenschaftlicher Aussagen mit unterschiedlichen Methoden ist eine Voraussetzung, um sicher zu sein, daß man nicht auf irgendeinen Artefakt hereingefallen ist.

Welche Eigenschaften haben Membranen?
Wir haben schon gesehen, daß Membranen eine Permeabilitätsschranke für zahlreiche gelöste Substanzen bilden können. Um ein Molekül trotzdem durch eine Membran hindurchbringen zu können, muß eine hohe Energie aufgewandt werden. Man spricht von aktivem Transport.

Wir können uns weiterhin fragen: gilt das Danielli-Modell in seiner ursprünglichen Form heute noch? Wie kommt die hohe Stabilität von Membranen zustande? Welche Veränderungen können in oder an Membranen ablaufen?

Es gibt zahlreiche Hinweise darauf, daß die Membranen nicht überall gleich dick sind, das hängt einmal vom Verhältnis der gesättigten zu den ungesättigten Fettsäuren in der Membran ab, zum anderen aber auch von der Art der Proteinmoleküle auf bzw. in der Membran-

Wie wird eine Membran zusammengehalten?
Wir haben bereits im Kapitel 12 gehört, daß sich zwischen benachbart liegenden Atomen Wechselwirkungen (Interaktionen) ausbilden können: Es sind van der Waals'sche Wechselwirkungen. Wir haben festgestellt, daß die Kräfte, die dabei auftreten, nur sehr gering sind und daß man nicht von Bindungen sprechen darf. Wir haben weiter gesehen, daß diese Interaktionen ungerichtet sind. In der Membran liegt eine sehr große Zahl von Atomen, deren van der Waals'sche Interaktionen aufsummiert werden können. Man kommt damit zu sehr stabilen Konformationen (räumlichen Strukturen) (Abb. 16.2).

Welche Bewegungen sind in einer Membran möglich?
Sehr schwierig ist der Durchgang von einer Seite auf die andere. Nahezu undenkbar ist z.B. das „Umklappen" eines Lipidmoleküls, da die Mittelschicht (die hydrophobe Zone) jegliche polaren Gruppen abweist. Einfacher hingegen scheint eine Bewegung parallel zur Membranebene selbst zu sein, da die van der Waals'schen Interaktionen kein Molekül an einem bestimmten Platz „festhalten". An einer solchen Bewegung können auch die Proteinmoleküle beteiligt sein.

Hierzu ein Beispiel, an dem dieses Phänomen gut sichtbar gemacht werden kann: Lymphozyten (Zellen in den Lymphknoten, der Milz etc.) tragen auf ihrer Oberfläche, in die

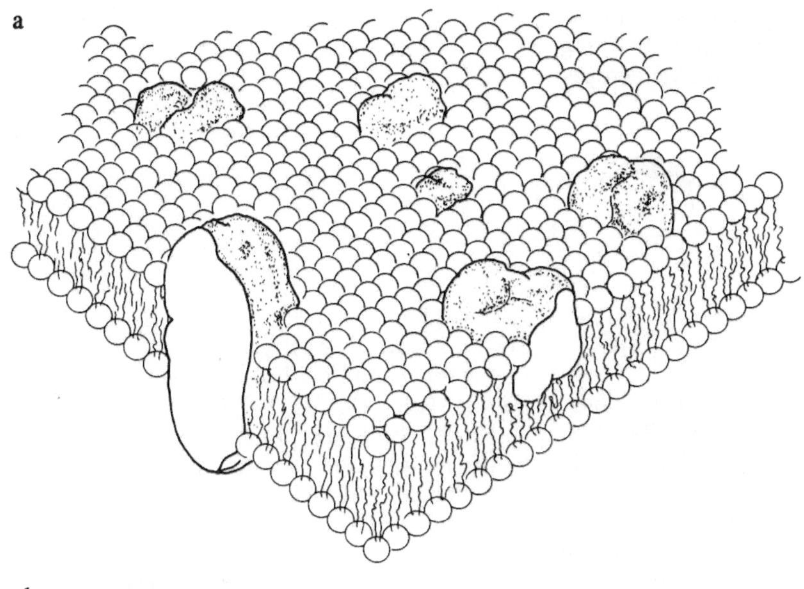

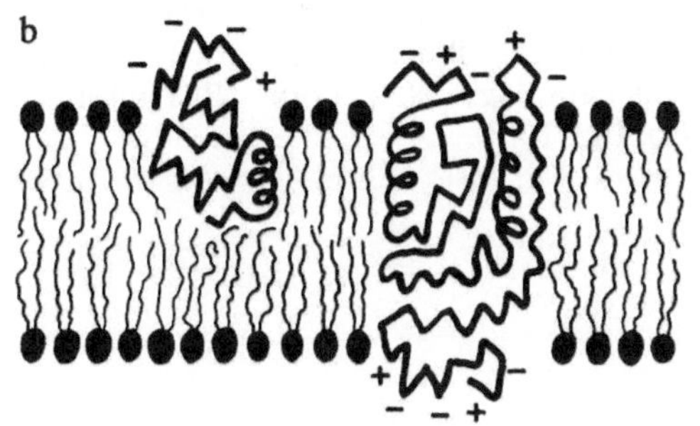

Abb. 16.1 a und b. "Fluid mosaic model" der Membranstruktur: Die Eiweißmoleküle sitzen in, nicht auf der Membran. Manche reichen durch die Membram hindurch. Ihre hydrophoben Bereiche stehen in Kontakt mit dem hydrophoben Schwanz der Lipidmoleküle. Die polaren Gruppen ragen nach außen. (Aus Singer und Nicolson, 1972)

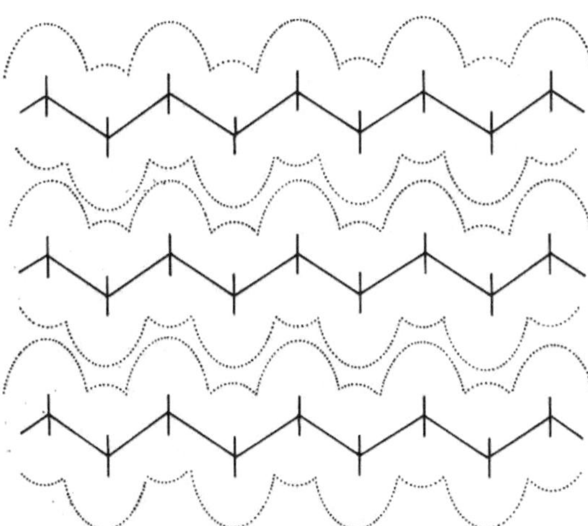

Abb. 16.2. Die van der Waals'schen Radien der Atome im hydrophoben Bereich der Membran sind durch punktierte Linien angedeutet. Die Zentren der C- bzw. H-Atome liegen in den Schnittpunkten bzw. an den Enden der Geraden

Membran eingebettet, Antikörper. Das sind Proteinmoleküle, die spezifisch mit (in der Regel) körperfremden Substanzen (Antigenen) reagieren können. Details werden wir im Kapitel 47 besprechen. Bestimmte Antigene kann man mit einem fluoreszierenden Farbstoff markieren und somit feststellen, wo auf der Zellmembran die spezifischen Antikörper sitzen.

Man fand, daß sie über die ganze Zelloberfläche verteilt sind. Die Zelle sah im Fluoreszenzmikroskop gleichmäßig gefärbt aus. Beobachtete man das Präparat einige Zeit später, so stellte man fest, daß die Fluoreszenz nicht mehr gleichmäßig verteilt war, sondern sich zu Flecken zusammengeschoben hatte. Bei Betrachtung zu einem noch späteren Zeitpunkt fand man, daß sich die gesamte Fluoreszenz auf nur einer Seite der Zelle konzentriert hatte, während der Rest der Zelle frei davon war. Man nannte die Wanderung der Protein-

moleküle (hier der Antikörpermoleküle) innerhalb der Membran in eine bestimmte Richtung
und die Konzentrierung in einem kleinen Bereich der Oberfläche: Capping.

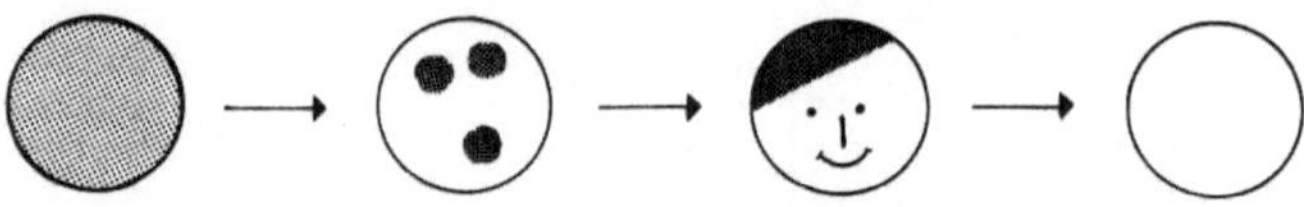

Literatur

Lehninger, A.: Biochemistry. New York:
Worth Publ. , 2. Aufl. 1975, S. 279–308.

Singer, S.J., Nicolson, G.L.: The fluid mosaic
model of the structure of cell membranes
— Cell membranes are viewed as two-dimen-
sional solutions of orientated globular proteins and lipids. Science **175**, 720 (1972).

Sundqvist, K.G.: Redistribution of surface
antigens — a general property of animal
cells? Nature, New Biology **233**, 147
(1972).

Stryer, L.: Biochemistry. San Francisco: W.H.
Freeman and Co., 2. Aufl., 1981.

Taylor, R.B., Duffus, W.P.H., Raff, M.C., De
Petris, S.: Redistribution and pinocytosis
of lymphocyte surface immunoglobulin
molecules induced by anti-immunoglobulin
antibody. Nature, New Biology **233**, 225
(1971).

Weissmann, G., Claiborne, R. (eds.): Cell
membranes; Biochemistry, Cell Biology
and Pathology. New York: HP Publishing
Co. Inc. 1975.

17. Wie ist ein Proteinmolekül aufgebaut?

A. Das Proteinmolekül als Sequenz von Aminosäuren

Ein Proteinmolekül (Eiweißmolekül) besteht aus einer Abfolge (Sequenz) von Aminosäuren, die durch Peptidbindungen miteinander verknüpft sind. Bei Proteinen, die man in der Natur vorfindet, kommen in der Regel nur 20 verschiedene Aminosäuren vor. Alle 20 sind im Kapitel 15 besprochen worden.

Man schreibt die Aminosäuresequenz eines Proteins vom N-terminalen Ende zum C-terminalen Ende hin. Das N-terminale Ende trägt eine freie Aminogruppe, das C-terminale Ende eine freie Carboxylgruppe.

Von den hier genannten und zahlreichen anderen Proteinen kennt man die genaue Sequenz der Aminosäuren. Eine Zusammenstellung aller bekannten Sequenzen findet man in dem "Atlas of Protein Sequence and Structure", einem Katalog, der alle paar Jahre von der "National Biomedical Research Foundation" der USA herausgegeben wurde (Bearbeiterin: M.O. Dayhoff). Die Ausgabe von 1972 enthält Informationen über 700 Sequenzen (Stand: Januar 1971). Drei inzwischen erschienene Ergänzungsbände enthalten weitere 150 Sequenzen und bringen die Sammlung auf den Stand von 1978. Weitere Ergänzungsbände werden wohl nicht mehr erscheinen. Das gesamte Material ist EDV-gerecht bearbeitet

Es ist zu beachten, daß die Winkel zwischen den Atomen des „Rückgrats" von $180°$ abweichen, so daß die Kette zick-zackförmig dargestellt werden muß (Abb. 17.1). Die Reste $R_1, R_2, \ldots R_n$ stehen alternierend.

Um ein bestimmtes Proteinmolekül zu charakterisieren, muß man

1. die Zahl der Aminosäurereste und

2. die genaue Art der Aminosäurereste ($R_1, \ldots R_n$) kennen.

Zu 1. Einige Beispiele (Details später):

worden. Teilinformationen werden, auf Bändern gespeichert, auf Anfrage (und gegen Bezahlung) abgegeben.

Um ein Proteinmolekül verstehen zu können, muß man sich vergegenwärtigen, daß eine Kette von Aminosäuren kein langgestrecktes Molekül ist, sondern daß diese Kette gefaltet ist. — Wie kommt diese Faltung zustande? Es gibt zahlreiche reaktive Gruppen, die untereinander in Wechselwirkung treten können, so können z.B. zwischen den $>C=O$- und den $H-N<$-Gruppen der Peptidbindung Wasserstoffbrücken gebildet werden. Wasserstoffbrücken bilden sich zwischen kovalent gebundenem, leicht negativ geladenem Sauerstoff und einem leicht positiv geladenen kovalent gebundenen H-Atom ($\hat{=}$ einer unvollständigen Säure-Basen-Reaktion).

Die Abstände zwischen dem O- und dem H-Atom betragen bei (a) 2,63 Å und bei (b) 3,04 Å.

Protein	Anzahl der Aminosäurereste
Hämoglobin, α-Kette	141
Hämoglobin, β-Kette	146
Myoglobin	153
Cytochrom c (des Menschen)	104
Lysozym	129

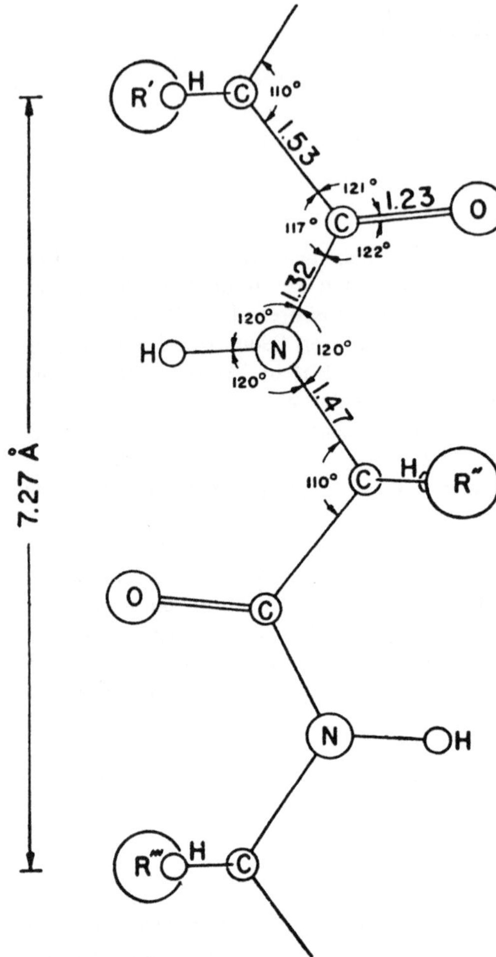

Abb. 17.1. Dimensionen einer Polypeptidkette. (Aus Pauling, Corey und Branson, 1951)

Im Gegensatz zu kovalenten Bindungen sind Wasserstoffbrücken sogenannte schwache Bindungen (Nebenvalenzen). Die Bindung ist aber weit stärker als eine van der Waals'sche Wechselwirkung. Wasser z.B. hat einen relativ hohen Siedepunkt, was sich darauf zurückfüh-

ren läßt, daß viel Wärmeenergie investiert werden muß, um die Wasserstoffbrücken zwischen den einzelnen Molekülen zu spalten.

Im Gegensatz zu den van der Waals'schen Interaktionen spielt bei den Wasserstoffbrücken die Richtung eine entscheidende Rolle. Sie sind am stärksten, wenn R_1, H, O und R_2 eine Gerade bilden (a), weit schwächer, wenn zwischen R_1, H, O und R_2 Winkel liegen (b):

$$R_1—H \cdots\cdots O═R_2 \qquad\qquad R_1{\diagup}^{H} \cdots\cdots {}_{O}{\diagdown}_{R_2}$$

a   b

B. Sekundärstrukturen

1. Helices (Schrauben)

Es können sich Wasserstoffbrücken zwischen >C=O- und H-N<-Gruppen ausbilden, die der gleichen Kette angehören, aber nur unweit voneinander entfernt sind. Die Folge davon ist, daß die Kette sich zu einer Schraube (Helix) windet. Hierbei sind wiederum mehrere Verknüpfungsmöglichkeiten denkbar, je nachdem, wieviele Aminosäurereste pro Windung der Schraube enthalten sind. Die bekannteste Struktur ist die α-Helix, die 3,6 Aminosäurereste pro Windung enthält (Abb. 17.2). Einige weitere Möglichkeiten: 4,4 Aminosäuren (die π-Helix), 5,1 Aminosäurereste oder weniger, wie bei der 3_{10}-Helix (vgl. Abb. 17.3).

Die α-Helix ist deshalb am bekanntesten und häufigsten, weil sie thermodynamisch die günstigste und damit die stabilste Konformation ist. Die Atome C=O $\cdots$ H-N liegen nahezu auf einer Geraden, während man bei den anderen Helixtypen Winkel zwischen den hier genannten Atomen annehmen muß, was zur Schwächung einer Wasserstoffbrücke führt. Eine weitere wichtige Voraussetzung ist die Tatsache, daß es keine Drehbarkeit um die C—N-Bindung gibt. Damit werden die Aminosäurereste sterisch festgelegt.

Die Faltung der Kette, die durch die hier genannten Wasserstoffbrücken zusammengehalten wird, nennt man Sekundärstruktur des Proteins. Unter der Primärstruktur eines Proteins versteht man die Sequenz der Aminosäuren. Es muß betont werden, daß in einem

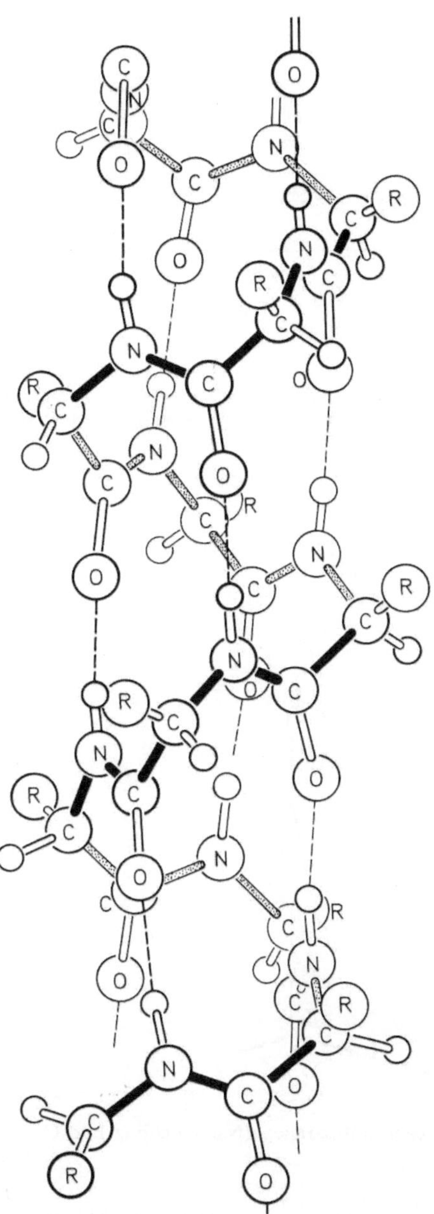

Abb. 17.2. Die α-Helix. (Nach Pauling, Corey und Branson, 1951)

Proteinmolekül eine Sekundärstruktur vorhanden sein kann, aber nicht vorkommen muß. Im Hämoglobin und Myoglobin z.B. ist der größte Teil des Moleküls zu einer α-Helix aufgewunden (Abb. 17.6), beim Lysozym hingegen liegen nur kleine Teile der Proteinkette als Sekundärstrukturen vor.

2. Die β-Faltblattstruktur (β-pleated sheat)

Hierbei bilden sich Brücken zwischen zwei parallel benachbart liegenden Ketten aus (Abb. 17.4). Diese Struktur wurde 1951 von Pauling und Corey vorgeschlagen. Bei der Faltblattstruktur liegen die Atome der Peptidbindungen sowie die C_α-Atome in einer gefalteten Fläche. Die Reste R ragen senkrecht aus ihr heraus.

C. Wechselwirkungen der Seitenkettenreste R_1, R_2 .... R_n untereinander

Die Seitenkettenreste tragen eine Reihe funktioneller Gruppen, z.B. -COOH, -NH$_2$, -OH, -CH$_3$, -SH etc. Dabei können sich folgende Interaktionen abspielen:

1. Salzbindungen (ionische Bindungen)

2. Kovalente Bindungen

$$R_1-SH + R_2-SH \longrightarrow R_1-S-S-R_2$$

3. Wasserstoffbrücken

4. Van der Waals'sche Interaktionen

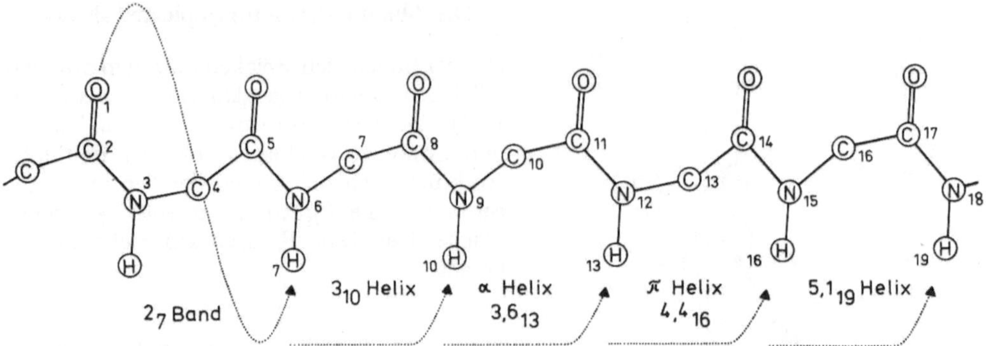

Abb. 17.3. Verschiedene Helixtypen. Die Ziffern geben die Anzahl der Aminosäuren pro Windung an, die tiefgestellte Ziffer die Anzahl der Atome pro Ring, der durch die Wasserstoffbrücke geschlossen wird. (Nach Dickerson und Geis, 1969)

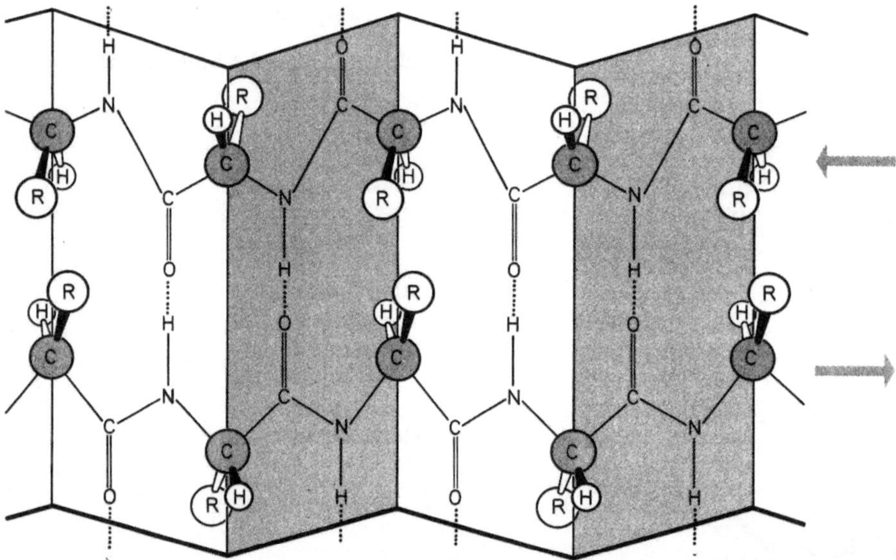

Abb. 17.4. β-Faltblattstruktur. Die beiden Polypeptidketten liegen antiparallel. (Nach Pauling und Corey, 1951)

Die Folge der genannten Interaktionen ist eine räumliche, dreidimensionale Auffaltung der Kette, die Ausbildung der Tertiärstruktur. Die Tertiärstruktur bildet den thermodynamisch günstigsten Zustand eines gegebenen Proteinmoleküls. Es ist die energieärmste und somit stabilste Konformation (vgl. Abb. 17.6). Es ist heutzutage noch nicht möglich, aus der Kenntnis einer Aminosäuresequenz heraus die Faltung des Moleküls zu errechnen. Tertiärstrukturen können aber experimentell aufgeklärt werden. Man bedient sich dabei der Röntgenstrukturanalyse. Voraussetzungen hierzu:

a) Man braucht das Protein in kristalliner Form.

b) Man muß Schwermetallderivate dieses Proteins herstellen können, um einige Stellen im Molekül zu markieren.

c) Es ist nützlich, aber nicht mehr unbedingt notwendig, die Aminosäuresequenz des Proteins zu kennen.

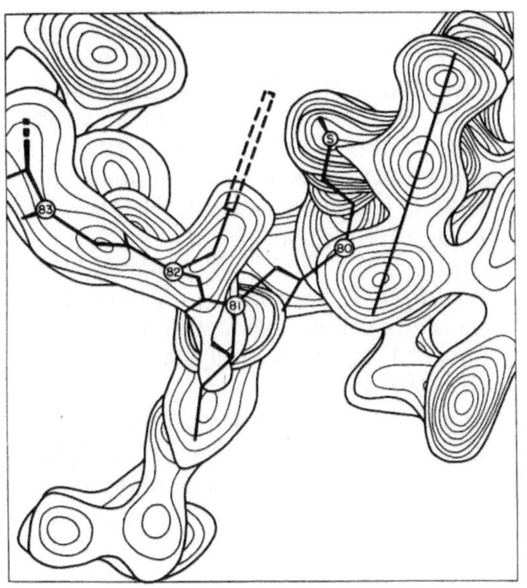

Abb. 17.5. Überlagerung eines Ausschnitts von mehreren übereinanderliegenden Elektronendichtekarten des Cytochrom c-Moleküls und dem Modell für einige Aminosäuren. Position 80 (der Primärstruktur): Methionin, 81: Isoleucin, 82: Phenylalanin, 83: Valin. Sie erkennen in der Abbildung die Position der C_α-Atome und die der Aminosäureseitenketten. Durch eine Linie ist die Lage des Porphyrinrings angedeutet. Wie das Hämoglobin (vgl. Abb. 17.6) trägt das Cytochrom c eine derartige Gruppe. (R.E. Dickerson *et al.*, 1971)

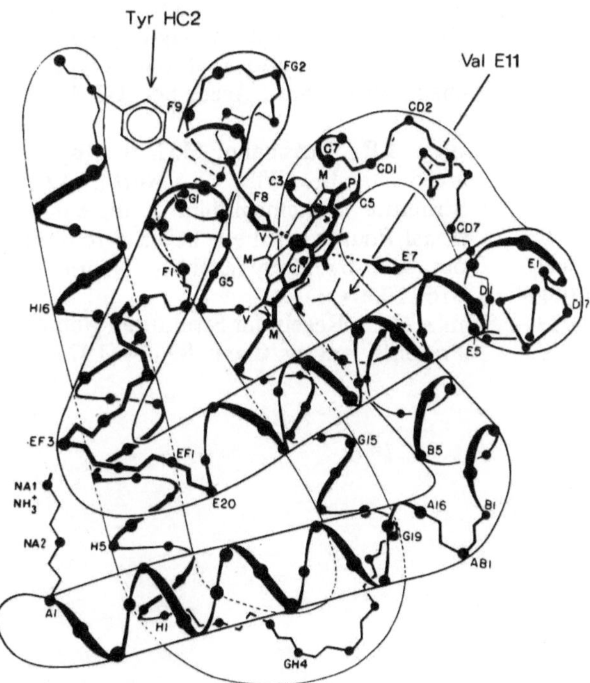

Abb. 17.6. Die Tertiärstruktur der β-Kette des Hämoglobins. Die einzelnen Helices sind, beginnend am N-terminalen Ende der Aminosäurekette, durch Buchstaben gekennzeichnet (*A–H*). Nicht-helicale Bereiche der Kette sind durch Buchstabenkombinationen *AB, CD, EF* etc. hervorgehoben. Die Punkte stellen einzelne Aminosäuren dar. Die Seitenkettenreste (R) sowie fast alle chemischen Symbole sind weggelassen, um das Bild übersichtlicher zu gestalten und um das Prinzip der Faltung der Kette zu verdeutlichen. (M.F. Perutz, Cambridge/England, 1971)

An einem Kristall wird ein Röntgenstrahl gebeugt. Man erhält ein Beugungsbild (Abb. 6.12), aus dem man eine Elektronendichteverteilung errechnet. Eine solche Verteilung ist praktisch ein Dünnschnitt durch ein Proteinmolekül. An übereinandergelegten Dünnschnitten kann man die Faltung der Molekülkette erkennen. In der Praxis geht man so vor, daß man versucht, ein Modell zu bauen und dieses Modell mit einer Elektronendichtekarte zur Deckung zu bringen (vgl. Abb. 17.5). Aus einer Elektronendichtekarte kann man nichts über die Art der Bindungen und Atome aussagen, da die in biologisch wichtigen Molekülen vorkommenden Atome (C, N, O) nahezu alle die gleiche Elektronendichte aufweisen. Ohne Kenntnis der Primärstruktur ist ein Modellbau ein recht schwieriges Unterfangen, da die Zahl der Fehlermöglichkeiten zu groß ist. Eine bestimmte Tertiärstruktur ist für ein gegebenes Proteinmolekül spezifisch. Das Molekül liegt in der Regel nur in dieser (oder einer sehr ähnlichen) Konformation vor.

Literatur

Atlas of Protein Sequence and Structure. Herausgeber: M.O. Dayhoff, National Biomedical Research Foundation, Silver Spring, Md (USA) 1972. Supplement 1: 1973. Supplement 2: 1976. Supplement 3: 1979.

Dickerson, R.E., Geis, I.: Structure and action of proteins. New York: Harper and Row Publ. 1969. Dt. Übersetzung: Schröder, Hopf, H.: Struktur und Funktion der Proteine. Weinheim: Verlag Chemie 1971.

Kendrew, J.C.: The three-dimensional structure of a protein molecule. Sci. Am. Dezember 1961, S. 96.

Kendrew, J.C., Bodo, G., Dintzis, H.M., Parrish, R.G., Wyckoff, H.: A three-dimensional model of the myoglobin molecule obtained by X-ray analysis. Nature 181, 662 (1958).

Kendrew, J.C., Dickerson, R.E., Strandberg, B.E., Hart, R.G., Davies, D.R., Phillips, D.C., Shore, V.C.: Structure of myoglobin. A three-dimensional Fourier synthesis 2 Å resolution. Nature 185, 422 (1960).

Pauling, L., Corey, R.B.: The pleated sheet, a new layer configuration of polypeptide chains. Proc. Natl. Acad. Sci. US 37, 251 (1951).

Pauling, L., Corey, R.B., Branson, H.R.: The structure of proteins: two hydrogen-bonded helical configurations of the polypeptide chain. Proc. Natl. Acad. Sci. US 37, 205 (1951).

Perutz, M.F., Rossmann, M.G., Cullis, A.F., Muirhead, H., Will, G., North, A.C.T.: Structure of hemoglobin: A three-dimensional Fourier-synthesis at 5,5 Å resolution obtained by X-ray analysis. Nature 185, 416 (1960).

Schulz, G.E.: Regeln für Strukturen globulärer Proteine. Angew. Chem. 89, 24 (1977).

18. Wie funktioniert ein Proteinmolekül?

A. Proteine und ihre Funktion

Proteine kann man, entsprechend ihrer Funktion, in vier Kategorien einteilen:

1. Spezifische Katalysatoren: Enzyme.
2. Regulatorproteine.
3. Strukturproteine: z.B. das Collagen — in Sehnen und Bindegewebe; das Keratin — Bestandteil von Haut und Haar; das Hüllprotein des Tabakmosaikvirus — Bestandteil eines Viruspartikels.
4. Antikörper: spezifische Abwehrstoffe des Körpers gegen makromolekulare Fremdstoffe (Vorkommen: bei Wirbeltieren).

Um genauere Aussagen über die Funktion eines Proteinmoleküls zu machen, müssen wir uns detailliert mit den einzelnen Aminosäureresten in einem solchen Molekül befassen. Wir können dabei z.B. die Frage stellen: Ist die Reihenfolge der Aminosäuren und die Zusammensetzung des Proteinmoleküls rein willkürlich? Wieviele verschiedene Proteinmoleküle können wir uns denken, wenn es keine Beschränkung in der Sequenz der Aminosäuren gäbe?

Es gibt 20 verschiedene Aminosäuren. Nehmen wir an, ein Proteinmolekül würde aus einer Abfolge von nur 100 Aminosäuren bestehen, so würden wir $20^{100} = 10^{130}$ voneinander verschiedene Sequenzen erhalten. Gibt es so viele? Das Weltall hat eine Masse von 2×10^{55} g, das entspricht etwa $0,88 \times 10^{79}$ Atomen, wenn man davon ausgeht, daß über 87% der Atome H-Atome sind. Schon dieser Vergleich zeigt, daß nur ein kleiner Bruchteil der theoretisch denkbaren Sequenzen in der Natur realisiert sein kann.

An dieser Stelle ist ein Vergleich mit Gesetzmäßigkeiten angebracht, nach denen eine Sprache aufgebaut ist. Nicht alle Buchstaben haben den gleichen Wert. Im deutschen Alphabet gibt es 26 Buchstaben. Damit könnte man 26^5 voneinander verschiedene Worte mit der Länge von 5 Buchstaben bilden. Es gibt in der deutschen Sprache natürlich weit weniger solcher Worte. Würde ein Wort nur aus Konsonanten bestehen, so wäre es unaussprechbar, es hätte demnach keinen Selektionsvorteil in der täglichen Umgangssprache und könnte sich somit nie etablieren. Ebenso gibt es kaum Worte, die nur Vokale enthalten, weil die Wahrscheinlichkeit, daß beim Schreiben und Sprechen Fehler auftauchen, bei solchen Worten zu groß wäre. In nahezu allen Worten finden wir deshalb sowohl Konsonanten als auch Vokale. Damit reduziert sich die Zahl 26^5 beträchtlich. Ein Druck- oder Schreibfehler kann in der Regel übergangen werden, da Worte meist nicht allein, sondern in einem bestimmten Zusammenhang stehen (s. S. 47 f.).

Analog ist die Sequenz von Aminosäuren in einem Protein zu verstehen. Hier haben wir es oft mit zwei Problemen zu tun:

1. Die Bildung einer spezifischen Struktur. Von der Bildung dieser Struktur hängt die Funktion eines Proteinmoleküls ab. Diese Funktion ist essentiell. Z. B. ist das Cytochrom c ein Enzym, das einen Schritt in der Atmungskette katalysiert. Würde dieses Enzym nicht ordnungsgemäß funktionieren, würde die gesamte Atmungskette bei dem Individuum in Mitleidenschaft gezogen.

2. Viele Proteine sind wasserlöslich, d.h. das Molekül muß chemische Gruppierungen enthalten, die ionisierbar sind oder Wasserstoffbrücken ausbilden können.

Nach dem bisher Gesagten wird man annehmen dürfen, daß hydrophobe Reste (Valin, Phenylalanin, Leucin, Isoleucin etc.) die Tendenz zeigen werden, Wasser abzustoßen und somit ein Inneres eines Proteinmoleküls bilden (A).

Ionisierbare Gruppen werden den Kontakt mit dem Wasser suchen. Bei der großen Vielzahl reaktiver Gruppen in einem Proteinmolekül ist natürlich nicht auszuschließen, daß es auch an der Oberfläche hydrophobe Gruppen gibt und im Inneren gelegentlich ionisierbare

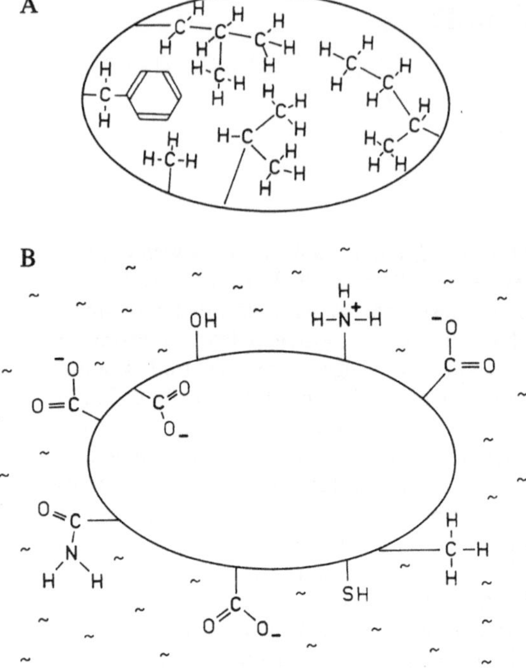

(B). Eine Vielzahl hydrophober Gruppen im Inneren bildet , wie die Lipidmoleküle in einer Membran, eine hohe Zahl van der Waals'scher Interaktionen aus. Damit wird ein solches Molekül in einer bestimmten Konformation stabilisiert. An der Stabilisierung sind natürlich auch die anderen Wechselwirkungen beteiligt.

Kann eine Aminosäure durch eine beliebige andere ersetzt werden? Diese Frage wurde in den vergangenen 25 Jahren an einer Reihe verschiedener Proteine untersucht (z.B. beim Cytochrom c, dem Hämoglobin, dem Hüllprotein des Tabakmosaikvirus, den Fibrinpeptiden u.a.). Besonders aufschlußreich sind Untersuchungen am Cytochrom c, das ja, wie wir schon gehört haben, eine zentrale Rolle bei der Atmung spielt. Atmen können Tiere, Pflanzen und Mikroorganismen. Man kann also das Cytochrom c nicht nur beim Menschen, sondern bei einer Reihe verschiedener Organismen untersuchen und die Aminosäuresequenzen miteinander vergleichen.

Dabei stellte man zunächst einmal fest, daß alle *Vertebrata* (Wirbeltiere) eine Kette der Länge von 104 Aminosäuren besitzen. Die Ketten bei Mikroorganismen und Pflanzen sind etwas länger (bis 112 Aminosäurereste).

Man hat weiterhin festgestellt, daß die Tertiärstrukturen des Cytochrom c bei zwei in der Entwicklungsgeschichte weit voneinander entfernten Arten: dem Menschen und dem Schimmelpilz *Neurospora crassa* untereinander nahezu identisch sind (R. Dickerson, Pasadena), obwohl sich die beiden Cytochrome in 44 von 104 Aminosäuren voneinander unterscheiden.

Ein Vergleich des Cytochroms verschiedener Arten mit dem des Menschen ist auszugsweise in der folgenden Tabelle wiedergegeben:

Vergleich zwischen Mensch und	Unterschiede in n der 104 Aminosäurereste
Weizen	n = 43
Seidenspinner	31
Thunfisch	21
Klapperschlange	14
Pinguin	13
Känguruh	10
Schwein, Kuh, Schaf	10
Pferd	12
Rhesusaffe	1
Gorilla	0

Diese Darstellung zeigt, daß man schon aus der Zahl der veränderten Aminosäuren einen Stammbaum aufstellen kann, der sich nicht wesentlich von dem unterscheidet, den man aufgrund anderer Merkmale (anatomischer und morphologischer Strukturen etc.) erstellt hatte. Eine Diskrepanz mag sich z.B. ergeben, wenn man aus den hier aufgeführten Daten den Schluß ziehen würde, der Mensch sei mit dem Känguruh näher verwandt als mit dem Pferd!

Welcher Art sind die hier beobachteten Aminosäureaustausche? Trotz relativ großer Veränderungen, die sich im Cytochrom c Molekül abspielen können, muß erwähnt werden, daß 35 der 104 Aminosäurereste stets konstant geblieben sind, darunter die Aminosäuresequenz zwischen den Aminosäuren Nr. 70—80. Betrachten wir die Veränderungen, so stellen wir fest, daß die Austausche in der Regel konservativ sind, d.h. eine hydrophobe Aminosäure wird durch eine andere, ebenfalls hydrophobe, eine ionisierbare durch eine andere, ebenfalls ionisierbare ersetzt. Nur in relativ wenigen Fällen finden sich radikale Austausche wie Lys durch Leu.

Wir können aus den bisherigen Ergebnissen schließen, daß die Zahl der Austausche etwa proportional zu der Zeit ist, die zwei Arten brauchten, um getrennte Wege in ihrer Evolution zu gehen. Weiterhin haben wir erkannt, daß es Beschränkungen in der Art der Veränderungen eines Proteinmoleküls gibt. Nur an wenigen Positionen in einem Proteinmolekül können radikale Veränderungen auftreten; die Mehrzahl gehört zu den konservativen Austauschen.

Wir können weiterhin fragen, ob die Zahl der Veränderungen pro Zeiteinheit (z.B. pro 100 Millionen Jahre) für alle Proteine gleich ist, oder ob sich verschiedene Proteine in ihrer Evolutionsgeschwindigkeit voneinander unterscheiden.

In der Abb. 18.1 ist die Geschwindigkeit für vier Proteine dargestellt. Daraus ist ersichtlich, daß das Cytochrom c sich relativ langsam entwickelt, höher ist die Austauschgeschwindigkeit bei Globinen (Hämoglobin, Myoglobin) und wesentlich schneller bei den Fibrinpeptiden. Das Fibrinpeptid ist ein Teil des Fibrinogens, einem Protein, das man im Blutserum findet und das bei der Bildung eines Wundverschlusses eine Rolle spielt, wobei die Erythrozyten miteinander verklebt werden. Hierbei hat das Fibrinpeptid eine relativ unspezifische Funktion. Mit anderen Worten, eine Änderung des Fibrinpeptids hat nur wenig Einfluß und ist somit „zulässig". Individuen, bei denen sich das Cytochrom in einer „unerlaubten" Weise verändert hätte, könnten nicht atmen und hätten somit keine Überlebenschance. Das Überleben stellt einen Selektionsdruck dar, der dafür sorgt, daß nur „erlaubte" Veränderungen übrigbleiben.

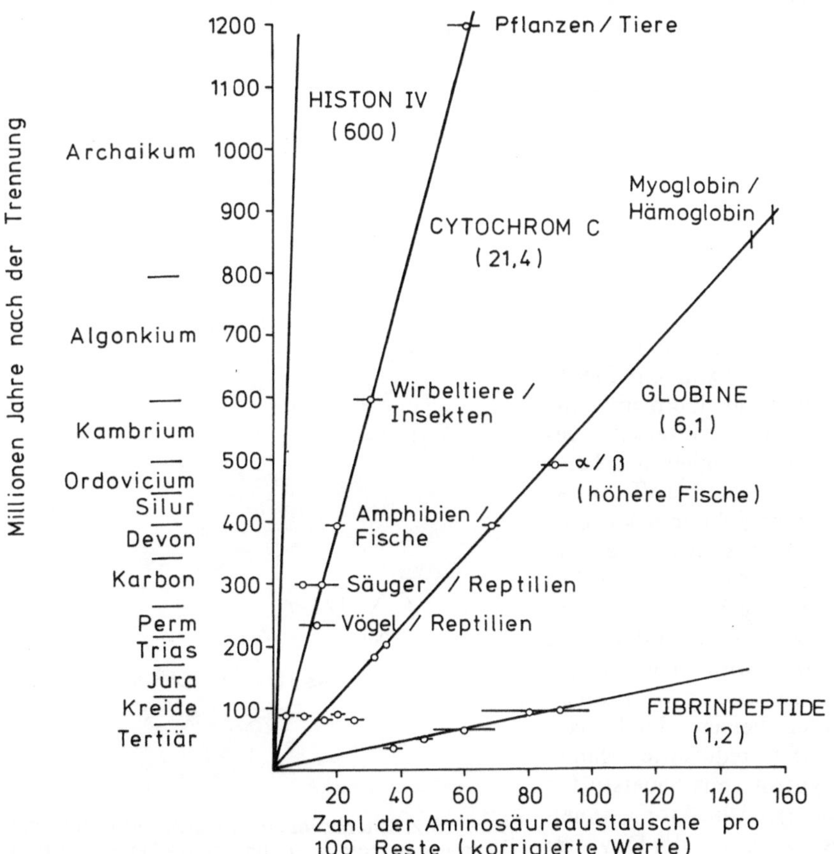

Abb. 18.1. Die Evolutionsgeschwindigkeit von vier Proteinen. (Nach Dickerson, California Institute of Technology, Pasadena, 1970)

Noch konservativer als das Cytochrom c ist das Histon IV, ein Protein, das zusammen mit der DNS im Zellkern und in den Chromosomen vorliegt. Vergleicht man Histon IV der Erbse mit dem des Rindes, so findet man, daß sich nur zwei von 102 Aminosäureresten voneinander unterscheiden!

Die genannten Beispiele lassen die Schlußfolgerung zu, daß man Vergleiche von Aminosäuresequenzen zur Darstellung von Stammbäumen heranziehen kann. Ein Stammbaum wäre aber verzerrt, würde man ihn aufgrund nur eines Merkmals (z.B. des Cytochrom c) aufstellen (s.a. Kapitel 63).

Das bereits erwähnte Paradox Pferd/Känguruh — Mensch ist relativ einfach lösbar. Die größere Zahl der Unterschiede zwischen Mensch und Pferd (12) verglichen mit 10 zwischen Mensch und Känguruh ist erklärbar, wenn man annimmt, daß beim Pferd zusätzlich neue Veränderungen aufgetreten sind, nachdem sich die Stammeslinie des Pferdes von der des Menschen getrennt hat. Um die Abstammung von Arten ableiten zu können, muß man, wie wir später noch mehrfach sehen werden, so viele Merkmale wie nur möglich heranziehen.

B. Die Bedeutung einzelner Aminosäuren in einem Proteinmolekül

Die Bedeutung einzelner Aminosäuren ist nur dann erkennbar, wenn der Natur ein Fehler unterläuft, d.h. wenn ein Individuum entsteht, bei dem die in Frage kommende Reaktion gestört ist. Solche Störungen können u.a. beim Hämoglobin, dem roten Blutfarbstoff, untersucht werden. Ein Hämoglobinmolekül enthält vier Polypeptidketten: zwei α- und zwie β-Ketten. An jede der vier Ketten ist ein Porphyrinring (vgl. S. 97) gebunden, der in seinem Zentrum ein Eisenatom enthält. An jedes der vier Eisenatome wird Sauerstoff gebunden. Wir können zwischen zwei Formen des Hämoglobins unterscheiden: der Deoxyform (ohne Sauerstoff = reduziertes Hämoglobin) und der Oxyform (mit Sauerstoff = oxydiertes Hämoglobin). Alle Atome innerhalb des Porphyrrings liegen bei der Oxyform in einer Ebene.

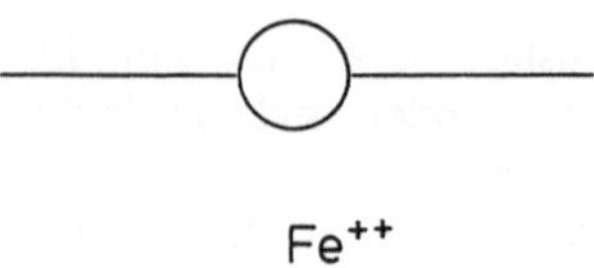

Wird O_2 entfernt, so hebt sich das Fe^{++} um 0,75 Å aus der Ebene des Porphyrinrings heraus.

Dieses Heraustreten des Eisens wirkt wie ein Hebel auf die gesamte Konformation des Hämoglobinmoleküls. Als Folge davon ändert sich die Tertiärstruktur.

Die vier Proteinketten des Hämoglobins sind untereinander durch Wasserstoffbrücken verbunden. Bei der Deoxyform ist, wie die Abb. 18.2 zeigt, eine Wasserstoffbrücke zwischen dem Tyr 42 der α-Kette und dem Asp 99 der β-Kette ausgebildet. In der Oxyform ist

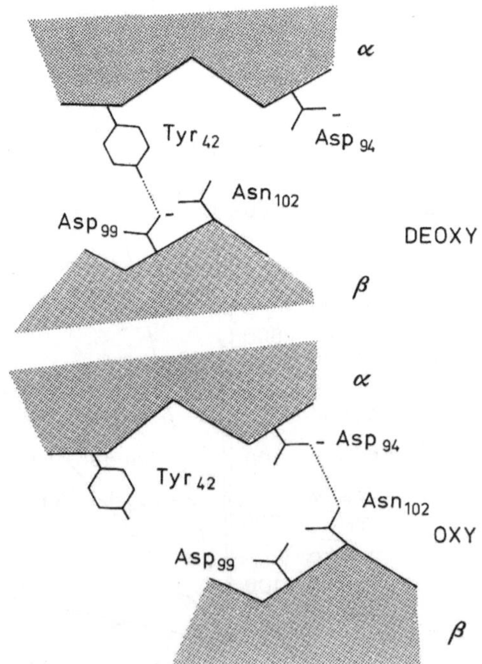

Abb. 18.2. Interaktionen zwischen der α- und der β-Kette in deoxydiertem und in oxydiertem Zustand des Hämoglobins. (M.F. Perutz, 1971)

diese Bindung gelöst, dafür aber die Bindung zwischen Asp 94 der α-Kette und Asn 102 der β-Kette entstanden.

Defekte der O_2-Übertragung nennt man klinisch Anämien. Einige dieser Anämien sind näher untersucht worden, und dabei stellte man fest, daß die eben erwähnten Interaktionen zwischen der α- und der β-Kette gestört sind.

Beispiele:
a) Name des Defekts: Rainier
klinisches Symtom: Polycythämie
Sauerstoffaffinität: sehr hoch
b) Name des Defekts: Kansas
klinisches Symptom: Cyanosis
Sauerstoffaffinität: sehr gering

Während im ersteren Fall die Oxyform des Hämoglobins stabilisiert war, fand man für den zweiten Fall eine Stabilisierung der Deoxyform. Mit anderen Wörten: das Molekül war nicht mehr in der Lage, jene Wasserstoffbrücke auszubilden, die einmal die Deoxyform, im zweiten Fall die Oxyform stabilisiert. Die Unfähigkeit, an einer bestimmten Stelle des Moleküls eine Wasserstoffbrücke auszubilden, führt somit zu einer schweren Erkrankung, einer Anämie. Das Krankheitssymptom kann in diesen Fällen auf je eine molekulare Variation zurückgeführt werden.

Ein weiteres Beispiel: Die Sichelzellanämie. In der Position 6 der β-Kette des Hämoglobins steht normalerweise die dissoziierbare Aminosäure Glu. Bei Personen, die an Sichelzellanämie leiden, ist sie durch die hydrophobe Aminosäure Val ersetzt. Dieser Austausch führt bei der Deoxyform zu einer leicht verringerten Löslichkeit des Gesamtmoleküls. Als Folge davon ist lichtmikroskopisch eine Verformung der Erythrozyten nachweisbar (Sichelzellen) (Abb. 18.3 und Abb. 18.4). Personen, deren Blut nur Sichelzellen enthält, haben eine stark verminderte Lebenserwartung. Personen, die beide Typen des Hämoglobins besitzen, sind nur relativ wenig beeinträchtigt. Man hat festgestellt, daß Sichelzellanämie in malariaverseuchten Gegenden (z.B. südlich der Sahara) gehäuft auftritt. Man fand weiter, daß sich die Erreger der Malaria in Sichelzellen nicht oder nur sehr schlecht vermehren können. Dadurch haben in jenen Gegenden sichelzellanämiekranke Personen eine höhere Lebenserwartung als solche mit normalen Erythrozyten. Die Sichelzellkrankheit wurde somit zu einem Selektionsvorteil. Wir werden uns später mit der Sichelzellanämie noch einmal im Zusammenhang mit populationsgenetischen Fragen auseinanderzusetzen haben (s. S. 436).

Als ein letztes Beispiel für die Bedeutung einzelner Aminosäuren kann auch das Hüllprotein des Tabakmosaikvirus (TMV) herangezogen werden. Ein Viruspartikel des TMV enthält 2.200 Proteinmoleküle (alle sind untereinander identisch; je 158 Aminosäuren). Werden Pflanzen mit diesem Virus infiziert, so erzeugt es in der Regel ein „hellgrün-dunkelgrünes Mosaik", d.h. man sieht auf den Blättern helle und dunkle Zonen. Es gibt zahlreiche Stämme von diesem Virus, die sich nur durch eine der 158 Aminosäuren vom Wildstamm unterscheiden (Wittmann, Tübingen etwa 1960 bis 1964, und Fraenkel-Conrat und Tsugita, University of California, Berkeley, etwa um die gleiche Zeit). (Details vgl. Kapitel 26).

Wir haben im Kapitel 2 bereits gesehen, daß es einen Stamm gibt, der ein starkes „Gelbsymptom" auf der Wirtspflanze hervorruft. Es gibt eine ganze Reihe solcher sogenannter „Gelbstämme" des Virus. Betrachtet man die Zusammensetzung ihres Hüllproteins, so stellt man folgende Korrelation fest: Fast alle starken „Gelbstämme" haben ein Protein, das basischer ist als das des Wildstamms (d.h. es trägt eine zusätzliche positive Ladung, z.B. eine zusätzliche Lys^+-Gruppe, oder es fehlt eine negative Ladung: z.B. ein Asp^- ist durch ein Gly oder Ala ersetzt). Es sieht also so aus, als habe das Hüllprotein des Virus einen direkten Einfluß auf das Krankheitsbild der infizierten Wirtspflanze (v. Sengbusch, 1965).

Die Beispiele sollen darauf hinweisen, in wie starker Weise eine Aminosäureveränderung in einem Proteinmolekül das gesamte Erscheinungsbild (Phänotyp) eines Individuums beeinflussen kann. Die genannten Fälle können stellvertretend als Modellbeispiele für Veränderungen an anderen Molekülen angesehen werden. Sie dürfen aber nicht zu dem Schluß verführen, alle Krankheitssymptome (Anämien, Viruskrankheiten etc.) würden auf einzelnen Aminosäureveränderungen in Proteinen beruhen.

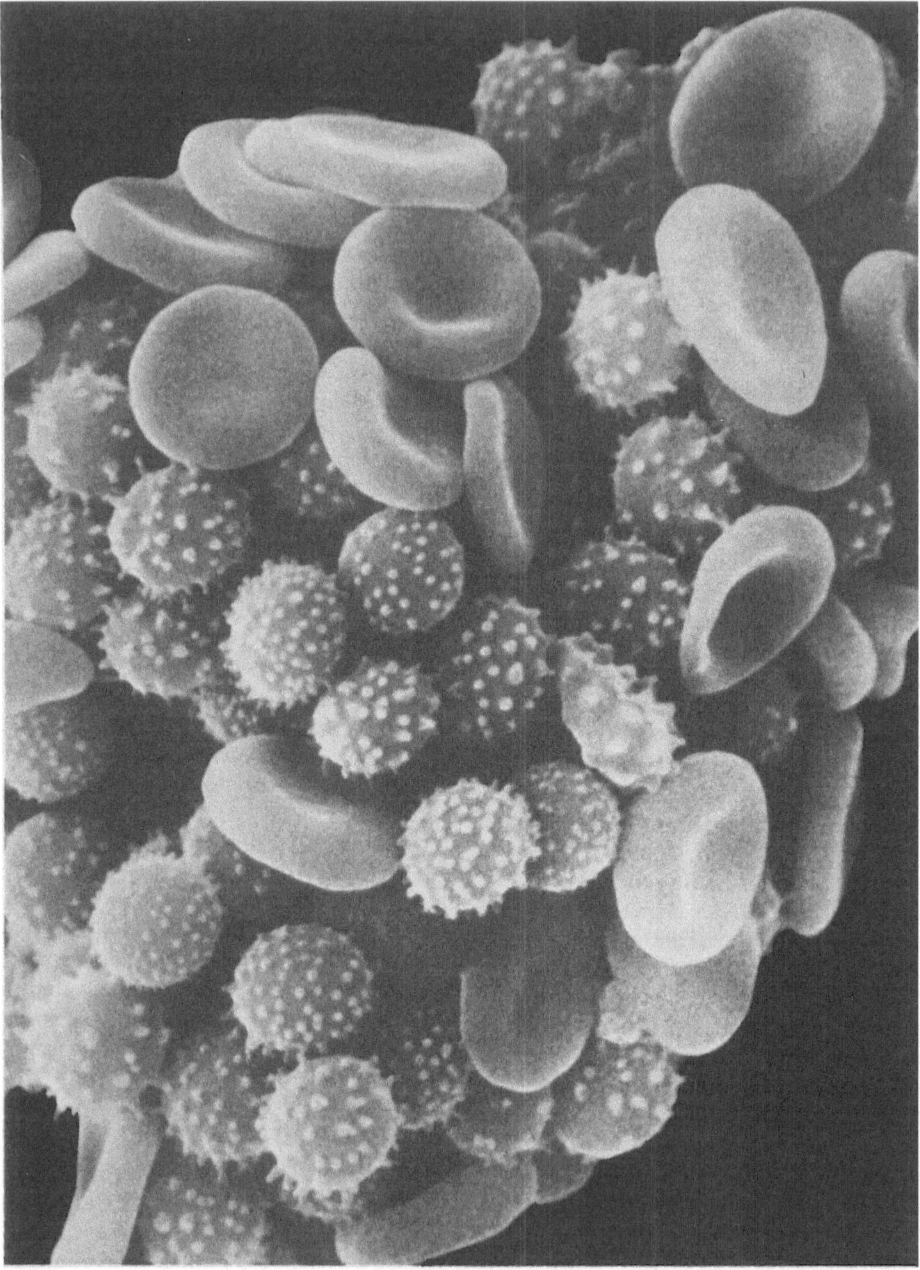

Abb. 18.3. Rote Blutkörperchen (Erythrozyten), aufgenommen im Rasterelektronenmikroskop (s. S. 253). In leicht hypertonischer Lösung erhält man neben den „normal" aussehenden Formen sog. Stechapfelformen. (Aufn. M. Bessis, Paris)

Abb. 18.4. Sichelzellen. (Aufn. M. Bessis, Paris)

Literatur

Dayhoff, M.O.: Computer analysis of protein evolution. Sci. Am. Juli 1969, S. 87.

Dickerson, R.E.: The structure of cytochrome and the rates of molecular evolution. J. Mol. Evol. 1, 26 (1971).

Dickerson, R.E.: The structure and history of an ancient protein. Sci. Am. April 1972, S. 58.

Dickerson, R.E., Takano, T., Eisenberg, D., Kallai, O.B., Samson, L., Cooper, A., Margoliash, E.: Ferricytochrome c. General features of the horse and bonito proteins at 2.8 Å resolution. J. Biol. Chem. 246, 1511 (1971).

Pauling, L., Itano, H.A., Singer, S.J., Wells, I.C.: Sickle cell anemia, a molecular disease. Science 110, 543 (1949).

Perutz, M.F.: The hemoglobin molecule. Sci. Am. November 1964, S. 64.

Perutz, M.F., Teneyck, L.F.: Stereochemistry of cooperative effects in hemoglobin. Cold Spring Harbor Symp. Quant. Biol. 36, 295 (1971).

Sengbusch, P. v.: Aminosäureaustausche und Tertiärstruktur eines Proteins; Vergleich von Mutanten des Tabakmosaikvirus mit serologischen und physikochemischen Methoden. Z. Vererbungslehre 96, 364 (1965).

19. Kohlenhydrate

A. Einfachzucker

Kohlenhydrate sind Verbindungen mit der Summenformel $(CH_2O)_n$. n kann 3, 4, 5, 6, 7 oder 8 sein. Am häufigsten ist ein Kohlenhydrat mit sechs C-Atomen: der Zucker Glucose. Chemisch sind Zucker Polyhydroxyaldehyde oder Polyhydroxyketone. Mit anderen Worten: mehrwertige Alkohole, die an einem der C-Atome eine CHO- oder R_1-CO-R_2-Gruppe tragen. Die einfachsten Verbindungen dieses Typs sind:

Glycerinaldehyd   und   Dihydroxyaceton

Zucker, die aus nur drei C-Atomen bestehen, nennt man Triosen. Der Glycerinaldehyd kann in zwei stereoisomeren Formen vorliegen:

D-Glycerinaldehyd   L-Glycerinaldehyd

Stereoisomere Formen liegen immer dann vor, wenn ein Molekül ein asymmetrisch substituiertes Kohlenstoffatom enthält, wenn also an einem C-Atom vier verschiedene Reste R hängen.

Moleküle mit asymmetrisch substituierten Kohlenstoffatomen erkennt man daran, daß sie in Lösung optisch aktiv sind. Bestrahlt man sie nämlich mit polarisiertem Licht (Licht nur einer Schwingungsebene), so wird die Schwingungsebene des Lichts beim Durchtritt durch die Lösung gedreht. Den Winkel der Drehung kann man messen. Er ist für eine gegebene, optisch aktive Substanz charakteristisch. D-Glycerinaldehyd dreht die Ebene des Lichts nach rechts (+), L-Glycerinaldehyd nach links (−).

Die in der Natur vorkommenden komplexeren Zucker (mit mehr als drei C-Atomen) gehören fast alle der D-Reihe an, was aber nicht heißen darf, daß sie alle rechtsdrehend sind! Zucker mit mehr als drei C-Atomen besitzen nämlich mehr als nur ein asymmetrisches C-Atom. Man findet deshalb bei solchen Kohlenhydraten zahlreiche (2^n) Stereoisomere. n ist die Zahl asymmetrischer Kohlenstoffatome. So besitzen z.B. sechs C-Atome-enthaltende Zucker vier asymmetrische C-Atome, es gibt demnach $2^4 = 16$ voneinander verschiedene Stereoisomere.

1. Glucose

D   Spiegelebene   L

120

Man kann dieses Molekül auch in einer Ringform schreiben. Es bildet sich dann ein Pyranosering (ein Sauerstoff enthaltender Ring). Beim Ringschluß können zwei Formen der D-Glucose entstehen, die α-Form und die β-Form.

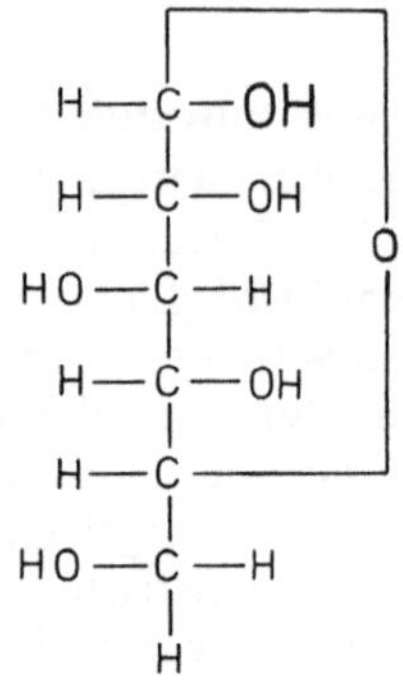

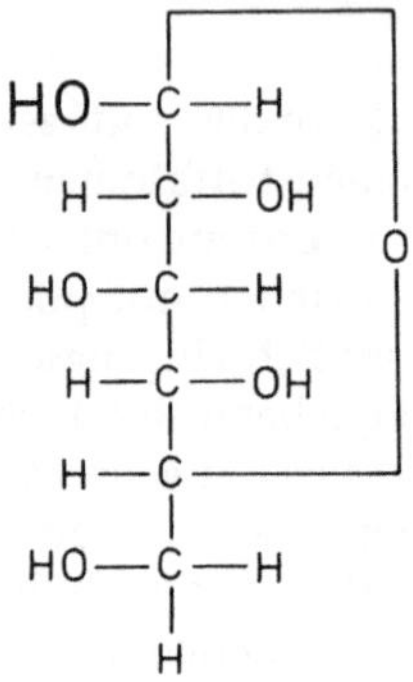

Beide Formen kommen in der Natur vor und können ineinander übergehen. Die Ringformeln kann man auch in einer anderen Orientierung schreiben, wobei man sich den Ring senkrecht zur Schreibebene vorstellt (Haworthsche Projektionsformeln).

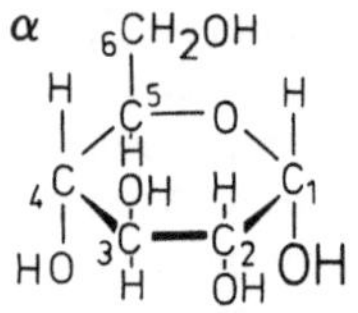

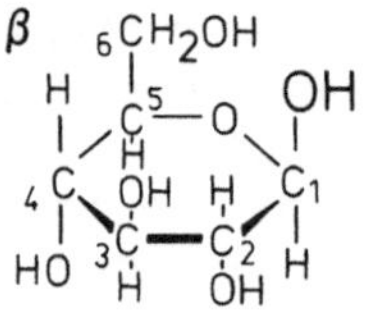

Zur besseren Erkennung numeriert man die C-Atome durch: $C_1 \ldots C_6$. α-D-Glucose unterscheidet sich von der β-D-Glucose durch die Stellung der -OH-Gruppe am C_1-Atom (α: unterhalb der Ringebene, β: oberhalb der Ringebene). Im Gegensatz zu den Ringen der aromatischen Kohlenstoffverbindungen oder der Heterocyclen ist der Pyranosering nicht eben. Genaugenommen müßte man ihn folgendermaßen schreiben:

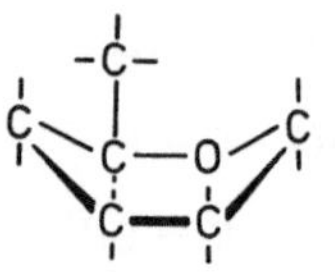

Wannenform =
Kahnform =
Bootsform

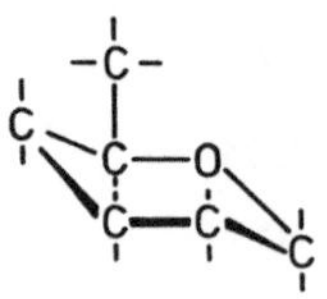

Sesselform

Beide Konformationen kommen vor: die Sesselform ist die thermodynamisch stabilere Form.

2. Weitere Zucker mit sechs Kohlenstoffatomen

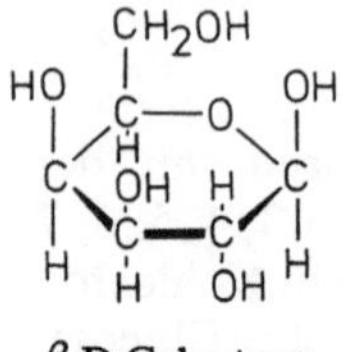

β-D-Galactose

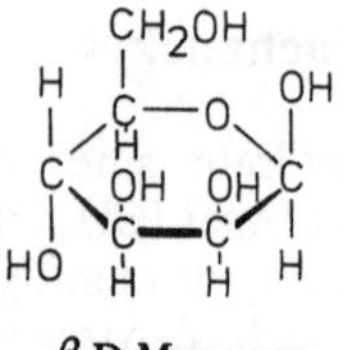

β-D-Mannose

Zucker, die sich nur durch die Stellung der -OH-Gruppen am C_2-, C_3- oder C_4-Atom voneinander unterscheiden, nennt man epimere Formen. Die β-D-Galactose ist ein Bestandteil des Milchzuckers, die β-D-Mannose Bestandteil der Blutgruppensubstanzen. Die bisher genannten Formen enthalten – bei linearer Schreibweise erkennbar – eine Aldehydgruppe. Man nennt solche Zucker Aldosen. Zucker mit einer Ketogruppe nennt man Ketosen. Die bekannteste Ketose mit sechs Kohlenstoffatomen ist die Fructose. Achtung: Bei Ringschluß von C_6-Ketosen erhalten wir einen 5er Ring!

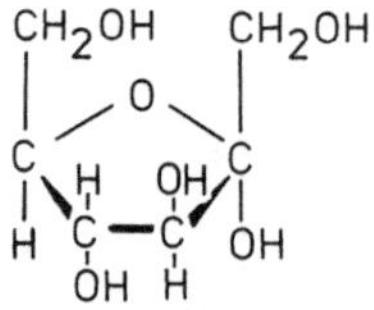

α-D-Fructose

Zuckermoleküle, die nur aus einem Ring bestehen, nennt man Einfachzucker.

B. Derivate von Einfachzuckern (Beispiele)

1. Veresterung

Glucose und nahezu alle anderen in der Natur vorkommenden Zucker können mit Phosphat verestert sein. Man unterscheidet bei der Glucose das Glucose-1-Phosphat (Cori-Ester), das Glucose-6-Phosphat und das Glucose-1,6-Diphosphat:

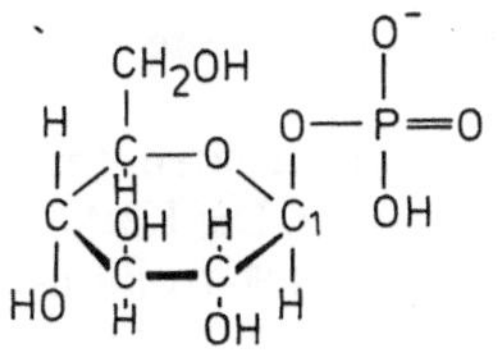

Glucose-1-Phosphat

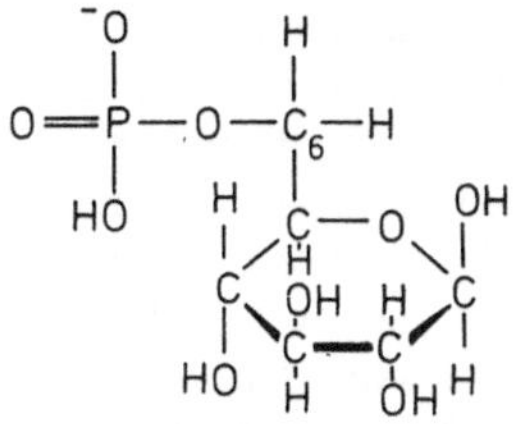

Glucose-6-Phosphat

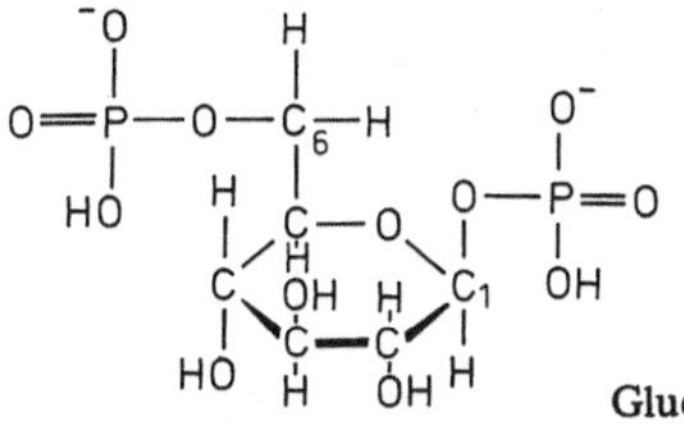

Glucose-1,6-Phosphat

2. Aminozucker

z.B.

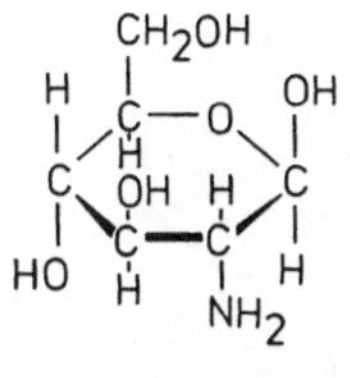

D-Glucosamin

Vorkommen: im Chitin [Bestandteil der Zellwände der Pilze, Strukturelement vieler *Invertebrata* (Wirbelloser), z.B. Insekten] und in Blutgruppensubstanzen.

Eines der H-Atome der Aminogruppe kann durch einen Rest (R) ersetzt sein. Man kommt auf diese Weise zu Verbindungen wie N-Acetylglucosamin und N-Acetylmuraminsäure (Bestandteile der Bakterienzellwand; Einzelheiten später).

3. Uronsäuren

z.B.

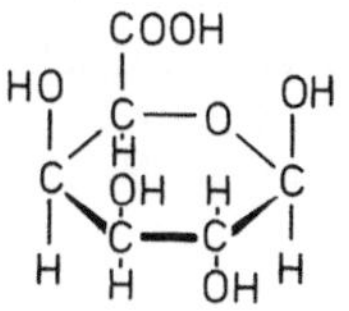

β-D-Galacturonsäure
(ein Bestandteil
des Pektins)

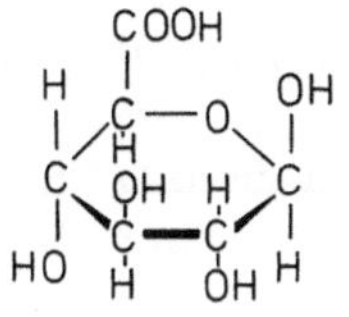

β-D-Glucuronsäure

4. Eine weitere Verbindung

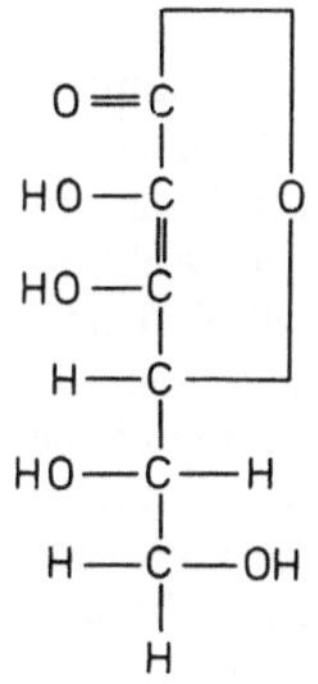

Ascorbinsäure (Vitamin C)

C. Glykosidische Bindungen – Polysaccharide

Verbindungen von Einfachzuckern untereinander: Zwischen zwei Zuckermolekülen kann eine glykosidische Bindung ausgebildet werden. Es gibt z.B. eine Verbindung zwischen der β-D-Galactose und der α-D-Glucose: Milchzucker (Lactose) – ein Disaccharid:

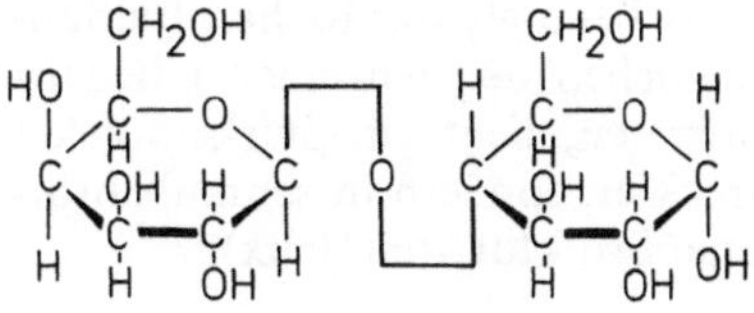

Bei dem Milchzucker ist die glykosidische Bindung zwischen dem -OH am C_1 der Galactose mit dem -OH am C_4 der Glucose unter Wasserabspaltung entstanden. Man spricht hier von einer (1 → 4)-glykosidischen Bindung.

Zuckerreste können auch α-glykosidisch miteinander verknüpft sein, so die α-D-Glucose und die α-D-Fructose. Man erhält Rohrzucker (Saccharose, Sucrose):

An einem Sauerstoffatom sitzende Substituenten liegen nicht auf einer Geraden, sondern sie stehen in einem Winkel zueinander, d.h. die „Ebenen" der beiden Zuckerreste werden bei der α-glykosidischen Bindung einander genähert sein (trotz der freien Drehbarkeit der Bindung, an der das O beteiligt ist). Bei der β-glykosidischen Bindung liegen die Ringebenen parallel zueinander, obwohl sie nicht in einer Ebene angeordnet, sondern gegeneinander versetzt sind. Durch glykosidische Bindungen können mehr als zwei Zuckerreste miteinander verknüpft sein. Es entstehen dabei lange Ketten: Polysaccharide.

1. α-glykosidisch verknüpfte Glucosereste

Zu den hierbei entstehenden Makromolekülen gehört die Stärke. Sie enthält zwei verschiedene Typen von α-glykosidischen Verknüpfungen:

a) α (1 → 4), wie bereits besprochen. Man erhält Verbindungen, die die Bezeichnung Amylosen tragen.

b) α (1 → 4)- und α (1 → 6)-Verknüpfungen: Amylopektine. Es sind verzweigte Moleküle. Normalerweise findet sich im Durchschnitt nach jedem 10. bis 12. Glucoserest eine Verzweigung. Da ja bei α-glykosidischen Bindungen Winkel zwischen den einzelnen Gliedern der Kette auftreten, liegt ein Stärkemolekül nicht in gestreckter, sondern in schraubenförmig gewundener Struktur vor (Helix).

Glykogen: (in der Leber) ist dem Amylopektin nahe verwandt. Es unterscheidet sich durch einen höheren Verzweigungsgrad. Jeder 6. bis 8. Glucoserest trägt eine Seitenkette.

2. β-glykosidisch verknüpfte Glucosereste

Cellulose: besteht aus langen, gestreckten Ketten von 300—3.000 Glucoseresten. Die Ketten lagern sich zu Bündeln zusammen (Mikrofibrillen), die elektronenmikroskopisch sichtbar sind.

Bei der Bildung einer pflanzlichen Zellwand liegen die Fibrillen ungeordnet nebeneinander (Primärwand; Streutextur). Eine Primärwand ist noch wachstumsfähig. Bei ausgewachsenen Zellwänden liegen parallel ausgerichtete Fibrillen in Schichten übereinander. Solche Wände können nicht mehr wachsen. Durch Verschiebung der einzelnen Orientierungsebenen gegeneinander sind sie aber noch dehnbar. Der Aufbau der Zellwand aus Schichten gibt ihr eine erhöhte Festigkeit.

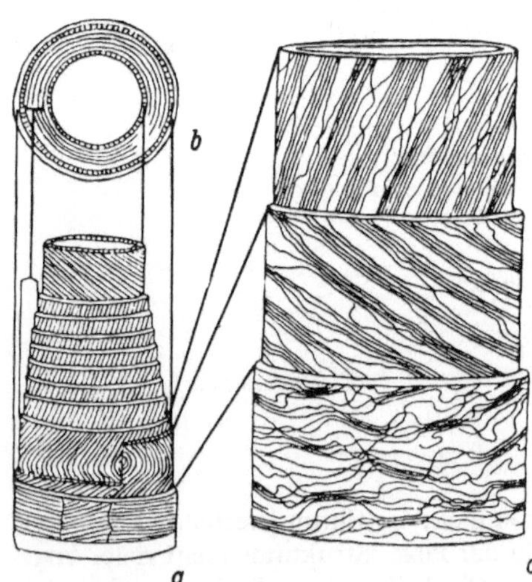

Abb. 19.1 a–c. Wandstruktur einer Baumwollfaser. (a) Teleskopartig auseinandergezogen gedachter Abschnitt mit Andeutung der Orientierung der Mikrofibrillen; (b) entsprechender Querschnitt; (c) stark vergröberte Fibrillenstruktur. Streutextur in der außen liegenden Primärwand. Innere Sekundärwand mit Schraubentextur in wechselnder Richtung. (Nach Berkley, 1948)

D. Einige 5er Zucker

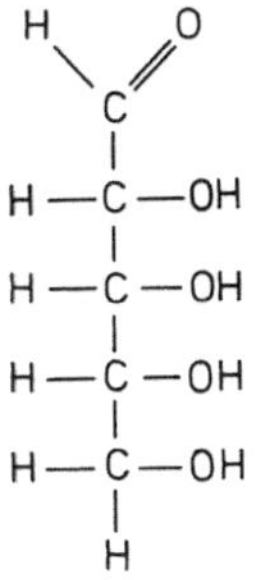

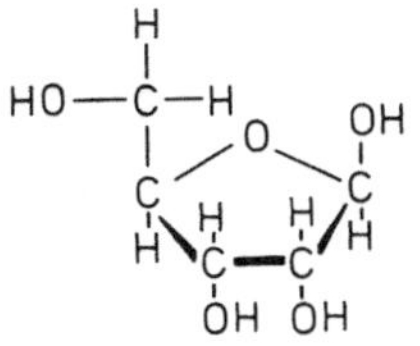

Ribose

Die Hydroxylgruppe am C_2 kann fehlen:

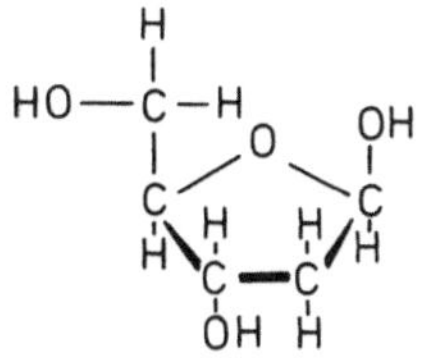

2-Desoxyribose

Eine Ketose: Ribulose und ein Derivat davon, das Ribulose-1,5-Diphosphat:

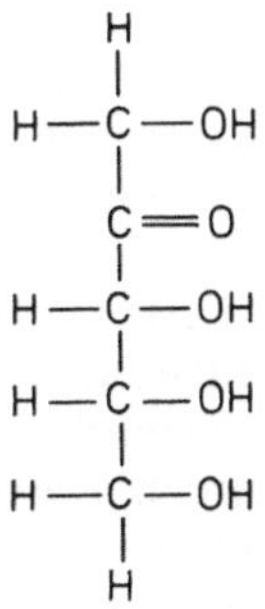

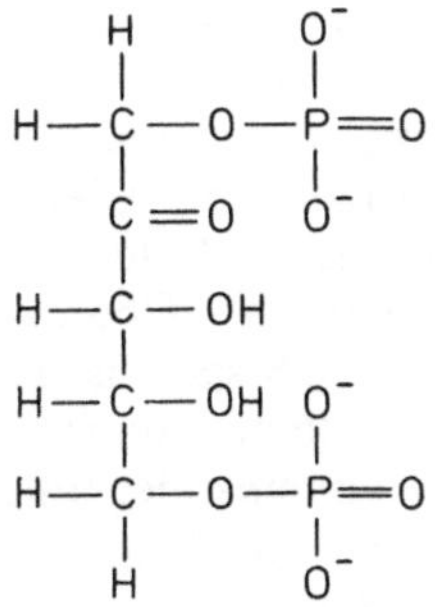

Jenes spielt im Calvin-Zyklus bei der Photosynthese als Akzeptormolekül für das CO_2 eine zentrale Rolle. Es ist das „X" unseres vereinfachten Black-Box-Modells (vgl. S. 85). Eine Schreibweise der 5er Ketosen in Ringform ist nicht möglich, da dabei ein 4er Ring entstehen müßte, der zwar theoretisch denkbar, aber äußerst instabil wäre.

E. Bedeutung und Spezifität von Kohlenhydraten

1. Kohlenhydrate sind Energielieferanten der Zelle

Beim Abbau der Glucose und anderer Kohlenhydrate wird Energie freigesetzt. Die Abbauprodukte können Ausgangsstoffe für zahlreiche weitere Stoffwechselprodukte sein.

Warum speichert die Zelle Kohlenhydrate in Form von Makromolekülen wie Stärke, Glykogen etc. (die unter Energieaufwand auf- und abgebaut werden müssen) und nicht als Glucose? Wir haben gesehen, daß der osmotische Druck in einer Zelle durch die Molarität osmotisch wirksamer Substanzen bestimmt wird. Da bei der Photosynthese aus den beiden permeablen Substanzen H_2O und CO_2 Glucose entsteht, die in der Zelle angereichert wird, würde in dieser ein hoher osmotischer Druck entstehen. Die Zelle würde über kurz oder lang platzen. Wird aber Stärke gebildet:

$$n(C_6H_{12}O_6) \rightarrow (C_6H_{10}O_5)_n + n\,H_2O,$$

sinkt die Molarität auf $1/n$; bei einer Kettenlänge der Stärke von 1.000 Glucoseresten also auf 1/1.000! Die gleiche Menge an Substanz zeigt somit eine auf 1/1.000 verringerte osmotische Aktivität.

2. Polysaccharide sind Strukturelemente

Beispiele: Cellulose, Pektin, Chitin, N-Acetylmuraminsäure, N-Acetylglucosamin und viele andere.

3. Spezifität

Kohlenhydrate sind spezifisch miteinander verknüpft, z.B.: $\alpha(1 \rightarrow 4)$, $\alpha(1 \rightarrow 6)$, $\beta(1 \rightarrow 4)$.

An der Bildung der Ketten können verschiedene Zuckerreste beteiligt sein: Glucose, Mannose, Galactose, Galacturonsäure und viele, bisher nicht genannte (Rhamnose, Sorbose, Tyvalose, Sialinsäure u.a.). Man erhält damit, wie bei der Bildung der Proteine aus Aminosäuren, eine große Vielfalt an Kombinationsmöglichkeiten.

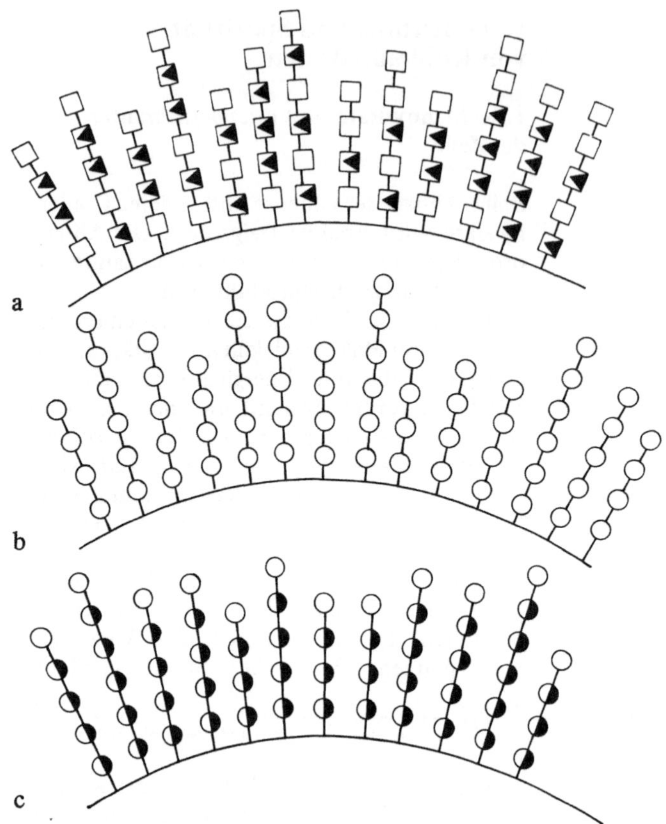

Abb. 19.2 a–c. Oberflächenstrukturen von Salmonellen der Gruppe E. Jedes Symbol (Kreis, Rechteck) steht für einen Zuckerrest. Die drei Beispiele (a, b, c) sollen die Variationsmöglichkeiten der Polysaccharide an einer Bakterienoberfläche veranschaulichen. Man findet Unterschiede in der Art und der Zahl der Zuckerreste pro Polysaccharidkette. (Nach Robbins und Uchida, 1962, 1963, 1965)

Kohlenhydrate findet man u.a. als Strukturelemente von Zelloberflächen, oft an Lipide oder Proteine gebunden. Dort bilden sie spezifische Muster, die für bestimmte Zelltypen charakteristisch sind. Z.B. sitzen auf den Erythrozyten, die der Blutgruppe A angehören, andere Zuckerreste als auf Erythrozyten der Blutgruppe B. Man kennt die Struktur der Blutgruppensubstanzen und weiß, daß es Kombinationen verschiedener Zucker sind (Kabat, 1956).

Auch Bakterien, z.B. aus der Gruppe der Salmonellen, unterscheiden sich im wesentlichen durch die Muster ihrer Oberflächen. Einige dieser Stämme sind pathogen, andere nur teilweise pathogen.

Kauffmann und White haben die Salmonellen aufgrund ihrer Oberflächenstrukturen klassifiziert (Kauffmann-White-Schema). Die Abb. 19.2 soll einen Eindruck davon vermitteln, wie sich die einzelnen Stämme voneinander unterscheiden.

Wir haben im Kapitel 5 über das Experiment von Avery, McCarty und McLeod (Transformation) gesprochen und zwei Typen von Pneumokokken erwähnt. Die einen mit, die anderen ohne eine Hülle. Nur die ersteren waren pathogen. Diese Hülle besteht ebenfalls aus Kohlenhydraten.

Spezifische Oberflächenmuster, hervorgerufen durch spezifische Zuckerkombinationen oder Proteine, können immunologisch (serologisch) voneinander unterschieden werden. Die Serologie dient u.a. dazu, aufgrund solcher Unterschiede eine Klassifizierung verschiedener Strukturen vorzunehmen (vgl. u.a. Kauffmann-White-Schema).

Ein letztes Beispiel: Antikörper sind Proteinmoleküle, an die Kohlenhydrate gebunden sind. In der Regel findet man Proteine in Zellen. Antikörper findet man vor allem außerhalb der Zellen: gebunden an Zelloberflächen oder frei im Serum. Sie werden in Zellen gebildet. Antikörper, die man aus solchen Zellen isoliert hat, tragen weniger Kohlenhydrate als diejenigen, welche man außerhalb der Zelle findet. Gleiches trifft auch für andere extrazellulär vorkommende Proteine zu, dabei ist es ohne Belang, ob sie als Bestandteile der äußeren Plasmamembran vorliegen oder im Blutplasma gelöst sind.

Literatur

Cori, C.F., Cori, G.T.: Mechanism of formation of hexosemonophosphate in muscle and isolation of a new phosphate ester. Proc. Soc. Exp. Biol. (N.Y.) 34, 702 (1936).

Davis, B.D., Dulbecco, R., Eisen, H.N., Ginsberg, H.S., Wood, B.: Microbiology, 2.Aufl. New York–London: Harper and Row 1973.

Kabat, E.A.: Blood group substances — their chemistry and immunochemistry. New York: Academic Press 1956.

Kabat, E.A.: Einführung in die Immunchemie und Immunologie. Heidelberger Taschenbücher 79. Berlin–Heidelberg–New York: Springer 1971.

Lehninger, A.: Biochemistry, 2. Aufl. New York: Worth Publ. 1975, S. 249–277.

Uchida, T., Robbins, P.W., Luria, S.E.: Analyses of the serologic determinant groups of the salmonella group E antigens. Biochemistry 2, 663 (1963).

20. Nukleotide, Nukleinsäuren

A. Nukleotide

Wir haben bereits gesehen, daß Zucker verestert sein können. Somit können wir uns
auch die folgenden Verbindungen vorstellen:

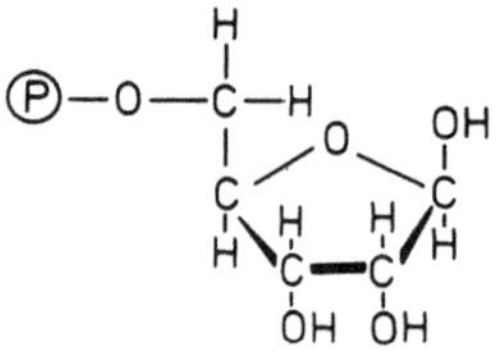

Ribose-5-Phosphat

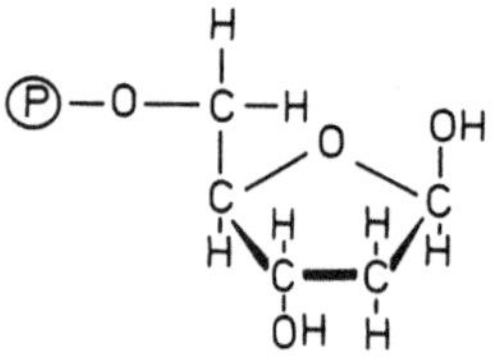

Desoxyribose-5-Phosphat

Das eingekreiste P ist eine in der Biochemie
übliche Abkürzung für Phosphat.

Sitzen am C_1-Atom des Zuckerrings hete-
rocyclische Verbindungen (Basen), die mit
dem Zucker durch eine N-glykosidische Bindung verknüpft sind, so erhalten wir z.B. aus
Adenin, einem Derivat des Purins und einer
Ribose, das Adenosin.

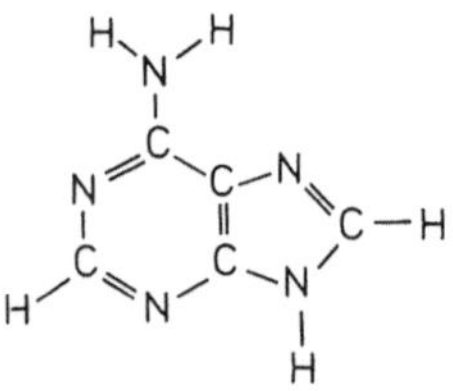

Adenin

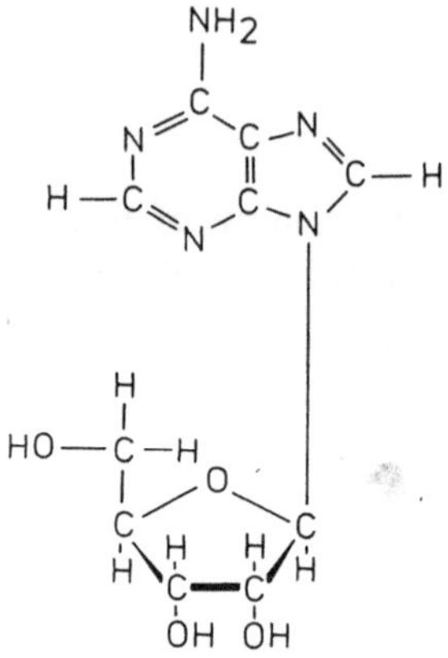

Adenosin

Verbindungen, bestehend aus einer Base
und einem Zucker (Ribose oder Desoxyribose)
nennt man generell Nukleoside. Wird ein Nukleosid mit einem Phosphatrest verknüpft,
erhält man ein Nukleotid, z.B. das Adenosin-
5′-Phosphat (oder Adenosinmonophosphat,
abgekürzt: AMP).

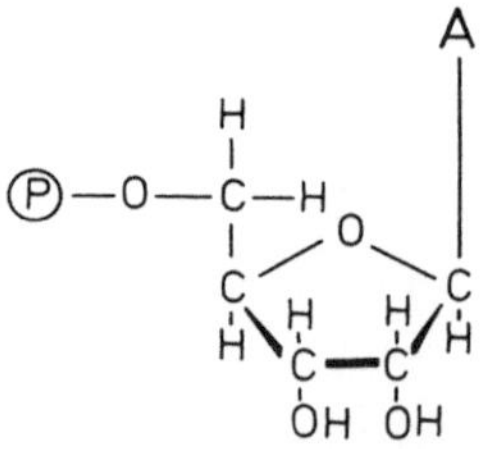

Adenosinmonophosphat
(AMP)

An dem Phosphatrest können ein oder zwei
weitere Phosphatreste hängen. Man erhält auf
diese Weise das Adenosindiphosphat (ADP)
und das Adenosintriphosphat (ATP).

(P) ~ (P) — Adenosin

(P) ~ (P) ~ (P) — Adenosin

Das ATP haben wir bereits kennengelernt. Es wirkt als Energiespeicher in der Zelle. Der Phosphatrest an einem Nukleosid kann außer mit dem C_5'-Atom zusätzlich mit dem C_3'-Atom verestert sein, wie z.B. beim cyclischen Adenosinmonophosphat (cAMP).

cAMP

Diese Verbindung entsteht aus ATP unter Abspaltung von Pyrophosphat:

$$ATP \rightarrow cAMP + (P_i)_2 \, .$$

Die Reaktion wird durch das Enzym Adenylatcyclase katalysiert. Man weiß, daß es sich dabei um ein membrangebundenes Enzym handelt. Man weiß außerdem, vor allem durch Arbeiten von Sutherland (Oak Ridge), daß das cAMP in der Zelle eine wesentliche Rolle bei der Regulation von Stoffwechselabläufen spielt. Die Adenylatcyclase wiederum kann durch äußere Einflüsse (z.B. Hormone) spezifisch aktiviert werden. Wir werden den Mechanismus und seine Bedeutung im Kapitel 42 ausführlich behandeln.

Verschiedene Nukleotide

In der Zelle kommt außer dem Adenin eine Reihe weiterer Basen vor, z.B. eine weitere Purinbase, das Guanin (Abkürzung: G).

Schreibweise in der Ketoform   Enolform

Pyrimidinbasen:

Uracil (U)

Cytosin (C)

Ein Derivat des Uracils ist das Thymin (T) (= Methyluracil):

Thymin (T)

Diese Basen können an Ribose oder an Desoxyribose gebunden sein. Es gibt also Ribonukleoside (Ribonukleotide) und Desoxyribonukleoside (Desoxyribonukleotide).

Eines ist aber zu beachten: An Ribose gebunden findet man in der Regel Uracil, an Desoxyribose: Thymin.

B. Nukleinsäuren

Nukleotide können über Phosphatreste zu langen Ketten verknüpft sein. Man nennt diese Ketten Polynukleotide oder Nukleinsäuren (vgl. Abb. 20.1). Das eine Ende der Kette (das C_5'-Ende) trägt in der Regel eine freie Phosphatgruppe, während das C_3'-Ende in der Regel mit einer -OH-Gruppe aufhört. Da die Formel eines Nukleotids zwei Ringsysteme enthält (1. Base, 2. Zucker), hat man sich darauf geeinigt, die Atome des Ringsystems der

128

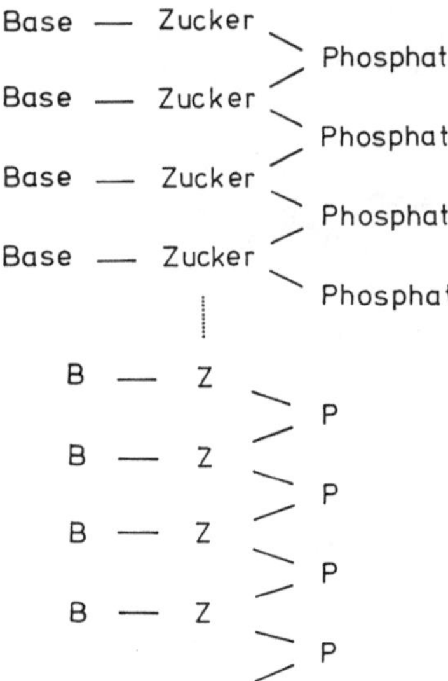

Abb. 20.1. Schema der Verknüpfung von Nukleotiden zu einem Nukleinsäuremolekül

Basen anders zu bezeichnen als die im Zuckerring. Während man die Atome im Basenringsystem $C_1, C_2, \ldots\ldots C_n$ benennt, bezeichnet man die im Zuckerring mit $C_1', C_2', C_3', \ldots$ $\ldots C_n'$; gesprochen: 1-Strich, 2-Strich etc., im Englischen 1 prime, 2 prime etc. Ein Polynukleotid hat somit ein 5-Strich (5')- und ein 3-Strich (3')-Ende. Damit ist gleichzeitig eine Richtung in einem Molekül vorgegeben.

Beschränken wir uns an dieser Stelle auf die Besprechung der Desoxyribonukleinsäure (DNS; im Englischen DNA, die englische Abkürzung ist auch in deutschen Texten weit verbreitet). Sie wurde 1869 erstmals von dem Baseler Chemiker Friedrich Miescher isoliert. Zur Zeit seiner Entdeckung arbeitete er im Physiologisch-Chemischen Institut der Universität Tübingen, das seinerzeit im Tübinger Schloß untergebracht war. Miescher nannte die aus Kernen von Eiterzellen isolierte Substanz Nuklein. Nach Basel zurückgekehrt, isolierte er die gleiche Substanz aus Lachssperma. Damals gab es ja noch Lachse im Rhein!

Wir haben bereits gelernt, daß die DNS genetische Informationen tragen kann. Damit stellen sich umgehend einige Fragen wie: Welche Struktur hat die DNS? Wie ist die Information gespeichert, wie wird sie weitergegeben?

1. Die Reihenfolge der Basen ist, auf den ersten Blick gesehen, zufällig. Der Biochemiker E. Chargaff (New York, 1950) untersuchte die Zusammensetzung bei einer Reihe verschiedener Tierarten und stellte dabei fest, daß

a) in der DNS einer jeden Art gleich viel A wie T und gleich viel G wie C vorkam,

b) das Verhältnis von A + T / C + G für jede der untersuchten Arten charakteristisch war.

2. M. Wilkins und R. Franklin (Birkbeck College, London) untersuchten die DNS mit Hilfe von Röntgenstrahlen (vgl. Abb. 20.2). Sie erhielten ein Röntgendiagramm, aus dem hervorging, daß es Regelmäßigkeiten in der Struktur geben müßte (vgl. Abb. 20.2), und daß eine schraubenförmige Struktur vorliegen müsse.

3. Im Cavendish Laboratory, dem Physikalischen Institut der Universität Cambridge (Direktor: L. Bragg – vgl. Braggsche Reflektionsbedingung: $z \cdot \lambda = 2g \sin \psi$), arbeiteten seinerzeit (1952/53) der Physiker F. Crick und der Biologe J.D. Watson, die es sich zum Ziel gesetzt hatten, die Struktur der DNS aufzuklären, indem sie versuchten, ein Modell zu bauen und die ihnen bekannten Daten von Chargaff, Wilkins und Franklin dabei zu verarbeiten. Sie hatten Erfolg bei ihren Überlegungen. Die Einzelheiten dieser Arbeit sind von J.D. Watson in einem persönlich (und somit

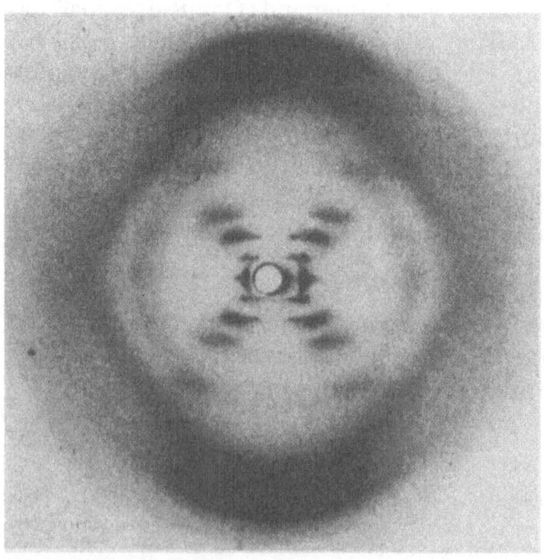

Abb. 20.2. Ein Röntgendiagramm der DNS. (Aufn. R. Franklin, 1952)

natürlich subjektiv) gehaltenen Bericht beschrieben, der als Buch, auch in deutscher Übersetzung unter dem Titel „Die Doppelhelix" vorliegt.

Die entscheidenden Merkmale des Watson-Crick-Modells sind wie folgt zusammenzufassen:

a) Ein DNS-Molekül besteht aus zwei Polynukleotidsträngen, die schraubenförmig umeinandergewunden sind.

b) Die Basen sind senkrecht zur Molekülachse orientiert. Sie sind in das Innere des Moleküls gekehrt und werden durch Wasserstoffbrücken zusammengehalten (Abb. 20.3).

c) Dabei erhält man nur zwei Typen von Basenpaarungen: A-T- und G-C-Paare (jeweils also eine Paarung zwischen einem Pyrimidin und einem Purin). Aus sterischen Gründen sind keine anderen, thermodynamisch stabilen Paarungen möglich (Abb. 20.4).

d) Die genauen Abstände der Atome und die Länge der Wasserstoffbrücken konnten ermittelt werden.

e) Watson und Crick schließen die Erstveröffentlichung (1953) ihres Modells mit dem Satz ab:

"It has not escaped our notice that the specific pairing we have postulated immediately suggests a possible copying mechanism for the genetic material."

Die Art, wie sich die DNS verdoppelt (= repliziert), war zu dem Zeitpunkt noch nicht bewiesen. Erst 1958 führten Meselson und Stahl (Pasadena) ein entscheidendes Experiment durch. Sie ließen *Escherichia coli* in einem „schweren", ^{15}N enthaltenden Medium wachsen. Der markierte Stickstoff wurde u.a. in Nukleinsäuren eingebaut. Anschließend übertrugen sie einen Teil ihrer Bakterien in „leichtes", d.h. ^{14}N enthaltendes Medium. Sie

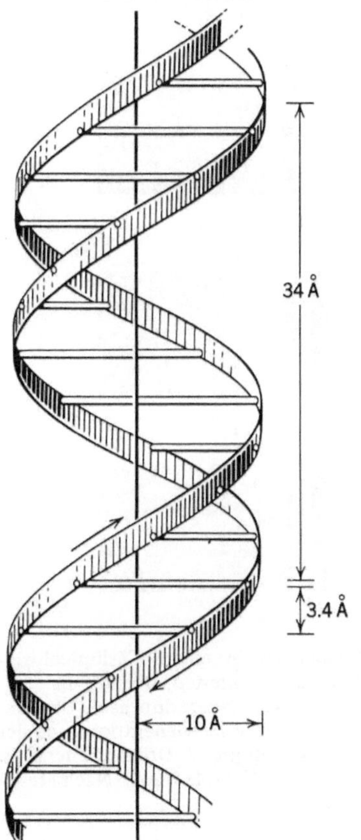

Abb. 20.3. Diagramm der DNS-Struktur. Die beiden Bänder symbolisieren die Phosphat-Zucker-Ketten und die waagerechten Stäbe die Basenpaare, die durch Wasserstoffbrücken zusammengehalten werden. Die senkrechte Linie stellt die Molekülachse dar. (Nach Watson und Crick, 1953)

Abb. 20.4. Paarung von Adenin mit Thymin (zwei Wasserstoffbrücken werden zwischen den beiden Basen ausgebildet) und von Cytosin mit Guanin (hierbei bilden sich drei Wasserstoffbrücken aus). Die Pfeile sollen die N-glykosidische Bindung mit der Desoxyribose andeuten

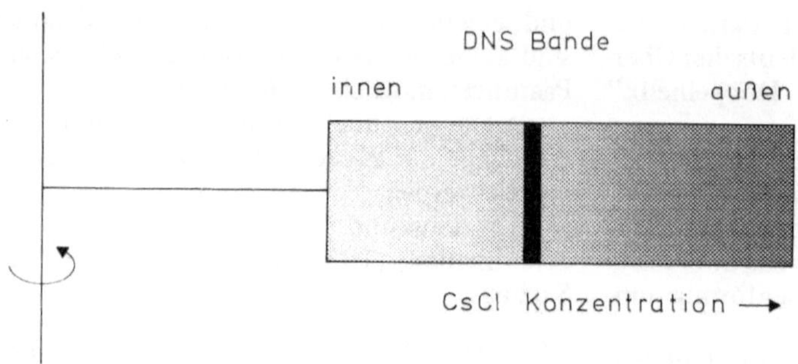

isolierten die DNS aus den Bakterien und untersuchten die Schwebedichte der DNS. Diese läßt sich mit der analytischen Ultrazentrifuge in einem Cäsiumchloridgradienten bestimmen. Eine ziemlich konzentrierte Cäsiumchloridlösung hat eine Dichte, die etwa der der DNS entspricht. Zentrifugiert man DNS in einer CsCl-Lösung, so wird sich ein Konzentrationsgradient des CsCl ausbilden. Die DNS-Moleküle sammeln sich in dem Bereich des Gradienten, der ihrer eigenen Dichte entspricht. ^{15}N enthaltende DNS (mit höherer Dichte) wird etwas stärker sedimentieren. Eine Zentrifugationsmethode dieser Art wird als Gleichgewichtszentrifugation bezeichnet. Meselson und Stahl erhielten das in Abb. 20.5 wiedergegebene Ergebnis.

Wie kann man dieses deuten? Meselson und Stahl schlugen folgende Erklärung vor (Abb. 20.6).

Durch dieses Experiment ist die Forderung von Watson und Crick erfüllt worden. Wir haben es mit einer semikonservativen Replikation zu tun, d.h. an jedem der beiden alten Stränge bildet sich ein neuer. Beide Stränge sind gleichwertig und wirken als eine Matrize. Beide bleiben in der Nachkommenschaft erhalten.

Ein Problem bleibt aber noch bestehen: Die beiden Stränge in einem DNS-Molekül liegen antiparallel.

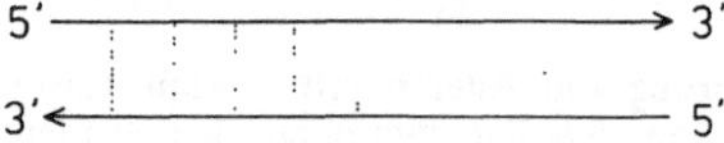

Nehmen wir an, die Verdoppelung (Replikation oder Reduplikation) beginnt an einem

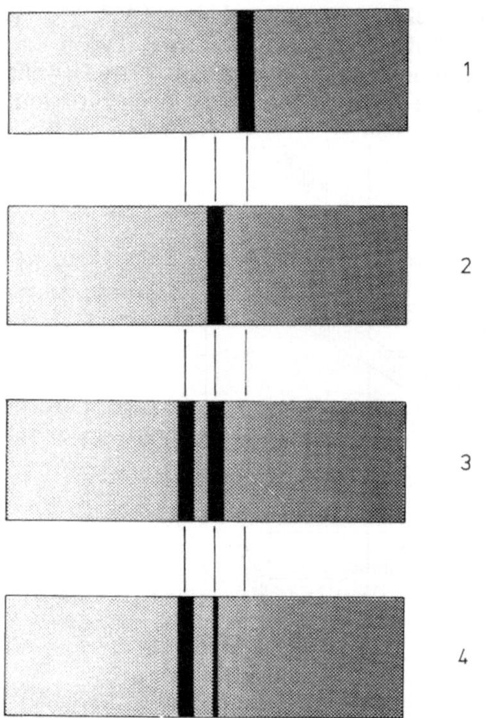

Abb. 20.5. DNS-Banden in einem Cäsiumchloridgradienten. *1* DNS aus Bakterien, die nur in ^{15}N-Medium wuchsen. *2* Erste Generation nach Übertragung in ^{14}N-Medium. *3* Zweite Generation nach der Übertragung in ^{14}N-Medium. *4* Dritte Generation nach der Übertragung in ^{14}N-Medium. (Nach Meselson und Stahl, 1958)

der Enden des Moleküls, so müssen wir folgern, daß sich die Wasserstoffbrücken zwischen den Basenpaaren lösen. An die jetzt freiliegenden Basen können sich Nukleotide anlagern, die ja in der Zelle in freier Form vorkommen:

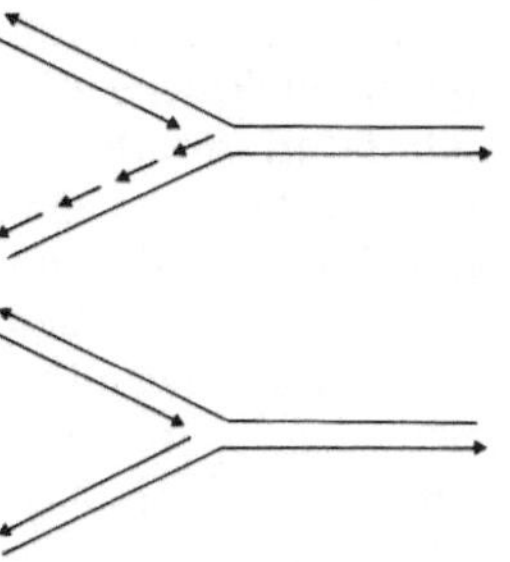

Um zwei Doppelstränge zu erhalten, müssen die sich anlagernden Nukleotide zu einem Polynukleotid verknüpft werden. Hierzu braucht man ein Enzym, eine DNS-Polymerase. Dieses Enzym ist aber, wie grundsätzlich alle Enzyme, hochspezifisch. Es kann einen Strang nur vom $5'$- zum $3'$-Ende kontinuierlich aufbauen, nicht aber umgekehrt. Diese Bedingung ist nur an einem der beiden Stränge realisierbar. Was geschieht mit dem zweiten Strang? Dieser Strang muß von „rückwärts" aufgebaut werden. Trennt sich die DNS weiter auf, so erkennt man, daß die DNS-Polymerase erneut „weiter oben" beginnen muß. Man er-

hält somit eine Synthese in kleinen Stücken, nach ihrem Entdecker Okazaki-Stücke genannt. Diese Stücke müssen natürlich untereinander verknüpft werden. Ein Enzym, das eine solche verknüpfende Eigenschaft besitzt, nennt man eine Ligase.

Offensichtlich ist die Replikation kein so einfacher Vorgang, wie es auf den ersten Blick scheinen mag. Eine Reihe von Detailfragen, auf die wir hier nicht näher eingehen können, ist auch heute noch ungeklärt. Es gibt mehrere größere und sicher viele kleine Arbeitsgruppen, die sehr intensiv an der Lösung dieser Probleme arbeiten.

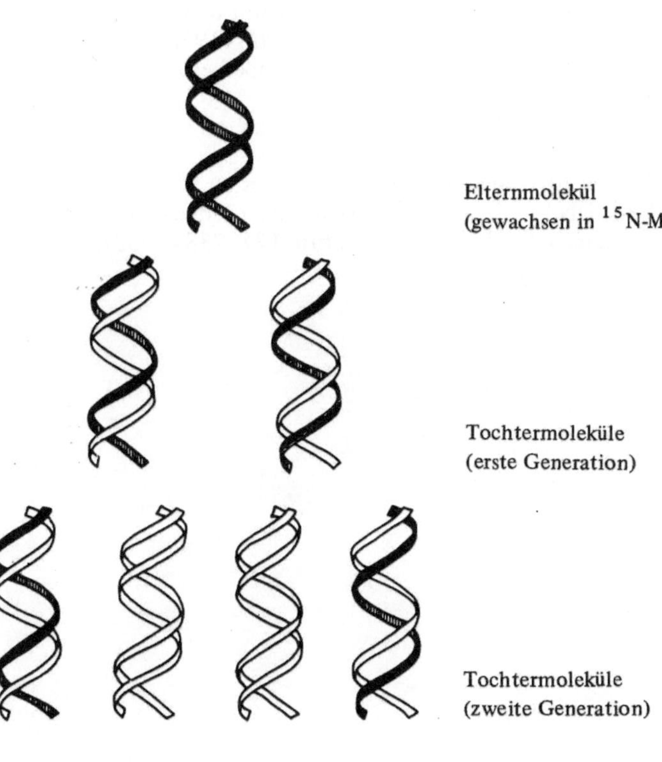

Elternmolekül
(gewachsen in ^{15}N-Medium)

Tochtermoleküle
(erste Generation)

Tochtermoleküle
(zweite Generation)

Abb. 20.6. Modell der Replikation der DNS. Jedes Tochtermolekül der ersten Generation (nach Übertragung in „leichtes" Medium) enthält einen Elternstrang (schwarz) und einen neu gebildeten „leichten" Strang (weiß). Bei dem folgenden Replikationsschritt wird die Markierung nur auf die Hälfte der Tochtermoleküle (zweite Generation) weitergegeben. (Aus Meselson und Stahl, 1958)

Zum Abschluß dieses Kapitels sollte darauf hingewiesen werden, daß die Entdeckung einer Struktur wie der DNS nicht ausschließlich von einem apparativen und experimentellen Aufwand abhängt, denn jedem Experiment muß ein intellektuelles Konzept zugrunde liegen. Es muß auch darauf hingewiesen werden, daß Watson und Crick in einem Laboratorium arbeiteten, das das richtige intellektuelle Klima besaß. Im gleichen Laboratorium arbeiteten auch M. Perutz und J. Kendrew an den Proteinstrukturen des Hämoglobins und Myoglobins. Aus der mehr an Makromolekülen interessierten Arbeitsgruppe des Cavendish Laboratoriums entwickelte sich später das Laboratory of Molecular Biology des Medical Research Council (kurz MRC Laboratory genannt), ein Labor, das auch in den darauffolgenden Jahren eine entscheidende Rolle beim Fortschritt der Molekularen Biologie spielte und von dem zahllose Impulse ausgingen und immer noch ausgehen.

Literatur

Chargaff, E.: Chemical specificity of nucleic acids and mechanism of their enzymatic degradation. Experientia VI/6, 201 (1950).

Franklin, R.E., Gosling, R.G.: Molecular configuration in sodium thymonucleate. Nature 171, 740 (1953).

Gefter, M.L., Hirota, Y., Kornberg, T., Wechsler, J.A., Barnoux, C.: Analysis of DNA polymerases II and III in mutants of Escherichia coli thermosensitive for DNA synthesis. Proc. Natl. Acad. Sci. US 68, 3150 (1971).

Knippers, R.: DNA polymerase II. Nature 228, 1050 (1970).

Meselson, M., Stahl, F.W.: The replication of DNA in Escherichia coli. Proc. Natl. Acad. Sci. US 44, 671 (1958).

Mirsky, A.E.: The discovery of DNA. Sci. Am. Juni 1968, S. 78.

Nüsslein, V., Bonhoeffer, F., Schaller, H.: Function of DNA polymerase III in DNA replication. Nature, New Biology 234, 285 (1971).

Okazaki, T., Okazaki, R.: Mechanism of DNA chain growth. IV. Direction of synthesis of T4 short DNA chains as revealed by exonucleolytic degradation. Proc. Natl. Acad. Sci. US 64, 1242 (1969).

Schaller, H., Otto, B., Nüsslein, V., Huf, J., Herrmann, R., Bonhoeffer, F.: Deoxyribonucleic acid replication in vitro. J. Mol. Biol. 63, 183 (1972).

Sutherland, E.W.: The biological role of adenosine 3'-, 5'-phosphate. Harvey Lectures 57, 17 (1961).

Watson, J.D., Crick, F.H.C.: General implications of the structure of deoxyribonucleic acid. Nature 171, 964 (1953).

Watson, J.D.: Die Doppelhelix. Hamburg: Rowohlt 1969.

Werner, R.: Mechanism of DNA replication. Nature 230, 570 (1971).

Wilkins, M.H.F., Stokes, A.R., Wilson, H.R.: Molecular structure of deoxypentose nucleic acids. Nature 171, 738 (1953).

21. Was versteht man unter Vererbung? Mendelsche Regeln

A. Die Zeit vor Gregor Mendel

Bevor wir uns über weitere Details der DNS unterhalten, müssen wir wissen, was es mit der Vererbung überhaupt auf sich hat. Das Phänomen Vererbung gehört zu den ältesten Erkenntnissen menschlicher Kulturgeschichte. Seit etwa 12 Jahrtausenden kennt man in Ägypten und Mesopotamien die Tierhaltung, obwohl eine Domestikation der Tiere erst später einsetzte. In den gleichen Zeiträumen lagen auch die Anfänge des Ackerbaus. Getreide (Gerste, Emmer, später auch Weizen) ist in Syrien und im Irak seit 6.000 Jahren, in Europa seit etwa 5.000 Jahren bekannt.

Genetisch-züchterische Maßnahmen wurden anfangs ungezielt, später jedoch in immer stärkerem Maße gezielt durchgeführt, um erwünschte Formen zu selektieren. Über Bestäubung (Fremdbefruchtung) wird bereits aus der Zeit des Königs Hammurabi (um 2.000 v.Chr.) berichtet. Es war damals bekannt, daß zum erfolgreichen Anbau von Dattelpalmen einige wenige „sterile" (männliche) Pflanzen in einer Dattelpalmenkultur stehen mußten. Man wußte somit über die diözische Natur der Dattelpalme Bescheid. Aus der Regierungszeit des Assyrers Assurnasirpal II (883–859) existiert ein Relief, das Priester bei der Bestäubung von Dattelpalmen zeigt.

Daß auch beim Menschen eine Vererbung vorkommt, entstammt der vorgeschichtlichen Beobachtung, daß Kinder ihren Eltern ähnlicher sind als anderen Menschen. Man erkannte schon frühzeitig, was Inzucht ist. Man beobachtete die Häufung gleicher Merkmale und Eigenschaften bei den Nachkommen. Es entwickelten sich Kastensysteme, deren Bildung auf der Annahme beruhte, daß sich die vorteilhaften Eigenschaften auf die Nachkommen vererben. An die Vererbung von Mißbildungen oder auffallenden negativen Merkmalen glaubte man anfangs nicht; religiöse Dogmen, Aberglaube oder philosophische Spekulationen wurden als Erklärung herangezogen. Begriffe wie Erbsünde, Prädestination des Menschen für ein Ewiges Leben, Seelenwanderung, Kastensysteme und erbliche Privilegien, um nur einige Beispiele zu nennen, sind Ausdruck ein und derselben Überzeugung: der Vererbbarkeit von Eigenschaften und ihrer Kontinuität über mehrere Generationen hinweg.

Detailliertere Beobachtungen liegen aus der Zeit der Griechen vor. Homer beschreibt in der Ilias die Herkunft der Helden, er beschreibt eine Ahnenreihe (Stammbaum) und die verwandtschaftlichen Beziehungen der Geschlechter untereinander. Der Vater vererbt an den Sohn nicht nur Waffen, sondern auch Kraft und Stärke.

Hippokrates (460–377) faßt vorliegende Beobachtungen zu der Panspermie-Lehre zusammen, die besagt, daß der Samen ein Sammelbecken für Bestandteile des ganzen Körpers sei, die dorthin zusammenfließen. Dieser Hypothese in einer modifizierten Form — der Pangenesis-Theorie — hing noch C. Darwin an. Erst 1885 löste sie A. Weismann durch die Keimbahnhypothese ab (Details darüber in Kapitel 22).

Aristoteles u.a. beobachteten das Phänomen der Kontinuität über viele Generationen hinweg. Es stellten sich aber auch Widersprüche ein:

„ . . . denn es pflanzen sich durch mehrere Generationen die Ähnlichkeiten fort, wie beispielsweise in Elis dies der Fall war, bei einem Mädchen, das sich mit einem Äthiopier verbunden hatte: die Tochter bekam nämlich nicht die Merkmale des Äthiopiers, sondern erst der Sohn von dieser."

Daß erworbene Eigenschaften vererbt würden, wurde als selbstverständlich angenommen.

Die Römer, erfahrene Praktiker, entwickelten eine Reihe spezieller Zucht- und Anbauverfahren, u.a. war ihnen die Veredelung von Pflanzen durch Pfropfen bekannt. Sie arbeiteten mit Artbastarden wie Pferd x Esel, welche bereits Homer, Hesiod und Plato bekannt waren. Man wußte, daß die Nachkommen: Maulesel und Maultier in der Regel steril waren. Viele Fabeln versuchten, die Entstehung der Arten auseinander zu deuten. Inzwischen setzte sich auch die Erkenntnis durch, daß einzelne Merkmale vererbt würden und auch Mißbildungen erblich seien. Plinius beschreibt, daß die Familie Lepidus drei Kinder mit einem Häutchen auf dem Auge hatte.

Während des Mittelalters machte die Vererbungslehre (wie alle Naturwissenschaften) nur geringe Fortschritte. Man sammelte empirisch Erkenntnisse. Beobachtungen und Anbauverfahren z.B. in Klostergärten wurden eine reiche Quelle neuer Zuchtrassen und -formen.

Eine experimentelle Phase setzte erst am Ende des 17. Jahrhunderts ein. Entscheidend sind in diesem Zusammenhang die Arbeiten von Camerarius (vgl. Kapitel 4) über das Geschlecht der Pflanzen. Zwar wußte man bereits seit der Zeit der Babylonier, daß es Dattelpalmen gibt, die keine Früchte tragen und dennoch für die Fortpflanzung erforderlich sind. Der gedankliche Zusammenhang, daß es sich hierbei um Geschlechter handelt, wurde nicht vollzogen. Die Bedeutung von Camerarius' Arbeit wurde erst von J.G. Kölreuter (1733—1806) erkannt. Er arbeitete planmäßig an Artbastarden und beobachtete, daß die Nachkommen in ihrer Erscheinung intermediär waren:

„Ich wurde mit vielem Vergnügen gewahr, daß sie (die Bastarde) gerade das Mittel zwischen den beyden natürlichen Gattungen hielten . . . . . eine fast geometrische Proportion zeigten, ein Umstand, der die alte aristotelesssche Lehre von der Erzeugung durch beyderley Samen vollkommen rechtfertigt, und hingegen die Lehre von den Saamenthierchen, oder den in den Eyerstöcken der Thiere und Pflanzen ursprünglich angenommenen und durch die männlichen Samen zu belebenden Embryonen und Keimen gänzlich widerspricht."

Er kreuzte Bastarde fortgesetzt mit der ursprünglichen, väterlichen Art und beobachtete, daß die Nachkommen solcher Kreuzungen dieser Art immer mehr ähnelten. Kölreuters Kreuzungsexperimente fanden in seiner Zeit nur wenig Anklang. Die meisten Botaniker des 18. Jahrhunderts bestritten trotz vorliegender Experimente die Existenz der Sexualität der Pflanzen. Das Dogma der Unveränderlichkeit der Arten blieb erhalten.

Zu Beginn des 19. Jahrhunderts setzte eine umfangreiche wissenschaftliche Untersuchung des Vererbungsphänomens ein. Ausgelöst und angeregt wurden solche Untersuchungen durch Preisausschreiben der Akademien, wie der Petersburger Akademie der Wissenschaften, der Preußischen Akademie der Wissenschaften zu Berlin und der Holländischen Akademie der Wissenschaften zu Haarlem. Der Preis der Preußischen Akademie ging zur Hälfte an den Braunschweiger Botaniker A.F. Wiegmann. Er fand u.a.,

1. daß einige Bastarde mehr dem Vater, andere mehr der Mutter glichen, andere wiederum intermediären Charakter zeigten. Er versäumte jedoch, ein entscheidendes Kontrollexperiment durchzuführen und reziproke Kreuzungen anzusetzen!

2. je näher elterliche Pflanzen miteinander verwandt sind, desto leichter ist eine Bastarderzeugung möglich.

3. die Tatsache der Aufspaltung von Merkmalen in nachfolgenden Generationen. Er beobachtete aber keine quantitativen Gesetzmäßigkeiten.

Der Franzose M. Sageret publizierte 1826 eine Arbeit über Untersuchungen an *Cucurbitaceae* (Kürbisgewächsen), in der er systematisch Merkmalspaare analysierte, z.B.

Fleisch:	gelb — weiß
Samen:	gelb — weiß
Schale:	mit Netz — ohne Netz (glatt)
Rippen:	stark hervortretend — nur angedeutet
Geschmack:	süß — süßsauer

Die Untersuchung der Nachkommen ergab:

1. Die Merkmale vermischen sich nicht. Man erhält entweder das eine oder das andere.

2. Einige der Merkmale sind dominant über andere. (Unabhängig von Sageret beobachtete der Italiener Galesio bereits 10 Jahre früher die Erscheinung der Dominanz.)

Den Preis der Holländischen Akademie erhielt 1837 C.F. Gaertner. Er schreibt u.a.:

„Wir haben es daher als constantes Gesetz der Bastarderzeugung gefunden, daß die aus der ursprünglichen Bastardbefruchtung mit zwei reinen Arten erzeugten Samen lauter Samenpflanzen von gleicher Gestalt hervorbringen und daß, so oft man auch die Bastardbefruchtungen mit den nämlichen Arten wiederholen mag, immer wieder dieselben Formen von Bastardpflanzen gebildet werden."

Er erkennt, daß die Vereinigung und Verteilung von Merkmalen die Ursache zur Entstehung zahlloser Varietäten ist und nimmt somit die Aussage der später als 1. Mendelsche Regel bekannten Uniformitätsregel (= Gleichförmigkeit der 1. Bastardgeneration) voraus.

„Man kann nicht genug bewundern, mit welcher Einfachheit der Mittel sich die Natur die Möglichkeit gegeben hat, ihre Produkte bis ins unermeßliche zu variieren und die Eintönigkeit zu vermeiden. Zwei dieser Mittel, Vereinigung und Verteilung von Merkmalen, die in verschiedener Weise kombiniert werden, können diese Varietäten unendlich zahlreich werden lassen."

Aus dieser Epoche stammt eine Reihe weiterer Arbeiten von mehreren Autoren. Stellvertretend soll hier als Zusammenfassung ein Ausschnitt aus einer Arbeit von H. Wichura (1865) zitiert sein:

„Das Geheimnis der Zeugung beruht darin, daß überhaupt eine Verschmelzung verschiedener Zellen zu einem gemeinschaftlichen Ganzen stattfinden kann. Diesen Vorgang als Thatsache zugegeben, müssen wir es als das natürliche, nothwendige anerkennen, daß bei der Vereinigung der beiden Zellen, wenn sie verschieden gestalteten Individuen angehören, eine mehr oder weniger genaue Mittelbildung zustande kommt, deren Gestalt sich nicht ändert, es mag nun das Ei oder die Pollenzelle von der Species a oder b genommen werden. Denn jede der beiden Zellen, gleichviel ob Keimbläschen oder Pollenschlauch, trägt den Typus des Individuums an sich, dem sie entnommen, und jede der beiden Species liefert zu der Neubildung einen numerisch gleichen Theil, nämlich eine Zelle. Beide vereint müssen also auch bei entgegengesetzter Kreuzung ein und dieselbe Mittelbildung geben, in welcher beide Species zu gleichen Antheilen vertreten sind."

B. Gregor Mendel

Im gleichen Jahr — 1865 — hielt der Augustinerpater Gregor Mendel zwei Vorträge (am 8.2. und am 8.3.) vor dem Naturforschenden Verein in Brünn. Die Arbeit wurde im darauffolgenden Jahre in den Verhandlungen des Naturforschenden Vereins unter dem Titel „Versuche über Pflanzenhybriden" von Gregor Mendel veröffentlicht.

In der Einleitung dieser Arbeit steht u.a.:

„Wer die Arbeiten auf diesem Gebiet überblickt, wird zu der Überzeugung gelangen, daß unter den zahlreichen Versuchen keiner in dem Umfange und in der Weise durchgeführt ist, daß es möglich wäre, die Anzahl der verschiedenen Formen zu bestimmen, unter welchen die Nachkommen der Hybriden auftreten, daß man diese Formen mit Sicherheit in den einzelnen Generationen ordnen und die gegenseitigen numerischen Verhältnisse feststellen könnte. Es gehört allerdings einiger Muth dazu, sich einer so weit reichenden Arbeit zu unterziehen, indessen scheint es der einzig richtige Weg zu sein, auf dem endlich die Lösung einer Frage erreicht werden kann, welche für die Entwicklungsgeschichte der organischen Formen von nicht zu unterschätzender Bedeutung ist."

Er legt großen Wert auf die Auswahl der Versuchsobjekte.

„Der Wert und die Geltung eines jeden Experimentes wird durch die Tauglichkeit der dazu benützten Hilfsmittel, sowie durch die zweckmässige Anwendung derselben bedingt. Auch in dem vorliegenden Falle kann es nicht gleichgültig sein, welche Pflanzenarten als Träger der Versuche gewählt und in welcher Weise diese durchgeführt wurden.

Die Auswahl der Pflanzengruppe, welche für Versuche dieser Art dienen soll, muss mit möglichster Vorsicht geschehen, wenn man nicht in Vorhinein allen Erfolg in Frage stellen will.

Die Versuchspflanzen müssen nothwendig

1. Constant differirende Merkmale besitzen.

2. Die Hybriden derselben müssen während der Blüthezeit vor der Einwirkung jedes fremdartigen Pollens geschützt sein oder leicht geschützt werden können.

3. Dürfen die Hybriden und ihre Nachkommen in den aufeinander folgenden Generationen keine merkliche Störung in der Fruchtbarkeit erleiden.

Fälschungen durch fremden Pollen, wenn solche im Verlaufe des Versuches vorkämen und nicht erkannt würden, müssen zu ganz irrigen Ansichten führen. Verminderte Fruchtbarkeit, oder gänzliche Sterilität einzelner Formen, wie sie unter den Nachkommen vieler Hybriden auftreten, würden die Versuche erschweren oder ganz vereiteln. Um die Beziehungen zu erkennen, in welchen die Hybridformen zu einander selbst und zu ihren Stammarten stehen, erscheint es als nothwendig, dass die Glieder der Entwicklungsreihe in jeder einzelnen Generation v o l l z ä h l i g der Beobachtung unterzogen werden."

Er wählte bei der Erbse (*Pisum*) sieben Merkmalspaare aus und stellte fest, daß jeweils das eine der beiden Merkmale dominant war (in der folgenden Tabelle an erster Stelle genannt). Kreuzte er die Hybriden untereinander, so traten in

„dieser Generation nebst den dominanten Merkmalen auch die rezessiven in ihrer vollen Eigenthümlichkeit wieder auf."

Mendel nannte diese Generation die „Erste Generation der Hybriden". Wir nennen heute die Elterngeneration P (= Parentalgeneration) und die darauffolgenden Generationen F_1, F_2 ..... F_n (= Filialgenerationen). In der F_1

sind alle Individuen gleichförmig (bezogen natürlich nur auf das zu testende Merkmal), in der F_2 etc. kommt es zu der bereits beschriebenen Aufspaltung (Kölreuter, Gaertner).

Mendel untersuchte die F_2 und erhielt folgendes Ergebnis:

Unter Anwendung der obigen Formel erhalten wir:

$$\frac{361}{5.493} + \frac{361}{1.831} = 0,07 + 0,19 = 0,26.$$

Merkmalspaar		ausgezählte Individuen	Verhältnis
1. Samen:	rund − kantig	5.474−1.850	2,96 : 1
2. Kotyledonen:	gelb − grün	6.022−2.001	3,01 : 1
3. Samenschale:	grau − weiß	705− 224	3,15 : 1
4. Hülse:	einfach gewölbt − eingeschnürt	882− 299	2,95 : 1
5. Unreife Hülse:	grün − gelb	428− 152	2,82 : 1
6. Blüte:	achsenständig − endständig	651− 207	3,14 : 1
7. Blütenachse:	lang − kurz	787− 277	2,84 : 1

Aus diesen Ergebnissen schloß er, daß sich die Merkmale in einem Verhältnis von 3:1 aufspalten.

Es sind später, vor allem von Fisher (1936), Zweifel an Mendels Werten angemeldet worden. Fisher meinte, aufgrund statistischer Erwartungen seien die Ergebnisse zu genau. Es fehlten Angaben über fehlgeschlagene Versuche! Hat Mendel wirklich nur sieben Merkmale untersucht? Er wußte sicher, daß mehr Merkmalspaare vorhanden waren. Man kann heute die Frage stellen, wie hoch die Wahrscheinlichkeit ist, aus solchen Zahlen ein erwartetes Ergebnis abzuleiten. Man verwendet hierfür den Chi (χ)-Quadrat-Test:

$$\chi^2 = \sum \frac{d^2}{e}$$

e = Erwartung, d = Abweichung davon. Der χ^2-Test funktioniert nur, wenn man absolute Zahlen einsetzt. Einige Beispiele mit Mendels Werten sollen das erläutern:

Zu 1. (rund − kantig): 5.474 + 1.850 = 7.324. Bei einer idealen Aufspaltung von 3:1 würde man (7.324/4) x 3 : (7.324/4) erhalten, also wäre

e: 5.493 und 1.831,

dann wäre d die Differenz zwischen gefundenem und erwartetem Wert,

d: 19 und 19.

Zu diesem χ^2-Wert kann man aus einer Tabelle die Wahrscheinlichkeit P ablesen, ob das Ergebnis mit der Erwartung übereinstimmt oder nicht. In diesem Fall erhält man eine Wahrscheinlichkeit für die Übereinstimmung mit der 3:1-Aufspaltung von 70−90%.

Zu 2. (gelb − grün): Bei der Aufspaltung $6.022 + 2.001$ ist $\chi^2 = 4/6.018 + 25/2.006 = 0,015$. Das entspricht einer Wahrscheinlichkeit von über 99%! Hier setzt die Kritik an.

Das 3:1-Ergebnis deutet Mendel durch folgende Abstraktion:

„Pollenzellen   A   A   a   a

Keimzellen   A   A a   a

Das Ergebnis der Befruchtung lässt sich dadurch anschaulich machen, dass die Bezeichnungen für die verbundenen Keim- und Pollenzellen in Bruchform angesetzt werden, und zwar für die Pollenzellen über, für die Keimzellen unter dem Striche. Man erhält in dem vorliegenden Falle:

$$\frac{A}{A} + \frac{A}{a} + \frac{a}{A} + \frac{a}{a} \text{.''}$$

Aus dieser Formel konnte er die Verteilung der Merkmale in den aufeinanderfolgenden Generationen errechnen:

„Gene-ration	A	Aa	a	in Verhältnis gestellt:				
				A	:	Aa	:	a
1	1	2	1	1	:	2	:	1
2	6	4	6	3	:	2	:	3
3	28	8	28	7	:	2	:	7
4	120	16	120	15	:	2	:	15
5	496	32	496	31	:	2	:	31
n				2^n-1	:	2	:	2^n-1

In der 10. Generation z.B. ist $2^n-1 = 1.023$. Es gibt somit unter je 2048 Pflanzen, welche aus dieser Generation hervorgehen, 1023 mit dem constanten dominirenden, 1023 mit dem recessiven Merkmale und nur 2 Hybriden."

Hieran wird deutlich, daß es bei einer kontinuierlichen Kreuzung der Bastarde untereinander zu einer Anreicherung der Merkmale der Elterntypen kommt, und zwar sowohl der rezessiven wie auch der dominanten Merkmale, während die Zahl hybrider Formen ständig abnimmt. Hybriden haben die Neigung, zu den Stammformen zurückzukehren, Beobachtungen, die qualitativ bereits von Kölreuter und Gaertner gemacht wurden.

Diese Tabelle deutet auch auf das Problem der Inzucht hin. Inzucht bedeutet: ständige Bruder-Schwester-Paarungen (oder Paarungen mit nahen Verwandten). Inzucht hat es, wie schon erwähnt, in frühen menschlichen Gesellschaften häufig gegeben, sie geriet aber später mehr und mehr in Verruf und wurde sogar durch viele religiöse Dogmen verboten. Diesem Verbot liegen intuitiv diese erst von Mendel errechneten Werte zugrunde, doch auch Mendel erkannte ihre Bedeutung für das Inzuchtproblem nicht.

Mit anderen Worten: Durch Inzucht reichert man über viele Generationen hinweg nicht nur gute (funktionsfähige) Merkmale (= Gene) an, sondern auch rezessive. Diese Erkenntnis führte, wie schon angedeutet, zu dem Verbot von Bruder-Schwester-Ehen etc.

Was heißt rezessiv, was dominant?
Ganz allgemein und vereinfacht ausgedrückt:
   dominant: eine Merkmalsanlage bildet ein funktionsfähiges Produkt,
   rezessiv: eine Merkmalsanlage ist defekt oder schwächer als eine dominante.

Kombinationen mehrerer Merkmalspaare
In einer F_2 fand Mendel folgende Kombinationen:

> [315 runde Samen, gelbe Kotyledonen
> 108 runde Samen, grüne Kotyledonen]
> [101 kantige Samen, gelbe Kotyledonen]
> 38 kantige Samen, grüne Kotyledonen

Hieraus leitete er ab:

$$A + 2Aa + a$$
$$B + 2Bb + b$$
$$C + 2Cc + c \text{ etc.}$$

„Die Nachkommen der Hybriden, in welchen mehrere wesentlich verschiedene Merkmale vereinigt sind, stellen die Glieder einer Kombinationsreihe vor, in welchen die Entwicklungsreihen für je zwei differirende Merkmale verbunden sind. Damit ist zugleich erwiesen, daß das Verhalten je zweier differirender Merkmale in hybrider Verbindung unabhängig ist von den anderwärtigen Unterschieden an den beiden Stammpflanzen."

Was ist an Mendels Arbeit originell?
   1. Er kreuzte nicht verschiedene Arten miteinander wie seine Vorgänger, sondern verwendete Sorten (= Rassen) einer Art.
   2. Neu war das Arbeiten mit genauen Zahlen und die Erkenntnis der Bedeutung der Abstraktion. War dieser Schritt vollzogen, ließ das Ergebnis eine Extrapolation zu, eine Vorhersage (vgl. letzten Abschnitt).
   3. Er erkannte, daß sich Merkmale unabhängig voneinander vererben.

Diese Aussagen sind wichtig genug, um zu kritischen Fragen Anlaß zu geben, wie es Fisher getan hatte. Einige seiner Fragen lauteten:

Was entdeckte Mendel wirklich?
Was glaubte er, entdeckt zu haben?
Was sagten seine Zeitgenossen zu dieser Entdeckung?

Über die ersten beiden Fragen haben wir bereits diskutiert. Die dritte Frage ist soweit zu beantworten, als daß Mendel in seiner Zeit unverstanden blieb.

Sind Mendels Folgerungen, die er durch Untersuchungen an der Erbse (*Pisum*) gewonnen hatte, auch auf andere Arten übertragbar? Er schreibt hierzu:

„Die Geltung der für *Pisum* aufgestellten Sätze bedarf allerdings selbst noch der Bestätigung, und es wäre deshalb eine Wiederholung wenigstens der wichtigeren Versuche wünschenswerth, z.B. jener über die Beschaffenheit der hybriden Befruchtungszellen.

Dem einzelnen Beobachter kann leicht ein Differentiale entgehen, welches, wenn es auch anfangs unbedeutend scheint, doch so anwachsen kann, dass es für das Gesammt-Resultat nicht vernachlässigt werden darf. Ob die veränderlichen Hybriden anderer Pflanzenarten ein ganz übereinstimmendes Verhalten beobachten, muss gleichfalls erst durch Versuche entschieden werden; indessen dürfte man vermuthen, dass in wichtigen Puncten eine principielle Verschiedenheit nicht vorkommen könnte, da die Einheit im Entwicklungsplane des organischen Lebens ausser Frage steht."

Mendel hatte Schwierigkeiten, die Ergebnisse an einer anderen Art, dem Habichtskraut (*Hieracium*), zu reproduzieren. Damit setzten natürlich Zweifel ein. Heute wissen wir, daß das Habichtskraut einen sehr komplizierten Fortpflanzungsmechanismus hat (Apomixis), der keine klaren Ergebnisse erwarten läßt.

Erst 1900 war die Zeit reif, um Mendels Feststellungen wiederzuentdecken, und zwar gleich dreimal! Unabhängig voneinander arbeiteten Correns, deVries und Tschermak an verschiedenen pflanzlichen Objekten. Sie gelten heute als Wiederentdecker der Mendelschen Regeln.

War Mendel der einzige im 19. Jahrhundert, der erkannte, daß es in der F_2 eine zahlenmäßige Aufspaltung der Merkmale gab? Auch hier gab es einen Vorgänger, den schlesischen Bienenzüchter und Pfarrer (!) J. Dzierzon, der 1854 über seine Züchtungsversuche an deutschen und italienischen Bienen schrieb:

„Man muß die volle Gewißheit haben, daß die Königin von Geburt der echten Rasse angehört. Ist sie selbst schon aus Bastardbrut entstanden, kann sie auch unmöglich reine Drohnen erzeugen, sondern sie erzeugt halb italienische, halb deutsche Drohnen, aber merkwürdig, nicht der Art, sondern der Zahl nach, als falle es der Natur schwer, beide Arten zu einer Mittelrasse zu verschmelzen."

Hat Mendel von dieser Arbeit gewußt? Wurde er durch sie beeinflußt? Kannte er etwa Dzierzon persönlich?

Literatur

Darlington, C.D.: Die Entwicklung des Menschen und der Gesellschaft. Düsseldorf: Econ 1971.

Mendel, G.: Versuche über Pflanzenhybriden (1865). Nachdruck: Weinheim: H.R. Engelmann (J. Cramer) 1960.

Stubbe, H.: Kurze Geschichte der Genetik bis zur Wiederentdeckung der Vererbungsregeln Gregor Mendels. Jena: VEB Gustav Fischer 1965.

22. Was ist ein Gen?

A. Die Genforschung im 19. und zu Beginn des 20. Jahrhunderts

1. Mitose und Meiose

1866 postulierte Haeckel, daß der Zellkern die stoffliche Grundlage der Vererbung sei. 1884, nach der Aufklärung der Mitose, wurde dieses Postulat von O. Hertwig und E. Strasburger erhärtet. Strasburger und Bütschli fanden die Verschmelzung zweier Zellkerne bei der Befruchtung. Hieraus ergab sich aber das Problem der Verdopplung des Kernmaterials. Man würde also in jeder Generation nach der Befruchtung doppelt soviel Kernmaterial vorfinden wie in der vorhergehenden.

Aus diesem Dilemma führte die von E. van Beneden und T. Boveri (1887, 1888) gemachte Entdeckung der Reduktionsteilung (Meiose) heraus. Bei der Bildung der Gameten halbiert sich die Chromosomenzahl. Die Gameten haben einen einfachen (haploiden) Chromosomensatz (n-Chromosomen). Alle übrigen Körperzellen haben einen doppelten (diploiden) Chromosomensatz mit 2n-Chromosomen. Jeweils zwei Chromosomen sind einander homolog. Ein günstiges Versuchsobjekt — *Ascaris megalocephala* (Spulwurm) — mit n = 2 Chromosomen erleichterte das Arbeiten.

2. Die Entdeckung der Gene

Schon vor dieser Entdeckung stellte der Freiburger Zoologe August Weismann die Theorie der Keimbahn auf (1885). Sie besagt, daß es in jedem vielzelligen Organismus spezifische Keimzellen gibt, deren genetisches Material von einer Generation auf die folgende übertragen wird, während die übrigen Körperzellen (somatische Zellen) hierzu keinerlei Beitrag leisten. Er postulierte weiterhin, daß die Vererbungssubstanz Determinanten enthalten müßte, die für die Ausprägung aller Merkmale eines Individuums verantwortlich sind. Und damit sind wir bei der gleichen Forderung, wie sie von G. Mendel aufgestellt wurde, der diese Determinanten Anlagen nannte. Wir nennen sie heute: Gene.

Mendel: „ . . . die unterschiedlichen Merkmale zweier Pflanzen können zuletzt doch nur auf den Differenzen in der Beschaffenheit und Gruppierung der Elemente beruhen, welche in den Grundzellen derselben in lebendiger Wechselwirkung stehen."

3. Chromosomentheorie

Die Verknüpfung der cytologischen Befunde mit genetischen Daten erfolgte unmittelbar nach der Wiederentdeckung der Mendelschen Regeln. Die Chromosomentheorie der Vererbung geht auf Sutton (1902) und T. Boveri (1904) zurück, gestützt wurde sie durch weitere Untersuchungen von Cannon (1902), Wilson (1902), de Vries (1903) und Heider (1906). Boveri fand 1904, daß die Chromosomen sich nicht nur in ihrer Form, sondern auch in ihrer Funktion (qualitativ) voneinander unterscheiden. Er beschrieb Chromosomenanomalien, die phänotypisch zur Ausbildung bösartiger (maligner) Tumoren führten.

Schon bald nach 1900 wurde eine Reihe von Unstimmigkeiten mit den Mendelschen Regeln bekannt. So fanden 1908/09 der Botaniker Correns und der Pflanzenzüchter E. Baur, daß es bei einigen Pflanzen (z.B. *Mirabilis jalapa*) eine Art mütterlicher Vererbung gab, d.h. daß ein Merkmal wie Weiß-Grün-Scheckung der Blätter (wg) nur mütterlicherseits übertragen werden konnte.

Eltern		Nachkommen
♀	♂	
wg	g	wg
g	wg	g

wg: Blätter weiß-grün
g: Blätter grün

Die Voraussetzung für das Auffinden einer mütterlichen Vererbung war das Ansetzen reziproker Kreuzungen. Man nannte diese Erscheinung später plasmatische Vererbung oder extrachromosomale Vererbung und wies sie bei vielen Pflanzen und einigen Tieren (z.B. Insekten) nach (vgl. S. 30).

4. Drosophila

Weitere entscheidende Fortschritte in der Genetik brachte die Wahl eines neuen Objekts, der Fruchtfliege *Drosophila melanogaster* durch T.H. Morgan (ab 1910), da sie gegenüber den bisherigen Versuchsobjekten folgende Vorteile aufzuweisen hatte:

a) Man kann sie im Labor in relativ großen Mengen halten.

b) Die Generationsdauer beträgt nur ca. 14 Tage, während man bei grünen Pflanzen pro Jahr eine, maximal zwei bis drei Generationen erhält.

c) Sie ist billig zu halten, benötigt nur wenig Platz — eine Flasche statt eines Feldes — und kann mit Pflaumenmus, Bananenbrei oder ähnlichem ernährt werden.

d) Es gibt viele Merkmalspaare, die man leicht voneinander unterscheiden kann, wie:

Augen:	rot — weiß
Körperfarbe:	braun — gelbbraun
Oberfläche:	behaart — nicht behaart
Flügel:	normal — verstümmelt

Mehrere hundert solcher Merkmalspaare sind heute bekannt. Die anfangs untersuchten Merkmalspaare verhielten sich so, wie man es nach den Mendelschen Regeln erwarten sollte. Je mehr Merkmalspaare Morgan u. Mitarb., vor allem Sturtevant, Bridges und Muller ("The *Drosophila* group"), untersuchten, desto deutlicher zeigten sich signifikante Abweichungen von der Mendelschen Unabhängigkeitsregel. Sie fanden vier Kopplungsgruppen, d.h. eine (in der Regel) gemeinsame Vererbung von Merkmalsanlagen, die einer Kopplungsgruppe angehören. Unabhängig davon wurde festgestellt, daß *Drosophila melanogaster* n = 4 Chromosomen besitzt. Damit wurde verständlich, warum Gene gekoppelt sein müssen, da ja bei der Meiose und der anschließenden Befruchtung ganze Chromosomen neu verteilt werden und nicht einzelne Gene.

Warum hat Mendel keine gekoppelten Gene gefunden? Hat er welche gefunden und die Daten nicht veröffentlicht, weil sie nicht in sein Konzept paßten?

Gelegentlich wurde· auch die Regel der Kopplungsgruppen durchbrochen. Worauf ist das zurückzuführen?

5. Crossing over

Bei der Meiose paaren sich homologe Chromosomen (bestehend aus je zwei Chromatiden), bevor sie voneinander getrennt werden. Zuvor umwinden sich gelegentlich einzelne Chromatiden. Sie bilden eine Struktur, die man als Chiasma bezeichnet. An den Überkreuzungspunkten kann es zu einem Bruch mit anschließender „falscher" Verwachsung kommen: Crossing over.

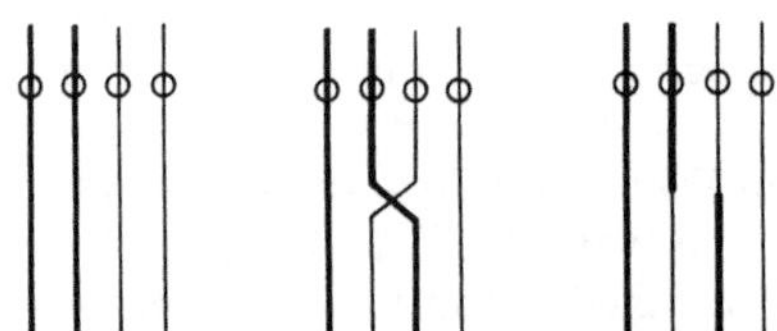

Wir haben es also mit einem Stückaustausch zu tun, bei dem ein Teil eines Chromosoms nunmehr einem anderen zugeordnet wird (Abb. 22.1).

Was hat das alles mit Genen zu tun? Wie kann man nachweisen, daß Gene auf Chromosomen liegen? Zunächst einiges zur Nomenklatur: In den Körperzellen finden wir 2n Chromosomen, damit auch jedes Gen zweifach. Man nennt jedes einzelne: Allel. Sind beide Allele untereinander gleich, spricht man von homozygoten Allelen, sind sie verschieden, von heterozygoten.

Für Gene kennt man verschiedene Abkürzungen, z.B. für das Allelpaar gelb — grün: G — g, wobei der kleine Buchstabe für das rezessive Allel steht, der große für das dominante.

In einer anderen Schreibweise wird das dominante Allel durch ein hochgestelltes $^+$ gekennzeichnet: g^+, das rezessive durch $^-$: g^- etc.

Doch zurück zu der Frage, wo liegen die Gene in den Chromosomen? Morgans Beob-

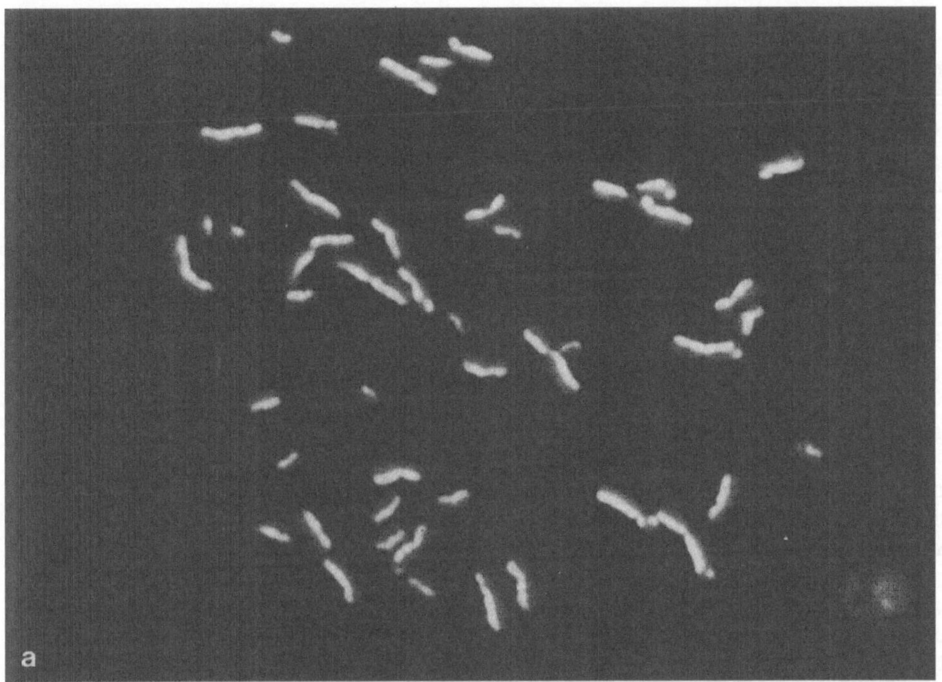

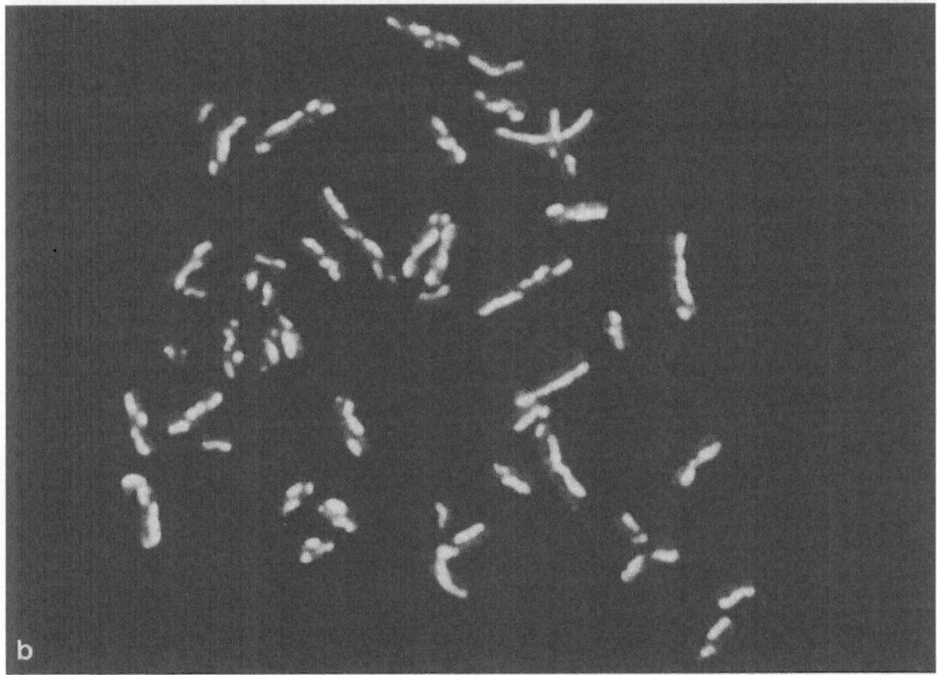

Abb. 22.1 a und b. Menschliche Chromosomen. Es sind kürzlich spezifische Färbeverfahren entwickelt worden, die es erlauben, die beiden Tochterchromosomen während der Metaphase voneinander zu unterscheiden, eines der beiden wird durch einen Fluoreszenzfarbstoff markiert. Kommt es zu einem Stückaustausch (Crossing over), so erkennt man ein Überspringen eines gefärbten (markierten) Bereichs der einen Chromosomenhälfte auf die andere (ungefärbte). Betrachten Sie die Abb. (a) recht genau. Es sind neun derartige Sprünge zu sehen. Durch Zusatz eines Antibiotikums (Mitomycin C), einem Vernetzungsmittel für DNS, läßt sich die Zahl der Stückaustausche erheblich erhöhen (b), in dem hier gezeigten Präparat finden sich 54 Austausche. (Aufn. S.A. Latt, Boston)

142

achtung des Crossing over konnte eine Antwort darauf geben. Er ging von der Überlegung aus, daß zwei Gene umso häufiger voneinander getrennt werden, je weiter entfernt sie voneinander liegen.

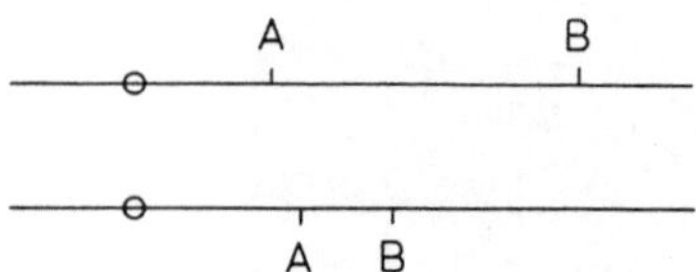

Vorausgesetzt ist natürlich, daß die Cross over-Stelle rein zufällig entlang des ganzen Chromosoms auftreten kann. Mit anderen Worten: Die Cross over-Häufigkeit ist ein Maß für den Abstand zweier Gene voneinander. Damit ist das Ergebnis umfangreicher Versuchsserien vorweggenommen: Die Gene liegen in linearer Anordnung auf dem Chromosom. Sturtevant gelang es, die erste Genkarte eines Chromosoms zu rekonstruieren.

B. Welche weiteren Aussagen konnten im Verlauf des ersten Teils dieses Jahrhunderts gewonnen werden?

1. Riesenchromosomen

1881 beobachtete Balbiani in den Zellen der Speicheldrüsen von *Dipteren*larven fädige Strukturen mit deutlicher Querbänderung. Kostow (1930) und Bauer und Heitz (1933) erbrachten den Nachweis, daß es sich hier um riesige Chromosomen handelt. Damit wurde natürlich sofort die Frage induziert, ob diese Banden etwas mit den Genen zu tun haben (Kostow, 1930). T.S. Painter, C.B. Bridges und A.H. Sturtevant griffen die Frage auf und konnten durch umfangreiche Detailanalysen zeigen, daß die durch Crossing over lokalisierten Genorte mit den Banden der Riesenchromosomen korreliert werden konnten (vgl. Abb. 22.2). Arbeiten der letzten Jahre ergaben jedoch, daß die Gene nicht in den Banden, sondern vornehmlich in den jeweils benachbarten Interbanden lokalisiert sind.

2. Geschlechtsbestimmung

Man fand, daß es außer Chromosomenpaaren, die in ihrer Gestalt nicht voneinander zu unterscheiden sind (Autosomen), ein Paar gibt, deren Chromosomen sich voneinander unterscheiden können, und daß diese Unterschiede eindeutig geschlechtsgebunden waren. So findet man beim ♀ zwei gleiche Chromosomen: XX, beim ♂ zwei voneinander verschiedene: XY. Da bei der Bildung der Keimzellen eine Trennung der homologen Chromosomen erfolgt, die bei der Befruchtung zufallsgemäß wieder vereint werden, wird klar, warum die beiden Geschlechter im Verhältnis 1:1 auftreten.

Spermien mit einem X-Chromosom sind weibchenbestimmend, und solche mit Y-Chromosom männchenbestimmend. Diese Aussage gilt nicht für Vögel und manche Insekten, dort ist das männliche Geschlecht hinsichtlich der Geschlechtschromosomen homozygot. Sie gilt auch nicht für die meisten höheren Pflanzen.

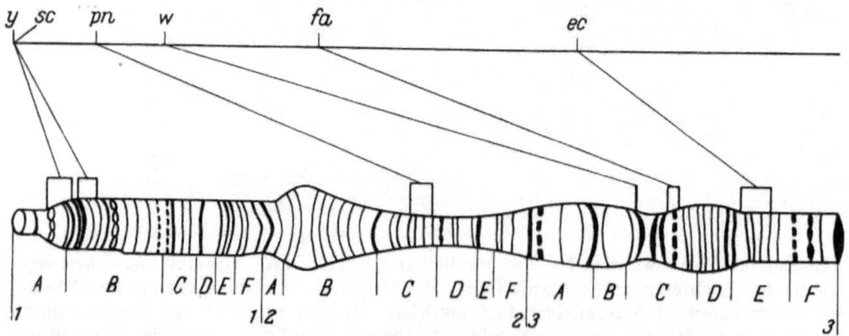

Abb. 22.2. Korrelation einer Genkarte mit dem Banden- und Interbandenmuster eines Speicheldrüsenchromosoms von *Drosophila*. Es handelt sich hierbei um einen Ausschnitt des X-Chromosoms. Die Gensymbole bedeuten: *y* gelbe Körperfarbe; *sc* fehlende Borsten; *pn* braune Augen; *w* weiße Augen; *fa* unregelmäßige Ommatidien; *ec* rauhe Augen. (Nach Bridges, 1935)

3. Mutanten

De Vries beobachtete an der Nachtkerze (*Oenothera*), daß gelegentlich Formen auftraten, die sich von ihren Eltern unterschieden, und die, nachdem sie einmal auftraten, bei sämtlichen Nachkommen zu beobachten waren. Er nannte solche Änderungen des Erbguts Mutationen, die daraus resultierenden Formen: Mutanten.

Auch bei anderen Arten wie z.B. bei *Drosophila* sind zahlreiche Mutanten bekannt geworden. H.J. Muller entdeckte 1922, daß man durch Röntgenstrahlen Mutationen auslösen konnte (vgl. Kapitel 25). In den Jahren danach stellte man fest, daß auch Chemikalien mutationsauslösend sind (C. Auerbach), so das Senfgas (β,β' Dichlordiäthylsulfid: Lost)

$$Cl-CH_2-CH_2-S-CH_2-CH_2-Cl,$$

das im ersten Weltkrieg als Kampfgas eingesetzt worden ist.

Ein weiterer Mutantentyp sind die Chromosomenmutationen, bei denen Stücke des Chromosoms fehlen (Deletionen), zusätzliche Stücke eingesetzt sind (Insertionen), oder Stücke umgekehrt sind (Inversionen, s. Abb. 22.3). Inversionen sind bei *Drosophila* recht genau untersucht worden, vor allem durch T. Dobzhansky (Rockefeller University, New York).

4. Heterosis

Bei Bastarden sind bestimmte Eigenschaften oft besser ausgebildet als bei ihren Eltern. Bastarde sind z.B. leistungsfähiger, ergeben einen höheren Ertrag oder sie bringen größere Früchte hervor. Wir finden eine Erklärung dafür, wenn wir annehmen, daß für jedes der gemessenen Merkmale mehrere Gene verantwortlich sind. Das fehlende Modell mit zehn gekoppelten und/oder nicht gekoppelten Genen soll das veranschaulichen:

P_1		P_2			F_1	
A	A	a	a		A	a
B	B	b	b		B	b
C	C	c	c		C	c
D	D	d	d		D	d
E	E	x e	e	→	E	e
f	f	F	F		f	F
g	g	G	G		g	G
h	h	H	H		h	H
i	i	I	I		i	I
j	j	J	J		j	J

Nehmen wir an, ein jedes dominante Allel (unabhängig davon, ob es heterozygot oder homozygot vorliegt), liefert zum Ertrag einen gleichen Anteil: *1*, so wird jeder der Elternstämme unseres Beispiels den Ertrag *5* bringen, der Bastard den Ertrag *10*. Stellen wir eine F_2 her, so werden sich die Merkmalspaare (unabhängig) voneinander verteilen, wir würden somit alle möglichen Kombinationen erhalten, wobei aber nur sehr wenige Indivduen die Ertragswerte *10, 9, 8* . . . erreichen würden. Der Gesamtertrag würde somit weit unter *10* liegen. Diese Erscheinung (Heterosis) — hier in vereinfachter Form dargestellt — macht man sich in der Landwirtschaft zunutze, z.B. beim Maisanbau (speziell in den USA), wo man reine Elternstämme züchtet, die Samen als Saatgut verkauft und die daraus heranwachsenden Bastardpflanzen erntet.

5. Pleiotropie

Wir sind bisher von der Voraussetzung ausgegangen, daß ein Gen die Ausprägung eines Merkmals beeinflußt. Es gibt aber zahlreiche Fälle, in denen viele Merkmale durch nur ein Gen beeinflußt werden. Die Einzelheiten werden wir in folgenden Kapiteln ausführlich besprechen. Diese Genwirkung wird als pleiotrop bezeichnet.

6. Chromosomenaberrationen

Bei der Mitose und vor allem der Meiose können Fehler unterlaufen, so daß in die eine

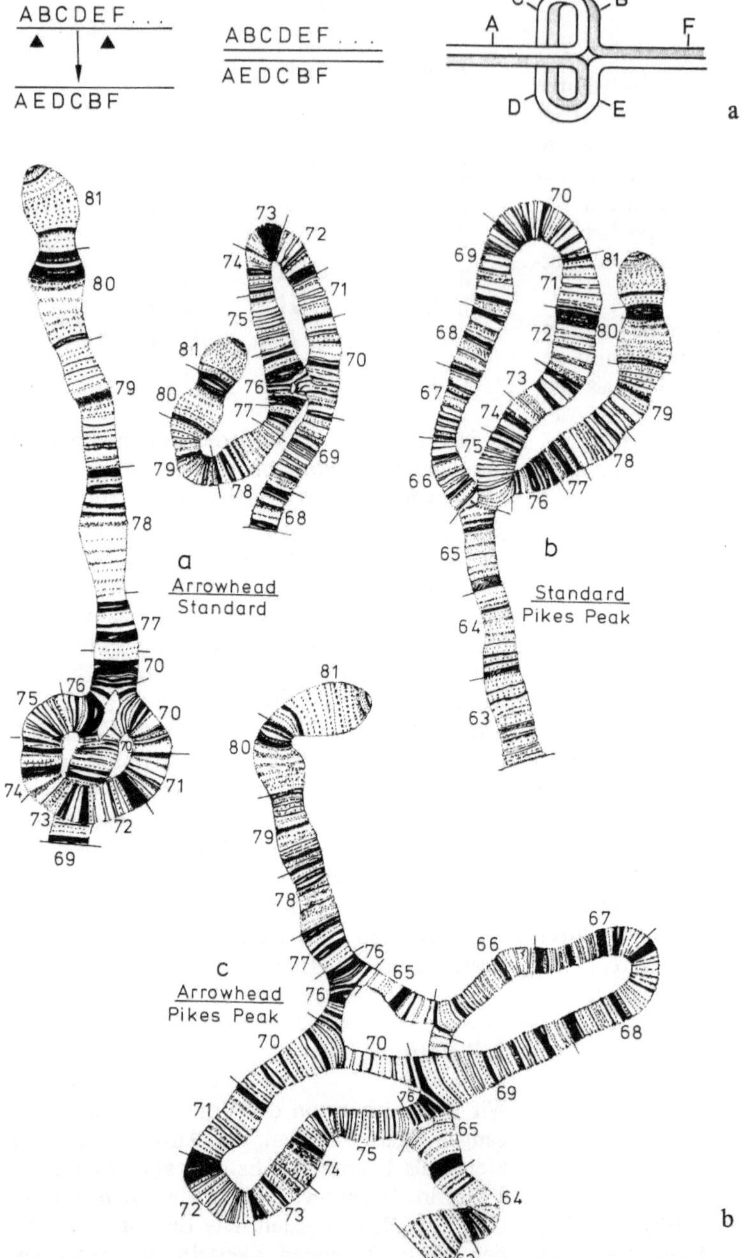

Abb. 22. 3. (a) Inversionen bei *Drosophila*-Chromosomen. Die einzelnen Chromosomenabschnitte sind durch Buchstaben symbolisiert. Bei der Paarung homologer Chromosomen während der Meiose kommt es zu Schleifenbildungen, wenn Inversionen im Spiel sind. (b) Bei *Drosophila pseudoobscura* ist eine Reihe von Inversionen nachgewiesen worden. Die einzelnen Chromosomenabschnitte sind durch Ziffern gekennzeichnet. Inversionstypen sind durch bestimmte Anordnungen der Gene (Chromosomenabschnitte) charakterisiert, sie tragen Bezeichnungen wie Standard (*ST*), Arrowhead (*AR*), Pikes Peak (*PP*) u.a. Bei der Paarung unterschiedlicher Typen kommt es in den Riesenchromosomen in den Speicheldrüsen der Larven zur Schleifenbildung. Einige solcher Schleifen sind in der Abb. wiedergegeben. Je unterschiedlicher die Anordnungen der Gene in den gepaarten Chromosomen sind, desto komplexer ist das Muster der Schleifen. (Nach Th. Dobzhansky)

Tochterzelle ein zusätzliches Chromosom gerät, während der anderen eines fehlt. Chromosomenaberrationen sind bei Tieren und Pflanzen nachgewiesen worden. Besonders kritisch sind sie beim Menschen. Der Mensch besitzt n = 22 Autosomen + 1 Geschlechtschromosom, so daß wir im diploiden Satz 46 Chromosomen vorfinden. Die bekanntesten Chromosomenanomalien (-aberrationen) sind in der Abb. 22.4 zusammengefaßt. Dabei können die Geschlechtschromosomen betroffen sein (Turner-Syndrom, Klinefelter-Syndrom) oder auch die Autosomen. Zusammenfassend spricht man von Trisomien, wenn ein Chromosom dreifach vorliegt wie z.B. bei der Trisomie 21 (= Mongoloidie: das Chromosom 21 liegt dreifach vor), der Trisomie D, E u.a.

Zum Nachweis der Anomalien photographiert man die Chromosomen im Metaphasestadium. Aus dem Photo schneidet man die einzelnen Chromosomenabbildungen aus und ordnet sie der Größe nach. Man erhält somit den Karyotyp eines Individuums (vgl. Abb. 22.4 und 34.1). Dabei lassen sich die Chromosomen in mehrere Gruppen einteilen: A, B, C, D, E etc.

Trisomie D heißt, daß ein Chromosom aus der Gruppe D dreifach vorliegt. Viele (nicht alle) der Trisomien führen für ihren Träger zum Tode, ein zusätzliches oder fehlendes Geschlechtschromosom wird „ertragen". Die Folgen machen sich jedoch in der Regel durch abnormen Wuchs (meist Übergröße), erhöhte Aggressivität und (oder) Schwachsinn bemerkbar.

Heutzutage kennt man an die 2.000 verschiedene Erbkrankheiten beim Menschen. Nur wenige von ihnen sind Chromosomenanomalien, viele beruhen auf der Veränderung (dem Defekt) nur eines Gens. Dieses kann auf den Autosomen liegen. Die Krankheit kommt bei ♀ und ♂ gleich häufig vor, es kann sich aber auch um Gene handeln, die auf den Geschlechtschromosomen liegen. Z.B. liegt das Gen, das für die Bluterkrankheit verantwortlich ist, auf dem X-Chromosom. Bluterkrankheit wird hauptsächlich bei ♂ beobachtet, selten bei ♀. Das ist darauf zurückzuführen, daß das zweite X-Chromosom beim ♀ verhindert, daß es zu einer so stark ausgeprägten Blutung kommt. ♂ sind somit heterozygot in Bezug auf dieses Merkmal. Sie können das Gen auf die nächste Generation übertragen. Sehr selten kommt es vor, daß auch ♀ in Bezug auf diesen Defekt homozygot sind.

Das Beispiel des Klinefelter-Syndroms und der Trisomie zeigt uns, daß auch überzählige Chromosomen einen negativen Einfluß auf ihren Träger ausüben.

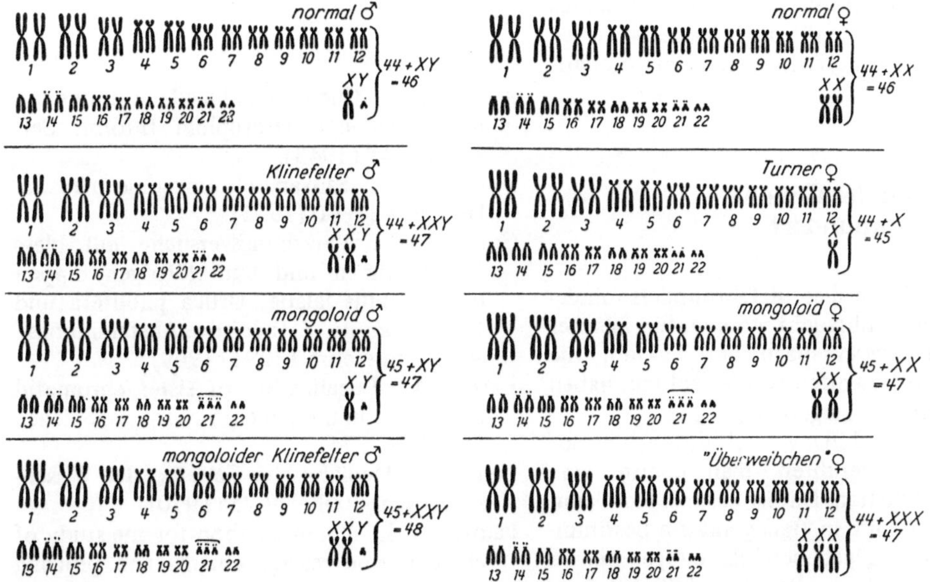

Abb. 22.4. Die Chromosomen von normalen und anomalen Personen, wie sie bei der Zellteilung beobachtet werden. (Anordnung der Chromosomen nach Chu und Giles, 1959, aus Penrose, 1965)

Diese und viele andere Beispiele dürfen uns nicht nur aus rein wissenschaftlichen Gründen interessieren. Sie stellen uns vor medizinische, soziale, gesellschaftspolitische und juristische Probleme. Man hat behauptet, daß Personen mit dem Karyotyp 44 + XYY relativ häufig aggressiv sind und in vielen Fällen straffällig werden. Kann der Träger eines solchen genetischen Defekts für sich eine Strafmilderung beanspruchen? Es ist ja nicht seine Schuld, daß er ein Chromosom zuviel hat. Schließlich ist es auch keineswegs so, daß sich jeder Träger eines chromosomalen Defekts abnormal verhält. Doch was geschieht, wenn die Justiz sein Argument anerkennt? Es ist doch der Sinn von Gesetzen, die Gesellschaft vor den strafbaren Handlungen Einzelner zu schützen.

Kann man sie also ungeschützt vor einigen XYY-Trägern lassen? Die Antworten hierauf können nicht von Naturwissenschaftlern allein gegeben werden, ein Jurist andererseits ist oft überfordert, wenn er es mit so komplexen naturwissenschaftlichen Problemen zu tun hat.

Gibt es vorbeugende Maßnahmen? Auf welcher Ebene kann man sie anwenden? Wir haben es hier mit Fragen der Eugenik zu tun, dem Problem also, eine Population genetisch gesund zu halten. Hier kommen wir zu ernsthaften Konflikten, zu der Frage z.B.: Was ist lebenswertes Leben? Um es vorwegzunehmen: Dieses ist kein naturwissenschaftlich lösbares Problem! Es gibt somit auch keine objektive Antwort eines Naturwissenschaftlers hierauf.

C. Mißbrauch der Genetik in diesem Jahrhundert

Die Genetik ist in diesem Jahrhundert mindestens dreimal mißbraucht worden. Ein falsches Verständnis wissenschaftlicher Fakten, die Ideologien unterworfen werden sollten, haben zu weittragenden Tragödien geführt.

1. A. Hitlers Judenvernichtungen, die auf der Annahme beruhten, man könnte eine reine Rasse erhalten. Das ist absurd. Man kann Reinrassigkeit nur in Bezug auf ein bestimmtes Merkmal (gegebenenfalls einige wenige Merkmale) erhalten, davon sind die übrigen Merkmale jedoch nicht betroffen. Inzucht ist der einzige Weg, um Reinrassigkeit in allen Merkmalen zu erhalten. Inzucht fördert aber auch die Anhäufung negativer Eigenschaften. In beschränktem Umfang wurde Inzucht ja auch in menschlichen Gesellschaften betrieben: der Verfall zahlreicher regierender Dynastien geht hierauf zurück.

2. Der Lyssenkoismus der UdSSR, der davon ausging, daß die Umwelt den Genotyp beeinflußt (Details vgl. Anhang zu diesem Kapitel).

3. Die Affenprozesse in den Südstaaten der USA: Bis vor wenigen Jahren war es in den Südstaaten (Louisiana, Arkansas etc.) verboten, über die Abstammung des Menschen zu sprechen. Erst ein Urteil des Obersten Gerichtshofes der USA setzte diesem Irrglauben im Jahre 1968 ein Ende.

Diese Beispiele sollten auf die Verantwortung eines Naturwissenschaftlers vor der menschlichen Gesellschaft hinweisen. Es geht dabei allgemein um Entscheidungen, die naturwissenschaftliche Erkenntnisse erfordern. Zweifelsohne haben neue Erkenntnisse viele positive Auswirkungen, doch jede Erkenntnis kann, vor allem, wenn sie nur halb verstanden ist, negative Auswirkungen haben. Davor hat der Naturwissenschaftler seine Mitmenschen rechtzeitig zu warnen und sie über die möglichen Folgen aufzuklären.

Literatur

Auerbach, C.: Chemical induced mutations and rearrangements. Drosophila Inform. Service 27, 48 (1943).

Bridges, C.B.: Salivary chromosome maps. J. Heredity 26, 60 (1935).

Correns, C.: Vererbungsversuche mit blass (gelb) grünen und buntblättrigen Sippen bei Mirabilis jalapa, Urtica pilulifera und Lunaria annua. Z. Induktive Abstammungs-, Vererbungslehre 1, 291 (1909).

Latt, S.A.: Localization of sister chromatid exchanges in human chromosomes. Science 185, 74 (1974).

Lenz, W.: Medizinische Genetik. dtv Wissenschaftliche Reihe. 4025 (1970).

Painter, T.S.: A new method for the study of chromosome rearrangements and plotting of chromosome maps. Science 78, 585 (1933)

Penrose, L.S.: Einführung in die Humangenetik. Heidelberger Taschenbücher, Bd. 4. Berlin–Heidelberg–New York: Springer 1965.

Sprague de Camp, L.: The end of the monkey war. Sci. Am. Februar 1969, S. 15.

Sturtevant, A.H.: The linear arrangement of six sex-linked factors in Drosophila as shown by their mode of association. J. Exp. Zool. **14**, 43 (1913).

Tjio, J.H., Levan, A.: The chromosome number of man Hereditas **42**, 1 (1956).

Anhang: Lyssenko

Dieser Abriß soll speziell einen Fall von Mißbrauch der Genetik und seine Vorgeschichte verdeutlichen: den Fall Lyssenko. Es soll gezeigt werden, wie Wissenschaft durch Scharlatanerie abgelöst wird, wenn jene besser in ein ideologisches Weltbild paßt als wissenschaftliche Erkenntnisse.

Dem „Agrarwissenschaftler" T.D. Lyssenko gelang es mit seinen Mitstreitern, die gesamte sowjetische Genetik durch Demagogie und ideologische Phrasen zur Kapitulation zu zwingen.

1929–31 war der Genetiker N.I. Wawilow Präsident der Lenin-Akademie der Landwirtschaften und Mitglied des Zentralkomitees der KPdSU. Er hatte 20 Expeditionsjahre hinter sich, untersuchte das Pflanzenreservoir von 65 Ländern, kartierte 150.000 Arten in der UdSSR und konnte auf diese Weise geographische Zentren feststellen, die er Genzentren nannte, und in denen eine hohe Variabilität von Arten und Gattungen zu finden war. Kleinasien ist eines von ihnen. Die Genzentren enthalten viele Arten, die Ausgang für pflanzenzüchterische Maßnahmen waren und potentiell noch werden konnten.

Wawilow betrieb eine wissenschaftliche Pflanzenzüchtung, die in einem Land, dessen Wirtschaft vorwiegend auf Landwirtschaft angewiesen war, unbedingt Vorrang haben mußte. Die große Kollektion an Ausgangsmaterial und gezielte Züchtungsarbeit waren für Wawilow die Voraussetzungen dafür, um u.a. Ertragssteigerungen beim Mais um 20–30%, beim Hanf um 30–50% zu erzielen.

Seit Anfang der dreißiger Jahre machte sich Lyssenkos Einfluß bemerkbar. 1931 verlor Wawilow seine Position als Präsident, blieb aber zunächst (bis 1935) noch Direktor des Instituts für Genetik der Akademie der Wissenschaften. 1931 wurde an ihn folgende Forderung gestellt (Resolution im Namen der Zentralkommission der Partei): Alle Getreidearten sollten verbessert werden und gleichzeitig für alle Gegenden der UdSSR angepaßt wer-

den. Für diesen Plan wurden ursprünglich 10 Jahre angesetzt, doch wurde der Zeitraum bald auf 4 Jahre verkürzt. Hier einige Beispiele, um die Unsinnigkeit der Forderungen herauszustellen:

Der Weizen sollte gleichzeitig auf folgende Qualitäten hin verbessert werden: Ertragreichtum, Einheitlichkeit, festes Korn, Glasigkeit, Standfestigkeit, Bruchfestigkeit, Beständigkeit bei Kälte und Trockenheit. Widerstandsfähigkeit gegen Schädlinge und Krankheiten, gute Backeigenschaften.

Die verschärften Forderungen fielen in die Jahre 1935–37, wo unter Stalin fast jede Diskussion für Menschen, die ihre Argumente mit wissenschaftlich gesicherten Tatsachen begründeten, tragisch endete. 1936 präsentierte Lyssenko auf der Konferenz der Akademie der Landwirtschaften eine Reihe von Forderungen und Versprechungen: Er leugnete die Existenz von Genen. Er behauptete, daß die Winterform des Weizens in die Sommerform überführt werden könnte, wenn man sie geeigneten Kulturbedingungen unterwirft.

Hierfür erntete er statt des Weizens einen speziellen Dank Stalins. Er kritisierte Wawilow, warf ihm Unfähigkeit vor und versprach, den Plan (s.o.) innerhalb von 2 1/2 Jahren zu erfüllen. Wawilow erhielt 1939 eine Einladung, die Präsidentschaft des Internationalen Genetischen Kongresses in Edinburg zu übernehmen; selbstverständlich erhielt er keine Ausreisegenehmigung. (Ursprünglich war sogar vorgesehen gewesen, diesen Kongress in Moskau durchzuführen.)

Mittlerweile prüfte Lyssenko, der inzwischen Präsident der Akademie der Landwirtschaften geworden war, den Wawilow-Bericht und wies ihn als nichtqualifiziert zurück. Dennoch fand er im Ausland ein sehr positives Echo. Im August 1940 wurde Wawilow auf einer Exkursion, die er im Auftrag des Volkskommissariats durchführte, in der Ukraine verhaftet. Er starb am 26.1.43 in Haft. Der Einspruch zahlreicher prominenter Wissenschaftler des Auslands rettete ihn vor dem Vollzug eines Todesurteils.

Seit Beginn der vierziger Jahre baute sich ein Lyssenko-Kult auf, der seinen Höhepunkt in den Jahren 1948–52 erreichte. Lyssenko wurden allerhöchste Orden und die Bezeichnung „Lyssenko der Große" verliehen; Denkmäler wurde ihm zur Ehre errichtet.

Was hatte Lyssenko vorzuweisen?

Als Beweis für seine Theorien diente die Auswertung von Fragebögen, die von Kolchosen ausgefüllt wurden. Am Institut selbst wurden keine groß angelegten Versuche — Voraussetzung einer wissenschaftlichen Pflanzenzüchtung — ausgeführt. Man begnügte sich mit der Aussaat einiger Einzelexemplare.

Das Nestaussaatverfahren

Er forderte, daß Pflanzen, vor allem Forstpflanzen, in „Nestern" in sehr hoher Dichte ausgepflanzt werden sollten, dabei würden die meisten Keimlinge sich opfern, um nur einem das Überleben zu ermöglichen (Selbstausdünnungsregel). Der so entstandene Verlust für die Forstwirtschaft wird auf 1 Milliarde alter Rubel (ca. 4 Milliarden DM) geschätzt.

Landwirtschaftliche Chemie

Er propagierte Mischdünger, z.B. Superphosphat + Kalk, und übersah, daß dabei das nahezu unlösliche Tricalciumphosphat entsteht, das die Effektivität der beiden Ausgangsstoffe aufhebt. Weiterhin propagierte er die Umschichtung von Erde. In der Praxis sah das so aus, daß Erde von einem Feld auf ein anderes transportiert wurde. Mit dieser Tätigkeit wurden die meisten LKWs des Landes blockiert. Er propagierte den Anbau und die Weiterzucht verzweigter Weizenähren — die es zwar gibt — die aber niemals einen hohen Ertrag ergaben. „Artumwandlungen", vor allem durch Lepeschinskaja u. Mitarb. wurden zur täglichen Routine.

Lyssenko verhinderte den Anbau von Hybridmais. 1938 hatte Wawilow bereits Pläne hierzu erarbeitet. Sie wurden mit der Begründung abgetan, in den USA hätte dieses Verfahren nur eine 5%ige Ertragssteigerung erbracht. Es wurde dabei übersehen, daß die Arbeiten seinerzeit am Anfang standen und daß eine positive Tendenz der Ertragssteigerung von Jahr zu Jahr zu verzeichnen war. Die Anweisung,

auf diese Technik (Heterosis, vgl. S. 143) zu verzichten, brachte der UdSSR bis 1954 einen Verlust von schätzungsweise 30–50 Milliarden kg Mais.

Zwischen 1934 und 1964 erschien in der „Prawda" und in der „Isvestia" nur ein Artikel, der Lyssenko kritisierte: 1954 bezweifelte Stankow, daß Artumwandlungen möglich seien. Ab 1964, vor allem unter dem Eindruck der Erfolge der Molekularbiologie in westlichen Ländern (Aufklärung des Genetischen Codes — vgl. Kapitel 26) wuchs die Kritik an Lyssenko. Am 21. Oktober 1964 erschien ein Artikel des Biologen Rapaport über Lyssenkos Unwesen. Das war eine Woche nach dem Sturz von Chruschtschow, der Lyssenko bedingungslos unterstützte und dem Lyssenkos Mißerfolge und damit die Mißerfolge der Landwirtschaft zum persönlichen Verhängnis wurden.

Von 1965–1966 wurde der Biologieunterricht an den Schulen der UdSSR ausgesetzt, um neue Lehrpläne erarbeiten zu können und um Zeit zu gewinnen, die Biologielehrer umzuschulen. Astaurow, Timofeeff-Resovsky, Rapaport, Dubinin u.a. fiel die Aufgabe zu, die wissenschaftliche Genetik erneut zu etablieren. Am 4. August 1965 verkündete Astaurow in einem Referat über die Geschichte der Genetik in der Sowjetunion anläßlich der Hundertjahrfeier der Mendelschen Arbeit in Brünn:

"On the occasion of the Mendel Memorial Symposium I would like to mention in the first place the famous name of N.I. Wawilow, whose unprecedented activity toward the application of Mendelian genetics in the domain of plant breeding is widely known all over the world."

Damit distanzierte sich die UdSSR auch offiziell im Ausland von Lyssenko. Sein Name wurde in Astaurows Referat sowie den Referaten anderer sowjetischer Wissenschaftler während dieser Tagung nicht mehr erwähnt. Die Genetische Gesellschaft der Sowjetunion ist mittlerweile in Wawilow-Gesellschaft umbenannt worden.

Literatur

G. Mendel Memorial Symposium 1865–1965. Proceedings of a Symposium held in Brno, August 4–7, 1965. Academia, Prague 1966.

Medwedjew, S.A.: Der Fall Lyssenko. Eine Wissenschaft kapituliert. Deutsche Übersetzung: Hamburg, Hoffmann & Campe 1971.

23. Pilze, Bakterien, Viren:
Biochemische Genetik, Molekulare Genetik

A. Biochemische Genetik

Drosophila ermöglichte uns, zu erkennen, wie Gene auf einem Chromosom angeordnet sind. Einer ihrer Vorteile, verglichen mit den bis dahin verwendeten Objekten lag in ihrer kurzen Generationsdauer. Die Frage bleibt, ob es nicht noch günstigere Objekte gibt: Wir haben schon zu Beginn dieser Vorlesung gehört, daß man auch mit Bakterien und Viren genetisch arbeiten kann. Doch bevor man darauf kam, bediente man sich erfolgreich eines weiteren Objekts, des Brotschimmels *Neurospora crassa*. *Neurospora crassa* kann man, wie die Bakterien, auf einem genau definierten Medium halten. Es wächst als Mycel (= Geflecht von Hyphen = Pilzzellen) auf Agar, dem einige Salze und Glucose zugesetzt sind (Minimalmedium). Die Glucose ist als Energie- und Kohlenstoffquelle unentbehrlich.

In Abb. 23.1 ist der Lebenszyklus dieses Pilzes wiedergegeben. In der Regel findet man nur die haploiden Formen, gelegentlich können jedoch zwei Gameten miteinander verschmelzen und einen Sporangienträger (*Perithecium*) bilden, in dem sich wieder haploide Sporen bilden.

Es gibt Mutanten, die sich durch das Aussehen des Mycels voneinander unterscheiden. Das hätten wir, nach dem, was wir schon aus der Genetik gelernt haben, erwarten sollen: Für den Fortgang der Wissenschaft ist das also nichts Aufregendes.

Beadle und Tatum sind der Frage nachgegangen, welche Produkte ein solches Mycel bilden kann und testeten, inwieweit ihnen dabei Mutanten von *Neurospora* eine Hilfe sein könnten. Sie ließen Tausende von Sporen, die sie vorher mit Röntgenstrahlen behandelten, auf einem Vollmedium auskeimen. Dieses enthält außer den bereits genannten Substanzen, alle Aminosäuren und einige Vitamine. Viele der Sporen keimten aus. Übertrugen Beadle und Tatum Mycelstücke davon auf Minimal-medium, so stellten sie fest, daß viele der Mycelien nicht wuchsen. Sie hatten somit Mutanten isoliert, die einen Defekt in ihrem Stoffwechsel aufwiesen. Herauszufinden war nun, wo der Defekt lag. Dazu war eine systematische Suche erforderlich. Beadle und Tatum setzten ihre Experimente etwa wie folgt an: Sie stellten ein Minimalmedium her und gaben in 20 voneinander unabhängigen Ansätzen jeweils eine der 20 Aminosäuren hinzu, d.h. jedesmal eine andere. Auf dieser Serie von 20 Ansätzen je Mutante wurde jede einzelne Mutante durchgetestet. Dadurch fanden sie, daß es Mutanten gibt, die nur dann wachsen können, wenn Tryptophan im Medium vorhanden ist, andere wachsen nur, wenn Leucin vorhanden ist etc. Somit war gezeigt, daß irgendein Defekt in der Biosynthese der genannten Aminosäuren vorliegt. Man hatte seinerzeit (Mitte der vierziger Jahre) schon gewisse Vorstellungen, aus welchen Vorstufen Tryptophan im Organismus gebildet wird: Anthranilsäure, Indol, Serin.

Was geschah, wenn man solchen Defektmutanten Anthranilsäure statt des Tryptophans anbot? Manche der Mutanten wuchsen, andere nicht. Was geschah, wenn man Indol hinzugab? Jetzt wuchsen sowohl diejenigen, die schon auf Anthranilsäure wuchsen als auch einige weitere. Man wußte damals natürlich schon, daß die Biosyntheseschritte durch Enzyme katalysiert werden. Doch was hatte die Biochemie mit der Genetik zu tun? Beadle und Tatum stellten den Zusammenhang durch ihre *Ein Gen — ein Enzym-Hypothese* her. Sie ergibt sich zwangsläufig aus den bisher beschriebenen Experimenten. Wir haben Gene, die bestimmen, welche Enzyme gebildet werden, die ihrerseits wiederum biochemische Reaktionsschritte katalysieren (Abb. 23.2). Gleichzeitig entwickelten Beadle und Tatum eine neue Methode, um Biosynthesewege aufzuklären. Man muß nur genügend viele Mutanten von einem Stoffwechselweg isolieren und

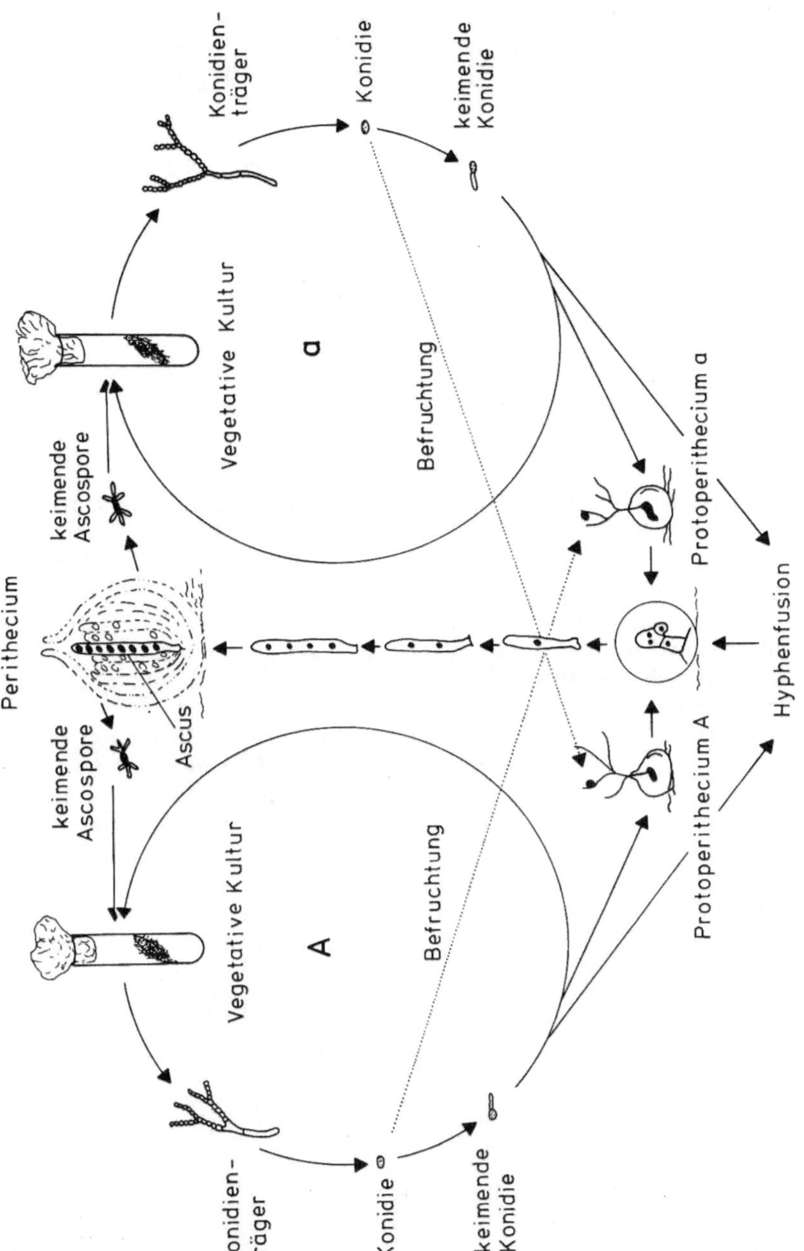

Abb. 23.1. Diagramm des Lebenszyklus von *Neurospora crassa*. In der Regel erfolgt die Vermehrung ungeschlechtlich. (Nach Beadle und Tatum, 1947)

testen, ob sie auf vermeintlichen Zwischenprodukten wachsen.

Die von Beadle und Tatum eingeleitete Phase der Genetik wird als biochemische Genetik bezeichnet.

Haben diese Befunde auch eine Bedeutung für den Menschen? Man fand zahlreiche Stoffwechselanomalien, die auf diesen Mechanismus zurückzuführen sind. Eine der bekanntesten ist die Phenylketonurie. Jeder 15.000. Mensch ist davon betroffen. Bei der Phenylketonurie kann Phenylalanin nicht in Tyrosin verwandelt werden. Es reichert sich Phenylbrenztraubensäure an. Wird diese Krankheit

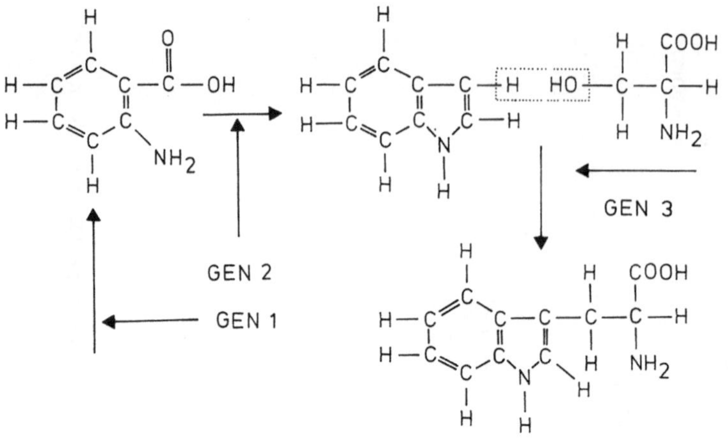

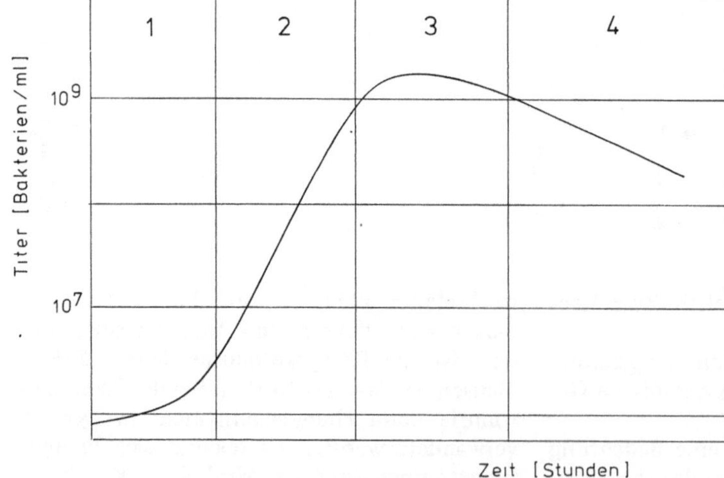

Abb. 23.2. Die Biosynthese von Tryptophan in *Neurospora crassa*. Gen 1 bewirkt die Bildung von Anthranilsäure; Gen 2 die Umwandlung in Indol; Gen 3 schließlich die Verknüpfung von Indol und Serin. (Nach Beadle und Tatum, 1947)

nicht rechtzeitig erkannt (gleich nach der Geburt) und durch phenylalaninarme Ernährung behandelt, führt sie zu Schwachsinn.

Was kann man mit diesen Erkenntnissen noch anfangen? Wenn ein genetischer Block vorliegt, d.h. ein Biosyntheseschritt nicht ausgeführt werden kann, sammelt sich das Ausgangsprodukt in erhöhter Konzentration an (siehe eben genanntes Beispiel)

$$A \to B \to C \not\to (D).$$

Die Anreicherung von Stoffwechselzwischenprodukten, in unserem Fall C, kann man industriell ausnutzen, da man oft an solchen Produkten interessiert ist. Um sie in größerer Menge zu erhalten, braucht man Mutanten von Pilzen oder anderen Mikroorganismen, bei denen der darauffolgende Schritt blockiert ist.

B. Molekulare Genetik

Der logische Schritt zum Arbeiten mit Bakterien war nicht weit. Demerec sind die ersten biochemisch-genetischen Arbeiten auf diesem Gebiet zu verdanken. Auch hier ging es zunächst einmal primär um die Aufklärung von Biosynthesewegen und die Kartierung von Genen. Bakterien hatten den Vorteil, daß man von Individuen ausgehen und in kurzer Zeit

Abb. 23.3. Wachstumskinetik einer Bakterienkultur. Das Wachstum durchläuft 4 Phasen: *1* die lag-Phase oder Anlaufphase; *2* die logarithmische Wachstumsphase; *3* die stationäre Phase; *4* die Absterbephase

eine große Nachkommenschaft erhalten konnte. Die Generationsdauer von *Escherichia coli*, dem Darmbakterium, beträgt nur ca. 20 min. Läßt man es in einem Nährmedium wachsen, erhält man eine charakteristische Wachstumskinetik (Abb. 23.3). Experimentelle Einzelheiten haben wir bereits im Kapitel 5 besprochen.

Geht man auf der Suche nach geeigneten Versuchsobjekten konsequent weiter, so stößt man auf die Viren. Viren sind eine sehr heterogene Gruppe von Strukturen. Sie besitzen Nukleinsäuren (DNS oder RNS) und – in der Regel – Proteine. Die Abb. 23.4 gibt einen Überblick über einige der bekannten Strukturen.

Viren sind außerordentlich wirtsspezifisch. Es gibt Tierviren, Pflanzen- und Bakterienviren (Bakteriophagen). Ein Tiervirus (animales Virus) kann sich keineswegs in allen Tieren vermehren. Oft ist seine Vermehrung auch nur auf einige spezifische Organe des Wirts beschränkt. Analoges gilt für Pflanzen- und Bakterienviren.

Strukturell lassen sich Viren in die folgenden Kategorien einordnen:

a) Strukturen mit helicaler Anordnung ihrer Proteinuntereinheiten (vgl. S. 153). Beispiel: Tabakmosaikvirus.

b) Mehr oder weniger kugelförmige Strukturen (radiäre Symmetrie). Beispiel: *Poliovirus* (es gehört in die Gruppe der *Picornaviren*).

c) Viren, die von einer Hülle umgeben sind. Beispiel: *Togaviren, Influenzavirus, Herpesvirus* etc. (vgl. Abb. 23.4).

d) Komplexe Strukturen. Hierzu gehören z.B. viele der Bakteriophagen (T 1–T 7, λ u.a.) (vgl. S. 216).

Man kann Viren auch nach der Art ihrer Nukleinsäuren klassifizieren:

a) Einige enthalten einsträngige RNS, z.B. das Tabakmosaikvirus, *Influenzaviren (Myxoviren)*, das *Poliovirus*, einige tierische Tumorviren (*Hühner-Leukämievirus, Rous Sarcoma Virus* u.a.), Bakteriophagen: R 17, Qβ, fr, MS 2 etc.

b) doppelsträngige (!) RNS: *Reovirus* (Wundtumor),

c) einsträngige DNS (!): Bakteriophage ØX 174,

d) doppelsträngige DNS: *Vaccinia Virus* (Pocken), *Adenovirus, .Herpes*, die Bakteriophagen der T-Gruppe, der Phage λ, einige

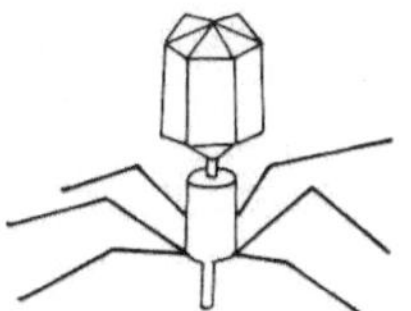

Abb. 23.4. Unterschiedliche Strukturen und relative Größen einiger Viren. (Nach Fenner und White)

Tumorviren wie *Simian Virus 40* (SV 40), *Polyoma* u.a.

Diese Liste soll nur andeuten, wie heterogen die Gruppe der Viren ist und daß man keinen gemeinsamen Ursprung annehmen darf. Man kann die Viren deshalb auch nicht zu einer systematischen Gruppe zusammenfassen.

Viren vermehren sich nur in lebenden Zellen, und auch das kann auf sehr unterschiedliche Weise geschehen. Infiziert man Bakterien mit einem Bakteriophagen der T-Reihe, etwa T 7, so geschieht in den ersten 12–13 min scheinbar gar nichts. Entnimmt man Proben der infizierten Bakterienkultur 2, 4, 6, 8, 10 und 12 min nach der Infektion, so wird man den gleichen Titer (Phagen/ml) messen wie zum Zeitpunkt 0, d.h. man mißt nur die Phagen, die in Lösung verblieben sind, die also kein Bakterium infiziert haben. Zwischen der 14. und 16. Minute steigt der Phagentiter sprunghaft an und erreicht ein neues Plateau. Wir haben mit einem Schlag 200 mal so viele Phagen erhalten, wie wir ursprünglich eingesetzt haben. Dieser Versuch, der zum ersten Mal von Elis und Delbrück (1939) ausgeführt wurde, wird als Einstufenwachstumskurve bezeichnet (vgl. auch Abb. 23.5).

Was ist an dieser Vermehrung bemerkenswert? Einmal die scheinbare Ruheperiode (lagperiod, Latenzzeit, Eclipse), dann der sprung-

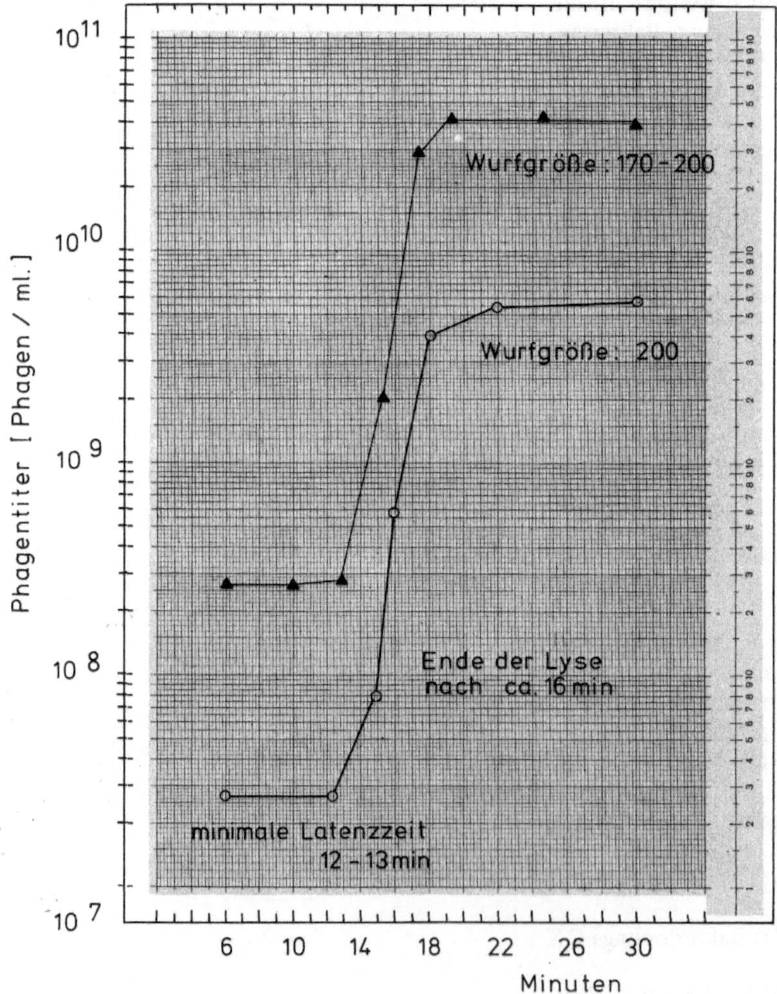

Abb. 23.5. Einstufenwachstumskinetik des Bakteriophagen T 7. Darstellung auf halblogarithmischem Papier. (Ergebnisse zweier Praktikumsversuche)

hafte Anstieg des Titers, der in allen Zellen synchron abläuft. Man hat sehr schnell herausgefunden, daß hierbei die Bakterienzellen platzen (lysieren) und dabei simultan ca. 200 fertige Phagenpartikel freisetzen (= Wurfgröße: 200). Während der Latenzzeit müssen offensichtlich alle Phagen gleichzeitig gebildet worden sein. Da wir einen synchronen Reifungsprozeß vor uns haben, müßte dieses System uns auch Aufschluß über die dabei ablaufenden Prozesse geben; wir werden darüber im Kapitel 32 mehr hören.

Nicht alle Phagen verhalten sich so. Der Phage λ kann eine Bakterienzelle infizieren und sich darin, wie die T-Phagen, vermehren. Der Pariser Mikrobiologe A. Lwoff fand aber, daß mit λ infizierte Bakterien oft nicht lysierten. Man könnte einwenden, daß diese Zellen durch Zufall nicht infiziert worden seien, daß der Phage λ nicht in die Zellen eingedrungen sei, selbst irgendeinen Defekt trug oder daß die Zellen resistent waren. Alle diese Einwände ließen sich entkräften. Bestrahlte man solche scheinbar nicht infizierten Zellen mit ultraviolettem Licht, so dauerte es nicht lange, bis es zu einer Phagenvermehrung kam. Die Zellen lysierten, fertige, neue λ-Phagen wurden freigesetzt. – Was war geschehen? Offensichtlich wurden die Zellen ordnungsgemäß infiziert. Nur, der Phage begann nicht sofort, sich wie wild zu vermehren, sondern arrangierte sich mit der Zelle. Das genetische Material des Phagen teilte sich synchron mit dem des Bakteriums.

Das Zusammenleben zweier Arten zum gegenseitigen Nutzen nennt man in der Biologie ganz allgemein eine Symbiose. Der Phage λ (Molekularbiologen nennen den Zustand der Symbiose: Prophage oder auch lysogener Zustand) bot der Zelle einen Vorteil: Eine Bakterienzelle, die einen solchen Prophagen trägt, kann nicht durch einen zweiten λ-Phagen infiziert werden. Sie ist immun geworden. Das Zusammenleben von Phage und Bakterium ist aber, wie das UV-Experiment zeigt, nicht krisenfest. Ändern sich die äußeren Bedingungen, löst der Phage seine Verpflichtungen, vermehrt sich und lysiert die Zelle.

1965 erhielt A. Lwoff für diese Untersuchungen den Nobelpreis für Medizin. Damals war für viele nicht einsichtig, warum eine so hohe Auszeichnung für eine „Kuriosität" ver-

liehen wurde, vor allem, was das mit Medizin zu tun hätte. In der zweiten Hälfte der sechziger Jahre wurde dieser Zusammenhang auch für den Laien klar: Man fand nämlich (Dulbecco u. Mitarb., damals am Salk Institute in La Jolla, Californien), daß diese Erscheinung auch bei einer anderen Gruppe von Viren auftrat: den Tumorviren. Injiziert man SV-40-Virus in junge Hamster, so bilden diese Tumoren. Behandelt man isolierte Hamsterzellen mit SV-40-Viren, so vermehrt sich das Virus darin in der Regel nicht, sondern geht wie der Phage λ eine Symbiose mit der Wirtszelle ein. Dabei ändern sich einige der Eigenschaften der Zelle, so ihre Oberfläche (vgl. S. 294). Als Folge davon erkennt die Zelle ihre Nachbarn nicht mehr und beginnt, sich unentwegt zu teilen. Wir erhalten ein unkontrolliertes (malignes) Wachstum: Eigenschaften von Tumorzellen. Einzelzellen, die durch ein Virus verändert worden sind, nennt man transformierte Zellen. Der Begriff Transformation wurde schon einmal erwähnt (S. 26). Die beiden Vorgänge haben aber nicht viel miteinander gemeinsam. Die Entdeckung des Verhaltens von Tumorviren wäre wohl kaum möglich gewesen, wäre die experimentelle Technik nicht an dem leichter zugänglichen System Phage λ/ Bakterium entwickelt worden.

Es gibt Tierviren, die Zellen infizieren, sich dort vermehren, die Zellen aber nicht transformieren und auch nicht abtöten. Das *Influenzavirus* (Grippevirus) gehört hierzu. Es unterscheidet sich u.a. auch darin von den Bakteriophagen, daß die einzelnen Viruspartikel nicht synchron, sondern fortlaufend gebildet werden.

Als weiteres Beispiel für die Vermehrung von Viren sei das Tabakmosaikvirus, ein Pflanzenvirus, genannt. Es gibt zwei Sorten von Tabakpflanzen der Art *Nicotiana tabacum*, die sich an einem Genort voneinander unterscheiden. Die eine Sorte wird von dem Wildstamm des Virus nur lokal infiziert, d.h. das Virus kann sich nur in einigen wenigen Zellen vermehren. Die Zellen werden dabei abgetötet, man spricht von einer Nekrotisierung des Gewebes (vgl. Abb. 25.3). Das Virus kann sich aber nicht weiter ausbreiten. Man erhält also nur eine Primärinfektion: kleine Nekrosen auf den Blättern der Pflanze. Das ist natürlich ein Schutz der Pflanze vor einer Virusinfektion:

einige wenige Zellen gehen zugrunde, der Rest bleibt gesund. Das hierfür verantwortliche Gen (Allel) ist dominant. Man nennt die Erscheinung: Hypersensitivität.

In Pflanzen, denen dieses Allel fehlt, kann sich das Virus ungehindert ausbreiten und alle Zellen infizieren. Man spricht dann von einer Sekundärinfektion. Der Unterschied zur Primärinfektion liegt darin, daß die Zellen hierbei nicht absterben, sondern die Virusinfektion überleben. In der Regel überlebt auch die ganze Pflanze, bildet Blüten und Samen; die Virusinfektion ist aber an einem stark reduzierten Wuchs und einer Deformation der Blätter erkennbar (vgl. Abb. 2.2). Im Kapitel 2 haben wir bereits gehört, daß es verschiedene Stämme des Tabakmosaikvirus gibt. Inzwischen können wir auch verstehen, daß es Mutanten eines Wildstammes sind.

Diese Beispiele sollen verdeutlichen, welche Möglichkeiten das Arbeiten mit Viren bietet. Wir werden im folgenden einzelne Details herausgreifen und näher besprechen, um zu zeigen, wie hierdurch die Genetik weitergekommen ist und wie gleichzeitig die Genetik als Methode verwandt werden konnte, um Aussagen über den Mechanismus der Zelle zu machen.

Literatur

Alberts, B., Bray, D., Lewis, J., Raff, M., Roberts, K., Watson, J.D.: Molecular biology of the cell. New York: Garland 1983.

Beadle, G.W., Tatum, E.L.: Genetic control of biochemical reactions. Proc. Natl. Acad. Sci. US 27, 499 (1941).

Bresch, C., Hausmann, R.: Klassische und molekulare Genetik, 3. Aufl. Berlin–Heidelberg–New York: Springer 1972.

Cairns, J., Stent, G.S., Watson, J.D. (ed.): Phage and the origins of molecular biology. Cold Spring Harbor Laboratory on Quantitative Biology, 1966.

Demerec, M., Fano, U.: Bacteriophage-resistant mutants in Escherichia coli. Genetics 30, 119 (1945).

Elis, E.L., Delbrück, M.: The growth of bacteriophage. J. Gen. Physiol. 22, 365 (1939).

Kaudewitz, F.: Molekular- und Mikrobengenetik. Heidelberger Taschenbücher, Bd. 115. Berlin–Heidelberg–New York: Springer 1973.

Knippers, R. (unter Mitwirkung von Schäfer, K.P., Fanning, E.): Molekulare Genetik. Stuttgart, New York: Thieme 1982.

Lwoff, A.: Conditions de l'efficacité inductrice du rayonnement ultraviolet chez une bactérie lysogène. Ann. Inst. Pasteur 81, 370 (1951).

Watson, J.D.: The molecular biology of the gene, 3. Aufl. New York: Benjamin 1976.

Weidel, W.; Virus und Molekularbiologie. Heidelberger Taschenbücher, Bd. 1. Berlin–Göttingen–Heidelberg–New York: Springer 1964.

Westphal, H., Dulbecco, R.: Viral DNA in SV-40-transformed cell lines. Proc. Natl. Acad. Sci. US 59, 1158 (1968).

24. Welche Bedeutung haben Nukleinsäuren?

Bisher haben wir im wesentlichen nur die Genetik höherer Organismen besprochen. Alle besaßen einen Kern, der bei der Teilung in die Chromosomen zerfiel. Wir haben weiterhin gehört, daß der Zellkern Desoxyribonukleinsäure (DNS) enthält (S. 128) und daß DNS genetische Information tragen kann (S. 26 f.). Ferner haben wir uns mit der chemischen Struktur der DNS befaßt (Kapitel 20).

Jetzt wäre noch die Frage zu klären, wozu wir die Mitose und die Struktur des Zellkerns brauchen.
Höhere Organismen sind, verglichen mit den Bakterien, relativ komplex gebaut, dafür brauchen sie viel DNS (vgl. Kapitel 34); und um viel DNS bei einer Zellteilung in einer sinnvollen Weise zu verteilen, bedarf es eines spezifischen, geregelten Verteilungsmechanismusses. Genau das ist die Mitose. Bakterien und Viren können auf diesen Mechanismus verzichten, weil sie nur wenig DNS auf die beiden Tochterzellen zu verteilen haben. Wollen wir aber etwas über die DNS selbst lernen, dann können wir auf die Mitose verzichten und die Bakterien und Viren als Versuchsobjekte wählen. Bakterien sind haploid, sie vermehren sich durch fortgesetzte Teilungen.

Haben Bakterien eine Sexualität, und wie können wir sie nachweisen?
Angenommen, wir haben zwei Bakterienstämme, von denen der eine zum Wachstum Threonin und Leucin und der andere Methionin und Biotin (ein Vitamin) braucht, so können wir schreiben:

$$thr^- leu^- met^+ biot^+ \quad und$$
$$thr^+ leu^+ met^- biot^-.$$

Wenn man beide Stämme miteinander kreuzen könnte, müßten wir u.a. auch Nachkommen erhalten, die auf einem Minimalmedium wachsen könnten, die also genetisch

$$thr^+ leu^+ met^+ biot^+$$

wären. Das Experiment wurde gemacht. Es sieht so aus, daß man beide Bakteriensuspensionen zusammenkippt und sie dann sich selbst überläßt. Anschließend plattiert man die Mischung auf einer Platte mit Minimalmedium aus. Das Ergebnis: Es wachsen einige Kolonien. Damit war gezeigt, daß die Bakterien untereinander genetisches Material austauschen können. Diesen Austausch nennt man Rekombination. Im Prinzip beruht er auf dem gleichen Mechanismus wie das Crossing over.

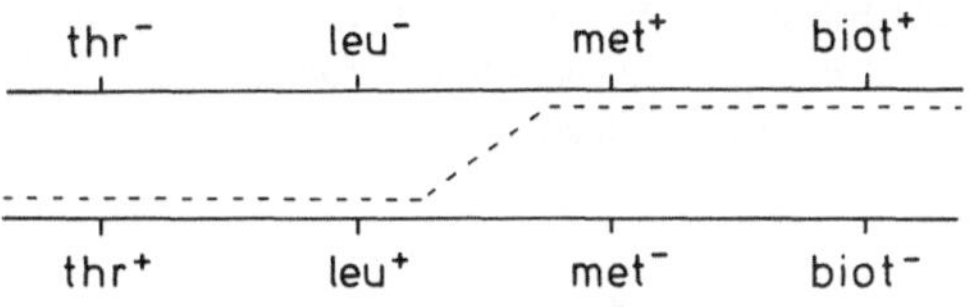

Damit haben wir gleichzeitig eine Methode kennengelernt, mit der man die Reihenfolge der Gene auf einem Bakterienchromosom erfassen kann. Je weiter zwei Genorte voneinander entfernt sind, desto größer sollte die Rekombinationswahrscheinlichkeit sein. Man stellte aber bei sehr weit voneinander liegenden Genorten fest, daß ihre Rekombinationshäufigkeit niedriger war, als man erwarten sollte, was sich darauf zurückführen ließ, daß gelegentlich zweifache Rekombinationen auftraten.

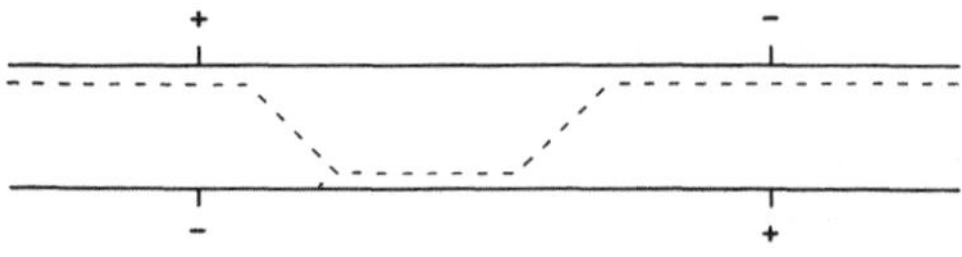

Eine weitere Komplikation, die wir uns der Einfachheit halber an einigen hypothetischen Werten anschauen wollen:

Zwischen zwei Genen (Genorten) gibt es folgende Rekombinationsabstände:

1. zwischen A und B 0,4
2. zwischen B und C 0,2
3. zwischen A und C 0,5
4. zwischen C und D 0,2
5. zwischen A und D 0,2.

Wir können versuchen, daraus eine Genkarte zu konstruieren, was jedoch mit Schwierigkeiten verbunden ist:

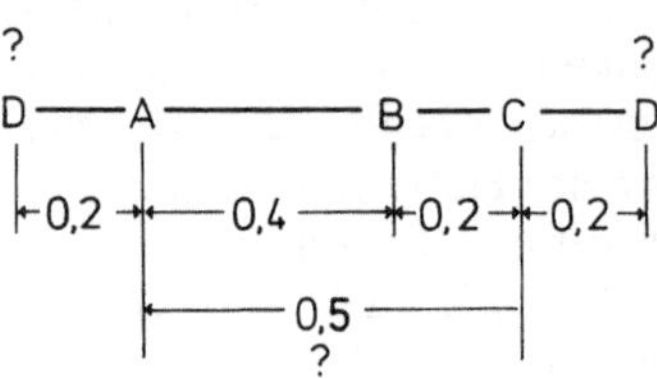

Der zu geringe Abstand zwischen A und C ließe sich auf Doppelcrossover zurückführen. Für unser 5. Ergebnis gibt es keine so einfache Entschuldigung. Wir könnten nun annehmen, daß bei einigen Bakterien D „vorne" sitzt, bei anderen „hinten", also:

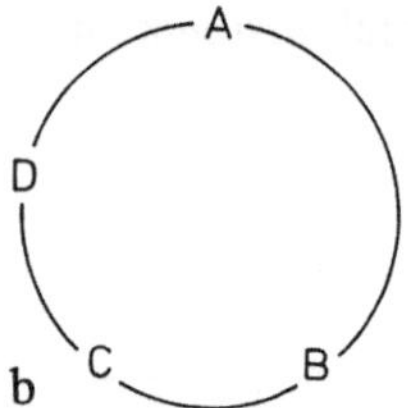

Man nennt so etwas zyklisch permutiert (a) Bei einigen Bakteriophagen ist diese Erscheinung tatsächlich gefunden worden, so bei T 2 und bei T 4. Wir können aber auch annehmen, daß das DNS-Molekül einen Ring bildet (b).

Genetische Daten können nicht zwischen zyklischer Permutation und einem Ringchromosom unterscheiden. Deshalb die Frage: Kann man einen solchen Ring sichtbar machen?

Der Australier J. Cairns erbrachte diesen Beweis. Er markierte die DNS mit ^{3}H, lysierte das Bakterium und spreitete die DNS auf einer photoempfindlichen Schicht aus. Überall dort, wo ^{3}H zerfiel, schwärzte sich der Film. Die hier wiedergegebene Abbildung zeigt noch mehr, nämlich, wie sich ein solches Molekül teilt (Abb. 24.1).

Unabhängig davon setzte man die Arbeiten zur Kartierung der Gene auf dem Bakterienchromosom fort. Die Abb. 24.2 zeigt ein Zwischenergebnis (Stand: 1964). Jede der Abkürzungen steht für einen Genort. Auf Details können wir hier nicht näher eingehen. Betrachten wir die Genkarte nach dem Stand von 1972 (Abb. 24.3), so erkennen wir sehr deutlich, daß sich die Informationsmenge verdoppelt hat. Der Vergleich dieser beiden Abbildungen soll unseren Wissenszuwachs in einem Zeitraum von nur 8 Jahren veranschaulichen.

Wir haben Sexualität erwähnt und über Rekombination gesprochen. Gibt es unterschiedliche Geschlechter bei Bakterien? Lederberg u. Mitarb. fanden 1951, daß es einen Faktor F gibt, der für die Wanderung eines DNS-Moleküls von einer Zelle zur anderen verantwortlich ist. Zwischen den beiden Zellen bildet sich eine Brücke aus, die man elektronenmikroskopisch abbilden kann. Diesen Vorgang nennt man Konjugation. Der Faktor F (ein kleines DNS-Stück) haftet sich gelegentlich an eine bestimmte Stelle des Bakterienchromosoms an. Bakterienstämme, bei denen das geschieht, nennt man Hfr. Bei der Konjugation werden zunächst diejenigen Bereiche der DNS in die Nachbarzelle geschleust, die nahe dem F-Faktor liegen. Dieses veranlaßte Wollman und Jacob zu folgender Überlegung: Mischt man Bakterien, gibt ihnen aber nur wenig Zeit zur Paarung, so dürften nur die Gene übertragen werden, die dem F-Faktor am nächsten liegen; verlängert man die Zeit, so müßten weitere Gene ausgetauscht werden, usw. Zusammenfassend also: man hat damit einen neuen Weg, um eine Genkartierung durchzuführen. Wollman und Jacob führten das Experiment unter geeigneten Bedingungen durch und zeigten damit, daß zunächst das Gen azi, dann T1, dann lac und schließlich gal übertragen wurde. Diese Reihenfolge stimmt mit den Daten, die man aus Rekombinationsexperimenten erhielt, gut überein (Abb. 24.4).

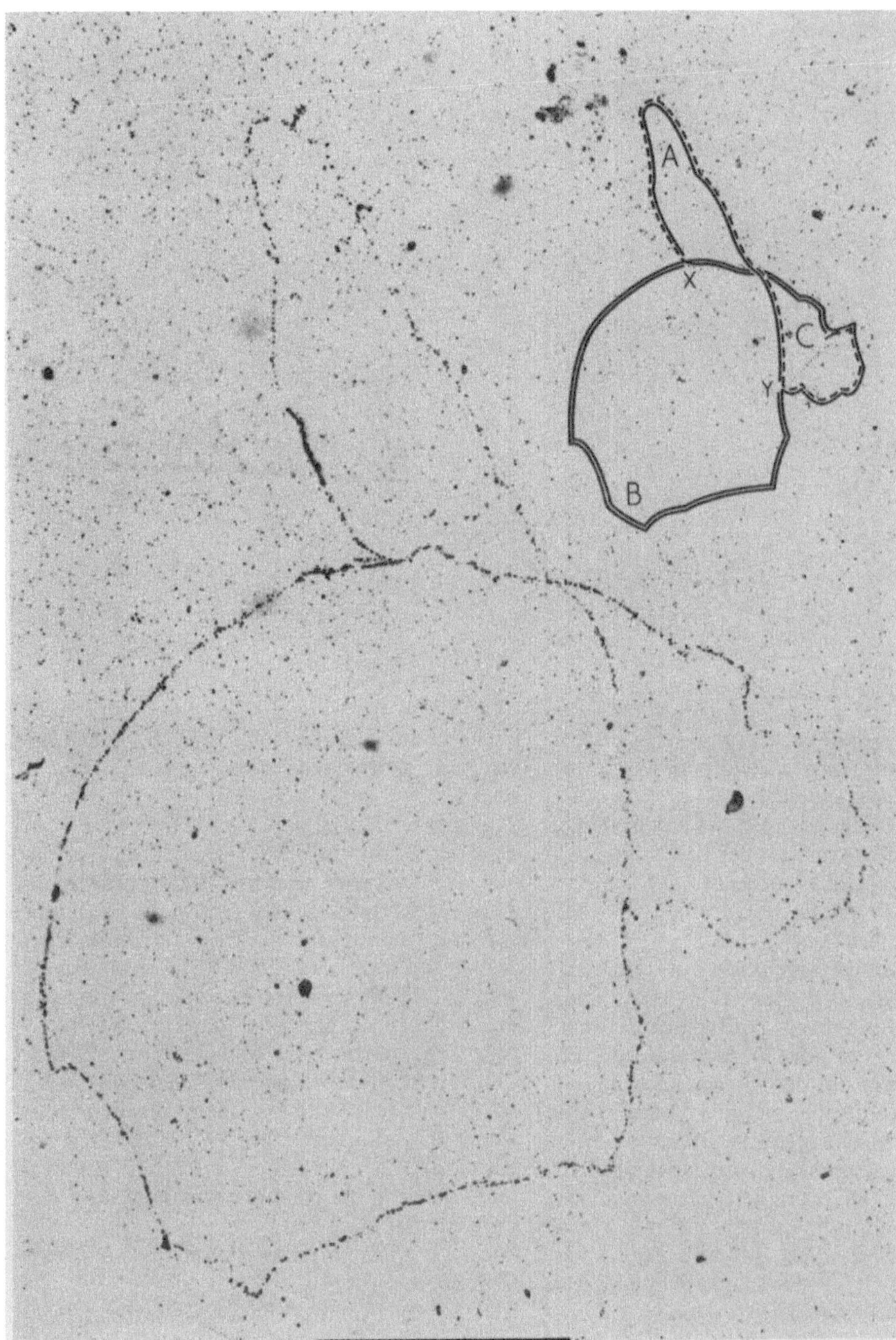

Abb. 24.1. Die Autoradiographie eines Bakterienchromosoms zeigt die Ringstruktur; gleichzeitig ist in dieser Aufnahme ein Replikationsstadium des DNS-Moleküls zu sehen. (Aufn. J. Cairns, 1963)

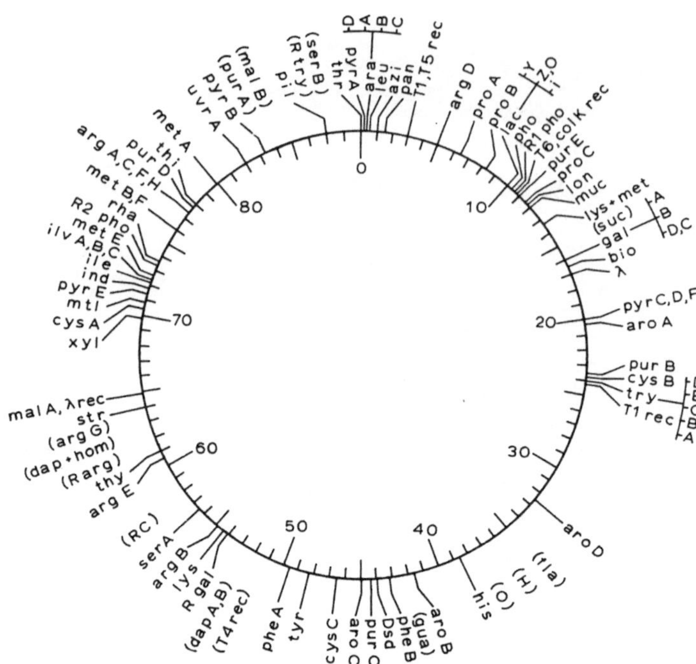

Abb. 24.2. Die Genkarte von *Escherichia coli* (Stand 1964) (A.L. Taylor und M.S. Thoman)

Kann man bei Bakterien von Geschlechtern sprechen, wenn einige Zellen einen Faktor besitzen, der anderen fehlt?
Korrekterweise dürfte man es nicht. Man nennt daher die Sexualität der Bakterien auch häufig Parasexualität, obwohl der Effekt, nämlich eine Neuordnung von Genen, in beiden Fällen der gleiche ist.

Das waren einige Ergebnisse aus der Bakteriengenetik. Analoge Daten erhält man, wenn man die Bakteriophagen untersucht. Einige der Phagen haben, wie *Escherichia coli*, ein Ringchromosom, so der Phage λ, während, wie schon erwähnt, bei anderen Phagen (T 2, T 4, T 5 . . .) die DNS nicht ringförmig geschlossen ist. Chromosomen sind komplexe Strukturen, bestehend aus DNS und Proteinen. Das Bakterienchromosom besteht aus nur einem Molekültyp: DNS. Das Genom vieler Viren (nicht von allen!!) besteht aus einem einzigen Nukleinsäuremolekül.

Das Experiment von Avery, McCarty und McLeod (1944, vgl. S. 26) sollte bereits als Beweis genügen, daß die DNS allein Träger der genetischen Information sein kann. Man könnte aber einwenden, daß dabei ja nur eine Teilinformation übertragen wurde. Das Experiment zeigte nicht, daß die isolierte DNS in der Lage war, ein ganzes Bakterium neu zu synthetisieren.

Nahm man Viren als Versuchsobjekte, kam man der Beantwortung dieser Frage schon näher. G. Schramm und A. Gierer (Tübingen, 1956) isolierten die RNS aus dem Tabakmosaikvirus und infizierten damit Tabakpflanzen. Sie wiesen nach, daß die RNS allein infektiös war, somit die gesamte Information trug, um die Zelle zu veranlassen, intakte und infektiöse Viruspartikel zu bilden. Schramm und Zillig wandten zur Isolierung infektiöser RNS ein neuartiges — und seitdem allgemein verwendetes — Verfahren an. Sie behandelten das Virus mit Phenol. Dabei denaturiert das Protein, während die Nukleinsäure diese Prozedur unbeschadet übersteht.

Wie kann man nun aber nachweisen, daß auch DNS allein infektiös ist?
Hershey und Chase (1952) markierten Bakteriophagen mit ^{35}S und ^{32}P, d.h. die Nukleinsäure mit ^{32}P und die Proteine mit ^{35}S. Mit diesen doppelt markierten Phagen wurden Bakterienzellen infiziert. Gleich nach der Infektion wurde getestet, wo die Markierung geblieben war. Man fand, daß nur das ^{32}P in die

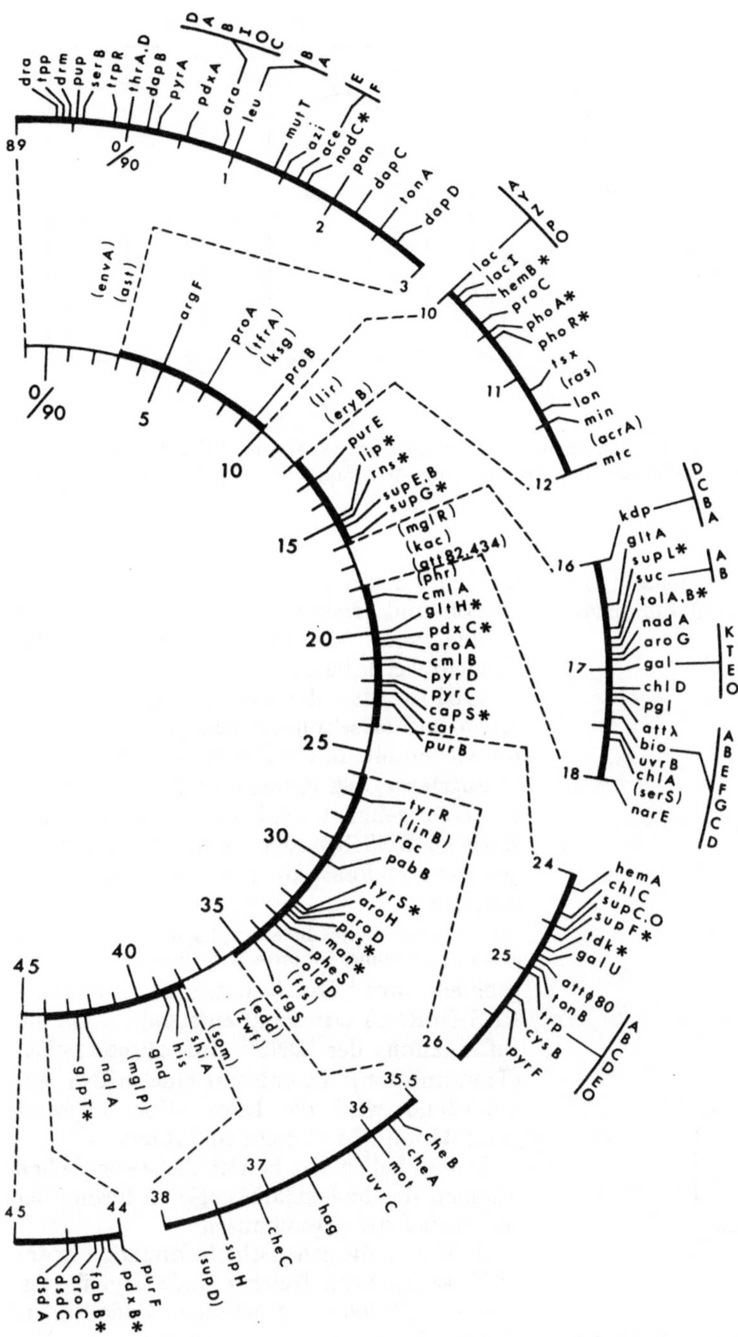

Abb. 24.3. Die eine Hälfte der Genkarte von *Escherichia coli* (Stand 1972) (A.L. Taylor)

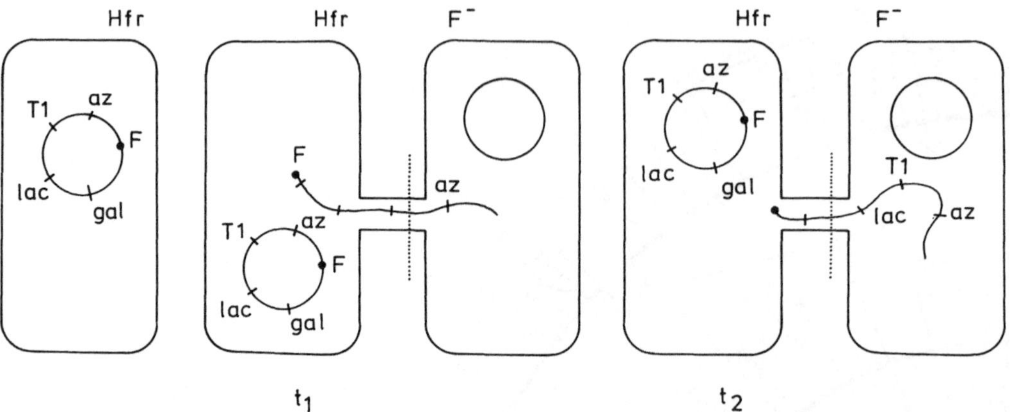

Abb. 24.4. Konjugation: Genaustausch bei Bakterien. Nur Bakterienstämme, die den F-Faktor besitzen, können DNS weitergeben. Zellen ohne F-Faktor (F⁻-Stämme) sind stets Empfänger der DNS und damit der genetischen Information

Zelle eingewandert war, während das ^{35}S in der leeren Hülle außerhalb der Bakterienzelle blieb:

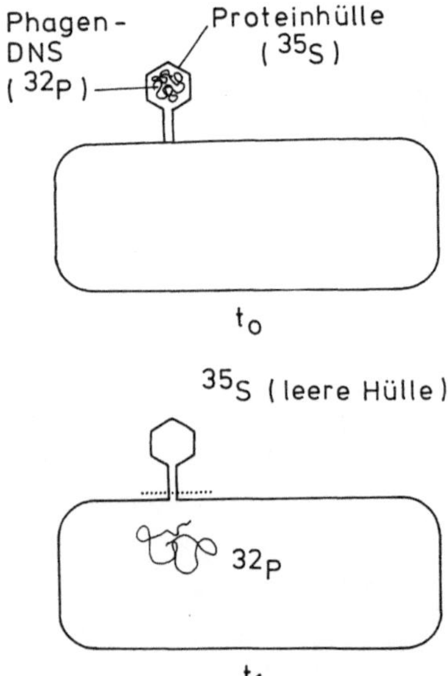

Damit war eindeutig gezeigt, daß die DNS allein in die Bakterienzelle eindrang und somit die Gesamterbinformation tragen mußte.

Was geschieht anschließend?

Wir haben bereits gesehen, daß der Infektion eine Eclipse, eine Latenzzeit, folgt. Volkin und Astrachan (Oak Ridge, 1956) untersuchten T 2-infizierte Zellen kurz nach der Infektion und fanden, daß eine RNS-Fraktion gebildet wird. Mit diesem Ergebnis konnten sie nicht viel anfangen.

1961 wurden die Versuche von Brenner, Jacob und Meselson mit dem gleichen Ergebnis wiederholt. In der Zwischenzeit hatte man hinzugelernt, daß Proteine an den Ribosomen der Zelle gebildet werden und daß dafür zusätzliche RNS benötigt wurde. Aus ihren Ergebnissen schlossen Brenner, Jacob und Meselson, daß

"an unstable intermediate carrying information from genes to ribosomes for protein synthesis"

gebildet wird. Das Konzept der messenger RNS (mRNS) war somit entstanden, d.h. die Information der DNS wird abgeschrieben (Transkription). Es entsteht eine mRNS, anschließend wird die Information übersetzt (Translation). Es entsteht ein Protein.

Damit haben wir bereits die wesentlichen Themen der Molekularbiologie zu Beginn der sechziger Jahre angeschnitten:

1. Wie ist die genetische Information in der DNS gespeichert? Welcher Code liegt ihr zugrunde? (Problem: genetischer Code) oder: Welche Beziehung besteht zwischen einer Nukleinsäuresequenz und einer Aminosäuresequenz?

2. Wie funktioniert der Übersetzungsmechanismus?

Problem 1 behandeln wir im Kapitel 26, Problem 2 im Kapitel 33.

Literatur

Brenner, S., Jacob, F., Meselson, M.: An unstable intermediate carrying information from genes to ribosomes for protein synthesis. Nature **190**, 576 (1961).

Cairns, J.: The chromosome of Escherichia coli. Cold Spring Habor Symp. Quant. Biol. **28**, 43 (1963).

Cairns, J.: The bacterial chromosome. Sci. Am. Januar 1966, S. 36.

Gierer, A., Schramm, G.: Infectivity of ribonucleic acid from tobacco mosaic virus. Nature **177**, 702 (1956).

Hershey, A.D., Chase, M.: Independent functions of viral protein and nucleic acid in growth of bacteriophage. J. Gen. Physiol. **36**, 39 (1952).

Koller, Th.: Die Bedeutung der Elektronenmikroskopie für die Molekularbiologie. Chemie in unserer Zeit 7, 148 (1973).

Lederberg, J., Tatum, E.L.: Gene recombination in Escherichia coli. Nature **158**, 558 (1946).

Taylor, A.L., Thoman, M.S.: The genetic map of Escherichia coli K 12. Genetics **50**, 659 (1964).

Wollman, E.L., Jacob, F., Hayes, W.: Conjugation and genetic recombination in Escherichia coli. Cold Spring Harbor Symp. Quant. Biol. **21**, 141 (1956).

Zinder, N.D., Lederberg, J.: Genetic exchange in Salmonella. J. Bacteriol. **64**, 679 (1952).

25. Mutationen. – Was versteht man unter Mutationsrate?

A. Mutationsauslösung mittels Strahlen

Mutationen wurden erstmals 1922 durch H.J. Muller induziert, indem er *Drosophila* Röntgenstrahlen aussetzte. Die ersten Versuche dieser Art waren rein qualitativ.

1942 untersuchten Timoféeff-Resovsky und Zimmer in Berlin die Strahlenwirkung auf quantitativer Basis. Bei der Bestrahlung mit Röntgen- oder anderen Strahlen überleben nur wenige Individuen. Die Überlebenschance (Ü) hängt von einer Konstanten (c), die die Empfindlichkeit der Individuen gegenüber der Strahlung beschreibt, sowie von der Zeit und der Intensität der Bestrahlung ab.

Man kann die Überlebensfraktion durch die Differentialgleichung:

$$d\ddot{U} = -c\,\ddot{U}_0\,dt \quad \text{oder}$$

$$-d\ddot{U}/dt = \ddot{U}\,c$$

wiedergegeben. Löst man die Gleichung auf, so erhält man:

$$\ddot{U}/\ddot{U}_0 = e^{-ct} \quad \text{oder}$$

$$\ddot{U} = \ddot{U}_0 \cdot e^{-ct}.$$

Wie die Abb. 25.1 zeigt, erhält man bei Darstellung auf halblogarithmischem Papier eine Gerade. Diese Funktion sagt uns, daß wir es mit einer Eintrefferkinetik zu tun haben, d.h. ein Treffer genügt, um ein Individuum abzutöten. Die Form von Zwei- oder Dreitrefferkinetiken ist in der Abbildung ebenfalls dargestellt. Es müßten sich dabei erst einige Treffer ansammeln, bevor ein Individuum abgetötet wird. Die Inaktivierungsrate (Steigung der Geraden) ist aber in allen Fällen die gleiche, da sie nur von c und der Strahlenintensität abhängt. Unter den Überlebenden wird man mit einer erhöhten Wahrscheinlichkeit Mutanten finden. Stellt man auch hier eine Dosis-Effektkurve auf, so erhält man wiederum eine Expo-

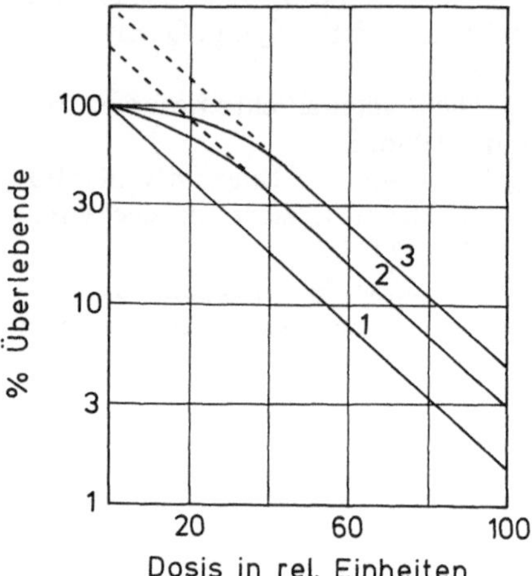

Abb. 25.1. Inaktivierungskinetiken. Die Funktionen *1, 2* und *3* entsprechen einer Eintreffer-, Zweitreffer- und Dreitrefferkinetik. Die Anzahl der notwendigen Treffer läßt sich aus dem Diagramm ablesen, wenn man den linearen Bereich der Kinetik nach „rückwärts" extrapoliert (gestrichelt dargestellt). Der Schnittpunkt mit der Ordinate gibt die Zahl der Treffer an, z.B. 300:100 = 3

nentialfunktion, diesmal aber mit positiver Steigung $1 - e^{-ct}$ (Abb. 25.2), da wir ja hier nur die Mutanten unter den Überlebenden zählen.

Diese Ergebnisse fielen in eine Zeit, als die Atombombe entwickelt wurde. 1945 wurden zwei über Japan abgeworfen, auf Hiroshima und Nagasaki.

Welche Folgen hatte die Strahlung für die Nachkommenschaft?

1947 wurde eine amerikanische Kommission, geleitet von Beadle, Muller und Neal, einberufen, die sich mit dieser Frage zu befassen hatte. Der Bericht fiel negativ aus, obwohl man keiner der hieran beteiligten Personen eine Unterschätzung des Problems vorwerfen darf. Einige der Faktoren, die eine Aussage erschwerten, seien genannt:

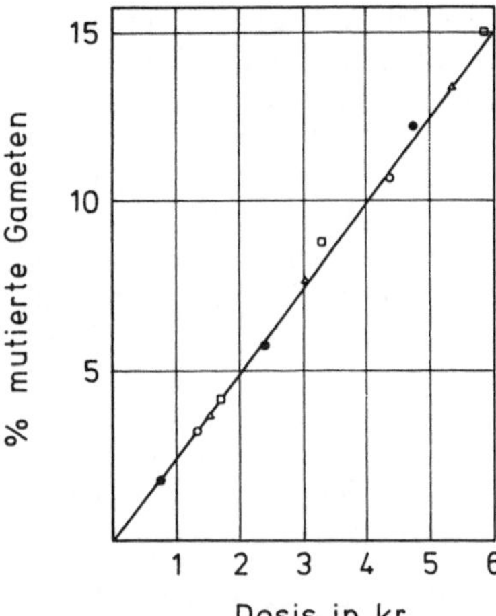

Abb. 25.2. Mutationsauslösung bei *Drosophila* durch ionisierende Strahlung. Die unterschiedlichen Symbole im Diagramm beziehen sich auf unterschiedliche Strahlenquellen. ○ 10 kV Röntgenstrahlen; ● 160 kV Röntgenstrahlen; △ γ-Strahlen; □ β-Strahlen. (Nach Zimmer und Timofeeff-Resovsky, 1942)

Man schätzt, daß 12.000–13.000 Kinder im Zeitraum von zehn Jahren nach der Explosion von Eltern geboren wurden, die der Strahlung ausgesetzt waren. Weniger als 10% der Geburten erfolgten in Japan in Kliniken, aber nur diese Fälle konnten erfaßt werden. Da man zudem anzunehmen hat, daß die meisten Mutationen rezessiv sind, sind es maximal nur wenige hundert Kinder, bei denen man eine Mißbildung erwarten könnte und die für eine Überwachung zur Verfügung standen. Die Zahl ist zu gering, um eine definitive Aussage machen zu können, da entsprechende Kontrollen fehlen.

Die wesentlichen Punkte des Programms sind nachstehend auszugsweise wiedergegeben [aus: Science **106**, 331 (1947)]:

Genetic Effects of the Atomic Bombs in Hiroshima and Nagasaki. Genetics Conference, Committee on Atomic Casualities, National Research Council.

1. Organize, in Hiroshima, Nagasaki, and a control area or areas, a modified system of pregnancy registration, this to include the irradiation history of the parents.

2. Obtain as complete information as possible on the outcome of each registered pregnancy.

3. Follow up each report of an abnormal termination of pregnancy or a congenital malformation with detailed family studies.

4. Develop a system of checking on the completeness and accuracy of registration of births and deaths, such as requiring at intervals dual registration by both the family and the obstetrician or midwife.

5. Conduct these studies on a sufficiently large scale that the results will have statistical significance.

6. Integrate this program with a system of periodic examination of the offspring of irradiated persons and with careful death certification, so that genetic effects not apparent at birth but detected subsequently may be recorded. In particular, causes of infant mortality should be accurately recorded.

7. Place this program in competent Japanese hands, through the Japanese Government, with only enough American supervision and cooperation including supplies, to facilitate a successful program.

This program must extend over a period of 10–20 years before a significant amount of data can be accumulated, and quite possibly an even longer period of study, extending to the second and subsequent generations, will be indicated.

Certain practical limitations of the program may be considered at this point. The most difficult problem will be to obtain the necessary completeness of reporting. This will require constant effort, a wide educational program, and frequent cross-checks. Congenital malformations occurring within Japanese families may sometimes not be reported. This is perhaps more likely to occur in Japan than in this country, because probably less than 10 per cent of Japanese births occur in hospitals as these are defined in the United States. To what extent stillbirths and malformations occurring outside a hospital will be recorded depends on the vigor with which the problem is pursued. It will be difficult to get evenly matched teams of investigators for bombed and control areas. Furthermore, once people living in Hiroshima and Nagasaki learn that stillbirths and malformations may possibly be attributed to the effects of the bomb, they will probably lose some of their reluctance to report such matters, whereas this will not be the case in a control area.

Japan is now a defeated and occupied country, under severe postwar stress, whose people have a very different psychology from our own. A program such as that under consideration will proceed much more slowly there than it would in this country.

In order to reduce the possibility that a negative result of the investigation on Japanese material be interpreted by the medical and lay public as meaning that important genetic effects were not produced, it is essential that a comparable effort be expended in experimentation on other mammalian material, in which genetic effects of different kinds can much more readily be brought to light. In this way it should be possible to throw light upon the proportion of the total genetic effects produced by the radiation that would have been detectable by the methods used in the investigation on the human material, and the serious danger of misinterpretation of the latter results would be minimized.

Recognizing the difficulties briefly touched upon in the pregoing paragraphs, the Conference on Genetics voted unanimously to record the following expression of its attitude toward the genetic program: "Although there is every reason to infer that genetic effects can be produced and have been produced in man by atomic radiation, nevertheless the conference wishes to make it clear that it cannot guarantee significant results from this or any other study on the Japanese material. In contrast to laboratory data, this material is too much influenced by extremeous variables and too little adapted to disclosing genetic effects. In spite of these facts, the conference feels that this unique possibility for demonstrating genetic effects caused by atomic radiation should not be lost."

Der negative Befund dieser Studie sollte keineswegs zu leichtsinnigen Aussagen führen.

1. Rezessive Mutationen können sich noch in späteren Generationen bemerkbar machen.

2. Es ist entsprechend der Dosis-Effekt-Kurve gleichgültig, ob eine (überlebende) Person von einer hohen Dosis an Radioaktivität während eines kurzen Zeitraums getroffen worden ist (wie in Hiroshima) oder von geringen, sich aber wiederholenden Dosen. Die Testexplosionen der fünfziger Jahre in den USA und in der UdSSR haben weit mehr radioaktive Strahlung freigesetzt als die Bomben auf Japan. Außerdem ist die Strahlung über die ganze Erde verteilt worden, so daß jeder davon betroffen sein könnte. Damit soll gesagt sein, daß der Treffervorgang ein Wahrscheinlichkeitsprozeß ist, bei dem es keine kleinste Dosis gibt. Ein Treffer ist eine Alles-oder-Nichts-Reaktion. Bei einer niedrigen Dosis ist lediglich die Wahrscheinlichkeit verringert, daß ein Treffer auftritt!

3. Bei vielen der weiterentwickelten Atombomben wird radioaktives Strontium gebildet. Strontium wird besonders von Meerestieren anstelle von Calcium in Schalen und Knochen eingebaut. Es reichert sich also in der Nahrungskette an, wir erhalten damit einen multiplikativen Effekt statt eines additiven, den wir bei einer Zufallsverteilung erwarten.

Die genannten strahlenbiologischen Untersuchungen haben die Gefahr der Strahlung für das Erbgut aufgezeigt. Zu weiteren, entscheidend neuen Erkenntnissen ist man durch Mutationsauslösung mittels Strahlen nicht gekommen.

B. Chemische Mutagenese

Weitergekommen ist man in der Grundlagenforschung durch chemische Mutagenese. Wir haben bisher nur das Senfgas als mutationsauslösende Substanz erwähnt. Ende der fünfziger Jahre wußte man über die Chemie der Nukleinsäuren so gut Bescheid, daß man nunmehr auch den Mutationsvorgang im chemischen Sinne zu verstehen lernte. Wir erinnern uns, daß Cytosin, Adenin und Guanin freie Aminogruppen tragen.

NH$_2$

A

OH

G

NH$_2$

HO

C

Nun weiß jeder Chemiker, daß aromatische Amine bei Behandlung mit Salpetriger Säure in saurer Lösung Diazoniumsalze bilden, die hydrolysieren können und Stickstoff abspalten:

NH$_2$ + HNO$_2$ / HCl $\longrightarrow$ N$\equiv$N$^+$ Cl$^-$ + 2 H$_2$O

$\longrightarrow$ OH + N$_2$ + H$_2$O + HCl

Somit entsteht aus unseren drei Basen:

A $\rightarrow$ Hypoxanthin
G $\rightarrow$ Xanthin
C $\rightarrow$ Uracil.

Schuster und Schramm (Tübingen, 1958) fanden, daß man die RNS des Tabakmosaikvirus mit Salpetriger Säure (Nitritionen) behandeln konnte und sie somit inaktivierte. Die Inaktivierungskinetik folgt einer Eintrefferfunktion. Dieser Befund veranlaßte Mundry und Gierer (ebenfalls Tübingen, 1958) dazu, nach Mutanten unter den Überlebenden zu suchen, da sie davon ausgehen konnten, daß bei der Desaminierung auch die genetische Information verändert worden ist. Statt eines C steht nunmehr ein U in der RNS, statt eines A ein G. Die letzte Aussage beruht auf der Annahme, daß die beiden in der TMV-RNS nicht vorkommenden Basen Hypoxanthin und Xanthin dem G so ähnlich seien, daß bei der folgenden Replikationsrunde G an ihrer Stelle eingebaut wird. Nach Nitritbehandlung wurden zahlreiche Mutanten gefunden. Zunächst einmal wies man sie dadurch nach, daß sie sich in ihrem Symptom auf Tabakblättern vom Wildstamm unterschieden.

Abb. 25.3 zeigt, daß das unbehandelte Virus auf Pflanzen, die ein Hypersensitivitätsgen tragen, mehr oder weniger gleich große Nekrosen ausbildet, während bei der behandelten Probe zahlreiche kleine Nekrosen auftreten, was darauf zurückzuführen ist, daß die hierbei entstandenen Mutanten weniger lebensfähig sind und sich somit auch weniger stark ausbreiten als der Wildstamm. Eine solche Nekrose ist die Nachkommenschaft eines einzelnen Viruspartikels.

Schneidet man einzelne Nekrosen aus und infiziert mit dem darin enthaltenen Virus weitere Tabakpflanzen, kann man aus jeder einzelnen einen neuen Virusstamm gewinnen. Ob sich nun jeder der so isolierten Stämme tatsächlich vom Wildstamm unterscheidet, müssen weitere Analysen zeigen.

Später wurde von anderen Mitarbeitern der Tübinger Max-Planck-Institute gezeigt, daß Salpetrige Säure auch bei Bakteriophagen und Bakterien Mutationen auslösen kann.

Unabhängig davon und zur gleichen Zeit ermittelte E. Freese (damals Harvard University), daß Basenanaloge, also Verbindungen, die den bekannten Nukleinsäurebasen sehr ähnlich sind, ebenfalls mutationsauslösend sind, weil sie ein fehlerhaftes Ablesen der Basenpaare während der Replikation der DNS

Abb. 25.3. Vergleich der Nekrosengröße auf *Nicotiana tabacum*, var. *Xanthi n.c.* Durch die unbehandelte Kontrolle (links) und durch die nitritbehandelte TMV-RNS (rechts) erzeugte Nekrosen. (Aus Wittmann, 1962)

verursachen. Sie selbst können nur während der Replikation in die DNS eingebaut werden. Freese arbeitete vorwiegend mit 2-Aminopurin (2-AP), 5-Bromuracil (BU) und 2,6-Diaminopurin. Die Wirkung des BU sei an folgendem Schema erläutert:

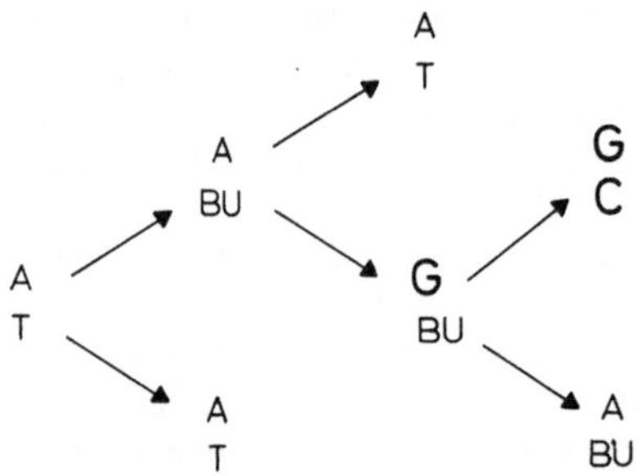

Wir haben somit aus einem AT-Paar nach drei Replikationsrunden ein GC-Paar erhalten. Solche Übergänge nannte Freese Transitionen (Purin → Purin; Pyrimidin → Pyrimidin); während er Änderungen von Purin zu Pyrimidin oder umgekehrt als Transversionen bezeichnete.

Literatur

Freese, E.: The specific mutagenic effect of base analogues on phage T 4. J. Mol. Biol. **1**, 87 (1959).

Muller, H.J.: Artificial transmutation of the gene. Science **66**, 84 (1927).

Mundry, K.W., Gierer, A.: Die Erzeugung von Mutationen des Tabakmosaikvirus durch chemische Behandlung seiner Nukleinsäure in vitro. Z. Vererbungslehre **89**, 614 (1958).

Schuster, H., Schramm, G.: Bestimmung der biologisch wichtigen Einheit in der Ribonucleinsäure des TMV auf chemischem Wege. Z. Naturforsch. **13b**, 697 (1958).

Wittmann, H.G.: Proteinuntersuchungen an Mutanten des Tabakmosaikvirus als Beitrag zum Problem des genetischen Codes. Z. Vererbungslehre **93**, 491 (1962).

Zimmer, K.G., Timoféeff-Resovsky, N.W.: Über einige physikalische Vorgänge bei der Auslösung von Genmutationen durch Strahlung. Z. Induktive Abstammungs-, Vererbungslehre **80**, 353 (1942).

26. Genetischer Code

1953 beschrieben Watson und Crick das DNS-Modell. In einem DNS-Strang finden wir eine Abfolge der vier Basen A, T, C und G (vgl. Kapitel 20). Man wußte damals außerdem, daß Proteine aus einer Abfolge von 20 verschiedenen Aminosäuren bestehen (vgl. Kapitel 17 und 18), und schließlich kannte man die Beadle-Tatumsche *Ein Gen—ein Enzym-Hypothese* (vgl. Kapitel 23).

1954 fiel dem Physiker G. Gamow auf, daß ein Code zwischen Nukleinsäuren und Proteinen bestehen müßte. Die in der Sequenz der Nukleotide gespeicherte Information müßte in einer spezifischen Beziehung zu den Aminosäuren in einem Protein stehen. Damit stehen wir vor dem Problem des genetischen Codes, dem zentralen Thema der Molekularbiologie in den Jahren 1954 bis 1965.

Fragen wir uns, wie der genetische Code beschaffen sein muß, so können wir unser Problem in mehrere Teilprobleme auflösen.

A. Wieviele Nukleotide sind notwendig, um eine Aminosäure zu codieren?

Ein Nukleotid ist offensichtlich zu wenig, denn hierbei hätten wir nur Informationen für vier Aminosäuren, wir kennen aber 20 Aminosäuren in Proteinen. Auch Nukleotidpaare

AA	AT	AG	AC
TA	TT	TG	TC
GA	GT	GG	GC
CA	CT	CG	CC

geben uns nicht genügend Codeworte. Wir erhalten nur $4^2 = 16$.

Reicht die Abfolge von drei Nukleotiden (einem Triplett)?

AAA AAT AAG . . . . .

$4^3 = 64$ Möglichkeiten stehen zur Verfügung. Das reicht, ist aber zuviel! Also ein neues Problem: Wozu sind die „überflüssigen" gut? Sind sie überhaupt überflüssig?

Wäre die Abfolge von vier Nukleotiden als Informationseinheit sinnvoll? Es gibt $4^4 = 256$ Möglichkeiten.

a) Das erscheint zuviel; die Sache wird zu kompliziert.

b) Genetische Experimente, die hier nicht beschrieben werden können, sprechen für einen Triplettcode (Crick, Brenner *et al.*).

c) Physikalisch-chemische Messungen (Eigen und Pörschke) sprechen ebenfalls für einen Triplettcode (vgl. Kapitel 60).

Durch die Aussagen aus den Ergebnissen von b unc c ist vorweggenommen, daß alle Codeworte gleich lang sind. Man hätte zunächst einmal auch vermuten können, daß sie verschieden lang sind wie z.B. beim Morsecode:

$\cdot$ = e; $\cdot\cdot\cdot$ = s etc.

Das würde aber erfordern, daß wir im Code „Kommas" brauchen, wie sie der Morsecode hat: verschieden lange Pausen. — Wie könnte man sie sich beim genetischen Code vorstellen? Es könnten bestimmte Basensequenzen sein, damit würde sich z.B. die Zahl 64 reduzieren lassen, was dann aber auch heißen würde, daß ein großer Teil der DNS-Basen als Kommas festgelegt wäre. Das wäre zumindest unökonomisch.

**B. Eine weitere Frage lautet:
Ist der Code überlappend?**

1. Stark überlappend

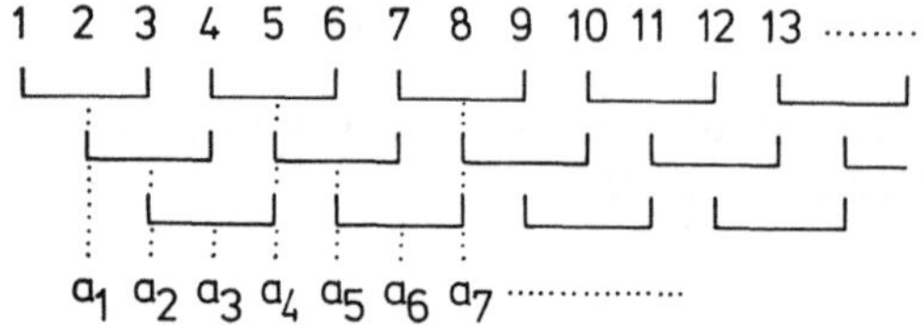

2 Schwach überlappend

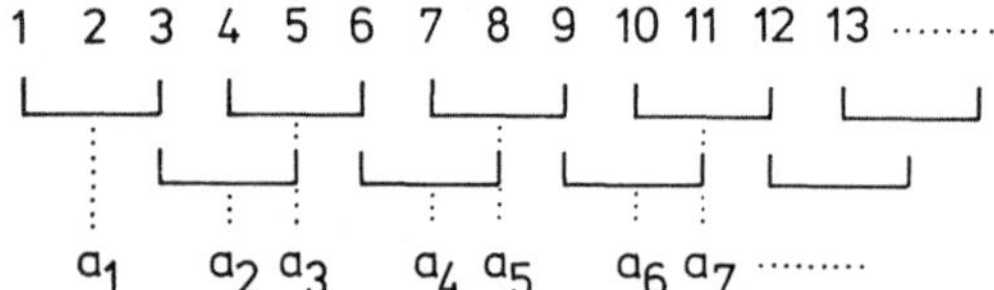

3. Nicht überlappend

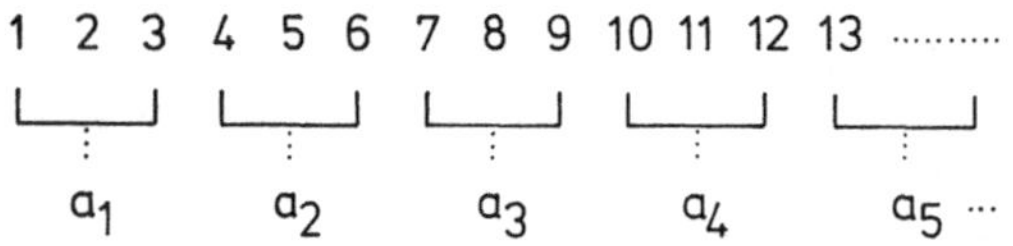

Die Frage, ob der Code überlappend ist, ließ sich durch eine einfache Überlegung entscheiden. Der Cambridger Molekularbiologe S. Brenner schaute sich 1957 die Aminosäuresequenzen aller bis dahin analysierten Proteine an. Er sagte sich, daß bei einem überlappenden Code eine Aminosäure in einem Protein die darauffolgenden bestimmen muß. So könnten z.B. nach einer Aminosäure, die durch das Triplett AAA codiert wird, nur solche Aminosäuren stehen, die durch

AAT, AAG, AAC oder AAA

codiert werden: also nur 4.

Bei einem schwach überlappenden Code wäre die Zahl auf 16 eingeschränkt. Alle müßten (in diesem Beispiel) mit A beginnen. Somit müßte man also Restriktionen (Einschränkungen) in den Aminosäuresequenzen von Proteinen finden.

S. Brenner konnte beim Vergleich der ihm damals vorliegenden Sequenzen ausschließen, daß der Code überlappend ist. Der Titel seiner Veröffentlichung

"On the impossibility of all overlapping triplett codes in information transfer from nucleic acid to proteins"

bringt das deutlich genug zum Ausdruck: Jede Aminosäure wurde hinter jeder anderen gefunden.

C. Schließlich: Wodurch wird das Startzeichen gegeben, in welchem Raster wird der Code gelesen?

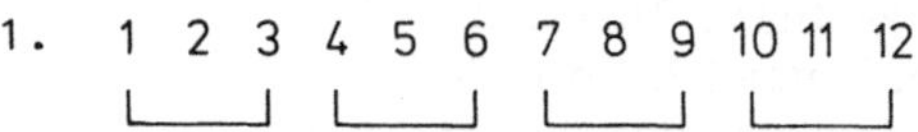

Zu diesem Problem wird im Kapitel 33 noch einiges zu sagen sein.

D. Welche Ansätze gibt es zur Lösung des genetischen Codes?

Einen Code kann man immer nur dann lösen, wenn der Gegner Fehler macht, und wenn man merkt, welches System diesen Fehlern zugrunde liegt. Von Fehlern dieser Art ist auch der genetische Code nicht frei. Wir kennen sie als Mutationen. Wir haben auch schon gesehen, daß man sie durch Mutagene erzeugen kann, und wir haben weiter erkannt, daß bestimmte Reaktionen gerichtet ablaufen können. So kann man durch Salpetrige Säure ein C in ein U und ein A in ein G umwandeln, nicht aber umgekehrt ein U in ein C oder ein G in ein A.

Kann man solche Veränderungen in einem Protein nachweisen?

Dazu brauchen wir ein günstiges Versuchsobjekt, und dazu bot sich das schon mehrfach erwähnte Tabakmosaikvirus (TMV) an. Man kannte seit 1959 die Aminosäuresequenz seines Hüllproteins. Es besteht aus der Sequenz von 158 Aminosäuren (Sequenzanalyse: Schramm u. Mitarb. in Tübingen und Fraenkel-Conrat u. Mitarb. in Berkeley). H.G. Wittmann (ab 1960) in Tübingen und H. Fraenkel-Conrat und Tsugita in Berkeley stellten eine große Zahl nitritinduzierter Mutanten her, isolierten einzelne und prüften die Aminosäuresequenz ihrer Hüllproteine. Dabei stellten sie fest, daß einzelne Aminosäuren verändert waren.

Die Ergebnisse von Wittmann sind in der Tabelle auf S. 172 oben auszugsweise wiedergegeben. Nur die durch Ni bezeichneten Mutanten sind nach Behandlung durch Salpetrige Säure entstanden. Die anderen Mutanten entstanden entweder spontan, oder sie sind durch Anwendung anderer Mutagene erzeugt worden. Die Positionsnummer gibt die veränderte Aminosäure in der Sequenz von 1−158 wieder.

Aus dieser Tabelle können wir schon mehreres ersehen:

1. Die Ergebnisse bestätigen die Beobachtung Brenners, daß es keinen überlappenden Code gibt, sonst hätten bei den Mutanten durch Veränderung eines Nukleotids zwei (drei) benachbarte Aminosäuren verändert sein müssen.

2. Man kann bei Mutanten, die durch Nitritbehandlung erzeugt wurden, eine bevorzugte Richtung der Änderungen (Austausche)

feststellen. Die neu hinzukommenden Aminosäuren werden durch U- oder G-reichere Codons (Tripletts) codiert als die ursprünglichen.

3. Man kann die verschiedenen Austausche in einer bestimmten Weise anordnen (vgl. Abb. 26.1), aus der zu ersehen ist, daß es u.a. mehrere Codons für Ser geben muß. Damit haben wir bereits eine partielle Antwort auf die Frage, was mit den 64 − 20 = 44 „überflüssigen" Codons geschieht. Man spricht hier von einem degenerierten Code und meint damit, daß es für einige Aminosäuren mehrere Codeworte gibt (Degeneration = Redundanz).

Wie läßt sich nun aber entscheiden, wo U und wo G einzusetzen ist?

Dazu müssen wir ein ganz anderes System betrachten, das schließlich zur vollständigen Auflösung des genetischen Codes führte. Man hatte inzwischen gelernt, Nukleinsäuren aus Einzelnukleotiden synthetisch herzustellen. A. Kornberg (Stanford University) fand ein Enzym, das an einem DNS-Einzelstrang den komplementären Strang bilden konnte. Der Einzelstrang wurde hierbei als Matrize verwendet. S. Ochoa (Rockefeller University, New York) fand ein anderes Enzym, das aus Ribonukleotiden RNS synthetisierte. Es brauchte hierfür keine Matrize, so daß Ochoa RNS-Moleküle beliebiger Sequenz herstellen konnte, z.B. auch so langweilig aussehende Sequenzen wie

UUUUUUUUUUUUUUUUUUUUUUUU
CCCCCCCCCCCCCCCCCCCCCCCC . . .
AAAAAAA . . . .
GGGGGGGGGGGGGGGG . . . . ,

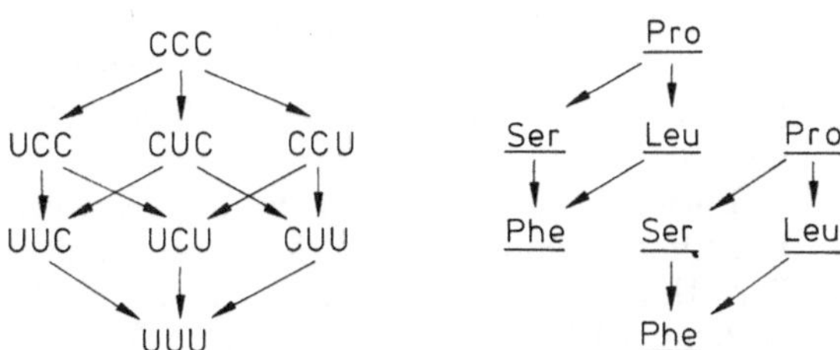

Abb. 26.1. Ansätze zur Entschlüsselung des genetischen Codes. Die Darstellung enthält Austausche, die beim TMV nach Nitritbehandlung nachgewiesen wurden (vgl. Tabelle auf S. 172). Sie geht weiter davon aus, daß das Codon für Phe UUU lautet. (Weitere Details siehe Text; H.G. Wittmann, 1962, 1966)

Stamm	Austausch		Position	Stamm	Austausch		Position
vulgare	–		–	Ni 458	Thr	→ Ile	59
Ni 462	Thr	→ Ile	5	Ni 470	Thr	→ Ile	59
	Ser	→ Leu	55	Ni 1045	Pro	→ Ser	63
Ni 568	Thr	→ Ile	5	Ni 1198	Pro	→ Ser	63
	Thr	→ Met	107	Ni 1234	Pro	→ Ser	63
reflav.	Leu	→ Phe	10	Ni 1688	Pro	→ Ser	63
necans	Phe	→ Leu	10		Pro	→ Leu	156
	Ala	→ Val	19	Fu 243	Ser	→ Gly	65
	Ser	→ Phe	138	Ni 102	Asp	→ Gly	66
revir.	Leu	→ Phe	10	Ni 116	Asp	→ Gly	66
	Val	→ Asp	19	Gk–I	Asn	→ Ser	73
Ni 2239	Ser	→ Leu	15	Ni 1103	Asn	→ Ser	73
Ni 2204	Ser	→ Leu	15		Ile	→ Val	125
	Thr	→ Ile	153	Ni 109	Glu	→ Gly	97
flavum	Asp	→ Ala	19	Ni 630	Thr	→ Met	107
Ni 118	Pro	→ Leu	20	Ni 725	Thr	→ Met	107
Ni 1055	Ile	→ Met	21	A 14	Ile	→ Thr	129
Ni 1118	Ile	→ Val	24	Ni 2032	Thr	→ Ile	136
	Ile	→ Val	125	Ni 445	Ser	→ Phe	138
FU 41	Thr	→ Ala	28	Ni 2068	Tyr	→ Cys	139
PM 2	Thr	→ Ile	28	CP 415	Asn	→ Lys	140
	Glu	→ Asp	95	E 66	Asn	→ Lys	140
B 13	Asn	→ Lys	33	Ni 1927	Pro	→ Leu	156
FU 27	Val	→ Ala	58	Ni 2029	Pro	→ Leu	156

ferner Kombinationen von 2, 3 oder aller 4 Nukleotide, z.B.

UCCUUUUCCCUCUCCCUUUUUUUC . . .

Nur: die Sequenz der Basen in solchen Polymeren konnte nicht festgelegt werden.

E. Kann man mit der Information, die in diesen synthetischen Nukleinsäuren steckt, etwas anfangen?

Nur dann, wenn man ein System entwickelt, in dem diese Information gelesen werden kann. M. Nirenberg und H. Matthaei (1961, am National Institute of Health in Bethesda) hatten Erfolg dabei. Sie bauten ein System auf, das RNS, Ribosomen, einen löslichen Überstand aus Bakterien, Aminosäuren sowie ATP, CTP und GTP u.a. enthalten mußte; die Bedeutung dieser einzelnen Komponenten werden wir in Kapitel 33 besprechen. Hier ist für uns nur das Ergebnis wichtig: In diesem System konnte man eine Proteinsynthese nachweisen. Der Test war relativ einfach. Man gab einzelne radioaktiv markierte Aminosäuren hinzu und prüfte, ob sich die Radioaktivität nach einer kurzen Inkubationszeit durch Trichloressigsäure (TCA) ausfällen ließ. Man weiß, daß freie Aminosäuren durch TCA-Zugabe nicht fällbar sind, während Proteine ausfallen. Den Niederschlag kann man abzentrifugieren, waschen und darin die Radioaktivität messen.

Entscheidend war nunmehr das folgende Experiment: Nirenberg und Matthaei nahmen Poly U, also eine Nukleinsäure, die nur aus U bestand: UUUUUUU . . . und setzten 20 Parallelansätze an. Zu jedem Ansatz wurde jeweils nur eine (radioaktiv markierte) Aminosäure hinzugegeben. Getestet wurde der Einbau in ein „Protein". Das Ergebnis: Nur Phenylalanin (Phe) wurde in eine unlösliche Form, in ein „Protein" der Sequenz

Phe—Phe—Phe—Phe—Phe—Phe . . . .

überführt. Damit war gezeigt, daß UUU das Codewort für Phe ist. Jetzt können wir wieder auf Wittmanns Untersuchungen am TMV zurückkommen. Wir können erkennen (Abb. 26.1), daß Leu und Ser somit durch die Tripletts UUC, UCU oder CUU codiert werden müßten, wir können weitergehen und sagen, daß Pro, Ser und Leu durch CCU, CUC oder UCC codiert werden. Was man aber nicht entscheiden kann, ist die Reihenfolge der Nukleotide in den Tripletts — man kennt „nur" ihre Zusammensetzung.

In den Wochen und Monaten nach der Entwicklung des Nirenberg-Matthaei-Systems setzte ein Kopf-an-Kopf-Rennen zwischen den Arbeitsgruppen von Nirenberg und von Ochoa ein. Ein halbes Jahr später waren alle möglichen Polynukleotide durchgetestet, und man fand die Zusammensetzung der Codeworte aller Aminosäuren. Dabei wurde offensichtlich, daß der genetische Code hochgradig degeneriert ist; es sah so aus, als gäbe es für jedes Triplett eine Bedeutung. Man wußte aber damit immer noch nichts über die Reihenfolge der Nukleotide in den Tripletts. Dieses Problem wurde durch zwei Arbeitsgruppen gelöst, die unabhängig voneinander arbeiteten: durch die von Khorana (University of Wisconsin, Madison) und durch die von Nirenberg. Khorana gelang es, Polynukleotide stückweise und somit sequentiell aufzubauen, so z.B. das Nukleotid

Da anzunehmen war, daß die RNS in verschiedenem Raster abgelesen werden konnte, mußte man drei voneinander verschiedene „Proteine" als Syntheseprodukte erwarten. Man fand: Poly Lys + Poly Arg + Poly Glu, aber niemals Kopolymere wie Poly (Lys, Arg) etc., d.h. der Code wurde hintereinanderweg gelesen. Damit war gleichzeitig gezeigt, daß die Information in den Nukleotidsequenzen nicht durch Kommas unterbrochen war.

Was würde man erwarten, wenn man eine Sequenz $(UC)_n$ aufbaut?

U C U C U C U C U C U C U C U

Ser —— Leu —— Ser —— Leu —— Ser —

Man erhält das Kopolymer Poly (Ser, Leu). Dieses Ergebnis ist wieder in guter Übereinstimmung mit den Ergebnissen Wittmanns.

Durch eine große Zahl ähnlicher Versuchsansätze, bei denen alle Möglichkeiten der Kombinatorik ausgeschöpft wurden, gelang es, nahezu allen der 64 Tripletts eine Aminosäure zuzuordnen. Der Erfolg ist aber nicht Khorana allein zuzuschreiben. M. Nirenberg u. Mitarb. gingen einen anderen (erfolgreicheren) Weg. Man wußte, daß sich die RNS, und zwar die mRNS, an Ribosomen anlagert, daß sich an diese mRNS eine tRNS (transferRNS) anlagert, die ihrerseits spezifisch eine Aminosäure bindet (vgl. hierzu Kapitel 33).

Frage: *Wie kurz darf eine mRNS sein, damit sie noch einen tRNS-Aminosäure-Komplex spezifisch binden kann?*

Die Antwort lautet: 3 Nukleotide lang! (Ein weiterer Beweis für den Triplettcode).

Inzwischen wurde es möglich, Tripletts mit bekannter Sequenz zu synthetisieren. Nirenberg u. Mitarb. testeten alle 64 Tripletts durch und untersuchten, welchen spezifischen tRNS-Aminosäure-Komplex sie binden konnten. Auf diese Weise konnte schließlich der genetische Code vollständig aufgeklärt werden. Die Ergebnisse sind zusammenfassend in der Tabelle auf der folgenden Seite wiedergegeben.

Was können wir erkennen, wenn wir diese Tabelle näher betrachten?

Es gibt einige Aminosäuren, die durch sechs, andere, die durch nur ein Triplett codiert

A A G A A G A A G A A G A A G

Der genetische Code. Die Tabelle gibt die Zuordnung aller 64 Codons zu den entsprechenden Aminosäuren wieder. Die Ziffern 1, 2 und 3 beziehen sich auf die Position des Nukleotids im Codon, z.B. 1 = A, 2 = C, 3 = A; ACA = Thr

1 ↓ \ → 2	U	C	A	G	3 ↓
U	Phe	Ser	Tyr	Cys	U
	Phe	Ser	Tyr	Cys	C
	Leu	Ser	*ochre*	*opal*	A
	Leu	Ser	*amber*	Trp	G
C	Leu	Pro	His	Arg	U
	Leu	Pro	His	Arg	C
	Leu	Pro	Gln	Arg	A
	Leu	Pro	Gln	Arg	G
A	Ile	Thr	Asn	Ser	U
	Ile	Thr	Asn	Ser	C
	Ile	Thr	Lys	Arg	A
	Met	Thr	Lys	Arg	G
G	Val	Ala	Asp	Gly	U
	Val	Ala	Asp	Gly	C
	Val	Ala	Glu	Gly	A
	Val	Ala	Glu	Gly	G

Drei der Codons „*amber*", „*ochre*" und „*opal*" stellen Signale für Kettenabbruch dar. Ein weiteres, AUG, das normalerweise für Met codiert, kann auch Kettenanfang bedeuten (vgl. Kapitel 33).

werden. Betrachten wir die Zusammensetzung der Codons für die einzelnen Aminosäuren, so stellen wir fest, daß die Codons den Aminosäuren nicht wahllos zugeordnet sind. Die beiden ersten Nukleotide eines Codons haben einen höheren Wert als das dritte: z.B. GUU, GUC, GUA und GUG stehen alle für Val. Man stellt weiterhin fest, daß „links" die hydrophoben gehäuft sind und „rechts (unten)" die hydrophilen. Mit anderen Worten: UC-reiche Tripletts codieren für hydrophobe, AG-reiche für hydrophile Aminosäuren. Der Code ist somit in gewisser Weise konservativ: Wir erhalten oft keine Änderung des chemischen Charakters eines Aminosäurerests, wenn wir nur ein Nukleotid verändern, z.B.

$$UUU \rightarrow UUG \; : \; Phe \rightarrow Leu$$
$$CUC \rightarrow AUC \; : \; Leu \rightarrow Ile$$
$$AAA \rightarrow AGA \; : \; Lys^+ \rightarrow Arg^+$$
$$AAA \rightarrow GAA \; : \; Lys^+ \rightarrow Asp^-$$

Natürlich gibt es auch Ausnahmen:

$$GAG \rightarrow GUG \; : \; Glu^- \rightarrow Val$$
$$GAA \rightarrow GUA \; : \; Glu^- \rightarrow Val$$

Diesen Austausch kennen wir bereits. Man findet ihn beim Sichelzellhämoglobin, einem Defekt, der auf den Austausch von A durch U zurückzuführen ist (eine Transversion) (vgl. S. 115 und 168). Wir könnten uns jetzt natürlich alle in Kapitel 18 auf Proteinebene angeschnittenen Probleme auf der Ebene der Nukleinsäuren ansehen und uns fragen, wieviele Nukleotidaustausche im Laufe der Evolution erforderlich waren, um die Evolution der Proteine zu erklären. Wir haben schon damals die Feststellung gemacht, daß die meisten Austausche konservativ sind. Die Betrachtung des genetischen Codes gibt uns die Lösung hierzu. Der Code in dieser Zusammensetzung hat somit einen echten Selektionsvorteil, da viele

Fehler in der Nukleinsäure auf Proteinebene gar nicht zum Tragen kommen. Etwa 1/3 aller Nukleotidaustausche ist in Proteinen nicht nachweisbar, z.B.

CUU → CUC, CUG oder CUA.

Die Information bleibt gleich: Leu → Leu.

Bei den meisten anderen Austauschen bleibt der Charakter der Aminosäure erhalten, nur selten wird er verändert (radikale Austausche). Die allerdings beeinträchtigen oftmals (nicht immer!) die Funktion des Proteinmoleküls. Es gibt eine sehr umfangreiche Literatur, in der diese Beziehungen bei allen bekannten Proteinen durchgerechnet worden sind. (Vgl. hierzu: Dayhoff, Atlas of Protein Sequence and Structure, 1972.) Man konnte z.B. die Frage stellen, ob die Zahl gefundener Veränderungen in Proteinen mit den Austausch-wahrscheinlichkeiten übereinstimmt, wenn man annimmt, jede Veränderung eines Tripletts sei gleich häufig. Solche Wahrscheinlichkeitsmatrices kann man unter Zuhilfenahme von Computern durchrechnen und mit tatsächlich gefundenen Austauschen vergleichen.

Zusammenfassendes Ergebnis: Man findet in Proteinen mehr konservative Austausche, als man es selbst bei einem so konservativen Code erwarten sollte. Aus diesem Verhältnis kann man auf den Selektionsnachteil radikaler Veränderungen schließen. – Sind die 64 Codons gleich häufig? Wenn das so wäre, müßte man annehmen, daß z.B. Arg und Ser in Proteinen 6mal so häufig zu finden sein müßten wie Met oder Try (Trp) etc. In Abb. 26.2 sehen wir, daß es tatsächlich solche Beziehungen gibt. Allerdings ist auch diese Zusammenstellung mit Vorsicht zu betrachten, da es in einigen Fällen signifikante Abweichungen von der Regel gibt.

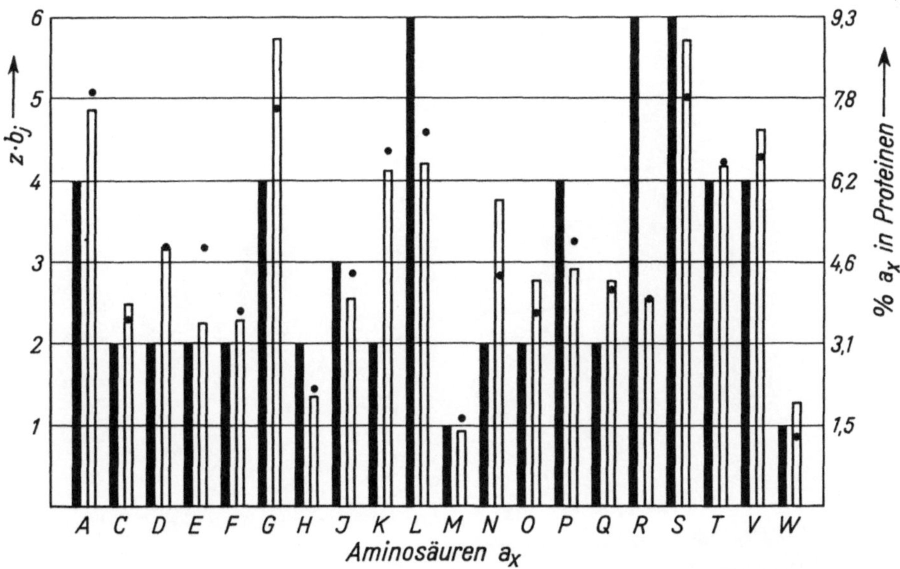

Abb. 26.2. Korrelation zwischen Häufigkeit von Aminosäuren in Proteinen (weiße Säulen) und der Anzahl der Codons für die betreffenden Aminosäuren (z·bj) (schwarze Säulen). Die Angaben über die Häufigkeiten von Aminosäuren in Proteinen beruhen auf Analysen, die bis 1965 vorlagen. Inzwischen ist eine große Zahl weiterer Proteine analysiert worden (Stand: 1972). Damit verschieben sich auch die Angaben über das prozentuale Vorkommen von Aminosäuren in Proteinen. Die Verbesserungen sind im Diagramm durch Punkte gekennzeichnet. (v. Sengbusch, 1967, verbessert nach Dayhoff, 1972)

Literatur

Originalarbeiten

Brenner, S.: On the impossibility of all over-lapping triplett codes in information transfer from nucleic acid to proteins. Proc. Natl. Acad. Sci. US **43**, 687 (1957).

Jones, O.W., Nirenberg, M.W.: Qualitative survey of RNA codewords. Proc. Natl. Acad. Sci. US **48**, 2115 (1962).

Jones, D.S., Nishimura, S., Khorana, H.G.: Studies on polynucleotides. LVI. Further syntheses, in vitro, of copolypeptides containing two amino acids in altering sequence depending on DNA-like polymeres containing two nucleotides in alternating sequence. J. Mol. Biol. **16**, 454 (1966).

Nirenberg, M.W., Leder, P., Bernfield, M., Brimacombe, R., Trupin, J., Rottman, F., O'Neal, C.: RNA codewords and protein synthesis, VII. On the general nature of the RNA code. Proc. Natl. Acad. Sci. US **53**, 1161 (1965).

Nirenberg, M.W., Matthaei, J.H.: The dependence of cell-free protein synthesis in Escherichia coli upon naturally or synthetic polyribonucleotides. Proc. Natl. Acad. Sci. US **47**, 1588 (1961).

Söll, D., Ohtsuka, E., Jones, D.S., Lohrmann, R., Hayatsu, H., Nichimura, S., Khorana, H.G.: Stimulation of the binding of amino-acyl-sRNA's to ribosomes by ribonucleotides and a survey of codon assignments for 20 amino acids. Proc. Natl. Acad. Sci. US **54**, 1378 (1965).

Wittmann, H.G.: Proteinuntersuchungen an Mutanten des Tabakmosaikvirus als Beitrag zum Problem des genetischen Codes. Z. Vererbungslehre **93**, 491 (1962).

"The Genetic Code". Cold Spring Harbor Symp. Quant. Biol. **31** (1966).

Übersichtsartikel

Crick, F.H.C.: The genetic code III. Sci. Am. Oktober 1966, S. 55.

Nirenberg, M.W.: The genetic code. Sci. Am. März 1963, S. 80.

Wittmann, H.G., Jockusch, H.: Der genetische Code. In: Molekularbiologie, Bausteine des Lebendigen. Frankfurt: Umschau-Verlag 1969.

27. Genwirkungen, Regulation, Modelle für Differenzierung

Wir haben gesehen, daß eine direkte Beziehung zwischen den Nukleinsäuren und den Proteinen besteht. Bei der Betrachtung des genetischen Codes haben wir synthetische Systeme kennengelernt. Wir haben ferner gesehen, daß die dabei gewonnenen Daten mit den an Viren gewonnenen Daten übereinstimmen. Weiterführende Untersuchungen ergaben, daß die Aussagen auf alle Organismen extrapolierbar sind, daß also der genetische Code universell ist. Eine Ausnahme muß dennoch genannt werden: In der DNS der Mitochondrien haben einige wenige Codons eine andere Bedeutung.

Wir müssen uns jetzt natürlich fragen, in welcher Form die genetische Information übersetzt wird, wie also der Informationsfluß abläuft. An dieser Stelle soll der Übersetzungsmechanismus (= Proteinbiosynthese) nur durch die schon genannten Stichworte Transkription und Translation angedeutet werden. Zwei Punkte müssen hier, ohne den experimentellen Beweis zu liefern, behandelt werden:

1. In welcher Richtung wird der genetische Code gelesen?

Worauf beziehen sich die Angaben wie CCC → Pro?

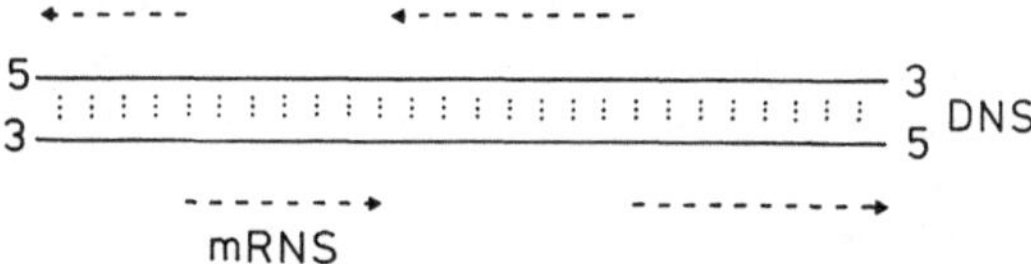

An der DNS wird eine RNS gebildet, wobei die Synthese am 5'-Ende der RNS beginnt. Der genetische Code ist die Beziehung zwischen der mRNS und dem Protein. Das 5'-Ende der mRNS (= 3'-Ende des komplementären, abgelesenen DNS-Strangs) entspricht dem N-terminalen Ende des Proteins!

2. Welcher der beiden DNS-Stränge wird abgelesen?

Nur einer der DNS-Stränge wird abgelesen. Welcher? Beim Bakteriophagen λ weiß man, daß es einmal der eine, ein anderes Mal der andere Strang ist (Szybalski *et al.*, 1970).

Man muß damit fordern, daß es entlang der DNS Signale gibt, die ein Startzeichen für die Transkription sind.

Wir können uns jetzt nochmals die Frage vorlegen: Was ist ein Gen?
Beadle und Tatums *Ein Gen–ein Enzym-Hypothese* sei in Erinnerung gerufen. Kann man es bei diesem „Dogma" belassen? Ein Gen kann mutieren. Dabei bietet sich eine Reihe von Möglichkeiten an. Um ein Protein von 150 Aminosäuren Länge zu codieren, braucht man ein Nukleinsäuremolekül von mindestens 450 Nukleotiden. Jedes dieser Nukleotide kann potentiell mutieren und, wie wir schon gesehen haben, können solche Mutationen Auswirkungen auf die Funktion des Proteins haben.

Wir haben bisher nur die sogenannten Punktmutanten besprochen, bei denen nur ein einziges Nukleotid beeinflußt ist. Daneben gibt es einen anderen, nicht weniger bedeutenden Mutationstyp: die Deletion, das Fehlen eines DNS-Stücks. Nur selten wird auch nach einer Deletion ein funktionsfähiges Protein gebildet. Am ausführlichsten wurde die Struktur einer Genregion des Phagen T 4 untersucht (S. Benzer, California Institute of Technology, 1961), der rII-Region. Aufgrund der Rekombinationshäufigkeiten konnte Benzer die Größe der Genregion bestimmen. Genregion wird sie deshalb genannt, weil es sich hierbei um zwei benachbarte Gene handelt, die je ein Protein codieren. Beide Proteine sind erforderlich, damit der Phage große Plaques in einem Bakterienrasen bilden kann. Fehlt nur eines der beiden, bleiben die Phagenplaques klein, was auf eine verminderte Vermehrungsfähigkeit schließen läßt.

Alles, was wir bisher über die Molekularbiologie gesagt haben, leitet sich aus genetischen oder biochemischen Untersuchungen ab. Wenn die Aussagen richtig sind, müßte man einige der erwähnten Phänomene auch elektronenmikroskopisch sichtbar machen können. Der eigentliche Durchbruch in der Elektronenmikroskopie erfolgte 1962, als es A.K. Kleinschmidt gelang, eine Technik auszuarbeiten, mit der er ein so langes Molekül wie die DNS auf dem Objektträger spreiten konnte, so daß sie in ihrer vollen Länge sichtbar wurde und nicht, wie in früheren Bildern, als Knäuel erschien. Mit dieser Technik ist die DNS bei einer Reihe von Bakteriophagen, anderen Viren und bei Bakterien untersucht worden.

Anfang der sechziger Jahre kam eine weitere Technik in der Molekularbiologie auf: die Hybridisierung (Doty, Marmur und Schildkraut, 1960, Hall und Spiegelman, 1961). Darunter versteht man folgende Erscheinung: Erhitzt man doppelsträngige DNS, so lösen sich die Wasserstoffbrücken, und man erhält zwei Einzelstränge (= Denaturierung). Läßt man die Lösung erkalten, renaturieren die beiden Einzelstränge. Die jeweils komplementären Stränge finden einander wieder und bilden intakte Doppelstränge.

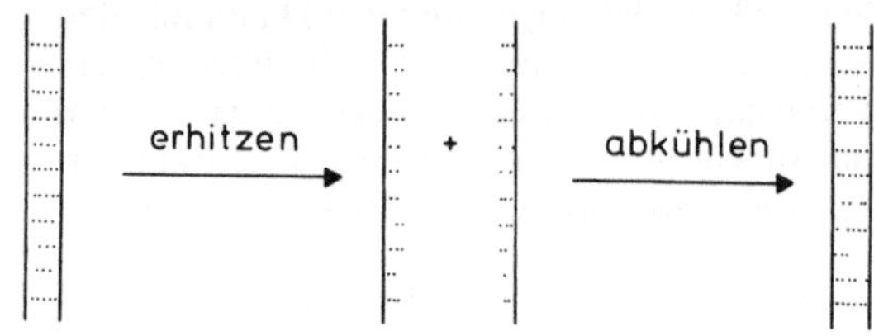

Diese Technik erwies sich als außerordentlich nützlich, um zu entscheiden, ob DNS-Stücke einander homolog sind oder nicht. Desgleichen konnte die Verwandtschaft eines RNS-Moleküls mit einer DNS getestet werden. Vergleicht man eine Deletionsmutante mit dem Wildstamm, so erhält man nach Denaturierung:

So geben die beiden folgenden Abbildungen (Abb. 27.1 und 27.2) die DNS der Phagen T 5 und fd wieder. Der Vergleich beider Bilder — die beide bei gleicher Vergrößerung wiedergegeben sind — zeigt uns, daß die DNS bei verschiedenen Phagen unterschiedlich lang ist. T 5-DNS ist erheblich länger als fd-DNS. Wir können weiterhin erkennen, daß die T 5-DNS zwei freie Enden hat, während die fd-DNS als Ring vorliegt. Was wir an diesen Bildern nicht sehen können, ist die Tatsache, daß die T 5-DNS aus einem Doppelstrang besteht, während die fd-DNS einsträngig ist.

Läßt man das Gemisch erkalten, so werden sicher Wildstamm und Mutante renaturieren; daneben wird man aber auch folgende Formen (Heteroduplices) finden:

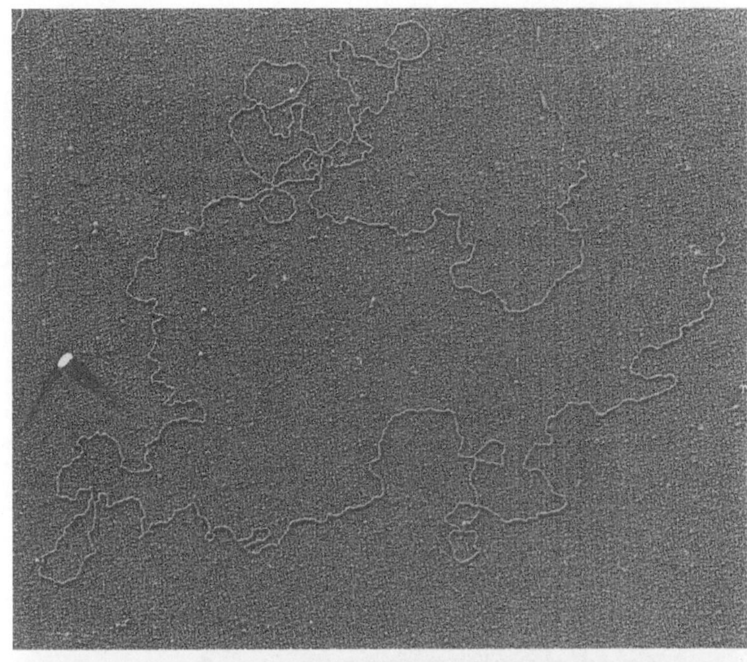

27.1

27.2

Abb. 27.1 und 27.2. Elektronenmikroskopische Aufnahmen von DNS der Bakteriophagen T 5 und fd. (Aufn. H. Bujard, Heidelberg)

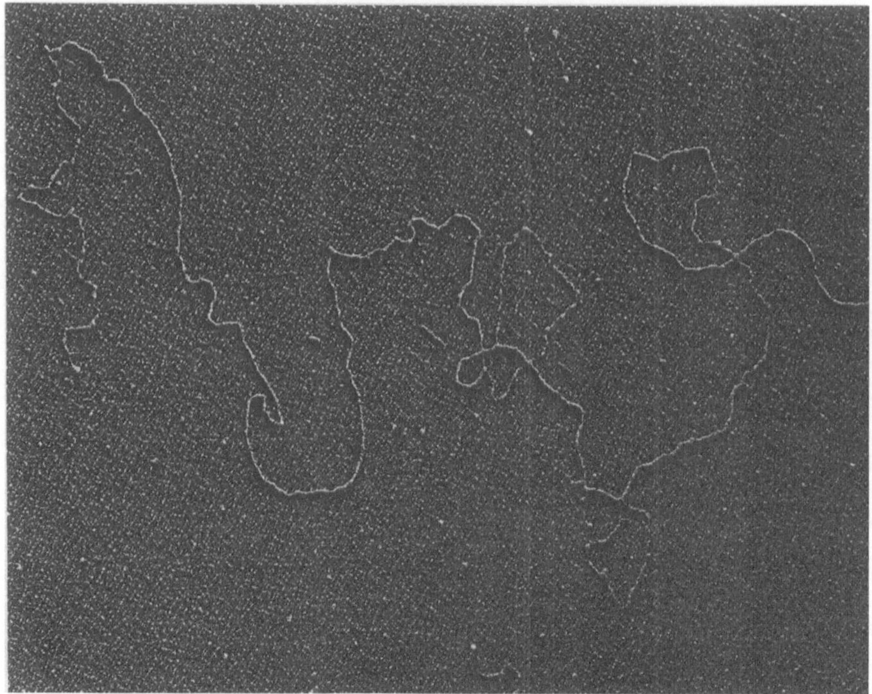

Abb. 27.3. Hybride DNS: Denaturierte DNS-Präparate von zwei verschiedenen rII-Deletionsmutanten des Bakteriophagen T 4 wurden hybridisiert. Es entstehen hierbei (zufallsgemäß) Heteroduplices. Im Bild sind zwei Schleifen zu erkennen. Die DNS ist in diesen Bereichen nur einsträngig und erscheint im Bild „dünner". (Aufn. H. Bujard, Heidelberg)

In den Heteroduplices findet man neben doppelsträngigen Bereichen der DNS einsträngige Bereiche (C–D) und (C'–D'). Unter Zuhilfenahme der beiden Techniken, der Hybridisierung und der Elektronenmikroskopie, ließen sich solche Deletionen in einer DNS sichtbar machen (vgl. Abb. 27.3). Ein solches Experiment wurde mit der DNS von T 4 durchgeführt. Der wichtigste Grund für die Wahl dieser DNS lag darin, daß Benzer eine Reihe von Deletionsmutanten in der rII-Region besaß, bei denen er die Länge der Deletion durch Rekombinationsversuche angeben konnte. Stimmten seine Werte mit Messungen überein, die man durch Ausmessen der Länge der Deletionsstelle in elektronenmikroskopischen Bildern erhielt? Die Antwort darauf lautet: ja (H. Bujard, A.J. Mazaitis und E.K.F. Bautz, 1970). Wieder ein Beispiel dafür, wie man mit zwei unterschiedlichen Methoden zum gleichen Ergebnis gekommen ist.

Kommen wir nochmals zu unserer Frage zurück: Was ist ein Gen?

Die Pariser Mikrobiologen F. Jacob und J. Monod untersuchten das Wachstum von *Escherichia coli* auf Lactose (statt auf Glucose). Sie fanden, daß mindestens zwei Gene für den Lactoseabbau erforderlich sind. Eines wird gebraucht, um ein Protein zu bilden, das den aktiven Transport der Lactose durch die Membran ermöglicht: die Galactosidpermease, und das zweite, um das Enzym β-Galactosidase zu bilden, welches Lactose in Glucose und Galactose spaltet. Ein drittes Enzym, eine Acetylase (a), wollen wir an dieser Stelle nicht näher betrachten, es sei nur der Vollständigkeit halber genannt.

Ließ man *Escherichia coli* auf Glucose wachsen, so konnte man die genannten Enzyme nur in Spuren nachweisen. Setzte man jedoch dem Medium Lactose hinzu, so fand man kurze Zeit darauf große Mengen der beiden (der drei) Enzyme in der Bakterienzelle. Jacob und Monod gingen diese Erscheinung durch genetische Experimente an. Ein Bakterium kann unter bestimmten Voraussetzungen ein zweites DNS-Molekül inkorporieren, das ebenfalls aktiv ist. Mit anderen Worten: Ein Teil der genetischen Information liegt zweifach vor, analog der Diploidie, die wir bei eukaryotischen Zellen kennengelernt haben. Jacob und Monod fanden, daß fünf DNS-Bereiche für den Lactoseabbau erforderlich sind:

i, o, z, y, a.

z und y erwiesen sich als die Strukturgene für die β-Galactosidase und die Galactosidpermease. In der folgenden Tabelle sind die Ergebnisse zusammenfassend und vereinfacht dargestellt.

vorhanden, wird dieses Genprodukt (der Repressor) inaktiviert, die Synthese der Enzyme kann beginnen.

Was hat es mit o auf sich? o ist mit z und y gekoppelt, offensichtlich ist es ein Bereich der DNS, der die Gene z und y einschaltet. Jacob und Monod forderten, daß das Genprodukt von i einen Einfluß auf o hat. Aus dem Gesagten leiteten sie das nach ihnen benannte Modell ab, das uns erklärt, wie eine Genaktivität durch äußere Einflüsse (hier Lactose) geregelt wird.

Genom	Synthese von: β-Galactosidase		Galactosidpermease	
	ohne	mit	ohne	mit
	Lactose im Medium			
1. i^+ o^+ z^+ y^+	−	+	−	+
2. i^+ o^+ z^+ y^-	−	+	−	−
3. i^+ o^c z^+ y^+	(+)	(+)	(+)	(+)
4. i^- o^+ z^+ y^+	+	+	+	+
5. i^+ o^+ z^- y^- und i^- o^+ z^+ y^+	−	+	−	+
6. i^+ o^+ z^- y^- und i^+ o^c z^+ y^+	(+)	(+)	(+)	(+)
7. i^- o^+ z^+ y^+ und i^+ o^c z^- y^-	−	+	−	+

Was kann man aus diesen Ergebnissen lernen?

1. o, z und y müssen eine gekoppelte Funktionseinheit bilden, sie müssen auf einem DNS-Stück liegen. Hier nicht genannte Rekombinationsexperimente ergaben, daß diese Bereiche einander benachbart sind.

2. i braucht mit o, z und y nicht gekoppelt zu sein (vgl. Zeile 5 und 7).

3. Nur wenn i^+ vorliegt, findet man eine Induktion durch Lactose. Liegt i^- vor, erhält man auch ohne Lactosezugabe die Bildung der beiden Enzyme.

4. Es ist keine Mutante gefunden worden, die o^- ist, hingegen fand man eine, die den Namen o^c erhielt und die ständig, ohne Einfluß von i geringe Mengen des Enzyms bildete.

Hieraus schlossen Jacob und Monod, daß das Gen i ein Genprodukt bildet, welches die Synthese der Enzyme verhindert. Ist Lactose

Ohne Lactose:

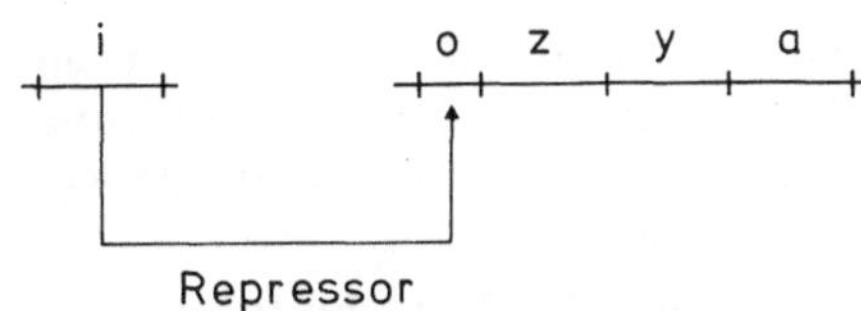

o ist blockiert, die Synthese der Genprodukte von z und y (und a) bleibt aus.

Mit Lactose:

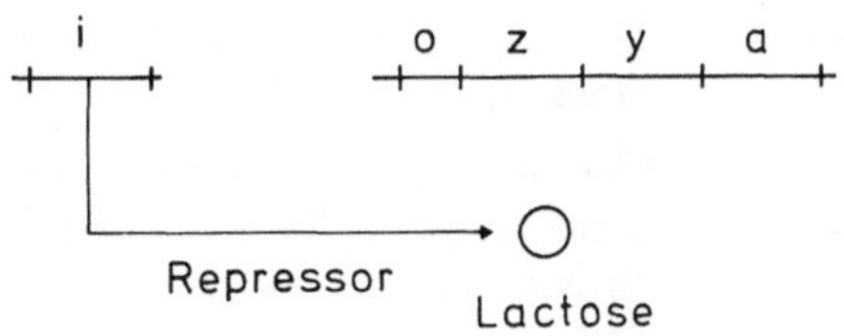

Es bildet sich ein Komplex zwischen Repressor und Lactose. Er ist inaktiv und behindert nicht mehr die Enzymbildung. Ist o^+ verändert (o^c), so kann der Repressor nicht erkannt werden, er ist somit wirkungslos, und die Bakterienzelle bildet immer (in kleinen Mengen) β-Galactosidase und Galactosidpermease. Das Modell erklärt uns, daß eine Zelle, deren Aktivitäten geregelt sind, ökonomisch arbeitet.

Inzwischen weiß man, daß der Repressor ein Proteinmolekül ist, welches an einen spezifischen Bereich der DNS, den Operator (o) bindet. Ein DNS-Abschnitt, die Summe von Genen (Strukturgenen), die gleichzeitig aktiviert oder inaktiviert werden können, und den dazugehörenden Operator bezeichnet man als Operon. In unserem speziellen Fall als Lactose-Operon. Ist die bisher beschriebene Liste der Komponenten des Lactose-Operons vollständig?

Versuche und Beobachtungen verschiedener anderer Autoren erlauben, diese Frage zu verneinen. Sie fanden heraus, daß der Einsatzpunkt für die DNS-abhängige RNS-Polymerase außerhalb von o liegen muß, also vor dem Operator. Man bezeichnet diesen Ort (wiederum einen DNS-Abschnitt) als Promotor (p). Wir können jetzt die vollständige Genkarte des Lactose-Operons hinschreiben.

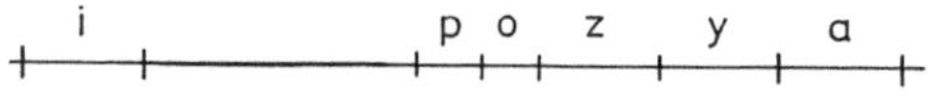

Der klassische Begriff Gen ist, wie wir an diesem Beispiel gesehen haben, mehrdeutig und muß in mehrere neue Begriffe zerlegt werden, dazu gehören:

Strukturgen: Ein DNS-Abschnitt, der die Information zur Bildung eines Enzymmoleküls trägt.

Cistron: Ein DNS-Abschnitt, der die Information zur Bildung einer Polypeptidkette trägt.

Operator (o): Der DNS-Bereich am Anfang eines Operons.

Operon: Operator und Summe der Strukturgene, die gleichzeitig aktiviert bzw. inaktiviert werden.

Promotor (p): DNS-Bereich, der von der DNS-abhängigen RNS-Polymerase erkannt wird.

Regulatorgen (i): ein Gen, dessen Genprodukt die Aktivität anderer Gene beeinflußt.

Diese Struktureinheiten kommen bei Pro- und Eukaryonten vor. Die Genstruktur der Eukaryonten ist, wie wir in Kap. 34 sehen werden, noch wesentlich komplexer organisiert. Man hat den Mechanismus des Jacob-Monod-Modells sowie prinzipiell ähnliche Mechanismen inzwischen auch bei anderen Genkomplexen nachgewiesen. Ganz allgemein ausgedrückt, kann man hier von einer negativen Kontrolle sprechen, d.h. einer Repression (Inaktivierung) von Genen, die so lange anhält, wie die Genprodukte nicht unmittelbar benötigt werden.

Man kennt aber auch Proteine, die auf Gene aktivierend wirken. Hierzu gehören die sogenannten σ-Faktoren der Bakterien und Phagen (Burgess und Travers; Bautz und Dunn, 1968). In allen Fällen wird ein Komplex Protein-Nukleinsäure gebildet. Diese Bildung ist für die spezifische Steuerung von Genaktivitäten entscheidend.

Damit haben wir einen Einstieg in einen weiteren Problemkreis, der heutzutage zu den bedeutendsten Fragen der Biologie gehört:

Wie trifft die Natur Entscheidungen?
Eine Zelle, die eine andere Aktivität ausübt als eine beliebige zweite Zelle, obwohl beide die gleiche genetische Information besitzen, nennt man eine differenzierte Zelle. Das Problem der Differenzierung ist, wie schon angedeutet, auf die Frage reduzierbar, wie einzelne Genaktivitäten reguliert werden.

Das folgende Modell (nach J. Bonner, 1965) soll das Konzept veranschaulichen, wieviele und welche Entscheidungen minimal benötigt werden, um, wie in diesem Beispiel, aus einer Einzelzelle einen differenzierten Pflanzensproß entstehen zu lassen (Abb. 27.4).

Man braucht fünf Entscheidungen (Tests)! Ganz so hypothetisch, wie das Modell auf den ersten Blick vielleicht erscheint, ist es nicht. Es gibt Hinweise darauf, wie ein solcher Test, etwa der Größentest, aussehen kann. Man weiß, daß sich in pflanzlichem Zellgewebe Gradienten ausbilden (vgl. S. 292), daß kleine

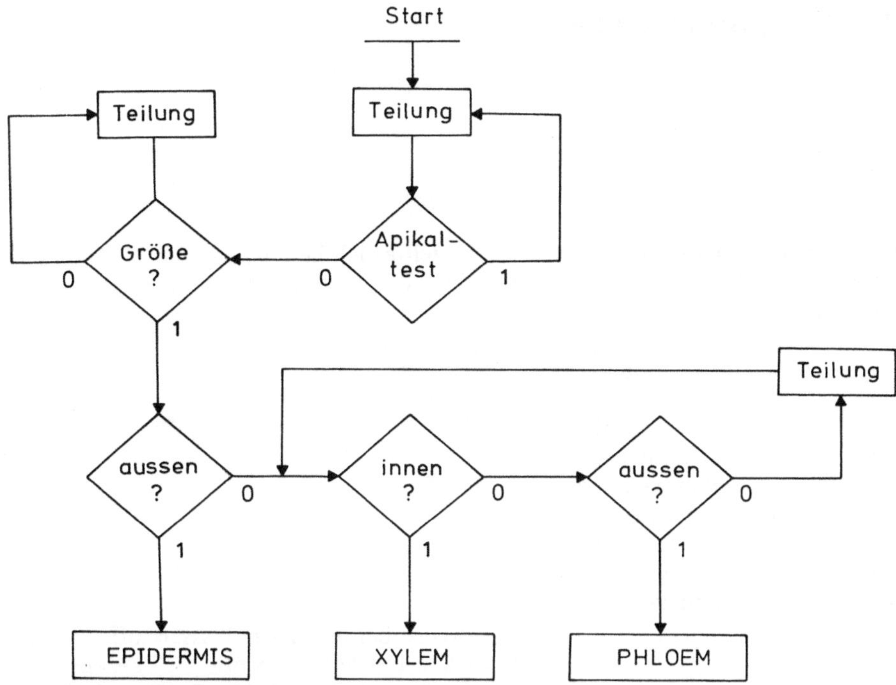

Abb. 27.4. Flußdiagramm für das Zusammenspiel von genetisch fixierten Schaltstellen (Genen) bei der Entwicklung von Organen aus einer Einzelzelle. (Nach J. Bonner, 1965)

Moleküle von einer Zelle zur anderen diffundieren und daß die Konzentrationen dabei Schwellenwerte unterschreiten bzw. überschreiten können, unterhalb (oberhalb) derer eine Zelle eine bestimmte Funktion nicht mehr ausüben kann.

Modelle können und sollen uns nur als Arbeitshypothesen dienen und uns dazu anregen, sie durch geeignete Experimente zu beweisen oder zu widerlegen.

Literatur

Benzer, S.: Fine structure of a genetic region in bacteriophage. Proc. Natl. Acad. Sci. US 41, 344 (1955).

Benzer, S.: The fine structure of the gene. Sci. Am. Januar 1962.

Bonner, J.: The molecular biology of differentiation. London: Oxford University Press 1965.

Bujard, H., Mazaitis, A.J., Bautz, E.K.F.: The size of the rII region of bacteriophage T4. Virology 42, 717 (1970).

Burgess, R., Travers, A., Dunn, J., Bautz E.: Factor stimulating transcription by RNA polymerase. Nature 221, 43 (1969).

Jacob, F., Monod, J.: Genetic regulatory mechanisms in the synthesis of proteins. J. Mol. Biol. 3, 318 (1961).

Schildkraut, C.L., Marmur, J., Doty, P.: The formation of hybrid DNA molecules and their use in studies of DNA homologies. J. Mol. Biol. 3, 595 (1961).

Spiegelman, S.: Hybrid nucleic acids. Sci. Am. Mai 1964, S. 48.

Szybalsi, W., Bøvre, K., Fiandt, M., Hayes, W., Hradecna, Z., Kumar, S., Lozeron, H.O., Nijkamp, H.J.J., Stevens, W.F.: Transcriptional units and their controls in Escherichia Phage λ: Operons and scriptons. Cold Spring Harbor Symp. Quant. Biol. 35, 341 (1970).

28. Katalyse, Biosyntheseketten

Als Beispiel für eine Biosynthesekette soll an dieser Stelle der Abbau der Glucose, die Glykolyse, besprochen werden.

$$C_6H_{12}O_6 + 6\,O_2 \rightarrow 6\,CO_2 + 6\,H_2O + 686\ \text{kcal.}$$

Büchner fand im Jahre 1892, daß ein zellfreier Hefeextrakt Zucker zu Alkohol fermentieren kann. Harden und Young zeigten 1905, daß bei diesem Abbau Phosphat benötigt wird. Später fand Harden, daß auch eine hitzestabile Fraktion des Zellextrakts erforderlich ist und isolierte daraus das Nicotinamidadenindinukleotid (NAD).

NAD$^+$

Nicotinamid

Ribose

NH$_2$

Adenin

Ribose

Es stellte sich heraus, daß das NAD an seinem Pyridinring Wasserstoff binden kann:

NADH + H$^+$

NAD ist der wichtigste Wasserstoffakzeptor in Zellen. Das auf S. 78 mit „A" bezeichnete Akzeptormolekül ist NAD. In den dreißiger Jahren wurde die Glykolyse in allen Details untersucht. Es zeigte sich, daß auch ADP und ATP hierbei eine entscheidende Rolle spielen. Die Arbeiten wurden im wesentlichen von Otto Meyerhof (bis zu seiner Emigration im Jahre 1938 im Heidelberger Kaiser-Wilhelm-Institut für Medizinische Forschung), Otto Warburg (Berlin), Gustav Embden, D. und G. Cori, C. Neuberg und Parnas durchgeführt. Die Glykolyse kann hier nur als Endergebnis zahlreicher Einzeluntersuchungen wiedergegeben werden. Es ist eine Abfolge von Schritten, von denen jeder durch ein Enzym katalysiert wird (vgl. Schema auf S. 185 und 186).

Bis zum Abbau zum Pyruvat sind die Schritte bei allen bisher untersuchten Organismen (Bakterien – Pflanzen – Mensch) gleich. Dann trennen sich die Wege. In einigen Bakterien und in Muskeln kann Pyruvat zu Lactat, dem Salz der Milchsäure, abgebaut werden. Hieran ist das Enzym Lactatdehydrogenase beteiligt. Eine Anhäufung von Lactat im Muskel ist eine der Ursachen von Muskelkater. Hefe baut Pyruvat über eine Zwischenstufe unter Mitwirkung der Alkoholdehydrogenase zu Äthylalkohol ab.

Die bisher beschriebenen Schritte werden als Gärung, Embden-Meyerhof-Schema oder

Embden-Meyerhof-Parnas-Schema bezeichnet. Beim Abbau von Glucose zu Lactat oder Äthylalkohol wird kein Sauerstoff benötigt — die Reaktionen laufen unter anaeroben Bedingungen ab.

Wie setzt sich der Abbau unter aeroben Bedingungen fort?
Beginnen wir wieder beim Pyruvat. Das Pyruvat kann unter Anlagerung von Coenzym A (einer Verbindung mit einer SH-Gruppe) zu Acetyl-CoA (aktivierte Essigsäure) abgebaut werden, nachgewiesen durch F. Lipman, New York, und F. Lynen, München. Die aktivierte Essigsäure wird in eine Reaktionskette eingeschleust, die nach ihrem Entdecker Krebszyklus oder auch Citratzyklus (= Zitronensäurezyklus; = Tricarbonsäurezyklus) genannt wird (vgl. Schema auf S. 187). Der Akzeptor des Acetyl-CoA ist Oxalacetat. Über eine Reihe von Zwischenstufen wird Oxalacetat neu gebildet. Dabei wird:
1. CO_2 freigesetzt.
2. Es werden an vier Stellen 2 [H] abgegeben

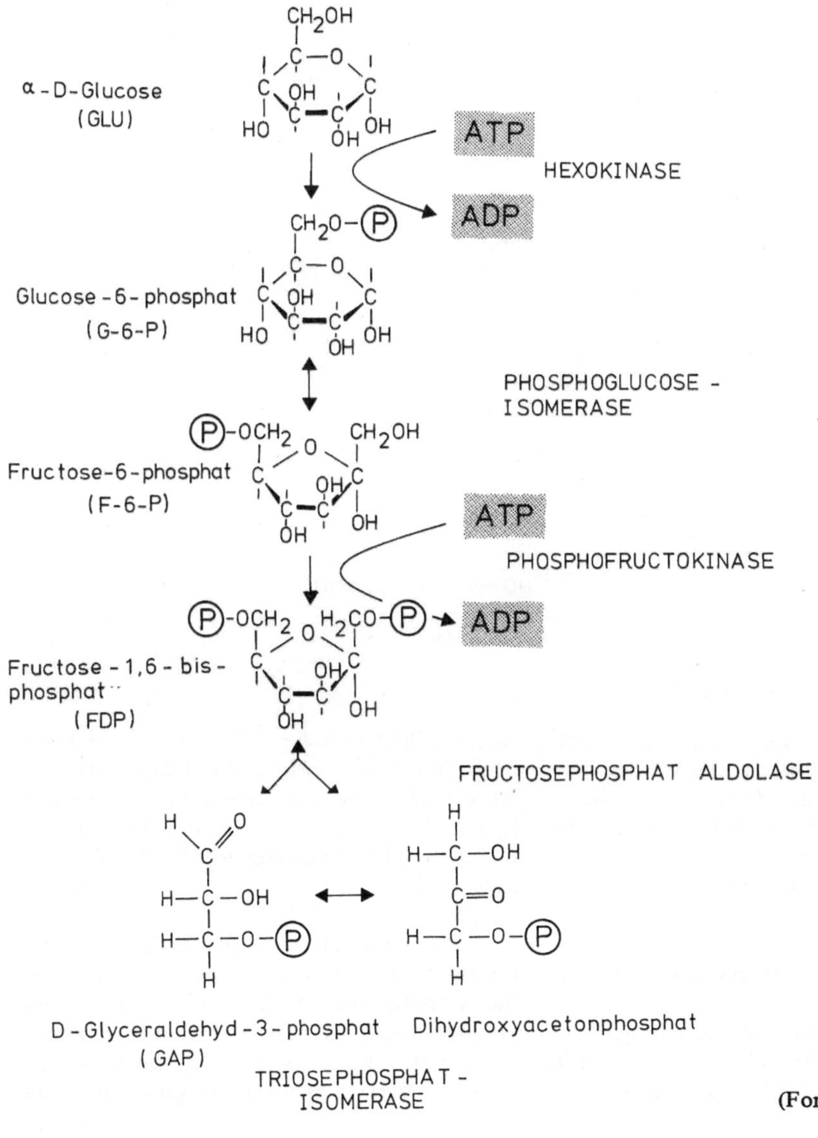

α - D - Glucose (GLU)

HEXOKINASE

Glucose - 6 - phosphat (G-6-P)

PHOSPHOGLUCOSE - ISOMERASE

Fructose-6-phosphat (F-6-P)

PHOSPHOFRUCTOKINASE

Fructose - 1,6 - bis - phosphat (FDP)

FRUCTOSEPHOSPHAT ALDOLASE

D - Glyceraldehyd - 3 - phosphat (GAP)

Dihydroxyacetonphosphat

TRIOSEPHOSPHAT - ISOMERASE

(Fortsetzung folgende Seite)

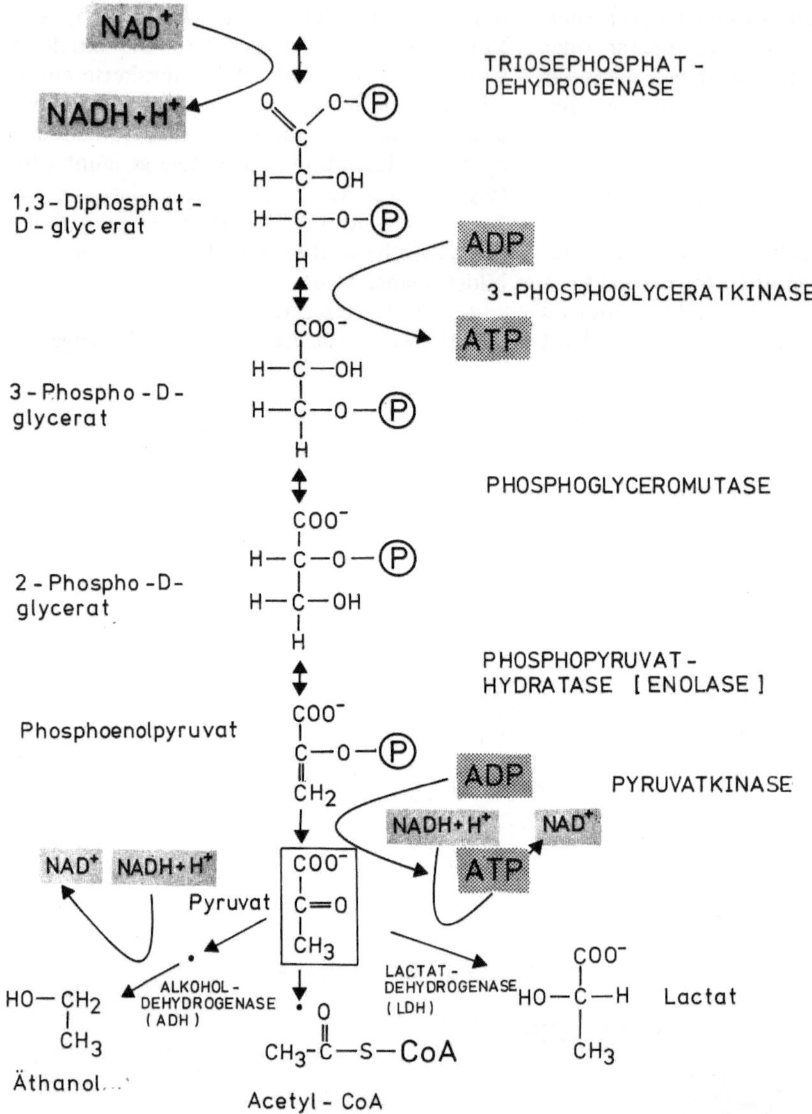

3. Einige der Zwischenprodukte sind Ausgangsstoffe von Biosynthesewegen, die hier nicht besprochen werden (Fettsäuresynthese, Synthese von Nukleotiden, Aminosäuren, Porphyrinverbindungen u.a.).

4. Es wird ein Molekül ATP bzw. GTP gebildet.

Wie sieht die Energiebilanz des Glucoseabbaus aus?

Es werden 6 Moleküle ATP (GTP) gebildet (ADP + P_i → ATP). Pro Mol ATP werden in der Bindung ADP ~P 7,3 kcal gespeichert. Die Zahl 6 ergibt sich aus 3 x 2, da ja alle Schritte nach dem GAP zweimal durchlaufen werden. Wir erhalten ja aus einem Glucosemolekül (einem C_6-Körper) 2 C_3-Körper (GAP). Von diesen 6 ATP-Molekülen werden bei der Glykolyse 2 wieder verbraucht (vgl. Schema). Es bleiben also 4 übrig.

Außer dem ATP werden bei der Glykolyse bis zur Stufe des Acetyl-CoA 2 x 2 2[H] frei. Sie werden von NAD^+ aufgenommen, wir erhalten somit 4 NADH + H^+. Im Citratzyklus entstehen erneut 2 x 4 2[H], davon werden 2 x 3 2[H] von NAD^+ aufgenommen, das

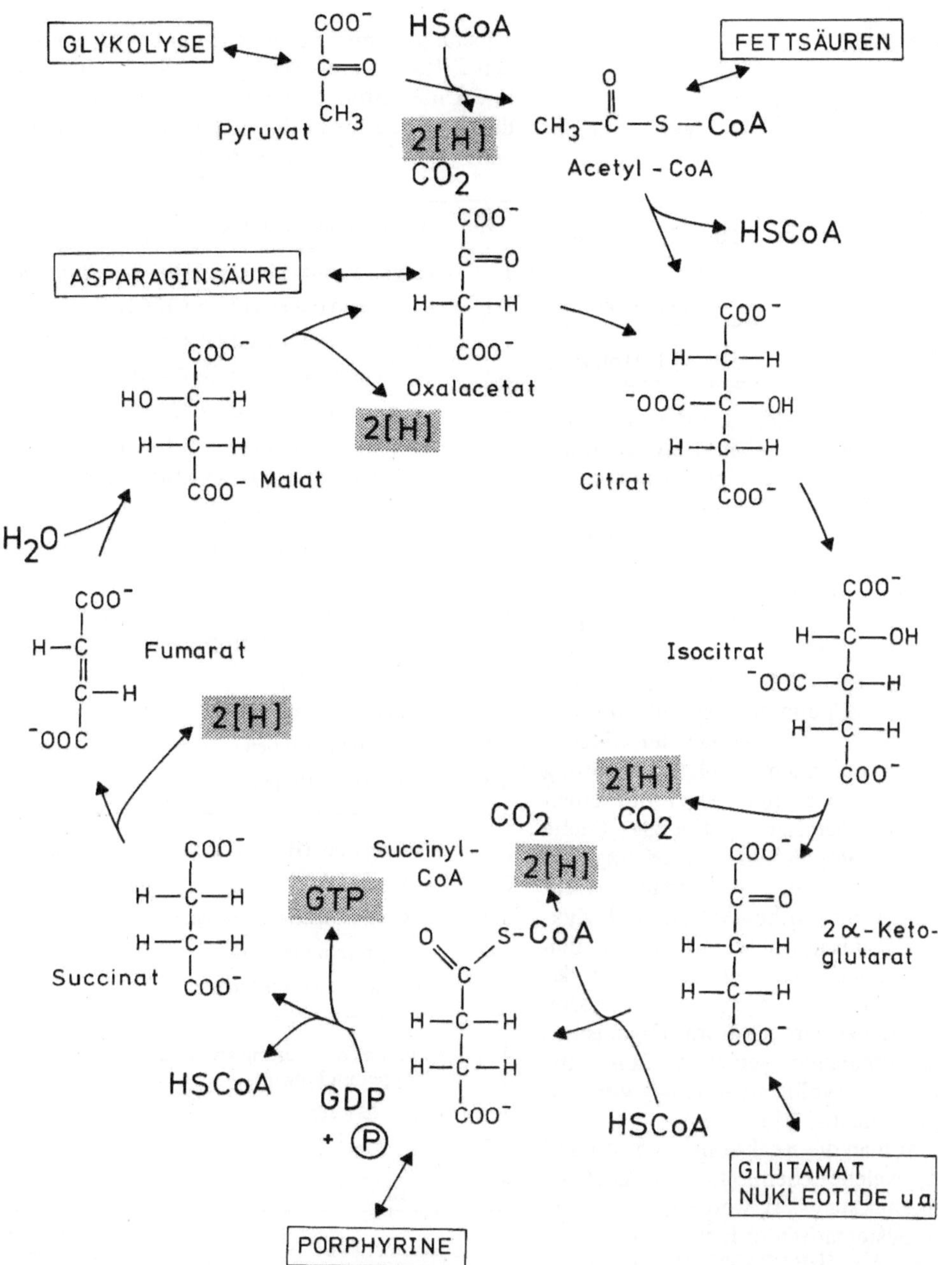

ergibt: 6 NADH + H⁺. Die noch verbliebenen 2 x 1 2[H], die bei der Reaktion Succinat zu Fumarat freiwerden, werden an einen anderen Wasserstoffakzeptor gebunden, das FAD (Flavinadenindinukleotid).

Wir haben bereits im Kapitel 3 gehört, daß es die oxydative Phosphorylierung gibt. In den Mitochondrien wird NADH + H⁺ oxydiert.

Die dabei freiwerdende Energie wird vom ADP aufgenommen. Es entsteht ATP. Hinzugefügt werden soll noch, daß bei dieser Reaktion, der Atmungskette (s. folgendes Kapitel) pro NADH + H⁺ 3 ATP-Moleküle gebildet werden. Pro FADH₂ entstehen nur 2 ATP-Moleküle. Jetzt können wir endlich die Bilanz des Glucoseabbaus vervollständigen:

Wir haben bereits   4 ATP-Moleküle
Hinzu kommen
4 NADH + H$^+$ bis zur Stufe
des Acetyl-CoA   =   12 ATP-Moleküle

Ferner
6 NADH + H$^+$ im
Citratzyklus   =   18 ATP-Moleküle

2 FADH$_2$ im
Citratzyklus   =   4 ATP-Moleküle

Das sind zusammen   38 ATP-Moleküle

Das wiederum bedeutet, daß die Zelle von den 686 beim Glucoseabbau freiwerdenden Kalorien 38 x 7,3 = 277 kcal verwerten kann. Das sind 40,3%, eine sehr gute Ausbeute, wenn man bedenkt, daß z.B. eine Dampfmaschine nur 8% und der Benzinmotor 18% der erzeugten Wärmeenergie umsetzen kann. Die restlichen 59,7% werden als Wärme freigesetzt und zum Teil abgegeben.

Wir haben gesehen, daß der Hauptanteil des Energiegewinns während der oxydativen Phosphorylierung anfällt. Der Abbau der Glucose durch die Gärung allein (Milchsäuregärung oder alkoholische Gärung) liefert nur einen Bruchteil der chemischen Energie (siehe Abb. 29.4). Die Besprechung der Gärung und des Citratzyklus geschah stellvertretend für die zahlreichen Biosyntheseketten und Zyklen, die im Organismus ablaufen. Als ein Beispiel für einen weiteren Zyklus sei nur der Calvin-Zyklus (vgl. S. 85) erwähnt. Zyklen und Biosyntheseketten sind im Organismus weitgehend miteinander verzahnt. Kaum eine Reaktionskette ist völlig unabhängig von den anderen (siehe Kapitel 31).

Betrachtet man die Reaktionen einzeln und untersucht, welche chemischen Reaktionen von Enzymen katalysiert werden, kann man die Enzyme systematisch ordnen.

Eine von der IUPAC-IUB (International Union of Pure and Applied Chemistry — International Union of Biochemistry) eingesetzte Kommission (Enzyme Commission) hat 1973 folgende Klassifikation für Enzyme vorgeschlagen:

Jedem Enzym wird eine 4stellige Ziffer zugeordnet, davor die Buchstaben EC (= Enzyme Commission). Eine systematische Übersicht ist in folgender Tabelle wiedergegeben. Die Tabelle gibt nur die Bedeutung der ersten beiden Ziffern an, es würde an 3. Stelle eine weitere Unterteilung in Untergruppen folgen, und durch die Ziffer in der 4. Position schließlich wäre jedes Enzym eindeutig klassifiziert.

Ziffer	Bezeichnung, Wirkung
1	Oxydo-Reduktasen (Oxydation—Reduktion)
1.1	.... mit Wirkung auf $>$ CH-OH
1.2	.... mit Wirkung auf $>$ C=O
1.3	.... mit Wirkung auf $>$ C=CH-
1.4	.... mit Wirkung auf $>$ CH-NH$_2$
1.5	.... mit Wirkung auf $>$ CH-NH-
1.6	.... mit Wirkung auf NADH, NADPH
2	Transferasen (Übertragung reaktiver Gruppen)
2.1	− Gruppen mit einem C-Atom
2.2	− Aldehyd- oder Ketogruppen
2.3	− Acylgruppen
2.4	− Glykosylgruppen
2.7	− Phosphatgruppen
2.8	− Schwefelgruppen
3	Hydrolasen (Hydrolyse von Verbindungen)
3.1	− Ester
3.2	− Glykosidische Bindungen
3.4	− Peptidbindungen
3.5	− andere C-N-Bindungen
4	Lyasen (Anlagerung von Gruppen an Doppelbindungen)
4.1	.... $>$C=C$<$
4.2	.... $>$C=O
4.3	.... $>$C=N-
5	Isomerasen
5.1	− Racemasen
6	Ligasen (Bildung von Bindungen unter ATP-Spaltung)
6.1	.... C-O-
6.2	.... C-S-
6.3	.... C-N-
6.4	.... C-C-

Literatur

Eine Darstellung der heute bekannten Stoffwechselwege und der Verflechtungen untereinander findet man z.B. auf der Karte: Biochemical Pathways, Herausgeber: Boehringer GmbH., Mannheim.

Dixon, M., Webb, E.: Enzymes. London: Longman 1971.
Gates, D.M.: Heat transfer in plants. Sci. Am. Dezember 1965, S. 76.
Lehninger, A.: Biochemistry, 2. Aufl. New York: Worth Publ. 1975.
Stryer, L.: Biochemistry, 2. Aufl. San Francisco: Freeman 1981.

29. Energiegewinn, Energiebilanz, Atmungskette, Photosynthese, Chemosynthese

A. Atmungskette

Was geschieht mit dem NADH + H⁺?

Es wird oxydiert. Dazu wird von aerob lebenden Organismen Sauerstoff benötigt. Die Oxydation von Wasserstoff (die Knallgasreaktion) setzt eine hohe Energie frei, genug, um eine Zelle zu zerstören. In der Zelle läuft die Reaktion über eine Reihe von Zwischenstufen ab, bei denen die Energie sukzessive freigesetzt wird. Diese Reaktionskette nennt man Atmungskette. Sie läuft an der inneren Mitochondrienmembran ab (s. Kapitel 13 und Abb. 29.1).

Die Reaktionen im einzelnen:

1. $NADH + H^+$ wird oxydiert, es entsteht NAD^+. Der Wasserstoff wird von einem weiteren Wasserstoffakzeptor, dem FAD (Flavinadenindinukleotid) übernommen. FAD und $FADH_2$ sind proteingebunden.

2. $FADH_2$ kann durch Cytochrome oxydiert werden. Es sind Proteine, die als prostetische Gruppen (Coenzyme) Hämgruppen tragen. Im Zentrum der Hämgruppe (= eines Porphyrinrings) liegt $Fe^{+++} \rightleftharpoons Fe^{++}$ vor, drei-

wertiges Eisen, welches in zweiwertiges übergehen kann (Reduktion). Dabei wird $FADH_2$ oxydiert. Der Wasserstoff wird ionisiert. Beim Valenzwechsel des Eisens werden nur Elektronen übertragen. In der Atmungskette wird zunächst das Fe^{+++} des Cytochroms b in Fe^{++} überführt. Die Rückführung in Fe^{+++} geschieht durch Elektronenübernahme durch das Cytochrom c, in einem weiteren Schritt wird das Elektron an Cytochrom a weitergegeben. Zwischen den Flavoproteinen und den Cytochromen kann ein Chinon/Hydrochinon-System eingeschaltet sein. Zu den Chinonen, welche übrigens sehr lipophil (fettlöslich) sind, gehört u.a. das Tocochinon (Vitamin E). Es gibt Hinweise darauf, daß dieses System umgangen werden kann. Es ist in Abb. 29.1 deshalb nicht mit aufgeführt.

3. Das reduzierte Cytochrom a (= Cytochromoxydase; von O. Warburg „Atmungsferment" genannt) gibt ein Elektron an Sauerstoff ab ($\rightarrow O^{--}$), welcher dann umgehend mit den beiden Wasserstoffionen reagiert und H_2O bildet.

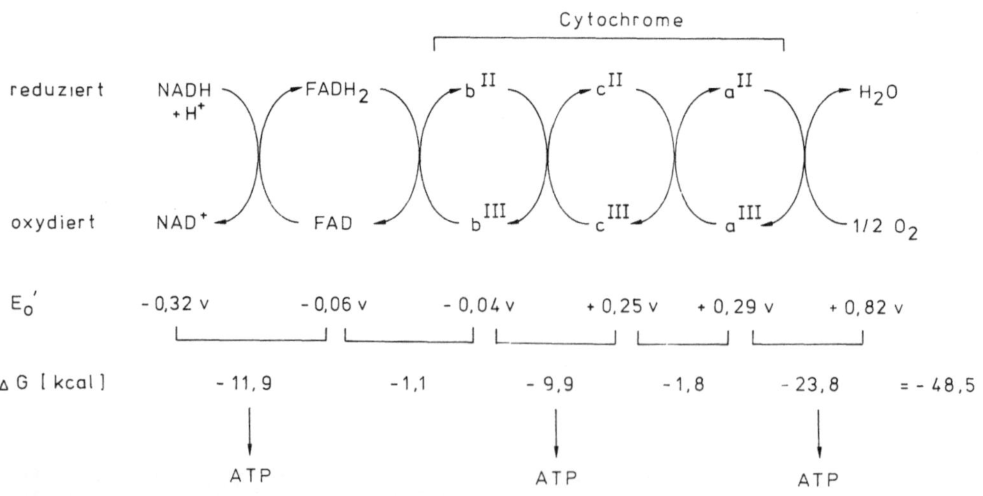

Abb. 29.1. Elektronentransport in der Atmungskette. (Details s. Text)

Reduktion – Oxydation

Reduktion heißt Elektronenaufnahme, Oxydation Elektronenabgabe. Eine Reduktion ist stets mit einer Oxydation gekoppelt. Hierbei fließen Elektronen. Der Elektronenfluß kann als ein elektrisches Potential gemessen werden. Verbindet man zwei Gefäße (Halbzellen, Abb. 29.2), welche

1. mit einer oxidierenden und einer reduzierenden Lösung (etwa Fe^{+++} und Fe^{++}) gefüllt sind und

2. mit einer Referenzlösung mit bekanntem Potential (z.B. einer Wasserstoffbezugselektrode),

so erhält man eine Spannung zwischen den beiden, die man an einem Voltmeter ablesen kann. Folgende Reaktionen laufen ab:

in (1): $Fe^{+++} + e^- \rightarrow Fe^{++}$ (Reduktion)

in (2): $1/2\ H_2 - e^- \rightarrow H^+$ (Oxydation)

Setzt man das System (jeweils mit molaren Mengen) wie oben angegeben an, so fließt ein Strom von 0,75 V (Redoxpotential). Der Unterschied zum System

$FADH_2 \rightarrow FAD$ (oxydiert)

Cytochrom b: $Fe^{+++} \rightarrow Fe^{++}$ liegt darin, daß die Elektronen hier direkt übertragen werden und nicht, wie bei den Halbzellen, durch einen Draht.

Das Redoxpotential (E'_0) ist der freien Energie (ΔG kcal/mol) einer Redoxreaktion direkt proportional.

Die Redoxpotentiale für eine Reihe von Systemen sind in Abb. 29.3 wiedergegeben.

Bestimmt man die jeweiligen Redoxpotentiale in Bezug zu einer Wasserstoffelektrode, so kann man für jedes Molekül den Betrag an freier Energie festlegen, der in den Bindungen dieses Moleküls enthalten ist. Die entsprechenden Werte für die Potentialdifferenzen in der Atmungskette finden sich im unteren Teil der Abb. 29.1.

E'_0 geht von negativen zu positiven Werten über; dem parallel geht ein Abfall an freier Energie, $NADH + H^+$ hat den höchsten, H_2O den niedrigsten Energiebetrag. Ist die Potentialdifferenz $> 0,20$ V, das entspricht etwas über 8 kcal/mol, kann dieser Energiebetrag zur Bildung von ATP aus $ADP + P_i$ verwendet werden. Bei einem Durchlauf der Atmungskette entstehen somit 3 ATP-Moleküle, mit anderen Worten, die Oxydation eines Moleküls $NADH + H^+$ liefert soviel Energie, daß 3 ATP-Moleküle gebildet werden können.

Abfall der freien Energie bei der Glykolyse und bei der Veratmung von Glucose

In Abb. 29.4 sind die Energieniveaus der Zwischenprodukte der Glykolyse (Gärung) und des Citratzyklus wiedergegeben. Die ersten Schritte führen zunächst zu energiereicheren Verbindungen. Der Schritt GAP → 1,3 PG führt von einem hohen zu einem niedrigen Niveau. Ein Teil der Energie wird zur Reduktion von NAD^+ verwendet. Der Energieabfall während einiger Reaktionen im Citratzyklus

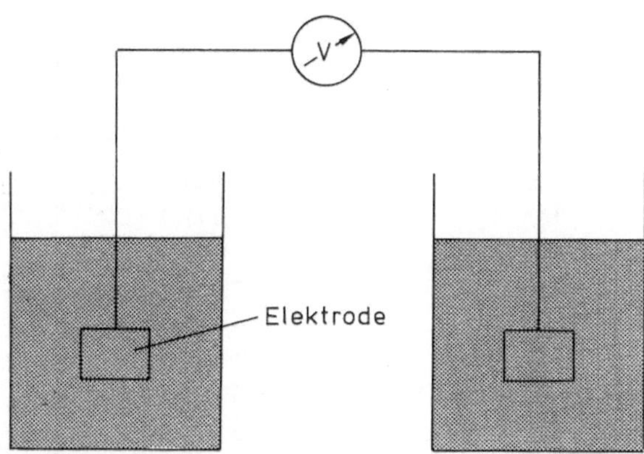

Abb. 29.2. Vorrichtung zur Messung des elektrischen Potentials von Redox-Systemen

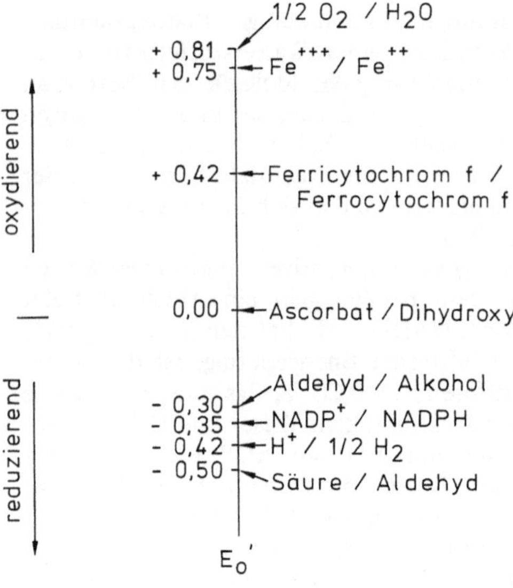

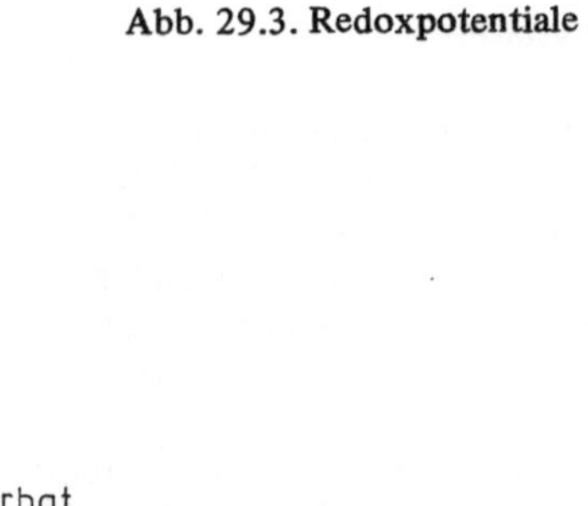

Abb. 29.3. Redoxpotentiale

ist wesentlich höher. Auf diesen starken Differenzen beruht die auf S. 188 gemachte Feststellung, daß der Hauptenergiegewinn beim Glucoseabbau bei den Reaktionen im Citratzyklus erfolgt.

Wie aus Abb. 29.4 auch hervorgeht, beträgt die Energiedifferenz zwischen Glucose und Oxalacetat (bzw. CO_2 und H_2O) 686 kcal/mol.

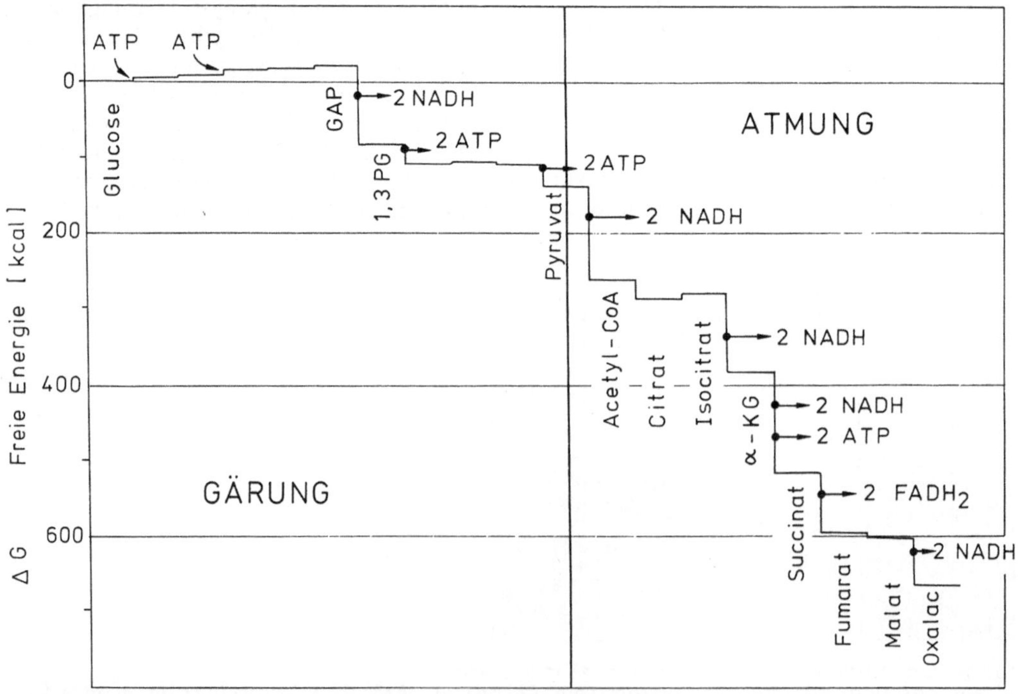

Abb. 29.4. Abfall der freien Energie (Δ G) während der Gärung und der Atmung. Abkürzungen: GAP = Glycerinaldehyd-3-Phosphat; 1,3 PG = 1,3 Diphosphoglycerat; α KG = α-Ketoglutarsäure

B. Photosynthese

Die wesentlichen Merkmale der Photosynthese haben wir bereits in Kapitel 14 besprochen. Ergänzend an dieser Stelle soll die Energiebetrachtung mit der der Atmungskette verglichen werden.

Bei der lichtinduzierten Wasserspaltung entstehen als erstes 2 Protonen (2 H^+), sowie 2 freie Elektronen (2 e^-). Die Elektronen werden von „Pigmentsystemen" aufgenommen. „Pigmentsysteme" sind Ansammlungen von proteingebundenen Chlorophyll- und Karotinoidmolekülen.

Durch die Absorption eines Elektrons geht das Pigment in einen angeregten Zustand über. Die Rückkehr zum „Normalzustand" unter Elektronenabgabe führt zu einer Fluoreszenzerscheinung. Das angeregte Chlorophyll kann das Elektron abgeben. Es findet ein Elektronentransport statt. Bei der Elektronenabgabe (über eine Reihe von Zwischenstufen) wird ein energieärmerer Zustand erreicht. Die Energiedifferenz wird zur Bildung von ATP und zur Reduktion des Wasserstoffakzeptors NADP (Nicotinamidadenindinukleotidphosphat) zu NADPH + H^+ verwendet.

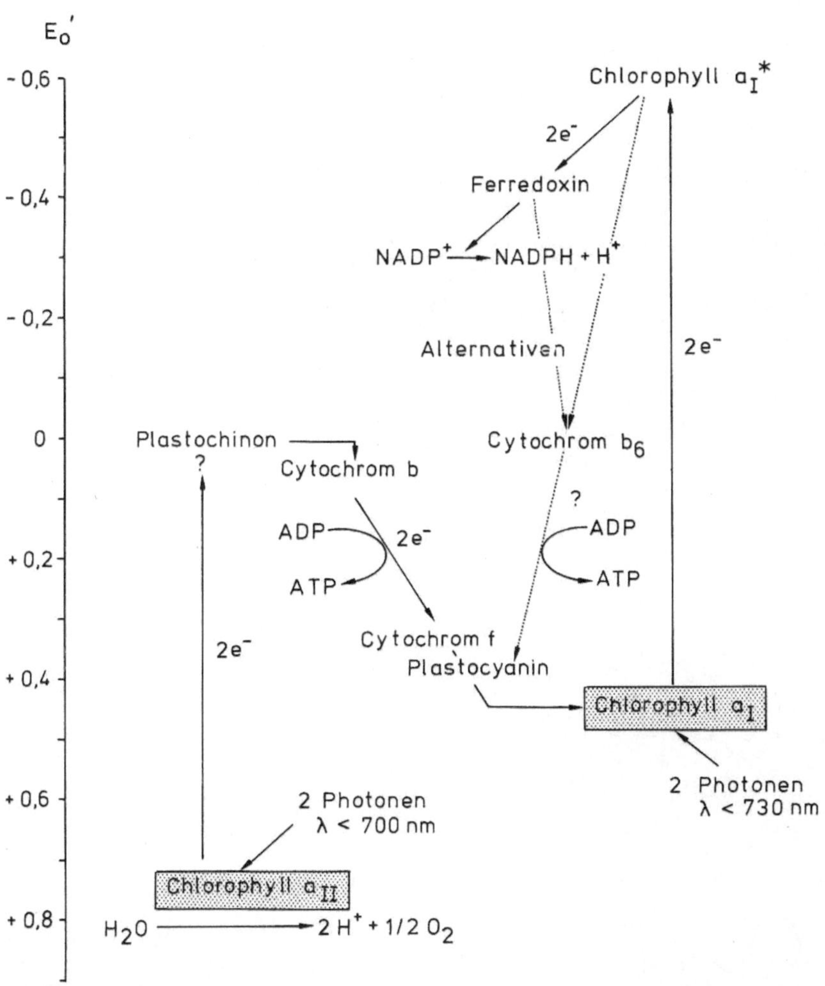

Abb. 29.5. Elektronentransportketten der Photosynthese (lichtabhängige Reaktionen: Lichtreaktionen). Licht wird vorwiegend von Chlorophyll absorbiert, daneben jedoch auch noch von anderen Pigmenten; statt „Chlorophyll a_{II}" und „Chlorophyll a_I" könnte man in dem Schema somit auch „Pigmentsystem II" und „Pigmentsystem I" schreiben

194

Bei der Photosynthese vertritt das NADP das NAD als Wasserstoffakzeptor. In der Abb. 29.5 sind die Elektronentransportketten der Photosynthese wiedergegeben. Das angeregte Pigmentsystem II (Photosystem II) gibt die Elektronen an Plastochinone ab, von dort erfolgt eine Weitergabe an Cytochrom b, Cytochrom f, Plastocyanin . . . . (vermutlich sind noch weitere Substanzen an dieser Kette beteiligt). Hierbei wird ATP gebildet. Durch erneute Energiezufuhr wird das sogenannte Pigmentsystem I (Photosystem I) angeregt. Dabei wird ein wesentlich höheres Energieniveau erreicht. Bei der nachfolgenden Kaskade von Redoxreaktionen wird NADP reduziert.

Möglicherweise wird hierbei auch noch ein weiteres ATP-Molekül gebildet (die Bildung ist *in vitro*, jedoch nicht in intakten Chloroplasten nachgewiesen worden).

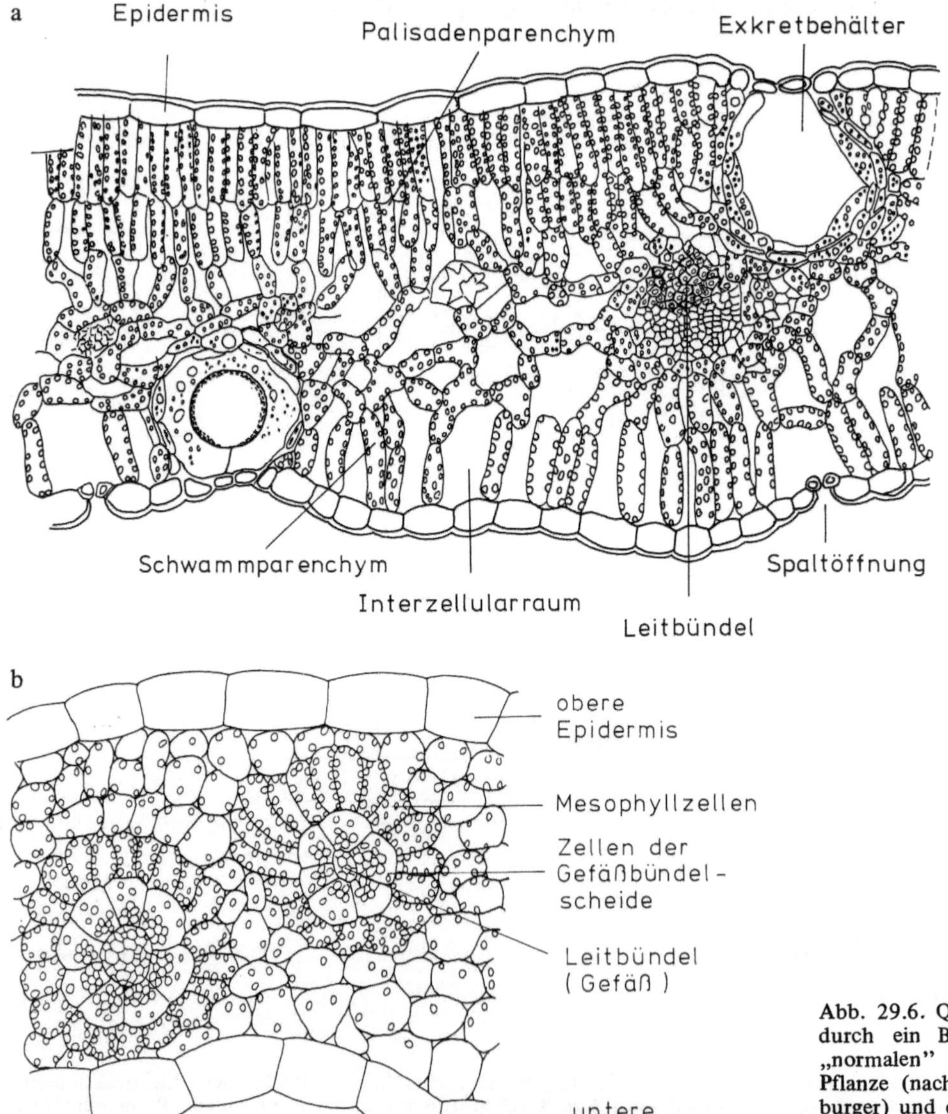

Abb. 29.6. Querschnitt durch ein Blatt einer „normalen" dicotylen Pflanze (nach E. Strasburger) und einer „C₄-Pflanze" (nach C.K.M. Rathnam *et al.*, 1976)

Die im gebildeten ATP und im reduzierten NADP gespeicherte chemische Energie wird zur Synthese von Kohlenhydraten verwendet (Calvin-Zyklus, s. S. 85).

Die Konzentration der Luft an CO_2 ist ein limitierender Faktor bei der Photosynthese. Pflanzen, die über einen Mechanismus verfügen, das bei der Atmung anfallende CO_2 sofort wieder einzufangen, haben gegenüber den übrigen einen Selektionsvorteil. Zu solchen Pflanzen gehört z.B. der Mais. Sie unterscheiden sich von den übrigen, außer durch eine höhere Photosyntheserate, durch die Anatomie ihrer Blätter (Abb. 29.6). Die Mesophyllzellen liegen als Ring um eine Gefäßbündelscheide.

In der Abb. 29.7 sind die Reaktionen wiedergegeben, die sich bei diesen sogenannten C_4-Pflanzen abspielen. Bei der Atmung freigesetztes CO_2 wird in den Mesophyllzellen von Phosphoenolpyruvat (PEP), einem C_3-Körper, gebunden. Oxalessigsäure, ein C_4-Körper, entsteht, daraus wiederum entsteht Malat, von dem CO_2 abgespalten wird. Das CO_2 diffundiert in die Zellen der Gefäßbündelscheide und wird dort in den Calvin-Zyklus eingeschleust. Der C_4-Zyklus dient somit als eine

Falle für das CO_2. C_4- und Calvin-Zyklus sind räumlich voneinander getrennt; unterschiedliche Zelltypen sind daran beteiligt.

Sukkulenten: Bei Pflanzen trockener Standorte ist H_2O ein limitierender Faktor. Um CO_2 aufzunehmen, müssen die *Stomata* (= Spaltöffnungen) geöffnet werden, was aber zur Folge hätte, daß Wasser verlorengeht und die Pflanze austrocknen würde. Im Laufe der Evolution hat sich folgender Mechanismus entwickelt: nachts sind die Spaltöffnungen geöffnet, CO_2 wird aufgenommen. Es wird von Phosphoenolpyruvat gebunden und in Malat überführt. Das Malat wird in den Vakuolen der Zellen gespeichert. Tagsüber sind die Spaltöffnungen geschlossen, Wasser kann nicht verlorengehen. Das Malat spaltet CO_2 ab, welches für die Photosynthese eingesetzt wird. Hier ist der C_4-Zyklus zeitlich, nicht räumlich, vom Calvin-Zyklus getrennt.

C. Chemosynthesen

Von allen Energieformen, die in der physikalischen Welt vorkommen, können Organismen nur chemische Energie und Licht in biologisch

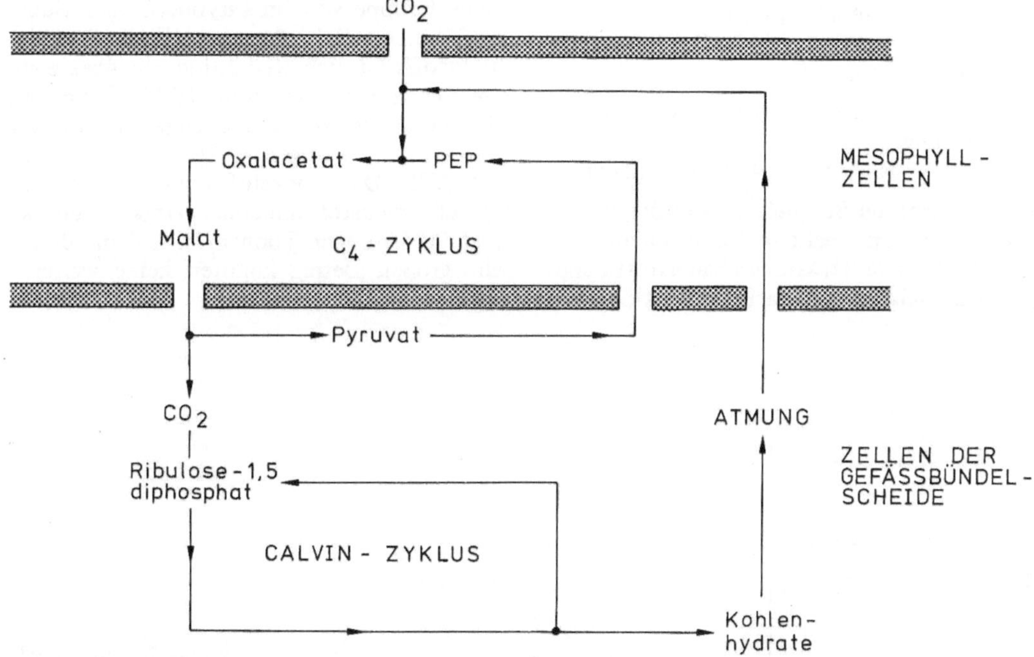

Abb. 29.7. CO_2-Fixierung bei C_4-Pflanzen. (Details vgl. Text.) Abkürzung: PEP = Phosphoenolpyruvat

sinnvolle Formen umwandeln (→ chemische Bindungsenergien). Die im letzten Abschnitt behandelte Photosynthese ist der bei weitem effektivste Prozeß, sowohl was den Energieumsatz als auch die Biomasse betrifft. Darüberhinaus gibt es eine Vielzahl von Mikroorganismen, welche die Bindungsenergie, die in kleinen anorganischen Molekülen enthalten ist, nutzen können.

Folgende Beispiele können genannt werden:

1. Oxydation von Ammoniak
$$NH_4 + 3/4\, O_2 \rightarrow NO_2^{\,-} + H_2O + Energie$$
(Beispiel: *Nitrosomonas*)

2. Oxydation von Nitrit zu Nitrat
$$NO_2^{\,-} + 1/2\, O_2 \rightarrow NO_3^{\,-} + Energie$$
(Beispiel: *Nitrobacter*)

3. Oxydation von molekularem Wasserstoff
$$H_2 + 1/2\, O_2 \rightarrow H_2O + Energie$$
(Beispiel: *Hydrogenomonas*)

4. Oxydation von Eisenionen
$$2\, Fe^{++} + 2\, H^+ + 1/2\, O_2 \rightarrow 2\, Fe^{+++} + H_2O + Energie$$
(Beispiel: *Ferrobacillus*)

5. Oxydation von Manganoxyd
$$2\, MnO + 1/2\, O_2 \rightarrow Mn_2O_3 + Energie$$
(Beispiel: *Leptothrix*)

6. Oxydation von Sulfationen
$$S^{--} + 2\, O_2 \rightarrow SO_4^{\,--} + 4\, H_2O + Energie$$
(Beispiel: *Beggiotoa*)

7. Umkehr der Reaktion (6) in reduzierender Umgebung
$$SO_4^{\,--} + 4\, H_2 \rightarrow S^{--} + 4\, H_2O + Energie$$

Die genannten Beispiele sind in der Evolution offenbar erst recht spät entstanden, weil für fast alle diese Reaktionen Sauerstoff benötigt wird, welcher erst nach Entwicklung der grünen Pflanzen in ausreichender Menge zur Verfügung stand.

Der Unterschied dieser Reaktionen zur Photosynthese ist die Herkunft des Elektrons, welches aus einer elektronegativen in eine elektropositive Umgebung wandert.

Chemosynthetisierende Bakterien sind, wie die grünen Pflanzen, autotroph, d.h. zum Leben genügt anorganisches Material, eine Kohlenstoffquelle und Energie.

Im Gegensatz hierzu stehen die heterotrophen Organismen, welche auf organisches Material als Nahrung angewiesen sind.

In gewisser Hinsicht sind z.B. auch die ammoniakoxydierenden Bakterien (*Nitrosomonas* und *Nitrobacter*) heterotroph, da Ammoniak heutzutage in der Regel in freier Form in der Atmosphäre nicht vorkommt (im Gegensatz zur Uratmosphäre der Erde). Ammoniak wird jedoch als Ausscheidungsprodukt vieler heterotropher Organismen freigesetzt und durch stickstoffbindende Bakterien gebildet.

Stickstoffbindende Organismen

N_2 ist außerordentlich reaktionsträge. Eine kleine Gruppe von Prokaryonten kann Stickstoff binden. Die Bindung (Fixierung) des Stickstoffs ist eine Reduktion, die über mehrere Schritte erfolgt (Abb. 29.8). Gebraucht wird hierzu eine starke, reduzierende Substanz [Ferredoxin, Nitrogenase (ein Enzym) u.a.] und ATP. Der Stickstoffumsatz durch den Einfluß stickstoffbindender Organismen beträgt 90 Millionen Tonnen/Jahr. Ohne diesen sehr großen Betrag könnten keine weiteren Organismen überleben.

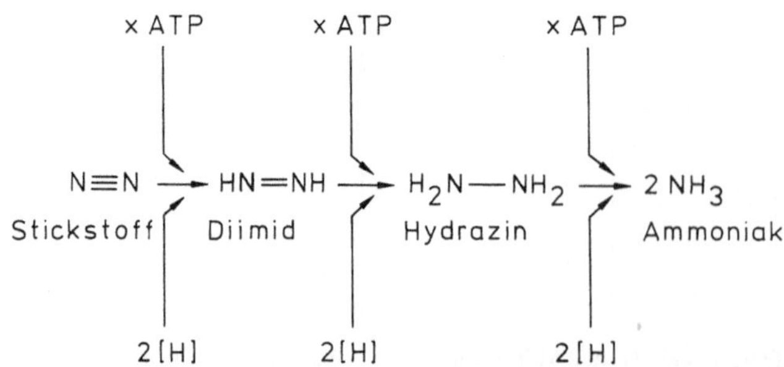

Abb. 29.8. Stufen der Stickstoff-Fixierung durch Mikroorganismen

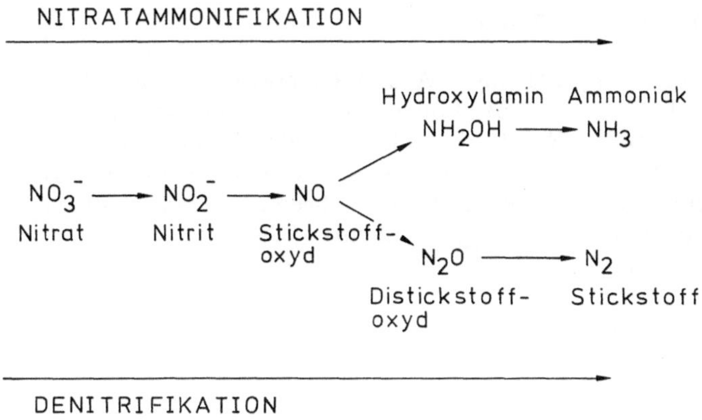

NITRATAMMONIFIKATION

Abb. 29.9. Denitrifikation (Reduktion von Nitrat und Nitrit)

DENITRIFIKATION

Denitrifikation

Normale, aerobe Bakterien, wie z.B. *Bacillus pseudomonas* u.a. verwenden Nitrat (Nitrit) als Elektronenakzeptor

$$NO_3{}^- + 10\,e^- + 12\,H^+ \to N_2 + 6\,H_2O$$
(vgl. Abb. 29.9).

Ohne diese Bakterien würde der Anteil des Luftstickstoffs rapide abfallen. Es gibt Andeutungen dafür, daß die Rate der Stickstoff-Fixierung, die der Denitrifikation quantitativ leicht übersteigt. – Exakte Zahlen sind schwer zu erhalten.

Abbau von Glucose in Mikroorganismen

Bei verschiedenen Arten existieren unterschiedliche Wege (Abb. 29.10). Nicht in allen Fällen erfolgt eine Oxydation bis zum CO_2.

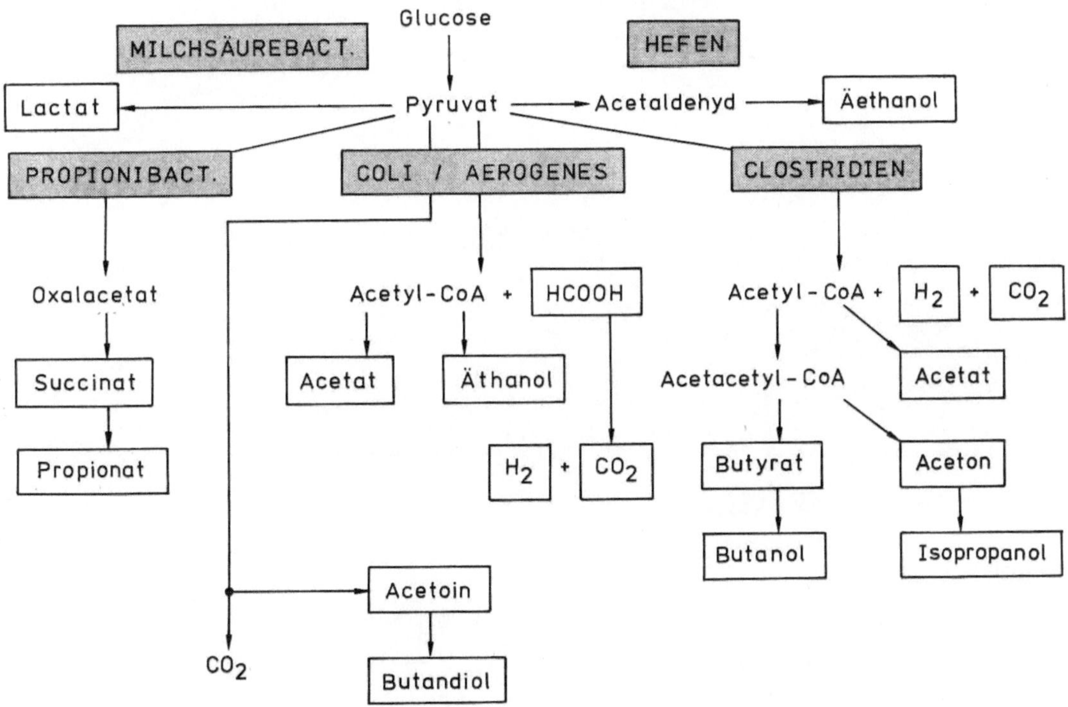

Abb. 29.10. Abbauwege von Glucose in Mikroorganismen. (Verändert nach Schlegel, 1976)

Die Energieausbeute bei den betreffenden Arten ist somit sinngemäß niedriger, als sie bei einem vollständigen Abbau wäre. Es entstehen je nach Bakterienart Endprodukte wie: Lactat, Aethanol, Butanol, Butandiol, Isopropanol etc. Viele dieser Komponenten sind auf chemischem Wege nur schwer bzw. nur unter großem technischem und finanziellem Aufwand zu synthetisieren. Es ist billiger, die Mikroorganismen für sich arbeiten zu lassen. Hierin liegt die Bedeutung der industriellen Mikrobiologie.

Literatur

Lehninger, A.L.: Bioenergetics. 2. Aufl. Menlo Park, London: W.A. Benjamin Inc. 1971.
Rehm, H.-J.: Industrielle Mikrobiologie. Berlin–Heidelberg–New York: Springer 1967.
Schlegel, H.G.: Allgemeine Mikrobiologie. Stuttgart: Thieme 1976.

30. Enzymmechanismen

A. Formale Ableitung

Betrachten wir eine beliebige chemische Reaktion, z.B.

$$CH_3COOH \rightarrow H^+ + CH_3COO^-,$$

so stellen wir fest, daß die Reaktionspartner der linken und der rechten Seite der Gleichung in einem Gleichgewicht zueinander stehen. Dieses kann durch das Massenwirkungsgesetz beschrieben werden.

$$k = \frac{[H^+]\,[CH_3COO^-]}{[CH_3COOH]}$$

Wie die Formel zeigt, muß das Verhältnis der drei Reaktionspartner stets so sein, daß das Verhältnis ihrer Konzentrationen die Zahl k — die Gleichgewichtskonstante — ergibt; k ist temperatur- und druckabhängig.

Die Moleküle gehen erst nach Zufuhr einer Aktivierungsenergie in einen thermodynamisch wahrscheinlicheren (stabileren) Zustand über. Katalysatoren können diese Aktivierungsenergie herabsetzen.

Bei einer enzymatisch katalysierten Reaktion bezeichnet man das Ausgangsprodukt mit S (= Substrat), das Enzym mit E und das Produkt mit P. Das Enzym reagiert zunächst mit dem Substrat und bildet somit einen Enzym-Substrat-Komplex (ES). Der Reaktionsablauf ist in der folgenden Skizze wiedergegeben (Abb. 30.1).

Eine Reaktion führt also über einen energiereichen, somit instabilen Zustand (aktivierten Zustand, Übergangszustand) der Reaktionspartner:

$$S \rightarrow \text{Übergangszustand} \rightarrow P$$

Da der Übergangszustand instabil ist, wird die Reaktionsgeschwindigkeit (v) von $S \rightarrow P$

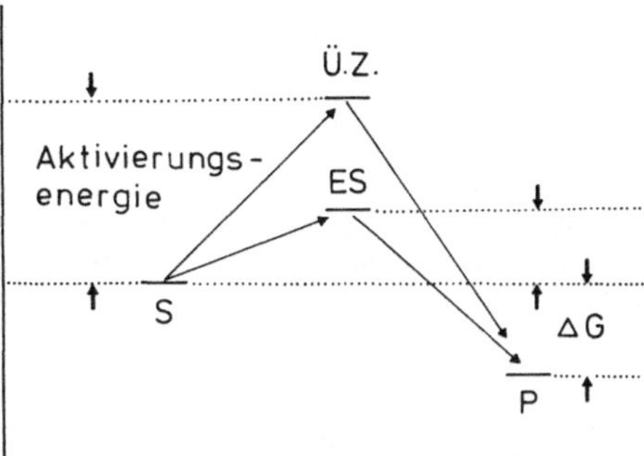

Abb. 30.1. Ablauf einer Reaktion mit und ohne Katalysator

durch die Konzentration der Moleküle im Übergangszustand bestimmt. Die Reaktion ist selbstverständlich temperaturabhängig, bei einer Erhöhung um $10°$ C erhält man etwa eine Verdopplung der Reaktionsgeschwindigkeit.

Man kann eine enzymkatalysierte chemische Reaktion in zwei hintereinander ablaufenden chemischen Reaktionsgleichungen aufschreiben.

$$E + S \underset{k_2}{\overset{k_1}{\rightleftharpoons}} ES; \quad ES \underset{k_4}{\overset{k_3}{\rightleftharpoons}} E + P$$

Bei hintereinander ablaufenden Reaktionen wird die Geschwindigkeit durch die langsamere bestimmt; k_n sind Proportionalitätsfaktoren, die die Reaktionsgeschwindigkeit in Abhängigkeit von den Konzentrationen der Reaktionspartner bestimmen. Bei geringen Substratkonzentrationen ist die Reaktionsgeschwindigkeit (v) direkt von der Substratkonzentration abhängig. Bei höheren Substratkonzentrationen ist auch die Enzymkonzentration entscheidend, weil das Enzym dann mit Substrat gesättigt ist. Man erhält eine Kinetik höherer Ordnung.

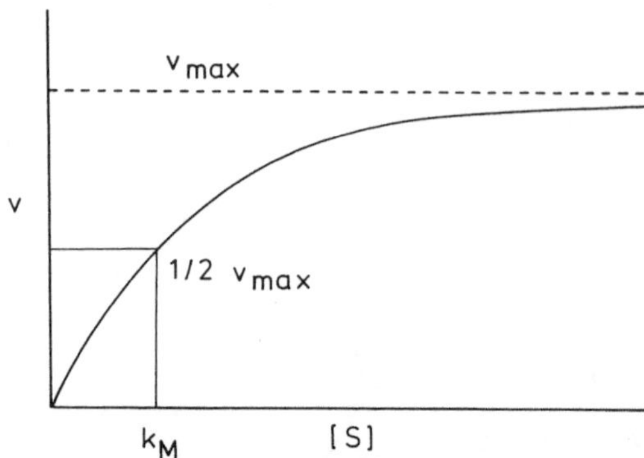

Abb. 30.2. Geschwindigkeit einer enzymatisch katalysierten Reaktion in Abhängigkeit von der Substratkonzentration

Die Bildung des ES-Komplexes als Funktion der Zeit kann somit durch die folgende Gleichung dargestellt werden:

$$(1) \quad \frac{d\,[ES]}{dt} = k_1 \,([E] - [ES])\,[S]$$

Die Menge von ES, die aus E und P gebildet wird, ist sehr gering und kann vernachlässigt werden. Der Komplex ES ist instabil und zerfällt nach der Gleichung:

$$(2) \quad -\frac{d\,[ES]}{dt} = k_2\,[ES] + k_3\,[ES]$$

Wenn Bildung und Zerfall gleich sind (Fließgleichgewicht, Steady-state), erhalten wir:

$$(3) \quad k_1\,([E] - [ES])\,[S] = k_2\,[ES] + k_3\,[ES]$$

umgeformt

$$(4) \quad \frac{([E] - [ES])\,[S]}{[ES]} = \frac{k_2 + k_3}{k_1} = k_M$$

Der Ausdruck k_M wird als Michaelis-Menten-Konstante bezeichnet. Die Gleichung (4) können wir nach ES auflösen und somit die Konzentration von ES angeben.

$$(5) \quad [ES] = \frac{[E] \cdot [S]}{k_M + [S]}$$

Da die Anfangsgeschwindigkeit einer enzymatischen Reaktion von der ES-Konzentration abhängt, erhalten wir:

$$(6) \quad v = k_3\,[ES]$$

In diese Gleichung können wir ES aus der Gleichung (5) einsetzen:

$$(7) \quad v = k_3\,\frac{[E]\,[S]}{k_M + [S]}$$

Bei sehr hohen Substratkonzentrationen ist E der limitierende Faktor der Reaktionsgeschwindigkeit. Wir können also schreiben:

$$(8) \quad v_{max} = k_3\,[E]$$

Setzen wir die Reaktionsgeschwindigkeit v in Beziehung zur maximalen Reaktionsgeschwindigkeit (v_{max}), erhalten wir:

$$(9) \quad \frac{v}{v_{max}} = \frac{k_3\,\dfrac{[E]\,[S]}{k_M + [S]}}{k_3\,[E]}\,,$$

nach v aufgelöst:

$$(10) \quad v = \frac{v_{max}\,[S]}{k_M + [S]}$$

Diese Darstellung ist als Michaelis-Menten-Gleichung bekannt. Sie beschreibt die Beziehung zwischen enzymatischer Reaktionsrate und der Substratkonzentration S, wenn v_{max} und k_M bekannt sind. k_M wiederum kann man errechnen, wenn man v_{max} und S kennt. Betrachten wir hierzu einen Spezialfall: v sei $1/2\ v_{max}$, dann ist:

$$(11) \quad \frac{v_{max}}{2} = \frac{v_{max}\,[S]}{k_M + [S]}\,.$$

dividiert man durch v_{max}, erhält man:

$$(12) \quad \frac{1}{2} = \frac{[S]}{k_M + [S]}$$

umgeformt also

$$(13) \quad k_M + [S] = 2\,[S]$$

$$k_M = [S]$$

k_M (die *Michaelis-Menten-Konstante*) ist also die Substratkonzentration, bei der die Reaktionsgeschwindigkeit die Hälfte des Maximums erreicht hat. Die Dimension k_M ist Mol (vgl. Abb. 30.2).

Die Michaelis-Menten-Gleichung können wir in einer reziproken Schreibweise darstellen:

$$(14) \quad \frac{1}{v} = \frac{1}{v_{max}\,[S]\,/\,(k_M + [S])}$$

$$= \frac{k_M + [S]}{v_{max}\,[S]}$$

dann ist:

$$(15) \quad \frac{1}{v} = \frac{k_M}{v_{max}\,[S]} + \frac{[S]}{v_{max}\,[S]}$$

oder:

$$(16) \quad \frac{1}{v} = \frac{k_M}{v_{max}} \cdot \frac{1}{[S]} + \frac{1}{v_{max}}$$

Diese Gleichung wird als Lineweaver-Burk-Gleichung bezeichnet. Der Vorteil dieser etwas komplizierter als (10) aussehenden Darstellung liegt darin, daß man die Werte graphisch günstiger darstellen kann. Man erhält nämlich bei einer doppelt reziproken Darstellung eine Gerade mit der Steigung k_M/v_{max} (Abb. 30.3).

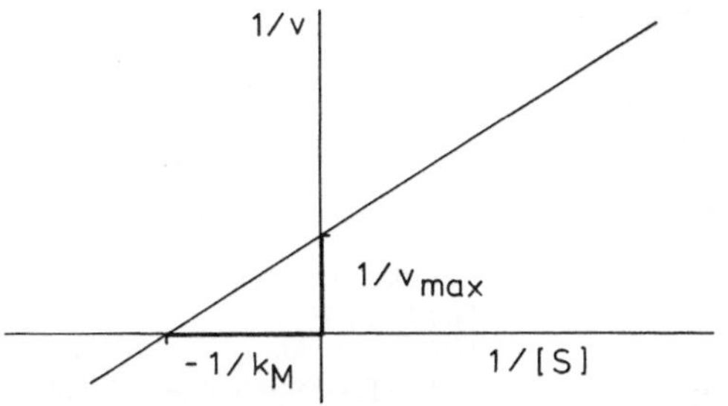

Abb. 30.3. Die Abhängigkeit der Geschwindigkeit einer enzymatisch katalysierten Reaktion von der Substratkonzentration. Doppelt reziproke Darstellung von v und [S]. (Nach Lineweaver und Burk)

Aus einer solchen Darstellung sind die Werte k_M und v_{max} mit einer höheren Genauigkeit ablesbar, als in der Darstellung nach Michaelis und Menten (vgl. Abb. 30.2). Der Wert k_M ist für jede Enzym-Substrat-Kombination charakteristisch.

Achtung: Der Wert v (= die Reaktionsgeschwindigkeit) darf nicht mit den Gleichgewichtskonstanten k_1, k_2 ... verwechselt werden!

Ein Enzym kann die Reaktionsgeschwindigkeit einer Reaktion beeinflussen, es hat aber keinen Einfluß auf die Einstellung des Gleichgewichts der Reaktion, jenes unterliegt laut Massenwirkungsgesetz ausschließlich den Konzentrationen, in denen die Reaktionspartner vorliegen.

Zu beachten ist ferner, daß die genannte Ableitung für Reaktionen *in vitro* mit reinen Reaktionspartnern gilt. Sie gilt nicht für lebende Systeme, weil es hier keine thermodynamischen Gleichgewichte, sondern allenfalls Fließgleichgewichte gibt. Deren Lage aber hängt stark von der Reaktionsgeschwindigkeit und damit auch von den Konzentrationen der Enzyme ab.

B. Der genaue Mechanismus eines bestimmten Enzyms

Der Mechanismus einer Enzymreaktion: Wie sieht der ES-Komplex aus? Der genaue Mechanismus der enzymatischen Wirkung soll an einem speziellen Beispiel behandelt werden, und zwar am Beispiel der Lysozymwirkung. Es ist das erste Enzym, für das der Wirkungsmechanismus aufgeklärt werden konnte (Phillips u. Mitarb., 1965). Lysozym hat die Fähigkeit, Strukturen einer Bakterienzellwand aufzulösen (zu hydrolysieren). Es kommt im Eiklar, in einigen Bakteriophagen und in der Tränenflüssigkeit vor. Sein Molekulargewicht beträgt 14.600. Das Molekül besteht aus 129 Aminosäureresten. Die Sequenz ist bekannt (Jolles, J., et al., 1963). Ebenso kennt man die Tertiärstruktur (Phillips et al., 1965). Das Substrat ist ein Polysaccharid, bestehend aus den Komponenten

1. N-Acetylglucosamin (NAG) und
2. N-Acetylmuraminsäure (NAM), die β-glykosidisch miteinander verknüpft sind.

R ist beim NAG ein Wasserstoffatom, beim NAM ein Milchsäurerest:

In der Bakterienzellwand kommen in langen Ketten alternierend NAG und NAM vor, die durch Brücken miteinander verbunden sind (Abb. 30.4).

Das Lysozym kann Ketten von NAG „erkennen" und spalten, nicht aber solche, die nur aus NAM bestehen. Die Proteinkette des Lysozyms ist so gefaltet, daß zwei Flügel gebildet werden, zwischen denen eine Spalte liegt. Diese Spalte ist für die enzymatische Aktivität wesentlich, weil das Substrat in sie hineinpaßt. Man nennt einen solchen Bereich des Enzyms das aktive Zentrum. Um den Mechanismus zu verstehen, muß man die genaue sterische Anordnung eines jeden Atoms im Substrat und im Enzym kennen. Betrachten wir unser Substrat als Kette von Zuckerringen und geben zur Kennzeichnung jedem Zuckerring einen Buchstaben, so erhalten wir

$$NAG - NAM - NAG - NAM - NAG - NAM$$
$$A \qquad B \qquad C \qquad D \qquad E \qquad F$$

Ein Molekül, bestehend aus sechs Zuckerresten, füllt gerade die Länge des Spalts im Enzymmolekül aus (Abb. 30.5).

Wir haben jetzt zwei Fragen zu klären:

1. Wie wird dieses Substrat an das Enzymmolekül gebunden?

Diese Frage soll an Hand einer Skizze besprochen werden (Abb. 30.6). Es bilden sich sechs Wasserstoffbrücken zwischen dem Substrat und den Aminosäuren des Lysozyms aus, die in dieser Spalte liegen. Die Nummer hinter jeder Aminosäure gibt die jeweilige Position der Aminosäure in der Sequenz wieder. Wie ersichtlich, brauchen räumlich benachbarte Aminosäuren nicht in der Sequenz benachbart zu sein. Außer den Wasserstoffbrücken bildet sich eine Reihe nicht gerichteter van der Waals'scher Interaktionen aus, die den Enzym-Substrat-Komplex stabilisieren. Das hier angedeutete Schema kann eines nicht erklären, warum nur jeder zweite Zuckerrest ein NAM sein kann. Der Grund, warum nicht jeder

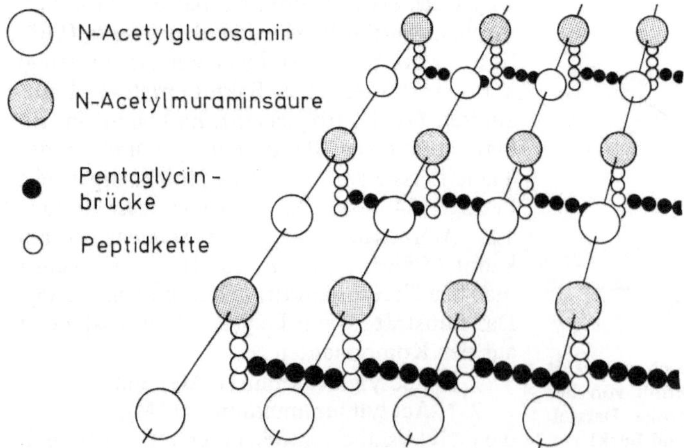

Abb. 30.4. Ausschnitt aus einer Bakterienzellwand. Man findet lange Ketten, bestehend aus $(NAG-NAM)_n$. Am NAM hängen Peptidketten und Pentaglycinbrücken, die für eine Quervernetzung der Ketten sorgen. (Schema nach Sharon, 1969, beruhend auf Ergebnissen von Weidel)

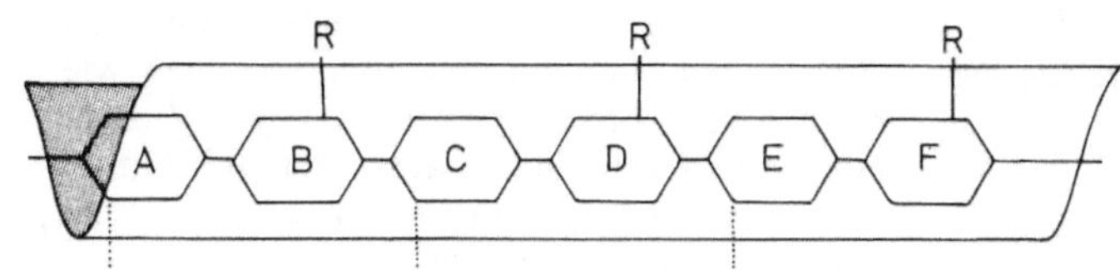

Abb. 30.5. Schematische Darstellung eines (NAG–NAM)₃-Moleküls im aktiven Zentrum des Lysozymmoleküls

Zuckerrest einen Milchsäurerest tragen kann, ist darin zu suchen, daß in der Spalte sterisch kein Platz für einen solchen Rest vorhanden wäre. Die Ebene der Zuckerreste liegt senkrecht darin. Nur diejenigen Zuckermoleküle können einen Rest tragen, bei denen er nach außen gekehrt ist (Abb. 30.5).

2. Wie sieht die enzymatische Spaltung aus?

Man hat festgestellt, daß

a) eine Kette aus 3 NAG-Resten A–B–C: (NAG)₃ vom Enzym gebunden, aber nicht gespalten wird. Man weiß weiterhin, daß

b) der Ring D während des Einpassens der Kette in den Spalt leicht verformt wird. Er geht aus der Sesselkonformation in die Wannenkonformation über (vgl. S. 120). Wir hatten bereits festgestellt, daß die Wannenform thermodynamisch weniger günstig ist als die Sesselform, und schließlich daß

c) die Bindung zwischen einem Kohlenstoffatom des NAM und dem Sauerstoff der glykosidischen Bindung gespalten wird:

$$\ldots \text{NAM} \updownarrow \text{O} - \text{NAG} - \text{O} - \text{NAM} \updownarrow \text{O} - \text{NAG} \ldots,$$

d.h. unser Molekül A B C D E F könnte nur zwischen B und C oder zwischen D und E gespalten werden. Eine Spaltung zwischen B und C kommt nicht in Frage, da ja ein kurzes Stück A B C nicht gespalten wird. Es bleibt nur noch die Möglichkeit der Spaltung zwischen D und E. Einen Hinweis auf die Richtigkeit dieser Annahme haben wir bereits: D liegt in einer weniger stabilen Form vor als die übrigen Ringe.

Es ist nun noch wichtig zu wissen, welche Aminosäuren des Lysozyms in Nachbarschaft der Bindung zwischen D und E liegen. Es sind das die polaren Aminosäuren Glu 35 und Asp 52. Zwischen den reaktiven Gruppen dieser Aminosäuren (COOH-Gruppen) und dem Substrat spielen sich folgende Reaktionen ab (vgl. Abb. 30.7):

1. Ein Proton der -COOH-Gruppe vom Glu 35 wandert an das O der glykosidischen Bindung. Die Bindung wird dabei gespalten. Wir erhalten eine -OH-Gruppe und

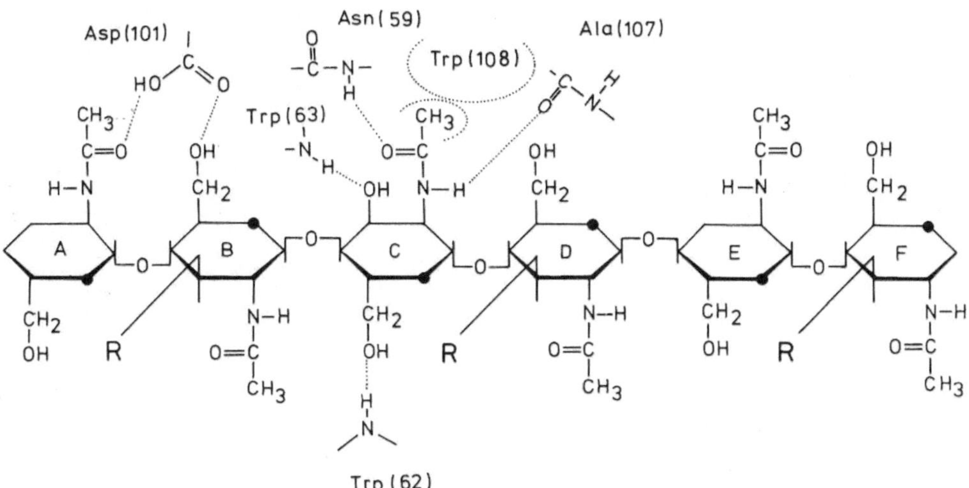

Abb. 30.6. Interaktionen zwischen Substrat und Enzym (Details vgl. laufenden Text). (Abgeändert nach Phillips, 1966)

2. Ein Karboniumion (C^+). Dieses Karboniumion tritt mit der ionisierten Gruppe des Asp 52 in Wechselwirkung: $-COO^- \ldots\ldots C^+$.

3. Ein Wassermolekül dissoziiert

$$H\text{-}O\text{-}H \rightarrow H^+ + OH^-.$$

Die Hydroxylgruppe wandert an das Karboniumion, das Proton an das Glu 35. Die glykosidische Bindung ist hydrolysiert. Die Bruchstücke werden freigesetzt. Das Enzym ist unverändert und erneut reaktionsbereit.

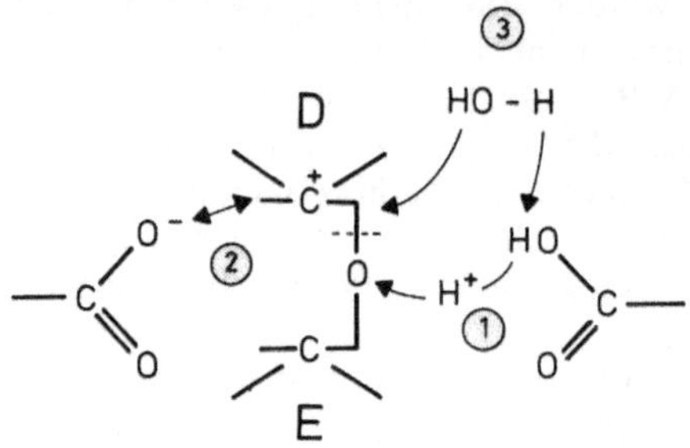

Asp (52)　　　　　　　Glu (35)

Abb. 30.7. Reaktionsmechanismus des Lysozyms: Hydrolytische Spaltung der β-glykosidischen Bindung zwischen NAM und NAG. (Verändert nach Phillips, 1966)

Man kennt heute den Mechanismus von etwa einem Dutzend Enzymen so genau wie bei dem hier beschriebenen Lysozym. Zusammenfassend kann man sagen, daß auf Grund der sterischen Lage der reaktiven Gruppen an der Enzymoberfläche Bedingungen vorliegen, wie sie in freier Lösung nur sehr selten (zufällig) auftreten. Die sterische Struktur des Enzyms bedingt eine Spezifität des ES-Komplexes, zum anderen eine Beschleunigung der zu katalysierenden Reaktion.

Literatur

Blake, C.C.F., Koenig, D.F., Mair, G.A., North, A.C.T., Phillips, D.C., Sarma, V.R.: Structure of hen-egg-white lysozyme: A three dimensional Fourier synthesis at 2 Å Resolution. Nature **206**, 757 (1965).

Dickerson, Geis: Struktur und Funktion der Proteine. Weinheim: Verlag Chemie 1971.

Lehninger, A.: Biochemistry, 2. Aufl. New York: Worth Publ. 1975, S. 183.

Phillips, D.C.: The three-dimensional structure of an enzyme molecule. Sci. Am. November 1966, S. 78.

Sharon, N.: The bacterial cell wall. Sci. Am. Mai 1969, S. 92.

31. Regulation im Stoffwechsel

(NAG)$_3$ wird vom Lysozym gebunden, aber nicht gespalten. Wird es gebunden, tritt es mit spaltbaren Molekülen in Konkurrenz, da es ja nur eine Bindungsstelle (aktives Zentrum) am Lysozymmolekül gibt. Wir werden somit eine Hemmung der katalytischen Aktivität feststellen. Die Hemmung hängt natürlich vom Verhältnis der Konzentrationen von Hemmstoff zu Substrat ab. Bei hohen Substratkonzentrationen fällt sie kaum mehr ins Gewicht. Betrachten wir die Reaktionsgeschwindigkeit bei konstanter Hemmstoffkonzentration, so erhalten wir:

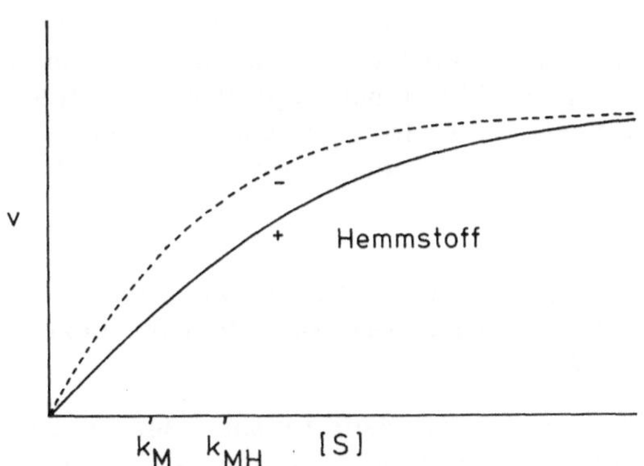

In der Darstellung nach Lineweaver-Burk:

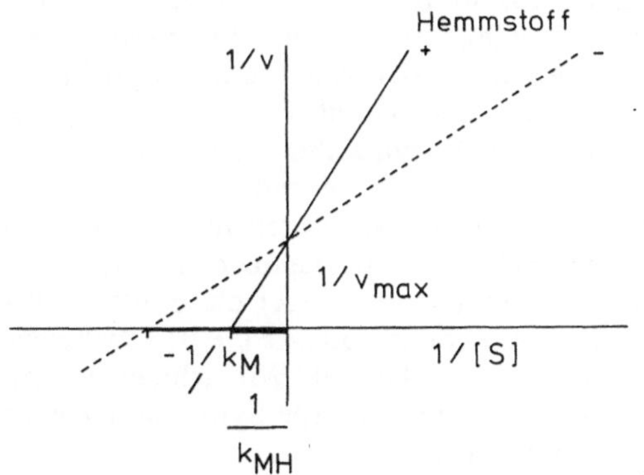

Wie aus der Skizze ersichtlich, ändert sich hierbei nicht das v_{max}, wohl aber k_M. Wir erhalten einen k_{MH}-Wert, der natürlich höher als k_M ist. Man nennt diesen Typ von Hemmung kompetitive Hemmung. Sie wird immer dann beobachtet, wenn ein Molekül, das dem Substrat ähnlich sieht, seine Stelle am aktiven Zentrum einnimmt, ohne daß das Enzym katalytisch wirken kann.

Ein weiteres Beispiel: Die Succinat-Dehydrogenase katalysiert die Reaktion:

Succinat $-H_2 \longrightarrow$ $+H_2 \longleftarrow$ Fumarat

Durch folgende Substanzen kann sie kompetitiv gehemmt werden:

Malonat   Oxalacetat

Pyrophosphat   Oxalat

Diese Verbindungen werden vom Enzym erkannt und gebunden, weil sie je zwei Carboxyl- (bzw. Phosphat-) Gruppen tragen. Eine Wasserstoffabspaltung ist aus einsichtigen Gründen ausgeschlossen.

Neben der kompetitiven Hemmung kennt man die nicht-kompetitive Hemmung. Schwermetallionen sowie Verbindungen mit -SH-Gruppen können Enzymmoleküle derart verändern, daß das aktive Zentrum funktionsunfähig wird. Diese Hemmung ist auch durch hohe Substratkonzentrationen nicht zu überwinden. Wir erhalten bei Anwesenheit eines solchen Hemmstoffs folgende Kinetiken:

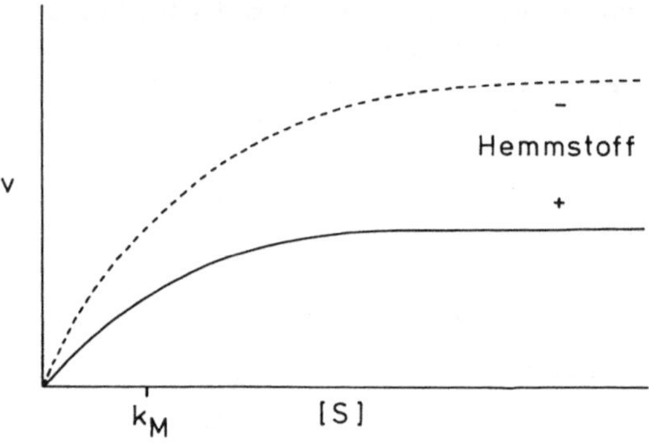

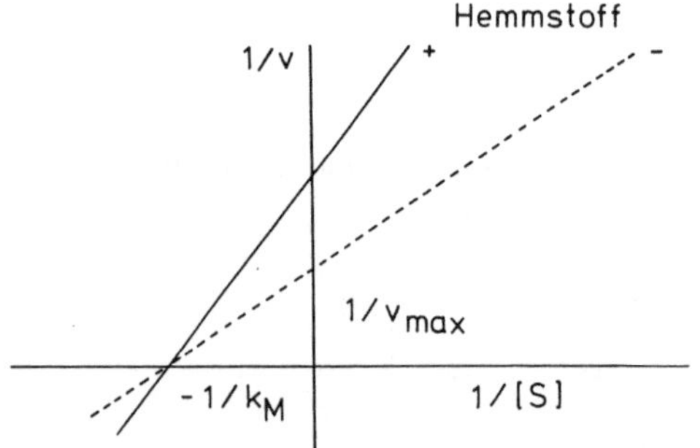

Unverändert bleibt hierbei das k_M, während v_{max} nicht erreicht wird. Das gibt eine Funktion, wie wir sie bei einer geringen Enzymkonzentration vorfinden, denn durch den nicht-kompetitiven Hemmstoff wird ein Teil der Enzymmoleküle inaktiviert, während diejenigen, an die kein Hemmstoff gebunden ist, normal reagieren.

Im Stoffwechsel kommt eine Reihe von Substanzen vor, die ganz spezifisch mit einigen Enzymen reagieren und ihre Aktivität nicht-kompetitiv hemmen. Z.B. wird in Orga-

nismen aus der Aminosäure Threonin über eine Reihe von Zwischenstufen Isoleucin gebildet. Der erste Schritt wird durch die L-Threonindeaminase katalysiert. Dieses Enzym ist durch Isoleucin hemmbar.

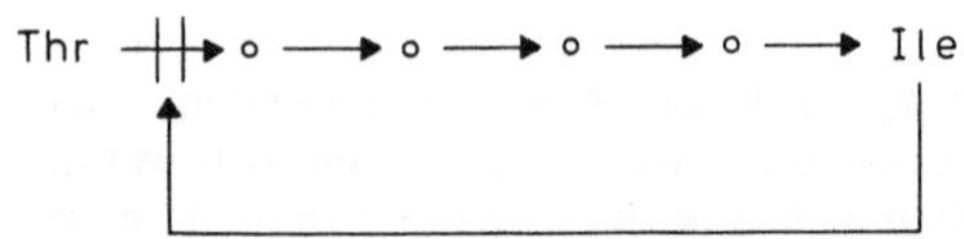

Das Phänomen, daß das Endprodukt einer Biosynthesekette den ersten Schritt seiner eigenen Biosynthese hemmt, ist im Stoffwechsel weit verbreitet. Man spricht von Endprodukthemmung. Die Endprodukthemmung ist einer der wesentlichen Mechanismen der Regelung des Stoffwechsels. Der „Sinn" dieser Hemmung liegt darin, die Biosynthese eines Produktes einzustellen, sobald davon genügend gebildet worden ist, um dadurch Energie und Ausgangsmaterial zu sparen, welche somit für andere Biosynthesewege eingesetzt werden können. Die Endprodukthemmung beeinflußt die Aktivität vorhandener Enzymmoleküle.

Welche Vorteile bietet die Endprodukthemmung gegenüber der Regulation der Enzymsynthese?

Ein Nachteil mag darin zu sehen sein, daß der Organismus mit viel Aufwand das Enzym gebildet hat. Vorteilhaft hingegen erscheint, daß dieser Regulationsmechanismus sehr schnell abläuft. Ist z.B. das Isoleucin aufgebraucht, steht die L-Threonindeaminase umgehend zu einer Neusynthese bereit und braucht nicht erst gebildet zu werden. Stoffwechselzwischenprodukte wirken auf Enzyme nicht nur hemmend. Man kennt zahlreiche Beispiele, bei denen sie Enzyme aktivieren können.

Wir können jetzt folgendes Gedankenexperiment machen: Wir untersuchen zwei Biosyntheseschritte und nehmen an, daß das Endprodukt des einen (A) die Synthese des anderen Reaktionsprodukts (→ B) sowie seine eigene Synthese hemmt. Wir nehmen weiterhin an, daß B seine eigene Synthese sowie die Synthese von A aktiviert.

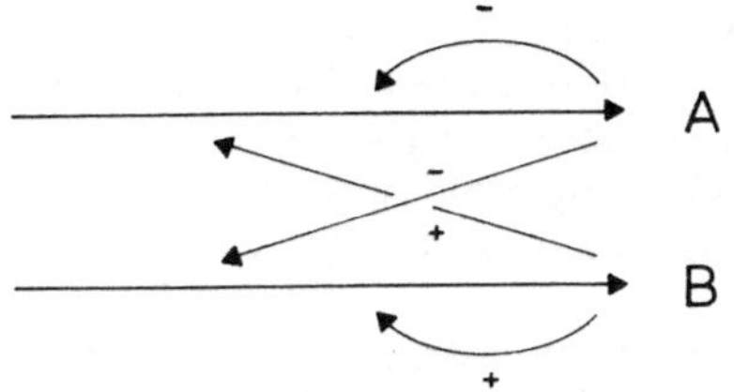

der beiden Substanzen A und B auf, wobei die Rhythmen gegeneinander phasenverschoben sind. Eine solche Aktivierung und Hemmung findet man bei der Glykolyse:

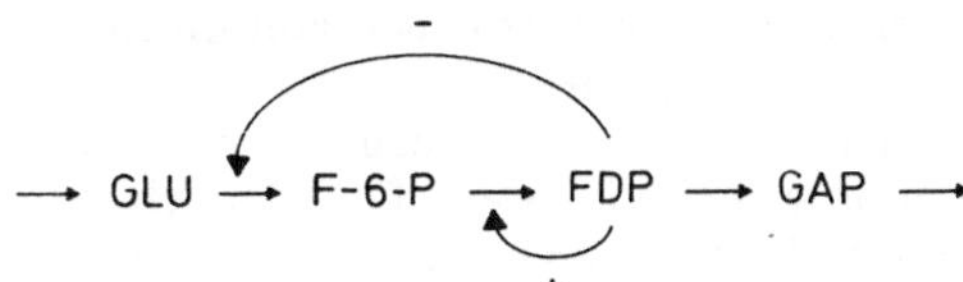

Betrachten wir jetzt, in welchen Mengen A und B als Funktion der Zeit gebildet werden, so erhalten wir:

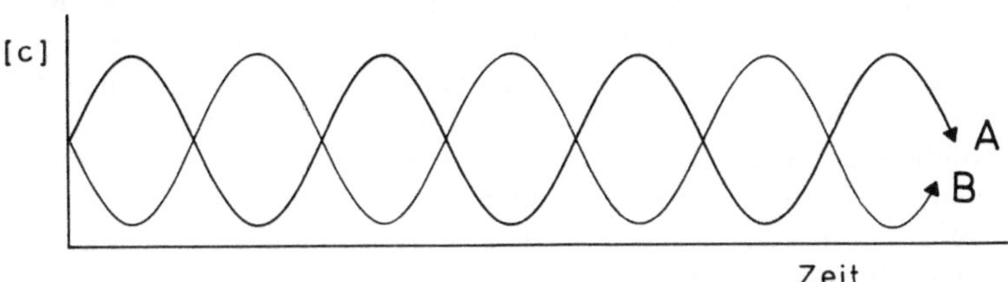

Wie die Darstellung zeigt, tritt eine Oszillation, eine Rhythmik in den Konzentrationen

Das Fructosediphosphat hemmt die Bildung von $F-6-P$ und aktiviert die Bildung

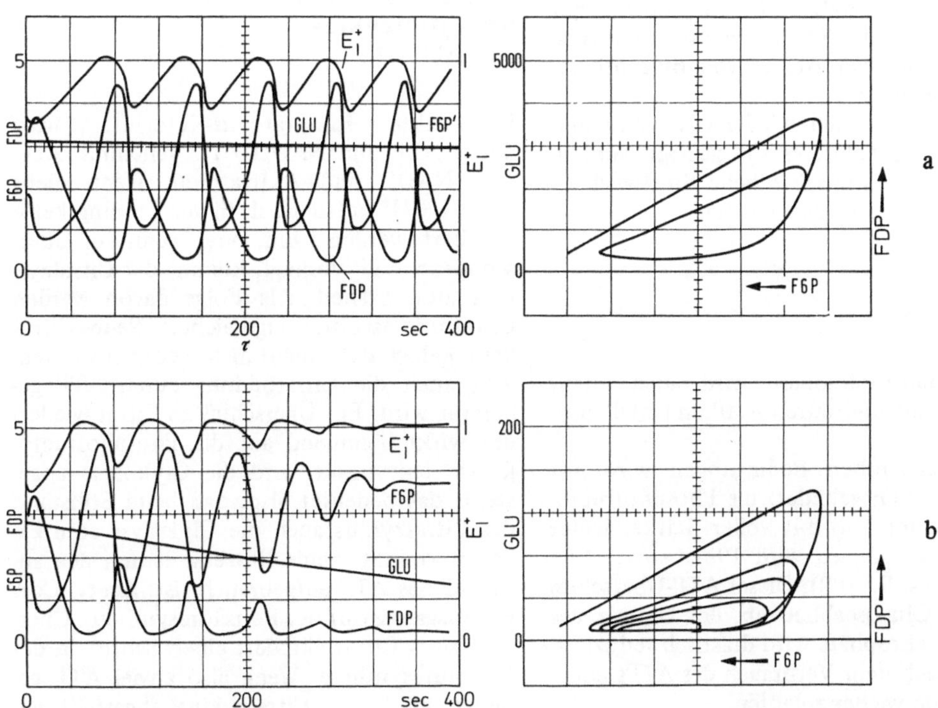

Abb. 31.1 a und b. Rhythmische Konzentrationsänderungen der intermediären Zwischenprodukte bei der Glykolyse (Higgins, 1964; Details s. Text)

von FDP aus F–6–P. An diesem Schritt ist das Enzym Phosphofructokinase beteiligt, das durch FDP aktiviert wird. In Abb. 31.1 sind die Ergebnisse einer solchen Kinetik wiedergegeben (aus Higgins, 1964), und zwar (a) bei gleichbleibender und (b) bei abnehmender Glucosekonzentration.

Im zweiten Fall erhält man, wie nicht anders zu erwarten, eine Dämpfung der Schwingung, d.h. die Reaktion kommt zum Stillstand.

Substanzen, die auf Enzyme regulierend wirken, nennt man ganz allgemein Effektoren. Hierzu gehört eine Reihe von Hormonen. Hormone kommen im Organismus nur in sehr geringen Konzentrationen vor. Die Konzentrationen sind jedoch ausreichend, um Enzyme (bzw. deren Aktivitäten) zu modifizieren, weil Hormone, im Gegensatz zu den Substraten, hierbei nicht metabolisiert (abgebaut) werden. Wie wir schon an Beispielen gesehen haben, spielen auch Stoffwechselend- bzw. -zwischenprodukte sowie ATP, ADP u.a. eine wichtige Rolle bei der Regulation des Stoffwechsels.

Wir werden im folgenden Kapitel den Mechanismus einer Regulation näher besprechen, an dieser Stelle wollen wir uns jedoch mehr mit den Folgen der Regulation und ihren Auswirkungen auf den Ablauf von Biosynthesewegen befassen.

Als Beispiele seien wieder Glykolyse und Citratzyklus gewählt, es soll gezeigt werden, daß alternativ unterschiedliche Stoffwechselwege beschritten werden können.

A. Glykolyse

Die Phosphofructokinase wird auch durch ATP gehemmt und durch AMP und ADP aktiviert.

Unter anaeroben Bedingungen wird nur sehr wenig ATP gebildet, die Phosphofructokinase arbeitet also mit voller Stärke. Unter aeroben Bedingungen wird 19mal soviel ATP produziert (s. S. 188). Dieser ATP-Überschuß stellt den Glucoseabbau ab, der Umsatz des Fructose-6-Phosphats wird drastisch reduziert, und erst nach dem Verbrauch des ATPs kann die Reaktion wieder anlaufen.

Das Pyruvat nimmt ebenfalls eine zentrale Position ein. Unter anaeroben Bedingungen wird es entweder zu Lactat reduziert, oder es wird Glucose resynthetisiert. Unter aeroben Bedingungen entsteht Acetyl-CoA, welches in den Citratzyklus eingeschleust wird.

Bei der Umwandlung von Pyruvat zu Lactat wird $NADH + H^+$ oxydiert. Die Affinität der Enzyme der Atmungskette zu $NADH + H^+$ ist höher als die Affinität der Milchsäuredehydrogenase (LDH). Wenn die Atmungskette läuft, kann also kein Lactat gebildet werden.

Acetyl-CoA: Wenn ausreichend Oxalacetat zur Verfügung steht, ist die Konzentration des Acetyl-CoA der limitierende Faktor für das Anlaufen des Citratzyklus. Bei einem Mangel an Oxalacetat würden große Mengen an Acetyl-CoA gebildet werden und liegen bleiben. Da Acetyl-CoA gleichzeitig aber auch die Aktivität der Oxalacetatsynthetase steigert, wird verstärkt Oxalacetat gebildet, so daß beide Komponenten (Acetyl-CoA und Oxalacetat) wieder in annähernd gleichen Mengen zur Verfügung stehen.

B. Steuerung und Kontrolle des Citratzyklus
(vgl. Abb. 31.2)

Die Reaktion Isocitrat → α-Ketoglutarat wird durch ATP und $NADH + H^+$ gehemmt. ADP und NAD^+ sind Aktivatoren. Wenn mehr $NADH + H^+$ entsteht, als in der Atmungskette oxydiert werden kann, oder wenn ein Überschuß an ATP vorliegt, kommt der Citratzyklus zum Stehen. Als Folge davon werden Citrat und Isocitrat angereichert. Neues Citrat kann jedoch dann nicht mehr gebildet werden, weil auch die Citratbildung durch ATP gehemmt wird. Ein Überschuß an Citrat wiederum wirkt hemmend auf die Phosphofructokinase ein, somit wird die Glykolyse abgestellt, das bedeutet also, daß beim Stillstand des Citratzyklus auch die Glykolyse zum Erliegen kommt; beide Prozesse laufen neu an, sobald das ATP aufgebraucht ist. Acetyl-CoA ist Ausgangsstoff der Fettsäuresynthese. Überschüssiges Citrat aktiviert einen Schritt in der Fettsäuresynthese. Wenn also zuviel ATP gebildet wird, der Citratzyklus abgestellt ist, wird die Synthese von Fettsäuren beschleunigt, das Acetyl-CoA wird in jene Richtung

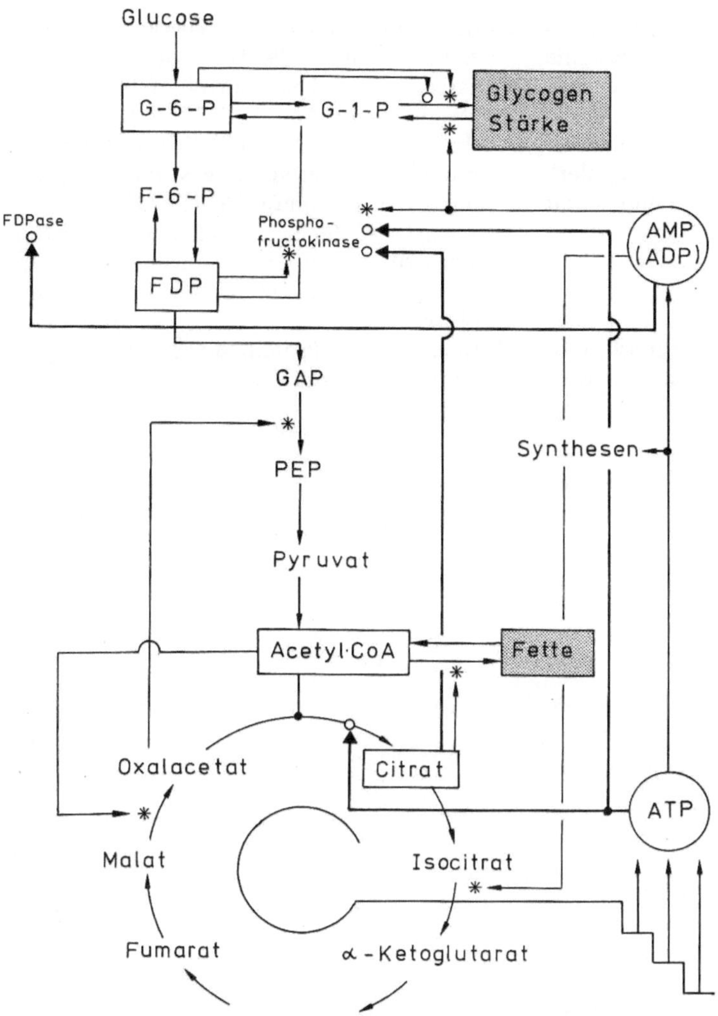

Abb. 31.2. Regulation des Citratzyklus und der Glykolyse. ○ Hemmung, ∗ Aktivierung. (Details s. Text). (Verändert nach Atkinson und Krause, 1969)

umgeleitet. Folge: Energie wird in Form von Fetten gespeichert.

Glucose ⇄ Glykogen: Glucose wird in der Regel zu Glucose-6-Phosphat phosphoryliert; sie kann jedoch auch in Form von Glykogen gespeichert werden. Die Konzentration der Regulatormoleküle (ADP, FDP u.a.) entscheidet, welcher Weg eingeschlagen wird.

Zu Zeiten großen Energiebedarfs (hohe ADP-Konzentration) wird:

a) die Glykolyse beschleunigt (Aktivierung der Phosphofructokinase).

b) Die Glykogenphosphorylase wird aktiviert. Glykogen wird somit zum Glucose-Phosphat abgebaut, gleichzeitig wird

c) die Glykogensynthese blockiert, so daß sowohl frei vorkommende Glucose, wie auch das abgebaute Glykogen in die Glykolyse eingeschleust werden.

Bei Abwesenheit der regulierenden Moleküle (ADP, AMP, FDP) oder bei geringen Konzentrationen dieser Komponenten wird Glykogen gebildet.

C. Fehlleistung einer Rückkopplungskontrolle

Bei *Escherichia coli* wird die Threonin- und die Methioninbiosynthese gleichzeitig durch Threonin inhibiert. Bietet man *Escherichia coli* viel Threonin, aber kein Methionin im Medium an, geht das Bakterium zugrunde, weil es in dieser Situation kein Methionin synthetisieren kann. Es hat im Verlauf der Evolution nie einen echten Selektionsdruck gegenüber diesem Fehlverhalten gegeben. Es gibt keine natürliche Umgebung, in der ein Threoninüberschuß herrscht, deshalb wurde dieser „Fehler" des Kontrollsystems nie erkannt und somit auch nicht ausgemerzt.

Literatur

Betz, A., Chance, B.: Phase relationship of glycolytic intermediates in yeast cells with oscillatory metabolic control. Arch. Biochem. Biophys. **109**, 585 (1965).

Changeux, J.P.: The control of biochemical reactions. Sci. Am. April 1965, S. 36.

Gosh, A., Chance, B.: Oscillations of glycolytic intermediates in yeast cells. Biochem. Biophys. Res. Commun. **16**, 174 (1964).

Higgins, J.: A chemical mechanism for oscillations of glycolytic intermediates in yeast cells. Proc. Natl. Acad. Sci. US **51**, 989 (1964).

Koshland, D.E.: Protein shape and biological control. Sci. Am. Oktober 1973, S. 52.

32. Kooperation (Allosterie)

Es gibt eine Reihe von Enzymen, z.B. Glycerinaldehyd-3-Phosphat Dehydrogenase, deren Kinetik wie folgt aussieht:

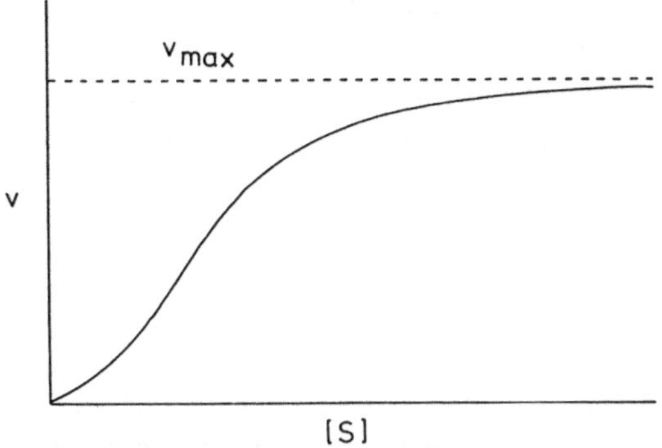

Eine ähnliche Kinetik erhält man, wenn man beim Hämoglobin die prozentuale Sättigung mit O_2 gegen den O_2-Partialdruck aufträgt; während Myoglobin, das ebenfalls O_2 binden kann, eine einfache Kinetik zeigt:

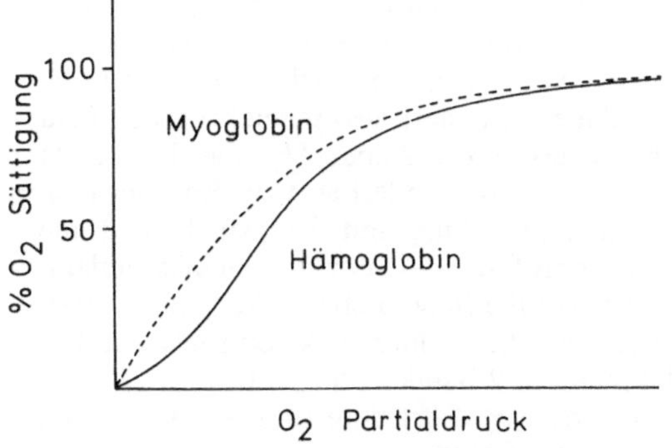

Wir wissen, daß das Myoglobinmolekül aus einer Proteinkette (= einer Untereinheit, abgekürzt: U.E.) besteht, während das Hämoglobinmolekül 4 Untereinheiten: 2 α- und 2 β-Ketten enthält. Die Kinetik der O_2-Aufnahme beim Hämoglobin deutet darauf hin, daß bei geringen O_2-Mengen der k_M-Wert sehr hoch ist,

während er absinkt, sobald die O_2-Menge zunimmt. Erklärt wurde dieser Effekt durch eine Kooperation der Untereinheiten untereinander: Allosterie (Changeux, Monod, Wyman, 1965). Jede der 4 Untereinheiten kann ein O_2-Molekül binden. Die Bindungsorte liegen relativ weit voneinander entfernt.

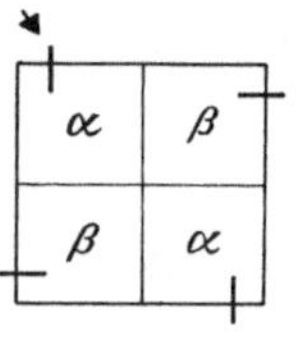

Bindungsort (= Aktives Zentrum)

Woher „weiß" eine Untereinheit, ob die benachbarte Untereinheit mit O_2 reagiert hat?
Man muß annehmen, daß sich bei der O_2-Bindung die Konformation der ganzen Polypeptidkette leicht verändert, und daß diese Veränderung sich auf die anderen Untereinheiten überträgt.

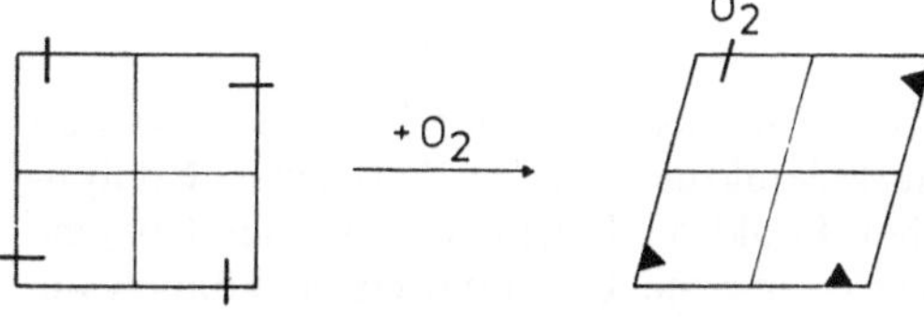

Wird die Konformation eines Moleküls verändert, ändert sich auch die Struktur des aktiven Zentrums. Das aktive Zentrum kann dadurch in eine höhere Reaktionsbereitschaft versetzt werden. Die Affinität zum Sauerstoff nimmt zu! (Vgl. hierzu auch Darstellung auf S. 114. Dort wird die Wechselwirkung zweier Untereinheiten untereinander beschrieben.)

Worin liegen die Vorteile?
Hämoglobin überträgt O_2. Es nimmt ihn in der Lunge auf und gibt ihn an Zellen aller

anderen Organe ab. In der Lunge ist relativ viel O_2 vorhanden. Es ist also ein Vorteil, wenn das Hämoglobin dort eine hohe Affinität zu O_2 zeigt. In den Zellen hingegen ist der O_2-Partialdruck wesentlich niedriger, so daß eine Abnahme der Affinität des Hämoglobins dafür sorgt, daß es nicht allen Sauerstoff an sich reißt, sondern ihn abgibt. Das Myoglobin kommt in Muskeln vor, also in einer Umgebung, in der sich der O_2-Partialdruck nicht wesentlich ändert. Es zeigt keinerlei allosterischen Effekt. Allosterie wurde bei Enzymen gefunden, die aus mehr als einer Proteinuntereinheit aufgebaut sind.

A. Enzyme, bestehend aus mehreren Untereinheiten

Hierbei läßt sich zwischen jenen Enzymen unterscheiden, deren U.E.

1. untereinander verschieden sind, aber die gleiche Funktion ausüben;

2. untereinander gleich oder ähnlich sind (allosterische Proteine);

3. bei denen die Untereinheiten verschieden gebaut sind und verschiedene Funktionen ausüben.

1. Isozyme

Enzyme unterschiedlicher (aber relativ ähnlicher) Struktur und (fast) gleicher katalytischer Funktion bezeichnet man als Isozyme oder Isoenzyme. Die Unterschiede können wie folgt bedingt sein:

— Unterschiedliche Aminosäurezusammensetzung der Polypeptidketten.

— Vorhandensein oder Fehlen von Disulfidbrücken oder Wasserstoffbrücken.

— Eine oder mehrere Polypeptidketten pro funktionelle Einheit.

— Permutation von Untereinheiten (AABB; AAAB; AAAA etc.).

— Verkürzte Polypeptidketten (Abbau durch Proteasen).

Vorkommen verschiedener Isozyme:

— in verschiedenen Organen

— in verschiedenen Entwicklungsstadien

— in verschiedenen Arten

— in verschiedenen Kompartimenten der Zelle (z.B. in Mitochondrien, im Plasma u.a.)

Die Aktivitäten von Isozymen können sich leicht voneinander unterscheiden, hierbei kommen folgende Unterschiede in Betracht:

— Unter unterschiedlichen Stoffwechsel- und Entwicklungsbedingungen sind unterschiedliche Isozyme optimal katalytisch aktiv.

— Die Aktivität (der k_M-Wert) der einzelnen Isozyme ist verschieden.

— Die Regulierbarkeit ist verschieden.

— Unterschiedliche Stabilität gegenüber Abbauvorgängen.

Das mit am besten untersuchte Beispiel ist die Milchsäuredehydrogenase (Lactatdehydrogenase: LDH). LDH liegt normalerweise als Tetramer vor, bestehend aus 4 Polypeptidketten mit Molekulargewichten von je 35.000, macht zusammen 140.000.

Isozyme (der LDH) können mit Hilfe der Gelelektrophorese (s. S. 33 und Abb. 32.1) aufgetrennt werden. Man findet 5 Banden, woraus zu schließen ist, daß die Enzympräparation nicht einheitlich ist. Jede der Banden (Teilpopulationen der gesamten Molekülpopulation von LDH) ist voll aktiv. LDH-1 ist negativ geladen, wandert also im elektrischen Feld am weitesten zur Anode (+), das LDH-5 ist positiv geladen, wandert also zur Kathode (−). Durch Behandlung mit Harnstoff wird die Quartärstruktur des Enzymmoleküls zerlegt. Man erhält die freien Polypeptidketten. Unterwirft man diese einer Elektrophorese, so findet man nur 2 Banden: A und B.

Die nativen Tetramere sind somit wie folgt zusammengesetzt:

$$A_4 ; \ A_3B_1 ; \ A_2B_2 ; \ A_1B_3 ; \ B_4$$

Es gibt insgesamt 5 Kombinationsmöglichkeiten, und alle sind in der Tat nachgewiesen worden. LDH-1 und LDH-2 kommen vorwiegend im Herzmuskel vor, LDH-5 und LDH-4

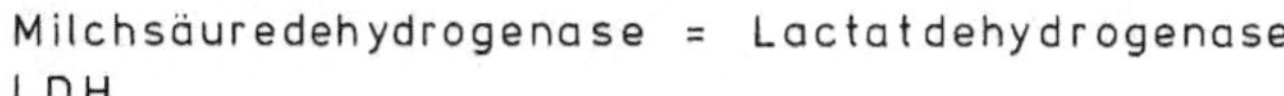

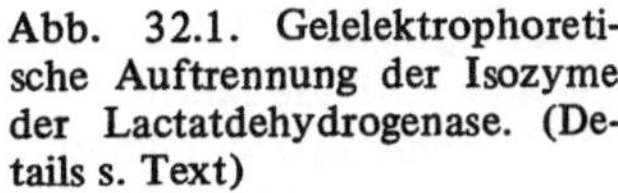

Abb. 32.1. Gelelektrophoretische Auftrennung der Isozyme der Lactatdehydrogenase. (Details s. Text)

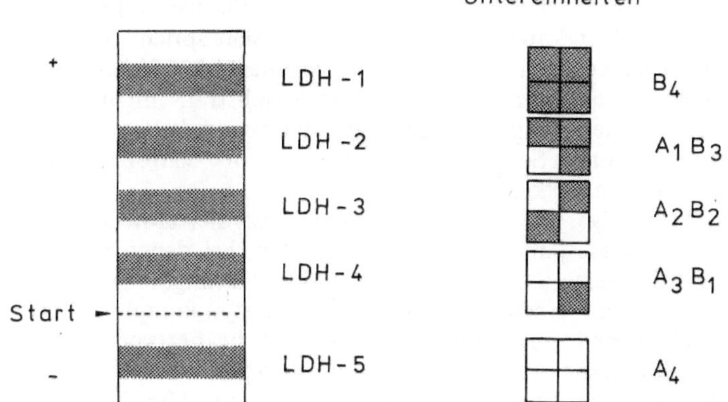

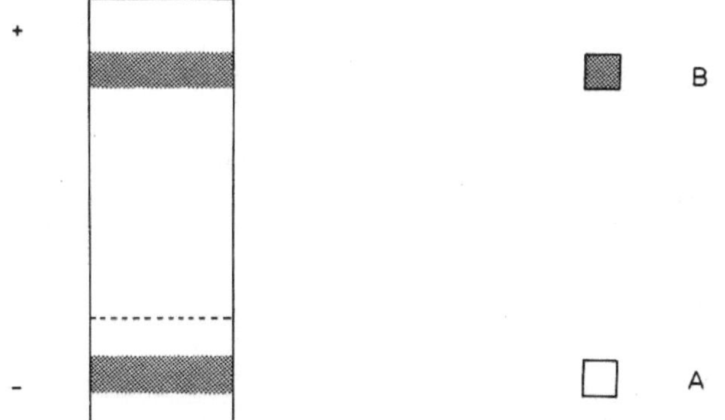

vorwiegend in Skelettmuskeln. Betrachtet man die Embryonalentwicklung eines Tieres, findet man eine Verschiebung der Verhältnisse von A zu B in der Population der LDH-Moleküle.

2. Allosterische Effekte: Kontrollmechanismen im Stoffwechsel

Alle im vorigen Kapitel behandelten regulierenden Einflüsse von Metaboliten gehen auf allosterische Veränderungen der an den Reaktionen beteiligten Enzyme zurück. Die Bedeutung der allosterischen Kontrolle soll hier noch einmal, und zwar am Beispiel der CTP-Synthetase veranschaulicht werden. Das Enzym besteht aus 4 Untereinheiten, welche in je 2 verschiedenen reaktiven Zuständen vorliegen können. Es gibt 2 Substrate für das Enzym: ATP und UTP, beide zeigen eine starke positive Kooperativität. Das erste gebundene ATP-Molekül verändert die Form des Moleküls so stark, daß die übrigen ATP-Moleküle sehr schnell gebunden werden. Der kooperative Effekt der Untereinheiten ist derart wirkungsvoll, daß bei niedrigen ATP-Konzentrationen entweder nur freie Enzymmoleküle vorliegen, oder Enzymmoleküle, bei denen alle 4 Untereinheiten je ein ATP-Molekül gebunden haben. GTP reguliert ebenfalls die Aktivität der CTP-Synthetase. Das Enzym ist im Laufe der Evolution so programmiert worden, daß es gegenüber kleinen ATP-Konzentrationsschwankungen sehr empfindlich und unempfindlich gegenüber großen GTP-Konzentrationsschwankungen ist. Gründe hierfür:

ATP spielt in zahlreichen Stoffwechselwegen eine entscheidende Rolle, seine Konzentration ist auf vielen Ebenen kontrolliert. Nur solche Enzyme haben überhaupt eine Chance, an das ATP heranzukommen, die sehr schnell und effektiv auf kleine ATP-Konzentrationen ansprechen. Die GTP-Konzentrationen können im Stoffwechsel von Zeit zu Zeit innerhalb weiter Grenzen schwanken. Das völlige Fehlen einer Kontrolle der CTP-Synthetase durch GTP würde jedoch bedeuten, daß das Enzym auch bei GTP-Abwesenheit CTP bilden würde. Da CTP, wie auch GTP, vorwiegend und in etwa gleichen Mengen zur Synthese von Nukleinsäuren benötigt wird, wäre eine Synthese von CTP bei GTP-Abwesenheit eine reine Verschwendung.

3. Verschiedene Untereinheiten, verschiedene Funktionen

Beispiel: Aspartattranscarbamylase. Dieses Enzym besteht aus zwei Typen von Untereinheiten. Während der eine Typ ausschließlich für die katalytische Aktivität verantwortlich ist, also das aktive Zentrum enthält, weiß man von dem anderen, daß er die katalytische Aktivität regulieren kann. Man spricht hier von katalytischen und regulierenden Untereinheiten. Man kennt kein Substrat, mit dem die regulierende U.E. reagiert (Arbeiten von H. Schachman, University of California, Berkeley).

Es gibt aber auch Enzyme, bestehend aus mehreren Untereinheiten, bei denen jede der U.E. eine andere Aktivität trägt. Man nennt solche Moleküle Multienzymkomplexe. Das bekannteste Beispiel ist die Fettsäuresynthetase. Sie ist bei *Escherichia coli* sehr genau untersucht worden (Lynen, München). Sie enthält sieben funktionelle Untereinheiten, von denen sechs um eine zentrale U.E. gruppiert sind. An diesem Multienzymkomplex spielt sich die ganze Synthesekette der Fettsäuren ab.

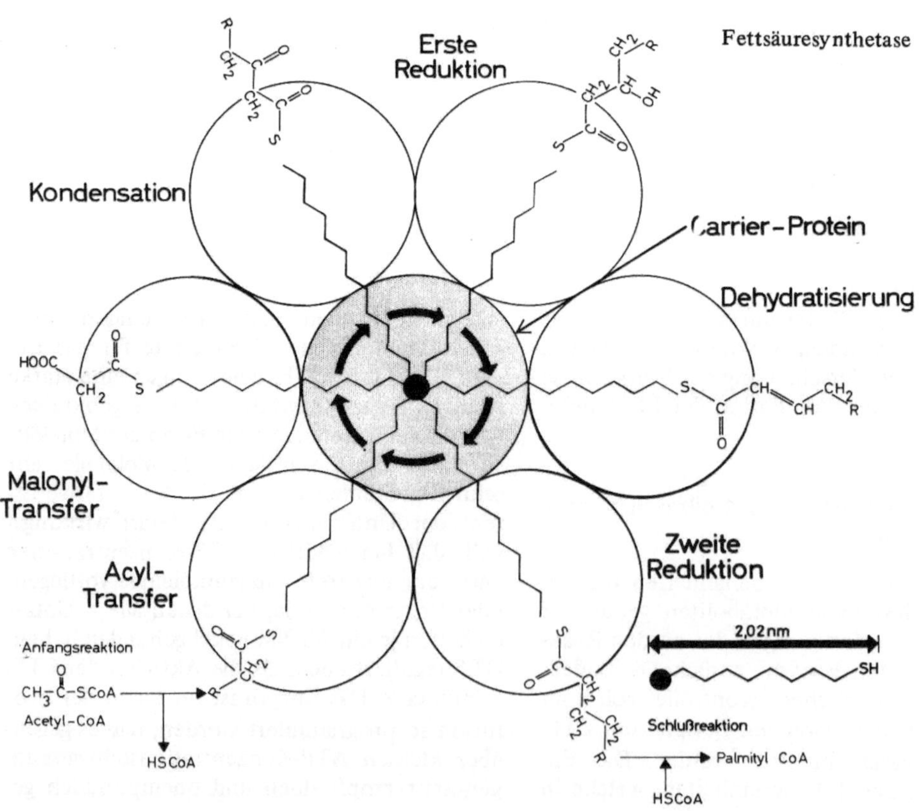

Die Vorteile von Komplexen, bestehend aus mehreren (verschiedenen) Proteinketten sind:

a) Kooperation

b) Eine Biosynthese kann effektiver ablaufen, da das Produkt der einen Reaktion sofort an die nächste U.E. weitergegeben wird und dort als Substrat verwertet wird. Es entstehen keine Verluste durch Diffusion.

c) Warum besteht ein solcher Komplex nicht aus einer Proteinkette, sondern aus mehreren? Für jede Proteinkette existiert ein Gen. Ein Gen kann mutieren; meist geht als Folge der Mutation die Aktivität des Enzyms verloren. Nehmen wir an, die Länge eines Gens, welches ein Protein mit einer Aktivität codiert, sei A, dann müßte ein Gen, das die Information für n Aktivitäten trägt, n · A lang sein. Um den Faktor n steigt aber auch die Mutationshäufigkeit an.

In einem diploiden Organismus liegt jede genetische Information doppelt vor. Das Genom für einen Multienzymkomplex (n sei 5) mag folgende Defekte aufweisen (kleine Buchstaben):

Chromosom 1 : A_1, A_2, a_3, A_4, a_5
Chromosom 1': a_1, A_2, A_3, a_4, A_5

Wäre A_1 bis A_5 eine Polypeptidkette, würde keines der Chromosomen die Information für ein intaktes Enzymmolekül tragen, da beide Defekte tragen. Sind A_1 bis A_5 verschiedene Polypeptidmoleküle, so kann der Organismus von jedem dieser Moleküle intakte Kopien bilden, die sich zu einem funktionsfähigen Komplex zusammenlagern können. Eine „Reparatur" des Genoms auf der Ebene der Genprodukte wird als Komplementation bezeichnet.

B. Zusammenlagerung von Proteinmolekülen (Polypeptidketten) zu Komplexen: Self-Assembly

Die englische Bezeichnung sagt uns schon etwas über den Mechanismus der Zusammenlagerung. Der Komplex aus mehreren U.E. bildet nämlich den thermodynamisch günstigsten Zustand, die Form auf niedrigstem Energieniveau. Man braucht deshalb keine Zusatzan-

nahme zu machen, um aus einzelnen U.E. einen Komplex zu formen. Komplexe aus mehreren U.E. bezeichnet man als die Quartärstruktur von Proteinen. Quartärstrukturen findet man nicht nur bei Enzymen, sondern z.B. auch bei Viruspartikeln.

Bildung eines Viruspartikels: Das Tabakmosaikvirus haben wir bereits kennengelernt. Es besteht aus einem Molekül RNS und ca. 2.200 untereinander identischen Proteinmolekülen. Bringt man ein solches Teilchen in schwach alkalische Lösung, zerfällt es in seine Untereinheiten, senkt man den pH-Wert wieder ab, bildet sich die Virusstruktur zurück. Man kann aus dem Gemisch der freien U.E. die RNS entfernen und dann den pH-Wert absenken. Auch in diesem Fall bildet sich die Struktur eines Viruspartikels (Quartärstruktur) aus (Schramm, Tübingen, 1947). Die Struktur ohne RNS ist selbstverständlich nicht infektiös, während die aus Proteinuntereinheiten und RNS rekonstituierte Form infektiös ist.

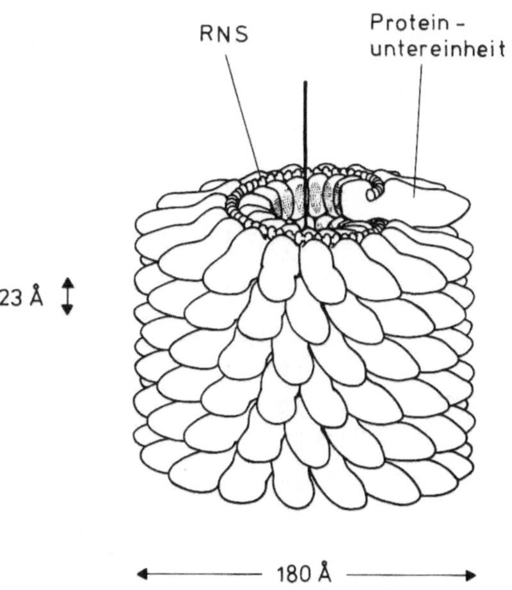

Abb. 32.2. Die Struktur des Tabakmosaikvirus (TMV) (Ausschnitt). Das Viruspartikel besteht aus einem schraubenförmig gewundenen, zentral gelegenen RNS-Molekül, das von 2.200 Proteinuntereinheiten umgeben ist (D.L.D. Caspar, 1960)

C. Assembly eines komplexen Viruspartikels: Bakteriophage T 4

Eine Reihe verschiedener Proteine wird zum Aufbau (zur Morphogenese) von Phagenpartikeln benötigt. Die Struktur eines Bakteriophagen, z.B. des T 4, ist wesentlich komplexer als die Struktur vieler anderer Viren, wie z.B. des eben erwähnten TMV. In der Abb. 32.2 sind die wesentlichen Strukturelemente skizziert.

Genetische Experimente (Edgar, Epstein und Wood, California Institute of Technology, Pasadena) erlaubten, die Morphogenese eines Phagen im Detail zu untersuchen. Edgar und Epstein arbeiteten mit temperatursensitiven (ts) Mutanten. Diese zeichnen sich dadurch aus, daß man ihnen bei Zimmertemperatur keinen Defekt ansieht; hält man sie aber bei erhöhter Temperatur (35–40° C), so bilden sie keine intakten Phagenpartikel aus. Nun kann man elektronenmikroskopisch untersuchen, welche Teile der Phagenstruktur gebildet worden sind und wo der genetische Block liegt.

Edgar, Epstein, Wood, später auch King untersuchten eine große Zahl verschiedener ts-Mutanten und konnten somit nachweisen, daß mindestens 45 Gene für den Aufbau eines Bakteriophagen T 4 benötigt werden. Sie kartierten die Gene auf dem ringförmigen T 4-

Chromosom und stellten weiterhin fest, daß der Aufbau des Phagen sequentiell erfolgt (Abb. 32.4). Es wird zunächst die Basalplatte (Endplatte) gebildet, darauf bildet sich ein Stift, der von einer Hülle umgeben wird. Die Struktur wird anschließend „versiegelt", unabhängig davon werden der Kopf und die Schwanzfasern gebildet. Erst wenn der Kopf angesetzt ist, können sich die Schwanzfasern an die Endplatte anheften. Man muß also fordern, daß die Konformation der Endplatte nach Ansatz des Kopfes verändert wurde. Das ist ein allosterischer Effekt, der über eine große Zahl von Proteinmolekülen fortgeleitet werden muß. Es gibt bei der Synthese der einzelnen hieran beteiligten Proteine keinerlei zeitliche Kontrolle. Die komplexe Struktur des Phagen wird ausschließlich über ein Sequentielles Assembly geregelt!

Ein Problem bleibt ungeklärt: 45 Gene sind erforderlich. Jedes bildet ein Protein, das für den Aufbau der Struktur benötigt wird. Es gibt dabei Proteine, von denen man pro Phagenpartikel nur ein Molekül benötigt, von anderen Proteinen werden einige 100 Moleküle pro Partikel gebraucht (vgl. Abb. 32.5).

Man weiß, daß bei der Phagensynthese kein nennenswerter „Ausschuß" übrigbleibt. Welcher Mechanismus sorgt dafür, daß von dem einen Genprodukt nur eine Kopie, von einem anderen wenige, und von einem dritten viele Kopien gebildet werden? Diese Frage werden wir uns noch öfter stellen müssen. Es ist eines der wesentlichen, aber bisher nur wenig verstandenen Probleme der Biologie (vgl. hierzu den Begriff der Differenzierung!).

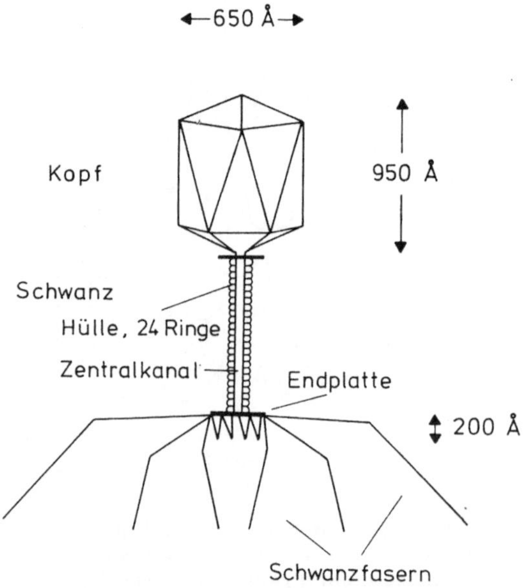

Abb. 32.3. Struktur des Bakteriophagen T 4

D. Assembly einer subzellulären Struktur

Die bisher einzige, genauer untersuchte subzelluläre Struktur ist die der Ribosomen von *Escherichia coli*.

Ribosomen können wie folgt charakterisiert werden:

Pro Bakterienzelle findet man 5–50.000. Ihre Sedimentationskonstante ist 70 S.

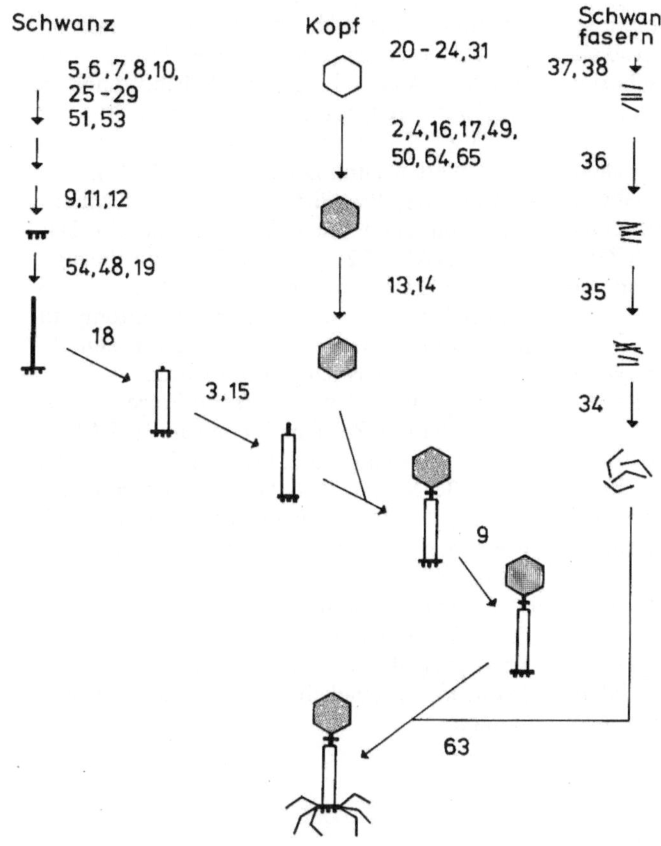

Abb. 32.4. Die Morphogenese des Bakteriophagen T 4. Die Ziffern geben die Gene an, deren Produkte an der betreffenden Reaktion beteiligt sind. (Nach Edgar und Wood, 1968)

Die Partikel zerfallen in Mg^{++}-freier Lösung in zwei Untereinheiten: 30 S und 50 S.

(Achtung: U.E. ist hier nicht als einzelne Proteinkette zu verstehen!! S-Werte sind in der Regel nicht additiv, weil S nicht nur vom Molekulargewicht, sondern auch von der Form der Partikel abhängt!!).

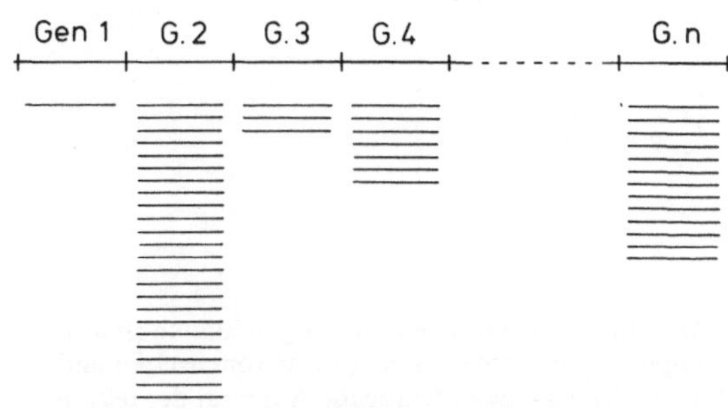

Abb. 32.5. Anzahl der Proteinmoleküle, die pro Gen gebildet werden (stark vereinfachtes Schema)

30 S Partikel haben ein Molekulargewicht von $0,8 \times 10^6$

50 S Partikel haben ein Molekulargewicht von $1,8 \times 10^6$

etwa 2/3 ist RNS, 1/3 Proteine

30 S Partikel enthalten 1 RNS-Molekül:

16 S: MG. $0,6 \times 10^6$, das entspricht einer Länge von 1.600−1.700 Nukleotiden

50 S Partikel enthalten 2 RNS-Moleküle:

5 S: MG. 4×10^4, entspricht 120 Nukleotiden.

23 S.: MG. $1,2 \times 10^6$, entspricht 3.200−3.400 Nukleotiden.

Die Nukleotidsequenzen aller drei Moleküle sind bekannt.

30 S Partikel enthalten 21 verschiedene Proteine.

50 S Partikel enthalten 34 verschiedene Proteine.

218

Die insgesamt 55 verschiedenen Proteine der *E. coli*-Ribosomen sind alle isoliert und gereinigt worden. Ihre chemischen, physikalischen und immunologischen Eigenschaften sind charakterisiert. Sie haben Molekulargewichte zwischen 10 und 30.000, der Helixgehalt liegt bei 20–35%. Die Aminosäuresequenzen sind bekannt (Wittmann, 1982). Ribosomen der eukaryotischen Zellen unterscheiden sich von *E. coli*-Ribosomen. Es sind 80 S Partikel, die in 40 S und 60 S Untereinheiten zerfallen.

Welche Versuche kann man machen, wenn man weiß, aus welchen Komponenten ein Ribosom besteht?
Man möchte natürlich wissen, welche Funktion jede einzelne Komponente hat. Ribosomen werden bei der Proteinsynthese benötigt (vgl. Kapitel 33). Nomura und Traub (University of Wisconsin, Madison) zerlegten 30 S Partikel in RNS und die einzelnen Proteine und gaben anschließend alle Komponenten wieder zusammen. Sie konnten unter geeigneten Versuchsbedingungen funktionsfähige 30 S Partikel rekonstituieren, d.h. es liegt

auch hier der gleiche Mechanismus der Self-Assembly zugrunde, wie wir ihn an einfacheren Systemen besprochen haben (Abb. 32.6). Das Self Assembly der 50 S Ribosomen ist ein Zweistufenprozeß, wobei Temperatur und die Mg^{2+}-Konzentration kritische Parameter sind (Nierhaus und Dohme, 1974, 1976).

Eines der Proteine kann das Antibiotikum Streptomycin binden. Die schematische Darstellung (Abb. 32.7) beschreibt einen Versuch, bei dem dieses Protein von normalen *Escherichia coli*-Zellen sowie von einer streptomycin-resistenten Mutante in einem reziproken Rekonstitutionsversuch getestet wurde.

Einige der z.T. noch offenen Fragen:
Welche der Proteine binden an die RNS? – Welche Proteine sind für den Kontakt zwischen 30 S und 50 S Untereinheiten verantwortlich? – Wie sieht die Topologie aus, d.h. wie liegen die Proteine sterisch zueinander im Ribosom?

E. coli-Ribosomen unterscheiden sich von den Ribosomen in eukaryotischen Zellen. – Wie haben sich die Unterschiede im Laufe der Evolution entwickelt? – Gibt es Übergangsstadien?

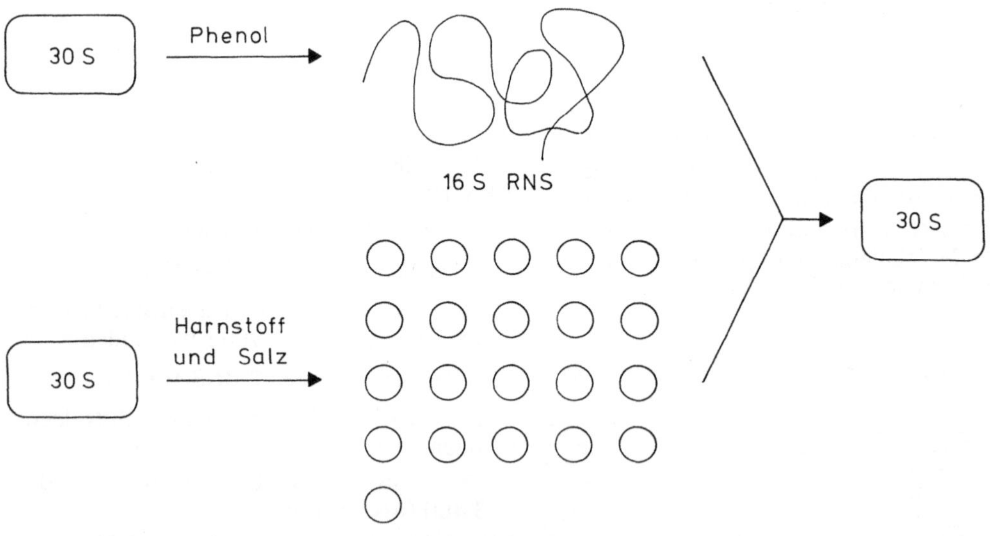

Abb. 32.6. Rekonstitution der 30 S-Untereinheit von *Escherichia coli*-Ribosomen aus 21 gereinigten ribosomalen Proteinen und der 16 S-RNS. Die Mischung der Komponenten wurde bei geeigneter Ionenstärke und richtigem pH-Wert bei 37–40° für 10–20 min stehengelassen. Anschließend wurde die Aktivität der rekonstituierten Ribosomen getestet. (Nach Nomura, 1969)

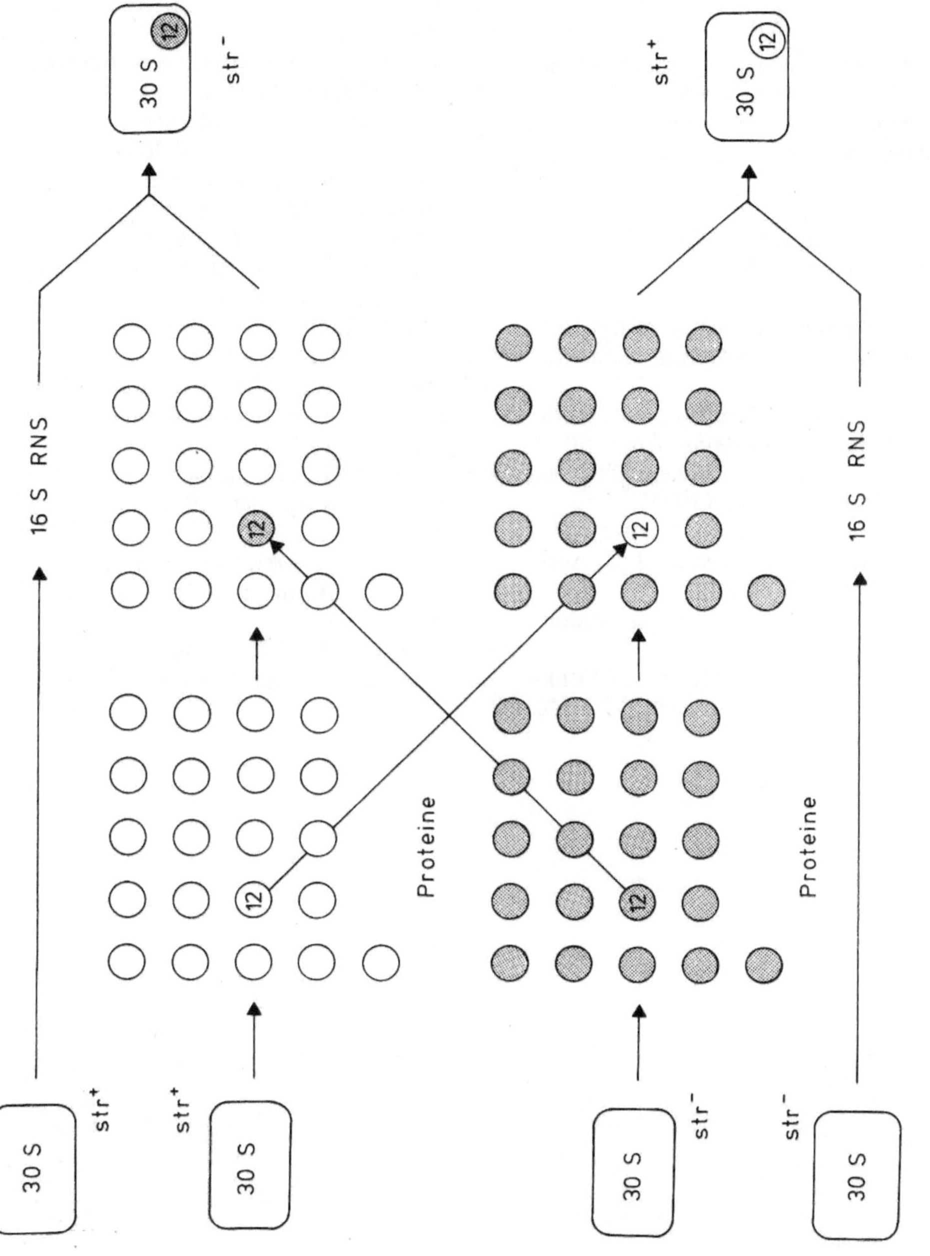

Abb. 32.7. Nachweis, daß Protein 12 für die Streptomycinempfindlichkeit verantwortlich ist. Dargestellt ist ein reziprokes Rekonstitutionsexperiment. Wird das empfindliche Protein 12 mit den übrigen 20 Proteinen aus resistenten Ribosomen kombiniert, entstehen str⁻ (empfindliche) Ribosomen. Im reziproken Experiment entstehen resistente Ribosomen. (Nach Nomura, 1969)

Die Synthese des Phagen T 4 und der Ribosomen wurde deshalb so detailliert besprochen, um zu zeigen,

1. wie die Bildung elektronenmikroskopisch sichtbarer Strukturen molekular analysiert und verstanden werden kann und daß

2. auch bei der Bildung relativ komplexer Strukturen, bestehend aus vielen Makromolekülen, ausschließlich die Gesetze der Thermodynamik gelten.

Literatur

Changeux, J.P.: The control of biochemical reactions. Sci. Am. April 1965.

Davies, J., Nomura, M.: The genetics of bacterial ribosomes. Ann. Rev. Genet. **6**, 203, (1972).

Dohme, F., Nierhaus, K.H.: Total reconstruction of 50 S subunits from *Escherichia coli* ribosomes in vitro. J. Mol. Biol. **107**, 585 (1976).

Fellner, P.: The primary structure of the 16 S and 23 S ribosomal RNAs. Biochimie **53**, 573 (1972).

Hindennach, I., Kaltschmidt, E., Wittmann, H.G.: Isolation of proteins from 50 S ribosomal subunits of Escherichia coli. Europ. J. Biochem. **23**, 12 (1971).

Lehninger, A.: Biochemistry. Kapitel: The molecular basis of morphogenesis. 2. Aufl. New York: Worth Publ. 1975.

Markert, C.L.: Biology of Isozymes. Bioscience **25**, 365 (1975).

Nierhaus, K., Weber, J.: Struktur und Funktion der Ribosomen. Umschau **72**, 346 (1972).

Nomura, M.: Ribosomes. Sci. Am. Oktober 1969, S. 28.

Nomura, M.: Assembly of bacterial ribosomes. Science **179**, 864 (1973).

Traub, P., Nomura, M.: Structure and function of E. coli ribosomes. V. Reconstitution of functionally active 30 S ribosomal particles from RNA and proteins. Proc. Natl. Acad. Sci. US **59**, 777, (1968).

Traub, P., Nomura, M.: Mechanism of assembly of 30 S ribosomes studied in vitro. J. Mol. Biol. **40**, 391 (1969).

Wittmann, H.G.: Ribosomal proteins of Escherichia coli: Their structure and functional role in protein biosynthesis. FEBS Symp. **27**, 213 (1972).

Wittmann, H.G.: Components of bacterial ribosomes. Annu. Rev. Biochem. **51**, 155 (1982).

Wittmann, H.G.: Architecture of prokaryotic ribosomes. Annu. Rev. Biochem. **52**, 35 (1983).

Wood, W.B., Edgar, R.S.: Building of a bacterial virus. Sci. Am. Juli 1967.

33. Proteinsynthese

Einige der Komponenten der Proteinsynthese haben wir bereits kennengelernt: mRNS, Ribosomen, Aminosäuren. Die Bildung der mRNS an der DNS-Matrize wird als Transkription bezeichnet. Das Übersetzen der Basensequenz in eine Aminosäuresequenz nennt man Translation. Wir haben bereits gesehen, daß es keine strukturelle Verwandtschaft zwischen einem Codon und der dazugehörenden Aminosäure gibt. Man braucht also einen Adaptor, der die betreffende Aminosäure bindet und das dazugehörige Codon erkennt. Man hat zeigen können, daß der Adaptor ein weiteres RNS-Molekül ist. Zur Unterscheidung von der mRNS nennt man diese Moleküle tRNS (= transfer RNS). tRNS-Moleküle haben eine Länge von 70–90 Nukleotiden. Ein Codon innerhalb der mRNS wird von einer Basensequenz der tRNS, dem Anticodon, erkannt.

Wie erkennt eine tRNS eine Aminosäure, vor allem, wie kommt die Kopplung zwischen tRNS und einer Aminosäure zustande?

Man braucht ein Enzym, eine Aminoacyl-tRNS-Synthetase, die spezifisch eine tRNS und eine Aminosäure erkennt.
Wieviele Aminoacyl-tRNS-Synthetasen braucht man?
Mindestens 20, für jede Aminosäure eine!
Wieviele verschiedene tRNS-Moleküle gibt es in einer Zelle?
Auf jeden Fall mehr als 20.
Gibt es 64 verschiedene, also für jedes Codon eine?
Man könnte es annehmen, doch hat bisher noch niemand die Zahl verschiedener tRNS-Moleküle pro Zelle bestimmt.
Von manchen tRNS-Molekülen kennt man die Nukleotidsequenz. R. Holley bestimmte 1965 die Sequenz einer Alanin-spezifischen tRNS aus *Escherichia coli*. Es war die erste Nukleotidsequenz, die analysiert worden ist. Heute kennt man mehr als ein Dutzend analysierter tRNS-Sequenzen (katalogisiert in: Atlas of Protein Sequence and Structure).

tRNS hat eine Sekundärstruktur, d.h. es gibt zahlreiche Basenpaarungen innerhalb des Moleküls. Die Sekundärstruktur aller bekannten tRNS-Sequenzen ist durch ein Kleeblatt darstellbar (Abb. 33.1).

Aus dieser Struktur kann man mehreres ablesen:

1. Das Anticodon liegt stets an der gleichen Stelle, am Ende einer der Schleifen.
2. Die Basen des Anticodons sind „frei", d.h. nicht mit anderen Basen innerhalb des tRNS-Moleküls gepaart.
3. Die Aminosäure hängt am entgegengesetzten Ende des tRNS-Moleküls an einem der freien Enden (am freien 3'-Ende).
4. Es gibt in der tRNS einige „seltene" Basen wie Pseudouridin, Thymin, Inosin u.a.
5. Die Nukleotidsequenz am 3'-Ende lautet bei allen untersuchten tRNS-Sequenzen: CCA.

tRNS muß eine Tertiärstruktur haben!
Seit 1969 kann man Kristalle der tRNS herstellen. Damit schien es möglich, die Tertiärstruktur aufzuklären. Doch technische Schwierigkeiten erwiesen sich als schwerwiegender als ursprünglich angenommen. Trotzdem war es Anfang 1973 soweit. Kim und Rich *et al.* vom Massachussetts Institute of Technology veröffentlichten das erste tRNS-Modell, das auf experimentellen Daten beruhte (Abb. 33.2).

Die Molekülform ähnelt einem Haken, an dessen einem Ende eine Aminosäure sitzt und dessen anderes Ende (das Anticodon) sich an die mRNS anlagern kann. Auch eine andere Voraussetzung erfüllt das Molekül: das tRNS-Molekül ist so kompakt gebaut, daß auf einer mRNS mehrere tRNS-Moleküle nebeneinander Platz haben.

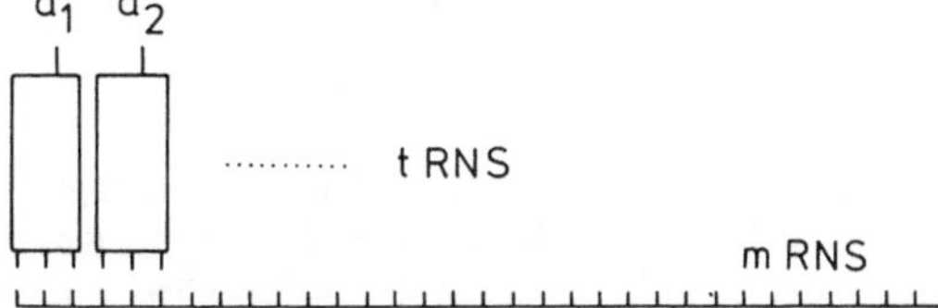

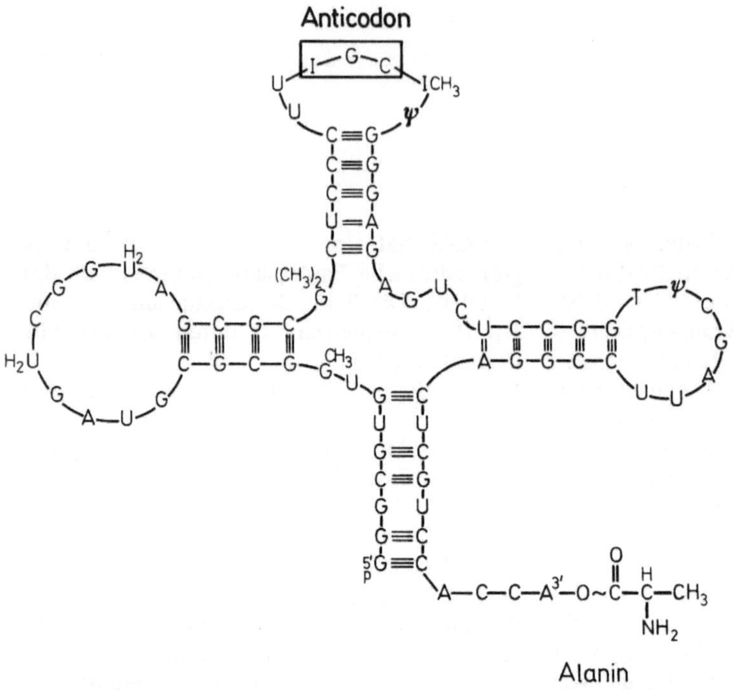

Abb. 33.1 a und b. Ein Beispiel der Primär- und Sekundärstruktur von tRNS

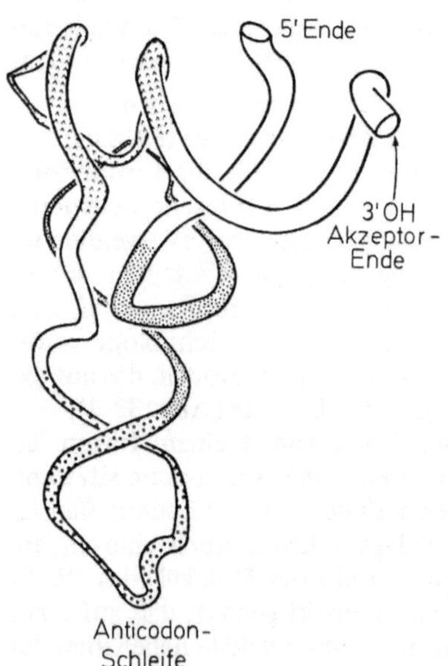

Abb. 33.2. Die Faltung einer tRNS-Kette (= Tertiärstruktur). (S.H. Kim *et al.*, 1973)

die Abstände der Aminosäuren a_1, a_2 ... a_n in eine sinnvolle Größenordnung geraten, damit sich zwischen ihnen Peptidbindungen ausbilden können.

Wie kann diese Bedingung realisiert werden?
Man muß die einzelnen Komponenten ausrichten, und dafür braucht man die Oberfläche einer größeren Struktur. Diese Aufgabe übernehmen die Ribosomen.

Was brauchen wir noch?
Mg^{++}!
Ferner ein Enzym, das die Peptidbindung zwischen den Aminosäuren a_1, a_2 ... a_n knüpft und eine Reihe von Faktoren, die den Ablauf der Proteinsynthese regeln. Man braucht Faktoren, die die Initiation (Start) der Proteinsynthese veranlassen, man braucht weitere, die für die Verlängerung der Proteinkette (Elongation) verantwortlich sind. Man benötigt einen Faktor, der dafür sorgt, daß die tRNS jeweils an die richtige Stelle am Ribosom angelagert wird und daß sie den Platz nach getaner Arbeit wieder räumt.

Was sind „Faktoren"?
Proteinmoleküle, die nicht strukturelle Bestandteile der Ribosomen sind. „Faktoren"

Damit ist aber immer noch nicht gesagt, daß die mRNS tatsächlich eine Gerade ist, was wiederum eine Voraussetzung dafür wäre, daß

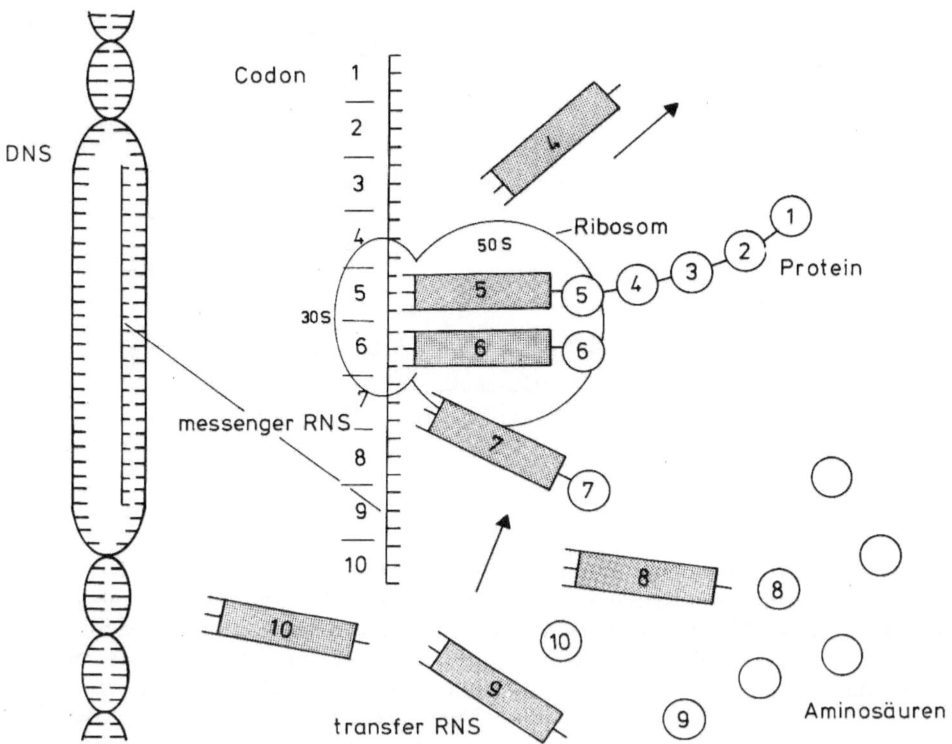

Abb. 33.3. Überblick über die wichtigsten Schritte von Transkription und Translation

nennt man Substanzen immer dann, wenn man nichts Genaues über sie weiß, außer, daß man sie unbedingt braucht.

Wie bindet sich die mRNS an Ribosomen? — Was erkennt eine tRNS als Startsignal?
Bei *E. coli* und Bakteriophagen weiß man, daß das Codon AUG ein Startsignal ist, z.B.

Einen Hinweis darauf erhielt man (J. Steitz, Cambridge, später Berkeley, 1969) durch Untersuchungen am Bakteriophagen R 17. Das R 17-Genom besteht aus einem RNS-Molekül. Es trägt die genetische Information für nur drei Proteine. J. Steitz hat die Nukleotidsequenzen in der Nähe des Starts für jedes dieser drei Proteine bestimmt:

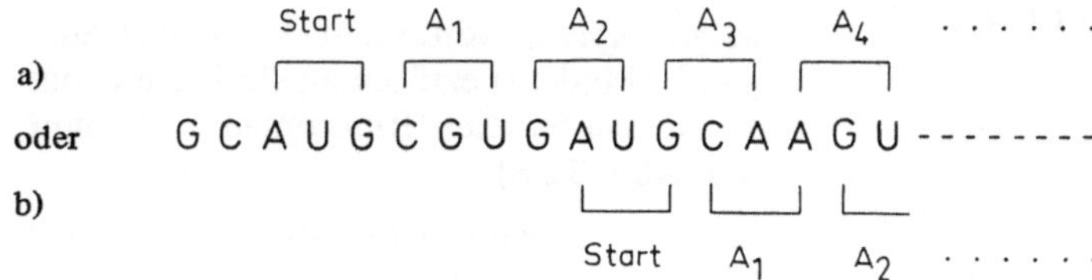

Wie wird nun aber die Entscheidung zwischen den beiden Möglichkeiten a) und b) getroffen?

Hüllprotein:

U A A C C G G G G U U U G A A G C A U G G C U U C U A A C U U U —

Ala — Ser — Asn — Phe —

Replikase:

A A A C A U G A G G A U U A C C C A U G U C G A A G A C A A C A A —

Ser — Lys — Thr — Thr —

A - Protein:

C C U A G G A G G U U U G A C C U A U G C G A G C U U U U A G U G —

Arg — Ala — Phe — Ser —

Betrachtet man diese Sequenzen, so läßt sich eine Sekundärstruktur der mRNS darstellen, bei der die Codons AUG exponiert sind wie bei der Sekundärstruktur des messengers für das Hüllprotein:

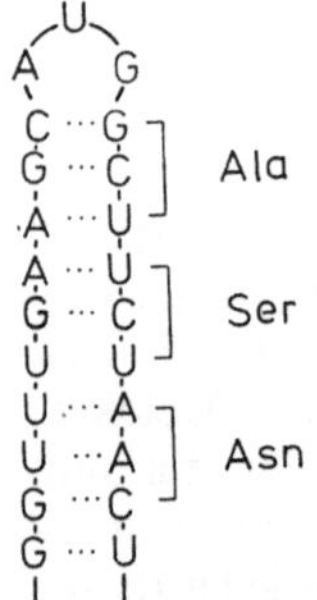

Kann man dieses Modell verallgemeinern?

Das ist nicht die einzige noch offene (bzw. hier nicht besprochene) Frage.

Mit welchen Methoden kann man die Proteinbiosynthese studieren?

Die entscheidende Methode war die Entwicklung eines zellfreien Systems der Proteinbiosynthese durch Nirenberg und Matthaei (1969, National Institute of Health, Bethesda, Md.). Das System enthält mRNS, tRNS, ATP, CTP, GTP, Ribosomen, Mg^{++}, Aminosäuren und einen löslichen Bakterienextrakt (enthält „Faktoren"). pH-Wert und Salzkonzentration müssen genau eingehalten werden. Die mRNS kann variieren. So benutzten Nirenberg und Matthaei unmittelbar nach Entwicklung dieses Systems Poly U und entdeckten somit das erste Codon: UUU → Phe (vgl. Kapitel 26).

Viele der beschriebenen Schritte der Proteinsynthese kann man gezielt hemmen. Hierfür kann man u.a. spezifische Antibiotika einsetzen, z.B.

Actinomycin D: hemmt die Transkription der DNS, indem es sich an die DNS bindet und somit verhindert, daß die DNS-abhängige RNS-Polymerase arbeiten kann.

Rifampicin: bindet sich an die DNS-abhängige RNS-Polymerase und inaktiviert sie.

Chloramphenicol: stört die Funktion bakterieller Ribosomen.

Streptomycin: verursacht Fehlübersetzungen. Es bindet spezifisch an ein Protein, das nur in bakteriellen Ribosomen vorkommt (vgl. Abb. 32.8).

Puromycin: verursacht Abbruch der sich bildenden Proteinketten.

In diese Reihe gehört nicht das Penicillin. Das Penicillin verhindert die Synthese der Bakterienzellwand, einer spezifischen Struktur, bestehend aus Polysacchariden $(NAG-NAM)_n$ und kurzen Peptiden (s. Abb. 30.4).

Literatur

Clark, B.F.C., Marcker, K.A.: How proteins start. Sci. Am. Januar 1968. S. 36.

Holley, R.W.: The nucleotide sequence of a nucleic acid. Sci. Am. Februar 1966, S. 30.

Holley, R.W., Apgar, J., Everett, G.A., Madison, J.T., Marquessee, M., Merril, S.H., Penswick, J.R., Zamir, A.: Structure of a ribonucleic acid. Science 147, 1462 (1965).

Kim, S.H., Quigley, G.J., Suddath, F.L., McPherson, A., Sneden, O., Kim, J.J., Weinzierl, J., Rich, A.: Three dimensional structure of yeast phenylalanine-transfer RNS: Folding of the polynucleotide chain. Science 179, 285 (1973).

Kurland, C.G.: Ribosome structure and function emergent. Science 169, 1171 (1970).

The mechanism of protein synthesis. Cold Spring Harbor Symp. Quant. Biol. 34 (1969).

Nirenberg, M.W., Matthaei, J.H.: The dependence of cell-free protein synthesis in Escherichia coli upon naturally occurring or synthetic polynucleotides. Proc. Natl. Acad Sci. US 47, 1588 (1961).

Nomura, M.: Bacterial ribosome. Bacteriol. Rev. 34, 228 (1970).

Roberts, J.D., Ladner, J.E., Finch, J.T., Rhodes, D., Brown, R.S., Clark, B.F.C., Klug, A.: Structure of yeast phenylalanine tRNA at 3 Å resolution. Nature 250, 546—551 (1974).

Transcription. Cold Spring Harbor Symp. Quant. Biol. 35 (1970).

34. Organisation genetischer Information in Eukaryonten

In diesem Abschnitt sollen einige Charakteristika eukaryotischer Zellen, das sind Zellen mit einem echten, also von einer Membran umgebenen Zellkern, besprochen werden. Den eukaryotischen Zellen sind die prokaryotischen gegenüberzustellen, bei denen zwar DNS-haltige, kernäquivalente Strukturen nachzuweisen sind, welchen aber eine Kernmembran fehlt. Zu den Prokaryonten gehören Bakterien und Blaualgen (*Cyanophyceae*), während alle anderen Organismen eukaryotisch sind.

Die DNS findet man in überwiegender Menge im Zellkern, darüberhinaus in Mitochondrien und Chloroplasten. Die Aktivitäten einer Zelle spielen sich in mehreren Phasen ab, die man summarisch als Zellzyklus bezeichnet.

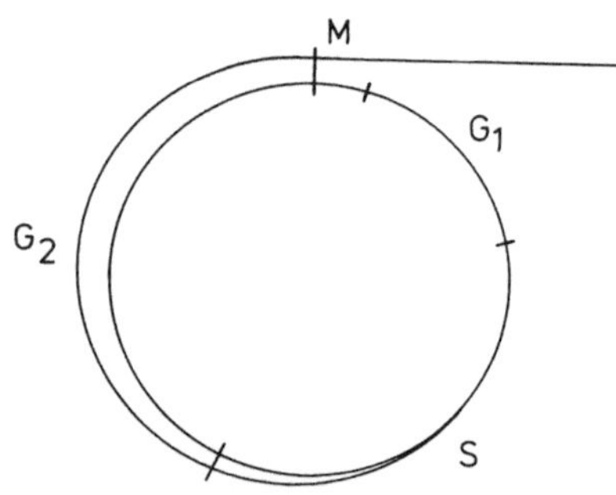

Man unterscheidet die G$_1$-, S- und G$_2$-Phase und die Mitose voneinander. G bedeutet "gap" Phase (engl.), d.h. es sind Phasen, in denen scheinbar nichts geschieht (zumindest vom Standpunkt der DNS- und Zellvermehrung aus), S ist die Phase in der DNS synthetisiert wird. Die meisten Eukaryonten sind diploid, die genetische Information ist also zweifach vorhanden. Eine Vervielfachung genetischer Information kann durch Vervielfachung der Chromosomenzahl erreicht werden (Ploidie). Bei 2, 3, 4 oder mehrfachem Chromosomensatz spricht man von diploid, triploid, tetraploid . . . polyploid. Ist einer der Chromosomensätze unvollständig, liegt Aneuploidie vor.

Chromosomen bestehen aus DNS *und* Proteinen. Der überwiegende Teil der Chromosomenproteine reagiert basisch. Die basisch reagierenden Proteine sind die Histone. Man kennt 5 verschiedene (s. Tabelle auf S. 235). Die Aminosäuresequenzen des Histons IV bei der Erbse und beim Rind sind nahezu identisch. Das bedeutet, daß es einen außerordentlich starken Selektionsdruck in Richtung auf Erhalten der vorhandenen Struktur geben muß.

Die Beschreibung von Chromosomen kann in viele Einzelprobleme zerlegt werden, u.a. können folgende Fragen gestellt werden:

1. Wie sehen Chromosomen aus?
2. Weiß man etwas über die Lage von Genen auf Chromosomen?
3. Wieviel DNS gibt es pro Zelle? Hat die DNS-Menge etwas mit der Stellung einer Art im Stammbaum zu tun?
4. Wieviele Genkopien gibt es pro Genom?
5. Ist die DNS bei allen Organismen chemisch ähnlich aufgebaut?
6. Kann die DNS-Menge während der Entwicklung eines Individuums verändert werden?

An welchen Objekten können die genannten Probleme untersucht werden?
Chromosomenformen und Chromosomenzahl sind in der Regel artspezifisch. Diese Aussage konnte gemacht werden, nachdem die Chromosomen bei einer Reihe von Arten untersucht waren.

Chromosomenfeinstrukturen lassen sich bei den sogenannten Riesenchromosomen der Dipteren am günstigsten analysieren, diese sind polytän, sie bestehen aus einem Bündel von vielen (Größenordnung: 1000) Chromatiden.

„Normale" Chromosomen bestehen aus 2 → 1 Chromatiden (s. S. 56). Riesenchromosomen eignen sich zur Untersuchung von Genaktivitäten in verschiedenen Entwicklungsstadien. Das Ein- und Abschalten von Genen als Funktion der Zeit kann direkt beobachtet werden. Unter geeigneten Versuchsbedingungen können Gene aktiviert werden. Als vorteilhafte Versuchsobjekte erwiesen sich *Chironomus*, eine Mückenart mit besonders großen Riesenchromosomen und *Drosophila*, weil jene genetisch außerordentlich gut bekannt ist (s. a. Kapitel 22).

Die Individualentwicklung (Ontogenese, Entwicklungsphysiologie) ist bei Amphibien gut zu studieren. Amphibieneier sind groß, die Entwicklung ist leicht zu verfolgen (s. Kapitel 37); Manipulationen sind relativ einfach durchführbar (s. Kapitel 11 und 39).

Viele der hier angeschnittenen Probleme gehören in das Gebiet der Entwicklungsgenetik. Auf die meisten der hier andiskutierten Fragen hat man erst in den letzten 10—15 Jahren eine einigermaßen befriedigende Antwort gefunden. *Drosophila* erlebte hierbei ihr großes "Come back".

1. Wie sehen Chromosomen aus?

In den letzten Jahren hat sich, vor allem für die Analyse menschlicher Chromosomen, eine Technik eingebürgert, bei der man das Chromosomenpräparat vor dem Färben mit Alkali oder proteolytischen Enzymen (wie Trypsin) behandelt. Dabei löst sich ein großer Teil des Proteins heraus, die DNS wird oberflächlich frei, sie wird dem Färbereagenz besser zugänglich und somit in Form von Banden sichtbar. Die Banden sind in Lage und Form sehr spezifisch, so daß man hierdurch eine erheblich bessere Darstellung der Struktur der Chromosomen erhält als früher (vgl. Abb. 34.1).

2. Was weiß man über die Lage von Genen auf Chromosomen?

Von *Drosophila* liegt eine umfangreiche Genkarte vor (s. a. Kapitel 22). Ebenfalls relativ gut bekannt sind die Genkarten von Maus und Mais. Die Maus (*Mus musculus*) hat 20 Chromosomenpaare. Aufgrund genetischer Marker hat man 20 verschiedene Kopplungsgruppen nachweisen können. Man tat sich sehr schwer bei der Zuordnung der Kopplungsgruppen zu den Chromosomen, was auf der Kleinheit der Chromosomen der Maus beruht, die nur sehr schwer voneinander zu unterscheiden sind.

Besonders große Fortschritte machte in den letzten Jahren die Lokalisation von Genen auf menschlichen Chromosomen. Die Kartierung erfolgt jedoch nicht nach dem klassischen Verfahren. Man arbeitet mit Zellkulturen und die lokalisierten Gene sind nicht etwa die Anlagen für Augen- oder Haarfarbe, sondern Gene für Enzyme, deren Aktivitäten man mit molekularbiologischen Verfahren erfassen kann.

3. Wieviel DNS gibt es pro Zelle? Hat die Menge etwas mit der Stellung einer Art im Stammbaum zu tun?

Die relative DNS-Menge (im haploiden Chromosomensatz) bei verschiedenen Arten ist in Abb. 34.2 wiedergegeben. Der Bezugspunkt ist die DNS-Menge von *Escherichia coli*. Demnach hat der Mensch etwa 1000mal soviel DNS wie *E. coli*, einige Pflanzen, wie z.B. die Lilien, haben 80.000mal soviel.

Betrachtet man die Abbildung, so läßt sich zwar sagen, daß höher entwickelte Arten mehr DNS enthalten als weniger hoch entwickelte; die Gruppe der *Vertebrata* liegt in der Regel weit über der der *Invertebrata*, aber bei Pflanzen sieht es wieder anders aus. Man sollte die Regel demnach nur als grobe Richtlinie ansehen. Eine weitere Korrelation ist jedoch viel aufschlußreicher:

Untersucht man eine systematische Gruppe, etwa die der Frösche, Fische oder Insekten, so stellt man fest, daß die jeweils spezialiserten Formen weit mehr oder weit weniger DNS pro Genom enthalten als die weniger spezialisierten „Normalformen". Deren DNS-Gehalt entspricht der Norm für die betreffende Tiergruppe, diese Aussage gilt auch für Pflanzen (K. Bachmann). Da es nun bei einigen Arten, die man vielleicht als weniger hoch einstufen sollte, wie etwa die Gruppe der Amphibien und der Pflanzen im Vergleich zum Menschen, mehr DNS gibt, kann man schließen, daß die Gesamt-DNS-Menge nicht unbedingt mit der Menge genetischer Information gleichzusetzen ist.

4. Wieviele Genkopien gibt es pro Genom?

Gibt es mehrere Genkopien pro Genom, abgesehen von Polytänie, Polyploidie oder Insertionen?

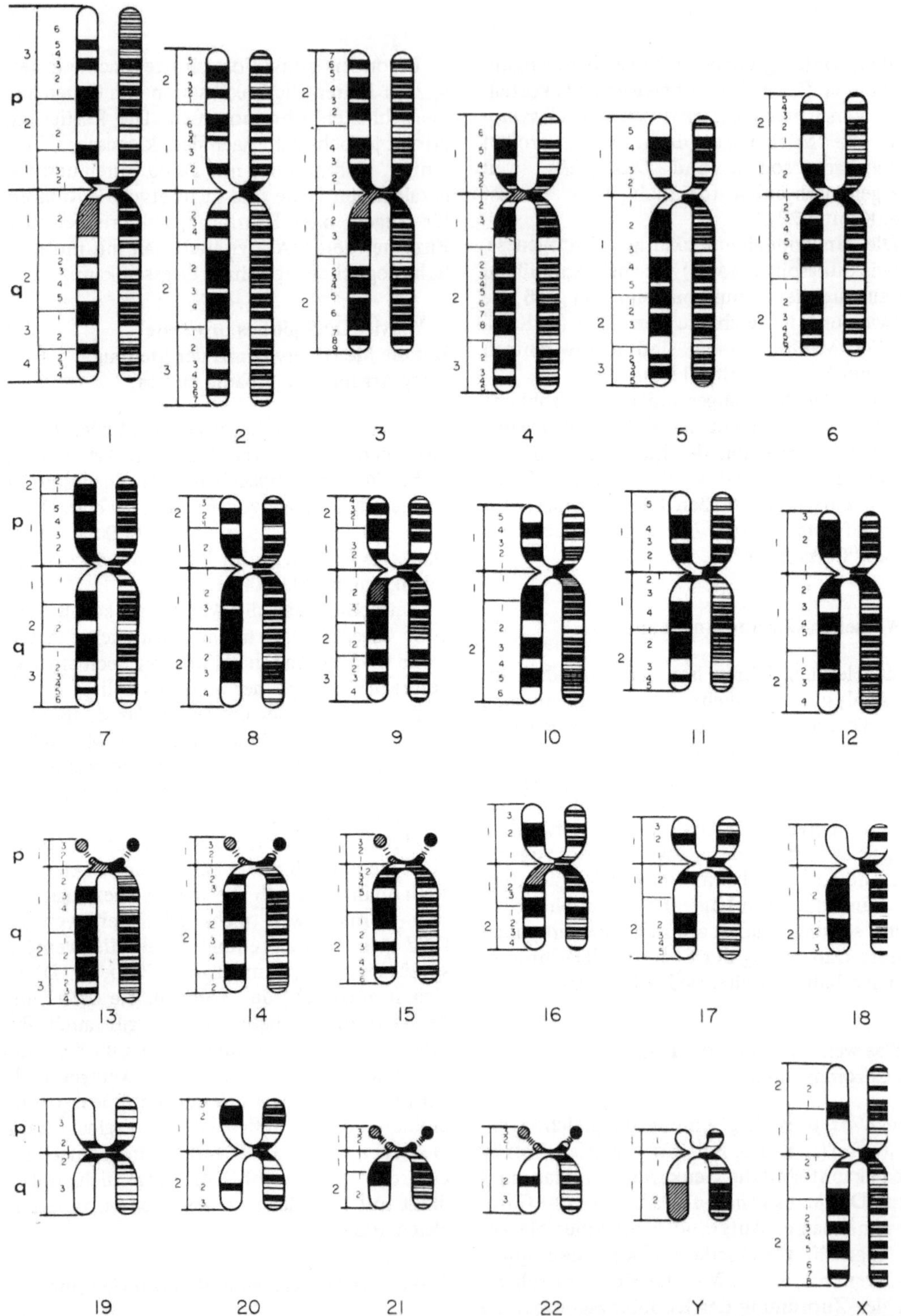

Abb. 34.1. Bandenmuster menschlicher Chromosomen. Die Bezeichnungen für die Banden sind in der „Pariser Nomenklaturkonferenz" festgelegt worden. In jedem Chromosom repräsentiert das linke Chromatid das Bandenmuster während der Metaphase, das rechte Chromatid während der späten Prophase (Aus J.J. Yunis, 1976)

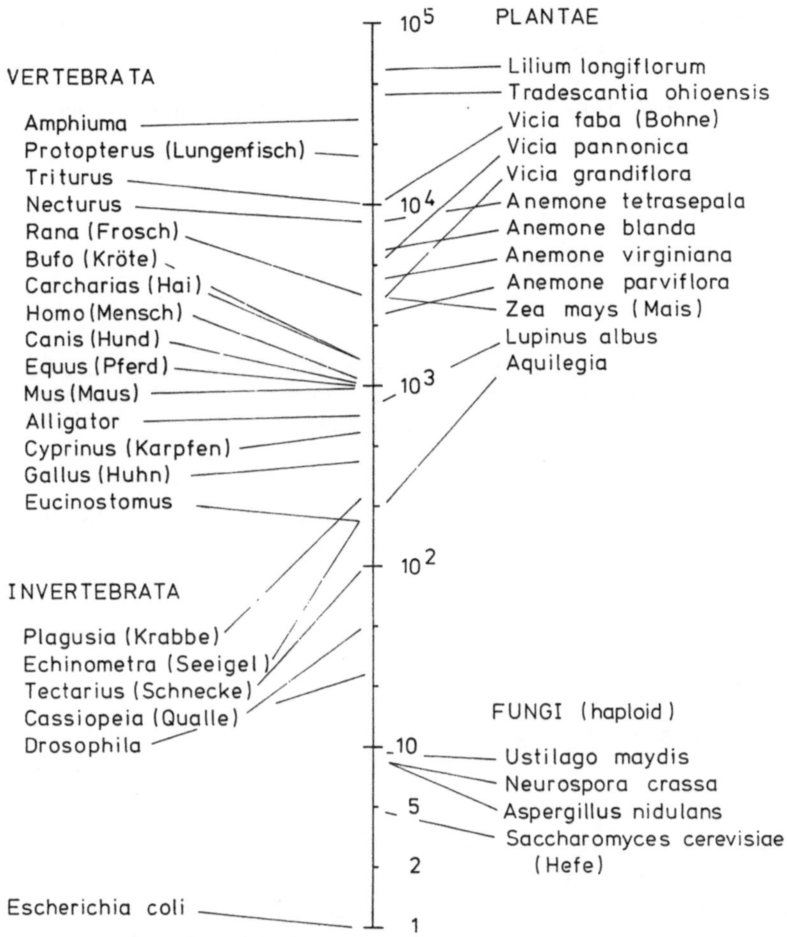

Abb. 34.2. Relative DNS-Menge im haploiden Chromosomensatz verschiedener Organismen. Der DNS-Menge von *Escherichia coli* ($4 \cdot 10^{-12}$ mg; Molekulargewicht $2{,}4 \cdot 10^9$) wurde der Wert 1 zugeordnet. (Nach Holliday, 1970)

Wenn es zuviel DNS im Chromosom gibt, sind folgende Alternativen denkbar:

a) ein Genabschnitt liegt in vielen Kopien hintereinandergeschaltet (als Tandem) vor.

123 123 123 123 123 ...

b) Ein Teil der DNS trägt keine sinnvolle Information

000 000 123 000 000 ...

Ist Fall a) experimentell nachweisbar?

In der folgenden Darstellung stellt die Ziffernfolge 1, 2, 3 . . . den einen der beiden DNS-Stränge, $1'$, $2'$, $3'$ . . . den dazu komplementären Strang dar:

$$— 1-2-3-1-2-3-1-2-3-1-2-3 —$$
$$— 1'-2'-3'-1'-2'-3'-1'-2'-3'-1'-2'-3' —$$

Man (C.A. Thomas, Harvard Univ. Cambridge/USA) isoliert DNS aus Kernen und zerlegt sie in kurze, im Schnitt 3000 Nukleotide lange Stücke ($\hat{=}$ 1 μm), die sich leicht elektronenmikroskopisch abbilden lassen. 3000 Nukleotide sind die genetische Information für

6–7 Proteine, wenn man voraussetzt, daß ein Protein im Schnitt 150 Aminosäuren enthält. Kann man nun entscheiden, ob die Abfolge der genetischen Information in diesem Stück

a)   1 2 3 1 2 3 1 2 3 1 2 3 1 2 3

oder

b)   1 2 3 4 5 6 7 8 9 10 11 12 13 14 15

lautet?

Es gibt ein Enzym, die Exonuklease III, die DNS vom 3'-Ende abbaut. Gehen wir zurück zu dem Modell unseres Doppelstranges und lassen die Exonuklease III kurzzeitig darauf einwirken, so erhalten wir:

a)
```
1 - 2 - 3 - 1 - 2 - 3 - 1 - 2 - 3 - 1 - 2 - 3 - 1 - 2 - 3
1'- 2'- 3'- 1'- 2'- 3'- 1'- 2'- 3'- 1'- 2'- 3'- 1'- 2'- 3'
```
bzw.

b)
```
1 - 2 - 3 - 4 - 5 - 6 - 7 - 8 - 9 -10 -11 -12 -13 -14 -15
1'- 2'- 3'- 4'- 5'- 6'- 7'- 8'- 9'-10'-11'-12'-13'-14'-15'
```

Die DNS wird somit an beiden Strängen einsträngig. Im Kapitel 27 wurde die Technik der Hybridisierung besprochen. Denkt man an diese Möglichkeit, würde man im Fall a) Zirkel (= elektronenmikroskopisch nachweisbare Ringmoleküle erhalten, da sich jetzt die beiden freien Enden paaren könnten:

```
        1 - 2 - 3 - 1 - 2 - 3 - 1 - 2 - 3 - 1   2 - 3
    1'- 2'- 3'- 1'- 2'- 3'- 1'- 2'- 3'- 1'- 2'- 3'
```

Im Fall b) würde man keine ringförmig geschlossenen Moleküle nachweisen können.

Ergebnis: man erhält sehr viele Zirkel, wenn man die DNS eukaryotischer Zellen nimmt. Man erhält keine, wenn man die der Prokaryonten verwendet. Daraus folgt: daß die DNS der Eukaryonten hochgradig repetitiv ist.

Nächstes Problem: Welche dieser Kopien trägt transkribierbare Information. Es ist mit genetischen Daten unvereinbar, daß alle Ko-

pien aktiv sind. Man könnte somit wiederum an zwei Alternativen denken:

a) 1 2 3 1 2 3 1 2 3 1 2 3 S 1 2 3 1 2 3 ...
Hier wäre nur die Sequenz aktiv, welcher ein Startsignal (S) vorgeschaltet ist, z.B. eine Sequenz, an die sich die DNS-abhängige RNS-Polymerase bindet.

b) 10 11 12 10 11 12 10 11 12 1 2 3 10 11 12
In diesem Fall gäbe es nur eine sinnvolle Sequenz: 1 2 3; 10 11 12 seien „Nonsense-Sequenzen", also solche ohne genetische Information.

Diese Darstellung b) unterscheidet sich von der eingangs aufgezeigten Alternative:

0 0 0 0 0 0 0 0 0 1 2 3 0 0 0 . . . ,

da hier die Nullen nicht spezifiziert sind. Man könnte ebenso schreiben:

10 14 11 13 12 10 17 15 14 1 2 3 19 10 13

wobei die „Nonsense-Sequenzen" nicht repetitiv wären.

Es gibt Beispiele für die Alternative a) (aber das sind offenbar Ausnahmen); b) scheint die Regel zu sein.

Zu a). In den Nucleoli der Oozyten (= Vorstufen von Eizellen) z.B. von Amphibien, findet man eine Vielzahl von Genabschnitten mit der genetischen Information zur Bildung ribosomaler RNS. Die DNS liegt hier in recht lockerer Form vor (nicht mit Histonen komplexiert), so daß man verschiedene Stadien des

Transkriptionsprozesses nach entsprechender Vorbehandlung im Elektronenmikroskop direkt abbilden kann (s. Abb. auf S. 49).

Auf einem solchen Bild kann man folgendes erkennen:

1. Es ist eine Reihe von gleichen Genabschnitten hintereinandergeschaltet.

2. Es gibt Zwischenräume: DNS-Sequenzen, die nicht transkribiert werden (→ Spacer).

3. Die sich bildende RNS faltet sich gleich nach der Synthese zu einer Sekundär-Tertiärstruktur.

4. An jedem Genabschnitt werden sehr viele RNS-Kopien gebildet (Fließbandsystem), so daß von der DNS unterschiedlich lange RNS-Moleküle abstehen (→ „Tannenbaumstruktur"). Übrigens: elektronenmikroskopisch kann man nicht zwischen DNS und RNS unterscheiden. Dazu bedarf es eines weiteren Tests. Nach Behandlung dieser „Tannenbäume" mit RNase verlieren sie ihre „Äste"; der Zentralstrang wird nicht abgebaut (vgl. auch Abschnitt 6 dieses Kapitels und dort das Stichwort: Genamplifikation).

Zu b). E.H. Davidson, R.J. Britten, M.E. Chamberlin, C.W. Schmid, P.L. Deininger u.a. (California Institute of Technology in Pasadena) konnten durch Hybridisierungsversuche (s. Kapitel 27) unter limitierenden Bedingungen zeigen, daß sich in einem DNS-Molekül repetitive DNS-Sequenzen und nicht repetitive DNS-Sequenzen abwechseln (Versuchsobjekte: Kalb, Seeigel, *Xenopus*).

Für *Xenopus* kam man durch Analyse von Hybridisierungskinetiken zu folgenden Schlüssen:

1. Die meisten repetitiven Sequenzen sind kurz (~300 Nukleotidpaare lang).

2. Repetitive Sequenzen werden von nicht-repetitiven unterbrochen (deren Länge: 700—1000 Nukleotide).

3. Einige der nicht-repetitiven Sequenzen haben eine Länge von > 4000 Nukleotiden.

4. 50% der gesamten DNS enthält repetitive Sequenzen und ist regelmäßig durch nicht repetitive Bereiche unterbrochen.

5. ~6—8% der DNS besteht aus langen repetitiven Sequenzen ($\geqslant$ 1000 Nukleotide lang).

Seeigel-DNS: E.H. Davidson isolierte mRNS und DNS aus Seeigelzellen und untersuchte, welcher Prozentsatz der DNS von mRNS in einem Hybridisierungsexperiment gebunden werden kann. Ergebnis: 1% Seeigel-DNS wird von der mRNS gebunden. Das entspricht einer Länge von $8{,}9 \cdot 10^{8}$ Nukleotiden für nicht repetitive Sequenzen, was wiederum für 10—15.000 verschiedene Gene ausreicht. Seeigel-DNS enthält 500.000 repetitive Einheiten (je 300 Nukleotide lang) zum Teil mit unterschiedlichen Nukleotidsequenzen. Es gibt größenordnungsmäßig 200—2000 verschiedene repetitive Einheiten, von denen man pro Genom ~100—200 Kopien findet.

Aus vorliegenden Daten kann man schließen, daß von den meisten Strukturgenen nur eine Kopie pro haploidem Genom vorliegt.

Die verschiedenen repetitiven Sequenzen (Einheiten) haben offenbar regulierende Funktionen. Da aber ihre Zahl geringer ist als die Anzahl der Strukturgene, scheint es so zu sein, daß mehrere Strukturgene zu Funktionseinheiten zusammengefaßt sind, die durch einen Satz repetitiver Sequenzen kontrolliert werden.

Das Organisationsschema des genetischen Materials von Eukaryonten könnte man sich jetzt etwa wie folgt vorstellen (vgl. Abb. 34.3):

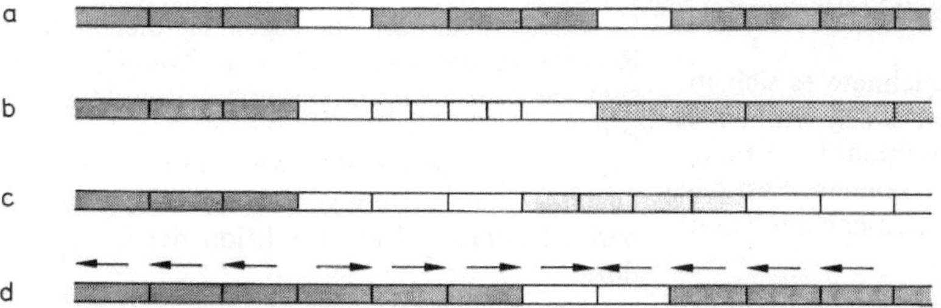

Abb. 34.3 a—d. Organisation der DNS bei Eukaryonten. Dunkle Balken: repetitive Nukleotidsequenzen. Helle Balken: nicht-repetitive, informationstragende Sequenzen. (a) Gleiche repetitive Sequenzen, einzelnen nicht-repetitiven Sequenzen vorgeschaltet. (b) Verschiedene repetitive Sequenzen, den nicht-repetitiven vorgeschaltet. (c) Verschiedene repetitive Sequenzen vor mehreren hintereinandergeschalteten nicht-repetitiven. (d) Inversionen im Bereich der repetitiven und der nicht-repetitiven Sequenzen

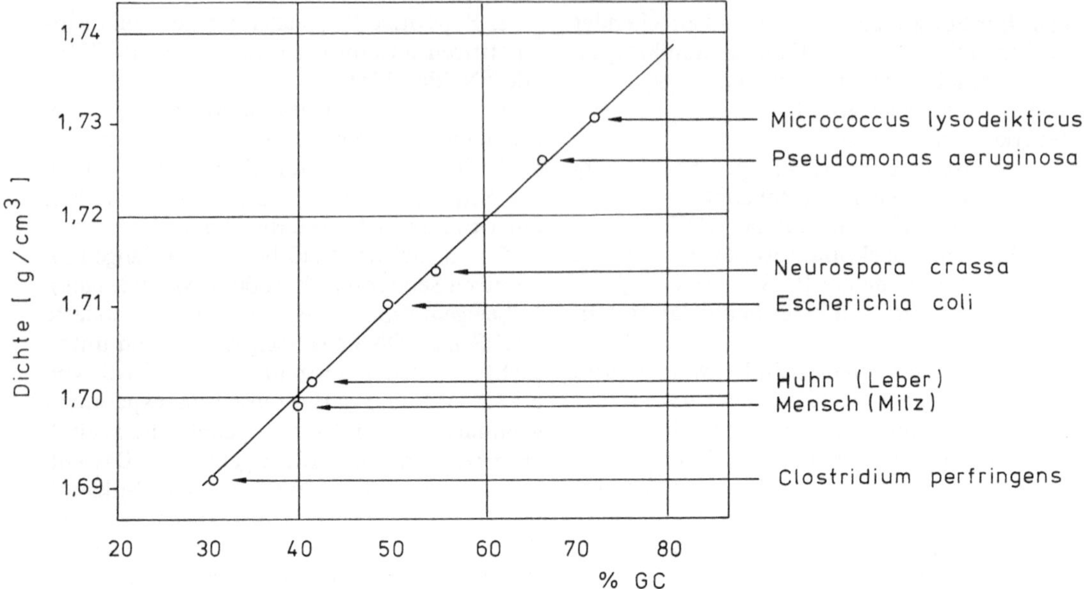

Abb. 34.4. DNS-Dichte als Funktion des GC-Gehalts

5. Ist die DNS bei allen Organismen chemisch ähnlich aufgebaut?

Eine Variabilität der chemischen Zusammensetzung der DNS wäre z.B. im unterschiedlichen GC-Gehalt bei verschiedenen Arten zu suchen. Dies äußert sich in unterschiedlichen Schwebedichten der DNS im Cäsiumchloridgradienten. Es besteht ein linearer Zusammenhang zwischen Schwebedichte und GC-Gehalt, man bestimmt diese Werte in einer analytischen Ultrazentrifuge (Abb. 34.4).

6. Gene eukaryotischer Zellen sind viel komplizierter als die der Prokaryonten.

Mitte der siebziger Jahre zeichnete es sich ab, daß viele der an *Escherichia coli* gewonnenen Erkenntnisse nicht uneingeschränkt auf Eukaryonten übertragen werden können. Fast alle Eukaryontengene bestehen nämlich aus Exons und Introns.

Was versteht man darunter?
Exons sind die Teile eines Gens, die exprimiert werden, Introns sind dazwischenliegende Abschnitte ohne genetische Information. Die Länge von Exons und Introns liegt in der Größenordnung von Hunderten von Nukleotiden. Ein Eukaryontengen kann durch 1–7, vielleicht sogar mehr Introns unterbrochen sein. Introns werden mit transkribiert. Im Verlauf des Prozesses der Posttranskription werden sie aus der RNS herausgeschnitten. Aus einer solchen RNS entsteht somit durch „Reifung" eine mRNS, und nur sie, nicht aber das entsprechende Gen enthält hinereinanderweg die Nukleotidabfolge, die durch Translation in ein Protein übersetzt werden kann.

Wozu dienen die Introns, wozu die repetitive DNS?
Ganz allgemein läßt sich sagen, sie dienen der Regulation der Genexpression. Zweifelsohne sind sie aber auch an Rekombinationsvorgängen beteiligt, denn ein "crossing over" in einem nicht-codierenden Abschnitt und Verlust oder Gewinn einiger Basen hat dort keinerlei Einfluß auf die Funktion der Genprodukte.

Eine weitere Komplikation:
Die Promotoren eukaryotischer Gene sind keineswegs so einfach gebaut, wie man es mittlerweile für Prokaryonten nachgewiesen hat.

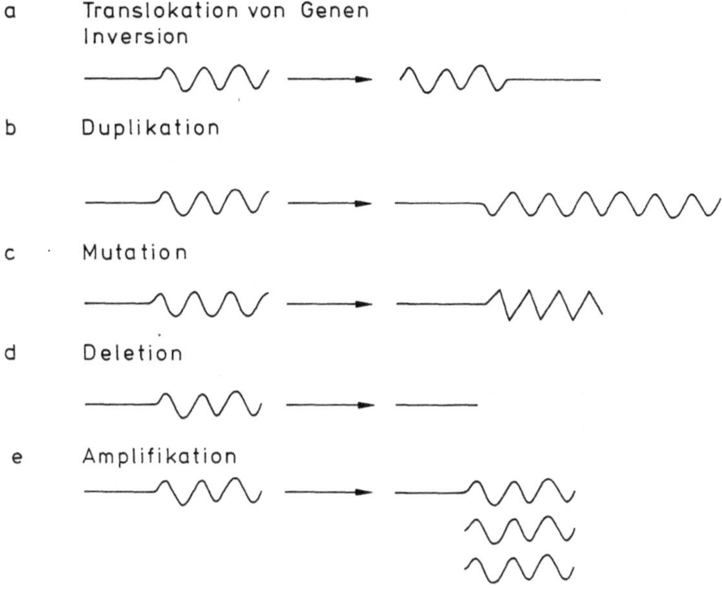

Abb. 34.5. Modifikationen informationstragender DNS (Details s. Text)

7. Kann die DNS-Menge während der Entwicklung eines Individuums verändert werden?

Denkbar sind folgende Alternativen (Abb. 34.5):

Fall a): Translocierte Gene sind verschiedentlich gefunden worden, sie werden meist jedoch nicht transkribiert. Es gibt "transposible elements", die vermutlich Kontrollfunktionen ausüben, wobei sie andere Gene aktivieren ("controlling elements") (McClintock, 1956; Brown, 1966).

Es gibt darüberhinaus auch den Typ der Inversionen (vgl. Abb. 22.3), bei dem die invertierten Chromosomenabschnitte sehr wohl transkribiert werden.

Fall b): Duplikation = Verdopplung einzelner Genabschnitte.

Fall c): Vergleiche hierzu Kapitel 47 und dort die Problematik „Somatische Mutationen".

Fall d): Verlust genetischen Materials. Bei Dipteren (und anderen Insekten) gehen oft ganze Chromosomen verloren. Bei *Drosophila* gibt es Mutanten mit einem ringförmigen X-Chromosom, welches bei der ersten Teilung der befruchteten Eizelle (aber nicht später!) verloren gehen kann. Man erhält dann 2 Tochterzellen, von denen eine 2 X-Chromosomen (Typ XX) und die andere nur ein X-Chromosom (Typ X0) enthält. Die sich hieraus entwickelnde Fliege ist ein Mosaik, zur Hälfte ist sie ♀, zur anderen Hälfte ♂: ein Gynander. Es gibt weitere Beispiele von Verlusten bei Dipteren. In den Fällen behalten nur die Zellen der Keimbahn den vollen Chromosomensatz.

Fall e): Amplifikation (s. S. 233 und Abb. auf S. 49), bekannt geworden für die DNS, die für ribosomale RNS in Oozyten codiert. Sonst scheint Amplifikation (= Vervielfachung der genetischen Information einzelner Gene) während der Entwicklung keine bedeutende Rolle zu spielen.

Die amplifizierte DNS, d.h. die zusätzlichen Kopien, sind in den Oozyten nicht an Chromosomen gebunden; sie ist nicht mit Histonen komplexiert; sie läßt sich isolieren, wenn man die Kerne einem osmotischen Schock aussetzt.

Diese Befunde allein machen deutlich, daß das Genom somatischer Zellen in vielfacher Weise abgeändert werden kann. In den letzten Jahren sind unter Einsatz gentechnischer Verfahren Methoden entwickelt worden, solche Umstrukturierungen zu erkennen. Es zeigte sich dabei, daß nahezu jedes analysierte Genom derartige Veränderungen durchläuft, und daß die Umstrukturierungen und die Mechanismen, die sie bewirken, sowohl für die

Embryonalentwicklung (Ontogenese) als auch für eine rasche Evolution höherer Organismen verantwortlich zu machen sind.

Literatur

Bachmann, K.: Genome Size in Mammals. Chromosoma **37**, 85 (1972).

Bachmann, K., Harrington, B.A., Craig, J.P.: Genome Size in Birds. Chromosoma **37**, 405 (1972).

Bachmann, K., Goin, O.B., Goin, C.J.: Nuclear DNA amounts in vertebrates. In: Evolution of Genetic Systems . Smith, H.H. (ed.). Brookhaven N.Y.: Brookhaven National Laboratory 1971.

Beermann, W., Clever, U.: Chromosome puffs. Sci. Am. April 1964, S. 50.

Britten, R.J., Kohne, D.E.: Repeated segments of DNA. Sci. Am. April 1970, S. 24.

Chamberlin, M.E., Britten, R., Davidson, E.H.: Sequence organization in *Xenopus* DNA studied by the electron microscope. J. Mol. Biol. **96**, 317 (1975).

Davidson, E.H., Galau, G.A., Angerer, R.C., Britten, R.J.: Comparative aspects of DNA organization in metazoa. Chromosoma **51**, 253 (1975).

Davidson, E.H., Hough, B.R., Klein, W.H., Britten, R.J.: Structural genes adjacent to interspersed repetitive DNA sequences. Cell **4**, 217 (1975).

Gurdon, J.B.: The Control of Gene Expression in Animal Development. Oxford: Clarendon Press 1974.

Markert, C.L., Ursprung, H.: Developmental Genetics. Englewood Cliffs. Prentice Hall Inc. 1971.

McClintock, B.: Genetic systems regulating gene expression during development. Develop. Biol. Suppl. **1**, 84 (1967).

Schmid, C.W., Deininger, P.L.: Sequence organization of the human genome. Cell **6**, 345 (1975).

Smith, M.J., Hough, B.R., Chamberlin, M.E., Davidson, E.H.: Repetitive and non-repetitive sequences in Sea Urchin heterogeneous nuclear RNA. J. Mol. Biol. **85**, 103 (1974).

v. Sengbusch, P.: Molekular- und Zellbiologie. Berlin–Heidelberg–New York: Springer 1979.

Thomas, C.A., Hamkalo, B.A., Misra, D.N., Lee, C.S.: Cyclization of eucaryotic deoxyribonucleic acid fragments. J. Mol. Biol. **51**, 621 (1970).

Yunis, J.J.: High resolution of human chromosomes. Science **191**, 1268 (1976).

35. Chromatin, Genaktivierung bei Eukaryonten

Im vorigen Kapitel haben wir eingehend die Organisation der DNS bei Eukaryonten besprochen. Sie ist dort mit Histonen komplexiert (→ Chromatin). Wir können uns nunmehr auf folgende Probleme konzentrieren:

1. Wie sieht die Wechselwirkung zwischen DNS und Histonen aus?

2. Wie sieht die Struktur des Chromatins aus?

3. Wieviele DNS-Moleküle gibt es pro Chromosom?

4. Wie kann man aktive Gene in einem Chromosom nachweisen? Wie werden Genaktivitäten gesteuert?

1. Wie sieht die Wechselwirkung zwischen DNS und Histonen aus?

Bereits im letzten Jahrhundert konnten Kerne spezifisch angefärbt werden, wobei auffiel, daß sich der Zellkern nicht einheitlich anfärbte, sondern daß dunkel gefärbte „Granula" auf einem heller gefärbten Untergrund zu sehen waren. E. Heitz nannte die stark gefärbten Bereiche Heterochromatin, die schwach gefärbten Euchromatin. Inzwischen weiß man, daß die meisten der Kernfarbstoffe spezifisch mit der DNS und nicht mit dem Protein reagieren. Heterochromatin ist somit der Bereich des Kerns, der DNS-reich, aber Protein-arm ist. Wie schon angedeutet, haben die Proteine vorwiegend basischen Charakter und sind reich an Arginin und Lysin. Der Komplex: DNS–Protein wird auch als Nukleohiston bezeichnet. Die Histone I–IV werden in der Literatur nicht selten auch mit anderen Bezeichnungen versehen:

Bezeichnung		Molekulargewicht
Histon I	F 1	21.000
Histon IIa	F 2 A 2	14.500
Histon IIb	F 2 B	13.800
Histon III	F 3	15.300
Histon IV	F 2 A 1	11.300

Der Nukleohistonkomplex kann durch hohe Salzkonzentration (z.B. 4 mol CsCl) in seine Komponenten zerlegt werden, welche sich anschließend leicht voneinander trennen lassen.

Umfangreiche Versuchsserien von J. Paul in Glasgow und J. Bonner in Pasadena ergaben, daß auch die Eukaryonten-DNS *in vitro* transkribiert werden kann. Man kann sie aus Kernen, z.B. von Erbsenkeimlingen, isolieren. Die Isolierung einer DNS-abhängigen RNS-Polymerase aus eukaryotischen Zellen ist zwar auch möglich, technisch jedoch schwieriger als die Isolierung dieses Enzyms aus Bakterien, zudem sind die Ausbeuten außerordentlich dürftig.

J. Bonner setzte für seine Transkriptionsversuche an DNS aus Erbsenkeimlingen mit Erfolg eine Polymerase aus *Escherichia coli* ein. Zu testen war, ob die DNS als Nukleohistonkomplex gleich gut transkribiert werden konnte wie freie DNS. Das Ergebnis ist der folgenden Tabelle zu entnehmen:

Präparation	RNS-Synthese/mg DNS
rohe Chromatinfraktion	1.175*
gereinigtes Chromatin	
(→Nukleohiston)	1.175
freie DNS	90.000

*Die RNS-Synthese wird durch den Einbau radioaktiv markierter Nukleotide in die RNS pro Zeiteinheit gemessen. Angaben in der Tabelle in $\mu\mu$mol = 10^{-12} mol.

Hieraus ist zu ersehen, daß die freie DNS um ein Vielfaches leichter transkribiert wird als die im Komplex gebundene.

DNS wird durch Erhitzen „geschmolzen" (→ Zerlegung in die beiden Einzelstränge). Das Schmelzen wird durch Zunahme der Lichtabsorption bei λ = 260 nm nachgewiesen. Der Schmelzpunkt wird als T_M-Punkt bezeichnet. Reine DNS ist durch ein „scharfes" Schmelzprofil ausgezeichnet (vgl. Abb. 35.1); alle

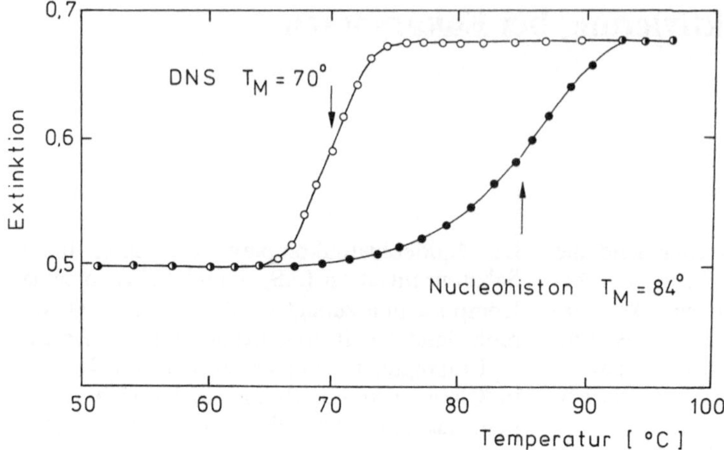

Abb. 35.1. Schmelzprofil von DNS und von Nukleohiston (J. Bonner, 1965)

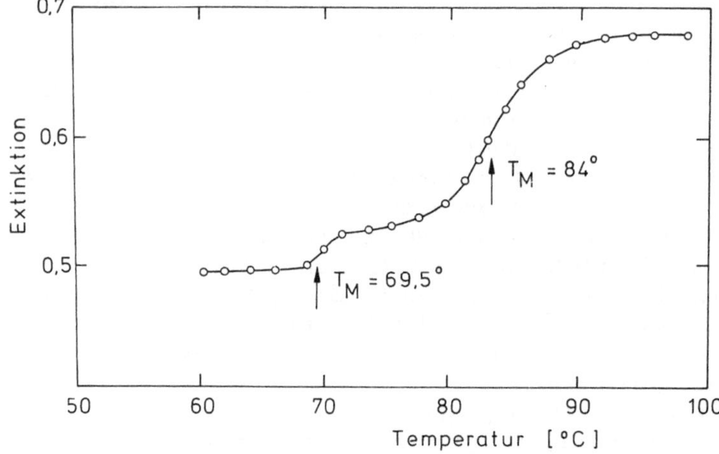

Abb. 35.2. Schmelzprofil einer Chromatinfraktion (J. Bonner, 1965)

Moleküle schmelzen gleichzeitig bei der gleichen Temperatur. Nukleohistone haben keinen scharfen Schmelzpunkt, was darauf zurückzuführen ist, daß die DNS-Einzelstränge nicht so leicht auseinanderfallen. Untersucht man eine „ungereinigte" Chromatinfraktion, erhält man ein zweistufiges Schmelzprofil (vgl. Abb. 35.2). Die eine Stufe entspricht dem Schmelzpunkt der freien DNS, die zweite dem des Nukleohistons, das bedeutet, daß im Kern neben komplexierter DNS auch freie vorkommt (vgl. auch Abb. 35.4).

2. Wie sieht die Struktur des Chromatins aus?

Bis vor wenigen Jahren war die Annahme verbreitet, die Chromatinstruktur sei außerordentlich kompliziert und unübersichtlich. Zu Beginn der siebziger Jahre mußte diese Meinung grundlegend revidiert werden. Dafür verantwortlich zeichnen vor allem die Arbeitgruppen von R. Kornberg (Cambridge/England), A. Bradbury (Portsmouth/England) und A.L. Olins u. D.E. Olins (University of Tennessee — Oak Ridge/USA). Kornberg wies nach, daß ein Komplex

(Histon IIa)$_2$ (Histon III)$_2$

eine stöchiometrische Einheit bildet. Ihr assoziiert sind

2 x Histon IIb und 2 x Histon IV.

Ein derartiger Komplex (Nucleosom) (Abb. 35.3) kommt auf ein DNS-Stück der Länge von 200 Basenpaaren.

Histon I kommt in nicht exakt stöchiometrischen Mengen vor. Der oben genannte Kom-

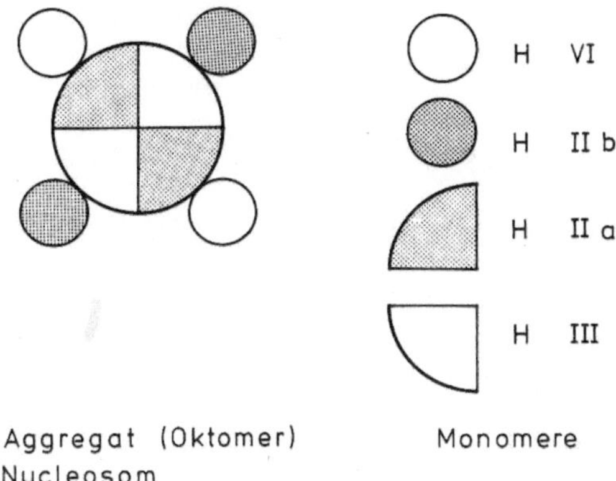

Abb. 35.3. Zusammensetzung eines Nucleosoms.
(Nach R. Kornberg, 1974)

plex ist elektronenmikroskopisch abbildbar.
Er ist an dem DNS-Strang perlschnurartig aufgereiht (Olins und Olins, 1974).

Chambon fand 1975, daß es DNS-Bereiche gibt, die mit solchen Partikeln besetzt sind, neben anderen, die frei von Histonen sind (Abb. 35.4). Vgl. hierzu die Daten von J. Bonner (s. Abb. 35.2).

Bradbury untersuchte die physikalische Struktur des Chromatins und postulierte, daß das Histon I direkt an die DNS bindet. Es ist lysinreich und kann phosphoryliert werden. Während der G_2 Phase des Zellzyklus erfolgt eine starke Phosphorylierung, wobei es sich von der DNS löst. Manches deutet darauf hin, daß die Phosphorylierung des Histon I ein Auslöser (Signal) für den Start der Mitose ist.

3. Wieviele DNS-Moleküle gibt es pro Chromosom?

Auch diese Frage stand lange zur Diskussion. Es gibt Modelle, die ein DNS-Molekül pro Gen vorsahen, es gab welche, die annahmen, die DNS-Doppelhelix sei senkrecht zur Chromosomenachse angeordnet, andere wiederum meinten, sie liege parallel dazu usw.

Tatsache ist inzwischen, daß es pro Chromosom (Chromatid) nur ein DNS-Molekül gibt, zumindest bei den Chromosomen von *Drosophila*. R. Kavenoff, L.C. Klotz und B.H. Zimm wiesen es 1974 autoradiographisch

und durch Viskoelastizitätsmessungen nach. Das Molekül hat ein Molekulargewicht von $4,1 \times 10^{10}$, und seine Länge beträgt 1,2 cm (s. Abb. 35.5).

4. Wie kann man aktive Gene in einem Chromosom nachweisen? Wie werden Genaktivitäten gesteuert?

Die Frage haben wir im vorigen Kapitel für einen Einzelfall bereits beantwortet (s. S.232). Wesentlich genauer wurde sie an den polytänen Riesenchromosomen von *Drosophila* und *Chironomus* untersucht.

Beim Betrachten der Riesenchromosomen im Mikroskop fällt ein deutliches Querbandenmuster auf. Die stark gefärbten Banden sind DNS-reich, die dazwischen liegenden, sogenannten "Interbands" DNS-arm, dabei nicht frei davon; wir haben ja gerade gesehen, daß die DNS nur aus einem Molekül pro Chromatid besteht, es muß somit also auch Verbindungen zwischen den Banden geben. An manchen Stellen ist die Chromosomenstruktur aufgelockert. Diese Auflockerungen werden als Puffs, die besonders großen nach ihrem Entdecker als Balbiani-Ringe bezeichnet.

W. Beermann (Tübingen) fand, daß ihr Auftreten bei *Chironomus*

a) organspezifisch und

b) spezifisch für eine bestimmte Entwicklungsstufe ist.

Entsprechendes wurde für *Drosophila* nachgewiesen. H.J. Becker (München) untersuchte eines der *Drosophila*-Chromosomen und zeigte, daß im Laufe der Entwicklung einzelne Puffs auftreten und dann wieder verschwinden (vgl. Abb. 35.6).

Die Verpuppung von *Drosophila*larven wird durch Zugabe des Verpuppungshormons Ecdyson ausgelöst.

Speicheldrüsen von *Drosophila*larven können in einem geeigneten Medium über einige Tage hinweg in Kultur gehalten werden, wobei der Effekt von Ecdyson auf die Chromosomen gut studiert werden kann (M. Ashburner, Cambridge/England). Es werden 2 Puffs gebildet, wenn minimal 10^{-9} m Ecdyson zur Kulturlösung zugesetzt werden. Die Bildung eines weiteren Puffs erfolgt bei Zugabe von mindestens 5×10^{-8} m; die zur Aktivierung

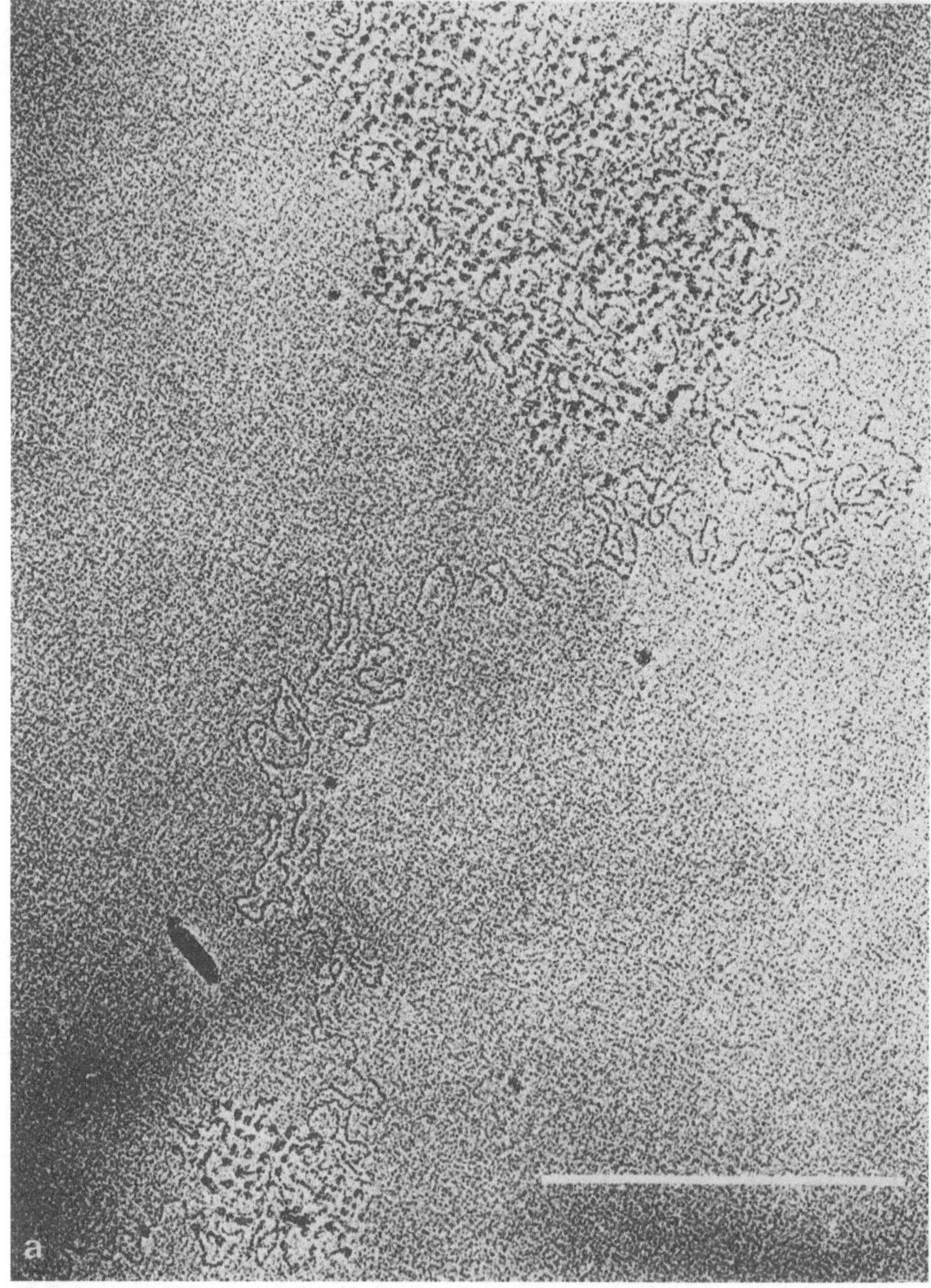

Abb. 35.4 a und b. Elektronenmikroskopische Aufnahme der Chromatinstruktur. Neben DNS-Bereichen, die mit Nucleosomen (Histonen) besetzt sind, gibt es Bereiche, die frei von Histonen sind. (a) Das lysinreiche Histon I wurde durch Salzbehandlung entfernt. Die Länge des histonfreien DNS-Bereichs beträgt 8,2 μm, Länge des Balkens: 0,5 μm. (b) Chromatin nach Behandlung mit Trypsin (Entfernen von Histon I), Länge des Balkens: 0,5 μm. (Aufn. P. Oudet, M. Gross-Bellard, P. Chambon, Straßburg 1975)

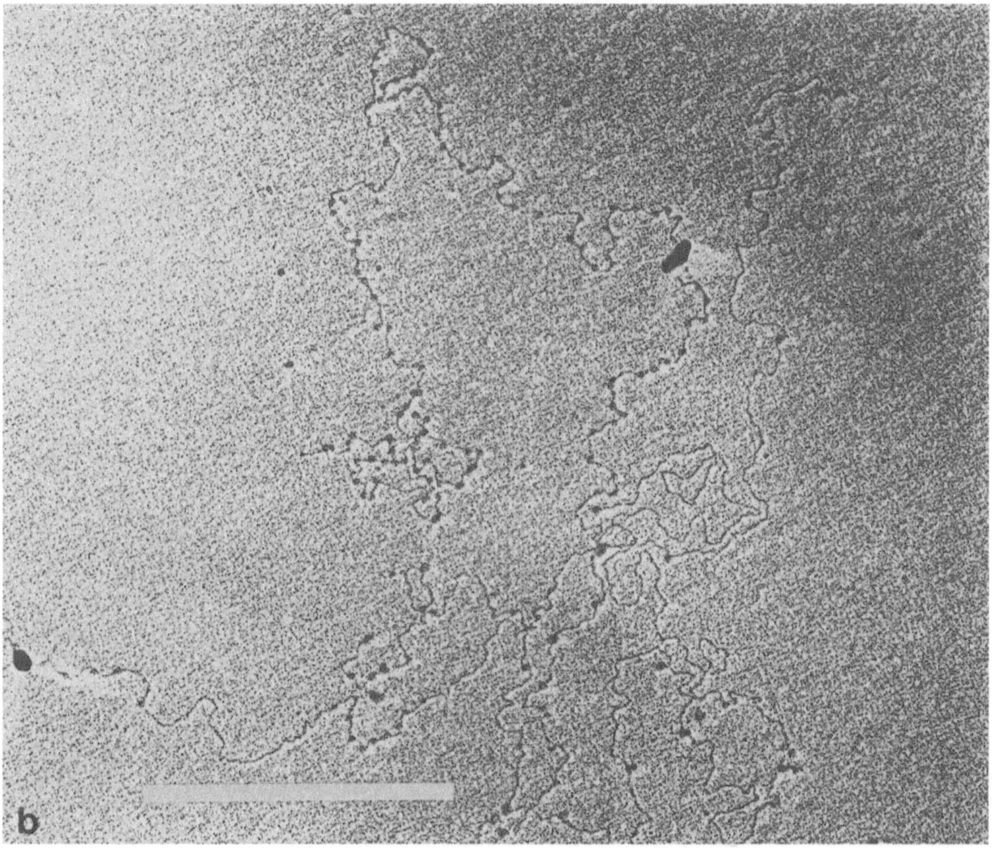

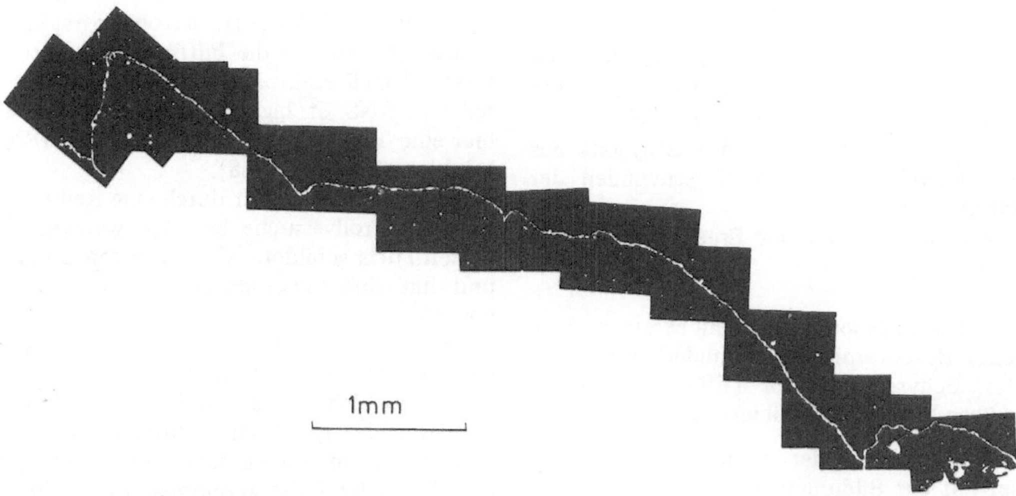

Abb. 35.4b

Abb. 35.5. Autoradiographie eines DNS-Moleküls von *Drosophila melanogaster*. (Aufn. R. Kavendoff, L.C. Klotz, B.H. Zimm, San Diego, 1974)

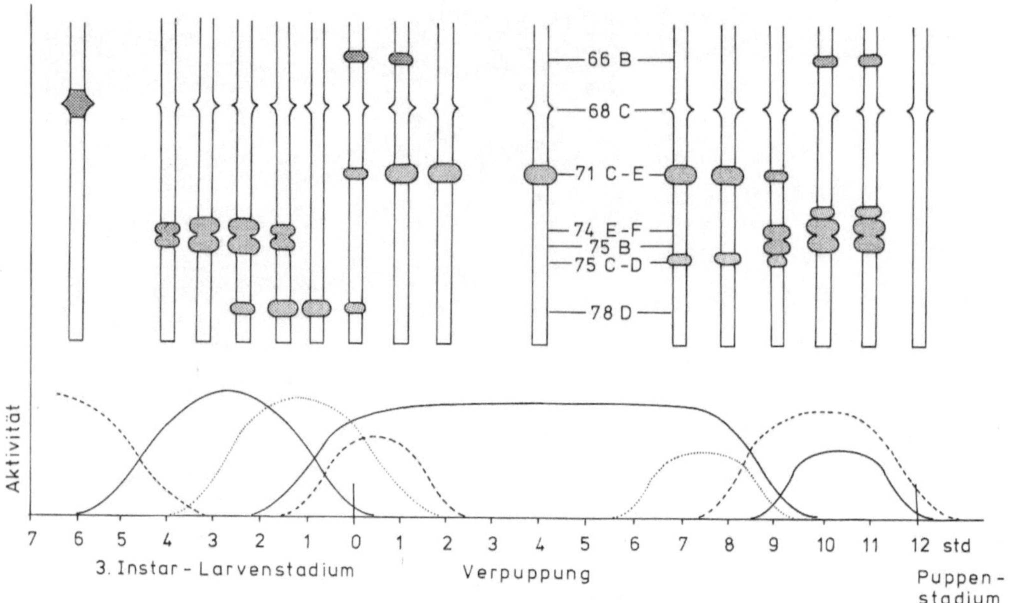

Abb. 35.6. Auftreten und Verschwinden von Puffs während der Verpuppung von *Drosophila*. (Nach H.J. Becker, München, 1962)

der Puffs erforderlichen Schwellenkonzentrationen sind also unterschiedlich.

Die nach Ecdysongabe erscheinenden Puffs (frühe Puffs) verschwinden recht bald wieder, anschließend treten neue auf (späte Puffs).

Gibt man einen Hemmstoff der Proteinbiosynthese mit dem Ecdyson zum Kulturmedium, geschieht folgendes:

a) die frühen Puffs werden gebildet, sie bleiben aber erhalten (sie verschwinden nicht).

b) Die späten Puffs erscheinen nicht.

c) Ein Herauswaschen des Ecdysons aus dem Gewebe führt zum Verschwinden der frühen Puffs.

Ashburner deutete die Ergebnisse wie folgt (s. Abb. 35.7):

a) Das Ecdyson wird an ein bereits vorhandenes Rezeptorprotein gebunden. Der Komplex Ecdyson/Rezeptor (ER) aktiviert die „frühen Puffs" und inhibiert die „späten".

b) Die Bildung der „frühen Puffs" geht einher mit der Bildung von Protein, einem Genprodukt, welches die „späten Puffs" aktiviert und die „frühen" inaktiviert.

c) Die Hemmung der Proteinbiosynthese hat zur Folge, daß die frühen Puffs nicht inaktiviert werden und die Bildung der späten nicht aktiviert wird.

Was haben Puffs mit (aktiven) Genen zu tun?
Bereits Anfang der sechziger Jahre konnte C. Pelling (Tübingen) autoradiographisch nachweisen, daß in die Puffs radioaktiv markiertes Uracil eingebaut wird. Da es Bestandteil von RNS ist, lag die Annahme nahe, daß hier eine Transkription stattfindet und mRNS gebildet wird (Abb. 35.8).

Dieses konnte später durch eine Reihe weiterer Kontrollversuche bestätigt werden. Die in den Puffs gebildete RNS ist hochmolekular und hat eine Lebensdauer der Halbwertzeit von 30'.

Der Nachweis aktiver Gene in Puffs und das Variieren der Puffmuster erwiesen sich als ideal zum Sichtbarmachen der Kontrolle und Aktivität des genetischen Programms. Allerdings stellte man auch sehr schnell fest, daß die Zahl aller Puffs zusammen weit geringer als die Zahl aktiver Gene im Organismus ist. Von dieser Feststellung ausgehend, bemühte

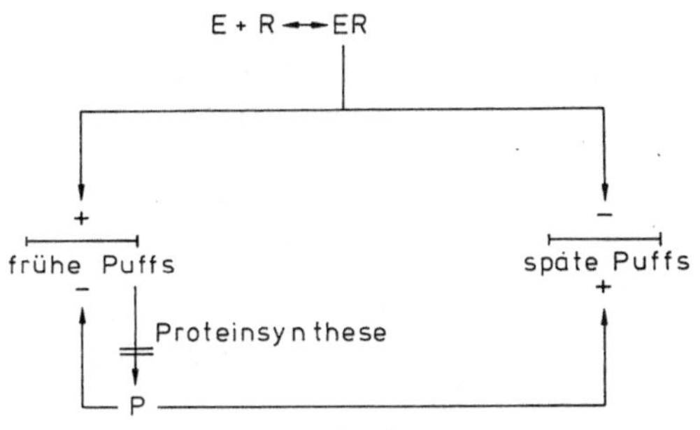

Abb. 35.7. „Frühe" und „späte" Puffs. Mechanismus der Aktivierung und der Umschaltung (Details siehe Text). (Nach Ashburner, Cambridge)

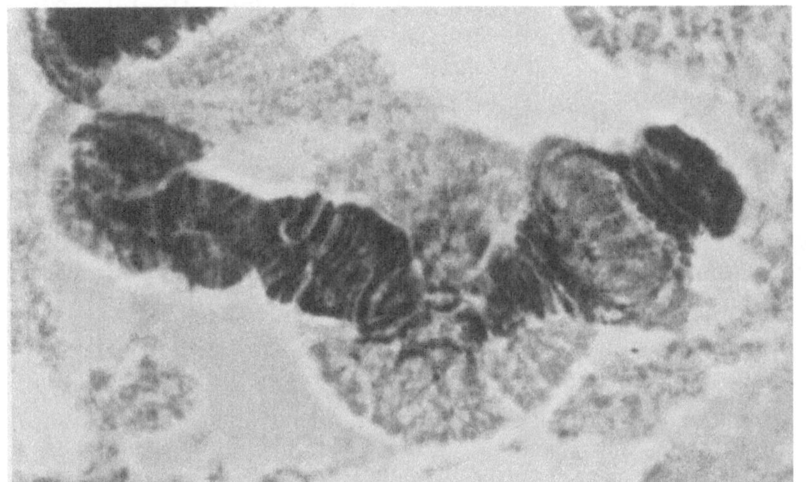

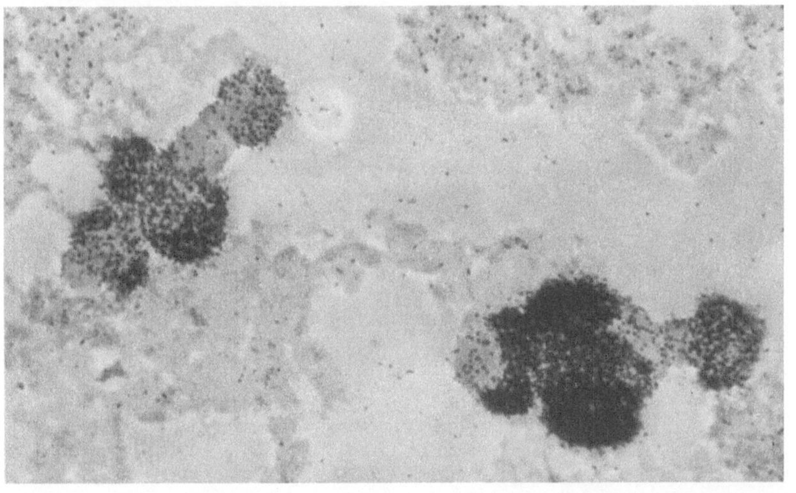

Abb. 35.8 a und b. Das Chromosom IV von *Chironomus tentans* (einer Mückenart). (a) Lichtmikroskopische Aufnahme. Deutlich sichtbar ein großer Balbiani-Ring und einige weitere kleine Puffs, ferner das Bandenmuster. (b) Eine autoradiographische Untersuchung mit ^{3}H-markiertem UTP. ^{3}H-Einbau erfolgt nur in den Puffs, den Orten einer Transkription: einer mRNS-Bildung. (Aufn. C. Pelling, Tübingen)

242

man sich, die übrigen nachzuweisen. Es zeigte sich, daß aktive Gene in den Interbanden (nicht oder nur zum geringen Teil auch in den Banden) lokalisiert sind und daß Puffs nur dann in Erscheinung treten, wenn die Transkriptionsaktivität an einem Gen außergewöhnlich hoch ist. Diese Befunde besagen außerdem, daß der Hauptanteil an gut färbbarer DNS in den Banden keine (oder nur wenig) genetische Information enthält.

Literatur

Baldwin, J.P., Boseley, P.G., Bradbury, E.M., Ibel, K.: The subunit structure of eukaryotic chromosomes. Nature **253**, 245 (1975).

Bradbury, E.M., Inglis, R.J., Matthews, H.R.: Control of cell division by very Lysine rich histone (F1) phosphorylation. Nature **247**, 257 (1974).

Kavenoff, R., Klotz, L.C., Zimm, B.H.: On the nature of chromosome sized DNA molecules. Cold Spring Harbor Symp. Quant. Biol. **38**, 1 (1974).

Kornberg, R.D.: Chromatin structure: A repeating unit of histones and DNA. Science **184**, 868 (1974).

Kornberg, R.D., Thomas, J.O.: Chromatin structure: Oligomers of histones. Science **184**, 865 (1974).

Miller, O.L.: The visualization of genes in action. Sci. Am. März 1973, S. 34.

Miller, O.L., Beatty, B.R.: Visualization of nucleolar genes. Science **164**, 955 (1969).

Miller, O.L., Beatty, B.R., Hamkalo, B.A., Thomas, C.A.: Electron microscopic visualization of transcription. Cold Spring Harbor Symp. Quant. Biol. **35**, 505 (1970).

Olins, A.L., Carlson, R.D., Olins, D.E.: Visualization of chromatin substructure of ν bodies. J. Cell. Biol. **64**, 528 (1975).

Oudet, P., Gross-Bellard, M., Chambon, P.: Electron microscopic and biochemical evidence that chromatin structure is a repeating unit. Cell **4**, 281 (1975).

36. Klonierung von Genen – Genetic engineering

Seit etwa 1973 hat der Problemkreis "Genetic engineering" zunehmend an Interesse und Bedeutung gewonnen. Es geht dabei im wesentlichen darum, DNS-Stücke verschiedener Herkunft (genetische Information verschiedener Organismen) zu einem gemeinsamen Stück zu verknüpfen und dieses rekombinierte Molekül zu replizieren. Es ist, um mit den spektakulärsten Erfolgen zu beginnen, gelungen, DNS von *Drosophila* oder von *Xenopus laevis* in *Escherichia coli* zu vermehren. Damit tut sich eine Reihe von Möglichkeiten mit praktischer Bedeutung auf. Selten hat sich eine Technik so schnell durchgesetzt und sich als so vielseitig herausgestellt, wie das "Genetic Engineering" oder die Gentechnik. Mittlerweile ist eine große Zahl von Eukaryontengenen in *Escherichia coli* oder in Eukaryonten (z.B. der Hefe) kloniert worden. Einige, z.B. das Insulingen, die Gene für Interferone, sowie die für einige Wachstumshormone wurden in *Escherichia coli* vermehrt. Die Zellen produzieren die gewünschten Genprodukte und die wiederum sind – in reiner Form – bereits im Handel. In *Escherichia coli* synthetisiertes Insulin ist zwar noch nicht billiger als auf konventionelle Weise gewonnenes, es ist aber wohl nur noch eine Frage der Zeit, bevor es so weit ist. Interferone sind Proteine, von denen man vermutet, daß sie einer Ausbreitung von Tumorzellen entgegenwirken. Zwar sind sie, wie man inzwischen weiß, kein Allheilmittel gegen Krebs, eignen sich aber als Medikament gegen eine Anzahl von Infektionskrankheiten. Auf konventionelle Weise (Isolierung aus tierischen Zellen) sind Interferone nur unter erheblichem Aufwand und auch nur in Spuren zu gewinnen. Gentechnisch lassen sie sich mit viel geringerem Aufwand in Milligramm-, bzw. Gramm-Mengen produzieren.

Die deutsche Übersetzung des Ausdrucks "Genetic engineering" könnte Genmanipulation lauten. Dieser Begriff ist emotionell vorbelastet und sollte deshalb nur mit Vorsicht verwendet werden, besser ist schon der Ausdruck Gentechnologie. Eine Gruppe amerikanischer Wissenschaftler unter P. Berg (Stanford University) hat die moralische Verantwortung, die ein Wissenschaftler gegenüber der menschlichen Gesellschaft hat, gesehen und eine Selbstkontrolle der Wissenschaftler gefordert. 1975 wurde in Asilomar (Kalifornien) ein Memorandum entworfen, das auf potentielle Gefahren des Genetic engineering hinweist und Wege aufzeigt, diese Gefahren auf ein absolutes Minimum herabzudrücken. Noch im gleichen Jahr wurden in Woods Hole/Mass. und La Jolla/Calif. Empfehlungen ausgearbeitet, nach denen die Experimente in verschiedene Gefahrenklassen eingestuft werden. Es werden Vorsichtsmaßnahmen genannt, die erfüllt sein müssen, bevor man derartige Experimente unternimmt. Die Vorschläge der Amerikaner werden auch in Europa diskutiert; es gibt eine Kommission der European Molecular Biology Organization (EMBO), ferner Kommissionen in England und in Deutschland (hier unter Federführung der Deutschen Forschungsgemeinschaft und des Bundesministeriums für Forschung und Technologie). Nach einer mehr als zehnjährigen Erfahrung in einer Vielzahl von Laboratorien zeigte es sich, daß die vermutete Gefahr weit überschätzt worden ist. Es ist viel wahrscheinlicher, daß ein kloniertes DNS-Stück verlorengeht, als daß es sich selbständig macht und unvorhergesehene Reaktionen initiiert. Dennoch muß betont werden, daß das Arbeiten in gentechnischen Laboratorien stets unter hohen Sicherheitsvorkehrungen erfolgt (und erfolgen muß). Aber, hohe Sicherheitsanforderungen werden auch an das Arbeiten mit anderen gefährlichen Substanzen (Isotopen, hochpathogenen Viren und Bakterien) gestellt.

Unabhängig von dem, was im Folgenden ausgeführt wird, hat man gelernt, Nukleotidsequenzen in der DNS zu ermitteln. Es sind mittlerweile weit mehr Gene sequenziert wor-

244

den, als man es sich noch vor wenigen Jahren hätte vorstellen können. In jedem Heft der Zeitschrift „Nature", die wöchentlich erscheint, werden 1000–3000 sequenzierte Nukleotidpositionen veröffentlicht. Weitere Angaben findet man regelmäßig in zahlreichen weiteren Fachzeitschriften. Am Europäischen Laboratorium für Molekularbiologie in Heidelberg ist eine Datenbank angelegt worden. Anfang letzten Jahres umfaßten die dort registrierten (publizierten) Nukleotidsequenzen über 600.000 bestimmte Nukleotidpositionen. Heute dürften es weit über eine Million sein.

Es ist wesentlich einfacher, Nukleotid- als Aminosäuresequenzen zu bestimmen. Üblicherweise bestimmt man daher (mit Wissen des Genetischen Codes) die Aminosäuresequenz eines Proteins aus der analysierten Nukleotidsequenz des entsprechenden Gens.

Genetic engineering ist eine effektive Methode, Gene zu analysieren

Genetic engineering bedeutet konsequenten Einsatz des gesamten Repertoires an Wissen über die Molekularbiologie. Man muß wissen:

1. Wie Gene isoliert und/oder synthetisiert werden.

2. Wie man gezielte Rekombinationen mit anderen Molekülen erzeugen kann.

3. Wie man solche Moleküle in eine Zelle hineinbringt und

4. wie man den Erfolg seiner Arbeit testet.

Diese vier Problemkreise müssen wir im Detail besprechen.

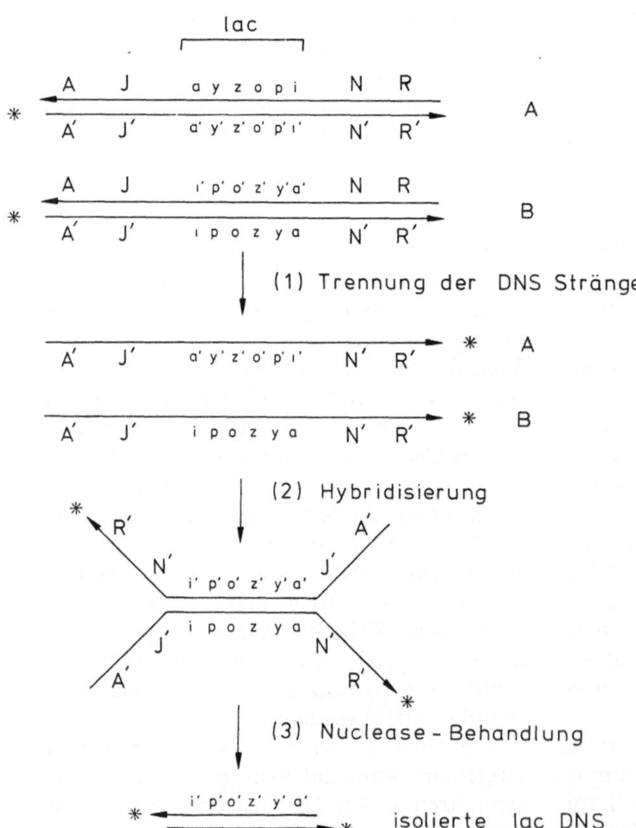

Abb. 36.1. Isolierung des lac-Operons (i, p, o, z, y, a). Benötigt werden zwei Ausgangsstämme von Bakteriophagen, in denen das lac-Operon in unterschiedlicher Orientierung inkorporiert ist (A und B). (Weitere Details s. Text) (Nach Shapiro *et al.,* 1969)

1. Isolierung und/oder Synthese von Genen

a) Isolierung: 1969 gelang es Shapiro, MacHattie, Eron, Ippen und J. Beckwith, das Lactose-Operon aus *Escherichia coli* in reiner Form zu isolieren. Sie gingen dabei wie folgt vor (Abb. 36.1):

Ausgangspunkt war die Feststellung, daß das Lactoseoperon von bestimmten Bakteriophagen übernommen werden kann. Dabei kennt man einen Phagen, der es in der einen, einen anderen, der es in entgegengesetzter Orientierung in sein eigenes Genom einbaut. Die DNS aus diesen Phagen kann isoliert und geschmolzen werden. Die entstehenden Einzelstränge können voneinander getrennt werden. Bei der anschließenden Abkühlung des Gemisches von DNS-Molekülen aus den beiden Phagen entstanden u.a. auch Kombinationen wie die in der Abb. 36.1 wiedergegebenen. Sie bestehen aus doppelsträngigen und einsträngigen Bereichen. Die einsträngigen Bereiche können durch Exonukleasen abverdaut werden, übrig bleiben die doppelsträngigen Bereiche, und gerade die sind es, welche das gesuchte Gen enthalten.

b) Gensynthesen: Gene können nur dann synthetisiert werden, wenn man die Nukleotidsequenzen kennt, und das ist fast nie der Fall. Kennt man die Aminosäuresequenz eines Proteins, kann man versuchen zurückzurechnen.

Wegen der Degeneration des Genetischen Codes (s. S. 171) geben ermittelte Nukleotidsequenzen nur wahrscheinliche Kombinationen wieder. Es gibt keine Möglichkeit, zu testen, ob diese mit der in der Natur vorkommenden tatsächlich übereinstimmen oder nicht.

Wenn z.B. in einem Protein an einer Stelle ein Ala steht, kämen folgende Codons in Betracht:

GCU, GCC, GCA, GCG

(d.h. in der DNS stehen CGA, CGG, CGT oder CGC).

Die Arbeitsgruppe von G. Khorana hat Methoden zur Gensynthese erarbeitet und erfolgreich lange Nukleotidsequenzen mit einer vorher festgelegten Sequenz synthetisiert.

Eine andere Methode geht von folgender Voraussetzung aus: Man kennt ein Enzym, welches an einer RNS-Matrize DNS synthetisiert (Reverse Transkriptase). Hochspezialisierte, differenzierte Zellen von Eukaryonten wie z.B. Retikulozyten (Vorstufen roter Blutkörperchen) enthalten in großer Menge vorwiegend nur einen mRNS-Typ. Man isoliert diese mRNS und synthetisiert daran mit Hilfe der Reverse Transkriptase eine DNS; und diese DNS sollte (in dem erwähnten Beispiel) das Strukturgen für Hämoglobin enthalten.

2. Rekombinationen zwischen verschiedenen DNS-Molekülen

1968 haben Meselson und Yuan, 1970 Smith und Wilcox und 1971 R. Yoshimoro Vertreter einer neuen Klasse von Endonukleasen entdeckt, die sogenannten Restriktionsendonukleasen (Restriktionsenzyme), die dadurch charakterisiert sind, daß sie DNS nur an ganz bestimmten Nukleotidsequenzen schneiden (Abb. 36.2). Das Entscheidende der Spezifität liegt im Erkennen einer Spiegelsymmetrie der Nukleotidsequenzen in den beiden gegenläufigen DNS-Strängen. Es entstehen somit bei der Spaltung durch viele, jedoch nicht durch alle Restriktionsendonukleasen DNS-Bruchstücke mit freien, einsträngigen Enden.

Die in der Abb. 36.2 wiedergegebenen Sequenzen findet man mit unterschiedlicher Häufigkeit in allen längeren DNS-Molekülen. Man kann ein bestimmtes DNS-Molekül (etwa die DNS eines Bakteriophagen) in eine genau definierte Zahl von Stücken zerlegen.

Trennen und isolieren kann man die Spaltprodukte mit der Gelelektrophorese. Das Ergebnis einer solchen Auftrennung ist in der Abb. 6.5 wiedergegeben.

Verwendet man eine andere DNS, wird die Zahl der Spaltstücke sich mit ziemlicher Sicherheit von der ersten unterscheiden. Auch diese Bruchstücke kann man selbstverständlich isolieren.

Mischt man nunmehr so behandelte DNS-Stücke verschiedener Herkunft, so werden sie sich mit ihren Enden aneinanderlagern, da sie ja die gleichen komplementären Nukleotidsequenzen tragen. Ligase kann solche Aggregate kovalent miteinander verknüpfen. Man erhält damit Rekombinationsprodukte heterologer DNS-Sequenzen. Selbstverständlich erhält man auch Rekombinationen zwischen gleichartigen, homologen Sequenzen.

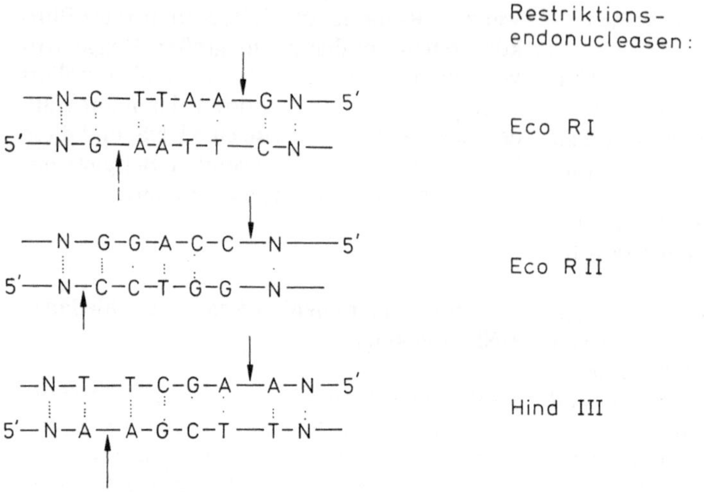

Restriktions-
endonucleasen:

Abb. 36.2. Spezifität von Restriktionsendonukleasen

—N–C —T–T–A–A —G–N— 5′
5′—N–G —A–A–T–T —C–N—

Eco R I

—N–G–G–A–C–C —N —5′
5′—N–C–C–T–G–G —N—

Eco R II

—N–T —T–C–G–A —A–N—5′
5′—N–A —A–G–C–T —T–N—

Hind III

Eine alternative Methode: Man zerkleinert DNS durch Scheren. Die Bruchstücke tragen keine endständigen, einsträngigen Bereiche, man stellt sie aber durch Einwirkung einer Exonuklease her (s. S. 230). Anschließend hängt man (unter Mithilfe eines spezifischen Enzyms) Nukleotide an die 3′-Enden (s. Abb. 36.3), z.B. A, und erhält somit an den Enden freie einsträngige Poly-A-Sequenzen.

Bei einem zweiten Versuchsansatz mit anderer DNS geht man genauso vor, aber man hängt T an die Enden an.

Jetzt braucht man nur noch Poly A tragende und Poly T tragende Stücke zusammenzugeben und Ligase zuzusetzen, um rekombinierte, heterologe DNS-Moleküle zu erhalten. Hier kann man sogar sicher sein, daß nur heterologe, niemals homologe DNS-Stücke miteinander rekombiniert werden.

3. Wie läßt sich DNS in eine Zelle hineinschleusen?

a) Viren: Wir haben schon gesehen, daß Viren ihre DNS in eine Wirtszelle injizieren können. Freie Virus-DNS kann nach bestimmter Vorbehandlung der Wirtszellen von ihnen aufgenommen werden.

Wir wissen weiter, daß Viren Teile des Genoms ihrer Wirtszelle in die eigene DNS inkorporieren können und somit in neue Wirtszellen übertragen können.

Es gibt Viren (λ, Tumorviren, s. S. 153), die ihr eigenes und das mitgeschleppte Genom ihrer ehemaligen Wirtszelle in das Genom der neuen Wirtszelle einbauen. Sie scheinen somit geeignete Transportunternehmer (Vektoren) für fremde (heterologe) DNS zu sein. Es liegt aber auf der Hand, warum man diesen Gedanken nicht unmittelbar in die Praxis umsetzen kann. Viren übertragen ja nicht nur mitgeschleppte DNS, sondern auch ihre eigene, und diese enthält höchst unerwünschte Eigenschaften.

Ein Kompromiß scheint bei Verwendung des Phagen λ zu liegen, da er die Wirtszelle nicht unbedingt schädigt. Es liegen erfolgreiche Versuche in der Richtung vor, fremde DNS an die λ-DNS zu hängen und sie somit in eine *Escherichia coli*-Zelle zu schleusen.

b) Plasmide: Bakterienzellen besitzen in erster Linie ein DNS-Molekül, auf dem ihre genetische Information lokalisiert ist, darüberhinaus findet man bei vielen zusätzliche, kleine zirkuläre, sich autonom replizierende DNS-Moleküle (Plasmide). Pro Zelle findet man deshalb nicht nur ein, sondern oft viele (~10—100) Plasmidmoleküle. In diese Gruppe gehört u.a. der F-Faktor (s. S. 158). Plasmide tragen genetische Information, so u.a. die Resistenzfaktoren gegenüber Antibiotika. Durch Rekombination von Plasmiden untereinander ist inzwischen eine Reihe neuer entstanden, die die Resistenz nicht nur gegen ein, sondern bereits gegen sehr viele Antibiotika tragen.

Plasmide können relativ einfach von einer Bakterienzelle auf eine andere übertragen werden, wobei Artgrenzen kein unüberwindliches Hindernis sind. Hierin liegt die Gefahr, auch so scheinbar ungefährlicher Bakterienarten wie *Escherichia coli*. Resistenzfaktoren können nämlich von dort auf pathogene Bakterienstämme übertragen werden, gegen die dann keine Antibiotikatherapie mehr hilft. Dennoch ist das Arbeiten mit Plasmiden und ihre Verwendung als Vektoren das kleinste Übel.

S. Cohen und A. Chang (Standford University) und H. Boyer und Mitarbeiter (University of California, San Francisco) haben für Genetic engineering -Zwecke kleine Plasmide, z.B. das p SC 101 entwickelt. Es trägt die Resistenz gegen Tetracyclin. Da aber Tetracyclinresistenz bei Bakterien *a priori* in der Natur weit verbreitet ist, kann man durch Arbeiten mit diesem Plasmid nichts mehr verderben. Es gibt *Escherichia coli*-Stämme, die tetracyclin-sensitiv sind. Diese sind als Wirtszellen in

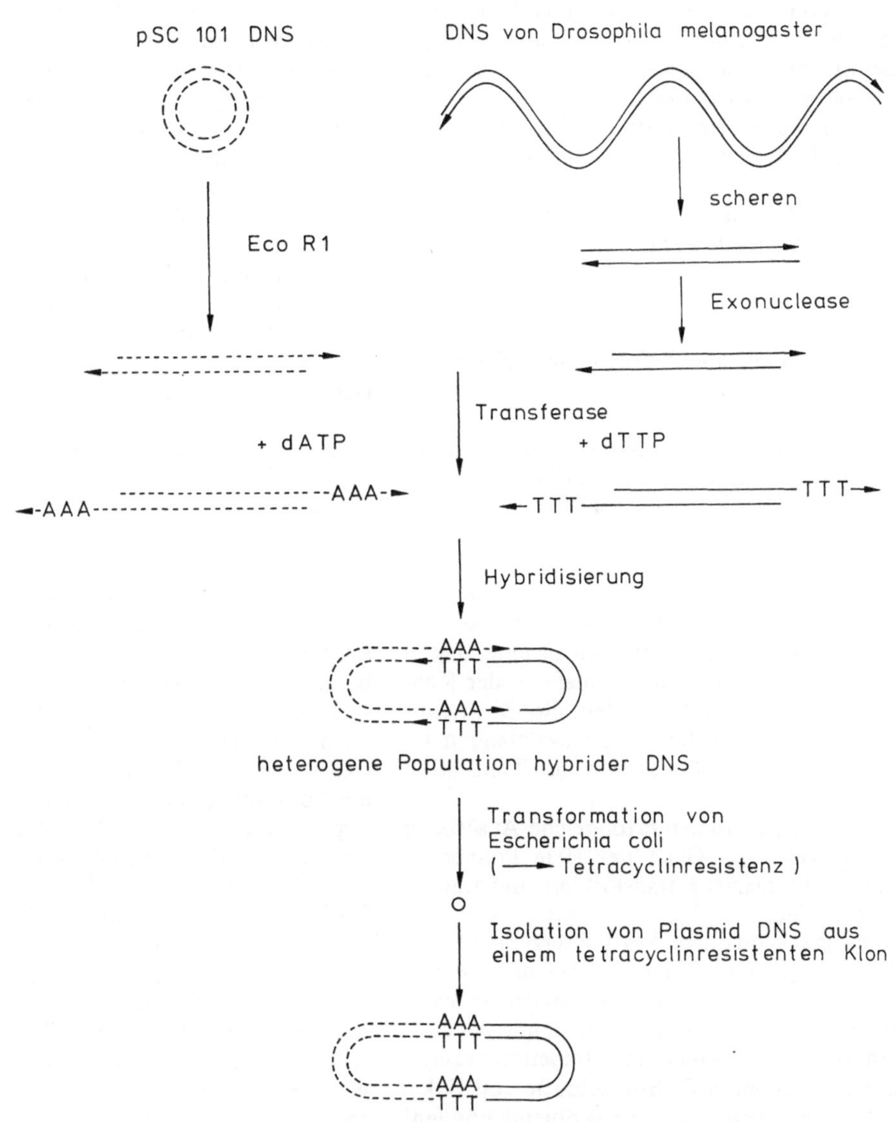

Abb. 36.3. Kopplung von *Drosophila*-DNS an das Plasmid pSC 101. (Nach D. Hogness, 1974)

Genetic engineering-Experimenten geeignet. Man gibt das p SC 101-Plasmid, an das die heterologe DNS gekoppelt wurde, zu den sensitiven Zellen und läßt sie auf tetracyclinhaltigem Medium wachsen. Es überleben nur diejenigen, die das Plasmid aufgenommen haben. Damit hat man ein effektiv arbeitendes Selektionssystem, mit dem man den Erfolg seiner Arbeit schnell erfassen kann.

p SC 101 hat noch einen weiteren Vorteil. Es enthält nur eine Schnittstelle für das Restriktionsenzym Eco R1. Durch das Schneiden werden die Eigenschaften des Plasmids nicht beeinträchtigt, ebenso nicht durch Einsetzen heterologer DNS an dieser Stelle.

1975 wurde ein weiteres Plasmid entwikkelt: Col E1. Es zeichnet sich durch eine hohe Vermehrungsrate aus, so daß schließlich die DNS des Plasmids 25% oder mehr der Gesamt-DNS der Wirtszelle ausmacht.

4. Wie kann man den Erfolg seiner Arbeit testen?

Letzten Endes ist man natürlich an den Genprodukten interessiert, die durch heterologe, in eine Wirtszelle (Bakterienzelle) eingeschleuste DNS codiert werden. Es muß also eine Transkription und eine Translation stattfinden. Die Schwierigkeit beim Genetic engineering liegt gar nicht mal so sehr darin, Strukturgene an Vektoren zu koppeln und in eine Bakterienzelle zu bringen, als vielmehr in der Konstruktion von DNS-Molekülen, die die „richtigen", von der Bakterienzelle „verstandenen" Startsignale für Transkription und Translation enthalten.

Es gibt inzwischen erfolgreiche Ansätze in dieser Richtung. Gene der Hefe können in einer Bakterienzelle transkribiert und translatiert werden.

Es gibt vorläufige Versuchsergebnisse, die darauf hinweisen, daß auch DNS aus *Xenopus laevis* in *Escherichia coli* transkribiert wird. Hierbei werden also nicht nur simple Artgrenzen überwunden, sondern das Experiment zeigt, daß Prokaryonten DNS-Abschnitte von Eukaryonten vermehren und transkribieren können!

D. Hogness beschrieb 1974/75 ein System, bei dem er DNS-Abschnitte von *Drosophila* in *Escherichia coli*-Plasmide (p SC 101) einbaute, die DNS in *E. coli* klonierte (vermehrte) und dann testete, welchen Abschnitt der *Drosophila*-DNS er vor sich hatte.

In der Abb. 36.3 wird gezeigt, wie er bei dem Experiment vorging:

a) Das zirkuläre p SC 101 wird mit Eco R1 geschnitten.

b) Die Enden des Moleküls werden durch AAA-Sequenzen verlängert.

c) Die DNS von *Drosophila* wird durch Scheren in unspezifische Bruchstücke zerlegt. Einsatz von Restriktionsenzymen lohnt nicht, weil man dadurch zu viele kleine Bruchstücke erhalten würde, die keine intakte genetische Information mehr tragen würden.

d) Mit Hilfe einer Exonuklease werden kurze, einsträngige DNS-Molekülenden produziert.

e) Hieran werden T T T T . . . anpolymerisiert.

f) Plasmid-DNS (mit freien, einsträngigen A-Sequenzen) und Bruchstücke von *Drosophila*-DNS (mit freien einsträngigen T-Sequenzen) werden zusammengegeben. Die Stücke lagern sich aneinander, sie werden anschließend durch Ligase verknüpft.

g) Man bringt den Komplex in *E. coli*-Zellen und läßt ihn sich dort vermehren (Transformation, s. S. 26).

h) Da die *Drosophila*-DNS eine heterogene Molekülpopulation ist, entsteht eine Vielzahl verschiedener hybrider Komplexe, welche man in den Bakterien vermehrt; aber in jedem Bakterium nur ein Typ; vorausgesetzt, man beachtet beim Ansetzen des Experiments die Gesetze der Statistik! Man braucht jetzt nur noch einzelne Bakterien zu isolieren, sie getrennt voneinander weiterwachsen zu lassen, um homogene, aber voneinander verschiedene Populationen hybrider DNS-Moleküle in den einzelnen Zellklonen zu erhalten.

i) Isoliert man möglichst viele, fremde DNS enthaltende Bakterienklone, so kann man eine „Bibliothek" aufbauen, die sich dadurch auszeichnet, daß der erste Bakterienklon einen bestimmten Genabschnitt von *Drosophila* enthält, ein anderer einen zweiten und so fort. Endziel wäre natürlich, für jedes Gen von *Drosophila* einen Bakterienklon zu haben, so daß man nach Belieben jedes Gen für sich vermehren kann.

j) Natürlich möchte man auch gerne wissen, welche Gene man da vor sich hat.

Der Test hierauf ist einfach. Man isoliert die DNS und verwendet sie als Matrize, um daran *in vitro* radioaktiv markierte RNS zu synthetisieren. Diese RNS gibt man zu entsprechend vorbereiteten *Drosophila*-Riesenchromsomen, deren DNS man durch Erhitzen geschmolzen hat. Bei der anschließenden Renaturierung wird die radioaktiv markierte RNS mit komplementären DNS-Sequenzen Hybride bilden; sie wird somit an bestimmten Stellen im Chromosom von der DNS gebunden. Nicht gebundene RNS wäscht man heraus und untersucht das Chromosom autoradiographisch.

Man weiß jetzt, daß die in der Bakterienzelle vermehrte DNS mit der DNS in einer ganz bestimmten Bande des Riesenchromosoms übereinstimmt. Da man außerdem die Genkarte von *Drosophila* ganz gut kennt, kann man auch sagen, welcher Funktion die klonierte DNS zuzuordnen ist.

Inzwischen ist klar, welche Bedingungen eine klonierte DNS erfüllen muß, damit die Information in ein funktionelles Genprodukt (Protein) überführt werden kann. Wichtig ist das Vorhandensein eines starken Promotors und die Kopplung des codierenden Abschnitts an ihn im richtigen Raster. Es ist auch wichtig, richtige Stop-Signale einzubauen und an den Genanfang eine bestimmte Sequenz zu setzen, die für die Anheftung der mRNS ans Ribosom benötigt wird.

Literatur

Alberts, B., Bray, D., Lewis, J., Raff, M., Roberts, K., Watson J.D.: Molecular biology of the gene. New York: Garland 1983

Cohen, S.N.: The manipulation of genes. Sci. Am. Juli 1975, S. 24.

Cohen, S.N., Chang, A.C.Y., Boyer, H.W., Helling R.B.: Construction of biologically functional bacterial plasmids in vitro. Proc. Natl. Acad. Sci. US **70**, 3240 (1973).

Hersfield, V., Boyer, H.W., Yanofsky, C., Lovett, M.A., Helinski, D.R.: Plasmid Col E1 as a molecular vehicle for cloning and amplification of DNA. Proc. Natl. Acad. Sci. US **71**, 3455 (1975).

Kelly, T.J., Smith, H.O.: A restriction enzyme from Hemophilus influenzae. II. Base sequence of the recognition site. J. Mol. Biol. **51**, 393 (1970).

Meselson, M., Yuan, R.: DNA restriction enzyme from Escherichia coli. Nature (London) **217**, 1110 (1968).

Morrow, J.F., Cohen, S.N., Chang, A.C.Y.: Replication and transcription of eukaryotic DNA in Escherichia coli. Proc. Natl. Acad. Sci. US **71**, 1743 (1974).

Nathans, D., Smith, H.O.: Restriction endonucleases in the analysis and reconstruction of DNA molecules. Ann. Rev. Biochem. **44**. 273 (1975).

v. Sengbusch, P.: Molekular- und Zellbiologie. Berlin—Heidelberg—New York: Springer 1979.

Shapiro, J., MacHattie, L., Eron, L., Ippen, K., Beckwith, J.: Isolation of pure lac operon DNA. Nature (London) **224**, 768 (1969).

Smith, H.O., Wilcox, K.W.: A restriction enzyme from Hemophilus influenzae. J. Mol. Biol. **51**, 379 (1970).

Watson J.D., Tooze, J., Kurtz, D.T.: Recombinant DNA. A short course. New York: Freeman 1983.

Wensink, P.C., Finnegan, D.J., Donelson, J.E., Hogness, P.S.: A system for mapping DNA sequences in the chromosome of Drosophila melanogaster. Cell **3**, 315 (1974).

Yoshimori, R.: Dissertation, University of California, San Francisco, 1971.

Ein Vielzeller entsteht in der Regel durch zahlreiche aufeinanderfolgende Teilungen einer befruchteten ▶ Eizelle. Die Aufnahme auf der gegenüberliegenden Seite zeigt das erste Stadium der Befruchtung eines Seeigeleies. Die Eizelle ist von zahlreichen Spermien umgeben. (Aufn. Mia Tegner, La Jolla, 1973)

Organisationsebene: Vielzeller

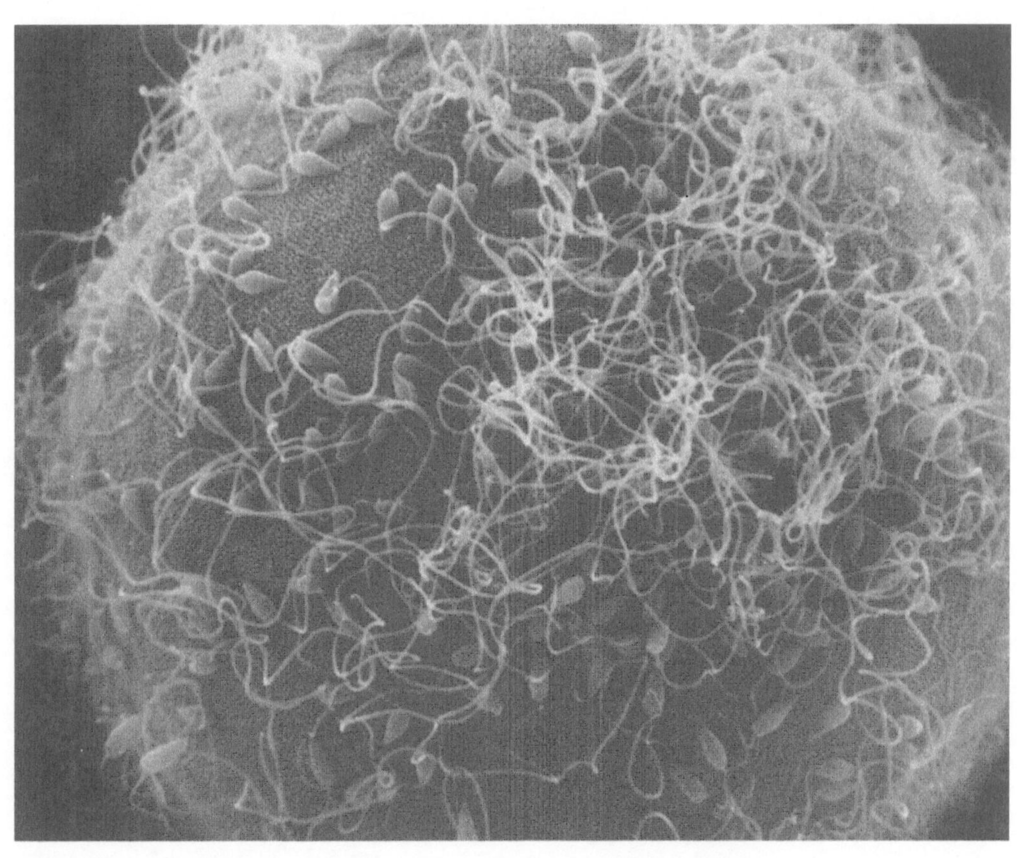

37. Wie entsteht ein vielzelliger Organismus?

A. Befruchtung; Entwicklung der Keimblätter

Ein vielzelliger tierischer Organismus entsteht durch aufeinanderfolgende Teilungen aus der — in der Regel — befruchteten Eizelle. Die ersten Stadien der Befruchtung eines Seeigeleies sind in den Abbildungen auf S. 251 und in Abb. 37.1 wiedergegeben. Die Bilder wurden mit einem Rasterelektronenmikroskop (Scanning electron microscope — SEM) aufgenommen. Mit diesem Gerät — einer weitgehenden Abwandlung des konventionellen Elektronenmiskroskops — lassen sich vorzugsweise Oberflächen abbilden. Man erhält einen sterischen Eindruck von den Strukturen.

Was geschieht vor und nach der Befruchtung? Eine Eizelle entsteht durch Reifeteilung (Meiose), wobei sich vier haploide Zellen bilden, von denen drei im Laufe der Zeit zugrunde gehen, während die überlebende sich zur Eizelle ausbildet. Die zugrunde gehenden Zellen bleiben an einem Ende der Eizelle haften und determinieren damit eine Polarität. Man nennt sie daher Richtungskörperchen oder Polkörperchen (s. Abb. 9.3). Der Pol, an dem sie sitzen, wird als animaler Pol bezeichnet, der entgegengesetzte als vegetativer Pol.

Die ersten beiden Teilungen der Eizelle gehen von Pol zu Pol (meridionale Teilungen). Die Teilungsebenen stehen senkrecht aufeinander (vgl. Abb. 37.2). Es entstehen somit vier Zellen, die Blastomeren. Die dritte Teilungsebene verläuft äquatorial, senkrecht zu den beiden vorangegangenen. Bei vielen Tierarten ist sie in Richtung des animalen Pols verschoben (inäquale Teilung), so daß man vier kleinere, animale und vier größere, vegetative Blastomeren erhält. Durch weitere Teilungen erhält man einen Zellhaufen mit etwa 64 Zellen, das Morulastadium. Anschließend entsteht durch Auseinanderweichen der Zellen im Inneren des Keims ein Hohlraum, das Blastocoel. Dieses Stadium nennt man Blastula.

Von nun an erkennt man eine Einstülpung der Zellschicht in das Blastocoel: ein Vorgang, der als Gastrulation bezeichnet wird. Hierbei bilden sich die bereits erwähnten zwei Keimblätter: das Ektoderm und das Entoderm; aus einem Teil des Entoderms entsteht ein drittes Keimblatt: das Mesoderm. Im Anschluß daran erfolgt (bei höheren Tieren) eine weitere Einstülpung, die Neurulation. Ein Teil des Ektoderms (die Neuralplatte oder Medullarplatte) stülpt sich ein, das Neuralrohr entsteht. Es schnürt sich vom Ektoderm ab und entwickelt sich im Inneren des Keims weiter. Im folgenden beginnt eine Differenzierung der Keimblätter in Organe (Abb. 37.3).

B. Differenzierung der Keimblätter in Organe

Bevor wir darüber sprechen, müssen wir noch drei Fragen klären:

1. Sind die Zellkerne aller Zellen untereinander gleich?

2. Welche Wirkung üben das Plasma und die Lage der Zellen im Keim aus?

3. Welches sind die Ursachen dafür, daß sich irreversibel Ektoderm, Mesoderm und Entoderm ausbilden?

1. Sind die Zellkerne aller Zellen untereinander gleich?

Auf diese Frage haben wir bereits im Kapitel 11 eine Teilantwort gegeben. Es sieht ganz so aus, als seien die Kerne in differenzierten Zellen höherer Organismen (z.B. der Säugetiere) verändert. Bei Amphibien sieht die Situation jedoch anders aus.

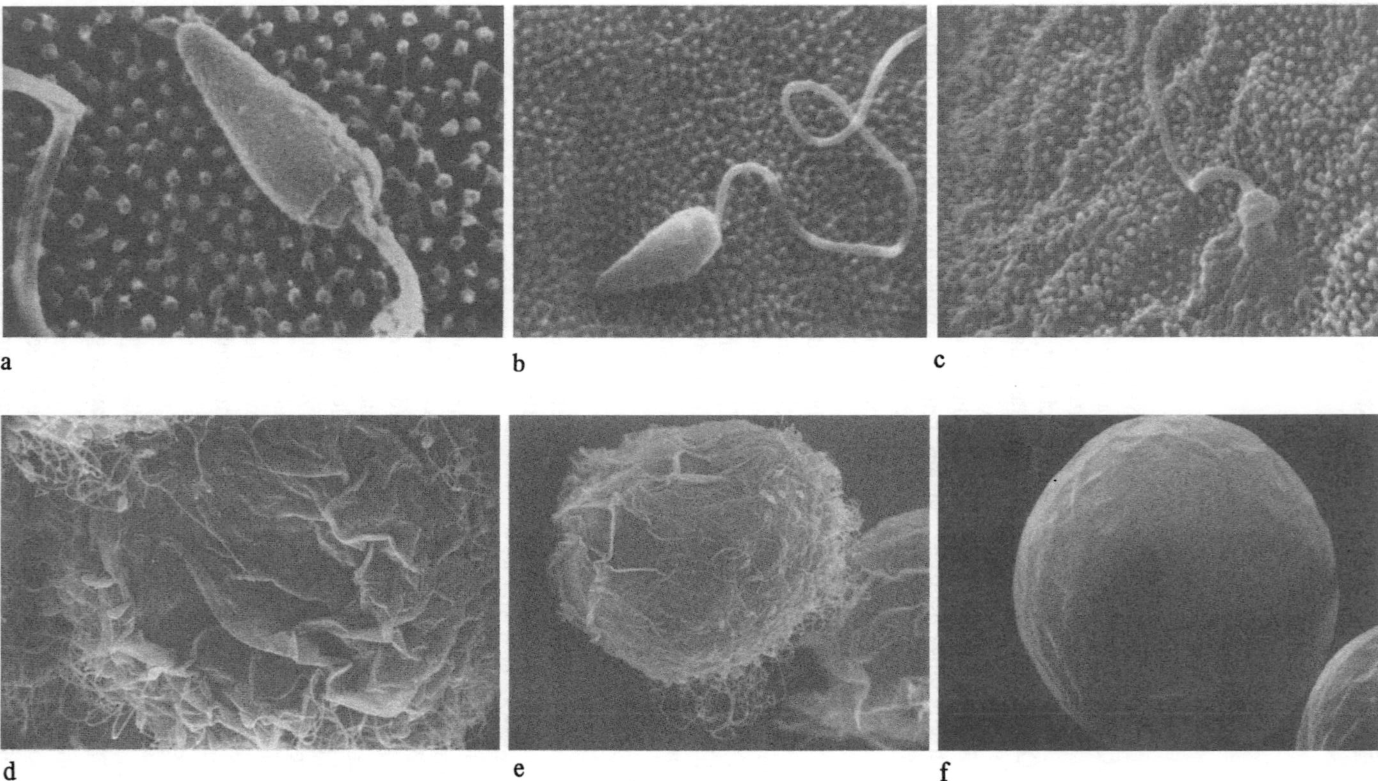

Abb. 37.1 a–f. Befruchtung eines Seeigeleies (*Strongylocentrotus purpuratus*). (a–c) Kontaktaufnahme zwischen Spermienkopf und Eioberfläche; anschließend: Eindringen des Spermienkopfes. (d und e) Um das eingedrungene Spermium herum werden die übrigen Spermien abgestoßen. Die Zone der Abstoßung breitet sich konzentrisch vom eingedrungenen Spermium aus. Die Befruchtungsmembran beginnt, sich abzuheben. (f) Eine abgehobene und gehärtete Befruchtungsmembran umgibt das befruchtete Ei. – Der Vorgang (a–f) dauert 3 Minuten. (Aufn. Mia Tegner, La Jolla, 1973)

Der Freiburger Zoologe H. Spemann (1869 –1941) schnürte ein Molchei ein und erhielt zwei Teile, von denen nur der eine den befruchteten Kern enthielt. Dieser Teil entwikkelte sich bis zum 8–16-Zellstadium. Während dieses Stadiums konnte einer der Kerne in das kernfreie Stück übersiedeln. Er setzte sich dort fest und begann, sich zu teilen. Wurden die beiden Teile nun vollständig durchgeschnürt, so entwickelten sich beide Hälften unabhängig voneinander zu vollständigen Embryonen, wobei lediglich eine Verzögerung der Entwicklung des einen Keims zu erkennen war. Sie wird verständlich, wenn man sich vergegenwärtigt, daß der einzelne übersiedelte Kern eine Reihe von Teilungsschritten nachvollziehen mußte, die der andere Teil bereits hinter sich gebracht hatte (Abb. 37.3).

2. Welche Wirkung üben das Plasma und die Lage der Zellen im Keim aus?

Auf der Oberfläche des befruchteten Amphibieneies ist eine graue Zone, der Graue Halbmond, sichtbar. Man hat festgestellt, daß der Bezirk des Grauen Halbmonds bereits die Bildung von Keimblättern determiniert. Betrachtet man eine Blastula, so kann man auf ihrer Oberfläche Bereiche ausmachen, die sich im folgenden über das Stadium der Keimblätter zu bestimmten Organen differenzieren (Abb. 37.4).

Aus der Abb. 37.4 geht hervor, daß die Oberflächenbereiche der Blastula determiniert sind. Dieser Aussage liegen selbstverständlich Experimente zugrunde. Man kann Teile der Keimoberfläche mit Vitalfarbstoffen anfärben (markieren) und dann verfolgen, in welchem Keimblatt und in welchem Organ man die Färbung später wiederfindet.

3. Welches sind die Ursachen dafür, daß sich irreversibel Ektoderm, Mesoderm und Entoderm ausbilden?

Sind die Zellen der Keimoberfläche bereits endgültig determiniert?
Diese Frage entschied Spemann durch eine Reihe von Transplantationsversuchen.

Eine Transplantation von Ektodermzellen aus einem Blastula- oder frühen Gastrulastadium führt zu der Aussage, daß die Zellen austauschbar sind. Zellen, die dazu determiniert sind, Neuralgewebe zu bilden, entwickeln sich zu Epidermisgewebe, wenn sie in die „richtige" (neue) Umgebung verpflanzt wurden. Umgekehrt lassen sich Hautzellen induzieren, Neuralgewebe zu produzieren, wenn man sie in den betreffenden Bereich des Ektoderms implantiert. Wiederholt man dieses Experiment während einer späteren Entwicklungsphase, so stellt man fest, daß die Zellen ihre Austauschbarkeit verloren haben. Sie reagieren nicht mehr, wie sie an ihrem neuen Standort reagieren sollten, sondern verhalten sich gemäß ihrer Herkunft. Zellen, die determiniert sind, Neuralmaterial zu produzieren, werden das tun, auch wenn man sie in eine Epidermisanlage implantiert. Sie sondern sich von ihrer neuen Nachbarschaft ab.

Spemann machte einen dritten Versuch. Er nahm Zellen aus dem Bereich oberhalb der Urmundlippe, also Zellen, die normalerweise Mesoderm bilden, das Material für das Urdarmdach liefern und sich anschließend in Chorda und Muskeln differenzieren: Implantierte er sie in eine reine Ektodermumgebung, so bildete sich dort ein zweiter Urmund, gefolgt von einer zweiten Gastrulation, Neurulation und schließlich der Bildung eines zweiten Embryos, der mit dem ersten verwachsen blieb (Siamesischer Zwilling) (vgl. Abb. 37.5).

4. Welches sind die Aufgaben von Organisator und Effektoren?

Die genannten Versuche brachten ein entscheidendes Ergebnis: Zellen aus dem Bereich oberhalb des Urmunds (und nur diese!) haben die Fähigkeit, andere Bereiche des Keims zu induzieren, sie also zu veranlassen, bestimmte Organe zu bilden. Spemann nannte diesen Bereich den Organisator.

Fragen wir uns, welchen Einfluß der Organisator während einer normalen Eientwicklung hat, so erhalten wir aus dem bisher Besprochenen schon eine richtige Antwort: Die Zellen des Organisators bilden das Urdarmdach, und oberhalb des Urmunddachs beginnt das Ektoderm, sich einzufalten und das Neuralrohr zu

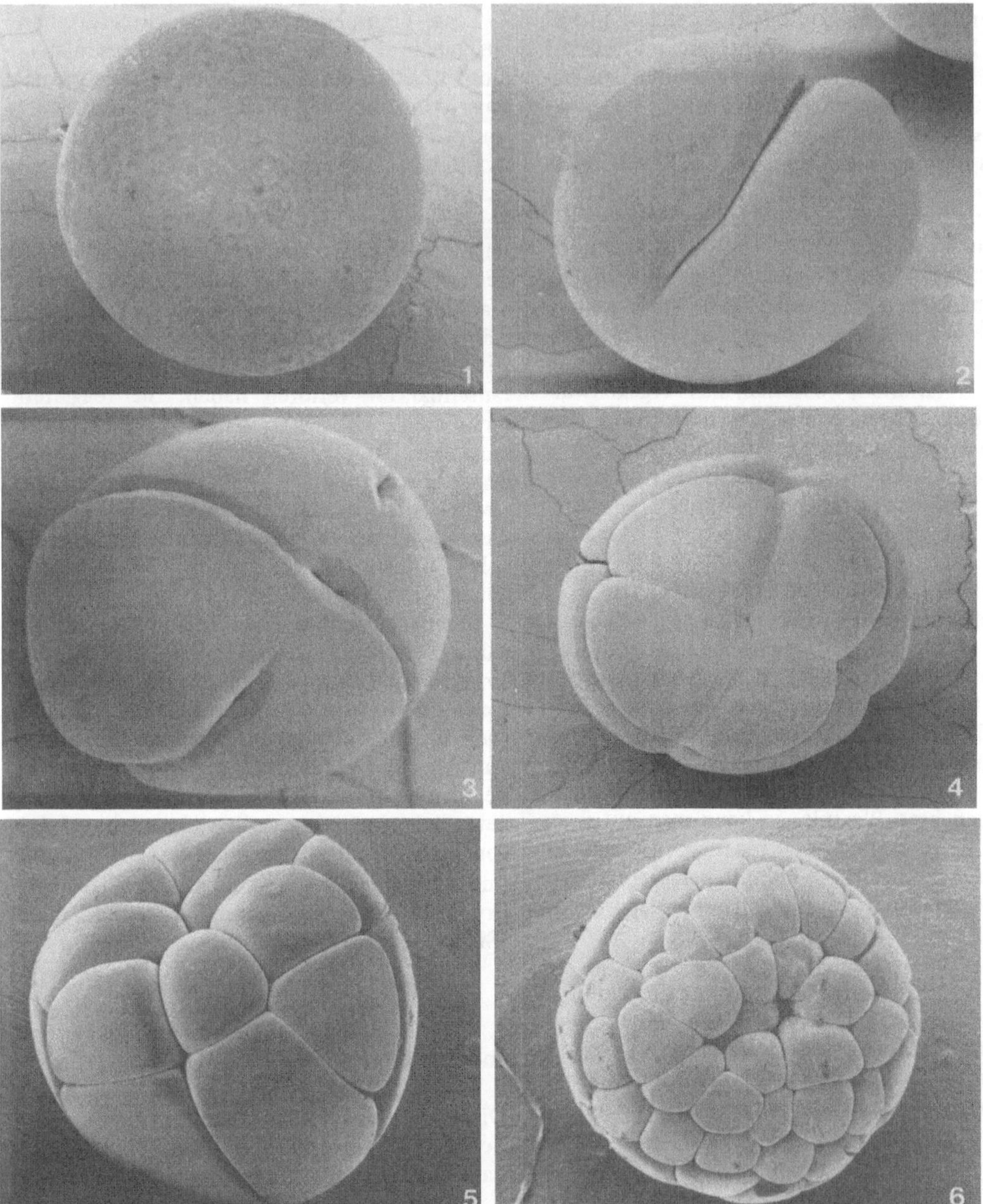

Abb. 37.2. Die Entwicklung des Froscheies. Rasterelektronenmikroskopische Aufnahmen (Technik s.S. 253): *1* unbefruchtetes Ei, *2* Zwei-Zell-Stadium, *3* Vier-Zell-Stadium, *4* Acht-Zell-Stadium, *5* Sechzehn-Zell-Stadium, *6* 32–64-Zellstadium, *7* späte Blastula, *8* Gastrula (*DL* dorsale Urmundlippe, *VP* vegetativer Pol, späteres Entoderm), *9* Dotterpfropf (*YP*) (*DL* dorsale Urmundlippe, *VP* ventrale Urmundlippe, *LL* laterale Urmundlippe), *10* frühe Neurula: Neuralplatte, Neuralwülste wölben sich auf, *11* späte Neurula: Neuralwülste schließen sich zum Neuralrohr, *12* Schwanzknospenstadium (*TB* Schwanzknospe, *PS* Ausdehnung des Ektoderms durch die darunter liegende Nieren- (Pronephros-) Anlage, *GP* Anlage der Kiemen, *EY* Augenanlage, *NP* Nasengrube, *Su* Haftstrukturen). Vergrößerungen ca. 40fach. Man beachte, daß die Zellgröße im Verlauf der Entwicklung abnimmt. (Aufn. R.G. Kessel, University of Iowa)

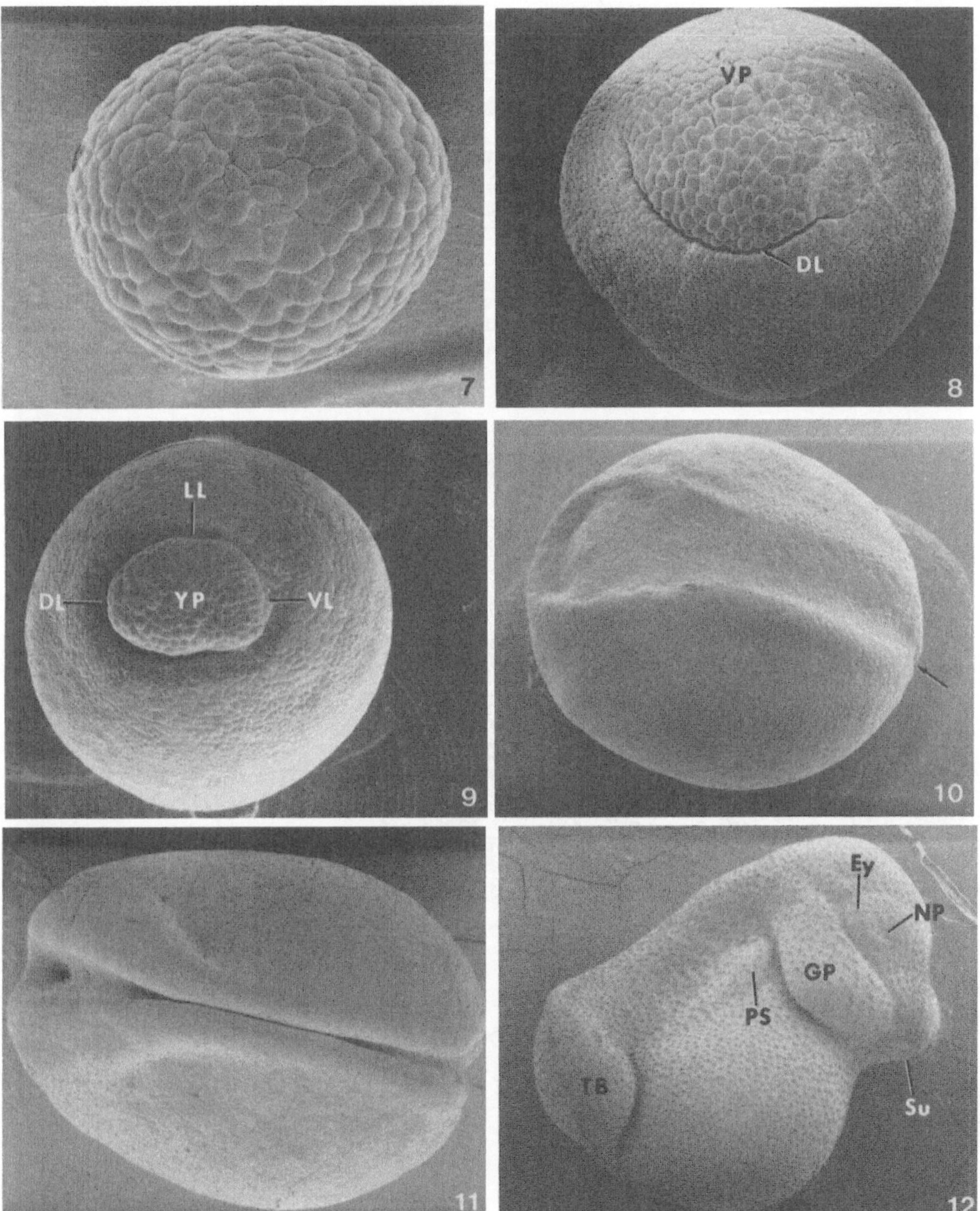

Fig. 37.2. *7–12*

bilden. Mit anderen Worten, das Urdarmdach induziert die Neurulation.

Die nächste Frage müßte natürlich lauten: Wie geschieht das? Dafür sind wiederum zwei Alternativen denkbar:

a) Es wird durch den Kontakt ein Druck erzeugt, der die Zellen des Ektoderms veranlaßt, sich zu verändern.

b) Das Urdarmdach scheidet eine Substanz aus, die die Ektodermzellen stimuliert.

Die erste Möglichkeit konnte durch einen experimentellen Trick schnell ausgeschaltet werden. Man führte in das Blastocoel eine porenfreie Membran ein, um somit einen direkten

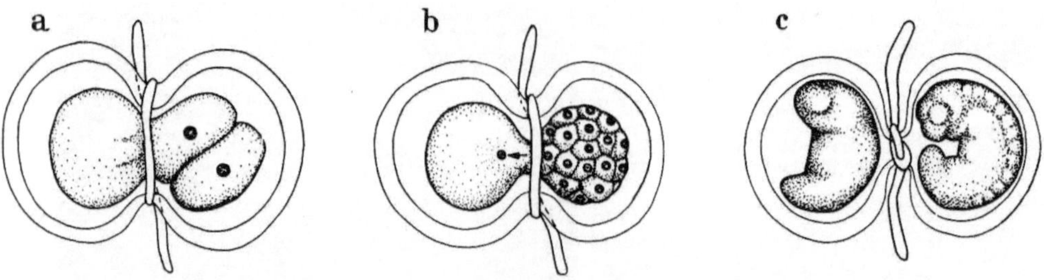

Abb. 37.3 a–c. Verzögerte Entwicklung bei einem eingeschnürten Molchei. (a) Zweizellstadium; (b) fortgeschrittenes Furchungsstadium läßt einen Kern (Pfeil) in die ungefurchte Hälfte übertreten; (c) Zwillingspaar: beide Partner normal, der verzögert versorgte ist lediglich in der Entwicklung leicht zurück. (Nach H. Spemann, aus E. Hadorn, 1961)

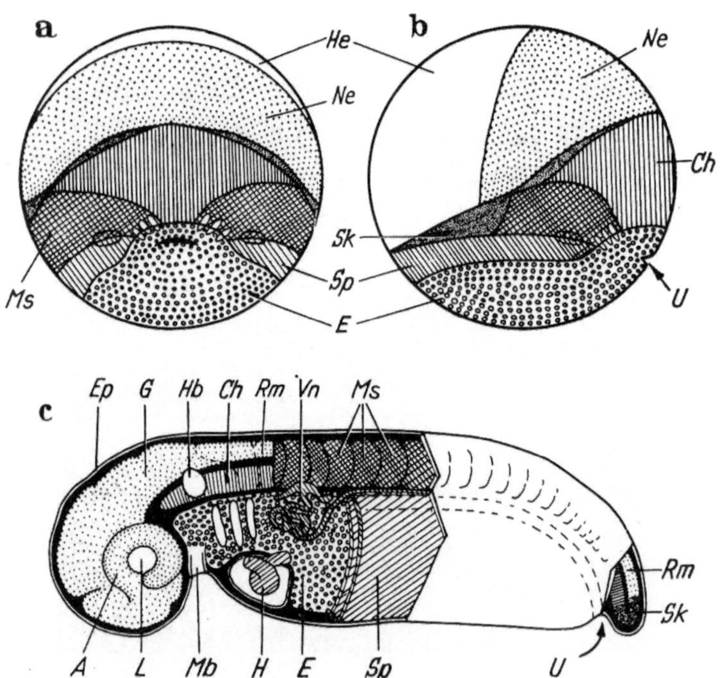

Abb. 37.4 a–c. Lage der Organmaterialien im Anlageplan der Frühgastrula (a und b) und im Embryonalkörper (c). (a) Mittelansicht von hinten, Urmundspalte zentral. (b und c) Seitenansicht von links, Urmundstelle = U mit Pfeil. 1. Ektodermale Anlagen und Organe: He Hautektoderm (weiß) bildet Epidermis (Ep), Linse (L), Hörblase (Hb) und Mundbucht (Mb). Ne Neuralektoderm (punktiert) bildet Neuralrohr mit Gehirn (G), Rükkenmark (Rm) und Augenbecher (A). 2. Mesodermale Anlagen und Organe: Ch Chorda (senkrecht schraffiert), Ms Muskelsegmente (kreuzweise schraffiert), Sp. Seitenplatten (schräg schraffiert), Vn Vorniere, H Herz, Sk Schwanzknospe (dicht punktiert). 3. Entoderm (E, kleine Kreise) besetzt außen (in a und b) den vegetativen Bereich der Frühgastrula und bildet später (c) den Darm. Im Kopfdarm die drei Kiemenspalten (weiß). (Aus E. Hadorn, 1961)

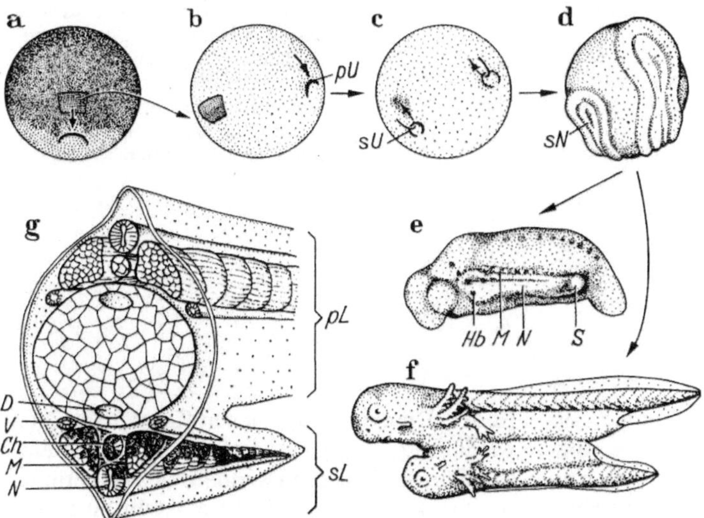

Abb. 37.5 a–g. Organisatortransplantation. (a) dunkler Spender, dem ein Implantat über der oberen Urmundlippe (Sichel) entnommen wird. (b) Wirt mit dunkel pigmentiertem Implantat im Bauchektoderm; pU primärer Urmund des Wirtes mit Pfeil als Invaginationsrichtung. (c) Implantat invaginiert um sekundären Urmund (sU). (d) Primäre Neuralplatte (groß, rechts) und sekundäre Neuralplatte (sN) über dem Implantat. (e) Induktion von Hörblasen (Hb), Neuralrohr (N), Muskelsegmenten (M) und Schwanzknospe (S) auf linker Körperseite des Wirtes. (f) Vollständiger sekundärer Larvenkörper als maximale Induktor- und Organisatorwirkung. (g) Schnitt durch (f) zeigt oben die primären Larvenorgane (pL) und unten die sekundäre Larvenorganisation (sL); Implantatszellen dunkel, Wirtszellen hell, N Neuralrohr, M Muskelsegmente, Ch Chorda, V Vornierengang, D Darmöffnung. (Z.T. frei nach H. Spemann und J. Holtfreter; aus E. Hadorn, 1961)

Stoffaustausch zwischen Urdarmdach und Ektoderm zu verhindern. Das Ergebnis des Versuchs: Es fand keine Neurulation statt. Erst wenn man eine Membran mit einer bestimmten Porengröße verwendete, wurde eine Neurulation induziert.

Die Aussage ist eindeutig: Es muß eine oder mehrere Substanzen geben, die vom Organisator produziert, vom Ektoderm erkannt werden und die es zur Differenzierung anregen. – Welche Substanzen sind es? Eine eindeutige Antwort steht noch aus. Man weiß aber, daß es nicht nur eine Substanz sein kann. Testet man nämlich verschiedene Bereiche des Organisators, so lassen sich dadurch verschiedene Strukturen induzieren:
– Kopforgane (Augen etc.) und
– Rumpf- und Schwanzorgane (Rückenmark etc.).

Kann sich ein Keim auch ohne Organisator entwickeln?
Ein weiterer Versuch Spemanns hat diese Möglichkeit ausgeschlossen. Durchschnürte er

einen Keim derart, daß die Zellen des Organisators nur der einen Hälfte zugeschlagen wurden, so fand er, daß sich nur hieraus eine intakte Larve entwickelte, während der Rest des Keims zu keiner normalen Entwicklung fähig war.

Diese Versuche erklären auch, warum eine Transplantation von Ektodermzellen im frühen Gastrulastadium noch erfolgreich ist, während eine Transplantation von Zellen des späten Gastrulastadiums zeigt, daß die Zellen bereits determiniert sind.

Zweifelsohne muß es eine Reihe von Induktorsubstanzen geben. Man nennt sie ganz allgemein Effektoren. Das folgende Modell (Abb. 37.6) kann in Anlehnung an das Jacob-Monod-Modell andeuten, welches Konzept ihrem Einfluß zugrunde liegen kann. Ein solches Modell kann auch das Phänomen einer Hierarchie deuten. Der Effektor A beeinflußt die Gene R_1 und R_2, somit auch S_a, S_b, S_x und S_y, während der Effektor 1 nur die Aktivität von R_1, S_a und S_b und der Effektor 2 nur die von R_2, S_x und S_y reguliert.

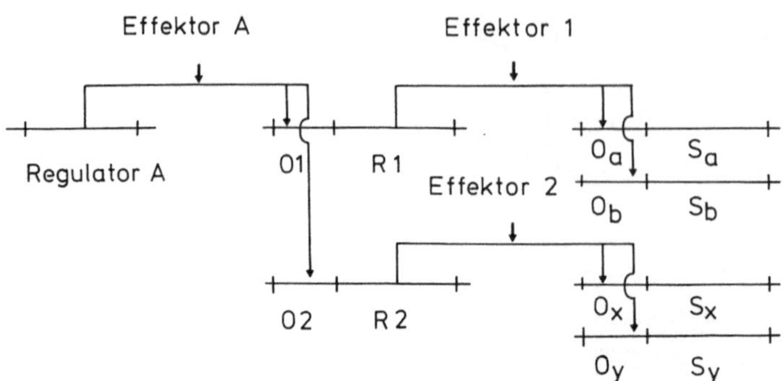

Abb. 37.6. Hypothetisches Modell der Anordnung von Kontrolleinheiten (Details vgl. Text). Die Hintereinanderschaltung der einzelnen Elemente deutet auf einen hierarchischen Aufbau hin. (Nach J. Bonner, 1965)

Die Genprodukte von R und S mögen für eine Differenzierung der Zelle in eine bestimmte Richtung erforderlich sein. Noch eine weitere Bedingung muß erfüllt sein, um eine Hierarchie zu erklären: Die genannten Reaktionen müssen spezifisch sein.

C. Determination von Blastodermzellen: Eine Analyse an *Drosophila*

Wir haben die Entstehung eines Vielzellers am Beispiel der Entwicklung von Amphibieneiern durchgesprochen und dabei einige relativ weittragende Aussagen gemacht. Um ganz sicher zu gehen, empfiehlt es sich, die Aussagen an anderen Systemen zu verifizieren. Hierfür bietet sich *Drosophila melanogaster* an. Wir wissen ja schon, daß es zahlreiche Mutanten gibt, und es stellt sich somit die Frage, ob sie uns bei der Untersuchung der Embryonalentwicklung weiterhelfen können.

Bevor wir uns mit Details befassen, müssen wir kurz die frühen Stadien der Entwicklung eines *Drosophila*eies besprechen.

Die Entwicklung von Insekteneiern ist anders als die der Eier der meisten anderen *Animalia*.

Ein Insektenei ist zylindrisch und hat einen vorderen und einen hinteren Pol (*anterior* und *posterior*). Das Plasma ist im Ei nicht gleichmäßig verteilt. Am hinteren Pol (*posterior*) findet man ein relativ stark granuliertes (gekörneltes) Polplasma.

Der Kern des befruchteten Eies teilt sich, die sich bildenden Tochterkerne bleiben im Zentrum liegen. Es ist zu beachten, daß hier eine Kernteilung, aber keine Zellteilung statt-

findet. Die zentral gelegenen Kerne teilen sich wiederholt, bis eine Vielzahl von Kernen entstanden ist. Erst dann wandern sie zur Peripherie und kapseln sich ab. Es entsteht eine periphere Zellschicht, das Blastoderm, es ist der bereits besprochenen Blastula analog. Kerne, die bei dieser Wanderung ins Polplasma gelangen, entwickeln sich zu den Kernen (Zellen) der Keimbahn (→ Geschlechtszellen). Die übrigen werden zu Kernen der somatischen Zellen (Körperzellen). Das Polplasma determiniert also die Bildung von Geschlechtszellen.

K. Illmensee und A.P. Mahowald entnahmen Polplasma eines Eies von *Drosophila* und übertrugen es zum vorderen Pol eines zweiten Eies (Abb. 37.7). Sie ließen es sich normal entwickeln und entnahmen dann Zellen, die sich in dem implantierten Polplasma (*anterior* gelegen) bildeten. Die Zellen wurden dann in das hintere Ende neuer Keime (im Blastodermstadium) übertragen, bei denen vorher das Polplasma durch UV-Bestrahlung zerstört wurde. Es zeigte sich, daß die transplantierten Zellen sich zu Geschlechtszellen entwickeln. Damit war gezeigt, daß sich das Polplasma transplantieren läßt und auch in der neuen Umgebung seine induzierende Wirkung ausübt. Eine Zerstörung von Polplasma führt zur Entwicklung steriler Fliegen.

Kann man Teile des Keims genetisch markieren? Wir haben schon im Kapitel 34 gesehen, daß es bei *Drosophila* Mutanten gibt, die eines ihrer X-Chromosomen während der ersten Teilung des Kerns der befruchteten Eizelle verlieren können. Es entstehen Mosaikfliegen, von denen einige Körperteile männlich, andere weiblich sind (Abb. 37.8). In den „männli-

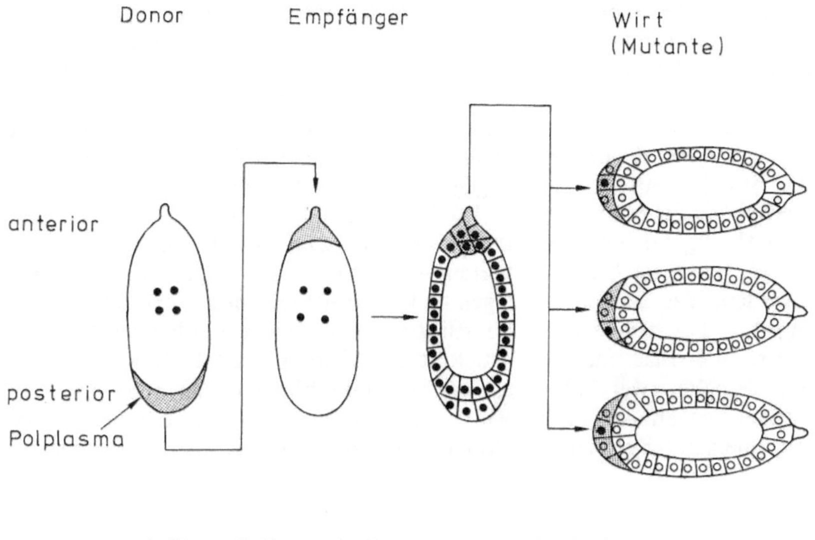

Abb. 37.7. Entwicklung des Blastoderms; Transplantation von Polplasma (Details s. Text). (Nach K. Illmensee und A.P. Mahowald, 1974)

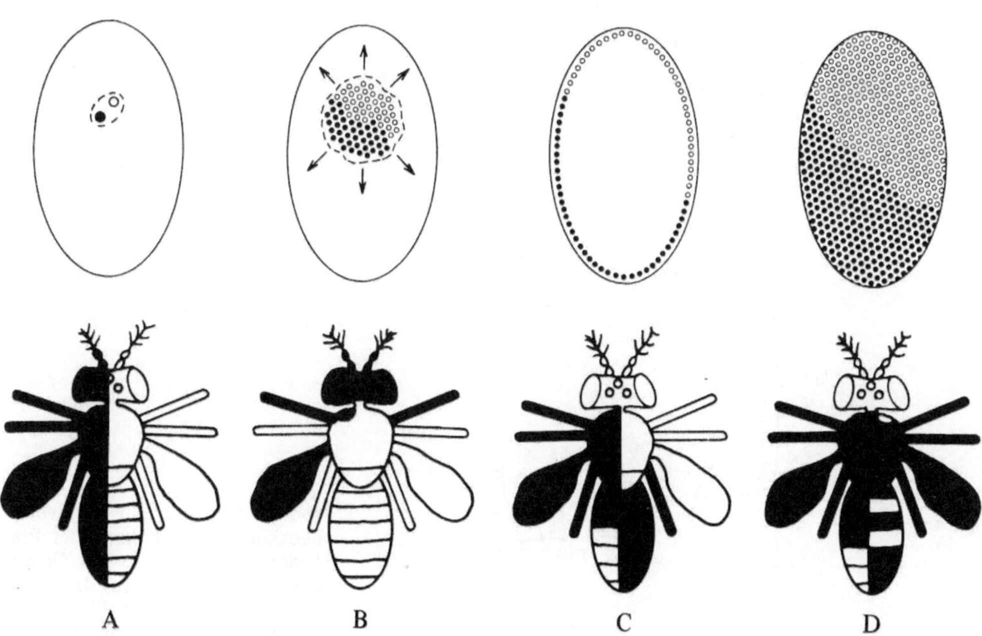

Abb. 37.8 A–D. Entstehung einer „Mosaikfliege". Bei einer *Drosophila*-Mutante kann während einer der ersten Teilungen in einer der beiden Tochterzellen ein X-Chromosom verlorengehen, d.h. etwa die Hälfte der Zellen erhält männlichen (X0), die andere Hälfte weiblichen (XX) Charakter; im Diagramm schwarz und weiß. Während der folgenden Teilungen bildet sich auf der Blastodermoberfläche eine scharfe Grenze aus (A–D). Entsprechend der Orientierung der Kernspindel während der ersten Teilung liegt die Grenze zwischen den beiden Zelltypen auf der Blastodermoberfläche bei jedem Individuum anders. Es entwickeln sich Mosaikfliegen, die zur Hälfte männlich bzw. weiblich sind (Y. Hotta und S. Benzer, 1972)

chen" Zellen können sich rezessive Gene verwirklichen, die auf dem X-Chromosom liegen. *A priori* läßt sich nicht sagen, welche Körperteile männlich und welche weiblich sind, das hängt von der Lage der Teilungsspindel während der ersten Teilung der Zygote ab. In der Abb. 37.8 sind einige der Möglichkeiten angedeutet. Da die Determination bereits frühzeitig erfolgt, kann man aus der Häufigkeit, mit der zwei Merkmale bei einem ausgewachsenen Individuum getrennt werden, das Schicksal der Zellen zurückverfolgen und so eine zweidimensionale Anlagenkarte der Blastodermoberfläche rekonstruieren. Je näher zwei Anlagen im Blastoderm einander benachbart sind, desto seltener sollten sie voneinander getrennt werden (vgl. Abb. 37.9).

Im Prinzip haben wir das gleiche Konzept vor uns, das wir bei der Aufstellung einer Genkarte kennengelernt haben. Gene sind linear angeordnet; man erhält deshalb eine eindimensionale Genkarte, während für die Anlagen auf einer Blastodermoberfläche zwei Koordinaten angegeben werden müssen.

Die Rekombinationsabstände auf einer Genkarte von *Drosophila* werden in Morgan-Einheiten ausgedrückt. Für die Abstände der Anlagen für bestimmte Organe auf der Blastodermoberfläche prägten Hotta und Benzer den Ausdruck Sturt zu Ehren von A.H. Sturtevant, der als erster darauf hinwies, daß man auf diese Weise das Schicksal einzelner Zellen des Blastoderms verfolgen könne.

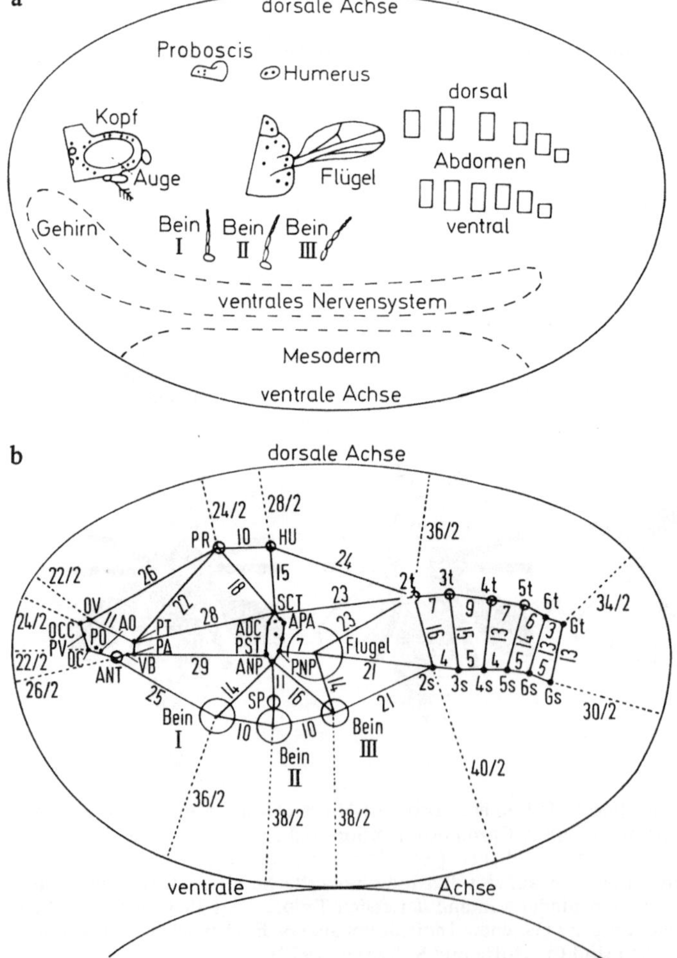

Abb. 37.9 a und b. Eine zweidimensionale Anlagenkarte der Blastodermoberfläche von *Drosophila melanogaster*. (a) In dieser sind die Anlagen für die einzelnen kartierten Organe auf der Blastodermoberfläche dargestellt. (b) Die genaue Lage der Organanlagen (Abstände in Sturt) auf der Blastodermoberfläche. Die Daten stammen aus einer Analyse zahlreicher Mosaikfliegen (vgl. Text und Abb. 37.8). (Y. Hotta und S. Benzer, 1972)

Literatur

Benzer, S.: Genetic dissection of behavior. Sci. Am. Dezember 1973, S. 24.

Bonner, J.: Molecular biology of development. Oxford University Press 1965.

Hadorn, E.: Experimentelle Entwicklungsforschung an Amphibien. Verständliche Wissenschaft, Bd. 77. Berlin—Göttingen—Heidelberg: Springer 1961.

Holtfreter, J.: Studien zur Ermittlung der Gestaltungsfaktoren in der Organentwicklung der Amphibien. Roux' Arch. **139** (1939).

Hotta, Y., Benzer, S.: Mapping of behaviour in Drosophila mosaics. Nature **240**, 527 (1972).

Illmensee, K., Mahowald, A.P.: Transplantation of posterior polar plasm in Drosophila. Induction of germ cells at the anterior pole of the egg. Proc. Natl. Acad. Sci. US **71**, 1016 (1974).

Kessel, R.G., Beams, H.W., Shih, C.Y.: Surface structures of the frog embryo as revealed by scanning electron microscopy. Anat. Rec. **175**, 489 (1973).

Kühn, A.: Vorlesungen über Entwicklungsphysiologie. 2. Aufl. Berlin—Heidelberg—New York: Springer 1965.

Spemann, H.: Experimentelle Beiträge zur Theorie der Entwicklung. Berlin: 1936.

Spemann, H., Mangold, H.: Über die Induktion von Embryonalanlagen durch Implantation artfremder Organisatoren. Roux' Arch. **100** (1924).

Tegner, M.J., Epel, O.: Sea urchin sperm-egg interactions studied with the scanning electron microscope. Science **179**, 685 (1973).

38. Generationswechsel von Pflanzen, Entwicklung der Angiospermae (Bedecktsamer)

A. Generationswechsel

Bei der Befruchtung entsteht aus zwei haploiden Gameten eine diploide Zygote. Gameten entstehen durch Reduktionsteilung während der Oogenese oder der Spermatogenese in der tierischen Entwicklung in der Regel erst zu einem relativ späten Zeitpunkt.

Anders bei manchen Pflanzengruppen: Bei einigen erfolgt die Reduktionsteilung unmittelbar nach der Zygotenbildung, bei anderen etwa auf halbem Wege des individuellen Entwicklungszyklus oder später. Wir erhalten somit zwei Generationen (Phasen): eine diploide und eine haploide (Generationswechsel, Kernphasenwechsel). Unter Generationswechsel versteht man ganz allgemein jeden Wechsel zwischen einer geschlechtlichen Generation und einer oder mehreren ungeschlechtlichen Generationen, gleichgültig ob die ungeschlechtliche Vermehrung durch ungeschlechtliche Einzelzellen, unbefruchtete Eier oder vielzellige „vegetative Fortpflanzungskörper" (z.B. Ausläufer) erfolgt, gleichgültig auch, ob die sich verschieden vermehrenden Generationen morphologisch verschieden sind oder nicht. „Generationen" nennt man dabei einen Entwicklungsschritt, der mit einem bestimmten Keimzellentypus beginnt und mit der Erzeugung eines anderen bestimmten Keimzellentypus abschließt. An und für sich können verschiedene Generationen innerhalb derselben Phase auftreten, einen solchen Generationswechsel findet man in der Diplophase z.B. bei einigen Tieren. Wenn in der Botanik von Generationswechsel schlechtweg gesprochen wird, so meint man, wie schon oben angedeutet, die Ausbildung beider Phasen des Kerns zu eigenen Generationen.

Die diploide Phase bezeichnet man als den Sporophyten (vegetative Generation), die haploide als Gametophyten (geschlechtliche Generation). Generell läßt sich sagen, daß mit steigender Organisationshöhe die diploide Phase zeitlich mehr und mehr an Übergewicht gewinnt (vgl. Abb. 38.1).

Als ein Beispiel für die Entwicklung von Pflanzen wollen wir die der *Angiospermae* herausgreifen, um vor allem die unterschiedlichen Konzepte einer pflanzlichen und einer tierischen Entwicklung herauszuarbeiten. *Angiospermae* sind die am höchsten entwickelte systematische Gruppe der Pflanzen. Die Entwicklung ist, wie wir gleich sehen werden, recht kompliziert, und manches mag vielleicht unverstanden bleiben, wenn man nur die Beschreibung der Entwicklung dieser Gruppe liest. Verständlicher würde der Ablauf werden, wenn man ihn mit der Embryonalentwicklung von Pflanzen anderer systematischer Gruppen vergleicht; dann würde man einen Einblick erhalten, wie die Prozesse und Strukturen im Laufe der Evolution entstanden sind. An dieser Stelle muß auf eine solche Ableitung jedoch verzichtet werden.

B. Die Entwicklung der *Angiospermae*

Die Samenanlagen werden bei den *Angiospermae* im Fruchtknoten gebildet. Eine große, zentral gelegene Zelle, die Embryosackmutterzelle, durchläuft die Meiose. Von den vier haploiden Tochterzellen gehen drei zugrunde. Der Zellkern der vierten durchläuft drei aufeinanderfolgende Teilungen. Es entsteht der achtkernige Embryosack. Bereits bei der ersten Teilung weichen die beiden Tochterkerne auseinander. An den Polen der Zelle angekommen, teilen sie sich noch je zweimal. Von den nunmehr 2 x 4 Kernen wandert aus jeder Gruppe je einer zur Mitte zurück, sie verschmelzen. Es entsteht der diploide sekundäre Embryosackkern. Die drei Zellen des Pols, welcher der Mikropyle (einer Öffnung der reifen Samenanlage am nächsten liegen, entwickeln sich zur Eizelle und zu den beiden Synergiden. Die drei Zellen am anderen Pol bezeichnet man als Antipoden (Abb. 38.2).

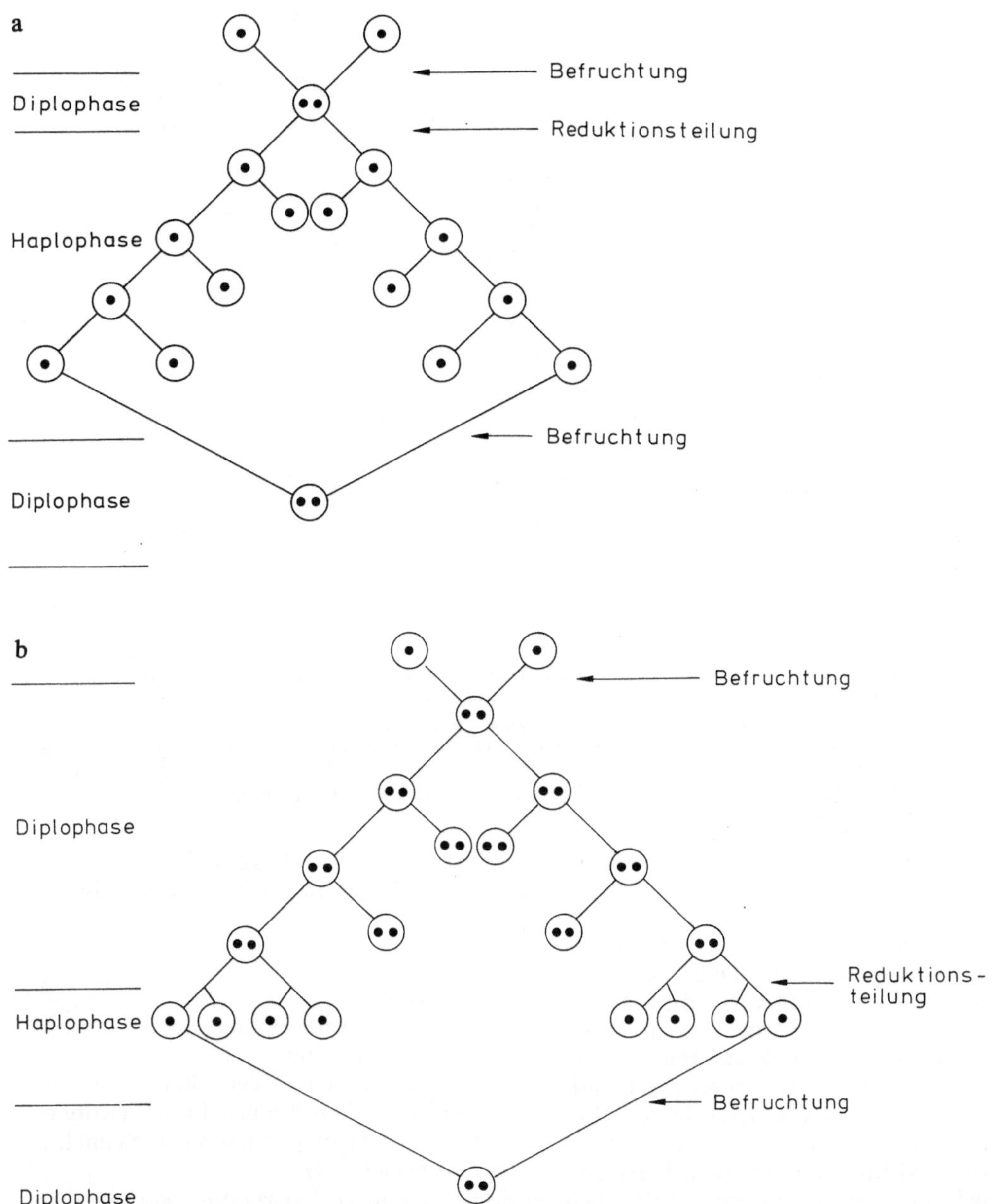

Abb. 38.1 a und b. Schematische Darstellungen des Kernphasenwechsels bei Pflanzen mit vorwiegend haploider und bei solchen mit vorwiegend diploider Phase. (Aus R.v. Wettstein, Handbuch der Systematischen Botanik, 2. Aufl., 1924)

Männliche Gameten entwickeln sich wie folgt: Bei der Meiose im Pollensack entstehen zunächst vier Mikrosporen, die zu Pollenkörnern differenzieren. Die Bildung männlicher Gameten erfolgt anschließend in ihnen. Sie enthalten den reduzierten (haploiden) Gametophyten, der zwei- oder mehrkernig ist. Während das Pollenkorn auf der Narbe auskeimt, teilt sich einer der Kerne erneut. Beide Tochterkerne dringen in den Embryosack ein (Abb. 38.3), wobei einer mit dem diploiden sekundären Embryosackkern, der zweite mit der Ei-

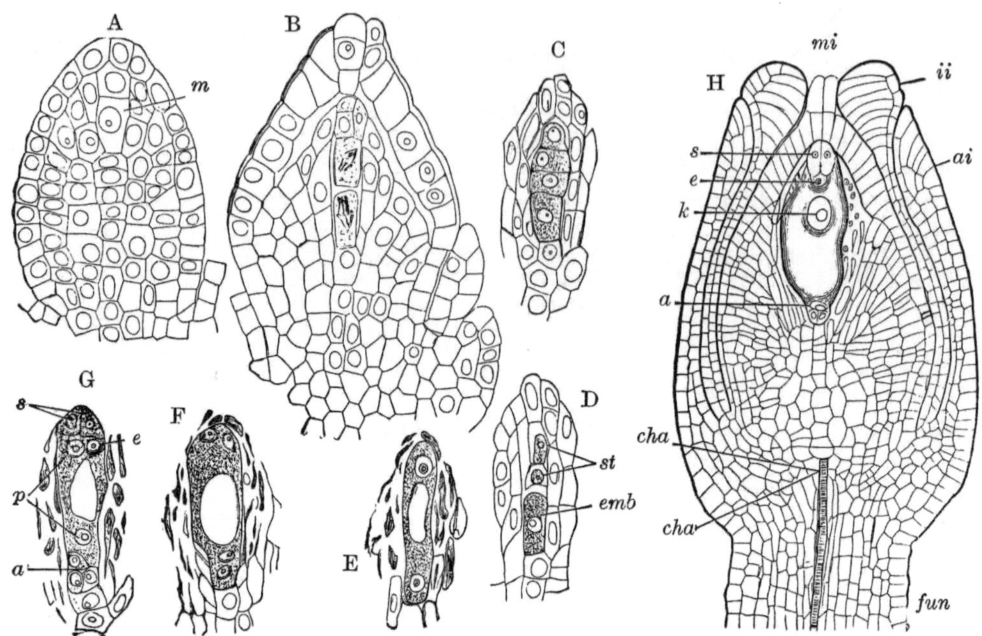

Abb. 38.2 A–H. Entwicklung des Embryosacks bei den *Angiospermae*. (A) Nucellus mit Embryosackmutter-zelle *m*; (B) diese in 2 bzw. (C) in 4 Zellen geteilt; (D) von den 4 Zellen wird eine zum Embryosack *emb*, die anderen (*st*, nur 2 sichtbar) gehen zugrunde; (E) Embryosack (mit großer Vakuole) mit 2, (F) mit 4 Kernen, (G) mit Eizelle *e*, Synergiden *s*, Antipoden *a*, Polkernen *p*; (H) reife Samenanlage: *k* sekundärer Embryosack-kern, *cha* Chalaza, *mi* Mikropyle, *ai, ii* äußeres und inneres Integument, *fun* Funiculus. [(A–G) 320 x, (H) 135 x; nach Strasburger; aus Strasburger *et al.: Lehrbuch der Botanik für Hochschulen]

zelle verschmilzt. Es findet somit eine doppelte Befruchtung statt: ein charakteristisches Merkmal der *Angiospermae*.

Der nun triploide Kern im Zentrum des Embryosacks bildet durch mehrfache Teilungen das Endosperm, ein Nährgewebe; die befruchtete Eizelle den Embryo (Abb. 38.4 und 38.5).

Schon die erste Teilung des Embryos ist inäqual und legt damit eine irreversible Polarität fest (Wurzel-Sproß-Polarität). In der Abb. 38.6 sind die weiteren Teilungen dargestellt. Dabei ist es wichtig zu erkennen, daß der Embryo sich in zwei Teilen entwickelt, dem eigentlichen Embryo, der zumindest vorübergehend eine kugelförmige Gestalt annimmt, und einem gestreckten Suspensor. Der Suspensor dient vermutlich zur Aufnahme und Weitergabe von Nährstoffen. Der kugelförmige Embryo ist bereits differenziert. Er besteht aus vier Etagen. Etage 1 entwickelt die Kotyledonen (Keimblätter), Etage 2 den späteren oberirdischen Sproß, Etage 3 ist die Wurzelanlage, und aus Etage 4 bildet sich die Wurzelhaube.

C. Wodurch unterscheidet sich die Entwicklung der Pflanzen von der der Tiere?

Bei Pflanzen gibt es:
– nur ausnahmsweise Hohlräume,
– selten Faltungen, und
– keine Keimblätter in dem Sinne, wie man sie bei tierischen Keimen findet. (Kotyledonen sind nicht mit tierischen Keimblättern vergleichbar!)

Zellteilung und Differenzierung geschehen in zusammenhängenden Zellverbänden. Das Fehlen von Faltung und Keimblattbildung ist aus der Struktur pflanzlicher Zellen erklärbar. Sie haben starre Zellwände, die ein Aneinandervorbeischieben der Zellen und ihre Wanderung verhindern.

Bei der tierischen Entwicklung finden wir ein gleichmäßiges Wachstum aller Organanlagen, so daß die Proportionen zueinander während der Entwicklung des Organismus gewahrt

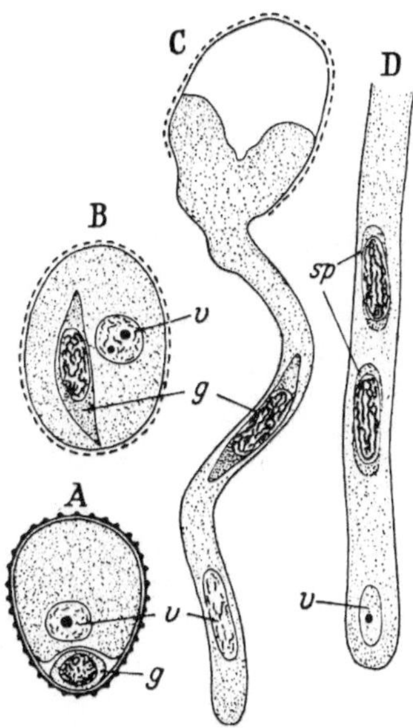

Abb. 38.3 A–D. Bildung des ♂ Gametophyten im Pollenkorn und Pollenschlauch von *Lilium martagon*. *v* Kern der vegetativen Zelle, *g* generative Zelle, *sp* die beiden Spermazellen. In (D) nur die Spitze des Pollenschlauches gezeichnet. (530 x; nach Strasburger, in Anlehnung an Guignard etwas verändert; aus Strasburger *et al.*: Lehrbuch der Botanik für Hochschulen)

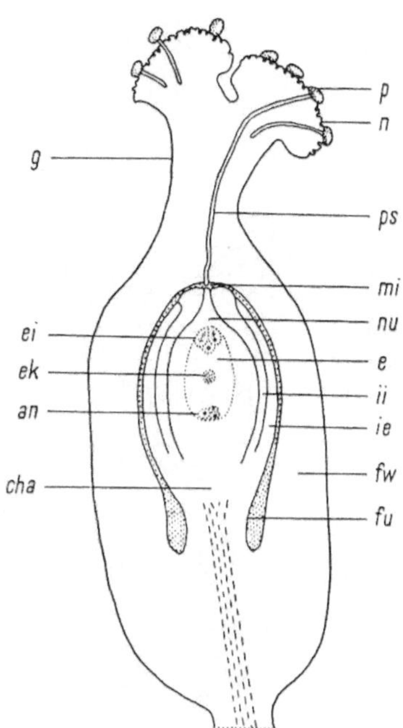

Abb. 38.4. Fruchtknotenlängsschnitt mit Samenanlage (schematisch). *fw* Fruchtknotenwandung; *g* Griffel; *n* Narbe; *p* Pollenkörner; *ps* Pollenschläuche; *fu* Funiculus; *cha* Chalaza; *ie, ii* äußeres und inneres Integument; *mi* Mikropyle; *nu* Nucellus; *e* Embryosack; *ei* Eiapparat; *ek* sekundärer Embryosackkern; *an* Antipoden. (48 x; nach Schenck)

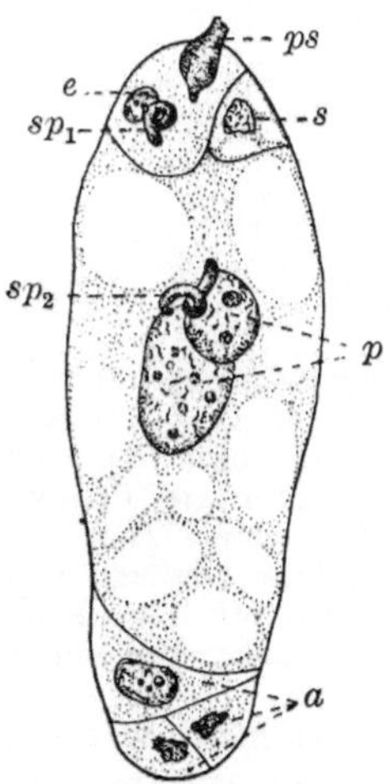

Abb. 38.5. Der Embryosack einer Lilie während der Befruchtung. *e* Eizelle mit Eikern; sp_1, sp_2 die beiden Spermakerne; *p* die noch nicht miteinander verschmolzenen Polkerne; *s* eine Synergide; *a* Antipoden; *ps* Pollenschlauch. (Etwa 600 x; nach Guignard)

bleiben. Das schließt nicht aus, daß einige geregelte proportionale Änderungen auftreten.

Anders bei Pflanzen. Sie wachsen nicht als Ganzes, sondern lokal am Vegetationspunkt. Ständig können neue Organe angelegt werden. Die Determination der Zellen ist ausschließlich durch ihre Position in der Pflanze gegeben: Die obersten Zellen eines wachsenden Sprosses bilden den Vegetationspunkt (Vegetationskegel). Wird der Vegetationskegel eines Sprosses entfernt, dann muß die oberste Seitenknospe das Wachstum des Sprosses fortführen. Der dekapitierte Hauptvegetationskegel kann normalerweise nicht aus Dauerzellen regeneriert werden. Dieses Faktum ist wichtig, um die Verzweigungssysteme der Pflanzen zu verstehen.

Pflanzen haben ein hohes Regenerationsvermögen. Schneidet man z.B. einen Zweig einer Pflanze ab, so kann man in der Regel aus ihm eine vollständige Pflanze regenerieren. Bringt man ein Stück eines Sprosses in ein geeignetes Kulturmedium [Glucose, Aminosäuren, Salze und die Pflanzenwuchsstoffe (-hormone): Auxin und Kinetin], so wächst dieses Stück zu einem Kallus heran, der aus undifferenzierten Zellen besteht, die unbegrenzt in

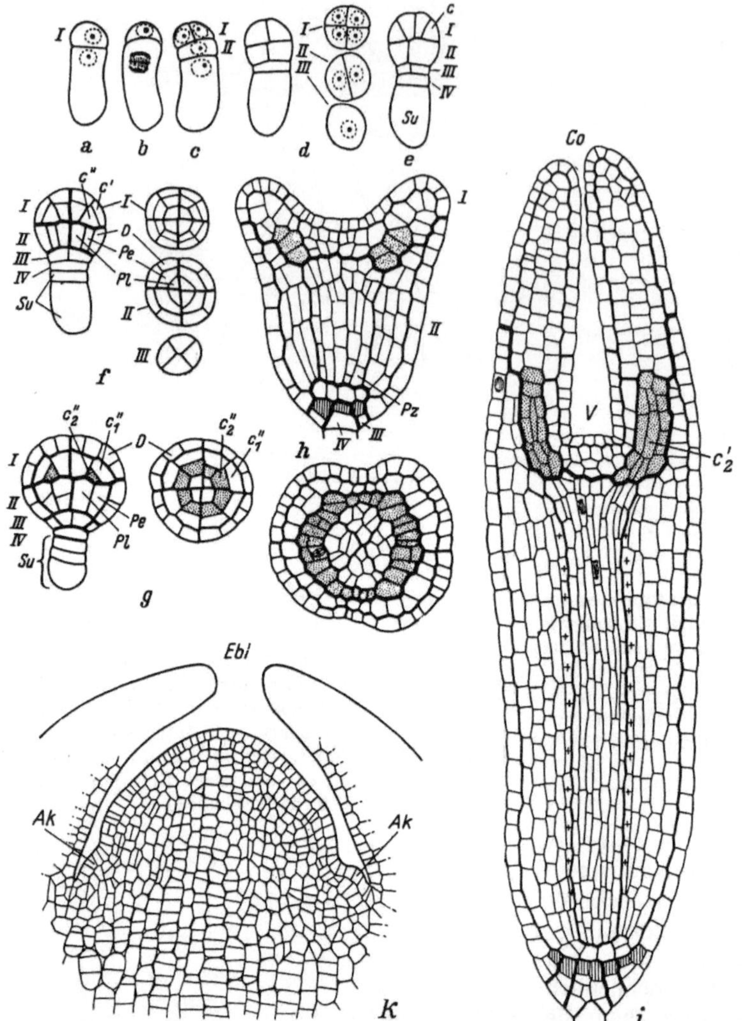

Abb. 38.6 a–k. Angiospermenentwicklung. (a) 2-zellig; (b) Übergang zum 3-zelligen Stadium; (c) 4-zellig; (d) 8zellig, links Längsschnitt, rechts Querschnitte durch die Etagen *I, II* und *III*; (e) 16-zellig; (f) Embryo nach Sonderung der Zellen in Dermatogen (*D*), Periblem (*Pe*), Plerom (*Pl*) und Suspensor (*Su*), Längsschnitt und Querschnitte; (g) älterer kugelförmiger Embryo, Längs- und Querschnitt; (h) Beginn des Verwachsens der Kotyledonen, Längs- und Querschnitt (*Pz* = Perizykel; (i) Längsschnitt durch einen Embryo; *V* Vegetationspunkt; c, c', c''_1, c''_2 Zellenfolge, aus der die Hauptmasse des Kotyledonengewebes hervorgeht. (k) Vegetationskegel eines Bohnenkeimlings. *Ak* Achselknospen der Erstlingsblätter (*Ebl*). [(a–i) nach Noll, 1935, (k) nach Sachs. Aus A. Kühn: Vorlesungen über Entwicklungsphysiologie, 1955]

diesem Zustand gehalten und vermehrt werden können. Man spricht oft, nicht ganz richtig, von „Gewebekultur", besser ist der Ausdruck: Kalluskultur.

Ändert man die Kulturbedingungen in einer bestimmten Weise (z.B. durch Erhöhung der Kinetinkonzentration), so kann sich der Kallus zu einer vollständigen Pflanze mit Sproß, Wurzel und Blüte differenzieren.

Tierische Gewebe haben meist nur ein geringes Regenerationsvermögen. Bei Amphibien z.B. kann ein Bein oder der Schwanz nachwachsen, wenn es oder er abgetrennt wurde.

Literatur

Wettstein, R.v.: Handbuch der Systematischen Botanik. Leipzig: F. Deuticke 1924.

39. Determination, Differenzierung, Organbildung

Während der Embryonalentwicklung läuft ein genetisch genau gesteuertes Programm ab. Die bisher beschriebenen Erscheinungen sind Folge von Reaktionen, die sich auf der Ebene der Transkription, der Translation und der Genregulation abspielen. Wir haben in den Kapiteln 27 und 34 besprochen, wie einzelne Gene aktiviert und andere inaktiviert werden können.

A. Was kann man über die zeitliche Reihenfolge von Genaktivitäten aussagen?

Wann wird was gebildet? DNS, RNS, Proteine? Detaillierte Analysen liegen über Seeigel-, Amphibien- und *Drosophila*-Eier vor. Einige Ergebnisse sind im folgenden zusammengefaßt:

1. Man findet 1, 8 und 18 Stunden nach der Befruchtung von Seeigeleiern unterschiedliche Proteinmuster in den sich entwickelnden Keimen (Abb. 39.1).

Die Proteine wurden nach den genannten Zeiten isoliert, säulenchromatographisch auf-

getrennt und somit charakterisiert. Über die Aktivitäten der Proteine kann man auf Grund dieses Versuchs nichts aussagen.

2. Wann findet eine Transkription statt? Gibt man nach der Befruchtung eines Seeigeleies Actinomycin (ein Antibiotikum, welches die Transkription hemmt) ins Medium, in dem sich das Ei entwickelt, so bleibt die Entwicklung im Gastrulastadium stehen. In den frühen Entwicklungsstadien findet offenbar eine Proteinsythese statt, mRNS muß also bereits vorhanden sein; erst während der Gastrulation wird neue mRNS gebildet und gebraucht.

3. Bildung verschiedener Nukleinsäurefraktionen während der Entwicklung von *Xenopus laevis*. Man erkennt in Abb. 39.2, daß die Bildung von DNS, ribosomaler RNS und „mRNS" vorzugsweise in ganz bestimmten Entwicklungsstadien des Eies und des Embryos erfolgt.

B. Ist eine Zelle in einem tierischen Organismus ein für allemal determiniert?

Determination und Irreversibilität haben wir in Kapitel 37 besprochen.

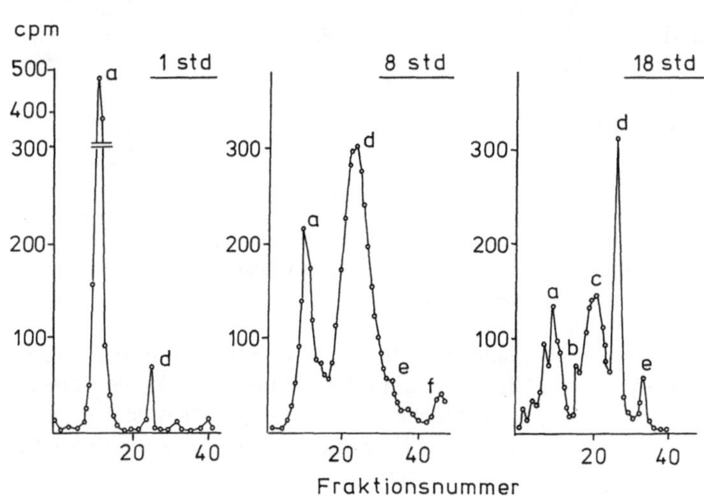

Abb. 39.1. Proteinzusammensetzung in frühen Entwicklungsstadien eines Seeigeleies (*a–e* sind Bezeichnungen für unterschiedliche Proteinfraktionen). *cpm* heißt "counts per minute". Es wurden somit „nur" in Protein eingebaute radioaktive Vorläufer nachgewiesen. (Nach C.H. Ellis, 1966)

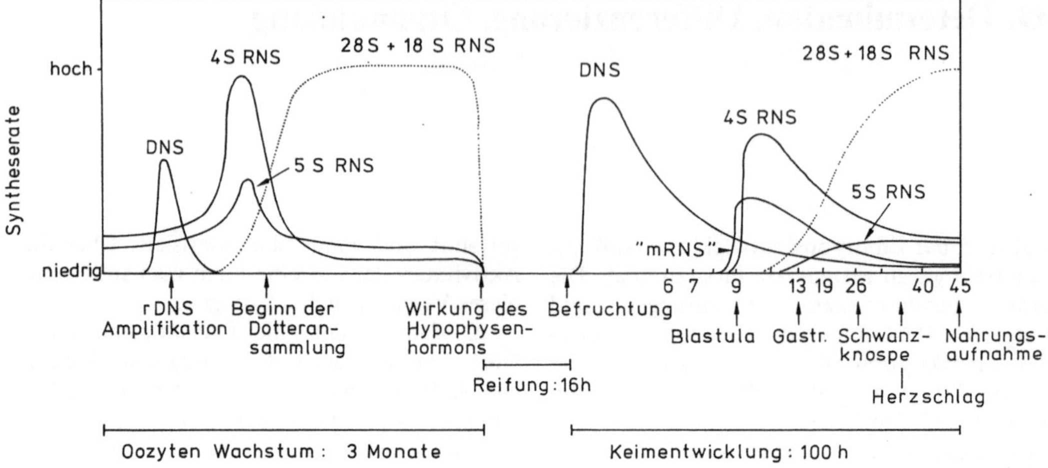

Abb. 39.2. Synthese von Nukleinsäuren während der Eientwicklung von *Xenopus laevis*. (Nach J.B. Gurdon, 1974)

1. Wie stabil ist nun aber die Determination?

Der Züricher Zoologe E. Hadorn ist dieser Frage bei *Drosophila melanogaster* nachgegangen. Wie die meisten Insekten entwickelt sich *Drosophila* nach dem folgenden Schema (Metamorphose):

Ei → Larve → Puppe → Imago

(ausgewachsenes Insekt)

Die Larve besitzt voll ausgebildete Organe: Darmtrakt, Speicheldrüsen, Epidermis (Haut) u.a. Während der Verpuppung disintegrieren sie. Anschließend bilden sich neue Organe aus. Außer den differenzierten Zellen findet man in der Larve scheibenförmig aussehende Haufen embryonaler, also nicht differenzierter Zellen. Man nennt diese Bereiche, die aus einigen 1.000 Zellen bestehen: Imaginalscheiben (imaginal discs). Hadorn hat gezeigt, daß diese Imaginalscheiben Anlagen für die Organe der Imago sind. Während der Verpuppung beginnen sich diese Zellen zu differenzieren und bilden so z.B. die

— Genitalorgane
— Gliedmaßen
— Kopforgane (Augen, Antennen etc.)
— Rumpf
— Flügel
— Halteren.

Die Stabilität der Determination prüften Hadorn und Mitarb. durch eine Serie von Transplantationsversuchen. Sie entnahmen einer Larve Imaginalscheiben, deren Zellen auf Augenbildung programmiert waren, und implantierten sie in das Abdomen einer anderen Larve. In der sich entwickelnden Imago bildeten sich im Abdomen augenähnliche Strukturen (A).

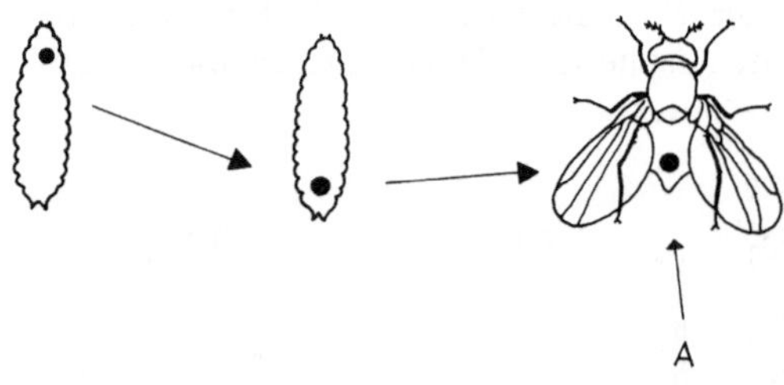

2. Sind alle oder nur einige Zellen determiniert?

Jede Scheibe ist eine Population sehr vieler Zellen. Damit ist natürlich die Frage berechtigt, ob alle oder nur einige Zellen determiniert sind. Die Frage ließ sich durch zwei Versuche beantworten.

a) Es gibt sehr viele Mutanten von *Drosophila*, u.a. eine mit braun gefärbten Borsten und eine andere mit gelblichbraunen. Zerlegt man die zur Borstenbildung determinierten Scheiben in Einzelzellen und mischt Zellen beider Mutanten, so entstehen aus dem Gemisch Borsten mit einem gelbbraun-braunen Mosaik. Die Zellen kooperieren also miteinander.

Was geschieht mit Zellen, die morphologisch nicht voneinander zu unterscheiden sind, die aber funktionell verschiedenen Scheiben entnommen sind? Sie kooperieren nicht miteinander, sie entmischen sich (Hadorn, Nöthiger, Tobler und Garcia-Bellido).

b) W. Gehring konnte zeigen, daß jede Einzelzelle einer Imaginalscheibe bereits determiniert ist.

3. Wodurch wird die Differenzierung der determinierten Zellen ausgelöst?

Offensichtlich spielt das Puppenstadium eine Rolle und hierbei das Verpuppungshormon, das Ecdyson. Bevor man diese Aussage treffen kann, muß man natürlich den Milieueinfluß des ausgewachsenen Insekts auf die determinierten Zellen untersuchen. Auch dieses Problem ließ sich durch Transplantationsexperimente klären. Imaginalscheiben wurden in das Abdomen eines ausgewachsenen Insekts implantiert. Dabei zeigte es sich, daß man das Abdomen der Imago als ein lebendes Reagenzglas verwenden konnte, denn die determinierten Zellen wuchsen darin, ohne sich zu differenzieren; sie blieben embryonal. Außerdem blieb die Chromosomenzahl der Zellen konstant. Das ist ungewöhnlich, denn bei Zellkulturen und bei Gewebekulturen treten oft

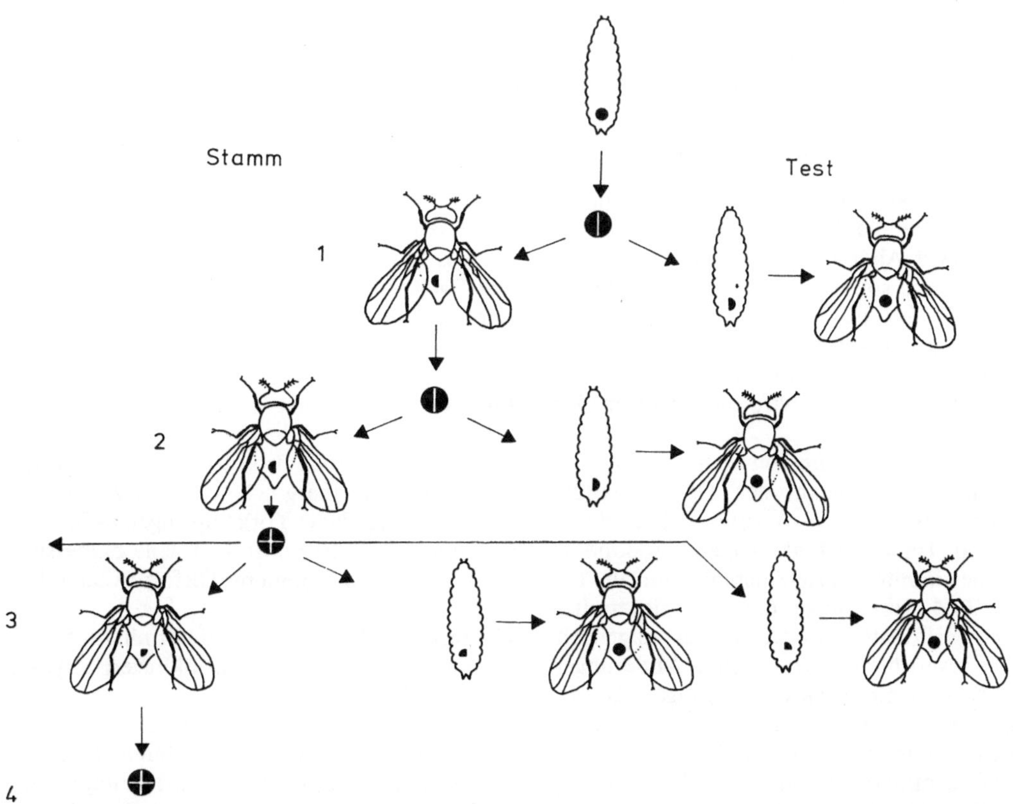

Abb. 39.3. Sukzessive Übertragungen von Zellen einer Imaginalscheibe. Die Zellen wurden im Abdomen einer Imago kultiviert. Nachdem sie zu einer größeren Zellzahl herangewachsen waren, wurde eine neue Kultur (Generation) angelegt. Ein Teil der Zellen wurde einer Larve implantiert, um die Determination dieser Zellen zu testen. (Nach E. Hadorn, 1968)

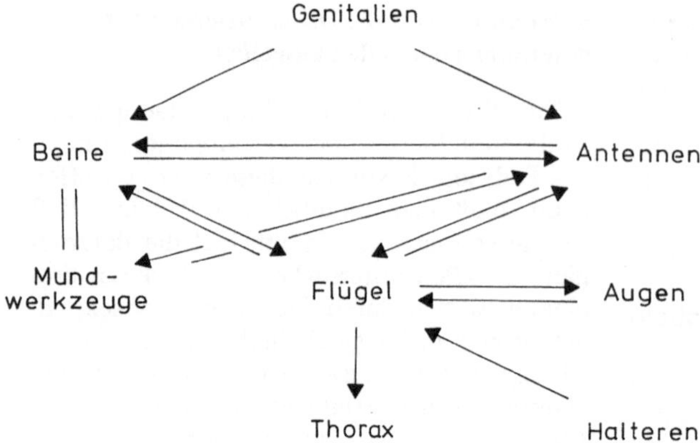

Abb. 39.4. Transdeterminationen. Aus Imaginalscheiben, deren Zellen determiniert waren, Genitalorgane zu bilden, können Zellen entstehen, die sich in Beine oder Antennen differenzieren. Die Transdetermination ist in diesen Fällen irreversibel (Pfeile nur in einer Richtung). Aus dem Schema ist ersichtlich, welche Übergänge reversibel und welche irreversibel sind. (Nach E. Hadorn, 1968)

Mitosestörungen auf. Das gute Wachstum von Zellen der Imaginalscheiben im Abdomen einer Imago erlaubte eine ständige Übertragung der Zellen von einer Imagogeneration auf die nächste (vgl. Abb. 39.3). Die Zellen wurden inzwischen über ein Jahrzehnt so gehalten. In diesem Zeitabschnitt wurden 284 Generationen überpflanzt. Zahlreiche Kulturen und Unterkulturen wurden angelegt.

4. Bleibt die Determination erhalten?

Diese Frage konnte beantwortet werden, indem man, wie die Abb. 39.3 zeigt, einige der Zellen in das Abdomen einer Larve zurückimplantierte und somit testete, in welche Organe sich die Zellen differenzieren. Zusammenfassend konnte gesagt werden:

a) Die Determination ist über viele Generationen stabil, d.h. sie wird an Tochterzellen „vererbt".

b) Nach einer Reihe von Generationen findet man Änderungen der Determination. Hadorn nannte diesen Vorgang: Transdetermination. Diese läuft nicht beliebig, sondern nach bestimmten Gesetzmäßigkeiten ab. Die Abb. 39.4 gibt einige der Transdeterminationsmöglichkeiten wieder. Daran zeigt sich, daß es reversible und irreversible Änderungen gibt. Es sind nie direkte Übergänge z.B. von einer Genitalanlage zu einer Flügelanlage beobachtet worden. Man spricht deshalb von Transdeterminationen erster Ordnung (= direkte Übergänge), zweiter Ordnung, ... höherer Ordnung.

c) Auch die neu erworbene Determination wird über viele Generationen „vererbt".

5. Was bestimmt diese „Vererbung"? — Was bedingt die Transdetermination?

Man muß annehmen, daß die Zellen spezifische regulierende Substanzen enthalten, die ständig neu gebildet werden. Man muß weiter annehmen, daß im Laufe der Zeit auch neue (andere) Gene beeinflußt werden, die ihrerseits neue Genprodukte bilden. In der Zelle entsteht ein neues Gleichgewicht regulierender Substanzen, das wiederum für eine bestimmte (lange) Zeit stabil ist und eine Kontrolle über das Genom ausübt.

Diese Erklärung ist genauso allgemein gefaßt wie das Modell am Ende des Kapitels 27, d.h. man weiß nichts Genaues. Man hat aber ein Konzept und weiß, wonach man suchen muß.

Literatur

Brachet, J.: Introduction to molecular embryology. Heidelberg science library. Berlin—Heidelberg—New York: Springer 1974.

Gurdon, J.B.: The control of gene expression in animal development. Oxford: Clarendon Press 1974.

Hadorn, E.: Problems of determination and transdetermination. Brookhaven Symp. Biol. 18, 148 (1965).

Hadorn, E.: Konstanz, Wechsel und Typus der Determination und Differenzierung in Zellen aus männlichen Genitalanlagen von Drosophila melanogaster nach Dauerkultur in vivo. Develop. Biol. 13, 424 (1966).

Hadorn, E.: Transdetermination in cells. Sci. Am. November 1968, S. 110.

40. Welche Aufgaben haben Organe?
Transportsysteme im Organismus

A. Organe

Dieses Thema kann hier nur exemplarisch besprochen werden. Zudem beschränkt sich die Besprechung auf tierische Organe. Zu den pflanzlichen Organen gehören das Assimilationsgewebe (Palisadenparenchym, Schwammparenchym), Leitungsgewebe etc.

Organe bilden sich aus den drei Keimblättern durch Faltung. Es entstehen verschiedene Zelltypen, die sich morphologsich und physiologisch voneinander unterscheiden. Zellen gleicher Herkunft bilden Gewebe (vgl. Abb. 40.1). Die wichtigsten Typen sind:
— Epithelgewebe
— Bindegewebe
— Muskelgewebe
— Nervengewebe.
Zellen findet man in einem Vielzeller in funktionellen Einheiten, den Organsystemen:
— Integument (Haut)
— Rezeptoren (Sinnesorgane)
— Nervensystem
— endokrine Organe (Drüsen)
— Magen-Darmkanal
— Atmungsorgane
— lymphatische Organe
— Blutzellen, Blutgefäße
— Exkretionsorgane
— Fortpflanzungsorgane.
Die drei Keimblätter differenzieren sich in folgende Organe (vgl. Tabelle):

Die Entstehung der Organe durch Einstülpung der Keimblätter garantiert bereits ein wesentliches Element ihrer Funktion: man erhält große Oberflächen. Sie sind für den Stoffaustausch innerhalb des Vielzellers unerläßlich, da viele Substanzen durch Osmose (passiven Transport) in die Zellen gelangen bzw. die Zellen verlassen.

Typisch für die Aufgaben des Stofftransportes durch Diffusion sind z.B.
— die Atmungsorgane (Tracheen, Kiemen, Lungen)
— der Verdauungstrakt
— die Exkretionsorgane (Niere).
Dem kann man einige kompakt gebaute Organe gegenüberstellen, z.B.
— die Leber
— das Gehirn
— die Lymphknoten (vgl. Abb. 40.2)
— den Thymus
— die Milz
— die Muskeln u.a.
In kompakt gebauten Organen finden aktive Syntheseprozesse statt (z.B. hohe Stoffwechselaktivitäten in der Leber). Diese Organe sind natürlich durch Blutgefäße gut versorgt, um Ausgangsstoffe und Sauerstoff zuzuführen und Endprodukte abzuführen. Das charakteristische Merkmal des Gehirns ist die Verschaltung vieler Gehirnzellen (Neuro-

Ektoderm	Mesoderm	Entoderm
Haut (Epidermis)	Alle Muskeln	Verdauungstrakt
Haar und Nägel	Unterhaut	Tracheen, Bronchien, Lungen
Schweißdrüsen	Bindegewebe	Leber
Nervensystem	Knorpel, Knochen	Pankreas (Bauchspeicheldrüse)
Nerv-Rezeptoren der Sinnesorgane	Dentin der Zähne	Galle
Linse und Hornhaut des Auges	Blut und Blutgefäße	Thymus und endokrine Drüsen
Epithel (Nase, Mund)	Fortpflanzungsorgane	Harnblase
Zahnschmelz		Harnleiter

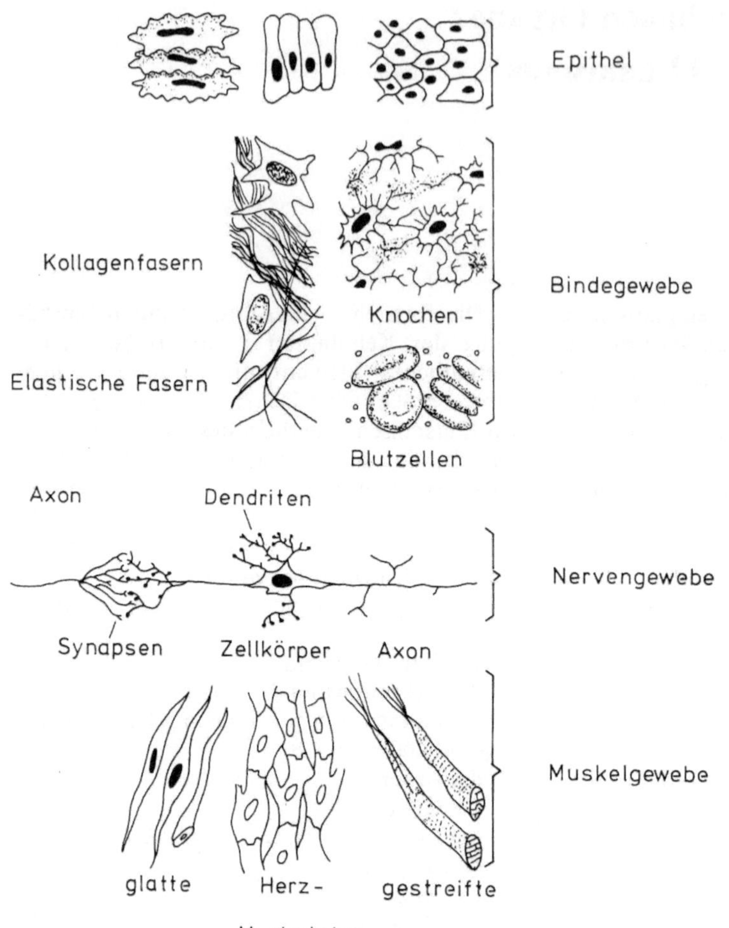

Abb. 40.1. Zellen der wichtigsten Gewebetypen

nen). Der Schaltplan erfordert eine größtmögliche Zahl von Verknüpfungen (Kontakte im dreidimensionalen Raum).

Der Stoffaustausch an Oberflächen soll an drei bereits genannten Beispielen erklärt werden.

1. Atmungsorgane

a) Einzeller

Da Einzeller klein sind, ist die Diffusionsgeschwindigkeit von Sauerstoff ausreichend, um die ganze Zelle mit O_2 zu versorgen. Das gleiche gilt für einige Vielzeller, z.B. Plattwürmer (*Planaria*). Durch die flache Körpergestalt bleiben die Diffusionswege kurz.

b) Das Tracheensystem

Vorkommen vorwiegend bei Insekten. Es besteht aus verzweigten Luftröhren, die den ganzen Körper des Insekts durchziehen, eine durch Chitin verstärkte Wandung haben und an der Oberfläche des Körpers mit der Außenwelt in Verbindung stehen (Abb. 40.3). Der große Nachteil liegt darin, daß das Tracheensystem nur über relativ kurze Entfernungen (im Zentimeterbereich) wirksam sein kann. Als Folge davon haben sich Insekten niemals über eine bestimmte Größe hinaus entwickeln können.

c) Kiemen

Sie zeichnen sich gegenüber Tracheen und Lungen dadurch aus, daß sie Sauerstoff aus

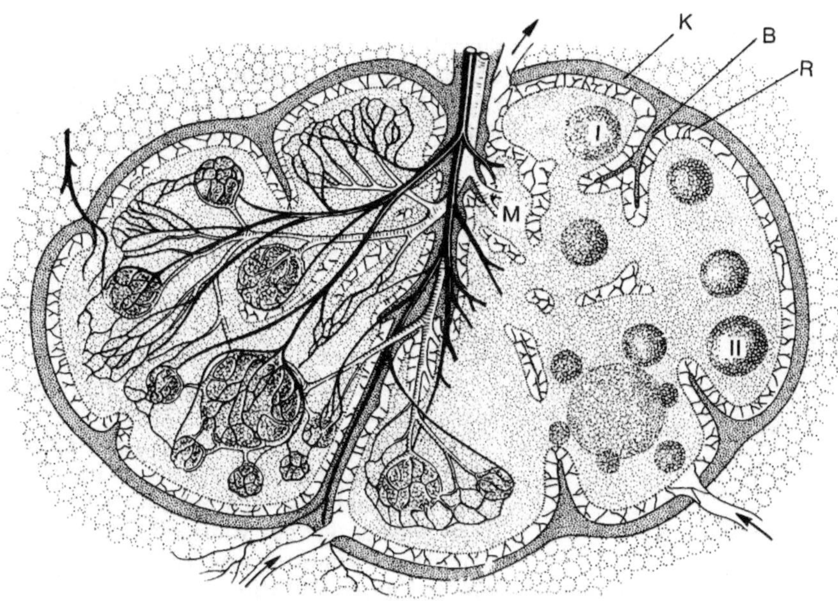

Abb. 40.2. Schema eines Lymphknotens links mit Blutgefäßen, rechts ohne. Die Arterien sind schwarz, die Venen geringelt dargestellt. Die Pfeile deuten die Richtung des Lymphstroms an. *M* Markstrang, *K* Kapsel, *I, II* Lymphfollikel in der Rinde. (Nach Krölling und Grau, 1960; aus W. Welsch und V. Storch, 1973)

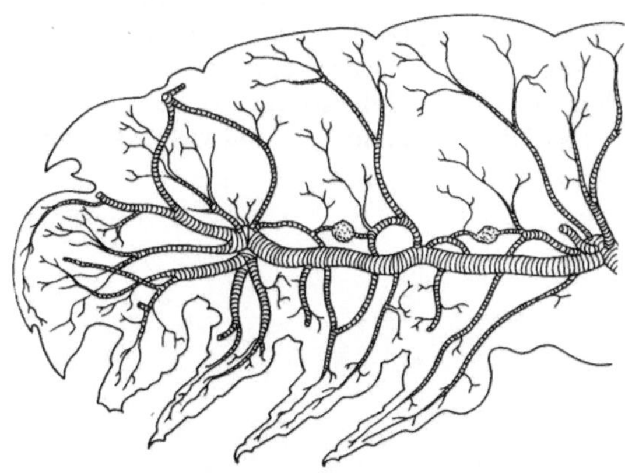

Abb. 40.3. Tracheen im Kopf und Thorax einer Raupe. Nur die Hauptäste sind hier dargestellt. (Aus R.E. Snodgrass: Principles of insect morphology, 1935)

Falten: Kiemenblätter (z.B. bei Muscheln und Fischen), oder stark verästelte Ausstülpungen respiratorischer Oberflächen (z.B. bei Anneliden, Krebsen und Amphibienlarven)],

b) die Diffusionswege kurz sind. Die Kiemenblätter sind mit Blutkapillaren durchsetzt, welche O_2 aufnehmen.

c) der Wasseraustausch in den Kiemen sehr hoch ist. Ein Fisch z.B. pumpt Wasser durch ständiges Öffnen und Schließen des Mundes durch die Kiemen.

d) Die Lunge

Sie besteht aus einer sehr großen Zahl bläschenförmiger Einstülpungen, den Alveolen. Sie sind von Blutkapillaren umgeben (Abb. 40.4).

sauerstoffarmer Umgebung aufnehmen können. (Wasser enthält ± 1% gelösten Sauerstoff, meist noch weniger.) Die Effektivität der Kiemen wird dadurch gewährleistet, daß

a) sie eine sehr große Oberfläche haben [entweder zahlreiche hintereinanderliegende

2. Der Verdauungstrakt

Im Magen und Darm werden die Nährstoffe in ihre Untereinheiten (Aminosäuren, Fettsäuren, Glycerin, Glucose etc.) zerlegt. Das geschieht durch Enzyme, die in den Verdauungstrakt hinein sezerniert (abgesondert) werden.

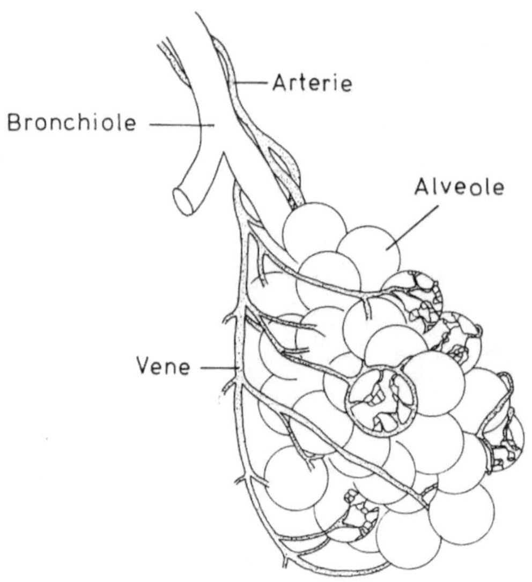

Abb. 40.4. Einige Lungenbläschen (Alveolen), die von Blutkapillaren umgeben sind. (Stark vereinfachtes Schema)

Die abgebauten Nährstoffe werden von der Darmoberfläche resorbiert. Auch hier spielt eine vergrößerte Oberfläche eine Rolle. Das Darmepithel ist ins Darmlumen hinein ausgestülpt. Die Ausstülpungen nennt man Darmzotten (Villi). Sie bestehen aus einer Reihe von Zellen. Das Innere der Zotten ist sehr gut

durchblutet, Nervenstränge und Lymphgefäße ergänzen die Ausrüstung (Abb. 40.5). Eine zusätzliche Vergrößerung der Oberfläche wird durch Einstülpungen der Zellmembran erreicht: durch Mikrovilli.

3. Exkretionsorgane: Die Niere

Die Grundeinheit der Niere ist das Nephron, eine röhrenförmige Struktur, bestehend aus der Bowmanschen Kapsel, der Henleschen Schleife und einem absteigenden und einem aufsteigenden Ast.

Das Nephron ist von Kapillaren umgeben. Arterien treten in die Bowmansche Kapsel ein (Abb. 40.6 und 40.7), wobei Wasser und gelöste Substanzen des Blutplasmas durch die Kapillaren herausgedrückt (Blutdruck!) werden und durch Diffusion in das Nephron wandern. Der Vorgang ist unspezifisch, d.h. alle im Plasma gelösten Substanzen werden gleichmäßig erfaßt. Ein Teil dieser Substanzen wird anschließend spezifisch zurückgewonnen. Hierzu gehören: Glucose, Aminosäuren, Hormone, einige Vitamine, zahlreiche Ionen: Na^+, Ca^{++}, K^+, Cl^-, HCO_3^-, SO_4^{--}, PO_4^{---}, und Wasser. Nicht zurückgewonnen werden vor allem N-haltige Substanzen: Harnstoff u.a., außerdem z.B. Vitamin C und viele wasserlös-

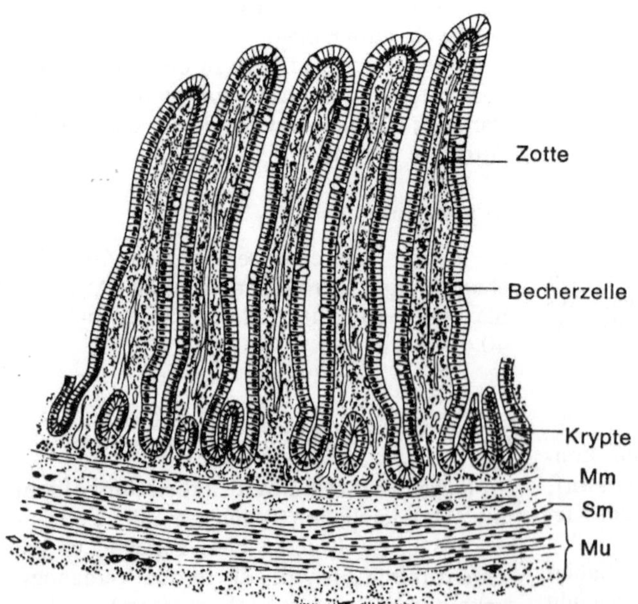

Abb. 40.5. Querschnitt durch einen Darmabschnitt (Duodenum) einer Taube. Muscularis (*Mu*), bestehend aus innerer und äußerer Längsmuskulatur. (Nach Krause, 1923; aus U. Welsch und V. Storch, 1973)

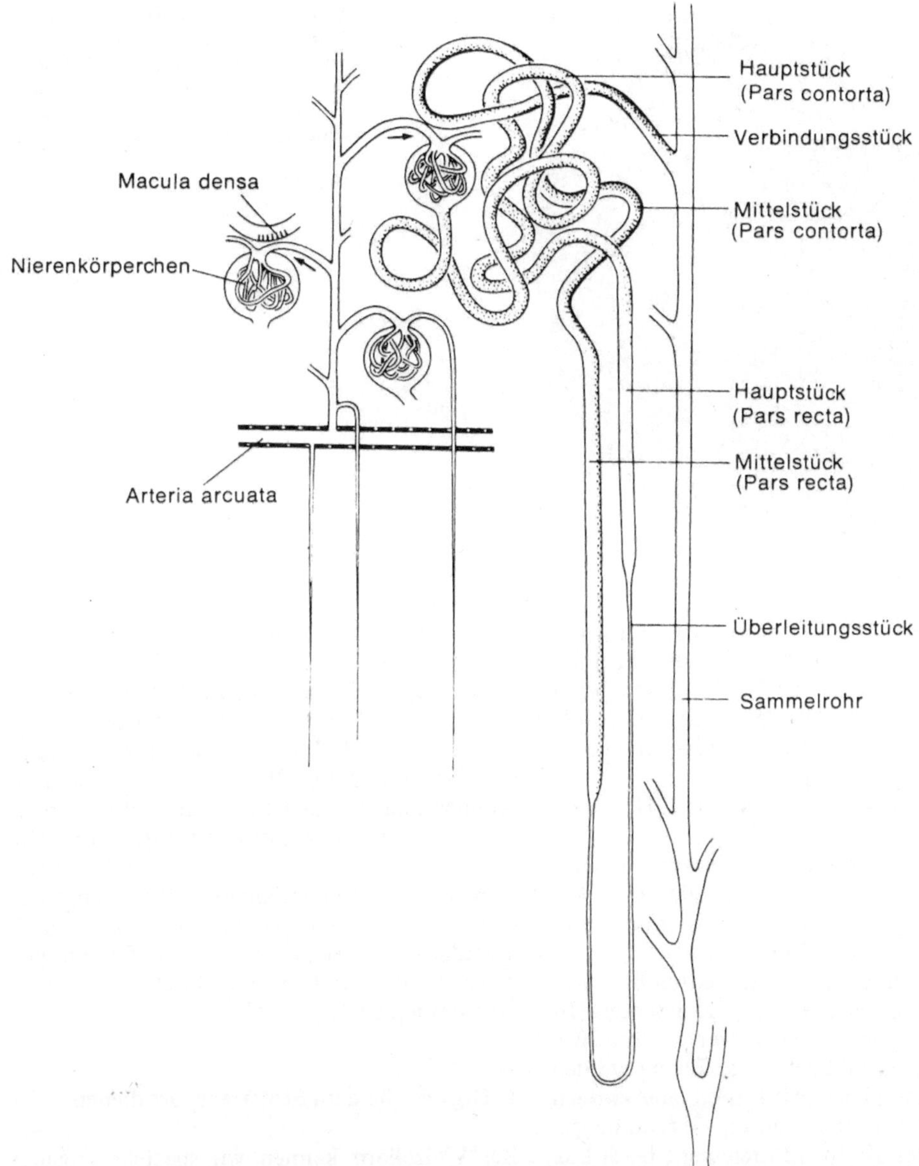

Abb. 40.6. Schematische Darstellung eines Nephrons (Mensch). Die Bezeichnungen in der Abbildung unterscheiden sich von den Angaben im Text. Es handelt sich jedoch um Synonyme, d.h. Begriffe, die das gleiche ausdrücken. (Nach Bucher, 1966; aus U. Welsch und V. Storch, 1973)

liche Drogen. Die Lösung im absteigenden Ast des Nephrons ist, verglichen mit dem Blutserum, hypertonisch, das bedeutet, daß sie Wasser durch Osmose anzieht. In der Henleschen Schleife sind die beiden Lösungen isotonisch geworden, im aufsteigenden Ast ist der Nephroninhalt hypotonisch und gibt somit H_2O ab. Die Rückresorption einzelner Komponenten ist ein aktiver Vorgang, bei dem Energie verbraucht wird.

Die Epithelzellen des Nephrons, vor allem im absteigenden Ast, enthalten eine große Zahl von Mitochondrien. Wie bei den Darmepithelzellen ist ihre Oberfläche durch Mikro-

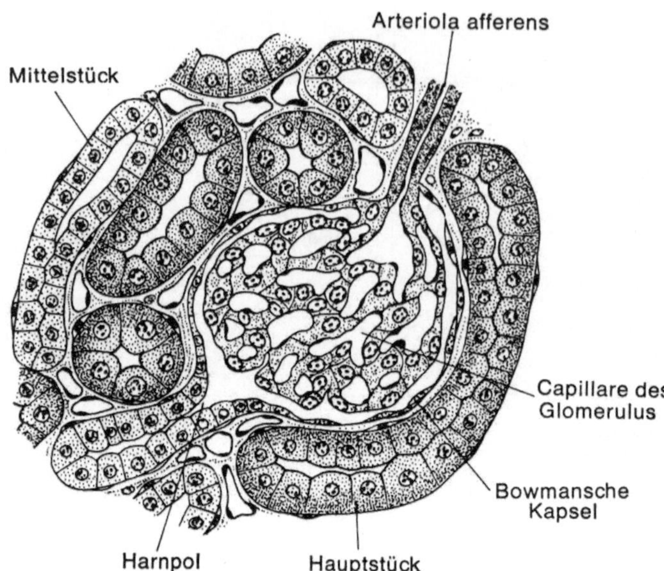

Abb. 40.7. Schnitt durch die Rinde der Niere eines Kaninchens. Erkennbar ist der zelluläre Aufbau der histologischen Strukturen und der Aufbau des Organs aus Zellschichten. (Nach Krause, 1921; aus U. Welsch und V. Storch, 1973)

villi vergrößert. Die Resorption ist spezifisch. Es muß somit Rezeptoren (= Carrier = Proteinmoleküle) geben, die in der Membran jener Zellen sitzen, bestimmte Moleküle und Ionen erkennen und sie unter Energieverbrauch in die Zelle transportieren können.

Im aufsteigenden Ast können H^+-Ionen ausgetauscht werden. Dieser Austauschmechanismus sorgt dafür, daß der pH-Wert des Blutes konstant gehalten wird. Er beträgt 7,4 ± 0,1, während der pH des Harns Werte zwischen 4,5 und 8,5 annehmen kann.

Die Besprechung der vorgestellten Beispiele sollte andeuten, nach welchen Konzepten Organe arbeiten und wie sie aufgebaut sind. Wie auf molekularer und zellulärer Ebene werden auch hier komplexe Strukturen aus einfach gebauten Strukturelementen zusammengesetzt. Das kleinste Strukturelement beim Bau der Organe und Gewebe ist immer die Zelle. Eine weitere Organisationsebene sind Einheiten wie das Nephron, eine Darmzotte, eine Alveole etc., die, bestehend aus einer großen Zellzahl, eine „Untereinheit" der nächst komplexeren Struktur, des Organs, bilden.

B. Transportsysteme im Organismus

Wie schon mehrfach erwähnt, können sich Stoffe über kurze Entfernungen durch Diffu-

sion ausbreiten. Wir haben auch über aktiven Transport gesprochen, bei dem ein Molekül an einen Träger (Carrier) gebunden und als Komplex befördert wird, z.B. wird der Sauerstoff im Blut an Hämoglobin angelagert. Es entsteht das Oxyhämoglobin. Wir haben in diesem Zusammenhang die Bedeutung der Allosterie erwähnt, die es uns plausibel macht, warum ein Carrier in einem Organ ein Molekül aufnehmen und es in einem anderen Milieu abgeben kann (S. 211). Man kennt einige Carrier und postuliert eine Reihe weiterer, die für den spezifischen aktiven Transport durch Membranen erforderlich sind.

1. Organe, die dem Stofftransport dienen

Bei Vielzellern kennen wir spezielle Organe, die ausschließlich dem Stofftransport dienen. Pflanzen z.B. haben ein sehr umfangreiches Leitungssystem für Wasser und darin gelöste Substanzen: Leitbündel mit Xylem und Phloem seien hier nur stichwortartig genannt. Die Aufnahme in Wasser gelöster anorganischer Ionen erfolgt — zumindest bei höheren Pflanzen — durch die Wurzel. Ihre absorbierenden Oberflächen sind durch eine Vielzahl von Wurzelhaaren vergrößert. Pflanzen ohne Wurzelhaare leben in Assoziation (Symbiose) mit Mykorrhizapilzen. Der größte Teil des

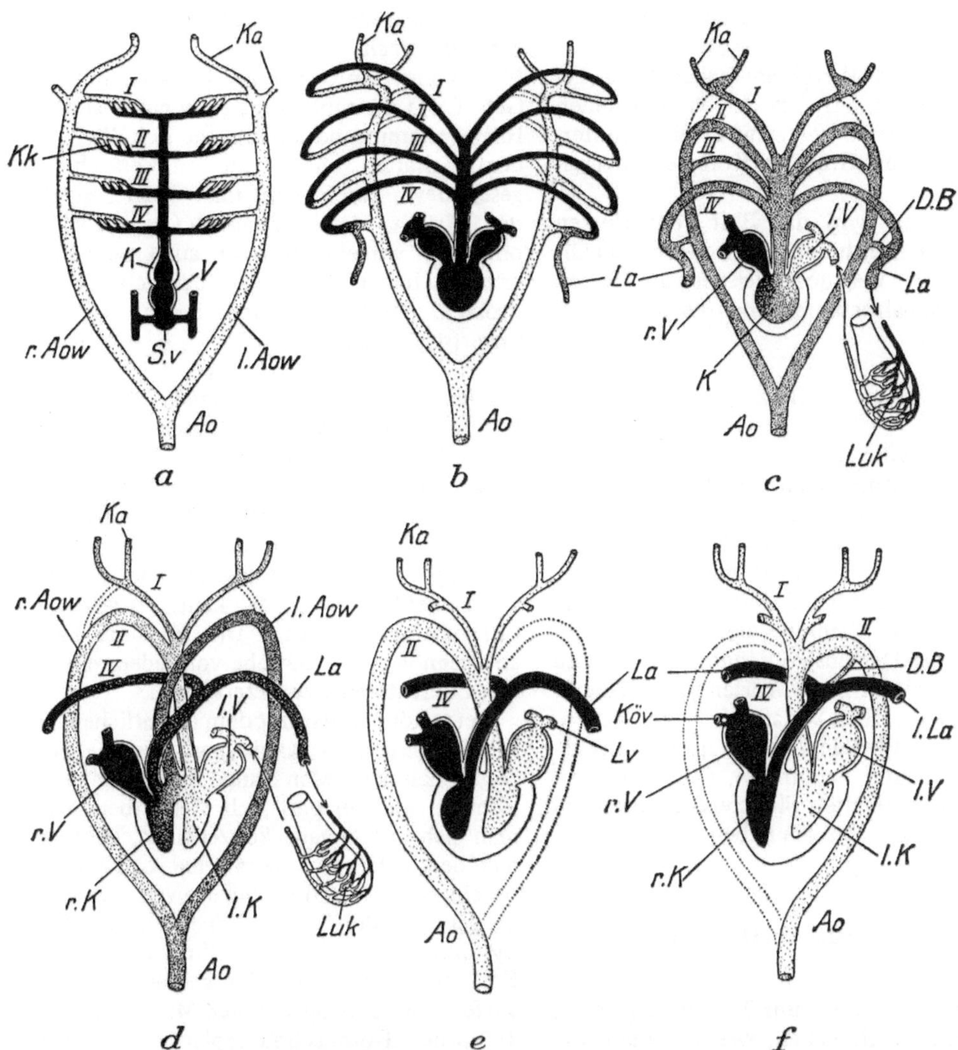

Abb. 40.8 a–f. Schemata des Herzens und der Arterienbögen in den Wirbeltierklassen. (a) Fische; (b) Amphibienlarven; (c) geschwänzte Amphibien (*Urodelen*) nach der Metamorphose; bei den Fröschen (*Anuren*) wird der III. Bogen zurückgebildet. (d) Reptilien; (e) Vögel; (f) Säuger. Venöses Blut schwarz. Die paarigen Teile sind als rechts und links (vom Tier aus) mit *r.* und *l.* bezeichnet. *Ao* Aorta, *Aow* Aortenwurzel, *D.B.* Ductus Botalli, *K* Herzkammer, *Ka* Kopfarterien. *Kk* Kiemenkapillaren, *Köv* Körpervene, *La* Lungenarterie, *Luk* Lungenkapillaren, *Lv* Lungenvene, *S.v.* Sinus venosus, *V* Vorhof; *I, II, III, IV* 1. bis 4. Arterienbogen. (Aus A. Kühn, Grundriß der Zoologie)

aufgenommenen Wassers wird an den Blattoberflächen (meist nur an der Blattunterseite) durch Transpiration abgegeben. Bei Tieren kennt man Tracheen, Kiemen und Lungen, die auf Grund ihrer sehr großen Oberflächen einen effektiven Austausch von gasförmigem (bzw. in Wasser gelöstem) Sauerstoff und dem im Blutplasma gelösten Kohlendioxyd ermöglichen.

2. Der Blutkreislauf

Das komplexeste Transportsystem ist der Blutkreislauf. Manche Tiere (z.B. *Arthropoda*, *Mollusca* u.a.) haben einen offenen Kreislauf, der durch ein auf beiden Seiten offenes Herz angetrieben wird, das durch Kontraktion Körperflüssigkeit ansaugen und wieder ausstoßen kann. Auf diese Weise wird eine Zirkulation gewährleistet.

Annelida und *Vertebrata* haben einen geschlossenen Kreislauf. Bei den verschiedenen Klassen der *Vertebrata* zeigt er einen unterschiedlich hohen Grad an Komplexität (vgl. Abb. 40.8).

Bei Fischen wird das Blut vom Herzen durch die Kiemen hindurch in die übrigen Organe gepumpt. Von dort fließt es zum Herzen zurück. Landwirbeltiere haben einen doppelten Kreislauf:

$$Herz \rightarrow Lunge \rightarrow Herz \rightarrow andere\ Organe$$

Man spricht von großem und kleinem Blutkreislauf. Bei Amphibien und Reptilien wird das von der Lunge zurückkehrende sauerstoffreiche (arterielle) Blut in der Herzkammer teilweise noch mit sauerstoffarmem (venösem) Blut gemischt. Erst bei Vögeln und Säugern ist eine vollständige Trennung der beiden Hauptkammern des Herzens vorhanden. Dabei ist zu beachten, daß der große Aortenbogen (Hauptarterie, die das Herz verläßt) bei den Säugern nach links und bei den Vögeln nach rechts abbiegt. Das deutet darauf hin, daß Vögel und Säuger den getrennten Blutkreislauf unabhängig voneinander erfunden haben.

3. Transport von Zellen im Organismus

Blut dient nicht nur zum Transport gelöster Substanzen. Auch Zellen, wie die roten und weißen Blutkörperchen, werden mit dem Blutstrom befördert.

Hier soll der Frage nachgegangen werden, inwieweit Zellen, die einem Organ „angehören", dort verbleiben oder inwieweit sie in andere Organe einwandern können, um sich dort seßhaft zu machen. Um zwischen diesen Alternativen entscheiden zu können, muß man einzelne Zellen oder Zellen ganzer Organe markieren. Ideal für eine solche Kennzeichnung sind genetische Marker. Bei Mäusen findet man zwei zusätzliche kleine Chromosomen, wenn das Gen T 6 in homozygotem Zustand vorliegt (T 6/T 6). Man hat inzwischen eine Reihe von Inzuchtstämmen gezüchtet, die dieses Gen tragen.

Wie können wir diesen Befund für unser Problem einsetzen?
Man nimmt ein Organ aus der Maus mit dem Gen T 6/T 6, implantiert es in einen anderen Inzuchtstamm und schaut, wie sich die Zellen dort verhalten. Führt man den Versuch, wie geschildert, durch, wird man feststellen, daß das Wirtstier das übertragene Organ abstößt, ohne daß wir eine Antwort auf unsere Frage erhalten haben; wir stehen nämlich vor dem Problem der Histoinkompatibilität (Gewebeunverträglichkeit).

Wie kann man diese Schwierigkeit überwinden?
Wir stellen Bastarde aus Mäusen ohne diesen Marker (Typ 0/0) und einen Stamm her, der diesen Marker trägt (T 6/T 6). Die Bastarde werden in Bezug auf diesen Marker heterozygot sein, also dem Typ T 6/0 angehören. Dieser Typ läßt sich cytologisch von T 6/T 6 unterscheiden, weil er keine zusätzlichen Chromosomen besitzt. Die Bastarde haben aber den Vorteil, Gewebe von jedem der beiden Elternstämme zu akzeptieren.

Jetzt können wir mit dem eigentlichen Versuch beginnen. – Kann man jedes beliebige Organ nehmen? Man kann, nur ist das nicht sinnvoll. Man erspart sich viel Arbeit, wenn man sich auf Organe konzentriert, bei denen man bereits Hinweise darauf hat, daß Zellen in sie einwandern und sie wieder verlassen. Hierzu gehören die lymphatischen Organe: Milz, Lymphknoten, Thymus. Ein Versuch von Ford und Harris soll das verdeutlichen. Sie entfernten bei neugeborenen Mäusen des Typs T 6/0 den Thymus und implantierten an seine Stelle einen Thymus aus T 6/T 6-Mäusen (einem der Elternstämme). Vier bis sechs Wochen später wurde das Schicksal der implantierten Zellen untersucht. Man fand, daß nur 30–40% aller mitotischen Zellen im Thymus dem Donortyp angehörten. Ob Zellen dem Wirtstyp oder dem Donortyp angehören, kann man natürlich nur bei denjenigen feststellen, die sich gerade teilen. Über 65% der Zellen des Thymus waren nach vier bis sechs Wochen wirtsspezifisch. – Wo waren die Donorzellen geblieben? Man fand, daß sie den Thymus verlassen hatten und sich vor allem in den Lymphknoten und der Milz niederließen.

Aus diesem und einer Reihe weiterer Experimente ließ sich ein Verkehrsplan für Zellen lymphatischer Gewebe (Lymphozyten) aufstellen, wobei die Blutbahnen die natürlichen Verkehrswege sind (Abb. 40.9).

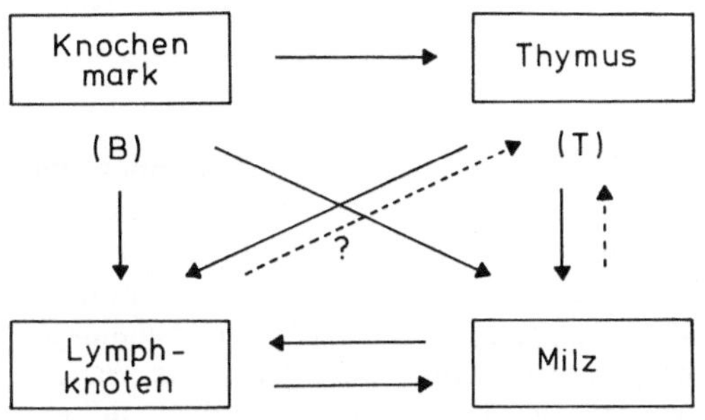

Abb. 40.9. Verkehrsplan für Zellen lymphatischer Gewebe

Da das Knochenmark im Englischen bone marrow heißt, nennt man Zellen, die von dort direkt in die Lymphknoten und in die Milz wandern, B-Zellen, während die Zellen, die den Umweg über den Thymus wählen, als T-Zellen bezeichnet werden. Im Lichtmikroskop sind sie nicht voneinander zu unterscheiden. Beide Zelltypen spielen eine entscheidende Rolle bei der Antikörperbildung, und dabei ist es gar nicht mehr gleichgültig, ob man es mit B-Zellen oder mit T-Zellen zu tun hat (vgl. Kapitel 47).

Literatur

Ford, C.E., Harris, J.E.: Cellular traffic of the thymus; experiments with chromosome markers. Nature **201**, 884 (1964).

Lüttge, U.: Stofftransport der Pflanzen. Heidelberger Taschenbücher, Bd. 125. Berlin—Heidelberg—New York: Springer 1973.

Remane, A., Storch, V., Welsch, U.: Kurzes Lehrbuch der Zoologie, 2. Aufl. Stuttgart: G. Fischer, 1974.

Welsch, U., Storch, V.: Einführung in die Cytologie und Histologie der Tiere. Stuttgart: G. Fischer 1973.

41. Wie verständigen sich Zellen untereinander?

In einem Vielzeller müssen Zellen Kontakte untereinander ausbilden. Ohne sie würde er in viele Einzelzellen zerfallen. Die Bindungen zwischen den Zellen müssen spezifisch sein. Ohne Spezifität wäre die Bildung von Organen und Geweben nicht denkbar, wir würden undifferenzierte Zellhaufen erhalten.

Während der Embryonalentwicklung bleiben Zellen in einem Verband, wodurch bereits eine Spezifität festgelegt wird. Wir haben gesehen, daß Zellen über ein Stadium der Determination in einen differenzierten Zustand übergehen. Natürlich sind determinierte Zellen bereits differenziert, sie unterscheiden sich von anderen, zu einer zweiten Funktion determinierten Zellen durch unterschiedliche Stoffwechselaktivitäten, auch wenn die Unterschiede diffizil sind und in den meisten Fällen nicht ohne weiteres nachweisbar sind.

Zellen erwerben ihre spezifische funktionelle Zugehörigkeit zu einem bestimmten Gewebe oder Organ durch Einflüsse aus der Umgebung. Diese Einflüsse sind Signale (Effektoren), die von den Zellen spezifisch erkannt werden. Auf der Zelloberfläche finden wir offenbar Rezeptoren: Moleküle (in der Regel Proteine), die Signale empfangen können, d.h. mit den Effektoren spezifisch reagieren.

Wir können uns zwei Alternativen denken:

1. Der Effektor dringt unter Mithilfe des Rezeptors in die Zellen ein und greift dort in irgendwelche Stoffwechselwege ein (Beispiel: Lactose; Jacob-Monod-Modell, vgl. Kapitel 27).

2. Der Effektor dringt nicht ein. Er bildet mit dem Rezeptor einen Komplex. Dieser verursacht eine Oberflächenveränderung der Zelle, die ihrerseits als Signal für zellinterne Abläufe wirkt.

In beiden Fällen müssen wir aber fordern, daß ein spezifisches Signal, der Effektor, von einer Zelle synthetisiert und sezerniert (ausgeschieden) wird. Dabei muß diese Substanz eine Zellmembran passieren. Ein Beispiel hierfür finden wir bei den sozialen Amöben wie *Dictyostelium discoideum* (= *Acrasina*, einem Schleimpilz). Ihr Lebenszyklus ist in Abb. 41.1 dargestellt. Die einzelnen Amöben können größere Aggregate bilden. Die Zusammenlagerung geschieht durch eine gerichtete Wanderung der frei beweglichen Amöben auf ein Zentrum zu. Offensichtlich scheiden Zellen in Zentrumsnähe eine Substanz aus, die von den anderen erkannt wird und auf die sie zuwandern. Wird die Substanz von einem Punkt aus ausgeschieden, so verteilt sie sich durch Diffusion, und wir erhalten einen Diffusionsgradienten. Amöben wandern nun entlang des Konzentrationsgradienten in Richtung auf die höhere Konzentration des Stoffes. Wir haben es hier also mit einem Beispiel chemischer Nachrichtenübertragung zu tun. Wie kann man nun aber nachweisen, daß tatsächlich eine Substanz gebildet wird, ins Medium abgegeben wird und vor allem, daß sie spezifisch ist? B.M. Shaffer (Princeton University) machte hierzu den folgenden Versuch: Er ließ die Amöben in einer feuchten Kammer auf der Außenseite eines Dialysierschlauches wachsen. Die Innenseite des Schlauches wurde kontinuierlich durch herabtropfendes Wasser gewaschen. Während der Schlauch für die Amöben undurchlässig war, konnte die aktive Substanz hindurchtreten und wurde — gelöst im Waschwasser — in einem darunterstehenden Gefäß aufgefangen (Abb. 41.2). Der Versuch war natürlich erst dann aussagekräftig, als nachgewiesen wurde, daß die aufgefangene Substanz tatsächlich aktiv war.

Gab man auf einen Objektträger einen Tropfen mit Amöben und daneben einen Tropfen mit der so gewonnenen Substanz, beobachtete man, daß sich die Amöben darauf zubewegten. Man gab ihr daraufhin einen Namen: Acrasin. Acrasin wird also von Amöben ausgeschieden und stimuliert andere Amöben, sich entlang des Konzentrationsgradienten zu bewegen. Eine Reihe weiterer

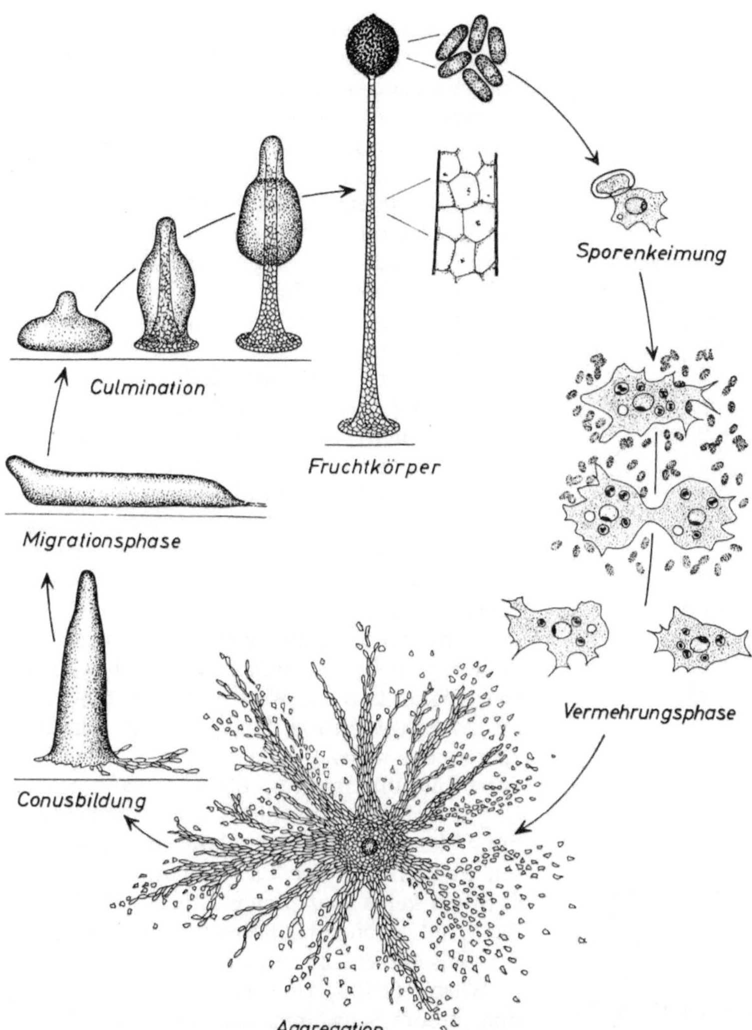

Abb. 41.1. Schema des Entwicklungszyklus von *Dictyostelium discoideum*. Im rechten Bildteil ist die Vergrößerung wesentlich stärker gewählt als links und in der Mitte. (G. Gerisch, Basel)

getesteter Substanzen stimulierte keine Aggregatbildung – Acrasin war also ein spezifischer Auslöser (Effektor).

Was kann man über Rezeptoren aussagen?
Die heutzutage bestuntersuchten Rezeptoren sind Antikörpermoleküle. Man findet sie auf der Oberfläche lymphatischer Zellen. Es gibt eine hohe Zahl verschiedener Antikörper. Allerdings trägt jede lymphatische Zelle nur einen bestimmten Typ, d.h. die Zellen unterscheiden sich voneinander: Trifft ein spezifisches Antigen (im allgemeinen ein Fremdkörper für den Organismus) auf eine solche Zelle, so wird sie stimuliert, sich zu teilen und sich in einen anderen Zelltyp zu differenzieren, der seinerseits spezifische Antikörper ins Blut-

plasma sekretiert (Details vgl. Kapitel 47). Die Spezifität dieser Antikörper ist nur gegen Moleküle gerichtet, deren Strukturen mit denen des stimulierenden Antigens identisch bzw. ihnen sehr ähnlich sind. Moleküle, Molekülkomplexe oder auch Zellen, die spezifisch mit Antikörpern reagieren, nennt man im allgemeinen Antigene.

Man kennt auch andere Rezeptortypen, z.B. den Acetylcholinrezeptor, sowie Hormonrezeptoren, und weiß einiges über ihre Wirkungsmechanismen.

Wie werden Zellen im Verband zusammengehalten?
Zwischen Zellen eines Vielzellers findet man eine Art Kittsubstanz. Sie ist flexibel und

284

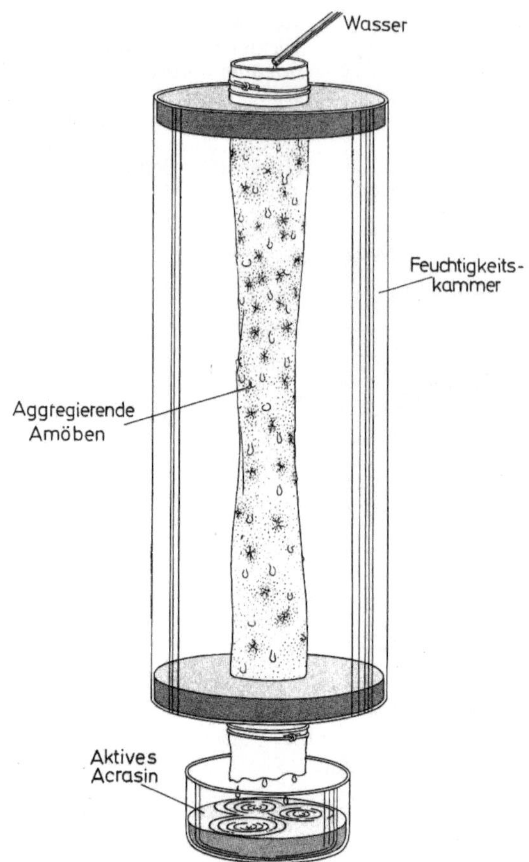

Abb. 41.2. Vorrichtung zum Sammeln von Acrasin. Man kultiviert die Amöben (*Dictyostelium discoideum*) in einer Feuchtigkeitskammer auf der Außenseite eines Dialysierschlauchs, dessen Innenseite man kontinuierlich wäscht. Das Waschwasser wird aufgefangen und auf seine Aktivität getestet. (Nach B.M. Shaffer; aus J.T. Bonner, 1969)

dynamisch und läßt den Zellen eine Bewegungsfreiheit. Zellen können sich gegeneinander bewegen, ohne daß der Zellverband zerstört wird (vgl. Bildung der Keimblätter, Einstülpung etc.). Einige Zellen haben aber auch die Möglichkeit, sich aus einem Verband herauszulösen und in andere Bereiche des Organismus zu wandern. Erythrozyten z.B. werden im Knochenmark gebildet und wandern von dort ins Blut. Ebenso können Lymphozyten ihren Bildungsort verlassen und sich in anderen Organen ansiedeln. Einige weitere Beispiele für Zellen, die den Kontakt mit den Organen verlieren, in denen sie entstehen, sind die Pigmentzellen, die Samenzellen, die Eizellen etc.

Am Süßwasserpolyp *Hydra* (Stamm: *Coelenterata*) läßt sich die Wanderung von Zellen eines Verbandes gut studieren. Bei *Hydra* findet man ein Ektoderm und ein Entoderm. Die Zellen beider Keimblätter sind bereits hochgradig differenziert. *Hydra* kann man im Experiment wie einen Handschuh umstülpen, so daß das Ektoderm nach innen und das Entoderm nach außen zu liegen kommt. Es dauert nicht lange, bis die Zellen die Kontakte untereinander lösen und in ihre „richtige" Position zurückwandern.

Bei dieser Wanderung bleibt die Gesamtstruktur der *Hydra* erhalten. Nur einzelne Elemente (Zellen) wechseln ihren Platz, d.h. das Organisationsschema wird nicht verändert, obwohl Einzelteile in Fluß sind.

Der Zoologe K. Herbst machte um die Jahrhundertwende in der Biologischen Station Neapel folgenden Versuch: Er brachte Seeigelkeime in Ca^{++}-freies Seewasser und beobachtete, daß der Keim in Einzelzellen zerfiel. Bei Zugabe von Ca^{++} sammelten sie sich wieder. Der Keim setzte sein Wachstum fort. Eine derartige Reaggregation fand man in späteren Jahren bei nahezu allen Systemen, die man daraufhin untersuchte, obwohl man in der Regel nicht zu so eindeutiger „Wiederbelebung" kam wie bei dem relativ einfach gebauten Seeigelkeim. Die Ca^{++}-Ionen sind offensichtlich keine spezifischen Effektoren. Trotzdem sind sie auch bei höheren Organismen für den Zusammenhalt von Zellen unentbehrlich.

Wilson (1904, University of North Carolina) preßte Schwämme durch ein Sieb. Er erhielt einzelne Zellen und stellte fest, daß sie beim Stehenlassen der Suspension wieder zu Klumpen aggregierten. Er fand eine zweite Schwammart, die sich äußerlich von der ersten vor allem durch ihre Farbe unterschied. Der eine Schwamm sah rot, der andere gelb aus. Dissoziierte man beide und mischte die Zellen, so aggregierten gelbe mit gelben und rote mit roten, nicht aber rote und gelbe! Dieses Experiment entschied, daß die Oberflächen der beiden Schwämme voneinander verschieden waren und daß Zellen des gleichen Typs einander „erkennen" konnten.

A.A. Moscona setzte solche Aggregationsversuche an Zellen höherer Tiere fort: Man kann Organe durch vorsichtiges Behandeln mit dem Verdauungsenzym Trypsin in Einzelzellen zerlegen. Moscona arbeitete mit verschiedenen Organen wie Niere, Leber, Herz usw. Ferner entnahm er die Organe nicht nur einer Tierart, sondern mehreren Arten: Maus, Hund, Huhn. Unter geeigneten Versuchsbedingungen reaggregierten die Zellen in einer spezifischen Weise: Nierenzellen aggregierten mit Nierenzellen, Leberzellen mit Leberzellen usw.

Damit war gezeigt, daß die Zellen organspezifische Signale erkennen. Mischte Moscona Leberzellen der Maus mit den entsprechenden Zellen des Huhnes, so fand er Aggregate, die Hühner- und Mauszellen enthielten, d.h. die organspezifischen Signale waren bei verschiedenen Arten gleich. Artgrenzen können auf dieser Ebene überwunden werden (vgl. auch S. 66: Zellfusion). Man erhält sogenannte Chimären, das sind Aggregate, die aus Zellen verschiedener Arten bestehen.

Die Aggregation von Zellen unterliegt vielen Parametern, u.a. ist sie temperaturabhängig, abhängig vom Alter der Tiere, dem Ionenmilieu der Nährlösung usw.

Heute weiß man, zu welcher Stoffklasse Substanzen gehören, die das Einandererkennen von Zellen ermöglichen. Für das Beispiel der Aggregation bei Schwämmen sind es Komplexe aus Proteinen und Kohlenhydraten. Man hat diese Komplexe isolieren können und festgestellt, daß sowohl Proteine als auch Kohlenhydrate (Zuckerreste) für die Aggregation unentbehrlich sind (T. Humphrey, University of California, San Diego in La Jolla).

Kontakte zwischen Zellen

Nebeneinander liegende Zellen berühren sich nicht entlang ihrer ganzen Oberfläche, sondern nur punktuell (s. Abb. 41.3). Membranbereiche tierischer Zellen, an denen ein direkter, enger Kontakt zwischen zwei Zellen besteht, nennt man im Englischen "Gap-Junctions", im Deutschen könnte man von Kontaktzonen sprechen (s. Abb. 41.4a).

Gap-Junctions dienen der interzellulären Kommunikation. Betrachtet man eine Zelloberfläche, so findet man, daß die Gap-Junction-Bereiche mit regelmäßig gebauten Partikeln dicht besetzt sind, während man solche Partikel in den übrigen Bereichen der Membran nur vereinzelt antrifft. Gap-Junction-

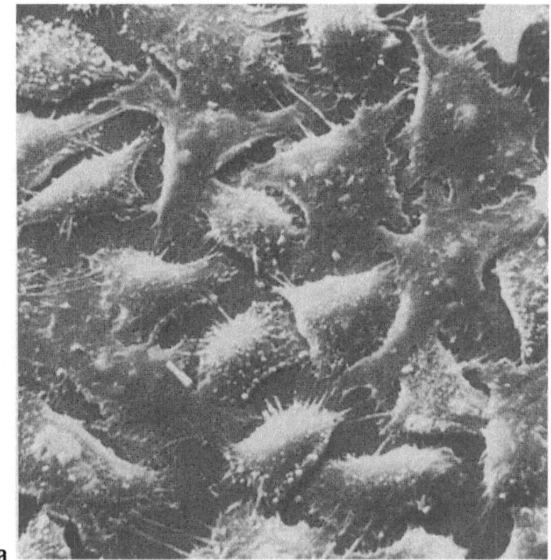

a

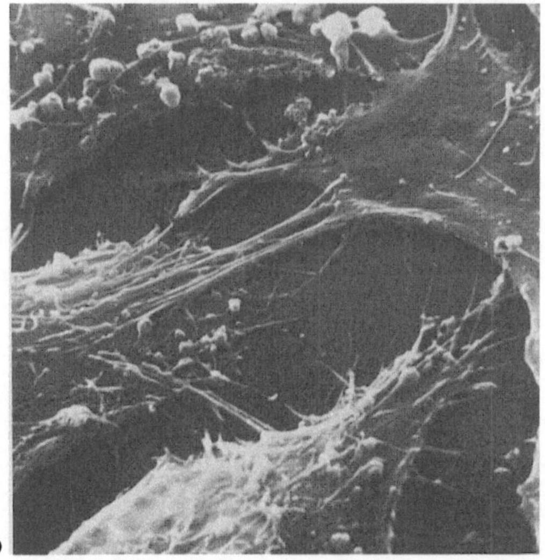

b

Abb. 41.3 a und b. Ohne Kommunikation von Zellen untereinander kann es keinen geregelten vielzelligen Verband geben. Die Abbildungen zeigen eine Kultur von Zellen (HeLa-Zellen = spezifische Tumorzellen), aufgenommen mit dem Rasterelektronenmikroskop bei unterschiedlichen Vergrößerungen. Der Kontakt, die Kommunikation der Einzelzellen untereinander, geschieht hier durch Berührung. Jede Zelle sendet zahlreiche Fortsätze (Mikrovilli) aus, um Verbindungen mit den Nachbarzellen aufzunehmen. (Aufn. H. Mannweiler, Hamburg, 1973)

Bereiche sind fleckenförmig über die ganze Membranoberfläche verteilt (Abb. 41.4b). Heute weiß man, daß die Partikel aus Proteinaggregaten bestehen.

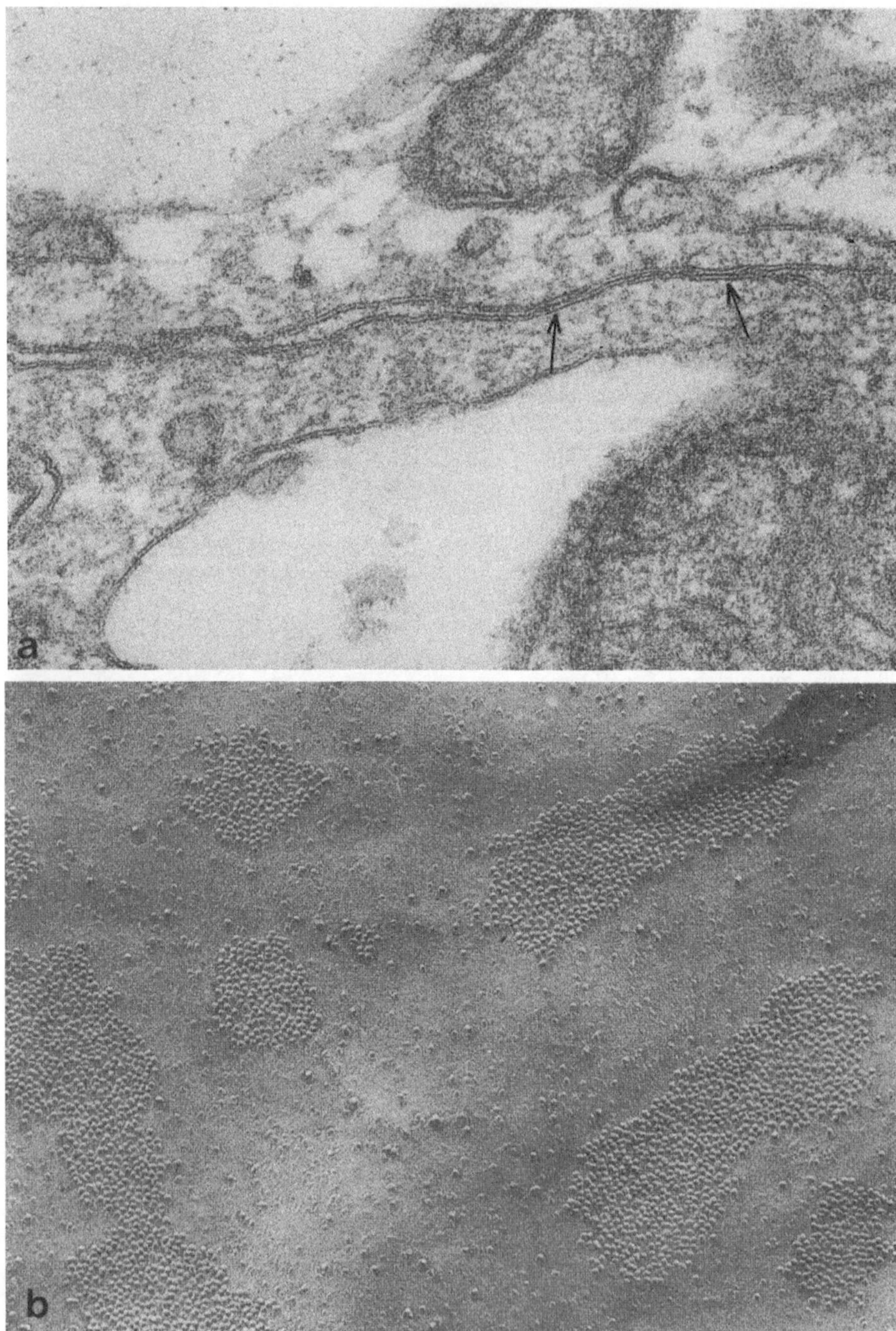

Abb. 41.4. (a) Elektronenmikroskopische Aufnahme eines Querschnitts durch Membranen zweier benachbart liegender Zellen; die Zellen nehmen Kontakt miteinander auf (Pfeile in der Abbildung). Die Membranbereiche, die daran beteiligt sind, nennt man Kontaktzonen (Gap-Junctions). (b) Elektronenmikroskopische Aufnahme der Oberfläche einer Zellmembran. Präparationstechnik: Gefrierätzung, s. S. 69. (Aufn. J. Metz, D. Heinrich, W.G. Forssmann, Heidelberg)

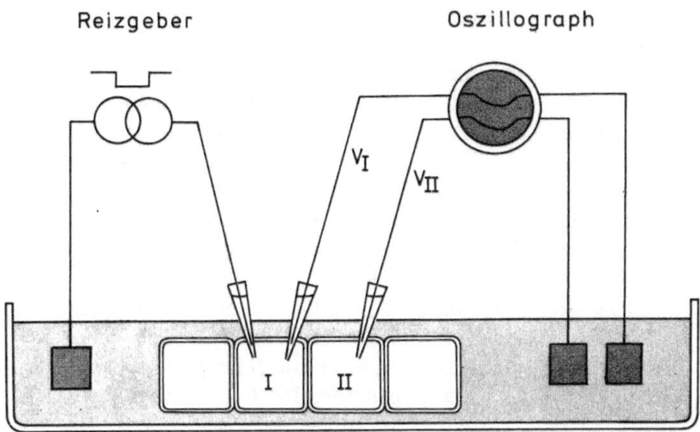

Abb. 41.5. Interzelluläre Kommunikation. Mittels Mikropipetten, die eine stromleitende Salzlösung enthalten und die in benachbart liegende Zellen eingestochen werden, wird 1. die Zelle I gereizt und 2. wird an den Zellen I und II eine Veränderung des Oberflächenpotentials gemessen (Einzelheiten hierüber siehe S. 347). Die Potentialänderung (Spannungsänderung wird durch Ablenkung zweier Kathodenstrahlen an einem Oszillographen aufgezeichnet. (Weitere Details s. Text). (Nach W.R. Loewenstein, 1970)

W.R. Loewenstein und Y. Kanno stellten 1962 fest, daß bei Reizung einer Zelle mit einem Stromstoß das elektrische Potential der Nachbarzelle sich quantitativ genau so verhielt wie das der gereizten Zelle (Abb. 41.5). Das besagt, daß die beiden Zellen leitend miteinander verbunden sein müssen und daß kein meßbarer Widerstand zwischen ihnen liegt. Wie wir natürlich wissen, stellen Membranen sehr wohl einen Widerstand für die Ionenwanderung von einer Zelle zur benachbarten dar (s. Kapitel 10 und 48).

In den Jahren nach 1962 beobachtete W.R. Loewenstein, daß ein Fluoreszenzfarbstoff, den er in eine Zelle injizierte, bereits wenige Sekunden danach in den benachbarten Zellen erschien.

Aus allem folgt, daß es offensichtlich Löcher (Poren) oder besser gesagt Kanäle zwischen benachbart liegenden Zellen geben muß, durch die Ionen und Farbstoffmoleküle ungehindert passieren können.

Man fand sehr bald, daß die Gap-Junctions für solche Funktionen prädestiniert sind.

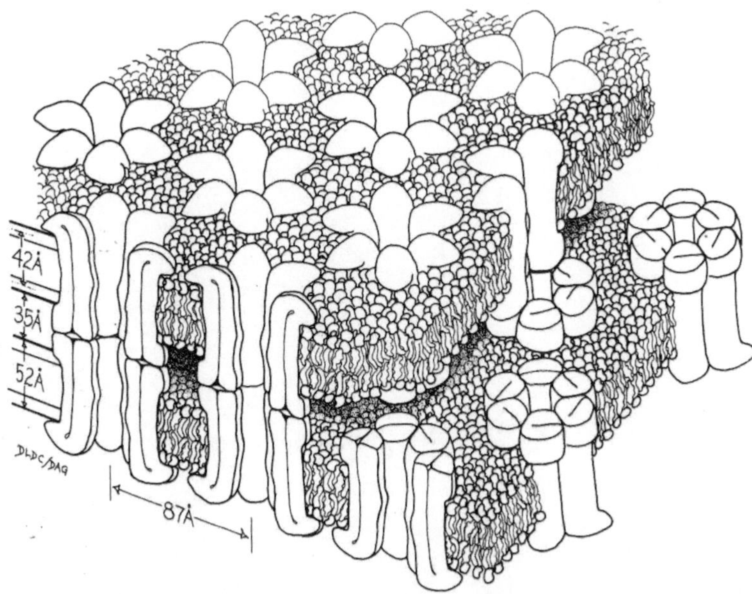

Abb. 41.6. Molekulare Struktur einer Kontaktzone (Gap-Junction) zweier benachbart liegender Zellen. Das Modell beruht auf elektronenmikroskopischen Untersuchungen und röntgenstrukturanalytischen Daten. (D.L.D. Caspar, Brandeis Univ., Waltham, 1976, pers. Mitt.)

D.L.D. Caspar (Brandeis University in Waltham/Mass.) untersuchte 1976 die molekulare Struktur der elektronenmikroskopisch sichtbaren Partikel und konnte seine Ergebnisse zu folgendem Modell zusammenfassen (Abb. 41.6). Das Modell besagt, daß die Partikel Proteinhexamere sind, die derart zusammengelagert sind, daß ein zentral gelegener Kanal entsteht. Sein Durchmesser ist groß genug, um kleinen Molekülen einen ungehinderten Durchgang von einer Zelle zur benachbarten zu gestatten.

Literatur

Bonner, J.T.: Hormones in social amoebae and mammals. Sci. Am. Juni 1969, S. 78.

Gilula, N.B., Reeves, O.R., Steinbach, A.: Metabolic coupling, ionic coupling and cell contacts. Nature **235**, 262 (1972).

Loewenstein, W.R.: Membrane junctions in growth and differentiation. Fed. Proc. **32**, 60 (1973).

Loewenstein, W.R.: Intercellular communication. Sci. Am. Mai 1970, S. 78.

Moscona, A.A.: How cells communicate. Sci. Am. September 1961.

42. Hormone und makromolekulare Effektoren

Im letzten Kapitel haben wir im wesentlichen nur über Kontakte zwischen benachbarten Zellen gesprochen. In einem vielzelligen Organismus findet man jedoch eine Reihe von „Fernverbindungen". Einige, oft spezialisierte Zellen, produzieren und sezernieren Substanzen, die im tierischen Organismus z.B. mit dem Blutstrom transportiert werden und ihren Einfluß somit vom Produktionsort weit entfernt ausüben. Solche Moleküle nennt man ganz allgemein Hormone. Ihnen ist gemeinsam, daß es kleine, spezifische Moleküle sind; bei Tieren vorwiegend Polypeptide oder Steroidverbindungen, darüberhinaus einige relativ komplex gebaute Moleküle unterschiedlicher Stoffklassen.

Hormone dienen der Regulation:

a) Konstanthaltung von Parametern im Körper,

b) Regulation der Entwicklung (Ontogenese).

Sie wirken nicht auf alle Zellen, obwohl nahezu alle von ihnen umspült werden. Nur solche Zellen, die einen spezifischen Hormonrezeptor tragen oder enthalten, können durch das entsprechende Hormon stimuliert werden. Es gibt Hormone, die mit Rezeptoren an Zelloberflächen reagieren, ohne selbst in die Zelle einzudringen; andere wiederum dringen ein und beeinflussen unter Mitwirkung eines Rezeptors die Transkription des genetischen Materials. Eine spezielle Gruppe von Hormonen sind die Neurotransmitter, welche von Neuronen (Nervenzellen) produziert und sezerniert werden und nur über extrem kurze Abstände hinweg auf benachbarte Zellen wirken (Näheres darüber s. S. 352). Hormone findet man nicht nur bei Tieren, sondern auch bei Pflanzen. Außer den Hormonen kennt man makromolekulare Effektoren, die für das Wachstum mancher Zellen unentbehrlich sind. Man kann sie, ebenso wie manche Hormone, aus dem Serum von Tieren isolieren. Besonders gut untersucht sind solche aus Kälberserum.

Im folgenden sollen vier verschiedene Themen näher behandelt werden.

1. Hormone, die nicht in die Zelle eindringen.

2. Hormone, die von Zellen aufgenommen werden.

3. Hormone bei Pflanzen.

4. Makromoleküle als Effektoren.

1. Hormone, die nicht in die Zelle eindringen

Die folgende Tabelle (S. 290) gibt einige Beispiele für solche Hormone, deren Wirkungsweise und deren Zielorgane (= Erfolgsorgane).

Der Komplex Hormon und Rezeptor stimuliert eine Veränderung der Zellmembran und aktiviert vielfach, aber nicht in allen Fällen, ein Enzym, die Adenylatcyclase — die ihrerseits die Bildung von cyclischem AMP (cAMP) stimuliert (vgl. S. 127). Die Wirkung des cAMP in der Zelle ist in der Skizze auf S. 290 wiedergegeben (nach I. Pastan, 1972). Als Endprodukt einer Kaskade von Aktivierungsreaktionen (Phosphorylierungen) steht Glucose, die, wie wir wissen, Ausgangssubstanz zahlreicher Stoffwechselaktivitäten sein kann.

Das cAMP spielt somit bei der Regulation zahlreicher Stoffwechselaktivitäten eine zentrale Rolle. Sein Entdecker E.W. Sutherland nannte es einen Second Messenger. cAMP kann in der Zelle noch weitere Aktivitäten beeinflussen. Pastan und Pearlman (National Institute of Health. U.S.) testeten seine Wirkung auf Bakterien und fanden, daß es spezifisch die Transkription beeinflußt. Die Transkription der Gene, die für den Lactoseabbau verantwortlich sind, wird durch cAMP eingeschaltet. cAMP wird an ein Rezeptormolekül (CRP oder CAP) gebunden. Der Komplex (CAP — cAMP) bindet an einen Teil des Promotors in der DNS. Damit wird offenbar die Sekundär- (Tertiär-)struktur der DNS derart modifiziert, daß die Affinität zur DNS-abhängigen RNS-Polymerase erhöht wird.

Hormon	Erfolgsorgan	Wirkung
Melanozyten-stimulierendes Hormon	Froschhaut	Dunkelfärbung
Nebenschilddrüsenhormon	Knochen	Ca^{++}-Resorption
Adrenalin	Muskel	Beschleunigung der Glykolyse
Adrenalin	Fettgewebe	Fettabbau
Adrenocorticotropes Hormon	Fettgewebe	Fettabbau
Glucagon	Fettgewebe	Fettabbau
Noradrenalin	Gehirn	Entladung von Purkinjezellen
Thyrotropes Hormon (TSH)	Schilddrüse	Thyroxinsekretion
Adrenalin	Herz	erhöhte Schlagzahl
Adrenalin	Leber	Beschleunigung der Glykolyse
Nebenschilddrüsenhormon	Niere	Phosphatausscheidung
Vasopressin	Niere	Wasser-Resorption
Adenocorticotropes Hormon	Nebenniere	Cortisonsekretion
Lutein	Ovar	Progesteronsynthese

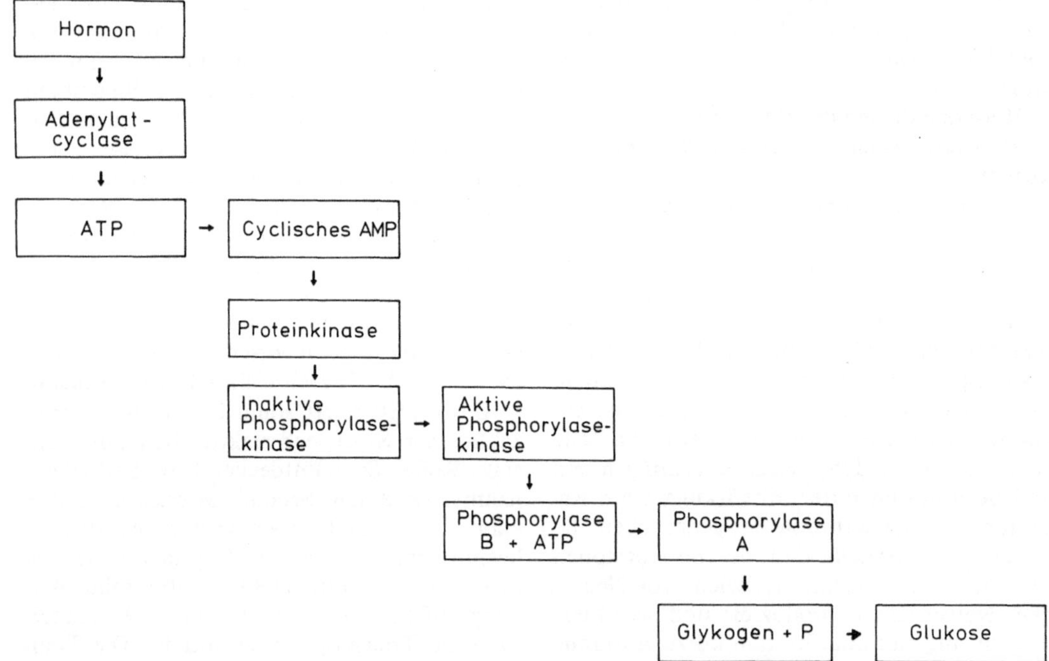

Die beiden genannten Beispiele zeigen, daß das cAMP eine Substanz ist, die man innerhalb der Zelle findet und die dort ihre Aktivität ausübt. Vermerkt sei, daß cAMP nicht der einzige in Zellen nachgewiesene "second messenger" ist.

2. Östrogen – ein Hormon, das von Zellen aufgenommen wird

Steroidhormone zeichnen sich durch ihre Fettlöslichkeit aus. In diese Gruppe gehören die Geschlechtshormone:

♀ Östrogen, Progesteron.

♂ Testosteron, Dihydrotestosteron.

Der molekulare Wirkungsmechanismus des Östrogens ist in den letzten Jahren weitgehend aufgeklärt worden und soll an dieser Stelle als Modellfall für die Wirkungsweise von Steroidhormonen stehen. Die entscheidenden Arbeiten sind von E.V. Jensen in Chicago durchgeführt worden. Entdeckt und isoliert wurde Östrogen 1929 durch A. Butenandt.

Es gibt eine Reihe von Fragen, die man sich stellen müßte, wenn man den Wirkungsmechanismus verstehen möchte:
— Wie wird das Hormon von der Zelle aufgenommen, wie wird es konzentriert?
— Wo in der Zelle ist es lokalisiert?
— Bildet es Komplexe mit anderen Molekülen? Welche Veränderungen treten an diesen Molekülen auf?
— Gibt es spezifische Inhibitoren?
Auf einige dieser Fragen gibt es befriedigende Antworten: Östrogen wird nicht nur von den Zellen aufgenommen, in denen es eine Wirkung ausübt, z.B. von Zellen des Uterus, sondern von nahezu allen Zellen (Blutzellen, Zellen der Niere, der Leber, der Muskeln), allerdings wird es von jenen Zellen sehr schnell wieder ausgeschieden. Nur die Zellen, in denen es aktiv ist, können das Hormon konzentrieren, sie enthalten also Bindungsorte (Rezeptoren), die das Hormon am Verlassen der Zellen hindern.

Wo in der Zelle befindet sich das Östrogen? Das hängt von der Temperatur ab. Bei 2°C findet man 30% im Kern, 70% im Plasma, bei 37°C 80% im Kern und 20% im Plasma. Erhöht man die Temperatur der 2°C-Probe, so wandert ein Großteil des Hormons in den Kern, so daß sich in recht kurzer Zeit (15') das 80:20%-Verhältnis einstellt. Sehr wenig Östrogen findet man in der Mikrosomenfraktion. Aus dem Kern ist es in Form eines makromolekularen Komplexes (Sedimentskonstante 8 S) isolierbar. Auch im Plasma ist es an makromolekulare Komplexe gebunden, deren Sedimentationskonstanten jedoch nur 4 S und 5 S betragen. Die 4 S-Form kann in die 5 S- und diese wiederum in die 8 S-Form übergehen; der Kern selbst wird dafür nicht gebraucht. Die 5 S-Form entsteht durch Dimerisation der 4 S-Form (des Hormonrezeptors); eine weitere Proteinkomponente wird angelagert, so daß der 8 S-Komplex entsteht, welcher in den Kern wandert (Abb. 42.1). Bei

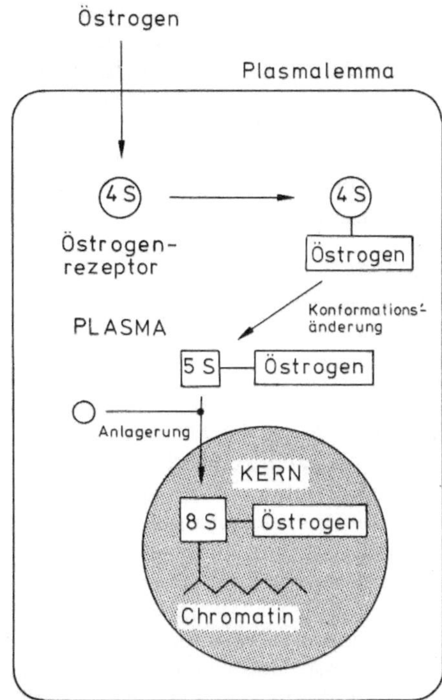

Abb. 42.1. Schematische Darstellung der Wechselwirkung von Östrogen mit dem Östrogenrezeptor in Zellen des Uterus. (Nach E.V. Jensen und E.R. DeSombre, 1973)

Anwesenheit dieses Komplexes wird die Aktivität der DNS-abhängigen RNS-Polymerase auf das Doppelte erhöht. Das freie Hormon hat keinen Einfluß auf das Enzym. Das Hormon stimuliert somit unter Mithilfe des Rezeptors die Transkriptionsrate in den Empfängerzellen. In Zellen, in denen kein Rezeptor vorhanden ist, kann es nicht wirken.

3. Hormone in Pflanzen

Beim Wachstum höherer Pflanzen spielen Wirkstoffe eine Rolle, die an bestimmten Stellen des Pflanzenkörpers produziert und von dort zu ihren Wirkungsorten transportiert werden, also Hormoncharakter haben. Sie werden als Wuchsstoffe oder Phytohormone bezeichnet. Das eingehende Studium dieser Substanzen hat gezeigt, daß auch im pflanzlichen Organismus ein komplexes, ausbalanciertes Hormonsystem vorhanden ist, dessen Komponenten sich teils antagonistisch (entgegengesetzt), teils synergistisch (gleichsinnig) zu beeinflussen vermögen. Ob ein bestimmter Prozeß ausgelöst bzw. gefördert wird oder nicht, hängt nicht allein von den absoluten Hormonkonzentrationen in dem betreffenden Gewebebezirk ab, sondern auch von dem Mengenverhältnis der verschiedenen Hormone. Die wichtigsten Hormonklassen sind die

a) Auxine
b) Gibberilline
c) Cytokinine und
d) Abscisine.

a) Auxine

Das bekannteste Auxin ist die Indol-3-Essigsäure (IES). Es trägt zum Zellwachstum bei und fördert die Proliferation (Sprossung). Dieses läßt sich bei dem *Avena*koleptil-Krümmungstest, dem klassischen Verfahren zum Nachweis von Streckungswuchsstoffen, besonders gut zeigen (*Avena*koleptile = Haferkeimling).

Belichtet man eine *Avena*koleptile von der Seite, so findet man, daß sich ihre Spitze zum Licht hin krümmt. Diese Krümmung bezeichnet man als Phototropismus. Phototropismus ist nicht auf grüne Pflanzen beschränkt, man findet ihn auch bei Pilzen, so z.B. beim Sporangienträger des Schimmelpilzes *Phycomyces*.

Es handelt sich bei dieser Bewegung um eine echte Wachstumsbewegung. Zellen, die an der lichtabgewandten Seite liegen, wachsen schneller als Zellen im belichteten Bereich (Streckungs-, nicht Teilungswachstum!).

Boysen-Jensen durchtrennte einen Keimling halbseitig durch Einsetzen eines Glimmerplättchens. Der phototrope Effekt wurde durch Einsetzen des Plättchens in die dem Licht abgekehrte Seite blockiert.

Hieraus läßt sich schließen, daß eine wachstumsfördernde Substanz vorhanden sein muß, die für eine Kommunikation der Zellen untereinander erforderlich ist. Ihre Ausbreitung wird durch das Glimmerplättchen verhindert. Wir wissen heute, daß die betreffende Substanz die IES ist, und daß ihre Ausbreitung nicht primär durch Diffusion erfolgt, sondern durch einen polar gerichteten aktiven Transport. IES ist ein kleines, wasserlösliches Molekül. Diese Aussage beruht auf einem Experiment von F. Went. Er schnitt die Spitze der *Avena*koleoptile ab, setzte sie auf einen Agarblock und belichtete sie einseitig. Er spaltete dann den Agarblock und setzte Teil *1* und Teil *2* auf je einen dekapitierten Keimling (Abb. 42.2).

Hierdurch wurde eindeutig gezeigt, daß sich im Teil *2* eine Substanz angesammelt hatte, die das Wachstum des Keimlings stimulierte. Dieser Test ist sehr empfindlich; er eignet sich, beliebige Substanzen auf ihre Fähigkeit zur Wachstumsstimulation hin zu untersuchen.

Auxine lösen in Pflanzen noch weitere Aktivitäten aus: Zellteilung im Kambium und in Gewebekulturen, Förderung der Wurzelbildung, Differenzierung u.a.

b) Gibberelline

Auch sie beeinflussen die Zellstreckung im subapikalen Bereich (Bereich unterhalb der Sproßspitze) der Pflanzen. Sie können die Zellteilung stimulieren und somit die Zellteilungsrate erhöhen. In einer Zone in einiger Entfernung vom Kambium steuern sie im Zusammenspiel mit der IES die Differenzierungsvorgänge. Eine Verschiebung der Verhältnisse beider Phytohormone zugunsten der Gibberelline fördert die Bildung von Bast, die Verschiebung zugunsten der IES hingegen die Bildung von Holz. Weiterhin sind sie an der Induktion von Blütenbildung beteiligt und steuern die Ruhezustände in Samen und Knospen. Es sind inzwischen über 50 verschiedene Gibberelline bekannt, die sich in ihren Strukturen nur we-

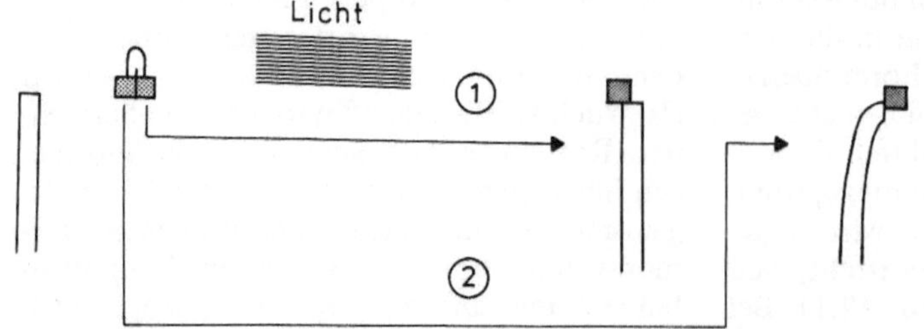

Abb. 42.2

nig voneinander unterscheiden, stark jedoch in Bezug auf biologische Aktivitäten und ihre physiologischen Effekte.

c) Cytokinine

Cytokinine fördern die Zellteilung. Ihr klassischer Vertreter ist das Zeatin, wie alle Cytokinine, ein Adeninderivat. Es löst bei gleichzeitiger Anwendung mit Auxin in pflanzlichen Geweben Zellteilungen aus.

Über die Förderung der Zellteilung hinaus beeinflussen Cytokinine die Differenzierung von Zellen, die Ruhezustände von Samen und Knospen, sie steigern die RNS- und Proteinsynthese und steuern eine Reihe von Stoffwechselreaktionen und Alterungsvorgängen.

d) Abscisine

Sie werden meist als Inhibitoren aufgefaßt, da sie in antagonistischer Wechselwirkung mit den vorher genannten Phytohormongruppen stehen. So wird z.B. die Synthese von α-Amylase der Gerste durch Gibberelline gefördert, durch Abscisinsäure (Dormin) dagegen gehemmt. IES fördert optimales Wachstum, bei gleichzeitiger Dormingabe jedoch wird es gehemmt. Die Hemmung kann nicht durch einen IES-Überschuß aufgehoben werden, wohl aber durch Gibberellinzugabe. Dieses Experiment zeigt auch, daß Auxine und Gibberelline nicht einfach nebeneinander herlaufen, sondern in Interaktion miteinander stehen.

Weitere Effekte des Dormins sind die Induktion von Ruheperioden bei Samen und Knospen, das Herbeiführen von raschen Schließbewegungen der Spaltöffnungen und — in geringer Konzentration — das Auslösen des Blattabwurfs.

Phytohormone, wie tierische Hormone übrigens auch, wirken in sehr kleinen Dosen. Überoptimale Dosen führen zu Wachstumsstörungen; sie werden deshalb nicht selten als Pflanzenbekämpfungsmittel eingesetzt. Besonders häufig verwendet man ein Auxin, die 2,4-Dichlorphenoxyessigsäure (2,4 D), weil sie relativ billig hergestellt werden kann. Ebenso wird ein Derivat davon: 2,4,5 T (Trichlorphenoxyessigsäure) sowie die 4-Amino-3,4,6-Trichlorpimelinsäure verwendet. 2,4,5 T wurde in sehr hohen Konzentrationen im Vietnam-

krieg als Entlaubungsmittel eingesetzt. Es ist in Verdacht geraten, Geburtendefekte zu verursachen (vgl. M.S. Meselson, 1970). Die Toxizität der synthetischen Auxine geht im wesentlichen auf Dioxin zurück, welches in unterschiedlichen Konzentrationen von der Produktion her in den Auxinpräparaten enthalten ist. Vermerkt sei aber auch, daß die meisten handelsüblichen Herbizide synthetische Substanzen sind, die teils, aber nicht immer Wuchsstoffcharakter haben. Sie gehören nicht zu den Phytohormonen.

4. Makromoleküle als Effektoren

Alle bisher genannten Effektoren sind kleine Moleküle. — Gibt es auch Makromoleküle, die als Effektoren wirken? Man kann Zellen höherer Organismen in Kultur halten. So können z.B. Mäusefibroblastenzellen in einem Medium wachsen und sich vermehren, wenn es das richtige Ionenmilieu und den richtigen pH-Wert besitzt und Aminosäuren, Glucose, einige Vitamine und Kälberserum enthält. Das Kälberserum kann durch Seren anderer Tiere (Kaninchen, Schafe, Mäuse etc.) ersetzt sein. R. Holley u. Mitarb. am Salk Institute in La Jolla (seit 1968) untersuchten die Bedeutung dieses Serums für die Zellen und benutzten dazu die Mäusefibroblastenzellen 3 T 3. Der erste Versuch (Abb. 42.3) zeigt die Abhängigkeit des Wachstums von der Serumkonzentration. Er zeigt weiterhin, daß Zellen nur bis zu einer bestimmten Dichte in der Lösung heranwachsen.

Um zu prüfen, woran das liegt, wurde ein weiterer Versuch angesetzt (Abb. 42.4). Hierbei zeigte sich, daß die Zellen das Serum aufgebraucht hatten. Gab man frisches Serum hinzu, begannen die Zellen erneut, sich zu teilen. Die Zellinie 3 T 3 wurde deshalb gewählt, weil man sie mit Hilfe eines Virus, des SV 40, in Tumorzellen transformieren kann. Dabei baut sich das Genom des Virus in das Genom der Zelle ein und verändert somit viele ihrer Eigenschaften.

Tumorzellen können zu einer wesentlich höheren Zelldichte heranwachsen als normale Zellen. Man weiß außerdem, daß normale Zellen in Kultur eine „Kontaktinhibition" zeigen, das heißt, sie teilen sich nicht mehr, wenn sie mit einer Nachbarzelle in Kontakt kommen.

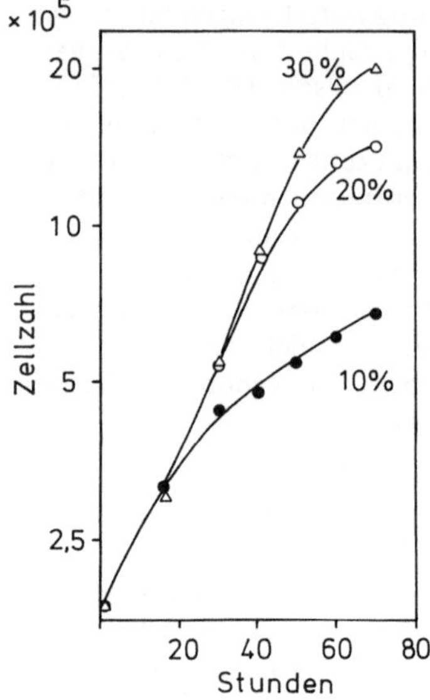

Abb. 42.3. Wachstumskurven von 3 T 3-Zellen in Medium, das 10, 20 und 30% Kälberserum enthielt (Holley und Kiernan, 1968)

Tumorzellen kennen diese „Kontaktinhibition" nicht und wachsen unkontrolliert weiter. Das gleiche Phänomen findet man innerhalb eines vielzelligen Organismus, auch dort wachsen Organe nur bis zu einer bestimmten Größe heran, so daß sie in einem ausgewachsenen Organismus in ganz bestimmten, „ausgewogenen" Proportionen zueinander stehen. Wir haben es also wiederum mit einem geregelten System zu tun. Tumorzellen halten sich nicht an diese Abmachungen.

Was hat das mit den Serumfaktoren zu tun?
Die Abb. 42.5 zeigt, daß Tumorzellen (SV 3 T 3) wachsen können, wenn man ein Serum verwendet, in dem normale Zellen nicht mehr wachsen. Aber auch sie kommen nicht ohne Serumfaktoren aus. Man hat inzwischen festgestellt, daß Serum eine Reihe von makromolekularen Faktoren enthält, die eine Zelle zum Leben braucht. Es sind Proteine, denn sie können durch proteolytische Enzyme abgebaut werden. Folgende Faktoren sind bisher voneinander getrennt, partiell gereinigt und charakterisiert worden:

a) Ein Faktor, der die Zelldichte von 3 T 3-Zellen reguliert. Er ist wahrscheinlich ein Protein mit relativ niedrigem Molekulargewicht (Holley und Kiernan, 1971).

b) Mindestens vier Faktoren, die die DNS-Synthese initiieren. Zwei von ihnen sind hitzestabil, die beiden übrigen hitzeempfindlich (Holley, 1973).

c) Ein Überlebensfaktor (Paul, Lipton und Klinger, 1971).

d) Ein Faktor, der eine Zellwanderung stimuliert (Lipton *et al.*, 1971).

e) Ein Faktor, der die Aufnahme von Phosphationen stimuliert (Cunningham und Pardee, 1969).

Darüberhinaus kennt man viele Faktoren, die für das Wachstum anderer Zelltypen erforderlich sind.

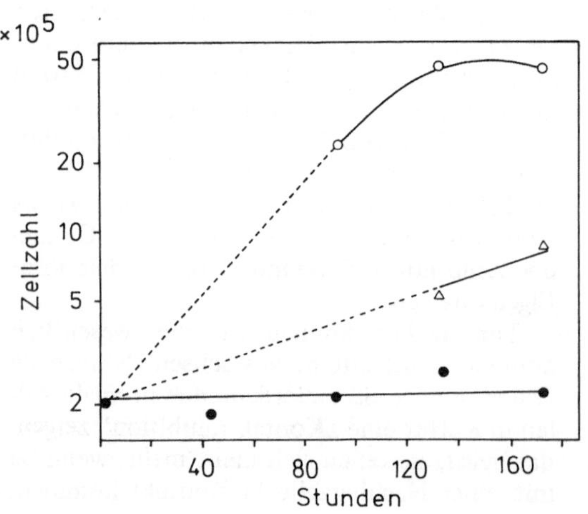

Abb. 42.4. Wachstumskurven von 3 T 3-Zellen in einem Medium mit „verbrauchtem" Kälberserum (●); nach Zusatz von 10% frischem Serum (○) sowie nach Zusatz von partiell verbrauchtem Serum (△) (Holley und Kiernan, 1968)

Zusammenfassend lassen sich hieraus folgende Schlüsse ziehen (Holley, 1974):

1. Das Phänomen der „Kontaktinhibition" läßt sich präziser als ein Regulationsmechanismus beschreiben, der von der Zelldichte und nicht von den Kontakten der Zellen untereinander abhängt.

2. Das Wachstum tierischer Zellen wird durch die Wechselwirkung vieler Faktoren kontrolliert. In Spezialfällen kann ein einziger Faktor das Wachstum regulieren, in geänderten Situationen jedoch sind weiterere Faktoren notwendig.

3. Wahrscheinlich sind Veränderungen der Zellmembran die Ursache für malignes Wachstum (Tumorwachstum). Änderungen der Zellmembran, hervorgerufen durch chemische oder physikalische Carcinogene oder Tumorviren, können die Reaktion der Zelle auf verschiedene Serumfaktoren beeinflussen.

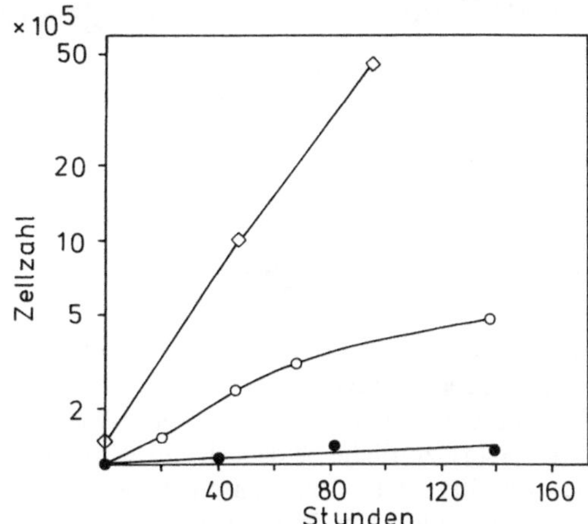

Abb. 42.5. Wachstumskurven von 3 T 3-Zellen in einem Medium mit „verbrauchtem" Kälberserum (●), nach Zusatz von 10% frischem Kälberserum (○) sowie Wachstumskurve von SV 3 T 3-Zellen in „verbrauchtem „Kälberserum (◊) (Holley und Kiernan, 1968)

Literatur

Cunningham, D.D., Pardee, A.B.: Transport changes rapidly initiated by serum addition to "contact inhibited" 3 T 3 cells. Proc. Natl. Acad. Sci. US **64**, 1049 (1969).

Holley, R.W.: Serum factors and growth control. In: Cold Spring Harbor Symp. Quant. Biol. (1974). (Control of proliferation in animal cells).

Holley, R.W.: Control of growth of mammalian cells in cell culture. Nature **258**, 487 (1975).

Holley, R.W., Kiernan, J.A.: "Contact inhibition" of cell division in 3 T 3 cells. Proc. Natl. Acad. Sci. US **60**, 300 (1968).

Holley, R.W., Kiernan, J.A.: Studies of serum factors required by 3 T 3 and SV 3 T 3 cells. In: CIBA Found. Symp. on growth control in cell cultures. London: Churchill 1971.

Jensen, E.V., DeSombre, E.R.: Estrogen-receptor interactions. Science **182**, 126 (1973).

Lehninger, A.L.: Biochemistry, 2. Aufl. New York: Worth Publ. 1975, S. 807–828.

Lipton, A., Klinger, I., Paul, D., Holley, R.W.: Migration of mouse 3 T 3 fibroblasts in response to a serum factor. Proc. Natl. Acad. Sci. US **68**, 2799 (1971).

Meselson, M.S.: Chemical and biological weapons. Sci. Am. Mai 1970, S. 15.

O'Malley, B.W., Schrader, W.T.: The receptors of steroid hormones. Sci. Am. Februar 1976, S. 32.

Overbeek, J.v.: Plant hormones and regulation. Science **152**, 721 (1966).

Overbeek, J.v.: The control of plant growth. Sci. Am. Juli 1968, S. 75.

Pastan, I.: Cyclic AMP. Sci. Am. August 1972, S. 97.

Pastan, I., Perlman, R.: Cyclic Adenosinmonophosphate in bacteria. Science **169**, 339 (1970).

Paul, D., Lipton, A., Klinger, I.: Serum factor requirements of normal and Simian virus 40-transformed 3 T 3 mouse fibroblasts. Proc. Natl. Acad. Sci. US **68**, 645 (1971).

Robinson, G.A., Butcher, R.W., Sutherland, E.W.: Cyclic AMP. Ann. Rev. Biochem. 37, 149 (1968).

43. Rhythmik: Die Physiologische Uhr Photoperiodismus

A. Die Physiologische Uhr

Umweltparameter sind in der Regel keine konstanten Größen, sondern oft Variable.

Manche von ihnen, so der Tag-Nacht-Wechsel, der jahreszeitliche Wechsel des Klimas, Ebbe und Flut sowie Mondphasen stellen periodisch sich wiederholende Zyklen dar.

Da jene Größen den Stoffwechsel von Organismen maßgeblich beeinflussen können, muß man annehmen, daß sich im Laufe der Evolution nur solche Organismen durchgesetzt haben, die diesem Wechsel gewachsen waren.

Es ist allgemein geläufig, daß bei allen Organismen Rhythmen existieren, die durch eine Reihe leicht feststellbarer Erscheinungen nachweisbar sind. Hierzu gehören z.B.
1. Tagesperiodische Rhythmen
   a) Phasen von Aktivität und Müdigkeit (Tagesrhythmik beim Menschen, u.a.).
   b) Verhaltensweisen (z.B. Gesang vieler Vögel in den frühen Morgenstunden).
   c) Öffnen und Schließen von Blüten, Heben und Senken von Blättern bei Pflanzen.
   d) Photosyntheseaktivität der Pflanzen und phototrophen Bakterien.
2. Jahreszeitlich bedingte Rhythmen
   a) Winterschlaf einiger Säuger.
   b) Vogelzug, Nestbautrieb u.a.
   c) Blühperioden bei Pflanzen.
   d) Laubfall im Herbst.

Diese Liste ließe sich noch um etliches erweitern.

Als Gemeinsamkeit aller dieser Erscheinungen können wir jedoch feststellen, daß Organismen offenbar in der Lage sind, Zeit zu messen.

Wir werden uns im letzten Abschnitt dieses Kapitels mit Mechanismen der Zeitmessung etwas näher auseinandersetzen. Zunächst einmal sollten aber einige der Fragen zum Phänomen der Rhythmik selbst geklärt werden, so z.B.:

1. Wie ist die Aussage experimentell überprüfbar, daß es eine innere (physiologische) Uhr gibt?

2. Ist die innere Uhr manipulierbar, kann man sie verstellen?

3. Wie genau geht sie?

4. Ist die Rhythmik erblich, oder wird sie erst erlernt?

5. Gibt es nur eine, oder gibt es mehrere Uhren im Körper?

1. Gibt es eine innere Uhr?
Welchen Einfluß haben Zeitgeber (äußere Einflüsse) auf diese Uhr?

Diese Frage wurde in den vergangenen Jahrhunderten bereits eingehend von De Mairan (1729), C. Darwin (1881) und später von W. Pfeffer untersucht (Abb. 43.1). Aus den letzten Jahrzehnten unseres Jahrhunderts stammen entscheidende Beiträge von E. Bünning (Tübingen).

C. Darwin glaubte an die Erblichkeit von Blattbewegungen, konnte aber keinen Selektionsvorteil darin sehen. W. Pfeffer ging zunächst von der Annahme aus, die tagesperiodischen Blattbewegungen seien unmittelbar durch die Außenbedingungen verursacht. Seine eigenen Experimente widersprachen jedoch dieser Annahme, so daß er schließlich den Nachweis der „Tagesautonomie" der Rhythmik erbringen konnte. Diese Aussage beruhte im wesentlichen auf der Beobachtung des Nachschwingens unter Dauerlichtbedingungen (s. Abb. 43.2 und 43.3); d.h. die Rhythmik bleibt erhalten, auch wenn der Auslöser ausbleibt. Hierbei wurde auch deutlich, daß die Periode der Rhythmik nicht exakt 24 Stunden betrug, sondern nur ungefähr. Man spricht deshalb von circadianer Rhythmik (*circa dies*). Wir kommen hierauf später noch einmal zurück (S. 299).

Zeitgeber und Aktivitätsperiode sind zwei klar voneinander zu unterscheidende Größen.

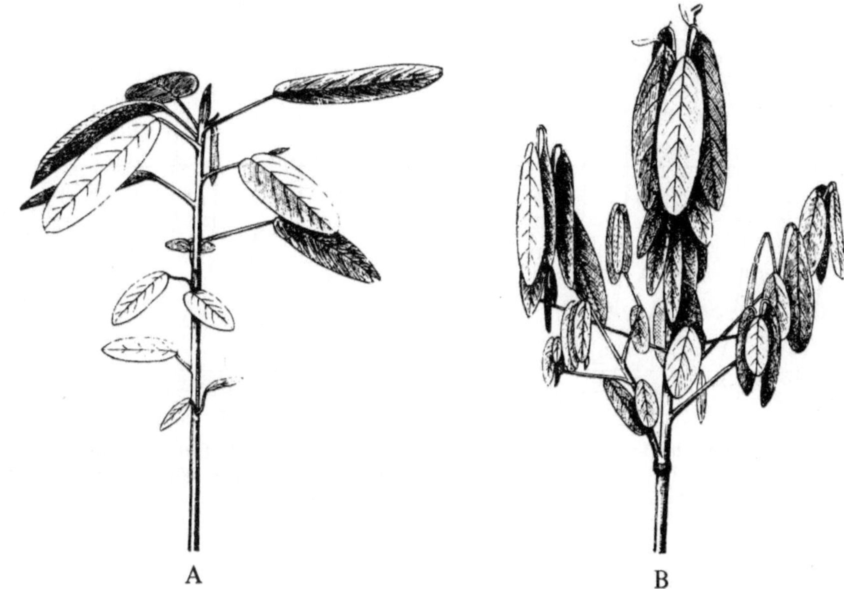

Abb. 43.1 A und B. „*Desmodium gyrans*. (A) Stamm während des Tages; (B) Stamm mit schlafenden Blättern; Nach Photographien kopiert, Figuren verkleinert." (Aus C. Darwin: Das Bewegungsvermögen der Pflanzen, 2. dt. Aufl., 1919)

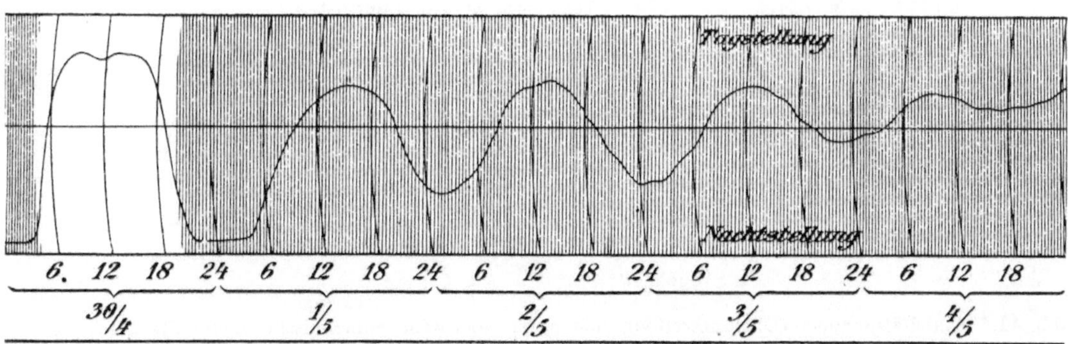

Abb. 43.2. Pfeffer meinte bis 1907, im Gegensatz zu Darwin, es gäbe keine erbliche Tagesautonomie, sondern beim Fortfall des Licht-Dunkel-Wechsels nur einige Nachschwingungen. In der Abb.: rasches Aufhören der Bewegungen von Bohnenblättern im Dauerdunkel (schraffiert). (W. Pfeffer, 1907; aus: E Bünning, 1975)

Z.B. kann die Öffnungszeit von Blüten bei einer Reihe von Pflanzen periodisch zu unterschiedlichen Tageszeiten liegen, obwohl der Zeitgeber (der Sonnenstand) für alle hier beschriebenen Arten gleich ist, es liegen also zwischen dem Eintreffen des Lichtsignals und der Aktivität artspezifisch unterschiedlich lange Zeiträume (Abb. 43.4).

2. Ist die innere Uhr manipulierbar, kann man sie verstellen?

Die Phase der Rhythmik ist in der Tat verstellbar, wenn man z.B. eine Pflanze in einen inversen Licht-Dunkel-Wechsel bringt. Diese Feststellung ist nicht auf Pflanzen beschränkt, sie ist z.B. auch für den Menschen von Interesse.

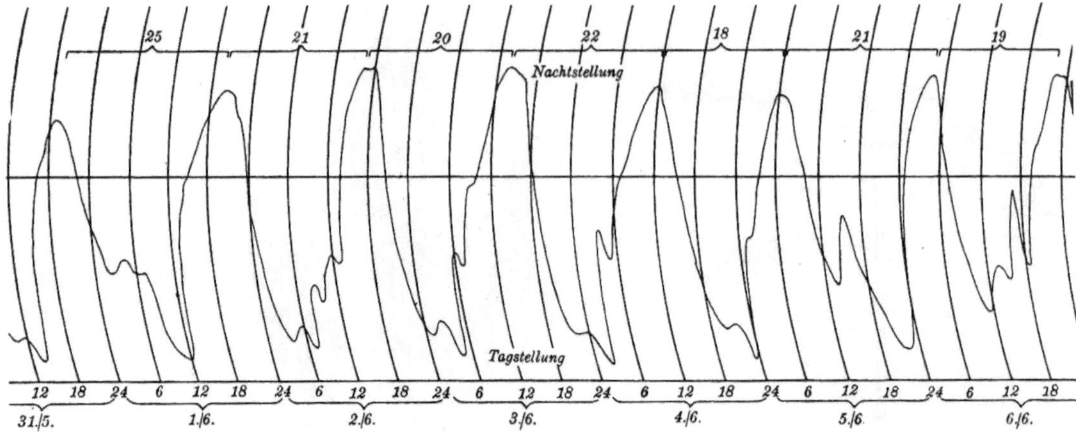

Abb. 43.3. Pfeffer 1915: Es gibt doch eine Tagesautonomie. Wenn man die Gelenke der Bohnenblätter mit schwarzer Watte umhüllt, setzen sich die Bewegungen in Dauerlicht lange fort (hier die 2. Woche nach dem letzten Licht-Dunkel-Wechsel). Die Periodenlänge beträgt dann nicht mehr genau 24 Stunden (in diesem Fall, wie die Zahlen zeigen, zwischen 18 und 25 Stunden). (W. Pfeffer, 1915; aus E. Bünning, 1975)

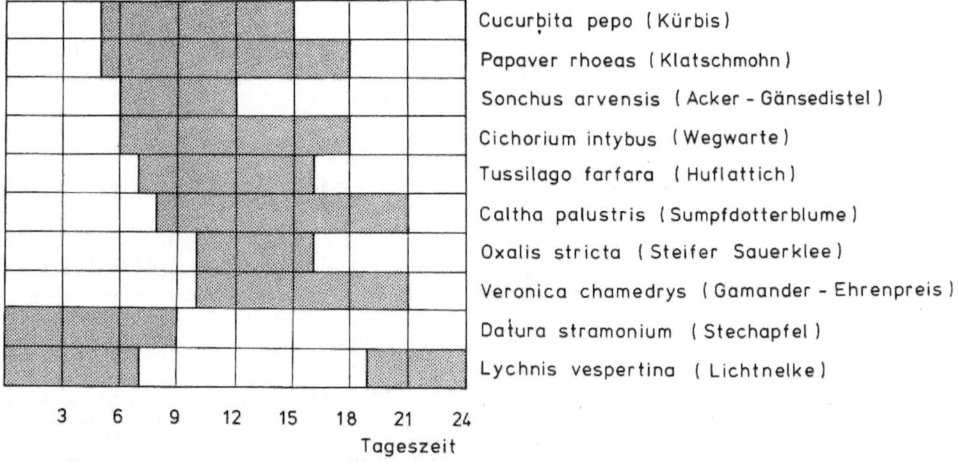

Abb. 43.4. Aktivitätsperioden (Öffnungszeit von Blüten) bei einer Reihe einheimischer Blütenpflanzen. (Nach E. Bünning, 1953)

Ein Flug in die USA wird verkraftet; es gibt allenfalls Umstellungsschwierigkeiten in den ersten 1–2 Tagen nach der Reise, dann aber hat man sich (ohne physiologische Schäden oder Folgeschäden) auf den neuen Tag-Nacht-Rhythmus eingestellt. Der Wechsel entspricht einer Phasenverschiebung um 6–9 Stunden.

Licht ist zwar auch für den Menschen einer der wesentlichen Zeitgeber; nicht minder wichtig ist jedoch auch sozialer Kontakt mit anderen Menschen oder technischen Einrichtungen, man denke hierbei nur an den Programmschluß der abendlichen Fernsehdarbietungen. Ein weiteres anschauliches Beispiel ist das Verhalten der amerikanischen Astronauten während der Weltraumflüge. Ihr Rhythmus wurde ausschließlich durch den Funkkontakt mit dem Kontroll-Zentrum in Houston synchronisiert. Die Umlaufzeit eines Erd-Satelliten und damit die Periode des Licht-Dunkel-Wechsels beträgt 1–2 Stunden. Diese Periode ist viel zu kurz, als daß sich der Körper darauf einstellen könnte; sie spielt für das Leben der Astronauten somit auch keine Rolle.

Menschen können kurzfristig unter extremen Bedingungen, wie etwa einem 14:14- oder 10:10 Stunden-Rhythmus leben. Kehrt der Mensch jedoch zu dem 12:12 Stunden-Rhythmus zurück, stellt sich seine Rhythmik wieder auf diesen Wert ein. Wir werden im folgenden noch sehen, daß es „sensible Phasen" gibt, in denen die Uhr verstellt werden kann, während es andere Lichtprogramme gibt, auf die die Uhr nicht anspricht.

Aufheben der Rhythmik: Die Blattbewegung der Bohne (*Phaseolus multiflorus*) erfolgt sowohl bei Dauerdunkel, bei Dauerlicht (gedämpft) sowie bei permanenter Belichtung mit „hellrotem" Licht (λ = 610–690 nm). Es ist allenfalls auffallend, daß die Amplitude der Schwingung abnimmt. Werden die Pflanzen jedoch mit „dunkelrotem" Licht ($\lambda > 700$ nm) bestrahlt, so bricht die Rhythmik zusammen. „Dunkelrotes" Licht hat somit einen direkten Einfluß auf die innere Uhr der Pflanze. Es muß also eine Substanz geben, die dunkelrotes Licht absorbiert und die dieses Signal weiterverarbeitet (s. hierzu Abschnitt: Photoperiodismus).

Zusammenfassend kann an dieser Stelle gesagt werden, daß

a) die physikalischen Zeitgeber in unserer Umwelt, die an die Erdumdrehung gebunden sind, nicht erforderlich sind, um die Periode aufrecht zu erhalten, diese läuft vielmehr aus eigenem Antrieb ab.

b) Die physikalischen Zeitgeber beeinflussen sehr wohl die biologische (circadiane) Rhythmik, und zwar in der Weise, daß sie diese synchronisieren.

3. Wie genau geht die Uhr?

Wir haben schon gesehen, daß die Periode der Rhythmik nicht exakt 24 Stunden beträgt, sondern nur ungefähr. Die Periode wurde bei verschiedenen Pflanzen und Tieren genau vermessen. Flughörnchen der Art *Glaucomys volans* zeigen eine Flugaktivität mit einer Periodendauer von 24 Std, 21 min ± 6 min.

Von besonderem Interesse ist diese Frage natürlich auch für den Menschen. Man kann fragen: Wie verhält sich ein Mensch, wenn ihm alle Zeitgeber genommen sind?

Hierzu ein Versuchsansatz von Aschoff und Wever (Max-Planck-Institut für Verhaltensphysiologie, Erling/Andechs):

Versuchspersonen, oft Examenskandidaten, melden sich freiwillig, um für eine bestimmte Zeit (1–4 Wochen) in einem Bunker ohne Zeitgeber zu leben.

a) Sie bestimmen ihren Zeitablauf selbst, Aktivitätsphasen werden registriert. Ergebnis: die Periodendauer ist länger als 24 Std, im Schnitt 24,95 Std (s. Abb. 43.5 und 43.6).

b) Den Versuchspersonen kann durch ein Lichtprogramm eine Rhythmik aufgezwungen werden. Das Programm kann während des Experiments verändert werden. Keine der Versuchspersonen kann am Ende des Versuchs

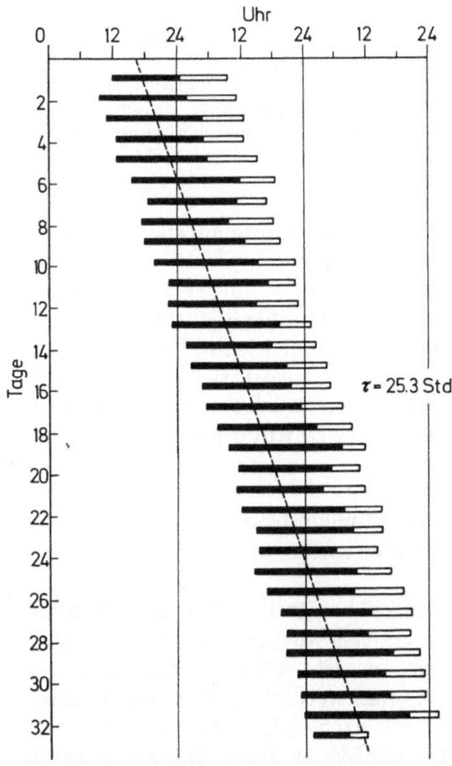

Abb. 43.5. Autonome circadiane Periodik einer Versuchsperson unter konstanten Bedingungen. Dargestellt ist die Aktivitätsperiode. Balken schwarz: Aktivität, Balken weiß: Ruhe. Aufeinanderfolgende Perioden sind zeitlich untereinander gezeichnet, die Ordinate bezeichnet daher (von oben nach unten) die Folge der subjektiven Tage, die Abszisse bezeichnet die Ortszeit (Wever, 1971)

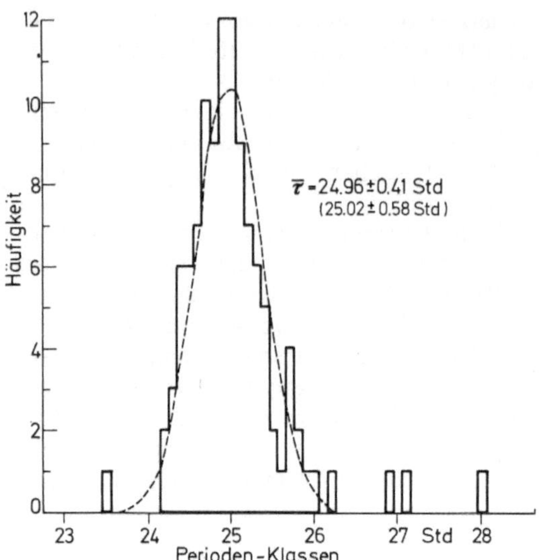

Abb. 43.6. Häufigkeitsverteilung aller bisher gemessenen autonomen Perioden. Gestrichelt: zugehörige Normalverteilung (errechnet ohne die vier herausfallenden Einzelwerte); Zahlen: Mittelwert und Standardabweichung der Periodenwerte, errechnet ohne und (in Klammern) mit Berücksichtigung der vier herausfallenden Einzelwerte (Wever, 1971)

auch nur annähernd richtig angeben, wie lang die Perioden waren.

c) Was geschieht, wenn zwei Menschen, deren Perioden unterschiedlich sind, in einem Bunker leben und ihnen keine Rhythmik aufgezwungen wird? Antwort: sie synchronisieren sich untereinander und leben nach einem gemeinsam festgelegten Rhythmus.

4. Ist die Rhythmik erblich oder wird sie erlernt?

a) Bei Kleinkindern stellt sich eine Rhythmik erst nach einigen Wochen ein. In den ersten Lebenswochen ist keine tagesperiodische Rhythmik nachweisbar (Abb. 43.7); diese spielt sich erst nach einigen Wochen ein.

b) Man hält Mäuse über mehrere Generationen hinweg bei konstantem schwachem Dauerlicht. Die endogene Rhythmik bleibt erhalten, ebenso die Periode der Rhythmik, durchschnittlich: > 25 Stunden, obwohl die Mäuse einen tagesperiodischen Zeitgeber nie kennengelernt haben. Die Periodendauer ist also durch genetische Komponenten fixiert (Abb. 43.8).

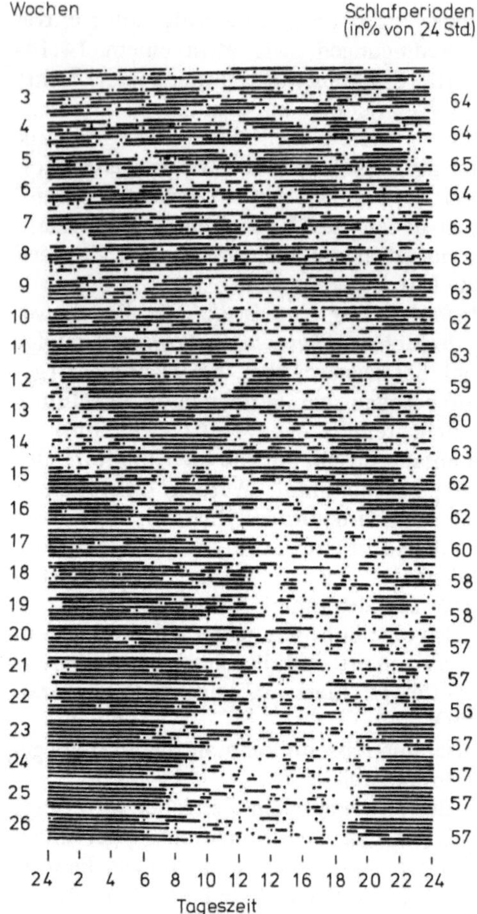

Abb. 43.7. Schlafperioden (dunkle Balken) und Nahrungsaufnahme (Punkte) eines Kleinkindes vom 11. bis zum 182. Lebenstag. (Nach N. Kleitman und T.G. Engelmann, 1953)

5. Gibt es nur eine, oder gibt es mehrere Uhren im Körper?

Wir haben in Kapitel 31 ausführlich besprochen, worauf Oszillationen im Stoffwechsel beruhen. Jeder Regelkreis führt *per definitionem* zur Oszillation des Istwerts um den Sollwert. Ein Regelkreis bietet damit die Voraussetzung für rhythmisches Verhalten. Schaltet man mehrere Regelkreise zusammen, so kann man, stark vereinfacht, folgendes Bild erhalten (Abb. 43.9).

In diesem Modell geht man davon aus, daß der Zeitdurchlauf in jedem der Regelkreise A, B, C . . . gleich lang ist (alle Kreise haben

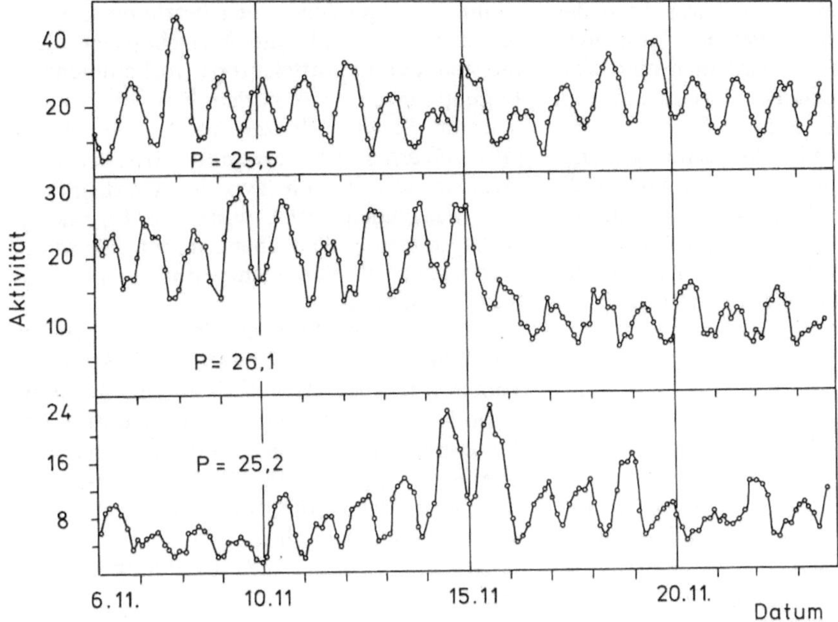

Abb. 43.8. Endogene Rhythmik bei Mäusen, die über mehrere Generationen ohne Zeitgeber lebten. (Nach
. Aschoff, 1955)

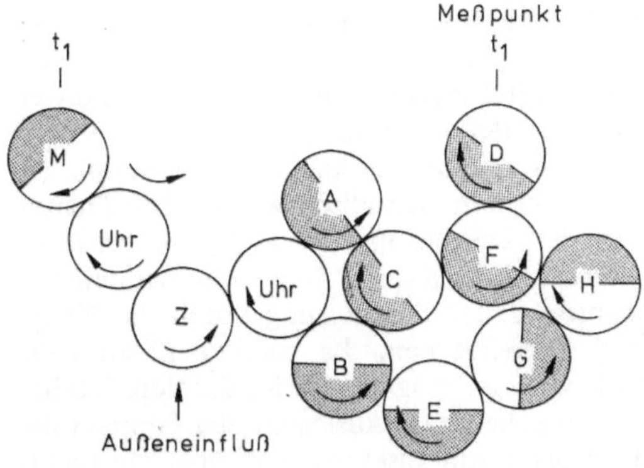

Abb. 43.9. Zusammengeschaltete Regelkreise. (Nach
F.A. Brown, 1960)

ausgedrückt: Räder), so kommt man zu unterschiedlichen Periodenlängen. U.a. käme man, zumindest rein modellmäßig, auch zu einer *circadianen* Rhythmik.

Zur Veranschaulichung soll der Wirkungsmechanismus einer Taschenuhr angeführt werden: Die Energie einer Feder wird auf eine Unruhe, den Oszillator, übertragen, dessen Schwingungsdauer im Sekundenbereich liegt. Von dort wird die Energie durch einen ungleichen Übersetzungsmechanismus einmal auf den „großen Zeiger" übertragen (Periodendauer 1 Std), zum anderen auf den „kleinen Zeiger" (Periodendauer 12 Std).

Wie kann man sich soetwas nun auf molekularer (biochemischer) und zellulärer Ebene vorstellen?
Man kennt im Stoffwechsel eine Reihe von Oszillatoren, man kennt aber nicht die Uhr. Man weiß, daß es Faktoren gibt, die einen Einfluß auf die Uhr haben, so das Licht, die Kälte, Komponenten des Zellkerns u.a. Diese Faktoren greifen an unterschiedlichen Stellen im Stoffwechsel ein, so daß auch ihr Stellenwert je nach Gleichgewichtszustand des Stoffwechsels unterschiedlich sein kann. Es ist denkbar,

len gleichen Durchmesser), der Übersetzungsmechanismus unseres Gefüges ist von Kreis zu Kreis stets 1:1. Das Modell sagt noch etwas aus: Obwohl es nur einen Auslöser gibt, können die Phasen der einzelnen Regelkreise gegeneinander versetzt sein und jeden beliebigen Wert annehmen.

Nimmt man nun aber zusätzlich noch an, der Übersetzungsmechanismus sei ungleich 1 = unterschiedlich große Kreise; oder bildlicher daß durch einen Außeneinfluß nur Teile des Stoffwechsels verändert werden. Mißt man gerade diese Größen, so wird man eine Verstellung der Physiologischen Uhr nachweisen können. Andere Teile des Stoffwechsels und der hieraus resultierenden Erscheinungen mögen hierbei unbeeinflußt sein. Ein vollständiges Verständnis der Uhr wird man wohl erst dann erhalten, wenn man alle Regelmechanismen des Stoffwechsels auf molekularer und zellulärer Ebene und ihr Zusammenwirken verstanden hat.

B. Photoperiodismus

Wir haben auf S. 292 den Phototropismus kennengelernt, ergänzt werden soll an dieser Stelle, daß blaues Licht besonders wirkungsvoll ist, während Rotlicht praktisch keine phototrope Krümmungsreaktion hervorruft. Das Aktionsspektrum deckt sich gut mit dem Absorptionsspektrum von Flavoproteiden (und Karotinoiden). Flavoproteide scheinen die Hauptrezeptoren für die phototrope Reaktion zu sein. Ob überhaupt und welche Rolle die Karotinoide spielen, ist im einzelnen noch unklar.

Dem Phototropismus kann der Photoperiodismus gegenübergestellt werden. Wir haben im vorangegangenen Abschnitt gesehen, daß die Organismen über eine innere Uhr verfügen und somit dem permanenten Licht-Dunkel-Wechsel gewachsen sind.

Wir können jetzt die Frage genau umgekehrt stellen und untersuchen, ob ein Organismus auf einen Licht-Dunkel-Wechsel angewiesen ist. Für eine Reihe von Fällen läßt sich die Frage verneinen, z.B. für die auf S. 300 besprochenen Mäuse, dann natürlich für die Pflanzen, die nördlich des Polarkreises gedeihen. Dem steht jedoch die Beobachtung gegenüber, daß viele Pflanzen unserer Breiten unter Dauerlichtbedingungen nicht zum Blühen kommen. Durch eine Reihe von Versuchen konnte gezeigt werden, daß die Länge der täglichen Licht-Dunkel-Periode eine entscheidende Rolle bei der Blühinduktion (Auslösung der Blütenbildung) spielt.

1. Langtag- und Kurztagpflanzen. Nicotiana silvestris (s. Kapitel 2) blüht nur dann, wenn die Tageslänge einen bestimmten kritischen Wert (> 11 Stunden) übersteigt. Die meisten der in Mitteleuropa vorkommenden Blütenpflanzen gehören dem Typ dieser sogenannten Langtagpflanzen an. Die der *Nicotiana silvestris* nah verwandte Art *Nicotiana tabacum* gehört zum Typ der Kurztagpflanzen, sie blühen nicht, wenn die Tageslänge einen kritischen Wert überschreitet. Für Kurztagpflanzen ist eine Lichtperiode von 7–11 Stunden optimal.

2. Dauer der Dunkelperiode. Die Anzahl der Blüten der Sojabohne (*Biloxi Soja*) hängt vom Verhältnis der Dunkelperiode zur Lichtperiode ab. Das bedeutet: zur Induktion der Blütenbildung werden Dunkelperioden bestimmter Länge benötigt. 24 Stunden oder ein Vielfaches davon (48 Stunden, 72 Stunden) sind optimal. Dunkelperioden, die kürzer oder länger sind, hemmen die Ausbildung von Blüten (s. Abb. 43.10).

3. Unterbrechung der Dunkelperioden (Störlicht) (vgl. Abb. 43.11). Die Kurztagpflanze *Kalanchoe blossfeldiana* kommt nicht zum Blühen, wenn eine kurze Lichtperiode zur falschen Zeit während der Dunkelperiode geboten wird. Das bedeutet, daß es sensible (photophile) Phasen gibt. Diese und die unter 2. genannten Ergebnisse besagen, daß Pflanzen Zeit messen können. Die photophilen Phasen kehren periodisch wieder. Das Phänomen der Zeitmessung ist nicht auf Pflanzen beschränkt. In Kapitel 50 werden wir den Mechanismus der Zeitmessung durch das Kleinhirn kennenlernen. Es muß darüberhinaus noch weitere, möglicherweise simplere Mechanismen geben. Die Auslösung der Puppenruhe (Diapause) von Insekten wird über ein Licht-Dunkel-Programm gesteuert. Die optimale tägliche Lichtperiode liegt bei der Schmetterlingsart *Acronycta rumicis* (einer Art aus der Gruppe der Eulenspinner) zwischen 8 und 16 Stunden. Bei einer Lichtperiode von mehr als 16 Stunden pro Tag kommt es zu keiner Verpuppung. Bei anderen Schmetterlingsarten, so beim Seidenspinner (*Bombyx mori*) sind mindestens 13 Lichtstunden pro Tag erforderlich. Eine Verpuppung tritt bei dieser Art auch bei Dauerlicht ein.

4. Worauf beruht der Unterschied zwischen Langtag- und Kurztagpflanzen? Pfropft man z.B. von der Kurztagpflanze *Nicotiana tabacum*

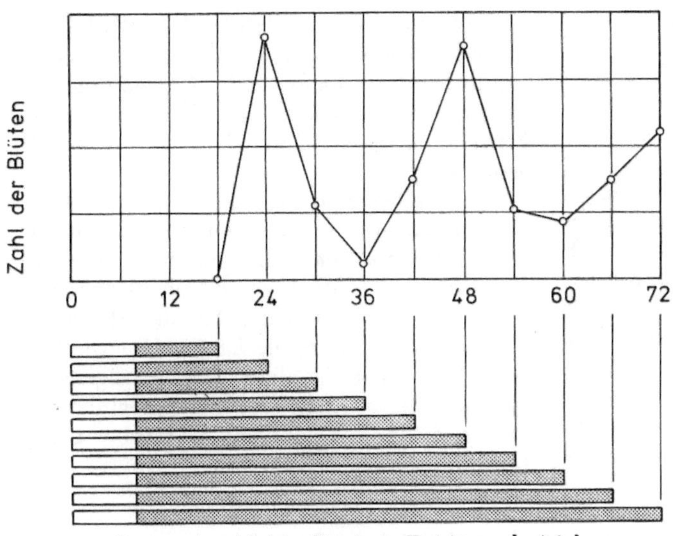

Abb. 43.10. Blütenbildung bei der Sojabohne, die in Zyklen von 10 Stunden Licht und 8–62 Stunden Dunkelheit gehalten wurden. (Nach K. Hamner)

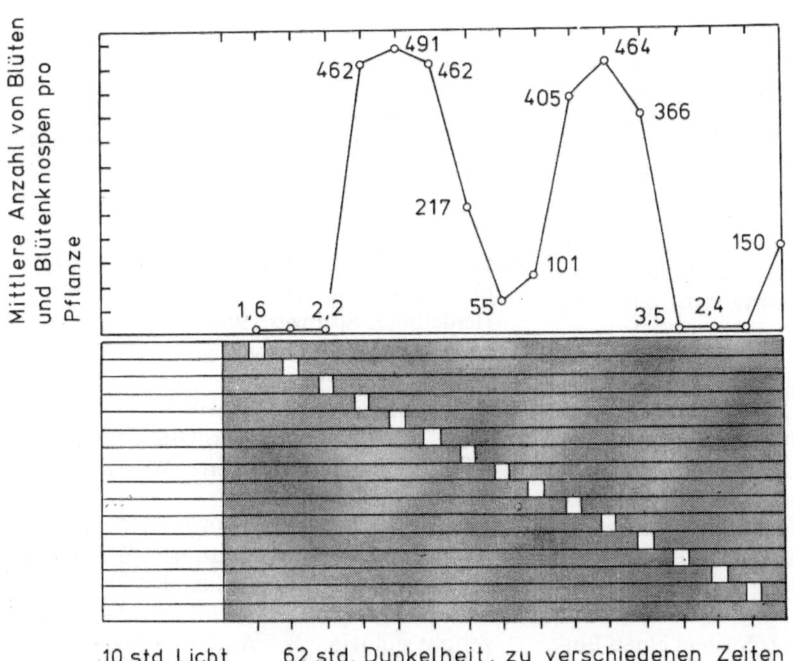

Abb. 43.11. Störlichteinfluß auf die Kurztagpflanze *Kalanchoe blossfeldiana*. (Nach G. Melchers, 1956)

ein Blatt auf die Langtagpflanze *Nicotiana silvestris*, so kommt die Langtagpflanze auch im Kurztag zum Blühen (G. Melchers, Tübingen). Daraus folgt zunächst einmal, daß es eine Substanz geben muß, die für Blütenbildung erfor-

derlich ist. Man nannte sie prophylaktisch Blühhormon oder Florigen.

5. Hellrot-Dunkelrot. Trägt man die Keimungsrate der Samen von *Lactuca* (Salat) gegen die Lichtwellenlänge auf, so erhält man

Förderung durch hellrotes Licht und eine starke Hemmung durch dunkelrotes Licht. Auf S. 299 haben wir bereits gesehen, daß dunkelrotes Licht auch andere hemmende Funktionen ausübt, es unterdrückt die endogene Rhythmik von Blattbewegungen.

Die unter 5. genannten Versuche deuten außerdem darauf hin, daß hellrotes und dunkelrotes Licht antagonistisch wirken. Durch eine Reihe von Beobachtungen, auf die wir hier nicht näher eingehen können, ließ sich diese Annahme verifizieren. Die hemmende Wirkung des dunkelroten Lichtes ist reversibel, sobald der Pflanze Hellrot geboten wird. Ebenso ist der fördernde Einfluß von Hellrot durch eine nachfolgende Bestrahlungsperiode mit dunkelrotem Licht ausschaltbar.

Aus allem folgt, daß es einen Rezeptor für dunkelrotes und für hellrotes Licht geben muß. Hierbei sind zwei Möglichkeiten denkbar:

a) Es gibt einen Rezeptor für Hellrot und einen für Dunkelrot.

b) Es gibt nur einen Rezeptor, der in zwei Schalterstellungen (Zuständen) vorliegt. Dunkelrotes Licht inaktiviert ihn, hellrotes Licht aktiviert ihn. Die Übergänge seien somit reversibel.

Die Alternative b) hat sich bewahrheitet. Man kennt heute eine Substanz, das Phytochrom, welches als Rezeptor im Hellrot-Dunkelrot-System (Phytochromsystem) eine zentrale Rolle spielt.

$$P_R \text{ (inaktiv)} \underset{+\,660\,\text{nm}}{\overset{+\,735\,\text{nm}}{\rightleftarrows}} P_{FR} \text{ (aktiv)}$$

Hierbei steht R für red; FR für far red; auf deutsch könnte man daher auch schreiben P_{HR} (HR = hellrot), bzw. P_{DR} (DR = dunkelrot), oder unter Verwendung der Wellenlängen, P_{660} und P_{730}.

Offensichtlich hat dieses System einen Einfluß auf die Kontrolle zahlreicher Stoffwechsel- und Differenzierungsvorgänge in der Pflanze.

Tageslicht ist reich an Licht der Wellenlänge von 660 nm. Das Phytochrom liegt in seiner aktiven Form vor. Abends erreicht vorzugsweise Licht längerer Wellenlängen die Erde, so auch dunkelrotes Licht. Das Phyto-

chromsystem wird abgeschaltet. Es wird unter Botanikern aber auch die Meinung vertreten, daß dunkelrotes Licht bei der Abschaltung des Phytochromsystems in der Natur überhaupt keine Rolle spielt, Dunkelheit wirkt nämlich genau so.

Es sieht ganz so aus, als könnte das P_{FR} das Blühhormon inaktivieren (deshalb blühen viele Pflanzen nicht bei Dauerlicht). Für die Induktion der Blütenbildung braucht man deshalb eine Dunkelperiode. Aus der Menge an P_R kann die Pflanze die Länge einer Dunkelperiode messen. Ist diese Angabe allgemeingültig? Nur bedingt, denn Kurztagpflanzen blühen nicht im Dauerlicht, wohl aber Langtag- und tagneutrale Pflanzen.

Literatur

Aschoff, J., Wever, R.: Spontanperiodik des Menschen bei Ausschluß aller Zeitgeber. Naturwissenschaften **49**, 339 (1962).

Brown, F.A.: Response to pervasive geophysical factors and the biological clock problem. Cold Spring Harb. Symp. Quant. Biol. **15**, 57 (1960).

Bünning, E.: Entwicklungs- und Bewegungsphysiologie der Pflanze. Berlin–Göttingen–Heidelberg: Springer 1953.

Bünning, E.: The Physiological Clock. The Heidelberg Science Library, Vol. 1, 3. Aufl. New York: Springer Inc. 1973.

Bünning, E.: Wilhelm Pfeffer. Große Naturforscher, Bd. 37. Stuttgart: Wissenschaftl. Verlagsgesellschaft 1975.

Darwin, C.: Das Bewegungsvermögen der Pflanzen. 2. dt. Aufl. Stuttgart: E. Schweizerbart'sche Verlagsbuchhandl. 1919.

Mohr, H., Schopfer, P.: Lehrbuch der Pflanzenphysiologie. 3. Aufl. Berlin–Heidelberg–New York: Springer 1978.

Wever, R.: Die circadiane Periodik des Menschen als Indikator für die biologische Wirkung elektromagnetischer Felder. Z. Physikal. Medizin 2, 439 (1971).

Wever, R.: Hat der Mensch eine innere Uhr? Umschau **73**, 551 (1973).

44. Bewegungen

In biologischen Systemen findet man eine Reihe verschiedener Bewegungsmechanismen. Im Kapitel 42 haben wir den Phototropismus als eine Wachstumsbewegung der Pflanzen kennengelernt. Geotropismus und Nutation sind weitere Formen des gleichen Bewegungstyps; sie unterscheiden sich lediglich durch den auslösenden Reiz voneinander. Es gibt auch andere Bewegungen, so jene, die durch den Turgordruck in Zellen hervorgerufen werden. Öffnen und Schließen der Spaltöffnungen, die Reaktion der Blätter einer Mimose sowie Schleuderbewegungen, die einer Ausbreitung von Samen dienen wie etwa beim Springkraut (*Impatiens*) gehören hierzu.

Man kennt freie Ortsbewegungen. Hierzu zählen amöboide Bewegungen und Geißelbewegungen. Letztere kommen im Pflanzen- und im Tierreich vor. Geißeln der Eukaryonten und Cilien sind nach einem ganz bestimmten Einheitsschema aufgebaut. Ein Querschnitt gibt im Elektronenmikroskop folgende Struktur: 9 filamentartige Strukturen (Mikrotubuli) liegen an der Peripherie, 2 im Zentrum der Geißel. Die zentral gelegenen Mikrotubuli erscheinen im Querschnitt als Einzelringe, während die peripheren als Doppelringe ausgebildet sind (Abb. 44.1).

Wir kennen weiterhin die Bewegung der Chromosomen während der Mitose und schließlich, als eine spezifische Bewegungsform bei Tieren, die Kontraktion der Muskeln. Muskeln sind spezialisierte Gewebe, die ausschließlich der Bewegung dienen. Sie setzen dabei chemische in mechanische Energie um.

Man kennt drei verschiedene Typen von Muskeln:
— quergestreifte Muskeln,
— glatte Muskeln
— sowie die Muskeln des Herzgewebes.

Uns sollen hier nur die quergestreiften beschäftigen. Man findet sie bei den *Vertebrata*, aber auch bei einigen anderen Tierstämmen wie den *Arthropoda*. Sie unterliegen einer Kontrolle durch äußere Reize. Die Stimulation eines Muskels geschieht durch einen elektrochemischen Prozeß. Dabei werden die Muskeln kontrahiert. Wir können die Kontraktion quergestreifter Muskeln auf drei Ebenen verfolgen:

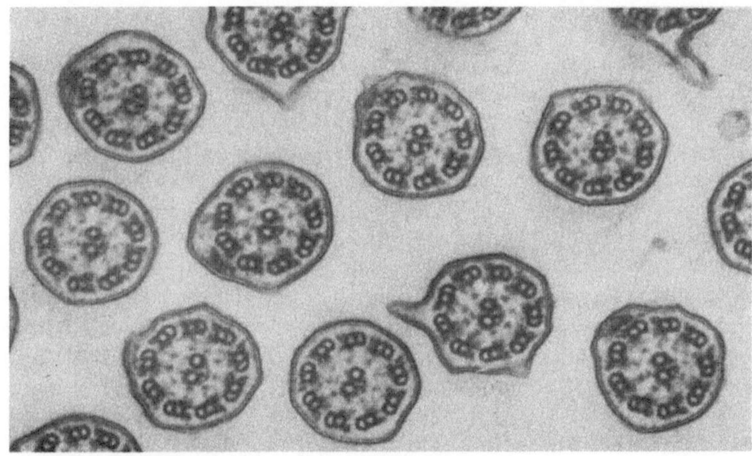

Abb. 44.1. Querschnitt durch Cilien von *Tetrahymena pyriformis*. (Vergr. ca. 70.000fach; elektronenmikroskopische Aufnahme: F. Wunderlich, Freiburg)

1. makroskopisch,
2. mikroskopisch,
3. auf molekularer Ebene.

Bei der Kontraktion wird ATP verbraucht (H.H. Weber).

1. Kontraktion eines Muskels: Makroskopische Beobachtungen

Einige Versuche am Wadenmuskel (*Musculus gastrocnemius*) des Frosches sollen das Kontraktionsvermögen veranschaulichen. Dabei wird der isolierte Muskel statt durch einen Nerv durch experimentell regelbare Gleichstromstöße stimuliert. Die folgende Abbildung gibt das Prinzip einer Apparatur wieder, mit der Kontraktionsänderungen gemessen werden können.

a) Wir geben einen Reiz pro Sekunde. Die Reizdauer beträgt hier wie im vorangegangenen und in folgenden Versuchen 10 msec. Wir sehen, daß sich der Muskel verkürzt und sich unmittelbar darauf wieder entspannt.

b) Wir geben zwei Reize pro Sekunde und erhalten im Prinzip das gleiche Ergebnis wie bei a).

c) Wir geben drei Reize pro Sekunde. Hier sehen wir erstmals, daß die Reizfolge bereits so hoch ist, daß sich der Muskel zwischen den Reizungen nicht vollständig entspannen kann. Die Grundlinie, die den entspannten Zustand anzeigt, wird nicht mehr erreicht.

d) Vier Reize pro Sekunde: Der Effekt, der sich bei c) anbahnte, wird verstärkt. Der Muskel verbleibt in einem angespannten Zustand.

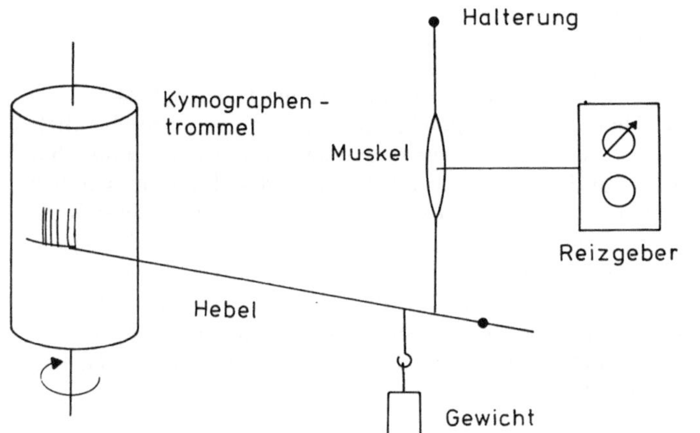

Abb. 44.2

Über einen Hebelmechanismus werden sie auf einem Kymographen (einer rotierenden Trommel) registriert.

Im folgenden wollen wir die Ergebnisse eines Vorlesungsversuchs diskutieren. Das Versuchsprotokoll ist eine Photokopie der Folie, die die Kymographentrommel umgab (Abb. 44.3).

A. Wir stimulieren den Muskel durch kurze Stromstöße. Die Reizstärke beträgt 3 V, die Reizdauer 10 msec. Wir erkennen den Ausschlag des Hebels, der uns anzeigt, daß sich der Muskel verkürzt.

B. Wir verfeinern unseren Versuch, indem wir jetzt den Muskel in genau definierten Intervallen reizen.

C. Wir wiederholen die Versuchsserie von B., allerdings belasten wir jetzt den Muskel durch ein Gewicht von 10 g, d.h. er muß beim Verkürzen eine zusätzliche Arbeit leisten.

a) Stimulation einmal pro Sekunde.

b) Stimulation zweimal pro Sekunde. Hierbei ist die Reizhäufigkeit bereits so hoch, daß der Muskel sich zwischen den Reizen nicht mehr entspannen kann. Die einzelnen Reize erkennt man nunmehr lediglich als eine schwache Oberschwingung, die sich dem angespannten Zustand überlagert.

c) Wir belasten den Muskel mit 20 g und reizen ihn einmal pro Sekunde. Auch hier bleibt er permanent verkürzt. Wir sehen aber noch etwas. Die Verkürzung nimmt als Funk-

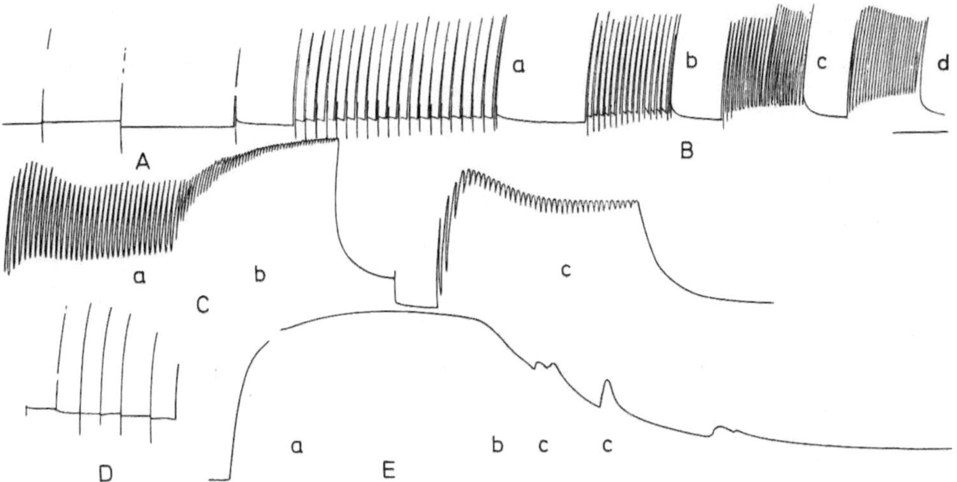

Abb. 44.3 A–E. Reaktion eines Muskels auf verschiedene Reize – Details vgl. Text (Protokoll eines Vorlesungsversuchs)

tion der Zeit langsam ab: Der Muskel ermüdet.

D. Kontraktion des Muskels in Abhängigkeit von der Belastung: Der Muskel wurde mit 10, 20, 30, 50 und 100 g belastet und jeweils nur einmal stimuliert. Ergebnis: Der Muskel schafft es bei schweren Gewichten (50 g, 100 g) nicht, sich vollständig zu verkürzen. Die Verkürzung ist der Belastung proportional.

E. Der Muskel wurde mit 10 g belastet und zehnmal pro Sekunde stimuliert. Die Reize folgten so dicht aufeinander, daß der Muskel sich in der Zwischenzeit nicht entspannen konnte, nicht einmal eine Oberschwingung war zu erkennen. Einen solchen Zustand nennt man Tetanus (a). Die Zeit, die der Muskel zur Erholung braucht, nennt man Refraktärzeit. Nach einiger Zeit in angespanntem Zustand zeigte der Muskel eine Ermüdungserscheinung und begann, trotz fortgesetzter Reizung, sich zu entspannen (b) (vgl. auch C.c). Eine kurzfristige Kontraktion ließ sich durch Bestreichen des Muskels mit Ringerlösung (einer isotonischen Lösung, die Na^+, Ca^{++}, Cl^-, Glucose u.a. enthält) erreichen (c).

Bei einer Kontraktion verformt sich der Muskel. Ein maximal verkürzter Muskel kann zu weiterer Leistung angeregt werden. Er gerät dabei unter Spannung. Man spricht von einer isotonischen Veränderung, wenn die Spannung konstant bleibt, von einer isometrischen Veränderung, wenn die Länge konstant bleibt, die Spannung aber variiert.

2. Mikroskopische Beobachtungen

Bei der mikroskopischen Betrachtung einer Muskelfaser (Muskelzelle) wird klar, warum dieser Muskeltyp quergestreift genannt wird. Dunkle Querstreifung wechselt mit einer hellen Querstreifung ab.

H.H. Weber (Heidelberg) behandelte Muskelzellen mit Glycerin. Dabei wurden viele niedermolekulare Substanzen aus der Zelle extrahiert, u.a. auch ATP. Gab er zu einem solchen Präparat ATP hinzu, beobachtete er eine Verkürzung der Muskelfaser. Dabei verschwand die helle Zone.

3. Elektronenmikroskopische Untersuchungen. Der molekulare Mechanismus der Muskelverkürzung

Durch elektronenmikroskopische Untersuchungen, vornehmlich durch H.E. Huxley (Cambridge), ließ sich der Verkürzungsmechanismus des Muskels deuten. Er fand, daß die Muskelzelle Bündel parallel gelagerter Filamente enthält. Dabei sind dicke und dünne Filamente zu unterscheiden. Die funktionelle

Abb. 44.4. Längsschnitt durch einen quergestreiften Muskel. (Vergr. 18.600fach.) (Aufn. H.E. Huxley, Cambridge)

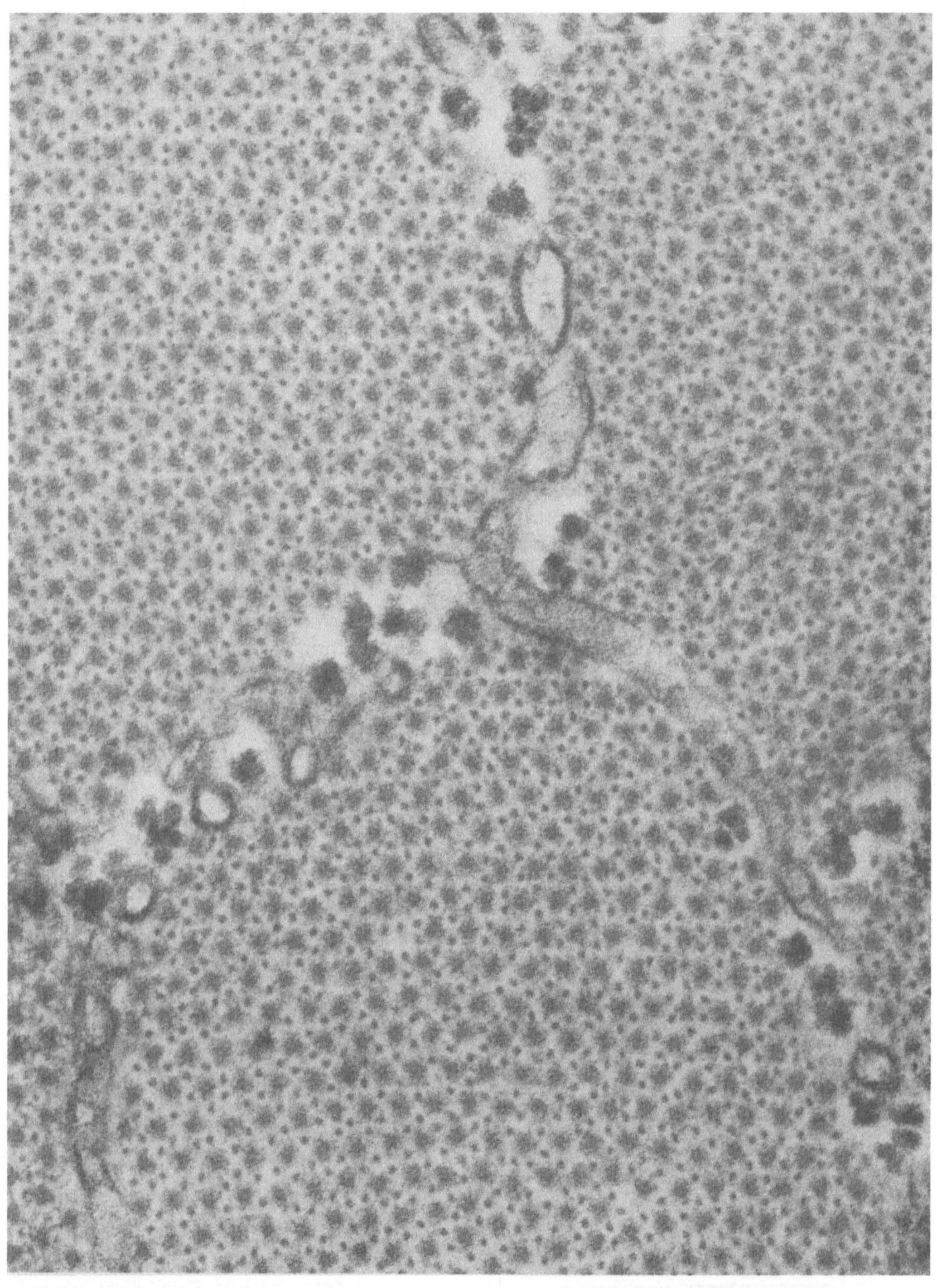

Abb. 44.5. Querschnitt durch einen quergestreifen Muskel. Ein jedes dicke Myosinfilament ist von sechs dünnen Aktinfilamenten umgeben. (Vergr. 155.000fach.) (Aufn. H.E. Huxley, Cambridge)

Einheit einer Muskelzelle ist das Sarkomer, das auf beiden Seiten durch eine, auch lichtmikroskopisch sichtbare Linie, die Z-Linie, begrenzt wird. Die lichtmikroskopisch sichtbare dunkle Zone erscheint im Elektronenmikroskop als der Bereich, in dem sich dicke und dünne Filamente überlappen. Die helle Zone enthält nur dünne Filamente (Abb. 44.4 und 44.5). Die Bedeutung der oft benutzten Abkürzungen I-Zone, A-Zone, H-Zone etc. wird beim Betrachten des folgenden Schemas (Abb. 44.6) deutlich.

Aus den elektronenmikroskopischen Bildern entspannter und kontrahierter Muskeln hat H.E. Huxley den Mechanismus der Sliding Filaments abgeleitet, des teleskopartigen Aneinandervorbeigleitens dicker und dünner Filamente.

Man hatte inzwischen gelernt, daß der Muskel einen Proteinkomplex enthält, das Aktomyosin. Man konnte es isolieren und bekam eine gelartige, weiße Substanz. H.H. Weber gab ATP zu diesem Gel und stellte fest, daß es wie eine glycerinextrahierte Muskelzelle zu schrumpfen begann (Superpräzipitation). Man hat weiterhin gelernt, daß der Aktomyosinkomplex in zwei Komponenten zerlegt werden kann: in Aktin und in Myosin.

Gab es eine Korrelation zwischen diesen biochemischen Befunden und den elektronenmikroskopischen Abbildungen? Die Antwort darauf lautet: Dünne Filamente bestehen aus Aktin, dicke aus Myosin. Im kontrahierten Muskel liegen sie als Aktomyosinkomplex vor.

Wie kommt dieser Komplex zustande?
Das Aneinandervorbeigleiten der Filamente allein erklärt zwar, wie sich ein Muskel verkürzen kann, damit ist aber noch nicht geklärt, wie er Arbeit leistet, d.h. wie er eine Spannung erzeugt. Es muß zweifelsohne einen Mechanismus geben, der den verkürzten Zustand stabilisiert. Bei der Betrachtung der Muskelfilamente bei stärkerer Vergrößerung fand H.E. Huxley, daß die Aktin- und Myosinfilamente durch Brücken (cross-bridges) miteinander verknüpft sind. Die Brücken stellen einen Teil des Myosinmoleküls dar. Sie sind eine Art Doppelkopf mit einer enzymatischen, ATP-spaltenden Aktivität. Außerdem können sie den Kontakt mit dem Aktinmolekül herstellen (Abb. 44.7). Ein dickes Filament besteht aus einer großen Zahl von Myosinmolekülen, die in einer spezifischen Weise angeordnet sind. Dünne Filamente sind aus Aktinmolekülen zusammengesetzt.

Quergestreifte Muskeln unterliegen, wie schon gesagt, dem Einfluß äußerer Reize, beim Menschen u.a. der Kontrolle durch seinen Willen.

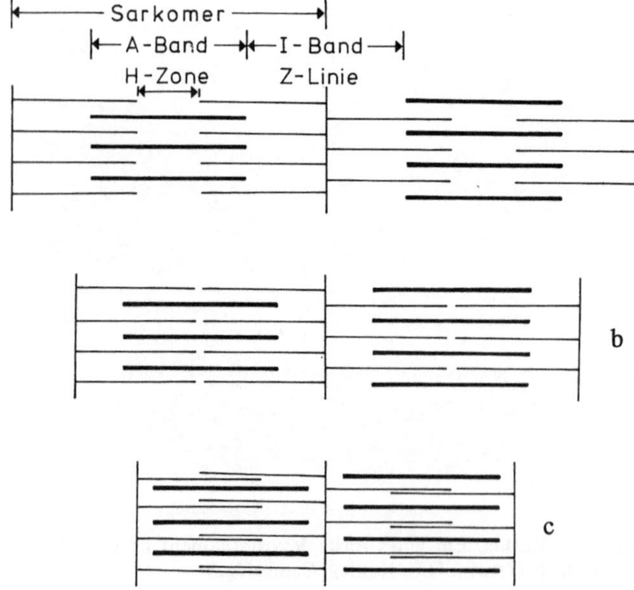

Abb. 44.6 a–c. Der Mechanismus der Muskelverkürzung. Dicke und dünne Filamente schieben sich teleskopartig aneinander vorbei. (a) Muskel in entspanntem Zustand. Eine H-Zone, in der nur dicke Filamente zu sehen sind, ist erkennbar; (b) partieller und (c) vollständig verkürzter Muskel. H-Zone und I-Band sind nicht erkennbar. Das Schema beruht auf elektronenmikroskopischen Aufnahmen von H.E. Huxley (vgl. Abb. 44.4 und 44.5). (Nach Mannherz und Schirmer, 1970)

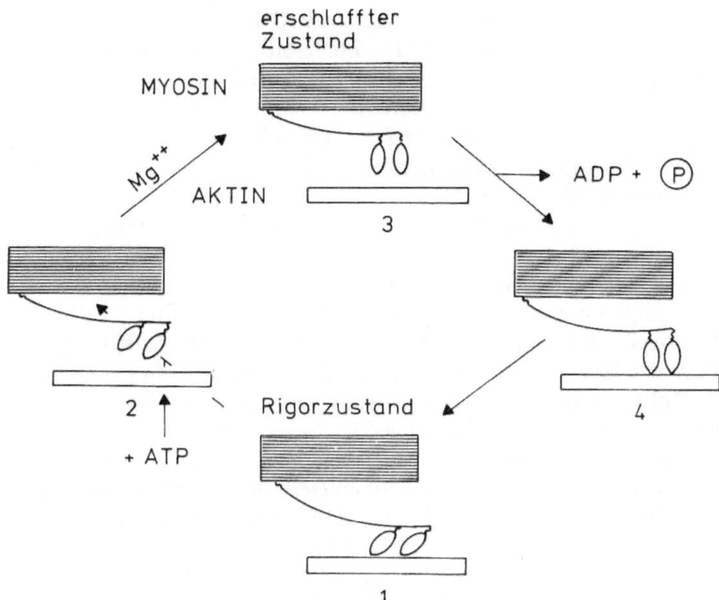

Abb. 44.7. Der Mechanismus der Aktin-Myosin-Interaktion (vereinfachtes Schema). (Nach Mannherz und Schirmer, 1970)

Was geschieht bei der Reizung?

Eine Muskelzelle enthält außer Aktin und Myosin das Sarkoplasmatische Retikulum und zahlreiche Mitochondrien. Das Sarkoplasmatische Retikulum ist ein System glatter Membranen, die das Zellinnere erfüllen. Dadurch hat die Muskelzelle eine sehr große innere Oberfläche. Auch die äußere Zellmembran zeigt zahlreiche Einstülpungen ins Innere. Entlang dieser Membran breiten sich bei der Erregung (Reizung) des Muskels die elektrischen Signale aus. An den Berührungsstellen von Sarkoplasmatischem Retikulum und der Zellmembran werden dabei Ca^{++}-Ionen ins Zellinnere freigesetzt.

Im Ruhezustand des Muskels verhindert ein Sperrproteinkomplex, das Troponin-Tropomyosin-System die Wechselwirkung zwischen Aktin und Myosin. Die ATP-Spaltung durch Myosin allein ist sehr gering. Der Sperrproteinkomplex kann durch Ca^{++}-Ionen inaktiviert werden. Damit wird die Bildung eines Aktin-Myosin-Komplexes möglich, und die Spaltungsrate für ATP durch Myosin steigt steil an. Wir erhalten eine Kontraktion der Sarkomere und somit des ganzen Muskels. Bei der ATP-Spaltung werden Mg^{++}-Ionen benötigt. Solange Ca^{++} in der Zelle enthalten ist, bleibt der Muskel kontrahiert. — Wie kann man das rückgängig machen? W. Hasselbach (Heidelberg)

fand, daß dieses durch einen aktiven Transport, die Ca^{++}-Pumpe, erfolgt. Die Ca^{++}-Ionen werden in das Sarkoplasmatische Retikulum zurückbefördert.

In einer Muskelzelle findet man bis zu 2.000 Sarkomere. Alle können durch ein Motoneuron (eine Nervenzelle) gleichzeitig aktiviert werden. Da bei einer Muskelkontraktion viele Querbrücken gelöst und wieder verknüpft werden müssen, stellt sich die Frage, ob dieser Vorgang synchron abläuft, d.h. ob sich alle gleichzeitig lösen und schließen (oszillieren), oder ob sie asynchron reagieren. Letzteres ist richtig. Welche Nachteile hätte das synchrone Öffnen und Schließen?

Auch glatte Muskeln enthalten Aktin und Myosin. Auch dort werden Querbrücken zwischen beiden Molekülen ausgebildet. Der Unterschied zu den quergestreiften Muskeln liegt in einer andersartigen Anordnung der Filamente.

Die Aufklärung des Bewegungsmechanismus bei quergestreiften Muskeln ist wieder ein gutes Beispiel, das uns zeigt, wie man aus zahlreichen Einzelbildern einen Vorgang rekonstruieren kann. Es handelt sich somit um die gleiche Methode, wie wir sie im Kapitel 9 besprochen haben. Lediglich die Hilfsmittel unterscheiden sich voneinander: Hier arbeitete man mit einem Elektronenmikroskop. Damit ist man bereits zur molekularen Ebene vorgedrungen, und es bleibt die offene Frage: Wie sehen die Proteinstrukturen von Aktin und von Myosin aus, und welche Veränderungen spielen sich bei der ATP-Spaltung und bei der Wechselwirkung zwischen Aktin und Myosin ab? Die Antwort auf diese Fragen steht noch aus.

Aktin und Myosin findet man nicht nur in Muskeln, sondern in nahezu allen Zellen: in Schleimpilzen, in Pflanzenzellen, in Zellen der Großhirnrinde etc. (s.a. Abb. 12.5). Auch dort spielen das Aktin und das Myosin bei Bewegungsabläufen eine wesentliche Rolle, auch dort wird ATP verbraucht. Kernteilung, Protoplasmaströmung und amöboide Bewegung beruhen zum Teil oder ganz auf der Bildung eines Aktomyosinkomplexes. Das Prinzip ist also nicht auf Muskeln beschränkt, sondern sehr weit verbreitet.

Eine Bemerkung zum Abschluß: Es gibt eine *Drosophila*mutante, die keine normale Z-Linie ausbilden kann. Dieser Defekt führt zu einer partiellen Lähmung und zur Unfähigkeit, koordinierte Bewegungen auszuführen, wenn das defekte Allel in heterozygotem Zustand vorliegt (Hotta und Benzer, 1972).

Literatur

Hoffmann-Berling, H., Weber, H.H.: Vergleich der Motilität von Zellmodellen und Muskelmodellen. Biochim. Biophys. Acta **10**, 629 (1953).

Hotta, Y., Benzer, S.: Mapping of behaviour in Drosophila mosaics. Nature **240**, 527 (1972).

Hoyle, A.: How is muscle turned on and off? Sci. Am. April 1970, S. 85.

Huxley, H.E.: Electron microscope studies on the structure of natural and synthetic protein filaments. J. Mol. Biol. 7, 281 (1963).

Huxley, H.E.: The mechanism of muscular contraction. Sci. Am. Dezember 1965, S. 18.

Huxley, H.E.: The contraction of muscle. Sci. Am. November 1968.

Huxley, H.E.: The mechanism of muscular contraction. Science **164**, 1356 (1969).

Huxley, H.E., Brown, W., Holmes, K.C.: Constancy of axial spacings in frog sartorius muscle during contraction. Nature **206**, 1358 (1965).

Huxley, H.E., Hanson, J.: Changes in the cross striation of muscle during contraction and stretch and their structural interpretation. Nature **173**, 973 (1954).

Huxley, A.F., Simmons, R.M.: Proposed mechanism of force generation in striated muscle. Nature **233**, 533 (1971).

Lazarides, E., Weber, K.: Actin antibody: The specific visualization of actin filaments in non-muscle cells. Proc. Natl. Acad. Sci. US **71**, 2268 (1974).

Mannherz, H.J., Schirmer, R.H.: Die Molekularbiologie der Bewegung. Chemie in unserer Zeit **4**, 165 (1970).

The mechanism of muscle contraction. Cold Spring Harbor Symp. Quant. Biol. 1973.

Weber, H.H.: Die Aktomyosinmodelle und der Kontraktionszyklus des Muskels. Z. Elektrochem. **55**, 511 (1951).

Weber, K., Pollack, R., Bibring, T.: Antibody against Tubulin. The spezific visualization of cytoplasmic microtubules in tissue culture cells. Proc. Natl. Acad. Sci. US **72**, 459 (1975).

45. Lichtrezeptoren – Auge

Das Auge hat sich aus einer Ansammlung von Photorezeptoren auf der Epidermis einfach gebauter Tiere entwickelt. Bei manchen Tintenfischen, Schnecken und einigen Würmern sind die mit Sinneszellen (Sehzellen, Photorezeptoren) besetzten Epidermisbereiche eingestülpt. Wir haben es mit einer Struktur zu tun, die mit einer Lochkamera vergleichbar ist. Damit ist eine Voraussetzung geschaffen, um Strukturen der Umwelt auf der Netzhaut (Retina) abzubilden, während Rezeptoren, die nur in die Epidermis eingestreut sind, niemals Formen wahrnehmen können, sondern allenfalls auf Helligkeitsunterschiede reagieren. Die evolutionäre Fortentwicklung der „Lochkamera" bestand in der Ausbildung einer Linse und eines Glaskörpers, einer gallertartigen Masse, die den Hohlraum erfüllt. Das Kameraauge war entstanden.

In seiner vollkommenen Ausbildung findet man es bei den *Vertebrata* und den *Cephalopoda*, wobei jedoch zu bemerken ist, daß sich das Auge in diesen beiden systematischen Gruppen entwicklungsgeschichtlich unterschiedlich gebildet hat. Bei den *Cephalopoda* ist es eine Einstülpung der Kopfepidermis (*everse* Retina), bei den *Vertebrata* eine Vorstülpung des Zwischenhirns (*inverse* Retina.

Unterschiedlich ist auch der histologisch nachweisbare Detailaufbau (Anordnung der Sinneszellen, Ableitung der Nerven u.a.).

1. Komplexaugen

Viele *Arthropoda* besitzen Komplexaugen (Facettenaugen). Das sind Strukturen, die aus einer großen Zahl von Einzelaugen (Ommatidien) zusammengesetzt sind.

Ein Ommatidium enthält 8–9 um eine zentral gelegene Achse angeordnete Sinneszellen, von denen jede eine Art Linsensystem besitzt. Den zentral gelegenen Teil der Sinneszellen nennt man Rhabdomer, es ist der Bereich der Zelle, in dem Sehpigmente eingelagert sind. Die Zahl der Ommatidien pro Auge schwankt von 10.000–28.000 bei den Libellen, bis zu 6–9 bei einem ♀ einer Ameisenart.

Ebenso kann der Blickwinkel eines einzelnen Ommatidiums sehr verschieden sein. Bei einigen Ohrwürmern beträgt er $8°$, bei der Biene $0,9–1°$, d.h. daß die Biene 64 Punkte erkennt, wo der Ohrwurm nur einen Punkt wahrnimmt. Das lineare Auflösungsvermögen des Bienenauges ist somit 8mal so gut wie das des Ohrwurmauges. Trotzdem erreicht es bei

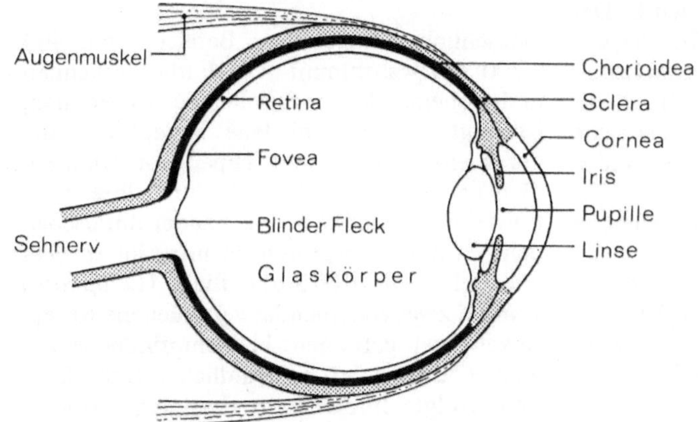

Abb. 45.1. Schematischer Querschnitt durch ein menschliches Auge

314

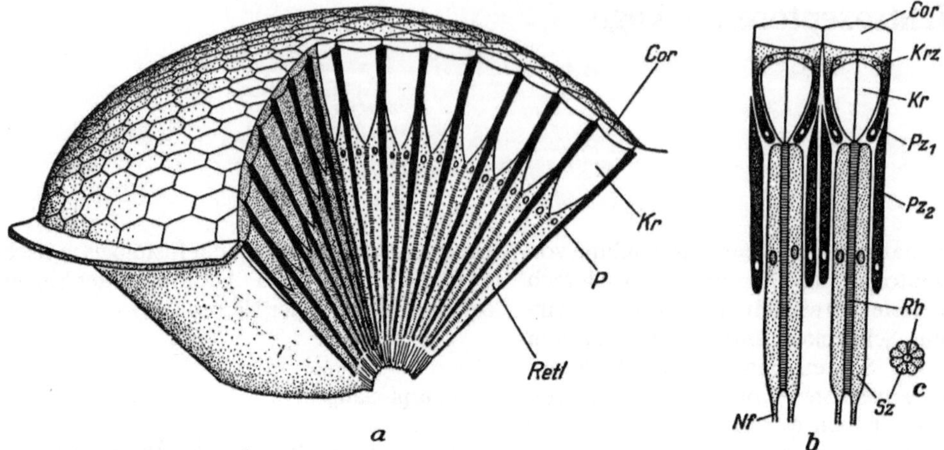

Abb. 45.2 a–c. Bau eines Komplexauges (schematisch). (a) Ganzes Auge, aus dem ein Stück ausgeschnitten ist; (b) Längsschnitt durch zwei Ommatidien; (c) Querschnitt durch eine Retinula. *Cor* Cuticularcornea; *K* Kern; *Kr* Kristallkegel; *Krz* Kristallkegelzellen; *Nf* Nervenfaser; *P* Pigment; *Pz₁*, *Pz₂* Pigmentzellen; *Pz₁* Corneagenzellen (scheiden mit ihren äußeren Teilen die Cuticularcornea aus) = Hauptpigmentzellen; *Pz₂* Nebenpigmentzellen; *Retl* Retinula; *Rh* Rhabdom; *Sz* Sehzelle. (Aus A. Kühn: Grundriß der Allgemeinen Zoologie)

weitem nicht das des Vertebratenauges. Ein Arthropodenauge ist auf das Erkennen von Bewegungsänderungen besonders gut adaptiert. Bienen und Fliegen haben ein sehr hohes zeitliches Auflösungsvermögen. Es liegt bei 200 Reizen pro Sekunde. Das Auge reagiert vorwiegend auf eine Verschiebung eines Gegenstandes über die Ommatidien hinweg. Die Biene erkennt somit eine sich bewegende Blüte besser als eine unbewegte.

Ein höheres Auflösungsvermögen bedingt zwar eine Erhöhung der Sehschärfe, nachteilig ist jedoch die geringere Bildhelligkeit, da bei Erhöhung der Ommatidienzahl pro Flächeneinheit das einzelne Ommatidium von einer geringeren Lichtmenge getroffen wird. Der Durchmesser der Facetten beträgt 16–40 μm, das macht für die Fläche Unterschiede zwischen 200 μm² und 1600 μm² aus. Für die Biene gilt es als sicher, für viele andere räuberische und blütenbesuchende Insekten als sehr wahrscheinlich, daß sie bei geringem Abstand Formen erkennen und voneinander unterscheiden können (s. Abb. 45.3).

Je kontrastreicher eine Form ist, desto besser wird sie erkannt. Diese Aussagen beruhen auf Dressurversuchen, die speziell an Bienen gezeigt haben, daß Insekten auch Farben sehen können. Das Bienenauge erkennt Licht der Wellenlänge von 300–650 nm, während das

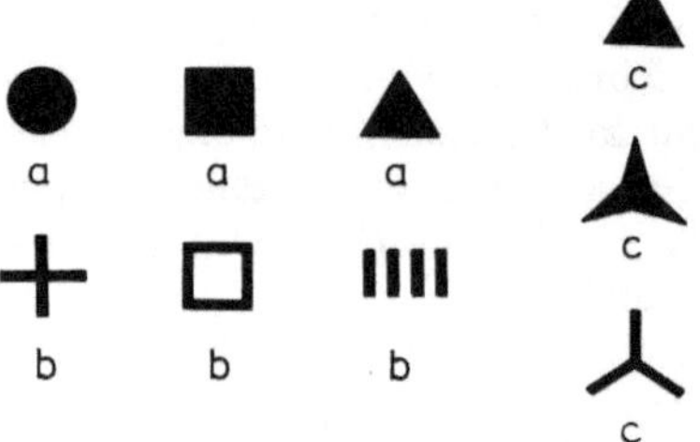

Abb. 45.3. Figurenunterscheidung bei der Honigbiene. Die drei Figuren links oben (*a*) werden ebenso wie die drei Figuren links unten (*b*) untereinander verwechselt, jedoch wird jede Figur der oberen Reihe von jeder der unteren unterschieden. Alle drei Figuren der rechten senkrechten Reihe (*c*) sind unterscheidbar. Alle Figuren sind flächengleich. (Nach M. Hertz, 1929)

menschliche Auge den Bereich von 400 –700 nm wahrnimmt. Um Farben erkennen und voneinander unterscheiden zu können, benötigt man verschiedene Rezeptoren. Bei der Biene wurden drei Typen von Ommatidien nachgewiesen, die sich durch ihre spektrale Empfindlichkeit voneinander unterscheiden. Es gibt Rezeptoren für ultraviolett, blau und gelb. Für die Stubenfliege (*Calliphora*) wurden zwei voneinander verschiedene Rezeptorzelltypen gefunden: blau-empfindliche und grün + ultraviolett-empfindliche. Der Nachweis erfolgte durch elektrophysiologische Messungen (Beschreibung der Methode s. S. 347).

. Retina eines Vertebratenauges

)ie Retina oder Netzhaut enthält im wesentli-
hen zwei Typen von Rezeptorzellen:

1. Stäbchen
2. Zäpfchen (Zapfen)

(s. Abb. 45.4 und 45.6). Die Zapfen (gedrun-
gene Strukturen) sind für das Farbensehen verantwortlich. Man kennt beim Menschen drei
Typen, die sich durch unterschiedliche spektrale Empfindlichkeit voneinander unterscheiden.

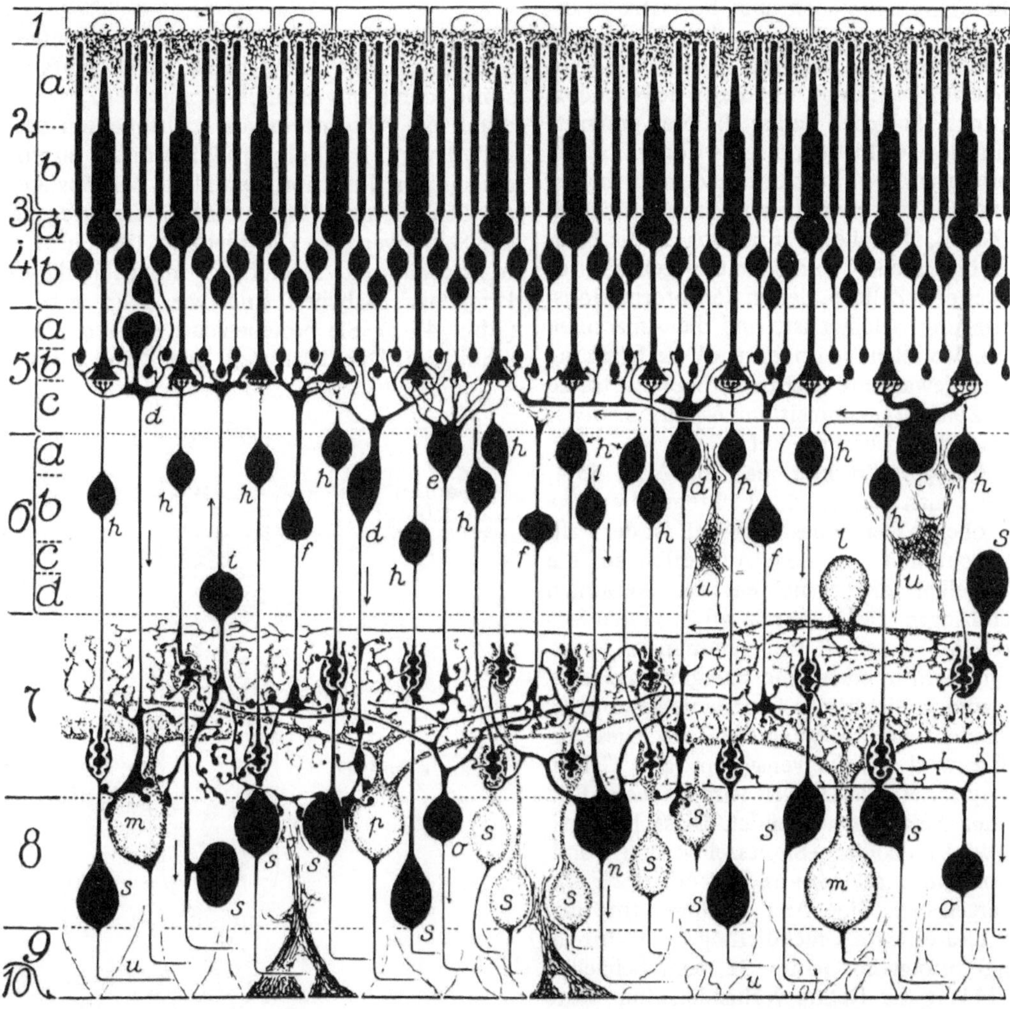

Abb. 45.4. Organisation der Primatenretina. Schematische Darstellung der verschiedenen Neuronentypen. Die
inzelnen Schichten und Zonen der Netzhaut sind am linken Bildrand angegeben. Teile der Photorezeptoren,
er schlanken Stäbchen und der dicken Zapfen, ragen in die Pigmentschicht hinein (Zone *2a, b*). Die dem
ugeninneren zugewandten Zellfortsätze enden mit runden Verdickungen, die der Zapfen mit konischen
'ortsätzen in der Zone *5b*. Hier stehen die Sehzellen in synaptischer Verbindung mit verschiedenen Neuro-
entypen. Ihre Impulse breiten sich über die Dendriten der Horizontalzellen (*c*) in benachbarte Netzhautre-
ionen aus oder werden durch verschiedene Typen von bipolaren Zellen (*d, e, f, h*) zur inneren plexiformen
chicht (*7*) weitergeleitet und dort auf Ganglienzellen übertragen (*m, n, o, p, s*). Die Axone der Ganglien-
ellen bilden den Sehnerven (*Nervus opticus*) und ziehen ins Gehirn. Über die sog. zentrifugalen bipolaren
Zellen (*i*) können die Ganglienzellen wiederum die Photorezeptoren beeinflussen. Hier verläuft die Erregung
n entgegengesetzter Richtung. In der plexiformen Schicht gibt es weitere Neuronenarten mit weitverzweigten
ateralen Verbindungen (*l*). (Aus Polyak, S.: The vertebrate visual system. Chicago: Univ. Chicago Press 1957)

Stäbchen nehmen nur Hell-Dunkel-Unterschiede wahr. Sie benötigen zur Aktivierung wesentlich niedrigere Lichtintensitäten als die Zapfen. Abends und nachts lassen sich viele Konturen noch deutlich erkennen, jedoch sind die Farben bei den geringen Lichtintensitäten nicht mehr wahrzunehmen.

Die Sehzellen stehen über Fortsätze in direktem Kontakt zu Nervenzellen (Neuronen, Ganglienzellen). In der Abb. 45.4 ist die erste Gruppe von Neuronen, mit denen sie verknüpft sind, in der Schicht 5 dargestellt. Man erkennt, daß in dieser Schicht auch eine Horizontalverknüpfung auftritt (horizontale Zellen). In der Schicht 6 findet man die sogenannten bipolaren Zellen, über die die Erregung an die Neuronen in Schicht 7 und 8 weitergegeben wird. Ein weiterer Zelltyp, der an der Informationsübertragung beteiligt ist, sind die Amacrinen Zellen. Von den Neuronen wird die Erregung (der umgewandelte Lichtreiz) über Fortsätze jener Zellen (gesammelt im *Nervus opticus*) an das Gehirn weitergeleitet.

Achtung: betrachtet man die Abb. 45.4, so sollte man meinen, der Lichteinfall erfolge von „oben". Genau das Gegenteil ist der Fall. Das Licht muß vor dem Auftreffen auf die Sinneszellen die Schichten der Neuronen durchdringen. Der Lichtreiz wird von den Sinneszellen (Sehzellen) wahrgenommen. Lichtenergie wird in chemische Energie umgesetzt, jene wird in elektrische Energie umgewandelt. Es entsteht eine Erregung der Zelle. Diese Erregung wird via Nervensystem ans Gehirn weitergeleitet. Die Umwelt wird als reales Bild auf der Netzhaut abgebildet. Diese Information wird umcodiert (Sinneszellen sind Wandler von Informationen) und in codierter Form weitergegeben. Eine Analyse dieser Information und erneute Umcodierung (→ Wahrnehmung) erfolgt im Gehirn. Je mehr Sehzellen pro Fläche der Retina vorhanden sind, desto besser ist die Auflösung. Pro mm^2 Retinafläche findet man beim
— Strauß   51.000
— Menschen   160.000 und beim
— Bussard   1 Million
Sinneszellen. Sie liegen nicht gleichmäßig verteilt über die ganze Fläche vor, sondern sie sind in bestimmten Bereichen gehäuft [z.B. im Gelben Fleck (*Fovea*) in der Retina des menschlichen Auges].

Insgesamt enthält die Retina des Menschen 120 Millionen Stäbchen und 6,5 Millionen Zäpfchen.

3. Umwandlung von Lichtenergie in chemische Energie

Alle Sehzellen enthalten lichtabsorbierende Substanzen, die Sehpigmente oder Sehfarbstoffe, deren physikalisch-chemischer Zustand durch die Absorption von Lichtquanten verändert wird. Die Folgeprodukte dieser photochemischen Reaktion verändern den Zustand der Sehzellen und lösen letztlich die Erregung der Sehnerven aus. Der Lichtreiz löst eine Erregung aus und steuert die Intensität dieser Erregung. Stäbchen sind wie folgt gebaut (Abb. 45.5). Sie bestehen aus mehreren Abschnitten: Der Hauptteil der Zelle enthält

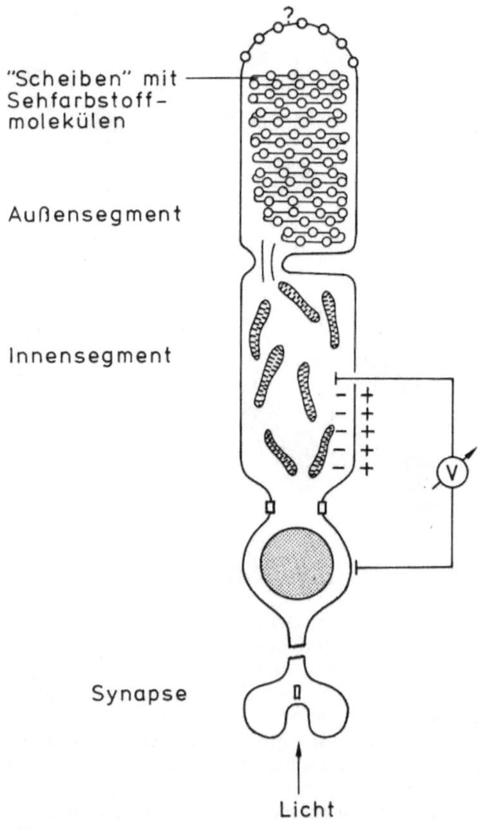

Abb. 45.5. Funktionsschema der Sehzelle (eines Stäbchens) eines Wirbeltieres. (Aus H. Stieve, 1975)

regelmäßig übereinandergeschichtete Membranen (Abb. 45.6). Diese Membranen enthalten den Sehfarbstoff, das Rhodopsin. Es besteht aus drei Komponenten:
— einer Protein-Komponente
(M.G. ca. 40.000 $\hat{=}$ ca. 250 Aminosäuren)
— einem Lipidanteil
(macht den Komplex hydrophob) und der eigentlichen
— lichtempfindlichen Komponente,
dem Retinal (Farbe: purpurrot).

Kein Tier kann selbst Retinal synthetisieren. Es muß aus Vorstufen aufgebaut werden. Eine Vorstufe ist das β-Karotin, einer der gelben Pflanzenfarbstoffe (s. S. 99).

Retinal ist ein Derivat des Vitamins A, einem Spaltprodukt des β-Karotins.

Im mittleren Teil der Sehzellen (dem Innensegment) wird der Energiehaushalt geregelt. Hier liegen viele Mitochondrien. Im unteren Teil schließlich liegt der Zellkern und darunter ein Fortsatz, welcher mit einer Synapse endet. Eine Synapse ist jener Bereich der Zelle, welcher mit einer Nervenzelle in Kontakt tritt. Wird ein Lichtquant vom Rhodopsin aufgefangen, so ändert das Retinal seine Struktur (Konformation).

11 - cis - Retinal   a

all - trans - Retinal   b

Es liegt im Grundzustand in der 11 cis-Form vor (a). Durch Belichtung geht es in die trans-Form über (b). Im nicht angeregten Zustand liegt das Molekül als geknickte Struktur vor (cis), in angeregtem als gestreckte (trans).

G. Wald untersuchte die Vorgänge im Detail und wies nach, daß der auslösenden Reaktion eine Kaskade weiterer Reaktionen folgte: jene Reaktionen können alle im Dunkeln ablaufen (Dunkelreaktionen). Die Dunkelreaktionen sind sterische Veränderungen des Proteinanteils des Rhodopsins. Als Folge davon wird das Retinal aus dem Komplex freigesetzt, wobei sich auch die Leitfähigkeit der Membran und damit auch das Membranpotential der Photorezeptorzelle ändert. Die Information über die Potentialänderungen (Einzelheiten darüber in Kapitel 48) wird an Neuronen weitergeleitet. Im Anschluß an diese Erregung muß (bei Dunkelheit) das Rhodopsin wieder regeneriert werden. Das Retinal wird in seinen Grundzustand zurück überführt und vom Proteinanteil des Komplexes erneut gebunden. Diese Schritte verlaufen unter Energieverbrauch. Die absorbierte Energie eines Lichtquants beträgt 10^{-19} Wattsekunden. Damit eine gerade noch feststellbare Lichtempfindung ausgelöst wird, müssen dem menschlichen Auge 10^{-17} bis 10^{-18} Wattsekunden ($\hat{=}$ 10 Quanten) geboten werden. Da ein Teil der Lichtenergie durch Reflexion und Streuung im Auge verlorengeht, kann man schließen, daß ein einziges Lichtquant die Erregung einer Sehzelle auslösen kann und daß die Erregung einer oder weniger Sehzellen bereits zu einer Wahrnehmung führen kann.

Bei einem Nervenimpuls wird Energie in der Größenordnung von 10^{-13} bis 10^{-14} Wattsekunden umgesetzt. Sehzellen sind also nicht nur außerordentlich empfindliche Detektoren, sondern sie sind zugleich auch Verstärker. Die freigesetzte Energie ist 1000mal größer als die der auslösenden Ursache. Die Differenz in der Energiebilanz wird durch Stoffwechselprozesse der Sinneszellen beglichen.

Literatur

Autrum, H., Burkhardt, D.: Die spektrale Empfindlichkeit einzelner Sehzellen. Naturwissenschaften 47, 527 (1960).

Heller, J., Ostwald, R.J., Bock, D.: The osmotic behavior of rod photoreceptor outer segment discs. J. Cell. Biol. 48, 633 (1971).

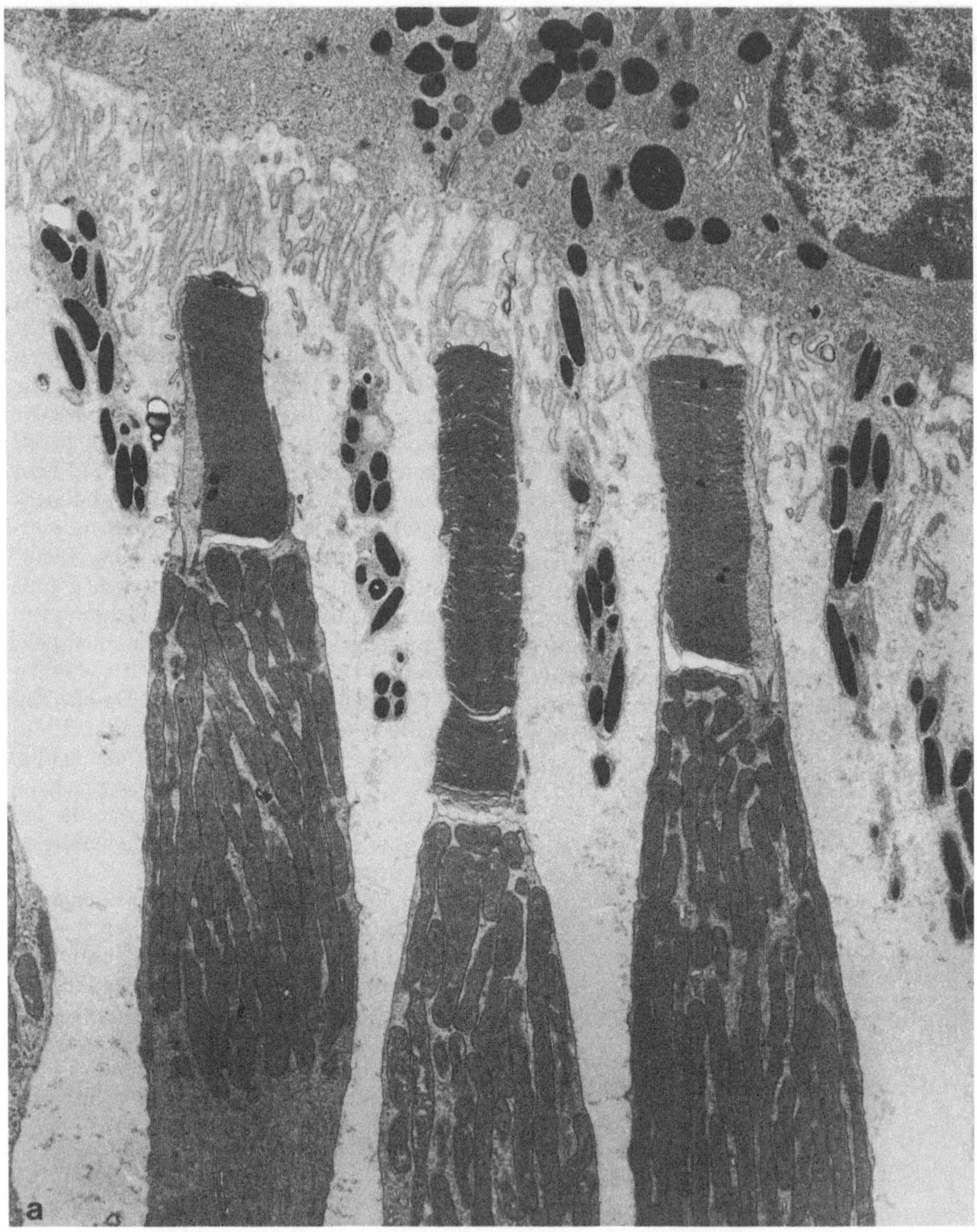

Abb. 45.6. (a) Elektronenmikroskopische Aufnahmen von Stäbchen (Mitte) und Zapfen (außen). Man erkennt deutlich die Membranstapel im oberen Bereich der Zelle, der untere Teil der Zellen ist mit Mitochondrien angefüllt. (b) Membranbereich vergrößert dargestellt. Man erkennt, daß die Membranstapel Einstülpungen der äußeren Zellmembran sind. (Aufn. D.H. Anderson, S.K. Fisher, University of California, Santa Barbara)

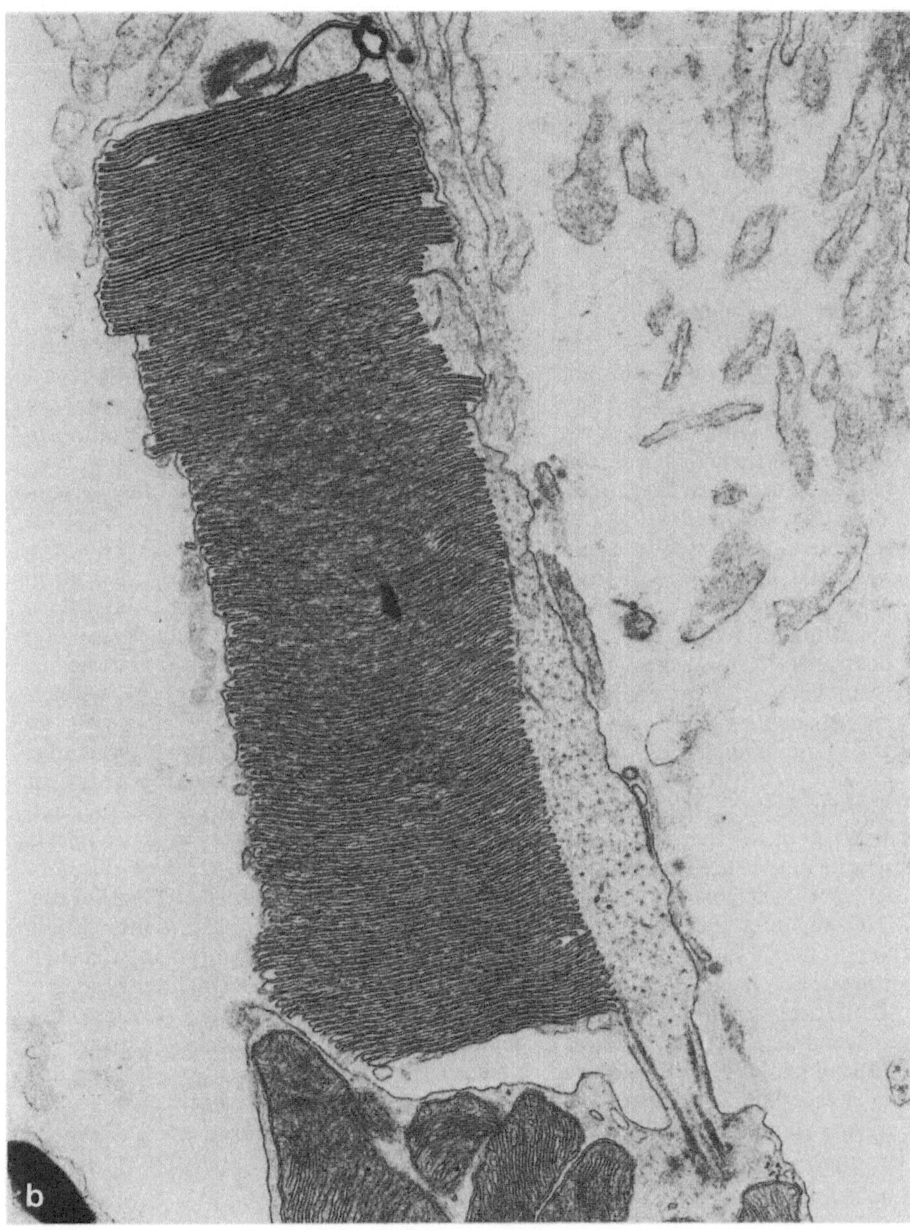

Abb. 45.6 b

Keidel, W.D.: Sinnesphysiologie. Heidelberger Taschenbücher, Bd. 97. Berlin–Heidelberg–New York: Springer 1971.

Stieve, H.: Zur Biophysik des Sehvorgangs. Naturwissenschaften **62**, 425 (1975).

Wald, G.: Eye and Camera. Sci. Am. August 1950.

Wald, G.: The molecular basis of visual excitation. American Scientist, Januar 1954.

46. Verrechnung optischer Signale, Informationsverarbeitung, Laterale Inhibition, Optische Täuschung, Adaptation

1. Wie wird ein von einer Sinneszelle wahrgenommener Reiz weitervermittelt? Erreicht er „unzensiert" das Gehirn?

Die Netzhaut (Retina) enthält eine Vielzahl von Neuronen (vgl. Abb. 45.4). Selbst bei einem einfacher gebauten Auge, z.B. dem Auge von *Limulus* (vgl. Kapitel 6) mit nur etwa 1.000 Ommatidien, erreichen die Sinneseindrücke nicht direkt das Gehirn. Es sind Zellen dazwischengeschaltet. Diese Zellen erhalten aber keineswegs nur den Reiz von einer Sinneszelle, sondern auch von den benachbarten; dabei fand man in der Regel: Der Reiz von der direkt über einer Nervenzelle liegenden Sinneszelle stimuliert sie, während Reize von benachbarten Sinneszellen sie inhibieren. Man spricht hier von einer lateralen Inhibition (Abb. 46.1).

Das führt zu Konsequenzen: Das Bild wird nicht naturgetreu, sondern in einer verrechneten Form weitergegeben, was den Vorteil hat, daß der Kontrast gesehener Formen erhöht wird (Nachteil: Verringerung des Auflösungsvermögens).

Nach dem Prinzip der Kontrasterhöhung durch laterale Inhibition arbeitet auch das Vertebratenauge. Deshalb sind die Untersuchungen an *Limulus* ein gutes Modell, um den Mechanismus des wesentlich komplexer gebauten Wirbeltierauges zu verstehen.

Was wissen wir über den Mechanismus des Wirbeltierauges, der Reizweitergabe und ihrer Verrechnung?

Ausgiebige Untersuchungen am Auge der Katze durch S. Kuffler und später durch D. Hubel und T. Wiesel (alle Harvard University, Medical School, Boston) haben ergeben, daß eine Abstraktion des Bildes auf mindestens drei Ebenen erfolgt. Die Ergebnisse sollen hier zusammenfassend dargestellt werden.

Man wußte schon seit langem, daß die vom Auge kommenden Nervenstränge sich vor Eintritt ins Gehirn partiell kreuzen (Abb. 52.6). Die Verrechnungsstelle für visuelle Reize liegt in einem beschränkten Bereich der Hirnrinde und wird als visuelle Cortex bezeichnet. Möchte man etwas über den Mechanismus erfahren, muß man natürlich zunächst einmal herausfinden, was die Retina mit einem Reiz tut, bevor sie ihn weitergibt. Konkret ausgedrückt: Sind alle Rezeptorzellen gleichwertig, ober findet bereits auf dieser Ebene eine Auswahl (Selektion) der Reize statt? In der Retina der Katze findet man 130 Millionen Sinneszellen. S. Kuffler hat nachgewiesen, daß sie keineswegs unabhängig voneinander reagieren, sondern zu rezeptiven Zentren (Feldern) verbunden sind. Wird ein solches Zentrum von einem Lichtstrahl getroffen, so können die Zellen stimuliert werden; gleichzeitig werden die Nachbarzellen gehemmt, d.h. sie können

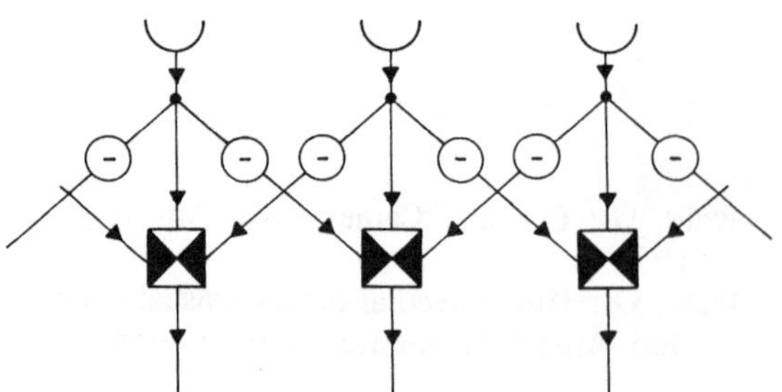

Abb. 46.1. Schema der lateralen Inhibition. Ausschnitt aus einer Reihe von Elementen, die sich in gleicher Weise nach links und rechts fortsetzt. Die Minuszeichen bedeuten: Abschwächung der Meldung. (Aus B. Hassenstein: Biologische Kybernetik, 8. Aufl., 1973)

keine Reize empfangen. Kuffler nannte diese Felder, bestehend aus einer großen Zahl von Zellen: On-Center- und Off-Center-Felder (zentrales An-Feld, zentrales Aus-Feld). Jedes zentrale An-Feld ist von einem Aus-Feld konzentrisch umgeben. Gleiches gilt für den umgekehrten Fall (Abb. 46.2). Die Selektion der Lichtreize auf der Ebene der Retinazellen wurde als erste Ebene der Abstraktion bezeichnet.

Erwähnt sein soll noch die Methode, mit der diese Ergebnisse gefunden wurden: Alle Aussagen beruhen auf elektrophysiologischen Ableitungen, d.h. der Bildung von Aktionspotentialen, elektrischen Impulsen, die man nach Verstärkung über Lautsprecher abhören konnte.

Die Abstraktion der ersten Ebene erfolgt durch die Verknüpfung der Sinneszellen durch die Ganglienzellen und bipolaren Neuronen in der Retina selbst. Wie bei der lateralen Inhibition im *Limulus*auge wird auch hier eine Kontrasterhöhung der Abbildung induziert. Die Ganglienzellen senden somit nicht die Erregung einer jeden Sinneszelle ins Gehirn, sondern die Summe vieler Erregungen.

Weitere Untersuchungen von Hubel und Wiesel zeigten, daß in der visuellen Cortex des Gehirns weitere Abstraktionen auftreten. Sie entdeckten eine zweite und eine dritte Ebene der Abstraktion. Zunächst einmal fanden sie, daß es in der Cortex sogenannte einfache Zellen (Simple Cells) gibt. Diese empfangen die Information mehrerer retinaler Ganglienzellen. Wesentlich ist, daß sie nicht auf punktförmige Reize reagieren, also auf die Stimulation durch ein einziges rezeptives Feld, sondern erst, wenn mehrere rezeptive Felder gereizt sind. Das Entscheidende liegt darin: Die rezeptiven Felder müssen linear angeordnet sein — dazu noch in einer bestimmten Orientierung! (Abb. 46.3 und 46.4). Einfacher ausgedrückt: Nur strichförmige Reize werden wahrgenommen bzw. verarbeitet. Die „einfachen Zellen" reagieren nicht, wenn die Sinneszellen einen falsch orientierten Reiz empfangen. Da es nun aber verschiedene Typen „einfacher Zellen" gibt, kann die Katze auch unterschiedlich orientierte Linien wahrnehmen. Wichtig ist dabei zu wissen, daß sie ihre Umwelt als Summe zahlreicher kleiner Striche erkennt. In der Abb. 46.5 ist die Reaktionsweise einiger „einfacher Zellen" und ihre Lage im Gehirn dargestellt. „Einfache Zellen" leiten die Erregung an eine komplexe Zelle weiter, in der eine weitere Verrechnung des Reizes (dritte Ebene der Abstraktion) stattfindet.

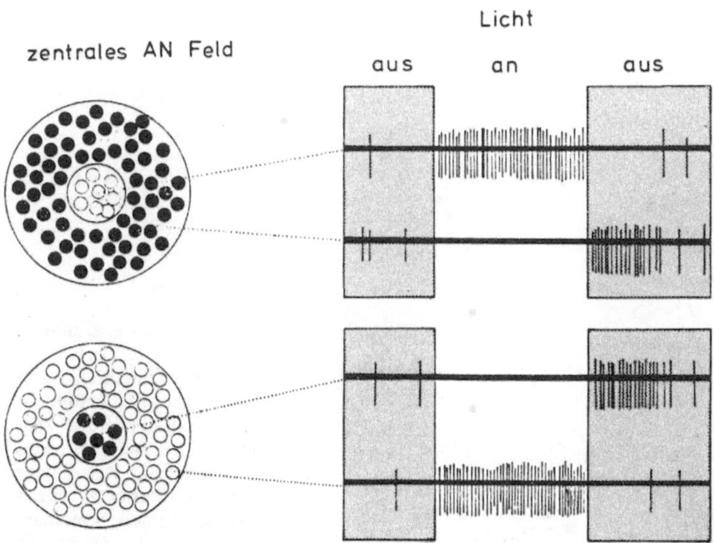

Abb. 46.2. Konzentrische Felder sind charakteristisch für die Anordnung von Retinazellen. Im oberen Teil des Bildes erkennt man die Reaktion auf Licht, wenn von einem zentralen An-Feld abgeleitet wird. Der untere Teil des Bildes gibt die Situation bei einem zentralen Aus-Feld wieder. (Nach D. Hubel, 1963)

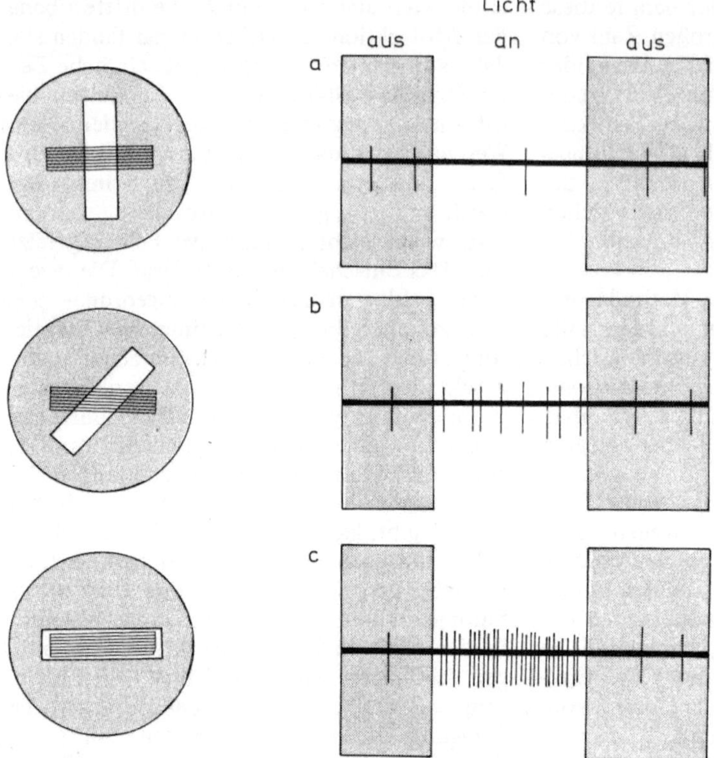

Abb. 46.3 a–c. Die zweite Ebene der Abstraktion. Eine Verarbeitung optischer Reize findet in den „einfachen Zellen" der visuellen Cortex statt. Sie empfangen die aufsummierten Reize mehrerer Ganglienzellen und reagieren nur dann, wenn mehrere Retinazellen durch einen Licht-Dunkel-Kontrast gleichzeitig gereizt werden. Dieser Reiz muß strichförmig sein. Die „einfachen Zellen" reagieren nicht, wenn dieser strichförmige Reiz falsch orientiert ist. Somit wird nur ein Teil der aufgenommenen Reize weiterverarbeitet. (Nach D. Hubel, 1963)

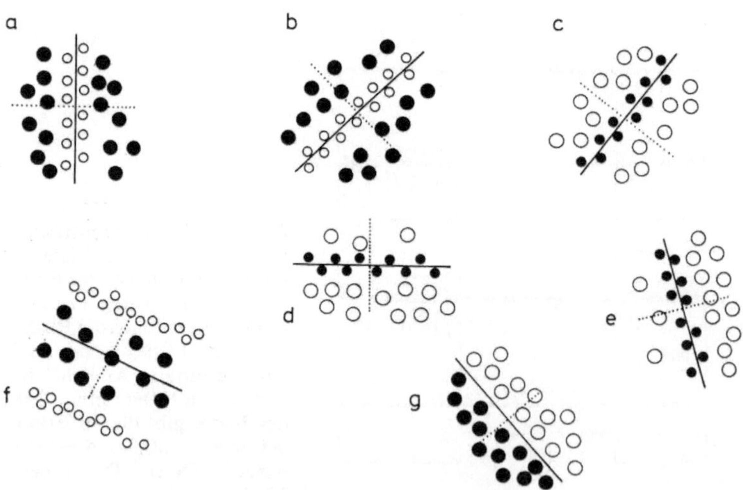

Abb. 46.4 a–g. Einfache Zellen in der Cortex haben unterschiedlich orientierte rezeptive Felder. In allen Fällen werden zentrale An- (helle Punkte) und zentrale Aus-Felder (dunkle Punkte) durch gerade Linien voneinander getrennt. (Nach D. Hubel, 1963)

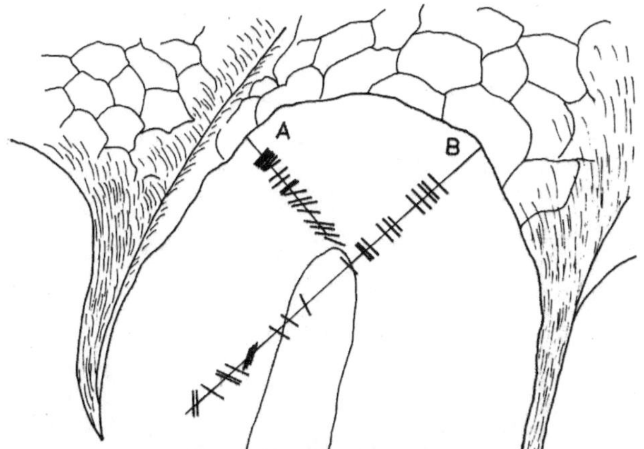

Abb. 46.5. Funktionelle Anordnung von Zellen in der visuellen Cortex der Katze. Die Linien *A* und *B* zeigen Einstiche zweier Mikroelektroden. Während des Einstechens wurde sukzessive die Reaktion der Zellen getestet. Die Querstriche entlang der Linien deuten die Orientierung der rezeptiven Felder an. Wie man aus der Abb. ersieht, liegen einfache Zellen des gleichen Typs im Gehirn in Säulen übereinander. (Nach D. Hubel, 1963)

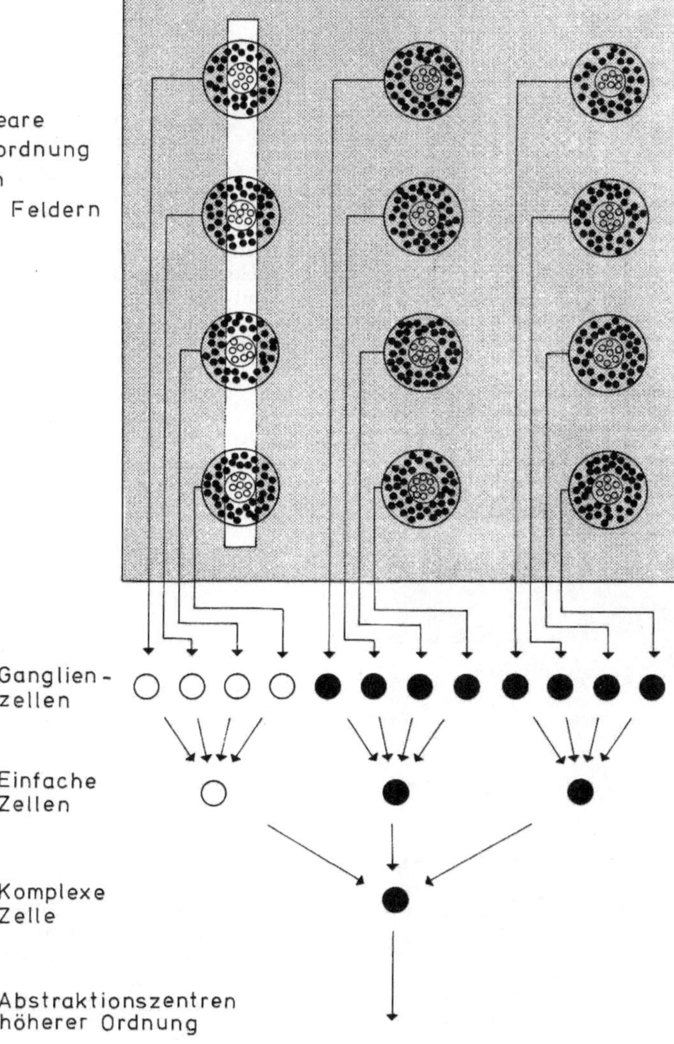

Abb. 46.6. Schaltschema verschiedener Zelltypen, die an der Verarbeitung eines Lichtreizes beteiligt sind. In der Retina bilden benachbarte Rezeptorzellen rezeptive Felder aus (zentrale An- oder zentrale Aus-Felder). Nur Zellen in An-Feldern können einen Lichtreiz wahrnehmen. Eine Ganglienzelle reagiert, sobald die meisten Rezeptorzellen eines An-Feldes gereizt werden. Ganglienzellen geben den Reiz an „einfache Zellen" in der visuellen Cortex weiter. Diese reagieren, wenn sie den Reiz von mehreren Ganglienzellen empfangen. Die Voraussetzung dafür ist, daß die rezeptiven Felder in einer linearen Anordnung liegen. (Abgeändert nach Hubel, 1963, und Stent, 1971)

2. Optische Täuschungen

Ein so komplexer Verrechnungsmechanismus wie die Auswertung von Lichtsinnesreizen ist nicht allen Situationen der Umwelt gewachsen. Störungen des „normalen Ablaufs" nennt man optische Täuschungen. Gestört wird jeweils eine bestimmte Ebene der Abstraktion.

Hier einige Beispiele: Betrachten Sie die folgenden Abbildungen recht genau und wenn nötig mit Geduld! Legen Sie sich ein Lineal und einen Zirkel bereit.

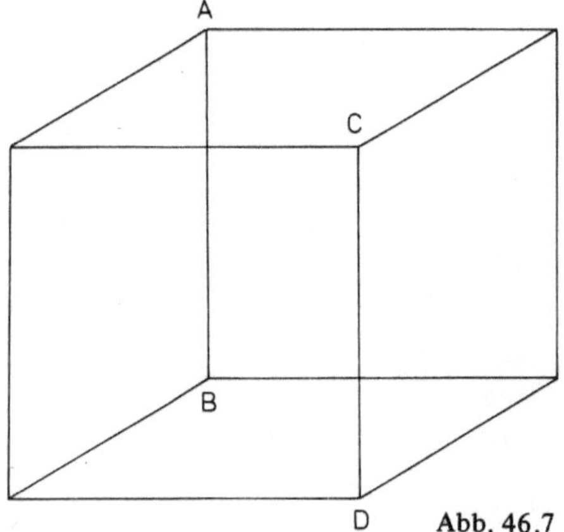

Abb. 46.7

Abb. 46.8. Umkehrtäuschung. (Die Zeichnung stammt von dem Psychologen E. Boring). Was sehen Sie, eine junge Frau mit Halskette oder eine alte Frau mit Kopftuch?

Abb. 46.9. Die Frasersche Spirale. Auf dem Bild sind konzentrische Kreise abgebildet, es sind keine arithmetischen Spiralen. (Messen Sie nach, wenn Sie den Aussagen nicht glauben!)

1. Mehrdeutige Informationen (Abb. 46.7 und 46.8): Es ist nicht eindeutig, ob in Abb. 46.7 A „vorne oben links" oder C „vorne oben rechts" liegt. Man sieht entweder die eine oder die andere Alternative. Der Wechsel zwischen beiden erfolgt sprungartig. Zwischenformen gibt es nicht. Man ist es gewohnt, die hier abgebildete Zeichnung als Abbildung einer dreidimensionalen Struktur zu erkennen. Dieses „Erkennen" erfolgt als Verrechnung durch Neuronen im visuellen Cortex. Abb. 46.8: Junge Frau mit Halskette oder alte Frau mit Kopftuch?

2. Sehen des Objekts als Funktion der Umwelt (Abb. 46.9): Bei der Deutung durch den Decodierungsapparat wird die Umwelt einer Struktur mit verarbeitet.

3. Optische Täuschung durch laterale Inhibition (Abb. 46.10): Die Ecken erscheinen grau. Erklärbar, weil sie die einzigen geometrischen Orte sind, an denen der durch die benachbarten schwarzen Flächen ausgelöste, aufhellende Kontrast gleichzeitig in beiden Richtungen fortfällt. Das Fluktuieren der Graubereiche ist auf Augenbewegungen zurückzuführen, welche durch die wechselnde Auswahl von fast gleichrangigen Fixierungspunkten nicht auf einen Punkt konzentriert werden.

Abb. 46.10

4. Störung des optischen Vorstellungsvermögens auf höchster Ebene (Komplexitätsstufe) (Abb. 46.11): Es ist zwar einsichtig, daß es einen solchen dreidimensionalen Körper nicht geben darf, dennoch ist ein „Umsprin-

gen", wie im Fall 1 (Abb. 46.7) und eine „vernünftige" Deutung nicht möglich. Es gibt einen schwer zu verstehenden Bereich in der Bildmitte. Dieser Bereich geht kontinuierlich in die beiden möglichen Alternativen über.

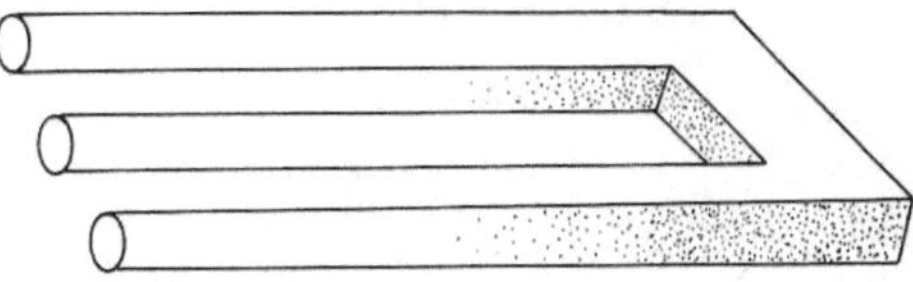

Abb. 46.11

Der holländische Graphiker M.C. Escher nutzte dieses Phänomen der optischen Täuschung und entwarf eine Reihe von Strukturen, wie z.B. in Abb. 46.12 a und b wiedergegeben.

Rationale Deutung und Sinnesempfindung widersprechen sich hier (auf Kosten der Vernunft).

„Vernunft als Ergebnis logischer Denkfähigkeit und langjährig gespeicherter Erfahrung steht hier im Gegensatz zum primären Sinneserleben und, wie so oft bei einem Wettstreit zwischen Vernunft und Emotion, unterliegt die Vernunft trotz besserer Einsicht" (Keidel, 1971).

3. Adaptation an unterschiedliche Lichtintensitäten

In der Natur findet man extreme Unterschiede der Lichtintensitäten, z.B. wenn man Sonnenlicht in der Mittagszeit eines Sommertages mit schwachen Restlichtern in der Nacht vergleicht. Ein Wirbeltierauge kann Lichtsignale über einen Intensitätsbereich von 10^{10} Einheiten hinweg empfangen und verarbeiten. Das Auge kann sich an extrem hohe Kontraste adaptieren. Es ist allgemein bekannt, daß der Durchmesser der Pupille variabel ist und von der Lichtintensität abhängt, ferner ist bekannt, daß die Retina Schutzpigmente enthält, die eine filternde Wirkung haben. In der Tat spielen diese beiden regulierenden Faktoren jedoch nur eine sehr untergeordnete Rolle in Bezug auf die Adaptation des Auges an hohe Kontraste. Die wichtigste Regulation findet in der Netzhaut selbst statt.

Abb. 46.12. (a) M.C. Escher: Belvedere (1958) (Escher-Stiftung – Haags Gemeentemuseum – Den Haag)

Zwei Möglichkeiten sind denkbar:

a) Es gibt eine logarithmische Empfindlichkeitskurve (der Nachteil wäre jedoch: die Bildschärfe wäre gering).

b) Es gibt verschiedene Rezeptorsysteme für unterschiedliche Empfindlichkeitsbereiche.

Die Alternative a) scheint, außer dem erwähnten Nachteil, noch aus anderen Gründen wenig vorteilhaft zu sein. Die Neuronen im Gehirn verarbeiten nur Kontraste in Größenordnungsbereichen von 10^2 Einheiten. Jeder, der photographiert hat, weiß, wie Bilder aussehen, auf denen eine Hälfte im Dunkeln liegt, die andere aber überbelichtet ist. Filme aller Art haben, mit dem Auge verglichen, nur einen extrem niedrigen Arbeitsbereich.

Bipolare Zellen in der Retina werden durch direkt über ihnen stehende Sinneszellen erregt, durch benachbarte Sinneszellen gehemmt. Das führt zu dem Phänomen der lateralen Inhibition, über das wir bereits gesprochen haben.

Die Empfindlichkeit von Rezeptorzellen kann reduziert werden, wenn die Umgebung beleuchtet ist (Konzept der rezeptiven Felder). Rezeptorzellen haben von sich aus schon eine relativ hohe Empfindlichkeit. Die Stäbchen sind um einen Faktor 10 empfindlicher als die Zapfen, die wiederum sind farbenempfindlich

Abb. 46.12. (b) M.C. Escher: Wasserfall (1961). (Escher-Stiftung – Haags Gemeentemuseum – Den Haag)

und erfassen Helligkeitsunterschiede im Bereich von 10^3 Einheiten. Stäbchen sind nach Überschreiten des Bereichs von 10^4 Einheiten nicht mehr ansprechbar. Bipolare Zellen haben nur einen Arbeitsbereich von 10 Einheiten.

Horizontale Zellen messen die durchschnittliche Helligkeit in einem kleinen Bereich der Netzhaut und stellen danach die Empfindlichkeit der Rezeptorzellen und den Arbeitsbereich der bipolaren Zellen ein.

Folge: Optimale Anpassung – kontrastreiches Bild.

4. Bewegungssehen bei Insekten

Die Datenverarbeitung von optischen Reizen im Gehirn von Insekten ist ausführlich von B. Hassenstein (Freiburg) und W. Reichardt (Tübingen) am Rüsselkäfer *Chlorophanus* analysiert worden.

Experimenteller Ansatz: Der Käfer wurde am Rücken befestigt; an seinen Füßen trug er einen Spangenglobus. Der Käfer wurde zwar am Ort fixiert, trotzdem aber nicht an seiner Beweglichkeit und seiner Fähigkeit, Wende-

328

tendenzen zu zeigen, gehindert. Bei einem Tier, das auf ebener Fläche läuft, besteht die optokinetische Reaktion (Bewegung aufgrund optischer Signale) in aktiven Wendungen, die man in Winkelgrad/Zeit messen kann. Diese Reaktion wird bei der Spangenglobus-Methode in das Verhältnis zwischen alternativen Rechts- und Linkswahlen übersetzt.

Der fixierte Käfer wird von einem feststehenden Zylinder aus schwarzem Papier umgeben, der nur alle 14° einen schmalen senkrechten Spalt von 10° Breite besaß. Der Ommatidienwinkel des Käferauges beträgt 6,8°, daher entsprach der Winkelabstand der Spalte rund zwei Ommatidienwinkeln; nur das übernächste, nicht aber das benachbarte Ommatidium, wurde gereizt. Außerhalb dieses feststehenden Zylinders befand sich ein rotierender Zylinder mit einem Streifenmuster (Abb. 46.13).

Die Versuchs-Variablen waren:
a) Das Streifenmuster und
b) die Rotationsgeschwindigkeit des (äußeren) Streifenzylinders.

Fragestellung: Kann der Käfer unterscheiden, ob sich eine große Dunkelzone schnell über das Gesichtsfeld bewegt, oder eine kleine Dunkelzone langsam?

Wird der Streifenzylinder um den Käfer herum gedreht, so versucht er, sich mitzudrehen, um seine optische Umwelt konstant zu halten (= optomotorische oder optokinetische

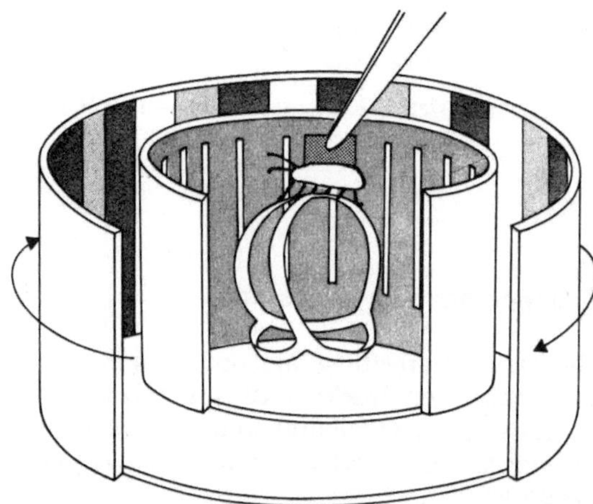

Abb. 46.13. Rüsselkäfer (*Chlorophanus*) mit Spangenglobus in der Mitte zweier ineinandergestellter Zylinder. Der innere ist unbeweglich und von Spalten unterbrochen. Der äußere trägt ein Streifenmuster und rotiert. (Nach B. Hassenstein)

Reaktion). Beim „Spazierengehen" entlang des Spangenglobus muß der Käfer bei jeder Gabelung eine Links-Rechts-Entscheidung treffen.

Bei einer normalen, sich nicht bewegenden Umwelt sollte die Anzahl der Links-Entscheidungen etwa gleich der der Rechts-Entscheidungen sein. Dreht sich die Umwelt, so wird eine der Drehrichtungen signifikant bevorzugt. Die Versuchsserien ergaben, daß diese Abweichung in einer stereotypen und genau vorhersagbaren Form erfolgte. Aus dieser Reaktion ließ sich ableiten, daß die Wahrnehmung der Umwelt nach einem relativ einfachen, genau determinierten Konzept im Gehirn verarbeitet werden mußte.

W. Reichardt baute einen Analogcomputer (ein Modell), bei dem die beobachteten Reaktionen als Basis integriert wurden. Dieses Modell zeigte gleiche Reaktionen wie sein Vorbild. Das Modell geht davon aus, daß das Insektenauge aus distinkten Einheiten (Ommatidien) aufgebaut ist und daß ein beweglicher Reiz das eine Ommatidium um einen Bruchteil der Zeit früher erreicht als das andere. Es wird weiterhin angenommen, daß die Ommatidien untereinander Informationen austauschen und daß die bei der Datenverarbeitung beteiligten Neuronen die zeitliche Differenz der Aufeinanderfolge von Reizen auf verschiedene Ommatidien auswerten können. Der gebaute Analogcomputer reagiert in Bezug auf die hier getesteten Parameter in der gleichen Weise wie der Käfer. Damit ist die Vermutung naheliegend, daß in den Ommatidien und in dem Gehirn des Käfers gleiche oder doch ähnliche Schaltungen vorliegen wie im Modell. Je stärker Original und Modell miteinander übereinstimmen, desto größer ist die Wahrscheinlichkeit, daß die Elemente, aus denen sie bestehen, gleich arbeiten. Insekten kontrollieren mit ihren Komplexaugen aufgrund von Musterverschiebungen über das Auge hinweg Flughöhe und Fluggeschwindigkeit über dem Boden.

5. Visuell gesteuertes Verhalten — neuronale Grundlagen

Wie erkennen *Vertebrata* Bewegungen? Wir haben schon gesehen, daß Sinneszellen in der Retina zu rezeptiven Feldern zusammengefaßt sind, die als funktionelle Einheiten reagieren. Rezeptive Felder sind nicht nur bei der Katze, sondern auch bei anderen *Vertebrata* nachgewiesen worden, so bei den *Amphibia*: Fröschen und Kröten. Frösche und Kröten eignen sich recht gut zur Analyse von Bewegungssehen. J.Y. Lettvin (Massachussetts Institute of Technology), O.-J. Grüsser in Berlin und J.-R. Ewert in Kassel haben das Beutefang- und Fluchtverhalten genauer untersucht. An dieser Stelle soll nur über die Arbeiten von J.-R. Ewert und Mitarbeitern an Kröten berichtet werden. Kröten lernen sehr schlecht, so daß längere Versuchsserien nicht durch erworbene Erfahrung beeinträchtigt werden.

Sie reagieren auf bewegliche Beuteobjekte durch:
— Orientierung zur Beute
— Richtungspeilung (binokulares Fixieren)
— Zuschnappen
— Fressen und Maul reinigen.

Die Beute muß zunächst identifiziert und im Raum lokalisiert werden. Die Identifikation ist der Auslöser des genannten Verhaltensmusters. Die Beute wird an folgenden Kriterien erkannt:
— Größe
— Kontrast zum Hintergrund
— Bewegung (Winkelgeschwindigkeit)

Wird eine Struktur (Form, Größe und Geschwindigkeit sind Versuchsvariable) durch das Gesichtsfeld der Kröte bewegt, so folgt sie dem Objekt durch Kopfbewegung, um es im Zentrum des Gesichtsfeldes zu behalten. Quadrate (klein) und liegende (horizontale) Rechtecke rufen Beutefangreaktionen hervor. Die Winkelgeschwindigkeit der Bewegung ist ein weiterer entscheidender Faktor zur Diskriminierung zwischen Beute und „Nicht-Beute".

In der Retina des Krötenauges liegen drei Typen von Ganglienzellen (Neuronen). Ihre Fortsätze führen in das optische Tectum (Sehzentrum) im Mittelhirn (s. Abb. 50.2, S. 357). *Amphibia* haben keine visuelle Cortex wie die *Mammalia*. Die Erregung der Neuronen im Tectum (Ausbildung von Aktionspotentialen, s. S. 346), kann durch Einführen von Mikroelektroden ins Mittelhirn gemessen werden.

Die Reaktion der Ganglienzellen in der Retina ist eine Funktion der Länge des beobachteten Objekts in Relation zum Durchmesser des rezeptiven Feldes. Wenn das Objekt länger

als das rezeptive Feld ist (quantitative Angaben in Winkelgraden), fällt die Intensität wieder ab, weil jetzt nicht nur der zentral gelegene An-Anteil, sondern auch der peripher gelegene Aus-Anteil stimuliert wird. Die drei Neuronentypen in der Retina unterscheiden sich durch die Größe der rezeptiven Felder, von denen sie versorgt werden. Es findet also, wie wir schon am Beispiel der Katze gesehen haben, in der Retina eine Informationsverarbeitung statt. Die codierte Information wird ans Gehirn weitergeleitet. Dort wird zwischen Alternativen entschieden, wenn Informationen von mehreren Ganglienzellen eingehen. Die Fortsätze der Ganglienzellen landen vorzugsweise in den äußeren Zellschichten des optischen Tectums, andere wiederum erreichen den Thalamus im Zwischenhirn (vgl. Abb. 50.2).

Im optischen Tectum werden die Erregungen ausgewertet. Die Lage der Neuronen dort ist ein exaktes topographisches Abbild der Retina (s. Abb. 46.14). Somit wird durch eine sequentielle Reizung von Retinabereichen eine sequentielle Erregung von benachbart liegenden Neuronen im Tectum hervorgerufen (R.M. Gaze und M.J. Keating). In tieferliegenden Bereichen des Tectums liegen weitere Neuronen, die nur dann stimuliert werden, wenn mehrere rezeptive Felder gleichzeitig gereizt werden. Es muß offenbar eine Bewegung des Objektes über mehrere rezeptive Felder hinweg erfolgen, bevor sie reagieren, das bedeutet gleichzeitig, daß diese Zellen zwischen Strukturen unterschiedlicher Formen unterscheiden. In den Neuronen, in denen die oben genannten Einflüsse verrechnet werden, wird die Entscheidung getroffen, ob das Objekt eine Beute ist oder nicht. Im Thalamus scheint das Zentrum für „Warnung" vor Objekten zu liegen. Dort wird unterschieden zwischen:
— Bewegung großer und kleiner Objekte (als Funktion des Abstands zum Auge)
— Bewegung auf das Auge zu
— beweglichen und unbeweglichen Objekten.

Wird das optische Tectum operativ entfernt, so erfolgen keine Orientierungs- und Ausweichbewegungen mehr; d.h. daß das optische Tectum auch für die Ausweichbewegungen benötigt wird und daß es somit Querverbindungen zwischen Thalamus und Tectum (Zwischenhirn und Mittelhirn) geben muß.

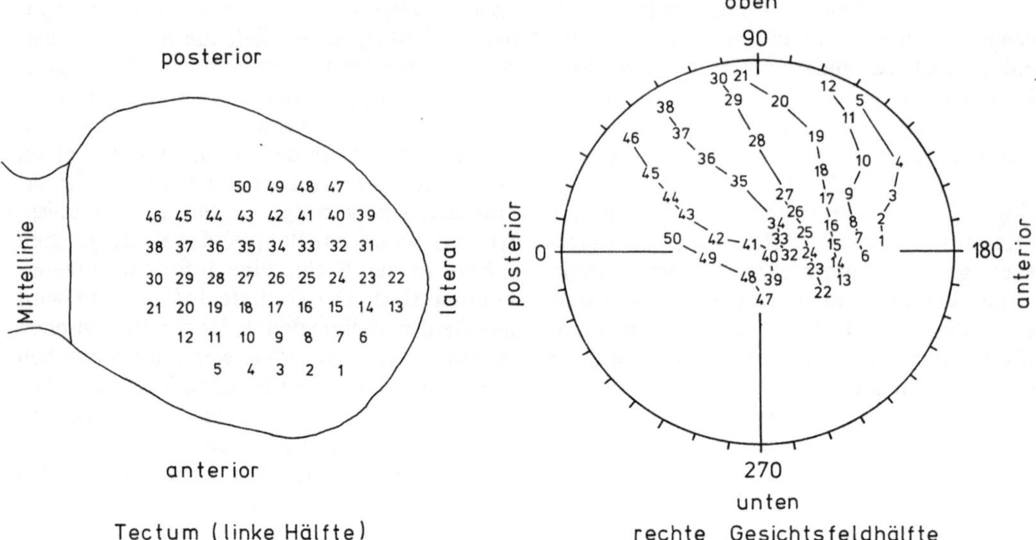

Abb. 46.14. Projektion des rechten Gesichtsfeldes in den linken Teil des optischen Tectums eines Frosches. Die Ziffern im rechten Teil der Abb. sind visuell wahrgenommene Punkte, die Ziffern im linken Teil geben die Lage der Zellen im Tectum an, welche durch den betreffenden Reiz stimuliert werden. Die Ableitung aus dem Tectum erfolgt über Stahl-Mikroelektroden. Angenommen, die Elektrode befindet sich in der Position 50, so erhält man nur dann eine Stimulation dieses Bereichs des Gehirns, wenn im Gesichtsfeld in einer bestimmten Position („50") ein Lichtreiz erscheint. Man beachte: die lineare Auflösung ist im Zentrum des Gesichtsfeldes größer als an der Peripherie. (Nach R.H. Gaze und M.J. Keating, 1970)

Alle Ergebnisse zusammen lassen sich am einfachsten so deuten:

Es ist in der logischen Abfolge von Verdrahtungen eine Reihe von „Fenstern" (Filtern) hintereinandergeschaltet. Je nach Intensität und Art der Erregung wird der Reiz auf jeder Ebene analysiert und weitergeleitet oder blockiert.

Ein Reiz wird nicht von einem Neuron allein analysiert und verarbeitet, sondern von vielen, die untereinander ein Netzwerk bilden, wobei jede Komponente des gesehenen Objektes einzeln analysiert wird. Die Information über eine Bewegung (einen zeitlichen Ablauf) wird übersetzt und mit einer Information verglichen, die in einer Struktur enthalten ist. Stimmt die Analyse mit vorprogrammierten Schaltungen überein (ob über ein genetisches Programm festgelegt oder erlernt, steht an dieser Stelle nicht zur Diskussion), wird das Objekt als Beute erkannt, und das motorische System wird zum Beutefang aktiviert.

Literatur

Ewert, J.P.: The neural basis of visually guided behavior. Sci. Am., März 1974, S. 34.

Ewert, J.P.: Neuro-Ethologie. Einführung in die neurophysiologischen Grundlagen des Verhaltens. Heidelberger Taschenbücher, Bd. 181. Berlin—Heidelberg—New York: Springer 1976.

Gaze, R.M.: The representation of the retina on the optic lobe of the frog. Quart. J. Exp. Physiol. 43, 209 (1958).

Gaze, R.M., Keating, M.J.: Further studies on the restoration of the contralateral retinotectal projection following regeneration of the optic nerve in the frog. Brain Res. 21, 183 (1970).

Hassenstein, B.: Biologische Kybernetik, 8. Aufl. Heidelberg: Quelle & Meyer 1973.

Hubel, D.H.: The visual cortex of the brain. Sci. Am. November 1963, S. 54.

Hubel, D.H., Wiesel, T.N.: Receptive fields of single neurons in the cat's striate cortex. J. Physiol. (London) 148, 574 (1959).
Hubel, D.H., Wiesel, T.N.: Integrative action in the cat's lateral geniculate body. J. Physiol. (London) 155, 385 (1961).
Hubel, D.H., Wiesel, T.N.: Receptive fields, binocular interaction and functional architecture in the cat's visual cortex. J. Physiol. (London) 160, 106 (1962).
Hubel, D.H., Wiesel, T.N.: Shape and arrangement of columns in cat's striate cortex. J. Physiol. (London) 165, 559 (1963).
Hubel, D.H., Wiesel, T.N.: Receptive fields and functional architecture of two non-striate visual areas (18 and 19) of the cat. J. Neurophysiol. 28, 229 (1965).
Kuffler, S.W.: Discharge patterns and functional organization of mammalian retina. J. Neurophysiol. 16, 37 (1953).
Light. Sci. Am. September 1968.
Pettigrew, J.D.: The neurophysiology of binocular vision. Sci. Am. August 1972, S. 84.
Stent, G.: Cellular communication. Sci. Am. September 1972, S. 42.
Werblin, F.S.: The control of sensitivity in the retina. How can the eye maintain contrast in a wide range of illumination? Sci. Am. Januar 1973, S. 70.

47. Wie schützt sich der Organismus vor äußeren Faktoren? Das Immunsystem

Jeder Organismus, jedes geregelte System kann durch äußere Faktoren gestört werden, z.B. werden Bakterien durch Zugabe eines Antibiotikums in ihrem Wachstum gehemmt. Das Antibiotikum wirkt auf die meisten Individuen tödlich. Nur einige wenige Mutanten überleben und bauen durch Vermehrung eine neue Bakterienpopulation auf (vgl. Kapitel 5).

Die Mutation ist der Mechanismus, der eine große Bakterienpopulation vor äußeren Einflüssen schützt. Die Mehrzahl der Individuen geht dabei zugrunde, nur wenige überleben, d.h. der Preis, der für das Überleben der Bakterienart zu zahlen ist, ist sehr hoch.

Vielzeller können sich solchen Luxus nicht leisten:

1. Die Populationsgröße ist wesentlich kleiner. (Es gibt auf der Erde ca. $4{,}6 \times 10^9$ Menschen, das entspricht genau der Menge an Bakterien, die in zwei Millilitern Nährlösung wachsen können!)

2. Die Generationsdauer ist wesentlich länger. (Mensch:Bakterium = 20 Jahre : 20 min.)

3. Ein Mehrzeller ist bereits ein so komplexes System, daß eine große Zahl verschiedener Störgrößen auf ihn einwirken kann. Die Wahrscheinlichkeit, daß er allen (durch spontane Mutation) gewachsen wäre, ist vernachlässigbar klein. Eine Evolution und ein Überleben höherer Organismen wäre somit nicht gegeben.

Ein höherer Organismus muß daher mit spezifischen Schutzvorrichtungen versehen sein, die von vornherein dazu angelegt sind, mit üblichen und unerwarteten Störfaktoren fertig zu werden.

Eines der effektivsten Schutzsysteme ist das Immunsystem der *Vertebrata*. Ein höherer Organismus ist einer hohen Zahl verschiedener Infektionskrankheiten ausgesetzt. Viren, Bakterien, Pilze, Amöben, Rickettsien u.a. kommen als Krankheitserreger in Betracht. Sie können in den Organismus eindringen und sich dort im Blut oder in spezifischen Organen vermehren und somit ernsthafte Störungen des Wirts verursachen.

Der Wirt besitzt Zellen (Makrophagen, weiße Blutkörperchen), die darauf spezialisiert sind, solche Fremdkörper zu phagozytieren (aufzufressen). Dieser Schutzmechanismus ist unspezifisch, recht wirkungsvoll, nur erfüllt er nicht allerhöchste Ansprüche. Er kommt auch bei den *Invertebrata* vor; trotzdem sterben Insekten zu Milliarden an Virusinfektionen. Die genannten Mikroorganismen haben eine so hohe Vermehrungsrate, daß die Makrophagen mit der großen Zahl nicht mehr fertigwerden.

Was ist das Immunsystem?

Vertebrata können gegen Eindringlinge spezifische Antikörper bilden. Antikörper sind Proteinmoleküle. Man findet sie im Serum und als Oberflächenbestandteile lymphatischer Zellen. Sie gehören zu den γ-Globulinen oder Immunoglobulinen. Ein Serum, das spezifische Antikörper enthält, heißt Antiserum.

Wogegen kann der Körper Antikörper bilden?

Gegen Viren, Bakterien . . . . . Zellen oder Makromoleküle. Antikörpermoleküle sind, verglichen mit Zellen, natürlich sehr klein. Sie können allenfalls mit einem sehr kleinen Bereich einer Bakterienoberfläche reagieren. Man nennt den Bereich auf einem Fremdkörper, mit dem der Antikörper reagiert, eine Determinante. Auf der Oberfläche eines Bakteriums findet man offensichtlich sehr viele Determinanten. Sind sie voneinander verschieden, so müssen wir annehmen, daß sie auch von unterschiedlichen Antikörpern erkannt werden. Antikörper sind somit keine homogene Molekülpopulation (wie z.B. eine Population von Hämoglobinmolekülen), sondern eine heterogene. Fremdkörper, die einen Organismus zur

Antikörperbildung (Immunantwort) stimulieren, bezeichnet man als Antigene (gelegentlich auch als Immunogene). Alle Antigene haben eines gemeinsam: es sind große Moleküle, Molekülkomplexe (wie Viren) oder Bestandteile von Zelloberflächen.

Der Organismus kann auch gegen Zellen höherer Organismen Antikörper bilden. Vor dieser Schwierigkeit stehen Mediziner, die einem Patienten ein Organ implantieren möchten. Der Körper stößt es in der Regel einige Tage nach der Operation wieder ab, da er Antikörper gegen die implantierten Zellen bildet. Man nennt diese Gewebeunverträglichkeit Histoinkompatibilität.

Wichtig ist noch etwas Weiteres: Antigene bestehen nicht nur aus einzelnen Determinanten, sonst könnte auch ein kleines Molekül wie Dinitrophenol die Immunantwort auslösen, — das ist aber nicht möglich. Koppelt man diese Molekülgruppe aber an einen Träger (Carrier), z.B. an ein Proteinmolekül wie Rinderserumalbumin, so wird der Körper Antikörper bilden, die u.a. spezifisch gegen die Dinitrophenylgruppe gerichtet sind. Das Immunsystem erkennt eine Determinante also erst dann, wenn sie an einen Träger (Carrier) gebunden ist. Diese Feststellung geht auf Landsteiner zurück.

Nach dieser etwas formell geratenen Einleitung müssen wir uns eine ganze Reihe von Fragen stellen, z.B.

1. Wie und wo werden Antikörper gebildet?

2. Wie kommt die Heterogenität und somit die Spezifität zustande?

3. Wie kommt es, daß der Körper (in der Regel) keine Antikörper gegen körpereigene Substanzen bildet?

Man weiß, daß Antikörper von den Zellen lymphatischer Gewebe, den Lymphozyten, gebildet werden (vgl. S. 280). Bevor wir uns mit der Antikörpersynthese beschäftigen, müssen wir uns die Struktur eines Antikörpermoleküls ansehen. Die Grundstruktur besteht aus 4 Proteinketten: 2 leichten und 2 schweren. Sie sind durch S-S-Brücken untereinander verbunden (Abb. 47.1).

Als nächstes interessiert natürlich die Sequenz der Aminosäuren in den Proteinketten. Und hier beginnen die Schwierigkeiten. Während man von allen anderen Proteinen, die wir bisher besprochen haben, mehr oder weniger

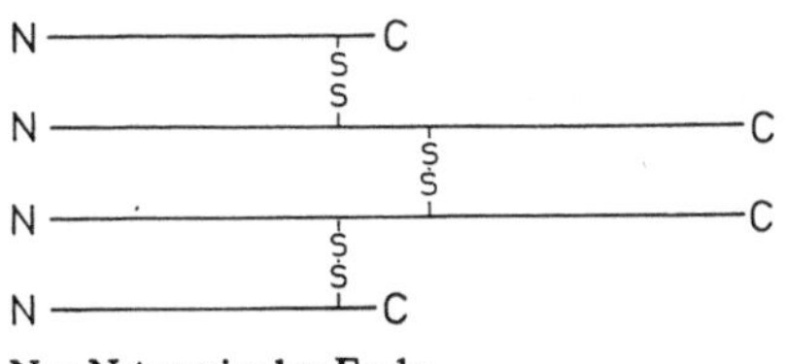

N = N-terminales Ende
C = C-terminales Ende

Abb. 47.1

große Mengen einheitlichen Materials gewinnen kann, haben wir es hier mit einer heterogenen Molekülpopulation zu tun. Trotzdem weiß man heutzutage über Aminosäuresequenzen in Immunoglobulinen ganz gut Bescheid. Edelman (New York) erhielt 1972 für die Bestimmung der Aminosäuresequenz einer schweren Kette den Nobelpreis. Die Sequenz einer leichten Kette wurde schon Jahre früher von Hilschmann und Craig (1965) aufgeklärt.

Diese Autoren und viele andere bedienten sich eines Tricks: Es kommt vor, daß ein Individuum die Kontrolle über sein eigenes Immunsystem verliert. Aus unbekannter Ursache heraus bildet es große Mengen lymphatischer Zellen, die nichts anderes tun, als homogene Antikörper zu bilden, um damit das Serum zu überfluten. Ein großer Teil davon wird im Harn ausgeschieden und kann somit für analytische Zwecke gewonnen werden. Antikörper, die so gebildet werden, sind oft unvollständig. Es gibt Fälle, in denen nur die leichte Kette synthetisiert wird (= Bence-Jones-Proteine), andere, bei denen nur die schwere Kette gebildet wird.

Die Bildung großer Mengen antikörperbildender Zellen ist für das Individuum natürlich fatal. Sie führt zu Tumorbildung, einer Form des Krebses, die als Plasmacytom oder multiples Myelom bezeichnet wird. Außer beim Menschen findet man das multiple Myelom auch bei einigen Mäusestämmen. Man kann dort z.B. durch Injektion von Paraffinöl in die Bauchhöhle eine Tumorbildung unspezifisch induzieren. So entstand eine Anzahl von Tumorlinien, durch die man sehr viel über die Antikörperstruktur und -bildung gelernt hat (Potter, National Institute of Health, Bethesda, Md USA, ab 1964).

Die Myelomproteine (Antikörpermoleküle oder Bruchstücke davon) sind innerhalb eines

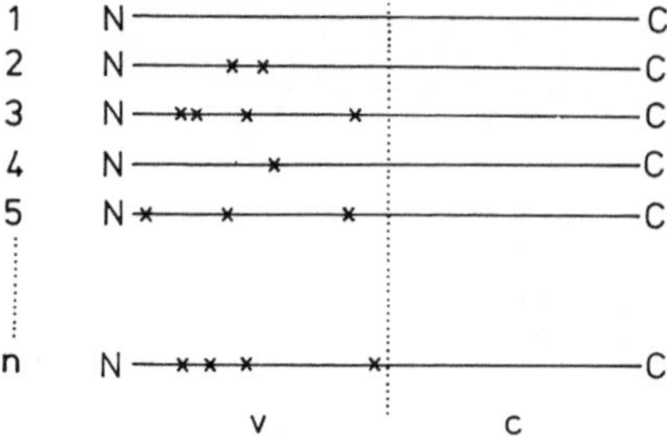

Abb. 47.2

Individuums natürlich alle untereinander gleich. Vergleicht man jedoch das Myelomprotein eines Individuum (*1*) mit denen anderer (*2–5 . . . . . n*, vgl. Schema), so stellt man eine Reihe von Unterschieden fest. Bei x steht in der Aminosäuresequenz eine andere Aminosäure als in unserem ersten Myelomprotein. Betrachtet man das Schema genauer, so erkennt man, daß die Unterschiede nicht gleichmäßig über die ganze Länge des Proteinmoleküls verteilt sind, sondern sich im „vorderen", dem N-terminalen Ende, häufen. Das heißt, das N-terminale Ende von Antikörpermolekülen ist variabel, das C-terminale Ende in der Regel konstant. Man spricht deshalb von der v- und der c*-Region des Antikörpermoleküls. Diese Aussage gilt für leichte wie für schwere Ketten. Damit haben wir bereits eine „Erklärung", worauf die Heterogenität der Antikörpermoleküle beruht.

*c = constant (engl.).

So konstant, wie sein Name besagt, ist der c-Bereich wiederum nicht. Man findet im Serum Klassen von Antikörpern, die sich u.a. durch verschiedene Aminosäuresequenzen im c-Bereich voneinander unterscheiden. Darüberhinaus gibt es auch Artunterschiede: Der c-Teil der Maus unterscheidet sich von dem des Menschen etc. Immunisiert man Tiere gegen ein bestimmtes Antigen, d.h. injiziert man ein Antigen in das betreffende Tier: Maus, Kaninchen, Ratte, Mensch (Schutzimpfung!), so werden zunächst Antikörper der einen, später Antikörper einer anderen Klasse gebildet. Man nennt diese beiden Klassen IgM und IgG. Injiziert man das Antigen ein zweites Mal, so werden umgehend große Mengen IgG gebildet. Das ist der eigentliche Schutzmechanismus, den das Immunsystem dem Körper bietet. Wir müssen also annehmen, daß bei der Erstinjektion ein „immunologisches Gedächtnis" induziert worden ist.

IgM-Antikörper unterscheiden sich von den später gebildeten IgG-Antikörpern durch den konstanten Teil ihrer schweren Ketten. Außerdem sind in einem Molekül IgM nicht nur 4 Polypeptidketten enthalten, sondern 5 x 4. Das Molekulargewicht der IgM-Antikörper beträgt 900.000, die Sedimentationskonstante: 19 S; das Molekulargewicht der IgG-Antikörper beträgt 180.000 ≙ 7.S.

Zusammenfassend können wir ein Modell der Antikörpermoleküle aufzeichnen:

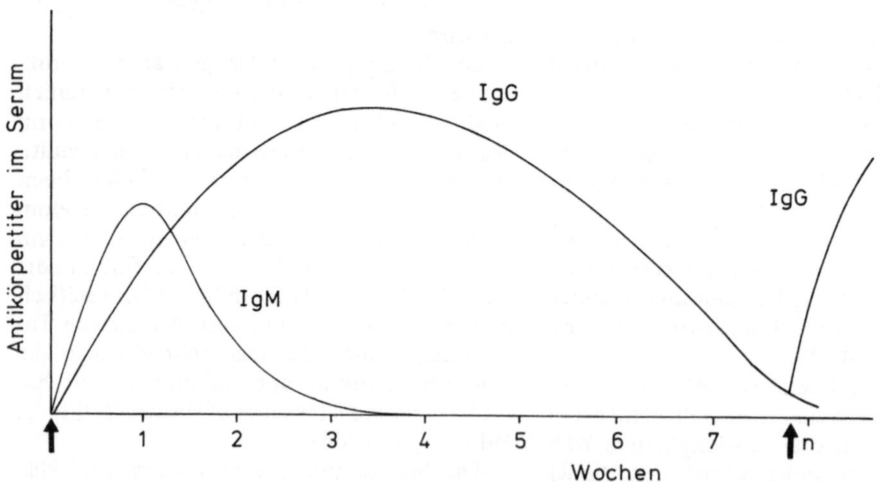

Abb. 47.3. Bildung von IgM und IgG als Funktion der Zeit. Immunisierungen sind durch Pfeile angedeutet

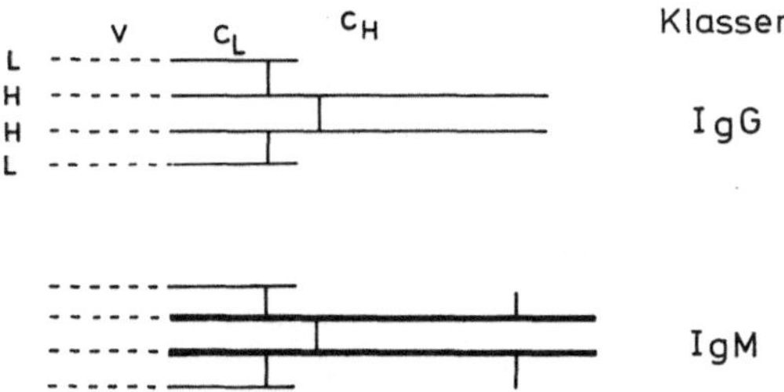

Abb. 47.4. Struktur von Antikörpermolekülen. Der variable Bereich ist gestrichelt wiedergegeben. Leichte (*L*) und schwere (*H*) Ketten sind durch S-S-Brücken untereinander verbunden

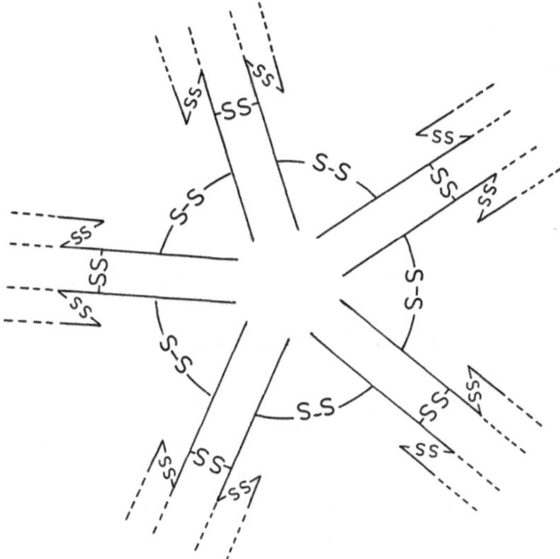

Abb. 47.5. Struktur eines IgM-Moleküls

Nachdem wir wissen, wie das Molekül aussieht, können wir uns fragen, wie es gebildet wird. Wie schon gesagt, müssen wir uns dabei auf die lymphatischen Organe konzentrieren.

Lymphozyten zeichnen sich dadurch aus, daß sie einen großen Kern und fast kein Plasma besitzen. Sie sind also denkbar ungeeignet, viel Protein zu bilden. Man hat gefunden, daß diese Zellen durch Antigengabe stimuliert werden,

1. sich zu teilen und zu vermehren und

2. sich in einen anderen Zelltyp, in Plasmazellen, zu differenzieren. Plasmazellen sind, wie schon der Name sagt, plasmareiche Zellen. Ihr Zellkern liegt exzentrisch. Sie bilden Antikörper und sezernieren sie ins Serum.

Mitchell und Miller machten 1967 folgendes Experiment: Sie isolierten Lymphozyten, einmal direkt aus dem Knochenmark (B-Zellen) (vgl. S. 281), zum anderen aus dem Thymus (T-Zellen) und versuchten, sie durch Zugabe eines Antigens zur Antikörperbildung zu stimulieren. Der Versuch verlief negativ.

In einem weiteren Versuch mischten sie die beiden Zelltypen und gaben dann Antigen hinzu. Jetzt wurden Antikörper gebildet. Ebenso erhielten sie eine gute Antikörperbildung, wenn sie Zellen aus Lymphknoten oder der Milz stimulierten. (Warum?) Damit hatten sie eine ganz entscheidende Entdeckung gemacht. Man braucht in der Regel zwei Zellen, um die Antikörperbildung auszulösen. Beide müssen dabei miteinander kooperieren. Wir haben es also bei der Auslösung mit einer Zweitrefferkinetik zu tun (Kinetik zweiter Ordnung).

Man hat später gefunden, daß die B-Zellen die Determinanten des Antigens erkennen und sich dann in Plasmazellen differenzieren. Sie brauchen aber dazu einen spezifischen Stimulus der T-Zellen. Da auch die T-Zellen das Antigen erkennen müssen, scheint es einleuchtend zu sein, daß es ein großes Molekül (mit mehreren erkennbaren Bereichen) sein muß.

Wir wissen jetzt im Prinzip, wie die Bildung der Antikörpermoleküle stimuliert wird. Trotzdem haben wir bisher noch eine wichtige Frage ausgeklammert: Wie entsteht die Spezifität?

Antikörper sind Proteine, und nach allem, was wir wissen, muß es für jedes Protein ein Gen geben, durch das die Aminosäuresequenz codiert wird, also: gibt es soviele Gene wie verschiedene Antikörpermoleküle? Offensichtlich ja.

Wir wissen, daß ein Lymphozyt bereits determiniert ist, nur eine Antikörperspezifität zu bilden, da er nur eine bestimmte antigene Determinante erkennen kann. Burnet (1959) postulierte in seiner Clone-Selection-Theorie, daß ein Antigen aus einer großen Zahl von Lymphozyten diejenigen auswählt, mit denen es spezifisch reagieren kann.

In unserem vereinfachten Modell (Abb. 47.6) wird unser Antigen den Lymphozyten *3* erkennen und ihn dazu stimulieren, Antikörper zu produzieren.

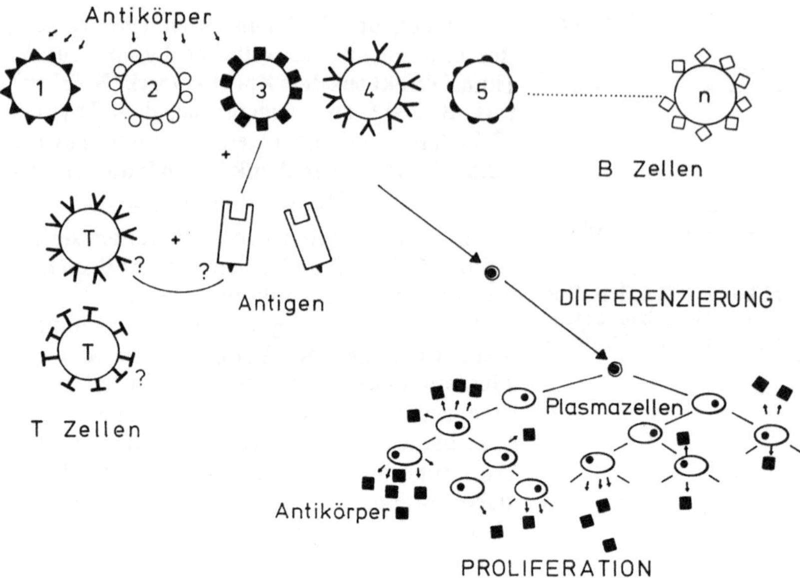

Abb. 47.6. Induktion der Antikörperbildung

Wie erkennt der Lymphozyt die Determinante?

Offensichtlich trägt er auf seiner Oberfläche Rezeptoren, mit denen er das Signal (die Determinante) erkennt. Man hat zunächst angenommen, später auch bewiesen, daß diese Rezeptoren zellgebundene Antikörpermoleküle sind, und zwar Antikörper der gleichen Spezifität wie diejenigen, die in Plasmazellen gebildet und ins Serum abgegeben werden.

Wie kommt es, daß ein Lymphozyt eine bestimmte Spezifität, ein anderer eine andere Spezifität trägt?

Nehmen wir an, diese Zellen besitzen alle in ihrer DNS Gene für jede der möglichen Spezifitäten (Abb. 47.7), so stellt sich das Problem, warum in der einen Zelle Gen *1*, in einer anderen Gen *2* ....., in einer *n*-ten Gen *n* aktiv ist und ein Genprodukt bildet, während alle anderen $(n-1)$ inaktiv sind! Damit haben wir eines der schwierigsten Probleme in der Biologie angeschnitten: Wie trifft die Natur Entscheidungen? Wodurch kommt die Selektivität einer Genwirkung zustande? In unserer Ableitung haben wir stillschweigend vorausgesetzt, daß *alle* Zellen Gene für *alle* Antikörperspezifitäten enthalten. Zu dieser Annahme sind wir nach dem, was wir bisher über Genetik erfahren haben, berechtigt.

Ein Individuum entsteht durch fortgesetzte Teilungen einer befruchteten Eizelle, bildet neue Keimzellen, die ihrerseits die Ausgangs-

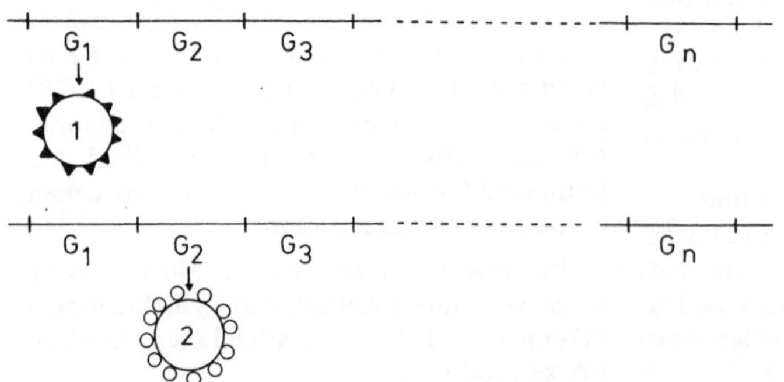

Abb. 47.7. Das Problem der Selektivität. Die Linien stellen einen Ausschnitt aus dem Genom der Lymphozyten dar. $G_1, G_2 \ldots G_n$ seien Gene für verschiedene Antikörperspezifitäten

zellen der kommenden Generation sind usw. (vgl. die Weismannsche Keimbahnhypothese, Kapitel 22).

Im Laufe der Zeit können in den Zellen der Keimbahn mit einer bestimmten, aber geringen Wahrscheinlichkeit Mutationen auftreten, die auf die kommenden Generationen übertragen werden. Ein Organismus besteht aber nicht nur aus Keimzellen, sondern auch aus Milliarden anderer Körperzellen, den somatischen Zellen, die durch fortlaufende Teilungen entstehen. Alle enthalten das gleiche genetische Material wie die Eizelle.

Bei einer großen Zahl von Teilungen ist nicht auszuschließen, daß dabei auch Mutationen auftreten (somatische Mutationen). Die somatischen Mutationen können sich in dem betreffenden Individuum etablieren, nur: sie können nicht auf die folgende Generation übertragen werden. Im Individuum selbst bilden sie einen mehr oder weniger großen Zellklon.

Es gibt viele Immunologen, die die Hypothese unterstützen, die Heterogenität der Antikörper sei auf somatische Mutationen zurückzuführen, d.h. daß das Genom von Lymphozyt *1* (unseres Modells Abb. 47.7) sich von dem Genom von Lymphozyt *2* unterscheidet. Man nimmt an, daß es für die lymphatischen Zellen einen Selektionsvorteil gibt, zu mutieren. – Wie können wir uns das vorstellen? Wir haben bereits gesehen, daß alle Zellen von Metazoen (tierischen Vielzellern) auf ihrer Oberfläche Komponenten tragen, die das spezifische Einandererkennen ermöglichen. Zu diesen Komponenten zählen auch die Antikörper auf der Oberfläche der Lymphozyten. Der in Basel arbeitende Immunologe N.K. Jerne (1971) machte diese Überlegung zur Grundlage einer Hypothese. Er postulierte, daß es Keimbahngene für Antikörpermoleküle gibt, die spezifisch mit körpereigenen Substanzen (Oberflächenantigenen von Zellen) reagieren, d.h. daß die Lymphozyten andere, körper-

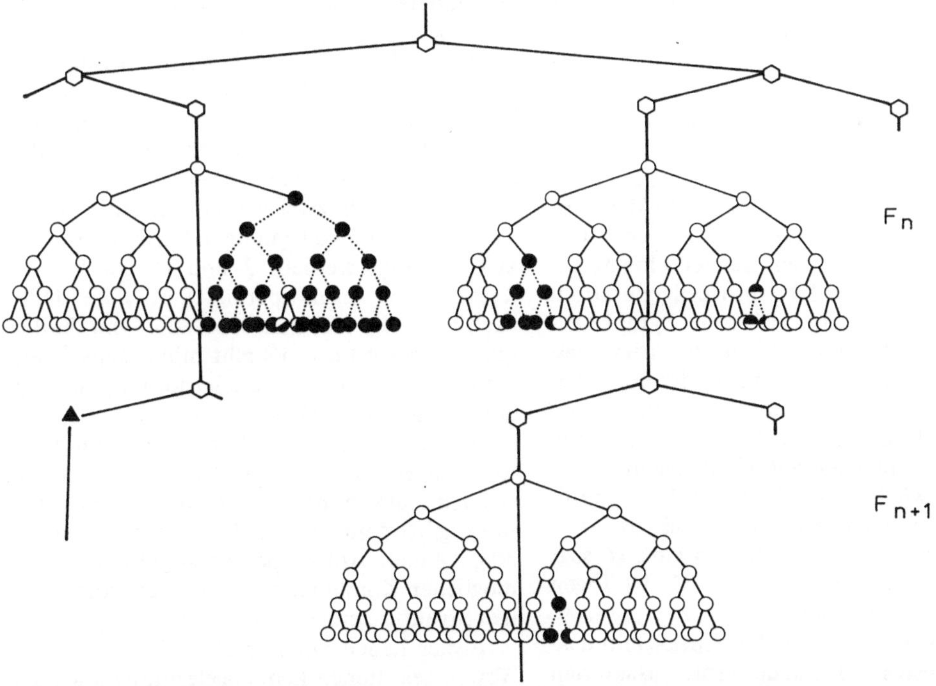

Abb. 47.8. Mutationen in Zellen der Keimbahn; Mutationen in somatischen Zellen. Keimzellen sind im Diagramm durch Sechsecke wiedergegeben, eine mutierte Keimzelle durch ein Dreieck. Somatische Zellen sind als Kreise dargestellt. F_n, F_{n+1} sind aufeinanderfolgende Generationen. Das Schicksal somatischer Zellen von drei Individuen ist – stark vereinfacht – skizziert. Ausgefüllte Kreise stellen Mutationen dar. Die Klongröße solcher Mutanten ist – abhängig vom Zeitpunkt des Auftretens der Mutation in der Individualentwicklung – bei jedem Individuum unterschiedlich groß

eigene Zellen erkennen und mit ihnen in Wechselwirkung treten. Jerne nimmt nun an, daß diese Wechselwirkung für die Lymphozyten nachteilig ist. Lymphozyten, die in Wechselwirkung mit anderen Lymphozyten treten, bringen einander um. Sind aber mutierte Lymphozyten dabei, so können sie von den körpereigenen Zellen nicht mehr erkannt und somit auch nicht abgetötet werden. Sie überleben und haben somit einen Selektionsvorteil den nicht mutierten Zellen gegenüber!

Damit hat Jerne zwei Fliegen mit einer Klappe geschlagen.

1. Sein Modell erklärt, warum eine so hohe Variabilität entsteht. Alle möglichen Mutanten haben eine Überlebenschance.

2. Es erklärt außerdem, warum das Immunsystem (nur) körperfremde Substanzen erkennt (damit ist auch unsere eingangs gestellte Frage 3 beantwortet).

Wenn man mit einer solchen Hypothese konfrontiert wird, muß man sich natürlich fragen, wie wahrscheinlich ihre Richtigkeit ist. Ist die Mutationsrate ausreichend, um eine so hohe Variabilität zu erhalten? Jerne machte dazu folgende Abschätzung: Er nahm an, daß die Mutationshäufigkeit (Mutationsrate) 10^{-7} pro Zellteilung pro DNS-Basenpaar ist. Daß dieser Wert in der richtigen Größenordnung liegt, ist durch Experimente an anderen Systemen gesichert. Der variable Teil des Antikörpermoleküls wird durch 330 Nukleotide codiert. d.h. die Wahrscheinlichkeit, daß in dem Bereich eine Mutation auftritt, ist etwa 10^{-4} pro Zellgeneration.

Täglich werden fast 10^8 neue Lymphozyten gebildet. Wenn man berücksichtigt, daß viele der Mutanten in der einen oder der anderen Weise fehlerhaft sind und somit absterben, bleiben am Ende doch noch etwa 800 pro Tag übrig, die je eine neue Spezifität tragen — und damit sind wir in einer sinnvollen Größenordnung. Wenn man annimmt, daß es etwa 10.000 verschiedene Spezifitäten gibt, so sagt uns das Modell, daß sie in nur 10—12 Tagen gebildet werden können.

Wir haben auf S. 25 den Luria-Delbrück-Fluktuationstest kennengelernt. Bakterien opfern eine hohe Zahl von Individuen, um eine Resistenz gegen störende Faktoren (Antibiotika etc.) zu erhalten. Das Immunsystem der *Vertebrata* opfert Zellen, um nach dem gleichen Prinzip einen Vorteil zu gewinnen.

Bisher haben wir nur überprüft, ob man durch Selektion somatischer Mutationen die Antikörpervielfalt erklären kann. Wir haben aber nichts über die Art der Mutationen ausgesagt. Man ging zunächst davon aus, daß es sich um eine Akkumulation von Punktmutationen handelt. Im Verlauf der letzten 15 Jahre zeichnete es sich immer deutlicher ab, daß variabler und konstanter Teil durch unterschiedliche Gene codiert werden. Der direkte Beweis dafür wurde 1976 durch Tonegawa (Basel Institute for Immunology) erbracht. Er konnte unter Einsatz gentechnischer Verfahren zeigen, daß die Gene für die beiden Polypeptidabschnitte, die in embryonalen Zellen getrennt vorliegen, in Myelomzellen, also antikörperproduzierenden Zellen, zu einer Einheit fusioniert sind. Durch sein Experiment war bewiesen, daß sich die Organismen eines "Genetic engineering" bedienen, um funktionelle Antikörper bilden zu können. Es besagt aber auch, daß sich Genome somatischer Zellen im Verlauf der Ontogenese irreversibel verändern. Mit anderen Worten, somatische Mutationen oder besser gesagt, somatische Rekombinationen reichern sich an. Nunmehr kann man sich erneut die Frage vorlegen, ob es in der Keimbahn tatsächlich so viele v-Sequenzdeterminierende Gene wie Antikörperspezifitäten gibt. Die Antwort ist ein vorsichtiges ja. Man fand noch zwei weitere Genabschnitte, die zur Bildung vollständiger Antikörpermoleküle benötigt werden: J und D. Die leichte Kette eines Antikörpermoleküls wäre demnach wie folgt zu schreiben: v-J-c, und für die schwere gilt v-J-D-c. Es gibt mindestens 5 verschiedene J-Gene und größernordnungsmäßig etwa genausoviele D-Gene.

Allein die einfachen Regeln der Kombinatorik sagen uns, daß wir mit weit weniger v-Genen auskommen, als es Antikörperspezifitäten gibt, denn die Zahl der unterschiedlich reagierenden Antikörper entspricht der Zahl möglicher Kombinationen aus den vorhandenen Strukturelementen (v, J, D, c_L, c_H etc.).

Bisher haben wir nur einen Typ immuner Abwehrreaktionen kennengelernt, nämlich die humorale Reaktion, hervorgerufen durch humorale (im Serum gelöste) Antikörpermoleküle. Dem steht die sogenannte zellgebundene Immuntät gegenüber.

Zellen (T-Zellen) reagieren spezifisch mit Fremdzellen.

Körpereigene Zellen können sich im Laufe des Lebens verändern (z.B. Tumorzellen werden). Sie werden dann vom Immunsystem als fremd erkannt und eliminiert, bis auf jene Ausnahmen, bei denen das Tumorzellenwachstum das Immunsystem an Effektivität schlägt und es zur Ausbildung eines Tumors kommt.

Ein so komplexes System wie das Immunsystem, welches auf verschiedenen Ebenen reguliert ist und bei dem die einzelnen Reaktionspartner wie in einem Netzwerk miteinander gekoppelt sind und in einem Gleichgewicht zueinander stehen, ist selbstverständlich auch störanfällig und kann gelegentlich außer Kontrolle geraten. Man denke nur an das bereits erwähnte multiple Myelom oder an Allergien und Autoimmunkrankheiten, bei denen sich das Immunsystem gegen körpereigene Antigene richtet.

Köhler (Basel Institute for Immunology) und Milstein (Medical Research Council, Laboratory of Molecular Biology, Cambridge) fusionierten antikörpersezernierende Zellen mit Myelomzellen und erzeugten damit potentiell uneingeschränkt teilungsfähige Hybridome. Der große Vorteil dieses Verfahrens beruht darauf, daß unter Berücksichtigung bestimmter experimenteller Voraussetzungen — jede antikörperproduzierende Zelle in ein Hybridom überführt werden kann. Das Hybridom produziert nur einen Antikörpertyp, und zwar meist den, der durch die antikörperbildende Zelle determiniert ist. Sinnvollerweise verwendet man nämlich Myelomzellinien, die ihrerseits keine Antikörper sezernieren.

Durch diesen Ansatz ist es nun möglich, sog. monoklonale Antikörper (also in sich homogene, solche mit nur einer Spezifität) zu gewinnen. Die Vorteile liegen auf der Hand. Es ist nicht nur interessant, mehr über die Antikörper selbst zu erfahren; monoklonale Antikörper sind um eine Größenordnung spezifischer als eine heterogene, auf konventionelle Weise gewonnene Antikörperpopulation.

Der Fortschritt in der Immunologie hat von den Ergebnissen der klassischen Molekularbiologie profitiert.

Wir können jetzt weiter fragen, welche neuen Probleme durch die Kenntnis des Immunsystems in Angriff genommen werden können.

Hier bietet sich das Nervensystem an. Auch dort gibt es Selektivität, eine Bereitschaft, auf unerwartete Reize zu reagieren, ein Gedächtnis, spezifische Kontakte zwischen Zellen und eine Kooperation von Zellen untereinander (s. Kapitel 48).

M. Cohn schrieb 1967 einen Aufsatz mit dem Titel "The molecular biology of expectation". Hierin befaßt er sich mit den Gemeinsamkeiten aller Systeme des Körpers, welche auf unerwartete Einflüsse von außen reagieren können. Immunsystem und Nervensystem nehmen hierbei die herausragenden Positionen ein.

Es git eine Reihe von Gemeinsamkeiten zwischen Immunsystem und Nervensystem (nach N. Jerne, Basel, 1974):

1. Beide Systeme bestehen aus diffus organisierten Geweben; die Zellen sind über den ganzen Körper verteilt.

2. Das Immunsystem des Menschen wiegt 1 kg. Es besteht aus ca. 10^{12} Zellen (Lymphozyten). Diese produzieren 10^{20} Antikörpermoleküle. in 1 ml Serum sind 5 x 10^{16} Moleküle enthalten. Das Nervensystem wiegt etwa gleich viel.

3. Man findet Dualismen: Im Immunsystem gibt es die B- und die T-Zellen. Sie können synergistisch reagieren (= kooperieren), es sind jedoch antagonistische Phänomene bekannt, welche zu der Erscheinung der Toleranz führen.

Wenn ein Lymphozyt eine Determinante erkennt, kann er entweder stimuliert werden (→ Immunantwort), oder der Lymphozyt wird paralysiert (zerstört). Antikörpermoleküle können andere Moleküle erkennen, das bedeutet dann aber auch: Antikörpermoleküle können auch andere Antikörpermoleküle erkennen und spezifisch mit ihnen reagieren (Anti-Antikörper).

Die Determinanten eines Antikörpermoleküls im variablen Bereich bezeichnet man als Idiotypen. Es gibt somit so viele Idiotypen, wie es Spezifitäten gibt.

Wird ein bestimmter Antikörper gebildet, so tritt sein Idiotyp in steigender Konzentration im Serum auf. Dieser Idiotyp ist in seiner Struktur (und in dieser Menge) für den Körper etwas neues. Er löst somit die Bildung von neuen (= Anti-Idiotyp-) Antikörpern aus, so daß der erste Antikörper bzw. die ihn produzierenden Zellen unterdrückt (supprimiert) werden, d.h. das Immunsystem übt eine Kontrolle über sich selbst aus. Kein spezifischer Antikörper darf in zu hoher Konzentration auftreten.

Auch das Nervensystem zeigt ein dualistisches Verhalten. Neuronen können aktiviert und inaktiviert werden. Die Zellen des Immun- und des Nervensystems können eine Vielzahl von Reizen empfangen und weiter verarbeiten. Nervensystem und Immunsystem kommen im Körper nicht miteinander in Kontakt!

Die „Blut- und Gehirn-Barriere" verhindert, daß Lymphozyten und Neuronen in Wechselwirkung treten.

Neuronen haben im Körper eine fixierte Position. Sie haben lange Fortsätze und stehen dadurch untereinander in Kontakt.

Die Erkennung eines Neurons durch ein anderes ist ein spezifischer Vorgang. Nicht jedes Neuron kann mit jedem beliebigen anderen Kontakte aufnehmen.

Es gibt 100mal mehr Lymphozyten als Neuronen. Lymphozyten sind frei beweglich. Die Wechselwirkungen der Lymphozyten untereinander kann durch äußere Reize beeinflußt werden (desgl. beim Nervensystem).

4. Beide Systeme lernen durch Erfahrung und bauen ein Gedächtnis auf. Dieses Gedächtnis kann nicht von einer Generation auf die nächste übertragen werden. Jede Generation lernt von neuem.

Sind Nervensystem und Immunsystem in ähnlicher Weise genetisch kontrolliert?

Beeinflussen gleiche Gene die Entwicklung und Funktion beider Systeme, gelten bei der Kontrolle der Entwicklung die gleichen Regeln?

Literatur

Antibodies. Cold Spring Harbor Symp. Quant. Biol. **32** (1967).

Capra, J.D., Edmundon, A.B.: The antibody combining site. Sci. Am. Januar 1977, S. 50.

Davis, B.D., Dulbecco, R., Eisen, H.N., Ginsberg, H.S., Wood, B.: Microbiology, Kapitel: Immunology. New York—London: Harper and Row 1973.

Edelman, G.M.: The structure and function of antibodies. Sci. Am. August 1970, S. 34.

Good, R.A., Fisher, D.W.: Immunobiology. Sunderland, Mass.: Sinauer Ass, Inc. 1971.

Humphrey, J.H., White, R.: Kurzes Lehrbuch der Immunologie, 2. Aufl. Stuttgart: Thieme 1972.

Jerne, N.K.: The somatic generation of immune recognition. Europ. J. Immunol. **1**, 1 (1971).

Jerne, N.K.: The immune system. Sci. Am. Juli 1973, S. 52.

Jerne, N.K.: Towards a network theory of the immune system. Ann. Immunol. (Inst. Pasteur) **125 C**, 373 (1974).

Maki, R., Kearney, J., Paige, C., Tonegawa, S.: Immunoglobulin gene rearrangement in immature B cells. Science **209**, 1366 (1980).

Melchers, F., Rajewsky, K. (eds.): The Immune System (27. Mosbacher Kolloquium). Berlin—Heidelberg—New York: Springer 1976.

Mitchell, G.F., Miller, J.F.A.P.: Immunological activity of thymus und thoracic-duct lymphocytes. Proc. Natl. Acad. Sci. US **59**, 296 (1967).

48. Neuronen; Erregungsleitung

Das Nervensystem ist das Koordinationssystem im tierischen Organismus; es ist ein aus Neuronen (Nervenzellen) aufgebautes Netzwerk. Allen Neuronen ist gemeinsam, daß es

a) Zellen mit zahlreichen Fortsätzen und

b) sekretorische Zellen sind, d.h. sie produzieren spezifische Substanzen und sondern sie ab.

Es gibt keine isoliert vorkommenden Neuronen. Jedes Neuron steht in Kontakt mit anderen Neuronen, darüberhinaus stehen sie stets in Kontakt mit einem zweiten Zelltyp, den Gliazellen.

Es gibt verschiedene Neuronentypen. Sie unterscheiden sich durch ihre Form und durch ihre Funktion, mit anderen Worten: in bestimmten Bereichen des Nervensystems findet man bestimmte Typen von Nervenzellen. Für Neuronen der *Vertebrata* sind mindestens drei Strukturkomponenten charakteristisch:

1. Der Zellkörper (mit Kern natürlich): Soma.

2. Dendriten: Fortsätze, die Informationen empfangen.

3. Axon: Fortsatz, über den Erregungen weitergeleitet werden.

Die Dendriten können wiederum vielfältig gestaltet sein, sehr oft sind sie verzweigt (s. z.B. Abb. 48.1) und oft einige 100 μm lang.

Jede Nervenzelle besitzt nur ein Axon, welches aber wiederum stark verzweigt sein kann, seine Länge kann bis über einen Meter betragen. Es endet mit Synapsen. Über Synapsen stehen Neuronen mit verschiedenen Körperzellen (Muskelzellen u.a.) oder mit anderen Neuronen in Kontakt, sie können dabei sowohl mit einem Dendriten, dem Zellkörper oder mit dem Axon des anderen Neurons Verbindung aufnehmen. Ein Axon ist von Gliazellen (Schwannschen Zellen) umwickelt (Abb. 48.2). Die Schwannschen Zellen legen sich spiralig in mehreren Schichten um das Axon. Der Querschnitt durch ein Axon ist im oberen Teil der Abb. 48.2 zu erkennen. Die aus den Schwannschen Zellen gebildete Hülle nennt man auch Myelinscheide. Sie ist in regelmäßigen Abständen eingeschnürt, diese Einschnürungen sind die Ranvierschen Schnürringe. Die Struktur der Myelinscheide besteht zu einem großen Teil aus Membranen. Membranen wiederum bestehen vorwiegend aus Lipiden, und die sind sehr gute Isolatoren.

Die hier beschriebenen Strukturen sind für die Neuronen der *Vertebrata* charakteristisch. Im Unterschied hierzu sind die der *Invertebrata* durch folgende Merkmale ausgezeichnet (Abb. 48.3 und 48.4).

1. Dem Axon fehlt eine dichte Myelinscheide, die Geschwindigkeit der Erregungsleitung (s. folgenden Abschnitt) ist erheblich niedriger als bei den Axons der Vertebratenneuronen.

2. Es fehlen echte Dendriten. Es gibt zwar eine Vielzahl von Fortsätzen, doch enthalten sie in der Regel andersartige Plasmakomponenten als das Soma. Sie entspringen in der Regel dem Axon und sind nur relativ schwach verzweigt. Sie werden von nur wenigen Synapsen versorgt (innerviert).

3. In den *Invertebrata* findet man vorwiegend apolare Neuronen. Der Zellkörper liegt nicht im Weg der Erregungsleitung.

Erregung

Das Nervensystem dient der Informationsübertragung, -verarbeitung und -speicherung im Organismus. Ein Signal (Reiz) wird in einen elektrischen Strom verwandelt und als Erregung weitergeleitet. Eine Weiterleitung ist möglich, weil die Zellen Elektrolyten (Ionen) enthalten und von Elektrolyten umspült sind. Die Konzentration von Elektrolyten innerhalb der Zelle ist nicht identisch mit der außerhalb der Zelle; somit baut sich an der Zellmembran ein elektrisches Potential auf (Membranpotential) (Abb. 48.5).

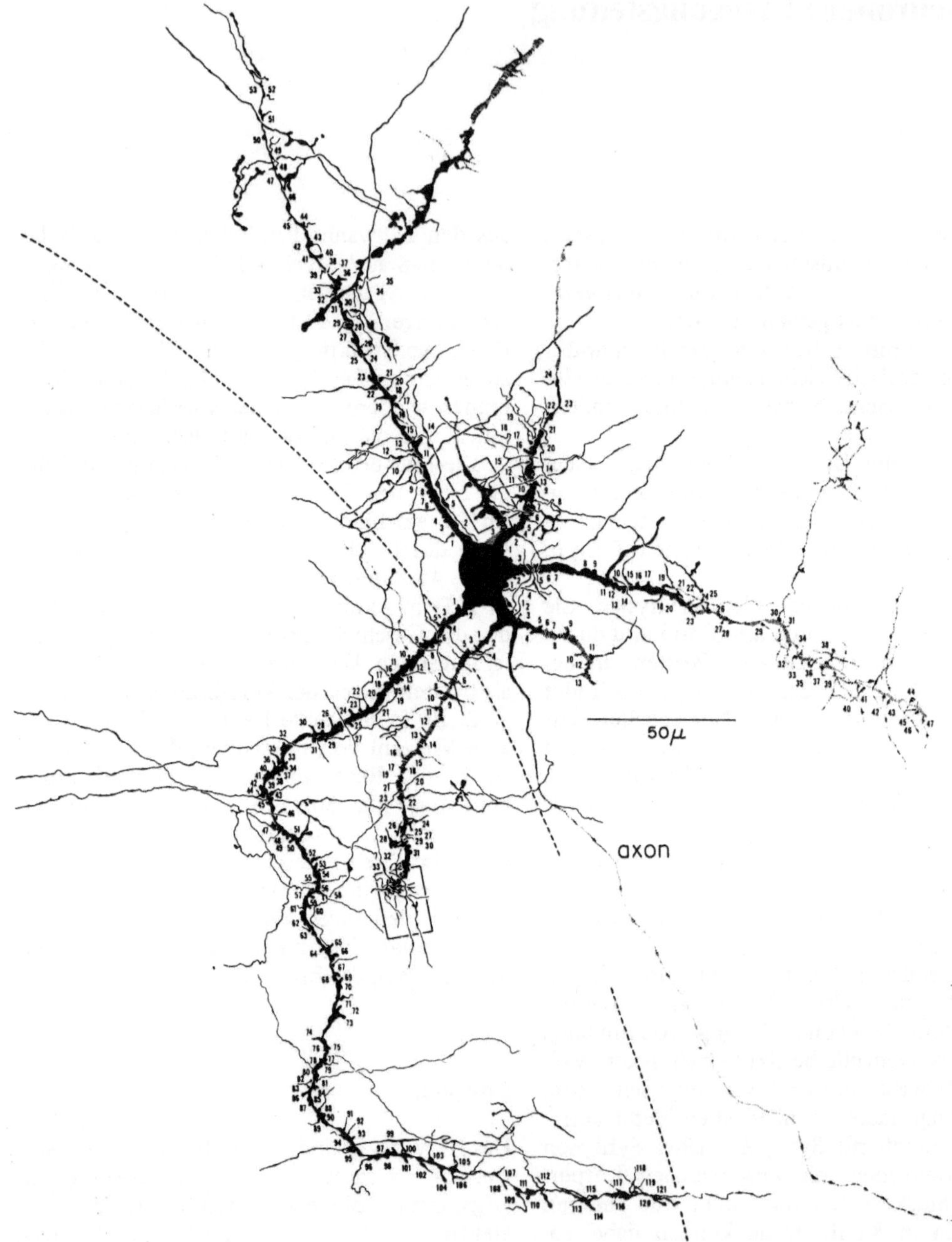

Abb. 48.1. Ein hochentwickeltes Neuron eines Vertebraten mit zahlreichen Fortsätzen (Dendriten) und einem Axon (Valverde, 1967)

Abb. 48.2. Oben: (*a*) Querschnitt durch eine Nervenfaser (Axon) und eine Schwannsche Zelle; (*b*) und (*c*) ▶ zeigen die Entwicklung der Schwannschen Scheide (Markscheide). Unten: Schematische Darstellung einer Nervenzelle (spinales Motoneuron des Frosches) mit einigen seiner zentralen (synaptischen) und peripheren (neuromuskulären) Kontaktstellen. (Aus Katz: Nerv, Muskel und Synapse, 1971)

Kern der
Schwannschen
Zelle
Axon
a
b
c
Synapse
Zellkern
Zellkörper
Synapse
Dendrit
Axonfortsatz
afferente
Nervenendigung
Myelin-
scheide
Quergestreifte
Muskelfaser
motorische
Nervenendigung

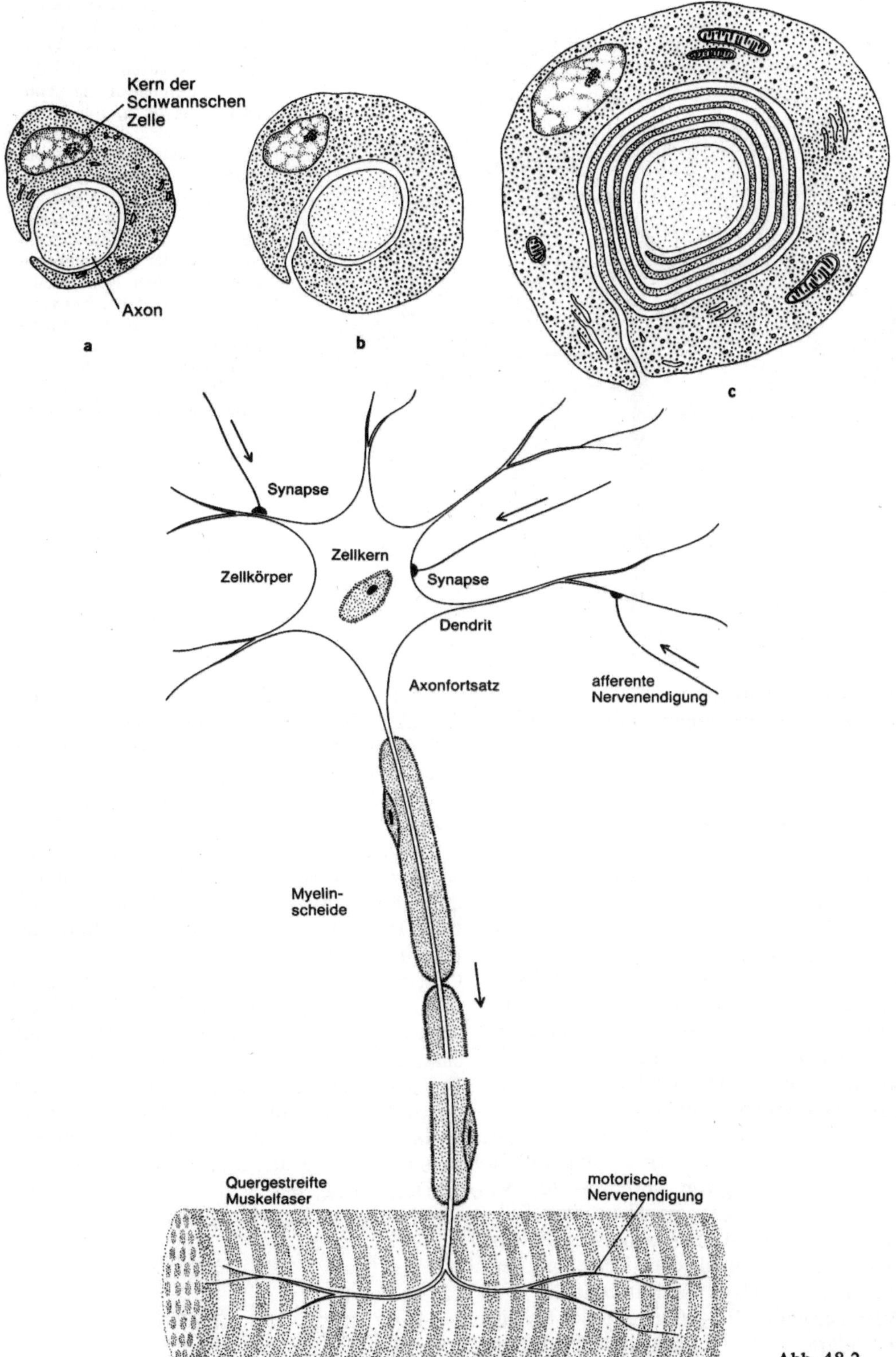

Abb. 48.2

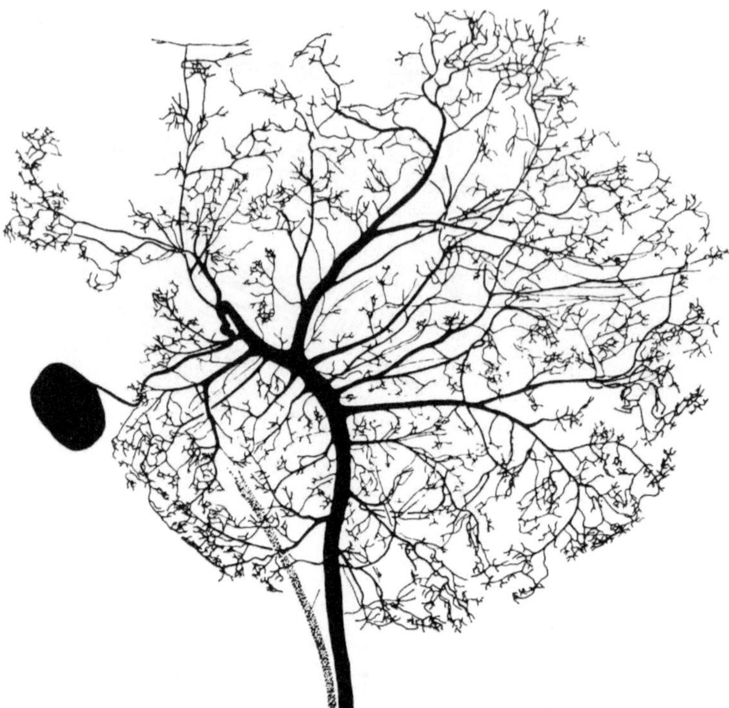

Abb. 48.3. Ein Neuron eines Invertebraten (nach M. Tyer). Dieses Neuron scheint komplexer auszusehen als das Vertebratenneuron in Abb. 48.1. Ursache hierfür ist jedoch die Feststellung, daß es leichter ist, Invertebratenneuronen vollständig abzubilden als die der Vertebraten. 1873 entwickelte Golgi ein spezielles Verfahren zum Nachweis der Verästelungen einer einzelnen Nervenzelle. Man injiziert dabei Natriumdichromat und Osmiumtetroxyd in die Zelle. Es entwickelt sich dabei ein dunkles Präzipitat, welches den gesamten Innenraum der Zelle (incl. der Verästelungen) ausfüllt

Ein solches Potential bezeichnet man auch als Ruhepotential (Ruhespannung). Verändert sich die Stoffwechselaktivität der Zelle, kann das zur Folge haben, daß sich auch die Membraneigenschaften verändern und damit wiederum das Potential (→ Generatorpotential). Neuronen sind erregbar, und sie können diese Erregung entlang des Axons weiterleiten, sobald die Depolarisation der Membran eine bestimmte Schwelle überschritten hat. Es entsteht dabei ein Aktionspotential.

Das Zellinnere enthält vorwiegend K^+, Anionen (A^-), in erster Linie $-COO^-$-Gruppen von Proteinen, Phosphatreste von Nukleotiden u.a., sehr wenig Cl^- und wenig Na^+. Die Umgebung der Zelle, die extrazelluläre Flüssigkeit, enthält vorwiegend Na^+ und Cl^-.

Mißt man die Potentialdifferenz zwischen innen und außen, kommt man zu einem Wert in der Größenordnung von -60 bis -90 mV; d.h. das Zellinnere ist gegenüber dem Zelläußeren elektronegativ. Das gemessene Potential beruht auf einer ungleichen Verteilung der Ionen. In der Regel ist die intrazelluläre K^+-Ionenkonzentration 20–100mal höher als die extrazelluläre, die Na^+-Ionenkonzentration innen 5–15mal und die Cl^--Ionenkonzentration 20–100mal niedriger als außen.

Ursache für die ungleiche Verteilung ist eine Diffusionsschranke für die genannten Ionen, wodurch eine freie Diffusion verhindert wird. K^+-Ionen können die Membran scheinbar ungehindert passieren. Für A^- (Ladungen an großen Molekülen) ist die Membran undurchlässig, ebenso in der Regel auch für Na^+. Der Ionendurchmesser (incl. Hydrathülle) nimmt in der folgenden Reihenfolge zu: K^+, Cl^-, Na^+, A^-. Es scheint somit in der Membran Poren zu geben, durch die K^+ und Cl^- einströmen können, die aber nicht groß genug sind, um die anderen Ionen hindurchzulassen. Das Hinausströmen positiver Ionen (K^+) wird durch das Vorhandensein negativer Ionen im Zellinneren behindert; somit baut sich das bereits erwähnte elektrische Potential auf.

Der Beitrag der K^+-Ionen (E_K) läßt sich durch folgende Beziehung beschreiben:

$$E_K = \frac{R \cdot T}{Z \cdot F} \cdot \ln \frac{K^+_a}{K^+_i}$$

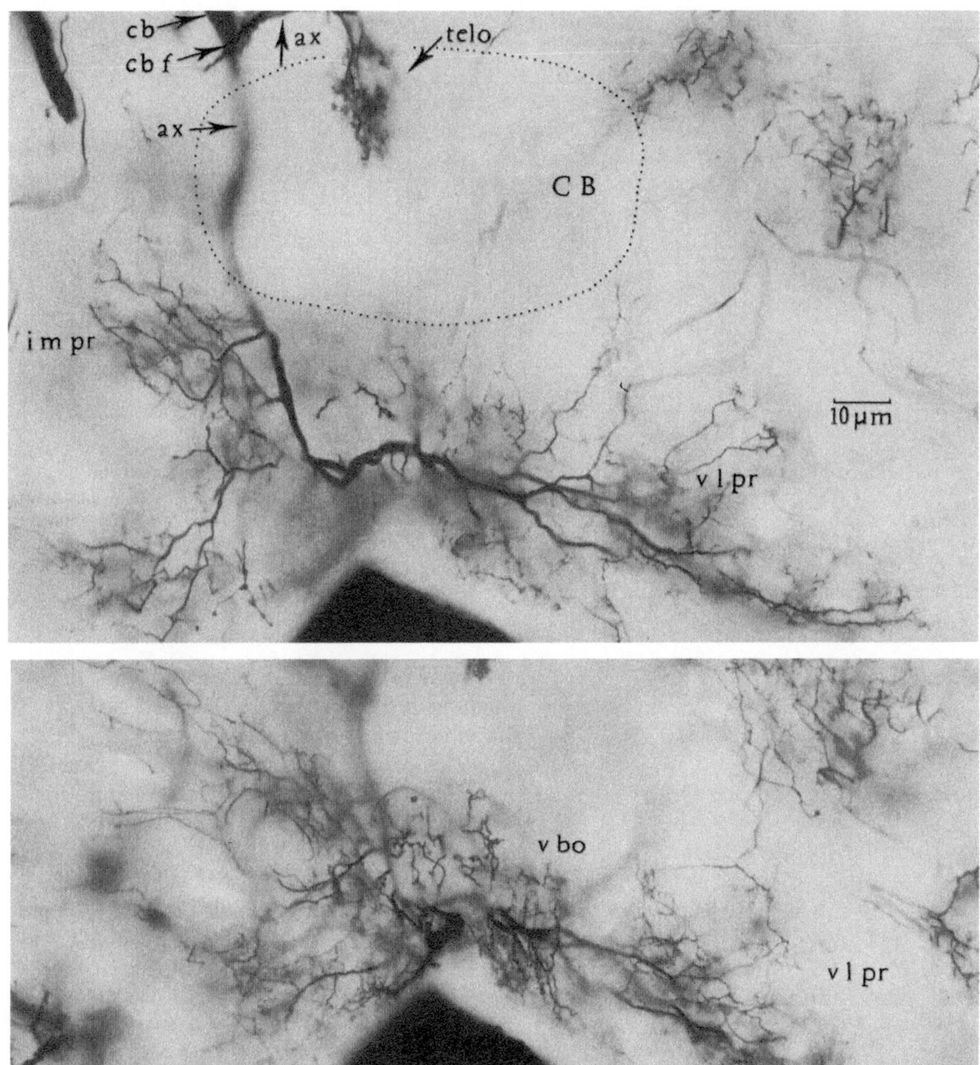

Abb. 48.4. Es ist schwer, ein einzelnes Neuron photographisch darzustellen, selbst wenn man es mit der Golgi-Technik anfärbt (s. Abb. 48.3). Ursache hierfür: die Tiefenschärfe im Mikroskop ist zu gering. Man kann eine komplexe dreidimensionale Struktur nicht in zwei Dimensionen abbilden. Man müßte viele Aufnahmen machen und sie übereinanderstapeln, um einen dreidimensionalen Eindruck zu erhalten. In den hier wiedergegebenen Abbildungen (oben und unten) ist das gleiche Neuron in zwei verschiedenen optischen Ebenen aufgenommen worden. (Aufn. N.J. Strausfeld, European Molecular Biology Laboratory, Heidelberg)

Diese Gleichung ist die Nernstsche Gleichung; in allgemeiner Form geschrieben sieht sie wie folgt aus:

$$E_{Ion} = \frac{R \cdot T}{Z \cdot F} \cdot \ln \frac{[\text{Konz. des Ions}]_{\text{außen}}}{[\text{Konz. des Ions}]_{\text{innen}}}$$

Hierbei sind:

E   das gemessene Potential
R   die Gaskonstante
T   die absolute Temperatur
F   die Faradeykonstante und
Z   die Wertigkeit des Ions.

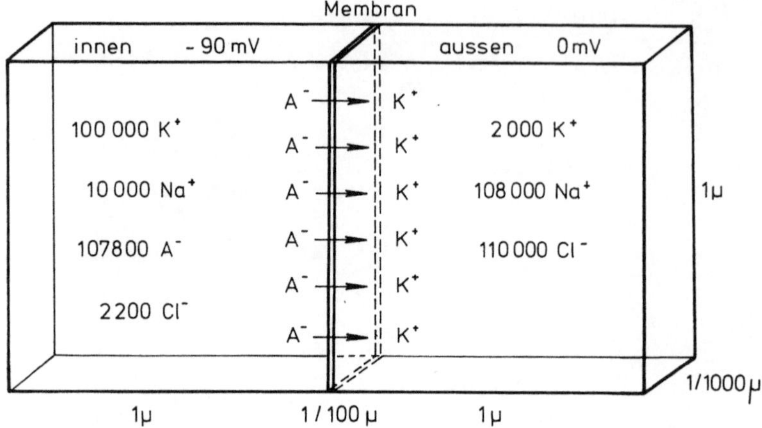

Abb. 48.5. **Membranladung beim Ruhepotential.** Der Aufladung eines kleinen Membranstücks von $1\,\mu$ x $1/1.000\,\mu$ Fläche mit je 6 K^+-Ionen und Anionen wird die Zahl der Ionen in auf beiden Seiten der Membran benachbarten Räumen von je $1\,\mu$ x $1\,\mu$ x $1/1.000\,\mu$ Inhalt gegenübergestellt. A^- bezeichnet intrazelluläre Protein-Anionen. Die Pfeile durch die Membran zeigen an, daß die K^+-Ionen durch die Membran aus der Zelle diffundiert sind, aber durch die Ladung der in der Zelle zurückgebliebenen Protein-Anionen (A^-) auf der Außenseite der Membran fixiert bleiben. (Aus R.F. Schmidt: Grundriß der Neurophysiologie, 1971)

Im Falle des K^+ beträgt

$$E_K = -59\,\text{mV} \cdot \log(K^+_i/K^+_a).$$

Nimmt man an, K^+_i/K^+_a sei 30, dann ist

$$E_K = -59\,\text{mV} \cdot 1{,}48 = -90\,\text{mV}.$$

Den Wert -59 mV erhält man, wenn man die Werte für R, T, Z und F sowie die Umrechnung von ln in log in Betracht zieht; daraus folgt, daß das Ruhepotential vorwiegend durch das K^+-Gleichgewichtspotential bedingt ist.

In geringen Mengen können auch andere Ionen wie Na^+ in die Zelle eindringen. Ein Mechanismus, die Na-K-Pumpe, sorgt unter Energieaufwand dafür, daß die in die Zelle eingedrungenen Na^+-Ionen umgehend nach außen befördert werden (Abb. 48.6).

Bei dem Transport ist ein Trägermolekül (X) beteiligt, welches unter Energieaufwand in Y verwandelt werden kann. Im Zustand Y bindet es Na^+ und transportiert es nach außen. Nach Abgabe des Na^+ an der Membranaußenseite wird das Trägermolekül aus dem Zustand Y in den Zustand X zurückverwandelt. Da beim Herausbefördern von Na^+ das Ruhepotential verändert würde, bewirkt das Herausbefördern des Na^+ ein gleichzeitiges Hereinströmen von K^+. Das Na^+/K^+-Gleichgewicht wird somit gegen den elektrischen Gradienten und gegen den Diffusionsgradienten aufrecht erhalten. Wird eine Nervenzelle gereizt, führt dies

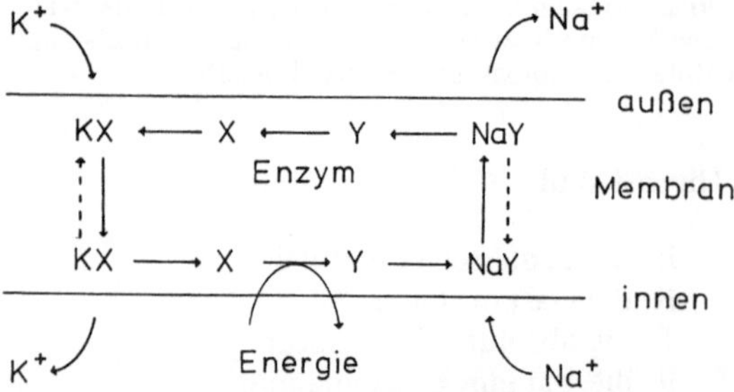

Abb. 48.6. **Schema der Natrium-Kalium-Pumpe.** Transport von Na^+ und K^+ durch die Membran mit Hilfe eines Trägers: $X \to Y$. (Nach Glynn: Progr. Biophys. *8*, 241, 1958)

zu einer vorübergehenden drastischen Permeabilitätsänderung der Membran, so daß die Na-K-Pumpe für den Moment des Impulses wirkungslos ist. Na^+ strömt in die Zelle ein. Wir erhalten eine Depolarisierung der Membran, wodurch ein Aktionspotential (ein Spike) ausgelöst werden kann. In Abb. 48.7 ist das Prinzip der Messung eines Membranpotentials veranschaulicht, in Abb. 48.8 ist die Deutung einzelner Phasen der Depolarisierung beschrieben.

Die erhöhte Permeabilität der Membran dauert nur einige msec, anschließend stellt sich der Anfangszustand wieder her. Die dabei verstreichende Zeit ist die Refraktärzeit. Die Zelle befindet sich in der Refraktärphase. Erst wenn das Aktionspotential wieder unter einen kritischen Wert fällt, also eine Schwelle

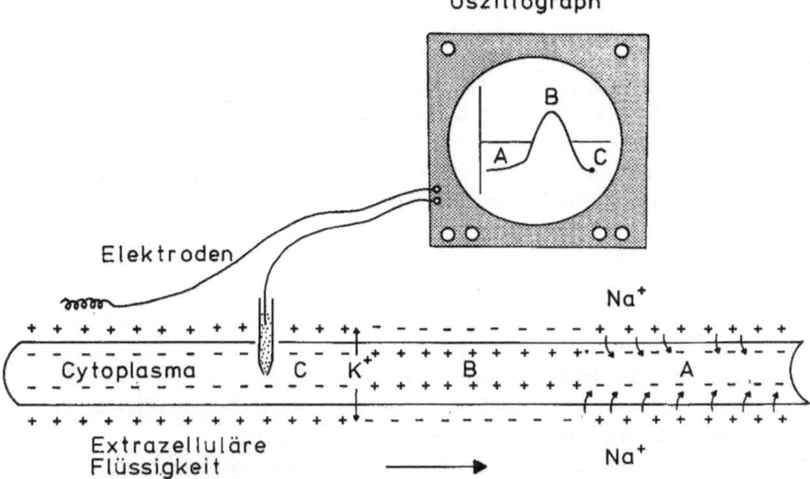

Abb. 48.7. Ein Nervenimpuls. In einem ruhenden Neuron ist die Membran des Axons gegenüber der Umgebung negativ aufgeladen (A); wenn ein Impuls auftritt (B), wird die Membran depolarisiert. Der Austritt von K^+ stellt die ursprüngliche Polarität wieder her (C); Na^+-Ionen werden herausgepumpt, K^+-Ionen können wieder einströmen

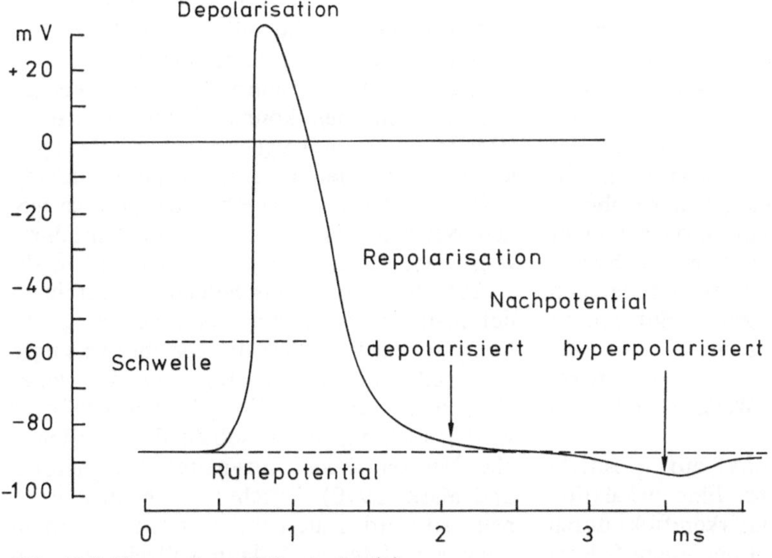

Abb. 48.8. Phasen eines Aktionspotentials

unterschreitet, kann die Zelle erneut gereizt werden.

Die Depolarisierung einer Membran kann bei verschiedenen Zelltypen unterschiedlich sein:

a) zeitlich (vgl. Zeitskala in Abb. 48.8)

b) qualitativ in der Art der Repolarisierung.

Weiterleitung einer Erregung entlang eines Axons; Regeneration eines Axons

Es gibt verschiedene Typen von Stimuli, um den Na^+-Einstrom auszulösen, z.B. bestimmte Chemikalien oder mechanische Deformation der Zelle. Der Reiz muß oberhalb einer bestimmten Schwelle liegen, um eine Depolarisierung (Ladungsumkehr) der Membran zu bewirken. Der Einstrom von Na^+ stimuliert benachbarte Bereiche der Zelle, Na^+ hineinzulassen, somit breitet sich der Impuls entlang der Zelloberfläche aus. Der Zusammenbruch des Potentials entlang des Axons kann nicht ungehindert ablaufen, da es ja von den lipidhaltigen Schwannschen Zellen umgeben ist. Lediglich an den Ranvierschen Schnürringen kann ein Ionenaustausch zwischen Innen und Außen erfolgen. Das bei dem Impuls an einem Schnürring entstehende elektrische Feld erzeugt am nächsten Schnürring den Zusammenbruch des Ruhepotentials. Das Potential bricht nur am folgenden, nicht am vorangegangenen Ring zusammen, da das vorangegangene sich gerade im Refraktärstadium befindet. Hieraus ergibt sich eine gerichtete Leitung der Erregung. Da die Erregung nicht kontinuierlich entlang der Membran weitergeleitet wird, sondern sprunghaft, spricht man von saltatorischer Erregungsleitung. Durch diese saltatorische Erregung wird stets ein Impuls gleicher Höhe erzeugt, das bedeutet, daß ein Axon aus einer Reihe hintereinandergeschalteter Selbstverstärker besteht. Im Gegensatz zu den Metallen sind Zellinhaltsstoffe und gelöste Substanzen sehr schlechte Leiter mit einem hohen Eigenwiderstand. Erst die Verstärkung unterwegs ermöglicht eine verlustlose Weitergabe des Impulses.

Selbstverstärkung beruht auf positiver Rückkopplung des Systems. Eine Eskalation tritt nicht auf, weil der Verstärkereffekt durch den hohen Eigenwiderstand bei jedem Schritt so stark abgeschwächt wird, daß der Impuls stets auf gleicher Höhe bleibt.

Neuronen reagieren nach dem Alles- oder Nichts-Gesetz. Entweder wird die Erregungsschwelle überschritten, die Nervenzelle reagiert in voller Stärke ($\rightarrow$ Amplitude der Depolarisierung), oder sie wird nicht erreicht und die Nervenzelle nicht stimuliert. In einem metallischen Leiter breitet sich der Strom mit Lichtgeschwindigkeit aus, in einer Nervenzelle ist die Impulsausbreitung wesentlich langsamer, da wir es ja mit einer relativ komplexen elektrochemischen Reaktion zu tun haben.

Oft leitet man ein Membranpotential nicht von einer Einzelzelle, sondern von einem Bündel von Neuronenfortsätzen (einem Nerven) ab. Trägt man die Reaktion eines Nerven gegen die Reizstärke (Reizintensität) auf, erhält man eine Sättigungskurve, was darauf zurückzuführen ist, daß die Neuronen in einer Nervenfaser unterschiedlich hohe Reizschwellen haben. Sind auch die Zellen mit den höchsten Reizschwellen stimuliert, ist keine weitere Steigerung des Potentials mehr möglich. Ein Potential, das man von vielen Zellen ableitet, nennt man ein Summenpotential.

In einer Nervenzelle wird Information nur in Form der Frequenz von Spikes verschlüsselt und weitergegeben. Den konstanten Ablauf von Depolarisierung und Repolarisierung der Zellmembran, der auftritt, sobald die Membran über das Schwellenpotential hinaus depolarisiert wird, nennt man Aktionspotential.

Neuronen sind hochdifferenzierte Zellen, die nicht mehr teilungsfähig sind. Ein defektes oder abgestorbenes Neuron kann nicht ersetzt werden. Neuronen können jedoch Fortsätze (Dendriten, Axone) regenerieren. Hierbei spielen die Gliazellen eine nicht unbedeutende Rolle. Es ist jedoch zwischen peripher gelegenen Neuronen und Neuronen im Zentralnervensystem (Rückenmark und Gehirn: ZNS, s. Abb. 50.5) zu unterscheiden. Durchschneidet man das Axon eines peripher gelegenen Neurons und innerviert die von ihm versorgte Zelle (z.B. eine Muskelzelle) durch ein zweites Neuron, so wird ein Kontakt hergestellt, er wird jedoch stillgelegt, sobald das ursprüngliche Neuron wieder regeneriert ist (Marotte und Mark, 1970). Durchschneidet man es erneut, so werden die bei der ersten Durchtrennung gebildeten und dann stillgelegten Ver-

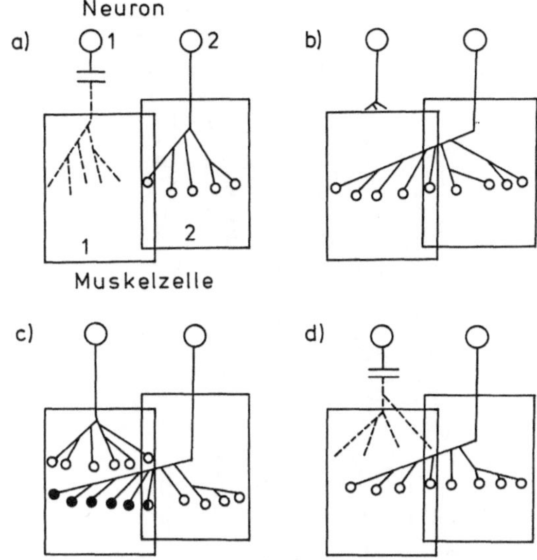

Abb. 48.9 a–d. Wiederherstellung des ursprünglichen Zustands nach Durchtrennen eines Axons. (a) Durchtrennen des Axons eines Nervs. (b) Innervation der Muskelzelle durch ein benachbartes Neuron. (c) Regeneration des ursprünglichen, Inaktivierung der „falschen" Synapsen. (d) Erneute Durchtrennung, Reaktivierung der stillgelegten Synapsen

knüpfungen wieder aktiviert (Abb. 48.9) (Cass, Sutton und Mark, 1973). Wird eine Zelle von zwei funktionell verschiedenen Gruppen (Sätzen) von Neuronen versorgt, und gehen einzelne Neuronen des einen Satzes verloren, so werden die ausgefallenen durch die verbliebenen Neuronen ersetzt.

Während im peripheren Nervensystem eine effiziente Regeneration des vorher vorhandenen Schaltplans erfolgt, trifft das für die Neuronen im ZNS der *Mammalia* nicht zu. Die Neuronen bilden zwar auch dort neue Axons, jedoch können sie die alte Bahn nicht „wiederfinden", so daß ursprünglich bestehende Kontakte nicht wiederhergestellt werden können.

Das hier erwähnte unterschiedliche Regenerationsvermögen ist Medizinern seit langem geläufig. Kleine Wunden verheilen, ohne Spuren zu hinterlassen. Eine Verletzung des Rükkenmarks führt zu irreversibler Lähmung derjenigen Körperteile, die durch die beschädigten Nervenfasern versorgt werden.

Die Anzahl der Neuronen beträgt beim Menschen 12 Milliarden. Neuronen sind sehr anpassungsfähig. Es gibt welche, die durch ein Signal aktiviert werden können, andere, bei denen tausende von Signalen zur Aktivierung erforderlich sind.

Cragg fand 1966, daß ein cm^3 neuronales Gewebe bei den *Mammalia* 10^{12} Synapsen enthalten kann. Eine Zelle kann durch 50.000 Synapsen innerviert sein. Neuronen wirken integrierend, aber wie kann eine Zelle mit 50.000 inputs und 50.000 outputs überhaupt arbeiten?

Es gibt Neuronen, die eine Erregung sofort weitergeben und auch solche, die sie eine be-

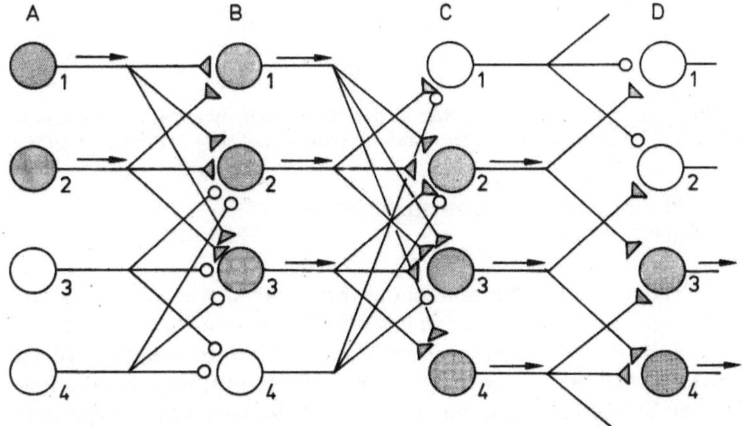

Abb. 48.10. Modell eines stark schematisierten Neuronennetzwerkes, um den einfachsten Fall der Fortleitung einer Erregung entlang eines vielbahnigen Weges zu erklären. Die Verbindungen der 12 Zellen in den Gruppen *A, B* und *C* sind angedeutet. Zellen, die Impulse aussenden (Pfeile) sind dunkel gezeichnet, Zellen im Ruhezustand hell. Es wird die Annahme gemacht, daß eine Zelle erregt wird und einen Impuls aussendet, wenn sie durch zwei oder mehr Synapsen stimuliert wird. (Nach J.C. Eccles, 1976)

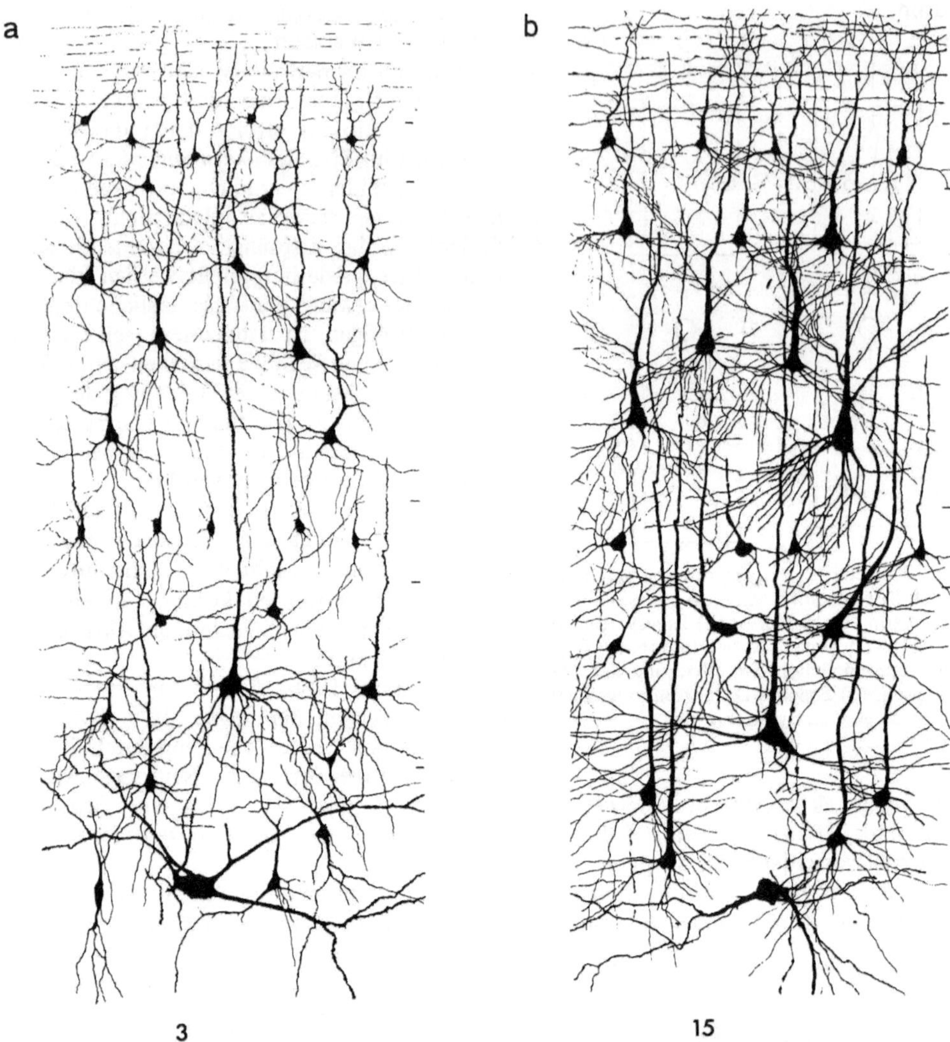

Abb. 48.11 a–c. Ausbildung von Neuronenverknüpfungen während der Individualentwicklung. Die Abbildungen zeigen Neuronennetzwerke von 3, 15 und 24 Monate alten Kindern. (Aus Conel, 1947, 1955 und 1959)

stimmte Zeit aufbewahren und erst zu einem viel späteren Zeitpunkt „auf Anfrage" weitergeben.

Neuronen arbeiten nach einem genormten Informationscode (Abfolge = Frequenz von Spikes). Ein Neuron stellt durch seinen eigenen Stoffwechsel Energie zur Verfügung. Diese wird u.a. dazu gebraucht, den Selbstverstärkereffekt bei der Erregungsleitung aufrecht zu erhalten. Es ist zudem möglich, *ein* Eingangssignal an eine große Zahl von Zellen weiter zu vermitteln. Auch dieser Multiplikationseffekt kostet natürlich Energie.

Neuronennetzwerke

Neuronennetzwerke haben wir bereits im Zusammenhang mit der Auswertung von Lichtsinnesreizen kennengelernt. In den Abb. 48.10 und 48.11 sollen daher nur noch zusammenfassend mögliche Schaltelemente vorgestellt werden.

Neuronen können auch auf sich selbst einwirken. Es entsteht dabei ein Regelkreis, wobei ein Impuls abgeschwächt oder verstärkt werden kann.

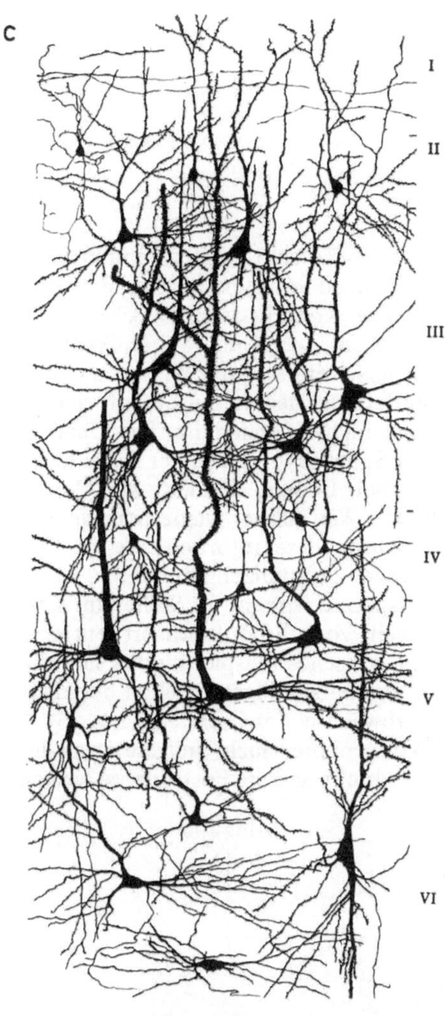

Abb. 48.11c

Literatur

Bullock, T.H.: Comparisons between Vertebrates and Invertebrates in nervous organization. In: The Neurosciences. F.O. Schmitt, F.C. Worden (eds.). 3rd study program. Cambridge, Mass.: The MIT press 1974.

Eccles, J.C.: The plasticity of the mammalian central nervous system with special reference to nerve growth in response to lesions. Naturwissenschaften **63**, 8 (1976).

Hanström , B.: Vergleichende Anatomie des Nervensystems der wirbellosen Tiere (1928). Nachdruck: Amsterdam: A. Asher und Co. 1968.

Katz, B.: Nerv, Muskel und Synapse. Dt. Übersetzung: F.W. Bentrup und R. Hengstenberg. Stuttgart: Thieme 1971.

Kuffler, S.W., J.G. Nicholls: From Neuron to Brain. Sunderland/Mass.: Sinauer Ass. Inc. Publishers 1976.

Mark, R.: Memory and Nerv Cell Connections. Oxford: Clarendon Press 1974.

Schmidt, R.F. (Hrsg.): Grundriß der Neurophysiologie. Heidelberger Taschenbücher, Bd. 96. Berlin—Heidelberg—New York: Springer 1972.

49. Synapsen

Im letzten Kapitel haben wir besprochen, wie sich eine Erregung entlang eines Axons ausbreiten kann. Damit stellt sich die Frage, was geschieht, wenn sie am Ende des Axons angelangt ist. An den Enden befinden sich die Synapsen, die wie folgt aufgebaut sind (s. Abb. 49.1).

Die Kontaktstelle wird als Präsynapse oder präsynaptische Endigung bezeichnet. Der Bereich der Zelle, mit dem die Synapse in Kontakt tritt, heißt Postsynapse. Der Bereich genau unterhalb der Präsynapse ist der subsynaptische Bereich. Er ist stark gefaltet, so daß wir eine Vergrößerung der Membranoberfläche an der Kontaktstelle erhalten. Zwischen Prä- und Postsynapse liegt der synaptische Spalt, welcher größenordnungsmäßig 100–200 Å weit ist. Es gibt Fälle, wo Prä- und Postsynapse so eng aneinanderliegen, daß kein Spalt sichtbar

ist. In der Synapse sind elektronenmikroskopisch eine Vielzahl von synaptischen Bläschen erkennbar. Die Kontaktstelle zwischen zwei Zellen, vor allem, wenn ein weiter Spalt dazwischenliegt, ist ein so guter Widerstand, daß eine Weiterleitung des Impulses auf elektrischem Wege nicht möglich ist. Die Übertragung an der Synapse erfolgt in der Regel nicht als elektrischer Impuls, sondern auf chemischem Wege. Wie schon wiederholt gesagt, sind alle Neuronen sekretorische Zellen. Die ausgeschiedenen Substanzen können:

a) als Hormone wirken (an Stellen im Körper, die weit vom Produktionsort entfernt liegen). Ein typisches Beispiel hierfür sind die Hormone, welche auf Pigmentzellen der Haut wirken (Farbwechsel der *Crustaceae* u.a.);

b) sie können aber auch, freigesetzt an der Präsynapse, direkt auf die Postsynapse wirken

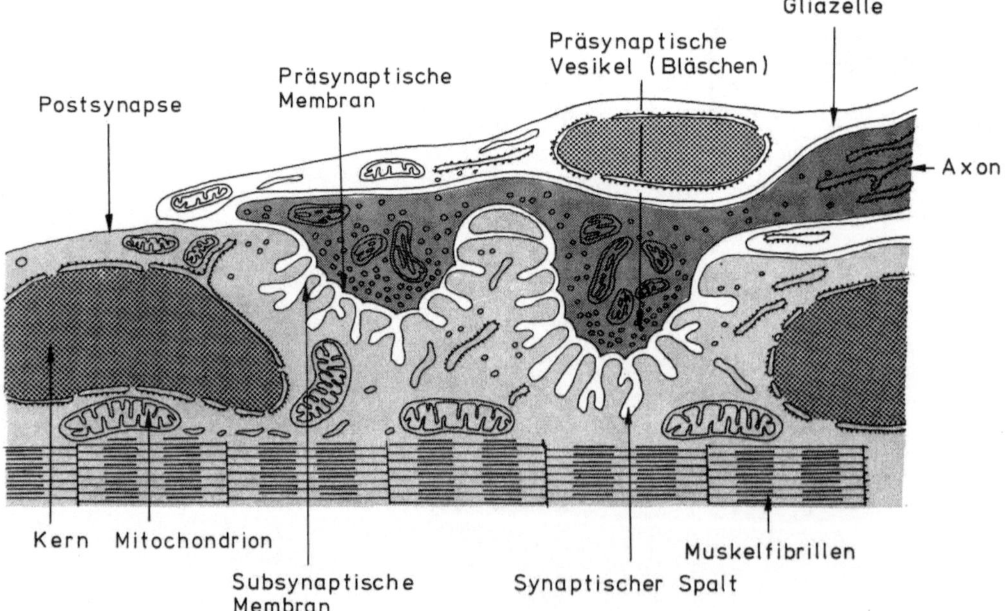

Abb. 49.1. Nerv-Muskel-Synapse. Die Synapse ist in eine Vertiefung der Muskelzelle eingelassen. Die postsynaptische Membran ist stark eingefaltet. (Umgezeichnet und verändert nach Befunden von Robertson, 1952, 1956; Porter und Bonneville)

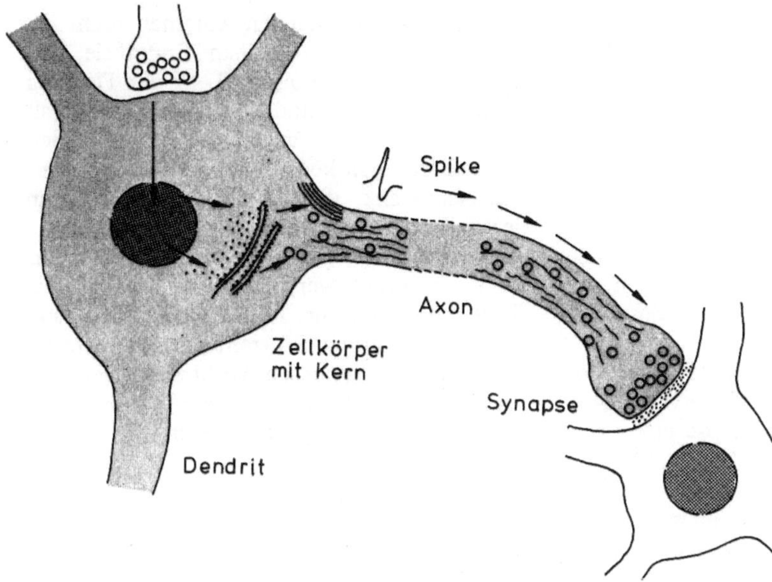

Abb. 49.2. Informationsweitergabe entlang eines Neurons. Man beachte: Ein Aktionspotential entsteht erst an der Wurzel des Axons. Eine an Dendriten ankommende Erregung löst noch kein Aktionspotential aus. Erst nach Verrechnung aller erregenden und hemmenden Einflüsse kann ein solches entstehen

(Nahwirkung statt Fernwirkung; lokaler Effekt). Solche Substanzen nennt man allgemein Neutrotransmitter.

Im einfachsten Fall läßt sich jetzt folgendes Übermittlungsschema zwischen Neuronen darstellen (Abb. 49.2):

1. Entlang des Axons wird eine Erregung auf elektrochemischem Wege weitergeleitet.

2. Der am Axonende ankommende Impuls stimuliert die Freisetzung eines Transmitters in den synaptischen Spalt hinein.

3. Die postsynaptische Membran der Empfängerzelle wird gereizt. Der Reiz (Signal) löst in dieser Zelle eine Aktivität aus:

a) Ist es eine Nervenzelle, so kann sie erregt werden; das Signal wird weitergeleitet.

b) Ist es z.B. eine Muskelzelle, so wird eine Kontraktion ausgelöst.

4. Schließlich, der (Neuro-) Transmitter muß aus dem Spalt wieder entfernt werden, sonst gäbe es eine Dauerreizung an der Postsynapse.

Man kennt eine Reihe verschiedener Neurotransmitter:
— Acetylcholin
— Noradrenalin (= Norepinephrin)
— γ-Aminobuttersäure (GABA)
— Dopamin
— Glutamat
— 5-Hydroxytryptamin (= Serotonin)
— Glycin

Einige davon sind nur bei *Invertebrata*, andere wiederum bei *Invertebrata* und *Vertebrata* gefunden worden. Allen ist gemeinsam, daß es kleine, leicht diffundierende Moleküle sind.

Eine Nervenzelle kann eine zweite Zelle (Empfängerzelle) entweder erregen oder hemmen.

Man hat nachgewiesen, daß Acetylcholin und Noradrenalin sowohl aktivierend (erregend) wie auch inhibierend wirken können. GABA, Glycin u.a. wirken vorwiegend inhibierend, Serotonin und Glutamat erregend. Diese Befunde lassen den Schluß zu, daß der Transmitter selbst nicht bestimmt, ob Erregung oder Hemmung ausgelöst werden. Offenbar muß die Empfängerzelle über Rezeptoren verfügen, die das Signal erkennen und in eine spezifische Reaktion (Erregung oder Hemmung) umwandeln. Dale stellte 1935 die nach ihm benannte Regel auf:

Eine Nervenzelle produziert an allen ihren Synapsen nur einen Typ von Transmitter.

Dale ist übrigens auch der Entdecker des ersten bekannt gewordenen Transmitters, des Acetylcholins.

Ein Neuron kann auf verschiedene Empfängerzellen unterschiedlich wirken. Es kann sowohl aktivierende wie auch inhibierende Stimuli erhalten (Abb. 48.10).

Welcher Transmitter in einem Neuron produziert wird, entscheidet sich während seiner Entwicklung. Es liegt nahe anzunehmen, daß hierbei festgelegte genetische Programme realisiert werden.

Am besten untersucht wurde bisher die neuromuskuläre Endplatte, das ist die Kontaktstelle zwischen einer Synapse eines Neurons und der Zelle eines Skelettmuskels. Wie schon angedeutet, darf der Transmitter nur kurzzeitig im synaptischen Spalt wirken. Das Wiederentfernen kann auf zweierlei Weise erfolgen:

1. Der Transmitter wird chemisch abgebaut.
2. Der Transmitter wird durch Zurückpumpen entfernt.

Für beides sind Beispiele bekannt. Acetylcholin wird durch ein Enzym, die Cholinesterase nach getaner Arbeit in Cholin und Acetat zerlegt (Abb. 49.3). Beide Komponenten werden von der Präsynapse wieder aufgenommen, in der Zelle findet eine Resynthese statt. Das neu gebildete Acetylcholin wird in synaptischen Bläschen gespeichert und bei Bedarf (= beim Eintreffen eines neuen Impulses) wieder freigesetzt. Noradrenalin wird von der Präsynapse direkt wieder aufgenommen.

Transmittersubstanzen kommen nicht nur im Nervensystem vor, man findet sie auch anderswo. Acetylcholin z.B. in der Placenta, Serotonin, Glycin und Glutamat fast überall, Noradrenalin wird auch in der Nebenniere produziert. Man kennt bis heute keine Transmittersubstanz, die ausschließlich in Synapsen vorkommt.

Die Enzyme, die zur Synthese von Transmitter benötigt werden, findet man in allen Teilen des Neurons, im Bereich der Synapse jedoch in erhöhter Konzentration. Whittacker beschrieb in Synapsen vorkommende, sogenannte Synapsosomen, Granula von 300—500 Å Durchmesser, die besonders reich an Enzymen sind.

Freisetzung (Release) von Transmittern

Die Freisetzung erfolgt bei Ankunft eines Impulses (Spike) in Form von „Quanten". Pro Impuls werden 10^{-15} bis 10^{-16} Mol Substanz freigesetzt ($6 \times 10^8 - 6 \times 10^7$ Moleküle), das entspricht dem Inhalt von ca. 300 synaptischen Bläschen. Auch bei Nichterregung (im Ruhezustand) wird — in kleinen Mengen — Transmitter freigesetzt. Das System ist also nicht ganz dicht. Es lassen sich schwache Endplattenpotentiale (Miniaturendplattenpotentiale) nachweisen, die auf spontane Abgabe des Transmitters zurückzuführen sind. Die Menge und Art des freigesetzten Transmitters ist bei verschiedenen Tierarten unterschiedlich.

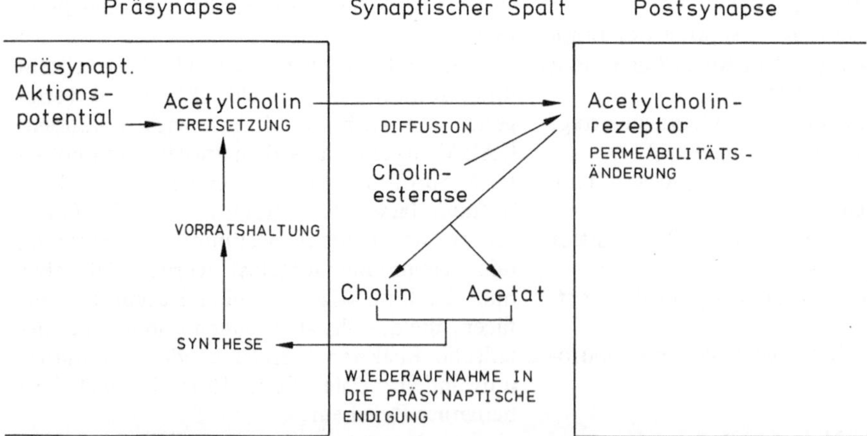

Abb. 49.3. Freisetzung und Wiedergewinnung von Acetylcholin an der Nerv-Muskel-Synapse (= an der neuromuskulären Endplatte)

Handelt es sich hierbei um unterschiedliche Evolutionsstufen? An der Nerv-Muskel-Synapse der *Vertebrata* findet man Acetylcholin, bei den *Crustaceae* Glutamat und bei den *Annelida* Serotonin.

Die Freisetzung von Transmittersubstanzen kann durch Ca^{++}- und Mg^{++}-Ionen beeinflußt werden. Ca^{++} aktiviert, Mg^{++} inhibiert die Acetylcholinfreisetzung. Die Freisetzung von Acetylcholin kann durch Botulin, einem Ausscheidungsprodukt des Bakteriums *Clostridium botulinum*, gehemmt werden. Botulin ist ein schweres Nervengift.

Ob ein Transmitter erregend oder hemmend wirkt, wird durch den postsynaptischen Rezeptor bestimmt. Bei den *Mammalia* kennt man mindestens drei Rezeptortypen für Acetylcholin. Die Rezeptortypen sind dadurch charakterisiert, daß sie durch unterschiedliche Antagonisten hemmbar sind.

Der Rezeptor an der Nerv-Muskel-Verknüpfung wird durch Curare (Pfeilgift der Indianer im Amazonasgebiet) kompetitiv gehemmt. Es ist in seiner Struktur dem Acetylcholin ähnlich, hat jedoch eine wesentlich höhere Affinität zum Rezeptor als das Acetylcholin selbst. Der Hemmeffekt „gehorcht" der Michaelis-Menten-Kinetik. Eine Reihe von schwach hemmenden Substanzen von Neurotransmittern wird in der Klinik für Narkosezwecke eingesetzt.

Parasympatrische Fasern (innervieren glatte Muskeln) werden durch Atropin (Gift der Tollkirsche *Atropa belladonna*) gehemmt. Ein weiterer Typ eines Nervengifts: E 605, es blokkiert die Wirkung der Acetylcholinesterase.

Das Acetylcholin kann somit nicht mehr aus dem synaptischen Spalt entfernt werden, wodurch eine Dauerreizung hervorgerufen wird. Im Muskel kommt es zu einer permanenten Kontraktion, was Krämpfe, Atembeschwerden und schließlich den Tod zur Folge haben kann. Heilmittel: geringe Mengen an Curare. Hieran erkennt man, daß Nervengifte antagonistisch wirken.

Acetylcholinrezeptoren findet man nur in der subsynaptischen Membran. Nicht innervierte (mit Synapsen versorgte) Membranbereiche, etwa einer Muskelzelle, sind frei von Rezeptormolekülen. Die Reaktion zwischen Transmitter und Rezeptor löst eine Strukturveränderung in der Membran aus, was zur Folge hat, daß die Ionenpermeabilität verändert wird. Na^{+}-Ionen können einströmen — und können damit die im letzten Kapitel beschriebenen Vorgänge auslösen.

Nur das Axon mit seinen Verzweigungen, nicht aber die Dendriten, sind an den Enden mit Synapsen versehen. Ein Reiz wird somit in einer Richtung (über Zellgrenzen hinweg) weitergegeben.

Literatur

Katz, B.: Nerv, Muskel und Synapse. Dt. Übers.: F.W. Bentrup und R. Hengstenberg. Stuttgart: Thieme 1971.

Lester, H.A.: The response to acetylcholine. Sci. Am. Februar 1977, S. 107.

50. Organisation des Nervensystems: Koordination, Reflexe, Gehirn

Wir wissen bereits: Neuronen sind stets zu Netzwerken verknüpft, und das Nervensystem hat die Aufgabe der Koordination (Integration) von Körperfunktionen.

In allgemeiner Form läßt sich folgendes Schaltschema wiedergeben:

Sinneseindrücke werden wahrgenommen. Die Erregung wird via Nervenbahn zum Zentralnervensystem (ZNS) geleitet und dort verarbeitet. Die sich hieraus entwickelnden „Mitteilungen" werden an Organe (Muskeln u.a.) weitergegeben.

Nervenfasern, die zum ZNS führen, bezeichnet man als Afferenzen, solche, die davon wegführen, als Efferenzen (= afferente und efferente Nerven) (vgl. Abb. 50.1).

Zu den Aufgaben des Nervensystems gehört auch die Regulation körperinterner Parameter. Größen müssen, auch bei sich ändernder Umwelt, konstant gehalten werden. Die Geschwindigkeit der Erregungsleitung ist außerordentlich hoch, Informationen werden wesentlich schneller verarbeitet als durch das Hormonsystem, jedoch sind hormonell gesteuerte Effekte nachhaltiger (länger andauernd) als die durch das Nervensystem gesteuerten.

Es gibt eine Reihe von Schaltstellen, an denen Nervensystem und Hormonsystem miteinander kooperieren.

Alle tierischen Vielzeller besitzen spezialisierte Zellen (Neuronen), die zu einem Nervensystem verknüpft sind. Ein primitives Nervensystem findet man bei den *Coelenterata*, so z.B. beim Süßwasserpolypen *Hydra*. Es besteht aus diffus verteilten, aber untereinander verknüpften Zellen. Im „Kopfbereich" sind die Neuronen gehäuft.

Im Laufe der Invertebratenentwicklung haben sich Neuronen mehr und mehr in Richtung auf spezifische Komplexe hin organisiert. Anhäufungen von Neuronen bezeichnet man als Ganglien.

Bei den Protostomiern (vgl. Kapitel 65) liegt das Nervensystem *ventral*. Es besteht aus einem oder zwei Strängen von Nervenfasern. Die Stränge sind in regelmäßigen Abständen miteinander verbunden. Die Abstände entsprechen — soweit vorhanden — der Segmentierung der Tiere. Die Querverbindungen sind entweder einfache Stränge, wie etwa bei den *Planaria*, oder Ansammlungen von Neuronen (→ Ganglien).

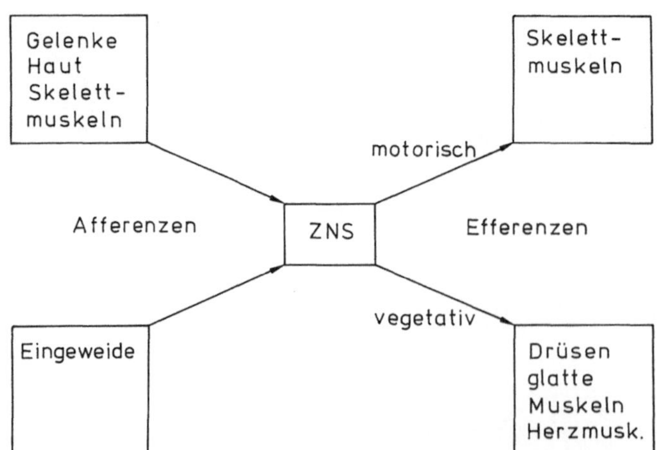

Abb. 50.1. Afferenzen und Efferenzen

Bei den *Vertebrata* liegen die wesentlichen Teile des Nervensystems *dorsal*. Der vordere Teil (*anterior*) entwickelt aus einer Neuronenansammlung das Gehirn. Während der Evolution der *Vertebrata* hat die Komplexität des Gehirns kontinuierlich zugenommen (vgl. Abb. 50.2). Man unterscheidet zwischen folgenden anatomisch und funktionell verschiedenen Teilen:
— Rückenmark
— *Medulla oblongata* (Anschluß des Rückenmarks
— Brückenhirn (*Pons*)
— Kleinhirn (*Cerebellum*)
— Zwischenhirn
— Mittelhirn
— Großhirn (Vorderhirn, *Cerebrum*)

Im Gehirn werden Außenreize verarbeitet (s. hierzu Kapitel 46). Sinneseindrücke sind Modelle der tatsächlichen Umwelt im Gehirn. Damit ist die Frage berechtigt, ob das, was man wahrnimmt, nicht ein Trugbild und möglicherweise die Konstruktion abartiger Schaltungen im Gehirn ist. Die wahrscheinlichste Antwort hierauf lautet: nein. Die Wahrnehmungen müssen die Umwelt möglichst real wiedergeben, denn sonst hätten die Organismen in dieser Umwelt kaum überleben und eine Evolution durchmachen können.

Der Organismus kommuniziert mit seiner Umwelt über sein sogenanntes somatisches Nervensystem. Die Prozesse im somatischen Nervensystem unterliegen größtenteils dem Bewußtsein und der willkürlichen Kontrolle. Das somatische Nervensystem innerviert die Skelettmuskeln, die Haut und viele andere Körperteile. Dem steht das vegetative Nervensystem gegenüber. Es innerviert die glatte Muskulatur aller Organe und Organsysteme, das Herz und die Drüsen. Es regelt die lebenswichtigen Funktionen der Atmung, des Kreislaufs, der Verdauung, des Stoffwechsels, der Sekretion, der Körpertemperatur und der Fortpflanzung und stimmt sie aufeinander ab. Das vegetative Nervensystem unterliegt nicht der direkten Willenskontrolle, man nennt es auch autonomes oder unwillkürliches Nervensystem.

Reflexe und Reflexbogen

Kurzschaltung unter Ausschluß der Kontrolle des Gehirns. Die Koordination erfolgt auf „unterer Ebene" im Rückenmark. Eine Schaltung, wie sie in Abb. 50.3 angedeutet ist, wird auch als Reflexbogen bezeichnet. Im einfachsten Fall kann sie aus nur zwei Neuronen

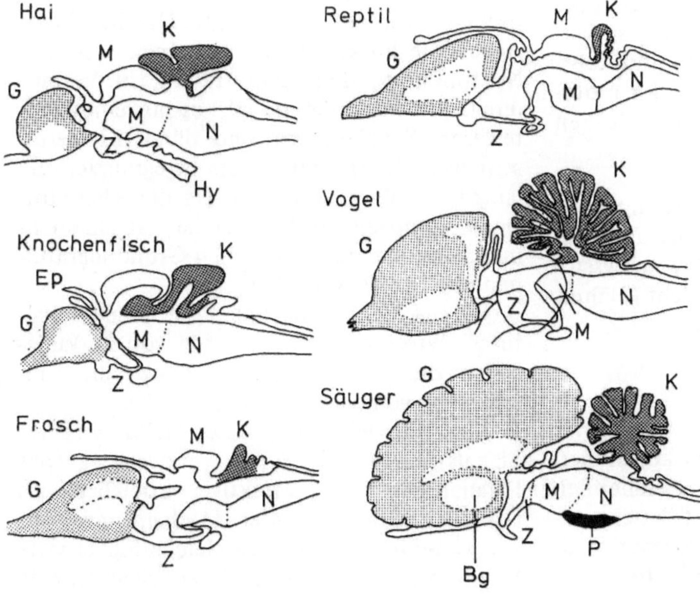

Abb. 50.2. Gehirne von Wirbeltieren. *Bg* Basalganglien, *Ep* Epiphyse, *K* Kleinhirn, *Hy* Hypophyse, *M* Mittelhirn, *N* Nachhirn, *P* Brückenhirn: Pons (Verbindungsfasern der Kleinhirnhälften), *G* Großhirn (Vorderhirn), *Z* Zwischenhirn. (Nach A. Kühn: Grundriß der Allgemeinen Zoologie)

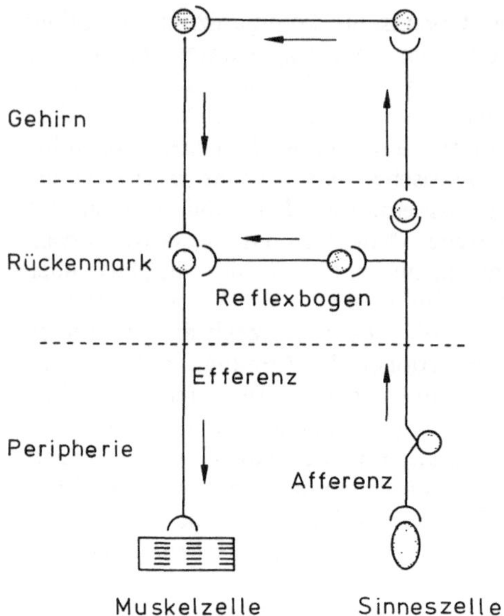

Abb. 50.3. Schema eines einfachen Reflexbogens

bestehen, in der Regel sind jedoch weit mehr Neuronen daran beteiligt.

Organisation und Funktion des Gehirns
(vgl. Schaltschema Abb. 50.4)

1. Kleinhirn: Es liegt am strategischen Kreuzungspunkt zwischen aufsteigenden und von oben absteigenden Bahnen. Es können dort keine willkürlichen Bewegungen ausgelöst werden, jedoch kann es modifizierend und koordinierend in Reflexverknüpfungen des motorischen Systems eingreifen. Zu den Aufgaben gehören:
— Erhaltung des Gleichgewichts
— zeitliche Koordination von Bewegungen
— Tonusverteilungen in der Muskulatur.

Bei Ausfall treten schwere Bewegungsstörungen auf, obwohl die Muskeln nicht gelähmt sind.

Das Kleinhirn als Uhr

Ein Schnitt durch das Kleinhirn von *Vertebrata* zeigt, daß der Aufbau einer kontinuierlichen, manchmal reich gefalteten, einheitlich gebauten Platte ähnelt. Sie ist stets an ein umfangreiches Faserbündel angeschlossen, welches die Platte auf ihrer ganzen Breite in beiden

Richtungen mit anderen Gehirnteilen verbindet. Das Schema der Anordnung der verschiedenen Neuronentypen zeigt ein einfaches, regelmäßig wiederkehrendes Muster. Fasern, die den Ausgang des Kleinhirns darstellen und Signale anderswohin transportieren, stammen von nur einem Neuronentyp, den Purkinjezellen. Die Dendriten dieser Zellen liegen alle in einer Ebene. Beim Menschen gibt es 15 Millionen solcher Zellen, die plattenförmig nebeneinander gestapelt sind.

Die Purkinjezellen sind von einem dichten Faserfilz umgeben. Dieser „Filz" besteht vorwiegend aus Fasern, die senkrecht zur Fläche der Purkinjezellen stehen (Abb. 50.5). Man nennt diese Fasern Parallelfasern. Beim Frosch z.B. reicht eine Parallelfaser von einem Ende des Kleinhirns zum anderen. Beim Menschen sind sie in allen möglichen Lagen gegeneinander versetzt. Die Parallelfasern sind Fortsätze der sogenannten Körnerzellen, von denen es beim Menschen $10^{10} - 10^{11}$ geben soll. Manche Autoren geben diesen Zahlenwert als Gesamtzahl aller Neuronen des Menschen an (also: Vorsicht!).

Jede Parallelfaser fädelt einige hundert Purkinjezellen der Reihe nach auf. Aus der Länge der Fasern und aus den relativen Zahlen der beiden Neuronenpopulationen (Körnerzellen und Purkinjezellen) kann man abschätzen, daß jede Purkinjezelle von 200.000 Parallelfasern durchwachsen ist und mit vielen einen synaptischen Kontakt aufnimmt. Darüberhinaus stehen die Purkinjezellen mit einem weiteren Neuronentyp, den Kletterfasern, in Verbindung. Pro Purkinjezelle gibt es nur eine Kletterfaser. Parallelfasern sind dünn, Kletterfasern dick. In ersteren ist die Erregungsleitung langsamer als in letzteren. Da die Kleinhirnrinde homogen strukturiert ist, ist anzunehmen, daß überall die gleichen Grundoperationen durchgeführt werden.

Welche Bedeutung hat diese Parallelschaltung? Wozu erhalten tausende von Purkinjezellen die gleiche Meldung? Wozu die Umschaltung von einem auf viele Kanäle?

Eine Vervielfachung einer Meldung (eines Signals) ließe sich durch Verzweigung (der Parallelfasern) viel effektiver erreichen; im Großhirn kommt dieser Mechanismus vor. Im Kleinhirn erreicht das gleiche Signal viele Purkinjezellen, aber nicht alle zur gleichen Zeit.

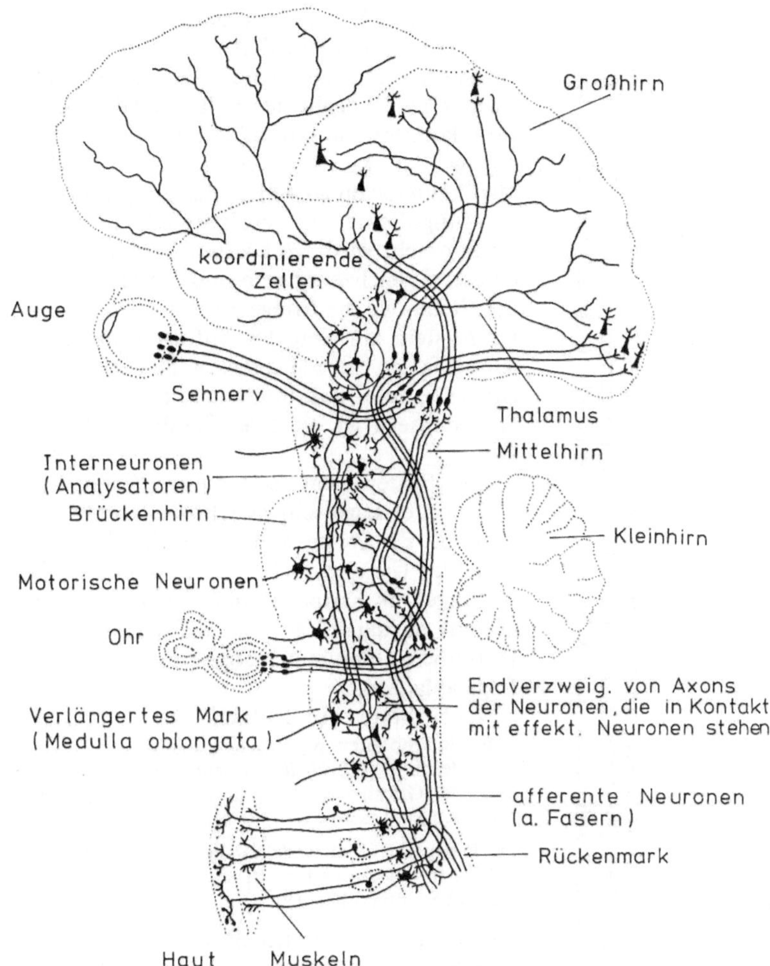

Abb. 50.4. Verschaltung von Neuronen im ZNS auf dem Weg zum Gehirn. (Nach G.I. Poljakow, 1971)

Die Laufzeit der Impulse in der Parallelfaser ist um so länger, je weiter die Purkinjezellen vom Ausgangsort des Impulses entfernt sind. Überschlagsmäßig können hierbei zeitliche Unterschiede der Verzögerung in Größenordnungen von Millisekunden liegen. Aus diesen neuroanatomischen Beobachtungen schlossen Braitenberg und Onesto 1960 und Braitenberg (Tübingen, 1967), daß es sich hier um einen Zeitmesser handelt.

Dabei würde den Kletterfasern, die von außerhalb des Kleinhirns kommen, die Aufgabe zufallen, die Purkinjezellen zu stellen. Zwei Alternativen sind denkbar:

a) Die Uhr als Wecker: Man stellt einen zukünftigen Zeitpunkt ein, zu dem man ein Sig-nal erhalten möchte. Man markiert die Uhr an einem Ort, an dem, wenn der Zeiger dahingelangt ist, ein Signal ausgelöst wird. Das Markieren eines Ortes (= einer Purkinjezelle) in der Kleinhirnrinde könnte so aussehen, daß die Kletterfasern die Purkinjezelle aktivieren und daß ein über die Parallelfasern verzögert eintreffendes Signal an jener Stelle veränderte Bedingungen vorfinden würde.

b) Die Uhr als Stoppuhr: Man läßt sie zu einer bestimmten Zeit anlaufen und gibt nach einem bestimmten Zeitintervall ein zweites Signal, welches die Uhr zum Abstoppen bringt. Gemessen wird die Zeit zwischen den beiden Signalen oder die Entfernung, die der Zeiger in der betreffenden Zeit zurückgelegt hat.

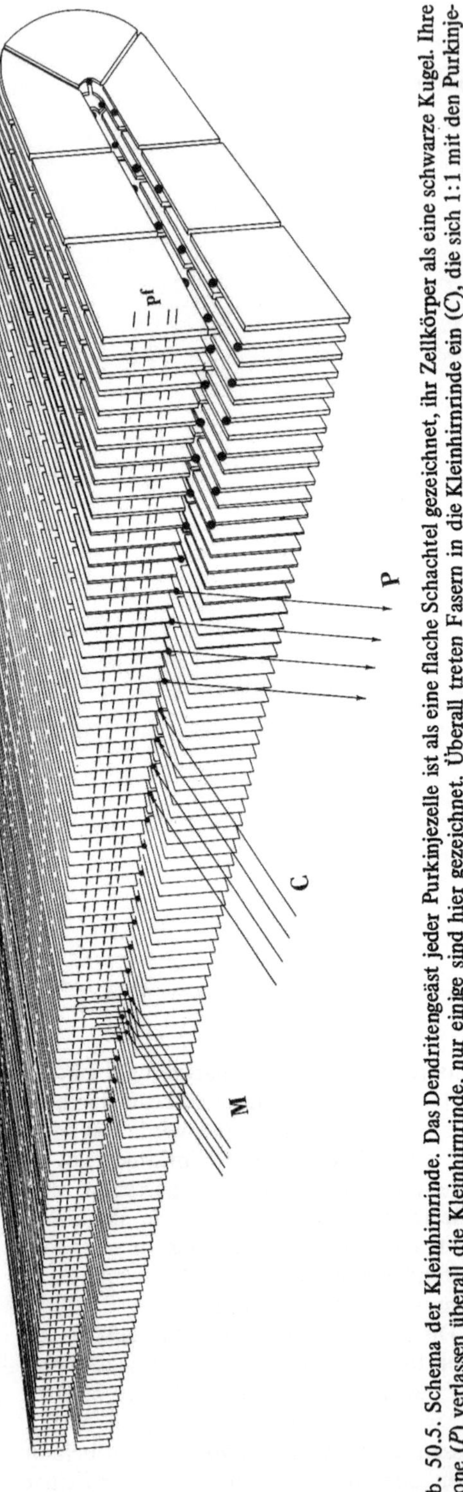

Abb. 50.5. Schema der Kleinhirnrinde. Das Dendritengeäst jeder Purkinjezelle ist als eine flache Schachtel gezeichnet, ihr Zellkörper als eine schwarze Kugel. Ihre Axone (P) verlassen überall die Kleinhirnrinde, nur einige sind hier gezeichnet. Überall treten Fasern in die Kleinhirnrinde ein (C), die sich 1:1 mit den Purkinjezellen verbinden. Andere Eingangsfasern (M), die auch überall in die Kleinhirnrinde eintreten, erreichen die Purkinjezellen über die Körnerzellen und ihre langen Axone, die Parallelfasern (pf). (Aus V. Braitenberg, 1973)

Im Fall b) hat man ein Zeitintervall als Vorgabe. Gibt man diese Zeit ein, kann man eine Transformation auf eine Strecke erwarten. Nach einer Eingabe über das Parallelfasersystem könnten die Purkinjezellen über eine Erregung der Kletterfasern abgefragt werden. Man kann davon ausgehen, daß eine bestimmte Erregungsdichte im Purkinjezellsystem nur dort erreicht wird, wo Kletterfasern und Parallelfasern gleichzeitig erregend wirken, also an der Stelle, wo die Erregungswellen im Parallelfasersystem zur Zeit des Abfragens durch die Kletterfasern gerade angekommen sind. Der Abstand dieser Purkinjezelle zum Eingang der Parallelfasern ist ein Maß für die verflossene Zeit.

Ein System, das Zeit messen kann, muß auch in der Lage sein, synchrone Vorgänge zu steuern. Es ist bekannt, daß das Kleinhirn auch das Gleichgewicht und koordinierte Bewegungen im Körper steuert. In beiden Fällen kommt es darauf an, daß Körperfunktionen in zeitlich aufeinander abgestimmter Reihenfolge ablaufen.

Zwei Zitate zum Schluß:

„Mit den höheren psychischen Fähigkeiten scheint das Kleinhirn (*Cerebellum*) sehr wenig zu tun zu haben". (Griesinger, 1861, und seither nicht widersprochen.)

„It is generally believed that in some way the cerebellum functions as a type of computer ...". (Eccles, Ito und Szentagothai, 1967)

Wer mehr über das Kleinhirn wissen möchte, lese V. Braitenberg: Gehirngespinste, Neuroanatomie für Kybernetisch Interessierte, 1973.

2. Zwischenhirn: Es besteht aus dem *Hypothalamus*, dem *Thalamus* und den Kerngebieten. Im *Hypothalamus* findet die Koordination zwischen motorischen, hormonalen und vegetativen Funktionen statt. Es werden nicht Einzelfunktionen verrechnet, sondern ganze Funktionskomplexe. Bei Ausfall des *Hypothalamus* kommt es zu Veränderungen vegetativer Funktionen. Im *Hypothalamus* lokalisiert sind Felder (Bereiche), die folgende Funktionen steuern:

- Blutdruck
- Pupillenerweiterung (-verengung)
- Schlaf- und Wach-Rhythmus
- Thermoregulation (bei Zerstörung des *Hypothalamus* verliert der Körper die Fähigkeit, seine Temperatur konstant zu halten).

– Nahrungsaufnahme (Appetitzentrum, Sättigungszentrum)
– Flüssigkeitsaufnahme (-abgabe)
– sexuelles Verhalten.

Ein Anhang des *Hypothalamus* ist die *Hypophyse* (Hirnanhangdrüse), ein hormonproduzierendes Organ, welches dem *Hypothalamus* untergeordnet ist. Die hier produzierten Hormone haben Einfluß auf alle hormonproduzierenden Drüsen an der Peripherie des Körpers.

Thalamus: Umschaltstation für fast alle sensorischen Impulse auf dem Weg zur Großhirnrinde. Es ist ein Reflexzentrum für Reflexe höherer Ordnung. Es findet eine Umcodierung einlaufender Erregungen statt.

Bei Ausfall kommt es zu Störungen in der Koordination von Bewegungen und Änderungen im Schmerzcharakter.

Stammganglien: Bei Ausfall kurze ruckartige Muskelkontraktionen, rasche unwillkürliche Bewegungen und Verlegenheitsbewegungen.

Pathologische Erscheinungen:
– *Chorea minor* (jugendlicher Veitstanz) und *Chorea major.* Symptome: ruckartige, unbeabsichtigte Muskelkontraktionen, bei psychischer Belastung verstärkt auftretend, starke Senkung des Muskeltonus (der Muskelspannung).
– Huntingtonsche Krankheit. Symptome: Veränderungen der Motorik, insbesondere Zuckungen, ferner schwere psychische Veränderungen.
– Parkinsonsche Krankheit (Parkinsonismus). Symptome: Erhöhung des Muskeltonus, wirkt einer passiven Bewegung entgegen, Tremor (Zittern) der Hände, Fehlen von Mitbewegungen, z.B. des mimischen Ausdrucks bei Lachen und Weinen, so daß das Gesicht eine maskenartige Starre erhält. Die Krankheit kann sich als Spätfolge einer Gehirnentzündung (*Encephalitis*) entwickeln.
– Psychische Störungen, Mangel an Antrieb, Drang- und Triebhandlungen.

3. Großhirn: Transformation von Erregungen in Gefühle und Wahrnehmungen sowie von Handlungsentwürfen in Erregungen
– Lernen, Denken, Gedächtnis (s. Kapitel 51 –53)
– Abstraktionen.

Auch im Großhirn kennt man eine Reihe von Feldern. Auf der Großhirnrinde können folgende Felder ausgemacht werden:

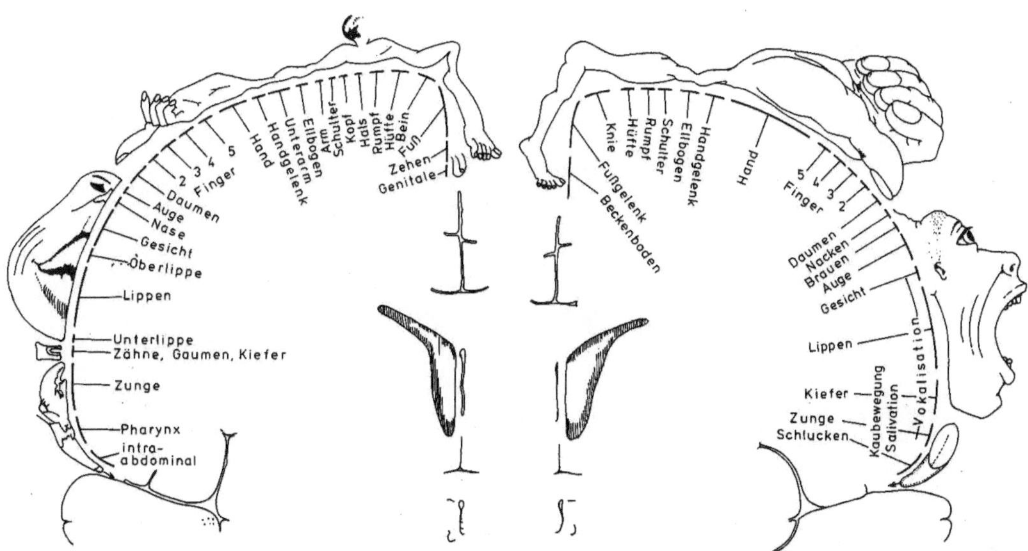

Abb. 50.6. Sensorische (links) und motorische (rechts) Repräsentation des Körpers in einem Bereich der Großhirnrinde (Cortex) des Menschen. Der Bereich heißt: *Gyrus praecentralis.* Die Darstellung erfolgt als Projektion auf eine Ebene. Die Zeichnung soll die Größenverhältnisse der Repräsentation einzelner Gebiete veranschaulichen (*sensomotorischer Homunculus*). Die Abbildung zeigt das Gehirn im Querschnitt. (Nach Penfield und Rasmussen, 1950)

- optische Projektionsfelder (visuelle Cortex)
  (s. hierzu auch S. 323)
- akustische Projektionsfelder
- olfaktorische Projektionsfelder
- Assoziationsfelder (Sprachzentren)
- Großhirnfelder des vegetativen Nervensystems (Limbischer Cortex; Emotionen, Motivationen).

Sensorische und motorische Representation des Körpers auf der Großhirnrinde s. Abb. 50.6. Weitere Einzelheiten im Kapitel 52.

Literatur

Braitenberg, V.: Gehirngespinste. Neuroanatomie für kybernetisch Interessierte. Berlin–Heidelberg–New York: Springer 1973.

Florey, E.: Lehrbuch der Tierphysiologie. Stuttgart: Thieme 1970.

Kemali, M., Braitenberg, V.: Atlas of the Frog's Brain. Berlin–Heidelberg–New York: Springer 1969.

Poljakow, G.I.: Über die Prinzipien der neuronalen Organisation des Gehirns. Berlin: Akademie-Verlag 1971.

Strausfeld, N.J.: Atlas of an Insect Brain. Berlin–Heidelberg–New York: Springer 1976.

51. Lernen

Lernen ist eine spezielle, komplexe Form einer Nachrichtenverarbeitung, von der man allgemein immer dann spricht, wenn man von etwas Kenntnis genommen hat, was man vorher nicht wußte.

Humphrey (1933) und Ashby (1952) betonen, daß zum Begriff des Lernens gehöre, daß das Erlernte auch nützlich sei. Auf dieser Annahme beruhen viele der modernen Lerntheorien.

„Wenn Tiere und Kinder lernen, ändert sich nicht nur ihr Verhalten, sondern es ändert sich auch zum Besseren, nämlich so, daß es ihrer Umwelt besser angepaßt ist" (Ashby).

Ein weiteres wichtiges Merkmal, welches nahezu allen Lerntheorien gemeinsam ist, ist die Feststellung, daß jedes lernende System eine umfangreiche Reizflut aus der Umwelt aufnimmt, daß aber nicht alles Aufgenommene zum Lernen beiträgt. Es wird unter einer Vielfalt von Impulsen ausgewählt.

W.H. Thorne definiert Lernen wie folgt:

„Wir können Lernen als denjenigen Prozeß definieren, der sich selbst durch adaptive Änderung des individuellen Verhaltens als Ergebnis der Erfahrung manifestiert, wobei unter „adaptiver Veränderung" eine Änderung verstanden wird, die sich über eine längere Lebensstrecke als „ökonomisch" erweist".

N. Wieners Definition lautet:

„Lernen ist seinem Wesen nach eine Form von Rückkopplung, bei der das Verhaltensschema durch die vorangegangene Erfahrung abgewandelt wird."

Es gibt eine Fülle von Beobachtungen und verhaltensphysiologischen Untersuchungen an einer Reihe von Tieren aller systematischen Klassen, durch die nachgewiesen worden ist, daß Tiere lernen können. Je nach Organisationshöhe zeigen sie jedoch fundamentale Unterschiede in der Art, was sie lernen können, wie schnell sie lernen können und wielange sie das Gelernte behalten.

Entscheidend zum Verständnis des Lernvermögens haben Dressurversuche beigetragen.

Tiere werden dabei vor zwei Alternativen gestellt, von denen nur eine „richtig" ist. Je nach Versuchsansatz werden sie bei der Wahl der richtigen Entscheidung belohnt oder bei der Wahl der falschen bestraft. Ausgiebig untersucht wurde diese Problematik vor allem durch den amerikanischen Psychologen B.F. Skinner.

Umwelterscheinungen haben unterschiedliche Komplexitätsgrade. Die im Skinnerschen Versuchsansatz gestellten Aufgaben sind für den Menschen, keineswegs aber auch für jedes Tier, einfache Probleme.

Man kann die unterschiedlichen Qualifikationen, Dinge zu erfassen, auf Grund der beobachteten Ergebnisse klassifizieren und verschiedene Formen des Lernens unterscheiden, so z.B. das Lernen durch Abspeichern, durch bedingte Zuordnung, durch Erfolg (trial and error), durch Optimierung, durch Nachahmung, durch Belehrung oder durch Erfassen.

Diese Aufzählung von Verhaltensweisen spiegelt nicht unbedingt die Ereignisse im Gehirn wieder. Wir wissen nicht, was dort im einzelnen geschieht und ob etwa die genannten Kategorien etwas mit der Komplexität des Schaltplans von Neuronen zu tun haben.

Lernen und Gedächtnis sind zwei miteinander gekoppelte Größen. Das Gedächtnis ist der Speicher des Erlernten. Wir kommen im folgenden Kapitel noch einmal ausführlich hierauf zurück. Lernen selbst ist der Vorgang, durch den Signale (Informationen) aus der Umwelt in das Gedächtnis überführt werden.

Welche Leistungen muß ein System vollbringen können, um etwas zu lernen?

Die Frage kann man von der Informationstheorie her beantworten. Dieser Ansatz zeichnet sich dadurch aus, daß er einer mathematischen Betrachtungsweise zugänglich ist und daß die Aussagen durch den Bau physikalischer Modelle überprüft werden können. Damit ist zunächst einmal noch gar nichts über den Mechanismus des Lernens in lebenden

Systemen gesagt. Wir erhalten lediglich eine Aussage über die minimalen Voraussetzungen, die erfüllt sein müssen. Wir können uns anschließend fragen, ob es in lebenden Systemen äquivalente Strukturen und Schaltungen gibt. In der Technik ist man daran interessiert, neue Systeme zu bauen; in der Biologie muß man versuchen, bestehende Systeme zu verstehen.

Notwendige und hinreichende elementare Schaltelemente in der Nachrichtentechnik sind:

1. Die logische *und*-Verknüpfung,
2. die logische *oder*-Verknüpfung,
3. die logische Verneinung (→ *Nicht*-Verknüpfung) (vgl. Abb. 51.1).

Durch Hintereinanderschalten dieser Elemente kommt es zu recht komplexen Systemen, die die Fähigkeit haben, Dinge zu lernen.

Auf das Nervensystem übertragen, würde das bedeuten:

zu 1. Stimulation eines Neurons durch ein anderes.

zu 2. Verzweigungen im neuronalen Netzwerk oder Verzweigungen eines einzelnen Neurons.

zu 3. Inhibierung eines Neurons durch ein anderes.

Das bedeutet, daß es bis zu diesem Punkt noch keine Diskrepanz zwischen technischem Modell und dem lebenden System gibt, eine Voraussetzung dafür, um in dieser Richtung weiterzuarbeiten.

Das Hauptproblem beim Bau lernender Automaten liegt darin, Schaltkreise (Regelkreise) zu konstruieren, die optimieren können, um somit unter einer Anzahl von Möglichkeiten die günstigste auszuwählen.

Um aber zu „wissen", was die günstigste Möglichkeit ist, muß das System Vergleiche anstellen können. Es muß also neu eintreffende Informationen gespeicherten Informationen gegenüberstellen und sie auf Grund des Vergleichs akzeptieren oder verwerfen.

Man baut Apparate (Automaten), um mit ihrer Hilfe Probleme zu lösen; der Automat produziert auf Grund eingegebener Daten ein vorher unbekanntes Ergebnis. Zu den bekanntesten, aber bereits recht komplexen lernenden Maschinen gehört C.E. Shannon's Schachspielautomat.

Beginnen wir jedoch mit etwas einfacherem:

1. Der bedingte Reflex

Bestimmte Verhaltensweisen sind fest programmiert (genetisch festgelegt). Sie manifestieren sich durch eine stereotype physiologische Reaktion. Zeigt man einem Hund Fleisch, sondert er Speichel ab, und zwar sowohl im Mund wie auch im Magen. Diese Reaktion bezeichnet man als unbedingten Reflex. Der russische Physiologe J.P. Pawlow wurde 1927 durch das folgende, nach ihm benannte Experiment bekannt. Es verläuft über mehrere (n) Stufen:

1. Eine Glocke ertönt, es wird kein Speichel abgesondert.

2. Dem Hund wird Fleisch gezeigt, gleichzeitig ertönt eine Glocke, Speichel wird abgesondert.

3, 4 . . . . n − 1. Wiederholungen von (*2.*).

n. Die Glocke ertönt: es wird Speichel abgesondert.

Hieraus kann man folgende Schlüsse ziehen:

Die Gleichzeitigkeit von Fleischgabe und einem zweiten (zufälligen) Ereignis (hier: Ertönen einer Glocke) führt zu einer Assoziation. Es ändert sich offenbar durch das gleichzeitige Auftreten zweier Ereignisse eine Schaltung im Zentralnervensystem, denn nach mehrfacher Wiederholung der Futtergabe bei gleichzeitigem Glockenzeichen löst das Glockenzeichen allein die Speichelsekretion aus. Auf Grund wiederholter Gleichzeitigkeit von ursprünglichem (unbedingtem) und neuem

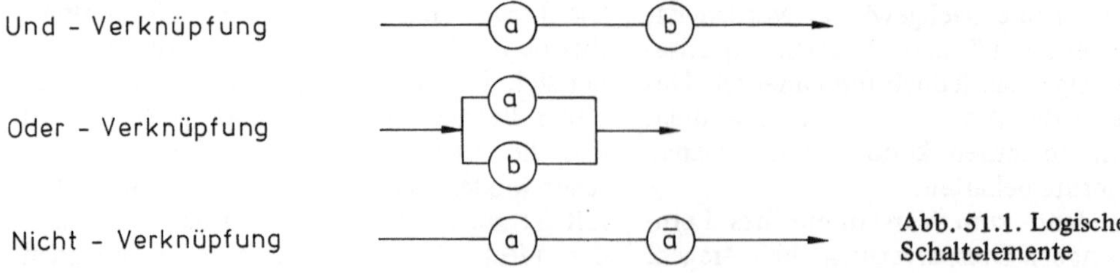

Abb. 51.1. Logische Schaltelemente

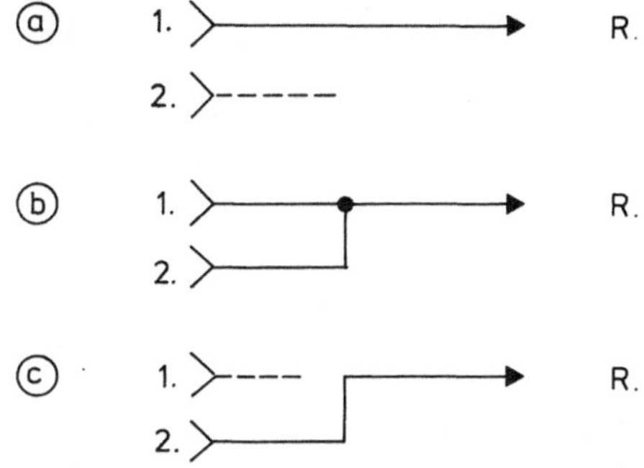

Abb. 51.2 a–c. Stadien der Bildung eines bedingten Reflexes. *1* Ursprünglich auslösender Reiz. *2* Sekundärer Reiz. *3.* Reaktion

(bedingtem) Reiz hat sich eine Verknüpfung zwischen Glockenzeichen und Sekretion ausgebildet (Abb. 51.2). Die Verknüpfung läuft über drei Stufen:

a) Verknüpfung zwischen Sinnesreiz und Sekretion. Das Glockenzeichen wird erkannt, hat aber zunächst keine Bedeutung.

b) Es wird eine Assoziation zwischen beiden Signalen (Futter und Glocke) hergestellt.

c) Eine neue Verknüpfung, der bedingte Reflex, wird ausgebildet.

Durch die Assoziation ist eine funktionelle Verbindung zustandegekommen. Die zelluläre Ursache der beobachteten Reaktions- und Verhaltensänderung ist nicht bekannt.

Wenn wir ein Modell bauen wollen, so muß neben den bereits genannten Elementen ein Schieberegister (eine Vorrichtung, welche die Häufigkeit gleichzeitig auftretender Reize mißt) eingesetzt werden. Wird eine bestimmte Anzahl des gleichzeitigen Auftretens überschritten, hat das System etwas gelernt und somit eine neue Eigenschaft angenommen, vgl. Flußdiagramm in Abb. 51.3.

Dieses Modell kann jeder leicht nachbauen, z.B. mit den Elementen des Kosmos-Spielcomputers: LOGIKUS.

2. Die „künstliche Schildkröte" von W.G. Walter

Dieses Modell (Erfinder: W.G. Walter, 1957) ist ein kleiner Apparat, der sich auf 3 Rädern fortbewegt und nur äußerlich einer Schildkröte ähnelt. Das Modell besitzt 3 „Sinnesorgane":

1. Einen Rezeptor für optische Signale (Photozelle), der starke und schwache Lichtsignale voneinander unterscheiden kann.

2. Einen Rezeptor für akustische Reize, der zwischen Tönen verschiedener Höhe und unterschiedlicher Lautstärke diskriminiert.

3. Tastrezeptoren, die auf Berührung reagieren.

Das Modell wird durch Elektromotoren angetrieben. In seinem Inneren befindet sich ein datenverarbeitendes System. Es enthält neben den üblichen logischen Elementen auch solche zur Verstärkung, Differentiation, Integration, Summation, Speicherung und Rückkopplung, also durchaus Bausteine, wie man sie auch im Nervensystem lebender Organismen findet.

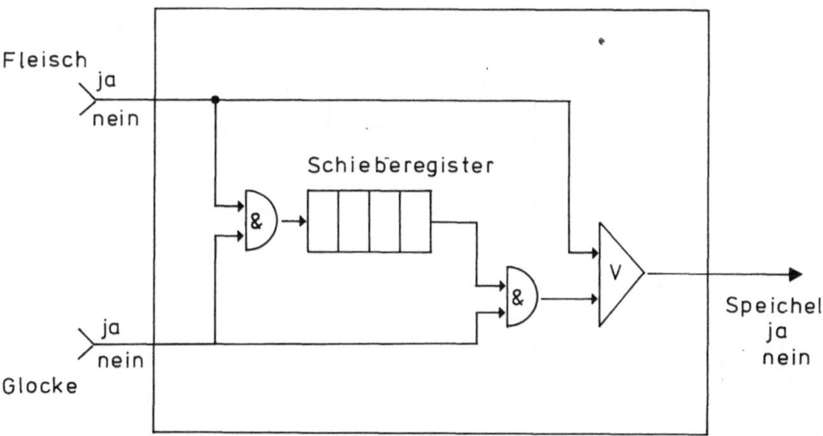

Abb. 51.3. Flußdiagramm: Ein Modell, das das Zustandekommen des Pawlowschen Reflexes erklären soll

Der elektrische Teil besteht u.a. aus Transistoren, Relais, Glimmlämpchen und Dioden, die durch eine Batterie versorgt werden. Signallämpchen zeigen den jeweiligen Zustand des Modells nach außen hin an. Die „Schildkröte" beginnt kurz nach dem Einschalten, aktiv zu werden. Schwache Lichtreize oder Pfeiftöne bewirken keine Reaktion, ein starker Lichtreiz führt zu einer Abkehrreaktion. Nach einiger Zeit (3 min) beginnt sie mit kreisenden Absuchbewegungen. Hat sie eine Lichtquelle entdeckt, steuert sie zielstrebig darauf zu, wobei sie auftauchende Hindernisse durch entsprechende Vor- und Rückwärtsbewegungen umgeht. Man kann mit ihr einen bedingten Reflex üben. Jedesmal, wenn sie einen starken Lichtstrahl wahrnimmt, wird ein hoher Pfeifton gegeben. Nach sechsmaliger Wiederholung dieser Koinzidenz ist die Lernphase abgeschlossen, die „Schildkröte" zeigt an, daß sie es verstanden hat. Auf einen Pfeifton hin führt sie eine Wendung um 360° aus, um die Umgebung nach einer Lichtquelle abzusuchen. Ein schwacher Lichtreiz bewirkt eine zielstrebige Hinwendung. Wird bei der Ansteuerung der Lichtquelle eine bestimmte Beleuchtungsstärke nicht überschritten, so tritt nach achtmaliger Wiederholung dieses vergeblichen Bemühens eine „innere Hemmung" ein. Sie dauert einige Minuten und macht sich durch Nichtbeantwortung der Pfeiftöne bemerkbar. Dann stellt sich der alte Zustand wieder ein.

Trotz der absichtlich gering gehaltenen Zahl von Reiz- und Reaktionsmöglichkeiten ergibt sich vor allem wegen der zeitabhängigen Zustandsvariablen ein vielfältiges Aktionsbild. Das Finden von „Fehlern" im Verhalten deutet an, was ein solches System leisten kann, und hierin liegt auch die wesentliche Nutzanwendung solcher Modelldarstellungen. Wenn Widersprüche auftreten, können sie als Arbeitsgrundlage für weitere Untersuchungen, auch auf biologischem Gebiet, dienen. Es versteht sich von selbst, daß in den letzten Jahren eine ganze „Familie" solcher Schildkröten gebaut wurde, deren Mitglieder sich in Details und auch in ihrem Komplexitätsgrad vom Original unterscheiden.

3. Die Steinbuchsche Lernmatrix

Als Lernmatrix wird ein Schaltschema bezeichnet, das in der Lage ist, einfache Lernvorgänge durchzuführen (K. Steinbuch, 1961). Lernen wird hier als eine vorgegebene Beziehung (Relation) zwischen Eingangs- und Ausgangsgrößen der Matrix verstanden. Es ist also praktisch ein Lernen durch Abspeichern. Die Lernmatrix sieht im einfachsten Falle wie folgt aus (Abb. 51.4). Sie besteht aus sich kreuzenden horizontalen und vertikalen Leitungen (Zeilen- und Spaltendrähten), die an ihren Kreuzungspunkten durch Verknüpfungselemente miteinander verbunden sind. Diese sind so beschaffen, daß sich an jedem Kreuzungspunkt bedingte Verknüpfungen bilden können. Es wird die Annahme gemacht, daß die vertikalen

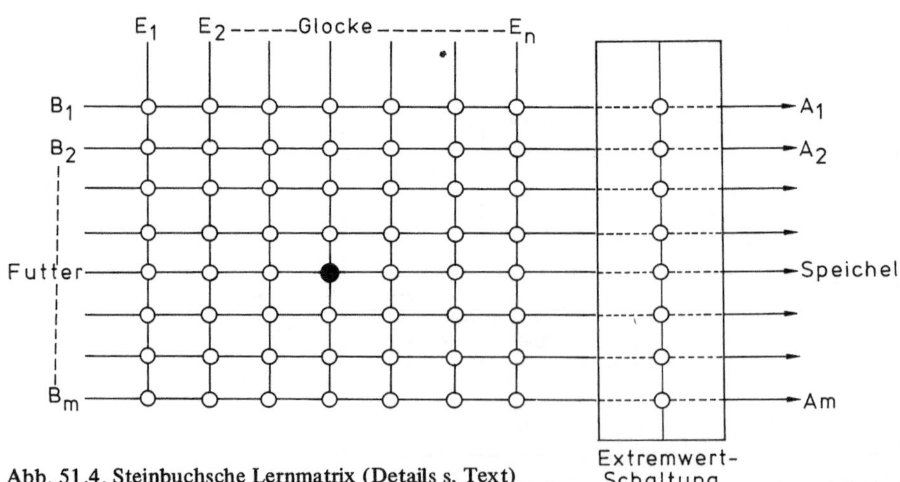

Abb. 51.4. Steinbuchsche Lernmatrix (Details s. Text)

Drähte einen Satz Eigenschaften signalisieren können. Jedes beliebige Objekt kann durch einen Satz von Eigenschaften gekennzeichnet werden. Ein Fernsehbild z.B. besteht aus zahlreichen Bildpunkten. Wenn man eine Liste dieser Punkte aufstellt und für jeden angibt, ob er weiß, grau oder schwarz ist, ist das Objekt „Fernsehbild" eindeutig beschrieben. Liste und Bild sind einander zugeordnet. Die horizontalen Leitungen der Lernmatrix kennzeichnen die Bedeutung.

In der Lernphase werden der Lernmatrix gleichzeitig Sätze von Eigenschaften und die dazugehörigen Bedeutungen angeboten, hierbei bilden sich die bedingten Reflexe (bedingte Verknüpfungen, erlernte Zuordnungen) aus. Diese können sich entweder schon bei einmaligem Zusammentreffen der beiden Signale auf der e- und der b-Leitung bilden oder aber erst nach mehrmaliger Koinzidenz. Letzteres hat den Vorteil, daß gegebenenfalls Fehler ausgemerzt werden können (redundantes System, Abb. 51.5).

Dieses Verhalten der Lernmatrix, gewisse regelmäßig auftretende Eigenschaften zu erlernen, andere, jedoch nicht regelmäßige, zu verwerfen, ist für die technische Anwendung von Bedeutung.

Nachdem sich die bedingten Verknüpfungen gebildet haben, befindet sich die Matrix in der „Kannphase". Als weitere Größe müssen wir an dieser Stelle die sog. „Extremwertschaltung" besprechen, eine Einrichtung, die unter einer Vielzahl von Möglichkeiten diejenige aussucht, welche mit einem vorgegebenen Modell am besten im Einklang zu bringen ist, sie wirkt optimierend.

In der Kannphase können wir mit der Lernmatrix zweierlei anfangen:

1. Wir bieten ihr einen Satz Eigenschaften an, und sie bestimmt mit Hilfe der Extremwertschaltung die zugehörige Bedeutung oder

2. wir bieten ihr eine bestimmte Bedeutung an und sie signalisiert den dazugehörigen Satz Eigenschaften.

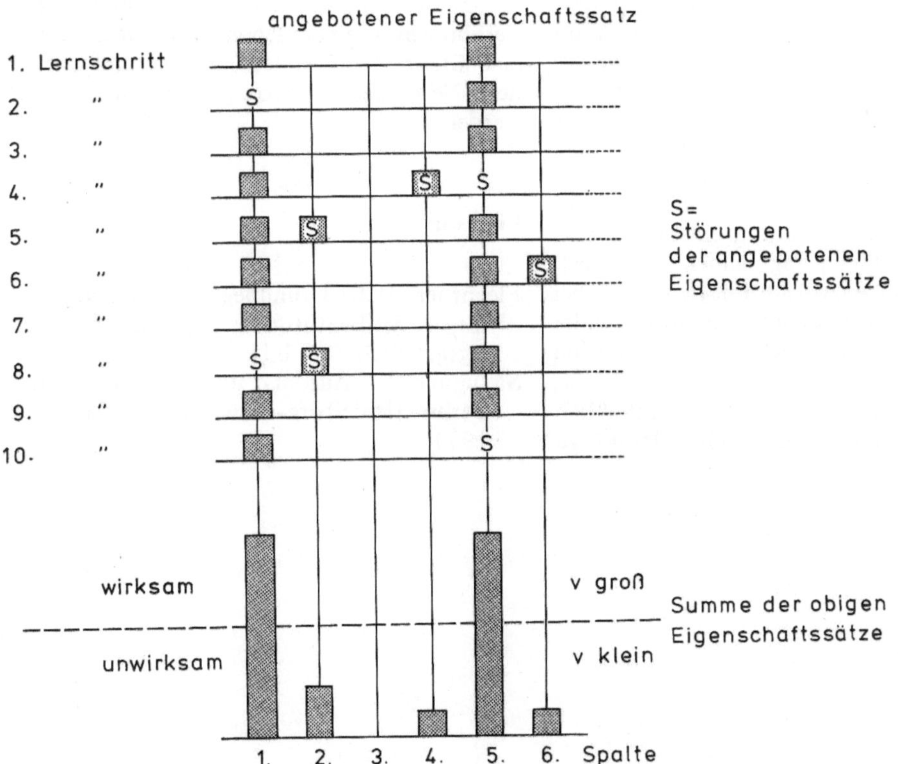

Abb. 51.5. Fehlerkorrektur in einem redundanten System. (Nach Steinbuch, 1971)

Wird die Lernmatrix so betrieben, daß aus einem angebotenen Satz von Eigenschaften die dazugehörige Bedeutung bestimmt werden soll, dann muß der angebotene Satz nicht exakt mit einem der erlernten Sätze übereinstimmen. Es ist durchaus möglich, daß der angebotene Satz sich von den erlernten in einigen Punkten unterscheidet. Die Extremwertschaltung stellt dann fest, zu welchem der erlernten Sätze der Unterschied am geringsten, wo also die Übereinstimmung am größten ist. Es gibt Hinweise darauf, daß in neuronalen Netzen ähnliche Schaltungen auftreten.

Wodurch unterscheiden sich die beschriebenen Lernautomaten voneinander?
Allen gemeinsam ist, daß Zuordnungen geschaffen werden. Das Modell des Pawlowschen bedingten Reflexes ist simpel, weil nur eine Art von Zuordnung möglich ist. Die künstliche „Schildkröte" leistet mehr, weil hier bereits eine Vielzahl logischer Elemente hintereinandergeschaltet sind und damit die Zahl der Auswahlmöglichkeiten stark ansteigt. Als letztes schließlich haben wir die Lernmatrix besprochen. Sie besteht im Grunde genommen zunächst einmal aus einer Vielzahl (n) von Zuordnungsmöglichkeiten, es können verschiedene „bedingte Reflexe" realisiert werden. Es gehört zu den Eigenschaften des Modells, daß es ohne Belang ist, welche Größen man mit welcher Bedeutung koppelt. Neu ist der Zusatz der Extremwertschaltung, einem Element, das, wie wir schon gesagt haben, optimiert. Technisch ist es eine Additionsmaschine, bei der die Differenz zwischen neu eintreffender Information und gespeicherter Information bestimmt wird.

Wir haben bei allen Modellen schließlich noch einen weiteren wesentlichen Punkt zu berücksichtigen: Es spielen Wiederholungen (wiederholt gebotene Reize) eine wichtige Rolle. Auch das ist bei technischen und lebenden Systemen gleich.

Jeder, der etwas gelernt hat, etwas lernen will oder jemandem anderen etwas erklären möchte, weiß, daß er auf Wiederholungen nicht verzichten kann. Alle bekannten Lerntheorien berücksichtigen dieses.

Vom lernenden System her ist das natürlich ein echter Selektionsvorteil. Die Reizflut aus der Umwelt ist sehr groß. Von Interesse sind aber nur solche Reize (Impulse oder was auch immer), die in der Umwelt eines Organismus mehrfach und immer wiederkehrend auftreten.

Im Englischen gibt es den Begriff "learning through reinforcement", d.h. Lernen von Informationen, die mit besonderem Nachdruck geboten werden.

Man·sollte sich nach allem Gesagten jedoch im Klaren darüber sein, daß die beschriebenen Modelle Anregungen darstellen sollen, nach bestimmten Schaltungen im Gehirn zu suchen. Es konnte bis heute noch nicht ein einziger Lernprozeß in einem lebenden Organismus als eine direkte Aufeinanderfolge von Funktionen der Nervenzellen verfolgt und analysiert werden.

Literatur

Flechtner, H.J.: Grundbegriffe der Kybernetik, 4. Aufl. Stuttgart: Wissenschaftl. Verlagsgesellschaft m.b.H. 1969.
Steinbuch, K.: Automat und Mensch, 4. Aufl. Berlin—Heidelberg—New York: Springer 1971.

52. Gedächtnis

Lernen und Gedächtnis sind zwei eng miteinander gekoppelte Größen. Es versteht sich von selbst, daß das Hauptinteresse in diesem Kapitel auf der Funktion des Gehirns, der strukturellen Grundlage des Gedächtnisses liegt. Was wollen wir eigentlich über das Gehirn wissen?

1. Welche Art kann was lernen?

2. Wie wird das Gelernte im Gehirn gespeichert?

3. Welche Strukturen des Gehirns sind dafür verantwortlich, wie kooperieren sie miteinander?

Zu allen Fragen haben wir in vorangegangenen Kapiteln (48–51) Teilantworten gegeben, jene können an dieser Stelle ergänzt werden, eine zusammenfassende Erklärung der Funktion steht jedoch noch aus. Um etwas über ein Gedächtnis zu erfahren, bedarf es geeigneter Tests, und zu solchen Tests gehört u.a. das „Abfragen". Man möchte wissen, ob Individuen Erfahrungen aus der Umwelt gesammelt haben, um in einer gegebenen Situation eine richtige Entscheidung treffen zu können.

Octopus, ein geeignetes Versuchsobjekt zum Studium der Organisation des Gehirns

Octopus (ein Tintenfisch) wurde von den britischen Zoologen Young, Boycott, Sutherland, Wells u.a. (Oxford) als Versuchsobjekt gewählt, weil er

1. leicht zu trainieren ist und

2. weil er das operative Entfernen großer Teile seines Gehirns überlebt.

Man kann ihn darauf trainieren, eine Krabbe anzugreifen, sie aber in Ruhe zu lassen, wenn gleichzeitig ein Plexiglasstück gezeigt wird. Das Entfernen einzelner Gehirnzellen ist unbedeutend. Für die Organisation des Gehirns scheinen einzelne Zellen weniger wichtig zu sein als die Zahl vorhandener Zellen im Gehirn. Die gleiche Aussage gilt für die *Vertebrata* (K. Lashley, Harvard University).

Entfernt man *Octopus* den vertikalen Gehirnlappen (Vertikallobus, vgl. Abb. 52.1), so kann er nicht mehr lernen, zwischen Krabbe allein und Krabbe + Plexiglas zu unterscheiden, wenn mehr als 1 Std zwischen den jeweiligen Tests liegt. Wurde der Test in 5-minütlichem Abstand wiederholt, lernt er genauso gut wie, ein nicht operiertes Tier. Während aber ein nicht operiertes Tier sein Wissen zwei Wochen behalten konnte, vergaß es der operierte *Octopus* bereits nach 30 bis 120 min. Wir haben es hier also mit zwei Typen des Gedächtnisses zu tun: einem Kurz- und einem Langzeitgedächtnis. Das Langzeitgedächtnis wird erst dann aktiviert, wenn das Kurzzeitgedächtnis wiederholt stimuliert worden ist.

Kann man bei einem Tintenfisch, dessen Vertikallobus entfernt wurde, ein Langzeitgedächtnis stimulieren? Der eben beschriebene Versuch scheint das auszuschließen. – Liegt das vielleicht an einer ungeeigneten („falschen") Versuchsanordnung? Der Plexiglaswürfel ist etwas „Unnatürliches", eine Struktur, die in der gewohnten Umwelt nicht vorkommt. Versucht man, einen Tintenfisch auf solche Strukturen zu trainieren, kann man Erfolg haben — der Erfolg bleibt bei operierten Tieren aus, zumindest machen diese Tiere weit mehr Fehler als nicht operierte Kontrolltiere.

Ein operierter Tintenfisch greift Krabben an. – Warum? Ist das eine Reflexbewegung, ein angeborenes oder im frühen Jugendstadium erlerntes Verhalten? Ist das Erlernte im Langzeitgedächtnis verankert und bleibt es auch nach der Operation erhalten?

Diese Fragen sind schwer zu beantworten. Alle Tintenfische, die man für die Untersuchungen einsetzt, sind gefangene Exemplare; denn es ist noch nicht gelungen, *Octopus* (und viele andere Meerestiere) in Laboratorien heranzuziehen!

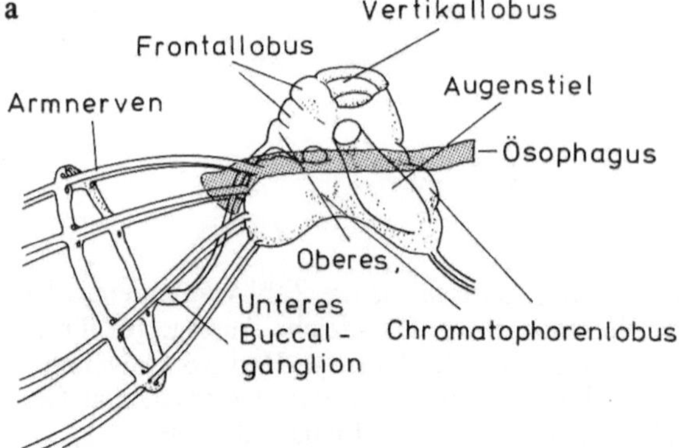

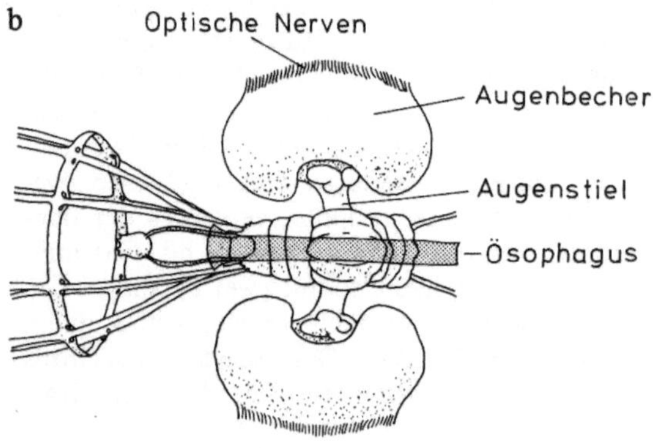

Abb. 52.1 a und b. Die Anatomie des Gehirns von *Octopus*. Seitliche Ansicht (a) und Aufsicht (b). (Nach Boycott, 1965)

Wozu braucht ein Tintenfisch den Vertikallobus?

Er braucht ihn mit Sicherheit, um eine Änderung von etwas Gelerntem (Angeborenem) zu lernen. Damit sind wir wieder, wie bei unserem vorigen experimentellen System, bei einer höheren Integrationsstufe des Gehirns angelangt.

Was ist ein Langzeit-, was ist ein Kurzzeitgedächtnis?

Ein Langzeitgedächtnis wird erst dann akviviert, wenn das Kurzzeitgedächtnis wiederholt stimuliert worden ist. Eine Information wird offenbar zunächst ins Kurzzeitgedächtnis überführt. Erst wenn der Lernvorgang mehrfach wiederholt worden ist, wird sie weiterbearbeitet. Man könnte den Übergang rein schematisch folgendermaßen darstellen (Abb. 52.2).

Gefestigt werden soll in dem angenommenen Modellfall die Schaltung A → B → C, dabei wären:

a) Kurzzeitschaltung: Aktivierung zusätzlicher Synapsen.

b) Langzeitschaltung: Erhöhung der Affinität der spezifischen synaptischen Verbindungen.

Eine Information kann aus einem Kurzzeitgedächtnis ohne Schwierigkeiten kurzfristig abgerufen werden. Erfolgt kein „Abfragen", so geht sie unwiderruflich verloren. Informationen aus dem Langzeitgedächtnis sind weniger leicht abrufbar und permanent verfügbar. Es bedarf aber oft erheblicher Anstrengung oder des richtigen Auslösers, bevor man sich an ein bestimmtes Ereignis erinnert. Ist diese Aktivierungsschwelle überschritten, steht die Gesamtinformation zu dem betreffenden Ereignis zur Verfügung. Man denke nur an Prüfungssituationen. Stellt ein Prüfer eine ungeschickte Frage, fällt dem Prüfling gegebenenfalls nichts dazu ein, er weiß jedoch plötzlich „alles dazu", sobald das richtige Stichwort gefallen ist.

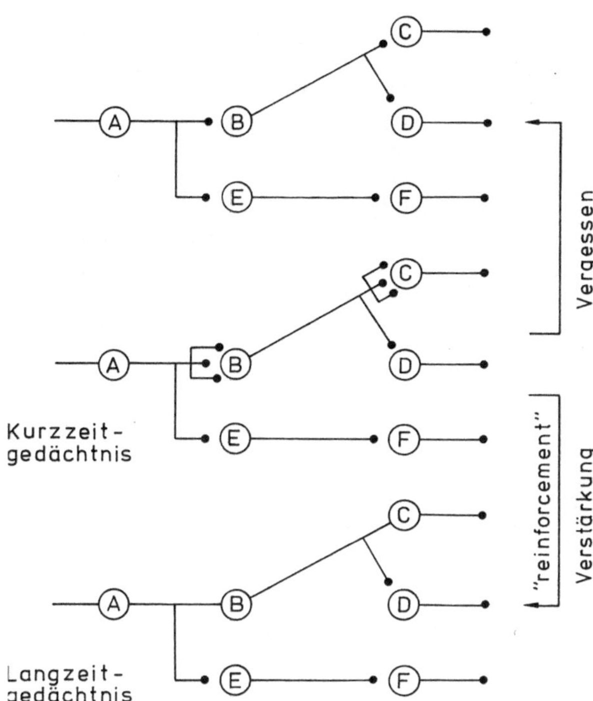

Abb. 52.2. Modell für die strukturellen Voraussetzungen eines Gedächtnisses. (Details s. Text)

Wie werden Informationen im Gehirn gespeichert?

Versuche hierzu lassen sich besonders gut an Versuchspersonen durchführen, weil der Mensch in der Lage ist, auf ganz spezifische Fragen detaillierte Antworten zu geben. So läßt sich heute sagen, daß z.B. Bilder anders gespeichert werden als Assoziationen zwischen Worten und Ereignissen (oder Gegenständen). Ein Bild merkt man sich als ganzes, Teilinformationen sind nicht abrufbar. Zeigt man Versuchspersonen kurzzeitig ein Bild und stellt sie anschließend vor die Aufgabe, die Details zeichnerisch wiederzugeben, so wird man recht abenteuerliche Zeichnungen zu sehen bekommen, keine gleicht der anderen, und die Ähnlichkeit mit dem Original ist allenfalls zu erahnen.

Zeigt man Versuchspersonen jedoch an einem Tag eine Serie von 500 Lichtbildern und am folgenden Tage eine zweite Bildserie und fragt, welche der Bilder der zweiten Serie bereits am ersten Tag gezeigt wurden, so erhält man ein über 90% richtiges Ergebnis. Die Versuchspersonen sind oft sogar in der Lage anzugeben, ob ein Bild im Vergleich zur ersten Vorführung seitenverkehrt oder richtig orientiert gezeigt wurde.

Es genügt nicht, eine Textseite zu betrachten, um zu verstehen, welche Information darin enthalten ist. Man muß den Text Wort für Wort, zumindest aber Zeile für Zeile lesen. Es ist für einen erfahrenen Leser unnötig, jeden einzelnen Buchstaben eines Wortes wahrzunehmen. Das jedoch muß erlernt sein, Schüler in den ersten Schulklassen buchstabieren noch. Wer in einem Text eine bestimmte Information erwartet, verzichtet sogar auf systematisches Lesen und sucht nur nach Stichworten (→ „Bildern") oder bestimmten Formulierungen.

Wie und wo im Gehirn (des Menschen) wird etwas gespeichert?

Im Kapitel 50 haben wir gesehen, daß bestimmte Bereiche des Gehirns bestimmten Funktionen zugeordnet sind. Diese Aussagen beruhen auf systematischen Untersuchungen von Personen mit Gehirnläsionen, welche auf Verletzungen, Blutungen oder einem Tumor beruhen können (Lashley, 1924, 1942). Nicht alle Funktionen, die durch das Gehirn kontrolliert werden, müssen erlernt werden. Es muß jedoch vielfach erlernt werden, Funktionen untereinander zu koordinieren. Als Beispiel sei die bewußte Bewegung genannt, welche der sowjetische Neurophysiologe A.R. Luria im Detail bearbeitet hat. In der subcorticalen Zone des Gehirns gibt es 4 Zentren, die alle zusammen erforderlich sind, um einen geregelten Bewegungsablauf zu ermöglichen (Abb. 52.3).

a) Das erste Zentrum gibt koordinierte Befehle an die Muskeln, um einen geregelten Bewegungsablauf zu ermöglichen.

b) Das zweite Zentrum regelt das Erkennen des Raumes, der eigenen Position im Raum und daß die Bewegung in eine bestimmte Richtung erfolgen muß.

c) Das dritte kontrolliert die Bewegungsrichtung (links—rechts; Ost—West) (vgl. Abb. 52.4).

d) Und das vierte schließlich programmiert die Gesamtbewegung, es kontrolliert die

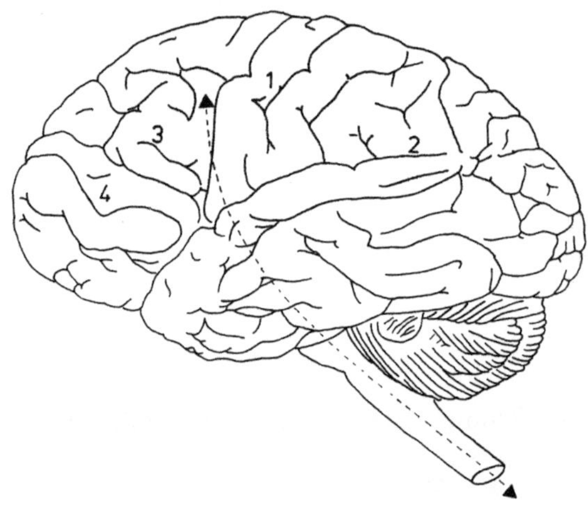

Abb. 52.3. Kontrolle bewußter Bewegung durch corticale und subcorticale Zonen. — Details sind im Text beschrieben. (Nach Luria, 1970)

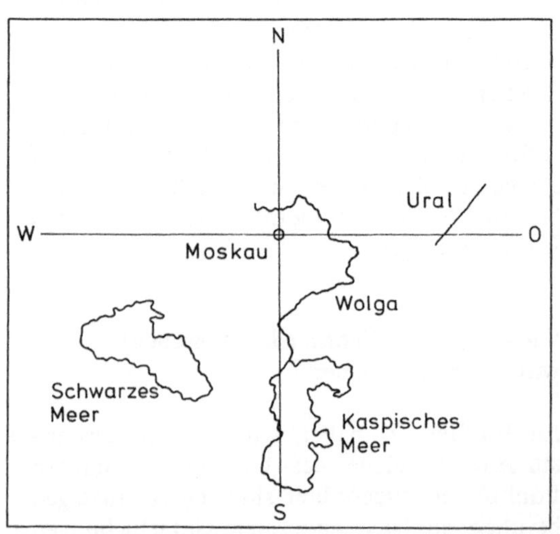

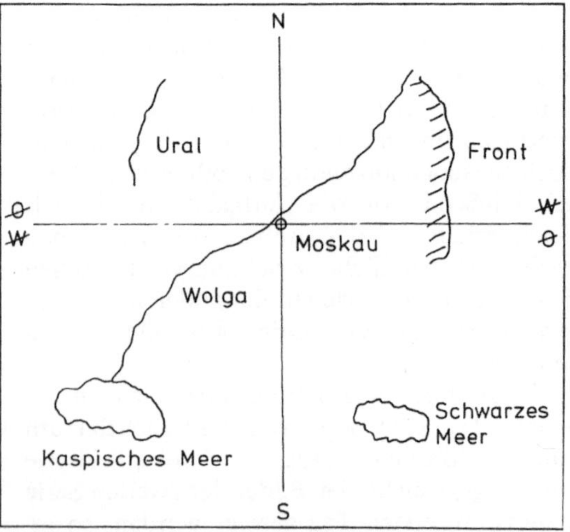

Abb. 52.4. Verwirrung in Bezug auf die Aussage über Richtungen (Ost-West-Problem). Links: eine geographische Karte der UdSSR. rechts: eine Karte, die von einem Patienten gezeichnet wurde, der einen Defekt — eine Läsion — im Bereich der Zone 3 (vgl. Abb. 52.3) als Folge einer Kriegsverletzung aufwies. (Nach Luria, 1970)

sequentielle Abfolge der Schritte und die Übergänge von einem Schritt zum anderen.

An anderen Beispielen wurden die Zentren für Sprache und das Schreiben festgelegt. Beide sind (für Rechtshänder) in der linken Gehirnhemisphäre lokalisiert.

Sprache wird im Gehirn wie folgt codiert:

a) Laute (Phoneme): Man hat oft Schwierigkeiten, Details einer Fremdsprache zu erkennen. Im Vietnamesischen gibt es für „tü" 6 Bedeutungen, die sich nur durch unterschiedlichen Tonfall bei der Aussprache voneinander unterscheiden. Bei Läsionen im Sprachbereich werden auch Unterschiede wie p–b, t–d nicht erkannt.

b) Sequenzen von Buchstaben in einem Wort: Hierfür sind basale Ganglien der Cortex verantwortlich. Patienten mit einer Läsion in diesem Bereich erkennen Phoneme, können aber keine Worte bilden oder schreiben.

c) Verknüpfung zu ganzen Sätzen oder Ideen: Der sowjetische Neurophysiologe N.N. Burdenko erhielt von einer Patientin folgenden Brief:

Sehr geehrter Herr Professor!
Ich möchte Ihnen sagen, daß ich möchte Ihnen sagen, daß ich möchte Ihnen sagen, daß ich möchte Ihnen sagen, daß . . . . . (viele Seiten).

Diese Darstellung ist etwas vereinfacht. Man konnte die hier erwähnten drei Zentren weiter aufteilen; heute kennt man fünf Zentren, die für Sprechen und Schreiben erforderlich sind. 10 Zentren, verteilt über das ganze Gehirn, regeln das Hören der Sprache. Musik wird anders wahrgenommen als Worte. Der Empfang von Phonemen kann gestört sein, während man Musik noch sehr gut hören kann. Rechnen, mathematisches Verständnis und grammatikalische Logik scheinen durch die gleichen Bereiche beeinflußt zu werden wie die Orientierung im Raum. Mathematik und Grammatik fordern ein räumliches Denken.

Zwei Hirnhälften (Hemisphären): Sind sie beide gleichwertig?

Wir haben auf S. 320 gesehen, daß die Augennerven sich vor Eintritt in das Gehirn partiell teilen und kreuzen. Die von einem Auge wahrgenommene Information wird an beide Hirnhälften weitergegeben.

Die beiden Hemisphären können operativ voneinander getrennt werden. Solche Operationen sind zunächst an Katzen und Schimpansen durchgeführt worden (R.W. Sperry, California Institute of Technology, und M.S. Gazzangia, University of California, Santa Barbara).

Beim Menschen ist ein solcher Eingriff (Split-brain-Operation) bei unkontrollierter Epilepsie erforderlich. Die Trennung der beiden Hemisphären hat in der Regel keinen Effekt auf Temperament, Persönlichkeit und Intelligenz. Sie scheint jedoch einen Einfluß auf das Langzeitgedächtnis zu haben. Personen, bei denen eine Durchtrennung durchgeführt wurde, konnten anschließend keine Informationen ins Langzeitgedächtnis aufnehmen.

R.W. Sperry, M.S. Gazzangia und J.E. Bogen haben 1961–1969 durch Tests an operierten Personen festgestellt, daß die beiden Hemisphären nicht gleichwertig sind, sondern daß eine (die linke) der rechten übergeordnet ist. Man spricht hier von einer dominanten und einer subordinierten Hirnhälfte.

Die Sprache (Sprechen und Verstehen) – das primäre Kommunikationsmittel des Menschen – wird vornehmlich durch die dominante linke Hemisphäre gesteuert.

Die spezifischen Eigenschaften der beiden Hälften lassen sich durch Prüfung visueller, sensomotorischer und sprachlicher Leistungen sowie durch Lern- und Gedächtnisprüfungen testen.

Die Versuchsanordnung ist den drei folgenden Abbildungen zu entnehmen (Abb. 52.5– 52.7).

Der Versuchsperson, die vor einem zweiteiligen Bildschirm sitzt, wird für einen extrem kurzen Zeitraum (1/10 sec) ein Bild gezeigt. Das Bild wird dabei nur entweder in das linke oder das rechte Blickfeld eines Auges projiziert. Würde man das Bild länger als 1/10 sec zeigen, würden es beide Augen wahrnehmen, da die Augen ja in permanenter rascher Bewegung sind.

Bilder, die im linken Gesichtsfeld erscheinen, werden mit der rechten Hemisphäre wahrgenommen und umgekehrt. Es treten bei den operierten Versuchspersonen keine Störungen auf, wenn die Bilder im rechten Gesichtsfeld erscheinen; fallen die Reize jedoch ins linke Gesichtsfeld, behaupten die Personen, sie hätten nichts gesehen. In der Tat ist es

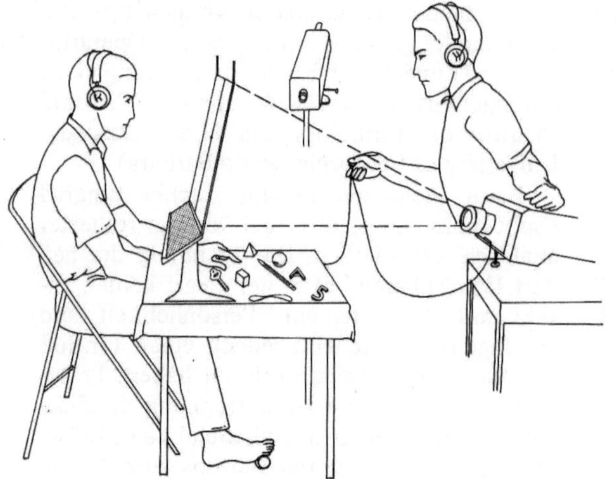

Abb. 52.5. Versuchseinrichtung zur Untersuchung von Patienten, bei denen die beiden Hirnhälften operativ durchtrennt worden sind. (Nach R.W. Sperry, 1974)

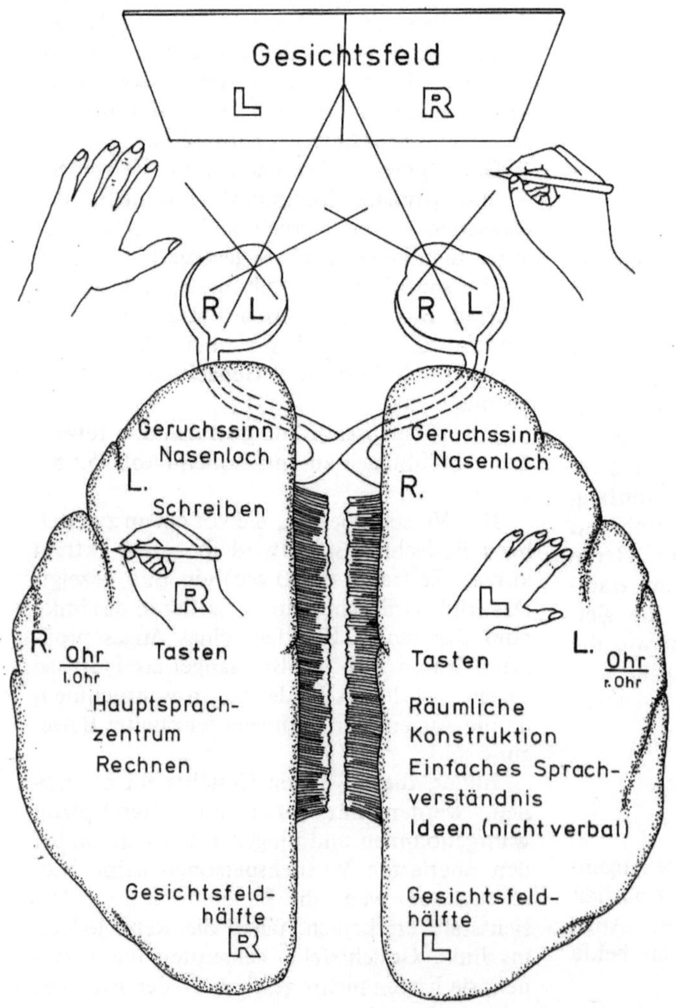

Abb. 52.6. "Split-brain". Durch Operation voneinander getrennte Funktionen. Eine vereinfachte Darstellung von Daten, die man auf Grund von neuroanatomischen Untersuchungen, Untersuchungen nach Beschädigungen einzelner Bereiche (Läsionen) und dem Verhalten operierter Patienten gewonnen hat. (Nach R.W. Sperry, 1974)

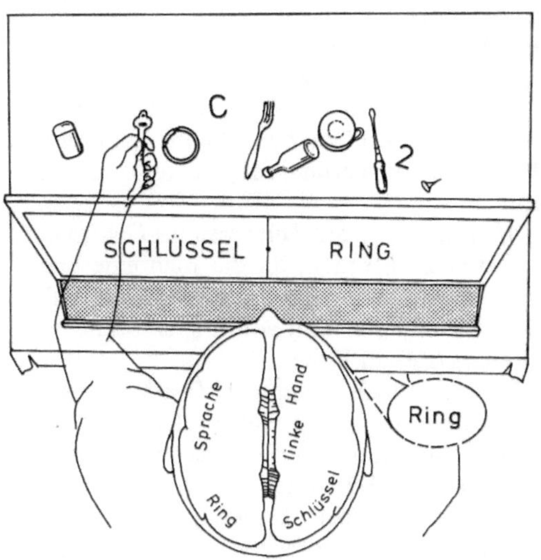

Abb. 52.7. Namen von Gegenständen, die für den Bruchteil einer Sekunde in die linke Gesichtsfeldhälfte projiziert wurden, werden gelesen und verstanden, sie können aber nicht benannt werden. Der Patient kann jedoch ein vom Versuchsleiter benanntes Objekt mit der linken Hand richtig heraussuchen, kann es anschließend aber nicht benennen oder es mit der rechten Hand heraussuchen. (Nach R.W. Sperry, 1974)

jedoch so, daß das Bild wahrgenommen wird, die Person jedoch nicht in der Lage ist, das Objekt zu benennen. Die linke Hirnhälfte mit den Sprachfunktionen ist ja von der rechten, die das Bild wahrnahm, getrennt. Wie kann man nun testen, ob das im linken Gesichtsfeld erscheinende Bild doch wahrgenommen wurde? Man läßt die Versuchsperson einige Objekte, die sie nicht sehen kann, abtasten. Unter diesen Objekten befindet sich auch eine Struktur (in unserem Beispiel ein Schlüssel), die kurz zuvor ins linke Gesichtsfeld projiziert wurde. Die Versuchsperson ist in der Lage, aus den ertasteten Objekten das Gesehene herauszufinden, das bedeutet also, daß die rechte Hemisphäre das Bild wahrgenommen und gespeichert hat.

Zeigt man ein Bild einmal rechts und kurz danach links, verhält sich die Person so, als habe sie das Bild beide Male neu gesehen.

Projiziert man ein Bild (z.B. einen Buchstaben) gleichzeitig ins linke und ins rechte Gesichtsfeld, erfolgt die Angabe, der Buchstabe würde nur im rechten Gesichtsfeld gesehen.

Zeigt man gleichzeitig zwei verschiedene Bilder und läßt die dazugehörigen Strukturen durch Abtasten wiedererkennen, so wird regelmäßig nur die Struktur gewählt, die im linken Gesichtsfeld wahrgenommen wurde. Wird die Person jetzt jedoch vor die Aufgabe gestellt, die Struktur zu benennen, so folgt der Name des Objekts, welches im rechten Gesichtsfeld erkannt wurde. Das geschieht auch dann, wenn sich die Strukturen sehr stark voneinander unterscheiden.

Unter Berücksichtigung einer Reihe weiterer Tests kann man zusammenfassend sagen, daß Rechnen, Schreiben, Lesen und alle visuellen Funktionen, die durch das rechte Gesichtsfeld wahrgenommen werden, sowie alle hiervon abhängenden assoziativen und integrativen Leistungen überwiegend oder sogar ganz in der dominanten (linken) Hemisphäre verarbeitet werden.

Die rechte Hemisphäre ist jedoch keineswegs in allen Situationen ausschließlich der linken untergeordnet. Es gibt Hinweise darauf, daß emotionelle Handlungen, Gefühle, Mimik, Vergnügen u.a. durch die rechte Hemisphäre gesteuert werden. Eine (gesunde) Person, angesprochen auf den Grund ihres Verhaltens, ist oft nicht in der Lage, eine plausible Erklärung hierfür zu geben oder sucht mitunter hergesuchte Entschuldigungen.

Mechanismus der Speicherung von Informationen im Gehirn

Es ist ziemlich klar, daß es unterschiedliche Ebenen der Abstraktion gibt und daß Neuronen zu komplexen Einheiten verknüpft sind, welche als ganzes reagieren. Das System ist hierarchisch aufgebaut; unbekannt ist jedoch, wie schon wiederholt betont, der genaue Schaltplan.

Es gibt eine Reihe hypothetischer Ansätze, welche versuchen, die Funktion des Gedächtnisses zu erklären:

1. Makromolekulare Ebene. Die Information wird in einer spezifischen molekularen Konformation gespeichert.

2. Felder.

    a) elektrisches Potential

    b) chemische Konzentrationsgradienten

    c) anatomische Gradienten.

Die Information wird durch die spezifische Konformation des Feldes gespeichert.

3. Wechselwirkungen zwischen Zellen.

a) Systeme, bei denen Neuronen in einem Verband (einer Einheit) in äquivalenten Positionen sitzen. Die Information wird im Verband durch die Aktivität des *ganzen* Verbandes repräsentiert. Die Aktivität einer einzelnen Zelle trägt nur wenig Information.

b) Systeme, bei denen *spezifische* Verbindungen zwischen Neuronen erforderlich sind. Die Information wird in Form von Effektivität spezifischer Leitungen gespeichert.

Die genannten Alternativen schließen einander nicht aus. Ein Effekt auf zellulärer Ebene ist die Summe zahlreicher molekularer Ereignisse.

Die Organisationsebene „Zelle" wird erreicht, weil viele Moleküle gleichgerichtet reagieren und weil kooperative Effekte auftreten. Kooperative Effekte (s. auch Allosterie, S. 211) sind nur in großen, molekularen Komplexen denkbar. Offenbar ist die Anordnung von Molekülen in Zellorganellen, wie etwa der Membran, die effektivste Anordnung, um zu einem kooperativen Effekt zu gelangen. Moleküle (auch Makromoleküle) in Lösung wären hierzu nicht in der Lage.

Voraussetzung für eine Zell-Zell-Kooperation ist eine Konformationsänderung von Molekülen an den Oberflächen der beiden an der Wechselwirkung beteiligten Zellen.

Alternative 1: Die unter 1. genannten Möglichkeiten werden zwar immer wieder diskutiert, führen permanent zu kontroversen Ansichten, scheinen aber unwahrscheinlich zu sein. Ein Gedächtnis, welches *nur* auf molekulare Ebene zurückzuführen wäre, würde viele der Möglichkeiten *verschenken*, die durch die Organisation des Gehirns gegeben sind. Mit einer Reihe von Antibiotika (z.B. Puromycin), welche die Proteinbiosynthese inhibieren, kann man das Lernen neuer Ereignisse hemmen. Bereits Gelerntes wird nicht beeinflußt. Das bedeutet, daß zumindest auf einer Stufe des Lernens Protein synthetisiert werden muß. Neuronen haben eine hohe Stoffwechselrate, sie produzieren viel RNS und Protein, aber nicht, um in diesen Molekülen Informationen zu speichern, sondern um mit ihrer Hilfe ein modifizierbares funktionelles Netzwerk aufzubauen; die Proteinsynthese ist somit eine Voraussetzung einer Selbstorganisation.

Das Kurzzeitgedächtnis (beim Goldfisch) wird durch Puromycin nicht beeinflußt, wohl aber das Langzeitgedächtnis. In Abb. 52.2 ist angedeutet, daß beim Kurzzeitgedächtnis Synapsen aktiviert werden, beim Langzeitgedächtnis diese Verknüpfungen gefestigt werden.

Alternative 2: Mit Hilfe von ins Gehirn eingeführten Elektroden, an die man eine Spannung anlegt, kann man bestimmte Gehirnbereiche stimulieren und somit spezifische Verhaltensmuster auslösen.

Es sind jedoch ernsthafte Zweifel angemeldet worden, ob solche elektrischen Felder im Gehirn auch unter physiologischen Bedingungen auftreten. Die unter experimentellen Bedingungen ausgelöste Erregung beruht offenbar auf einer unspezifischen Änderung (Erniedrigung) der Erregungsschwelle der gereizten Neuronen. Auch die Ausbildung der anderen postulierten Felder erscheint unwahrscheinlich. Über die Verschaltung solcher Felder hat man (auch systemtheoretisch) keine praktikablen Vorschläge machen können.

Alternative 3: Es existieren die folgenden Beobachtungen:

a) Es gibt in einigen Teilen des Gehirns gewisse Äquivalenzen (Ähnlichkeiten) der Verbindungen von Zellen untereinander. Man kann somit annehmen, daß hier ganze Neuronennetzwerke als Einheit arbeiten.

b) Spezifische Verbindungen: Hierfür gibt es zahlreiche, sehr gute Beweise. (Trotzdem: aus statistischen Gründen ist ein derartiger Mechanismus keineswegs so eindeutig, wie man es auf den ersten Blick vermuten sollte). Die Fehlerrate wäre zu groß, wenn etwa jede Zelle mit jeder anderen Kontakte aufnehmen könnte. Um die Fehlerrate zu senken, ist es sinnvoller, kleine Neuronennetzwerke auszubilden, welche als Einheiten untereinander in Kontakt treten können. Also wieder das gleiche Prinzip, wie wir es auf molekularer Ebene kennengelernt haben. Statt übergroßer Moleküle gibt es dort Molekülkomplexe, welche aus „kleinen" Untereinheiten aufgebaut sind. Es gibt optimale Größen, welche nicht überschritten werden dürfen.

Übrigens: auch ein Großcomputer ist keine einheitliche Struktur, sondern er ist aus vielen gleichartigen Unterstrukturen zusammengesetzt.

Wie kommt die Spezifität der Neuroneninteraktionen zustande?
Auch hier ist man noch weitgehend auf Spekulationen angewiesen. Moleküle, Molekülaggregate oder sogar ganze Bereiche an der synaptischen Endigung (Präsynapse) müssen offenbar eine hohe Affinität zum postsynaptischen Bereich haben. Es ist plausibel anzunehmen, daß hierbei Proteinmoleküle beteiligt sind und daß es für jedes dieser Proteine einen entsprechenden Genabschnitt gibt. Im Laufe der Ontogenese, während der Bildung der Neuronen aus Neuroblasten, können (somatische) Mutationen auftreten. Als Folge davon würde ein Protein entstehen, das dem ursprünglichen ähnlich ist. Feste Verknüpfungen hatten im Laufe der Evolution einen sehr hohen Selektionswert, da somit eine geregelte Koordination aller Organfunktionen durch das Nervensystem gewährleistet wurde. Ist die Anzahl der Neuronen jedoch größer als für die genannten Funktionen erforderlich, kann es zu einem Selektionsvorteil werden, wenn manche Kontakte nicht mehr ganz so fest sind und sich lösen können.

Man kann davon ausgehen, daß zunächst auf hohe Affinität zwischen Zellen selektiert wurde. Auf Grund somatischer Mutationen ändert sich unspezifisch die Molekülkonformation von Proteinmolekülen. In der Mehrzahl der Fälle geht somit auch eine vorher vorhandene Spezifität (hier: Affinität) verloren, als deren Folge weniger feste Kontakte entstehen. Das wiederum hat den Vorteil, daß neue Kontakte (zu anderen Zellen?) ausgebildet werden; und das wäre eine Voraussetzung für einen Lernvorgang, wenn man die vorhin betrachtete Alternative 3b als Erklärung heranziehen möchte.

Lernvermögen wiederum bietet dem Individuum den Vorteil, besser seiner Umwelt angepaßt zu sein als ein nicht lernendes Individuum oder eine nicht lernende Art. Auf molekularer Ebene hieße das, daß es einen Selektionsdruck in Richtung auf Variabilität gibt (s.auch Immunsystem, S. 338).

Die Variabilität ist eine Voraussetzung, auch mit unerwarteten Einflüssen fertig zu werden.

Gibt es Übergänge zwischen fester, genetisch festgelegter Verdrahtung und durch Lernen festgelegter Verdrahtung?
Bei manchen Vögeln und Säugern ist die Erscheinung der Prägung nachgewiesen worden. Während einer bestimmten frühen Entwicklungsphase „lernen" sie, wie das Elterntier aussieht und/oder wie der spätere Geschlechtspartner auszusehen hat.

Entscheidend ist, daß das dabei „Gelernte" irreversibel ist, auch wenn es im Experiment „unsinnige" Folgen haben kann. In der Natur hat Prägung einen Selektionsvorteil, weil in der Regel vorprogrammiert ist, wie etwa die Umwelt des (gerade) geschlüpften Jungvogels aussieht und wer ihm als erstes begegnet. Man hat hier den Eindruck, daß bei der Prägung lediglich *eine* einmalige Gelegenheit gegeben ist, ein Bild zu speichern. Es gibt keine Möglichkeit, es zu löschen oder es durch ein anderes zu ersetzen.

Kapazität des Speichers, Überlastung, Vergessen

Es gibt, in *bit* Information ausgedrückt, keine annähernd richtige Abschätzung über die Kapazität des (menschlichen) Gedächtnisses. Es ist bekannt, daß über lange Zeit nicht benützte Informationen, auch solche, die ins Langzeitgedächtnis überführt worden sind, gelöscht werden können, sie werden vergessen. Vergessen kann schrittweise erfolgen, man vergißt nach und nach Teilinformationen — unklar ist natürlich, ob eine einmal ordnungsgemäß gespeicherte Information vollständig verloren geht oder ob sie nur „stillgelegt" wird und somit die Möglichkeit des Abrufens verloren geht.

Jede Funktion, alles Erlernte, wird im Gehirn mehrfach repräsentiert, und zwar unterschiedlich stark. Das wiederum erlaubt Neukombinationen von erlernten Inhalten und Rekonstruktion von Vergessenem und Nichtbekanntem. Wir kommen somit zum Problemkreis des Denkens, mit dem wir uns im folgenden Kapitel auseinandersetzen werden.

Literatur

Atkinson, R.C., Shiffrin, R.M.: The control of short term memory. What regulates processes such as learning and forgetting? Sci. Am. August 1971, S. 82.
Boycott, B.B.: Learning in the octopus. Sci. Am. März 1965, S. 42.

Bullock, T.H.: Are we learning what actually goes on when the brain recognizes and controls? J. Exp. Zool. **194**, 13 (1975).

Eccles, J.C.: Facing reality. Heidelberg Science Library. New York: Springer 1970.

Gazzangia, M.S.: The split brain in man. Sci. Am. August 1967, S. 24.

Gazzangia, M.S., Bogen, J.E., Sperry, R.W.: Some functional effects of sectioning the cerebral commissures in man. Proc. Natl. Acad. Sci. US **48**, 1765 (1962).

Haber, R.N.: How we remember what we see. Sci. Am. Mai 1970, S. 104.

Jacobson, M., Hunt, R.K.: The origin of nerve cell specificity. Sci. Am. Februar 1973, S.26.

Luria, A.R.: The functional organization of the brain. Sci. Am. März 1970, S. 66.

Peterson, L.R.: Short term memory. Sci. Am. Juli 1966, S. 90.

Sperry, R.W.: Cerebral organization and behavior. Science **133**, 1749 (1961).

Sperry, R.W.: Lateral specialization in the surgically separated hemispheres. In: F.O. Schmitt, F.C. Worden (eds.), The Neurosciences, 3rd Study Program, Cambridge, Mass.: The MIT Press 1974.

Sperry, R.W.: The great cerebral commissure. The bridge between the halves of the brain is cut in "split brain" experiments. Sci. Am. Januar 1964, S. 42.

Young, J.Z.: Some essentials of neural memory systems: Paired centers that regulate and address the signals of the results of action. Nature **198**, 626 (1963).

53. Intelligenz, Denken

Intelligenz ist das Maß für die Fähigkeit, etwas Spezifisches zu lernen und das Gelernte in vorteilhafter Weise auszunutzen.

Ist Intelligenz genetisch bedingt, oder wird sie durch die Umwelt beeinflußt?

Diese Frage ist nicht alternativ zu beantworten. Erbgut *und* Umwelt beeinflussen die Intelligenz von Menschen und Tieren. Das Problem ist in den letzten Jahren ausgiebigst diskutiert worden. Hierbei sind — vor allem in den vergangenen Jahren in den USA — verhärtete, z. T. ideologisch bedingte Fronten aufgebaut worden, die sicherlich niemandem von Nutzen sind.

Bevor man überhaupt über Intelligenz redet, braucht man einen nicht angreifbaren Test, um sie messen zu können, und schon hierüber besteht keine einhellige Meinung. 1905 führten Binet und Simon in Frankreich den sogenannten Intelligenztest ein; das Verfahren wurde 1916 durch Terman in den USA verbessert (→ Standford-Binet-Test): Versuchspersonen werden vor eine Reihe von Problemen, meist verbaler Art, gestellt.

Sinn des Tests ist, das Vermögen zu werten, Symbole zu verwenden, Allgemeinbegriffe und logische Denkfiguren zu handhaben. Der Test für kleine Kinder unterscheidet sich von dem für Erwachsene. Bei Kindern wertet man die Geschwindigkeit der Reifung des Auffassungsvermögens und der motorischen Koordination. Der Test wird standardisiert, d.h. Bezugsgröße ist eine Gruppe von Personen, die für die Population, auf die er sich bezieht, möglichst repräsentativ ist. Hieraus ergibt sich der Intelligenzquotient (I.Q.). Der durchschnittliche IQ-Wert wird durch 100 Punkte charakterisiert.

IQ-Punkte
zwischen 80 und 90 klassifizieren Dummheit, zwischen 80 und 70 einen „Grenzbereich",
zwischen 70 und 50 → Geistesschwäche und zwischen 50 und 20 → Schwachsinn.
Ein IQ > 125 charakterisiert „Begabung".

Genetischer Einfluß auf den IQ

1. Ein einfaches Beispiel: Personen, die an Phenylketonurie leiden (Folge: hohe Phenylalaninkonzentration im Blut), sind meist schwachsinnig. In diesem Fall ist eindeutig, daß ein Stoffwechseldefekt die Intelligenz beeinträchtigen kann.

2. Klassische Experimente (Newman, Freeman, Holzinger, 1937) sind an Zwillingspaaren durchgeführt worden. Hierbei wurde gezeigt, daß der Ähnlichkeitskoeffizient bei eineiigen Zwillingen erheblich über dem für zweieiige Zwillinge liegt. Bei Zwillingen kann man in der Regel davon ausgehen, daß sie unter gleichen Bedingungen aufwachsen.

Eineiige Zwillinge sind genetisch untereinander identisch.

Zweieiige Zwillinge sind verschieden; genetisch verhalten sie sich wie Geschwister unterschiedlichen Alters.

Untersucht man eineiige Zwillinge, die getrennt aufwuchsen, so zeigen sie niedrigere Ähnlichkeitskoeffizienten [Korrelationskoeffizienten (r)] der IQ-Werte als solche Paare, die gemeinsam aufwuchsen. Hieraus folgt, daß sich sowohl genetische wie auch Umwelteinflüsse manifestieren.

Erblichkeit (h) wird hier als der Korrelationskoeffizient (r) zwischen eineiigen und zweieiigen Zwillingen verstanden.

$$h = (r_1 - r_2) / (1 - r_2)$$
r_1 = Korrelationskoeffizient bei eineiigen Zwillingen
r_2 = dgl. bei zweieiigen Zwillingen.

Der Wert $h = 0$ besagt, daß die Variation ausschließlich durch die Umwelt bedingt ist, der Wert h = 1 besagt, daß es keine Variation gibt und daß das Merkmal rein genetisch bedingt ist.

In der folgenden Tabelle sind die Korrelationskoeffizienten (r) und Erblichkeit (h) für einige Merkmale bei eineiigen und bei zweieiigen Zwillingen wiedergegeben (Newman *et al.*, 1937, aus Dobzhansky, 1965)

manenten Abgleich mit der Umwelt zu erreichen. Je stimulierender sie ist, je besser der soziale Kontakt mit anderen Menschen ist, desto größer ist die Wahrscheinlichkeit, daß dieses sich positiv auf die Intelligenz auswirkt. Ein krasses Beispiel „fehlender" Umwelteinflüsse und fehlenden sozialen Kontakts ist der legendäre *Kaspar Hauser*, der im vergangenen

Merkmal	Zweieiige Zwillinge	Eineiige Zw. (gemeinsam erzogen)	Eineiige Zw. (getrennt erzogen)	Erblichkeit
1. Statur	0,64	0,93	0,97	0,81
2. Gewicht	0,63	0,92	0,89	0,78
3. Binet-Test, geist. Alter	0,60	0,86	0,64	0,65
4. Binet-IQ	0,63	0,88	0,67	0,68
5. Wortverständnis	0,56	0,86	–	0,68
6. Arithm. Rechnen	0,64	0,73	–	0,12
7. Naturstudium und Wissenschaft	0,65	0,77	–	0,34
8. Geschichte u. Literatur	0,67	0,82	–	0,45
9. Rechtschreibung	0,73	0,87	–	0,53

Die übrigen in der Tabelle aufgeführten Werte über spezifische Fähigkeiten sagen aus, daß einige Personen ein bestimmtes Gebiet leichter erlernen als andere und daß die Unterschiede in der Lernbereitschaft eine abschätzbare genetische Komponente besitzen.

Ein weiteres Verfahren, um genetische und Umwelteinflüsse zu testen, ist:

a) Vergleich der Intelligenz von Kindern und ihren Eltern.

b) Kontrolle: Vergleich der Intelligenz von Kindern und Pflegeeltern.

Ergebnis: im Fall a) liegt ein höherer Korrelationskoeffizient vor als bei b).

Ein gewisser genetischer Einfluß scheint auch bei b) evident zu sein. Vorsicht ist am Platze. Die Vermittlungsagenturen der Pflegekinder sind stets bemüht, Pflegeeltern zu finden, bei denen die familiären Verhältnisse denen der Eltern ähneln.

Umwelt

Wir haben schon gesehen, daß die Umwelt modifizierend auf die Intelligenz einwirkt. Die Ausbildung der Intelligenz ist nur durch per-

Jahrhundert angeblich in einem dunklen Raum isoliert aufwuchs und der sich (sicherlich als Folge dieser Behandlung) durch deutlich ausgeprägten Schwachsinn auszeichnete.

Wir werden im Kapitel 58 auf die in Afrika recht weit verbreitete Krankheit „Kwashiorkor" zurückkommen. Sie beruht auf Eiweißmangel in den ersten Lebensjahren und führt ebenfalls zu einem irreversiblen Schwachsinn. Es ist bekannt, daß das Gehirn bei der Geburt noch nicht voll ausgebildet ist und daß während der ersten Lebenswochen eine Vielzahl von Verknüpfungen gebildet werden (vgl. Abb. 48.11). Ist die Ernährung nicht ausreichend, unterbleibt die Bildung dieses komplexen Netzwerks, oder es entsteht nur in rudimentärer Form.

Einwände gegen IQ-Tests

IQ-Tests beruhen auf Koventionen. Es gibt keine eindeutig definierten Kriterien für Intelligenz. IQ-Tests haben sich in bestimmten Situationen als brauchbar erwiesen, weil sie Aussagen über den Schulerfolg der getesteten Personen erlauben. Erfolg in der Schule ist eine gesellschaftlich festgelegte Norm — es ist aber kein absoluter Wertmaßstab. IQ-Tests messen somit vorwiegend die Schultauglichkeit, sie sagen nichts über Spezialbegabungen aus. Rife und Snyder fanden 1931 in Anstalten für Schwachsinnige 8 hervorragende Musiker, 7 Maler und 10 mit anderen speziellen Begabungen.

Der Psychologe A. Jensen (University of California, Berkeley) untersuchte die IQ-Werte der weißen und der schwarzen Bevölkerung in den USA. Sein Ergebnis: die Schwarzen erreichten im Schnitt 15 Punkte weniger als die Weißen. Seine Schlußfolgerung daraus: die Schwarzen sind genetisch weniger intelligent als die Weißen. Es sind keine signifikanten Unterschiede zwischen der weißen Bevölkerung und Indianern nachgewiesen worden.

A. Jensen's Arbeit: "How much can we boost IQ and scholastic achievement" wurde 1969 im Harvard Educational Review veröffentlicht und wurde zu einer der kontroversesten Arbeiten, die in den letzten Jahren in den USA erschienen.

Die Ergebnisse der Arbeit lassen sich in 5 Punkten zusammenfassen:

1. Intelligenz, gemessen durch IQ-Werte, ist ein reales Merkmal, wie etwa Körpergröße, und ist ein Kennzeichen der geistigen Fähigkeit.

2. Intelligenz (IQ) wird vorwiegend genetisch bedingt (→ genetisch eingeschränkt).

3. Klassen- und Rassenunterschiede bestehen vorwiegend auf genetischen Unterschieden.

4. Versuche, die Differenzen durch Erziehung zu beheben, sind fehlgeschlagen, weil man die genetischen Unterschiede unberücksichtigt ließ.

5. Schwarze Kinder sind schwächer im kognitiven Lernen (abstrakten Denken) als weiße.

Die Ergebnisse beruhen auf umfangreichen Datenreihen. Sie sind in verschiedenen Teilen des Landes durchgeführt worden. Alle „trivialen" Einwände gegen die Ergebnisse sind von Jensen ausgeräumt worden. Daten und mögliche Schlußfolgerungen sind in der nordamerikanischen Presse ausgiebigst diskutiert worden.

Sie stehen im Widerspruch zur Grundlage menschlicher Sozialordnungen, so vor allem dem Gleichheitsprinzip. Die Aussagen werfen schwere, vor allem ethische Probleme auf. Nimmt man an, Jensen hätte recht, dann wäre es unmenschlich, von den Schwarzen gleiche Qualifikationen zu verlangen wie von Weißen. Räumt man Chancengleichheit ein, so wären die Schwarzen auf Grund ihrer genetisch bedingten Fähigkeiten benachteiligt. Die Fragen und Antworten sind kontrovers. Der Haupteinwand vieler Genetiker lautet: der IQ-Wert ist kein absolut gültiger Meßwert.

Die National Academy of Sciences hat 1967 zu diesem Thema eine Stellungnahme abgegeben (abgedruckt in Science **158**, 892, 1967).

1975 hat die Genetics Society of America (GSA) ihre Mitglieder aufgefordert, folgendem Memorandum zuzustimmen:

Statement of GSA Members on Heredity, Race, and IQ

Measurement of Intelligence: The term intelligence refers to mental experience, which is expressed through, and limited by, environmental experience, subjectively viewed from the standpoint of a given culture at a given time. Because the concept of intelligence is dependent on cultural background, no person can produce an intelligence test completely free of cultural bias. Most analyses of genetic and environmental contributions to intelligence have been based on IQ scores, which are human constructs rather than biologic entities. Limitations on the meaning of IQ scores become particularly important when comparisons are made between scores of children from different cultural groups.

Heritability of IQ: IQ scores may be regarded as quantitatively varying characters; these traits are usually influenced by both genetic and environmental factors, whose effects and interactions are often difficult to separate unambiguously even in experimental animals. Only by comparing groups maintained at the same time under identical conditions can one safely ascribe observed character differences to genetic differences between the groups. One comes closer to this ideal in a culturally and economically homogeneous group than in a group with mixed background. Although a major component of the variation in IQ scores observed within such a group may have a genetic basis, this hypothesis remains to be established. The existing data on IQ scores of idential twins raised apart convinces some but not all geneticists of a considerable degree of heritability of IQ.

Racial and Class Differences in IQ: The racial and social class groups whose mean IQ scores have been compared have not lived under identical, nor generally under similar environmental conditions. It would be almost impossible at the present time to find culturally and environmentally comparable Black and Caucasian groups. The difference between wealth and poverty and between black and white skins clearly constitute enormous environmental factors in our society. When identical white twins are reared apart they are usually both reared in white homes of similar cultural background, so that data do not say what happen if one twin were raised in the drastically different black environment. In our view, there is *no convincing evidence of genetic difference in intelligence between races.*

Implications for Society

All human populations are made up of individuals of many genotypes, with differences in genes affecting quantitatively varying character, including mental ability. Each population, whether racially homogeneous or mixed, contains individuals with abilities far above or below the central mode of the group. It is important that rich educational opportunities be available to all children, so that their potentialities may be realized. We firmly believe that in planning education programs, each child should be considered as a valuable individual, rather than as a member of a racial or socioeconomic group. At present, socially and environmentally disadvantaged children, Black or Caucasian, often have problems in schools which limit their future opportunities. We need a variety of approaches to education, available to all children whithout bias, which will allow each child to acquire the basic tools required for self-expression and employment. Further, no system of education should be encouraged which fails to foster the ability to think wherever that potentiality can be found.

The Role of Geneticists

It is our duty as geneticists to work to eliminate racial bias in educational opportunity by increasing public understanding of the relations between genetics, race, and intelligence. While the application of the techniques of quantitative genetics to the analysis of human biometric traits is fraught with many complications and potential biases that can be avoided in experimental organisms, we do not feel that research on the genetics of psychological traits should be prohibited. We feel that education is a legitimate area of research and that geneticists can and should play a role in the design for research projects and prospective studies that will lead to valid and useful conclusions about the genetic determinants of mental abilities. Moreover, we feel that geneticists can and must speak out against the use of genetics to draw sweeping social and political conclusions from inandequate data.

Intelligenz bei Tieren

Es ist eindeutig gezeigt worden, daß Tiere ein intelligentes Lernverhalten zeigen. Die Intelligenz ist

   a) Eine Funktion der Evolutionsstufe.

   b) Es gibt unterschiedliche Ebenen der Intelligenz bzw. des Lernvermögens.

Formensehen und Farbensehen können qualitativ unterschiedliche Auslöser sein. Optimierung (trial and error) ist eine höhere Komplexitätsebene des Lernens als das Assoziieren von Sinnesreiz und Belohnung. Je geringer der Lernaufwand bei adäquaten Reizen und je größer der Erfolg, mit einer gegebenen oder sich ändernden Umwelt fertig zu werden, desto höher ist der Grad der Intelligenz.

Was ist Denken?

Man kennt unterschiedliche Denkformen wie
— denken an etwas
— etwas denken
— über etwas nachdenken.

Wissen und Denken sind durch ihre Unanschaulichkeit charakterisiert. Wissen ist ein Zustand, Denken ein Vorgang. Denken ist eine kontinuierliche oder diskontinuierliche Folge einzelner Schritte des Erfassens von Unanschaulichem. „Etwas denken" und „über etwas nachdenken" sind zwei verschiedene Komplexitätsgrade des Denkens. Bei Denkvorgängen sind Verknüpfungen beteiligt; Erlerntes und Erfahrenes wird in seine Einzelelemente zerlegt und neu kombiniert. Zeichen (Nachrichten) werden zu „Superzeichen" vereint. Es entsteht eine neue (höhere) Ebene der Abstraktion.

Logisches Denken ist ein Verknüpfen von Superzeichen zu Signalen, so daß die verknüpften Bedeutungen eine neue Aussage bilden (= einen Sinn haben).

Es werden durch Verknüpfungen von Nachrichten Schlüsse gezogen. Bestimmte Voraussetzungen (Prämissen) müssen dabei jedoch erfüllt sein.

1. A = B
2. B = C,   daraus folgt
3. A = C

Das schlußfolgernde Denken muß von logisch richtigen Voraussetzungen ausgehen. Über die „Wahrheit" einer solchen Schlußfolgerung ist allerdings dabei noch nichts ausgesagt: Prämissen können falsch sein, und dennoch kann die aus ihnen logisch geschlossene Folgerung richtig sein, z.B.

1. Alle deutschen Großstädte liegen an großen Strömen (falsch: Beispiel – Bielefeld).

2. An großen Strömen liegende Städte haben mehr als 100.000 Einwohner (falsch: Beispiel – Wyhl am Rhein).

3. Alle deutschen Großstädte haben mehr als 100.000 Einwohner (richtig).

Denkmodelle und logisches Denken lassen sich durch Ansätze aus der Boolschen Algebra beschreiben. Das bedeutet aber auch, daß die Gleichungen durch physikalische Modelle wiedergegeben werden können (Bau denkender Automaten, Computerintelligenz, maschinelle Intelligenz). In allen Fällen geht es dabei um Verknüpfungen von Prämissen. Eine Maschine kann nur unter so vielen Möglichkeiten (bzw. Programmen) auswählen, wie in sie hineinprogrammiert wurde. Aber es gibt eine maximale Anzahl (n) von Verknüpfungsmöglichkeiten, die technisch vorgegeben sind. Mehr als n Alternativen kann die Maschine nicht nennen. Sie kann jedoch unter vielen, auch sehr komplexen Alternativen, die günstigste auswählen.

Sicherlich: auch das Denkvermögen des Menschen ist durch die Zahl der Verknüpfungen im Gehirn beschränkt, aber die Zahl ist hoch, und die Grenzen sind nicht absehbar.

Maschinen verstehen nicht, wie sie zu einer Schlußfolgerung gekommen sind, aber auch der Mensch weiß nicht, wie das Schlußfolgern in seinem Gehirn vor sich geht.

Aus der Konstruktion schlußfolgernder Maschinen könnte man wahrscheinlich mehr über Denkprozesse lernen als durch die Analyse des Gehirns (es gibt hier vielfach heute noch keine echten Testverfahren). Wenn man durch das Studium von Denkmaschinen lernen könnte, wie das menschliche Gehirn arbeitet, würde es heißen, daß Schaltalgebra und Neuronenalgebra isomorph sind, d.h. daß ihnen das gleiche logische Verknüpfungsschema zugrunde liegt.

Literatur

Bitterman, M.E.: Comparative studies of the role of inhibition in reversal learning. In: Inhibition and learning. A. Broakes and M.S. Halliday (eds.). New York: Academic Press 1972.

Bodmer, W.F., Cavalli-Sforza, L.L.: Intelligence and race. Sci. Am. Oktober 1970, S. 19.

Dobzhansky, T.: Dynamik der menschlichen Evolution. Gene und Umwelt. Stuttgart: S. Fischer 1965.

Erlenmeyer-Kimling, L., Jarvik, L.F.: Genetics and intelligence. A review. Science **142**, 1477 (1963).

Loehlin, J.C., Lindzey, G., Spuhler, J.N.: Race Differences in Intelligence. San Francisco: Freeman 1975.

The Jensen Thesis. Three Comments. Bull. Atomic Scientist 1970, S. 17.

Alfred Russel Wallace gilt als Begründer der Tiergeographie. 1876 erschien in englischer und deutscher Sprache ▶
sein Werk „Die geographische Verbreitung der Tiere". Daraus stammt das Bild auf der gegenüberliegenden
Seite. Die Darstellung von Tieren erfolgt dabei im Zusammenhang mit dem Landschaftstyp. Die Abbildung
der Tiere selbst und die Zusammenstellung sind bewußt nicht naturgetreu wiedergegeben.

Wallace gilt neben Darwin als Mitbegründer der Selektionshypothese der Evolution. 1858 berichtete er
darüber der Linnean Society in London.

1876 schreibt er in dem oben genannten Werk:

„Wenn wir diese Tatsachen im Auge behalten, daß die Oberfläche der Erde überall langsamen Veränderungen im Kleinen unterworfen ist; daß die Formen und der Bau und die Gewohnheiten aller Lebewesen sich
ebenfalls langsam verändern; während aber die großen Umrisse der Erde, die Kontinente und Ozeane und die
höchsten Bergzüge nur nach sehr langen Zeiträumen und äußerst langsam ihre Form wechseln; so müssen wir
einsehen, daß die gegenwärtige Verbreitung der Tiere auf den verschiedenen Teilen der Erdoberfläche das
Endprodukt aller dieser wundervollen Revolutionen in der organischen und unorganischen Natur ist. Die
größten und radikalsten Verschiedenheiten in den Produkten irgend eines Teiles der Erde müssen von einer
Isolierung durch die wirksamsten und beständigsten Barrieren abhängig sein."

Organisationsebene: Gesellschaften

EIN MALAYISCHER WALD MIT SEINEN CHARAKTERISTISCHEN VÖGELN.

54. Gesellschaften: einseitige, gegenseitige Abhängigkeiten; Ökologie

Alle Organismen stehen in ständiger Wechselwirkung mit ihrer Umwelt. Es sind offene Systeme, mit einem oder mehreren Ein- und Ausgängen.

$$E_i \longrightarrow \boxed{A = f(E)} \longrightarrow A_i$$

Systeme sind Zusammenfassungen verschiedener miteinander reagierender Komponenten.

Eingänge können verschiedenartig sein. Hierzu gehört:

a) Die Aufnahme von Nahrung. Unter $A = f(E)$ unseres Diagramms würde man den gesamten Stoffwechsel verstehen und unter A_i (Ausgang) die Ausscheidung.

b) Die Wahrnehmung von Reizen: Man braucht einen Empfänger für ein Signal (= Sinnesorgane). Die Verarbeitung der Reize ist wiederum sehr unterschiedlich. Wie wir schon gesehen haben, spielt das Nervensystem mit, es werden Reaktionen über das Hormonsystem stimuliert usw. Als Ausgangsgröße mißt man schließlich Reaktionen, die man summarisch als Verhalten bezeichnen kann.

Die Ökologie (der Ausdruck stammt von E. Haeckel) ist das Teilgebiet der Biologie, welches sich mit den Beziehungen der Organismen untereinander und ihrer Umwelt befaßt.

Zur nicht-lebenden Umwelt eines jeden Organismus gehört eine Reihe physikalischer und physikochemischer Größen, so z.B. Energie, Temperatur, Feuchtigkeit, Beschaffenheit des Bodens, pH-Wert des Bodens, Luftbewegung, ferner chemische Faktoren wie Sauerstoff, Kohlenstoff, Wasser, Nährsalze (Ionen) u.a.

Umwelt und alle Organismen, die zusammen einen Lebensraum (Biotop) besiedeln, bilden ein System, ein Ökosystem. Ökosysteme sind Funktionsgefüge, die selbstregulierend sind. Wir werden daher immer wieder auf die Bedeutung der Kontrolle und von Rückkopplungsmechanismen (Zyklen) zurückkommen.

Was ist ein Ökosystem, und wie kann man es beschreiben?

Zunächst muß eine Bestandsaufnahme erfolgen. Erst dann kann man einige spezielle Problemkreise herausgreifen und versuchen, sie zu klären. Man könnte etwa folgende Fragen stellen:

1. Welche Arten von Organismen kommen in einem Ökosystem vor?

2. Wie stehen sie in Beziehung zueinander?

3. Welche anorganischen Komponenten werden benötigt?

4. Was sind Nahrungsketten, und wie sind sie zusammengesetzt?

5. Gibt es Veränderungen (unterschiedliche Muster) in Raum und Zeit?

6. Wie hat sich ein System im Laufe der Evolution entwickelt?

7. Wie wird es kontrolliert?

Ein „einfaches" Ökosystem

Organismen auf der Erde verwenden zum Erhalten ihres Stoffwechsels fast ausschließlich Sonnenenergie. Sonnenenergie kann nur von grünen Pflanzen (und einigen *Monera* und *Protista*) verwertet werden. Solche, die Lichtenergie direkt verwerten, nennt man phototrophe (autotrophe) Organismen, jene, die chemische Energie verwerten, sind die heterotrophen.

Heterotrophe Organismen sind auf das Vorhandensein von autotrophen angewiesen. Sie sind Konsumenten, während man erstere als Produzenten bezeichnet.

In der Abb. 54.1 sind die Beziehungen der Organismen untereinander sowie mit ihrer Umwelt stark vereinfacht wiedergegeben. Das Schema zeigt aber bereits zwei wesentliche Dinge, auf die wir uns bei der Betrachtung von Ökosystemen konzentrieren müssen:

1. Der Energiefluß durch ein Ökosystem ist ein linearer Prozeß.

2. Der Fluß anorganischen Materials ist ein zyklischer Prozeß.

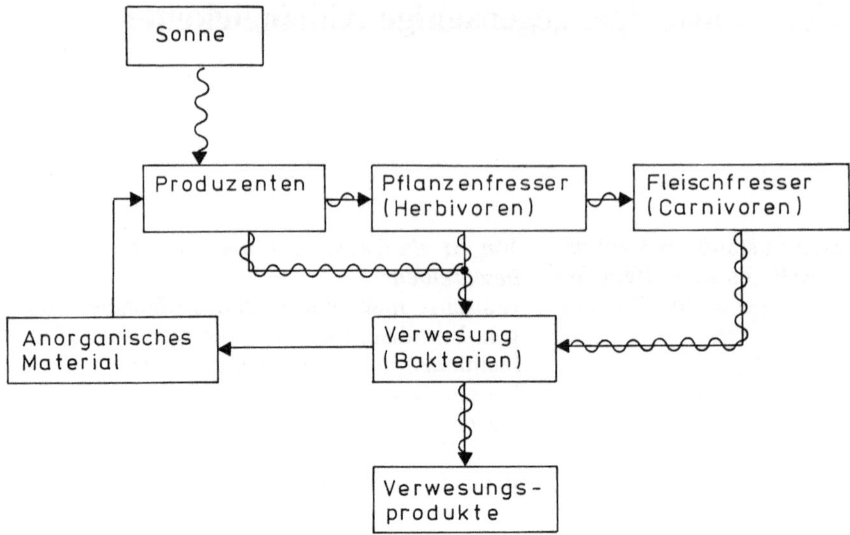

Abb. 54.1. Vereinfachtes Modell des Energie- und Materialflusses in einem Ökosystem (Materialfluß: gerade Verbindungslinien, Energiefluß: geschlängelte Verbindungslinien)

Energiefluß

In einem Ökosystem gibt es unterschiedliche Ebenen (Stufen) der Energieverwertung. Man bezeichnet sie als Trophieebenen und unterscheidet:

T 1: Produzenten
(grüne Pflanzen)
T 2: Konsumenten
(*Herbivoren* = Pflanzenfresser)
T 3: Konsumenten
(*Carnivoren* 1. Ordnung
= Fleischfresser)
T 4: Konsumenten
(*Carnivoren* 2. Ordnung)

Daß diese Einleitung nicht immer strikt eingehalten wird, geht schon aus der Tatsache hervor, daß es z.B. Tiere gibt, die sowohl pflanzliche wie auch tierische Nahrung verwerten (= *Omnivoren*).

Genannt werden müssen noch die

— Abbauprozesse (Verwesungsprozesse) und die
— Verwesungsprodukte (Erdöl, Erdgas, Kohle etc.).

Beim Übergang von einer Stufe zur nächst höheren geht Energie verloren, daraus folgt, daß

1. die Gesamtmasse (Biomasse) und Anzahl der Organismen in $T_4 < T_3 < T_2 < T_1$ ist.

Gramm Trockengewicht / m^2

WASSER (FLUSS)

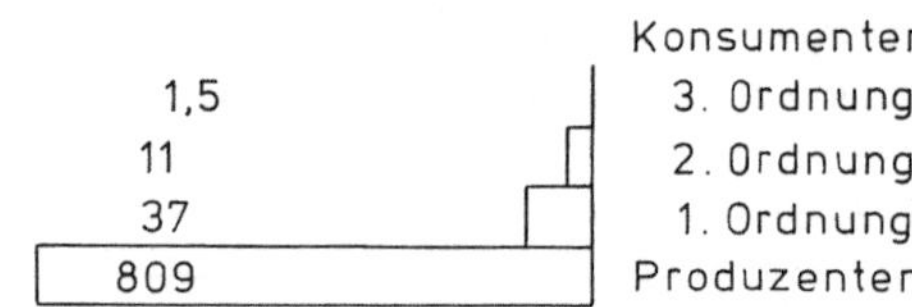

LAND (GRASLAND)

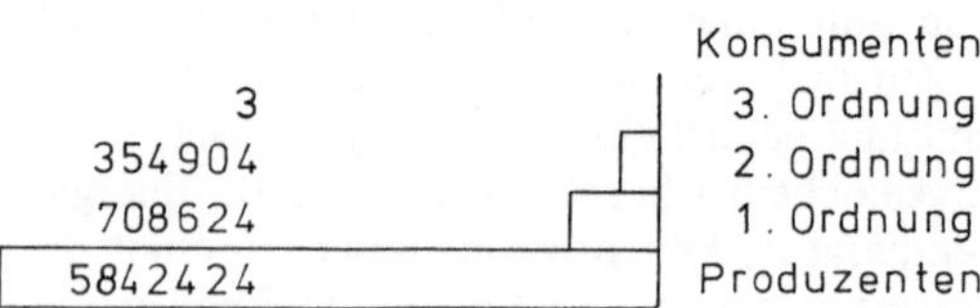

Abb. 54.2. Nahrungspyramiden

Graphisch dargestellt, erhält man eine Pyramide (vgl. Abb. 54.2). Die einzelnen Stufen dieser Pyramide entsprechen den Gliedern einer Nahrungskette. Nahrungskette ist ein vereinfachter Begriff, da eine bestimmte Art sich nicht nur von einer Art der darunterliegenden Ebene ernährt, sondern von vielen. Es ist daher sinnvoller, von einem Nahrungsnetz oder Nahrungsgefüge zu sprechen (s.a. Abb. 5.4).

Spezialfälle: es gibt umgekehrte Pyramiden, und zwar beim Parasitismus, allerdings ist von der Umkehr nur die Zahl der Individuen betroffen, nicht die Gesamtmasse. Eine Nahrungspyramide kann ihre Gestalt auch durch jahreszeitlich bedingte Faktoren verändern (Abb. 54.3).

Als Faustregel kann man sagen, daß bei einem Übergang zur nächsthöheren Trophiestufe nur etwa 1/10 der Biomasse der darunterliegenden verwertet wird. Daraus folgt, daß es nur relativ wenige Trophiestufen geben darf, denn die Ausnützung der Biomasse der Pflanzen etwa durch Vertreter einer 5. Trophiestufe würde nur $(1/10)^4$ betragen, und das wiederum hätte zur Folge, daß ein solches Tier (ein *Carnivor*) über ein sehr großes Einzugsgebiet (Territorium, Revier) verfügen müßte. Es gilt ganz allgemein die Regel, daß Pflanzenfresser (*Herbivoren*) individuen- und artenreicher sind als *Carnivoren* und daß sie mit kleineren Territorien auskommen als letztere. Viele leben in Lebensgemeinschaften (Gruppen, z.T. mit wohl ausgebildeten Sozial-

ordnungen). Die Größe der Gruppen wird durch das Nahrungsangebot mit bestimmt. Es ist keineswegs von Vorteil, ein zu großes Territorium (Revier) in Anspruch nehmen zu müssen, denn das Beherrschen einer großen Fläche erfordert einen hohen Energieumsatz (Bewegung über weite Entfernungen).

2. Nahrungsaufnahme setzt Spezialisierung voraus. Nicht die gesamte Biomasse einer Ebene ist für die Organismen der darüberstehenden brauchbar; man erhält somit spezifische Abhängigkeiten. Die Populationsgröße einer Art (Jäger) hängt von der Populationsgröße der anderen Art (Beute) ab (vgl. Abb. 54.4). In einem geregelten System ergibt sich dadurch eine Oszillation der Populationsgrößen. Solche Oszillationen sind jedoch keineswegs immer leicht nachweisbar, weil ein Jäger in der Regel von einer Anzahl verschiedener Beutetiere lebt; zudem sind die Populationsgrößen vieler Beutetiere oft so viel größer als die Populationsgrößen von Jägern, so daß das Wegfangen einzelner Individuen kaum ins Gewicht fällt. Ein klassisches Beispiel, wo Oszillationen von Populationsgrößen über einen langen Zeitraum hinweg beobachtet wurden, sind die Veränderungen der Anzahl von Luchsen und Schneehasen in Nordkanada. Die Angaben beruhen auf der Anzahl abgegebener Felle gejagter Tiere bei der Hudson-Bay-Com-

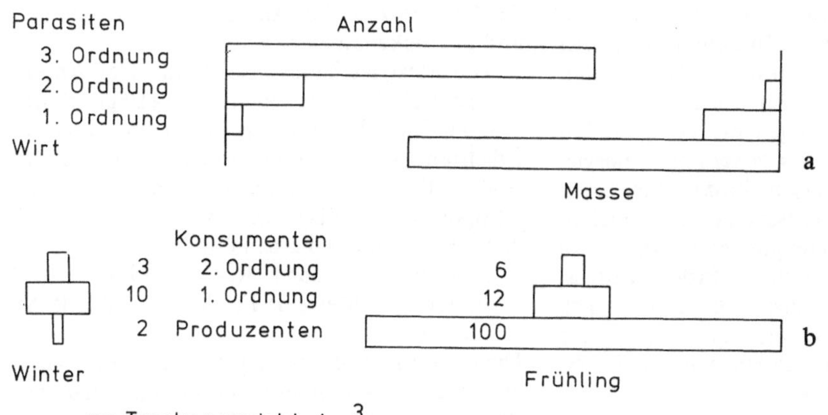

Abb. 54.3 a und b. Umgekehrte Pyramiden; (a) Die Zahl von Parasiten ist größer als die Zahl ihrer Wirte (Voraussetzung, die Größe der Parasiten ist wesentlich kleiner als die der Wirte). (b) Kurzzeitig kann (als Funktion der Jahreszeit) eine umgekehrte Pyramide entstehen. Organismen (Konsumenten) höherer Trophiestufen leben in der Zeit auf Kosten angelegter Reserven. Die Daten wurden 1969 von Ravera am Lago Maggiore gewonnen

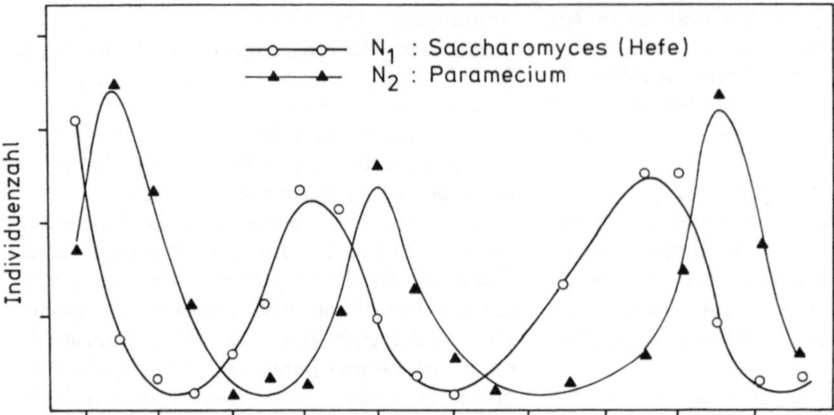

Abb. 54.4. *Paramecium* ernährt sich von Hefezellen. Hat man in einer Kultur viele Hefezellen, so wird sich *Paramecium* gut vermehren. Seine Populationsgröße nimmt zu, dafür nimmt die Menge an Hefezellen ab. Ist eine kritische Grenze unterschritten, kann *Paramecium* sich nicht weiter vermehren. Die *Paramecien* stellen ihre Aktivitäten ein; damit kann sich die Population der Hefezellen erholen. Die Individuenzahl nimmt zu, als Folge davon aber wiederum die der *Paramecien* usw. Wir haben es also mit einer rhythmischen Zu- und Abnahme der Populationsgrößen von Beute und Jäger zu tun. Die Populationsgrößen der beiden Arten sind gegeneinander (zeitlich) phasenverschoben. Man beachte: In der Abbildung sind relative Werte für die Individuenzahlen angegeben. Die Population eines „Jägers" kann natürlich niemals größer sein als die der Beuteobjekte. (Nach G.F. Gause, 1934)

pany. Die gefundene Beziehung besagt jedoch keineswegs, daß der Rückgang der Schneehasen auf das Gefressenwerden durch Luchse zurückzuführen ist (s. hierzu S. 463).

3. Abbau von Biomasse: Daran beteiligt sind vor allem Mikroorganismen (Bakterien, Pilze, Protozoen). Der Abbau wird beschleunigt, wenn weitere Arten (viele Bodenbewohner wie Würmer, Insekten, Insektenlarven u.a.) beteiligt werden. Durch ihre Stoffwechselleistungen erfolgt ein partieller Abbau.

Den Endabbau besorgen die besagten Mikroorganismen. 90% des gesamten Energieflusses geht durch diesen Prozeß hindurch. Nur ein geringer Prozentsatz der ursprünglich eingesetzten Sonnenenergie kann in Form organischer Abbauprodukte (Erdöl, Erdgas, Kohle) gespeichert werden. Der größte Teil geht in Form von Wärme verloren. Wärme kann bekanntlich von Organismen nicht als Energiequelle benutzt werden.

Mineralien

Da Stoffaufnahme und -umwandlung Energie erfordert, ist einleuchtend, daß auch hier die grünen Pflanzen an erster Stelle einer Pyramide stehen.

Der Pflanzenkörper besteht aus:

a) den Elementen C, O, N, H, P und

b) anorganischen Ionen.

Der Wasseranteil beträgt bei krautigen Pflanzen 80–90%, bei einigen Früchten (z.B. der Gurke) 95%, bei Algen 98%, in Holz 50% und in trockenen Samen 13–14%.

Der Rest ist Trockensubstanz. Der Anteil anorganischer Komponenten beträgt darin z.B. bei Tabakblättern 10–20%, in Samen und Früchten 1–5%. Anorganische Komponenten sind in Pflanzenasche nachweisbar. Bei hoher Temperatur verflüchtigen sich CO_2, H_2O, NH_3, SO_2, und es bleiben übrig:

in großen Mengen: P, K, Ca und Mg,

in geringen Mengen: Fe, Mn, Cu, Zn, B, Si und Mo.

Die in geringen Mengen vorkommenden – aber essentiellen – Elemente bezeichnet man als Spurenelemente.

Ionen werden nach der Verwesung der Pflanzen- (und Tier-)körper dem Boden wieder zugeführt. Verluste treten im Gesamtsystem nicht auf. Anders ist es natürlich, wenn ein Pflanzenbestand abgeerntet wird (land-

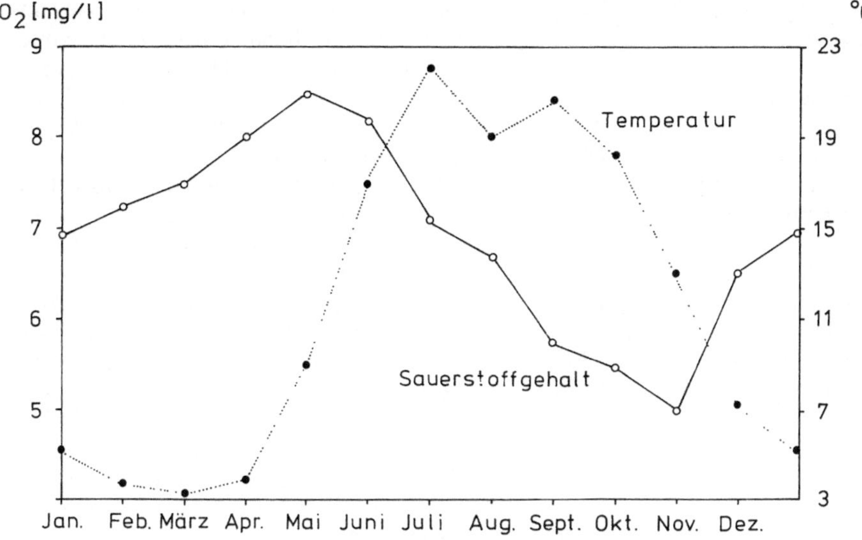

Abb. 54.5. Sauerstoffgehalt und Temperatur des Wassers im Züricher See

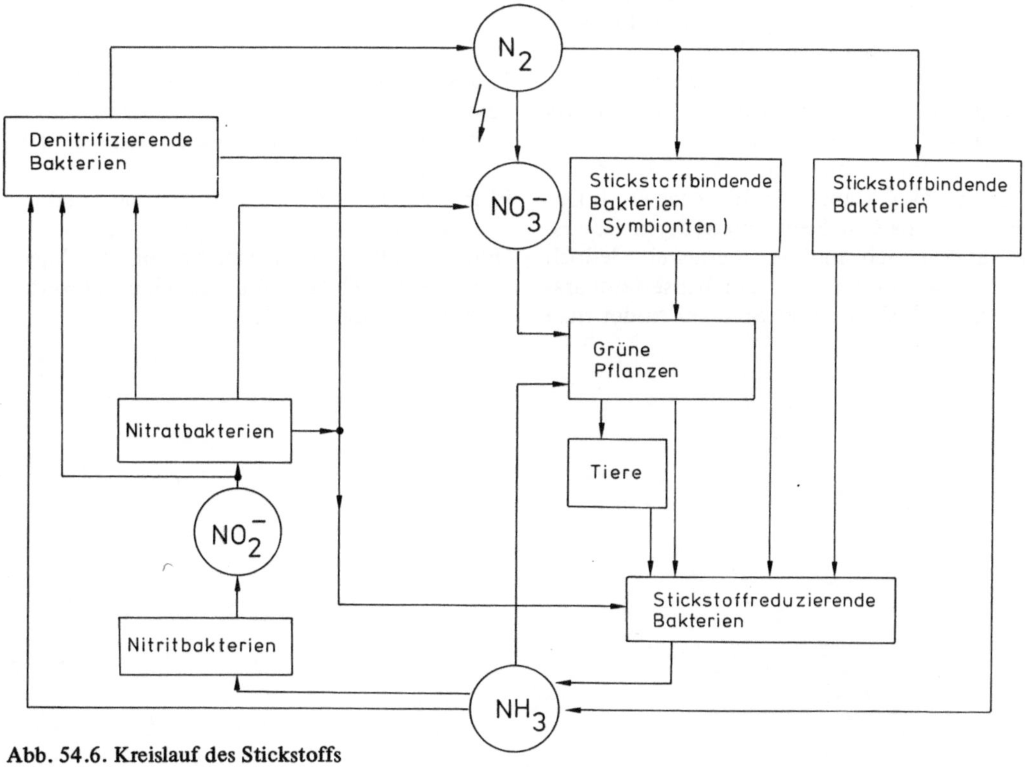

Abb. 54.6. Kreislauf des Stickstoffs

wirtschaftliche Nutzung). Dem kann durch Düngung entgegengewirkt werden, wobei zu beachten ist, daß:

a) man bei Düngung mit Kompost eine optimale Ergänzung fehlender Substanzen erhält.

b) Stalldung (Exkretion von Tieren) selektiv ist. Stickstoff ist angereichert. Die Gesamtzusammensetzung ist für Pflanzen nicht unbedingt optimal.

c) bei künstlicher Düngung Dosis und Zusammensetzung kritisch sind. Jede Düngung ist nur so gut wie ihr schwächstes Glied (J. v. Liebig, 1840). Es besteht die Gefahr der Überdüngung etwa mit Phosphat (s. hierzu Kapitel 57).

Kreisläufe der Elemente

Das Vorkommen und den Umsatz von Elementen kann man in Form von Kreisläufen darstellen. In der Abb. 14.2 wurde der Kreislauf des Kohlenstoffs wiedergegeben. Ergänzend sollen an dieser Stelle der Kreislauf des Sauerstoffs und der des Stickstoffs besprochen werden.

Selbstverständlich kann man entsprechende Zyklen auch für Phosphat, für NaCl, für Wasser, für Schwefel usw. aufstellen.

Sauerstoff: Der Anteil in der Atmosphäre beträgt 20%, der Gehalt gelösten Sauerstoffs im Wasser liegt weit darunter und ist eine Funktion der Temperatur. Bei $0°$ C werden ca. 14 mg O_2/l gelöst, bei $30°$ 7 mg O_2/l. Der Sauerstoffgehalt in Seen und anderen Gewässern ändert sich mit der Jahreszeit, jedoch nicht direkt proportional zur Wassertemperatur. Im Frühjahr und im Sommer findet man die höchsten Werte, im Oktober und November, trotz bereits abnehmender Wassertemperaturen, die niedrigsten. Die Ursache hierfür ist in der Produktion von Sauerstoff auf Grund der Photosyntheseaktivität (von Algen) zu suchen (vgl. Abb. 54.5).

Stickstoff (vgl. Abb. 54.6): Stickstoff ist für den Stoffwechsel essentiell, und zwar für Pflanzen als Nitrat (in oxydierter Form). Stickstoff kann von Bodenbakterien (Nitrit- und Nitratbakterien; stickstoffbindende Bakterien, s. Kapitel 29) fixiert werden. Tiere scheiden Stickstoff in Form von Ammoniak, Harnstoff oder Harnsäure aus.

Die eben vorgestellten Kreisläufe sind in sich geschlossene Systeme; ihrerseits sind sie jedoch nur Elemente bzw. Teilsysteme von Ökosystemen. Es ist keineswegs so einfach, ein vollständiges Ökosystem darzustellen. In der Tat gibt es bis heute eigentlich nur relativ bescheidene Ansätze hierzu. Recht gut beschrieben sind kleine, leicht überschaubare Systeme wie z.B. stehende Gewässer (See, Teich).

Literatur

The Biosphere: Sci. Am. September 1970.

Czygan, F.C.: Der Stickstoff-Kreislauf in der Natur. Biologie in unserer Zeit 1, 101 (1976).

Ellenberg, H.: Ökosystemforschung. Berlin–Heidelberg–New York: Springer 1973.

Odum, E.P.: Fundamentals of Ecology., 3. Aufl. Philadelphia–London–Toronto: W.B. Saunders 1971.

55. Ökosysteme: Quantitative Betrachtungsweise, Energiebilanz; Wachstum, Konkurrenz, Koexistenz

Jedes System entwickelt Eigengesetzmäßigkeiten, die den Komponenten des Systems fehlen. Es ist dennoch unabdingbar, die spezifischen Eigenschaften von Organismen zu kennen, bevor man versucht, zu verstehen, welche Wechselwirkungen sie untereinander und mit ihrer Umwelt eingehen können. Es muß u.a. bekannt sein:

1. welche Stoffwechselleistungen Individuen erbringen;

2. daß es bei verschiedenen Arten unterschiedliche Stoffwechselwege gibt (so z.B. die verschiedenen Wege der Photosynthese, S. 193);

3. wie die Nahrungsaufnahme erfolgt und

4. wie sich Individuen (oder Arten) vor Umwelteinflüssen schützen.

Es gibt eine Fülle von Beobachtungen, die teils partiell, teils erschöpfend Antwort auf diese Fragen geben.

Die Beschreibung eines Ökosystems ist unzureichend, wenn man sich ausschließlich auf qualitative Aussagen beschränkt. Bei einer quantitativen Betrachtung stehen primär zwei Themen an:

1. Energiebilanz (Energieumsatz) in einem Ökosystem.

2. Wachstumsfunktionen.

Wenn quantitative Daten vorliegen, kann man sie durch eine mathematische Funktion beschreiben. Mathematische Funktionen sind extrapolierbar, man kann somit (statistische) Modelle konstruieren und Voraussagen über das Verhalten eines Ökosystems machen. Hierin liegt der wesentliche Wert dieser Hilfsmittel.

Von Interesse wären z.B.

1. Voraussagen über die Größe bestimmter Insektenpopulationen zu einem bestimmten Zeitpunkt in einem definierten Lebensraum (Biotop). Stichwort: Schadinsekten, Insektenbekämpfung (s.a. S. 29).

2. Voraussagen über die Entwicklung der menschlichen Gesellschaft (s. hierzu Kap. 56).

Ein statistisches Modell führt aber nur dann zu sinnvollen Schlüssen, wenn es auf richtigen Ausgangswerten beruht.

Energiebilanz

Wieviel der eingestrahlten Sonnenenergie kann von grünen Pflanzen ausgenützt werden?

Wieviel Biomasse entsteht, wo entsteht sie, und wie wird sie gespeichert?

Es gibt verschiedene Klimazonen, unterschiedliche Beschaffenheit des Bodens usw., die als Ursache dafür angesehen werden können, daß in bestimmten Gebieten der Erde nur eine spärliche, in anderen eine üppige Vegetation auftritt.

Den Energieumsatz gibt man in kcal/Flächen- oder Volumeneinheit pro Zeiteinheit an; kcal ist eine sinnvolle Dimension. Man geht dabei davon aus, daß bei der Verbrennung von einem Mol Glucose ($\sim$ 200 g) 686 kcal frei werden. Man kennt Umrechnungsfaktoren, über die man die Verbrennungswärme von Fetten, Eiweißen u.a. auf diese Größe beziehen kann. Nichtsdestotrotz gibt es viele Autoren, die Biomasse einfach in Form von Gewichtseinheiten (kg, Tonnen etc.) angeben. Auch in einigen der im folgenden gebrachten Beispiele werden diese Dimensionen verwendet.

Als Flächeneinheit bewährt sich je nach Größe des zu untersuchenden Areals m^2 oder km^2; für die Bezugsgröße Zeit können Tag oder Jahr eingesetzt werden.

Die Produktionsrate verschiedener Lebensräume ist in Tabelle 1 dargestellt.

Das nächste Problem: Wo wird in der Pflanze Energie (in Form von Biomasse) gespeichert; wieviel geht verloren?

Wie aus den in Tabelle 2 zusammengestellten Daten hervorgeht, kann diese Frage für unterschiedliche Vegetationszonen verschieden beantwortet werden.

Tabelle 1 (nach E.P. Odum, 1963)

	Flächenanteil (%)*	Produktionsrate (10^3 kcal m^{-2} Jahr^{-1})	Gesamtproduktion (10^{16} kcal Jahr^{-1})
Wüsten	8	0,5	0,8
Steppen, Grasland, tiefe Seen, Bergwälder, einige Kulturlandschaften	12	0,5– 3,0	15,9
Tropische Wälder, flache Seen, feuchtes Grasland, Kulturlandschaften	6	3,0–10	35,9
Korallenriffe, intensiv bewirtschaftete Flächen	1	10 –25	8,8
Kontinentalschelf	7	0,5– 3,0	6,8
Ozeane	66	10	32,6

* Gesamtfläche: 5×10^8 km^2.

Tabelle 2 (nach E.P. Odum, 1963)

	Tundra	Taiga	Eichenwald	Tropischer Regenwald	Wüste
Speicherung in: (Angaben in %)					
Sproß					
einjährige Teile	10	6	1	8	8
perennierende Teile	6	70	74	70	1
Wurzeln	76	22	23	17	48
Verlust	8	2	2	5	43
Speicherung (absolute Werte)					
[kg pro Hektar]	30.400	266.000	406.500	525.000	21.900
Produktionsrate [kg pro Hektar und Jahr]	2.500	7.000	9.000	32.500	9.500

Wachstum (Vermehrung): limitierende Faktoren

Eine Wachstumsfunktion haben wir am Beispiel der Vermehrung von *Escherichia coli* auf S. 152 kennengelernt. Sie ist eine Exponentialfunktion dN/dt, wobei N die Anzahl der Individuen ist; sie ist außerdem von der Wachstumsrate (Reproduktionsrate: r) abhängig, so daß wir schreiben können:

$$\frac{dN}{dt} = rN$$

Löst man die Gleichung auf, erhält man:

$$N_t = N_0 \, e^{rt}$$

Hierbei ist N_t die Individuenzahl am Ende einer gegebenen Zeit und N_0 die Individuenzahl zu Beginn des Versuchs (oder der Beobachtung). Durch Umformen der Gleichung entsteht:

$$\ln N_t = \ln N_0 + rt$$

Graphisch dargestellt, erhält man bei Wahl einer arithmetischen Skala eine J-förmige

Kurve, die mit ständig zunehmender Steigung ins Unendliche wächst. Den Anfangsteil der Funktion nennt man Anlaufphase, den zweiten logarithmische Wachstumsphase.

Bei logarithmischer Darstellung findet man eine Gerade (s. Abb. 55.1).

Zum Wachstum werden Ausgangssubstanzen und Energie benötigt. Beide sind in jedem physikalischen System nur in endlichen Mengen vorhanden und wirken einem uneingeschränkten Wachstum entgegen. Das bedeutet aber auch, daß auf Grund limitierender Faktoren eine maximale Populationsgröße (Kapazität: K) nicht überschritten werden kann. Eine Wachstumsfunktion nähert sich diesem Wert in der Regel asymptotisch.

Ergänzt man obige Wachstumsfunktion durch den Kapazitätsparameter, kommt man zu:

$$\frac{dN}{dt} = rN \frac{K - N}{K}$$

Damit ist ein Gleichgewicht erreicht. Die Wachstumsrate (r) ist aus 2 Messungen der Populationsgröße zu zwei Zeitpunkten während der log. Wachstumsphase ($t_2 - t_1$) ablesbar, r gibt somit die Steigung der Geraden an.

Die Wachstumsrate (Zuwachsrate) als Funktion einer Wachstumskurve ist deren erste Ableitung nach der Zeit (s. Abb. 55.1), r durchläuft dabei ein Maximum (r_{max}).

Chapman definierte 1928 die Zuwachsrate eines Systems als Biotisches Potential, wobei r von:
— der Anzahl der Nachkommenschaft/Generation
— der Anzahl der Generationen/Zeiteinheit und
— der Überlebenschance unter gegebenen Umweltbedingungen
abhängig ist.

Man kann auch sagen:

Zuwachsrate = Geburtenrate − Sterberate.

Konkurrenz, Koexistenz

Zwei Arten mit den gleichen Anforderungen können nicht im gleichen Lebensraum existieren. Eine der Arten hat einen, wenn auch oft nur sehr kleinen, Selektionsvorteil und wird sich durchsetzen. Ein Beispiel, wie sich Mischpopulationen zweier Arten unter experimentellen Bedingungen verhalten, sei in Abb. 55.2 gezeigt.

Paramecium aurelia setzt sich gegenüber *Paramecium caudatum* durch. *Paramecium aurelia* ist kleiner als *P. caudatum*, seine Vermehrungsrate ist unter den gegebenen Bedingungen höher, das führt zu einem steileren Anstieg der Wachstumskurve von *P. aurelia* (wenn man beide Arten getrennt, aber unter gleichen Bedingungen kultiviert).

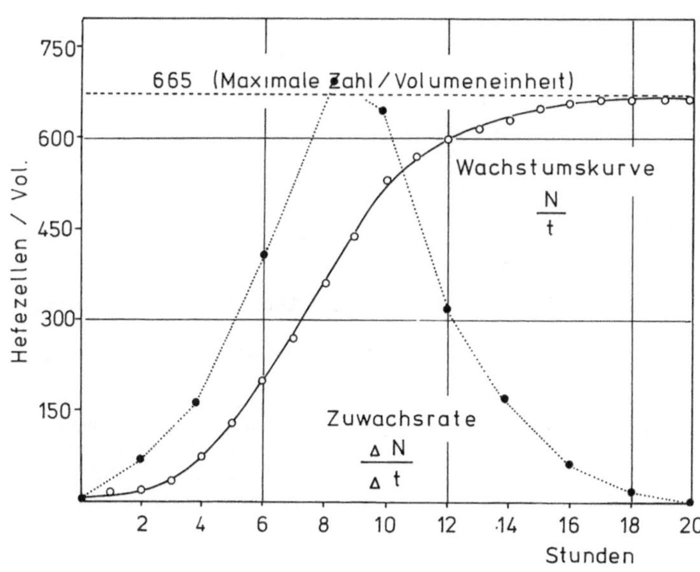

Abb. 55.1. Wachstumskurve, Zuwachsrate, Kapazitätsgrenze

In verschiedenen Umwelten können genau umgekehrte Verhältnisse auftreten. Ein schönes Beispiel hierfür sind die von T. Park (Chicago) untersuchten Käferarten

Tribolium confusum und

Tribolium castaneum.

Die Überlegenheit einer Art über die andere hängt von der Temperatur und der Feuchtigkeit ab. Wie Abb. 55.3 zeigt, überwiegt *T. castaneum* bei heißen und trockenen Bedingungen, *T. confusum* bei feuchten und kalten.

Unterschiedliche Optima der Lebensbedingungen und das Phänomen der Konkurrenz führen zur Segregation von Populationen.

a) Räumliche Segregation. Ein Beispiel hierzu: *Balanus* und *Chtalamus* (zwei nah verwandte Krebsarten) kommen in benachbarten Biotopen in der Gezeitenzone an Meeresküsten vor (Abb. 55.4). *Balanus* ist gegenüber Austrocknung sehr empfindlich. Es ist also ein physikalischer Faktor, der eine Ausbreitung begrenzt. *Chtalamus* kann sich gegen *Balanus* nicht durchsetzen. Seiner Ausbreitung steht somit ein biologischer Faktor entgegen. Er besiedelt eine Zone, die relativ häufig austrocknet.

Auch in menschlichen Populationen findet man Abgrenzungserscheinungen, wie es sich z.B. in der Segregation der schwarzen und der weißen Bevölkerung in Städten der USA zeigt.

b) Zeitliche Segregation. Pflanzen der Krautschicht im Laubwald blühen vorwiegend im Frühjahr. Zu der Zeit erhalten sie genügend Licht, um Photosynthese treiben zu können.

Mathematisch kann Konkurrenz durch folgende Differentialgleichungen beschrieben werden:

$$\frac{dN_1}{dt} = r_1 N_1 \frac{K_1 - N_1 - \alpha N_2}{K_1}$$

$$\frac{dN_2}{dt} = r_2 N_2 \frac{K_1 - N_2 - \beta N_1}{K_2}$$

N_1 und N_2 sind die Individuenzahlen der Arten *1* und *2*, α ist der Konkurrenzkoeffizient (hemmender Effekt der Art *2* auf *1*). β ist der hemmende Effekt von *1* auf *2*.

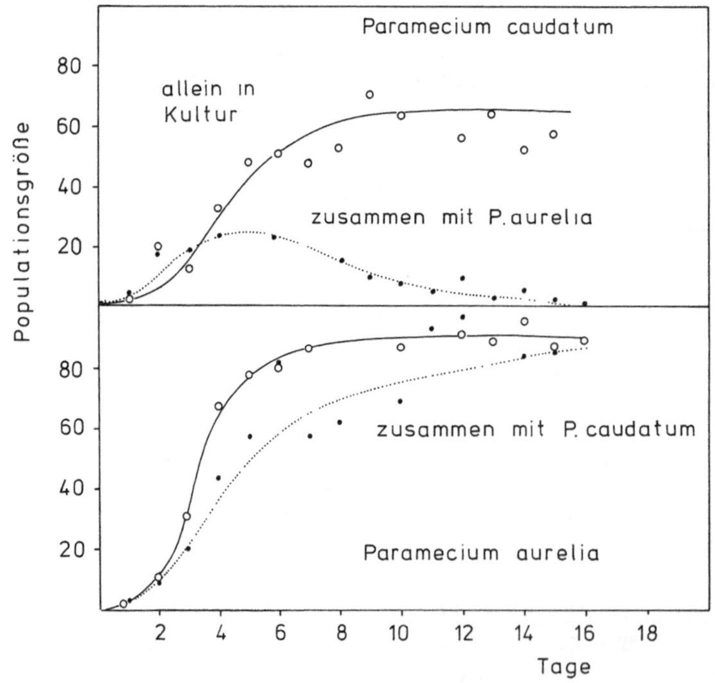

Abb. 55.2. Konkurrenz zwischen zwei nah verwandten Arten von *Paramecium* mit ähnlichen ökologischen Ansprüchen (Nischen). Wenn getrennt gehalten, zeigen sie normale Wachstumskurven, wenn zusammen kultiviert, wird *Paramecium caudatum* eliminiert. (Nach Allee *et al.*, 1949 und G.F. Gause, 1934)

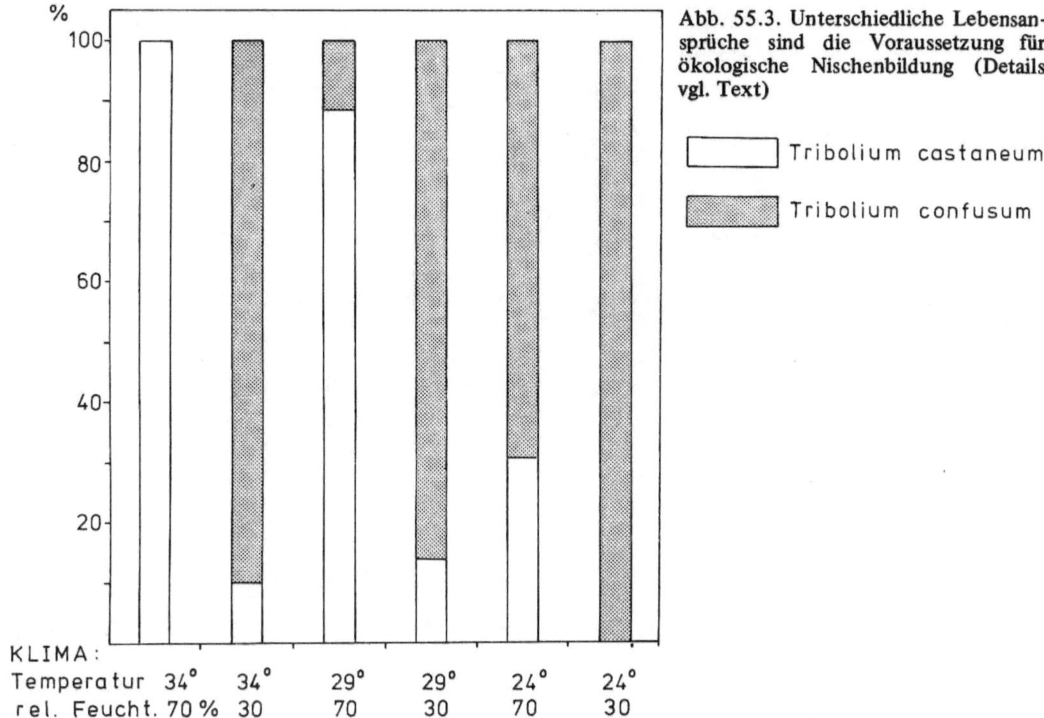

Abb. 55.3. Unterschiedliche Lebensansprüche sind die Voraussetzung für ökologische Nischenbildung (Details vgl. Text)

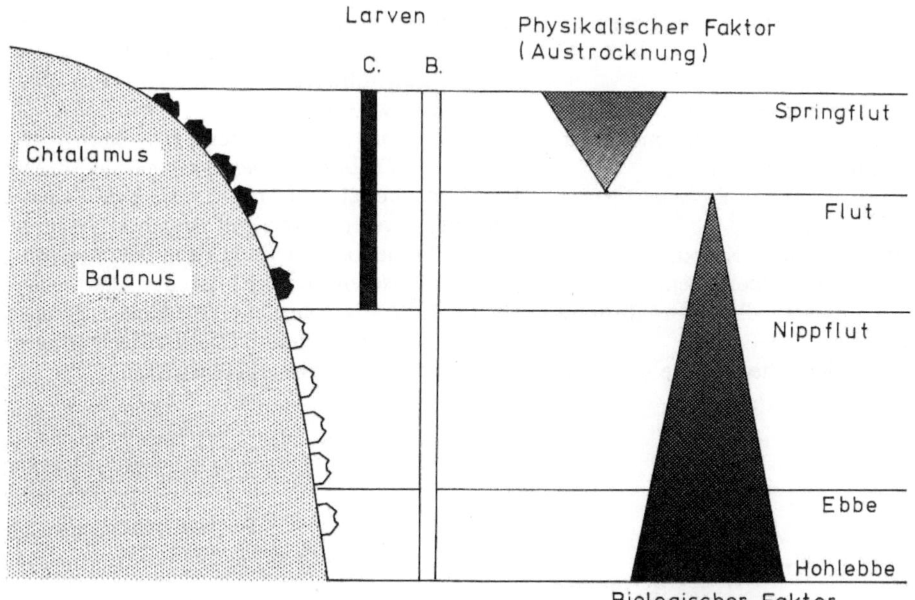

Abb. 55.4. Ausbreitung zweier Krebsarten (*Balanus* und *Chtalamus*) in der Gezeitenzone. Physikalische und biologische Faktoren, die einer Ausbreitung der beiden Arten entgegenwirken. (Nach J. Connell, 1961: aus E.P. Odum, 1971)

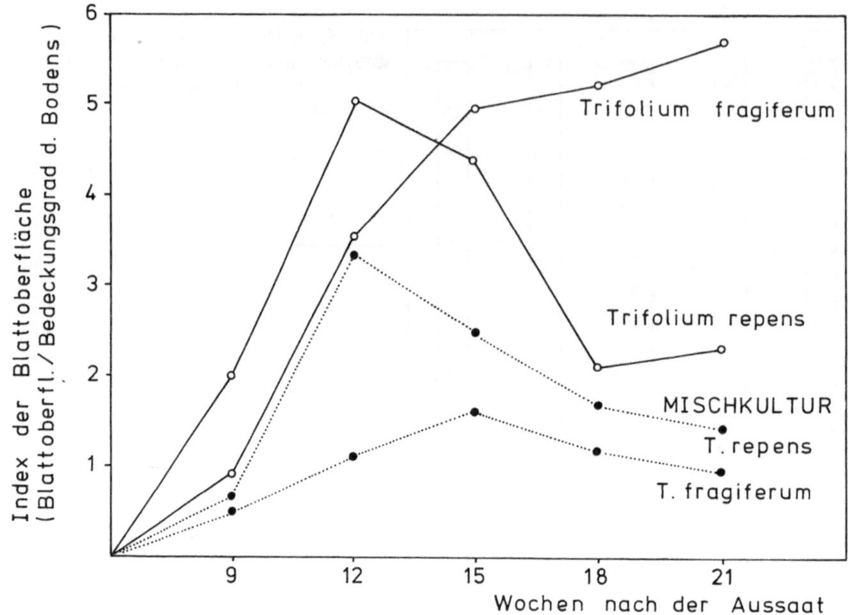

Abb. 55.5. Koexistenz. Zwei Kleearten in Reinkultur und in Mischkultur. (Nach Harper und Chatsworth, 1963, aus E.P. Odum, 1971)

Im Fall unseres Parameciumbeispiels (Abb. 55.2) ist α z.B. das Verhältnis

[*Paramecium caudatum*] / [*P. caudatum* + *P. aurelia*]

und β

[*P. aurelia*] / [*P. aurelia* + *P. caudatum*]

Die Art mit dem höchsten Konkurrenzkoeffizienten eliminiert die andere Art.

Sind α und β

$\ll K_1/K_2$ und K_2/K_1

erfolgt keine Eliminierung (= Koexistenz).

Koexistenz ist dann gegeben, wenn

1. zwei Arten unterschiedliche Ernährungsbedingungen haben,

2. wenn unterschiedliche Gründe der Mortalität (Sterberate) gegeben sind,

3. wenn sie gegenüber toxischen Substanzen unterschiedlich reagieren,

4. wenn sie gleiche Empfindlichkeit in Bezug auf kontrollierende Faktoren (Licht, Wasser etc.) aufweisen.

Ein Beispiel: 2 Kleearten (*Trifolium fragiferum* und *Trifolium repens*) können in Mischkulturen überleben (Abb. 55.5). Das Nebeneinander zweier Arten mit gleichen Ansprüchen führt jedoch zu Reduktion von Leistungen. In unserem Beispiel ist der Blattindex (Verhältnis: Blattoberfläche/bedeckte Bodenfläche) für beide Arten in Mischkultur geringer als in den Reinkulturen beider Arten.

56. Modelle: Grenzen des Wachstums; DDT in unserer Umwelt; Eutrophierung von Seen

Im Kapitel 55 haben wir die mathematischen Voraussetzungen zum Beschreiben eines Ökosystems kennengelernt. Wir wollen die Betrachtung an dieser Stelle ergänzen, um zu zeigen, zu welchen Schlußfolgerungen man durch ihre Anwendung gelangen kann.

Allen mathematischen Ansätzen haften folgende Mängel an:

1. Der Input eines Ökosystems ist sehr variabel und oft nicht vorhersagbar, z.B. der Faktor Klima (Wetter) u.a.

2. Die Zahl der Wechselwirkungen in einem Ökosystem ist sehr hoch.

3. Die Wechselwirkungen sind qualitativ und quantitativ unterschiedlich.

4. Es ist oft schwierig, die genannten Wechselwirkungen (Interaktionen) zu identifizieren.

Die für uns nützlichen mathematischen Modelle bestehen aus 4 Grundelementen:

1. Den Systemvariablen (V):
Gruppe von Werten, die man einsetzt, um einen Zustand zu beschreiben, z.B.

a) Energiemenge auf unterschiedlichen Verbraucherebenen.

b) Anzahl der Individuen in der Population.

c) Zeit, die ein Jäger braucht, um seine Beute zu verzehren, u.a.

2. Den Übergangsfunktionen (F):
Interaktionen (Wechselwirkungen), Fluß (Energie- und Materialfluß) innerhalb des Systems.

3. Den Antriebsfunktionen (I):
Energie- und Materialmenge, die dem System von außen zugeführt wird.

4. Den konstanten Parametern (Proportionalitätsfaktoren), z.B. Verhältnis Beute/Jäger u.a.

Das mathematische Modell des Ökosystems beruht auf einem Satz von Gleichungen, die den Energieaustausch von einer Ordnung zur anderen beschreiben. Der Input in die jeweils höhere Ordnung wird durch die Übergangsfunktion (F) beschrieben.

1. Grenzen des Wachstums

Sinnvoll ist es, mit den genannten Funktionen zu versuchen, eine Vorhersage über die Entwicklung der menschlichen Bevölkerung zu machen. Die Vorstellung, daß die menschliche Bevölkerung nicht ins Unendliche wachsen dürfe, wurde erstmals von T.R. Malthus (1766 –1834) ausgesprochen. Seine Gedanken wurden bis in unsere Zeit hinein für absurd gehalten. Im Auftrag des "Club of Rome", einer international zusammengesetzten Vereinigung von Personen, die an Zukunftsfragen interessiert sind, haben D. Meadows (Massachussetts Institute of Technology), E. Pestel (T.U. Hannover) und M. Mesarović (Univ. of Cleveland) Prognosen vorgelegt, die in den letzten Jahren Anlaß zu heftigen Diskussionen wurden. Einige der wesentlichen Merkmale dieser Studien seien im folgenden skizziert.

In der Studie von Meadows und seinen Mitarbeitern wird ein Weltmodell durchgerechnet. Die Welt wird dabei als ein System mit den Systemvariablen

– Rohstoffvorräte
– investiertes Kapital
– Umweltverschmutzung
– Bevölkerungszahlen und
– Lebensqualität (Lebensstandard)
betrachtet.

Unter Berücksichtigung dieser Größen, der Übergangsfunktionen und der Proportionalitätsfaktoren läßt sich ein Flußdiagramm darstellen, das einer mathematischen Behandlung zugänglich ist, das zeigt, wie die einzelnen Größen untereinander verknüpft sind und welche Zusammenhänge bestehen (wir werden ein solches Flußdiagramm an einem „einfachen" Beispiel im folgenden Abschnitt im Detail besprechen).

Als limitierende Größen wurden eingesetzt:

1. der Vorrat an ausbeutbaren, nicht erneuerbaren Rohstoffen;

2. die Absorptionskapazität der Umwelt für Schadstoffe;

3. die Reserven potentiellen Ackerlandes;
4. der Ertrag pro Hektar Land.

Niemand weiß genau, wo diese Grenzen liegen. Sie sind möglicherweise nach oben verschiebbar, etwa durch Anwendung neuer Technologien, sie können jedoch auch durch Mißbrauch herabgesetzt werden, z.B. durch einen erhöhten Energieverbrauch in Industrieländern oder durch Land-Raubbau in Form ineffizient genutzten Bodens in gerodeten tropischen Regenwäldern.

Wichtig bei der Betrachtung der Modelle sind die Rückkopplungsschleifen, durch die zeitliche Verzögerungen hervorgerufen werden. Diese Verzögerungen sind die Ursache für das „Überschwingen" von Systemen.

Setzt man Zahlenwerte in das Modell ein, kann man das Systemverhalten für die kommenden 50 Jahre erkennen. Die Extrapolationen sind unter verschiedensten Voraussetzungen erfolgt, u.a. ging man davon aus, daß

a) die bisherigen Zuwachsraten aller Systemvariablen beibehalten werden, oder

b) daß eine der Variablen manipuliert (fixiert) wird und das Verhalten des Systems unter diesen Bedingungen betrachtet wird.

Zu a). Die Bevölkerungszahl durchläuft im Jahre 2020 ein Maximum und fällt dann langsam ab, die Lebensqualität sinkt bereits zu einem früheren Zeitpunkt (Abb. 56.1).

Zu b). Verändert man in den Modellrechnungen den Parameter Rohstoffvorräte (reduzierte Nutzung), nimmt die Umweltverschmutzung drastisch zu.

Umgekehrt proportional dazu nehmen Bevölkerungszahl und der Lebensstandard ab. Hierbei erfolgt zunächst ein Überschwingen nach unten, anschließend nehmen Bevölkerungszahl und Lebensstandard jedoch wieder exponentiell zu,
— ein Musterbeispiel für ein aus dem Gleichgewicht geratenes System (Abb. 56.2).

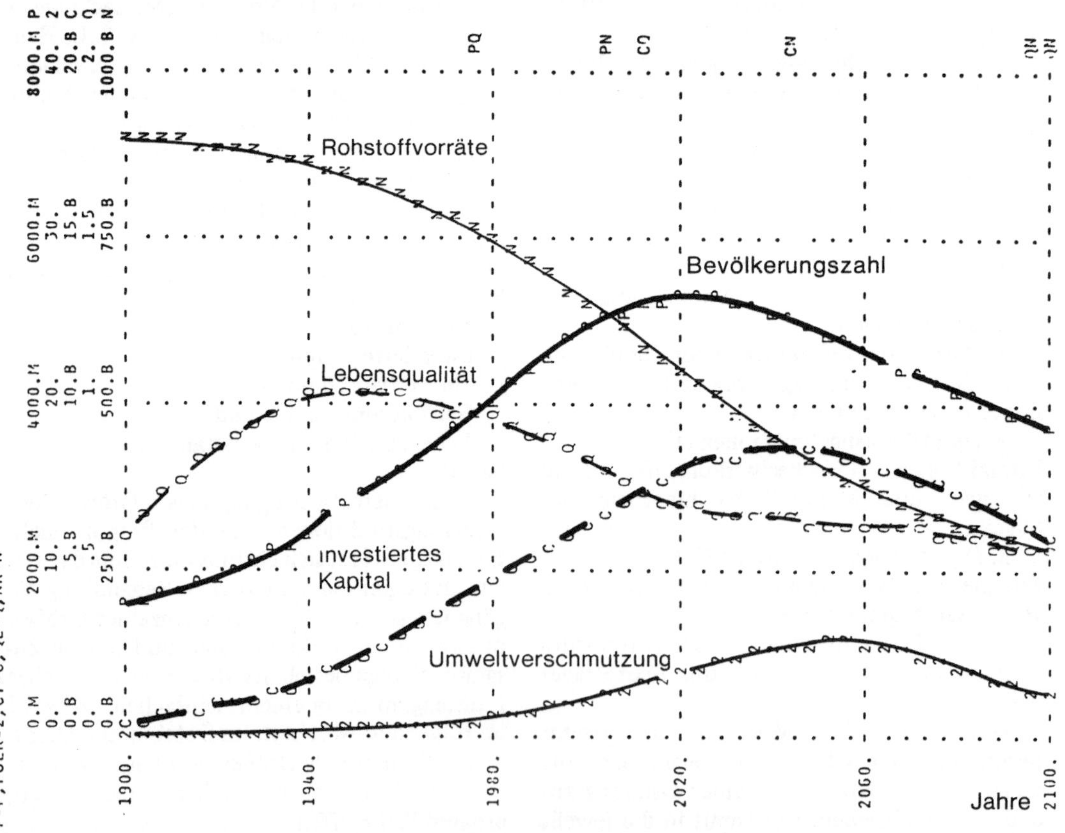

Abb. 56.1. Standardlauf des Modells "World 2". Entwicklung der 5 Zustandsgrößen unter der Annahme, daß keine entscheidenden Maßnahmen erfolgen. (Aus D.L. und D.H. Meadows, 1974)

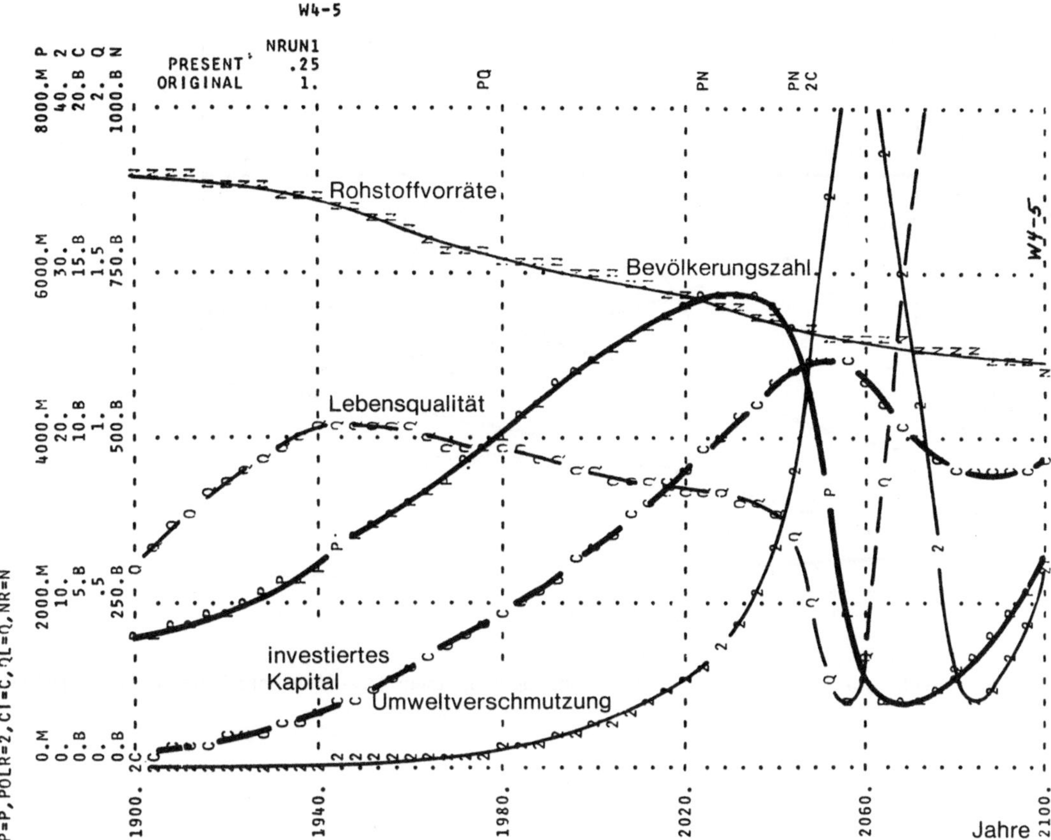

Abb. 56.2. Geringe Nutzungsrate der Rohstoffe führt zur Katastrophe durch Umweltverschmutzung. (Aus D.L. und D.H. Meadows, 1974)

Ähnliche Vorhersagen erhält man bei Modifikation anderer Systemvariablen.

Ein Gleichgewichtszustand wird nur dann erreicht, wenn:

a) die Kapitalinvestition um 40% reduziert wird;

b) die Geburtenrate und der Verschmutzungsgrad um 50% und die Nahrungsmittelproduktion um 20%. Ferner müßte

c) die Rohstoffausnutzung dreimal effektiver geschehen als heute.

Es ist Meadows vorgeworfen worden, daß seine Aussagen zu pauschal seien und daß die Probleme der Entwicklung der Weltbevölkerung nicht global betrachtet werden dürften. Die eingesetzten Zahlen beruhen auf Schätzwerten und seien nicht zuverlässig. Entwicklungsländer hätten ganz andere Probleme als Industrieländer. Unterschiedliche Gesellschaftsformen und politische Systeme würden in jedem Einzelfall verschieden reagieren usw.

Die Modellrechnungen von M. Mesarović und P. Pestel sind wesentlich stärker aufgeschlüsselt. Sie teilen die Erde in verschiedene Gebiete ein und berechnen die Schicksale dieser Gebiete getrennt. Um es vorweg zu sagen: ihre Aussagen sind keineswegs optimistischer. Stellvertretend seien zwei Analysen der Entwicklung Südasiens vorgestellt:

a) Nahrungsmittelbedarf (Abb. 56.3) und

b) die Folgen verspäteter Bevölkerungspolitik (Abb. 56.4).

2. DDT in unserer Umwelt

Über die Bedeutung von DDT haben wir im Kapitel 5 gesprochen.

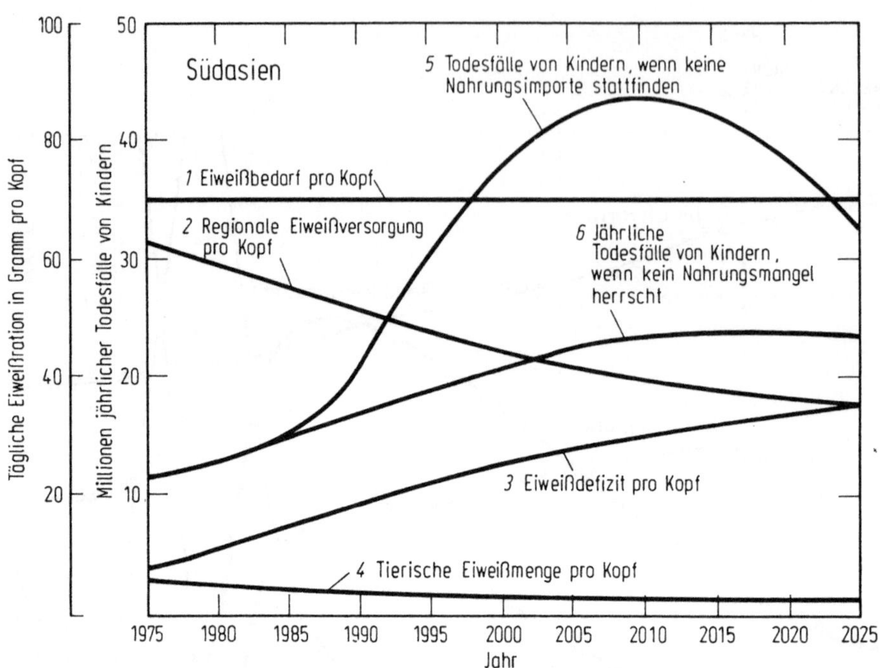

Abb. 56.3. Wirkungen einer Nahrungsmittelverknappung in Südasien. (Aus M. Mesarović und E. Pestel, 1974)

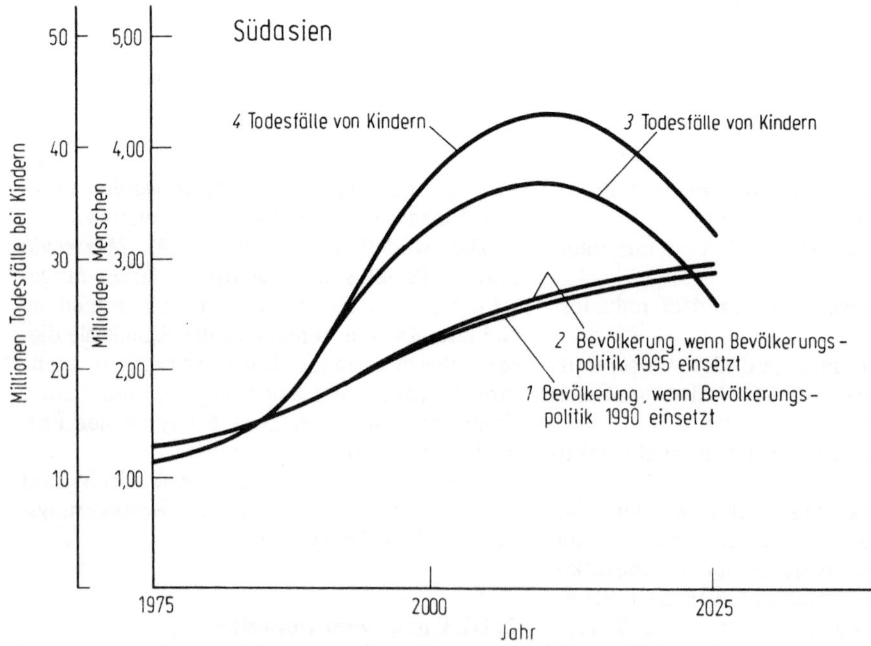

Abb. 56.4. Tödliche Folgen einer verspäteten Bevölkerungspolitik in Südasien. Wenn „*1*", dann folgt „*3*"; wenn „*2*", dann ist mit „*4*" zu rechnen. (Aus M. Mesarović und E. Pestel, 1974)

J. Randers aus der Arbeitsgruppe von Meadows hat das Problem „DDT in unserer Umwelt" nach den gleichen Kriterien durchgerechnet wie Meadows die Systemvariablen: Rohstoffe, Bevölkerungsgröße . . .usw. Hierbei wurden die in der Tabelle genannten Werte in das Modell des DDT-Flusses in der Umwelt eingespeist. Aus ihnen wurde ein Flußdiagramm zusammengestellt (Abb. 56.5).

d) Wahl der günstigsten Parameter (Abb. 56.6).

e) Wahl der ungünstigsten Parameter (Abb. 56.7).

Auch bei d) und e) geht man davon aus, daß die Anwendungsrate allmählich reduziert wird.

DDT	optimistisch	wahrscheinlich	pessimistisch
Anteil in der Luft (dimensionslos)	0,1	0,5	0,9
Verzehrte Menge in Lebendgewicht (jährl.; Tonnen)	5	10	50
Verzehrter Anteil (dimensionslos)	0,5	0,5	0,5
Zerlegter Anteil (dimensionslos)	1	0,1	0
Abbau-Halbwertzeit im Meer (j.)	3	10	30
Sublimations-Halbwertszeit vom Boden (j.)	0,5	2	10
Ausscheidungs-Halbwertszeit (j.)	0,05	0,3	0,7
Halbe Lebenszeit der Fische (j.)	1	3	10
Masse der Fische (t)	6×10^8	6×10^8	6×10^8
Masse der Durchmischungsschicht in Tonnen	3×10^{16}	3×10^{16}	3×10^{16}
Konzentrationsfaktor des Planktons (dimensionslos)	1000	2000	10.000
Halbwertszeit der Aufnahme (j.)	0,01	0,05	0,2
Halbwertszeit des Durchlaufs (j.)	0,05	0,1	1
Anteil im Boden (dimensionslos)	0,3	0,3	0,3
Lösungs-Halbwertszeit (j.)	200	500	2000

Den Begriff „Rate" oder Umsatz beschreibt die Beziehung

$$R = \frac{\text{gespeicherte Menge}}{1{,}5 \times \text{Halbwertszeit}}$$

Da auch hier viele Zahlen Schätzwerte sind, kann man für jeden Fall eine wahrscheinliche, eine optimistische und eine pessimistische Extrapolation durchführen.

a) Steigende Anwendungsrate: Wie auch in allen folgenden Fällen tritt DDT erst nach einer Verzögerungszeit in Fischen auf.

b) Die Anwendungsrate bleibt konstant (auf dem Wert von 1971)! Die Konzentration in Fischen nimmt noch bis zum Jahre 2020 zu.

c) Allmähliche Abnahme der DDT-Anwendung: Mit einer Verzögerungszeit von 10 Jahren erfolgt eine Abnahme der DDT-Menge in Fischen.

Zusammenfassung und Schlußfolgerungen:

1. DDT kann über sehr weite Strecken verteilt werden, und zwar durch Versprühen, Bodenerosion, Winde, Meeresströmung und Fischzüge.

2. Die hohe Stabilität des DDT und die Verzögerungsfaktoren bei Naturprozessen führen dazu, daß das DDT erst mehrere Jahre nach seiner Anwendung im Nahrungsnetz der Meere in bedeutenden Konzentrationen auftritt.

3. Auch nach einer Senkung der Anwendungsrate von DDT steigen die Konzentrationen im Nahrungsnetz noch über mehrere Jahre weiter an.

Der Punkt 3 und die Simulation (Abb. 56.6) zeigen uns, daß viele Vogelarten, die bereits heute stark gefährdet sind, in den kommenden 25 Jahren (= Verzögerungsfaktor) mit Sicherheit ausgestorben sein werden.

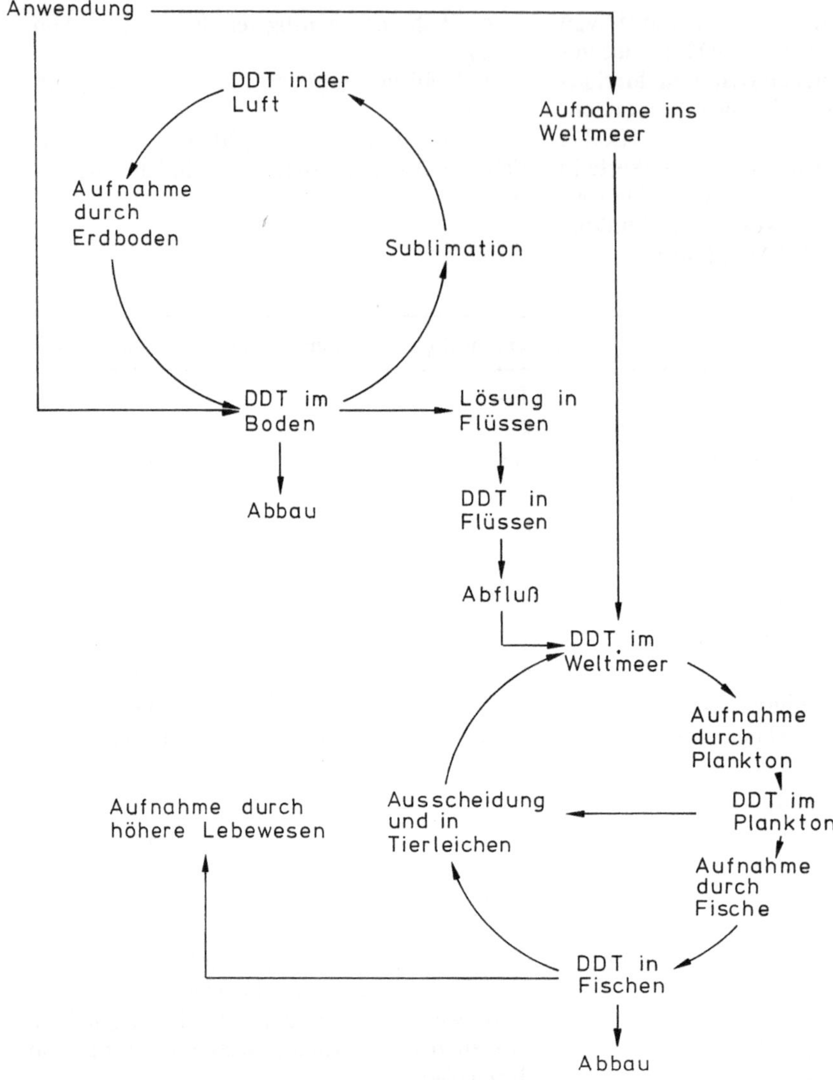

Abb. 56.5. Flußdiagramm: DDT in der Umwelt. (Nach J. Randers, 1974)

Größere Schäden sind selbst dann unvermeidbar, wenn man nach Erkennen der Schäden die DDT-Anwendung unverzüglich einstellen würde.

3. Eutrophierung von Seen

Seen können nährstoffarm (oligotroph) oder nährstoffreich (eutroph) sein. Selbstverständlich gibt es alle Übergänge zwischen den beiden Extremen.

Gebirgsseen sind in der Regel oligotroph, Moorseen eutroph. Durch Zuführung von Nährstoffen kann ein oligotropher See eutroph gemacht werden. Einer der Hauptfaktoren hierbei ist die Zufuhr von Phosphat.

Ursachen:

1. Überdüngung von Äckern in Seenähe mit Phosphaten (Nitraten u.a.).

2. Phosphate in überhöhten Konzentrationen: Bestandteile von Waschmitteln (Weichmachern) gelangen als Abwasser in Flüsse und Seen. (Kläranlagen, die nach biologischen Ver-

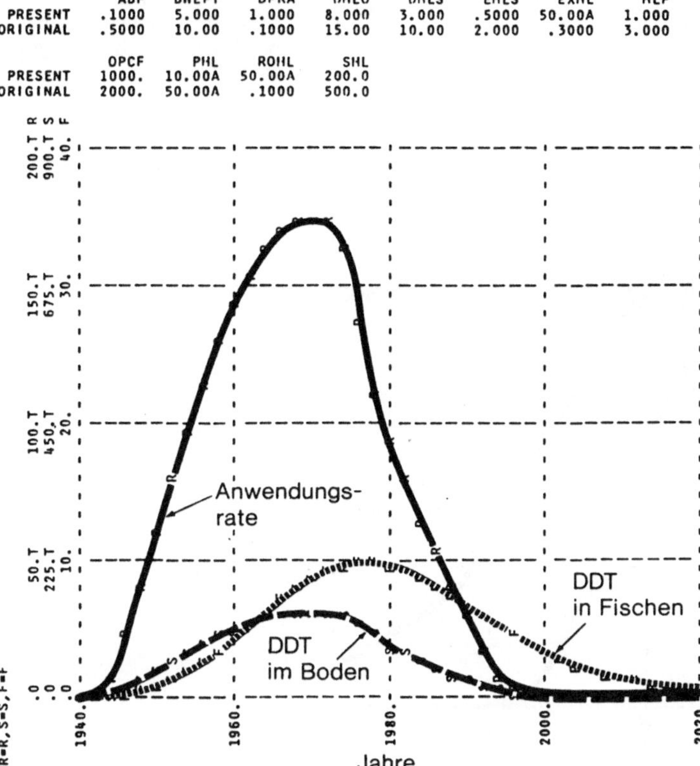

Abb. 56.6. DDT in der Umwelt. Modell unter Annahme der günstigsten Parameter

fahren arbeiten, reduzieren nicht den Gehalt an Phosphaten.)

Der Eutrophierung proportional ist der Bestand der Seen an Lebewesen (Art und Zahl). Somit hängt auch der Gehalt an Sauerstoff mit dem Eutrophierungsgrad zusammen.

Ein vereinfachtes Modell: Nährstoffzufuhr führt zu erhöhter Algenproduktion im See. Hierbei wird zunächst zusätzlicher Sauerstoff gebildet. Da photosynthetisierende Algen in großer Menge nur nahe der Seeoberfläche vorkommen und in einem See meist keine starke Wasserdurchmischung stattfindet, geht viel Sauerstoff an die Atmosphäre verloren. Wenn die Algen absterben, werden sie von Bakterien abgebaut. Hierbei wird insgesamt mehr Sauerstoff verbraucht als die Summe von zusätzlich gebildetem Sauerstoff + bereits vorhandenem Sauerstoff. Als Folge davon fällt die Sauerstoffkonzentration beträchtlich ab.

Arten, die auf viel Sauerstoff angewiesen sind, sterben aus. Am Boden des Sees bildet sich Faulschlamm (*Detritus*). Die Fäulnisprozesse verbrauchen Sauerstoffreste. Es entstehen toxische Kohlenwasserstoffe (Methan u.a.). Somit sterben auch die restlichen Arten im See ab: der See kippt um. Er ist tot. Extremes Beispiel: Eriesee in den USA.

Oligotrophe Seen sind in der Regel sauerstoffgesättigt. In eutrophen Seen fällt der Sauerstoffgehalt oft auf 30% des Sättigungswertes (vor allem in tieferen Schichten: dem *Hypolimnion*).

Eutrophierung unter natürlichen Bedingungen erfolgt über tausende von Jahren, Eutrophierung durch menschlichen Einfluß über sehr kurze Zeiträume (Jahrzehnte).

Man kann alternative Vorschläge erarbeiten, um einer Eutrophierung von Seen entgegenzuwirken, wobei an folgendes zu denken wäre:

1. Gründliche Behandlung der Abwässer mit dem Ziel, Nährstoffe zu entfernen.

2. Weitläufigste Verteilung von Abwässern; Einleitung möglichst nur in rasch fließende Flüsse.

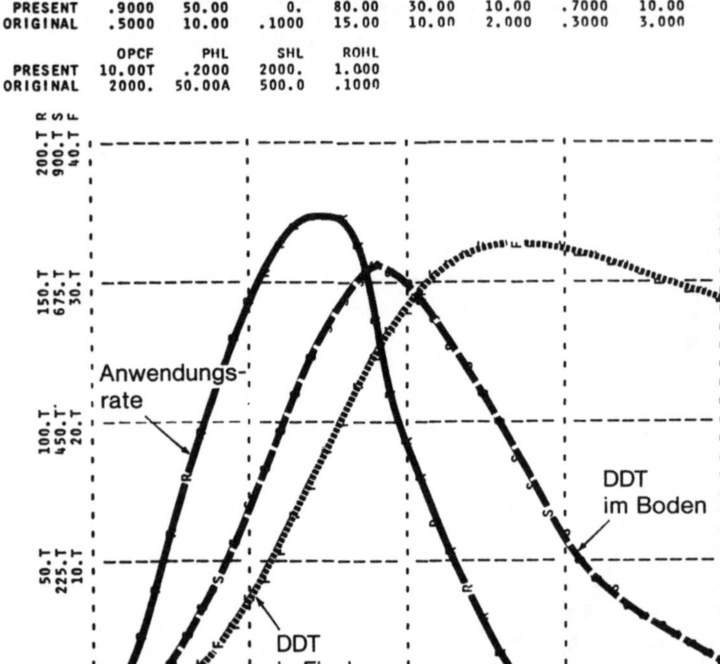

Abb. 56.7. DDT in der Umwelt. Simulation bei Wahl der schlechtestmöglichen Parameter

3. Behandlung mit Algiziden.

4. Entfernung von *Detritus* vom Gewässerboden durch Ausbaggern.

5. Abernten der Algen. Vorteil: Sie können getrocknet als Futtermittel verwendet werden.

Wie für den DDT-Einsatz (s. S. 404) ließe sich auch für die Eutrophierung ein Regelkreis (Ursache – Wirkung) darstellen.

Entsprechend den vorangegangenen Beispielen kann damit das Schicksal der Eutrophierung im Modell vorausberechnet werden. J.M. Anderson, ebenfalls vom Massachussetts Institute of Technology, hat sich dieser Aufgabe unterzogen und kommt zu folgenden Aussagen:

a) Verlauf der Eutrophierung unter natürlichen Bedingungen (Nährstoffanreicherung: 1 μg/Liter und Jahr) (Abb. 56.8).

b) Nährstoffanreicherung: 10 μg/Liter und Jahr. Das Bild ähnelt dem vorangegangenen.

c) Ausgang wie bei b), jedoch jährliche Zunahme der Werte um 2%. Folge: das System bricht zusammen, der See kippt um (Abb. 56.9).

d) Anwendung von Algiziden: Das Gewässer bleibt sauerstoff- und nährstoffgesättigt, aber Biomasse und *Detritus* nehmen den Wert 0 an, man erhält ein totes Gewässer.

e) Künstliche Sauerstoffzufuhr: führt zu kurzzeitiger Entlastung, langfristig jedoch zur Zunahme von Biomasse und *Detritus* und damit zu erneutem Sauerstoffmangel. Typischer Fall für positive Rückkopplung: die Belüftung steigert den Bedarf an Belüftung – das System ist im Ungleichgewicht.

Aus allem folgt: Manipulationen haben nur kurzzeitig Erfolg, es gibt nur einen Ausweg: eine starke Einschränkung der Nährstoffzufuhr.

4. Abwasserprobleme in der BRD

In Abb. 56.10 ist für einzelne Bundesländer zusammengestellt, wie gut (und ob überhaupt) die Abwässer gereinigt werden. Die Herkunft der Abwassermengen, die über die öffentliche Kanalisation abgeleitet werden, wird wie folgt angegeben (1969) (Tabelle auf S. 407):

Herkunft der Abwässer	Mill. m^3	%
Grund- und Bachwasser	2,331	13,3
Häusliches und kleingewerbliches Abwasser	8,706	49,8
Industrielles Abwasser	6,451	36,9
	17,488	
Direkte Einleitungen aus Industriebetrieben pro Tag*		
nicht vorbehandelt	1,660	5,9
vorbehandelt, aber ungenügend gereinigt	4,240	15,1
Kühlwasser, jedoch teilweise mit Abwasser vermischt	17,850	63,3
überwiegend salzhaltiges Grubenwasser	4,405	15,7
	28,155	100

*Aus Abwasserstatistik der BRD (Bundesinnenministerium) aus W. Engelhardt: Umweltschutz. München: Bayr. Schulbuchverlag 1973.

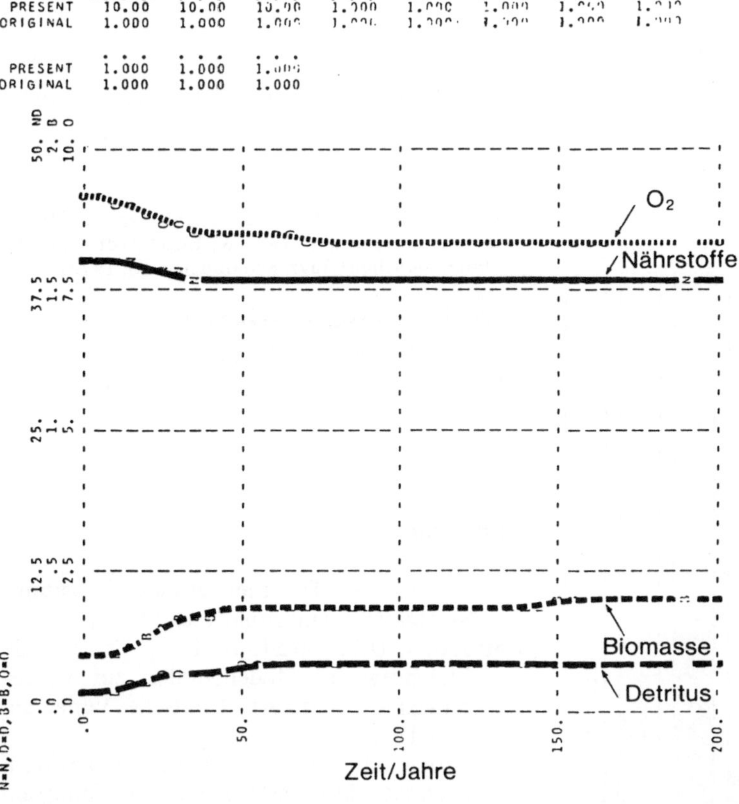

Abb. 56.8. Eutrophierung eines Sees bei geringer Nährstoffzufuhr. (Aus J.M. Anderson, 1974)

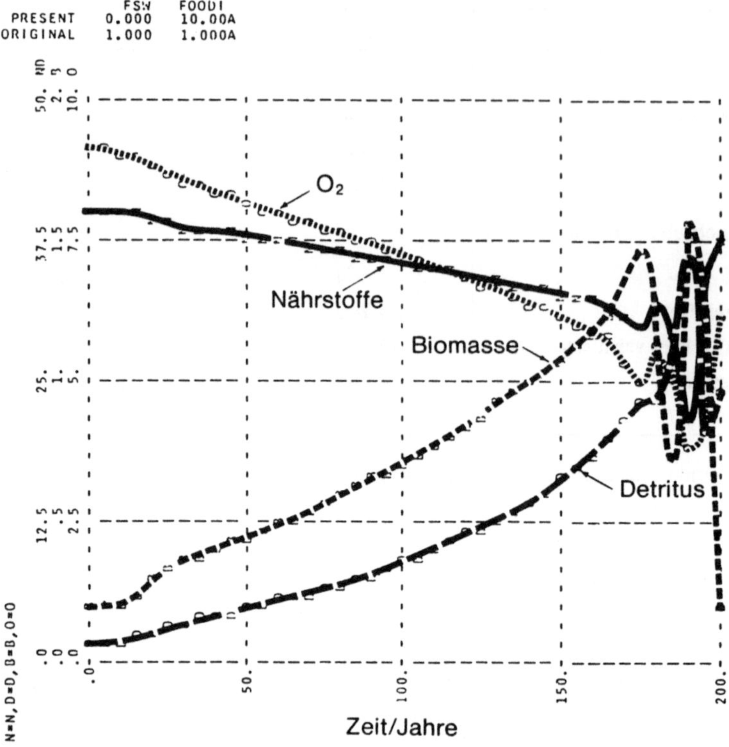

Abb. 56.9. Eutrophierung eines Sees bei ständig steigender Nährstoffzufuhr. (Aus J.M. Anderson, 1974)

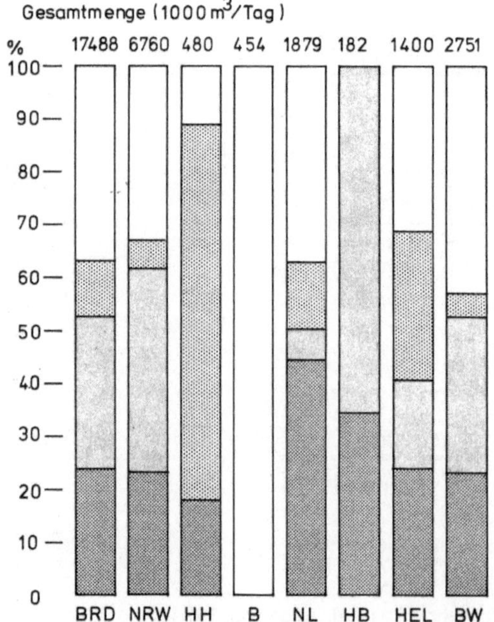

Abb. 56.10. Aus: Abwasserstatistik der BRD (Bundesinnenministerium). (Aus W. Engelhardt: Umweltschutz. München: Bayr. Schulbuchverlag 1973)

Öffentliches Abwasserwesen (1969)

| unbehandelt | teilbiologisch |
| mech. behandl. | vollbiologisch |

Literatur

Meadows, D.L.: Die Grenzen des Wachstums. Stuttgart: dtv informativ 1972.

Meadows, D.L., Meadows, D.H.: Das globale Gleichgewicht. Modellstudien zur Wachstumskrise. Stuttgart: Deutsche Verlagsanstalt 1973.

Mesarović, M., Pestel, E.: Menschheit am Wendepunkt. Stuttgart: Deutsche Verlagsanstalt 1974.

57. Lebensräume, Lebensgemeinschaften, Strategie der Anpassung, Kommunikation, Verhalten

Wir haben in den letzten Kapiteln einige scheinbar mehr theoretische Erörterungen über Ökosysteme behandelt. Es gehört viel Detailwissen dazu, einen Lebensraum mit allen darin befindlichen Arten von Lebewesen zu erfassen. Viele Einzelheiten sind sehr gut untersucht worden, und vieles ist in einer umfangreichen, z.T. populärwissenschaftlichen Literatur und in Schullehrbüchern exzellent dargelegt. Es können an dieser Stelle nur einige Themenkreise kurz gestreift werden, die zwangsweise etwas oberflächlich dargestellt und durch subjektiv gewählte Beispiele untermauert werden:

1. Welche Organismen kommen in einem Lebensraum vor?

2. Wie sieht der Lebensraum aus, und durch welche Merkmale sind die Organismen an diese Lebensbedingungen angepaßt?

3. Wie stehen die Organismen in Beziehung zu ihrem Lebensraum?

4. Inwieweit können Organismen den Lebensraum zu ihren Gunsten verändern?

5. Kommunikation, Verhalten.

Ökosysteme sind keine auf ewig bestehenden Strukturen. Ganz allgemein kann man sagen, daß jedes System im Laufe der Zeit komplexer wird, ein Ökosystem wird artenreicher, die Wechselwirkungen werden vielfältiger, das Gesamtsystem wird in sich stabiler. Je komplexer es ist, desto unwahrscheinlicher ist es aber, daß es sich nach einer radikalen Zerstörung wieder in der alten Form ausbildet. Sehr komplexe Ökosysteme, wie etwa der tropische Regenwald oder ein Korallenriff, sind endgültig verloren, wenn sie durch menschliche Einwirkung verändert werden. Ein mitteleuropäischer Laubwald hingegen kann sich in einer Reihe von Jahren regenerieren. Das geschieht über eine Reihe instabiler Zwischenstufen. Die Abfolge solcher, z.T. nur über relativ kurze Zeit bestehender Gesellschaften nennt man Sukzession.

1. Welche Organismen kommen in einem Lebensraum vor?

Eine Bestandsaufnahme: Dazu bedarf es einer sehr guten Artenkenntnis. Eine Bestandsaufnahme sagt uns nicht nur, wo welche Arten vorkommen, sondern wir können aus einer solchen Liste bereits ablesen, welchen Lebensraum wir vor uns haben. Bestimmte Arten sind für viele Lebensräume charakteristisch. Um noch mehr Informationen zu erhalten, darf man sich nicht mit der Angabe begnügen, ob eine Art vorkommt oder nicht, sondern man muß quantitativ arbeiten und feststellen können, wie häufig sie in dem betreffenden Lebensraum zu finden ist. Das prinzipielle Vorgehen soll hier nur am Beispiel von Pflanzengesellschaften dargestellt werden.

a) Man kann die Vegetation der Erde vom Äquator zu den Polen gehend in verschiedene Zonen einteilen (Pflanzengeographie):
- tropische Regenwälder
- subtropische und montane Regenwälder
- Hartlaubgewächse
- regengrüne Gehölze (Monsun- und Trockenwälder, Dornenbüsche) und tropische Grasfluren
- Steppen
- Wüsten und Halbwüsten
- sommergrüne Laubwälder
- immergrüne Nadelwälder
- baumlose polare und alpine Gebiete.

b) Innerhalb einer Vegetationszone können Lebensräume im Detail beschrieben werden. Damit beschäftigt sich die Pflanzensoziologie. Ihre Probleme lauten u.a.: Wodurch sind ein Wald, eine Wiese, ein Moor etc. charakterisiert? Ist Wiese gleich Wiese und Wald gleich Wald? Die Antwort darauf lautet: nein. Je nach Standort und Klima unterscheiden sich z.B. Wiesen grundlegend voneinander. Allen ist gemeinsam, daß die Gräser die am häufigsten dort zu findenden Pflanzenarten sind. Nach der häufigsten Grasart benennt man den Typ der Wiese. So kommt in Süddeutschland auf vielen Wiesen die Art *Arrhenatherum elatius* (Glatthafer) vor. Deshalb spricht man hier von Glatthaferwiesen. Andere Wiesentypen sind gekennzeichnet durch besonders häufiges Vorkommen von *Festuca pratensis* (Wiesenschwingel), *Alopecurus pratensis* (Wiesenfuchsschwanz) oder *Trisetum flavescens* (Goldhafer). Während man Goldhaferwiesen vorwiegend in trockenen Höhenlagen findet, ist die Wiesenfuchsschwanzwiese in feuchten Niederungen verbreitet.

Wiesen können als Pflanzengesellschaften allein in Mitteleuropa an den meisten Standorten gar nicht existieren. Sie würden über kurz oder lang von anderen Pflanzenarten überwachsen werden, es würde ein Wald entstehen. Eine Wiese muß deshalb regelmäßig geschnitten werden. Eine Alternative dazu wäre die Beweidung durch Haustiere. Eine solche Grasfläche (Weide) unterscheidet sich von einer Wiese durch das Vorkommen anderer Arten, z.B. *Poa pratensis* (Rispengras) oder *Lolium perenne* (Weidelgras), die einen Verbiß besser überstehen als die eingangs genannten Wiesengräser.

2. Wie sieht ein Lebensraum aus? Merkmale, durch die Organismen an bestimmte Lebensbedingungen angepaßt sind

a) Physikalische Größen eines Lebensraumes

Man kann den Biotop einer Art, wie schon angedeutet, durch physikalische Größen beschreiben, die sich nicht nur qualitativ, sondern auch quantitativ voneinander unterscheiden. Die Temperatur kann man in Grad angeben, die Feuchtigkeit und den Salzgehalt in Prozent, die Luftbewegung in Meter pro Sekunde, die Lichtintensität in Lux, die Lichtqualität durch die Wellenlänge und das Ionenmilieu durch den pH-Wert.

Organismen können diese Parameter nur innerhalb gewisser Grenzwerte ertragen. Den Bereich, innerhalb dessen ein Organismus existieren kann, nennt man den Toleranzbereich, die Grenzwerte stellen Schwellen dar, außerhalb derer eine bestimmte Art nicht leben kann. Mehr noch: für jede Art gibt es spezifische – optimale – Lebensbedingungen, z.B.

einen Temperaturbereich, in dem Leben möglich ist, und eine bestimmte Temperatur, die einem Lebewesen die günstigsten Lebensbedingungen bietet. Dieser Wert kann für verschiedene Entwicklungsstadien einer Art unterschiedlich sein. So entwickeln sich die Larven einer bestimmten Insektenart (*Boreus hiemalis*) bei 34° C, während die ausgewachsenen Imagos ihr Optimum bei 9° C finden. Wir müssen daher annehmen, daß die Stoffwechselaktivitäten bei den genannten Entwicklungsstadien unterschiedlich sind.

Es gibt viele Pflanzenarten, die vorwiegend auf kalkhaltigem Boden vorkommen, andere, die wiederum sauren Boden vorziehen. Diese Erscheinung läßt sich u.a. im alpinen Bereich sehr leicht beobachten. Eine Primelart, *Primula auricula* (Aurikel), kommt auf Kalk vor, während eine zweite recht ähnliche Art, *Primula hirsuta*, auf Urgestein gefunden wird. In Grenzbereichen, wo Urgestein neben Kalk liegt, findet man gelegentlich Bastarde zwischen diesen beiden Arten.

Außer den Bodenbedingungen und der Temperatur spielt die Lichtmenge und -qualität eine Rolle. Über Photosynthese und Photoperiodismus haben wir bereits ausführlich gesprochen (s. S. 83, 193 und 302). Licht hat aber nicht nur auf Pflanzen, sondern auch auf Tiere einen Einfluß.

Manche Arten können sich in ihrer Färbung an ihren Untergrund anpassen. Sie besitzen Pigmentzellen in der Haut, die es ihnen erlauben, ihre Färbung zu verändern. Das Chamäleon, die Scholle sowie Garnelen sind nur einige der Arten, die hierzu in der Lage sind. Sie nehmen eine Lichtqualität als Reiz wahr, über ein Zentrum im Gehirn wird das Hormonsystem stimuliert, ein die Melanozyten stimulierendes Hormon wird freigesetzt, bzw. seine Konzentration im Blut übersteigt eine kritische Schwelle und regt damit die Pigmentzellen zu einer Wanderung in der Haut an.

Ein anderes Beispiel ist der Saisondimorphismus: Von dem Schmetterling *Araschnia levana* (Landkärtchen) z.B. gibt es eine Frühjahrs- und eine Sommerform, die sich in ihrem Aussehen so stark voneinander unterscheiden, daß man meinen könnte, man hätte zwei Arten vor sich. Dieses unterschiedliche Aussehen beruht auf der Lichtmenge, der die Individuen während ihrer Entwicklung ausgesetzt sind.

Verfärbungen beruhen aber keineswegs ausschließlich auf Lichteinwirkungen. Das Federkleid mancher Vögel, z.B. des Schneehuhns, sowie das Haarkleid einiger Säuger wie des Hermelins oder des Schneehasen wird im Winter weiß — ein Selektionsvorteil in verschneiten Gegenden. Die Weißfärbung findet man aber auch, ohne daß in einer Gegend Schnee gefallen ist. Der auslösende Faktor ist die Temperatur. Unterhalb einer bestimmten Schwelle wird der braune Farbstoff des Sommerkleides nicht gebildet.

Um mit einem Temperaturgefälle (als Funktion der Jahreszeit) fertigzuwerden, hat sich eine Reihe von Mechanismen bewährt. Hierzu gehört der Winterschlaf einiger Säuger: Die Stoffwechselaktivitäten werden auf ein Minimum reduziert. Eine andere Möglichkeit besteht darin, der Kälte auszuweichen. Dazu sind aber nur die Arten fähig, die in relativ kurzer Zeit weite Entfernungen zurücklegen können [Vögel, Fische, Insekten (Schmetterlinge)]. Einen Extremfall stellt ein Goldregenpfeifer dar, der aus Sibirien oder Alaska stammt und auf Inseln im Südpazifik überwintert. Als einzige Raststation auf seinem Weg über offenes Meer dient Hawai. Die Entfernung Alaska — Hawai beträgt 4.000 km, die die Vögel ohne Unterbrechung zurücklegen müssen. Der Vogelzug ist das bekannteste und am besten untersuchte Wanderungsverhalten. Sein Selektionsvorteil liegt für die betreffenden Arten, wie schon angedeutet, im Ausweichen vor einem ungünstigen Klima; damit ist aber nicht gesagt, daß die Temperatur der Auslöser des Vogelzuges sei. Der Zug setzt schon in einer Jahreszeit (August—September) ein, in der es noch sehr warme Tage und ein reiches Nahrungsangebot gibt. Offensichtlich gibt die Tageslänge dem Vogel den Anstoß (Zugunruhe). Der Selektionsvorteil dieses Reizes liegt in seiner Konstanz, da die Tageslänge ausschließlich vom Sonnenstand und somit der Jahreszeit abhängig ist, während die Temperatur von verschiedenen Einflüssen abhängt und damit als Auslöser nicht zuverlässig genug ist.

Weitere Fragen im Zugverhalten sind:

α) Wie findet der Vogel seinen Weg?

β) Ist die Route ererbt oder wird sie erlernt?

Zu α). Man fand, daß sich die Vögel nach dem Stand der Sonne, dem der Sterne oder nach Landmarken orientieren können.

Zu β). Die Zugunruhe ist angeboren, ebenso offensichtlich das Orientierungsvermögen am Sonnenstand und am Stand der Sterne, während die Orientierung nach Landmarken gelernt werden muß. Diese Aussage erhielt man durch Verfrachtungsversuche. Man brachte Vögel in eine ihnen unbekannte Gegend und beobachtete, welche von ihnen im kommenden oder den darauf folgenden Jahren wieder in ihre Heimat zurückfinden würden.

Hier kann man natürlich fragen, mit welcher Methode man zu solchen Aussagen kommen kann. Wir haben bereits in früheren Kapiteln — als wir über molekulare Mechanismen sprachen und das Schicksal einzelner Moleküle verfolgten — gesehen, daß man einzelne Moleküle in einer großen Population radioaktiv markieren muß, um sie, ihre Bruchstücke oder Syntheseprodukte, später wiederzufinden. Im Prinzip geht man hier genauso vor. Man markiert einzelne Individuen. Korrekterweise, und um bei der historischen Wahrheit zu bleiben, muß gesagt sein, daß das Markieren von Vögeln bereits zu einer Zeit erfolgreich durchgeführt wurde, als noch niemand an das Markieren von Molekülen dachte. Man geht folgendermaßen vor: Man legt dem Vogel einen Aluminiumring um einen Fuß, man beringt ihn. Der Ring trägt eine Nummer und den Namen der Institution, in deren Auftrag die Markierung geschieht. In Deutschland sind zwei Institute berechtigt, Ringe auszugeben: die „Vogelwarte Helgoland" in Wilhelmshaven und die „Vogelwarte Radolfzell" am Bodensee. Durch einen Ring ist ein Vogel eindeutig gekennzeichnet. Man kann dann nur noch hoffen, daß er irgendwann oder irgendwo einmal, tot oder lebendig, wiedergefunden wird. Natürlich muß eine sehr große Zahl von Vögeln markiert werden, um aus den relativ wenigen Wiederfunden immer noch zuverlässige Aussagen machen zu können. Im Jahre 1970 wurden 184.692 Vögel mit Ringen der „Vogelwarte Helgoland" versehen. Bis 1973 erhielten insgesamt ca. 4 Millionen Vögel einen „Helgoländer" Ring.

Welche Aussagen lassen sich machen, wenn ein Wiederfund vorliegt?

1. Man kann angeben, wie weit sich der Vogel vom Markierungsort entfernt hat.

2. Man kann auch etwas über sein Alter aussagen (als Beispiel vgl. Abb. 57.1).

Zentrale / Ring Nr.	Helgoland 7 297 890 / neue Nr. 7 483 208
Vogelart / species	Küstenseeschwalbe / Sterna paradisaea
Alter, Geschlecht / age and sex	nicht flügge
Beringungsdatum / ringing date	23.6.1957
Beringungsort / ringing place	Schülperneuensiel / Kr. Dithmarschen / Schleswig-Holstein
Beringungsort-koordinaten	54.16 N 8.56 E
Funddatum / finding date	16.5.1972
Fundort / finding place	Dockkoog / Kr. Nordfriesland / Schleswig-Holstein
Fundort-koordinaten	54.28 N 8.59 E
Fundumstände / finding details	gefangen und frei / n.vorj. Brutv.
Beringer / ringer	P.v.Sengbusch, Heide/Holst.
Finder	O. Ekelöf, Friedrichstadt / Binnenhafen
REF.	WILHELMSHAVEN,

Zentrale / Ring Nr.	Helgoland / 7 297 831
Vogelart / species	Küstenseeschwalbe / Sterna paradisaea
Alter, Geschlecht / age and sex	n.fl.
Beringungsdatum / ringing date	23.6.1957
Beringungsort / ringing place	Schülperneuensiel / Kr. Dithmarschen / Schleswig-Holstein B.R.D.
Beringungsort-koordinaten	54.16 N 8.56 E
Funddatum / finding date	Herbst 1957
Fundort / finding place	Angola, a.d. Küste / Afrika
Fundort-koordinaten	nicht bekannt
Fundumstände / finding details	nicht bekannt
Beringer / ringer	P.v.Sengbusch, Heide/Holst.
Finder	Zeitungsnotiz aus Angola, gemeldet durch Stavanger Museum
REF.	WILHELMSHAVEN,

Abb. 57.1. Wiederfundmeldungen zweier Küstenseeschwalben, die am 23.6.57 in Schülperneuensiel (an der Eidermündung) kurz nach dem Schlüpfen aus dem Ei beringt wurden. Der Wiederfund Helgoland 7297890 zeigt, daß die Küstenseeschwalbe auch nach 15 Jahren nahe dem Ort brütet, wo sie selbst ausgebrütet wurde (Entfernung 30 km Luftlinie). Am gleichen Tage wurden weitere 200 Individuen gekennzeichnet, über deren Schicksal bisher nichts bekannt geworden ist

Die Methode der Markierung wurde nicht nur bei Vögeln erfolgreich eingesetzt. Auch Schmetterlinge und Fische lassen sich kennzeichnen, erstere durch Aufkleben einer dünnen, bedruckten Folie auf die Flügel und letztere durch eine Marke, die an der Rückenflosse befestigt wird. Bei den Fischen kennt man die Wanderungen der Aale und Lachse besonders gut. Aale laichen in der Saragossa-See, die jungen Aale finden ihren Weg in europäische Gewässer. Lachse werden in Gebirgsbächen geboren, ziehen dann ins Meer und kehren in ihren Heimatbach zurück, um dort zu laichen. Man hat sich natürlich gefragt, wie sie zurückfinden und erkannte, daß sie sich nach dem Geruch orientieren. Jeder Gebirgsbach hat einen spezifischen Eigengeruch, durch den er sich von allen anderen Bächen unterscheidet.

Die hier beschriebenen Wanderungen sind periodisch wiederkehrende, regelmäßige Ereignisse. Darüberhinaus kennt man Wanderungen, die in unregelmäßigen Zeitabständen erfolgen, offenbar immer dann, wenn ein Auslöser einen bestimmten Schwellenwert überschritten hat. Man findet dies bei einigen Vogelarten (Sibirischer Tannenhäher, Seidenschwanz u.a.), die in Mitteleuropa gelegentlich in kalten Wintern als Invasionsvögel gesehen werden, was darauf beruht, daß sie in den Südwesten des Kontinents ziehen, wenn in ihrer Heimat (Skandinavien, Sibirien) kalte Winter auftreten, so daß ein akuter Nahrungsmangel entsteht. Ein weiteres Beispiel sind die Heuschreckenschwärme in subtropischen Gegenden, deren Wanderungen ebenfalls durch Nahrungsmangel verursacht werden.

b) Ausbreitung und Besiedlung neuer Lebensräume

Nicht alle Arten, nicht alle Individuen sind so ortstreu wie z.B. die Küstenseeschwalbe Helgoland 7297890 (vgl. Abb. 57.1). Manche suchen neuen Lebensraum. Auf diese Weise kommt es zur Ausbreitung einer Art; das kann sehr schnell geschehen. So hat z.B. die Türkentaube innerhalb der letzten 20—30 Jahre ganz Mitteleuropa erobert. Hilft der Mensch dabei, so kann eine Ausbreitung noch rascher erfolgen und zu unvorhergesehenen Folgen führen. Der Mensch schleppte das Kaninchen in Australien ein. Da es dort keine natürlichen Feinde hatte, breitete es sich schnell aus und wurde zur Landplage. Wollhandkrabbe und Wasserpest wurden in Europa eingeführt und fanden an Seen und Flüssen einen idealen Biotop.

Ein letztes Beispiel: Der Blauschimmel ist ein Pilz, der sich vorzugsweise auf Tabak vermehrt. Ein Institut für Tabakforschung arbeitete mit ihm — aber wohl nicht mit der nötigen Vorsicht —, die Sporen verbreiteten sich von dort aus sehr schnell und machten für viele Jahre einen Tabakanbau in Südwestdeutschland nahezu unmöglich.

Die Ausbreitung ist ein Mechanismus, um neuen Lebensraum zu gewinnen. Es gibt eine Reihe spezieller Anpassungen, die ausschließlich diesem Ziel dienen. Besonders deutlich wird dies bei der Verbreitung von Pflanzensamen. Da gibt es die folgenden „Tricks":

α) Verbreitung durch den Wind. An den Samen sitzen flügelförmige Fortsätze, z.B. bei Ahornfrüchten.

β) Viele Samen sind mit Widerhaken versehen, sie setzen sich im Fell oder Gefieder von Tieren fest und werden somit passiv verbreitet.

γ) Verbreitung durch Wasser. Beispiel: Kokosnüsse. Sie können monatelang im Meer treiben.

δ) Eßbare Früchte. Viele Samen sind von wohlschmeckendem Fruchtfleisch umgeben. Die Früchte werden von Tieren gegessen, die innen liegenden Samen überstehen die Verdauungsprozedur, werden ausgeschieden und somit passiv verbreitet.

Die Toleranzgrenzen einer Art gegenüber den eingangs genannten Parametern sind unterschiedlich. Es gibt Arten (Spezialisten), die hohe „Ansprüche" an ihren Lebensraum stellen. Sie können sich deshalb nur in eng umgrenzten Biotopen durchsetzen. Die Gefahr, daß sie bei einer Änderung der Lebensbedingungen aussterben, ist sehr groß.

Viele Arten sind gegenüber bestimmten Umwelteinflüssen sehr intolerant, z.B. sind Flechten außerordentlich empfindlich gegenüber Luftverunreinigungen. Sie eignen sich deshalb sehr gut als Anzeiger zur Aussage über die Luftqualität.

3. Wie stehen die Organismen in Beziehung zueinander und zu ihrem Lebensraum?

Findet man in einem Lebensraum Abhängigkeiten verschiedener Arten zu gegenseitigem Nutzen, so spricht man von Symbiose. Ein Spezialfall der Symbiose sind die einseitigen Beziehungen, die sich von der Jäger-Beute-Beziehung absetzen und die man unter dem Stichwort Parasitismus zusammenfaßt.

Parasiten sind von ihrem Wirt abhängig, ohne ihn (normalerweise) abzutöten. Ein Beispiel hierfür sind Läuse. Man kennt bisher etwa 450 Arten, die außerordentlich wirtsspezifisch sind und die sich im Laufe der Evolution der Wirte mitevolviert haben mußten, um sich im veränderten Lebensraum zu halten. Menschenläuse (*Pediculus*) kann man auch auf Kaninchen halten, nicht aber auf Meerschweinchen. Das Blut der Meerschweinchen ist für sie giftig. Auf Mäusen ist eine Haltung der Schweinelaus möglich, auf Ratten nicht (H.J. Kuhn und H.W. Ludwig).

Begriffe wie Symbiose, Parasitismus, Jäger-Beute-Verhältnis sind auf den ersten Blick einleuchtend, vor allem, wenn man sie mit gut gewählten Beispielen untermauert. Damit verwischt man aber die Tatsache, daß Vorteil-Nachteil-Rechnungen selten quantitative 1:1-Beziehungen sind. Sie können alle möglichen Relationen annehmen. Eine Art hat von dem Vorhandensein der anderen oft nur einen sehr kleinen, zahlenmäßig schwer faßbaren Vorteil.

4. Inwieweit können Organismen ihren Lebensraum zu ihren Gunsten verändern?

Eine Reihe von Arten nimmt die Umwelt keineswegs so hin, wie sie gegeben ist. Sie verändern sie, sie bauen ihr eigenes „Haus", ihre eigene Umwelt. Einige einfache Beispiele: Vögel, Stichlinge u.a. bauen Nester, also Strukturen, die es ohne spezifische Aktivitäten dieser Arten nicht geben würde.

Komplexere Strukturen sind Ameisen- oder Termitenhaufen: Es werden komplexe Ordnungen geschaffen, die allen Individuen (jener Arten) ein streng reglementiertes (genetisch fixiertes) Schema auferlegen. Die Individuen leben in einer Umwelt, die durch ihre Artgenossen geschaffen wurde.

Schließlich sind auch großräumige Biotope wie etwa ein Moor ein Produkt jahrtausendealter Besiedlung durch mehr oder weniger die gleichen Arten. Die Verwesungsprodukte abgestorbener Individuen sind die Voraussetzungen zum Erhalt von diesem Biotop. Es hat sich ein Gleichgewicht eingestellt, in das alle Parameter des Lebensraums mit eingehen.

5. Kommunikation, Verhalten

Ein Zusammenleben ohne Kommunikation ist ausgeschlossen. Kommunikation von Tieren untereinander erfolgt über spezifische Signale (optische Signale, olfaktorische Signale, akustische Signale usw.). Einem Signal folgt eine spezifische Reaktion. Zusammenfassend lassen sich alle diese Reaktionen als Verhalten charakterisieren. Verhaltensweisen sind oft komplexe Abläufe, von denen wir hier nur einige Parameter skizzieren können.

Man unterscheidet zwischen:

a) Verhaltensweisen, die durch spezifische Signale ausgelöst werden;

b) Verhaltensweisen, die durch Signale von Individuen einer anderen Art ausgelöst werden und

c) Reaktionen auf Veränderungen der unbelebten Umwelt.

Die Verständigung von Individuen der gleichen Art dient:

a) dem sexuellen Verhalten und somit der Fortpflanzung;

b) bei höher entwickelten Tieren einem Pflegeverhalten; Eltern versorgen ihre Nachkommen;

c) einem Sozialverhalten, d.h. die Verständigung von Individuen innerhalb einer Gruppe;

d) dem Hinweis auf Nahrungsquellen;

e) dem Hinweis auf Feinde.

Tierisches Verhalten wird genauso wenig wie die Reaktion einer Zelle ausschließlich durch äußere Faktoren bestimmt. In einem Tier muß eine (innere) Bereitschaft vorliegen, um auf einen Reiz (ein Signal) hin zu reagieren. Die innere Bereitschaft wiederum ist eine komplexe Größe, an der

— genetische Faktoren,
— erlernte Situationen (Erfahrung),
— physiologische Faktoren (Hunger u.a.)

zusammenwirken können. Man unterscheidet in der Verhaltensphysiologie (zumindest formal) zwischen

— angeborenem Verhalten, Beispiel: gerade geschlüpfte Silbermöwen sperren den Schnabel auf, sobald sie einen roten Fleck sehen (Tinbergen, 1949; s. S. 17) und
— erlerntem Verhalten (Beispiele vgl. Kapitel 52).

Beides zusammen dient dem gleichen Zweck.

In einfach gelagerten Fällen reagiert ein Tier auf ein oder mehrere bestimmte Signale mit bestimmten Verhaltensmustern wie:

— Fressen der Beute,
— Flucht,
— Angriff,
— Balz, Paarungsverhalten etc.

Bei hochstehenden Formen können auf einen Reiz hin zahlreiche, voneinander verschiedene Verhaltensweisen erfolgen wie z.B. beim Menschen:

— Bewegungen (aggressiv — zurückweichend),
— sprachliche Reaktionen (Formulierung einer Mitteilung) etc.,
— psychische Belastungen (Entlastungen).

Jede dieser Verhaltensweisen ist in sich wiederum sehr komplex, so daß eine Vielzahl von Ausführungsformen (Art und Intensität) möglich ist. Die Bedeutung physiologischer Faktoren kann am Beispiel des Hungers besprochen werden. Eine männliche Springspinne reagiert mit Balz, wenn ihr der entsprechende Schlüsselreiz (Auslöser), ein Weibchen, geboten wird, jenes wird an seiner Gestalt erkannt. Eine andersartige Struktur wird als Beute angesehen und gefressen. In einem Attrappenversuch lassen sich die Faktoren Balz und Fressen als Funktion der Hungerzeit testen (Abb. 57.2).

Die Ergebnisse dieses Versuchs sagen uns, daß Attrappen eine unterschiedlich hohe Balzbereitschaft der Spinne auslösen. Die Schwel-

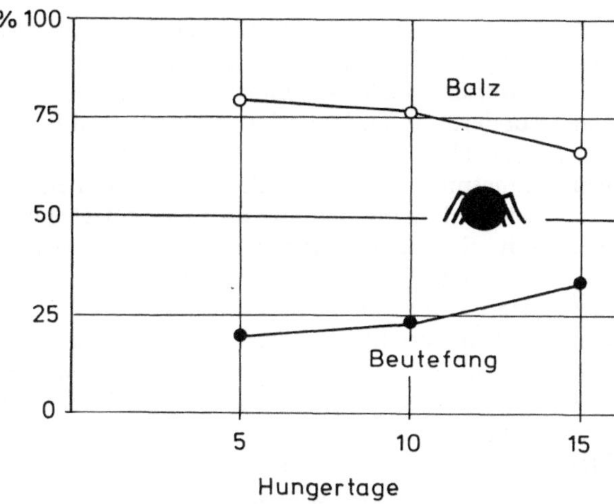

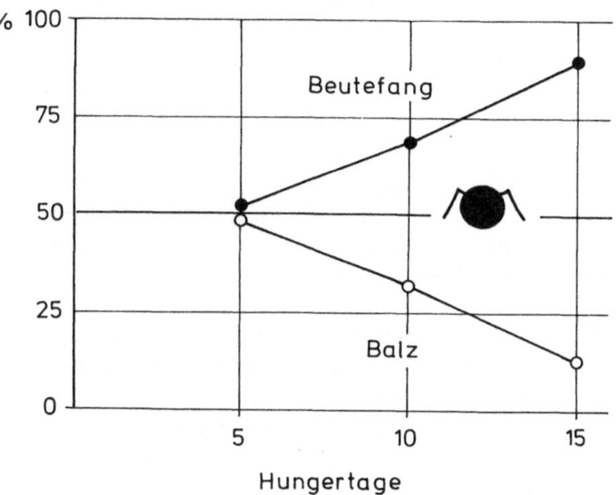

Abb. 57.2. Attrappenversuch, um das Beutefang- und Balzverhalten quantitativ zu ermitteln. (Zeichnung: Hassenstein, nach Daten von Drees, 1952)

lenwerte hierzu sind von der Form, also der Ähnlichkeit mit einem echten Weibchen abhängig. Mit steigendem Hunger nimmt die Bereitschaft zur Balz ab, gleichzeitig steigt die Bereitschaft, die Attrappe als Beute anzusehen, wobei wiederum die Gestalt ein wesentliches Element der Reaktion darstellt. Wichtig ist aber eines: Es sind von Fall zu Fall Entweder-Oder-Entscheidungen, d.h. eine Verhaltensweise kann nicht in eine andere übergehen. Kann sich das Tier zu keiner Entscheidung „durchringen", tut es gegebenenfalls etwas ganz anderes; man nennt soetwas eine Übersprungshandlung. Spezifisches, angeborenes Verhalten ist im Laufe der Evolution als Selektionsvorteil für die jeweilige Art entstanden. Zu den starren Verhaltensweisen gehört auch die Flucht vor Neuem, da Flucht in der Regel der sicherste Weg ist, einer unbekannten Größe, einer möglichen Gefahr, zu entgehen.

Ein starres Verhalten ist nur in einer unveränderten Umgebung ein Selektionsvorteil. Ändert sich die Umwelt, kann ein unverändertes Verhalten zu einem Ritus werden (einer rituellen Handlung, einem eingefrorenen Verhalten) ohne Wert (aber auch ohne Nachteil); oder aber es kann sogar zu einem echten Nachteil geraten. Eine Vogelspinne z.B. sieht in einer (solitären) Wespe der Gattung *Pepsis* keinen Feind und gibt ihr somit die Chance, sie an einer verwundbaren Stelle zu stechen und Eier in sie hinein abzulegen. Das ist darauf zurückzuführen, daß die Spinne einem anderen (stereotypen) Verhaltensablauf unterliegt als die Wespe. Da beide nicht aufeinander abgestimmt sind, ist die Spinne den Reaktionen der Wespe nicht gewachsen.

416

Viele Verhaltensabläufe müssen erlernt werden: Gut untersucht ist z.B. der Gesang von Vögeln. Gesang ist ein fixiertes, artspezifisches, zu erlernendes Verhaltensmuster. Ein Buchfink, der in seinen ersten beiden Lebensjahren in schalldichter Umgebung aufgezogen worden ist, lernt nie den richtigen Buchfinkengesang. Er bringt es zwar fertig, Töne von sich zu geben und sie zu einer Abfolge zu verknüpfen. Diese Abfolge ist genauso lang wie der richtige Gesang, enthält auch die richtigen Töne, die Melodie hingegen ist nicht als Buchfinkengesang erkennbar, d.h. die Elemente des Gesangs sind (artspezifisch) vorgegeben, das Zusammensetzen wird erlernt. Aus den Elementen läßt sich in der Regel nicht die Melodie des Gesangs einer anderen Art konstruieren. Es gibt natürlich Ausnahmen: Einige Vögel (Star, Eichelhäher, Gelbspötter u.a.) können in beschränktem Umfang lernen, andere Arten zu imitieren.

Erlernte Verhaltensweisen beherrscht man um so besser, je öfter man sie übt und anwendet. Im Gegensatz zur Prägung kann Erlerntes vergessen werden, ferner ist auch erlernbar, daß gerade das Gegenteil von dem, was man anfangs gelernt hat, in einer veränderten Situation richtig sein kann (vgl. Kapitel 51 und 52).

Erlerntes Verhalten bietet den Vorteil
— der Anpassung an Veränderungen,
— des Sammelns von Informationen, die nicht unmittelbar benötigt werden, und Auswertung dieser Erfahrungen,
— der schnellen Nutzung günstiger Bedingungen,
— des Vermeidens ungünstiger Bedingungen.

Sequenzen von Verhaltensweisen können determiniert sein. Ein Beispiel hierfür ist die Tätigkeit von Bienen in einem Bienenstock. Die starre zeitliche Reihenfolge im Verlauf des Lebens einer Arbeitsbiene lautet:
— Tätigkeit im Inneren des Stocks (Pflege),
— Wärtertätigkeit am Stockeingang,
— Sammeltätigkeit im Freiland.

Die Sequenz kann rückgängig gemacht werden, wenn ein „Bedarf" im Stock vorhanden ist, das bedeutet, daß die Tätigkeit (das Verhaltensmuster) durch Umwelteinflüsse beeinflußbar ist. Die Determination ist ein geregeltes Zusammenspiel, an dem genetische und Umweltfaktoren gleichermaßen beteiligt sind.

Die Qualität der Signale (Reize): Ein bestimmter Reiz kann von verschiedenen Arten unterschiedlich aufgenommen werden; z.B. sondert der Tintenfisch (*Octopus*) einen Farbstoff ab, um dann im Nebel dieses Ausscheidungsprodukts zu verschwinden. Die meisten seiner Feinde werden dadurch eingenebelt, d.h. ihr Gesichtssinn wird gestört, hingegen setzt das Sekret bei der Muräne vorwiegend den Geruchssinn außer Funktion.

Man spricht von leitenden Sinnen. Das sind diejenigen Sinneswahrnehmungen, von denen die stärksten Wirkungen auf das Verhalten ausgehen. Beim Menschen ist es der Gesichtssinn, bei Fledermäusen das Gehör, bei vielen Insekten der Geruch. Die Energiemenge, die durch ein Sinnesorgan als Folge eines Signals aufgenommen wird, ist sehr klein, die Energiemenge zur Ausführung eines sich daraus ergebenden Verhaltensmusters relativ hoch. Wir haben es hier mit einem Multiplikationseffekt im Organismus selbst zu tun: kleine Ursache — große Wirkung.

Selbstverständlich reagieren Organismen auch auf Reize „untergeordneter" Sinnesorgane. Die so wahrgenommenen Reize überlagern einander, können sich also verstärken bzw. in anderen Situationen abschwächen.

An einem Beispiel soll der Übersetzungsmechanismus nochmals diskutiert werden. Bienen orientieren sich nach der Stellung der Sonne am Himmel, dem untergeordnet ist normalerweise die Orientierung an Landmarken — eine Ausnahme bildet z.B. ein Waldrand, der für die Orientierung einen höheren Wert darstellt als der Stand der Sonne. Offensichtlich muß also jedesmal erst ein Schwellenwert überschritten werden, bevor ein Reiz die Oberhand gewinnt.

Bienen können ihren Stockgenossen die Position eines Futterplatzes mitteilen (K.v. Frisch). Sie vollführen dabei einen Tanz auf der Wabe im Stock. Die Tanzsprache enthält eine Reihe von Informationen:
— Richtung des Platzes,
— Menge des Futters,
— Entfernung vom Stock,
— Art der Futterpflanzen.

Bei dem Tanz wird eine Information über eine horizontale Entfernung in eine Information in der Vertikalen übersetzt. Die Empfängerbienen ihrerseits müssen diese Information

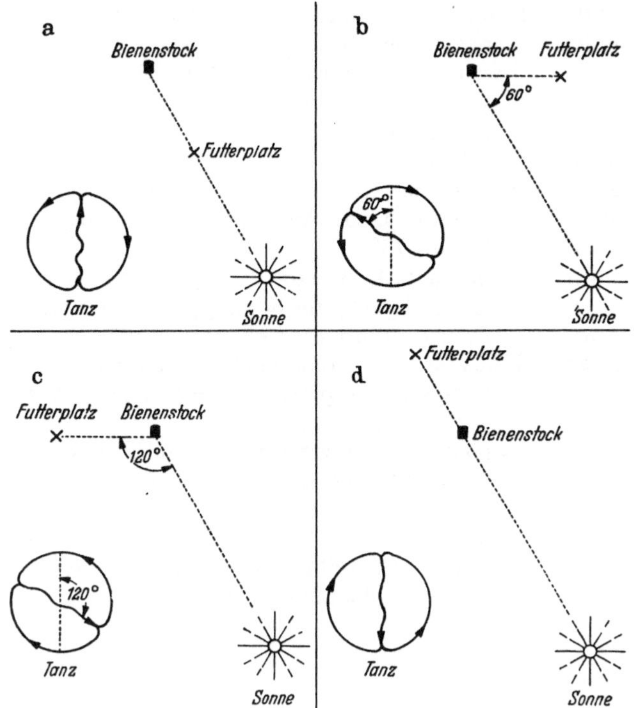

Abb. 57.3 a—d. Richtungsweisung nach dem Sonnenstand beim Tanz auf der vertikalen Wabenfläche. Links ist jeweils dargestellt, wie bei der gegebenen Lage des Futterplatzes der Schwänzeltanz auf der vertikalen Wabe orientiert ist. (Aus K. v. Frisch: Aus dem Leben der Bienen)

zurückübersetzen. Bei genauen Messungen stellte sich heraus, daß die Winkel der horizontalen nicht mit den Winkeln auf der vertikalen Ebene übereinstimmen. v. Frisch und Lindauer .wiesen 1961 eine scheinbare Mißweisung nach, konnten aber durch Auswertung umfangreicher Meßreihen zeigen, daß dieser „Mißweisung" eine Gesetzmäßigkeit zugrunde liegt; die Abweichung ist vom Stand der Sonne abhängig, d.h. die Übersetzung bei der Biene ist kein 1:1-Mechanismus, sondern er enthält eine weitere Information, die die Sache für uns, sicher aber nicht für die Biene, komplizierter macht. Inzwischen weiß man, daß diese „Mißweisung" durch das Magnetfeld der Erde hervorgerufen wird und daß Bienen diesen Einfluß mit verrechnen und zu ihrer Orientierung heranziehen können (Lindauer und Martin, 1968, 1972). Tauben können das übrigens auch.

Am Beispiel des Bienenstaates, eines sehr komplexen sozialen Gefüges, haben wir die Bedeutung der Kommunikation und der sequentiellen Verhaltensweisen kennengelernt. Wir haben es hier mit einer Gesellschaft mit einer sehr hoch entwickelten starren Hierarchie zu tun, der die Individuen unterworfen sind. Die Organisationsform „Gesellschaften" enthält also Gesetzmäßigkeiten, die man auf der Ebene einzelner Individuen nicht kennt. Eine Organisation reagiert als Ganzes und ist somit effektiver als die Summe ihrer Einzelteile. Die Effektivität ist natürlich nur so lange gewährleistet, wie eine bestimmte Ordnung in einer Organisation aufrecht erhalten wird. Die Individuen gewinnen auf diese Weise Vorteile, die sie einzeln nicht hätten (vgl. Kapitel 1).

Es gibt Gesellschaften, die weniger gut durchorganisiert sind als etwa der Bienenstaat; z.B. eine Herde. Die Hierarchie, die Rangstufe innerhalb einer Herde, wird durch Zweikämpfe der Individuen untereinander aufgebaut. Es ist ein sozialer Lernprozeß. Der Kampf geht nie so weit, daß eines der Individuen verletzt oder getötet wird. Er wird unwiderruflich abgebrochen, sobald einer der Gegner ein Untergebenheitssignal gibt und sich somit in die Hierarchie eingeordnet hat. Eine Herde verteidigt sich gemeinsam gegen Gruppenfeinde. Wenn ein Individuum einen Feind angreift oder wenn es bedroht wird, löst es ein Angriffs- oder Fluchtverhalten bei allen anderen Individuen der Gruppe aus.

Dieser Abriß über die Verhaltensphysiologie ist sehr stark gestrafft und führt viele weitere, gut untersuchte Aspekte und Abweichungen von Verhaltensweisen gar nicht auf. Es sollten nur einige Größen angedeutet werden, die als Variable einen Einfluß auf tierisches Verhalten ausüben. Je mehr Größen vorhanden sind, desto komplexer wird ein System (multiplikativ).

Literatur

Drees, O., Untersuchungen über die angeborenen Verhaltensweisen bei Springspinnen. Z. Tierpsychol. 9, 169 (1952).

Frisch, K. v.: Decoding the language of the bee. Science 185, 663 (1974).

Frisch, K. v., Lindauer, M.: Über die „Mißweisung" bei den richtungsweisenden Tänzen der Bienen. Naturwissenschaften 48, 43 (1961).

Immelmann, K.: Einführung in die Verhaltensforschung, 3. Aufl. Berlin–Hamburg: P. Parey 1983.

Kreithen, M.L., Keeton, W.T.: Detection of polarized light by the homing pigeon Columbia livia. J. Comp. Physiol. 89, 83 (1974).

Lindauer, M.: Communication among social bees. Cambridge/Mass.: Harvard Univ. Press 1961 (Neudruck: 1971).

Lorenz, K.: Das sogenannte Böse: Zur Naturgeschichte der Aggression. Wien: G. Borotha-Schoeler 1963.

Lorenz, K.: Vom Weltbild des Verhaltensforschers. dtv 499 (1968). (Schrieb zahlreiche weitere Abhandlungen.)

58. Überbevölkerung – Unterernährung

In den letzten Kapiteln haben wir die wechselseitigen Beziehungen der Organismen untereinander kennengelernt, und wir haben gesehen, in welcher Weise sie ihren Lebensraum verändern können. Ein ursprüngliches Gleichgewicht kann dabei zerstört bzw. durch ein neues abgelöst werden. Als krassestes Beispiel haben wir die Produktion von Sauerstoff durch grüne Pflanzen genannt, als dessen Folge die Evolution der Organismen in eine neue, vorher ausgeschlossene Richtung verlief.

Die starken Eingriffe des Menschen in seinen Lebensraum brauchen hier nicht in allen Einzelheiten beschrieben zu werden, da sie nur zu gut bekannt sind. Der Begriff „Zerstö-rung unserer Umwelt" sei hier als Stichwort genannt. – Welches sind die Ursachen hierfür? Wie kommt es, daß ein System, – das biologische Gleichgewicht – in so hohem Maße gestört werden kann?

A. Bedingungen für die Zerstörung des biologischen Gleichgewichts

Ein geregeltes System gerät immer dann aus dem Gleichgewicht, wenn die Störfaktoren größer sind als seine eigene Regelkapazität. In unserem Fall heißt das:

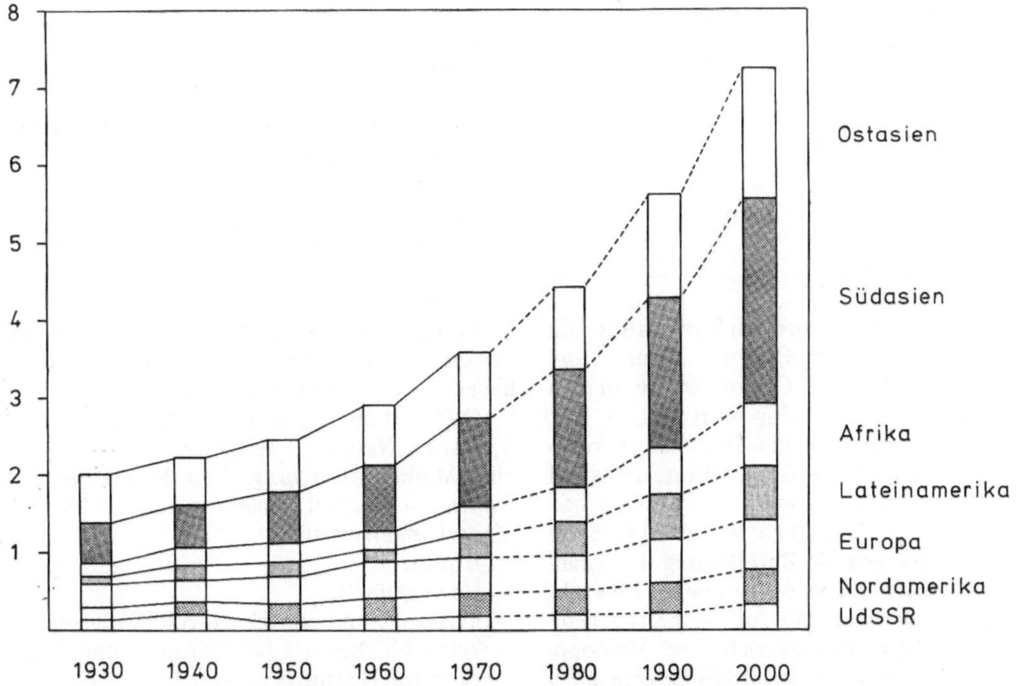

Abb. 58.1. Zunahme der Erdbevölkerung. Reale Werte und Extrapolation bis zum Jahre 2000. (Nach United Nations: Population Bulletin *21*, No. 4)

a) Es werden mehr Rohstoffe und Nahrungsmittel benötigt, als vorhanden sind. Ein System ohne ausreichenden Input kann nicht laufen.

b) Es werden mehr Abfallprodukte (Output) erzeugt, als andere Arten von Lebewesen verkraften können (siehe hierzu auch Kapitel 56).

B. Die Zerstörung unserer Umwelt

1. Bevölkerungszunahme

Die Gründe hierfür finden wir in einer mehr als exponentiellen Zunahme der Weltbevölkerung (Abb. 58.1). Eine Bevölkerungszunahme ist von der Geburten- und Sterberate abhängig. Aus der Differenz beider Werte ergibt sich die Zuwachsrate (oder Wachstumsrate). Ein nur geringer prozentualer Zuwachs verkürzt die Verdopplungzeit der Gesamtbevölkerung.

Zuwachs (Wachstumsrate) (in Prozenten jährlich)	Verdopplungszeit (in Jahren)
0,1	700
0,5	140
1,0	70
2,0	35
4,0	18
5,0	14
7,0	10
10,0	7

In der Abb. 58.2 wird die Zuwachsrate am Beispiel der Länder Ceylon, Mexiko und Schweden erklärt. In Ceylon wurde in den vierziger Jahren DDT eingeführt (vgl. S. 27). Als Folge davon sank die Sterberate sprunghaft ab, während die Geburtenrate konstant blieb. Es ergibt sich somit ein Bevölkerungszuwachs von 2,4% jährlich, und das wiederum bedeutet, daß sich die Bevölkerung in 30 Jahren verdoppelt. Einen weit höheren Zuwachs als Ceylon weist Mexiko auf, er betrug 1969 3,4% pro Jahr, woraus sich eine Verdopplungszeit von etwas über 20 Jahren errechnen ließe. Die Bevölkerung Schwedens hat sich bei einer Wachstumsrate von 0,8% stabilisiert

und verdoppelt sich in nur 87 Jahren. Am Beispiel Mexikos wird sehr deutlich, daß der jährliche Zuwachs eine variable, kontinuierlich steigende Größe ist. Somit ist der extrapolierte Wert (Verdopplungszeit) zu optimistisch. Die Bevölkerung verdoppelt sich in wesentlich kürzerer Zeit.

Auf Grund klimatischer Bedingungen sind nur relativ kleine Teile der Erde für den Menschen in annehmbarer Weise bewohnbar. Diese Gebiete entwickelten sich schnell zu Ballungszentren, auf die sich der größte Teil der Menschheit konzentriert (Abb. 58.3). Gerade in diesen dicht besiedelten Gebieten findet man die höchsten Zuwachsraten. Wir haben damit ein anschauliches Beispiel einer positiven Rückkopplung vor uns, an der jedes geregelte System über kurz oder lang zerbricht.

2. Ernährungslage der Menschheit

Ein Bevölkerungszuwachs ruft Fragen nach der Versorgung der Bevölkerung hervor. Die Engpässe liegen dabei in der Versorgung mit
- Wasser,
- Nahrungsmitteln,
- Energie,
- nicht erneuerbaren Rohstoffen (Kohle, Öl etc.).

Die Ernährungslage ist derzeit das wohl gravierendste Problem. Hierbei ist einmal
- die Versorgung mit genügend Kalorien und zum anderen
- die Versorgung mit wertvollen (proteinhaltigen) Nahrungsmitteln

vordringlich.

Akuter Nahrungsmangel herrscht vor allem in Südasien und Lateinamerika. Schon heute liegen dort die Werte weit unter den von der FAO (Food and Agriculture Organization der Vereinten Nationen) festgelegten Normen für eine Minimalversorgung. Eine Reihe von Ursachen spielt dabei zusammen und ist für den Mangel verantwortlich:
- Armut,
- Unwissenheit,
- kulturelle und wirtschaftliche Einflüsse,
- keine Möglichkeit für Transport und Lagerung von Nahrungsmitteln.

Besonders kritisch ist die Unterernährung von Kindern der Altersklasse bis zu vier Jahren,

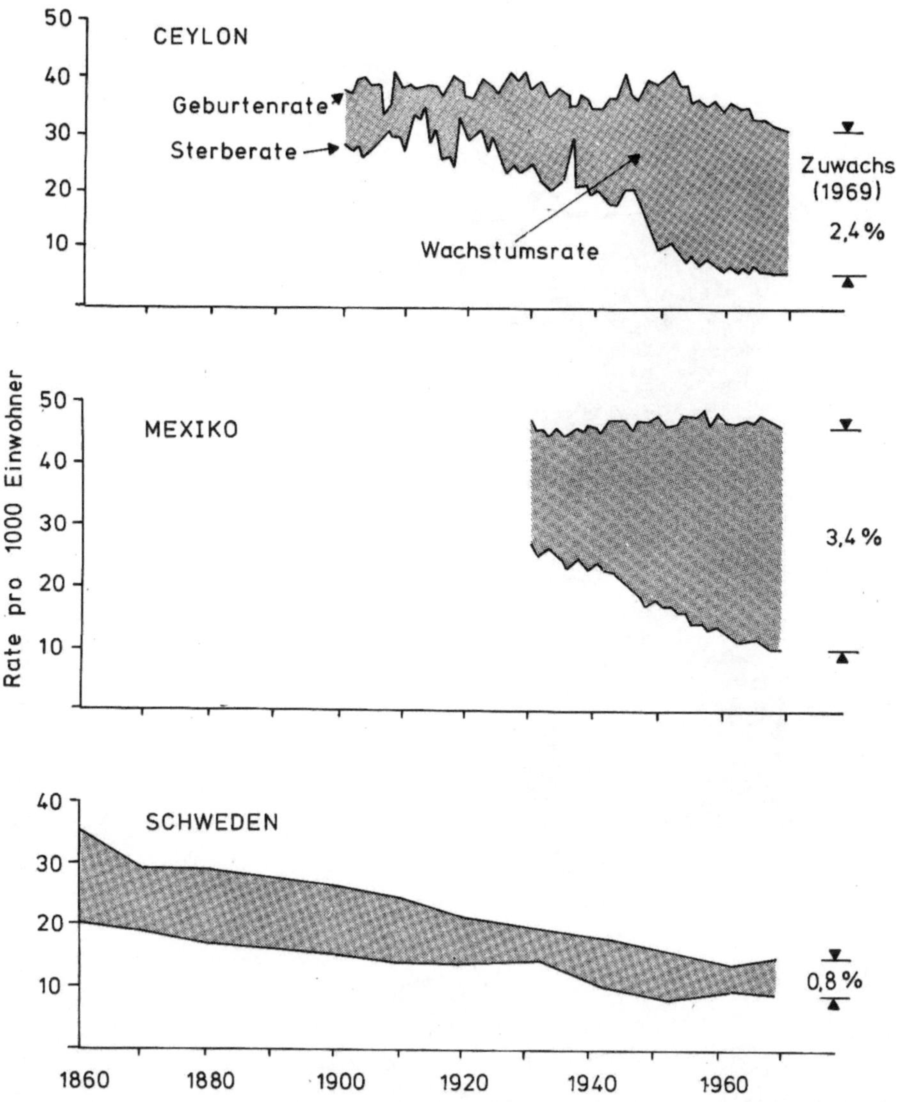

Abb. 58.2. Unterschiedliche Geburten-, Sterbe- und Zuwachsraten in drei Ländern. (Nach Population Reference Bureau der USA)

weil in diesem Zeitraum irreversible Schäden auftreten können. Ein Symptom ist die hohe Sterblichkeit, ein weiteres die Gefahr der Entstehung eines umweltbeeinflußten Schwachsinns, der auf eine proteinarme Ernährung zurückzuführen ist. Diese Gefahr ist außer in Südasien auch für Westafrika gegeben (vgl. Abb. 58.4).

Kwashiorkor: Dieser afrikanische Ausdruck beschreibt eine Krankheit, die ein Kind erwirbt, wenn ein weiteres geboren wird. Dann nämlich wird ihm statt der Muttermilch nur noch stärke- und zuckerhaltige, aber proteinarme pflanzliche Nahrung angeboten. Außer Wachstumsanomalien führt sie zu verminderten geistigen Fähigkeiten und meistens zum Tod. Kwashiorkor ist bei Kindern in ländlichen Gegenden unterentwickelter Länder weit verbreitet, in Städten tritt eine andere, nicht minder gefährliche Krankheit, der Marasmus, auf.

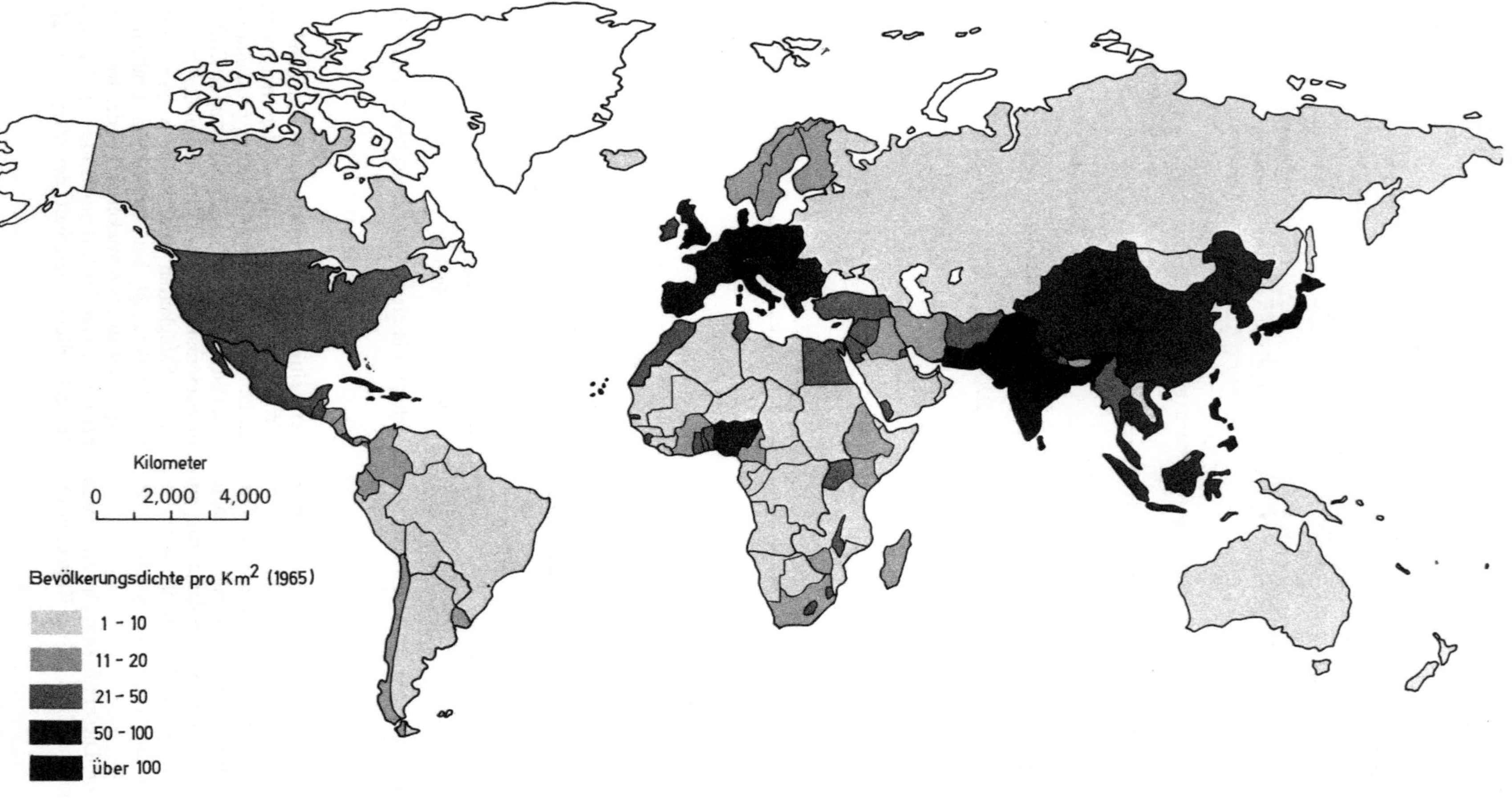

Abb. 58.3. Bevölkerungsdichte pro km² (1965). (Nach Bogue: Principles of Demography, 1969)

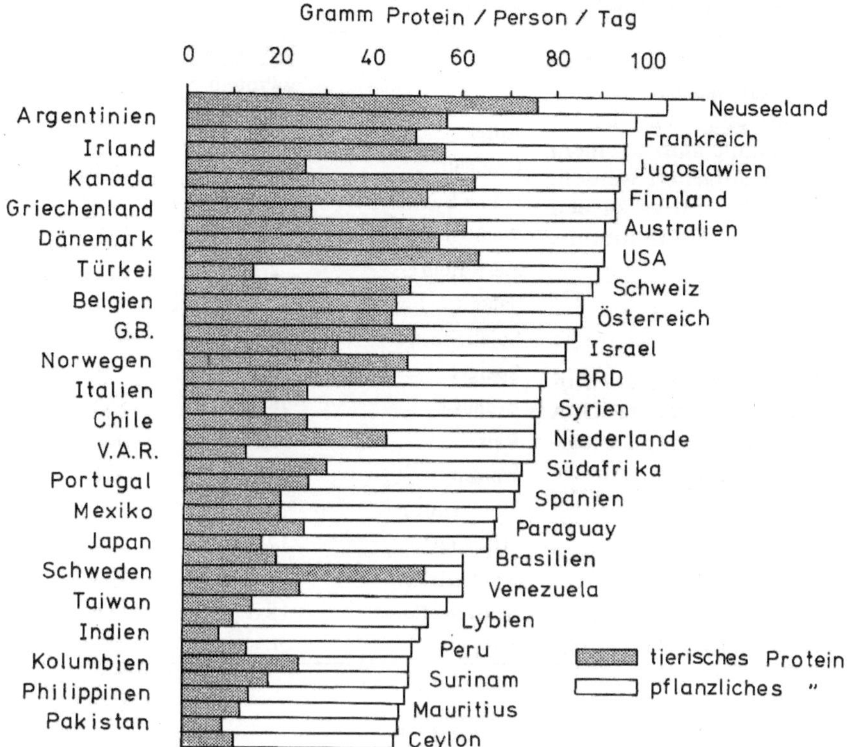

Abb. 58.4. Tägliche Pro-Kopf-Versorgung mit tierischem und pflanzlichem Eiweiß. (Nach H.H. Cole: Introduction to Livestock production, 1966)

Marasmus heißt Auszehrung, er beruht auf zu geringer Kalorienaufnahme. Man schätzt, daß in unterentwickelten Ländern 20–40% der Kinder an Unterernährung leiden. Viele der erkrankten Kinder sind gegenüber Infektionskrankheiten sehr anfällig, häufig treten Darminfektionen auf. Als Folge davon stellt sich Fieber und Appetitlosigkeit ein, und damit ist ein *Circulus vitiosus* erreicht, aus dem es keinen Ausweg gibt. Hinzu kommt, daß Darmparasiten (Bandwurm, Spulwurm u.a.) weit verbreitet sind. Es wird geschätzt, daß 25% der Weltbevölkerung Spulwürmer trägt. Da der Spulwurm, besonders bei hohem Befall, selbst einen hohen Nahrungsbedarf hat, muß dieses Defizit durch Aufnahme zusätzlicher Nahrung durch den Träger ausgeglichen werden.

I.C. Waterlow und P.O. Payne stellten kürzlich (1975) zur Diskussion, daß es einen echten Eiweißmangel nicht gäbe. Pflanzliche Nahrungsmittel (Getreide) würden genügend Pro-tein enthalten. Es ist nicht zu leugnen, daß Kindern, die an Kwashiorkor leiden, genügend pflanzliche Nahrung zur Verfügung steht. Sie nehmen viel energiereiche Nahrung zu sich, was sich u.a. an der Ausbildung oft recht beträchtlicher Fettreserven zeigt.

Worauf beruht die Diskrepanz?
Pflanzliche, kohlenhydrathaltige Nahrung wirkt schnell sättigend. Man ist somit möglicherweise schon satt, bevor man seinen Proteinbedarf gedeckt hat, d.h. man kann die zur Verfügung stehende Nahrung nicht effektiv genug ausnutzen. Wichtig ist das Verhältnis: Protein/Energie, und das sollte im günstigsten Fall bei 6,5%, im Schnitt bei 5% liegen.

Waterlow und Payne gehen weiter davon aus, daß ein etwa ein Jahr altes Kind 7/8 des aufgenommenen Proteins zum Erhalten seines Stoffwechsels braucht, und 1/8 zum Wachstum. Wird zu wenig Protein aufgenommen

– Appetitlosigkeit auf Grund weit verbreiteter Infektionskrankheiten wird ebenfalls in die Argumentation mit einbezogen – reicht diese Menge nicht mehr aus, das Wachstum wird verzögert bzw. sogar ganz eingestellt. Dieses Defizit in der Proteinaufnahme muß zu einem späteren Zeitpunkt wieder aufgeholt werden. Wenn das nicht geschieht, kommt es zu den bekannten Erscheinungen des Kwashiorkors.

Nahrungsbedarf:

α) Empfohlene tägliche Zufuhr von Nährstoffen: (National Academy of Sciences USA – National Research Council, 1964, auszugsweise wiedergegeben aus Ciba-Geigy: Wissenschaftliche Tabellen, 7. Aufl., Basel, 1971).

Tabelle 1

	Alter	Gewicht	Kcal	Protein (g)
Männer	18–35	70 kg	2900	70
	35–55	70 kg	2600	70
Frauen	18–35	58 kg	2100	58
	35–55	58 kg	1900	58

(Werte für gesunde, in der gemäßigten Zone lebende Personen bei mäßiger, körperlicher Betätigung).

β) Proteine: Die folgenden Aminosäuren sind sog. essentielle Aminosäuren, die der menschliche Körper nicht zu synthetisieren vermag und die mit der Nahrung zugeführt werden müssen:

His, Try, Phe, Tyr, Lys, Thr, Met, Cys, Leu, Ile, Val.

Der Proteingehalt einiger bekannter Nahrungsmittel kann der Tabelle 2 entnommen werden.

γ) Gehalt essentieller Aminosäuren: in verschiedenen Proteinen unterschiedlich. Auch hierzu einige Beispiele (Tabelle 3). Betrachtet man die pflanzlichen Proteine, so erkennt man, daß das Protein der Sojabohne besonders wertvoll ist, als weiterer Pluspunkt kommt hinzu, daß Sojabohnen besonders proteinreich sind (s. Tabelle 2).

Tabelle 2

	pro 100 g eßbare Substanz	
	g Protein	kcal
Äpfel	0,3	58
Orangen	1,0	49
Grüne Bohnen	1,9	32
Weiße Bohnen	21,3	338
Kartoffeln	2,1	76
Salat	1,3	14
Sojabohnen	34,1	403
Spargel	2,1	21
Erdnüsse	26,2	582
Reis	7,5	360
Weizen	12,1	331
Milch (Kuh)	3,2	64
Hühnerei	12,8	162
Rinderfleisch	19,2	122
Schweinefleisch	18,6	168
Leber	20,6	131

Tabelle 3

	Lysin	His	Phe
Bohnen	5,4*	2,9	3,4
Kohl	3,7	1,8	2,6
Reis	4,2	2,2	4,6
Sojabohnen	6,4	2,6	5,0
Roggen	3,7	2,1	4,6
Milch	7,8	2,7	5,1
Fleisch	8,2	3,2	4,2
Frischfleisch	9,0	2,1	3,7

*Gramm Aminosäuren pro 100 g Protein.

3. Möglichkeiten zur Verbesserung der Ernährungslage

Die FAO hat 1969 einen World Agricultural Plan vorgelegt. Er enthält eine Reihe logisch richtiger, aber politisch schwer durchsetzbarer Forderungen. Ein entscheidendes Problem liegt in der Tatsache, daß die Wachstumsrate der Bevölkerung die Zuwachsrate an Nahrungsmitteln übertrifft; daher ist die Einführung vorgesehener Maßnahmen in unterentwickelten

Ländern ein Wettlauf mit der Zeit, der als verloren angesehen werden muß, solange die Bevölkerung so hohe Zuwachsraten aufzuweisen hat.

Das Absenken der Sterberate ist allgemein auf die Verbreitung ärztlicher Behandlung zurückzuführen. Wenn man ein geregeltes System betrachtet, muß notgedrungen auch die Geburtenrate gesteuert werden, d.h. es muß eine Geburtenregelung eingeführt werden.

Folgende Faktoren könnten die Zuwachsrate an Nahrungsmitteln erhöhen:

a) Zunahme der landwirtschaftlich nutzbaren Fläche

b) Bewässerung trockener Landstriche

c) Verbesserung des Bodens durch Düngemittel

d) verbesserte Kulturpflanzen

e) Anwendung von Pestiziden (Insektiziden) und Herbiziden

f) Nahrung aus dem Meer

Zu jedem der genannten Punkte könnten lokal begrenzte Erfolge aufgezählt werden.

Sind die genannten, oben aufgeführten Maßnahmen a–f realisierbar oder eine Utopie?
Punkt a) und b) müssen gemeinsam besprochen werden. Es darf nicht vergessen werden, daß die größten Teile der Kontinente Trockengegenden sind und nur durch kostspielige Bewässerung nutzbar gemacht werden können. Die Kosten hierfür können Entwicklungsländer fast nie selbst tragen. Selbst in hochentwickelten Ländern wie den USA sind nur kleine Teile der dortigen Wüstengegenden (z.B. in Arizona, New Mexico und Kalifornien) künstlich bewässert und somit landwirtschaftlich genutzt (z.B. das Gebiet am Salton Sea im Imperial Valley in Kalifornien — Satellitenbilder geben uns eindrucksvoll Aufschluß darüber, wie klein dieses Gebiet im Verhältnis zur umgebenden Wüste ist).

Bewässerung erfordert einmal genügend Süßwasser, zum anderen Energie, um das Wasser auf die Felder zu pumpen. Die Energie ist fast so teuer wie das Wasser selbst. Unter den Ölpreiserhöhungen der letzten Jahre litten in erster Linie die Entwicklungsländer. Konventionelle Energiequellen stehen dort, wo sie gebraucht werden, nur selten zur Verfügung, und Transport ist wiederum nahezu unbezahlbar.

Wie sieht es in tropischen, regenreichen Gegenden aus?
Das Gelände des tropischen Urwalds ist als Kulturfläche meist ungeeignet. Eine dicke Lateritschicht in geringer Tiefe verhindert weitgehende Kulturmaßnahmen.

Zu c). Die Verbesserung des Bodens ist wiederum ein Prozeß, den sich nur reiche Länder leisten können. Eine Bearbeitung großer Flächen erfordert teure Maschinen; durch Menschenkraft allein ist das nicht zu schaffen. Der Einsatz von Düngemitteln wie Nitrat — in großen Mengen nur synthetisch herstellbar — ist für unterentwickelte Länder kaum erschwinglich. Große Phosphatvorkommen gibt es nur in wenigen Teilen der Erde (z.B. in Marokko). Es ist vorhersehbar, daß es auch hier bald zu Engpässen kommt und der Preis derart ansteigt, daß er nur noch von Industrieländern bezahlt werden kann. Dieses Problem wird heute noch vielfach übersehen. In Industrieländern plagt man sich stattdessen noch mit den Folgen übermäßiger Phosphatdüngung (Eutrophierung von Gewässern, s. S. 404). Man vergesse aber nicht, daß es sich dabei nur um lokale Probleme handelt, die deshalb so publik geworden sind, weil sie in den Industrieländern sofort ins Auge springen.

Zu d). Die Nahrungsmittelproduktion ist in diesem Jahrhundert durch Einsatz moderner pflanzenzüchterischer Maßnahmen und Technologien (gezielte Selektion, Heterosiszüchtung u.a.) in Industrieländern sprunghaft angestiegen. Man war bestrebt, diese Erfolge auch auf Entwicklungsländer auszudehnen. So gelang es N. Borlaug Anfang der sechziger Jahre, mit erheblicher finanzieller Hilfe der Ford- und Rockefeller Foundation, eine Weizensorte für Mexiko zu entwickeln; weitere Erfolge dieser Art wurden vom International Research Institute auf den Phillippinen gemeldet. Es entstanden Reissorten, die den bisherigen an Ertrag weit überlegen waren. Optimisten sprachen von „Grüner Revolution".

Neue Sorten bewähren sich in der Regel nur in eng begrenzten Bereichen der Erde. Je überzüchteter sie sind, desto empfindlicher sind sie gegenüber äußeren Einflüssen (Klimaänderung, Boden, Insektenbefall etc.).

Die mexikanische Weizensorte zeichnet sich durch relativ kurze Vegetationsperiode, kurze Halmlänge, hohen Ertrag und hohe

Dichte pro Flächeneinheit aus. Innerhalb weniger Jahre wurde sie zur meistangebauten Sorte in Mexiko; mit der Konsequenz, daß Mexiko zwischen 1964 und 1970 sogar Weizen exportieren konnte. Die Exportüberschüsse sind inzwischen aufgezehrt. Die Zuwachsrate der mexikanischen Bevölkerung nahm und nimmt auch heute noch zu, so daß das Land erneut auf Importe angewiesen ist. Schon frühzeitig wurde von N. Borlaug, weiteren angesehenen Persönlichkeiten und internationalen Organisationen wie der FAO davor gewarnt, sich zuviel von neuen Sorten zu versprechen. Man könne damit allenfalls einen Zeitaufschub von 10–20 Jahren erwirken, in dem man energische Schritte zur Kontrolle des Bevölkerungswachstums unternehmen müßte. Die Hälfte der Zeit ist inzwischen verstrichen, geschehen ist fast nichts.

Der mexikanische Weizen ist in vielem besser als sein Ruf. In den Jahren nach 1967 versuchte man, ihn in Indien und Pakistan einzusetzen und hatte, da in manchen Landstrichen ähnliche klimatische Verhältnisse herrschen wie in Mexiko, Erfolg dabei. Hochleistungssorten benötigen ausreichende Düngung des Bodens, und das Saatgut ist relativ teuer. Es waren zuerst die reichen Bauern, die neue Sorten einsetzten und damit demonstrierten, daß Mehrerträge zu erzielen waren. Je weiter sich die Sorte jedoch ausbreitete, desto weniger konnte investiert werden. Spektakuläre Anfangserfolge fielen auf ein recht niedriges Niveau zurück. Die reichen Bauern wurden reicher, die armen blieben arm. Seit 1972 sind in allen Ländern (außer in den USA und in Kanada) die Erträge an Getreide rückläufig. Anfängliche Erfolge (um 1970) lagen bei einer 4fachen Steigerung des Ertrags in Indien, von 1972–1975 sank der Wert auf das 2,5fache. Ursache hierfür ist der Engpaß und die starke Verteuerung von Energie, die man ihrerseits benötigt, um Düngemittel zu synthetisieren und Felder zu bewässern.

Hinzu kommt, daß in Indien Teile der Ernte durch Krankheiten befallen wurden, die man von Mexiko her nicht kannte. Es ist nicht der einen Sorte anzulasten, daß sie besonders empfindlich sei, auch viele der bis dahin angebauten Sorten (Landsorten) sind gegen verschiedene Schädlinge nicht resistent. Allerdings wirkt ein Befall einer großen Fläche wesentlich dramatischer als der Befall einzelner kleiner; auch der dichte Wuchs (Masse pro Flächeneinheit) fördert die Ausbreitung von Infektionen oder von Insektenbefall.

Durch neue einheitliche Sorten werden die alten Landsorten mit ihrer hohen Variabilität verdrängt, und langsam zeigen sich weitere negative Folgen, u.a. wird Weizen auf Flächen angebaut, die früher dem Anbau von Leguminosen dienten. Der Wert von Leguminosen ist darin zu suchen, daß ihre Samen extrem proteinreich sind (Tabelle 2 auf S. 424) und daß die Pflanzen in Symbiose mit stickstoffbindenden Bakterien leben, wodurch eine Düngung mit Stickstoff überflüssig wird. Ganz generell wird durch Verdrängung alter Sorten der Genpool verkleinert und somit ein Reservoir von Genen aufgegeben, die während jahrhundertelanger züchterischer Arbeit angesammelt wurden und die in den betreffenden Gebieten kleine, aber doch sehr bedeutende Vorteile bieten. Zu retten wären solche Sorten nur durch Anlage und Betrieb sehr kostspieliger „Genbanken", also Einrichtungen, in denen verschiedenstes Saatgut gelagert und ständig kontrolliert wird. Solche Institutionen in nennenswertem Umfang gibt es in Industrieländern. Kürzlich wurde eine solche in Indien eingerichtet.

Der Verlust von Landsorten betrifft auch Haustierrassen. Afrikanische Haustiere werden sehr häufig durch die Naganaseuche (der Schlafkrankheit ähnlich) befallen. Der Erreger ist *Trypanosoma brucei* (ein Flagellat), der durch die Tse-Tse-Fliege übertragen wird. Man kennt in Nord- und Zentralafrika einige resistente, aber sonst leistungsschwache Haustierrassen (Rinder), die resistent gegenüber den Trypanosomen sind; ihre Verbreitung ist beschränkt. Ein Verlust würde die Züchtung jedoch um die Chance bringen, die Gene aus dieser Population in Hochleistungsrassen hinein zu übertragen. Würde das gelingen oder würde es möglich, die bereits vorhandenen Hochleistungsrassen durch eine vorbeugende Schutzimpfung zu immunisieren, wären 11 Millionen km^2 neues Weideland gewonnen.

Wie ist es den neuen Reissorten ergangen?
Im Prinzip wie dem Weizen. Erst Anfangserfolge, dann die große Ernüchterung. 1972 war ein sehr feuchtes Jahr, ein großer Teil der Ernte auf den Phillippinen wurde durch das

Tungro-Virus vernichtet, auf Java durch Insektenbefall. Die neuen Sorten können nur auf Feldern gepflanzt werden, deren Wassertiefe 5—50 cm beträgt, das entspricht aber nur 25—30% der Gesamtanbaufläche. Für die übrigen Gebiete gibt es noch keine erfolgversprechenden neuen Sorten.

Wie angedeutet, sind die Enttäuschungen über das Mißlingen der „Grünen Revolution" vielschichtig. Man hat die diffizilen, kulturell stabilisierten Sozialordnungen der Bevölkerung unterschätzt, man hat nicht mit der Energiekrise, durch die manche der Erfolge aufgezehrt wurden, und nicht mit dem relativ höheren Mehraufwand gerechnet, der in Relation zum höheren Ertrag gesehen werden muß. Verluste nach der Ernte liegen bei Getreide größenordnungsmäßig zwischen 5 und 10%. Die USA und Kanada sind die einzigen Länder, die auch heute noch Getreide exportieren. Der Rest der Welt ist von diesen Exporten abhängig. Große Überschüsse, wie sie noch vor 15 Jahren bestanden, gibt es nirgendwo mehr.

Man kann fragen, ob die Entwicklungsländer den richtigen Weg gehen, die Technologie der Industrieländer zu übernehmen. Sie sind nicht darauf vorbereitet. Landwirtschaft, um nur ein Beispiel zu nennen, erfordert erhebliche Einsätze auf dem Gebiet der Grundlagen- und der angewandten Forschung.

In der folgenden Tabelle ist die Anzahl der Personen, die pro 100.000 Einwohner in der landwirtschaftlichen Forschung tätig sind, wiedergegeben. (Nach United States Department of Agriculture: Changes in agriculture in 26 developing nations, 1948—1963):

Tabelle 4

Indien	1,2	Iran	10,0
Phillippinen	1,6	Argentinien	14,0
Mexiko	3,8	Japan	60,0
Pakistan	4,5	Taiwan	79,0
Thailand	4,7	Niederlande	133,0
Columbien	9,0		

Natürlich fehlt es auch allenthalben an Geldmitteln. Es gibt in Entwicklungsländern nur 11 Forschungsinstitute mit internationalem Charakter. Das größte ist das 1959 gegründete International Rice Research Institute in Los Banos auf den Phillippinen. Der Jahresetat betrug 1975 8.52 Millionen Dollar. Das zehntgrößte Institut ist die West African Rice Development Association in Monrovia (Liberien), 1971 gegründet und 1975 mit einem Etat von 575.000 Dollar ausgestattet — und das ist weit weniger, als in Deutschland jeder kleinen Universität zur Verfügung steht.

Zu e). Wir haben über die Gefahren der Pestizide am Beispiel des DDT bereits gesprochen, dennoch ist sein Einsatz in unterentwikkelten Ländern unumgänglich. Eines der Hauptthemen auf der Stockholmer Umweltschutzkonferenz (1972) war das allgemeine Verbot jener Mittel. Auf Grund massiver Proteste unterentwickelter Länder kam es nicht zustande. Die Tabelle 5 zeigt die Anreicherung von DDT im menschlichen Fettgewebe.

Diese Werte werden sicher noch steigen, zumindest bei der Bevölkerung von Entwicklungsländern. Es wird sich dort die Frage stellen, welches das geringste Übel sei: daß „einige" Menschen, vor allem schwächere (ältere) an DDT-Vergiftung sterben oder sehr viele (vor allem Kinder) an Unterernährung. Irgendwie wird sich ein Gleichgewicht zwischen diesen beiden Todesursachen einstellen.

Zu f). Das Meer als Nahrungsquelle war jahrelang die illusionäre Vorstellung von Optimisten. In Japan z.B. spielen Algen eine wichtige Rolle in der täglichen Nahrung. Nur muß man wissen, daß Japan einen Küstenstreifen mit vielen flachen Buchten besitzt. Das Wasser hat eine für das Algenwachstum günstige Temperatur. Bedingungen, die man nur an wenigen Küsten der Erde findet, so daß man kaum an eine Massenproduktion von Algen denken kann, die die Nahrungsmittelknappheit auf der Erde verringern würde.

Man schätzt den Vorrat an Fischen in allen Weltmeeren auf 140 Millionen Tonnen. Von 1958 bis 1962 hat der Fischfang jährlich um 8,2% zugenommen, von 1962 bis 1965 um nur 5,9%. Inzwischen hat die Fangrate weiter abgenommen.

In diesem Kapitel haben wir nur das Problem der Welternährung angeschnitten. Die Frage „Umweltschutz", die vor allem in hochindustrialisierten Ländern immer vordringlicher diskutiert wird, gehört zu den

428

Tabelle 5

Population	Jahr	Anzahl getesteter Personen	DDT (ppm)
USA	1942	10	0
USA	1950	75	5,3
USA	1955	49	19,9
USA	1954–1956	61	11,7
USA	1961–1962	130	12,6
USA	1961–1962	30	10,71
USA	1962–1963	282	10,3
USA	1964	64	7,0
USA (New Orleans)	1964	25	10,3
USA (weiß, Pers. über 6 Jahre alt)	1968	90	8,4
USA (farbig, Pers. über 6 Jahre alt)	1968	35	16,7
Alaska (Eskimos)	1960	20	3,0
Kanada	1959–1960	62	4,9
Kanada	1966	27	3,8
Großbritannien	1961–1962	131	2,2
Großbritannien	1963–1964	65	3,3
Großbritannien	1964	100	3,3
Deutschland	1958–1959	60	2,2
Ungarn	1960	50	12,4
Frankreich	1961	10	5,2
Israel	1963–1964	254	19,2
Indien (Delhi)	1964	67	26,0

komplexesten Problemen der Ökologie. Ein Biologe kann hierzu speziell sein Wissen über Mechanismen geregelter Systeme, Optima, Gleichgewicht und Störfaktoren beisteuern. Darüberhinaus kann er, wie wir im vorigen Kapitel besprochen haben, spezielle Einzelprobleme durch qualitative und quantitative Betrachtung eines Lebensraums angehen. Umweltschutz müssen aber auch weniger industrialisierte Länder betreiben. Die Luft über Mexiko City oder New Delhi ist smoghaltiger als über dem Ruhrgebiet, Los Angeles oder London!

Literatur

Boerma, A.H.: A world agricultural plan. Sci. Am. August 1970, S. 54.

Boerma, A.H.: Forward-planing: meeting the requirements. Phil. Trans. Roy. Soc. Lond. B **267**, 5 (1973).

Brown, L.R.: The world food prospect. Science **190**, 1053 (1975).

Chancellor, W.J., Goss, J.B.: Balancing energy and food production. Science **192**, 213 (1976).

Ehrlich, P., Ehrlich, A.: Bevölkerungswachstum und Umweltkrise. Frankfurt: Fischer 1972.

Food. Science **188**, No. 4188, Sonderheft, 9. Mai 1975.

Food and agriculture. Sci. Am. September 1976.

Grennland, D.J.: Bringing the Green Revolution to the shifting cultivator. Science **190**, 841 (1975).

Handler, P.: Biology and the Future of Man. London: Oxford University Press 1970.

The human population. Sci. Am. September 1974.

Lieth, H.: Basis und Grenze für die Menschheitsentwicklung: Stoffproduktion der Pflanzen. Umschau **74**, 169 (1974).

The Life Sciences (Recent progress and application to human affairs; the world of biological research; requirements for the future). Hrsg.: "National Academy of Sciences" der USA. Washington 1970.

Resources and Man: A Study and Recommendations by the Committee on Resources and Man of the Division of Earth Sciences, National Academy of Sciences — National Research Council. San Francisco: W.H. Freeman 1969.

Simpson, D.: The dimension of world poverty. Sci. Am. November 1968, S. 27.

Taylor, G.R.: Das Selbstmordprogramm. Frankfurt: Fischer 1971.

Waterlow, J.C., Payne, P.R.: The protein gap. Nature 258, 113 (1975).

Rekonstruktion von *Sigillaria* und *Lepidodendron* (Siegelbaum und Schuppenbaum). Beide gehörten zu den ▶ charakteristischen Pflanzen des Karbons. Siegelförmige und schuppenförmige Abdrücke ihrer Stammoberflächen werden relativ häufig in Kohlelagern gefunden. (Aus Hirmer: Lehrbuch der Paläobotanik, 1936)

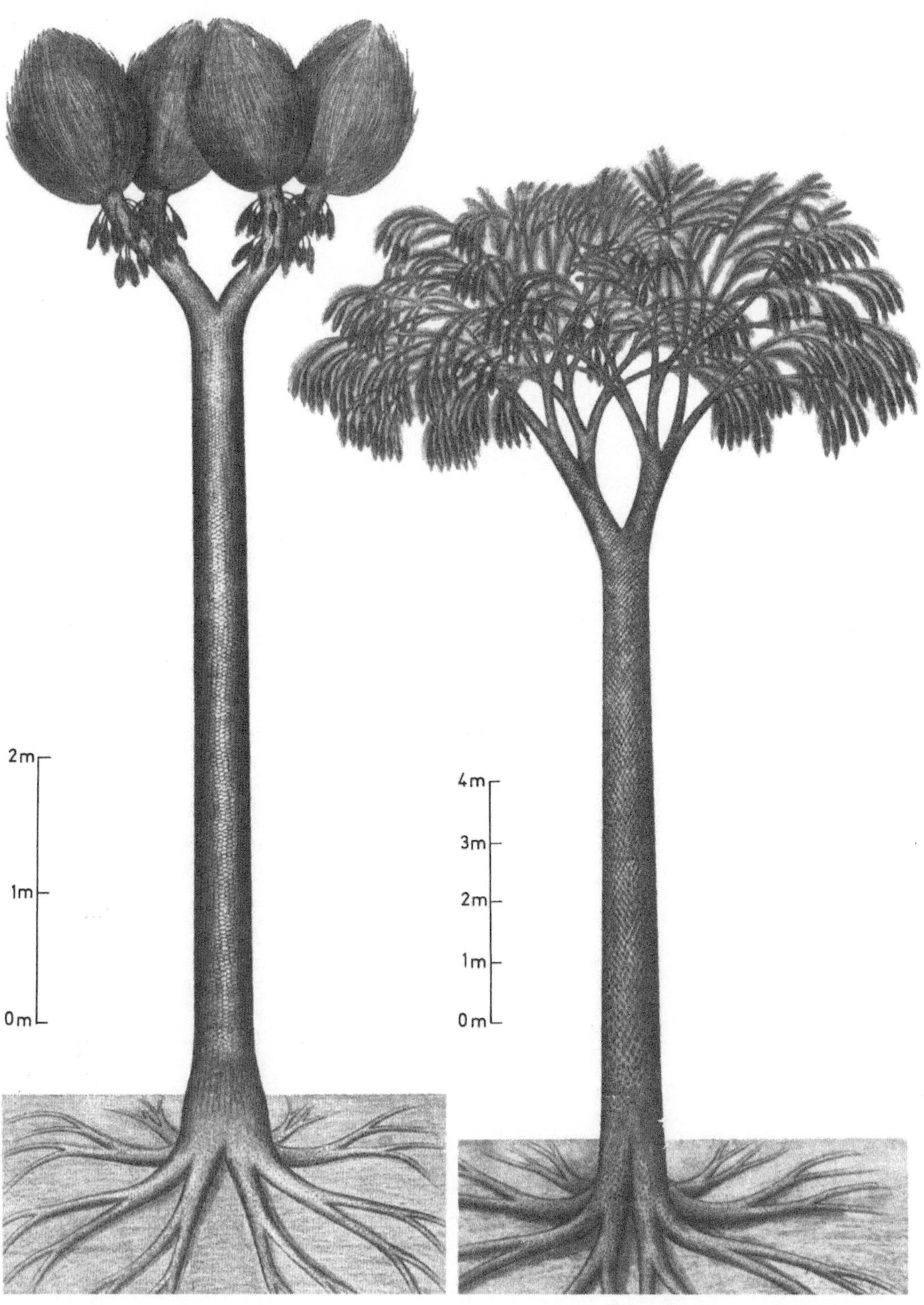

59. Populationen

Eine Population besteht aus zahlreichen Individuen. Betrachten wir Populationen von Individuen einer Art, so können wir voraussetzen, daß sich alle potentiell miteinander paaren können und daß die Gene, die sie tragen, mehr oder weniger gleichmäßig über die ganze Population verteilt sind. Man spricht hierbei von Panmixie. Die Summe aller Gene bildet einen Genpool.

1. Das Hardy-Weinberg-Gleichgewicht

Kann man bestimmen, mit welcher Häufigkeit ein Gen in einer Population auftritt?
Betrachten wir zwei Allele eines Gens: A und a und nehmen an, 90% (p) aller gebildeten Gameten würden A tragen und q = 10% a. Dann wäre p + q = 100% oder bei einer Normierung der Wahrscheinlichkeiten auf 1: p + q = 1 (p = 0,9; q = 0,1).
Unter der Voraussetzung der panmiktischen Paarung würden wir die Allele in der Nachkommenschaft wie folgt verteilt finden:

$$AA: 0,9 \times 0,9 = 0,81$$
$$\left.\begin{array}{l} Aa : 0,9 \times 0,1 \\ aA : 0,1 \times 0,9 \end{array}\right\} = 0,18$$
$$aa : 0,1 \times 0,1 = 0,01$$

also:
$$AA = p^2$$
$$Aa + aA = 2\,pq$$
$$aa = q^2$$

AA-Individuen (81% der Population) würden nur A-Gameten bilden: 81%. Aa-Individuen würden zur Hälfte A (9%) und zur anderen Hälfte a bilden (auch 9%). aa-Individuen würden nur a-Gameten bilden: 1%. Bilden wir die Summe, so finden wir, daß wir zu unserer Ausgangssituation zurückgekehrt sind. Am Verhältnis 9:1 wurde nichts geändert. Wir können die Kreuzungen über viele Generationen fortsetzen und würden ebenfalls keine Änderung beobachten. Hardy und Weinberg fanden als erste diese Gesetzmäßigkeit und formulierten das nach ihnen benannte Hardy-Weinberg-Gesetz:

$$q^2 : 2\,pq : p^2 = \text{const.}$$

Das ist die wichtigste Regel der Populationsgenetik; sie sagt aus, daß die Genhäufigkeiten in Populationen in einem stabilen Gleichgewicht zueinander stehen.

Was können wir mit dieser Formel anfangen?
Wir wissen, daß in einer menschlichen Population jedes 15.000ste Individuum an Phenylketonurie, einer Stoffwechselkrankheit, leidet. Wir wissen, daß es ein Erbleiden ist und sich nur in rezessiv homozygotem Zustand ausprägt. Wir können somit fragen, mit welcher Häufigkeit das entsprechende Allel in der Population in heterozygotem Zustand vorkommt:

$$q^2 = 1/15.000$$
$$q = 1/122 \qquad p = 121/122 \qquad 2\,pq = 1/61,$$

d.h. jede 61. Person trägt dieses Allel.
Achtung: Das Hardy-Weinberg-Gesetz gilt nur für große (ideale) Populationen. — *Mit welcher Häufigkeit tritt ein Erbleiden bei einem zweiten Kind auf, wenn das erste Kind in der Familie bereits ein solches Erbleiden hatte?* Die Wahrscheinlichkeit ist 1/4, da ja beide Eltern das Allel in heterozygotem Zustand tragen (Aa x aA).

2. Genetische Drift; Fitness

Welche Aussagen können wir über kleine Populationen machen?
Bei kleinen Populationen spielt der Zufall eine große Rolle, dabei können einzelne Gene

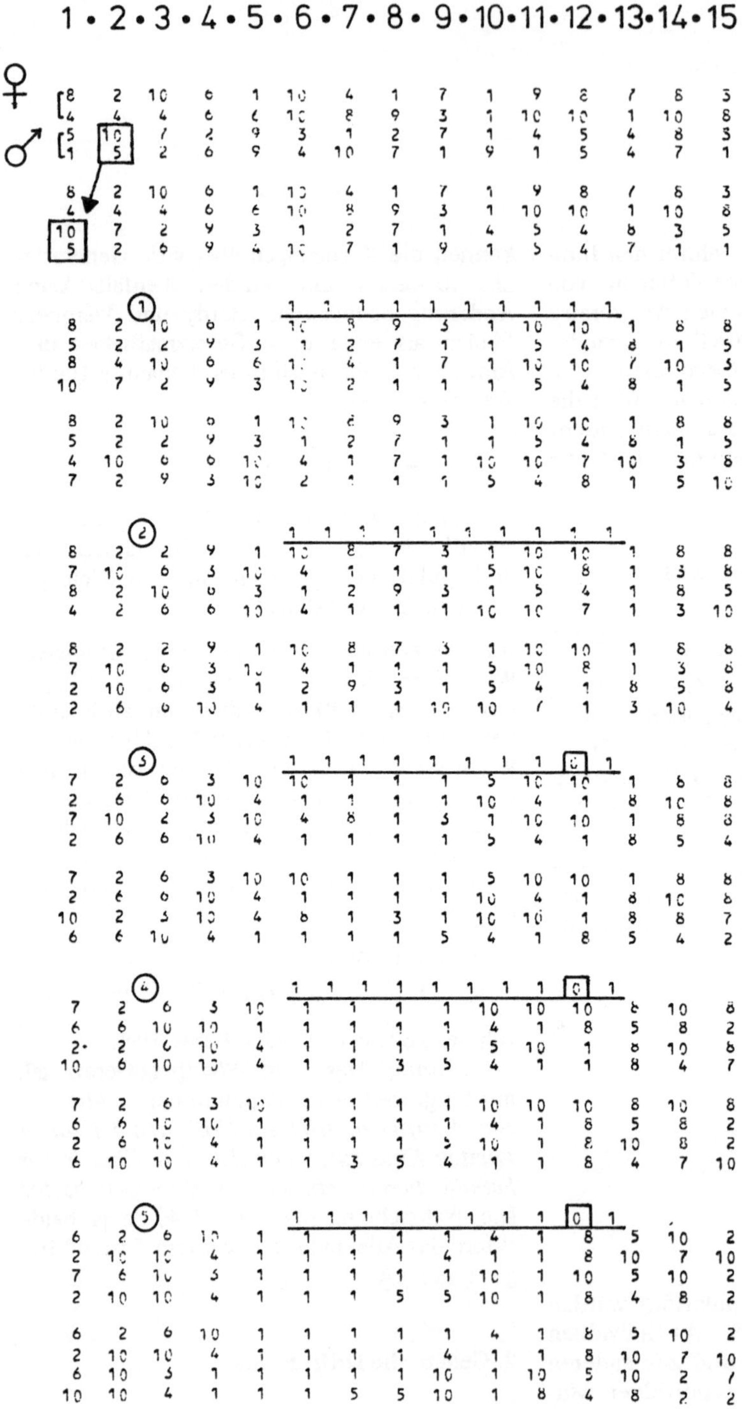

1 • 2 • 3 • 4 • 5 • 6 • 7 • 8 • 9 • 10 • 11 • 12 • 13 • 14 • 15

Abb. 59.1. Verhalten von Allelen in einer kleinen Population. Computerspiel mit vorher festgelegten Spielregeln. (Details vgl. Text)

zufällig verloren gehen, andere zufällig angereichert werden. Man spricht von genetischer
Drift oder Zufallsdrift. Die Richtung der Drift
kann nicht angegeben werden, somit auch
nicht, welche Gene verloren gehen und welche
sich anreichern (fixieren). Wir wollen dieses
Phänomen an Hand eines Modellbeispiels
durchrechnen. Dieses Beispiel wurde von G.
Schulz (Max-Planck-Institut für Medizinische
Forschung in Heidelberg) ausgearbeitet und
als Aufgabe in einem Computerkurs für Biologen im Wintersemester 1970/71 ausgegeben.

Seine Voraussetzungen und Spielregeln
sind: Wir haben eine Population von 15 Paaren
und nehmen an, daß sie pro Generation 2 Kinder haben, daß auch diese sich fortpflanzen,
wiederum je 2 Kinder haben usw., so daß die
Populationsgröße konstant bleibt. Wir nehmen
weiterhin an, daß keine Mutationen auftreten,
keine neuen Gene durch Immigration einge-
schleppt werden und schließlich, daß es für
einen Genort 10 Allele gibt. Alle 10 (*1...10*)
gehören dem Genpool der Population an.

Die Frage lautet nun: Wieviele dieser Allele
finden wir noch nach 50 Generationen? In
den Abb. 59.1 und 59.2 sind Ergebnisse eines
solchen Computerspiels wiedergegeben. Die
Ziffern in der Abb. 59.1 sind unsere Allele
1–10. Wir finden 15 Spalten. Jede Spalte steht
für ein Paar. Der erste 4er Block gibt die Ausgangssituation der Population wieder. Die beiden ersten Zeilen stellen die beiden möglichen
Gameten des einen (♀), die beiden letzten des
anderen (♂) Geschlechtspartners dar. Um eine
Durchmischung der Population zu gewährlei-
sten, wird angenommen, ein ♂ paart sich jeweils mit dem rechten ♀ Nachbarn (das ist
computertechnisch (!) der einfachste Ansatz).

Wir erhalten somit unseren zweiten 4er
Block. Die Nachkommen der ersten Generation (Block 3) können jetzt nur die Allele enthalten, die ihre Eltern besaßen. Dabei können
sie verloren gehen, z.B. das Allel *4* bei Paar *1*,
dafür ist dort Allel *8* angereichert. Sie können
gleichmäßig verteilt werden wie bei Paar *4* etc.
Die Verteilung geschieht rein zufällig: im
Computer wird sie durch ein spezielles Programm, einen Zufallszahlengenerator, gewährleistet.

Über dem Block *3* steht eine Reihe von
1111111111. Sie sagt uns, daß alle 10 Gene
noch in der Population enthalten sind. Wieder-

holen wir den Vorgang F$_2$, F$_3$ . . . . . F$_{50}$ und
betrachten dabei etwa das Allel *9*, so finden
wir, daß es bereits nach der dritten Generation
verlorengegangen ist. Ein einmal verlorenge-
gangenes Allel ist endgültig ausgeschieden. In
unserem Beispiel verlieren wir Allel *6* in der
sechsten Generation, Allel *3* in der siebenten
usw., während Allel *1* beginnt, sich anzurei-
chern.

In einem zweiten Computerdurchlauf
(Abb. 59.2) ist nur das Vorkommen der Allele
in der jeweiligen Generation ausgedruckt. Da
der Zufall bestimmt, wie die Allele zu Beginn

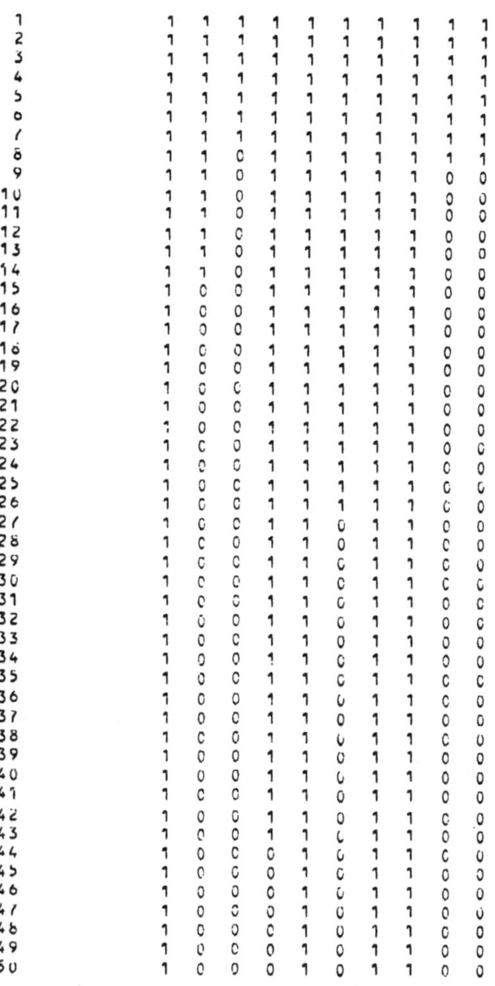

	1	2	3	4	5	6	7	8	9	10
1	1	1	1	1	1	1	1	1	1	1
2	1	1	1	1	1	1	1	1	1	1
3	1	1	1	1	1	1	1	1	1	1
4	1	1	1	1	1	1	1	1	1	1
5	1	1	1	1	1	1	1	1	1	1
6	1	1	1	1	1	1	1	1	1	1
7	1	1	1	1	1	1	1	1	1	1
8	1	1	0	1	1	1	1	1	1	1
9	1	1	0	1	1	1	1	1	0	0
10	1	1	0	1	1	1	1	1	0	0
11	1	1	0	1	1	1	1	1	0	0
12	1	1	0	1	1	1	1	1	0	0
13	1	1	0	1	1	1	1	1	0	0
14	1	1	0	1	1	1	1	1	0	0
15	1	0	0	1	1	1	1	1	0	0
16	1	0	0	1	1	1	1	1	0	0
17	1	0	0	1	1	1	1	1	0	0
18	1	0	0	1	1	1	1	1	0	0
19	1	0	0	1	1	1	1	1	0	0
20	1	0	0	1	1	1	1	1	0	0
21	1	0	0	1	1	1	1	1	0	0
22	1	0	0	1	1	1	1	1	0	0
23	1	0	0	1	1	1	1	1	0	0
24	1	0	0	1	1	1	1	1	0	0
25	1	0	0	1	1	1	1	1	0	0
26	1	0	0	1	1	1	1	1	0	0
27	1	0	0	1	1	0	1	1	0	0
28	1	0	0	1	1	0	1	1	0	0
29	1	0	0	1	1	0	1	1	0	0
30	1	0	0	1	1	0	1	1	0	0
31	1	0	0	1	1	0	1	1	0	0
32	1	0	0	1	1	0	1	1	0	0
33	1	0	0	1	1	0	1	1	0	0
34	1	0	0	1	1	0	1	1	0	0
35	1	0	0	1	1	0	1	1	0	0
36	1	0	0	1	1	0	1	1	0	0
37	1	0	0	1	1	0	1	1	0	0
38	1	0	0	1	1	0	1	1	0	0
39	1	0	0	1	1	0	1	1	0	0
40	1	0	0	1	1	0	1	1	0	0
41	1	0	0	1	1	0	1	1	0	0
42	1	0	0	1	1	0	1	1	0	0
43	1	0	0	1	1	0	1	1	0	0
44	1	0	0	0	1	0	1	1	0	0
45	1	0	0	0	1	0	1	1	0	0
46	1	0	0	0	1	0	1	1	0	0
47	1	0	0	0	1	0	1	1	0	0
48	1	0	0	0	1	0	1	1	0	0
49	1	0	0	0	1	0	1	1	0	0
50	1	0	0	0	1	0	1	1	0	0

Abb. 59.2. Vorkommen von Allelen in einer kleinen
Population. Computerspiel unter den gleichen Voraussetzungen wie bei Abb. 59.1. (Details vgl. Text)

verteilt sind und wann eines verlorengeht, sieht das Bild anders aus als in Abb. 59.1. Nach 50 Generationen sind nur 4 der 10 Allele erhalten geblieben. Die Anzahl der Allele stabilisiert sich, wenn die Allelzahl die Individuenzahl wesentlich unterschreitet.

Das Beispiel ist keineswegs nur von theoretischem Interesse. Man hat genetische Drift auch in natürlichen Populationen nachgewiesen und experimentell z.B. bei *Drosophila*-Populationen im Labor. Beim Menschen wurde genetische Drift bei verschiedenen abgeschlossenen Populationen gefunden, z.B. in Tälern, die wenig Zu- oder Abwanderung zu verzeichnen haben wie etwa im Parma-Tal in Norditalien (Cavalli-Sforza, 1969). Die Folge davon ist zweifelsohne eine Zunahme an Erbkrankheiten und die Häufung einer Reihe genetisch bedingter Merkmale, die in größeren und nicht abgeschlossenen Populationen weit seltener auftreten und deshalb nicht auffallen.

Die Verlustrate (bzw. Fixierung) von Genen ist 1/2 n (n = Zahl der Individuen). Bei kleinen Populationen haben wir es, ähnlich wie bei Bruder-Schwester-Paarungen, mit Inzucht zu tun. Wir können somit einen Inzuchtkoeffizienten (Z) aufstellen. Dazu das folgende Schema:

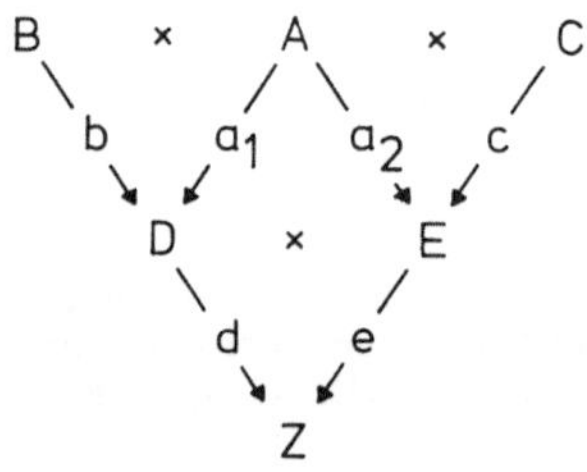

Der Inzuchtkoeffizient (Z) gibt an, mit welcher Wahrscheinlichkeit (P) d = e ist. Hierbei geben die kleinen Buchstaben die Wahrscheinlichkeit an, daß Merkmale eines Elternteils in der folgenden Generation ausgeprägt werden. In unserem Beispiel:

$$P\,(d = e) = 1/2\,n\,[P\,(b = a_2)$$
$$+ P\,(b = c) + P\,(a_1 = a_2)$$
$$+ P\,(a_1 = c)]$$
$$= 1/4\,[(0) + (0) + (1/2) + (0)]$$
$$= 1/8\,[= 12{,}5\%]$$

In allen diesen Rechnungen steckt noch als weitere Voraussetzung die Annahme, daß alle Allele gleichwertig seien. Das ist keineswegs immer der Fall. Nehmen wir einmal an, ein Gen habe nur unter bestimmten Bedingungen (z.B. wenn es in heterozygotem Zustand vorliegt) einen Vorteil: Wir kennen das Beispiel der Sichelzellanämie, einer Krankheit, die nur in malariaverseuchten Gegenden häufig auftritt. Man weiß, daß die Heterozygoten Aa die höchsten Überlebenschancen haben, während aa beeinträchtigt sind, weil die Individuen meist schon vor der Geschlechtsreife an den Folgen der Anämie sterben, ebenso sind AA benachteiligt, weil sie von Malaria befallen werden können.

Wir können uns jetzt wieder fragen, mit welcher Häufigkeit das Allel a in einer Population auftritt, wenn wir ihm einen bestimmten Selektionswert (Fitness) zuschreiben. Auch hierzu wollen wir uns eines Modells bedienen und annehmen, die Fitness (w) sei für

$$aa \; : \; w_{11} = 0{,}3$$
$$aA \; : \; w_{12} = 1{,}0$$
$$AA \; : \; w_{22} = 0{,}7$$

Ohne sie an dieser Stelle abzuleiten, sei eine Formel genannt, nach der man ausrechnen kann, mit welcher Häufigkeit ein Allel in der Population vorkommen wird. Die Formel ist ein Spezialfall des Hardy-Weinberg-Gleichgewichts:

$$\hat{p} = \frac{w_{22} - w_{12}}{(w_{11} - w_{12}) + (w_{22} - w_{12})}$$

Wir erhalten $\hat{p} = 0{,}3$ nach Einsetzen unserer Werte. Per Computer können wir jetzt simulieren, in welcher Generation dieses Gleichgewicht erreicht wird, wenn das Allel durch Mutation in einer Population (von 200 Allelen = 100 Individuen) auftaucht. Wir können weiterhin ausrechnen, wie es sich verhält, wenn ein Medikament gegen Malaria eingeführt wird, das AA die gleichen Überlebenschancen einräumt wie Aa. Die Abb. 59.3 zeigt uns, daß es

a) nach dem Auftreten einer Mutation eine gewisse Wahrscheinlichkeit gibt, daß ein Gen bald darauf wieder verschwindet (genetische Drift). Erst wenn es eine bestimmte Häufigkeit

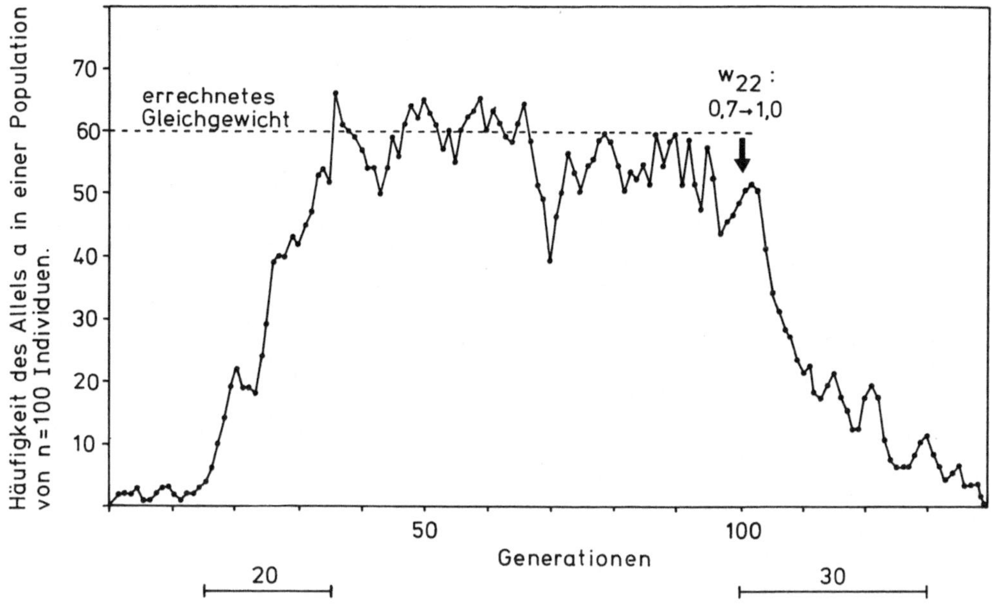

Abb. 59.3. Einstellung eines Gleichgewichts in einer Population unter Berücksichtigung unterschiedlicher Fitnesswerte für die einzelnen Allele; Computersimulation. (Details vgl. Text.) (Programm G. Schulz, Computerkurs, Heidelberg, WS 1970/71)

erreicht hat, wird es sich unablässig vermehren und sehr schnell (in ca. 20 Generationen) das Gleichgewicht erreichen.

b) Es bedarf ca. 30 Generationen, bevor es nach Einführung des Medikaments aus der Population verschwunden ist.

Die Werte schwanken statistisch ungefähr um den Gleichgewichtswert (0,3 x 200) = 60. Also auch hierbei wieder genetische Drift.

Wir haben hier ein Beispiel der Heterosis (vgl. S. 143) kennengelernt und gezeigt, welchen Vorteil heterozygote Formen in einer Population haben können und wie wir ausrechnen können, in welcher Häufigkeit sie auftreten.

3. Die Migration von Individuen

Ein weiterer Faktor, der Populationen beeinflußt, ist die Migration (Wanderung) von Individuen. Auch das soll an Hand simulierter Beispiele veranschaulicht werden. Wir teilen unseren Lebensraum in Reviere ein, die nur von einem Individuum besetzt sein können. Wir nehmen an, daß der Lebensraum von zwei unterschiedlichen Populationen *4* und *8* besetzt wird, die sich nicht vertragen. Die Spielregeln sind wie folgt: Per Zufallszahlengenerator wird ein Feld mit halber Dichte besetzt; d.h. nur jeder zweite Platz ist von einem Individuum belegt (vgl. Abb. 59.4 a–c). Ein Individuum wird herausgegriffen und wandert in seine nähere Umgebung. Trifft es unterwegs auf ein Individuum der gleichen Art, so wird mit einer Wahrscheinlichkeit V ein Nachkomme erzeugt, der darauf einen Platz in der Nachbarschaft einnimmt. Trifft das wandernde Individuum auf ein artfremdes, kommt es mit einer Wahrscheinlichkeit E zu einer Eliminierung des Eindringlings. Mit einer Wahrscheinlichkeit von 1 − E passiert nichts, der Eindringling wandert weiter.

Der Computer druckt uns nach A Migrationsschritten die Verteilung von *4* und *8* im Lebensraum aus. Wir machen mehrere Versuche und variieren dabei V und E (Abb. 59.4 a–c).

a) Ist die Vermehrungsrate nur 5% (0,05), die Eliminationsrate 20% (0,2), so werden wir bald einen dünn besiedelten Lebensraum vorfinden. (Bitte beachten: nicht alle aufeinander

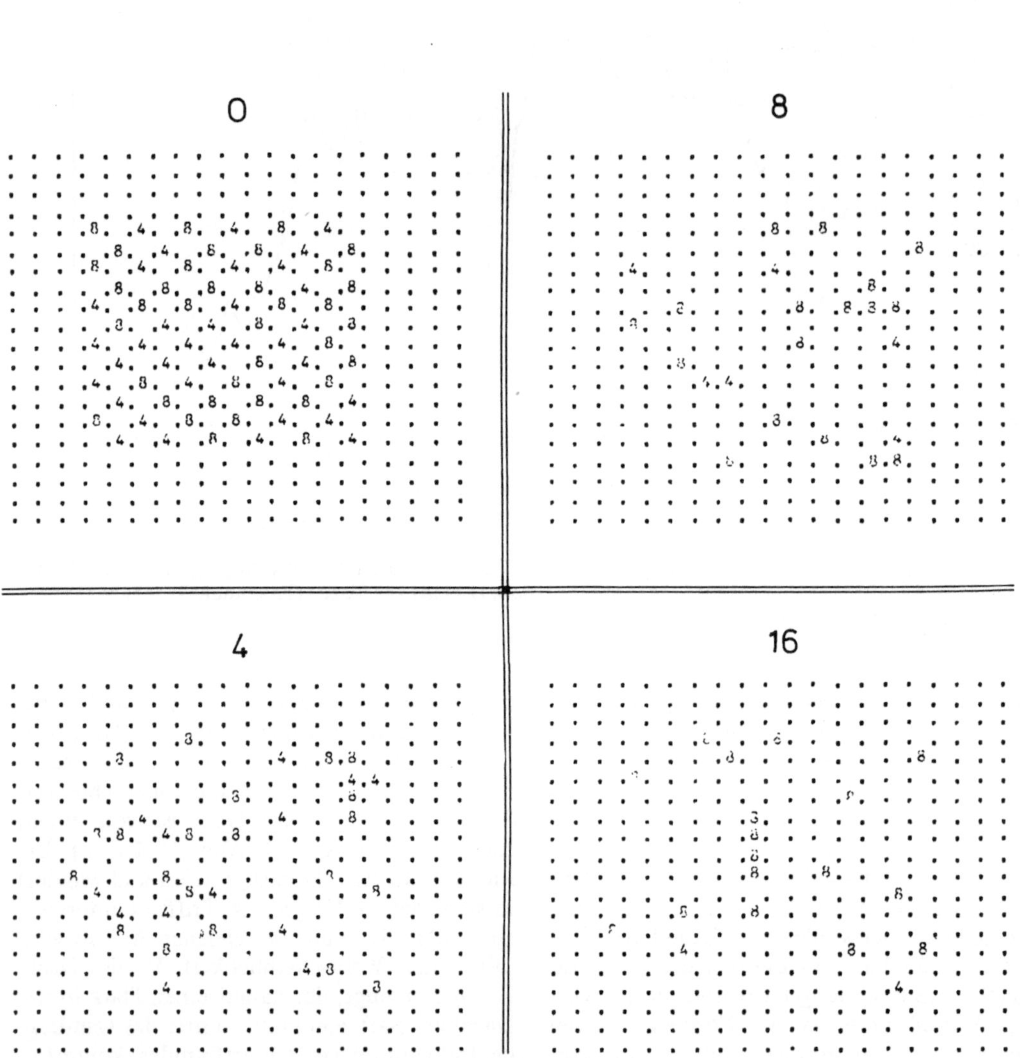

Abb. 59.4a. Migration von Individuen in einem Lebensraum. Die Details der Computersimulation sind im Text beschrieben. Die großen Ziffern geben die Anzahl der Migrationsschritte an, z.B.: 0 x A = 0; 4 x A = 8.000; 8 x A = 16.000; 16 x A = 32.000. (Programm: G. Schulz, Computerkurs, Heidelberg, WS. 1970/71)

folgenden Computerausdrucke sind hier wiedergegeben.) Es fällt weiterhin auf, daß eine der Populationen (hier *8*) die Überhand gewinnt und die andere eliminiert. Jene stirbt aus (Abb. 59.4a).

b) V = E = 50% (Abb. 59.4b). Die Vermehrungs- und Eliminationsrate sind beide sehr hoch. Es kommt zu einer sehr dichten Besied-

lung des Lebensraums und zu einer Segregation von *4* und *8*. Zwischen beiden bildet sich eine scharfe Grenze aus, die stabil bleibt.

c) Die Eliminationsrate ist sehr hoch (80%), die Vermehrungsrate ebenfalls relativ hoch (30%). Es kommt zuerst, wie im Beispiel 1 zu einer Eliminierung einer Art (*4*). *8* bildet ein Ballungszentrum und verbreitet sich von dort

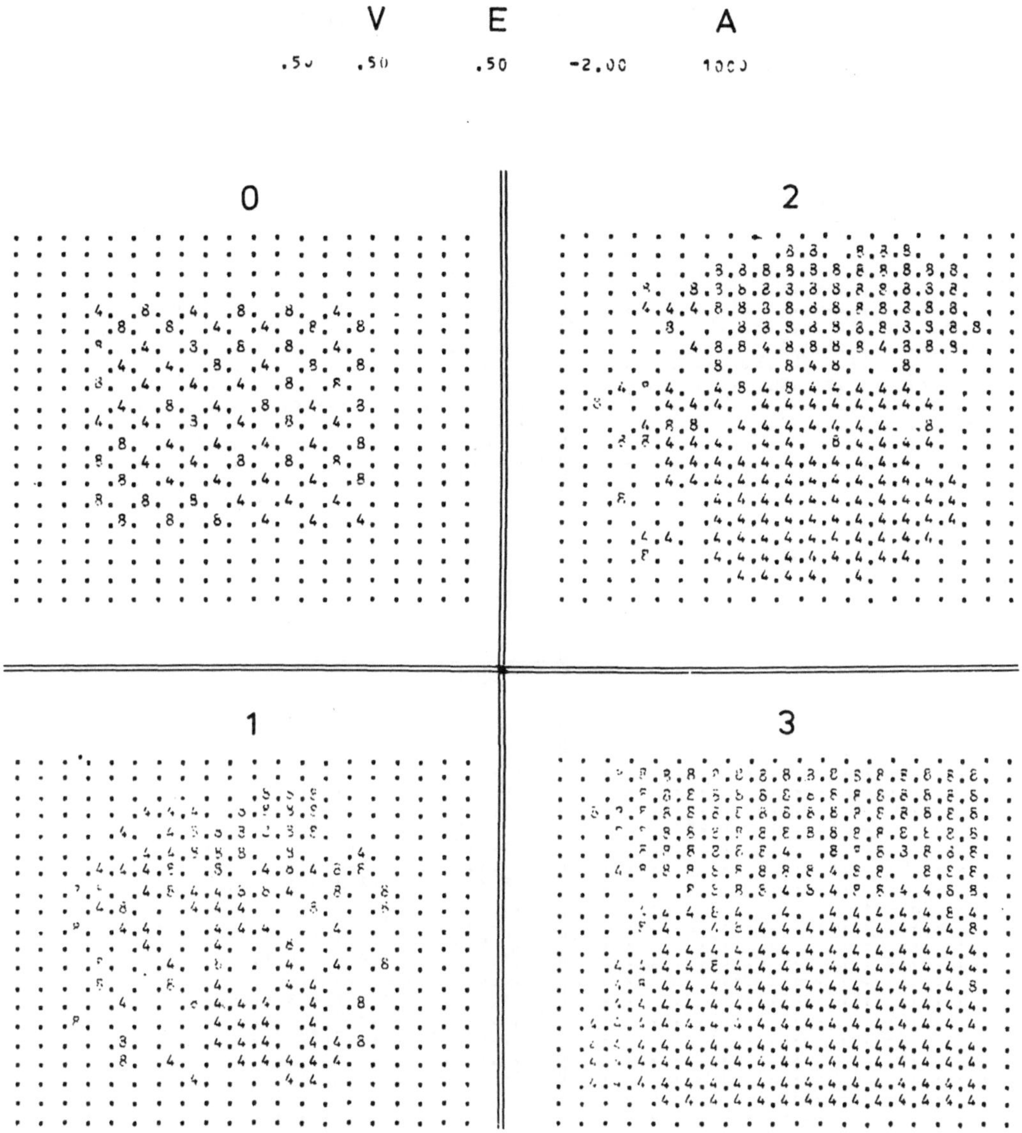

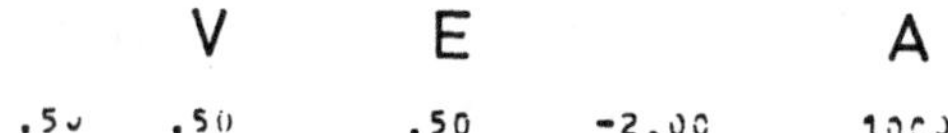

Abb. 59.4b. (Vgl. Legende zu Abb. 59.4a)

zusehends und besetzt unbesiedelten Lebensraum (Abb. 59.4c).

d) (Ohne Abbildung.) Gleiche Raten wie bei (c), aber andere (zufällige) Anfangsverteilung und Migration. *4* wird in eine Ecke zurückgedrängt, bildet ein Ballungszentrum, vermehrt sich dort schnell und kann sich somit gegen *8* behaupten. *4* und *8* teilen sich den Lebensraum auf und bilden eine scharfe Grenze zwischen den beiden Populationen aus.

Vor weiteren Beispielen sei gewarnt. Per Computer könnte man noch kilometerweise Papier bedrucken und jede beliebige V-E-Kombination durchrechnen. Im Angloamerikanischen nennt man solche Berechnungen Life Games. Uns bringen sie im Moment nicht weiter. Es sind Modelle, die Prinzipien aufzeigen, wie sich ungleiche Populationen in einem gemeinsamen Lebensraum verhalten: sie segregieren (s.a. S. 396).

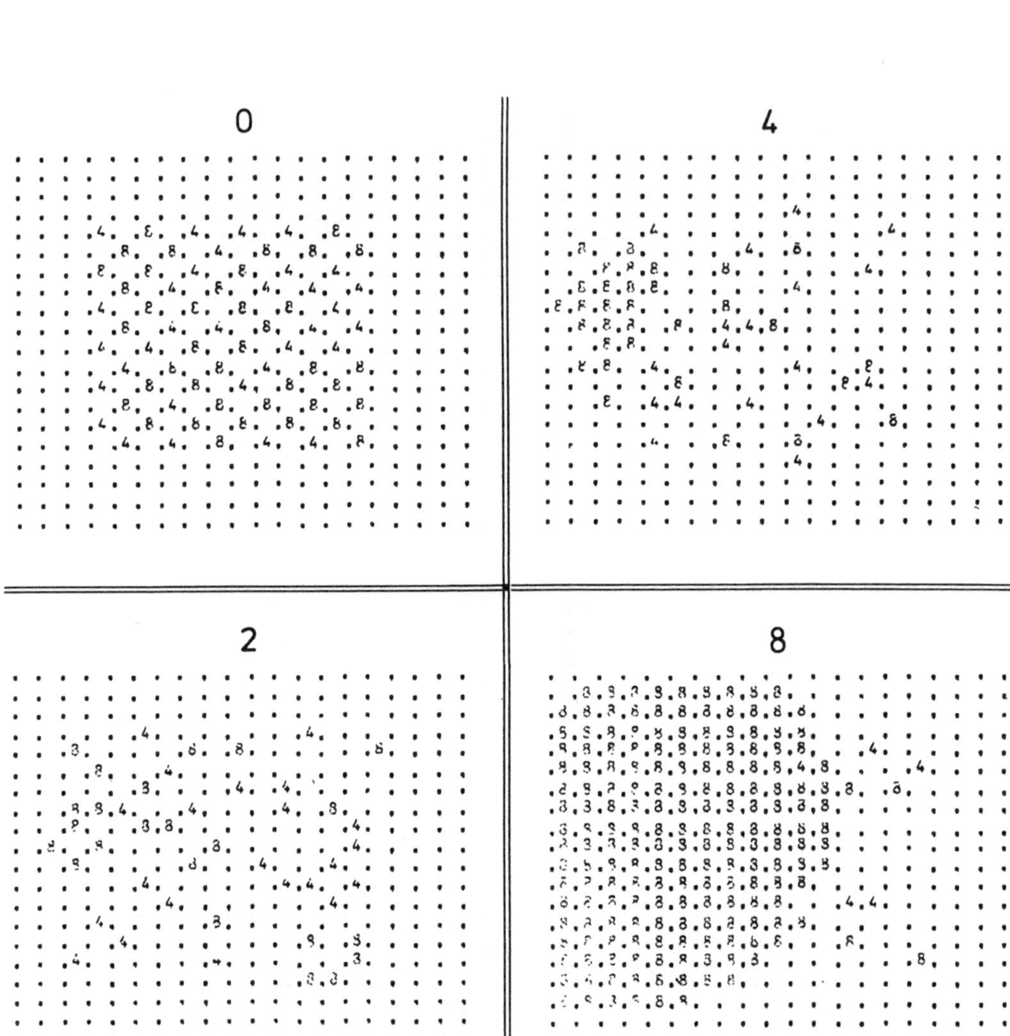

Abb. 59.4c. (Vgl. Legende zu Abb. 59.4a)

Wir haben die Erscheinung der Segregation (auf S. 284) bereits an einem konkreten Beispiel kennengelernt: Mischte man Zellen verschiedener Herkunft miteinander, so aggregierten nur diejenigen miteinander, die aus dem gleichen Gewebe stammten. Weitere Beispiele sind aus der Ökologie und der menschlichen Gesellschaft bekannt. In vielen biologischen Systemen, einschließlich der menschlichen Gesellschaft, kennen wir jedoch die genauen Werte für V und E nicht. Vor allem ändern sie sich ständig, und wie stark sich eine scheinbar kleine Änderung bemerkbar machen kann, haben wir am Beispiel der Änderung eines Fitnesswertes kennengelernt (vgl. Abb. 59.3).

Individuen, vor allem auch Menschen, können sich neuen Situationen anpassen. Die Anpassung ist eine sich ständig ändernde Funktion, die mathematisch schwer faßbar ist.

Das ist auch ein Einwand, der gegen Meadows Berechnungen über die Situation auf unserer Erde („Die Grenzen des Wachstums") geführt wird (s. S. 399).

Literatur

Cavalli-Sforza, L.L.: Genetic drift in an Italian population. Sci. Am. August 1969, S. 30.

Crow, J.F., Kimura, M.: An introduction to population genetics theory. New York: Harper and Row 1970.

Fisher, R.A.: The genetical theory of natural selection. 2. Aufl. New York: Dover Publications 1958.

Taeuber, K.E.: Residential segregation. Sci. Am. August 1965. S. 12.

Wilson, E.O., Bossert, W.H.: Einführung in die Populationsbiologie. Heidelberger Taschenbücher, Bd. 133. Berlin—Heidelberg—New York: Springer 1973.

Wricke, G.: Populationsgenetik. Sammlung Göschen, Bd. 5005. Berlin: Walter de Gruyter 1972.

60. Wie ist Leben entstanden? Evolution „einfacher" Systeme

A. Wie ist Leben entstanden?

Auf die Frage nach der Entstehung des Lebens kann man keine definitive Antwort geben, denn niemand hat sie miterlebt. Man kann sich aber fragen, ob unter den Bedingungen, die auf der Erde herrschten, Leben entstanden sein konnte und welche Schritte erforderlich sind, um eine Evolution in Gang zu setzen.

Auf der Erde gab es vor $4{,}6 \times 10^9$ Jahren eine reduzierende Atmosphäre, die u.a. NH_3, CH_4, H_2, CO, CO_2, HCN, H_2S und H_2O enthielt. Miller, Urey und Calvin unternahmen Mitte der fünfziger Jahre eine Anzahl von Experimenten, um zu zeigen, daß aus den genannten Ausgangsstoffen unter Energiezufuhr biologisch wichtige Moleküle entstehen können. Im Experiment verwendeten sie elektrische Entladungen und erhielten einfache Aminosäuren, Zucker, Vorstufen von Nukleotiden u.a. Damit haben wir natürlich noch lange kein Leben, lediglich einige etwas komplexer gebaute Moleküle. Da die Atmosphäre seinerzeit reduzierend und nicht oxydierend war, zerfielen die gebildeten Moleküle nicht umgehend.

Man hat in den letzten Jahren in mehreren Laboratorien zeigen können, daß unter abiotischen Verhältnissen auch Makromoleküle: Proteine bzw. proteinähnliche Strukturen (Proteinoide) und Nukleinsäuren synthetisiert werden. Proteinoide entstehen aus einem Gemisch von Aminosäuren. Sie ähneln in ihrer Zusammensetzung „modernen", funktionsfähigen Proteinen. — Haben sie auch katalytische Eigenschaften? S.W. Fox und D. Durant zeigten, daß ein solches Proteinoid eine Decarboxylierungsreaktion katalysieren kann. Die Leistung dieses „Enzyms" erreicht bei weitem nicht die der heute bekannten echten Enzyme, sie ist aber signifikant höher als die von entsprechenden Kontrollen (vgl. Abb. 60.1).

Katalytische Eigenschaften (Funktionen) gehen mit der Bildung größerer Strukturen einher. In ungeordneten Strukturen findet man keine Funktion. Wir haben jetzt also Proteine mit katalytischen Eigenschaften und Nukleinsäuren, von denen man weiß, daß sie Informationen tragen können.

Hat Leben mit Nukleinsäuren oder mit Proteinen begonnen?
Diese Frage ist, nach dem Göttinger Biophysiker M. Eigen die moderne Version der Frage, was zuerst da war, die Henne oder das Ei. Eigen stellt fest, daß sie falsch gestellt ist.

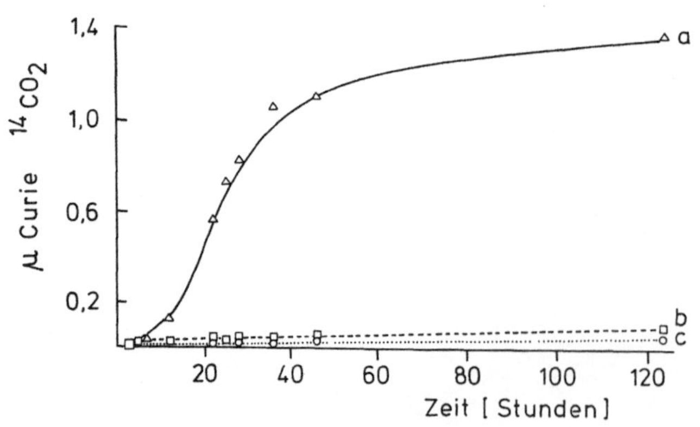

Abb. 60.1. Die katalytische Aktivität eines Proteinoids. Gemessen wurde die Decarboxylierung von Brenztraubensäure in Anwesenheit eines Proteinoids (*a*), eines Gemisches aus freien Aminosäuren (*b*) und ohne irgendwelchen Zusatz (*c*) (Fox und Durant; aus Fox, 1969)

In seiner Arbeit "Selforganization of matter and the evolution of biological macromolecules" hat er die wesentlichen theoretischen und experimentell nachgewiesenen Voraussetzungen einer Evolution zusammengefaßt. Zwei Fragen können vorab diskutiert werden:

a) Konnte sich Leben ohne Nukleinsäuren entwickeln?

b) Konnte sich Leben ohne Proteine entwickeln?

Zu a). Proteine sind Katalysatoren; somit ist denkbar, daß sie auch Proteine bilden können, also eine Eigenkatalyse möglich machen. Es sind einige Peptide bekannt, die katalytisch synthetisiert werden, ohne den Mechanismus der Proteinbiosynthese in Anspruch zu nehmen (F. Lipman, New York, 1970). Man könnte sich also vorstellen, Protein A katalysiert die Synthese von Protein B, jenes die von Protein C etc., bis schließlich ein Protein N gebildet wird, das seinerseits A katalysiert. Wir hätten damit einen Zyklus:

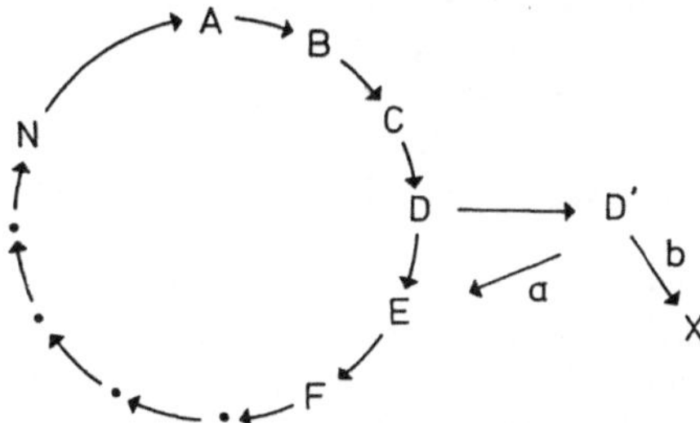

Dieser Zyklus könnte beliebig häufig durchlaufen werden, vorausgesetzt, im Medium sind genügend Ausgangsmaterialien (Aminosäuren) enthalten.

Könnte sich dieser Zyklus weiterentwickeln? Das geht nicht! Angenommen: D mutiert zu D'. Das wäre ein einmaliger Vorgang. Wir würden also nur ein Molekül D' erhalten. Für D' gibt es zwei Möglichkeiten:

α) Es behält die Fähigkeit zur Synthese von E.

β) Es verliert seine Fähigkeit, E zu katalysieren.

Gilt Fall β), so brechen alle nachfolgenden Reaktionen zusammen, der Zyklus kann aussterben, falls ihm nicht genügend D zur Verfügung steht. Im Fall α) läuft der Zyklus weiter, als sei nichts geschehen. Die Information zur

Bildung von D' ist verloren. Bei einem neuen Durchlauf wird wieder D gebildet. Es gibt für D' also keine Möglichkeit, sich zu behaupten. Eine Denkmöglichkeit wäre natürlich die Bildung eines neuen Zyklus

$$D' \rightarrow E' \rightarrow \ldots\ldots\ldots N' \rightarrow \ldots D',$$

doch ist die Wahrscheinlichkeit hierfür beliebig klein ($1/p^n$; wobei n die Anzahl der Schritte im Zyklus ist), so daß man diese Möglichkeit ausschließen muß. Wir können also zusammenfassend sagen: Leben, das nur auf Proteinbasis beruht, hätte keine Möglichkeit zur Evolution.

Zu b). Wie weit kommt man mit Nukleinsäuren allein?

α) Nukleinsäuren tragen Information.

β) Nukleinsäuren können sich selbst replizieren.

Was geschieht, wenn man einzelne Nukleotide in Lösung hat? Können sie Basenpaare ausbilden?
Dieses Problem ist von Eigen und Pörschke durch eingehende physikalisch-chemische Messungen gelöst worden. Hat man Basen in wäßriger Lösung, so lassen sich keine Basenpaarungen nachweisen. Löst man sie jedoch in organischen Lösungsmitteln (z.B. Benzol oder Tetrachlorkohlenstoff), so bilden sich kurzfristig Wasserstoffbrücken zwischen einzelnen Basen aus, wobei die Bindungen zwischen G und C am stärksten sind, weniger stark sind die zwischen A und U und besonders schwach in vielen anderen Kombinationen:

$$A - A; C - C; A - G \text{ etc.}$$

Das Erkennen der Basen geht nahezu genauso schnell vor sich wie das Voneinandertrennen.

Nimmt man statt einzelner Basen Dinukleotide und mißt deren Fähigkeit, komplementäre Paare zu bilden, so findet man, daß die Bindungsenergien wesentlich höher sind. Das heißt, es dauert länger, bevor sie sich wieder trennen, es gibt also einen kooperativen Effekt benachbarter Basen: Stacking Energy genannt. Trotzdem ist die Zeit des Zusammenhaltens immer noch sehr kurz und die Chance, eine Paarung mit einem „falschen" Dinukleotid einzugehen, sehr hoch.

Was geschieht, wenn man Tripletts nimmt?
Hier zeigt sich, daß erstmals stabile Paarungen entstehen. Die Stabilität wiederum ist von der Paarung „richtiger" (komplementärer) Basen abhängig. Die Lebensdauer der Paare beträgt etwa 1 msec; das ist etwa die Zeit, die auch ein Enzym benötigt, um eine Enzym-Substrat-interaktion einzugehen. Tripletts bilden auch in wäßrigen Lösungen Paare aus. Nimmt man längere Stücke (z.B. Quadrupletts), erhält man ebenfalls eine Paarung. Die Lebensdauer beträgt etwa 1/10 sec. Das ist bereits ein sehr langer Zeitraum.

Diese Experimente machen deutlich, warum sich ein Triplettcode entwickelt hat. Das Triplett ist die kleinste Einheit, die eine spezifische Basenpaarung ausbilden kann. Ein Quadruplett wäre zu "sticky" (klebrig). Ein Code könnte nicht schnell genug gelesen werden. Ein Doublettcode ist deshalb auszuschließen, weil die Basenpaarung nicht die ausreichende Spezifität liefern würde. Ein Triplettcode erfüllt somit die optimalen Bedingungen: so genau wie möglich, so schnell wie möglich (schneller wäre ohne Vorteil: Enzymreaktionen wären dann geschwindigkeitsbestimmende Schritte).

M. Eigen nimmt an, daß sich zunächst t-RNS-ähnliche Moleküle entwickelt haben, die, wie wir schon im Kapitel 33 gesehen haben, eine optimale Sekundär- und Tertiärstruktur ausbilden können und somit vor Abbauprozessen, wie etwa durch Scherkräfte, weitgehend geschützt sind. Eine t-RNS hat Adaptorfunktionen, sie ist aber nicht lang genug, um genetische Information tragen zu können. Man kann annehmen, daß längere Nukleinsäuresequenzen durch Aneinanderreihung kurzer Stücke entstanden sind.

Kann dieses System eine Evolution durchmachen?
Nukleinsäuresequenzen allein enthalten Informationen ohne Wert, da ja die so gespeicherte Information in keine wertvollen Funktionen umgesetzt werden kann. Die Fehlerrate auf der anderen Seite ist immer noch relativ hoch, selbst wenn man sie zu etwa 1% annimmt; d.h. über kurz oder lang würde jede „Information" geändert werden. Das System wäre instabil.

Um zu evolvieren, müssen zwei weitere Bedingungen erfüllt sein:

1. Der Information muß ein Wert zugeordnet werden.
2. Sobald das geschehen ist, ist darauf zu achten, daß die wertvolle Information nicht wieder verlorengeht.

Beide Bedingungen sind erfüllbar, wenn Proteine und Nukleinsäuren in Wechselwirkung miteinander treten. Ein Protein (eine Polymerase) kann die Replikation der Nukleinsäuren katalysieren — das System gewinnt eine um Zehnerpotenzen erhöhte Spezifität. Die Spezifität wiederum hat nur dann einen Wert, wenn sie Informationen zur Bildung der Polymerase trägt. Wir haben es hier mit einer Wechselwirkung zu tun. Der Begriff Wechselwirkung bezieht sich jedoch nur auf die Populationen der Nukleinsäure- und Proteinmoleküle. Auf der Ebene einzelner Moleküle ist die Wirkung einseitig gerichtet. Die Folge davon ist, daß das System wachsen und sich somit vermehren muß. Das bedeutet aber, daß ein biologisches System nie im stationären Gleichgewicht sein kann, es ist nur weit davon entfernt funktions- und entwicklungsfähig. Es ist ein offenes System, das in einem Fließgleichgewicht (steady state) steht. Das Erreichen eines thermodynamischen Gleichgewichts ist dem Tod des Systems gleichzusetzen (E. Schrödinger).

Die Reaktionsrate (= die Summe aller Vorwärtsreaktionen minus der Summe aller Rückwärts- oder Abbaureaktionen) muß stets einen positiven Wert haben. Bei der Vermehrung können Fehler (Mutationen) unterlaufen. Die Mutationsrate muß meßbar sein, sie darf aber nicht zu groß werden. Ohne Fehler gibt es keine Chance, eine Evolution zu induzieren, eine Evolution wiederum ist nur dann sinnvoll, wenn ein Wertzuwachs erfolgt.

Wozu ist die Rück- oder Abbaureaktion erforderlich?
Das System kann selbstverständlich nur dann funktionieren, wenn genügend Ausgangsmaterial vorhanden ist. Wird es jedoch festgelegt, kommt die Reaktion auf Grund von „Nahrungsmangel" sehr bald zum Stehen. „Wertloses" Material muß somit immer wieder in den Pool der Ausgangsstoffe zurückkehren. Ein derartiger „Stoffwechsel" ist aber auch notwendig, um zu verhindern, daß das System in einen stationären Gleichgewichtszustand übergeht.

Aus theoretischen Erwägungen heraus kann man schließen, daß sich nebeneinander keine verschiedenen Systeme mit gleichen Lebensbedingungen parallel entwickeln können. Da sie in Konkurrenz miteinander stehen würden — sie brauchen ja die gleichen Ausgangssubstanzen — würde eines die Oberhand gewinnen, die übrigen würden aussterben (Life Games, vgl. auch Kapitel 55 und 59), mit anderen Worten: wenn Vermehrung, dann ist Selektion unabdingbar.

Die Evolution kann nicht durch die Shannon- und Wienersche Zufalls- oder Informationstheorie beschrieben werden, da diese keine Aussage über den Wert einer Information gibt. In der Biologie gibt jede Information eine Instruktion — sie hat somit einen Wert. Selektion ist nichts anderes als die Anreicherung wertvoller Funktionen. Durch die Optimierungstheorie (Spieltheorie; J. v. Neumann) kann die Anreicherung modellmäßig durchgerechnet werden.

Eine Anreicherung ist nur dann denkbar, wenn ein System eine Rückkopplung enthält, die als Selbstverstärker dient. Somit ist ein typisch biologisches Problem erklärt, nämlich die Erscheinung, daß eine kleine Ursache eine große Wirkung auslösen kann. Dieser Effekt ist weit größer als die Summe aller dabei auftretenden Einzeleffekte. Man spricht von einem kooperativen Effekt. Schließlich ist die Rückkopplung die Voraussetzung der Kontrolle eines Systems, und ein reguliertes System wiederum hat einen Selektionsvorteil gegenüber einem unkontrollierten.

Eine Verbesserung des Systems ist nur dann möglich, wenn die gebildeten Funktionen erhalten bleiben. Das erfordert einen geschlossenen Raum. Ursprünglich mögen es Gesteinsspalten gewesen sein, in denen sich die bisher besprochenen Reaktionen abgespielt haben. Ein System, das selbst einen Abschluß der Umwelt gegenüber aufbauen könnte, hätte einen echten Selektionsvorteil. Lipide eignen sich am besten, um diese Aufgabe zu übernehmen; damit können wir die Bildung von Membranen und damit gleichzeitig auch die Bildung von Kompartimenten (Vorstufen von Zellen) verstehen.

Ein weiterer Vorteil wäre eine eigene Energiegewinnung, da ja Energie keineswegs frei und unbegrenzt zur Verfügung steht; ebenso kommen natürlich die Ausgangsmaterialien (Aminosäuren, Nukleotide u.a.) nicht beliebig häufig vor. Es wäre somit ein Vorteil, wenn das System mit einer Vorstufe einer Aminosäure arbeiten könnte, schließlich wenn es auch darauf verzichten könnte und mit einer Vorstufe der Vorstufe auskommen würde etc. Zusammenfassend gesagt, wenn es eine gewisse Autarkie erwerben würde.

$$
\begin{array}{ccccccccc}
 & & & & & & & & E^* \\
 & & & & & & D & \to & E \\
 & & & & C & \to & D & \to & E \\
 & & B & \to & C & \to & D & \to & E \\
A & \to & B & \to & C & \to & D & \to & E
\end{array}
$$

$* = $ Endprodukt

Wir erhalten hiermit eine Evolution von Biosyntheseketten, wobei zu beachten ist, daß sich die Ketten von hinten her entwickelt haben und nicht von vorn. Die Reaktion A $\to$ B hätte, allein genommen, keinen Wert, da das System nur mit E etwas anfangen kann. Es ist praktisch ausgeschlossen, daß sich eine Kette zielstrebig in Richtung auf E entwickelt, da die Wahrscheinlichkeit zur Bildung jedes Einzelschrittes zu gering ist.

Der Schritt von einer Zelle zum Zellverband und schließlich die Arbeitsteilung von Zellen innerhalb eines solchen Verbandes sind die nächstfolgenden, weil ökonomisch günstigsten Schritte in der Evolution.

Was kann eine Evolutionstheorie erklären?
Sie kann erklären, welche Konzepte in der Evolution den höchsten Wert haben — sie kann aber keinen historischen Ablauf erklären bzw. beschreiben, da das System eine zu hohe Zahl möglicher Variablen enthält. Zusammenfassend sind die geschilderten Prozesse in Form eines stark vereinfachten Modells in der Abb. 60.2 dargestellt.

B. Lassen sich Evolutionsschritte *in vitro* testen?

Untersuchungen an zellfreien Systemen, die Komponenten des Bakteriophagen Q β ent-

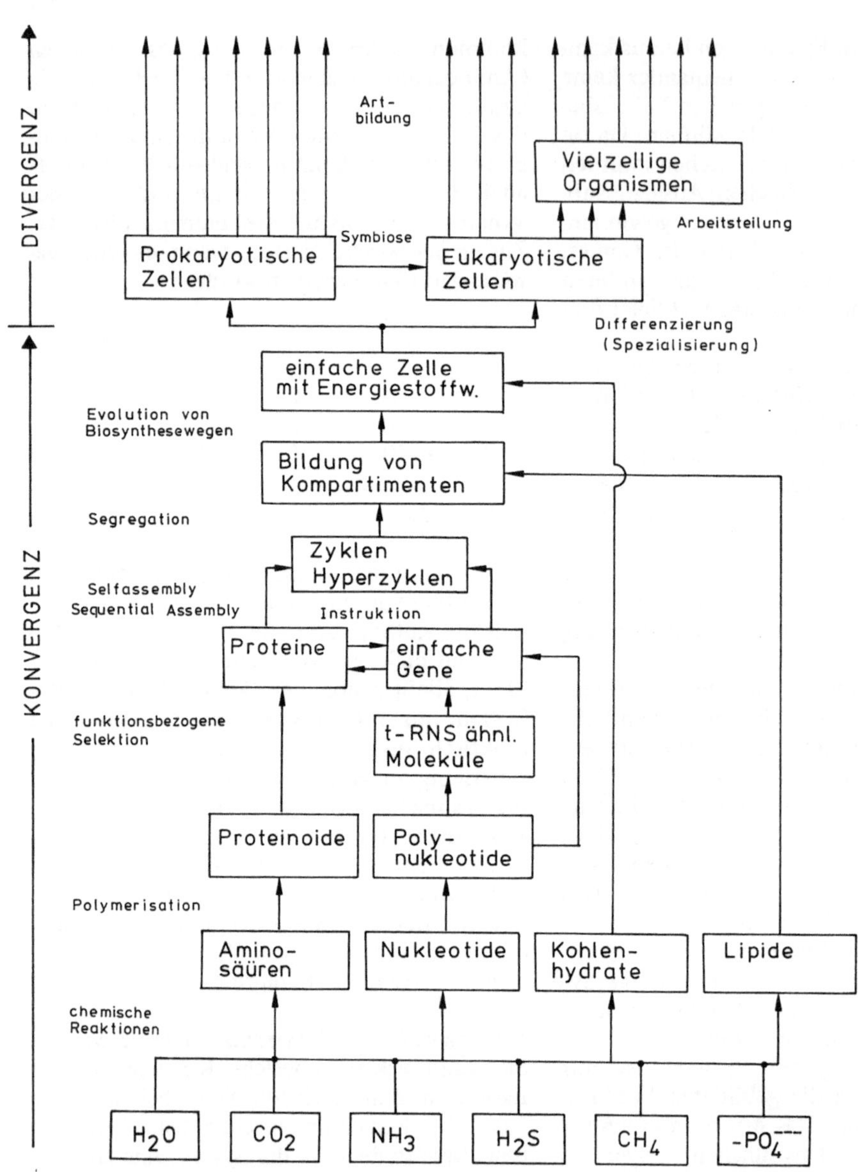

Abb. 60.2. Modell eines Stammbaums. Hier ist der Versuch unternommen worden, die einzelnen Stufen der Evolution darzustellen. Die dabei zugrundeliegenden Prozesse sind ebenfalls mit eingetragen. Es ist zu beachten, daß sie in einer hierarchischen Anordnung genannt sind. Die frühen Stadien der Evolution (Wurzeln des Stammbaums) bis zur Ausbildung einer Zelle gehen vorwiegend auf konvergente Erscheinungen zurück, d.h. Bildung einer Funktionseinheit durch Zusammenwirken (Kooperation) von vielen Einzelteilen. Die nachfolgende Weiterentwicklung ist vorwiegend divergierend, also auseinanderstrebend (Bildung der Baumkrone): Entstehung der Vielfalt lebender Formen (Artbildung, Einzelheiten s. Kapitel 3, 62 und 65). Selbstverständlich gibt es auch während dieser Phase konvergente Erscheinungen (Analogie, Symbiosen, Kooperation etc., s. z.B. S. 18 und S. 479), ebenso gibt es Divergenzen während der ersten Phase (z.B. Ausbildung von Spezifitäten auf der Ebene von Proteinen und Nukleinsäuren u.a.). Aus Gründen der Übersichtlichkeit sind im Diagramm nur jeweils einzelne (gerichtete) Pfeile eingezeichnet. Die Prozesse sind mit Sicherheit komplexer, die Zahl der unterschiedlichen Komponenten auf den einzelnen Organisationsstufen ist höher, z.B. sind es bestimmt mehr kleine, einfache Molekülsorten gewesen, als an der Basis eingetragen, aus denen die komplexeren Moleküle entstanden sind. (Abgeändert nach M. Eigen, Vortrag: Hamburg, 1976)

halten, erlaubten es S. Spiegelman u. Mitarb. (ab 1965), eine Evolution *in vitro* nachzuweisen.

Voraussetzungen: Q β ist ein Phage, dessen Genom die Information für 3 Proteine trägt. Uns sollen nur 2 davon interessieren.

1. Das Hüllprotein
2. Die Replikase für die Phagen-RNS.

Die Replikase und die RNS können in reiner Form isoliert werden. Gibt man zu der RNS die Replikase und freie Nukleotide hinzu, so wird neue RNS gebildet. Das Prinzip der Spiegelman-Experimente ist in Abb. 60.3 wiedergegeben.

Durch die schrittweise Verdünnung konnte er nachweisen, daß auch die neu gebildete RNS voll infektiös war (Ergebnisse: Abb. 60.4). Die Wahrscheinlichkeit, daß er bei den Übertragungen ins letzte Reagenzglas noch ein Molekül seiner im ersten Glas eingesetzten Q β-RNS übertrug, war vernachlässigbar klein. Die Inkubationszeit zwischen den Einzelschritten war lang genug, um das RNS-Molekül vollständig zu replizieren – nur ein intaktes Molekül ist infektiös.

In einem weiteren Versuchsansatz verzichtete Spiegelman auf den Infektiositätstest. Er testete lediglich, ob RNS gebildet wurde. Die Reaktionszeit zwischen den Übertragungen wurde sukzessive gesenkt. Sie war zu kurz für die Replikation des vollständigen RNS-Moleküls. Darauf kam es auch gar nicht an, die Selektionsbedingungen waren jetzt ja so gewählt, daß nur die RNS-Synthese gefragt war! (Vgl. Abb. 60.5).

Diejenigen RNS-Bereiche wurden selektiert, die von der Replikase besonders schnell repliziert werden konnten. Es waren Moleküle, die wesentlich kürzer als die ursprünglich eingesetzten Q β-RNS-Moleküle waren. Aller Ballast ist abgeworfen worden.

In einem dritten Versuch konnte gezeigt werden, daß das Enzym diese kurzen Stücke besser replizieren konnte als native Q β-RNS (Abb. 60.6).

Warum setzen sie sich in vivo nicht gegenüber der Q β-RNS durch?
Dort sind die Bedingungen anders. Die RNS würde durch RNase abgebaut werden, wenn sie nicht durch das Hüllprotein geschützt wäre, eine Replikation könnte nicht mehr stattfinden, sobald die Information zur Bildung der Replikase verlorengehen würde. Im Spiegelman-System wurde sie zu jedem Gläschen frisch hinzugegeben.

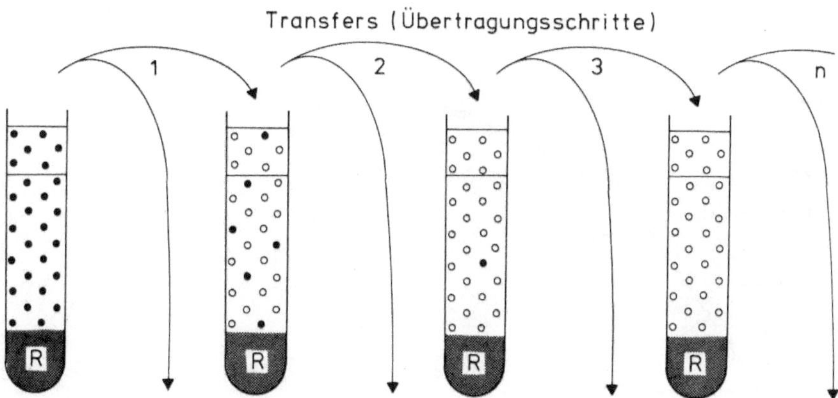

Abb. 60.3. Die Bildung infektiöser Q β-RNS *in vitro*. Durch eine Serie von Übertragungsschritten wurde die ursprünglich eingesetzte Q β-RNS verdünnt. Der Nachweis einer Infektiosität im Gläschen *n* ist somit ein Beweis, daß auch neu gebildete RNS voll aktiv ist (vgl. Abb. 60.4)

448

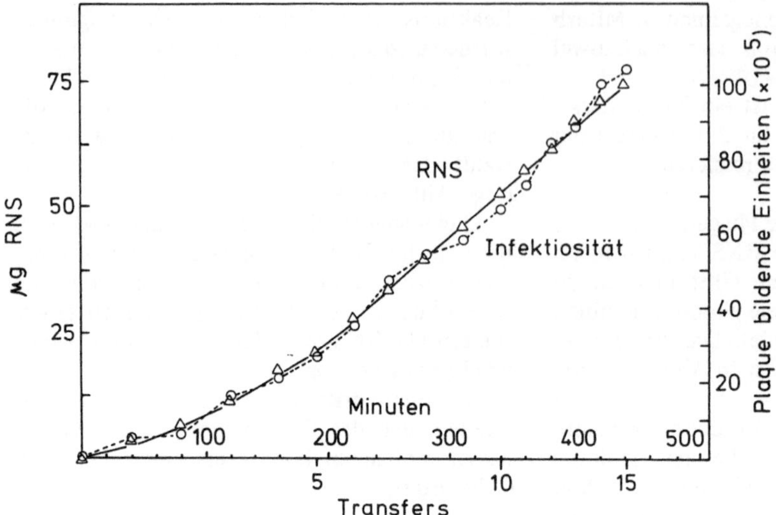

Abb. 60.4. RNS-Synthese und Bildung infektiöser Einheiten *in vitro* in einem "Serial Transfer Experiment" (Verdünnungsversuch). (Spiegelman *et al.*, 1965)

In ähnlichen Versuchsansätzen konnte Spiegelman zeigen, daß unter veränderten Selektionsbedingungen verschiedene RNS-Stücke selektiert werden. Eine systematische Analyse kann somit Bedingungen simulieren, wie sie während der Entstehung lebender Systeme geherrscht haben könnten.

Damit stellte sich auch die Frage, wie die RNS beschaffen sein muß, um repliziert zu werden. Spiegelman und Mitarb. isolierten ein zur Replikation befähigtes Molekül (MDV-1) und bestimmten dessen Nukleotid-Sequenz (vgl. Abb. 60.7). Als überraschendes Ergebnis stellte es sich heraus, daß gar nicht so sehr die Primär-

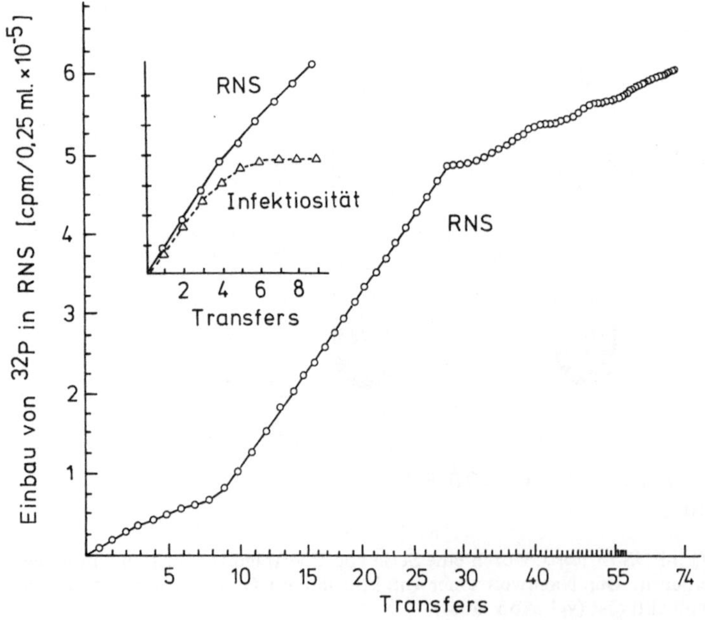

Abb. 60.5. RNS-Synthese *in vitro*. Verdünnungsversuch wie in Abb. 60.3 und 60.4 beschrieben, aber: die Zeit zwischen den Verdünnungsschritten wurde sukzessive gesenkt. (Aus D.R. Mills, R.L. Peterson und S. Spiegelman, 1967)

struktur, als vielmehr die Sekundärstruktur darüber entscheidet, ob das Molekül repliziert wird. MDV-1 faltet sich in sich selbst auf, wobei die Schleifen (Palindrome) im Schnitt 20 Basen enthalten, d.h. dieses 218 Basen lange Molekül sollte sich in 11 Schleifen falten. In Abb. 60.7 sind 9 Schleifen zu erkennen. Ob es sich hierbei tatsächlich um die thermodynamisch günstigste Struktur handelt, bleibt zunächst einmal dahingestellt. Die hier dargestellten Paarungen zeigen ein hypothetisches Modell. Es sind Alternativen denkbar, die ebenfalls 9 bzw. sogar 10 Schleifen enthalten. (Man kann das mit einem Computer durchrechnen.)

Was kann man aus diesen Untersuchungen und Überlegungen schließen?
Wir können hieran erkennen, welche Sequenzen selektiert worden sind. Wir betrachten bei dieser Analyse nicht den Genotyp des Moleküls, sondern seinen Phänotyp und können somit sagen, welche Nukleotidsequenzen ein Maximum an Stabilität und Spezifität besitzen. Unter Spezifität ist hier die direkte Wechselwirkung zwischen dem Nukleinsäuremolekül und einem Protein (hier: Qβ-Replikase) zu verstehen.

Es ist voraussagbar, daß Analysen solcher RNS-Moleküle uns eine Antwort auf die Frage geben können, durch welche Basenänderungen ein Nukleinsäuremolekül von einem Phänotyp in einen anderen übergehen kann.

Die gleiche Frage, das gleiche Problem stellt sich z.B. beim Erkennen des Operators durch den Repressor im Lactose-Operon (vgl. S. 180). Inzwischen kennt man auch hier die Nukleotidsequenz:

-A-A-U-U-(G)-U-G-A-(G)-C-G-G-A-U-A-A-C-A-A-U-U-U-C-A-C-A-C-A-G-G-

-A-A-A-C-A-G-C-U-A-U-G-A-C-C-A-U-G-A-U-U-A-C-G-G-A-U-U-C-A-C-U-G-G

Thr Met Ile Thr Asp Ser Leu

Weiter noch: es wurde auch die Sequenz einer O^{C}-Mutante bestimmt. Sie trägt an zwei Stellen der oben wiedergegebenen Sequenz ein AT statt eines GC-Paars. (Die beiden "G" sind eingeklammert.) Damit ist die Symmetrie des Moleküls (unterstrichene Bereiche) gestört, die Affinität zu dem Repressor nimmt ab. Doppelt unterstrichen ist das AUG, der Kettenanfang; die rechts davon stehende Basensequenz ist die genetische Information zur Bildung der β-Galactosidase — von hier ab ist also die Primärstruktur der Nukleinsäure interessant, während die links davon stehenden Basen für die Ausbildung einer Sekundär- (und Tertiär-) struktur gebraucht werden (W. Gilbert und A. Maxam; N. Maizels, Harvard University, 1973).

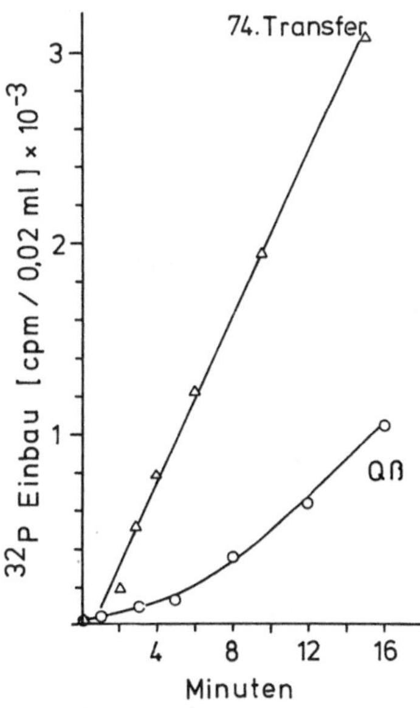

Abb. 60.6. Ein Vergleich der Synthesekinetik von RNS in Anwesenheit von Q β-RNS bzw. „74. Transfer"-RNS als Matrize (vgl. auch Abb. 60.5. (Aus R.L. Peterson und S. Spiegelman, 1967)

Literatur

Eigen, M.: Selforganization of matter and the evolution of biological macromolecules. Naturwissenschaften 58, 465 (1971).

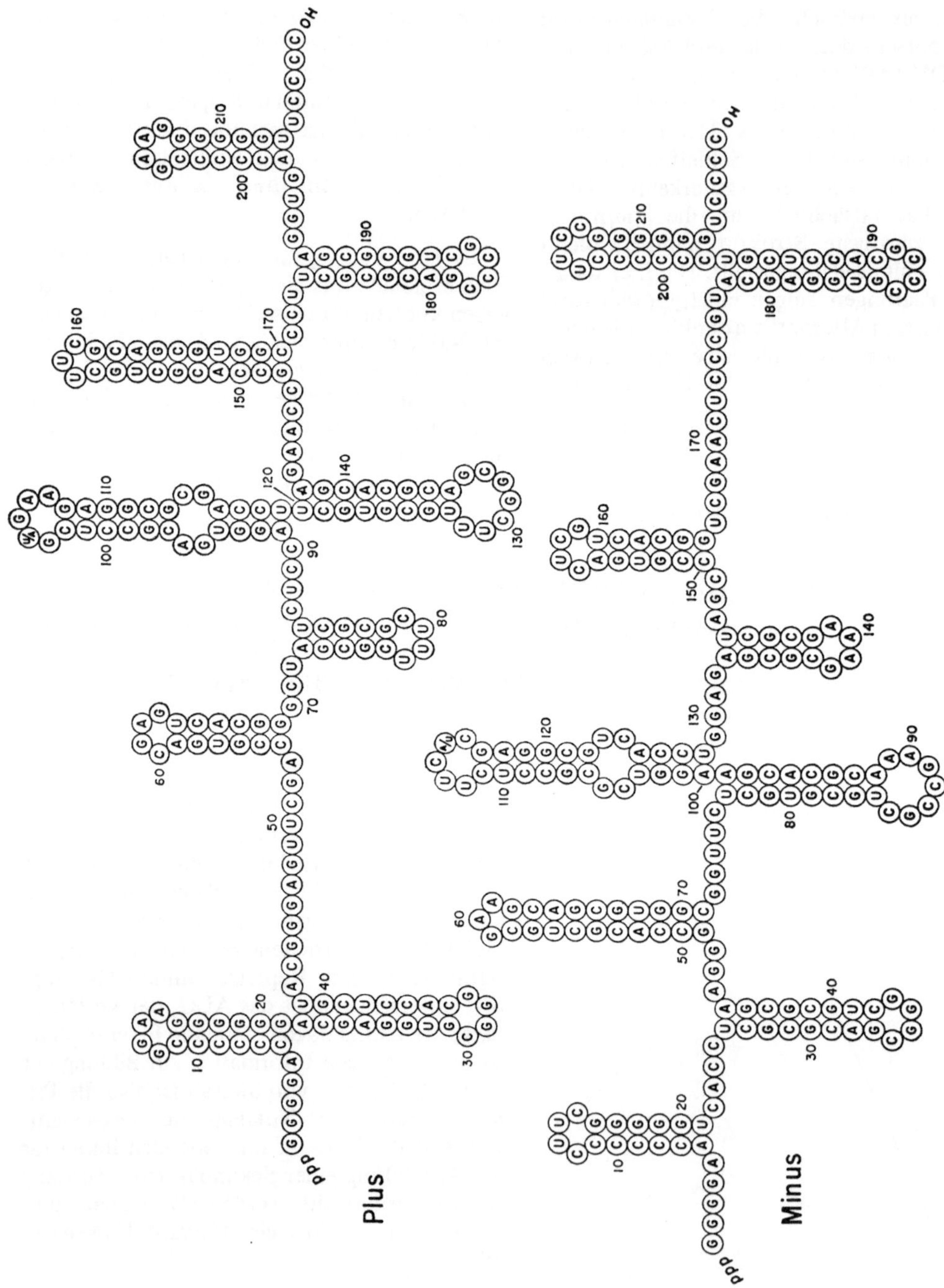

Abb. 60.7. Die Sequenz von MDV-1, eines RNS-Stücks, das von Qβ-Replikase besonders effizient repliziert wird. Es fällt auf, daß es mehrere komplementäre Sequenzen enthält und somit eine charakteristiche Sekundärstruktur ausbildet. (Aus Mills *et al.*, 1973)

Eigen, M., Pörschke, D.: Co-operative non-enzymic base recognition. J. Mol. Biol. **53**, 123 (1970).

Gilbert, W., Maxam, A.: The nucleotide sequence of the lac operon. Proc. Natl. Acad. Sci. US **70**, 3581 (1973).

Küppers, B.-O.: Zufall oder Planmäßigkeit. Biologie in unserer Zeit **13**, 109 (1983).

Küppers, B.-O.: Molecular Theory of Evolution. Berlin—Heidelberg—New York: Springer 1983.

Maizels, N.: The nucleotide sequence of the lactose messenger ribonucleic acid transcribed from the UV 5 promoter mutant of Escherichia coli. Proc. Natl. Acad. Sci. US **70**, 3585 (1973).

Mills, D.R., Kramer, F.R., Spiegelman, S.: Complete nucleotide sequence of a replicating RNA-molecule. Science **180**, 916 (1973).

Mills, D.R., Peterson, R.L., Spiegelman, S.: An extracellular Darwinian experiment with a self-duplicating nucleic acid molecule. Proc. Natl. Acad. Sci. US **58**, 217 (1967).

Monod, J.: Zufall und Notwendigkeit. München: Piper 1972.

Schuster, P.: Vom Makromolekül zur primitiven Zelle — Die Entstehung biologischer Funktion. Chemie in unserer Zeit **6**, 1 (1972).

Spiegelman, S., Haruna, I., Holland, I.B., Beaudreau, G., Mills, D.R.: The synthesis of a self propagating and infectious nucleic acid with a purified enzyme. Proc. Natl. Acad. Sci. US **54**, 919 (1965).

61. Strategien der Evolution

Die Evolution einer Art ist ein linearer, nicht zielgerichteter Prozeß. Wenn man ihn retrospektiv betrachtet, erkennt man eine Entwicklung lebender Systeme vom Einfachen zum Komplexen, wobei sie eine ständig wachsende Unabhängigkeit von der Umwelt gewonnen haben (= Gewinn von Dominanz über die Umwelt).

Nur der Mensch — auf der komplexesten und somit höchsten Organisationsstufe stehend — beherrscht große Teile seiner Umwelt und verändert sie nachhaltig nach seinen Bedürfnissen.

Wir haben in allen vorangegangenen Kapiteln Erscheinungen des Phänomens Leben besprochen und haben dabei verschiedene Ebenen der Organisation von Strukturen herausgearbeitet (Molekül → Zelle → Vielzeller → Gesellschaften). Jede Ebene enthält die Strukturen und Funktionen der Elemente der darunterliegenden Ebene, so daß man „dogmatisch" einige Aussagen hinnehmen muß wie z.B.

- Alle Zellen enthalten einige wenige Molekülklassen, die ihrerseits folgende Elemente enthalten: C, O, H, N, S, P.
- Die genetische Information von Zellen ist stets in der DNS enthalten.
- Alle Zellen enthalten Proteine.
- Der genetische Code ist bei allen Zellen gleich.
- Alle Zellen sind von einer Membran umgeben.
- Alle Zellen enthalten in ihrer Membran Rezeptoren, mit deren Hilfe sie mit der Umwelt kommunizieren.
- Alle teilungsfähigen, eukaryotischen Zellen zeichnen sich durch den Besitz eines Zellkerns aus.
- Die genetische Information aller eukaryotischen Zellen wird während der Zellteilung durch den Prozeß der Mitose auf die beiden Tochterzellen verteilt.

Diese Liste ließe sich um einiges erweitern. Die beiden letzten hier gemachten Aussagen sollen darauf hinweisen, daß die Grenzen generalisierter Aussagen um so enger gefaßt werden müssen, je höher die Organisationsstufe ist. Andererseits besagen diese Feststellungen, daß es Strukturen und Eigenschaften gibt, die sich im Verlauf der Evolution als extrem konservativ erwiesen haben.

Die Evolution erlaubt keinen „Wechsel der Pferde auf halber Strecke". Ein einmal beschrittener Weg muß bis zum Ende begangen werden, auch wenn er zum Absterben des Individuums oder zum Aussterben der Art führt.

Nachdem sich z.B. der genetische Code optimal entwickelt hat, wurde er „eingefroren" und nie mehr abgewandelt.

Evolution und Fortschritt darf es nur noch auf darüberliegenden Organisationsebenen geben. Um unter gegebenen Umweltbedingungen leben zu können, muß ein Organismus Informationen über sie gewinnen, und das Einholen und Auswerten geht einher mit einer Höherentwicklung informationsverarbeitender Strukturen.

Vielzeller bestehen aus einer Reihe von Zellen, die untereinander kommunizieren; wir haben in den Kapiteln 41 und 42 besprochen, wie das geschieht.

Die Kommunikation bei vielzelligen Pflanzen erfolgt ausschließlich über ein Hormonsystem. Es gibt zwar einen aktiven Transport von Hormonen von einer Zelle zur benachbarten, jedoch ist der Mechanismus nur über relativ kurze Entfernungen wirkungsvoll; das hat zur Folge, daß Wachstum, Entwicklung und Differenzierung bei Pflanzen nur lokal erfolgen. (Stichwort: Vegetationspunkte, s.S. 292).

Die Informationsweitergabe und -verarbeitung in tierischen Vielzellern ist wesentlich effektiver als bei Pflanzen. Es sind hier nicht primär Moleküle, die Informationen weitergeben, sondern spezialisierte Zellen — die Neuronen — die ihrerseits zu einem übergeordneten System: dem Nervensystem zusammengeschlossen sind.

Das Nervensystem steuert alle physiologischen Vorgänge im Körper, somit ist auch ein gleichmäßiges, proportionales Wachstum aller Körperteile möglich. Die Proportionen der Organe zueinander werden während des Wachstums eines Individuums beibehalten oder nach einem ebenfalls genetisch genau festgelegten Plan abgeändert.

1. Informationsgewinn

Neue funktionelle Einheiten können entweder auf Kosten alter entstehen (Umwandlung alter in neue Information, die alte geht dabei unwiederbringlich verloren) oder durch Vervielfachung vorhandener informationstragender Strukturen.

Die erste Alternative ist in der Regel nicht realisierbar (vgl. vorangegangenes Kapitel), bleibt die zweite, und hierfür gibt es hinreichend gute Beweise.

1. Vervielfachung genetischer Information (Genduplikationen). Wir erhalten in der DNS hintereinandergeschaltet gleichartige Genabschnitte. Jetzt kann die Information und der dadurch bedingte Wert des einen Abschnitts konstant gehalten werden, während der zweite Abschnitt ohne offensichtlichen Selektionsdruck frei mutieren kann, dabei können neue wertvolle Funktionen entstehen (s. S. 470).

2. Vervielfachung von Zellen. Vorteile: Arbeitsteilung; effektivere Ausnutzung vorhandener Nährstoffe und Energie. Hierbei tritt eine Reihe physikalischer (mechanischer) Probleme auf, die wir in dem folgenden Abschnitt besprechen wollen (Problemkreise: Festigkeit der Struktur, gleichmäßige Versorgung aller Zellen).

3. Vervielfachung informationsverarbeitender Einheiten.

   a) Rezeptoren

— Vervielfachung von spezifischen Molekülen in der Membran.

— Bereitstellung spezialisierter Zellen (→ Sinneszellen).

— Konzentration solcher Zellen zu Organen (→ Sinnesorgane).

   b) Schaltelemente (Neuronen). Je mehr es davon gibt, desto effektiver ist die Kontrolle physiologischer Funktionen. Eine Minimalzahl ist erforderlich, um allen Erfordernissen nachzukommen. Die genaue Zahl kennt niemand, sie ist mit der Organisationshöhe tierischer Organismen korreliert. Ein Zuviel an Neuronen führt zu neuen Möglichkeiten. Es können Schaltungen ausprobiert und etabliert werden, die genetisch nicht festgelegt sind, eine Voraussetzung, um etwas lernen zu können (s. Kapitel 52).

2. Die Größe von Organismen

In der folgenden Tabelle wird gezeigt, daß Größenunterschiede (Gewichtsunterschiede) von Repräsentanten einiger Organisationsstufen sich gegenüber der nächsthöheren oder der darunterliegenden um den Faktor 1000 unterscheiden können.

Art	Gewicht	
Sequoia	> 2000 t	$>10^{9}$ g
Blauwal	> 100 t	$>10^{8}$ g
Mensch	70 kg	10^{5} g
Hamster	100 g	10^{2} g
Biene	100 mg	10^{-1} g
Amöbe	0,1 mg	10^{-4} g
Tetrahymena	0,1 μg	10^{-7} g
Malariaerreger	0,1 ng	10^{-10} g
PPLO (Mycoplasma)	$> 0,1$ pg	$>10^{-13}$ g

Die Spanne zwischen größtem und kleinstem Organismus beträgt somit 10^{22} Größenordnungen.

Die Minimalgröße eines Organismus wird durch die Chemie bedingt, die Maximalgröße durch physikalische Faktoren.

Der kleinste Organismus (*Mycoplasma*) liegt an der Grenze der absoluten Minimalgröße lebender Systeme, denn die Zelle muß ja die gesamte genetische Information sowie den proteinsynthetisierenden Apparat und die Enzyme beherbergen können.

Größe und Energiefluß sind direkt miteinander gekoppelt. Je größer ein Organismus ist, desto größer ist sein Anteil an der Energiebilanz seiner Umwelt. Organisationshöhe geht mit effektiverer Energieausnutzung einher. Die Bedürfnisse an Energie sind ein limitierender Faktor der Größe eines Individuums.

Es wäre falsch, nur Korrelationen zwischen Körpergröße einer Art und Energieangebot der Umwelt zu sehen, selbstverständlich spielt hier die Individuenzahl einer Art eine entscheidende Rolle, aber auch hier gilt die Regel, daß eine Art um so individuenärmer ist, je größer die Individuen selber sind (s. S. 389). Diese Regel gilt jedoch nicht unbedingt auch in reziproker Weise. Man kennt viele kleine, individuenarme Arten. Die Ursache hierfür ist darin zu suchen, daß kleine und isolierte Populationen Versuchsballons sind, die einen neuen Lebensstil oder einen neuen Lebensraum ausprobieren. Diese Arten sind oft hochgradig spezialisiert und stellen normalerweise Sackgassen der Evolution dar. Viele solcher Arten sind ausgestorben, andere stehen kurz davor.

Voraussetzungen, um groß zu werden

Festigkeit von Strukturen: Die sich bildenden Strukturen müssen genügend fest sein, um den Ansprüchen der Umwelt gerecht zu werden. Es sind bei der Evolution von Vielzellern drei prinzipiell voneinander verschiedene Wege gegangen worden:

a) Ausbildung starrer Zellwände.

b) Ausbildung einer festen Schale um den Organismus (Exoskelett).

c) Ausbildung eines inneren Skeletts.

Weg a) wurde bei Pflanzen und Pilzen realisiert, was aber zu erheblichen Beeinträchtigungen einer Gewebe- und Organbildung geführt hat (Kapitel 38). Die Zellen können nicht wandern. Es gibt nur einfach gebaute Organe. Kein Organ oder Gewebe ist dicker als nur wenige Zellschichten. Das hohe Volumen etwa eines Baumstammes geht auf die Ansammlung toter (verholzter) Zellen zurück. Das Erhalten toter Zellen fördert die Stabilität einer Pflanze.

Den Weg b) findet man bei den *Invertebrata* (Wirbellosen). Einige *Mollusca* (Schnekken, Muscheln), *Annelida* (Ringelwürmer), die *Arthropoda* (Gliedertiere), *Echinodermata* (Stachelhäuter) u.a. haben mehr oder weniger deutlich ausgeprägte Exoskelette. Sie unterscheiden sich in ihrer stofflichen Zusammensetzung sowie der Art der Bildung voneinander. Allen ist gemeinsam, daß die inneren Organe an dieser Schale aufgehängt sind. Somit ist die Größe eines jeden Organs limitiert, zudem ist auch das Wachstum der Individuen beschränkt, denn sie können nicht über die Größe der Schale hinauswachsen. Der bei einigen Arten (Gruppen) unternommene Versuch, sich zu häuten und anschließend eine neue, größere Schale zu bilden, ist keine ideale, entwicklungsfähige Lösung. Sich häutende Individuen verlieren zeitweise wichtige Schutzfunktionen gegenüber Umwelteinflüssen.

Der Weg c) (Innenskelett) ist für die *Vertebrata* (Wirbeltiere) charakteristisch. Das Skelett besteht aus Hydroxyapatit in einer Matrix aus Kollagen und Knorpel. Die Belastbarkeit ist ausschließlich durch die physikalischen Konstanten dieses Materials (Knochen) gegeben. Es kann bis zu 1800 kg/cm^2 belastet werden. Damit ist genug über die Maximalgröße der *Vertebrata* gesagt. Die Belastbarkeit hängt also ausschließlich vom Querschnitt eines Knochens ab. Je größer (länger oder höher) ein Wirbeltier ist, desto dicker müssen seine Knochen sein (vgl. Abb. 61.1). Selbstverständlich darf ein Tier nicht so gebaut sein, daß sein Eigengewicht bereits die maximale Belastbarkeit des Knochenskeletts beansprucht. Man hat beim Menschen und auch bei *Baluchitherium* (s. Abb. 61.2) nachgewiesen, daß der Spielraum in beiden Fällen den Faktor 10 ausmacht. Diese Sicherheitsreserve ist erforderlich, denn die Hauptbelastung ist nicht durch das eigene Körpergewicht gegeben, sondern durch Kräfte, die bei der Beschleunigung und beim Abbremsen während der Bewegungen auftreten.

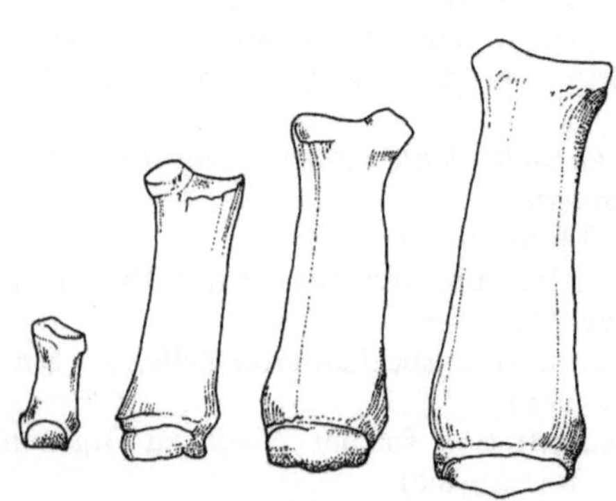

Abb. 61.1. Knochen von drei Arten der ausgestorbenen Gattung *Baluchitherium* (s. Abb. 61.2) im Vergleich zum Knochen eines rezenten Nashorns (links in der Abbildung). (Nach Gregory, 1951)

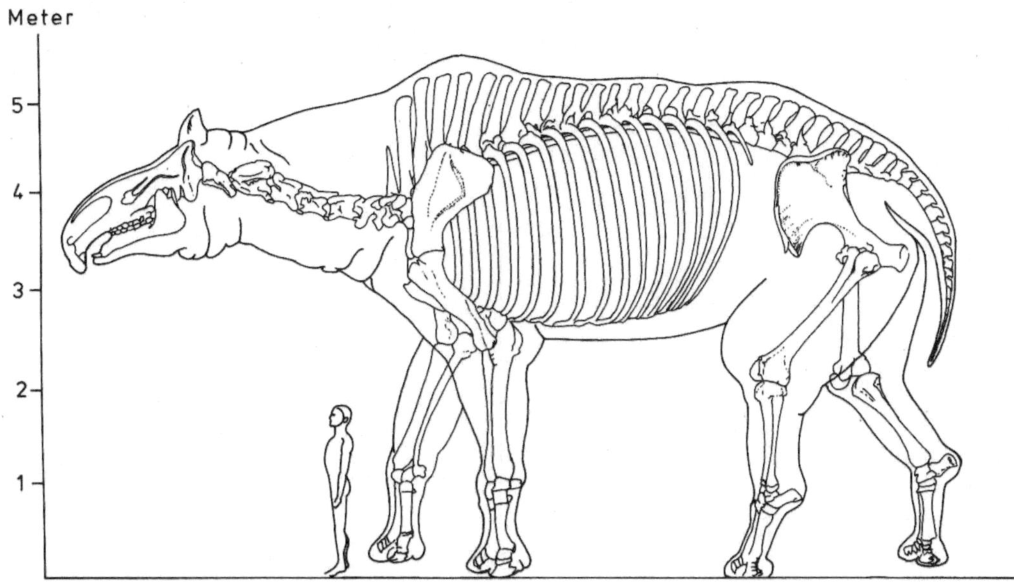

Abb. 61.2. *Baluchitherium* (ein Verwandter des Nashorns), das größte Landsäugetier, das je gelebt hat. Sein Körpergewicht wird auf 30 Tonnen geschätzt. Als Größenvergleich: links im Bild ein Mensch. (Nach Gregory, 1951)

In den bisherigen Betrachtungen wurde zwischen Gewicht und Größe nicht klar differenziert. Das muß man jedoch tun, wenn man Details der Problematik: Größenzunahme verstehen möchte.

Oberfläche ist Länge^2 und
Volumen   ist Länge^3,

somit ist Oberfläche auch als Volumen$^{2/3}$ zu beschreiben. Diese Annahme ist nur dann richtig, wenn man isometrische Körper miteinander vergleicht. Organismen verschiedener Größe, selbst wenn sie einen ähnlichen Bauplan haben, sind in der Regel nicht isometrisch, sondern allometrisch, d.h. die Proportionen und die Größe bestimmter Organe im Verhältnis zur Körpermasse sind von Art zu Art verschieden. Dennoch treten, wie man auf Grund des Vergleichs morphologischer und physiologischer Variablen weiß, deutliche Gesetzmäßigkeiten auf. Trägt man z.B. Skelettgewicht gegen Körpergewicht auf (Abb. 61.3), so findet man eine lineare Beziehung. Würden beide Größen jedoch direkt proportional zueinander wachsen, müßte man eine Steigung der Geraden mit dem Wert 1 erwarten. Man

erhält jedoch eine signifikante Abweichung davon: 1.13; daraus folgt u.a., daß das Skelett beim Elefanten proportional mehr an Gewicht einnimmt als bei der Maus.

Ähnliche Korrelationen kann man jetzt für jedes beliebige andere morphologische Merkmal aufstellen; herausgegriffen sei das Verhältnis

Gehirngröße zu Körpergröße (M in kg).
Man findet:

Gruppe	
Mammalia (Durchschnitt)	$0{,}01 \times M^{0{,}7}$
Affen	$0{,}02 - 0{,}03 \times M^{0{,}66}$
Menschenaffen	$0{,}03 - 0{,}04 \times M^{0{,}66}$
Menschen	$0{,}08 - 0{,}09 \times M^{0{,}66}$

Interpretieren wir die erste Zeile in der Tabelle, so können wir sagen, daß man auf 1 kg Körpergewicht ein Gehirn der Masse von 10 g erwarten darf und daß die Gehirngröße im Verhältnis zum Körpergewicht um den Exponenten 0,7 ansteigt. Das Affengehirn nimmt 2–3mal soviel an Körpergewicht ein wie das Gehirngewicht bei den übrigen *Mammalia*. Die

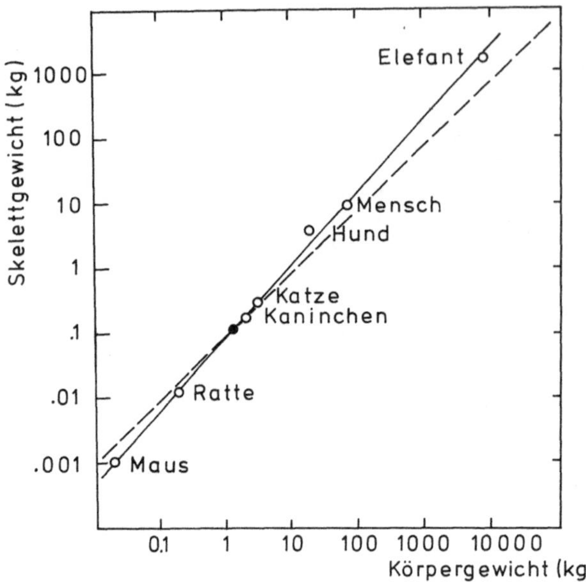

Abb. 61.3. Korrelation zwischen Körpergröße und Skelettgewicht. (Nach Daten von Kayser und Heusner, 1964)

Menschenaffen haben wiederum relativ mehr Gehirnmasse als die Affen und die Menschen nochmal etwa doppelt soviel wie die Menschenaffen.

3. Effektivität des Stoffwechsels

Die wichtigsten Stoffwechselwege sind bereits auf der Stufe der Einzeller erfunden worden: Proteinbiosynthese, Nukleinsäurereplikation, Atmung, Photosynthese, Zitronensäurezyklus, Aminosäuresynthesen u.a.

Bei den Vielzellern ist nichts entscheidend neues hinzugekommen, außer daß sie diese Stoffwechselwege wesentlich effektiver nutzen. Alle Vielzeller benötigen Sauerstoff zur Atmung. Wir können deshalb den O_2-Verbrauch als ein Maß für die Effektivität des Energieumsatzes ansehen.

Ein entscheidender Schritt in der Evolution zu einem Vielzeller liegt in der Arbeitsteilung und der Möglichkeit, Stoffwechselwege stillzulegen. Das können Einzeller zwar auch (s. Bedeutung der Repression von Genen, S. 181), bei Vielzellern wird hiervon ausgiebigst Gebrauch gemacht. Jede differenzierte Zelle ist hochgradig spezialisiert und gar nicht mehr in der Lage, die ihr zur Verfügung stehende genetische Information vollständig zu nutzen. Um ein Extrem zu nennen: differenzierte Zellen sind sehr häufig nicht einmal mehr teilungsfähig. Daraus folgt zwingend, daß ein Vielzeller nur eine begrenzte Lebensdauer hat.

Ein Vielzeller, bei dem alle Zellen gleich aktiv wären, hat, wie einige einfache Überlegungen zeigen, gar keine Existenzchance. Würden die Stoffwechselaktivitäten eines Elefanten gleich denen einer Maus sein, so würde soviel Wärme entstehen, daß die Körpertemperatur den Wert von 100°C um einiges überschreiten würde. Andererseits muß die Maus eine wesentlich höhere Stoffwechselrate haben als der Elefant, weil ihre Körperoberfläche im Verhältnis zum Volumen weit größer ist und weil dadurch viel Wärme verlorengeht. Eine Maus mit einer Stoffwechselrate wie beim Elefanten würde an Unterkühlung zugrunde gehen.

Ein anderes Argument ist die eingangs zitierte Feststellung, daß Organismen mit steigender Evolutionshöhe eine Dominanz über ihre Umwelt gewinnen. Eine Überlebenschance hat nur derjenige, der die Gegebenheiten am effektivsten ausnutzen kann.

Der Energie- und Sauerstoffverbrauch steigt bei Bewegung an und ist mit der Geschwindigkeit direkt korreliert. Es ist auffällig, daß der hierbei zu zahlende Preis artspezifisch ist und in Beziehung zur Körpergröße steht. Ein großes Tier benötigt weniger Sauerstoff (Energie, um 1 g Körpergewicht über eine Strecke von 1 km zu befördern) als ein kleines (Abb. 61.4).

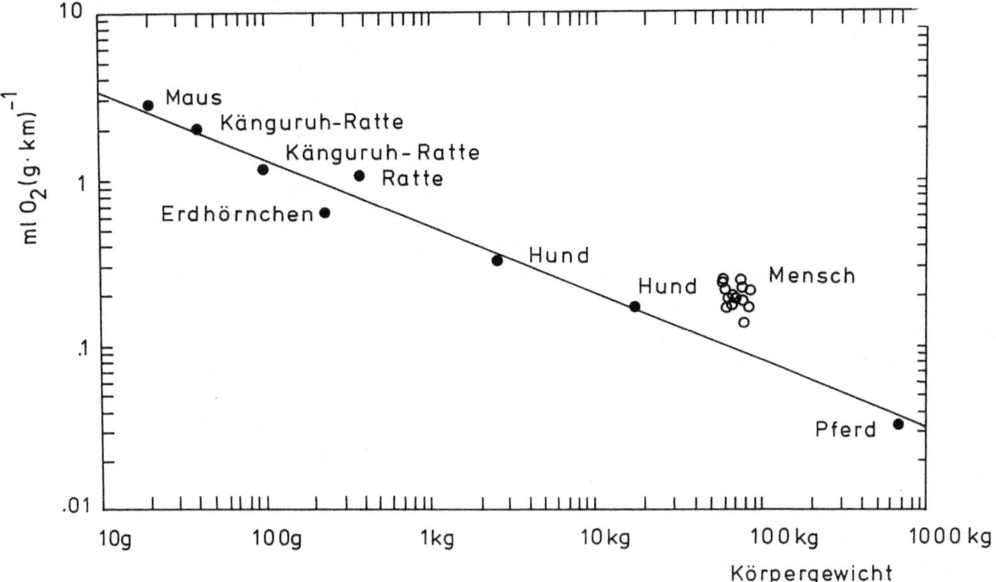

Abb. 61.4. Die Kosten der Bewegung, ausgedrückt in Sauerstoffverbrauch, um 1 g Körpergewicht über die Strecke von 1 km zu befördern. Der Preis fällt mit steigender Körpergröße. Die Werte für den Menschen liegen nicht auf der Geraden, sondern sind höher. (Ursache: ein Zweibeiner muß zur Fortbewegung mehr Energie aufwenden als Vierbeiner.) (Nach Taylor *et al.*, 1970)

Trotz der hier genannten Unterschiede darf man nicht unterschätzen, daß die Modifizierbarkeit des Stoffwechsels in der Gruppe der Warmblütler geringer ist als in der Gruppe der Kaltblütler. Dieser Nachteil, den die Warmblütler in Kauf zu nehmen haben, wird durch die gesteigerte Unabhängigkeit gegenüber der Umwelt weitgehend wieder wett gemacht.

4. Fortpflanzung

Alle bisher genannten Strategien sind nur solange von Interesse, solange sie den Fortpflanzungserfolg der betreffenden Individuen erhöhen.

Den relativen Fortpflanzungserfolg bezeichnet man als Fitness. Wir können an dieser Stelle sagen, daß Individuen derjenigen Arten die höchste Fortpflanzungschance haben, die die zur Verfügung stehenden Resourcen am wirkungsvollsten in die Produktion ihrer Nachkommenschaft hinein investieren können. Fortpflanzung bedeutet in jedem Fall Erhöhung der Individuenzahl und ist somit durch eine Wachstumsfunktion mathematisch zu beschreiben.

Wir haben auf S. 395 besprochen, daß zwei Größen beim Aufstellen einer Wachstumskurve entscheidend sind:

r: eine artspezifische Reproduktionsrate und

K: die Kapazität eines Lebensraums.

Es ergeben sich hieraus zwei verschiedene Fortpflanzungsstrategien, die
- r-Strategie und die
- K-Strategie (MacArthur und E.O. Wilson, 1967).

r-Strategie ist opportunistisch und bedeutet Massenproduktion von Nachkommen bei geringer Generationsdauer (soviel und so billig wie möglich). Ausgangspunkt dieser „Logik" ist die Annahme, daß unter den vielen Nachkommen einige wenige überleben werden, um die genetische Information der Art zu erhalten. Die Populationsgrößen schwanken periodisch innerhalb weiter Grenzen. Es gibt eine Vielzahl von Einzellern, Tier- und Pflanzenarten, die diesen Weg beschreiten.

458

K-Strategie ist ein aufwendiges Verfahren, es ist vorteilhaft bei annähernd konstanten Klimabedingungen. Es ist eine Selektion auf das Erhalten von Individuen. Nur soviele Nachkommen werden erzeugt, wie es die Kapazität des zur Verfügung stehenden Lebensraums zuläßt. Die Populationsgröße bleibt nahezu konstant und befindet sich somit in der Nähe eines stabilen Gleichgewichtszustands.

Für die Aufzucht der Nachkommenschaft wird viel Energie benötigt. K-Strategien findet man in verschiedensten Tiergruppen und auch bei einigen Pflanzen. Es haben sich physiologische Mechanismen entwickelt, die die Nachkommenschaft gegen Einflüsse der Umwelt schützen:
— Brutpflege,
— Aufzucht von Jungen (Pflegeverhalten),
— Ausbildung von Sozialordnungen,
— Altruismus („Uneigennützigkeit").

Elterliche Fürsorge findet man bei Crustaceen, Spinnen, Käfern, Bienen, Wespen, Eidechsen, Schlangen, Vögeln und Säugern.

r-Strategie und K-Strategie schließen einander nicht aus. Es ist naheliegend, daß es oft sehr schwierig ist, zu entscheiden, ob eine Art mehr den einen oder mehr den anderen Weg geht, denn oft ist ein mittlerer Weg der erfolgreichste.

Wie sieht es beim Menschen aus?
Man sollte erwarten, daß er seine Vernunft gebrauchen würde, um eine K-Strategie zu verfolgen; die Bevölkerungsexplosion spricht jedoch mehr für r-Strategie.

5. Komplexität und Katastrophen

Je komplexer ein System ist, desto stabiler ist es unter gegebenen Bedingungen. Alle Evolutionsstrategien gehen in diese Richtung.

Nachteilig ist jedoch, daß ein jedes System, auch wenn es noch so komplex ist, zusammenbricht, wenn ein übergeordneter Störfaktor „unerwartet" auftritt. Daraus folgt, daß alle Spezialisten aussterben, sobald ihnen ihre Lebensvoraussetzungen entzogen werden. Den Zusammenbruch eines komplexen Systems auf Grund unerwarteter Ereignisse bezeichnet man als eine Katastrophe. Zusammenbrüche von Systemen sind für den Menschen keineswegs immer unvorhersehbare Ereignisse (so z.B. S. 400). Es ist mathematisch durch Extrapolation bekannter Faktoren voraussagbar, unter welchen Bedingungen ein System zusammenbricht und als solches ausstirbt.

Sollte die Menschheit aussterben, so wäre es die erste Art, die *bewußt* Selbstmord begeht; als Katastrophe sollte man soetwas dann eigentlich nicht mehr klassifizieren.

Literatur

MacArthur, R.H., Wilson, E.O.: The Theory of Island Biogeography. Princeton, N.J.: Princeton Univ. Press 1967.

Schmidt-Nielsen, K.: Scaling in Biology: The consequences of size. J. Exp. Zool. **194**, 287 (1975).

Tucker, V.A.: The energetic cost of moving about. Amer. Sci. **63**, 413 (1975).

Valen, L.v.: Body size and numbers of plants and animals. Evolution 27, 27 (1973).

Zeeman, E.C.: Catastrophe theory. Sci. Am. April 1976, S. 65.

62. Selektion: Polymorphismus, Mimikry

Selektion (natürliche Auslese; natürliche Zuchtwahl) ist die Ursache für das Überleben nur ganz bestimmter — an die Umwelt gut angepaßter — Formen. Die Individuen einer Art sind untereinander verschieden. Diese Verschiedenheit, die man bei allen Arten findet, ist eine Voraussetzung der Evolution. Es ist wichtig, klar herauszustellen, daß Selektion immer ein Auswählen von Individuen, nicht ein Auswählen ganzer Populationen (Arten) ist.

Hieraus ergibt sich ein Wechsel in den relativen Häufigkeiten (Frequenzen) von Genotypen in nachfolgenden Generationen. Selektion wirkt auf verschiedene Individuen unterschiedlich stark ein. Die Konsequenzen können wir an der Darstellung im folgenden Schema besprechen (Abb. 62.1).

a) Selektion der „durchschnittlichen" Formen. Die Population stabilisiert sich, extreme Formen werden eliminiert.

b) Selektion einer extremen Form. Die Populationsverteilung wird in der darauffolgenden Generation ihr Maximum gerichtet verschieben.

c) Selektion beider Extremformen. Man erhält in der folgenden Generation eine doppelgipflige Verteilung, und das wiederum kann die Ursache für die Entstehung von zwei neuen Arten sein.

Die Selektion bestimmt:

a) welchen Beitrag ein Genotyp zum Genpool der folgenden Generation liefert, und

b) daß einige Phänotypen begünstigt werden. Der Phänotyp bestimmt somit die Eignung des Genotyps.

Letzteres ist sehr wesentlich, denn bei der Fortpflanzung eines Individuums wird nicht zwischen „vorteilhaften" und „nachteiligen" Allelen (Genen) unterschieden, sondern es werden große genetische Einheiten (Genome) als ganzes weitergegeben, und es bleibt dem Zufall überlassen, ob „vorteilhafte" Allele dabei sind oder nicht.

Es ist weiter zu beachten, daß, zumindest bei diploiden, vielzelligen Organismen, eine vorteilhafte Mutation nicht dem Individuum zugute kommt, in dem sie entstanden ist, sondern erst seiner Nachkommenschaft. Die Mutation muß, um in die Nachkommenschaft übertragen zu werden, in Zellen der Keimbahn auftreten, und diese stellen keinen Beitrag zur Ausbildung des Phänotyps des Trägers dar.

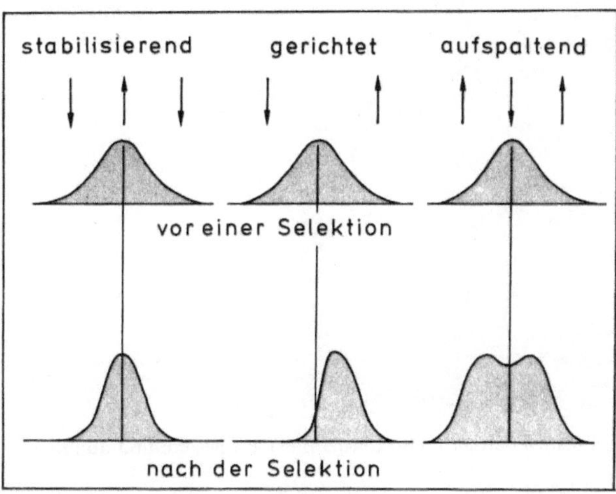

Abb. 62.1. Einfluß von Selektion auf eine Population. (Details s. Text)

Geschwindigkeit und Trends der Evolution hängen von den jeweiligen Selektionsdrucken ab.

A. Biologische Diversität (Variabilität): Polymorphismus

Verschiedenheit von Individuen einer Art kann unterschiedliche Ursachen haben:

Nicht-erbliche Variationen:
- Altersvariationen
- jahreszeitlich bedingte Variationen von Individuen
- jahreszeitlich bedingte Variationen von Populationen
- soziale Variationen (z.B. Kasten bei Insekten)
- ökologische Variationen

Abb. 62.2 a und b. Helle und dunkle Formen von *Biston betularia* (Birkenspanner) auf hellem und dunklem Untergrund. (Aufn. H.B.D. Kettlewell)

— traumatische Variationen (durch Parasiten induziert, zufällige oder teratologische Variation).

Nicht erbliche Variation ist gewöhnlich adaptiv und wird durch die natürliche Auslese kontrolliert. Genetische Faktoren bestimmen den Spielraum, in dem sich die Variabilität ausprägen kann.

Erblich bedingte Variabilität. Sie ist darauf zurückzuführen, daß es für einzelne Genorte eine Vielzahl von Allelen geben kann und ein jedes Allel einen bestimmten, spezifischen Beitrag zur Fitness des ganzen Genotyps leistet.

Den genetischen Mechanismus besprechen wir im folgenden Kapitel, die mathematische Ableitung haben wir in Kapitel 60 behandelt.

Die Bedeutung genetisch bedingter Variabilität soll an drei verschiedenen Beispielen diskutiert werden:

1. dem Industriemelanismus,
2. den Populationszyklen von Nagern,
3. den Populationszyklen von *Drosophila*.

b

Abb. 62.2 b

Alle Erscheinungen zeichnen sich dadurch aus, daß heterozygote Formen einen meßbaren Selektionsvorteil aufweisen. Man spricht hier von balanciertem Polymorphismus. Diese Form hat zur Folge, daß auch homozygote Formen immer wieder auftreten, selbst wenn sie meßbar benachteiligt sind.

1. Industriemelanismus

In England kommen zwei Formen (Varianten) des Birkenspanners (*Biston betularia*) vor, eine helle und eine dunkle (Abb. 62.2).

Sie unterscheiden sich in einem Allel; dunkel ist dominant über hell. Die helle Form hat einen Selektionsvorteil, sobald sie auf hellen Birkenrinden sitzt, die dunkle Form hat einen Vorteil in Gegenden, in denen Baumrinden durch industrielle Verunreinigungen rußgeschwärzt sind. Der Selektionsvorteil beruht auf der Tatsache, daß Schmetterlinge von Vögeln gefressen werden, sobald sie von ihnen entdeckt werden. Es überleben diejenigen, die auf einem Untergrund sitzen, der ihrer eigenen Körperfarbe entspricht und die somit von den Vögeln übersehen werden.

Der britische Entomologe (Insektenforscher) H.B.D. Kettlewell untermauerte diese Aussage in den 50er Jahren durch systematisch durchgeführte Experimente. Er setzte helle und dunkle markierte Birkenspanner aus und überprüfte nach einiger Zeit die Anzahl überlebender Individuen in dem Lebensraum. Einige seiner Ergebnisse sind in der folgenden Tabelle wiedergegeben:

Versuchsort	helle Form	dunkle Form
Dorset (England) (nicht-industrielle, waldreiche Gegend)		
ausgesetzt	496	473
wiedergefangen	62	30
prozentualer Anteil	12,5%	6,3%
Birmingham (England) (Industrielandschaft)		
ausgesetzt	137	447
wiedergefangen	18	123
prozentualer Anteil	13,1%	27,5%

Das Experiment sowie die Beobachtung der natürlichen Populationen über viele Jahre hinweg ergab, daß die benachteiligte Variante niemals vollständig eliminiert wird, sondern stets, wenn auch mit geringer Häufigkeit, erhalten bleibt (vgl. Abb. 62.3).

Der Birkenspanner ist zwar das bekannteste, aber nicht das einzige Beispiel für Industriemelanismus. In England sind über 70 weitere Schmetterlingsarten (die meisten gehören zu den Nachtfaltern) gefunden worden, welche die gleiche Strategie verfolgen. Auch in anderen Ländern sind solche Fälle nachgewiesen worden.

Somit stellt sich die Frage, wie schnell sich eine Insektenpopulation umstellen kann, d.h. wie schnell Genhäufigkeiten verändert werden können. Eine der Ursachen, die einen Polymorphismus aufrecht erhalten, ist eine Wanderung der Schmetterlinge. Helle Formen wandern in Industriegegenden ein, dunkle Formen wandern aus.

Die Industrialisierung setzte in England zu Beginn des 19. Jahrhunderts ein. 1849 wurde das erste dunkle Exemplar eines Birkenspanners in der Nähe Manchesters von einem erfahrenen Schmetterlingsforscher gefunden, der in der Gegend seit Jahren Schmetterlinge sammelte; dies läßt mit ziemlicher Sicherheit den Schluß zu, daß die dunklen Formen vorher extrem selten waren. Ein anderer Schmetterlingskenner wies darauf hin, daß die dunklen Formen während seines Lebens stark an Zahl zugenommen hatten und 1886 bereits häufiger als die hellen Formen waren.

Erst in den letzten Jahren sind in England, wie in anderen Industrieländern auch, Umweltschutzmaßnahmen zum Tragen gekommen. Als Folge der wieder reinen Luft änderten sich auch die Ökosysteme in der Umgebung Liverpools und Manchesters. Die Zahl der Algen und Flechten an Baumrinden nahm wieder zu, wodurch dunkle Schmetterlinge ihren Selektionsvorteil verloren.

J.A. Bishop und L.M. Cook untersuchten das Verhältnis heller zu dunklen Individuen von drei verschiedenen Gegenden und stellten dabei fest, daß es auch artspezifische Unterschiede im Verhältnis hell zu dunkel gibt.

Wie ist das zu erklären?
Es gibt zwei Typen dunkler Formen: solche, die in Bezug auf dieses Merkmal heterozygot

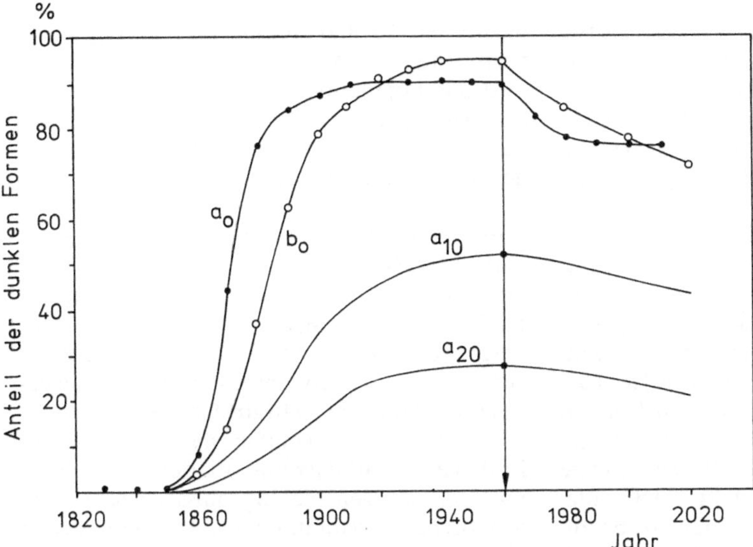

Abb. 62.3. Häufigkeit der hellen und der dunklen Form des Birkenspanners im "Black country" – gemessene und extrapolierte Werte. a unter der Annahme, daß die heterozygoten Formen im Industriegebiet einen Selektionsvorteil von 10% gegenüber den homozygoten haben; b ohne Selektionsvorteil der Heterozygoten. a_0 im Zentrum des Industriegebietes, a_{10}, a_{20} in Abständen von 10 und 20 km davon. (Nach Bishop und Cook, 1975)

und solche, die homozygot sind. Es gibt gute Gründe für die Annahme, daß die heterozygoten einen höheren Fitnesswert haben als die homozygoten (s. S. 143), die Fitness beruht somit keineswegs ausschließlich auf Dunkelfärbung, es sind weitere – physiologische – Faktoren beteiligt, welche artspezifisch in unterschiedlichem Maße die homozygoten dunklen Formen benachteiligen.

Bei Arten mit hoher Populationsdichte pro Flächeneinheit findet man große Unterschiede im Verhältnis hell/dunkel, wenn man benachbarte Areale miteinander vergleicht. Bei Arten mit geringer Flächendichte sind diese Unterschiede weniger stark ausgeprägt. Dafür scheint es eine simple Erklärung zu geben. Bei Arten mit hoher Individuenzahl/Fläche brauchen $\male$ nicht sehr weit zu fliegen, um auf ein $\female$ zu treffen, während bei Arten mit geringer Individuenzahl/Fläche die Trefferwahrscheinlichkeit bei gleicher Weglänge geringer ist; $\male$ müssen weiter fliegen, um auf ein $\female$ zu stoßen. Als Folge davon erhält man im ersten Fall sehr schnell und auf kleinster Fläche eine Anhäufung bestimmter Allelkombinationen, in benachbarten Populationen der gleichen Art jedoch rein zufällig ganz andere Frequenzen: ein

schönes Beispiel für genetische Drift und Segregation.

Die Selektion ist, wie gemessene und daraus extrapolierte Daten zeigen, eine relativ schnell wirkende Kraft (s. Abb. 62.3). Ein Merkmal, das auf nur einen Genort zurückzuführen ist, kann sich somit in kürzester Zeit in einer Population manifestieren.

Diese Aussage gilt keineswegs für Merkmale (wie etwa Verhaltensweisen), die auf komplex zusammengesetzte Funktionen zurückzuführen sind und die durch zahlreiche Gene gleichzeitig gesteuert werden.

2. Populationszyklen bei Nagern

Die Populationsgrößen zahlreicher Nagerarten, einiger Fuchsarten, von Luchsen, einigen wenigen Vogelarten, einigen Invertebraten und wahrscheinlich auch einiger Großsäuger (wie Antilopen) oszillieren periodisch. Die Periodendauer bei kleinen Nagern beträgt 3–4 Jahre, Zugvögel zeigen keine derartigen regelmäßigen Schwankungen ihrer Populationsgröße. Die Amplitude der Oszillation kann zwischen 100 Nagern/Flächeneinheit im Maximum und

2 im Minimum schwanken. Beachtenswert ist, daß die Schwankungen synchron verlaufen und in relativ weit voneinander liegenden Gebieten gleichzeitig beobachtet worden sind.

Triviale Ursachen wie Nahrungsmangel, Gefressenwerden oder Krankheiten scheiden als Erklärung aus.

J.M. Myers und C.J. Krebs haben den Zyklus bei der Feldmaus (*Microtus pennsylvanicus*) im Detail untersucht. Er beginnt im Frühsommer, die Populationsgröße ist sehr gering (~ 1 Tier/acre*). Es folgt eine Populationszunahme mit einer Vermehrungsrate von 10—15% pro Woche (r-Strategie!), sie setzt sich bis in das nächste Frühjahr fort, so daß die Populationsdichte auf Werte von 50—300 Tieren/acre wächst. Im Anschluß daran fällt die Population auf ungefähr die Hälfte ihrer Größe zurück, während des Sommers erholt sie sich wieder, bleibt über den nächsten Winter fast konstant und fällt im Frühjahr erneut drastisch ab. Die erste Runde ist damit abgeschlossen, was dann kommt, ist jedoch nicht vorhersagbar: entweder erneuter Anstieg oder weiterer Abfall.

Die Überlebenschance von Jung- und von erwachsenen Tieren ist während der Wachstumsphase der Population relativ hoch, im Maximum und im abfallenden Bereich steigt die Sterberate der Jungtiere stark an, die der erwachsenen Tiere nimmt erst während der Abnahmephase zu. Parallel mit der erhöhten Sterblichkeit geht eine verminderte Fortpflanzungsrate einher.

1950 fanden J.J. Christian und H. Selye, daß bei hoher Populationsdichte bei den Individuen Störungen im Hormonhaushalt auftreten, die schockartige Zustände hervorrufen und bei Tieren unter Laborbedingungen den Tod zur Folge haben können. Christian postulierte damals, daß die hohe Populationsdichte einen Stress-Zustand hervorruft, der, geregelt über das Hormonsystem, einen Abfall der Populationsgröße bewirkt. Diese Hypothese ist jedoch unbefriedigend, denn die beobachtete Populationsreduktion tritt ja nicht nur bei hoher Populationsdichte auf, sondern auch in den darauf folgenden Generationen, wo die absolute Populationsdichte bereits relativ

---

* 0,4 Hektar

niedrig ist. Es muß somit ein weiterer, genetisch bedingter Faktor im Spiel sein.

♂ aus Populationen hoher Dichte sind gegenüber Aggression empfindlicher als solche aus Populationen geringer Dichte oder aus denen mit abnehmender Dichte.

Kann natürliche Selektion in so kurzen Zeiträumen wirken?
Um das zu prüfen, braucht man einen geeigneten Test auf genetische Variabilität. Die effektivste Methode ist der Nachweis genetischer Differenzen im Proteinmuster der Versuchstiere. Als Methode steht die Gelelektrophorese zur Verfügung — am einfachsten zu testen sind Proteine des Blutserums. Findet man Unterschiede, so sagen die Ergebnisse, daß es eine genetische Variabilität gibt. Die gefundenen Unterschiede sind jedoch keineswegs die Ursache des geänderten Verhaltens!

Bei der Untersuchung des Fe-transportierenden Proteins Transferrin und des Enzyms Leucin-Aminopeptidase wurden signifikante Unterschiede im Verteilungsmuster gefunden, die direkt mit der Populationsgröße korreliert sind. Das bedeutet, daß in den unterschiedlichen Phasen des Populationszyklus verschiedene Genotypen vorherrschen. Der Wechsel der relativen Häufigkeit eines Genotyps in einer Population kann auf den unterschiedlichen Sterbe- und Geburtenraten von Individuen beruhen.

Für das Transferrin lassen sich 3 Genotypen hinschreiben, die beiden homozygoten und der heterozygote:

TT   tt   Tt

In der Phase des Populationsanstiegs haben TT tragende Individuen eine erhöhte Überlebenschance, während des Maximums fand man vorwiegend Tt; während in der Phase der Abnahme die Individuen mit tt vorherrschend waren. Diese Variation ist mit Änderungen der Vermehrungsrate bei Teilen der Population korreliert. Heterozygote ♂ waren während des ganzen Zyklus verstärkt an der Fortpflanzung beteiligt; bei den ♀ zeigten TT und Tt die größte Fortpflanzungsbereitschaft. Diese Genotypen waren weiterhin mit dem Alter korreliert, zu dem die ♀ ihre ersten Nachkommen zeugten. TT-Tiere wuchsen während der Anstiegsphase und während des Maximums der Populationsgröße schneller als die übrigen und gelangten somit früher zu sexueller Reife. Sie sind jedoch intolerant gegenüber hoher Populationsdichte, und viele wandern aus. Diese Faktoren haben während der Phase der Populationszunahme einen echten Selektionsvorteil, während der Abnahmephase spielen sie jedoch nur eine relativ untergeordnete Rolle. Damit kommen auch die Individuen mit nur wenigen Nachkommen zum Zuge.

Wenn Fluktuationen auf genetisch unterschiedliche Populationen zurückzuführen sind, müßte man einen Zyklus zu jedem beliebigen Zeitpunkt experimentell abstoppen können. Man kann das erreichen, indem man der Population einen klar umgrenzten Lebensraum überläßt, wobei Ein- und Auswanderung verhindert werden.

Macht man dieses Experiment, so findet man, daß die Populationsgröße im geschlossenen System sehr hohe Werte annehmen kann; ca. 20mal so viele Individuen wie in benachbarten, aber nicht eingegrenzten Populationen. Man fand saisonbedingte Populationsschwankungen, aber der 3–4-Jahre-Zyklus wurde unterdrückt. Diese Ergebnisse zeigen ziemlich eindeutig, daß Stress allein nicht der kontrollierende Faktor der Populationsgröße sein

kann. In den abgegrenzten Bereichen wurden ja Dichten erreicht, die weit über denen in natürlichen Populationen lagen. Der Stress war höher, dennoch kam es zu einer weiteren Zunahme der Populationsgröße. Die Gehege wurden durch die hohe Individuenzahl in einen ziemlich verwahrlosten Zustand gebracht — auch das blieb ohne Einfluß auf die Zuwachsrate.

Man hat zeigen können, daß Auswanderung ein starker regulierender Faktor einer Populationsgröße ist. Während der Zunahmephase wandern relativ viele (bis zu 50%) ♀ im Fortpflanzungsalter aus. Ausgewanderte Tiere können somit den Genpool benachbarter Populationen maßgeblich beeinflussen und synchronisieren.

Während der Abnahmephase ist der Verlust durch Auswanderung gering ($\sim$15%).

Das Auswandern scheint selektiv die Tiere aus der Population zu entfernen, die einer Übervölkerung gegenüber intolerant sind; dieser Effekt ist aber nur während der Zunahmephase von Bedeutung. Zurück bleiben vorwiegend die Genotypen, die auf „Überleben" bei hoher Dichte adaptiert sind, die aber nur eine geringe Fortpflanzungsrate und hohe Sterberate haben. Für sie ist Aggressivität ein höherer Selektionsvorteil als die Fortpflanzungsrate (K-Strategie); als Folge davon nimmt die zah-

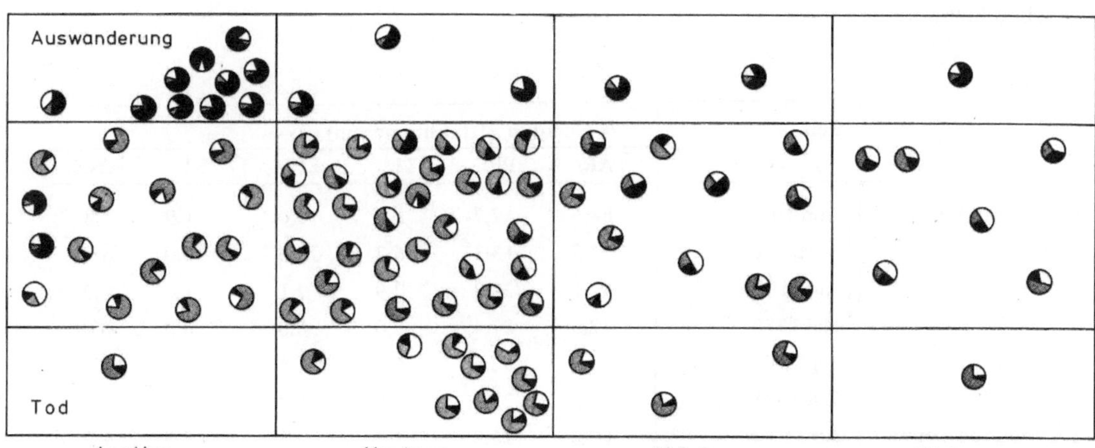

Abb. 62.4. Ein Modell, das versucht, das Auftreten von Populationszyklen bei der Feldmaus zu deuten. Dargestellt sind die Genotypen der Individuen. Schwarz bedeutet: hohe Fortpflanzungsrate, hoher Auswanderungstrieb. Grau: Aggressivität, hohe Fortpflanzungsrate, hohe Sterberate. Weiß: Aggressivität, geringe Fortpflanzungsrate, niedrige Sterberate (weitere Details s. Text). (Nach J.M. Myers und C.J. Krebs, 1974)

lenmäßig abnehmende Population zunächst noch weiter ab (vgl. Abb. 62.4). Nahe dem Populationsminimum gewinnen langsam wieder die Genotypen die Oberhand, die eine hohe Fortpflanzungsrate haben.

Wenn das hier beschriebene allgemeingültig für alle Arten mit regelmäßig oszillierenden Populationen ist, wird verständlich, warum z.B. Zugvögel keine derartigen Zyklen zeigen. Ihr Lebensstil ist so aufwendig, daß sie niemals nach einer r-Strategie verfahren können. und mit der K-Strategie allein ist eine Fluktuation nicht zu erreichen.

3. Populationszyklen bei *Drosophila*

Populationen, deren Größe auf das Vorkommen unterschiedlicher Genotypen zurückzuführen ist, findet man auch bei *Drosophila*. *Drosophila*-Populationen sind in den letzten Jahren in Amerika von T. Dobzhansky, H.L. Carson, F.J. Ayala, D.W. Crumpacher und J.S. Williams ausgiebig untersucht worden. Der Vorteil der Analyse dieser Art liegt darin, daß man hier die Träger der genetischen Information (Riesenchromosomen) direkt und ohne großen Aufwand bei einer großen Individuenzahl betrachten kann und unterschiedliches Verhalten von Populationen mit der Organisation der genetischen Information vergleichen kann.

Wir haben auf S. 144 gesehen, daß es bei *Drosophila pseudoobscura* im Chromosom III zahlreiche Inversionen gibt (AR, ST, PP, TL . . . usw.). Dobzhansky zeigte 1952, daß die relativen Häufigkeiten dieser Chromosomenmarker in Freilandpopulationen der Sierra Nevada (Kalifornien) jahreszeitlich schwankten. Mit Fortschreiten der Jahreszeit nahm die Häufigkeit des ST-Chromosoms zu, die des AR-Chromosoms ab. Während der Überwinterung kehrten sich die Verhältnisse wieder um. Die Änderungen sind zyklisch und wiederholen sich Jahr für Jahr. Träger mit ST-Chromosomen haben also im Hochsommer eine höhere Fitness, solche mit AR-Chromosomen im Winter. Die Vermehrung von *Drosophila* folgt ausschließlich der r-Strategie, damit können kurzfristig Verschiebungen in der Zusammensetzung des Genpools erreicht werden.

Crumpacher und Williams berichteten 1974 über das unterschiedliche Verhalten von *Drosophila pseudoobscura*-Populationen in Colorado. Man kann durch Denver eine Trennungslinie von Ost nach West legen. *Drosophila*-Populationen nördlich dieser Linie ändern ihre Genfrequenzen nicht, jene südlich davon zeigen jahreszeitlich bedingte Schwankungen. Aus einer Vielzahl von Daten seien einige hervorstechende Korrelationen wiedergegeben:

Ort	Zeit	% Genotyp (III. Chromosom)					
		AR	PP	TL	EP	ST	versch.
1. Südl. von Denver	Juni 1968	84,6	7,7	1,9	0,0	1,9	3,8
	Sept. 1968	33,3	13,3	6,7	20,0	0,0	26,7
	Aug. 1969	52,6	38,9	2,9	2,1	1,6	1,9
	Mai 1970	72,6	27,4	0,0	0,0	0,0	0,0
	Sept. 1970	35,9	52,5	6,4	1,3	2,6	1,3
	Juli 1971	68,3	27,9	1,8	1,2	0,8	0,0
2. Nördl. von Denver	Juni 1965	50,0	26,8	1,9	3,6	6,5	1,2
	Aug./Sept. 1965	53,6	29,0	7,2	2,9	7,2	0,0
3. Dgl.	Sept. 1969	45,4	30,4	15,5	5,0	1,9	1,8
	Mai 1970	40,8	32,9	17,1	1,3	5,3	2,6
	Sept. 1970	32,6	42,4	15,2	2,2	3,3	4,3

Worauf beruhen diese Unterschiede?
Es gibt offensichtlich keinen Genfluß zwischen den lokalen Populationen (s. auch Beispiel auf S. 463), es besteht keine auffallende geographische Barriere und keine ins Auge springenden Unterschiede in der Vegetationszusammensetzung der Areale. Sehr wahrscheinlich sind es Unterschiede in der Mikroumwelt der Fliegen, die für das Überleben essentiell sind und die den Unterschied im Verhalten zwischen den nördlichen und den südlichen Populationen erklären.

B. Mimikry

1930 wies der Populationsgenetiker R.A. Fisher (s. S. 136) darauf hin, daß Mimikry ein geeignetes Phänomen sei, um Selektion zu studieren. Mimikry ist das Vermögen einer Art, durch Veränderung seiner genetischen Information eine andere Art zu imitieren.

1. Batessche Mimikry

Diese Erscheinung wurde 1862 von H.W. Bates (1825–1892) erstmals beschrieben. Er fand, daß Schmetterlinge aus den Familien *Heliconidae* und *Ithomidae* (beides Familien, die im Amazonasgebiet vorkommen) in ihrem Aussehen und Verhalten von Schmetterlingen aus anderen Familien, z.B. *Leptalis* imitiert wurden.

Es stellte sich heraus, daß das Vorbild (Modell) für Vögel ungenießbar war (z.B. schlecht schmeckend oder giftig, aber nicht tödlich). Das allerdings mußte der Vogel erst lernen. Versuchte er sich an einem der nicht eßbaren Schmetterlinge, lernte er sehr bald, diese Insekten zu meiden.

Die Färbung und Gestalt des Schmetterlings wirken somit als Signal für den Vogel, der ja in erster Linie auf optische Reize reagiert. Eine andere Insektenart, auch wenn sie wohlschmeckend ist, aber die gleiche Warntracht trägt, wird von dem Vogel ebenfalls gemieden, da er die Arten nicht voneinander unterscheiden kann. Beide lösen in ihm, dem Signalempfänger, die gleiche Reaktion aus. Für die harmlose Insektenart, den Nachahmer, ist es also ein echter Selektionswert, wie ein gefährliches Insekt (das Vorbild) auszusehen.

Es gibt eine Reihe weiterer, ähnlicher Beispiele. Man spricht in all diesen Fällen von Batesscher Mimikry. Der entscheidende Auslöser der Batesschen Mimikry ist der Empfänger eines Signals; er soll getäuscht werden. Der Selektionswert der Mimikry wird somit durch den Grad der Täuschung des Empfängers definiert.

Nachgeahmt werden nicht nur Farbmuster. Auch die Form und das Verhalten können imitiert werden.

2. Grenzen der Nachahmung

Der Lernvorgang eines Vogels gilt nur für eine Generation, die nächste muß von neuem lernen. Je häufiger die giftige, wehrhafte oder übelschmeckende Beute in seinem Lebensraum vorkommt, desto eher wird der Vogel seine Lektion gelernt haben. Ist sie aber selten, setzt der Lernvorgang erst spät oder nie ein, weil dem Vogel genügend andersartige Beute zur Verfügung steht. Er wird nur sehr selten die Chance haben, das giftige Insekt zu probieren. In diesem Fall nützt Nachahmen nichts. Es lohnt sich für eine Art also nur, häufig vorkommende potentielle Beutetiere zu imitieren. Entsteht Nachahmung durch zufällige Mutation oder durch Anreicherung vorteilhafter Genotypen innerhalb einer Art, so werden jene Individuen, die dieses Merkmal phänotypisch zur Schau stellen, ihren Artgenossen gegenüber einen Selektionsvorteil erringen, d.h. ihre Gene werden sich in der Population gut und schnell durchsetzen. Die Population derart geschützter Individuen wird stark zunehmen. Hierdurch ändert sich aber das Zahlenverhältnis zwischen Vorbild und Nachahmer.

Der Vogel wird somit in seiner Jugend öfter den Nachahmer probieren und feststellen, daß er genießbar sei, erst wesentlich später würde er lernen, daß es unter den gleichaussehenden (häufigen!) Beutetieren giftige gibt. Das bedeutet, daß die Mimikry nur solange als Schutz verstanden werden darf, wie die Populationsgröße des Nachahmers nicht über eine bestimmte Größe hinaus wächst.

Wachstum und Ausbreitung sind von der Populationsgröße (und -ausbreitung) des Vorbilds abhängig.

Es ist schwer, genaue Zahlen zu nennen. Selbst wenn die Nachahmer in relativ großer Zahl vorkommen, kann die schlechte Erfahrung, die ein Vogel mit den relativ seltenen Vorbildern macht, ausreichen, dem Nachahmer dennoch einen Selektionsvorteil zu bieten. Ein negatives Erlebnis kann für einen Vogel nachhaltiger sein und eine stärker prägende Wirkung haben als eine gute Erfahrung. Der Vogel wird auch dann eine Beute meiden, wenn er gelernt hat, daß etwa nur jedes zehnte Individuum giftig ist oder schlecht schmeckt. Für ihn (Feind) ist das ein echtes Optimierungsproblem. Was wiegt schwerer, der Verzicht auf eine große Zahl potentieller Beutetiere oder der Nachteil, einmal ein ungenießbares Exemplar zu erwischen?

Die Mimikry ist somit die Ausbildung eines Signals, das für den Nachahmer von Vorteil ist, an dessen Ausprägung der Empfänger jedoch nicht interessiert ist. Voraussetzungen für gefälschte Signale sind somit, daß

a) der Feind getäuscht wird und

b) daß es schnell gelernt werden kann.

Es wird in Richtung „Irrtum der Sinne" des Feindes, nicht in Richtung „Irrtum seines Urteilsvermögens" selektiert.

3. Andere Formen der Mimikry

a) Müllersche Mimikry. Ein ungenießbares Insekt ahmt ein anderes, ebenfalls ungenießbares Insekt nach. Der „Typ" ist damit geschützt. Die Gesamtzahl der zu opfernden Tiere verteilt sich somit auf mehrere Arten. Je mehr Arten mit dem gleichen Warnsignal arbeiten, desto geringer sind die Verluste der einzelnen Art.

b) Beispiel: Kuckucksei. Der zu täuschende Signalempfänger ist zugleich selbst das Vorbild. Die Täuschung beruht auf scheinbarer Artzugehörigkeit.

c) Mertenssche Mimikry. Es ist nicht immer klar, welche Art Modell und welche der Nachahmer ist.

Unter den Korallenschlangen gibt es stark giftige und ungiftige Arten mit gleichem Aussehen. Ihre Feinde sind kleine Raubtiere, Kuckucksvögel und Störche. Die giftigen Arten können nicht das Vorbild sein, denn der Feind würde den Angriff auf die Schlange nicht überleben und könnte somit keine Erfahrungen sammeln. Vorbild ist die dritte Art, die der Gruppe schwach giftiger Schlangen zuzuordnen ist. Systematisch gehört sie nicht einmal zu den echten Korallenschlangen. Die schwach giftigen Arten haben nicht deshalb die Warntracht, weil die sehr giftigen sie auch haben, sondern es ist genau umgekehrt.

4. Worauf beruht Mimikry?

Mimikry ist ein — vor allem bei Insekten — weit verbreitetes Phänomen, aber es kommt auch in anderen systematischen Gruppen vor. Die Adaptation (Anpassung) erfolgt relativ schnell.

Es bleibt die Frage, ob Mimikry dadurch entsteht, daß

a) spontan und in jeder Art unabhängig neue Mutationen auftreten, die dem Träger einen Selektionsvorteil verschaffen oder

b) ein Polymorphismus in den bestehenden Populationen existiert und daß es dadurch einen ausreichend großen Genpool gibt, aus dem zu einem gegebenen Zeitpunkt (sobald ein bestimmter Selektionsdruck einsetzt) die bestangepaßten Formen ausgelesen werden.

Die Häufigkeit des Auftretens der Mimikry, die Beobachtung der rhythmisch wiederkehrenden, genetisch bedingten Populationsschwankungen, der effektive Beitrag der Selektion bei der Erscheinung von Industriemelanismus und der Sichelzellenanämie (s. S. 115) sprechen für die Alternative b), schließen selbstverständlich a) nicht aus.

Niemand kann heute genau sagen, wieviel genetische Information ein Individuum trägt, wie heterogen eine Art ist und wieviel Gleiches in einer systematischen Gruppe (Klasse, Ordnung . . .) realisiert werden kann.

Bestimmte Strukturen, Formen und Funktionen kommen in einigen Gruppen gehäuft vor, ohne daß eine direkte Homologiereihe aufgestellt werden kann, so z.B. die Schwarz-Gelb-Färbung des Hinterleibs vieler Insektenarten. Es ist eine Warnfarbe, und das Auftreten bei manchen harmlosen Insektenarten kann als Batessche Mimikry aufgefaßt werden. Vorbilder wären hier die Wespen.

Ist die Färbung jedesmal neu erfunden worden, oder gehört sie zur Standardausrüstung aller (vieler) Insektenarten?

Eine Antwort steht noch aus. Schwarz-Gelb-Färbung als Warnsignal findet man auch bei *Vertebrata*, so z.B. beim Feuersalamander. Die genetische Grundlage für die Entstehung der Färbung der Salamander hat mit Sicherheit gar nichts mit der bei Insekten zu tun, ein besseres Beispiel für Konvergenz (analoge Erscheinungen) kann man sich sicherlich kaum wünschen.

Welche Vorteile bietet das Vorhandensein eines großen Repertoirs genetischer Information in einem Individuum?

Die Antwort ist klar, es ist potentiell allen möglichen Gegebenheiten gewachsen. Nachteilig ist jedoch, daß auch für das Erhalten nichtgenutzter Information Energie benötigt wird und zudem ein nicht unerheblicher Verwaltungsaufwand (Regulation der Informationsverarbeitung) betrieben werden muß. Verwaltung ist bekanntlich ein extrem langsam wirkender und wenig flexibler Prozeß. Das Indiviuum könnte sich trotz bestehender Möglichkeiten nicht schnell genug auf neue Situationen einstellen.

Es ist billiger, Information, statt sie in jedem Individuum einer Art vollständig zu speichern, getrennt auf viele Individuen (der gleichen Art) zu verteilen: Prinzip des Polymorphismus. Eine solche Population kann sich schnell und effektiv neuen Gegebenheiten anpassen; allerdings auf Kosten von Individuen!

Literatur

Ayala, F.J.: Biological evolution. Natural selection or random walk. Amer. Scientist **62**, 692 (1974).

Ayala, F.J., Dobzhansky, T. (eds.): Studies in the Philosophy of Biology. Berkeley: Univ. of California Press 1974.

Bishop, J.A., Cook, L.M.: Moth, melanism and clean air. Sci. Am. Januar 1975, S. 90.

Crumpacker, D.W., Williams, J.S.: Rigid and flexible chromosomal polymorphisms in neighbouring populations. Evolution 28, 57 (1974).

Fisher, R.A.: The Genetical Theory of Natural Selection, 2. Aufl. New York: Dover Publications 1958.

Ford, E.B.: Ecological Genetics, 3. Aufl. London: Chapman and Hall 1964.

Haldane, J.B.S.: The Causes of Evolution. Ihaca: Cornell University Press 1932 (Neudruck 1966).

Huxley, J.: Evolution, the Modern Synthesis, 3. Aufl. London: G. Allen & Unwin Ltd. 1974.

McDonald, J.F., Ayala, F.J.: Genetic response to environmental heterogeneity. Nature **250**, 572 (1974).

Myers, J.H., Krebs, C.H.: Population cycles in rodents. Sci. Am. Juni 1974, S. 38.

Wickler, W.: Mimikry. München: Kindler 1968.

63. Veränderungen der genetischen Information; Unterschiedliche Geschwindigkeiten der Evolution

Es erübrigt sich eigentlich, nochmals darauf hinzuweisen, daß eine Evolution stattgefunden hat; den Beweis liefert die Abstammungslehre. Offen ist dabei jedoch die Frage, wie die Evolution abgelaufen ist, und die bestmögliche Antwort darauf gibt Darwins Selektionstheorie. Alle Beobachtungen und Experimente aus dem Bereich der Biologie stehen in Einklang mit ihr.

Wir haben den Faktor Selektion im letzten Kapitel ausführlich diskutiert, ohne uns ausgiebig Gedanken über das Phänomen Mutation gemacht zu haben. Zu leicht könnte der Eindruck entstehen, mit Punktmutationen und der Beadle-Tatumschen *Ein-Gen-ein-Enzym-Hypothese* könnte man die wesentlichen Probleme der Evolution erklären, und nichts ist falscher als das!

Wenn wir den Begriff Mutation weiter verwenden wollen, dann dürfen wir das nur in der am weitesten gefaßten Definition tun; nämlich:

Mutation = Veränderung von genetischer Information. Unter dieser Definition können mehrere, fundamental verschiedene Mechanismen zusammengefaßt werden. Dazu gehören natürlich die

— Punktmutationen, dann aber auch
— Chromosomenmutationen, also Umorganisation vorhandener genetischer Information. Es kommt nichts Neues hinzu, das Alte wird nur neu geordnet, und
— Rekombination, d.h. Neuzusammenstellung genetischer Information aus den Genen verschiedener Individuen oder Arten.

Die drei genannten Mechanismen haben wesentliche Beiträge zur Evolution der Organismen geleistet. Sie unterscheiden sich in Bezug auf ihre Effektivität. Rekombination ist effektiver als Umorganisation und die wiederum effektiver als die Punktmutationen.

Die Geschwindigkeit der Evolution hängt vom Einsatz der jeweils optimalen Methode ab.

1. Punktmutationen

Es muß klar herausgestellt werden, daß auch auf der höchsten Organisationsstufe Punktmutationen vorkommen und auch dort noch einen entscheidenden Einfluß ausüben. Viele schwere Erbkrankheiten des Menschen beruhen auf solchen scheinbar simplen Mutationen des Genoms (vgl. S. 115).

In den vergangenen 20 Jahren sind Hunderte von Proteinen analysiert worden, so daß man auf Grund vorliegender Daten so etwas wie eine molekulare Evolution postulieren durfte (s. S. 113).

Die Ergebnisse seien am Beispiel der Globine diskutiert. Zur Wiederholung vorangestellt sei, daß das Hämoglobin beim Menschen ein tetrameres Protein, bestehend aus 2 α- und 2 β-Ketten ist. Den Porphyrinanteil können wir hier vernachlässigen. In Muskeln findet man das monomere Myoglobin (Funktion s. S. 211). Betrachtet man die Aminosäuresequenzen der α- und der β-Kette bei einer Reihe von *Vertebrata*, so lassen sich die Ergebnisse derart ordnen, daß man einen Stammbaum erhält (Abb. 63.1). In der Abb. 63.2 ist veranschaulicht, wie man derartige Stammbäume aufstellt. Die α-Kette und die β-Kette machen eine voneinander unabhängige Evolution durch, dennoch ist nicht zu übersehen, daß sie sich in zahlreichen Aminosäurepositionen gleichen. Das läßt den Schluß zu, daß es ein gemeinsames Urgen gab, das sich dupliziert (verdoppelt) hat, wobei sich die beiden Teilabschnitte anschließend getrennt weiterentwickelt haben. Auch hierfür haben wir bereits andere Beispiele kennengelernt, so die Isozyme der Lactat-Dehydrogenase. Insekten und andere Invertebraten besitzen ein monomeres Hämoglobin. Es ist den Hämoglobinketten der Vertebraten weniger nah verwandt als das Myoglobin; es muß somit auch zwischen dem Myoglobin und dem Vertebraten-Urhämoglobin ein gemeinsamer Vorfahr bestanden haben. Die Ähnlichkeit zum

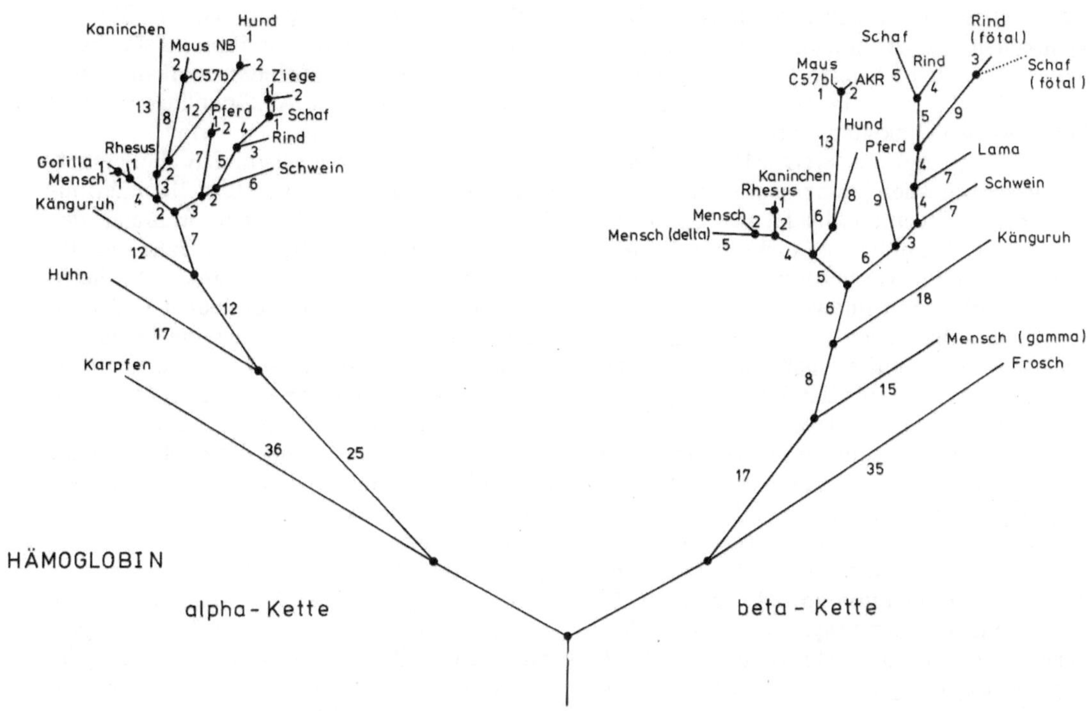

Abb. 63.1. Stammbaum, aufgestellt auf Grund eines Vergleichs der Aminosäuresequenzen von Hämoglobinen. Die Ziffern geben die Anzahl der Austausche an, die auf den betreffenden Zweig entfallen. (Nach M. Dayhoff, Atlas of Protein Sequence and Structure, 1972)

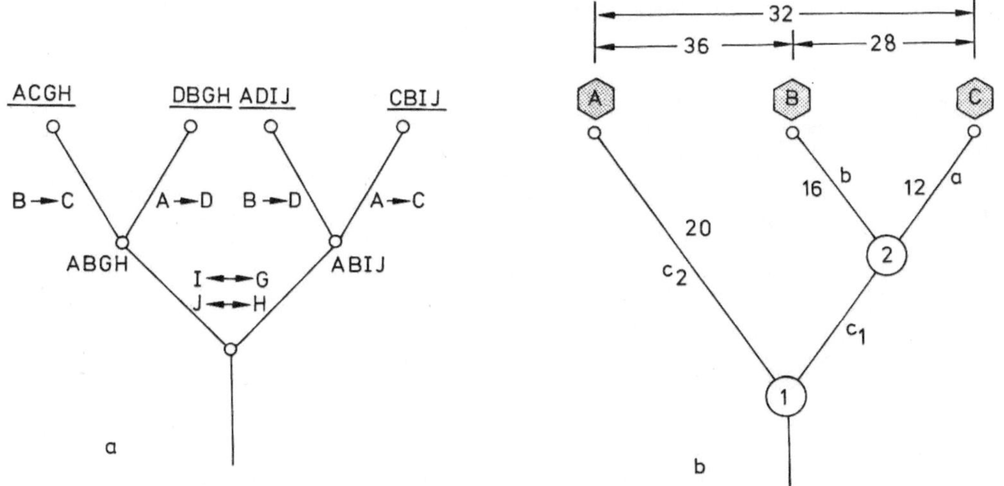

Abb. 63.2 a und b. Aufstellung von Stammbäumen auf Grund von Vergleichen verschiedener Aminosäuresequenzen des gleichen Proteins bei verschiedenen Arten. (a) Zuordnung von Sequenzen auf Grund der geringstmöglichen Zahl von Aminosäureveränderungen. Man kann auf diese Weise zurückextrapolieren und die wahrscheinlichsten gemeinsamen Sequenzen ermitteln. (b) Aussagen auf Grund der Zahl der Austausche. Hieraus läßt sich der Grad der Verwandtschaft von Arten ablesen. Wenn zwischen den Arten A und C 32 Austausche liegen, zwischen A und B 36 und zwischen B und C 28, so läßt sich extrapolieren, wieviele davon auf die einzelnen Linien entfallen, nachdem sich die beiden Arten jeweils getrennt voneinander entwickelt haben

Insektenhämoglobin deutet auf noch einen gemeinsamen Vorfahr hin, und schließlich zeigte sich, daß es bei Pflanzen (Leguminosen) ein Protein (Leghämoglobin) gibt, welches beachtliche Gemeinsamkeiten mit Proteinen der Hämoglobingruppe aufweist. Damit können wir wiederum einen Stammbaum konstruieren (Abb. 63.3). Er unterscheidet sich von dem in Abb. 63.1 dadurch, daß nicht nur Proteine mit gleicher Funktion zusammengefaßt sind, sondern solche mit unterschiedlichen — wenn auch relativ ähnlichen — Funktionen. Unterschlagen wurde bisher, daß man beim Menschen außer der α- und der β-Kette eine γ- und eine δ-Kette nachgewiesen hat. Die δ-Kette findet man nur in geringer Menge, die γ-Kette ersetzt die β-Kette während der Embryonalentwicklung des Menschen (vgl. Abb. 63.4). Sie hat offenbar der β-Kette gegenüber während der vorgeburtlichen Entwicklung einen bedeutenden Selektionsvorteil. Zusammenfassend können wir jetzt sagen, daß es beim Menschen je einen Genabschnitt für die α-Kette, die β-Kette, die γ-Kette, die δ-Kette und das Myoglobin geben muß.

Wir können weiter sagen, daß die Globine Nachfahren eines sehr alten Protiens sind, welches schon bei den Einzellern vorkam, denn sonst hätte man keine Abkömmlinge bei Tieren *und* Pflanzen nachweisen dürfen.

Wir haben schon gesehen, daß alle wesentlichen Biosynthesewege von Einzellern „erfunden" wurden. Anschließend, während der Evolution der Vielzeller, ist kein entscheidend neuer Weg mehr hinzugekommen, das heißt aber auch, daß die Einzeller über alle oder zumindest über die meisten Enzyme (Proteine) verfügen müssen, die man in einem hochentwickelten Vielzeller wie etwa dem Menschen findet —, und das ist im wesentlichen auch der Fall. Die Evolution neuer Proteine war auf jener Ebene bereits weitgehend abgeschlossen, was später hinzukam, waren notwendige (!) Feinabstimmungen der Funktion.

Die Abb. 18.1 zeigt, daß es für jedes Protein eine spezifische Aminosäureaustauschrate gibt. Diese Rate ist nicht die Mutationsrate. Jene sollte für alle Proteine gleich sein. Die gefundenen Austausche sind nur diejenigen, die dem Selektionsdruck standgehalten

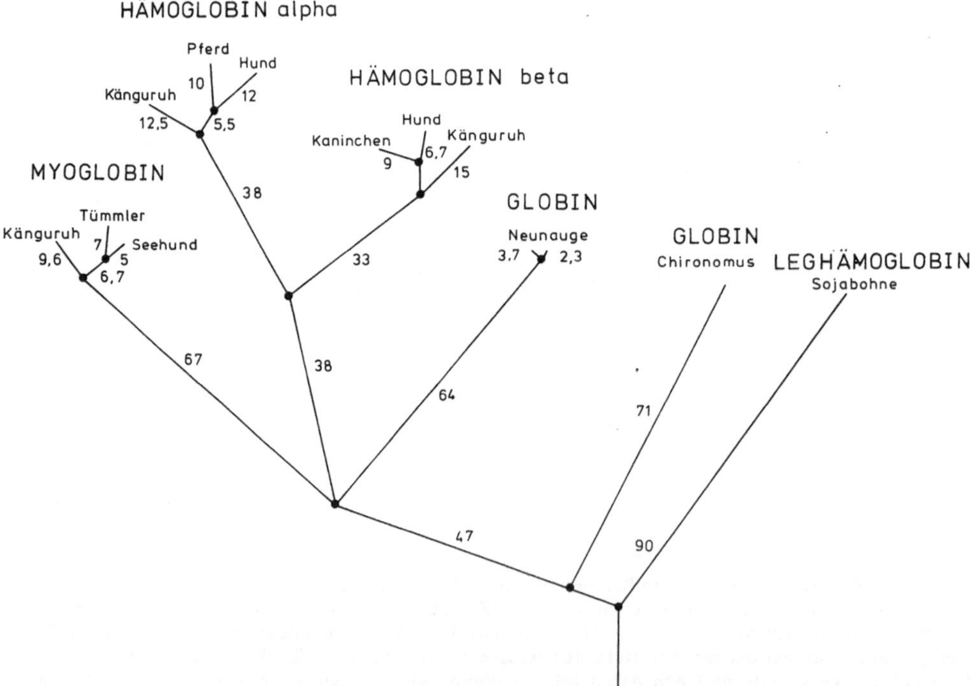

Abb. 63.3. Stammbaum der Globine. (Nach M. Dayhoff, Atlas of Protein Sequence and Structure, 1972)

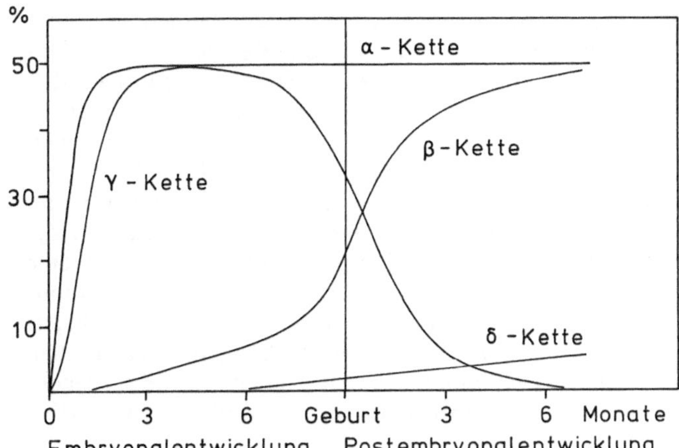

Abb. 63.4. Zeitliche Abfolge des Auftretens der Hämoglobinketten während der Ontogenese des Menschen

haben und sich in den betreffenden Organismen als optimal erwiesen haben.

Die Austauschrate ist über lange Strecken der Evolution eine lineare Funktion. Läßt sich diese Aussage verallgemeinern? Nein, man fand, daß z.B. die Häufigkeit der Aminosäureaustausche bei Hämoglobinen der Knorpelfische größer ist als bei denen der Tetrapoden (Landwirbeltieren).

Hämoglobine der *Invertebrata* sind Monomere. Bei einer sehr primitiven Fischart, dem Neunauge, liegt das Hämoglobin in oxydiertem Zustand ebenfalls als Monomeres vor, im Deoxyzustand jedoch als Dimeres und gelegentlich auch als Tetrameres. Das bedeutet, daß hier etwas Neues ausprobiert wurde. Ein einfaches Protein wurde zu einem allosterischen — kooperativ arbeitenden. Es kam eine zweite Aktivität ins Spiel, und deren optimale Funktion mußte zunächst noch ausprobiert werden. Nach Abschluß der Versuchsphase, wurde auch diese Struktur und ihre Funktion „eingefroren" und durfte nicht mehr verändert werden, lediglich geringe Modifikationen waren noch erlaubt. Monomeres Hämoglobin wäre nicht in der Lage, den Anforderungen der Landwirbeltiere gerecht zu werden. Selbst kleine Defekte im allosterischen Kontrollmechanismus des Sauerstofftransports führen zu schweren Anämien (s. S. 115). Die Genduplikation, die die Ursache der Entstehung der α- und der β-Kette wurde, und die sich daran anschließende Kooperation der beiden Genprodukte wurde somit zu einer wesentlichen Voraussetzung für die Evolution großer landbewohnender Tiere.

2. Organisation des genetischen Materials

Voraussetzung zur Bildung neuartiger Funktionen unter Beibehaltung alter ist die Vervielfachung des genetischen Materials (der DNS), so daß sich, etwa nach einer Verdopplung, jedes Teilstück unabhängig weiterentwickeln kann. Damit kommt aber ein neues Problem auf: In welcher Reihenfolge werden die Abschnitte in einem DNS-Molekül hintereinander geordnet?

1,2 oder *2,1*
Wie wir auf S. 466 erfahren haben, ist das für die Kontrolle der Transkription keineswegs trivial.

DNS wird bei der Zellteilung repliziert, und es ist einfacher, die auf einem Molekül sitzende Information gleichmäßig auf beide Tochterzellen zu verteilen als Information, die über mehrere Informationsträger verteilt ist.

Die DNS-Moleküle der Eukaryonten sind im Verhältnis zu denen der Prokaryonten extrem lang, zudem gibt es pro Zelle mehrere DNS-Moleküle (≙ Chromatidenzahl). Der Verteilungsmechanismus (Mitose) ist ein Prozeß, der sich in der Evolution erst relativ spät entwickelt hat: zum Zeitpunkt der Entstehung eukaryotischer Zellen.

Eine Prokaryontenzelle kann nur eine beschränkte Menge genetischer Information verarbeiten.

Die Gruppe der Prokaryonten ist sehr arten- und individuenreich. Genetisches Material kann zwischen Individuen der gleichen Art und zwischen Individuen verschiedener Arten ausgetauscht werden.

Die genetische Information einer Prokaryontenzelle wird normalerweise in nur *einem* DNS-Molekül gespeichert, doch darüberhinaus gibt es unabhängige DNS-Moleküle, die in das Hauptmolekül integriert sein können oder in freier Form vorliegen (s. Kapitel 23 und 36).

Gerade diese Stücke sind es, die von einer Zelle zur nächsten transportiert werden und somit Informationen verbreiten. Man unterscheidet drei Typen partiell autonomer „vagabundierender" DNS-Moleküle:

	Mit Protein assoziiert (verpackte DNS)	Autonome Replikation	Integration
Viren	+	+	+
Plasmide	−	+	+
IS (Integrated Segments)	−	−	+

(Nach Starlinger, 1976).

IS (Integrated Segments) sind DNS-Fragmente, die Anfang der Siebziger Jahre von P. Starlinger, H. Saedler und Mitarbeitern (Universität Köln) beschrieben und charakterisiert worden sind. Es sind Nukleotidsequenzen, die einem Bakterium angehören und im Bakteriengenom an verschiedenen Stellen integriert sein können. So kann sich z.B. ein IS-Stück in ein Lactose-Operon einbauen, wodurch die Transkription der nachfolgenden Genabschnitte beeinflußt wird. Hieraus folgt, daß IS-Stücke an der Regulation der Transkription maßgeblich beteiligt sind. Zu ihren weiteren Eigenschaften gehört, daß sie Strukturgene (s. S. 182) von einem Ort des Genoms zu einem anderen übertragen. Diese Eigenschaft teilen sie mit Virus-DNS und der DNS von Plasmiden (s. S. 247).

Gibt es derartige Vorgänge auch bei Eukaryonten, und spielen sie dort eine entscheidende Rolle?

Die Antwort lautet: ja!

Wir haben auf S. 144 Chromosomentranslokationen bei *Drosophila* kennengelernt und auf S. 466 gesehen, daß Inversionen ihren Trägern unter bestimmten Umweltbedingungen echte Selektionsvorteile bieten.

Im Genom von Mais konnte B. McClintock sog. controlling elements nachweisen. Sie konnte zeigen, daß jene an verschiedenen Stel-

len des Genoms integriert werden und dort einen Einfluß auf die Regulation der Transkription ausüben. Inzwischen weiß man, daß es sich dabei um kurze DNS-Stücke handelt, die ihre Position im Genom verändern können. Es sind demnach „springende Gene".

Man kennt weitere Beispiele derartiger Umorganisationen des genetischen Materials: die Effektivität des Immunsystems ist auf eine solche Kontrolle zurückzuführen, ferner kennt man die Amplifikation (s. S. 233 und Abb. auf S. 49), d.h. Vervielfachung von spezifischen DNS-Bereichen, z.B. denjenigen, die die genetische Information zur Bildung von r-RNS tragen.

Wie ist die DNS in Eukaryonten strukturell organisiert? Sind die DNS-Menge und die Chromosomenzahlen miteinander korreliert?
— Nein.

Die DNS-Mengen von Arten, die verschiedenen systematischen Gruppen angehören, sind in der folgenden Abb. 63.5 dargestellt. Frösche haben somit im Schnitt sehr viel DNS, Säuger haben eine geringe DNS-Menge und Vögel am wenigsten. Die Streuung der Werte um den Mittelwert ist bei den Fröschen am höchsten, bei den Vögeln am geringsten. In Trockengegenden (mit kurzen Regenzeiten) vorkommende Froscharten besitzen wenig DNS, ihre Entwicklungsdauer ist recht kurz. Frösche in kalten Gegenden haben sehr viel DNS, ihre Entwicklungsdauer ist lang (K. Bachmann; K. Bachmann und R. Blommers-Schlösser).

Systematische Gruppen mit Arten, die viel DNS enthalten, sind artenärmer als solche, deren Arten wenig DNS enthalten (s. Abb. 63.6). Es ist also keineswegs ein Vorteil, viel DNS zu besitzen. Viel DNS heißt ja nicht, viel genetische Information (s. S. 227).

Was weiß man über die Chromosomenzahlen?
Chromosomen variieren artspezifisch in Form und Zahl. Die Änderungsgeschwindigkeit dieser Parameter ist bei den Säugern 20mal schneller als bei den Fröschen. Die Änderungen gehen auf Umorganisation, Verlust oder Gewinn genetischen Materials zurück. A.C. Wilson, G.L. Bush, S.M. Case, M.C. King, L.R. Maxon und V.M. Sarich (University of California, Berkeley) schlossen 1974 und 1975 hieraus, daß hohe Variabilität der Chromosomen die Ursache für die schnelle und

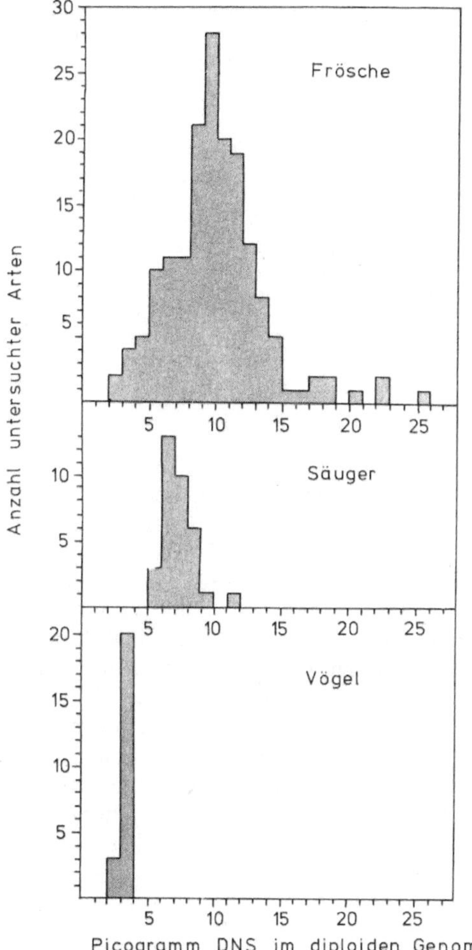

Abb. 63.5. DNS-Mengen von Fröschen, Säugern und Vögeln. (Nach K. Bachmann, 1972, 1974)

effektive Evolution der Säuger gewesen sei. Froscharten sehen untereinander alle ± gleich aus; ihre Chromosomenzahlen unterscheiden sich nur sehr wenig voneinander.

Diese Aussagen konnten die Autoren durch eine Reihe experimentell bestimmter Korrelationen untermauern. Sie verglichen dabei jeweils Paare von Arten, die lebensfähige Hybride produzieren und kamen zu folgenden Aussagen:

1. Die Ähnlichkeit von Proteinen beider Arten wurde miteinander verglichen. Das Albumin (ein Protein des Blutserums) wurde als repräsentativer Marker für die Untersuchungen gewählt. Das Maß für die Ähnlichkeit der Albumine ist die immunologische Distanz.

Die Ergebnisse beruhen auf einer experimentell relativ einfachen Methode, mit deren Hilfe man Aminosäureaustausche in Proteinen nachweisen kann. Je größer die immunologische Distanz ist, desto mehr Aminosäureaustausche gibt es zwischen den miteinander verglichenen Proteinen. Die Ergebnisse sind in der Abb. 63.7 zusammengestellt. Aus der Graphik geht hervor, daß bei Säugern nur die Artenpaare lebensfähige Nachkommen zeugen können, deren Proteine einander sehr ähnlich sind. Bei den Fröschen erhält man auch dann noch Nachkommen, wenn die beiden Elterntiere sich in ihren Proteinen stark voneinander unterscheiden. Auf den S. 113 und S. 471 haben wir gesehen, daß die Zahl der Aminosäureaustausche bei homologen Proteinen ein Maß für die Zeit ist, in der sich die beiden Arten unabhängig voneinander entwickelt haben.

2. Homologien zwischen DNS-Sequenzen. Es besteht eine direkte Proportionalität zwischen DNS-Sequenzhomologien und Ähnlichkeiten in den Aminosäurezusammensetzungen getesteter Proteine.

3. Betrachtet man die Korrelation zwischen immunologischer Distanz und gleichen Chromosomenzahlen bei Artenpaaren, die lebensfähige Hybride produzieren, erhält man folgendes Bild (Abb. 63.8). Es gibt kaum Säugerarten, die verschiedene Proteinzusammensetzung *und* verschiedene Chromosomenzahlen haben und dennoch lebensfähige Nachkommen zeugen.

Die Proteinevolution, so wie wir sie auf den S. 113 und 471 besprochen haben, hat also keinen maßgeblichen Einfluß auf die Artbildung. Recht anschaulich belegt wird diese Aussage auch noch durch den Vergleich zwischen Mensch und Schimpanse. Ihre Proteine zeigen eine 99%ige Homologie, ihre DNS-Sequenzen eine 97%ige.

Auf einen Unterschied zwischen Mensch und Schimpanse sollte man aber mit allem Nachdruck hinweisen: der Mensch hat 2 n = 46, der Schimpanse 2 n = 48 Chromosomen.

Zusammenfassend können wir noch einmal festhalten: Die Geschwindigkeit von Evolutionsprozessen geht primär auf die effiziente Regulation des genetischen Materials zurück. Es ist wichtig, wann, wo, wieviel und welche Proteine gebildet werden, um geregelte Vorgänge wie etwa die Bildung oder Umwandlung

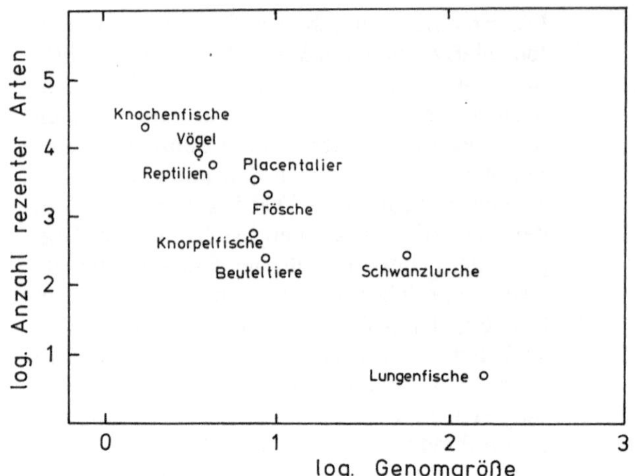

Abb. 63.6. DNS-Menge und Artenzahl in verschiedenen systematischen Gruppen (K. Bachmann, 1972)

von Organen oder die Entstehung neuer Arten zu erklären.

Wie die Beispiele der Chromosomenaberrationen beim Menschen zeigen, kann ein Zuviel an genetischer Information zu Irregularitäten in der Physiologie und der Morphologie des Trägers führen (s. S. 145).

3. Rekombination

Rekombination bedeutet im wesentlichen Neukombination genetischen Materials aus den Genomen mehrerer — in der Regel zweier —

Individuen oder Arten. Wir haben eine Reihe von Rekombinationserscheinungen (s. S. 157) bei Prokaryonten kennengelernt. Rekombination ist bei Prokaryonten ein relativ seltener Vorgang, aber immer noch häufig genug, um innerhalb kürzester Zeit erfolgreiche Kombinationen entstehen zu lassen. Ein Genotyp gewinnt auf Kosten eines anderen. Bei den Prokaryonten mit sehr kurzer Generationszeit, hoher Individuenzahl und wenig genetischer Information stellen Artgrenzen keine unüberbaren Barrieren dar, wie das bei den höherentwickelten Eukaryonten in der Regel der Fall ist.

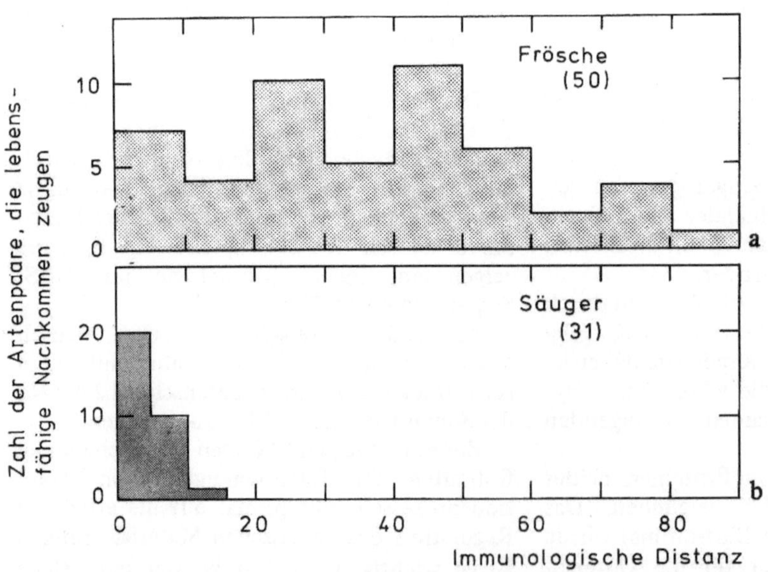

Abb. 63.7. Variabilität des Albumins (ausgedrückt durch „immunologische Distanz") und Zahl der Artenpaare, die lebensfähige Nachkommen zeugen. (a) Frösche, (b) *Mammalia*. (Aus A.C. Wilson *et al.*, 1974)

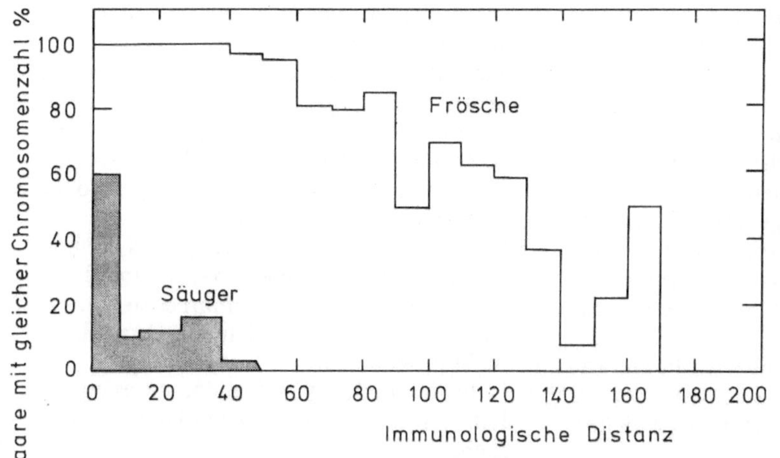

Abb. 63.8. Korrelation zwischen „immunologischer Distanz" (→ Verschiedenheit in der Aminosäurezusammensetzung von Albumin) und gleichen Chromosomenzahlen bei Artenpaaren, die lebensfähige Hybride produzieren. (Aus A.C. Wilson *et al.*, 1974)

Es scheint eine umgekehrte Korrelation zwischen der Zahl der Generationen/Zeiteinheit und der relativen Wichtigkeit der Rekombination im Vergleich zu Punkt- oder Chromosomenmutationen als Quelle neuer Genotypen zu geben.

Bei langer Generationsdauer kann der Effekt einer Mutation nur selten getestet werden, beim Menschen im Schnitt nur alle 20 Jahre. Der Selektionsdruck auf Grund von Mutationen ist somit vernachlässigbar klein. Der Genpool einer Population und eines jeden Individuums ist sehr groß, und damit ist eine hohe Wahrscheinlichkeit gegeben, daß bei einer Rekombination etwas Positives, Neues herauskommt.

Prokaryotische Zellen sind in der Regel haploid, gelegentlich können jedoch Teile des Genoms auch in diploider Form vorliegen; bei den Eukaryonten nimmt der Grad an Diploidie mit der Höherentwicklung zu. Haploidie ist bei Pflanzen weiter verbreitet als bei Tieren, zudem findet man bei Pflanzen öfter als bei Tieren eine vegetative (asexuelle, nichtgeschlechtsgebundene) Fortpflanzung.

Welchen Vorteil bietet Diploidie? Warum sind Triploidie, Tetraploidie . . . Polyploidie relativ im Tierreich wenig verbreitet?
Die Antwort darauf scheint banal zu sein. Das Vorhandensein eines zweiten Satzes genetischer Information ist optimal, weil dadurch alle Fehler, die in einem der Sätze auftreten, durch die richtige Information in dem zweiten Satz ausgeglichen werden (Wert redundanter

Information!). Man kann abschätzen, daß es keinen Menschen und auch kaum einen komplexen Vielzeller gibt, dessen haploides Genom absolut fehlerfrei ist. Diploidie ist der geringstmögliche Aufwand, um dem wirkungsvoll entgegenzuwirken. Triploidie, Tetraploidie etc. wären viel zu aufwendig, und die Wahrscheinlichkeit, daß sich eine günstige Mutation durchsetzen könnte, wäre dann recht gering. Das System könnte keine effiziente Evolution durchmachen, da es sich Änderungen der Umwelt nicht schnell genug anpassen könnte.

Selbstverständlich sind diese Mechanismen im Laufe der Evolution durchprobiert worden. Auf der Stufe der einzelligen eukaryotischen Zellen (Protisten) findet man recht häufig polyploide Formen und, wenn man so will, abenteuerliche Wege, die sich hieraus ergebenden Probleme zu umgehen. Ein Beispiel, das hier nicht näher ausgeführt werden kann, ist das Vorkommen sogenannter vegetativer und generativer Kerne (Makronuclei und Mikronuclei) bei Ciliaten.

So selten Polyploidie im Tierreich auch ist, so auffallend ist der mit rund 50% außergewöhnlich hohe Anteil bei höheren Blütenpflanzen (Angiospermen). *Wie verträgt sich diese Feststellung mit der oben gemachten Aussage?* Einmal muß gesagt werden, daß Pflanzenarten im Vergleich zu Tieren individuenreicher sind. Zum anderen verfügen sie über eine Reihe unterschiedlicher Fortpflanzungsmechanismen, mit denen Probleme, wie sie z.B. bei der Meiose tri- und tetraploider Genome auftreten, umgangen werden können. Vegetative Vermehrung oder Samenbildung unter Ausschaltung der Meiose (und/oder Befruchtung) sind nicht selten. Wie hoch die Verlustrate (Verminderung der Fortpflanzungskapazität) durch Polyploidisierung tatsächlich ist, ist schwer abzuschätzen. Andererseits ist das Potential, etwas völlig neues entstehen zu lassen, bei höheren Pflanzen weit geringer als im Tierreich.

Die gleiche, eben vorgebrachte Argumentation ließe sich zur Beantwortung der Frage heranziehen: Warum gibt es nur 2 Geschlechter, warum nicht 3 oder 4?

Die Sache würde zu kompliziert. In der Tat gibt es bei Eukaryonten keine echten Ansätze, wo von dem bewährten Schema abgewichen wird. Auch bei den Prokaryonten hat man es in der Regel mit jeweils nur 2 Individuen zu tun, welche genetisches Material untereinander austauschen. Wenn Rekombination, wie bei den Prokaryonten, selten ist, ist es vorteilhaft, Artgrenzen zu überschreiten; wird sie jedoch zur Regel, ist es besser, Fortpflanzungsgemeinschaften zu bilden, die strikt von anderen solchen Gemeinschaften getrennt sind. Diese „Logik" liegt auch dem Konzept der Art als geschlossener Fortpflanzungsgemeinschaft zugrunde. Denn nur, wenn wertvolle Information erhalten bleibt, kann eine Evolution stattfinden (s. Life Games, S. 435).

Artbildung ist mit der Isolierung (Segregation) einer Teilpopulation verknüpft. Die Individuenzahl einer neu entstehenden Art ist in der Regel sehr klein, ein Genfluß innerhalb dieser Gruppe (Population) sehr groß. Somit können sich auch seltene Allele relativ schnell durchsetzen. Das kann einen evolutionären Vorteil bewirken, es kann aber auch zum Aussterben der isolierten Gruppe führen.

Dennoch ist Isolation und damit Unterbrechung eines uneingeschränkten Genflusses zu einem so wichtigen Faktor in der Evolution geworden, daß sich eine Vielzahl von Mechanismen auf allen Organisationsebenen entwickelt haben.

Einige Beispiele:

— Die Affinität von DNS-Polymerase zu arteigener DNS ist auf Grund physikalisch-chemischer Eigenschaften (spezifische Nukleotidsequenzen) höher als zu fremder DNS. Arteigene wird damit schneller repliziert.
— Zwei Zellen erkennen einander nicht, weil einer oder beiden die richtigen Oberflächenrezeptoren fehlen.
— Vielzellige Individuen erkennen einander nicht, weil spezifische Signale fehlen (s. Möwenbeispiel auf S. 16).
— Individuen erkennen einander, aber das Spermium wird von der Eizelle abgestoßen — es kann nicht eindringen.
— Individuen erkennen einander, es kommt zu einer Befruchtung, aber während der folgenden Ontogenese kommt es zu Schwierigkeiten, die beiden Genome kooperieren nicht miteinander.
— Individuen erkennen einander . . . es entstehen „normale", jedoch sterile Nachkommen.
— Räumliche Segregation. Die Lebensräume der Individuen überschneiden einander nicht.
— Ausbildung von Sozialordnungen, aggressives Verhalten gegen Fremde.

Je komplexer ein lebendes System ist, desto mehr wertvolle genetische Information enthält es und desto diffiziler sind die Mechanismen des Schutzes vor unerwünschten Rekombinationen.

Man beachte jedoch folgendes: Fortpflanzungsisolation ist kein Synonym für Sterilität. Man kennt eine Reihe von Beispielen, wo Artkreuzungen zu fertilen Nachkommen führen. Die Mechanismen der Fortpflanzungsisolation kann man danach klassifizieren, ob sie bereits vor der Paarung oder erst danach stattfinden. Die der ersten Kategorie sind effektiver. Sie verhindern eine Verschwendung von Gameten und können somit durch die natürliche Selektion verbessert werden; die der zweiten Kategorie sind aufwendig und durch die natürliche Selektion nicht ohne weiteres regulierbar.

Zu den wesentlichen Fortpflanzungsbarrieren bei Tieren gehören ethologische Schranken. Es sind Paarungsschranken, die auf Unvereinbarkeit des Verhaltens beruhen. ♂ zeigen ein bestimmtes Werbe- oder Balzverhalten, das von ♀ der gleichen Art erkannt wird. ♀ sind in Bezug auf ihr Wahlverhalten selektiver als die ♂; ♂ haben einen großen Spermavorrat, sie sind bei Arten ohne Paarbildung in der Lage, viele ♀ zu befruchten.

♀ haben oft nur einen begrenzten Vorrat an Eiern, für sie ist es deshalb von großem Selektionsvorteil, daß diese von Spermien mit optimaler Eignung befruchtet werden.

Ein Isolationsmechanismus ist selten eine Alles- oder Nichts-Reaktion, bei vielen nah verwandten Arten sind es mehr quantitative als qualitative Schranken. Es gibt unterschiedliche Schwellenwerte, die überschritten werden müssen, bevor ein ♀ reagiert. Gerade nahe der Peripherie des Verbreitungsgebietes einer Art kommt es gehäuft zu Bastardierungen zwischen Arten. Verhaltensisolation ist bei Tieren einer der wichtigsten Isolationsfaktoren, bei Pflanzen hingegen ist es die Sterilität oder unterschiedliche Verbreitung (in Raum und Zeit). Bei Tieren ist die Wahl des Geschlechtspartners ein aktiver Prozeß, bei Pflanzen ein passiver.

Die Wahrscheinlichkeit, daß zwei komplexe, aber verschiedene genetische Systeme gleichartig und effektiv miteinander kooperieren können, ist verschwindend gering. Symbiosen im weitesten Sinne sind Kooperationen zwischen Individuen, jedoch bleiben die beteiligten Partner genetisch voneinander isoliert.

Eines der seltenen Beispiele für eine weitgehende Kooperation zweier Genome scheint die Voraussetzung für die Entstehung eukaryotischer Zellen gewesen zu sein.

Alle Eukaryontenzellen enthalten Mitochondrien; Zellen grüner Pflanzen enthalten darüberhinaus Chloroplasten. Es gibt gute Gründe für die Annahme, daß die beiden Organelltypen Endosymbionten sind (s. S. 81), d.h. daß zwei Zelltypen, eine Bakterienzelle (Art?) und eine primitive amöboide Eukaryontenzelle eine Symbiose eingegangen sind. Die Kooperation war derart effektiv, daß sich hieraus „echte", *große* Eukaryontenzellen entwickeln konnten. Die Kooperation lief jedoch keineswegs „reibungslos" ab. Das integrierte Bakterium verlor den größten Teil seiner eigenen DNS; der Preis, den die „primitive Eukaryontenzelle" zahlte, ist nicht bekannt.

Das Kerngenom der Zelle und das Genom des Mitochondrions kooperieren zwar miteinander, sie sind aber getrennte Einheiten geblieben, die einen voneinander verschiedenen Replikationsmechanismus und Vermehrungszyklus aufweisen. Es gibt eine Kontrolle des einen Genoms über das andere; unabhängig voneinander können sie nicht mehr existieren.

Literatur

Ayala, F.J. (ed.): Molecular Evolution. Sunderland: Sinauer Ass. Inc. 1976.

Bachmann, K., Blommers-Schlösser, R.: Nuclear DNA amounts of the frogs of Madagascar. Zool. Anz. Jena **194**, 13 (1975).

Coates, M.L.: Hemoglobin function in the Vertebrates. An evolutionary Model. J. Mol. Evol. **6**, 285 (1975).

Goodman, M., Moore, G.W., Matsuda, G.: Darwinian evolution in the genealogy of hemoglobin. Nature **253**, 603 (1975).

Hirsch, H.J., Starlinger, P., Brachet, P.: Two kinds of insertion in bacterial genes. Molec. gen. Genet. **119**, 191 (1972).

King, M.-C., Wilson, A.C.: Evolution at two levels in humans and chimpanzees. Science **188**, 107 (1975).

McClintock, B.: Controlling elements and the gene. Cold Spring Harb. Symp. Quant. Biol. **21**, 197 (1956).

Saedler, H., Reif, H.J., Hu, S., Davidson, N.: IS 2, a genetic element for turn-off and turn-on of the gene activity in Escherichia coli. Molec. gen. Genet. **132**, 265 (1974).

Schmidt, F., Besemer, J., Starlinger, P.: The isolation of IS 1 and IS 2 DNA. Molec. gen. Genet. **145**, 145 (1976).

Starlinger, P., Saedler, H.: Insertion mutations in microorganisms. Biochimie **54**, 177 (1972).

Wilson, A.C., Maxson, L.R., Sarich, V.M.: Two types of molecular evolution. Evidence from studies of interspecific hybridization. Proc. Natl. Acad. Sci. US **71**, 2843 (1974).

Wilson, A.C., Sarich, V.M., Maxson, L.R.: The importance of gene rearrangement in evolution: Evidence from studies on rates of chromosomal, protein and anatomical evolution. Proc. Natl. Acad. Sci. US **71**, 3028, (1974).

64. Soziales Verhalten, Sozialordnungen

Soziales Verhalten dient dem geregelten Zusammenleben von Individuen untereinander. Die Regelung setzt spezifische Verhaltensweisen voraus. Gegen gruppenfremde Individuen wird in der Regel ein aggressives, abweisendes Verhalten gezeigt. Sozialordnungen findet man vorwiegend bei den Insekten und den Vertebraten. Der Grad der Organisation wiederum ist in grober Annäherung ein Maß für die Organisationshöhe der betreffenden Art.

Sozialverhalten geht mit altruistischem Verhalten einher; und das scheint, in der simpelsten Form ausgedrückt, der Darwinschen Selektionstheorie zu widersprechen.

Altruismus reduziert die Fitness (Überleben und Fortpflanzungspotential) des Handelnden, es fördert die eines anderen Individuums. Altruismus wird jedoch keineswegs gegenüber allen Individuen einer Art geübt, sondern vorzugsweise gegenüber Vertretern der näheren Verwandtschaft. Eltern pflegen oft unter erheblichem Einsatz ihre Nachkommen. Jene sind ihr genetischer Beitrag zur nachfolgenden Generation, und die natürliche Selektion favorisiert diejenigen, die den höchsten Beitrag für zukünftige Generationen leisten. Nicht nur die eigenen Kinder sind Träger von Genen der Eltern, auch Brüder, Schwestern, Neffen, Vettern . . . . haben viele Gene mit ihnen gemeinsam, da ja alle auf die gleichen Vorfahren zurückzuführen sind. Es ist daher für die Fitness von Individuen nützlich, auch für das Überleben der nächsten Verwandten zu sorgen (W.D. Hamilton, 1964). Man gewinnt genetisch, wenn man etwa seiner Schwester bei der Pflege ihres Kindes hilft, denn Pfleger und Kind der Schwester stimmen hier in 25% ihres Genoms überein. Bei eigenen Kindern beträgt der Anteil 50%, bei Neffen und Onkeln 25%, bei Vettern ersten Grades 12,5%.

Sozialverhalten findet man bei mehreren Insektenordnungen, man denke nur an die *Hymenoptera* (Hautflügler: Bienen, Wespen,

Ameisen) oder die *Isoptera* (Termiten). Es haben sich extrem komplexe Organisationen (Staaten) entwickelt.

Die Bandbreite einzelner Verhaltensabläufe ist sehr eng und genetisch fixiert. Sie kann durch einige wenige Umweltstimuli in einer vorhersagbaren Weise abgeändert werden (s. S. 327).

Die Individuen, die einem „Staat" angehören, erkennen einander am spezifischen „Hausgeruch". Es gibt in Insektenstaaten kein spielerisches Verhalten (Voraussetzungen für bestimmte Formen des Lernens, s. S. 363); persönliche Individualität ist unbekannt.

Welche Bedeutung hat das altruistische Verhalten in Insektenstaaten?
Bei Bienen z.B. produziert eine Königin sterile ♀ Arbeiter, deren Tätigkeit darin besteht, fertile ♂ (Drohnen) sowie die weibliche Nachkommenschaft der Königin (!) zu versorgen.

Bei den *Hymenoptera* sind die ♂ haploid und die ♀ diploid. Die ♀ Arbeiterinnen sind mit ihren Schwestern näher verwandt als mit ihren eigenen potentiellen (!) Nachkommen. Töchter enthalten die Gesamtheit des väterlichen Genoms, und deshalb beträgt die Gemeinsamkeit der Genome der Arbeiterinnen untereinander 75%, die Gemeinsamkeit mit dem der eigenen Kinder würde 50% betragen, die Gemeinsamkeit mit dem Genom der Brüder (♂, Drohnen) beträgt 25%.

(Rechnen Sie das nach. Wenn Sie auf die richtigen Werte kommen, beherrschen Sie die Mendelschen Regeln!).

Dieser hohe Grad an Gemeinsamkeit in Bezug auf das Genom ist eine mögliche Ursache für die Ausbildung recht komplexer und hoch entwickelter Kommunikationssysteme bei den sozialen Insekten wie z.B. der „Bienensprache" (Schwänzeltänze etc. s. S. 416), dann olfaktorischer Signale (Signale durch Duftstoffe) etwa bei den Ameisen, aber, wie schon angedeutet, auch bei den Bienen. Die Kommunikation dient dem Ziel, einen Vorteil der ganzen Gruppe zugänglich zu machen oder sie als ganzes vor Feinden zu schützen.

Wenn es richtig ist, daß altruistisches Verhalten mit dem Verwandtschaftsgrad korreliert ist, müßten Arbeiterinnen in die Pflege von ♀ Arbeiterinnen (Schwestern) dreimal soviel Energie investieren wie in die Pflege von Drohnen (Verhältnis 75:25). Es ist bekannt, daß eine Königin Eier legt, aus denen ♀ und ♂ im Verhältnis 1:1 schlüpfen. Damit wäre ein „Interessenkonflikt" zwischen Königin und Arbeitern vorprogrammiert. R.L. Trivers und H. Hare berichteten 1976 über Untersuchungen an Ameisen und konnten dabei zeigen, daß das altruistische Verhalten der Arbeiterinnen die Oberhand gewinnt und somit das Geschlechtsverhältnis 3:1 (♀/♂) festlegt.

Kann ein so komplexes System wie ein Bienenstaat oder ein Ameisenstaat eine echte Evolution durchmachen?
Die wahrscheinlichste Antwort darauf lautet: nein. Die prädeterminierten, komplexen Verhaltensschemata verhindern die freie Entfaltung von Individuen. Jene, die sich nicht an das starre Reglement halten (können), haben keine Überlebenschance.

Sozialverhalten bei den *Vertebrata* beruht auf einem Wechselspiel zwischen genetisch festgelegten und erlernten Komponenten. Der Grad der Komplexität ist für einzelne, oft nah miteinander verwandte Arten, unterschiedlich. *Vertebrata* verfügen über ein großes Reservoir an Verhaltensweisen, die in fast beliebiger Weise miteinander kombiniert werden können.

Die Sozialordnungen sind wesentlich simpler als bei den staatenbildenden Insekten. Die Individuen kennen einander persönlich!

A.C. Wilson, G.L. Bush, S.M. Case und M.C. King wiesen 1975 darauf hin, daß die Bildung kleiner sozialer Gruppen eine Voraussetzung für die schnelle Evolution der *Mammalia* gewesen sein könnte. Wir haben schon gesehen, daß die Formenvielfalt dieser Gruppe mit einer hohen Variabilität der Chromosomenzahlen einhergeht.

Eine neu auftretende Chromosomenmutation liegt in einem diploiden Individuum in heterozygotem Zustand vor. Während der Meiose treten sehr häufig Störungen bei der Chromosomenpaarung auf, die Fruchtbarkeit von Individuen mit einem solchen Defekt ist meist stark reduziert, demnach ist die Chance, daß sich eine Chromosomenmutation durchsetzt, recht gering. Es ist nahezu ausgeschlossen, daß sie sich in einer großen Population halten kann. Ist die Fortpflanzungsgemeinschaft jedoch klein — 10 Individuen oder weniger — und ist diese von den übrigen Individuen der Art isoliert, besteht eine Chance, daß eine Mutation sich durchsetzt (homozygot wird). Wenn die Fitness der Träger gegenüber den übrigen erhöht wird, könnte das zu einem evolutionären Vorteil führen. Kleine Populationen haben einen hohen Grad an Inzucht mit allen Nachteilen, die damit verbunden sind. Die Aussterbequote von Säugerarten ist im Vergleich zu den meisten anderen systematischen Gruppen extrem hoch.

Sozialverhalten fördert den Zerfall einer Art in viele kleine Gruppen, die ± streng voneinander getrennt leben. Bei den *Mammalia* tritt häufig Polygamie sowie eine Dominanz (Vorherrschaft) eines Männchens über die anderen auf. Daraus folgt, daß nur wenige ♂ einen genetischen Beitrag zur folgenden Generation liefern.

Polygamie ist bei anderen *Vertebrata* selten. Selten ist dort auch das Aufspalten einer Art in kleine Fortpflanzungsgemeinschaften auf Grund sozialen Verhaltens. Gruppenbildung geht in der Regel auf geographische Isolation zurück.

Eine der Ursachen, die ein Entstehen von Gruppen und ein Zusammenleben darin verhindern, ist starker Ortswechsel der Individuen. Beispiele hierfür sind Zugvögel, Fledermäuse und die meisten großen Säuger. Innerhalb dieser Gruppen findet man nur eine relativ geringe Chromosomenvariabilität.

Beispiele für effektive Sozialordnungen ortstreuer Arten findet man bei zahlreichen Nager- und Primatenarten. In diesen Ordnungen findet man auch die absolut höchste Chromosomenvariabilität. Schließlich die Pferde, als ein Beispiel für Großsäuger, wo eine vorhandene, relativ starr reglementierte Sozialordnung eine Fortpflanzungsgemeinschaft trotz weitläufiger Lebensräume zusammenhalten kann. Die Evolution der Pferde verlief relativ rasch, die Abstammung der einzelnen Arten voneinander (dargestellt an Verschiedenheiten im Knochenbau) ist ein klassisches

Lehrbuchbeispiel für den Beweis der Abstammungslehre.

Wir haben einige Vorteile der Inzucht besprochen, es ist aber wichtig, daß die Inzuchtkoeffizienten nicht zu hoch werden und daß nach 2–3 Generationen einer Isolation eine Durchmischung der Genotypen einer sozialen Gruppe mit Individuen einer anderen erfolgt.

Diese Forderung ist durch zahlreiche Beobachtungen an einer Reihe verschiedener Arten erfüllt worden. Das Sozialleben der *Mammalia* ist nicht, wie das der Insekten, durch unumgängliche, genetisch fixierte Vorschriften reglementiert, sondern es erlaubt eine "controlled sloppiness". Individuen „dürfen" sich gelegentlich über Vorschriften hinwegsetzen, und damit bleibt der Weg der Evolution offen. Das Durchbrechen erlernter Vorschriften ist eine intellektuelle Handlung. Aus dem Gesagten folgt, daß Sozialverhalten auch eine Voraussetzung für die Selektion intelligenter Individuen ist.

Starre, eingefrorene Verhaltensweisen (auch dafür gibt es zahlreiche Beispiele) führen in Sackgassen der Evolution, egal ob sie ererbt oder erlernt werden. Andererseits ist es bereits C. Darwin (1872) aufgefallen, daß Verhaltensweisen (und andere physiologische Reaktionen) wesentlich leichter abgewandelt werden können als morphologische Strukturen. Alles was wir bisher über den Funktionsmechanismus von Genen besprochen haben, läßt diese Aussage sehr plausibel erscheinen.

Wie flexibel sind Sozialordnungen?
Vergleicht man etwa die Sozialordnungen von Mantelpavianen mit denen der Schimpansen und des Menschen, so findet man eine in dieser Reihe zunehmende Flexibilität der Organisation bei gleichzeitiger Zunahme des Intelligenzgrades.

Menschliche Sozialordnungen (Gesellschaftsordnungen) unterscheiden sich von denen anderer Primaten in erster Linie durch eine hohe Variabilität in Bezug auf Gruppengröße und in Bezug auf Zusammenhalt innerhalb einer Gruppe. Fremde werden relativ leicht von einer Gruppe aufgenommen und in sie inkorporiert. Ansätze hierzu findet man auch bei einigen anderen Primaten (so z.B. bei Schimpansen), „primitivere" Arten wie etwa die Languren (*Presbytis entellus*) haben Sozialordnungen mit extrem niedriger Durchlässigkeit.

Literatur

Clutton-Brock, T.H.: Primate social organisation and ecology. Nature **250**, 539 (1974).

Trivers, R.L., Hare, H.: Haplodiploidy and the evolution of the social insects. Science **191**, 249 (1976).

Wilson, A.C., Bush, G.L., Case, S.M., King, M.C.: Social structuring of mammalian populations and rate of chromosomal evolution. Proc. Natl. Acad. Sci. US **72**, 5061 (1975).

Wilson, E.O.: Sociobiology. The New Synthesis. Cambridge, Mass.: Harvard Univ. Press 1975.

65. Stammesgeschichte: Paläontologie, Systematik

Die wesentlichen Merkmale der Evolution haben wir in den vorangegangenen Kapiteln besprochen.

Zusammenfassend ist zu sagen, daß die Evolution auf die Änderung von Genfrequenzen (Genhäufigkeiten) zurückzuführen ist, bedingt vornehmlich durch:
— natürliche Selektion
— genetische Drift
— Genfluß — Migration
— Mutation, Neukombination von genetischer Information.

Die klassische Methode zum Nachweis einer Stammesgeschichte ist der Vergleich rezenter (heute lebender) Arten. Beim Betrachten rezenter Arten spielt der Faktor Zeit keine Rolle. Vorgänge, die sich in der Vergangenheit abspielten, werden dabei aber nicht erfaßt und müssen deshalb rekonstruiert werden. Fossilien sind hierbei die einzigen Hinweise, aus denen man auf das Leben in früheren Epochen schließen kann. Ihr Vorkommen in bestimmten geologischen Formationen gibt uns an, seit wann es bestimmte Organismen auf der Erde gibt und welche Rolle sie seinerzeit spielten.

Individuen rezenter Arten zeichnen sich durch eine hohe Variabilität aus, die einmal auf genetische Faktoren, zum anderen aber auch auf

— Alter
— Geschlechtsunterschiede
— geographische Verhältnisse u.a.
zurückgeführt werden kann.

Gleiches gilt natürlich auch für Fossilien. Dort kommt als weiterer Unsicherheitsfaktor die Zeit hinzu. Man weiß bei Fossilien in der Regel nicht, ob zwei mehr oder weniger gleich aussehende Stücke auf Individuen zurückzuführen sind, die Zeitgenossen waren, oder ob eines eine Million Jahre jünger (oder älter) als das andere ist. Trotzdem wird man sie gegebenenfalls der gleichen Art zuordnen.

Betrachten wir die heute lebenden Arten — 1,2 Millionen Tierarten kennt man — so können wir sie systematisch ordnen. Das natürliche System gibt uns in bester Näherung den Verwandtschaftsgrad der Arten untereinander an. R.W. Whittaker (1969) teilt die Organismen in 5 Reiche ein:
— *Monera*
— *Protista*
— *Plantae*
— *Fungi*
— *Animalia*.

Die folgende Liste der „wichtigsten" Stämme, Klassen, Ordnungen, Familien und Gattungen exemplarisch zu verstehen. Sie soll lediglich einen groben Überblick über das System vermitteln.

Stamm	Klasse	Ordnung	Familie	Gattung – Art

Monera:

Typische Merkmale: prokaryotische Zellen, keine Kernmembran, keine Plastiden und Mitochondrien, keine Geißeln des Typs 9 + 2 (vgl. S. 305) Einzeller; gelegentlich Zellhaufen bildend.
Ernährung: Absorption der Nahrung; bei einigen Gruppen Photo- und Chemosynthese.
Vermehrung: in der Regel asexuell durch Teilung oder Knospung.
Bewegung: durch einfache Geißeln oder durch Gleiten – viele Formen unbeweglich.
Die Monera untergliedert man heutzutage in zwei Reiche:
Archaebacteria
Eubacteria
Archaebakterien unterscheiden sich von den Eubakterien in der Organisation ihres genetischen Materials (Exons, Introns), der Struktur der ribosomalen RNS und der Zusammensetzung der Zellwand. Zu den Eubakterien rechnet man auch die *Cyanophyta* oder *Cyanobacteria* (Blaualgen).

Protista:

In der Regel Einzeller, gelegentlich koloniebildend, Zellkerne mit Kernmembran, Mitochondrien, Plastiden, Geißeln des Typs 9 + 2.
Ernährung: Absorption, Phagozytose, Pinozytose und Kombinationen davon.
Vermehrung: oft komplexe Vermehrungszyklen; in der Regel asexuelle Vermehrung (haploide Phase) + sexuelle Vermehrung (Kernverschmelzung mit anschließender Meiose).
Bewegung: durch Geißeln, amöboide Bewegung oder unbeweglich.
Man unterscheidet folgende Stämme:

> *Sporozoa*
> *Ciliophora* (Ciliaten)
> *Zoomastigina* (tierische Flagellaten)
> *Sarcodina* (Amöben)

Plantae (Pflanzen):

Ein- oder vielzellige Organismen. Zellen mit Zellwand, oft mit Vakuole; Kern mit Membran, Plastiden.
Ernährung: überwiegend Photosynthese, daneben Absorption; in der Regel unbeweglich; strukturelle Differenzierung – Organe für Photosynthese, Verankerung im Boden (Wurzeln oder wurzelähnliche Organe), Festigkeit, Stoffleitung etc.
Fortpflanzung: meist sexuell, Generationswechsel.
Algen: Unter diesem Namen wird eine Gruppe meist aquatisch lebender, ein- oder mehrzelliger Pflanzen zusammengefaßt. Der Vegetationskörper vielzelliger Arten ist ein Thallus, ein Gebilde, das nicht in Sproß und Wurzel differenziert ist. Zu den Algen rechnet man 6 Stämme, die im wesentlichen durch ihre Pigment- und Zellwandzusammensetzung unterschieden werden.

> *Rhodophyta* (Rotalgen)
> *Chrysophyta*
> > *Bacillariophyceae* (Diatomeen)
> *Phaeophyta* (Braunalgen)
> *Pyrrhophyta* (Dinoflagellaten). Sie werden oft zu den Protisten gestellt, denn nicht alle Arten sind zur Photosynthese befähigt.

Stamm	Klasse	Ordnung	Familie	Gattung – Art

Euglenophyta. Wandlose, vielfach plastidenhaltige Flagellaten. Auch dieser Stamm wird oft zu den Protisten gerechnet.

Chlorophyta (Grünalgen). Die Pigmentzusammensetzung der Grünalgen gleicht der der höheren Pflanzen („Landpflanzen").

„Landpflanzen". Alle nachfolgenden Pflanzengruppen sind an Landleben (terrestrische Lebensweise) adaptiert. Etliche Arten sind sekundär zu aquatischer Lebensweise zurückgekehrt.

Bryophyta (Moose). Moose sind nicht die Vorfahren der höher entwickelten „*Trachaeophyta*" oder Gefäßpflanzen. Viele ihrer Eigenschaften und morphologischen Merkmale gelten als reduziert.

> *Musci* (Laubmoose)
> *Hepaticae* (Lebermoose)
> *Anthoceropsida* (Hornmoose)

Die Kormophyten oder Gefäßpflanzen (*Trachaeophyta*) zeichnen sich durch eine deutliche Gliederung ihres Vegetationskörpers, des Kormus, in beblätterten Sproß und Wurzel aus. Wurzeln (und Blätter) sind bei primitiven Vertretern noch nicht voll ausgebildet.
Die Zellen sind in unterschiedlich organisierten Geweben (Assimilationsgewebe, Leitungsgewebe, Festigungsgewebe, Reproduktionsgewebe, Abschlußgewebe) zusammengefaßt.

Pteridophyta (Farnähnliche Pflanzen und Farne) Kormophyten mit Generationswechsel. Die diploide Phase (Sporophyt) ist dominierend. Pteridophyten waren im Devon, Karbon und Perm die dominierende Pflanzengruppe. Viele der Arten waren verholzt (hohe Bäume), etliche sind als Fossilien relativ gut erhalten.

> *Psilophytopsida* („Urfarne") gelten als primitivste Landpflanzen
> bekanntester Vertreter: *Rhynia*
> *Psilotopsida* („Urfarne")
> rezente Gattung: *Psilotum*
> *Lycopsida* (Bärlappgewächse) rezente Arten unscheinbar; im Devon, Karbon, Perm:
> *Lepidodendron* (Schuppenbaum, Abb. auf S. 431) und
> *Sigillaria* (Siegelbaum, Abb. auf S. 431).
>
> *Sphenopsida* (Schachtelhalmgewächse)
> *Equisetales.*
> *Calamites:* ausgestorbene Formen, im Devon bis 30 m hoch, s. Abb. 65.1.
>
> *Pteropsida* (Farne) Krautige und verholzte Arten. Unter den ausgestorbenen Vertretern sind die Vorfahren der Samenpflanzen zu suchen.

Spermatophyta (Samenpflanzen). Sie unterscheiden sich von den *Pteridophyta* durch Vervollkommnung ihrer Fortpflanzungsorgane. Sie besitzen Blüten, die Verbreitung erfolgt durch Samen. Üblicherweise untergliedert man diesen Stamm in zwei Gruppen (Unterstämme?), die Gymnospermen und die Angiospermen. Bei den Gymnospermen ist die Samenanlage frei zugänglich, bei den Angiospermen entsteht sie im Inneren eines Fruchtknotens. Den Gymnospermen gehören zwei phylogenetisch nicht zusammenhängende Klassen an.

Stamm	Klasse	Ordnung	Familie	Gattung – Art

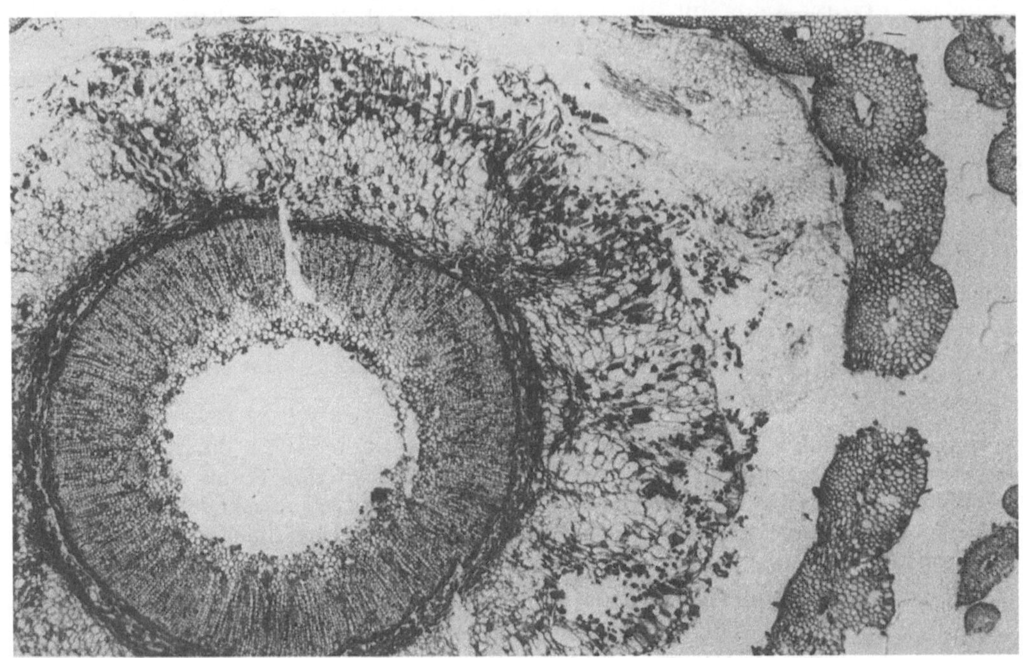

Abb. 65.1. *Calamites:* Dünnschliff durch einen versteinerten Sproß. In Versteinerungen sind mikroskopische Strukturen oft so gut erhalten, daß man sie in einem dünnen Gesteinsschliff erkennen kann. In dieser Abbildung ist die Anordnung der Leitgefäße wiedergegeben. Das Fossil stammt aus dem Oberkarbon

Coniferophytina (Nadelbäume): ausschließlich Bäume, nie Kräuter.

Cycadophytina. In diese Klasse, die sich durch die Struktur des Holzes und dem Vorhandensein von Blättern (Wedeln) von der vorangehenden unterscheidet gehören die u.a. Ordnungen

Cycadales, zu der die rezenten *Cycas*-Arten gehören, und die

Pteridospermales (Samenfarne) fossil.

Die Angiospermae sind (vermutlich) eine monophyletische Gruppe, ihr gehören zwei Klassen an

Dicotyledonae. Zweikeimblättrige Pflanzen. Die Leitbündel sind im Stengel in Form eines Zylinders angeordnet; sekundäres Dickenwachstum; Phloem und Xylem sind durch ein Kambium (eine Wachstums-Schicht) voneinander getrennt. Die Blätter sind meist deutlich gestielt und netznervig. Heutzutage untergliedert man die *Dicotyledonae* in 5 Unterklassen, obwohl keine von ihnen durch ein durchgängiges Merkmal charakterisiert ist. Im Folgenden daher nur einige Stichworte und eine Aufzählung der bekanntesten Ordnungen und Familien.

Stamm	Klasse	Ordnung	Familie	Gattung – Art

U.Kl. *Magnoliidae.* Sie zeichnen sich durch zahlreiche „ursprüngliche" Merkmale aus.

Magnoliales. Magnolien, Tulpenbaum.
Nympheales (Seerosen)
Ranunculales

Ranunculaceae (Hahnenfußgewächse)

Papaverales (Mohn)

U.Kl. *Hamamelidae* meist Holzpflanzen mit stark reduzierten, windbestäubten Blüten, die meist zu kätzchenförmigen Blütenständen zusammengefaßt sind.

Hamamelidales
Urticales

Ulmaceae (Ulmen)
Urticaceae (Brennesseln)

Fagales

Fagaceae (Buchen, Eichen)
Betulaceae (Birken)

U.Kl. *Caryophyllidae* meist krautige, oft sukkulente Pflanzen.

Caryophyllales. Sie besitzen einen besonderen Plastidentyp im Phloem und als Blütenfarbstoffe meist Betalaine.

Cactaceae (Kakteen)
Chenopodiaceae
Caryophyllaceae (Nelken)

U.Kl. *Dilleniidae.*
Kennzeichen: Zentrifugale Anlage der Staubblätter bei sekundär polyandrischen Gruppen (bei Arten mit zahlreichen Staubblättern).

Theales (Tee u.a.)
Malvales

Tiliaceae (Linde)

Violales

Violaceae (Veilchen)
Cucurbitaceae (Kürbis)

Salicales (Weiden)
Capparales

Brassicaceae (Kreuzblütler)

Ericales
Primulales

U.Kl. *Rosidae. Im Gegensatz zu* den Dilleniidae zentripetale Anlage der Staubblätter. Schwer zu definierende Gruppe.

Rosales

Stamm	Klasse	Ordnung	Familie	Gattung – Art

Crassulaceae
Saxifragaceae
Rosaceae

Fabales

Fabaceae (= Leguminosae)
Schmetterlingsblütler

Myrtales
Euphorbiales

Euphorbiaceae (Wolfsmilchge-
wächse)

U.Kl. *Asteridae.* Am höchsten entwickelte Gruppe der *Dicotyledonae,* früher auch Sympetale genannt, weil die Blütenkronblätter untereinander verwachsen sind.

Gentianales

Gentianaceae (Enziangewächse)

Solanales

Solanaceae (Nachtschattengewächse)

Laminales

Laminaceae (Lippenblütler)

Scrophulariales

Scrophulariaceae (Rachenblütler)

Asterales

Asteraceae (= *Compositae*) Korb-
blütler.

Monocotyledonae. Einkeimblättrige Pflanzen, normalerweise kein sekundäres Dickenwachstum, kein Kambium. Leitbündel im Stengel verstreut liegend, Blätter meist ungestielt. Man unterteilt sie in 5 Unterklassen, davon die bekanntesten:

U.Kl. *Arecidae*
Arales

Araceae (Palmen): bis zu 60 m
hohe Bäume
Lemnaceae (Wasserlinsen).
Kleinste Blütenpflanze: *Wolffia*

U.Kl. *Commelinidae:* meist Windbestäubung.

Juncales (Binsen)
Cyperales (= Poales)

Cyperaceae (Sauergräser)
Poaceae (Gräser)

U.Kl. *Liliidae*
Liliales

Liliaceae (Liliengewächse)

Orchidales

Orchidaceae (Orchideen)

Stamm	Klasse	Ordnung	Familie	Gattung – Art

Fungi (Pilze):

Whittaker zählt die Pilze nicht zu den Pflanzen, sondern ordnet sie in ein eigenes Reich ein, denn: die Zellen enthalten oft mehrere Kerne. Es gibt keine Plastiden und keine Photosynthese. Die Ernährung erfolgt durch Absorption der Nährstoffe, und zwar u.a. von organischem Material. Keine oder nur partielle Differenzierung in Gewebe. Sexuelle und asexuelle Vermehrung: Generationswechsel. Zellwände aus Chitin.

Myxomycota (Schleimpilze)
Acrasiomycota (zelluläre Schleimpilze)
Zygomycota
Ascomycota
Basidiomycota
Chytridiomycota
Labyrinthulomycota
Oomycota

Animalia (Tiere):

Vielzellige Organismen. Eukaryotische Zellen ohne Zellwand, ohne Plastiden und Photosynthese. Ernährung: Verdauung in einem internen Verdauungskanal, bei einigen Formen durch Absorption; hoher Organisationsgrad; Differenzierung in Gewebe.
Geschlechtliche Vermehrung: haploide Phase stark reduziert.

Porifera (Schwämme): nur im Wasser; sessile Formen

Radiata: radiärsymmetrische Formen

Cnidaria (Coelenterata): Mundöffnung mit Tentakeln umgeben, nur eine Mundöffnung; einzeln oder in Kolonien; mit Nesselzellen.

Hydrozoa

Hydra (Süßwasserpolyp)

Scyphozoa (Quallen)
Anthozoa (Korallen, Seerosen, u.a.)

Ctenophora: freischwimmende Formen; mit Tentakeln, aber ohne Nesselzellen

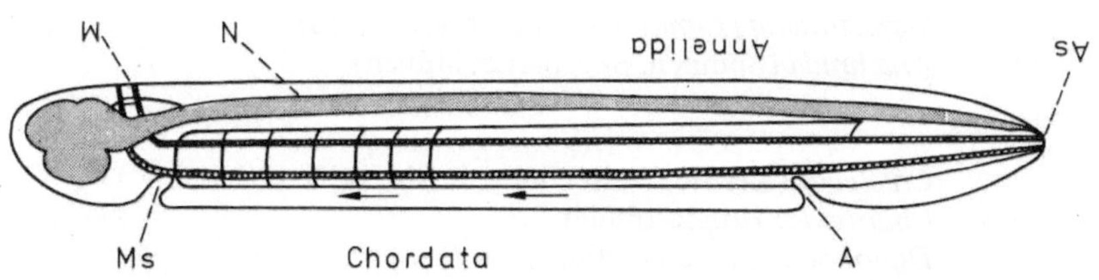

Abb. 65.2. Vereinfachtes Schema des Bauplans eines Protostomiers und eines Deuterostomiers. *Annelida* und *Chordata* sind als Prototypen für die beiden Stammeslinien gewählt worden. Den Bauplan der *Annelida* erkennen Sie, wenn Sie das Bild um 180° drehen. *N* Nervensystem, *M* Mund, *A* After, *Ms* sekundärer Mund, *As* sekundärer After. (Nach A Kaestner, Lehrbuch der Speziellen Zoologie)

Stamm	Klasse	Ordnung	Familie	Gattung – Art
Bilateria: bilaterale Symmetrie				
Protostomia (vgl. Abb. 65.2)				
Platyhelminthes (Plattwürmer): dorsoventral abgeflacht				
	Turbellaria			*Planaria*
	Trematoda			Leberegel und andere parasitische Formen
	Cestoda			Bandwurm: besitzt keinen Darmtrakt und keine Epidermis
Nemertina				
Nemathelminthes (Aschelminthes)				
	Rotifera (Rädertiere)			
	Nematoda: freilebend oder parasitisch (Rundwürmer)			*Ascaris* (Spulwurm)
	Acanthocephala (Kratzer)			
Tentaculata: meist marine Formen				
	Bryozoa (Moostierchen)			
	Brachiopoda			
Mollusca (Weichtiere): mit Exoskelett (Kalkschale)				
	Amphineura (Chiton: Schale bestehend aus 8 dorsalen Platten)			
	Gastropoda (Schnecken)			
	Lamellibranchiata (Muscheln)			
	Cephalopoda (Kopffüßler: *Octopus, Sepia* u.a. Tintenfische)			
Annelida (Ringelwürmer) – segmentierte Würmer				
	Polychaeta: vorwiegend marine Formen			
	Oligochaeta			
	Hirudinea (Blutegel)			
Arthropoda (Gliederfüßler)				
U.St.				
Chelicerata (Spinnentiere)				
	Merostomata (Limulus = Pfeilschwanzkrebs)			
	Arachnida (Spinnen, Skorpione, Milben)			
U.St.				
Mandibulata				
	Crustacea (Krebse, Wasserflöhe, Krabben, Garnelen, etc.)			
	Chilopoda: Hundertfüßler			
	Diplopoda: Tausendfüßler			
	Insecta: 24 Ordnungen, davon die „wichtigsten":			
		Orthoptera: Heuschrecken u.a.		
		Dermaptera: Küchenschaben u.a.		

Stamm	Klasse	Ordnung	Familie	Gattung – Art

Isoptera: Termiten
Odonata: Libellen
Anoplura: Läuse
Hemiptera: Wanzen
Homoptera: Zikaden u.a.
Coleoptera: Käfer
Lepidoptera: Schmetterlinge
Diptera: Fliegen, Mücken
Hymenoptera: Ameisen, Bienen, Wespen

D e u t e r o s t o m i a (vgl. Abb. 65.2)

Echinodermata (Stachelhäuter)

Holothuroidea: Seegurken
Asteroidea: Seesterne, Sonnensterne
Echinoidea: Seeigel
Ophiuroidea: Schlangensterne
Crinoidea: Haarsterne

Chordata
U.St.
Urochordata (Tunicata)
U.St.
Cephalochordata (Acrania):   *Branchiostoma*
                                                                   (Lanzettfischchen)

U.St.
Vertebrata

Agnatha: kieferlose Knorpelfische (Neunauge)
Chondrichthyes: Knorpelfische (Haie u.a.)
Osteichthyes: Knochenfische
Amphibia: (Frösche, Kröten, Salamander)
Reptilia (Kriechtiere) — hierzu gehören auch die ausgestorbenen
    Saurier
Aves (Vögel)
Mammalia (Säuger)
U.Kl.
Protheria (eierlegende Säugetiere)

        Monotremata (Kloakentiere: Schnabeltier,
            Ameisenigel)
U.Kl.
Metatheria (Beuteltiere)

        Marsupialia (Känguruh, Opossum, Beutelratte)
U.Kl.
Theria (Säugetiere mit Placenta. Die Jungen entwickeln sich im
    Uterus der Mutter)
    Wichtigste Ordnungen:

        Insectivora (z.B. Igel, Maulwurf)
        Chiroptera (Fledermäuse)
        Primates (Affen, Gorilla, Schimpanse, Orang-Utan,
            Gibbon, Mensch)

Stamm	Klasse	Ordnung	Familie	Gattung – Art
				Lagomorpha (nagerähnliche Säuger: Hasen, Kaninchen . . .)
				Rodentia (Nagetiere: Mäuse, Ratten, Eichhörnchen . . .)
				Carnivora (Bären, Hunde, Katzen usw.)
				Proboscidea (z.B. Elefant)
				Sirenia (z.B. Seekuh)
				Perissodactyla (Unpaarhufer)
				Artiodactyla (Paarhufer)
				Cetacea (marine Säuger: Wale, Delphine . . .)

Die Liste ist natürlich unvollständig. Es fehlen — vor allem bei den *Animalia* — einige Stämme, doch handelt es sich dabei um solche, die nur wenige, meist marine Formen umfassen. Zusammenfassend können wir jetzt einen Stammbaum aller Organismenbereiche aufstellen (Abb. 65.3, nach Whittaker, 1969). In allen Reichen ist die Abstammung der einzelnen Ordnungen von- oder auseinander bzw. von gemeinsamen Vorfahren oft noch umstritten und mit vielen Fragezeichen versehen.

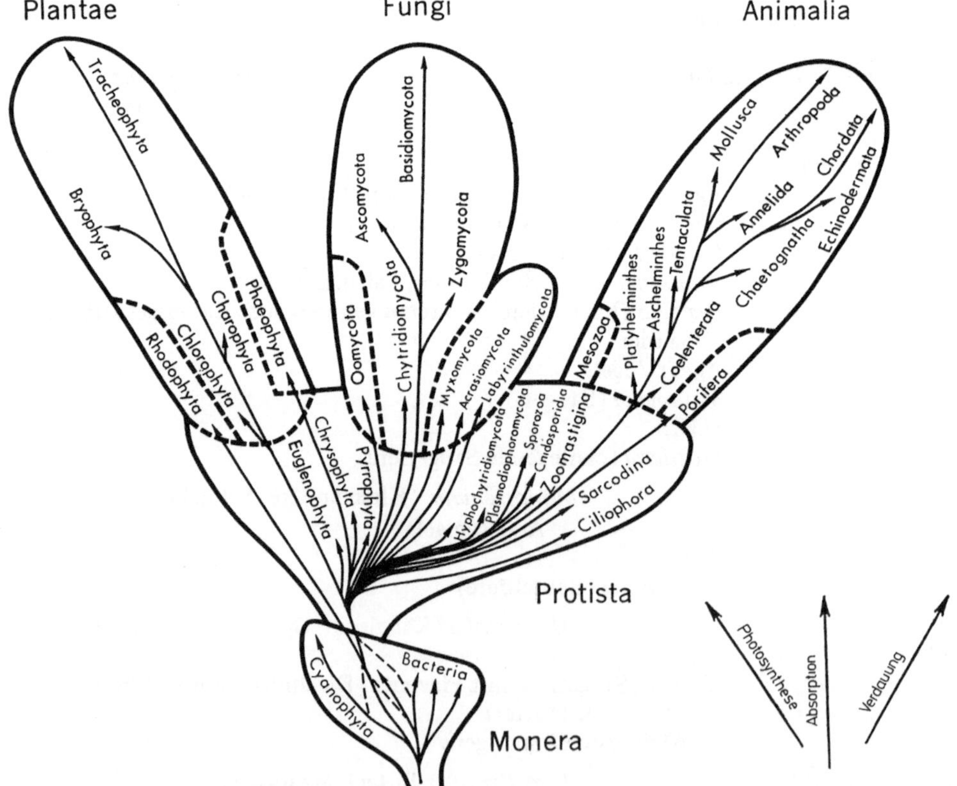

Abb. 65.3. System der 5 Organismenreiche. Die Einteilung beruht auf drei Organisationsebenen: einzellige (prokaryotische) Organismen, einzellige (eukaryotische) Organismen, eukaryotische Mehrzeller. Auf jeder Ebene lassen sich die Organismen nach ihrer Ernährungsweise einteilen: Photosynthese, Absorption, Verdauung

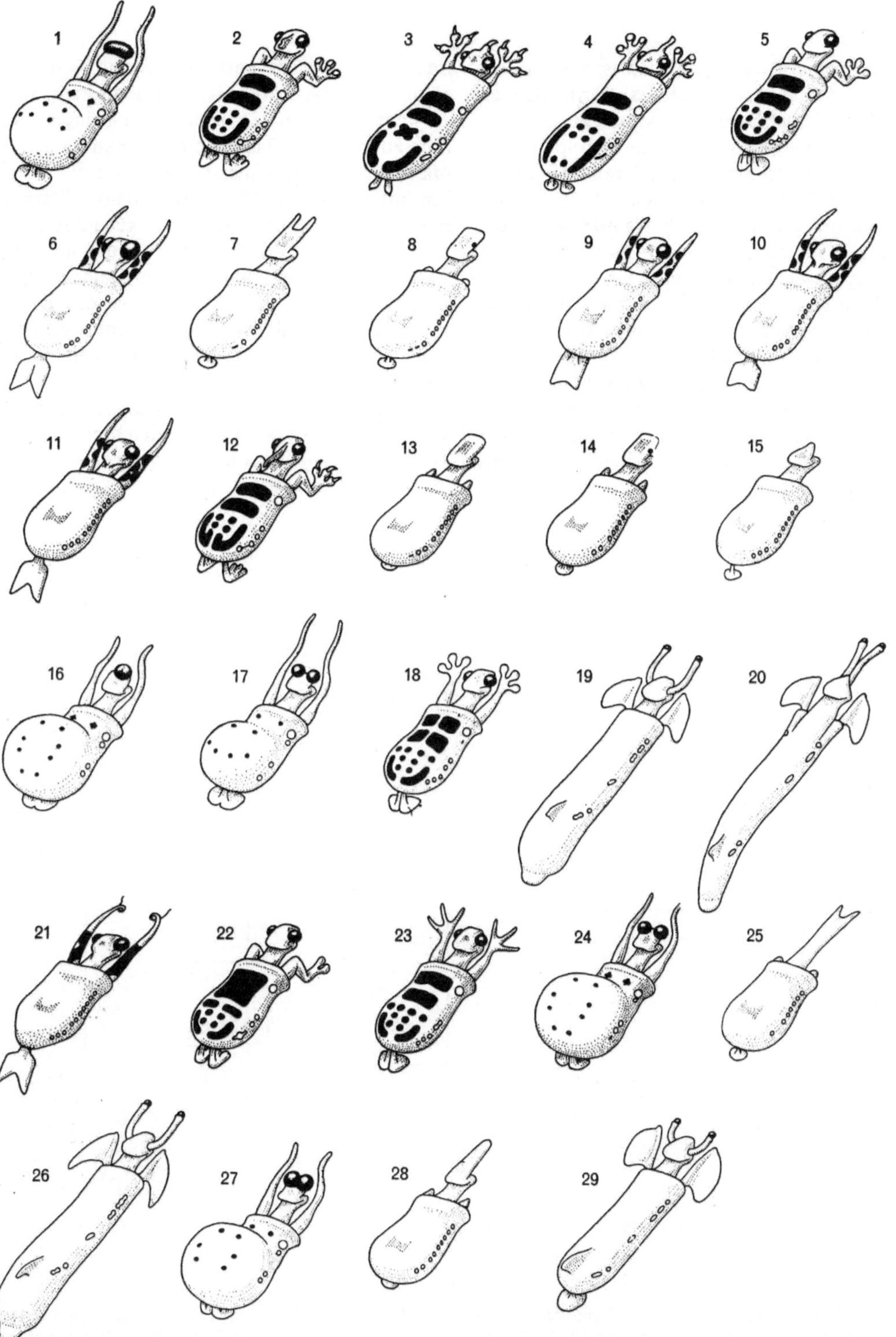

Abb. 65.4. Fabeltiere – nach ihrem Erfinder J. Camin von der Universität von Kansas nennt man sie auch Caminalcules. Sie eignen sich, um numerische Probleme der Taxonomie (Systematik) zu veranschaulichen. (Aus R.R. Sokal, 1966)

494

Die Problematik einer systematischen Einteilung von Organismen liegt u.a. darin, daß es
zahlreiche verschiedene Merkmale gibt, durch
die sich einzelne systematische Gruppen voneinander unterscheiden. Man kann auf Grund
der Unterschiede in nur einem Merkmal keinen Stammbaum aufstellen. Da man sehr viele
Merkmale in Betracht ziehen muß, stellt sich
die Frage, welchen Wert man einem Merkmal
zuordnen soll. Darauf gibt es keine Antwort,
die man in einem Satz ausdrücken könnte.

Am Beispiel eines Modells können wir uns
mit der Komplexität dieser Fragen auseinandersetzen. In der Abb. 65.4 ist eine Reihe von
Fabeltieren vorgestellt, die sich durch einzelne
Merkmale voneinander unterscheiden. Obwohl
diese Fabeltiere (≙ Summe von Merkmalen)
im Tierreich nicht vorkommen, ist jedes einzelne Merkmal dort vertreten. Man kann nun
versuchen, sie in ein System zu bringen, sie
also zu ordnen. Dabei bemüht man sich, ein
Maximum an Gemeinsamkeiten zu finden und
kommt auf diese Weise zu einem „Stammbaum" (Abb. 65.5). Bei einer genaueren Betrachtung wird verständlich, warum einzelne
Äste besser abgesichert sind als andere, und
zwar weil die Arten hier deutlicher, d.h. durch
mehrere Merkmale, voneinander unterschieden
sind resp. mehrere Merkmale gemeinsam
haben.

Dieser Stammbaum beruht auf der Annahme, daß alle Merkmale den gleichen Wert haben — und auch das ist natürlich eine Vereinfachung der Situation.

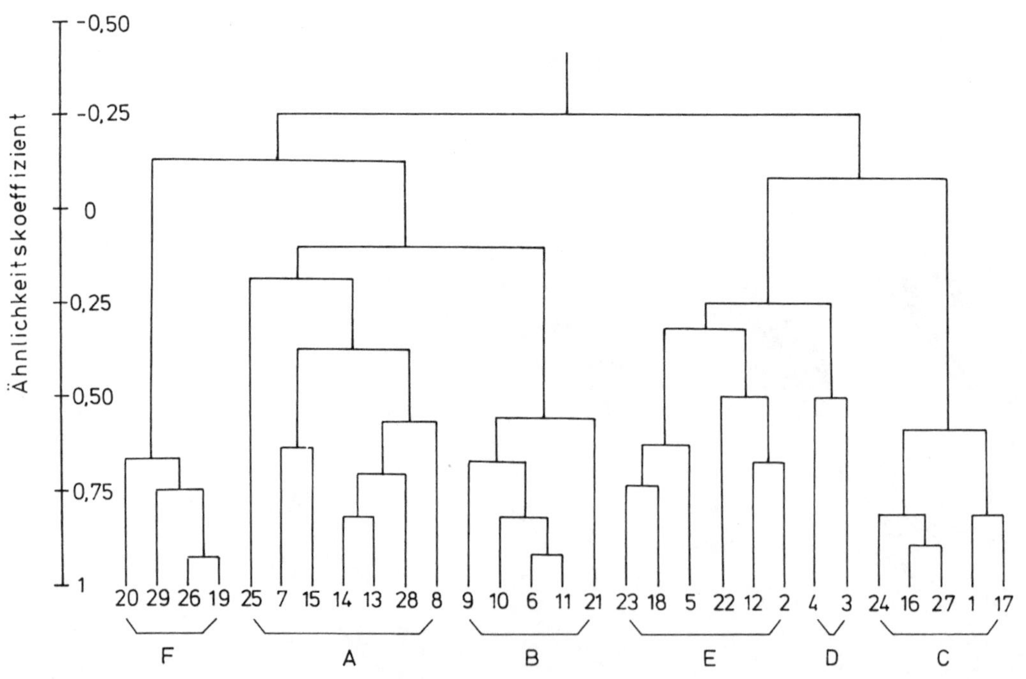

Abb. 65.5. Ein „Stammbaum" der Caminalcules (vgl. Abb. 65.4). Je mehr Merkmale zwei Individuen miteinander gemeinsam haben, desto größer ist ihr Ähnlichkeitskoeffizient. Man kann Individuen, die in mehr als
der Hälfte aller Merkmale identisch sind, zu systematischen Gruppen zusammenfassen (hier: *F, A, B, E, D, C*).
Solche Gruppierungen von Arten mit gleichen Merkmalen sind in der biologischen Systematik die Gattungen,
Familien, Klassen etc. (Nach R.R. Sokal, 1966)

Literatur

Camin, J.H., Sokal, R.R.: A method for deducing branching sequences in phylogeny. Evolution **19**, 311 (1965).

Darwin, C.: Der Ursprung der Arten. Dt. Übersetzung. Stuttgart: Reclam 1967. Univ.-Bibliothek Nr. 3071–80.

Kaestner, A.: Lehrbuch der Speziellen Zoologie. Stuttgart: Fischer.

Mayr, E.: Numerical phenetics and taxonomic theory system. Zoology **14**, 237 (1967).

Sneath, P.H.A., Sokal, R.R.: Numerical taxonomy. San. Francisco: W.H. Freeman 1973.

Sokal, R.R.: Numerical taxonomy. Sci. Am. Dezember 1966, S. 106.

Strasburgers Lehrbuch der Botanik für Hochschulen. Neubearbeitet von D.v. Denffer et al. 32. Aufl. Stuttgart: Fischer 1983.

Whittaker, R.H.: New concepts of kingdoms of organisms. Science **163**, 150 (1969).

66. Stammesgeschichte des Menschen: Sprache

Wir haben schon in den Kapiteln 3 und 62–64 über Möglichkeiten der Artentstehung gesprochen. Abschließend greifen wir dieses Thema noch einmal auf und wollen versuchen, die Entstehung einer Art – die Abstammung des Menschen – zu diskutieren.

A. Stammesgeschichte des Menschen

Der Mensch (*Homo sapiens*) gehört in die Familie der *Hominidae* und in die Ordnung der *Primates*. Seine nächsten rezenten Verwandten sind die Menschenaffen (Familie: *Pongidae*), zu denen der Schimpanse (*Pan*), der Orang-Utan (*Pongo*) und der Gorilla (*Gorilla*) gehören. Natürlich stammt der Mensch von keiner dieser Arten ab, sondern alle sind auf gemeinsame Vorfahren zurückzuführen. Die *Primates* sind Abkömmlinge primitiver Insektenfresser (*Insectivora*). Die anderen, mehr oder weniger hoch entwickelten Ordnungen der *Mammalia* liegen nicht in der Abstammungslinie des Menschen, sondern haben sich unabhängig davon entwickelt. Es gibt nur eine Methode, um die gemeinsamen Vorfahren von Menschen und Menschenaffen nachzuweisen: Die Untersuchung von Fossilien. Hierbei kommen Funde der letzten 20–25 Millionen Jahre in Frage.

Einer der frühen, gemeinsamen Vorfahren ist zweifellos der sogenannte *Proconsul*, ein Affe, den man der Gruppe (Art, Gattung?) der *Dryopithecinae* zurechnet, die vorwiegend im Miozän lebten, vor 20–10 Millionen Jahren. Man kennt zahlreiche Relikte, die in Europa, Asien und Afrika gefunden worden sind. Im Miozän und frühen Pliozän waren Eurasien und Afrika von tropischem Regenwald bedeckt, so daß kein Selektionsdruck in Richtung menschlichen Verhaltens vorhanden war. Es ist aber durchaus möglich, daß die genannten Formen Ansätze z.B. zur Werkzeugherstellung hatten. Man kann sich natürlich die Frage vorlegen, ob im Miozän und frühen Pliozän zahlreiche (mehrere) Entwicklungslinien nebeneinander vorkamen, oder ob es nur eine einzige Entwicklungslinie gab, die sich schließlich in die heutigen Menschenaffen und den Menschen entwickelt hat. Wie schon gesagt, gibt es eine Reihe von Knochenfunden aus der Zeit. Die Auswertung der Fossilien wird jedoch erschwert

1. weil viele Skeletteile nur als Bruchstücke vorliegen;

2. weil man den Zeitpunkt, aus dem sie stammen, nicht exakt bestimmen kann;

3. weil die Funde aus weit voneinander entfernt liegenden Orten stammen;

4. weil jeder Entdecker seinem Fund einen neuen Namen gab, so daß allein dadurch eine Verwirrung hervorgerufen worden ist, die eine Zuordnung der Einzelfunde zueinander erschwert;

5. weil eine hohe Variabilität vorliegt.

1. Bruchstücke von Skeletteilen

Am eindeutigsten lassen sich die Vorstufen des Menschen von Vorstufen der Menschenaffen an ihrem Gebiß unterscheiden. Affenähnliche Formen haben stark ausgebildete Eckzähne, während diese bei menschlichen Formen nicht hervorgehoben sind (vgl. Abb. 66.1). Hat man ein vollständiges oder nahezu vollständiges Gebiß vor sich, so ist die Zuordnung eindeutig. Oft findet man jedoch nur Bruchstücke, was eine klare Zuordnung erheblich erschwert. Man kann den Versuch einer

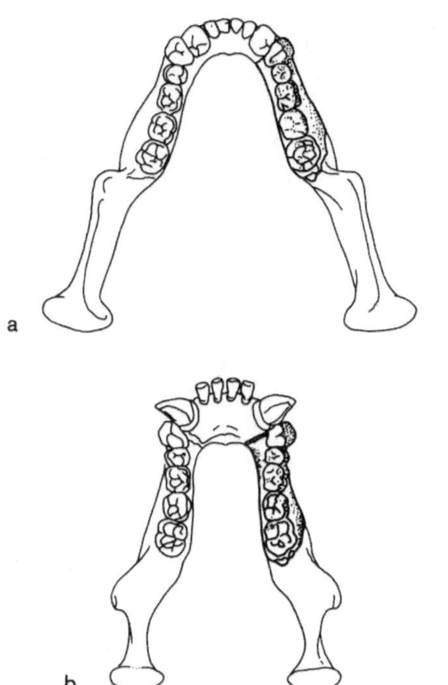

Abb. 66.1 a und b. Rekonstruktionsversuche. G. Pilgrim glaubt, das Bruchstück eines Unterkiefers (punktiert gezeichnet) gehöre einer menschlichen Form an (a), während K.W. Gregory es für einen Bestandteil einer affenähnlichen Form (b) hält. (Nach Eckhardt, 1972)

Rekonstruktion unternehmen und auch dabei, wie die Abb. 66.1 zeigt, in Meinungsverschiedenheiten geraten. Das gefundene und hier beschriebene Kieferfragment bietet keine Entscheidungshilfe, um zwischen menschen- und affenähnlicher Form zu entscheiden. Die persönlichen Ansichten der Autoren gehen auseinander.

2. Altersbestimmung

Wie kann man das Alter eines Fundes bestimmen?
Eines der wichtigsten Elemente aller biologischen Moleküle ist der Kohlenstoff. In der Atmosphäre findet man mehrere Isotope, u.a. ^{12}C und das radioaktive ^{14}C. ^{14}C hat eine Halbwertszeit von 5.770 Jahren. Von dem Moment an, wo Kohlenstoff in eine biologische Struktur eingebaut wird, sinkt der ^{14}C-

Gehalt der Probe, da ja im Verlauf der Zeit kein neuer Kohlenstoff aufgenommen wird. Aus dem Verhältnis $^{14}C/^{12}C$ kann man somit auf das Alter einer Probe schließen. Je älter sie ist, desto weniger ^{14}C enthält sie (W.F. Libby, 1949). Die Messungen sind technisch relativ schwierig. Das Verhältnis $^{14}C/^{12}C$ beträgt selbst in der Atmosphäre nur $1/10^6$. Man braucht eine Eichkurve, um eine weitere Kontrolle zu haben. Hierzu bot sich die Analyse von *Coniferen* an. Man bestimmte das $^{14}C/^{12}C$-Verhältnis in jedem einzelnen Jahresring. Somit konnten E.H. Willis, H. Tauber und K.O. Münnich das Alter von 2.500 Jahre alten *Sequoia*-Bäumen auf ± 100 Jahre genau bestimmen.

Noch weiter zurück geht die Analyse von *Pinus aristata*. 8.200 Jahre alte Exemplare konnten untersucht werden (Ferugoson, Schulman und Suess). Dabei ergab sich (Abb. 66.2), daß bis zu etwa 2.000 Jahren keine echte Diskrepanz zwischen der Altersbestimmung durch Auszählen der Jahresringe und der ^{14}C-Methode auftrat. Bei weiter zurückliegenden Zeiten fand man signifikante Unterschiede. Ein Vergleich der Daten jedoch erlaubte die Aufstellung einer Eichkurve. Mit der ^{14}C-Methode lassen sich Zeitmessungen von Objekten aus der jüngeren Vergangenheit machen; doch wie sieht es bei noch älteren Proben aus? Man bedient sich hier vorwiegend der im Prinzip ähnlich arbeitenden Kalium-Argon-Methode. ^{40}K hat eine Halbwertszeit von $1,3 \times 10^9$ Jahren.

3. und 4. Variabilität

Zurück zu der bereits gestellten Frage: Sind die *Dryopithecinae* Individuen einer Art oder sind es mehrere Arten, die einer Gattung angehören? Wir haben bereits darüber gesprochen, wie stark die Variabilität innerhalb einer Art sein kann und durch welche Faktoren sie bedingt ist. Der Vergleich verschiedener Gorillaschädel soll das nochmals veranschaulichen (Abb. 66.3).

Da man weiß, wie groß die Variabilität bei rezenten Arten ist, läßt sich untersuchen, ob die Merkmale, die man an fossilen Formen messen kann, weiter streuen als entsprechende Merkmale bei einer heute lebenden Population.

498

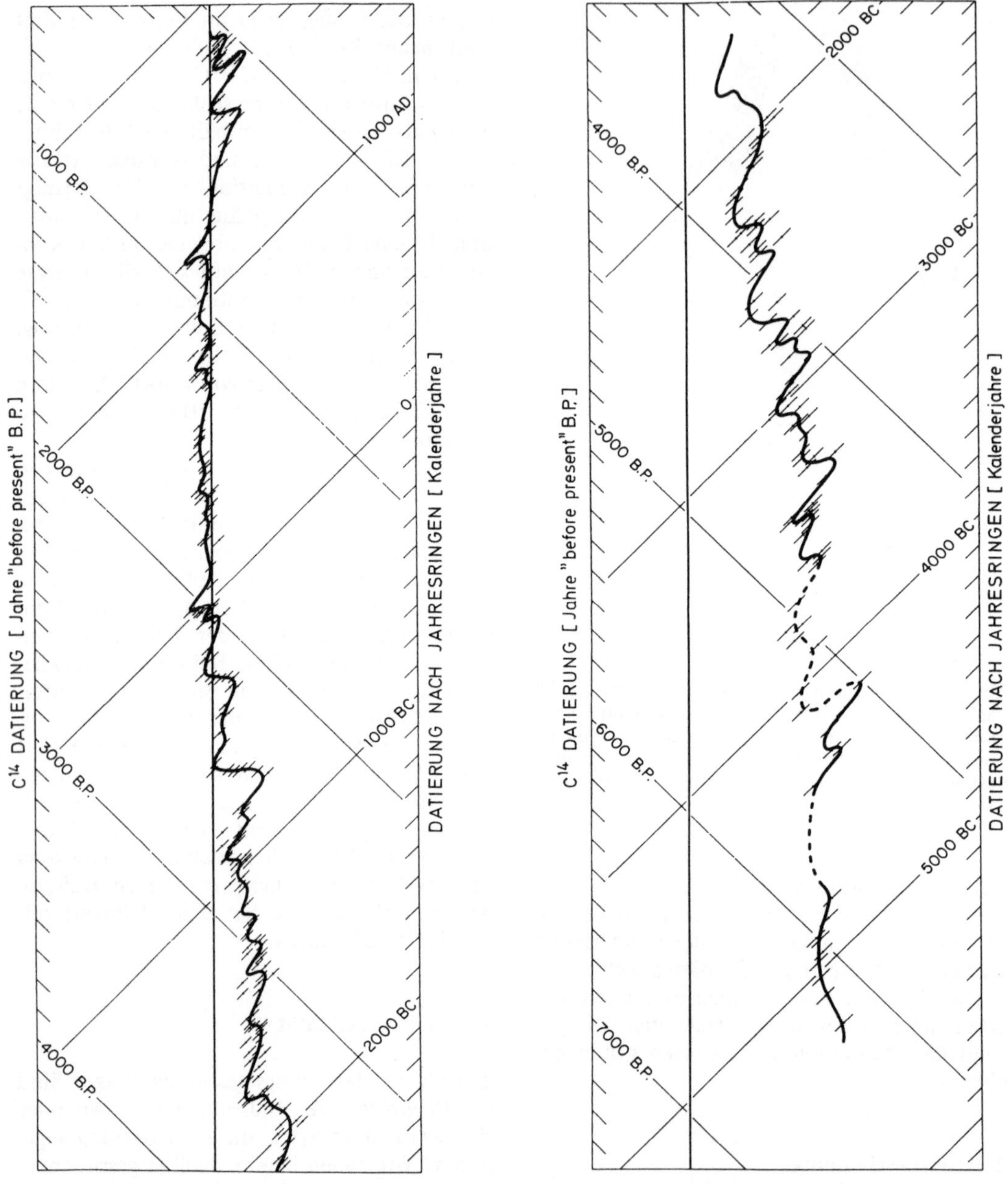

Abb. 66.2. Eichkurve. Der ^{14}C-Gehalt eines jeden Jahresringes von *Pinus aristata* wurde bestimmt. Diese Daten wurden gegen die Anzahl der Jahresringe aufgetragen. (Aus Suess, Radicarbon variations and absolute chronology. Nobel Symp. *12*, Olsson, J.V., ed., 1970)

Die Auswahl an Merkmalen, die für eine quantitative Auswertung zur Verfügung steht, ist nicht sehr groß. Es bleibt eigentlich nur die Größe der Zähne (Kronendurchmesser, Länge).

R.B. Eckhardt (Pennsylvania State University) untersuchte diese Parameter bei Fossilien des Pleistozäns und Miozäns und verglich ihre Variabilität mit derjenigen, die er bei einer heute lebenden Schimpansenpopulation

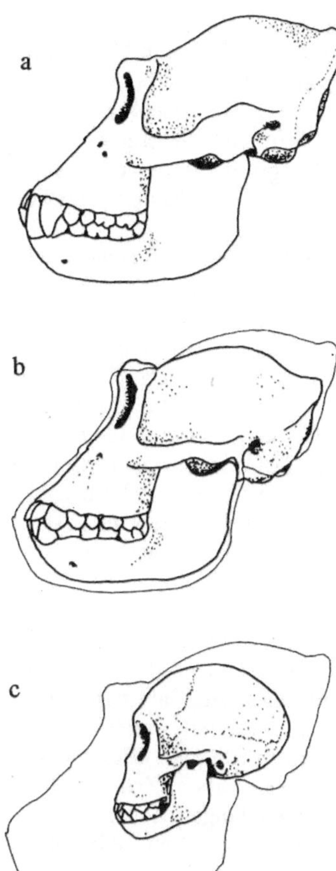

Abb. 66.3. (a) Schädel eines ausgewachsenen männlichen Gorillas; (b) Schädel eines weiblichen Gorillas mittleren Alters; (c) Schädel eines jungen, nicht ausgewachsenen Gorillas. Die Schädelkontur von (a) wurde den Darstellungen von (b) und (c) überlagert. Man erkennt hieran eine starke Variabilität, die auf Geschlechts- und Altersunterschiede zurückzuführen ist. Nicht abgebildet sind geographisch bedingte Unterschiede. Berggorillas unterscheiden sich sehr deutlich von den Tieflandformen. (Nach Eckhardt, 1972)

bestimmte. Unter Berücksichtigung des Zeitfaktors stellte er fest, daß die Streuung bei den fossilen Formen keineswegs größer war als bei den heute lebenden Formen, d.h. man kann annehmen, daß es sich bei den fossilen *Dryopithecinae* um nur eine Population gehandelt hat. Wäre die Variabilität größer, hätte man annehmen müssen, mehrere Entwicklungslinien vor sich zu haben.

Wie ging es weiter?

In der Mitte des Pliozäns änderte sich das Klima: der tropische Regenwald wurde zurückgedrängt, es entstanden savannenähnliche Lebensräume, ein Grasland. Diesen neuen Lebensraum konnten nur diejenigen Teilpopulationen der Großaffen besiedeln, die den Anforderungen gewachsen waren; d.h. die schnell ein verändertes Verhalten zeigten. Hierzu gehört im wesentlichen der aufrechte Gang und eine Änderung der Ernährungsweise.

Durch den aufrechten Gang wurden die Vordergliedmaßen entlastet und standen für die Benutzung und Anfertigung von Werkzeugen zur Verfügung. Die Werkzeugherstellung wiederum förderte die Ausprägung der Intelligenz. Je größer das Gehirnvolumen war, desto besser waren die Fähigkeiten, Geräte zu bauen und zu verwenden — solche Individuen verschafften sich einen Selektionsvorteil in der Evolution.

Viele Anzeichen sprechen dafür, daß diese Entwicklung während des Pliozäns erfolgte. Im späten Pliozän und vor allem im frühen Pleistozän traten verschiedene menschenähnliche Formen auf (aufrechter Gang, menschenähnliches Gebiß). Berühmt geworden sind vor allem *Australopithecus* und die ihm sehr nahe stehende Form *Paranthropus*. Die Fundorte liegen vorwiegend in Süd- und Ostafrika. Am bekanntesten wurde die Olduvai-Schlucht in Ostafrika, vor allem durch Ausgrabungen von Reck und später von L.S.B. Leakey und seiner Frau M.D. Leakey.

Das Gehirnvolumen der *Australopithecinae* ist relativ klein gewesen: 600 ml, also wie beim Schimpansen. *Paranthropus* hatte einen sehr breiten Unterkiefer und Zähne mit großen Kauflächen. Es gibt Hinweise darauf, daß er keine Werkzeuge verwendete und sich vorwiegend von Pflanzen ernährte. Wahrscheinlich handelt es sich hierbei um eine Seitenlinie, die neben *Australopithecus* vorkam — und irgendwann einmal ausstarb. *Australopithecus* hingegen verstand es, Werkzeuge herzustellen. Zahlreiche präparierte Steine (Faustkeile, Schaber etc.), die man (vor allem Leakey) zusammen mit Knochenresten fand, deuten auf diese Tätigkeit hin.

Auch bei den *Australopithecinae* findet man eine Variabilität, robuste und mehr grazile Formen. Ungeklärt ist bis heute, ob es sich dabei um zwei verschiedene Arten oder einen Geschlechtsdimorphismus innerhalb einer Art handelt. Man ist sich ziemlich sicher, daß die *Australopithecinae* keine direkten Vorfahren von *Homo sapiens* sind. Man fand in der gleichen Epoche, ja sogar in früheren, Schädelreste, die *Homo sapiens* viel ähnlicher sind.

Bereits Anfang der sechziger Jahre beschrieben L.S.B. und M.D. Leakey, Tobias und Napier Funde aus der Olduvai-Schlucht, die sie einer neuen Art, *Homo habilis*, zuordneten. Die Artbeschreibung sowie die Begründung der Zuordnung zu einer Art der Gattung *Homo* sind sehr umfangreich, die meisten Argumente beziehen sich auf Proportionen der Skeletteile. Die einzige Ergänzung hierzu ist die Beschreibung der Steinwerkzeuge, die man zusammen mit den Fossilien findet.

1971 fand R.E.F. Leakey (der Sohn von L.S.B. und M.D. Leakey) am Ostufer des Rudolfsees Knochenreste einer Form von *Homo*. Sie waren wesentlich älter als die vorher beschriebenen. Damit war gezeigt, daß in Ostafrika *Australopitheus* und *Homo* unabhängig voneinander gelebt haben mußten. Ob sie den gleichen Lebensraum bewohnten, bleibt dahingestellt. Damit bleibt auch die Frage unbeantwortet, ob zwischen den beiden Arten irgendwelche Beziehungen bestanden haben.

Im späten Pleistozän häufen sich die Funde menschlicher Fossilien. Man faßt sie heute unter der Artbezeichnung *Homo erectus* zusammen. Hierzu gehört auch der in Mauer bei Heidelberg gefundene Unterkiefer, dessen Alter auf 4–500.000 Jahre geschätzt wird. *Homo erectus* hat ein Gehirnvolumen von ca. 900 ml. Die wichtigsten Funde von *Homo erectus* sind in der untenstehenden Tabelle wiedergegeben.

Homo sapiens mit einem Gehirnvolumen von 1.400 ml trat erst vor ca. 300–400.000 Jahren auf. Eines der besterhaltenen Stücke ist der Schädel des „Steinheim-Menschen", der bei Steinheim/Murr (nördlich von Stuttgart) gefunden wurde. — Wie sehen die Zwischenglieder zwischen *Homo erectus* und *Homo sapiens* aus, wie die Zwischenstufen zwischen den *Hominidae* und den *Pongidae*? So zahlreich die bisher gemachten Funde auch sein mögen und so gut die Entwicklungslinie auch zurückzuverfolgen ist, so lückenhaft sind die Aussagen in Bezug auf Details.

Für den Übergang zwischen Tier und Mensch schuf Heberer den Begriff: Tier-Mensch-Übergangsfeld, um damit zu sagen, daß man es mit Populationen zu tun hat, aus denen heraus sich Teilpopulationen in die eine oder die andere Richtung entwickelt haben. Zweifelsohne gab es noch über einen langen Zeitraum hinweg einen Genaustausch zwischen Teilpopulationen, der eine Evolution beschleunigte.

Neben *Homo sapiens* liegen aus der Neuzeit Funde vor, die eindeutig nicht die Vorfahren

Entwicklungsstufe	Europa	Nordafrika	Ostafrika	Südafrika	Ostasien	Südostasien
5	*Homo sapiens (vertesszollos)*					
4						*Homo erectus soloensis*
3	*Homo erectus heidelbergensis*	*Homo erectus mauritanicus*	*Homo erectus leakeyi*		*Homo erectus pekinensis*	
2						*Homo erectus erectus*
1			*Homo erectus habilis*	*Homo erectus capensis*	*Homo erectus lantianensis*	*Homo erectus modjokertens*

Man unterscheidet 8 Entwicklungsstufen von *Homo erectus*. Nur 5 sind hier wiedergegeben. 1 ist die niedrigste Stufe. *Homo erectus habilis* wird von Leakey als eigene Art betrachtet. (Nach Howells, 1966).

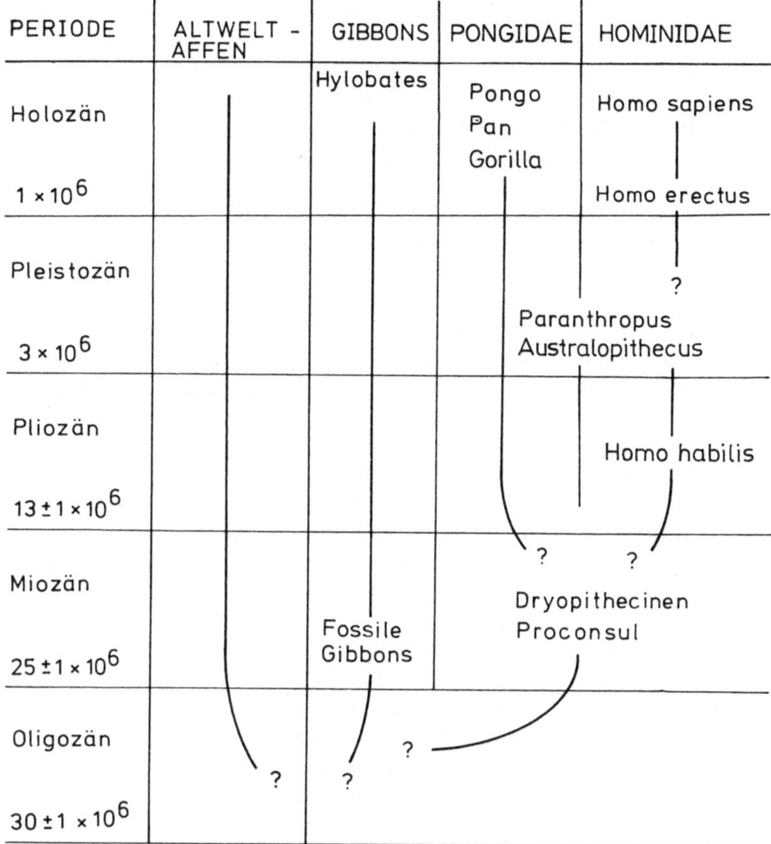

Abb. 66.4. Die Entwicklung der *Primates* (stark vereinfachtes Schema). (Abgeändert nach Eckhardt, 1972)

„moderner" Menschen sind. Lange Zeit glaubte man, es seien verschiedene Arten:
Homo neandertalensis
(Neandertaler: zunächst im Neandertal nahe Düsseldorf gefunden, später auch an anderen Stellen in Eurasien)
Homo rhodesiensis
Heute tendiert man dazu, sie alle der Art *Homo sapiens* zuzuordnen und sie lediglich als Unterarten zu führen, die wahrscheinlich als isolierte Populationen entstanden sind und sich später gegen *Homo sapiens sapiens* nicht durchsetzen konnten. Möglicherweise hat sich *H.s. neanderthaliensis* mit *H.s. sapiens* gepaart. Der Nachweis ist aber genauso schwer zu erbringen wie der Beweis des Gegenteils.

Man hat sich natürlich die Frage gestellt: Wodurch unterscheidet sich der Mensch vom Tier?

Einige Antworten sind:
— Er hat ein Bewußtsein.
— Er hat eine erhöhte Intelligenz.
— Er hat eine kulturelle Tradition. (Die Evolution spielt sich auf der kulturellen Ebene ab. Stichwort: Fortschritt.)
— Er hat eine Sprache; er bezeichnet Dinge durch Namen.

B. Sprache

Den letzten Punkt — das Sprachvermögen — wollen wir etwas ausführlicher diskutieren und uns fragen, inwieweit sich Sprache von Lautäußerungen unterscheidet. Man kann mit der Sprache mehr ausdrücken. Lautäußerungen sind direkte Reaktionen auf einen Stimulus hin.

1. Was charakterisiert eine Sprache?

a) Man findet eine Verzögerung zwischen Eintreffen des Stimulus (des Reizes) und der Formulierung einer Mitteilung. Allgemein ausgedrückt: Verzögerungszeit zwischen Signaleingang und Signalausgang.

b) Trennung von Affekten und Emotionen vom Inhalt der Mitteilung. (Man kann noch so erregt sein und seine Antwort dennoch in ruhigem Ton geben).

c) Verlängerung der Referenzzeit, d.h. die Möglichkeit, in der Zeit vorwärts und rückwärts zu gehen und Mitteilungen über Dinge auszutauschen, die in der Zukunft stattfinden werden.

d) Die Sprache ist nicht nur ein Mittel sozialer Kommunikation, sondern auch ein Werkzeug zur Konstruktion hypothetischer Mitteilungen (→ durchdenken → nichts sagen; erst anschließend Formulierung einer Mitteilung: Modelldenken).

e) Strukturelle Möglichkeiten. Analyse: Auftrennung einer Mitteilung in ihre Bestandteile. Synthese (Rekonstruktion) aus zahlreichen Mitteilungen.

f) Die Sprache wird erlernt.

g) Man kann Fragen stellen.

Sie ist ein Bindeglied zwischen dem menschlichen Denken und der Umgebung des Menschen. Man kennt Worte für Sinneseindrücke: kalt, warm etc. Viele Worte sind Gefühlsäußerungen, Konstruktionen des Gehirns und nur intellektuell erfaßbar: Werturteile, Zahlen, imaginäre Zahlen: Abstraktionen.

2. Gibt es bei Tieren Ansätze zum Erlernen einer Sprache?

Es bleibt die Frage, ob die genannten Merkmale ausschließlich auf den Menschen beschränkt sind, oder ob es auch bei Tieren Ansätze zum Erlernen einer Sprache gibt. Versuche dieser Art sind an Schimpansen durchgeführt worden. Am weitesten gingen dabei A.J. und D. Premack (University of California, Santa Barbara) mit ihrer Schimpansin Sarah. Sarah wurde seit 1966 trainiert, die Zeichensprache zu lesen und zu schreiben. Schimpansen können nicht sprechen, man braucht deshalb ein anderes Hilfsmittel, um sprachliche

Eigenarten auszudrücken. Bestimmte farbige Symbole (vgl. Abb. 66.5) wurden an einer Magnettafel fixiert. Sarah lernte, 130 Worte mit einer Genauigkeit von 75–80% voneinander zu unterscheiden.

Was konnte sie mit diesen Worten anfangen?

a) Sie konnte verschiedene Zuordnungen schaffen, z.B. Wassermelone:

α) Frucht

β) Nahrung

γ) groß

b) Sie lernte, Verben zu benutzen. Zur Benutzung eines Verbs muß eine Beziehung zwischen Subjekt und Objekt hergestellt werden. Dazu müssen:

α) zwei Individuen voneinander unterschieden werden.

β) Es muß zwischen Gebendem und Nehmendem unterschieden werden. "Mary gives Randy" (Randy ist ebenfalls eine Pflegerin von Sarah) ist nicht gleich "Randy gives Mary".

Zum vollständigen Verständnis der Transaktion muß zwischen

— Handelnden und Objekten,

— Handelnden untereinander,

— Objekten untereinander und

— sich selbst und anderen

unterschieden werden.

c) Sarah lernte, einfache Sätze zu bilden. Hierfür ist eine Syntax erforderlich, in einem Satz muß eine Ordnung herrschen:

"give apple" → richtig

"apple give" → falsch.

"Mary give apple Sarah".

d) Sie erlernte das Zuordnen von Namen und Konzepten. "Mary" war nicht nur die Pflegerin, sondern sie wurde auch auf einem Photo erkannt.

. . . Name von . . . / nicht Name von . . .

gleich / nicht gleich.

Farben: „braun" wurde im Zusammenhang mit „Schokolade" erlernt. Sie konnte aber in entsprechenden Tests beide Begriffe voneinander trennen.

e) Gelegentlich machte Sarah „Fehler". Bei einer genaueren Analyse der Art der Fehler stellte sich jedoch heraus, daß es sich dabei um Versuche Sarahs handelte, einen Wunsch auszudrücken, d.h. zu abstrahieren. Man hat es hier mit einem Lösen des Ausdrucks von dem gerade vorliegenden Umweltreiz zu tun.

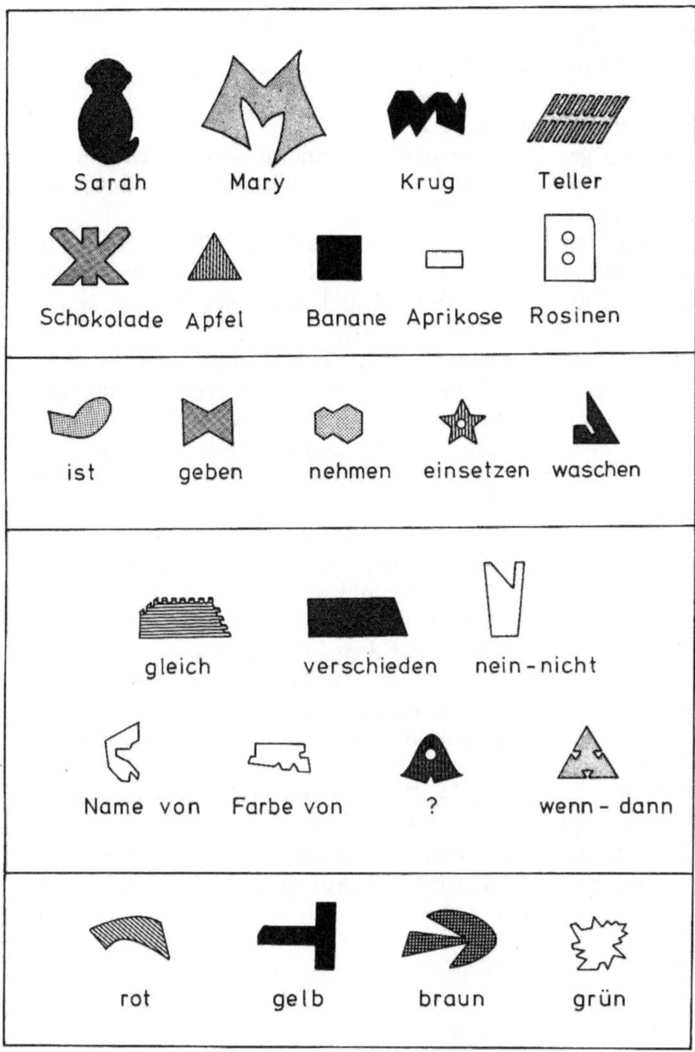

Abb. 66.5. Plastiksymbole verschiedener Farbe und Form, mit Hilfe derer die Schimpansin Sarah einige Elemente der Sprache erlernte. (Nach A.J. Premack und D. Premack, 1972)

f) Sie lernte, was konditionelle Beziehungen sind: . . . wenn, dann . . . Das Erlernte konnte auf andere Situationen exptrapoliert werden.

Zusammenfassend kann man also sagen, daß Sarah viele der Konzepte einer Sprache in Ansätzen gelernt hat. Sie war damit einem Kind der gleichen Altersklasse (2 Jahre) bei weitem überlegen, jedoch schaffte es der Schimpanse nicht, über dieses Niveau hinaus zu kommen.

C. Bewußtsein und Ethik

Wiederholt schon wurde auf die Selektionsvorteile intelligenten Handelns hingewiesen. Es steht außer Zweifel, daß das Vorhandensein einer Intelligenz die Evolution beschleunigen kann, der Mensch ist sich dessen bewußt. Menschliche Sozialordnungen beruhen auf Konventionen, und sie funktionieren nur deshalb, weil sich der Mensch Vorschriften (Gesetze, moralische Regeln u.a.) auferlegt. Er setzt viel Energie daran, dafür zu sorgen, daß sie eingehalten werden. Es ist trivial, zu erwähnen, daß die Regeln nicht allen passen. Die Geschichte der Menschheit bietet eine Fülle von Beispielen, wie Gesellschaftsordnungen zerstört und durch neue ersetzt wurden. Es hat aber noch nie eine Revolution gegeben, nach der nicht wieder eine neue Ordnung geschaffen wurde.

Der Mensch hat die intellektuelle Fähigkeit, viel für sich zu tun und sich die Welt untertan zu machen. Er trägt aber auch, soweit unsere Erkenntnisfähigkeit Aussagen hierüber zuläßt, alleine die Verantwortung. Die Kontrolle über sein Handeln ist das Bewußtsein, welches als einziges Regulativ bestimmt, wie der Mensch und die Menschheit sich weiter entwickeln wird. Der Mensch ist das einzige Wesen, das Dinge in der Zukunft sehen und in sein Handeln mit einbeziehen kann.

Bewußtsein und Ethik sind Schutzfunktionen des Menschen vor sich selbst, aber auch ein Grund dafür, sagen zu können, daß es wert sei, zu leben.

Literatur

Bronowski, J., Bellugi, U.: Language, name and concept. Science **168**, 669 (1970).

Eckhardt, R.B.: Population genetics and human origin. Sci. Am. Januar 1972, S. 94.

Gardner, R.A., Gardner, B.T.: Early signs of language in Child and Chimpanzee. Science **187**, 752 (1975).

Howells, W.W.: Homo erectus. Sci. Am. November 1966, S. 46.

Leakey, R.E.F.: Further evidence of Lower Pleistocene hominids from East Rudolf. North Kenya, 1973. Nature **248**, 653 (1974).

Leakey, L.S.B., Leakey, M.D.: Recent discoveries of fossil hominids in Tanganyika: At Olduvai and near Lake Natron. Nature **202**, 5 (1964).

Leakey, L.S.B., Tobias, P.V., Napier, J.R.: A new species of the genus Homo from Olduvai Gorge. Nature **202**, 7 (1964).

Leakey, M.D.: Discovery of postcranial remains of Homo erectus and associated artefacts in Bed IV at Olduvai Gorge, Tanzania. Nature **232**, 380 (1971).

Leakey, M.D., Clarke, R.J., Leakey, L.S.B.: New hominid skull from Bed I, Olduvai Gorge, Tanzania. Nature **232**, 308 (1971).

Leakey, R.E.F.: Further evidence of lower Pleistocence hominids from East Rudolf, North Kenya. Nature **231**, 241 (1971).

Premack, A.J., Premack, D.: Teaching language to an ape. Sci. Am. Oktober 1972, S. 92.

Premack, D.: Language in chimpanzee? Science **172**, 808 (1971).

Renfrew, C.: Carbon 14 and the prehistory of Europe. Sci. Am. Oktober 1971, S. 63.

Namen- und Sachverzeichnis

Die *kursiven* Seitenzahlen beziehen sich auf Stichwörter in Überschriften

518

520

DARWIN
ENDE

P. v. Sengbusch

Molekular- und Zellbiologie

1979. 616 Abbildungen, 68 Tabellen. XI, 671 Seiten
Gebunden DM 88,–. ISBN 3-540-09454-7

Inhaltsübersicht: Einleitung. – Nukleinsäuren. –
Proteine. – Membranen. – Cytoskelette und Kontraktile Strukturen. – Supramolekulare Strukturen. –
Zellen. – Vielzellige Systeme. – Sachverzeichnis.

Die Molekular- und Zellbiologie erlebte Anfang und
Mitte der siebziger Jahre eine Phase intensiver Forschung, deren Ergebnisse im vorliegenden Lehrbuch
vorgestellt werden. Eingehend behandelt werden:
- die für alle lebenden Systeme wichtigsten Makromolekülklassen (Nukleinsäuren und Proteine);
- Membranen und andere supramolekulare Strukturen (Cytoskelette, Ribosomen, Chromatin,
  Chromosomen, Viren, u.a.);
- Bedeutung von Zelloberflächen für die Zell-Zell-Kommunikation, sowie für den Stoff- und Informationsaustausch von normalen und Tumorzellen;
- Aufbau und die Organisation einfacher und
  komplexer zellulärer Netzwerke.

Die Entwicklung ständig komplexer werdender
Formen im Verlauf der Evolution und der Ontogenese bildet den Leitgedanken des Buches. Mit Nachdruck wird auch auf die Bedeutung des Einsatzes von
Mutanten hingewiesen, um zu veranschaulichen,
welchen Beitrag die genetische Forschung für die
Aufklärung biologischer Vorgänge auf allen Organisationsebenen geleistet hat und immer noch leistet.

Dieses Lehrbuch wird nicht nur bei Biologie-Studenten und Dozenten Interesse und Begeisterung
für die Molekular- und Zellbiologie erwecken,
sondern ist auch jedem Nicht-Biologen zu empfehlen,
der sich über Ergebnisse und Probleme auf diesen
aktuellen Gebieten informieren möchte.

Springer-Verlag
Berlin
Heidelberg
New York
Tokyo